Gesamtverzeichnis des deutschsprachigen Schrifttums (GV) 1700 – 1910

Bearbeitet unter der Leitung von
Hilmar Schmuck und Willi Gorzny

Bibliographische und redaktionelle Beratung:
Hans Popst und Rainer Schöller

119

Rol - Ros

K · G · Saur München · New York · London · Paris 1984

CIP-Kurztitelaufnahme der Deutschen Bibliothek

Gesamtverzeichnis des deutschsprachigen Schrifttums :
(GV). – München, New York, London, Paris : Saur.
Bd. 1 – 6 bearb. unter d. Leitung von Peter Geils
u. Willi Gorzny.
ISBN 3-598-30000-X

1700 – 1910 / bearb. unter d. Leitung von Hilmar
Schmuck u. Willi Gorzny. Bibliograph. u. red.
Beratung: Hans Popst u. Rainer Schöller

NE: Schmuck, Hilmar [Bearb.]

119. Rol – Ros. – 1984.

Techn. Realisierung und Druck: Norbert Gärtner, Mainz-Kastel
Binden: Karl Schaumann, Darmstadt
Printed in the Federal Republic of Germany
ISBN 3-598-30000-X (Gesamtwerk)

Röl, A., s. Röl, August Ludwig

Röl, Aug. Ldw., Beitr. zur Verbesserung d. Landschulen u. Vorschläge zu e. zweckmäß. Unterricht in denselben. 8. Magdeb. 802. Heinrichshofen. 4 gr.

— Reden religiöser Weihe, größtentheils vor gebild. Versamml. gesprochen. 3 Bde. 8. Halle 810—18. (1r u. 2r Bd. N. A. 817.) Hebauer. 1 ₰ 18 gr.

Röl, Hermann Alexander

— comment. in epistol. ad Ephesios. II Tmi. 4. Traj. Wuater. 702.

— exegesis in Psalm. LXXXIX. 8. Duisburg. (Andreae, Frankf.) 737.

Röl, Herm. Alex., dissertat. philos. de theologia naturali, de ideis innatis etc. 8. Francf. 729.

Rola-Stanislawski, Stanislaus v(on). Über Chrom- und Eisenverbindungen mit komplex gebundenen Fettsäureresten. Diss. Phil. [II.] Univ. Zürich. IV + IV + 79 S. 8. Zürich, Im Selbstverlage des Verfassers (Buchdr. Carl Gerold's Sohn, Wien), 1910.

Roland, ein Gedicht in 4 Gesängen nach Ariost. f. Timlich, K.

Roland; e. tragi-kom. Geschichte aus d. Ritterzeiten in unsern Tagen. 8. Erfurt 791. Keyser. 14 gr.

Roland, eine heroische Oper. Nach Marmontel u. Piccini. Göttingen [1802].
Ü: *Apell, David von.* (GGr) (MGT) (Stri)

Roland; heroische Oper nach Marmontel u. Piccini (von D. v. Apell). 8. Götting. 802. Dieterich. 4 gr.

Der Roland. Zeitschrift f. brandenb.-preuß. u. niederdeutsche Heimatkunde (2, 1: Wochenschr. f. Heimatkunde). Hrsg.: C[urt] Kühns, Friedenau. Jg. 1–3. Berlin: F. Zillessen 1902–05. 2 Bde 4°, 2 Bde 8° [F.]
1. Okt. 1902–1903. 2, Halbj. 1. Okt. 1903 bis März 1904; 2. April bis Sept. 1904. 3. Okt. 1904 bis Sept. 1905. 105. 11993

Roland, der. Zeitschrift f. brandenburgisch-preuß. u. niederdeutsche Heimatkunde. Hrsg.: C. Kühns. 1. Jahrg. Oktbr. 1902—Septbr. 1903. 52 Nrn. gr. 4. (à ca. 16 S. m. Abbildgn.) Berlin, F. Zillessen. n. 10.—

— der. Zeitschrift f. Heimatkunde. Hrsg. u. Schriftleiter: C. Kühns. 2. Jahrg. Oktbr. 1903—Septbr. 1904. 38 Nrn. (à ca. 16 S. m. Abb.) gr. 8. Berlin, F. Zillessen. n. 6.—
Erscheint nicht mehr.

Roland. Organ f. freiheitl. Pädagogik, hrsg. v. e. Vereinigg. brem. Lehrer. Red.: E. Sonnemann. 1. Jahrg. Juni—Dezbr. 1905. 6 Hefte. (à ca. 16 S.) 8. Bremen, [H. Boesking & Co.]. Hamburg, A. Janssen. n. 1. 50

Roland. Monatsschrift f. freiheitl. Erziehg. in Haus u. Schule. Hrsg. v. e. Vereinigg. brem. Lehrer. Red.: Emil Sonnemann. 2. Jahrg. 1906. 12 Hefte. (240 S.) 8. Hamburg, A. Janssen. n. 3. 50

— Monatsschrift f. freiheitl. Erziehg. in Haus u. Schule. Hrsg. v. e. Vereinigg. brem. Lehrer. Red.: Heinrich Scharrelmann. 3.—6. Jahrg. 1907—1910. à 12 Hefte. (à Jahrg. 288 S.) 8. Hamburg, A. Janssen. à Jahrg. 4. —

— Monatsschrift des „Roland-Verein zur Förderg. der Stammkunde". (Archiv f. Stamm- u. Wappenkunde.) Schriftleitung: Lor. M. Rheude. 7. Jahrg. Juli 1906 —Juni 1907. 12 Nrn. (à ca. 16 u. 4 S. m. Abbildgn. u z. Tl. farb. Taf.) Lex.-8. Papiermühle b/Roda, Gebr. Vogt. n. 8. —
Auch u. d. T.: Archiv f. Stamm- u. Wappenkunde.

Roland. Monatsschrift des „Roland", Verein z. Förderg. der Stamm-, Wappen- u. Siegelkde. (Archiv f. Stamm- u. Wappenkunde.) Schriftleitg.: W. Vogt u. Lor. M. Rheude. 8.—11. Jahrg. Juli 1907—Juni 1911. à 12 Nrn. (à ca. 16 u. 4 S. m. Abb. u. z. Tl. farb. Taf.) Lex. 8. Papiermühle, Gebr. Voigt. à Jahrg. 8. —
Auch u. d. T.: Archiv f. Stamm- u. Wappenkunde.

Der Roland von Berlin, eine Wochenschrift f. d. Berliner Leben. Hrsg. von Dr. L[eon] Leipziger. Jg. 1, H. 1. *Berlin: 'Roland von Berlin' 1903.* 8° [F.] 104. 419

— der, v. Berlin, e. Wochenschrift f. das Berliner Leben. Hrsg. u. Red.: L. Leipziger. 1. Jahrg. Oktbr. —Dezbr. 1903. 13 Hefte. (à ca. 30 S.) gr. 8. Berlin, (Verlag des Roland v. Berlin). n. 2. —

— dasselbe. 2.—4. Jahrg. 1904—1906. à 52 Hefte. (à ca. 36 S.) gr. 8. Ebd. à Jhrg. n. 8. —

— der, v. Berlin, e. Wochenschrift f. das Berliner Leben. Hrsg. u. Red.: L. Leipziger. 5.—8. Jahrg. 1907—1910. à 52 Hefte. (à ca. 28 S.) gr. 8. Berlin, Verlag d. Roland v. Berlin. à Jahrg. 8. —

Roland, Pater, eine nordamerikanische Erzählung. Nach d. Engl. v. Jos. v. Orsbach. 12. (12 B.) Aachen 842, Cremersche Bh.

Roland, der rasende,. Schausp. von Soden. 8. Berlin, Maurer. 791.

Roland's, nachmals Papstes Alexander III., Sentenzen. Zum ersten Male hrsg. v. Fr. Ambrosius M. Gietl. gr. 8. (LXX, 332 S.) Freiburg i. Br. 891, Herder. * 9 —

Roland v. Berlin, f. Aus e. Narren Tagebuch.

— f. a. Knipke.

ROLAND von Berlin, „Knipke". Scenen aus dem Berliner Leben vom —. (190*.) (2 Kr. 40 hl., gebd. 3,60, P. Lang, Wien, 1906.)

— s. Lametta, Gräfin.

Roland vom Hochplateau, f. a.: Roller, Heinr.

— f.: Für den Herren-Abend.

Roland Leicht, f. Jugend- u. Volksbibliothek.

Roland, s.a. Roland de la Platière, Jean Marie

Roland, moderne Gracchen. Drama in 5 Aufzügen. 8. (79 S.) Bern (899). Neukomm & Zimmermann. n. 1.—

Roland: Ein Wort zur rechten Zeit über die mechanische Schuh-Industrie. Frankfurt a. M. (Um 1908)

Roland, A., Kaiser Franz Josef u. sein Haus od. Charakterzüge ernster u. heiterer Art aus dem Leben der allerhöchsten Kaiserfamilie. Festgabe zum Hochzeitsjubiläum des hohen Kaiserpaares. 8. (64 S. m. 1 Holzschntaf.) Wien 879. Massaneß & Co. n. — 60

Roland, A., der blaue Schleier. Novelle. 8. (60 S.) Gotha 880. Windaus. n. 1. 20

Roland, A., e. Veilchenstrauß. 16. (VII, 75 S.) Bremen 889. Heinsius' Nachf. geb. m. Goldschn. n. 2. —

— die Votivkirche in Wien u. ihre Geschichte. 8. (64 S. m. 2 Holzschn.) Ebend. 879. n. — 80

Roland, Almuth, das Schwalbennest. Bilderbuch ohne Bilder m. Liedern. 8. (159 S.) Glarus 892. J. Vogel. 2. —

Roland, Asta Maria, um Liebe. Die Geschichte e. jungen Mädchens. (III, 148 S.) 8. Dresden 903. E. Pierson. n. 2. —; geb. n. 3. —

Roland, C., s.a. Roland, Gabriel

Roland, C., Frühlingsblüthen. Balladen u. lyrische Gedichte. 12. (4 B.) Berlin 843, (Springer.) *

—— und A. Mauer, die Kurfürstin Henriette Louise, s. Mauer, A.

Roland, C., Hohenzollern! Dir und meinem Vaterlande! Gedichte. 2. Aufl. Berlin 859. Nicolaische Sorthdlg. (Posen, Jagielski.) 16. (112 S.) n. 20 ngr.

Roland, Conrad, s. Roland, Konrad

Roland, Emil, s.a. Lewald, Emmi.

— Ernstes u. Heiteres. Novellen u. Skizzen. 8. (III, 161 S.) Jena 891. Mauke. n. 1. 80

Roland, Emil (Emmi Lewald, geb. Jansen), in blauer Ferne. Neue Novellen. 8. (255 S.) Berlin 898. F. Fontane & Co. n. 3. —; geb. n. 4. 50

Gedichte von Emil **Roland** [d. i. Frau Emmi Lewald, geb. Jansen]. Oldenburg & Leipzig: Schulze [1894]. (VII, 151 S.) 8° [F.] [07. 7741

Roland, Emil (Emmi Lewald, geb. Jansen), Gedichte. 2. Aufl. 8. (VII, 161 S.) Oldenburg (900). Schulze. n. 2. —; geb. n. 3. —

— dasselbe. Neue Folge. 8. (95 S.) Ebd. (901). n. 1. 60; geb. n. 2. 50

— Gefühlsklippen. Novellen. 8. (V, 241 S.) Berlin 900. Grunewald, F. Fontane & Co. n. 2. —; geb. n. 3. —

— die Geschichte e. Lächelns u. andere Novellen. 8. (129 S.) Berlin 894. A. Duncker. n. 2. —

— das Glück der Hammerfelds, s.a. Kürschner's, Jos., Bücherschatz.

Das Glück der Hammerfelds. Roman von E. **Roland** [d. i. Emmi Lewald]. Mit Ill. von Martin Ränike. *Berlin, Eisenach, Leipzig: H. Hillger [1900].* (128 S.) 8° [F.]
= Bücherschatz. Kürschners. No 216.

— sein Ich. Roman. 8. (236 S.) Ebd. 896. n. 3. —

Roland, Emil, der Cantor v. Orlamünde. Dichtungen. 8. (110 S.) Oldenburg 889. Schulze. n. 1. 60; geb. n. 2. 50

Roland, Emil, der Cantor v. Orlamünde. Dichtungen. 2 (Titel-)Aufl. 8. (110 S.) Oldenburg 893. Schulze. n. 1. 60; geb. n. 2. 50

Roland, Emil

Kinder der Zeit. Novellen.
Berlin: Fontane 1897. 309 S. 8°

— Fräulein Kunigunde. Novelle. gr. 16. (102 S.) Berlin 894. Deutsche Schriftsteller-Genossenschaft. n. 1. —

— italienische Landschaftsbilder. gr. 8. (VIII, 181 S.) Oldenburg 897. Schulze. n. 3. —; geb. n. 4. —

— unsere lieben Leutnants, } s.a. Eckstein's Miniaturbibliothek.

— unsre lieben Lieutenants. Zeitgemäße Charakterstudien aus deutschen Salons. 1.—3. Tausend. 8. (VII, 159 S.) Leipzig 888. Rauert & Rocco. n. 2. —; geb. n. 3. 50

— Mut zum Glück, } s.: Eckstein's Miniaturbibliothek.

— das Schicksalsbuch u. andere Novellen. (296 S.) 8. Berlin 904. F. Fontane & Co. n. 3. —; geb. n. 4. —

—— Auf diskretem Wege. Badenovelle. 12. (27 S.) Norden 892, Braams. Mit Goldschn. — 75

Roland, Ernst, die Enterbten. Sozialer Roman. 86 Hfte. gr. 8. (2060 S. m. 86 Bildern.) Dresden 892. F. Tittel Nachf. à — 10

Roland, Ernst Maximilian Otto, s. Roland, Otto

Roland, Ernst P. A., Eroberer der Lüfte, Zeppelin, ihr Beherrscher. Geschichte u. Entwicklg. der Luftschiffahrt bis zur jüngsten Zeit, der Jugend geschildert. Mit 6 Tonbildern, 1 Bildnis, sowie 45 Textabb. 5., verb. u. verm. Aufl. (IV, 160 S.) 8. Stuttgart (909). Loewe. Geb. in Leinw. 3. —

— dasselbe. Mit 1 Orig.-Bildnis sowie 45 Textabbildgn. Volksausg. 6. Aufl. (IV, 160 S.) 8. Ebd. (909). Geb. 2. —

— 30 Jahre in der Fremdenlegion. Erlebnisse dreier Deutscher unter französ. Fahne in Afrika u. Asien. Mit 39 Textbildern v. Willy Planck. (VIII, 213 S.) 8. Ebd. 910. Geb. in Leinw. 4. —

Roland, F., Ehrhard Feldmann. Poetische Erzählg. br. 8. (98 S.) Straßburg 894. G. L. Kattentidt. n. 1. 40

Roland, Gabriel

ROLAND, Dr. C., Der Sadist auf dem Richterstuhl. Roman. (190*.) 8°. 120 S. (2 Kr. 40 H. J. Balogh. Budapest, 1910:)
„Wilde Orgien wechseln in dieser aufregenden Erzählung aus den Folterkammern der Hexenrichter mit grauenhaften Marterscenen ab — ein düster-prächtiges Gemälde aus einer schrecklichen Zeit entrollt sich vor dem Auge des Lesers."

Ein Sadist auf dem Richterstuhl. Ein realist. Bild aus d. Folterkammern d. Hexenrichter von Dr. Gabriel **Roland**. Berlin: W. Müller 1906. (120 S.) 8° [F.] [07. 10030

Roland, Gustav (Pseud.), s.a. Bauschke, Moritz Gustav

Roland, Gust., Breslau, od. das Buch der Hundert u. Ein. Ein Fastnachts-Taschenb. f. 1833. (Distichen.) 16. (4 B.) Breslau, (Verlags-Comtoir.) Verklebt.

— Breslau, oder das Buch der Hundert und Ein. Ein Fastnachts-Taschenbuch für 1833. (Distichen.) 16. Ebd. 834. Geh. u. verklebt 1/6 ℔

† — — Breslau wie es — in der Wolle sitzt. Humoristisches Zeitbild. 1842. 8⁰. 8 S.

† — — Breslau wie es ist (sol) — und trinkt. Heller-Beiträge zur europischen Staatenkunde. Ebd. 1834. 8⁰. (2 Mk. F. Waldau, Fürstenwalde, 1907.)
1. Heller-Bierstube. — 2. Ein Sonntag bei Liebichs. — 3. Ein Quartal der Köchinnen im Schweidnitzer Keller. — 4. Ein Abend im Breslauer Theater. — 5. Ein blauer Montag in der goldnen Sonne.

—— Breslau wie es ist — u. trinkt. Heller-Beiträge zur europ. Staatenkunde. 2., verm. Aufl. 8. (4½ B.) Breslau 834, Verlags-Comtoir.

—— Breslau wie es reitet, od. d. große Menschenrennen zum Pferderennen am 30. u. 31. Mai 1834. Humorist. Reitbilder. 8. (1 B.) Breslau, Verlags-Comtoir.

—— Breslau wie es — trinkt. Seitenstück zu Breslau wie es — ist. Heller-Beiträge zur europ. Staatenkunde. 8. (2½ B.) Breslau 834, (Verlags-Comtoir.)

† — — Die Breslauer auf der Hundsfelder Messe . . . Breslau, Günther, 1842. 8 S. Dasselbe 2. Auflage. Ebd. 1842. 8 S. — Bunte Scenen aus der Hundsfelder Messe . . . Ebd. 1843. 8 S. — Die Geheimnisse von Hundsfeld, oder Freuden und Leiden der Hundsfelder Messe am 5. Mai 1844 . . . Ebd. 1844. 8 S. — Denkwürdigkeiten und Abenteuer auf der nassen Hundsfelder Messe am 9. Mai 1847 . . . . Breslau, Richter. 8 S. — Bunte Bilder aus der Hundsfelder Messe im Jahre 1851 . . . Breslau, Lucas. 8 S. 8⁰.
Sämmtlich sehr rar!

† — — Die Breslauer auf der Messe zu Lissa. Humoristisches Volksbild. Breslau, Günther, 1840. 8⁰. 8 S.

— — Der Gabeljürge. Rundgang in der Neujahrsnacht. I—VIII. (je 1—2 Bogen). Breslau 1840—48. 8⁰.
Höchst selten, besonders cplt.! — Partsch, Heft 5, S. 349.

† — — Lokalscherze 1840—51: Rundgänge des Gabeljürgen, Hundsfelder Messbilder u. a.

† — — Die berühmte Messe zu Hundsfeld am 17. März 1840. Humorist. Volksbild. Ebd. 8⁰. 8 S.

——, Rübezahl, s. Rübezahl.

† — — Des Gabeljürgen Rundgang durch Breslau in der Neujahrsnacht. Lokalscherz. Breslau, Günther, 1840. 16 S. Des Gabeljürgen Vierter Rundgang . . . . . Ebd. 1843. 16 S. — Des Gabeljürgen fünfter Rundgang . . . . . Ebd. 1844. 8⁰.

† — — Des Gabeljürgen Rundgang in der Neujahrsnacht 1845 . . . . Breslau, Richter. 8⁰. 15 S.

† — — Der Gabeljürge auf seinem Rundgang in der Neujahrsnacht von 1850 zu 1851 . . . . Breslau, Lucas, 1851. 8⁰. 8 S.

† — — Des Gabeljürgen Zweiter Rundgang. Breslau, Günther, 1841. 16 S. Des Gabeljürgen Dritter Rundgang . . . . Ebd. 1842. 16 S. Des Gabeljürgen siebenter Rundgang Breslau, Richter, 1846. 8 S. 8⁰.

† — — Des Gabeljürgen Spaziergang durch Breslau in der Neujahrsnacht von 1847 auf 1848 . . . . Ebd. 1848. 8⁰. 8 S.

† — — Des Gabeljürgen Spaziergang . . . . in der Neujahrsnacht von 1848 auf 49 . . . . Ebd. 1849. 8⁰. 8 S.

† — — Des Gabeljürgen Wanderung durch Breslau in der Neujahrsnacht 1846 auf 1847 . . . . Ebd. 1847. 8⁰. 8 S.

Roland, Herb., s. a.: Hertwig, Rob.

– der Markttag zu Klatschenhausen, s.a. Hochzeits-Album.

Der Markttag zu Klatschenhausen. Humorist. Hochzeits-Scene f. 8 Damen von Herbert Roland [d. i.: Robert **Hertwig**]. Mühlhausen i. Th.: G. Danner [1905]. (14 S.) 8° [F.]
– **Hochzeits-Album**. II. 12. {05. 9535 3

Roland, Herbert, die Vampyre der Schauspielerinnen. Blicke hinter die Kulissen. 12. (48 S.) Chemnitz 893. C. A. Hager. — 50

Roland, Herm. (Severin) (geb. Posen 6. 11. 1859): Ueber die Malignität der Erkrankungen an den Fusswurzel- und Metatarsalknochen. Berlin (1884). (32 S.) 8°
Berlin, Med. Diss. v. 31. Juli 1884

Roland, J., Natur u. Mensch. Der Mensch in Beziehg. zu den Naturkräften, biologisch u. systematisch dargestellt. (Illustr. Bibliothek der Naturkunde.) (324 S. m. 12 Abb.) kl. 8. Stuttgart (910). E. H. Moritz. 2.50; geb. in Leinw. 3.50

Roland, Jean, Marie Hillebrand (1821—1894). Ihr Leben u. erziehl. Wirken. Nebst Orig.-Briefen v. Marie Hillebrand als Anh. gr. 8. (X, 86 S.) Gießen 895. J. Ricker. Geb. in Leinw. n. 2. 60

Roland, Jeanne Marie

Roland's, Madame, eigenhänd. Briefe an Bancal-des-Issarts, Conventsmitglied. Herausg. v. Henriette Bancal-des-Issarts und mit einer Einleitung begleitet von Sainte-Beuve. Aus d. Franz. von Paul Frisch. 8. Leipzig 836. Allgem. Niederländ. Buchh. 1⅓ ℔

Roland's, Madame, eigenhändige Briefe an Bancal-des-Issarts, Conventsmitglied. Hrsg. v. Henriette Bancal-des-Issarts u. mit e. Einleit. begl. v. Sainte-Beuve. A. d. Franz. v. Paul Frisch. 8. (21 B.) Leipzig 836, [Melzer.]

Roland, Frau, Memoiren, s. Bibliothek ausgewählter Memoiren d. XVIII. u. XIX. Jahrh.

Roland, [Jeanne Marie]. — Memoiren der Frau Roland. [Mémoires; 1820.] M. e. Einl.: Die Frauen in der Revolution. T. 1. 2. — Belle-Vue bei Constanz 1844. 8⁰ (Bibliothek ausgew. Memoiren d. 18. u. 19. Jhds. M. geschichtl. Einl. u. Anm. hrsg. v. F[ranz] E[rnst] Pipitz u. G. Fink. Bd 1. T. 1. 2.)

ROLAND, Madame. Memoiren. Deutsch von F. E. Pipitz u. G. Fink. Mit einer Einleitung: Die Frauen in der Revolution. 2 Bde. Belle-Vue bei Konstanz. 1848. 8°. LV. 379 u. 435 S.

Roland, **Mme., mémoires, siehe: Extrait des mémoires de Mme. Roland.**

Rolland, der Bürgerin, nachgel. Schrift. 3 Hfte. aus dem Franz. oder ihr Leben 1s 2s und Denkschr. üb. fr. Rev. 1s. 8. Leipz. Schmidt. 796. 97. (à 18 gr.)

Roland, K., Friede zwischen Protestanten u. Katholiken. Zur Beseitigung d. entwürdig. Streites unt. Christen. Nebst Vorschlägen zur Abstellung einiger kirchl. Mängel. 8. (5½ B.) Leipzig 831, Lauffer.

Roland, Konrad

Roland, Conr., die Sängerpartie der Gesangvereine v. Schallerheim u. Brüllhousen, s.: Vereinstheater.

Roland, M. J., die Stockfischprinzessin, s.a. Esser's, J., Sammlung leicht aufführbarer Theaterstücke.

Die Stockfischprinzessin. Schwank in 3 Aufz. von M. J. **Roland.** *Paderborn: J. Esser [1902].* (17 S.) 8° [J.]
= Sammlung, J. Esser's, leicht aufführb. Theaterstücke. H. 78. [illegible]

Roland, Marie Philippine.

Nachgelassene Schriften; a. d. Franz. Leipzig 1796—97. Ü: *Huber, Ludw. Ferd.* [?]. (Ky)

Roland, Marie Ph., nachgelass. Schriften. 3 Hfte. (1s u. 2s Hft. ihr Leben. 1 ₰ 12 gl, 3s Hft. Denkschrift üb. die französ. Revolution. 18 gl); aus d. Französ. (von L. F. Huber). 8. Leipz. 796, 97. Schmidt. 2 ₰ 6 gl

Roland, Otto

Roland, [illegible] Berlin, [illegible] 1844 [illegible]
Berlin, [illegible]

Roland, Paul, s.: Jacobson, Roise in d. Inselwelt d. Banda-Mooros.

Roland, Paul, Henning Sturinger. Eine Geschichte aus dem 16. Jahrh. 8. (143 S.) Frankfurt a/O. 884. Waldmann. n. 2. –

Roland, Paul: Die Wirkungen der Ehescheidung und der Aufhebung der ehelichen Gemeinschaft nach B.G.B. Roitzsch 1909: Schulze. 92 S. 8°
Heidelberg, Jur. Diss. v. 13. Jan. 1910, Ref. Endemann
[Geb. 12. Juli 80 Rastatt; Wohnort: Berlin; Staatsangeh.: Preußen; Vorbildung: Friedrich-Wilhelms-Gymn. Berlin Reife O. 01; Studium: Heidelberg 1, Berlin 6 S.; Rig. 24. Juli 09.] [U 10. 1992

Roland, Paul, die Wirkungen der Ehescheidung u. der Aufhebung der ehelichen Gemeinschaft nach BGB. (92 S.) gr. 8. Berlin (910). F. Stahn. 2. –

Roland, **S. S., la Manie des Arts. Coméd. en 4 A. 8. Hannov. 797.**

— Söder avec Figures. Fol. Götting. 797. Dieterich. 6 gl

Roland, S. S. Söder; a. d.

Franz. . . . Leipzig 1799. Ü: *Horstig, Carl Glieb.* (Ky)

Roland, S. S., Söder; aus d. Französ. übers. (v. K. G. Horstig). Mit Kpf. (Beschreib. der Gemälde eines dem Grafen v. Brabeck gehörig. Landhauses im Hildesheim.) Fol. Leipz. 799. Voß. 6 ₰ (Vergl. H. H. Cludius.)

Roland, W. v., s. Abbandlgn., Freiburger.

Roland-Holst, Henriette, Generalstreik u. Sozialdemokratie. Mit e. Vorwort v. Karl Kautsky. 2., rev. u. erweit. Aufl. (XXII, 208 S.) Lex.-8. Dresden 906. Kaden & Co. n. 1. 50

Roland-Holst, Henriette, Josef Dietzgens Philosophie, gemeinverständlich erläutert in ihrer Bedeutg. f. das Proletariat. Hrsg. v. Eug. Dietzgen. (V, 91 S.) gr. 8. München 910. Verlag der Dietzgenschen Philosophie. 1. –

Roland de la Platière, Jean Marie, s.a. La Platière, Roland de

Roland de la Platière, Jean Marie.

Der Betrag von Frankreichs auswärtigem Handel während der ersten Hälfte des Jahrs 1792 . . . a. d. Franz. Leipzig 1794. Ü: *Gebhardt, Adam Glieb.* (CBII)

Roland, . . ., Betrag von Frankreichs auswärt. Handel; aus d. Französ. (v. A. G. Gebhardt). gr. 4. Leipz. 794. Reinicke u. H. in Halle. 1 ₰ 12 gl Schrbp. 1 ₰ 16 gl

Rolandin, Roland, der Geist der Königin Katharine. Eine Erzählung aus London. 8. (55 S.) Leipzig 880. Baldamus. n. 1. —

Roland-Kalender, Bremer, auf d. J. 1911. 2. Jahrg. (104 S. m. Abb.) 8. Hamburg, Verlagsanstalt u. Druckerei. —30

Rolanden, Conrad von, Gottesfeinde und Volksbedrücker. Eine Erzählung für das Volk. 12. (36 S.) Wien: Johann Heindl 1891. —.10

Rolando u. Albina, e. Geschichte romant. Inhalts. 8. Wien 811. Gerold. 8 K

ROLANDO und Albina. Eine Geschichte romantischen Inhalts, vom Verfasser des Burggeistes. Wien, 1811. Gedruckt, u. im Verlage bey Ludwig Mausberger, k. k. privil. Buchdrucker. 8°.
1 Bl., 126 S. Seiten! Spielt in Spanien zu Ende d. Mittelalters. — Nicht erotisch.
Mit dem auf d. Tit. genannten „Burggeist" kann nur gemeint sein entweder: „Der Burggeist in dreyfacher Gestalt. Mit [illegible] Wien 1798 [illegible]", oder „Der Burggeist, ein Rittergedicht in 8 Gesangen. Halle 1816. 8°." Vom Verf. des letzteren wird auch sein: „Der Falke. Ein zahmes Heldengedicht in 8 Gesangen." (Bearb. des Mahrchens im 9. Bde. von Reichard's Bibl. d. Romane.) Halle, bey Joh. Gfr. Trampens Erb. (in Commiss.), 1805. 8°. IV—182 SS. u. 1 Bl. Druckanz. — Sämmtlich rar!

Giov. Franc. Maria **Rolando** im Gefängnisse u. im Tode hier Allen, die ihn gesehen, merkwürdig. E. Beitr. . . von C. F. C. Dresden 1809.

Rolando, **A., humani corporis fabricae ac functionum analysis adumbrata. 4. Aug. Taur. 817. (Volke in Wien). 1 ₰ 8 gl**

Rolando's und seine Gefährten, Reisen und Abenteuer, s. C. F. Lauffret.

Roland's Abentheuer, in hundert romant. Bildern. s. im Alphabet: Fr. W. Val. Schmidt.

Rolands Knappen oder die drei Wundergaben der Drude Veleda. Eine höchst anmuthige Ritter- u. Zaubergeschichte aus den Zeiten Kaiser Karls. Dem Volke erzählt von G. u. B. Dom. 8. (48 S.) Urfahr-Linz 878. Kraußlich). – 20

Rolands Knappen, die drey, mit welchem sich nach der unglücklichen Schlacht bey Ronceval viele merkwürdige Begebenheiten ereigneten, 8. Leipzig, 793. Solbrig. 3 sgl.

Rolandslied, s.a. Chanson de Roland.

Rolandslied, s. Fassbender, Ludwig
Kunze, Albert.

—— Bibliographie, s. Seelmann, Emil.

Rolandslied, übers. v. G. Schmilinsky, s. a. Bibliothek d. Gesammtlitteratur d. In- u. Auslandes.

Rolandslied, das. Das älteste französische Epos. Uebersetzt von Wilh. Hertz. Stuttgart 861. Cotta. 8. (XIV, 163 S.) n. 28 ngr.

Rolandslied, das. Ein altfranzös. Epos. Übers. v. Ernst Müller. 8. (VIII, 164 S.) Hamb. 891, Verlagsanstalt u. Druckerei. * 3 —
—— dass. — s. Universal-Bibliothek Nr. 2745—48.

Rolandslied, das altfranzösische, s. a Bibliothek, altfranzösische.

Rolandslied, das altfranzösische. Genauer Abdr. der Oxforder Hs. Digby 23, besorgt von Edm. Stengel. Mit einem photogr. Fcsm. (in qu. gr 4.). gr 8. (XI, 143 S.) Heilbronn 878. Henninger. n. 3. —

Rolandslied, das altfranzösische. Kritische Ausg., besorgt v. E. Stengel. 1. Bd. Text, Variantenapparat u. vollständ. Namenverzeichnis. gr 8. (IX, 404 S.) Leipzig 900. Dieterich. n. 12 —; geb. n. 14 —

Rolano, Gust., Adreßbuch f. Breslau, s. Adreßbuch.

Rölcke, Curt. s Rölcke. Kurt

Jakob Roelcke

De Therapia morborum per ulcera. ([Leipzig] 1748:) Langenheim. 52 S. 8

Leipzig, Med. Diss. v. 13. Sept. 1748

2. Ex.: Mx 198 (4)

Rölcke, Kurt

Rölcke, Curt (in d. Vita Conradus) [aus Berlin]: Beitrag zur Kenntnis der Salze der Chromidcyanwasserstoffsäure . Berlin, C. Feister'sche Buchdr., 1896. 55 S., 1 Bl. 8.
Berlin, Phil. Fak., Inaug.-Di[illegible]

Roelcke, Otto, a. Schlawe i. P.: Über die Bäcklundsche Transformation der Flächen konstanter Krümmung. Görlitz 1907: Görlitzer Nachrichten und Anzeiger. (41 S.) 8°
Greifswald, Phil. Fak., Ref. Engel, Diss. v. 1. März 1907
[Geb. 15 Dez. 84 Schlawe; Wohnort: Greifswald; Staatsangeh.: Preußen; Vorbildung: Gymn. Görlitz Reife O. [illegible]; Studium: Kiel 4, Greifswald 3 S.; Rig. 10 Nov. 06.]

Rölecke, L., kurzgefaßte deutsche Grammatik, s. Eggeling, H.

Roleder, H., Entwurf eines Centralfriedhofes, s.: Studien aus der Special-Schule von Th. R. v. Hansen.

Rolef, Franz. Reisebriefe aus Spanien u. Marocco. (November 1883 bis April 1886.) Ein Beitrag zur Kenntniss spanischer Zustände. 2. vermehrte Aufl. In-8°, 200 S., mit Portr. u. 12 Illustrat. Einsiedeln, Benziger & Cie. 1887 1 —

Rolef. Wallfahrt nach Maria Einsiedeln . im Jahre 1887 Programm. Belehrung Gesänge und Gebete für die Pilger 8. Villingen (1887).

Rolef, Ge.: Die rheinische Landgemeindeverfassung seit der französischen Zeit. Berlin u. Leipzig 1912 13.

Roleff, Jac., geistiger Blumengarten. Gedichte f. Jung u. Alt zur Unterhaltg. u. Erbauung f. d. kathol. Haus. 12. (VI, 420 S. m. farb. Titel u. 1 Farbendr.) Bonn 895. P. Hanstein. n. 2. —; geb. in Leinw. m. Goldschn. n. 3. —

Der Gefangene Christi. Poet. Biographie des Card. Dr Paulus Melchers von Jacob Roleff *Köln: Selbstverl.; H. Theissing in Komm. 1899.* (150 S.) 8° [F.] [01. 2204 5

Rolein, A., s. Byron, Dichtungen. — Rielo, A. R.

Roelen. Franz Hubert [illegible] Montjoie [illegible]
[illegible]
Berlin, Med. Diss. [illegible] Okt. 185[illegible]

Roelen, Friedrich *Peter Ludwig* [aus Düren in Rheinl.]: Aus d. chirurg. Klinik zu Greifswald. Zur Kenntnis der Deformitäten des Unterschenkels nach in früher Jugend erlittener Fractur. Beobachtg e. Falles, bei welchem e. solche Deformität operativ beseitigt wurde; u. bei welchem angeboren sich nebenbei halbseitige Makroglossie u. abnorme Hautpigmentation vorfanden . Greifswald, Druck v. C. Sell, 1895; 38 S., 1 Bl., 1 Taf. 8.
Greifswald, Med. Fak., Inaug.-Diss. v. 13. März 1895

Roelen, Georgius Guilelmus (geb. am 5 Nov. 1824 in Montjoie): De somno . . Bonnae, form. F. P. Lechneri 1849. 2 Bl., 26 S., 1 Bl. 8.
Bonn, Med. Fak., Diss. v 29 Dez. 1849

Rolett, Alexander, s. Rollett

Rolett, Hermann, s. Rollett

Rolevinck, Wern., de laude veteris Saxoniae nunc Westphaliae dictae. Im Orig.-Text nach der ersten Ausgabe (c. 1478) mit deutscher Uebersetzung herausg. von Ludw. Troß. Köln 865. Heberle. gr. 8. (XXXI, 253 S.) 1 ₰ 22½ ngr.

Rolf, der König, od. das Normannenfest auf Sicilien. Ein Knabenschauspiel. gr. 16. (29 S.) Halle a/S. 891. Kaemmerer & Co. n. — 60

Rolf Krage; e. Trspl., aus d. Dän. (d. Joppert), (von K. Fr. Cramer). 8. Hamb. 772. Kopenh., (Brummer). 6 gl.

— — dass. von Ewald. 8. Hamb. Bode. (Göschen in Leipz.) 772.

Rolf, Krage,. Trauersp. von Joppert. 8. Copenhagen, Proft. 772.

Rolf Krage, Trauerspiel. Neue Ausgabe. 8. Copenhagen, Bonnier. 817.

Aus Azraels Registern Von **Rolf** d. Krela. Gottingen E. Kelterborn [1908]. (107 S.) 8° [Ant. u. J.] 08. 12340 7

Rolf

Rolf, Circe. Ein Tag aus dem Leben e. Sängerin. (VII, 79 S.) 8. Dresden 904. E. Pierson. n. 1. 50

Rolf, allerlei Liebe. Märchen. 8. (79 S. m. Titelbild.) Strassburg 896. Strassburger Druckerei u. Verlagsanstalt. Kart. 2. 50

Rolf, A., d. Papsttum u. s. Unfehlbaren. Geschichte des röm. Pontifikats. 8. (VI, 176 S.) Wiesbaden 895. J. G. Birlenbach. n. 1. 20

Rolf, Adrian, Tristan u. Isolde. Roman. 8. (251 S.) Berlin 896. Schuster & Loeffler. 3. —; geb. n. 4. —

Rolf, Alb., Regulus, s.: Collin.

Rolf, Alb., vollständige Sammlung v. Vor- u. Taufnamen, s.: Schnack, Heinr. Chrn.

— s.: Schlitz, d. Grafen Hans v., Denkwürdigkeiten.

Rolf, C., die hohe Glückseligkeit e. wahren Christen. Predigt üb. Jesaias 66, 2, geh. vor der St. Johannis-Gemeinde zu Niederplanitz in Sachsen. 12. (16 S.) Zwickau 890. (Dresden, H. J. Naumann.) — 15

Rolf, Franz, aus Ahlen (Westf.) Aus d. psychiatr. u. Nervenklinik zu Kiel. Ein Fall von trophischen Störungen bei progressiver Paralyse. *Kiel 1904: Schmidt & Klaunig.* (23 S.) 8°
Kiel, Med. Diss. v. [16. März] 1904

Rolf, Frz., liberal od. orthodox? (Flugschrift des deutschen Protestantenvereins.) 8. (35 S.) Heidelberg 902. (Ev. Verlag.) n. — 25

Rolf, Frz., gegen den Zentrumssturm. Politische Betrachtg. (22 S.) gr. 8. Frankfurt a/M. 907. Neuer Frankfurter Verlag. — 30

Rolf, H., im Heiratsvermittelungsbureau od.: Schnell gefreit, hat Niemand bereut. Schwank in 1 Akt. (16 S.) kl. 8. Flöha (906). A. Peitz & Sohn. n. 1.—

Rolf, Rich., ein Ehrenopfer. Schauspiel in 4 Akten. (III, 107 S.) 8. Dresden (907). E. Pierson. 1. 50

Rolf's, Rich., heitere u. ernste Erzählungen aus Offizierskreisen. 1. u. 2. Bd. 8. Dresden, E. Pierson. à n. 2. —; geb. à n. 3. —
1. „Papa Leutnant" u. a. (III, 215 S.) (906.)
2. Mater patriae u. a. (III, 204 S.) (906.)

Rolf, R., wie Leutnant v. Ballhorn Schiller verzapft. (Eine log. Geschichte in e. Pro-, Dia- u. Epilog. Mit 4 Illustr. v. Arth. Krüger.) (32 S.) gr. 8. Berlin-Schöneberg 905. [Verlag Euterpe.] Gr.-Lichterfelde, Verlag d. Musikwelt. n. 1. —

Rolf, Walt., ein Doge v. Venedig. Drama in 4 Aufzügen. (78 S.) kl. 8. Leipzig 908. Verlag f. Literatur, Kunst u. Musik. 2.—; geb. n 3. —

Rolf, Wilhelm: Über die Grenzen des Zweifels mit Rücksicht auf das Prinzip des Cartesius: 'Cogito, ergo sum'. *Warendorf 1901: J. Schnell.* (S. 3—33.) 4°
Warendorf, k. G Laurentianum, P 1901 (399)

Rolfes, Eugen (Bearb.), s. Aristoteles Kategorien.

Rolfes, Eugen (Bearb.), s. Aristoteles Metaphysik.

Rolfes, Eugen (Bearb.), s. Aristoteles Schrift über die Seele

Rolfes, Eug., die aristotelische Auffassung vom Verhältnisse Gottes zur Welt u. zum Menschen. gr. 8. (IV, 202 S.) Berlin 892. Mayer & Müller. n. 3. —

Rolfes, E., d. substantiale Form u. d. Begriff d. Seele bei Aristoteles. gr. 8. (IV, 144 S.) Paderborn 896. F. Schöningh. n. 3. 20

— dasselbe, s. a. Jahrbuch f. Philosophie u. spekulat. Theologie.

— die Gottesbeweise bei Thomas v. Aquin u. Aristoteles. Erklärt u. vertheidigt. gr. 8. (VIII, 305 S.) Köln 898. J. P Bachem. n. 5. —

Dr Eugen **Rolfes**. Die natürliche Religion. Brühl: Martini 1910. XII, 324 S. 8°
(Rolfes Die Wahrheit d. Glaubens. Bd 1) 11. 1471

Rolfes, Eug., Die Wahrheit des Glaubens, durch gründliche Beweise ins Licht gestellt. 1. Bd. Die natürl Religion. (XII, 324 S.) gr. 8. Brühl b/Köln 910. K Martini. (Nur direkt.) 5 —

— das Wesen d. Seele, s.: Vorträge u. Abhandlungen, pädagog.

Rolff, M. (Therese Thonnex), unter Buchen u. Birken. Gesammelte Dichtgn. u. Übersetzgn. 8. (XIV, 412 S.) Wien 895. C. Konegen. n. 5. —

Rolff, W. A., die Doppelwährung in der Schrift s.: Sammlung pädagogischer Vorträge.

Rolff, W. A., s. a Kommersbuch f. Deutschlands Lehrer.

Kommersbuch für Deutschlands Lehrer Z. Besten deutscher Lehrerheime hrsg. v. W A Rolff (in Hamburg) u. L[ouis] Schulze (in Eisleben). *Langensalza H. Beyer & Söhne 1896* (XIII S., 1 Bl., 284 S.) 1 Bd 8. 96 6193

Rolffs, Predigt, geh. bei der feierlichen Beerdigung des Superintendent a. D. u. Past. prim. Hrn. Gust. Adf. Haacke am 30. Oktbr. 1878, nebst Lebenslauf, verf. von Schneider, u. einem Liede des Entschlafenen. 8. (16 S. m. 1 Photogr.) Schweidnitz 879 Heege n. — 50

Rolffs und Schmidt, Reden zur Gedächtnißfeier des am 29. August verstorbenen Gymnasial-Director Dr. Held, gehalten am Grabe den 1. Septbr. 1864 u. in der Aula des Gymnasii am 3. Septbr. 1864. Schweidnitz, Plahn 8. (23 S.) n. 7 ngr.; mit photogr. Portr n. 10 ngr.

Rolffs, Alex., Director Lampe und die Kräuter-Heilanstalt in Goslar am Harz. Mit dem Portr. des Direct. Lampe in Stahlst. Goslar 859. Brückner. 8. (VIII, 172 S.) n. 1 Thlr.

— die antike Rüstkammer des Ember Rathhauses. Ein kulturgeschichtlicher Beitrag zur Waffen- und Sittenkunde des Mittelalters. Emden 861. Woortmann. gr. 8. (CV, 109 S. u. 2 Lithogr.) n. 25 ngr.; Schreibpap. n. 28 ngr.

Rolffs, Ernst, die deutsche Abstinenzbewegung u. die moderne Kultur. (26 S.) 8. Hamburg 901. Flensburg, Deutschlands Großloge II. n.n. — 10
Sonderabdruck aus: „Deutscher Gut-Templer".

— dasselbe. 2., erweit. Aufl. (30 S.) 8. Flensburg 904. Deutschlands Großloge II. n.n. — 25

Rolffs, Ernst, der Beitrag des Alkoholismus zu d. kommunalen Armenlasten. Vortrag auf dem 4. deutschen Abstinententag in Elberfeld am 6. X. 1906. (29 S.) gr. 8. Jena 907. G. Fischer. — 50

Rolffs, Ernst, Geschenktes u. Erkämpftes. Stimmungsbilder u. Ewigkeitsgedanken. 8. (VIII, 176 S.) Heilbronn 897. E. Salzer. n. 2. —; geb. 3. —

— Gastrow u. Grethen, Hauptströmungen in der Geschichte der evangel. Kirche. 3 Vorträge, geh. im Verein der Freunde der „Kirchl. Gegenwart" zu Hildesheim. (III, 66 S.) 8. Hildesheim 909. H. Helmke. — 60

Rolffs, Ernst, das Indulgenz-Edict des römischen Bischofs Kallist, s.: Texte u. Untersuchungen zur Geschichte der altchristlichen Literatur.

— s. Kelle u. Schwert.

— s. Lasset die Kindlein zu mir kommen.

— persönliches Leben. Predigten. (VII, 189 S.) 8. Tübingen 905. J. C. B. Mohr. n. 2. 50; geb. n.n. 3. 50

— Am Scheidewege. Ein dramat. Prolog. (15 S.) 8. Hamburg 910. (Deutschlands Großloge II.) — 25

Rolffs, Ernst, s. a. Sterben wir, so sterben wir dem Herrn.

Sterben wir, so sterben wir dem Herrn. Begräbnisreden hrsg von Ernst **Rolffs**. Göttingen. Vandenhoeck & Ruprecht 1910. 114 S. 8°
(Moderne Predigt-Bibliothek. R. 8, H. 4.) [11. 3725 7

— s. System, das Gothenburger, u. die deutsche Abstinenzbewegung.

— die Theologie als Wissenschaft, s. a. Hefte zur „Christlichen Welt". Nr. 38.

[5.] Die Theologie als Wissenschaft. Von Lic. theol. Ernst Rolffs, Pastor in Stade. *Freiburg i. B. Leipzig u. Tübingen J. C. B. Mohr* **1899.** (32 S.) 1 Bd 8
= Hefte z. Christlichen Welt No 38. [99. 2314

Rolffs, Ernestus [Hannoveranus]: Theses theologicae ... pro gradu licentiati in sacrosancta theologia rite obtinendo ... Berolini, typ. expr. G. Schade, *1893;* 2 Bl. 4.
Berlin, Theol. Fak., Thes. v. 19. Jan. 1893

Rolffs, Ernst, Urkunden aus d. antimontanist. Kampfe des Abendlandes, s.: Texte u. Untersuchungen zur Geschichte d. altchristl. Literatur.

— Was wir an der Bibel haben, s.: Predigt-Bibliothek, mod. V, 3.

— s.: Werde Licht!

Rolffs, Ernst, Harnack's Wesen des Christentums u. die religiösen Strömungen der Gegenwart. gr. 8. (64 S.) Leipzig 902. J. C. Hinrichs' Verl. n. — 80

s.: Wo du bleibst, da bleibe ich auch.

— s.: Wollt ihr auch weggehen?

Rolffs, F. L. A., „Geben ist seliger, denn Nehmen," oder Von der seligen Freude der Missionsfreunde. Predigt zur Jahresfeier des Missions-Vereins für China zu Breslau. Gehalten den 21. Juni 1855. Breslau 855. Dülfer. 8. (13 S.) 1½ ngr.

Rolffs, Friedrich, Gerichts-Assessor Der **Begriff** der **sog. kleinen** Vereine nach dem Reichsgesetze über die privaten Versicherungsunternehmungen vom 12. Mai 1901. *Göttingen 1902: Dieterich.* (34 S.) 8°
Göttingen, Jur. Diss. v. [6. Nov.] 1902

Rolffs, Frdr., der Begriff der sog. kleinen Vereine nach dem Reichsgesetze üb. die privaten Versicherungsunternehmungen vom 12. V. 1901. Diss. (34 S.) gr. 8. Göttingen 902. (Vandenhoeck & Ruprecht.) n. — 80

Rolffs, Friedrich Wilhelm: Gotisch dis- und du. Breslau 1908: Fleischmann. 58 S. 8°
Breslau, Phil. Diss. v. 14. Okt. 1908, Ref. Hoffmann
[Geb. 18 Okt 83 Kunitz b. Liegnitz, Wohnort: Breslau Staatsangeb.: Preußen; Vorbildung: Gymn. Oels Reife O. 02; Studium: München 1, Breslau 11 S.; Rig. 24 Juni 08.] [U 09. 622

Rolffs, J., s. Rolffs, J C F

Rolffs, J. C. F., die Hülfe bei Scheintodten u. plötzlich in Lebensgefahr Gerathenen, nebst der Beschreib. des hiesigen Rettungsapparates. 12. (2 B.) Köln 813, Eisen, Vrlgsh.

Rolffs, J. C. F., das epidem. Katarrhal-Fieber, auch d. Grippe u. Influenza gen., die Wichtigkeit d. Hustens u. Schnupfens, so wie deren Verhüt. u. Heilung. Eine Abhandl. f. Nichtärzte. gr. 12. (1½ B.) Köln 833, Arend. (Leipzig, Kayser.)

Rolffs, J. C. F., das epidemische Katarrhal-Fieber auch d. Grippe und Influenza genannt, die Wichtigkeit des Hustens u. Schnupfens, so wie deren Verhutung u. Heilung. Eine Abhandlung für Nichtarzte. gr. 12. Koln 833 Renard. 1/6 Thlr.

Rolffs, J. C. F., Mutterpflichten, od. Anweisung f. Mütter z. regelmäß. Entwickelung d. Frucht u. d. Kindes, so wie auch z. Erleichterung d. Geburt u. Erhalt. ihrer eigenen Gesundheit. gr. 12. (7½ B.) Köln 833, Arend. (Leipzig, Kayser.) Thlr.

— Mutterpflichten, oder Anweisung für Mütter zur regelmäßigen Entwickelung der Frucht und des Kindes, so wie auch zur Erleichterung der Geburt und Erhaltung ihrer eigenen Gesundheit. gr. 12. Köln 833. (Renard.) 2/3 Thlr.

Rolffs, J. C. F., Mutterpflichten, od. Anweis. f. Mütter z. regelmäß. Entwickelung d. Frucht u. d. Kindes, so wie auch z. Erleichterung d. Geburt u. Erhaltung ihrer eigenen Gesundheit. gr. 12. (7¾ B.) Köln 836, [Welter's Buchh.]

Rolffs, J. C. F., Mutterpflichten oder Anweisung für Mütter zur regelmäßigen Entwickelung der Frucht und des Kindes, sowie zur Erleichterung der Geburt und Erhaltung ihrer eigenen Gesundheit. 2., verm. und verb. Aufl. 32. (XVII und 254 S.) Köln 854, F. C. Eisen.

Rolffs, J. C. F., Mutterpflichten oder Anweisung für Mütter zur regelmäßigen Entwickelung der Frucht u. des Kindes, sowie zur Erleichterung der Geburt u. Erhaltung ihrer eigenen Gesundheit. 3., verm. u. verbesserte Aufl. Köln 865. Frühbuß. 16. (XIX, 215 S.) n. 1 ℛ

— — (Neue Ausgabe.) Köln 869. Du Mont-Schauberg'sche Buchh. 16. (XIX, 215 S.) 15 ngr.; geb. mit Goldschnitt 20 ngr.

Rolle: Taschenbuch zu gerichtl.-medizin. Untersuchungen für Aerzte, Wundärzte und Justizbeamte. *Köln*, Arend. 833. 12. (1 Thl.)

—— Taschenbuch zu gerichtl.-medizin. Untersuchungen f. Aerzte, Wundärzte u. Justiz-Beamte. gr. 12. (9½ B.) Cöln 833, [Eisen; Leipzig, Kayser.]

—— Taschenbuch zu gerichtl.-medizin. Untersuchungen, f. Aerzte, Wundärzte u. Justiz-Beamte. (1. Thl.) 2., verm. u. verb. Aufl. gr. 12. (9¼ B.) Köln 838, Eisen.

—— dass. 2. Thl. — A. u. d. T.: Prakt. Handbuch zu gerichtl.-medicin. Untersuchn. u. z. Abfass. gerichtl.-medicin. Berichte. gr. 8. (40¾ B.) Berlin 840, Alex. Duncker.

Rolfinck, W., resp. J. C. **Horn**, De melancholia. Jen. 4°. 1729.

Rolfink, Diss. cardialgiae scrutinium theor.-practicum. Jen. 4°. 1767.

Rolfs, Familie. Schauspiel in 4 Acten. Wien 1881. V: *Erlanger, Victor Freih. v.* (EB)

Rolfs, Sammlung v. Darstellungen aus der Geschichte, zum Übersetzen ins Franz. bearb. 1. Bdchn. 12. Köln 885. A. J. Tonger's Sort. n. — 75
Geschichte der französischen Revolution. I. Die Zeit von 1789 bis zum 21. Jan. 1793. (94 S.)

Rolfs, Aloys, Kreuzwegandacht, s.: Leonard v. Porto Maurizio.

Rolfs, C. [Chr.], s. Rolfs, Klaus

Rolfs, Ch. E., ¿Habla V. Español? Sprechen Sie spanisch? Ein Hülfsbuch zur leichten u. schnellen Erlerng. der span. Sprache f. Verkehr, Korrespondenz u. Reise. Mit vielen hierauf bezügl. Gesprächen u. genauer Angabe der Aussprache. (IV, 162 S.) 12. Mülheim a/R. (903). J. Bagel. — 80; geb. in Leinw. 1. 20

— Spreekt U Hollandsch? Sprechen Sie holländisch? Ein Hilfsbuch zur leichten u. schnellen Erlerng. d. holl. Sprache f. Verkehr, Korrespondenz u. Reise. Mit vielen hierauf bezügl. Gesprächen u. genauer Angabe der Aussprache. 12. (III, 138 S.) Ebd. (900). — 80; geb. in Leinw. 1. 20

Spreekt U Hollandsch? Sprechen Sie holländisch? Ein Hülfsbuch z. leichten u. schnellen Erlernung d. holländ. Sprache f. Verkehr, Korrespondenz u. Reise. Mit vielen Gesprächen u. genauer Angabe d. Aussprache. Von **Ch. E. Rolfs**. *Mülheim a. d. Ruhr: J. Bagel [1901].* (138 S.) 8° [Ant. u. F.] [01. 10654 5

Rolfs, Ch. E., Taler De Dansk, Norsk? Sprechen Sie dänisch, norwegisch? Ein Hülfsbuch zur leichten u. schnellen Erlerng. der dän., norweg. Sprache f. Verkehr, Korrespondenz u. Reise. Mit vielen hierauf bezügl. Gesprächen u. genauen Angaben der Aussprache. 12. (IV, 156 S.) Mülheim a/Rh. (901). J. Bagel. — 80; geb. 1. 20

Rolfs, Claus, s. Rolfs, Klaus

Rolfs, Klaus

Die beiden **Bole**. Ein Beitrag zur Reformations-Geschichte Dithmarschens v. Claus Rolfs. Lunden. (1892.) 8°.

Geschichte der Gemeinde St. Annen v. C. [Chr.] **Rolfs**. Lunden. 1891. 8°

Ueber dithmarsische Sitten und Gebräuche. Mitgeteilt nach einer im Meldorfer Museum befindlichen Handschrift [v. Claus **Rolfs**] Ausschnitt aus: Dithmarscher Zeitung. Wöchentliche Beilage: „Sonntagsblatt". Nr. 2807, 2809, 2811 u. 2813. Lunden. 1905. Fol., geb. in 4°.

Rolfs, Ludwig Emil

Rolfs, Ludw. E., englische Briefe, s.: Handelsbriefe, moderne.

— dasselbe, Kommentar u. Wörterbuch, s.: Madden, William H.

Rolfs, Ludw. E., französische Briefe, s.: Handelsbriefe, moderne. I.

— dasselbe, Kommentar u. Wörterbuch, s.: Baum, Aug.

— italienische Briefe, s.: Handelsbriefe, moderne.

— u. Barthel **Müller**, Chants d'écoles, s.: Schulbibliothek, französische u. englische.

Rolfs, Ludw. E., moderne Handelsbriefe in genauer Wiedergabe der Originale zur Uebung im Lesen fremder Handschriften. Für den Selbstunterricht u. den Gebrauch in kaufmänn. Schulen gesammelt u. hrsg. 1. u. 2. Tl. gr. 4. Köln, P. Neubner. n. 3. 50; Mappe dazu à n.n. — 25
1. Französische Briefe. (III u. 50 autogr. S. u. Bl.) 891. n. 1. 50
2. Englische Briefe. (III u. 65 autogr. S.) 892. n. 2. —

Moderne Handelsbriefe in genauer Wiedergabe der Originale zur Uebung im Lesen fremder Handschriften. Für d. Selbstunterr. u. d. Gebr. in kaufm. Schulen ... Gesamm. u. hrsg. v. Ludwig E[mil] **Rolfs**, Prof. ... 3. verb. Aufl. (3. u. 4. Taus.) T. 1. u. *Köln a. Rh.: P. Neubner 1897.* 2 Bde 4.
I. Französ. Briefe (4 Bl., 103 S.) II. Englische Briefe. (2 Bl., 87 S.) [98. 10679 Hc

— u. Thdr. van **Haag**, Paris. Kommentar zu Rolfs' plan pittoresque u. plan monumental de la ville de Paris. Mit 1 farb. Plan v. Paris. 8. (IV, 180 S.) Leipzig 901. Renger. n. 3. 70; geb. in Leinw. n. 4. —

Plan pittoresque de la ville de Paris. Hergest. unter Aufsicht und nach Angaben des Prof. Dr. L. E[mil] Rolfs, Dir. zu Rheydt. *Leipzig: Renger (1900).* (6 Kartenbl. je 64 × 54 cm., 4 S.) gr. 2° [Umschlagt.] [00. 4068

Plan pittoresque de la ville de Paris. Hergestellt unter Aufsicht u. nach Angaben d. Prof. Dr. L. E[mil] **Rolfs**. Dir. zu Rheydt. Grösse d. Zeichnung: 132 × 170 cm. 6 Blätter. [Nebst] Alphab. Verzeichnis d. ... Strassen ... Leipzig: Gebhardt & Wilisch [1907]. (1 Kartenbl. in 6 Bl., 4 S.) [Umschlagt. lith.] [kol.] [07. 18904

Rolfs, W. Die Adgarlegenden Egerton 612. Diss. Erlangen 1882. 58 S.

Rolfs, W., üb. die Gründung e. Instituts f. deutsche Philologen zum Studium d. Englischen in London. Eine Denkschrift, den deutschen Regiergn., Universitäten u. Städten vorgelegt. gr. 8. (63 S.) Berlin 884. Weidmann. n. 1. 60

Rolfs, Wilhelm

— Geschichte der Malerei Neapels. Mit 1 Titelbild in Heliogravüre, 13 Textfig. u. 138 Abb. auf 112 Taf. (VI, 440 S.) Lex. 8. Leipzig 910. E. A. Seemann. 25. —

Rolfs, Wilh., Franz Laurana. 2 Tle. (XVI, 455 u. IV S. m. 82 Lichtdr.-Taf.) 32×23,5 cm. Berlin (907). R. Bong. 36.— ; geb. 40. —

Rolfs, Wilh., deutsche Nationalfeste. Auskunftsbüchlein f. Jedermann, der sich darüber unterrichten will. 8. (63 S.) München 898. R. Oldenbourg. n. — 40

— dasselbe. 2. Aufl. 8. (74 S.) Ebd. 898. n.n. — 50

— dasselbe. 3. Aufl. Ausg. A (ohne Karten). 8. (74 S.) Ebd. 898. n.n. — 50

Rolfs, Wilh., Neapel, s. a. Kunststätten, berühmte. Nr. 29.

Rolfs, Wilh., Neapel. [Tl] 1. 2. Leipzig 1905. 8°.
1: D. alte Kunst.
2: Baukunst u. Bildnerei im Mittelalter u. in d. Neuzeit.
(Berühmte Kunststätten. Bd 29. 30)

Neapel. Von Wilhelm Rolfs. 1. Leipzig: E. A. Seemann 1905. 8°
-- Kunststätten, Berühmte. No 29. [03. 6,97]

— Treibball. Ein altes Ballspiel in neuer Form. 8. (25 S. m. 1 Taf.) München 896. Th. Ackermann. n. — 40

— unsere Volksfeste. Gekrönte Preisschrift. 8. (47 S.) Leipzig 896. F. W. Grunow. — 75

Roelfsema, S., zur religiösen Gegenwart, mit besond. Beziehung auf ostfries. Verhältnisse. gr. 8. (31 S.) Leer 862, Meyer's Buchh.

Rolfsen, N., Fridtjof Nansen, s.: Brögger, W. C.

Rolfus, Herm., s.: Bibliothek d. kathol. Pädagogik.

Rolfus, Herm., Bilder aus der Kirchengeschichte, s.: Lust u. Lehre.

Rolfus, Herm., offener Brief an Herrn Fr. Michelis. 2. Aufl. gr. 8. (29 S.) Freiburg i/Br. 873. Herder. n. — 20

— Erklärung der zwölf Glaubensartikel. Mit vielen Beispielen aus der hl. Schrift, den Kirchenvätern u. and. Quellen, sowie Betrachtgn. u. Nutzanwendgn. Auszug aus dem großen Unterrichts- u. Erbauungsbuche „Kathol. Hauskatechismus". Mit 12 ganzseit. Einschaltbildern. 8. (352 S.) Einsiedeln 902. Verlagsanstalt Benziger & Co. Geb. in Leinw. n. 1. 80

Rolfus, Herm., vollständige Erklärung der Gebote Gottes u. der Kirche, s. a. Girardey, Ferreol.

Vollständige Erklärung der Gebote Gottes und der Kirche. Mit vielen Beispielen aus d. hl. Schrift ... sowie Betrachtungen u. Nutzanwendungen. Nach d. grösseren Werke d. Pf. Dr. Hermann **Rolfus** bearb. von P. Ferreol Girardey. Mit 8 Einschaltbild. *Einsiedeln, Waldshut, Köln: Benziger & Co. 1901.* (350 S.) 8° [F.] [01. 5]

— Erzählungen aus dem Leben. Gesammelt und der kathol. Jugend gewidmet. 8. (VIII, 232 S. m. 1 Steintaf.) Mainz 872. Kupferberg. 1. 50

Rolfus, Herm., gelobt sei Jesus Christus im heiligsten Sakrament des Altars! Ein sakramental. Unterrichts- u. Gebetbuch. 16. (II u. 481 S. m. 1 Lith.) Schaffhausen 850, Hurter. n. 5/12 ℔

Rolfus, Herm., gelobt sei Jesus Christus im heiligsten Sakramente des Altars. Ein sakramental. Unterrichts- u. Gebetbuch. 2. verbesserte Aufl. Schaffhausen 868. Hurter. 16. (IV, 528 S. mit 1 Stahlstich.) 18 ngr.

— Geschichte des Reiches Gottes auf Erden oder christliche Kirchengeschichte. Von Erschaffung der Welt bis auf unsere Tage. Für katholische Familien bearb. Mit dem Bildniß Leo's XIII. in Farbendr. u. vielen (eingedr.) Holzschn. 20 Hfte. gr. 8. (1118 S.) Freiburg i/Br. 878—80. Herder. à — 50

Rolfus, Herm., Geschichte des Reiches Gottes auf Erden oder christliche Kirchengeschichte von Erschaffung der Welt bis auf unsere Tage. Für kathol. Familien bearb. Mit dem Bildniß Leo's XIII. in Farbendr., Familien-Chronik und 204 (eingedr.) Holzschn. 2. verb. Aufl. 20 Hefte. gr. 8. (VII, 1118 S.) Freiburg i. Br. 883,84, Herder'sche Verlagsh. à Heft 50 Pf.

Rolfus, Herm., und F. J. Brändle, die Glaubens- und Sittenlehre der katholischen Kirche in ausführlichem Unterrichte dargestellt und mit Schrift- und Väterstellen, sowie mit Gleichnissen und Beispielen belegt und erläutert. Mit einem Vorwort von Carl Joh. Greith. 23 Lfgn. gr. 4. (1059 S. mit 480 eingedr. Holzschn, 1 Farbendr.-Titel, 1 farbigen Familienregister, 2 Farbendr.-Bildern und 8 Holzschn. auf Tonpapier.) Einsiedeln 875,76, Gebr. Benziger. à Lfg. 50 Pf.; compl. geb. in Halbleinw. * M. 16.; in Leder *

Die Glaubens- und Sittenlehre der katholischen Kirche in ausführl. Unterr. dargest. u. mit Schrift- u. Väterstellen, sowie mit Gleichnissen u. Beispielen belegt u. erl. Ein Hand- u. Hausbuch f. Katecheten u. christl. Familien von Dr. Hermann **Rolfus**, Pfarrer in Bühl, u. F. J. Brändle, weil. Rector in St. Gallen. Mit e. Vorw. von Carl Joh. Greith, Bischof von St. Gallen. 6. Aufl. *Einsiedeln, Köln: Benziger & Co. [um 1902].* (1059 S.) 4° [F.] [03. 11674]

Rolfus, Herm., der Grund des katholischen Glaubens. Mainz 862. Kupferberg. gr. 8. (XII, 202 S.) 22½ ngr.

Rolfus, Herm., katholischer Hauskatechismus, d. i. gründl. Unterricht v. allem, was der kathol. Christ zu glauben, zu hoffen, zu lieben u. zu thun hat, um in den Himmel zu kommen. Zugleich e. Christenlehrbuch f. Religionslehrer u. Seelsorger. Mit 4 Farbendr.-Blättern, 32 Orig.-Einschaltbildern u. vielen andern Illustr. 20 Lfgn. gr. 8. (VIII, 737 S.) Einsiedeln 891. 892. Benziger & Co. à — 40 (kplt. geb. in Halbfrz.: n. 10.—; in Ldr. m. Goldschn. n. 15.—)

— katholischer Hauskatechismus. Das ist gründl. Unterricht v. allem, was der kathol. Christ zu glauben, zu hoffen, zu lieben u. zu thun hat, um in d. Himmel zu kommen. Zugleich e. Christenlehrbuch f. Religionslehrer u. Seelsorger. M. 4 Farbendr.-Blättern, 32 Einschaltbild. u. vielen and. Illustr. 2. Aufl. gr. 8. (IX, 737 S.) Einsiedeln 897. Verlagsanstalt Benziger & Co. (Geb. in Lederimit.) n. 5. —

Rolfus, H., Kirchengeschichte, od. Geschichte d. Reiches Gottes von Erschaffung der Welt bis auf unsere Tage. Für die kathol. Familie bearb. Mit dem Bildnisse Leo's XIII in Farbendr., Familienchronik u. 200 Holzschnitten. 3., verm. Ausg. Mit e. Übersicht üb. die hierarch. Gliederg. der römisch-kathol. Kirche u. e. Verzeichniß der Päbste vom heil. Petrus bis auf unsere Tage. Lex.-8. (XXVIII, 1118 S.) Freiburg i/Br. 888. Herder. 8. —; geb. 10. —

Rolfus, Herm., Kirchengeschichte od. Geschichte des Reiches Gottes auf Erden von seiner Grundlegg. bis auf unsere Tage. Für die kathol. Familie bearb. Mit dem Bildnisse Leo's XIII. in Farbendr., Familien-Chronik u. vielen Illustr. 3., in Text u. Bildern verb. Aufl. 1.—9. Hft. gr. 8. (XXXVI u. S. 1—496.) Freiburg i/B. 894. Herder. à — 50

— **Kirchengeschichte** od. Geschichte d. Reiches Gottes auf Erden v. s. Grundlegg. bis auf uns. Tage. Für d. kathol. Familie bearb. M. d. Bildnisse Leo's XIII. in Farbendr., Familien-Chronik u. vielen Illustr. 3, in Text u. Bild. verb. Aufl. 10.—18. (Schluß-)Hft. gr. 8. (S. 497—1014). Freiburg i/B 895. Herder à Hft. — 50 (kplt. 9. —; geb. in Halbfrz. n. 11. 50)

— Kirchengeschichte od. Geschichte des Reiches Gottes auf Erden von seiner Grundlegung bis auf unsere Tage. Für die katholische Familie bearb. M. e. Familienchronik u. 193 Abb. 3., verb. Aufl. Neue Ausgabe. (XXXII, S. 1—994, 994a—f u. 995—1014 m. Abb. u. Titelbild.) Lex. 8. Freiburg i/B. (908). Herder. 7.50; geb. 10. —

—— **Kirchengeschichtliches** in chronologischer Reihenfolge von der Zeit des letzten Vaticanischen Concils bis auf unsere Tage. Mit besond. Berücksicht. der kirchenpolitischen Wirren. 1.—3. Abthl. oder 1. Bd. gr. 8. Mainz, Kupferberg. à Abthl. * M. 2,40. *

Inhalt:

Abthl. 1. Die Vorbereitung auf das Vaticanische Concil und das Vaticanische Concil selbst enth. (VI, 1—139 S., 877.
" 2. Zeit der Eröffnung des Vaticanischen Concils. (S 140—436.) 878.
" 3. Das Jahr 1871. (VI, 437—696 S.) 879.

—— **Kirchengeschichtliches** in chronologischer Reihenfolge von der Zeit des vaticanischen Concils bis auf unsere Tage. Mit besond. Berücksicht. der kirchenpolit. Wirren. 2. Bd. 3 Lfgn. Mainz, Kupferberg.

Inhalt:

Lfg. 1. Das Jahr 1872. (IV, S. 1—208.) 880. M 2,40.
" 2. Das Jahr 1873. (IV, S. 209—335.) 881. M 1,50.
" 3. Das Jahr 1874. (VIII, S. 337—680.) 882. M 3,30.

—— daſſ. — Fortgesetzt von Conr. Sickinger. 3. Bd. 3 Lfgn. gr. 8. Ebendas. 882.

Inhalt:

Lfg. 1. Das Jahr 1875. (VII, S. 1—256.) M 2,40.
" 2. 3. Die Jahre 1876 und 1877. (XII, S. 257—643.) M 4,80.

Rolfus, Herm., wider die Communalschulen. 8. (47 S) Mainz 863, Kupferberg.

—— Leitfaden der allgemeinen Weltgeschichte ergänzt und erläut. durch Anmerkungen. Für erweiterte Schulanstalten und zum Selbstunterricht. gr. 8. (X, 686 S.) Freiburg i. Br. 870, Herder'sche Verlagsh. *

—— daſſ. — Ausg. ohne Anmerkungen. gr. 8. (XI, 369 S.) Ebendas. 873.

—— daſſ. — 2. verb. Aufl. 3 Abthlgn. gr. 8. Ebendas. 873. *

Inhalt:

Abthl. 1. Das Alterthum. (IV, S. 1—218.) *M 1,40.
" 2. Die mittlere Zeit. (IV, S. 219—411.) *M 1,40.
" 3. Die neue Zeit. (X, S. 412—702.) *M 1,80.

Rolfus, Herm., Leitfaden der allgemeinen Weltgeschichte, ergänzt und erläutert durch Anmerkungen. Für erweiterte Schulanstalten und zum Selbstunterricht. 3 Abthlgn. 3. verb. und bis auf die neueste Zeit geführte Aufl. gr. 8. Freiburg i. Br. 881, Herder'sche Verlagsh. *

Inhalt:

Abthl. 1. Das Alterthum. (IV, S. 1—220.) *M 1,60.
" 2. Die mittlere Zeit. (IV, S. 221—416.) *M 1,40.
" 3. Die neue Zeit. (XI, S. 417—719.) *M 2.

—— daſſ. — Ausg. ohne Anmerkungen. 2. verb. und bis auf die neueste Zeit geführte Aufl. gr. 8. (XII, 390 S.) Ebendas. 881.

— Leitfaden d. allgem. Weltgeschichte, ergänzt u. erläut. durch Anmerkgn. Für erweit. Schulanstalten u. z. Selbstunterricht. 4., verb. u. bis auf die neueste Zeit geführte Aufl. 3 Abtlgn. gr. 8. Ebd. 896. n. 5. —; 1 Einbd. in Halbldr. n.n.n. — 50

1. D. Altertum. (VIII, 203 S.) n. 1. 60
2. D. mittl. Zeit. (IV, 178 S.) n. 1. 40
3. D. neue Zeit. (V, 277 S.) n. 2. —

— das Pflüger'sche Lesebuch u. dessen Werth als Lehrmittel. Den Lehrern u. Ortsschulräthen Badens zur Beurtheilung vorgelegt. Ebend. 868. gr. 8. (16 S.) n 2 ngr.

— u. Wilh. Herchenbach. Lust u. Lehre. Der kathol. Jugend gewidmet. 1—6. Bdchn. 8. Mainz 870. 71. Kupferberg. geb. à 1. 50

1. Des Christen Glaube u. Wandel. In Beispielen veranschaulicht u. in Lehrstücken dargelegt v. Herm. Rolfus. (XII, 244 S. m. e. Stahlst.)
2. Blumenlese aus dem deutschen Dichtergarten v. Herm. Rolfus (XII, 256 S. m. e. Stahlst.)
3. Bilder aus der Kirchengeschichte v. Herm. Rolfus. (VIII, 256 S. m. e. Stahlst.)
4. Bilder aus der Weltgeschichte v. Herm. Rolfus. (VIII, 264 S.)
5. Naturbilder aus allen 5 Erdtheilen. Ein Büchlein zur Erweiterg. der in der Schule gesammelten Kenntnisse. Von Wilh. Herchenbach. (VIII, 238 S.)
6. Bilder aus der Länder- u. Völkerkunde aller Erdtheile. Von Wilh. Herchenbach. (VIII, 224 S.)

—— und Wilh. Herchenbach, Lust und Lehre. Der katholischen Jugend gewidmet. 2. verb. und verm. Aufl. 3. und 4. Bdchn. 8. Mainz, Kupferberg. cart. à Bdchn.

Inhalt:

Bdchn. 3. Rolfus, Herm., Bilder aus der Kirchengeschichte. (VIII, 246 S.) 879.
" 4. —— Bilder aus der Weltgeschichte. (256 S.) 878.
1., 2., 5. und 6. Bdchn. Ebendas. 1870,71. cart. à M 1,50.

—— der Parteistandpunkt und das Pflüger'sche Lesebuch. Abwehr, Ergänzung und Erläuterung. gr. 8. (32 S.) Ebendas. 868. *

Vgl.: Ueber den Werth der Kritik des Pfr. Rolfus.

-- s. Real-Encyclopädie des Erziehungs- und Unterrichtswesens nach kathol. Principien.

— in Sachen d. Altkatholicismus u. in eigener Angelegenheit. Eine Gegen-Antwort an Michelis. 8 (30 S.) Ebend. 873. n. — 20

— die hl. Schrift in der Hand des Kranken wie des Seelsorgers am Krankenbette, s.: Galura, Bernard

—— Verzeichniß von Büchern, welche für Volksbibliotheken empfohlen werden können. Zusammengestellt im Auftrage der 25. Generalversammlung der Katholiken Deutschlands unter Mitwirkung von H. Bone, Fr. Falk, J. Holzammer und F. X. Schulte. Nebst einem Anhang von Schriften, welche sich zu Festgeschenken empfehlen. gr. 16. (VII, 204 S.) Freiburg i. Br. 878, Herder'sche Verlagsh. geb. in Halbleinw. *

—— Verzeichniß ausgewählter Jugendschriften, welche katholischen Eltern und Lehrern empfohlen werden können. Nebst einem Anh. von empfehlenswerthen Schriften für Erwachsene. 16. (XVI und 212 S.) Freiburg im Br 866, Herder'sche Verlagsh. cart. *

—— Verzeichniß ausgewählter Jugendschriften, welche katholischen Eltern und Lehrern empfohlen werden können. Nebst einem Verzeichniß von Beschäftigungsmitteln für Kinder. 2. verb. und verm. Aufl. gr. 16. (XVIII, 213 S.) Freiburg i. Br. 876, Herder'sche Verlagsh. geb. in Halbleinw. *

— Verzeichnis ausgewählter Jugend- u. Volksschriften, welche katholischen Eltern, Lehrern u. Erziehern, sowie zur Errichtung v. Jugend- u. Volksbibliotheken empfohlen werden. Nebst 2 Anhängen. I. Beschäftigungsmittel f. die Kinder. II. Bücher, welche sich zu Festgeschenken eignen. gr. 8. (XII, 140 S.) Freiburg i/B. 892. Herder. n. 2. 40; geb. n. 2. 80

— die Zulassung der Volksmissionen u. ihre Abhaltung durch Ordensgeistliche im Großherzogth. Baden. Ein paar Worte an alle Unbefangenen. gr. 8. (19 S.) Ebd. 888. n. — 20

Andacht zu Unsers Lieben Herrn Ruhe. Gebetbüchlein insbes. f. fromme Verehrer d. Geheimnisses von Unsers Lieben Herrn Ruhe. Ausgezogen aus e. Werke ähnl. Inhalts u. verm. mit d. gewöhnl. Andachten d. kath. Volkes. Neu hrsg. von Karl Rolfus, resign. Pfarrer in Herthen. *Einsiedeln, Köln: Benziger & Co. 1898.* (199 S.) 8° [F.]

Rolfus, Karl, Beppo, der Lazzaroni-Knabe. Für die Jugend erzählt. 8. (III, 128 S. m. 4 Bildern.) Freiburg i/Br. 890. Herder. n. 1. 20; geb. n. 1. 60

Rolfus, Karl, Beppo, der Lazzaroni-Knabe. Für die Jugend erzählt. 2. Aufl. 8. (III, 131 S. m. 4 Bildern.) Freiburg i/B. 899. Herder. n. — 90; geb. in Halbleinw. n. 1. 20

Rolfus, Karl, Jugendspiegel. Der kathol. Jugend gewidmet. 1—6. Bdchn. 8. Mainz 875. 76. Kupferberg. à 1. 20

1. Das Regimentskind od. wie die Saat, so die Ernte. Eine Erzählg. f. die kathol. Jugend. (VI, 183 S. m. 3 Steintaf.)
2. Die Uhrmacherfamilie auf dem Schwarzwalde. Eine Erzählg. f. die kathol. Jugend. Mit 3 (lith.) Bildern. (VI, 152 S.)
3. Dora, das Fischermädchen od. die Gnaden-Hilfe v. Telgte. Eine Erzählg. Mit 3 (lith.) Bildern. (VI, 166 S.)
4. Die Alpenrose oder: Verloren u. Wiedergefunden. Eine Erzählg. f. die kathol. Jugend. Mit 3 (lith.) Bildern. (VI, 184 S.)
5. Der irländische Korporal od.: Treue gegen Gott u. Vaterland. Eine Erzählg. f. die kathol. Jugend. Mit 3 Bildern. (VII, 180 S.)
6. Die Zigeuner od. der entführte Knabe. Eine Erzählg. für die kathol. Jugend v. Paul Hermann. Mit 3 (lith.) Bildern. (VII, 184 S.)

Rolfus, Karl, Jugendspiegel. Der lieben Jugend gewidmet. 1—8. Bdchn. 8. Mainz 877—80. Kupferberg. à 1. 20; cart. à 1. 50

1. Das Regimentskind oder wie die Saat, so die Ernte. Eine Erzählung für die liebe Jugend von Karl Rolfus. Mit 3 Bildern in Farbendruck. 2. Aufl. (VII, 183 S.)
2. Die Uhrenmacherfamilie auf dem Schwarzwalde. Von Karl Rolfus. (VII, 152 S.)
3. Dora, das Fischermädchen, oder die Gnaden-Hilfe von Telgte. Von Karl Rolfus. (VII, 166 S.)
4. Die Alpenrosen oder verloren u. wiedergefunden. Von Paul Hermann. 2. Aufl. (VIII, 184 S.)
5. Der irländische Korporal oder Treue gegen Gott u. Vaterland. Von Karl Rolfus. 2. Aufl. (VII, 180 S.)
6. Die Zigeuner oder der entführte Knabe. Von Paul Hermann. 2. Aufl. (VIII, 184 S.)
7. Der junge Bildschnitzer oder des Herrn Wege sind wunderbar. Eine Erzählung für die liebe Jugend von Karl Rolfus. Mit 3 Bildern in Farbendr. (VII, 173 S.)
8. Die große Kaiserin oder Oesterreich vor 100 Jahren. Von Paul Hermann. (VII, 208 S.)

Rolfus, Karl, Jugendspiegel. Eine Sammlg. v. Erzählgn., der lieben Jugend gewidmet. 1.—3. Bdchn. 3. Aufl. 8. (Mit je 4 Bildern.) Mainz 893. F. Kupferberg. Kart. à n. 1 —

1. Der Taufpate v. Rom u. zweierlei Patenkinder. Ein Lebensbild d. Papstes Pius IX. Der Jugend u. dem kathol. Volke erzählt. (VIII, 96 S.)
2. Das Regimentskind od. wie die Saat, so die Ernte. (VII, 178 S.)
3. Die Uhrmacherfamilie auf dem Schwarzwalde. (VII, 149 S.)

Rolfus, Karl, Klänge aus der Vorzeit. Fromme Sagen und Legenden aus Baden, Württemberg, Hohenzollern rc. Für das christl. Volk gesammelt. 1.—3. Bd. 8. Mainz, Kupferberg. à Bd. *M* 1,50.

Inhalt:
Bd. 1. Aus Baden, Württemberg, Hohenzollern und dem Elsaß. (XII, 194 S. mit 1 Stnt.) 873.
" 2. Aus der Schweiz, Tyrol und dem Vorarlberg. (VIII, 166 S.) 874.
" 3. Aus Bayern und Salzburg. (VII, 169 S. mit 1 Stnt.) 874.

Rolfus, Karl, Osterfeier der katholischen Christen. Ein Mahnruf die heil. Fastenzeit gut zuzubringen und sich auf eine würd. Osterbeicht vorzubereiten. Ein Betrachtungs-, Unterrichts- und Gebetbüchlein, enth. Betrachtungen über die ewigen Heilswahrheiten, das bittere Leiden und Sterben Christi, nebst einem vollständ. Unterricht über das heil. Sakrament der Buße und die Generalbeicht, sowie einem ausführl. Beichtspiegel. gr. 16. (X, 230 S. mit 1 Stahlst.) Mainz 874, Kupferberg.

— der kleine Radetzky. Eine österreich. Soldatengeschichte. Für die Jugend erzählt. 8. (III, 96 S. m. 5 Bildern.) Ebd. 890. n. 1. 20; geb. n. 1. 60

— der kleine Radetzky. Eine österreich. Soldatengeschichte. Für die Jugend erzählt. 2. Aufl. 8. (III, 99 S. m. 5 Bildern.) Ebd. 899. n. — 90; geb. in Halbleinw. n. 1. 20

— die Salpetrer. Geschichts- u. Lebens-Bilder aus dem Hauensteinischen. Den Unterhaltgn. e. Zipfelkappen-Museums nacherzählt. gr. 8. (VI, 160 S.) Ebend. 873. 1. 50

— der heilge Schutzengel als Begleiter d. Lebens. Ein Betrachtungs- u. vollständ. Gebetbuch f. alle Stände besonders f. Jünglinge u. Jungfrauen. Mit e. Stahlst. gr. 16. (XVIII, 488 S.) Ebend. 874. 2. —

— Weihnachtsblüthen. Ein Betrachtungs- u. Gebetbuch f. Seelen, welche die heil. Advents- u. Weihnachtszeit andächtig u. nützlich zubringen wollen. Mit 1 Stahlstich. 16. (XV, 260 S.) Ebend. 874. 1. 20

Rolfuss, Hermann, s. Rolfus

Rolief, J W De ara ignoti Dei. – Halberst 1736.

Rolief, J. W., evangel. Gedächtniß d. Augsburg. Confess. 8. Frankf. u. Leipz. 735.

Roelig, Eduard [approb. Arzt]: Ueber Insertio velamentosa funiculi umbilicalis und ihren Einfluss auf Schwangerschaft, Geburt und Kind . . . München, akad. Buchdr. v. F. Straub, 1887; 44 S. 8°
München, Med. Fak., Inaug.-Diss. v. 1887

Roelig, Eduard, über Insertio velamentosa funiculi umbilicalis und ihren Einfluss auf Schwangerschaft, Geburt und Kind. Diss. München 1887, A. Buchholz. 8°. 44 S.

Roelig, Hermann, aus München: Beiträge zur Kenntnis der seltenen Erden des Cerits. *München 1898: Kastner & Lossen.* (50 S.) 8°
München, Phil. Diss. v. 1899

Rolin, s.: Bericht, 1., der Kommission zur Bekämpfung des Rauches in Königsberg i. Pr.

Rolin, Gust., s.: Aliscans.

Diccionário portátil das linguas portuguêsa e alemã. Com indicação da pronúncia segundo o systêma phonético do Méthodo Toussaint-Langenscheidt por Gustavo Rolin, Prof. T. 1. 2. Colligido por Luiza Ey. Berlin-Schöneberg: Langenscheidt (1909). 8°
[Nebent.:] Taschenwörterbuch d. portug. u. deutschen Sprache ... von Gustav Rolin zsgest. von Louise Ey. [10. 10310 2

Rolin, Gust., Lehrbuch der italienischen Umgangssprache f. Schul- u. Selbstunterricht. Mit 1 Münztaf. (X, 518 S.) 8. Wien 906. F. Tempsky. — Leipzig, G. Freytag. Geb. n. 6.—

Rolin, Gust., kurzgefaßte italienische Sprachlehre. Mit 1 Karte v. Italien u. 1 Münztafel. (328 S.) 8. Leipzig 907. G. Freytag. — Wien, F. Tempsky. Geb. 3.50

— Taschenwörterbuch der portugiesischen u. deutsch. Sprache, s.: Ey, Luise.

— s.: Solfredi del Grathia's Ubersetzg. d. philosoph. Traktate Albertano's v. Brescia.

Rolin-Jacquemyns, G.

— second essai sur la guerre franco-allemande dans ses rapports avec le droit international, pour faire suite à la guerre actuelle dans ses rapport avec le droit international. [Décembre 1870.] [Aus: „Revue de droit international et de législation comparée.“] gr. 8. (102 S.) Ebend 871. n. 2. —

Rolin-Jacquemyns, G., nouvelle étude sur la question d'Orient. L'armistice, la conférence de Constantinople et les suites [Octbr. 1876—Janv. 1877]. [Aus: „Revue de droit internat.“] gr. 8. (37 S.) Gand 877. Berlin, Puttkammer & Mühlbrecht. n. 1. —

Rolin-Jacquemyns, G., la guerre actuelle dans ses rapports avec le droit international. [Aus: „Revue internationale et de legislat. comparée.“] gr. 8. (81 S.) Berlin 871. Puttkammer & Mühlbrecht. n. 2. —

— s.: Rechtsgutachten zum Process d. Grafen H. v. Arnim.

Rolin-Jacquemyns, G. (Hrsg.), s. Revue de droit international ...

Roline, C. A., das Ende. Erzählungen u. Geschichten. 8. (III, 208 S.) Dresden 899. E. Pierson. n. 3. —

Roling, Paul. Anton. Clemens (geb. Wettringen in Westf. 1799): De lectionis fabularum Milesiarum in hominis valetudinem efficacia. Berolini 1824. (27 S.) 8°
Berlin, Med. Diss. v. 24. Apr. 1824

Röling, Theod., Osnabrück. Kirchenhist., herausg. von J. D. Winkler. 8. Hannov. Hahn. 755.
vgl. Rölingh

Rolinger, M., s. Livre de prières du bon Catholique.

Rölingh, Thdr., Osnabrückische Kirchenhistorie, hrsgg. v. J. D. Winkler. 8. Hannov. 755. Hahn. 10 gr
vgl. Röling

Rolke, Georg: Die Löschung der Ladung nach See- und Binnenschiffahrtsrecht. Greifswald 1906: J. Abel. (58 S.) 8°
Greifswald, Jur. Fak., Ref. Frommhold, Diss. v. 21. Juni 1906
[Geb. 15. Juli 84 Bolkenhain, Schlesien; Wohnort: Naugard, Pom.; Staatsangeh.: Preußen; Vorbildung: Marienstiftsgymn. Stettin Reife O. 02; Studium: Berlin 1, Freiburg i. B. 1, Berlin 1, Greifswald 3 S.; Rig. 12. Febr. 06.]

Rolke, G(eorgius) T(heodorus) Gustavus: *De Argumento Physico-Theologico, sive de Deo existente, ex finibus (nexufinali), in natura rerum conspicuis, probando. 92 S. 4° (2°)
Halle-Wittenberg, Phil. Diss. v. 19. Mai 1873
Geb. Krossen [a. d. O.] 11. 3. 1846. V.

Rolke, T., der Bahnpostdienst. E. Zusammenstellg. d. Vorschriften üb. d. Handhabg. d. Dienstbetriebes in den Bahnposten 2c. 2., verm. Aufl. gr. 8. (VII, 180 S.) Leipzig 899. F. Luckhardt. Geb. in Leinw. n. 2. —

(Roll. Barbara von R' und die Krankenpflege.) Njbl. s. [Pestalozzi, Johannes /].

Roll, Cornelius Car. Aemilius, s. Roll, Kornelius Karl Emil

Alefeld, Johann Ludwig [Präs.] u. Franz Reinhard Roll (Dortmund) [Resp.]
Exercitatio Philosophica de miraculis.
Giessae 22. Dez. 1747: Joh. Müller. (2), 30 S. 4°
publice ventilanda

ROLL, GEORG. Ueber die Benzyläther der bromirten Nitrophenole und die Bromirung der Nitrophenolbenzyläther. (Freiburg i. B.) Darmstadt, 1884.

Roll, Geo., u. Emil Trautwein, Stoffe u. Werkzeuge zu d. weibl. Handarbeiten. Für Mädchenschulen bearb. 3. Aufl. gr. 16. (32 S. m. 6 Fig.) Berlin 898. Leipzig, J. Klinkhardt. n. — 20

Roll, Geo., u. Emil Trautwein, Stoffe u. Werkzeuge zu den weiblichen Handarbeiten. Für Mädchenschulen bearb. 4. Aufl. gr. 16. (32 S. m. 6 Fig.) Berlin 902. Leipzig, J. Klinkhardt. n. — 20

Roll, Geo., u. Emil Trautwein, Stoffe u. Werkzeuge zu den weiblichen Handarbeiten. Für Mädchenschulen bearb. 5. Aufl. (32 S. m. 6 Fig.) 16. Berlin 907. Leipzig, J. Klinkhardt. — 20

Roll, Geo., praktische Winke f. den Pferdekauf. (45 S.) kl. 8. Stuttgart 910. Schickhardt & Ebner. 1. —

Roll, J., die Obstkultur, s. Volksbücher, landwirthschaftliche.

Roll, J., Rathschläge zur Hebung der Obstcultur. Mit besond. Berücksicht. der rauhen Lagen im württemberg. Franken. Für den Landmann bearb. gr. 8. (40 S.) Schw.-Hall 875. (Mergentheim, Nemnich.) — 45

— Rathschläge zur Hebung der Obstcultur. Mit besonderer Berücksichtigung der rauhen Lagen im württembergischen Franken. Auf vielseitigen Wunsch bearb. für den Landmann. 2. u. 3. Aufl. gr. 8. (42 S.) Schw.-Hall 876. 77. (German.) n. — 40

Roll, Johann Gottlieb (Breitenhayn) A. S. 566/55

Dissertatio juridica de personis feuda constituentibus et adquirentibus item de nuptiis et tutela feudali. Präs. Gottlieb Sturm.
Wittenberg (Schlomach) 6. IV. 1735. 20 S.

Gew.: Hieronymus Hartwig Schmid.
W. v.: Präs. 29159

Roll, Isr., Schiri romi. (In hebr. Sprache.) Wien 868. Herzfeld & Bauer. gr. 16. (150 S.) n. 24 ngr

Roll, Kornelius Karl Emil

ROLL, CORNELIUS CAR. AEMILIUS, Nonnulla de sectione Caesarea felicissimo exitu instituta. Diss. inaug. Kiliae. 1838. P. (U. B.).

Roll, Ludwig v. Verzeichniss der Rohren etc. der Roll'schen Eisenwerke in Solothurn. 1873?

Roll, Otto [aus Ottensen]: Ueber den Einfluss der Volksetymologie auf die Entwicklung der neufranzösischen Schriftsprache. Ein Beitrag zur Kenntniss der Sprachgeschichte .... Kiel, Verl. v. Lipsius & Tischer, 1888; 30 S. + 1 Bl. 8°

Kiel, Phil. Fak., Inaug.-Diss. v. 17. März 1888

Roll, O., üb. den Einfluss der Volksetymologie auf die Entwicklung der neufranzösischen Schriftsprache. Ein Beitrag zur Kenntniss der Sprachgeschichte. Inaug.-Diss. gr. 8. (30 S.) Kiel 888. Lipsius & Tischer. n. 1. —

Roll, Reinhard Heinrich

Roll, Reinhard Heinrich u. Joh. Georg Roll (Sohn) [Resp.]
Diss. an et quo sensu evangelium concio poenitentiae dici possit.
Giessae 1756. 4°

Roll, Reinh. H., bibliotheca nobilium theologorum, 8. Rost. Garm. 709.

Roll, Reinhard Heinrich u. Ernst Wilh. Susemihl (Hoffgarten) [Auctor et Resp.]
Dissertatio theolog.de clave cognitionis a Legisperitis sublata, ad verba Christi Lucae XI, comm. 52.
Giessae Febr. 1745: Joh. Müller. 38 (2) S. 4°

Roll, Reinhard Heinrich [Präs.] u. Barthol. Chrph. Reinh. Mengel (Queckborn) [Resp.]
Specimen comparationis Marci Evangelistae cum Matthaeo, quo evincitur, Marcum non esse breviatorem Matthaei.
Giessae Sept. 1752: Eb. Heinr. Lammers. 30 S. 4°
publice ventilandum

Roll, Reinhard Heinrich u. Joh. Casim. Engelbach [Resp.]
Diss. theol. sistens comparationem Theologiae naturalis cum revelata circa doctrinam de creatione hujus universi.
Giessae 1745. 4°

Roll, Reinhard Heinrich [Präs.] u. Joh. Ambros. Christoph. Henr. Conr. Happel (Offleyden) [Auctor et Resp.]
Demonstratio aeternae deitatis D.N. Jesu Christi ex opere creationis, una cum vindiciis locorum scripturae classicorum a depravationibus Socinianis,... dissertatio theologica.
Giessae April 1734: Lammers. (2), 62 S. 4°

Roll, Reinhard Heinrich [Präs.] u. Heinr. Beurbus (Dortmund) [Resp.]
De erroribus Augustanae Confessioni recentiori aetate temere affictis, Dissertatio prima.
Giessae 1. Juli 1730: E. H. Lammers. (2), 32, (2) S. 4°

Roll, Reinhard Heinrich [Präs.] u. Joh. Chph. Mallinckrodt (Dortmund) (post. Past. Rodheim. in Conventu Giess.) [Resp.]
De erroribus Augustanae Confessioni recentiori aetate temere adfictis. Dissertatio secunda.
Giessae 18. Dez. 1734. 40 S. 4°

Roll, Reinhard Heinrich [Präs.] u. Casp. Bez (Grünberg) [Resp.]
De erroribus Augustanae Confessioni recentiori aetate temere adfictis, Dissertatio tertia.
Giessae 8. März 1736: E.H. Lammers. (4), 36 S. 4°
publice ventilanda

Roll, Reinhard Heinrich [Präs.] u. Justus Conr. Ruhfel (Alsfeld) [Resp.]
De erroribus Augustanae Confessioni recentiori aetate temere adfictis. Dissertatio quarta.
Giessae 21.Juli 1740. 24 S. 4°

Roll, Reinh. Heinr. [Präs.] u. Jo. Jak. Fenner (Lauterbach) [Resp.]
Dissertatio theologica de gratia convertente Judaeis serio oblata et turpiter ab ipsis repudiatis ad Matth. XXIII, xxxvii.
Giessae Nov. [5.Dez.] 1737: Eb. Henr. Lammers. (2), 70 S. 4°
publice ventilanda

Roll, Reinh. Heinr. [Präs.] u. Joh. Georg Gottlob Schwartz (Grünberg)
Dissertationis theologicae de gratia convertente Judaeis serio oblata et turpiter ab ipsis repudiata, ad Math. XXIII, v. XXXVII b pars altera.
Giessae Apr. 1756: Braun. (2), 30 S. 4°

— memoriae philosophor. et aliorum. 8. ibidem. 710.

Roll, Reinhard Heinrich (Unna/W.) A. S. 377/22

Exercitatio theologica de numo confessionali et oblatorio sive missali, vulgo Vom Beicht= und Opffer= Pfennige, historice et apologetice tractata, contra Arnoldum et C. Democritum.
Präs. Heinrich Askanius Engelken.
o.O. 1716. 46 S.
Diss. Rostock 20. III. 1707.

W. v.: Jo. Fecht, Präs. 29160

Roll, Reinhard Heinrich [Präs.] u. Georg Melchior Weisgerber (Gladenbach) [Autor et Resp.]
Dissertatio theologica de relapsu e statu gratiae sub schemata naufragii circa fidem ad 1.Tim. I, v.18 seqq.
Giessae 24.Nov. 1756: Braun. (2), 28, (2) S. 4°

Roll, Reinhard Heinrich u. Joh. Georg Hofmann (Prof. d. Oriental. Sprachen in Gießen) [Resp.]
Dissertatio inauguralis theologica de statu exinanitionis Christi spectato quoad animam ipsius.
Giessae 2. Mai 1765: Braun. 62 S. 4°
pro summis in theologia honoribus rite impetrandis.

Roll, Reinhard Heinr.
Dissertatio theologica de terminis ecclesiasticis loco de deo unitrino adhiberi solitis.
Gissae 1745.

Roll, Reinhard Heinrich [Präs.] u. Joh. Laur. Wichterich [Resp.]
Dissertatio theologica de terminis ecclesiasticis in loco de Deo unitrino adhiberi solitis.
Giessae 22. Dez. 1750: Braun. (4), 28 S. 4°

Roll, Reinhard Heinrich [Präs.] u. Francisc. Reinh. Roll [Resp.]
Vindiciae quorundam S. Scripturae locorum de vera deitate Domini nostri Jesu Christi, a depravationibus Neo-Ariani Francofurtensis.
Giessae 4. Aug. 1753. 24 S. 4°

Roell, Freiherr v., (Hrsg.), s. Adelsblatt, Deutsches.

Röll, Alfred: Über die Bestimmung des Schädelinnenraums am Kopfe des Lebenden. Würzburg 1910: Meixner. 28 S. 8°
Würzburg, Med. Diss. v. 25. Juli 1910, Ref. Rieger
[Geb. 15. Dez. 83 Willmars; Wohnort: Würzburg; Staatsangeh.: Bayern; Vorbildung: Altes Gymn. Würzburg Reife Juli 03; Studium: Würzburg 10 S.; Coll. 25. Mai 10; Approb. 11. Febr. 09.] [U 10. 4362

Röll, Aug., die Schülerfahrt des Eisenacher Flottenvereins an die Wasserkante vom 17. bis 21. VII. 1906. (31 S. m. Abb.) 8. Eisenach 906. Hofbuchdruckerei Eisenach H. Kahle. — 50

Röll, Erich: Untersuchungen über das Verhältnis des 'Siège de Barbastre' zum 'Bueves de Commarchis' von Adenet le Roi, und die Stellung der Prosafassung. Greifswald 1909: Adler. 101 S. 8°
Greifswald, Phil. Diss. v. 17. Juni 1909, Ref. Stengel
[Geb. 7. März 85 Sorau; Wohnort: Erfurt; Staatsangeh.: Preußen; Vorbildung: Realgymn. Erfurt Reife O. 04; Studium: Halle 4, Grenoble 1, Greifswald 3 S.; Rig. 3. Aug. 08.] [U 09. 1556

Röll, Julius [appr. Arzt aus Schweinfurt a. M.]: Der Klumpfuss und seine Behandlung .... München. Druck von M. Ernst (vorm. G. Pollner), 1886; 37 S. 8°.

Würzburg, Med. Fak., Inaug.-Diss. v. 1886.

Röll, Jul. Unsere essbaren Pilze, in natürlicher Grösse dargestellt u. beschrieben m. Angabe ihrer Zubereitung. 2. Aufl. (VI, 46 S. m. 14 Taf. in Farbendr.) 889; 3. Aufl. 12. (48 S. m. 14 Taf. in Farbendr.) Tübingen 892, Laupp. cart. * 2 —

Röll Jul., unsere eßbaren Pilze, in natürlicher Größe dargest. u. beschrieben m. Angabe ihrer Zubereitung. 5. Aufl. 12. (X, 38 S. m. 15 farb. Taf.) Tübingen 895. H. Laupp. In Leinw. kart. n. 2. —

Röll, Jul., unsere essbaren Pilze, in natürl. Grösse dargestellt u. beschrieben, m. Angabe ihrer Zubereitung. Mit 14 Taf. in Farbendr. u. 1 Titelbild. 6., neubearb. Aufl. (VIII, 46 S.) Tübingen 903. H. Laupp. n. 2. —

Röll, Jul., unsere essbaren Pilze, in natürlicher Grösse dargestellt u. beschrieben, m. Angabe ihrer Zubereitg. Mit 14 Taf. in Farbendr. u. 1 Titelbild in Dreifarbendruck. 7. Aufl. (VIII, 44 S.) 8. Tübingen 908. H. Laupp. 1. 80

Röll, Jul., die 24 häufigsten essbaren Pilze, welche m. giftigen nicht leicht zu verwechseln sind, in natürl. Grösse dargestellt u. beschrieben m. Angabe ihrer Zubereitg. Mit 14 Taf. in Farbendr. 8. (VI, 46 S.) Tübingen 883. Laupp. n. 3. 60

Röll, Julius: Zur Reform der höheren Schulen, insbesondere der höheren Mädchenschule.—Tübingen:Laupp 1890. IV, 77 S. 8°

Röll, Jul., der naturwissenschaftliche Unterricht an der höheren Mädchenschule u. seine Bedeutung für die weibliche Erziehung u. Bildung. gr. 8. (VIII, 220 S.) Leipzig 879. Teubner. n. 3. 60

Röll, Louis, 150 Ausflüge nach dem Thüringer Wald. 16. (25 u. XVI, S.) Erfurt 900. C. Villaret. n. — 25

Die Entstehungsgeschichte der Thüringischen Eisenbahn. Vortrag geh. 1910 zu Erfurt von Louis Röll. Hrsg. v. Thüringerwald-Verein. (Erfurt: Thüringerwald-Verein 1910.) 36 S. 8° [11. 9072

— Erfurt, s. a. Wanderbilder, europäische. Nr. 141. 142.

Röll, L., Erfurt in Thüringen, s. a. Wanderbilder, europäische.

Röll, Louis: Erfurt in Thüringen. Mit 16 Illustrationen nach Originalaufnahmen von Bissinger u. Dittmann in Erfurt und Originalskizzen. sowie einer Karte und einem Plan. (Europäische Wanderbilder. No. 141 u. 142.) Zürich [1888]. 60 S. 8°.

Röll, Louis, Erfurt in Thüringen. [Besonderer Abdr. aus: „Europ. Wanderbilder".] Mit 27 Illustr. nach Orig.-Aufnahmen u. Orig.-Skizzen. gr. 4. (90 S. m. farb. Randeinfassgn.) Zürich 892. Art. Institut Orell Füssli, Verl. Geb. in Leinw. m. Goldschn. n. 20. —

Erfurt in Thüringen. Von Louis Röll. Mit 34 Bild., 1 Karte d. Steigerwaldes, 1 Karte d. Umgegend, 1 Stadtpl. u. 1 Pl. von Ilversgehofen, sowie 1 Heftchen von Dr. A[lfred] Overmann: 'Die älteren Kunstdenkmäler Erfurt's.' Erfurt: Thüringer-Wald-Ver. 1904. (104, 20 S.) 8° [04. 5205 3

— die Schwarzathal-Bahn, s.: Thüringerwald-Bahnen. I.

Röll, Louis, Thüringen u. seine Eisenbahnen in Wort u. Bild. 2 Hefte. 2. verb. Aufl. (V, 42 u. 73 S. m. 7 bezw. 6 farb. Karten.) 8. Erfurt (910). (Gotha, Verlagsanstalt u. Druckerei H. Bartholomäus.) à — 50

Thüringerwald-Bahnen. Von Louis Röll. Nach amtl. Quellen bearb. 1. Erfurt: Ohlenroth 1902. 8° [03. 12304 3

— der Tourist in Thüringen. Ein Führer durch Thüringens Städte u. Berge u. das Kyffhäuser-Gebirge. Unter Mitarbeiterschaft zahlreicher „Thüringer Waldvereine" hrsg. Mit e. Anh.: Album thüringer Ansichten, sowie 1 Eisenbahnkarte, 5 Tourenkarten u. 4 Stadtplänen. (XXVIII, 152 u. CLVIII S.) kl. 8. Gotha (906). Verlagsanstalt u. Druckerei (H. Bartholomäus). Kart. n. 1. —

— Der Tourist in Thüringen. Ein Führer durch Thüringen u. das Kyffhäuser-Gebirge. Unter Mitwirkg. der Zweigvereine des Thüringerwald-Vereins bearb. Mit 1 Eisenbahnkarte, 5 Tourenkarten, 4 Stadtplänen, e. Anzahl Ausflugstafeln, sowie e. Anh.: Album Thüringer Ansichten. (5. Aufl.) (X, 240 u. 167 S.) kl. 8. Gotha (909). Verlagsanstalt & Druckerei, H. Bartholomäus. Geb. 1.—

Röll, Moritz F.

Röll, M. F., amtlicher Bericht über den 2. internationalen Congress von Thierärzten zu Wien, s. a. Bericht.

— u. L. Forster, Amtlicher Bericht über den 2. internationalen Kongress von Tierärzten zu Wien am 21.—27. August 1865. gr. 4°. (V., 180 S.) Ebd. 65. Braumüller. M. 6.—

Röll, M. F., u. F. C. Schneider, die Grundzüge der Naturlehre u. Chemie mit besonderer Berücksicht. der Bedürfnisse d. ärztl. Studiums bearb. 2 Bde. Lex. 8. 1. Die Grundzüge d. Naturlehre. Zusammengestellt von M. F. Röll. (XVI u. 272 S.) 2. Grundzüge der allgemeinen Chemie. Bearb. v. F. C. Schneider. 2 Abthlgn. (XII u. 444 S.) Wien 851, Braumüller. n. 3 1/3 ₰

Röll, M. F., Die Grundzüge der Naturlehre mit besonderer Berücksichtigung der Bedürfnisse des tierärztlichen Studiums. Mit 193 Abbildungen. (XVI., 272 S.) Wien 53. Braumüller. M. 3.—

Röll, M. F., die rinderpestähnliche Krankheit der Schafe und Ziegen. Auf Grundlage der bisher gewonnenen Erfahrungen geschildert. Wien 864. Braumüller. gr. 8. (IV, 71 S.) n. 16 ngr.

Röll, M. F., Lehrbuch der Arzneimittellehre für Thierärzte. Wien 853. Braumüller. gr. 8. (VIII, 215 S.) n. 1 ₰.

Röll, M. F., Lehrbuch der Arzneimittellehre für Thierärzte. 2., verb. Aufl. Wien 866. Braumüller. gr. 8. (IX, 225 S.) n. 1 ₰

Röll, M. F., Lehrbuch der Arzneimittellehre für Thierärzte. 3., umgearb. Aufl. gr. 8. (VIII, 244 S.) Wien 880. Braumüller. n. 4. —

—— Lehrbuch der Pathologie und Therapie der nutzbaren Hausthiere. 2 Hälften. gr. 8. (1. Hälfte S. 1 — 304.) Wien (855(56,) Seidel. *

Röll, Dr. M. F. — Lehrbuch der Pathologie und Therapie der nutzbaren Hausthiere. Von — —. Zweite Hälfte. Wien, 1856. Druck und Papier von Leopold Sommer in Wien. Verlag von L. W. Seidel. (XI. S. 305 - 680. 8.)

Röll, M. F., Lehrbuch der Pathologie und Therapie der Hausthiere. 2., verm. und umgearb. Aufl. gr. 8. (XVI und 934 S.) Wien 860, Braumüller's Verlags-Conto. *

—— Lehrbuch der Pathologie und Therapie der Hausthiere. 3., umgearb. Aufl. 2 Bde. gr. 8. (X und 494 S., VIII und 499 S.) Wien 867, Braumüller. *

Röll, M. F., Lehrbuch der Pathologie u. Therapie der Hausthiere. 4. verm. u. umgearb. Aufl. 2 Bde gr. 8. (XII, 581 u. VIII, 608 S.) Wien 876. Braumüller. n. 24. —

Röll, M. F., Lehrbuch der Pathologie und Therapie der Hausthiere. 5. verm. und umgearb. Aufl. 2 Bde. gr. 8. Wien 885, Braumüller. [1. Bd. (IX, 719 S.) *M 15.—; 2. Bd. (VIII, 582 S.) *M 12.—.] *

— das k. k. Militär-Thierarznei-Institut in Wien während des 1. Jahrh. seines Bestehens. Eine historische Skizze. Mit 1 (lith.) Situationsplane. gr. 8. (128 S.) Ebend. 878. n. 2. 40

— die Thierseuchen. Mit Berücksichtigung der österreichischen u. deutschen Gesetzgebung für Thierärzte u. Aerzte bearb. gr. 8. (VIII, 434 S.) Ebend. 881. n. 9. —

— Veterinärbericht für das Jahr 1878. Nach amtlichen, über Auftrag des Ministeriums des Innern aus den im Reichsrathe vertretenen Königreichen u. Ländern [ausgenommen Dalmatien] eingelangten Berichten bearb. gr. 8. (72 S.) Wien 881. Hof- u. Staatsdruckerei. n. — 60

— dasselbe für das Jahr 1879. gr. 8. (83 S.) Ebend. 881. n. 1. 40

— Veterinär-Bericht f. d. J. 1880. Nach amtl., üb. Auftrag d. k. k. Ministeriums d. Innern aus den im Reichsrathe vertretenen Königreichen u. Ländern eingelangten Berichten bearb. gr. 8. (III, 94 S.) Wien 882. Hölder. n. 1. 80

— dasselbe f. d. J. 1881. gr. 8. (III, 158 S.) Ebend. 883. n. 3.

— dasselbe f. d. J. 1882. gr. 8. (III, 140 S.) Ebend. 884. n. 3. —

—— Veterinär-Bericht für die J. 1883—1886. Nach amtl., über Auftrag des k. k. Ministeriums des Innern aus den im Reichsrathe vertretenen Königreichen und Ländern eingelangten Berichten bearb. gr. 8. (III, 155; III, 156; III, 162; III, 152 S.) Wien 885—87, Hölder. à Jahrg. *

Röll, M. F., s.a. Veterinär-Bericht für d. J. 1887.

— dasselbe f. d. J. 1887, nebst e. Übersicht über die Verbreitg. der Thierseuchen während d. Decenniums 1878—1887. gr. 8. (IV, 208 S.) Ebd. 889. n. 4. 40
s.: Sperk, Bernh.

Röll, Moritz F., s. Vierteljahresschrift für wissenschaftliche Veterinärkunde.

Röll, Vict., österreichische Eisenbahngesetze. Sammlung der auf das Eisenbahnwesen Bezug hab. Gesetze, Verordngn. u. Judicate. Unter Mitwirkg. v. J. Messerklinger hrsg. gr. 8. (XII, 1576 S.) Wien 884. 85. Manz. n. 20. —

(Roell und v. Marquet). Die österreichischen Eisenbahngesetze. Samml. der das Eisenbahnwesen betr. Gesetze, Verordnungen u. Judikate. 5. Aufl. Hälfte 1. 2. Wien 1905. 8°.
(Manz'sche Taschenausg. d. österreich. Gesetze. Bd 17.)

Röll, V., eisenbahnrechtliche Entscheidungen der österreichischen u. ungarischen Gerichte. Im Auftrage der österreich. u. ungar. Bahnverwaltgn. hrsg. 1.—3. Jahrg. 1887—1889. 8. (188, 200, 180 S.) Wien 888—890. Hartleben. à Jahrg. n. 4. —

— eisenbahnrechtliche Entscheidungen der österreichischen u. ungarischen Gerichte. Im Auftrage der österreich. u. ungar. Bahnverwaltgn. hrsg. IV.-VII. Jahrg. 1890—1893. gr. 8. (164, 196, 152, 173 S.) Wien 891—894. A. Hartleben. à Jahrg. n. 4.

— eisenbahnrechtl. Entscheidungen der österr. u. ungar. Gerichte. Im Auftr. der österr. u. ungar. Bahnverwaltgn. hrsg. VIII.—X. Jahrg. 1894—1896. gr. 8. (171; 191 u. 24 u. 280 S.) Wien 895—897. A. Hartleben. à Jahrg. n. 4. —

Röll, V., s.a. Encyklopädie d. gesamten Eisenbahnwesens in alphabetischer Anordnung.

Röll, Dr. Victor, Encyklopädie des gesammten Eisenbahnwesens in alphabetischer Anordnung. Mit über 1500 Original-Holzschnitten, zahlreichen Tafeln und Karten. I. Band. 1.—2. Heft. Lex.-8. (S. 1 - 96) à —.60
Wien: Gerold 1891.

Röll, Dr. Victor, Encyklopädie des gesammten Eisenbahnwesens in alphabetischer Anordnung. I. Bd. 3. Lief. Mit 1 Tafel. Lex.-8. (S. 97—144) Ebd. —.60

Röll, Dr. Victor, Encyklopädie des gesammten Eisenbahnwesens in alphabetischer Anordnung. I. Bd. 4. Lief. Lex.-8. (S. 145—192) Ebd. —.60

Röll, Dr. Victor, Encyklopädie des gesammten Eisenbahnwesens in alphabetischer Anordnung. Mit über 1500 Original-Holzschnitten, zahlreichen Tafeln und Karten. I. Band. 5. Liefrg. Lex.-8. (S. 193—240) Ebd. —.60

Röll, Dr. Victor, Encyklopädie des gesammten Eisenbahnwesens in alphabetischer Anordnung. I. Band. 6. Liefrg. Mit 1 Tafel. Lex.-8. (S. 241—288) Ebd. —.60

Röll, Dr. Victor, Encyklopädie des gesammten Eisenbahnwesens in alphabetischer Anordnung. I. Band. 7. Lieferung. Lex.-8. (S. 289 bis 336) Ebd. —.60

Röll, Dr. Victor, Encyklopädie des gesammten Eisenbahnwesens in alphabetischer Anordnung. I. Band. 8. Lieferung. Mit 1 Tafel. Lex.-8. (S. 337—384) Wien: Gerold 1892. —.60

Röll, Dr. Victor, Encyklopädie des gesammten Eisenbahnwesens in alphabetischer Anordnung. I. Band. 9. Lieferung. Lex.-8. (S. 385 bis 432) Ebd. —.60

Röll, Dr. Victor, Encyklopädie des gesammten Eisenbahnwesens in alphabetischer Anordnung Mit über 1500 Original-Holzschnitten, zahlreichen Tafeln und Karten. Lex.-8. I. Bd. 10 Hefte. (S. 433—480) Ebd. —.60

Röll, Dr. Victor, Encyklopädie des gesammten Eisenbahnwesens in alphabetischer Anordnung. Mit über 1500 Original-Holzschnitten, zahlreichen Tafeln und Karten. Lex.-8. I. Band. 11. Heft. (S. 481—528) Ebd. —.60

Röll, Dr. Victor, Encyklopädie des gesammten Eisenbahnwesens in alphabetischer Anordnung. Mit über 1500 Original-Holzschnitten, zahlreichen Tafeln und Karten. Lex.-8. II. Band. 3. Heft. (S. 577—624) Ebd. —.60

Röll, Dr. Victor, Encyklopädie des gesammten Eisenbahnwesens in alphabetischer Anordnung. Mit über 1500 Original-Holzschnitten, zahlreichen Tafeln und Karten. Lex.-8. II. Band. 4. Heft. (S. 625—672) Ebd. —.60

Röll, Dr. Victor, Encyklopädie des gesammten Eisenbahnwesens in alphabetischer Anordnung. Mit über 1500 Original-Holzschnitten, zahlreichen Tafeln und Karten. Lex.-8. II. Band. 5. Heft. (S. 673—720) Ebd. .60

Röll, Dr. Victor, Encyklopädie des gesammten Eisenbahnwesens in alphabetischer Anordnung. Mit über 1500 Original-Holzschnitten, zahlreichen Tafeln und Karten. Lex.-8. II. Band. 6. Heft. (S. 721—768) Ebd. —.60

Röll, Dr. Victor, Encyklopädie des gesammten Eisenbahnwesens in alphabetischer Anordnung. II. Band. 7 Lieferung. Lex.-8. (S. 769 bis 816) Ebd. —.60

Röll, Dr. Victor, Encyklopädie des gesammten Eisenbahnwesens in alphabetischer Anordnung. II. Band. 8 Lieferung. Lex.-8. (S. 817 bis 864) Ebd. —.60

Röll, Dr. Victor, Encyklopädie des gesammten Eisenbahnwesens in alphabetischer Anordnung. II. Band. 9. Lieferung. Lex.-8. (S. 865 bis 912) Ebd. —.60

Röll, Dr. Victor, Encyklopädie des gesammten Eisenbahnwesens in alphabetischer Anordnung. Mit über 1500 Original-Holzschnitten, zahlreichen Tafeln und Karten. Lex.-8. II. Band. 10. Heft. (S. 913—960) Ebd. —.60

Röll, Dr. Victor, Encyklopädie des gesammten Eisenbahnwesens in alphabetischer Anordnung. II. Band. 11 Lieferung. Lex.-8. (S. 961 bis 996) Ebd. —.60

Röll, Dr. Victor, Encyklopädie des gesammten Eisenbahnwesens in alphabetischer Anordnung. Mit über 1500 Original-Holzschnitten, zahlreichen Tafeln und Karten. Lex.-8. II. Band. 12. Heft. (S. 529—576) Ebd. —.60

Röll, Dr. Victor, Encyklopädie des gesammten Eisenbahnwesens in alphabetischer Anordnung. III. Band. 1. Lieferung (des ganzen Werkes 22. Heft). Lex.-8. (S. 997—1044) Wien: Gerold 1892. —.60

Röll, Dr. Victor, Encyklopädie des gesammten Eisenbahnwesens in alphabetischer Anordnung. III. Band. 2. Lieferung (des ganzen Werkes 23. Heft). Lex.-8. (S. 1045—1092) Wien: Gerold 1892. —.60

Röll, Dr. Victor, Encyklopädie des gesammten Eisenbahnwesens in alphabetischer Anordnung. III. Band. 3. Liefrg. Lex.-8. (S. 1093 bis 1140) Ebd. .60

Röll, Dr. Victor, Encyklopädie des gesammten Eisenbahnwesens in alphabetischer Anordnung. III. Band. 4. Liefrg. Lex.-8. (S. 1141 bis 1188) Ebd. —.60

Röll, Dr. Victor, Encyklopädie des gesammten Eisenbahnwesens in alphabetischer Anordnung. III. Band. 5. Liefrg. Lex.-8. (S. 1189 bis 1236) Ebd. —.60

Röll, Dr. Victor, Encyklopädie des gesammten Eisenbahnwesens in alphabetischer Anordnung. III. Band. 6. Liefrg. Lex.-8. (S. 1237 bis 1287) Ebd. —.60

Röll, Dr. Victor, Encyklopädie des gesammten Eisenbahnwesens in alphabetischer Anordnung. III. Band. 7. Liefrg. Lex.-8. (S. 1285 bis 1332) Ebd. —.60

Röll, Dr. Victor, Encyklopädie des gesammten Eisenbahnwesens in alphabetischer Anordnung. III. Band. 8. Liefrg. Lex.-8. (S. 1333 bis 1380) Ebd. —.60

Röll, Dr. Victor, Encyklopädie des gesammten Eisenbahnwesens in alphabetischer Anordnung. III. Band. 9. Liefrg. Lex.-8. (S. 1381 bis 1428) Ebd. —.60

Röll, Dr. Victor, Encyklopädie des gesammten Eisenbahnwesens in alphabetischer Anordnung. III. Band. 11. Liefrg. Lex.-8. (S. 1477 bis 1516) Wien: Gerold 1893. —.60

Röll, Dr. Victor, Encyklopädie des gesammten Eisenbahnwesens in alphabetischer Anordnung. IV. Band. 1. Liefrg. (Des ganzen Werkes 33. Heft.) Lex.-8. (S. 1517—1564) —.60 Wien: Gerold 1893.

Röll, Dr. Victor, Encyklopädie des gesammten Eisenbahnwesens in alphabetischer Anordnung. IV. Band. 2. Liefrg. (Des ganzen Werkes 34. Heft.) Lex.-8. (S. 1565—1612) —.60 Wien: Gerold 1893.

Röll, Dr. Victor, Encyklopädie des gesammten Eisenbahnwesens in alphabetischer Anordnung. IV. Band. 3. Liefrg. Lex.-8. (S. 1613 bis 1660) Ebd. —.60

Röll, Dr. Victor, Encyklopädie des gesammten Eisenbahnwesens in alphabetischer Anordnung. IV. Band. 3. Liefrg. (Des ganzen Werkes 35. Lief.) Lex.-8. (S. 1661—1708) —.60
Wien: Gerold 1893.

Röll, Dr. Victor, Encyklopädie des gesammten Eisenbahnwesens in alphabetischer Anordnung. IV. Band. 5. Liefrg. Lex.-8. (S. 1429 bis 1476) Wien: Gerold 1892. —.60

Röll, Dr. Victor, Encyklopädie des gesammten Eisenbahnwesens in alphabetischer Anordnung. IV. Band. 5. Liefrg. Lex.-8. (S. 1709 bis 1756) Wien: Gerold 1893. —.60

Röll, Dr. Victor, Encyklopädie des gesammten Eisenbahnwesens in alphabetischer Anordnung. IV. Band. 6. Liefrg. Lex.-8. (S. 1757 bis 1804) Ebd. —.60

Röll, Dr. Victor, Encyklopädie des gesammten Eisenbahnwesens in alphabetischer Anordnung. IV. Band. 7. Liefrg. Lex.-8. (S. 1805 bis 1852) Ebd. —.60

Röll, Dr. Victor, Encyklopädie des gesammten Eisenbahnwesens in alphabetischer Anordnung. IV. Band. 8. Liefrg. Lex.-8. (S. 1053 bis 1900) Ebd. —.60

Röll, Dr. Victor, Encyklopädie des gesammten Eisenbahnwesens in alphabetischer Anordnung. IV. Band. 9. Liefrg. Lex.-8. (S. 1901 bis 1948) Ebd. —.60

Röll, Dr. Victor, Encyklopädie des gesammten Eisenbahnwesens in alphabetischer Anordnung. IV. Band. 10. Liefrg. Lex.-8. (S. 1949 bis 1996) Ebd. —.60

Röll, Dr. Victor, Encyklopädie des gesammten Eisenbahnwesens in alphabetischer Anordnung. IV. Band. 11. Liefrg. Lex.-8. (S. 1997 bis 2058) Ebd. —.60

Röll, Dr. Victor, Encyklopädie des gesammten Eisenbahnwesens in alphabetischer Anordnung. V. Band. 1. Liefrg. Lex.-8. (S. 2059 bis 2106) Ebd. —.60

Röll, Dr. Victor, Encyklopädie des gesammten Eisenbahnwesens in alphabetischer Anordnung. V. Band. 2. Liefrg. Lex.-8. (S. 2107 bis 2154) Ebd. —.60

Röll, Dr. Victor, Encyklopädie des gesammten Eisenbahnwesens in alphabetischer Anordnung. V. Band. 2. Liefrg. Lex.-8. (S. 2155 bis 2202) Ebd. —.60

Röll, Dr. Victor, Encyklopädie des gesammten Eisenbahnwesens in alphabetischer Anordnung. V. Band. 4. Liefrg. Lex.-8. (S. 2203 bis 2250) Ebd. —.60

Röll, Dr. Victor, Encyklopädie des gesammten Eisenbahnwesens in alphabetischer Anordnung. V. Band. 5. Liefrg. Lex.-8. (S. 2251 bis 2298) Ebd. —.60

Röll, Dr. Victor, Encyklopädie des gesammten Eisenbahnwesens in alphabetischer Anordnung. V. Band. 6. Liefrg. Lex.-8. (S. 2299 bis 3246) Ebd. —.60

Röll, Dr. Victor, Encyklopädie des gesammten Eisenbahnwesens in alphabetischer Anordnung. V. Band. 7. Liefrg. Lex.-8. (S. 2347 bis 2394) Ebd. —.60

Röll, Dr. Victor, Encyklopädie des gesammten Eisenbahnwesens in alphabetischer Anordnung. V. Band. 8. Liefrg. Lex.-8. (S. 2395 bis 2442) Ebd. —.60

Röll, Dr. Victor, Encyklopädie des gesammten Eisenbahnwesens in alphabetischer Anordnung. V. Band. 9. Liefrg. Lex.-8. (S. 2443 bis 2490) Ebd. —.60

Röll, Dr. Victor, Encyklopädie des gesammten Eisenbahnwesens in alphabetischer Anordnung. V. Band. 10. Liefrg. Lex.-8. (S. 2491 bis 2538) Ebd. —.60

Röll, Dr. Victor, Encyklopädie des gesammten Eisenbahnwesens in alphabetischer Anordnung. V. Band. 11. Liefrg. Lex.-8. (S. 2539 bis 2586) Wien: Gerold 1894. —.60

Röll, Dr. Victor, Encyklopädie des gesammten Eisenbahnwesens in alphabetischer Anordnung. V. Band. 12. Liefrg. Lex.-8. (S. 2587 bis 2618) Ebd. —.60

Röll, Dr. Victor, Encyklopädie des gesammten Eisenbahnwesens in alphabetischer Anordnung. VI. Bd. Mit 239 Originalholzschnitten, 12 Tafeln und 5 Eisenbahnkarten. Lex.-8. (S. 2619—3102) 6.—, geb Ebd. 7.—

Röll, Dr. Victor, Encyklopädie des gesammten Eisenbahnwesens in alphabetischer Anordnung. [VII. Band. 1. Heft, des ganzen Werkes 66. Heft.] Lex.-8. (S. 3103—3150) —.60
Wien: Gerold 1895.

Röll, Dr. Victor, Encyklopädie des gesammten Eisenbahnwesens in alphabetischer Anordnung. [VII. Band. 2. Heft, des ganzen Werkes 67. Heft.] Lex.-8. (S. 3151—3198) Ebd. —.60

Röll, Dr. Victor, Encyklopädie des gesammten Eisenbahnwesens in alphabetischer Anordnung. [VII. Band. 3. Heft, des ganzen Werkes 68. Heft.] Lex.-8. (S. 3199—3246) Ebd. —.60

Röll, Dr. Victor, Encyklopädie des gesammten Eisenbahnwesens in alphabetischer Anordnung. [VII. Band. 4. Heft, des ganzen Werkes 69. Heft.] Lex.-8. (S. 3247—3294) —.60
Wien: Manz'sche Hof- Verlags- u. Univ.-Buchhdlg. 1895.

Röll, Dr. Victor, Encyklopädie des gesammten Eisenbahnwesens in alphabetischer Anordnung. [VII. Band. 5. Heft, des ganzen Werkes 70. Heft.] Lex.-8. (S. 3295—3342) —.60
Wien: Gerold 1895.

Röll, Dr. Victor, Encyklopädie des gesammten Eisenbahnwesens in alphabetischer Anordnung. [VII. Band. 5. Heft, des ganzen Werkes 71. Heft.] Lex.-8. (S. 3343—3390) Ebd. —.60

Röll, Dr. Victor, Encyklopädie des gesammten Eisenbahnwesens in alphabetischer Anordnung. [VII. Band. 7. Heft, des ganzen Werkes 72. Heft.] Lex.-8. (S. 3391—3438) Ebd. —.60

Röll, Dr. Victor, Encyklopädie des gesammten Eisenbahnwesens in alphabetischer Anordnung. [VII. Band. 8. Heft, des ganzen Werkes 73. Heft.] Lex.-8. (S. 3439—3486) Ebd. —.60

Röll, Dr. Victor, Encyklopädie des gesammten Eisenbahnwesens in alphabetischer Anordnung. [VII. Band. 9. Heft, des ganzen Werkes 74. Heft.] Lex.-8. (S. 3487—3534) Ebd. —.60

Röll, Dr. Victor, Encyklopädie des gesammten Eisenbahnwesens in alphabetischer Anordnung. [VII. Band. 10. Heft, des ganzen Werkes 75. Heft.] Lex.-8. (S. 3535—3582) Ebd. —.60

Röll, Dr. Victor, Encyklopädie des gesammten Eisenbahnwesens in alphabetischer Anordnung. [VII. Band. 11. Heft, des ganzen Werkes 76. Heft.] Lex.-8. (S. 3583—3630) Ebd. —.60

Röll, Dr. Victor, Encyklopädie des gesammten Eisenbahnwesens in alphabetischer Anordnung. [VII. Band. 12. Heft, des ganzen Werkes 77. Heft.] Lex.-8. (S. 3631—3686) Ebd. —.60

Röll, österreich. Grund- u. Gebäudesteuergesetze erläut. 4. Auflage. Wien 897.

Röll, V. Über die Haftpflicht der österreichischen Eisenbahngesellschaften. Wien 1880.

Röll, Vict., Sammlung von eisenbahnrechtlichen Entscheidungen der österreichischen Gerichte. gr. 8. (IV, 751 S.) Wien 879. Manz. n. 12. —

Röll, Vict., Sammlung von eisenbahnrechtlichen Entscheidungen der österreichischen Gerichte. Im Auftrage der österreich. Bahnverwaltungen hrsg. 2. Bd.: [1879—1886]. gr. 8. (535 S.) Wien 888, (Manz'sche Hof- Verlags- und Universitäts-Buchh.) *
1. Bd. (Ebendas.) 1879. *M 12.—.

— österr. Steuergesetze, s. a. Gesetze, die österr., Bd. 21, 1.

Röll, Vict., österreichische Steuergesetze, s. a. Taschenausgabe, Manz'sche, der österr. Gesetze. 21. I.

— österreichische Steuergesetze. Vollständige Sammlung aller auf direkte Steuern Bezug habenden Gesetze, Verordnungen u. Judicate. 8 Hfte. gr. 8. (IV, 1256 S.) Ebend. 881. à n. 1. 60

— dasselbe. Ergänzungsheft, die seit der Veröffentlichung des Hauptwerkes bis Ende 1881 erflossenen Gesetze, Verordnungen u. Judicate, nebst Nachträgen aus früheren Jahren, sowie die Abänderung der Gebäudesteuergesetze vom 9. Febr. 1882, Nr. 17 R. G. B., enth. gr. 8. (III, 216 S.) Ebend. 882. n. 3. —

Röll, W., der Asbest u. seine Bedeutung bezw. Verwendung zu Bau- u. Industriezwecken. Vortrag, geh. im techn. Verein „Wesermündg." am 4. V. 1901. gr. 8. (11 S.) Geestemünde 901. (J. H. Henke.) n. — 75

Rolla, s. Durosey.

Rolland, s. Roland, Jeanne Marie

Rolland, Amédée, la foire aux mariages. (Bibliothèque choisie. Vol. 466.) 16. (179 S.) Naumburg 862, Pätz.

Rolland, Baron Hect. de, u. Osk. **Vormbaum,** das Handelsrecht, Wechselrecht, Konkursrecht u. Seerecht v. Monaco, s.: Handelsgesetze, die, des Erdballs.

Rolland, Jean, das Gänsemädchen. Übers. v. A. Bernard. 8. (152 S.) Baden-Baden 883. Sommermeyer. n. 1. —

Rolland, Romain, Paris als Musikstadt, s. a. Musik, die. 11. Bd.

Paris als Musikstadt von Romain **Rolland**. Übertr. von Max Graf. Mit 1 Lichtdr., 12 Vollbild. u. 1 Faks. (Berlin): Bard, Marquardt & Co. [1905]. (70 S.) 8° [F.]
— **Musik,** Die. Bd 11. 365. 1905

ROLLBERG, Friedr. (ps.?), Liebe und Verbrechen oder ein Jahr aus Eduards Leben. Eine Begebenheit aus der wirklichen Welt im romantischen Gewande dargestellt. Quedlinburg, Basse, o. J. 8°.
Tit., 1 Bl. Vorr. (dat. April 1809), 188 S. — Zahmen Inhalts.

— Liebe u. Verbrechen. Quedlinb. 809. Basse. 22 gr

Rollberg, Fr., belletrist. Versuche. Eine Samml. Erzählungen, Novellen rc. 1s Bdchen. 8. Danzig 825. Gerhard. 1 ₰

Rolle, die, der Diplomatie bei d. Falle Polens. Ein belehr. Beispiel f. alle Völker. Von e. ausgewanderten Polen. gr. 8. (13¼ B.) St. Gallen 835, (Scheitlin u. Zollikofer.)

Rolle, Flechten u. deren gründliche Heilung. (Neue Ausg.) 12. (III, 56 S.) Hamburg 894. (C. Weinrebe's Nachf.) n.n. — 50

Rolle, ..., Neunzehn Tabellen zur Umwandlung aller zeither. Münzfüße in 20 Xr. zu 5 gGr. 4 Pf. — 5 gGr. 6 Pf. — 5 gGr. 8 Pf. — 5 gGr. 9 Pf. — 5 gGr. 10 Pf. u. 6 Gr. und zwar nicht nur in Thalern sondern auch in Meißn. Gülden u. Altenschocken auf Neucourant im 14 Thalerfuße. 1 Thlr. zu 30 Gr. u. 1 Gr. zu 10 Pf. 4. Altenburg 841, Helbig. n. 1/6 ₰

Rolle, . . ., Trauerrede bei d. Leichenbestattung des Rendanten Otto, d. 17. Oct. 1819. gr. 8. Berl., Mittler. 2 gr

Rolle, Chr. Karl, († d. 4. Juni 1795.) neue Wahrnehmungen zur Aufnahme u. Ausbreitung d. Musik. 8. Berl. 784. (Sander). 6 gr

Rolle, C. L., neue Wahrnehmungen zur Aufnahme und Ausbreit. der Musik. 8. Berlin, Wever. (Sander) 784.

Rolle, E. L., s. Rolle, Chr. Karl

Rolle, Friedrich

Die tertiären und dilav. Ablagerungen in der Gegend zwischen Gratz, Köflach, Schwanberg und Ehrenhausen in Steiermark. (Aus d. Jahrb. d. k. k. geol. Reichsanst.) Wien. 1856. 4.

— Über einige neue Acephalenarten aus den unteren Tertiärschichten Österreichs und Steiermarks (mit 2 Taf.). S. 35. 193 . . . . vgr.
Separatabdruck

Rolle, Frdr., über einige neue Acephalen-Arten aus den unteren Tertiarschichten Oesterreichs und Steiermarks. Mit 2 (lith.) Taf. (Aus den Sitzungsber. der k. Akad. der Wissensch.) Wien 859. Gerold in Comm. gr. 8. (20 S.) n. 7 ngr

Rolle, Fr. Beiträge zur näheren Kenntniss einiger an der Grenze der Eocen- und Neogen-Formation auftretenden Tertiär-Schichten. (Aus Leonhard und Bronn's Jahrb.) Stuttgart. 1858. 8.

Rolle, Frdr., mikropetrographische Beiträge aus den rhätischen Alpen. gr. 8. (45 S.) Wiesbaden 879. Bergmann. n. 1. 60

Vorläufige Berichte über die im Sommer 1853, 1854, 1855, 1856 ausgeführten geogn. Untersuchungen in Steiermark. (Aus d. Jahresb. d. geogn. montan. Vereines f. Steiermark.) 8.

Rolle, F. Die Braunkohlengebilde bei Rottenmann, Judendorf und St. Oswald und die Schotterablagerungen im Gebiete der oberen Mur in Steiermark. (Aus d. Jahrb. d. k. k. geol. Reichsanst.) Wien. 1851. 4.

– Über eine neue Cephalopoden-Gattung *Cyclidia* aus den Tertiärschichten von Siebenbürgen (mit 1 Taf.). S. 15. I. 119 . . . . vgr.
Separatabdruck

Rolle Friedrich, Dr.: Die Echinoiden der oberen Juraschichten von Nikolsburg in Mähren. S. 15. 521 . . . . —.40
Separatabdruck

Rolle, Friedr., die Echinoiden der oberen Jura-Schichten von Nikolsburg in Mähren. (Aus d. Sitzungsberichten d. k. Akad. d. W.) Wien 855. (Gerold.) gr. 8. (22 S.) n. 4 ngr

Ergebnisse der geogn. Untersuchung des südwestlichen Theiles von Ober-Steiermark. (Aus d. Jahrb. d. k. k. geol. Reichsanst.) Wien. 1854. 4.

Rolle, Friedrich. Erläuterungen und Profile zur geologischen Karte der Umgebungen von Bellinzona ... und von Chiavenna .... ⟨Das südwestliche Graubünden und nordöstliche Tessin.⟩ [Mit 9 Tafeln.] Beitr. Geol. Karte Schweiz. Lfg. 23. 4. Bern 1881.

Rolle Fr. Geologie u Paläontologie.(24 T m Text) (Schubert, Naturgesch. III, 2) 4° Esslingen

Rolle Fr. Geologie und Palaeontologie. (18 T) und 6 geologische Landschafts-Bilder mit Text. (Schubert's Naturgeschichte III, 2) 4° Esslingen

Rolle, F., illustrierte Geologie u. Paläontologie, s.: Naturgeschichte d. Tier-, Pflanzen- u. Mineralreichs.

— das südwestliche Graubünden u. nordöstliche Tessin, s.: Beiträge zur geologischen Karte der Schweiz.

Rolle, Frdr., das Hohelied der hebräischen Königszeit in Weisen d. deutschen Volkslieds übertragen u. mit einem erläuternden Anhang begleitet. Homburg v. d. H. 869. (Fraunholz.) gr. 8. (63 S.) n. 12½ ngr

Rolle, Friedrich: Höhenmessungen in der Gegend von Murau, Oberwolz und Neumarkt in Ober-Steiermark. Zur Veröffentlichung mitgetheilt von der Direction des Geognostisch-Montanistischen Vereines für Steiermark. ([S.-A.] Jahrbuch der k. k. Geologischen Reichsanstalt. Jahrg. 7.) Wien 1856. 11 S., 1 Tf. 8°.

Rolle, F. Ueber zwei neue devonische Korallen einer neuen Sippe, Reptaria. (Aus Leonhard's und Bronn's Jahrb. für Mineralogie.) Stuttgart. 1851. 8.

Rolle, Friedr., Ch. Darwin's Lehre von der Entstehung der Arten im Pflanzen- und Thierreich in ihrer Anwendung auf die Schöpfungsgeschichte dargestellt und erläutert. 4 Lfgn. gr. 8. (VIII und 274 S. mit eingedr. Holzschn.) Frankfurt a. M. 862,63, Hermann'sche Verlagsh. [Prag, Tempsky.] à Lfg. 10 Ngr. *

— Ch. Darwin's Lehre von der Entstehung der Arten im Pflanzen- u. Thierreich in ihrer Anwendung auf die Schöpfungsgeschichte dargestellt u. erläutert. Mit eingedruckten Holzschn. 2. (Titel-)Ausgabe. Prag (863) 870. Tempsky. gr. 8. (VIII, 274 S.) n. 20 ngr

— die Lignit-Ablagerung des Beckens von Schönstein in Unter-Steiermark und ihre Fossilien. Mit 3 (lith.) Taf. Nebst einem Anhang, die Pflanzenreste der Lignit-Ablagerung von Schönstein, von Frz. Unger. Mit 2 (lith.) Taf. (Aus den Sitzungsber. der k. Akad. der Wissensch.) Wien 860. Gerold in Comm. gr. 8. (48 S.) n. 20 ngr

— der Mensch, seine Abstammung u. Gesittung im Lichte der Darwin'schen Lehre von der Art-Entstehung u. auf Grundlage der neuern geologischen Entdeckungen dargestellt. 5 Hefte. Frankfurt a. M. 865,66. Hermann'sche Verlagsh. (Prag, Tempsky.) gr. 8. (IX, 361 S. mit 36 eingedr. Holzschn.) n. 1 Thlr 20 ngr

—— der Mensch, seine Abstammung und Gesittung im Lichte der Darwin'schen Lehre von der Art-Entstehung und auf Grundlage der neuern geolog. Entdeckungen dargestellt. 2. (Titel-)Ausg. gr. 8. (IX, 364 S. mit 36 eingedr. Holzschn.) Prag (866)70, Tempsky. *

— Über einige neue oder wenig gekannte Molluskenarten aus Sekundärablagerungen (mit 1 Taf.). S. 42. 261 . . . . vgr.
Separatabdruck

— Über einige neue oder wenig gekannte Molluskenarten aus Tertiärablagerungen (mit 2 Taf.). S. 44. I. 205 . . . . vgr.
Separatabdruck

—— die hypothetischen Organismen-Reste in Meteoriten. gr. 8. (16 S.) Wiesbaden 884, Bergmann. *

Ueber den alten Sandstein der Wetterau. (Aus d. Verh. d. naturh. Ver. f. die Rheinl.) Bonn. 1853. 8.

Rolle, Fr., s.: Schreiber's Wandtafeln d. Geologie.

— Über die geologische Stellung der Horner Schichten in Niederösterreich (mit 3 Taf.). S. 36. 37 . . . .
Separatabdruck

—— über die geologische Stellung der horner Schichten in Nieder-Oesterreich. Lex.-8. (50 S. mit 2 Tab. in qu. gr. 4.) Wien 859, (Gerold's Sohn.) *

— Über die geologische Stellung der Sotzkaschichten in Steiermark (mit 2 Taf.). Einleitung. *A.* Süßwasserschichten von Sotzka. *B.* Meeresschichten von Prasberg. *C.* Süßwasserschichten von Schönstein. *D.* Die ...erischen Eozänschichten von Oberburg. Übersicht der beschriebenen und abgebildeten Versteinerungen. S. 30. 3 . .
Separatabdruck

— über die geologische Stellung der Sotzka-Schichten in Steiermark. Mit 2 (lith.) Taf. (Aus d. Sitzungsberichten d. k. Akad. d. W.) Wien 858. Gerold in Comm. gr. 8. (33 S.) n. 10 ngr

Rolle, Fr. Ueber das Süsswasser Quarzgestein von Muffendorf bei Bonn. (Aus Leonh. u. Bronn's Jahrb.) Stuttgart. 1850. 8.

Rolle, Frdr., der Taunus in der näheren Umgebung v. Bad Homburg, geognostisch dargestellt. 8. (XVI u. 87 S.) Homburg 850. Frankfurt a. M., Hermann in Comm. n. 21 *ngr*

Rolle F., Uebersicht der geognostischen Verhältnisse von H[illegible] H[illegible] u. der Umgegend. Homburg v. d. H. 1866. [illegible]

Schul-/Univ.-Schrift

— vergleichende Uebersicht der urweltlichen Organismen besonders nach ihrem inneren Zusammenhange mit denen der jetztlebenden Schöpfung dargestellt. gr. 8. (VIII u. 171 S.) Stuttgart 851, Schweizerbart. 3/4 *ℛ*

— Uebersicht der geognostischen Verhältnisse von Homburg vor der Höhe u. der Umgegend. Homburg v. d. H. 866. Schlck. gr. 8. (V, 32 S.) 10 *ngr.*

Rolle, Friedr., Uebersicht der geologischen Verhältnisse der Landschaft Chiavenna in Oberitalien. gr. 8. (V, 68 S.) Wiesbaden 878, Bergmann. *

Rolle, F. Geolog. Untersuchungen in der Gegend zwischen Ehrenhausen, Schwanberg, Windisch-Feistritz und Windisch-Gratz in Steiermark. (Aus d. Jahrb. d. k. k. geol. Reichsanst. Wien. 1857. 8.

Rolle, F. Geologische Untersuchungen in der Gegend zwischen Weitenstein, Windisch-Gratz etc. in Unter-Steiermark. 1857.

Geologische Untersuchungen in dem Theile Steiermarks zwischen Gratz, Obdach, Hohenmauthen und Marburg. (Aus d. Jahrb. d. k. k. geol. Reichsanstalt.) Wien. 1856. [illegible]

Rolle, F., Versuch einer Vergleichung des norddeutschen Lias mit dem schwäbischen. (Diss.) Homburg v. d. H. 1853. 8.

— Über einige an der Grenze von Keuper und Lias in Schwaben auftretende Versteinerungen. [illegible]

Separatabdruck

—— über einige an der Grenze von Keuper und Lias in Schwaben auftretende Versteinerungen. Lex.-8. (22 S. mit 1 Stnt.) Wien 858, (Gerold's Sohn.) * *

Vorstehende fünf Schriften des Verf. wurden aus: Sitzungsberichte der k. Akademie der Wissenschaften, Jahrg. 1857—60, besonders abgedruckt.

Rolle, Georg: Der Gesangunterricht in den höheren Schulen Preussens. Berlin 1907: Weidmann. (23 S.) 4°

Berlin, Vl. R OP 1907 (141)

Rolle, Gustav: Über einige von den Kegelschnitten abgeleitete ebene Kurven höheren Grades. Ilmenau 1909 Reiter 34 S. 8°

Ilmenau, st. R OP 1910 (930) [S 10. 361

Rolle, Gustav, a. Erfurt: Die Renopericardialverbindung bei den einheimischen Nacktschnecken und anderen Pulmonaten. Mit 14 Fig. im Text. Jena: G. Fischer 1907 (42 S.) 8° ¶(Erschien m. 2 lithograph. Taf. in: Jenaische Zeitschrift f. Naturwissenschaft Bd 43.)

Jena, Phil. Fak., Ref. Ziegler, Diss. v. 6. Nov. 1907

[Geb. 5. April 84 Erfurt; Wohnort: Erfurt; Staatsangeh.: Preußen; Vorbildung: Realgymn. Erfurt Reife O. 03; Studium: Jena 6 S.; Rig. 1 Juni 07.]

Rolle, Gust. Rob., Geschichte der Dörfer Domatschine u. Sibyllenort, Kreis Oels in Schlesien. gr. 8. (IV, 51 S.) Oels 884. Grüneberger & Co. n. — 50

Rolle, H., die Fläche eines Rotationsellipsoids soll in solcher Weise mit Masse belegt werden, dass die Wirkung dieser Belegung auf innere Punkte [bei Zugrundelegung des Newton'schen Potentials] ihrer Richtung u. Stärke nach constant ist. Inaugural-Dissertation. gr. 8. (29 S. m. 1 autogr. Taf.) Berlin 880. (Göttingen, Vandenhoeck & Ruprecht.) n. 1. —

Rolle, Hermann

Rolle, H., u. W. **Kobelt,** Beiträge zur Molluskenfauna d. Orients, s.a **Rossmässler,** E. A., Iconographie der Land- u. Süsswasser-Mollusken.

Beiträge zur Molluskenfauna des Orients v. H(erm.) Rolle u. Dr. W[ilh.] Kobelt. M. 30 Taf. (In 6 Lfgn.) *Wiesbaden: C. W. Kreidel 1895—1897.* (2 Bl., 72 S., 30 Taf.) 1 Bd 8.

= Rossmässler, Emil Adolf Iconographie d. Land- & Süsswasser-Mollusken. N. F. Suppl.-Bd 1 [97. 1701

Rolle, Herm., die Ortsschulaufsicht, insbesondere ob der Geistliche dabei beteiligt sein soll, oder: Die 15. allgemeine S. meiningsche Lehrerversammlg. in Pößneck am 1. Aug. 1883, kritisch beleuchtet u. zugleich m. Verbesserungsvorschlägen versehen. 8. (16 S.) Saalfeld 883. Niese. n. — 25

Rolle, Johann Friedrich Theodor [Praes.], s. Graich, Adolph Leberecht Historia iuris civilis de adsessoribus magistratuum Romanorum.

Rolle, Johannes, a. Berlin: Über halogensubstituierte Tropeine. (Berlin 1907: G. Schade.) (51 S.) 8°

Berlin, Phil. Fak., Ref. Gabriel, Diss. v. 21. Dez. 1907

[Geb. 6. Mai 81 Berlin; Wohnort: Berlin; Staatsangeh.: Preußen; Vorbildung: Askanisches Gymn. Berlin Reife M. 00; Studium: Berlin Techn. Hochsch. 7, Univ. 4 S.; Rig. 5. Dez. 07.]

Rolle, Otto, a. Alsleben a. S.: Einwirkung von Halogenwasserstoff auf ungesättigte Ketone. Halle a. S. 1905: H. John. (31 S.) 8°

Halle, Phil. Fak., Ref. Volhard, Diss. v. 21. Aug. 1905

[Geb. 6. Sept. 79 Alsleben a. S.; Wohnort: Halle a. S.; Staatsangeh.: Preußen, Vorbildung: Oberrealsch. d. Franckeschen Stiftungen Halle Reife O. 00, Studium: Halle 11 S.; Rig. 31. Juli 05.]

Rolle, Otto, Naturlehre f. mittlere Lehranstalten u. gewerbliche Fortbildungsschulen. (In 3 Tln. bearb.) 3. Tl gr. 8. Breslau, Trewendt & Granier. Geb. n. 1. 60

3. Einführung in die wichtigsten Zweige der Technik. (VII, 144 S. m. 63 Abbildgn.) 906.

Tl. 1 u. 2 sind noch nicht erschienen.

Rolle, Otto, Naturlehre f. mittlere Lehranstalten u. gewerbliche Fortbildungsschulen. (In 3 Tln.) 1. u. 2. Tl. gr. 8. Breslau, Trewendt & Granier. Geb. 2. 05

1. Physik. (IV, 118 S. m. 128 Abb.) 907. Geb. 1. 25

2. Chemie m. bes. Berücksicht. der Mineralogie. (IV, 100 S. m. 52 Abb.) 908. Geb. — 80

Rolle, Paul, städt. Tierarzt in Oberhausen (Rheinland) Untersuchungen über „Anios", ein neues Desinfektionsmittel und Desodorans. ⟨Aus dem Laboratorium des städtischen Schlachthofes in Oberhausen (Rhld.)⟩. Oberhausen [1910.] 40 S. 8° [22. VII. 09.]

Bern, Vet.-med. Diss. 1909/10.

Rolle, Reinhard, aus Reichenau i. S. Die Lage des Riesengebirges mit besonderer Betonung der klimatischen und pflanzengeographischen Verhältnisse. *Hirschberg i. Schl. 1901: General-Anzeiger f. d. Riesengebirge.* (51 S.) 8° ¶(Teil einer grösseren Arbeit.)

Leipzig, Phil. Diss. v. [30. Juli] 1901

Rolle, Th. F. K., die Biene. Eine sentiment., humorist.-didakt. Epopee. 1. Gesang. gr. 12. (5⅔ B.) Straßburg 837. (Trier, Lintz.) *

Rolle, Wilh., die Luftbahn. Ihr Bau u. ihre Verwendg. (11 S. m. Abb.) gr. 8. Dresden 909. G. Wolf. 1. —

Rolle de Hampole, Rich., the pricke of conscience [stimulus conscientiae]. A Northumbrian poem. Copied and edited from manuscripts in the library of the British Museum, with an introduction, notes, and glossarial index of Rich. Morris. Berlin 863. Asher & Co. gr. 8. (XLI, 328 S.) n. 4 *ℛ*

Rölle, Heinrich: Über Kondensationsprodukte von β-Naphtolen mit aromatischen Aldehyden und Ammoniak und deren Salzbildung. Hannover 1909: Oldemeyer. 52 S. 8°
Gießen, Phil. Diss. v. 27. Juli 1909, Ref. Naumann
[Geb. 30. Jan. 87 Hannover; Wohnort: Gießen; Staatsangeh.: Preußen; Vorbildung: Oberrealsch. I Hannover Reife O. 05; Studium: Hannover Tierärztl. Hochsch. 1, Techn. Hochsch. 4, Heidelberg 1, Gießen 2 S.; Rig. 12. Mai 09.] [U 09. 1228

Roelle, J., das polizeigerichtliche Untersuchungs-Wesen, nach der Verordnung vom 3. Jan. 1849. Eine Zusammenstellung der hierauf bezüglichen gesetzlichen Bestimmungen, insbesondere der in den verschiedenen Gesetzbüchern, Gesetzsammlungen, Ministerial- u. Amtsblättern enthaltenen Verordnungen u. Rescripte; nebst einem Auszug aus dem Strafgesetzbuche, enthaltend alle zur Kompetenz des Einzel-Richters gehörigen Uebertretungen; besonders bestimmt zum prakt. Gebrauch für Polizei-Anwalte, deren Gehülfen, für Polizei-Richter u. Polizei-Behörden. gr. 8. (VIII u. 213 S.) Ratibor 851, Jacobsohn. 3/4 ℛ

Rolleder Ant.: Beitrag zur Geschichte der Stadt Odrau. 40. Steyr R. 88. Progr.

Rolleder, Ant., Heimatkunde v. Steyr. Historisch-topograph. Schilderg. der polit. Bezirke Steyr Stadt u. Land. Unter Mitwirkg. der Lehrerschaft beider Bezirke verf. u. hrsg. 19 Lfgn. Lex.-8. (588 S. m. Abbildgn.) Steyr 893. F. Mutschera's Nachf. (Karl Lintl.) n. 9. 50; geb. n. 13. –

Rolleder, Ant. Die Raumkurven III. O. als Schnittlinien zweier windschiefen Flächen II. O., welche eine Erzeugende gemein haben, ihre wichtigsten Eigenschaften und Darstellung. 21 S. u. 2 Taf. 8. Progr. R. V. Bez. *Wien* 1881.

Rollen-Buch für Sr. Maj. Schiffe. 8. (170 S.) Berlin 874, v. Decker'sche Geh. Ober-Hofbuchdr.

Rollen-Buch für S. M. Schiffe. 8. (182 S.) Berlin 877, Mittler und Sohn. geb. *

Rollen-Buch für S. M. Schiffe. 12. (92 S.) Kiel 880, Universitäts-Buchh. geb. *

Rollenhagen, Gabr., Leben und Werke, s. Gaedertz, Karl Thdr.

Rollenhagen, Gabriel, s. Lütcke.

Indianische Reisen ... Von Gabriel Rollenhagen. Franckfurt u. Leipzig MDCCXVII. George Rollenhagens Wahrhaffte Lügen ... Franckfurt u. Leipzig MDCCXVII. 12°.
Schönes Ex. aus v. d. Hagen's Bibliothek, früher im Besitz von Fr. Nicolai.

Rollenhagen, Geo., Abraham, s.: Schlu's, Joch., Comedia v. dem frommen etc. Isaac.

ROLLENHAGEN. — MENSCH, G. *Der Froschmäusekrieg*. Nach Rollenhagens „Froschmäuseler". Für Jung und Alt frei bearbeitet von G. Mensch. Mit [19 Holzschnitt-]Illustrationen von G. Süs. Stuttgart, A. Kröner [1871]. VII, 84 SS. 4°. Illustr. Or.-Karton. 35.—
R. 2593. Seltene, reizend illustr. ★ Erstausgabe. Schönes Ex., nur auf dem Einband einige Tintenfl.

Rollenhagen, Geo., s. Froschmäuseler.

ROLLENHAGEN, G. *Der Froschmäusler*. Komisch-didactisches Gedicht von Georg Rollenhagen. Neu herausgegeben von RODERICH BENEDIX. Mit [3] Steinzeichnungen von LEVY ELKAN. Wesel & Leipzig, E. Klönne, 1841. XVI, 347 S. 8°. Pappbd. d. Z. 22.—
Erstdruck der Benedixschen Neufassung. Die humorist. Zeichnungen Levys auf hellbraunem Papier. — Stellenweise leicht stockfleckig, Einband unbedeut. bestoßen.

Rollenhagen, Geo., († d. 18. Mai 1609), der Froschmäusler. Komisch didaktisches Gedicht. Neu herausg. von Roderich Benedix. Mit (3) Steinzeichnungen von Levy Elkan. [2. wohlf. (Titel-) Ausg.] gr. 8. (XVI u. 357 S.) Wesel (841) 851, Klönne. 1/2 ℛ

Der neue Froschmäusler. Ein Heldengedicht in drei Büchern. Erstes Buch. Köln 1796 bei Peter Hammer. 8°. Mit Hlzschn.
Umarbeitung von Stengel (Ramler?). G. G. S. 401.

[—] Sinnreicher Froschmäuseler, vorstellend Der Frösche und Mäuse wunderbahre Hoffhaltung . . . bey dieser neuen Auflage mit einem Vollenkommenen Register versehen. Franckfurth und Leipzig 1730. 8°. 24 Bl. 672 S. 15 Bl. (ohne das letzte leere). *Mit zahlreichen Holzschnitten im Text.* HPgt. d. Z. m. Rsch.
G. II. 509, 3n. Nach Goedeke die erste Ausgabe im 18. Jahrh., eingeleitet durch ein Epigramm, gezeichnet: L. C. M. und L. V. M. und eine neue Vorrede. Die Holzschnitte sind vergrößerte und etwas vergröberte Kopien der Originalschnitte von 1595.

Rollenhagen, G., Froschmeuseler, s. Dichter, deutsche, des 16. Jahrh.

Rollenhagen's, Geo., Leichenpredigt z. Begräbnis d. reichen Mannes. Ein parodist. Meisterstück. Hrsg. v. Alb. Freybe. [Aus: „Neue kirchl. Zeitschr."] gr. 8. (20 S.) Gütersloh 893. (C. Bertelsmann.) n. — 40

Rollenhagen, Geo., wahrh. Lügen v. geist- u. natürlich. Dingen. 12. Erf. Nicolai. 717.

ROLLENTHAL, Eduard, v., oder der bekehrte Weiberfeind. Eine wahre (freie) Geschichte aus dem siebenjähr. Kriege. Mit Titelkpfr. u. gestoch. Titel mit Vignette. Bremen, Wilmans. 1802. 8°. 199 S. Rar!

Rollen-Verzeichniss des Maschinenpersonals für die Kaiserliche Marine. 8. Berlin 874, Mittler und Sohn. * *

Roller u. Gabelsberger. a. Wie beide vokalisieren. b. Widerlegg. verschied. d. Roller'schen System gemachten Vorwürfe. (V. e. früheren Gabelsbergerianer. L. H.) gr. 8. (8 S.) Dresden (896). (Leipzig, J. H. Robolsky.) n. — 15

— od. **Schrey?** Von Fach- u. Sachkennern kritisch beleuchtet. I. D. „Vereinf. Stenographie" v. Ferdinand Schrey. Von Heinr. Jäkel. — II. Symbol. od. buchstäbl. Vokalbezeichng.? [Aus: „Süddeutsche Stenographen-Ztg., System Roller."] gr. 8. (16 S. u. 4 autogr. S.) Berlin (896). Ebd. n. — 25

Roller, Kaiserin Augusta's Frauenvereinswirken. Rede, geh. bei d. Erinnerungsfeier d. Frauenvereins Konstanz am 3. Oktbr. 1895. gr. 8. (22 S.) Konstanz 895. (E. Ackermann.) n. — 50

Roller, d. fürstl. Lippische Heil- u. Pflege-Anstalt **Lindenhaus** in Brake bei Lemgo. M. 7 Ansichten u. e. Beiheft, enth. 7 Taf. m. Plänen. gr. 8. (VIII, 259 S.) Bielefeld 891. (Detmold, Hinrichs.) n.n. 7. 50

Roller. Die fürstl. Lipp. Heil- u. Pflegeanstalt Lindenhaus in Brake bei Lemgo. M. 7 Ansicht. u. 7 Taf. Bielefeld 1897.

Roller, Alfr., s.: Fläche, die.

Roller, Alfr. H. G., das natürliche Werden d. Lebewesen. Allgem. Entwickelungsgeschichte d. Erde, d. Pflanzen, Tiere u. d. Menschen, unter Beschreibg. der wichtigsten Arten in Beziehg. auf ihre Entwickelg., ihre Organisation, ihre Eigenschaften u. Bestimmgn. in der Natur. 1.—18. Hft. gr. 8. (Geologie u. Botanik, S. 1 — 287 m. z. Tl. farb. Abb.) Leipzig 896. E. Wiest Nachf. à Hft. — 15

Roller, Arnold, Der sociale Generalstrike. 8°. Berlin, Gustav Gladasch, 1905.

Roller, Aug., der badische Bürgermeister. I. Thätigkeit in der streit. Civilrechtspflege, erläutert durch A. R. 12. (V, 226 S.) Lahr 887, Schauenburg. *ℳ 2.50.; geb. *

Roller, Aug. Der badische Bürgermeister. 2. u. 3. Thl. 8. Lahr, Schauenburg. geb. * 9 —
2. Thätigkeit in der Strafrechtspflege. (IX, 327 S.) 889. geb. * 4 —.
3. Thätigkeit in d. freiwill. Gerichtsbarkeit, hier Grund- u. Pfandbuchsführg. und verwandte Gebiete. (XII, 488 S.) 893. geb. * 5 —.
1. Thl. Ebd. 1887. * 2 50; geb. * 3 —.

Roller, Aug., General-Register, s.: Annalen der großherzogl. badischen Gerichte.

— die Reichsstrafgesetze. (I.) Das Strafgesetzbuch f. das Deutsche Reich mit den reichsgerichtl. Entscheidgn. sowie Bemerkgn. 12. (XIV, 284 S.) Ebd. 890. cart. n. 1. 20

Roller, B

— die Dichterfamilie; Lstspl. in 5 A. Berl. 794. (Stiller in Rostock). 12 gr

Roller, B., (Fr. Gli. Jul. Burchard), Graf v. Santa-Vecchia. Gemälde in 5 A. 8. Berl. 792. Franke. (Leipz., Barth). 12 gr
vgl. Roller, Max

Roller, C., s. Roller, Chr

Roller, C., s. Roller, Karl

Roller, C. E., s. Roller, Joh. Em.

Roller, C. F W., s. Roller, Christian Friedrich Wilhelm

Roller, Chr

Roller, C., Lieder u. Balladen. Neue Folge. Mit Anh. in Prosa. 12. (192 S.) Heilbronn 900. (Dr. J. Determann.) Geb. in Leinw. n. 1. 80

Roller, C., Lieder u. Romanzen. 2., verm. Aufl. der Heimatbilder. 16. (XII, 212 S.) Neuenstadt a L 880. (Stuttgart, Verl. der Lieder-Chronik.) cart. m. Goldschn n. 2. —

Roller, C., Lieder u. Romanzen. 3. Aufl. der Heimatbilder. 12. (XI, 259 S.) Heilbronn 890. Ernst Becker. n. 2. 50; geb. n. 3. —

Roller, C, Lieder u. Romanzen. 3, verm. Aufl. der Heimatbilder. 12. (XI, 259 S.) Heilbronn 891. Becker n. 2. 50; geb. n. 3. —

Roller, Chr., ausgewählte Stücke aus Livius. Mit Anmerkungen für den Schulgebrauch. gr. 8. (IV und 212 S.) Stuttgart (861)62, Metzler'sche Buchh. Verlags-Conto. *

—— und C. Aßfahl, Uebungsstücke zum Uebersetzen aus dem Deutschen in's Französische für das Alter von 12—14 Jahren mit Hinweisungen auf die französischen Elementargrammatiken von Eisenmann und Ahn und einem Wörterverzeichniß. 8. (VIII und 121 S.) Heilbronn 857, Scheurlen.

Roller, C., u. C. Aßfahl, Uebungsstücke zum Uebersetzen aus dem Deutschen in's Französische für das Alter von 12—14 Jahren, mit Hinweisungen auf die französ. Elementar-Grammatiken von Eisenmann u. Ahn u. einem Wörterverzeichniß. 2., verb. u. verm. Aufl. Heilbronn 865. Scheurlen. gr. 8. (XI, 147 S.) 10 ngr

— Welmor, genannt der Salzburger. Ein denkwürd. Charakterbild aus dem Ende d. letzten u. Anfange dieses Jahrh. gr. 8. (154 S. m. Bild.) Heilbronn 889. Otto Weber. n. 2. —

Roller, Christian Friedrich Wilhelm

Roller, C. F. W., Grundsätze f. Errichtung neuer Irrenanstalten, insbesond. d. Heil- u. Pflegeanstalt bei Achern im Großhrzgth. Baden. gr. 8. (9 B. u. 1 lith. Plan.) Karlsruhe 838, Müller'sche Hofbh.

Roller, C(hristian) F(riedrich) W(ilhelm): Die Irrenanstalt nach allen ihren Beziehungen dargestellt. 347 S., gbd., 2 Pläne.

Karlsruhe: Müller 1831

JB 4.563

Roller, C. F W [approb. Arzt]: Der centrale Verlauf des Nervus accessorius Willisii. Berlin, Druck von G. Reimer, 1880. 8. 23 S. u. 1 Taf.

Roller, C. F. W., psychiatrische Zeitfrageu aus dem Gebiete der Irrenfürsoge in u. ausser den Anstalten u. ihren Beziehgn. zum staatl. u. gesellschaftl. Leben. gr. 8. (XVI, 283 S.) Berlin 874. G. Reimer n. 4. —

Roller, (Christian Friedrich Wilhelm) (Hrsg.):

s.: Zeitschrift, Allgemeine, für Psychiatrie und psychisch-gerichtliche Medicin. Bd 1 - 5. Berlin: 1844 - 1848

JB 6.150

Roller, Chr Nik

Roller, C. N., Gesch. d. reichsfr. St. Bremen, a. richt. Quellen. 3 Thle. m. K. 8. Bremen, Autor. 802. mit Kpf.

Rollen, Ch. N.: Grundgesetze d. k. u. reichsfr. Stadt Bremen, enth. d. Tafel u. d. neuest. Statuten, d. neue Eintracht, d. condige Rolle u. d. Eidesformeln; a. d. niedersächs. Urschrift übers., m. e. histor. Vorber. u. e. vollst. Sachreg. vers. *Bremen*, Wilmans. 798. 8. (1 Thl, 12 Gr.)

— Grundgesetze d. Reichsstadt Bremen; aus d. Altsächs. übers. 8. Brem. 802. Verf. 1 rthl 12 gr

Roller, Chr. Nik., († d. 29 Sept. 1818.) Versuch e. Geschichte der reichsfreien Stadt Bremen, aus richtigen Quellen. 4 Thle. 8. Brem. 799—804. Verfass. 4 rthl 20 gr Mit Kpf. 1r—3r Thl. 5 rthl

Roller, D. J. C., Geschichte und Beschreibung der Stadt Pforzheim. Mit 1 Kupf. u. 4 Tab. 8. Heidelberg, Mohr u. W. 817.
vgl Roller Joh Chr

Roller, Dav. Sam., s. Spielschule zur Bildung d. 5 Sinne.

Roller, E., s.: Herzog, der kleine.

Roller, Ed., lectures russes, — Russian reader, } s.: Werkhaupt, G.

Roller, Em. Joh., Materialien für den Violin-Unterricht. Eine Auswahl methodisch geordneter Uebungen, Tonstücke, Volks- und Opernmelodien, Duette 2c. Mit besonderer Rücksicht auf Lehrer- und Lehrerinnen-Bildungsanstalten. I. Theil. 2. vermehrte Auflage. II. Theil. Troppau. Buchholz und Diebel. (Min.-Erl. v. 2. November 1897, Z. 26871.) Jeder Theil 1.40

Roller, Emil, Die Behandlung Verunglückter bis zur Ankunft des Arztes, Anleitung z. Hilfeleistung in plötzlichen Lebensgefahren, m. Abb., 7 verm. Aufl., Nürnberg 1888, 2 Bl., 8°.

Roller, F., zur Hochzeit! Glückwünsche, Vorträge, Reden u. Lieder zu Hochzeitsfesten. 12. (48 S.) Oberhausen (Styrum) 887. Spaarmann. — 30

Roller, F., zur Hochzeit! Glückwünsche, Vorträge, Reden u. Lieder zu Hochzeitsfesten. 2. Aufl. 12. (48 S.) Styrum 895. A. Spaarmann. — 30

ROLLER, Franz Anton (ehemal. Theatraltanzer und seit 1805 Lehrer der Gymnastik), Systematisches Lehrbuch der bildenden Tanzkunst und körperlichen Ausbildung von der Geburt bis zum vollendeten Wachsthum des Menschen. Ausgearbeitet für das gebildete Publikum, zur Belehrung bei der körperlichen Erziehung und als Unterricht für diejenigen, welche sich zu ausübenden Künstlern und zu nützlichen Lehrern dieser Kunst bilden wollen, und herausgegeben bei Gelegenheit des dreihundertjährigen Jubiläums der Kgl. Preuss. Landesschule Pforta Mit 24 Abbildungen auf 15 Taf und 4 Tabellen choreographische Zeichnungen. Weimar. Bernh. Fr Voigt. 1843. 8° (1⅔ Rthl.) (⅔ Rthl Heberle, Coln, c 1870 3 Mk Th Berling, Danzig, 1887.) (Bibl. Lipperheide no. 3204.)

XVI + 319 S. 1 Bl 19 Taf (bez I–XV I–II, I–II) in Lithogr

Roller, Frdr. v., Verbrechen der Liebe od. Eine Nacht in Venedig. Sitten-Roman. (86 S.) 8. Hamburg (907). Stuttgart (W. Digel). 1.50

Roller, G., Grundsätze moderner Politik, gestützt auf die Hülfswissenschaften, das Naturrecht, das natürliche und positive Staatsrecht des gegebenen Staats, die Nationalökonomie, und insbesondere das positive Völkerrecht. Stuttgart 862. (Schober.) gr 8. (VI, 184 S.) n. 1 ℛ 6 ngr.

— Grundsätze der Staats-Wissenschaften. Stuttgart 864. Cammerer. gr. 8. (184 S.) 18 ngr.

Roller, G G., s. Röller, Gottfried Günther

Roller, Gust., Handbuch f. Württemberg. Ortsvorsteher, Gemeinderäthe u. Bürgerausschüsse; üb. ihre Obliegenheiten u. Dienstverrichtungen im Justiz-, Polizei-, Verwaltungs-, Forst- u. Cameralfache. gr. 8. (40¼ B.) Stuttgart 834, Hallberger.

—— das Württemberg. Polizei-Recht. Neu bearb. (6 Lfgn.) gr. 8. (37½ B.) Stuttgart 833, Schweizerbart.

—— (dass.) vollständ. alphabet. Register üb. d. Württemberg. Polizei-Recht. gr. 8. (5 B.) Ebds. 834.

Roller, Gust., das württemberg. Polizeirecht. 2., mit Rücksicht auf d. neue Straf-Gesetzgeb. veränd. u. verm. Aufl. 1. u. 2. Lfg. gr. 8. (37½ B.) Stuttgart 841, Schweizerbart.

Roller, Gust., das Württembergische Polizeirecht. 3. ganz umgearb. Aufl. Durchges. u. revid. von Jak. Lok. Heidelberg 856. (Emmerling.) gr. 8. (XXIII, 556 S.) n. 2 ℛ.

Roller, Gust Das württembergische Polizei-Recht. Neu bearb. Stuttgart Schweizerbart 1833.
— 2. Aufl. Daselbst 1841
— — 3. Aufl., durchgesehen von Jak Lok. Heidelberg und Stuttgart Köhler 1856.

Roller, Heinr., s. a.: Roland vom Hochplateau.

Roller, Heinr., s.: Briefe e. Schauspielers.

Roller, H., humoristische Erinnerungen aus dem alten Berlin. Eine Reihe kurzweil. u. belehr. Erzählgn. aus der Mitte dieses Jahrhunderts. 4, verb. Aufl. 12. (VIII, 148 S.) Berlin 889. (Siegismund.) n. 1. —

— ausgewählte Gedichte. Seinen stenograph. Anhängern gewidmet. Mit e. Biographie d. Dichters u. e. Vorworte versehen v. C. Tolle. 12. (367 S., wovon 167 in stenograph. Schrift autogr., m. 1 Bild.) Berlin 889. (Leipzig, Robolsky.) geb. n. 4. —

— s.: Kopf, der helle.

Roller, Heinr., Kürzungen f. die Praxis, m. Beiträgen v. Götz, Köller u. A. hrsg. gr. 8. (27 autogr. S.) Berlin 892. (Leipzig, J. H. Robolsky.) n. 1. —

Roller, Heinr., prakt. Kürzungen f. Roller'sche Stenographen. M. Beiträgen and. Praktiker d. Roller'schen Stenographie hrsg. 2., verb. Aufl. gr. 8. (27 autogr. S.) Berlin 894. (Leipzig, J. H. Robolsky.) n. 1. —

Roller, Heinr., vollständiges Lehrbuch der rationellen, leicht u. schnell erlernbaren Volks-Stenographie [System Arends] zum Selbstunterricht f. Jedermann leichtfaßlich dargestellt, ausführlich erläutert u. zum Gebrauch f. die Praxis erweitert. 2. verb. Aufl. gr. 8. (43 S. m. 32 Steintaf.) Braunschweig 874. Bracke jr. in Comm. n. 2. —

— ausführlicher Lehrgang der einfachen, in wenigen Stunden erlernbaren Roller'schen Welt-Kurzschrift (anwendbar f. alle Sprachen), f. den Schul-, Korrespondenz- u. parlamentar. Gebrauch aufgestellt. (Zum Selbstunterricht!) Mit 11 stenographischen Lehr- u 5 Uebungstaf. 60.—64. Taus. (15 S. u. XVI S. in 8.) gr. 8. Berlin 904. (Leipzig, J. H. Robolsky.) n. 1. 20

Roller, Heinr., vollständiger Lehrgang e. einfachen, in wenigen Stunden erlernbaren Stenographie f. den Schul-, Korrespondenz- u. parlamentarischen Gebrauch. Mit 8 stenogr. Lehr- u. Uebungs-Taf. 16. Aufl. 8. (III, 13 S.) Berlin 886. (Leipzig, Robolsky.) n. 1. —

Roller, Heinr., vollständiger Lehrgang einer einfachen, in wenigen Stunden erlernbaren Stenographie für den Schul-, Korrespondenz- und parlamentarischen Gebrauch. 20.—24. Aufl. 8. (20 S. mit 8 stenogr. Lehr- und Uebungs-Taf.) Berlin 887,88. (Leipzig, Robolsky.) *

— vollständiger Lehrgang e. einfachen, in wenigen Stunden erlernbaren Stenographie f. den Schul-, Korrespondenz- u. parlamentarischen Gebrauch. Mit 8 stenograph. Lehr- u. Uebungstaf. 25. Aufl. 8. (20 S.) Ebd. 889. n. 1. —

— vollständiger Lehrgang e. einfachen, in wenigen Stunden erlernbaren Stenographie, f. den Schul-, Korrespondenz- u. parlamentar. Gebrauch aufgestellt. Mit 8 stenogr. Lehr- u. Übungstaf. 38. Taus. gr. 8. (32 S.) Ebd. 893. n. 1. 20

— vollst. Lehrgang e. einfachen, in wen. Stunden erlernbaren Stenographie, f. d. Schul-, Korrespondenz- u. parlamentar. Gebrauch aufgestellt. Mit 8 stenograph. Lehr- u. Übungstaf. 47. Taus. gr. 8. (28 S.) Ebd. 895. n. 1. 20; Schreibübungshft. dazu. qu. gr. 8. (8 autogr. S u. 16 S. liniirtes Schreibpap.) n. — 50; Lesebog., enth. Gedichte v. Schiller. gr. 8. (8 autogr. S.) n. — 30 (Kplt. m. Lese- u. Schreibübgn. v. K. Tolle: n. 3. —)

— vollständiger Lehrgang e. einfachen, in wenigen Stunden erlernbaren Stenographie, f. den Schul-, Korrespondenz- u. parlamentar Gebrauch aufgestellt. Mit 11 stenograph. Lehr- u. 5 Uebungstaf. 57. Taus. gr. 8. (16 S.) Nebst: Schlüssel, bearb. v. K. Tolle. gr. 8. (16 u. 8 S.) Lesebogen (Schiller's Lied v. der Glocke). gr. 8. (8 S.) u. Schreibübungs-Hft. qu. gr. 8. (24 S.) Berlin 901. (Leipzig, J. H. Robolsky.) n. 3. —; einzeln: Lehrgang n. 1. 20; Schlüssel n. 1. —; Lesebogen n. — 80; Schreibübungs-Heft n. — 50

Ein Lehr-Vortrag über das Roller'sche Kurzschrift-System für Lehrer und Selbstlernende auf Grund d. 38. ff. Aufl. d. 'Vollständ. Lehrganges' seiner Stenogr. hrsg. v. Heinrich Roller. *Berlin: Selbstv. d. Stenogr. Instit. v. H. Roller; ([Dr. v.] C. Creuzburg, Dresden) 1894.* (72 S.) 1 Bd 8.
[98. 5877

— Leitfaden zur Erlernung der ebenso einfachen wie praktischen Roller'schen Stenographie. gr. 16. (15 S.) Ebd. 901. n.n. — 10

Roller, Heinr., vollständiger Leitfaden einer einfachen, in wenigen Stunden erlernbaren Stenographie für den Schul-, Correspondenz- und parlamentar. Gebrauch aufgestellt. Mit stenograph. (lithogr.) Lehrtafeln. 8. (14 S.) Berlin 875, (Lowitsch.) *
—— dass. — Mit 8 stenograph. (lithogr.) Lehrtaf. 2. umgearb. und verb. Aufl. (16 S.) 1876; 3. Aufl. 8. (14 S.) Berlin 878. (Braunschweig, Bracke jun.) *

Roller, Heinr., vollständiger Leitfaden einer einfachen, in wenig Stunden erlernbaren Stenographie, für den Schul-, Korrespondenz- und parlamentar. Gebrauch aufgestellt. Mit 8 stenogr. (lithogr.) Lehrtaf. 4.—8. Aufl. 8. (16 S.) Berlin 879—82. (Leipzig, Robolsky.) *

Kompleta Lernlibro de la Esperanta Stenografio laŭ la Roller's Tudmonda Sistemo uzebla por ĉiuj lingvo. Staringita de Heinrich Roller. Berlin: Stenogr. Inst. de H. Roller (1908). 16 S. 8° [Umschlagt.]
[illegible]

Liebe und Ehe. Gedichte von Heinrich Roller. Übertr. von H[einrich] Jäkel. Berlin: Roller's Stenogr. Inst. [1908]. 16 S. 8° [Umschlagt.] [Text stenogr.]
(Stenographische Bibliothek System Roller. Bd [illegible]) [illegible]

Drei schöne saftige Lieder zum Eisbein-Essen für Schwein, Erbse und Sauerkohl zur besseren Verdauung und Dursterzeugung verübt von M. I. R. [d. i.] (H[einrich] Roller.) *(Berlin: Selbstverl.) [1903].* (2 Bl.) 4° [F.]
[illegible]

— a new and complete manual of Roller's system of tachygraphy. Being a simple and practical system of shorthand. 2. improved ed. Compiled from the 24. German ed. gr. 8. (25 S., wovon 10 autogr.) Ebd. 888. n. 2. —

— a new and complete manual of Rollers system of tachygraphy. Being a simple and practical system of shorthand. For self-instruction. 4. improved ed. Compiled from the XLIV. German ed. gr. 8. (8 S. u. 12 autogr. S.) Ebd. 891. n. 2. —

Roller, Heinr., der bekehrte Nagelschmied. (19 sechszeil. Stroph.) O. O. 1865. 8⁰. Cart.
2 Bll. — Verboten von d. herzogl. Brnschw.-Lüneb. Pol.-Dir., d. 28 Novbr. 1878.

Roller, Heinrich, Der bekehrte Nagelschmied. 8⁰. Braunschweig, W. Bracke, 1865.

— über d. Nutzen d. Stenographie. Nach e. Vortrage. (2. Aufl.) gr. 8. (16 S.) Ebd. 894. n. — 20

— Stenographie, angewendet auf die Weltsprache [Volapük]. 1. Thl.: Correspondenz-Schrift. gr. 8. (4 autogr. S.) Ebd. 886. n. — 30

Roller, [H.], Stenographie, Lesebogen, enth. Schiller, 5 Gedichte. gr. 8. (8 autogr. S.) Berlin 890. (Leipzig, Robolsky.) n. — 30

— s.: System, das Schrey'sche in d. Praxis.

Roller, Heinrich: Über sinnbildl. u. buchstäbl. Vokalbezeichnung, s. Brann, Nathan: Festrede ...

— s.: Vocalisation, die Arends'sche.

— Welt-Kurzschrift anwendbar f. alle Sprachen. Ein stenograph. Lehr- u. Lese-Buch unter besond. Berücksicht. des kaufmänn. Berufslebens m. e. Schlüssel zu den Lese- u. Uebungs-Aufgaben u. e. Anleitung zu prakt. Kürzgn. Für den Schul- u. Selbst-Unterricht. (Dr. Ludwig Huberti's moderne kaufmänn. Bibliothek.) (XII, 80 S.) gr. 8. Leipzig (903). [Dr. L. Huberti.] Verlag der mod. kaufm. Bibliothek.
Geb. in Leinw. n. 2. 75

Roller, Henry B., f. junge Christen. Ein Wegweiser für Heilsuchende u. Neubekehrte. Autoris. Uebersetzg. v. John H. Horst. (100 S.) kl. 8. Bremen (905). Buchh. u. Verlag des Traktathauses. n. — 75

Roller, Herrm., die griech. Sophisten zu Sokrates u. Plato's Zeit, u. ihr Einfluß auf Beredtsamkeit u. Philosophie. Eine gekr. Preisschr. gr. 8. (2⅓ B.) Stuttgart 832, Metzler.

Roller, Herm., welches ist d. große Name, der uns. entschlaf. Könige bei seinem treuen Volke bleiben wird? Gedächtniß-Pred. auf Friedrich Wilhelm III. König v. Preußen etc. 8. (1 B.) Naumburg 840, Zimmermann.

Roller, J. M., Compositions-Buch d. latein. Syntax, s. Compositions-Buch.

Roller, Johann (Balingen) A. S. 1342/42

Dissertatio academica de infinito mathematico, eiusque natura. Präs. Georg Wolfgang Krafft.
Tübingen (Löffler) IX. 1752. 24 S., 1 Taf.

29163

Roller, Johann (Balingen) A. S. 1379/21

Commentatio historico-theologica de lamina pontificali apostolorum Ioannis Iacobi et Marci.
Präs. Johann Friedrich Cotta.
Tübingen (Cotta) X. 1755. 44 S.

4 Resp. 29164

Roller, Johann (Balingen) A. S. 1421/22

Dissertatio moralis de naturalismo morali.
Präs. Gottlieb Faber.
Tübingen (Erhardt) IX. 1752. 56 S.

3 Resp. 29162

Roller, Jh. Chr., († d. 14. März 1814.) erster Versuch e. Beschreib. d. Stadt Pforzheim, mit besond. Beziehung auf das Wohl ihrer Bewohner. Mit 1 Karte u. 4 Tabb. 8. Heidelb. 812. 16 gr Mit neuem Titelbl.: Geschichte u. Beschreib. d. Stadt Pforzheim. Mit 1 Kupf. u. 4 Tabb. 8. Ebd. 817. Mohr. 16 gr
vgl. Roller, D. J. C.

Roller, Joh. Em., Chorgesangschule. Zunächst f. Mittelschulen, sowie Lehrer- u. Lehrerinnenbildungsanstalten verf. u. hrsg. gr. 8. (IV, 99 S.) Wien 894. Manz. n. 1. 20

Roller, Joh. Em., Chorgesangschule. Zunächst f. Lehrer- u. Lehrerinnenbildungsanstalten verf. u. hrsg. 2., veränd. u. verm. Aufl. gr. 8. (III, 100 S.) Wien 902. Manz. n. 1.20

Roller, Joh. Em., Chorgesangschule. Zunächst f. Lehrer- u. Lehrerinnenbildungsanstalten verf. u. hrsg. 3. Aufl. Inhaltlich unveränd. Abdr. der 2. Aufl. (III, 100 S.) gr. 8. Wien 905. Manz. n. 1. —

Roller, Joh. Em., Chorgesangschule. Zunächst f. Lehrer- u. Lehrerinnenbildungsanstalten verf. u. hrsg. 4. Aufl. Inhaltlich unveränd. Abdr. der 2. Aufl. (III, 100 S.) gr. 8. Wien 908. Manz. 1. —

Roller, Joh. Em., Liederbuch. Zwei- u. dreistimmige Lieder zum Gebrauche beim Gesangunterrichte an Töchterschulen u. Lehrerinnenbildungsanstalten, sowie in den unteren Klassen der Mittelschulen. 8. (96 S.) Mähr.-Trübau 877. Nowotný. n. — 70

— dasselbe. 2., verb. Aufl. 8. (96 S.) Wien 878. Klinkhardt. n. — 48

Roller, Joh. E., Lieder-Schatz. Ein-, zwei- u. dreistimm. Lieder f. Volks- u. Bürgerschulen. Im Auftrage d. Mährisch-Trübauer, Zwittauer u. Gewitscher Bezirks-Lehrer-Vereines gesammelt, bearb., methodisch geordnet u. hrsg. 4 Hfte. 8. Mähr.-Trübau 873. 75. Nowotny. 1. 70

1. Lieder f. das 1. u. 2. Schuljahr. (38 S.) 20
2. Lieder f. das 3. u. 4. Schuljahr. (55 S.) — 25
3. Lieder f. das 5. u. 6. Schuljahr. (86 S.) — 50
4. Lieder f. das 7. u. 8. Schuljahr. (IV, 96 S.) n. — 75

— Lieder-Schatz. 1- u. 2stimmige Lieder für Volks- u. Bürgerschulen. Gesammelt, bearb., methodisch geordnet u. hrsg. 2—4. Hft. 2., veränd. Aufl. 8. (54 S.) Mähr.-Trübau 877. Nowotný. n. 1. 14

2. Lieder für das 3. u. 4. Schulj. (54 S.) n. — 24
3. Lieder für das 5. u. 6. Schulj. (89 S.) n. — 40
4. Lieder für das 7. u. 8. Schulj. (112 S.) n. — 50

— dasselbe. 4 Hfte. 2., verb. Aufl. 8. Wien 878. Klinkhardt. n. 1. —
1. (10 S.) n. — 20. — 2. (54 S.) n. — 25. — 3. (90 S.) n. — 25. — 4. (113 S.) n. — 30

— dasselbe. 1. Hft. [Lieder für das 1. u. 2. Schuljahr.] 3., verm. u. verb. Aufl. 8. (IV, 40 S.) Ebend. 879. n. — 20

Roller, Joh. E., Lieder-Schatz. Ein- und zweistimm. Lieder für Volks- und Bürgerschulen. Gesammelt, bearb., method. geordnet und hrsg. 4 Hefte. 8. Wien, Manz'sche Hofverlagsh.

Inhalt:
Heft 1. Lieder für das erste und zweite Schuljahr. 4. und 5. Aufl. (40 S.) 883,85. * 20 Pf.
„ 2. 3. Lieder für das dritte und vierte, resp. fünfte und sechste Schuljahr. 4. und 5. Aufl. (50; 88 S.) 882,83. à * 24 Pf.
„ 4. Lieder für das siebente und achte Schuljahr. 4. Aufl. (110 S.) 883. * 32 Pf.

Roller, Joh. E., Lieder-Schatz. Ein- und zweistimm. Lieder für Volks- und Bürgerschulen. Gesammelt, bearb., methodisch geordnet und hrsg. 1.—3. Heft. 6. Aufl. 8. Wien, Manz'sche Hof-Verlags- und Universitäts-Buchh. *

Inhalt:
Heft 1. Lieder für das 1. und 2. Schulj. (40 S.) 887. * 20 Pf.
2. Lieder für das 3. und 4. Schulj. (50 S.) 885. * 24 Pf.
„ 3. Lieder für das 5. und 6. Schulj. (88 S.) 885. * 24 Pf.
4. Heft. Ebendas. 1883. * 32 Pf.

Roller, Joh. E. Liederschatz. Ein- u. zweistimmige Lieder für Volks- u. Bürgerschulen. 2. u. 3. Heft. 8. Wien 889, Manz. [2. Heft. (50 S.); 3. Heft. (88 S.)] à Heft * — 24
1. u. 4. Heft. Ebd. 1883–87. * — 32.

— Lieder-Schatz. Ein- u. mehrstimm. Lieder f. Volks- u. Bürgerschulen. Mit Rücksicht auf die gebräuchl. Lesebücher gesammelt, bearb., methodisch geordnet u. hrsg. 4 Hfte. 8., verm. Aufl. 12. Ebd. n. 1. 4

1. Lieder f. das 1. u. 2. Schulj. (51 S.) 893. n. 20
2. Lieder f. das 3. u. 4. Schulj. (68 S.) 892. n. 24
3. Lieder f. das 5. u. 6. Schulj. (96 S.) 893. n. 28
4. Lieder f. das 7. u. 8. Schulj. (128 S.) 892. n. 32

— Lieder-Schatz. Ein- u. mehrstimm. Lieder f. Volks- u. Bürgerschulen. Mit Rücksicht auf die gebräuchl. Lesebücher gesammelt, bearb., methodisch geordnet u. hrsg. 1., 3. u. 4. Hft. 8. Ebd. n. — 80

1. Lieder f. das 1. u. 2. Schulj. 9. Aufl. (Unveränd. Abdr. der 8. Aufl.) (50 S.) 901. n. — 20
3. Lieder f. das 5. u. 6. Schulj. 10. Aufl. Inhaltlich unveränd., nach der neuen Rechtschreibg. hergestellter Abdr. der 8. Aufl. (96 S.) 902. n. — 28
4. Lieder f. das 7. u. 8. Schulj. 9. Aufl. (Unveränd. Abdr. der 8. Aufl.) (128 S.) 900. n. — 32

— Lieder-Schatz. Ein- u. mehrstimm. Lieder f. Volks- u. Bürgerschulen. Mit Rücksicht auf die gebräuchl. Lesebücher gesammelt, bearb., methodisch geordnet u. hrsg. I., II. u. IV. Heft. 8. Ebd. n. — 70

I. Lieder f. das 1. u. 2. Schulj. 10. Aufl. Inhaltlich unveränd. nach der neuen Rechtschreibg. hergestellter Abdr. der 8. Aufl. (50 S.) 905. n. — 18
II. Lieder f. das 3. u. 4. Schulj. 9. Aufl. Inhaltlich unveränd., nach der neuen Rechtschreibg. hergestellter Abdr. der 8. Aufl. (68 S.) 903. n. — 24
IV. Lieder f. das 7. u. 8. Schulj. 10. Aufl. Inhaltlich unveränd., nach der neuen Rechtschreibg. hergestellter Abdr. der 8. Aufl. (128 S.) 903. n. — 28

Roller, Joh. Em., Lieder-Schatz. Ein- u. mehrstimm. Lieder f. Volks- u. Bürgerschulen. Mit Rücksicht auf die gebräuchl. Lesebücher gesammelt, bearb., methodisch geordnet u. hrsg. 2. Heft. Lieder f. das 3. u. 4. Schulj. 10. Aufl. Inhaltl. unveränd., nach d. neuen Rechtschreibg. hergestellter Abdr. der 8. Aufl. (68 S.) 8. Wien 907. Manz. — 20

— Marschierlieder u. Kreisspiele f. den Kindergarten, s.: Muschla, Marie.

Roller, Jh. Gli., († d. 1. Juli 1820.) Versuch e. Grundrisses des Würtemberg. Polizeirechts nach seinen verschied. Zwecken u. Objekten. 2 Thle. gr. 8. Tübing. 800—801. v. Cotta. 1 ß 20 𝔤𝔯

Roller, Jh. Nikl., († d. 1. Nov. 1786.) varii generis poëmata diversis temporibus elaborata, et in unum fasciculum collecta. 8. Brem. 762. Förster. 6 𝔤𝔯

Roller, Jos., systematische Anleitung für den Elementar-Unterricht im freien Zeichnen an der Volksschule. Brünn 866. Winiker. 8. (VIII, 87 S. mit 51 in den Text gedr. Figg. in Holzschn.) n. 16 *ngr*

Roller, Jos., systematische Anleitung f. den Elementar-Unterricht im freien Zeichnen an der Volksschule. Ein vom mähr. Gewerbevereine preisgekröntes Werk. Mit 51 Fig. 3. Aufl. gr. 8. (VIII, 87 S.) Brünn 885. Winiker. n. — 80

— Formensammlung zum Elementar-Unterricht im freien Zeichnen in der Volksschule. 6 Hefte. Ebend. 866. Imp.-4. Jedes Heft (24 Steintaff.) n. 24 *ngr*

Roller, Josef (Hrsg.), s. St. Norbertus-Blatt.

Roller, J., Technik der Radirung. Eine Anleitung zum Radiren u. Aetzen auf Kupfer. 8. (XIV, 133 S.) Wien 888. Hartleben. n. 3. —; geb. n. 3. 80

Roller, Jos., Technik der Radierung. Eine Anleitung zum Radieren u. Aetzen auf Kupfer. 2. Aufl. (XIV, 133 S.) 8. Wien 903. A. Hartleben. n. 3. —; geb. n. 3. 80

—— Uebungshefte zum ersten Unterricht im freien Zeichnen für Volks- und Gewerbeschulen, die untern Realclassen und zur Selbstübung. 6 Hefte. qu. gr. 4. (à 8 Stnt.) Brünn 866, Winiker. à Heft * $3\frac{1}{3}$ Ngr.

Roller, J., Uebungshefte zum Unterrichte im Freihand-Zeichnen an Volksschulen. 1—4. Hft. qu. 4. (à 16 lith. S.) Brünn 871. Winiker. à — 25

Roller, Karl (Hrsg.), s. B a r d e u r - C a r d a n s a n e, Les ...

Roller, Karl: Das Bedürfnis nach Schulärzten für die höheren Lehranstalten. *Darmstadt 1902: C. F. Winter.* (28 S.) 4° [F.]
Darmstadt, großh. OR, P 1902 (719)

Roller, Karl, das Bedürfnis nach Schulärzten für die höheren Lehranstalten. gr. 8. (52 S.) Hamburg 902. Voss. n. — 80

Roller, Karl: Der Gesundheitskatechismus Dr. Bernhard Christoph Fausts. Ein Beitr. z. Geschichte d. Unterrichtswesens in Deutschland um d. Wende d. 18. u. 19. Jhs. Darmstadt 1909: Winter. VIII, 206 S. 8° ¶(Ersch. auch als Buch b. Teubner, Lpz.)
Gießen, Phil. Diss. v. 5. Juli 1909, Ref. Siebeck
[Geb. 2. Sept. 70 Darmstadt; Wohnort: Darmstadt; Staatsangeh.: Hessen; Vorbildung: Realgymn. Darmstadt Reife O. 89; Studium: Gießen 7 S.; Rig. 23. Febr. 09.] [U 09. 1219

Roller, Karl, der G e s u n d h e i t s k a t e c h i s m u s Dr. Bernhard Christoph Fausts. Ein Beitrag zur Geschichte des Unterrichtswesens in Deutschland um die Wende des 18. u. 19. Jahrh. (VIII, 204 S. m. 1 Bildnis.) 8. Leipzig 909. B. G. Teubner. 3. —

— H a u s a u f g a b e n u. höh. Schulen. (V, 143 S.) gr. 8. Leipzig 907. Quelle & Meyer. 2.80; geb. in Leinw. 3.20

Roller, K., s.: **J u g e n d , gesunde,**

— L e h r e r s c h a f t u. Schulhygiene in Vergangenheit u. Gegenwart. (35 S.) Lex. 8. Leipzig 907. B. G. Teubner. — 80
Sonderabdr. aus: „Gesunde Jugend".

— Adolf S p i e ß. Ein Gedenkblatt zu seinem 100jähr. Geburtstage. (VII, 167 S. m. 1 Bildnis.) 8. Berlin 910. Weidmann. 3. —

Roller, C., die mikroskopische Untersuchung des Schweinefleisches auf Trichinen u. Finnen. Rathgeber für Fleischschauer in populärer Darstellung mit 21 Abbildungen auf 6 lith. Taf. gr. 8. (32 S.) Trier 882. Stephanus. n. 1. 20

R o l l e r , C., die mikroskopische Untersuchung des Schweinefleisches auf Trichinen und Finnen. Rathgeber für Fleischschauer in populärer Darstellung. 2. verm. und verb. Aufl. gr. 8. (34 S. mit 21 Abbild. auf 6 lithogr. Taf.) Trier 886, Stephanus. *

[F.] Die mikroskopische Untersuchung des Schweinefleisches auf Trichinen und Finnen. Ratgeber f. Fleischbeschauer in popul. Darstellg m. 18 Abb. im Text u. auf 6 Taf. v. Dr. C[arl] **Roller,** Kgl. Kreisphys. . . . in Trier. 3. Aufl. *Trier: H. Stephanus 1897.* (VI S., 1 Bl., 38 S., 6 Erl.-Bl., 6 Taf.) 1 Bd 8. [9E. 1918 Bo

Roller, K.: Neue Untersuchungen über Schulbücherdruck. Hamburg & Leipzig 1904. 14 S. Sonderdr. aus: Zeitschr. f. Schulgesundheitspflege. Jg. 17. 1904.

— s.: **V e r h a n d l u n g e n der Jahresversammlung** d. allgem. deutschen Vereins f. Schulgesundheitspflege.

Roller, Mathias, das Metermaß in Handel u. Hausgebrauch. Tabellen zur Umwandlg. d. alten Maßes in das neue u. zur Bestimmg. d. Preises der neuen Maßeinheiten. Mit besond. Berücksicht. der Bedürfnisse d. Haushaltes, der Kaufleute u. der Gewerbsleute. 8. (14 S.) Budapest 875 Kokai. n. — 50

Roller, Max., (Fr. Eli. Jul. Burchard)., der Graf v. Santa Vecchia, 8. Berl. 792. Franke, 12 gr.
vgl. Roller, B.

Roller, Max, Prologe u. Festreden, s.: **M ü l l e r , Frdr.**

Roller, Nicolas: L a n d w i r t s c h a f t und landwirtschaftliche Ausbildung. S. 84–91. Ettelbrück, École agricole de l'État, Progr. 1893/94

Roller, Otto Konr., **A h n e n t a f e l n** der letzten regierenden Markgrafen v. Baden-Baden u. Baden-Durlach. Hrsg. v. dem grossherzogl. bad. General-Landesarchiv. qu. Fol. (12 Taf.) Nebst Text. gr. 8. (CCXIV, 153 S.) Heidelberg 902. C. Winter, Verl. n.n. 20. —

Roller, Otto Konr., zur Charakteristik des Grossherzogs Karl Friedrich. Ein genealog. Versuch. (S. 171—203 m. 1 Stammtaf.) gr. 8. Heidelberg 903. C. Winter Verl. n. — 60
Sonderabdruck aus: „Festschr. z. 50jähr. Reg.-Jubiläum d. Grossh. Friedrich v. Baden".

— Eberhard v. Fulda u. seine Urkundenkopien, s.: Z e i t s c h r i f t d. Vereins f. hessische Geschichte u. Landeskunde. N. F. 13. Suppl.

Roller, Otto Konrad, aus Karlsruhe: **Eberhard von Fulda und seine Urkundenkopien.** *Marburg 1901: L. Döll in Kassel.* (V, 79, 73 S.) 8°
Marburg, Phil. Diss. v. [31. Mai] 1901

Roller, Otto Konr., die Einwohnerschaft d. Stadt Durlach im 18. Jahrh., in ihren wirtschaftl. u. kulturgeschichtl. Verhältnissen dargestellt aus ihren Stammtafeln. Im Auftrage des grossherzogl. bad. Ministeriums der Justiz, des Kultus u. Unterrichts bearb. u. hrsg. (XXII, 424 u. 272 S. m. 1 Fig. u. 3 Stammtaf.) gr. 8. Karlsruhe 907. G. Braun'sche Hofbuchdr. 9. —

Roller, Paul, Arzt: **Aus d. Provinzial-Heil- u. Pflege-Anstalt Bunzlau i. Schl. Ein Fall von Dem. paralytica mit „Säuglingsreflex" ⟨Stransky⟩.** Leipzig 1908: B. Georgi. (31 S.) 8°
Leipzig, Med. Fak., Ref. Flechsig, Diss. v. 23. März 1908
[Geb. 30. Febr. 64 Pölitz; Wohnort: Bonn a. Rh.; Staatsangeh.: Preußen; Vorbildung: Friedrich-Wilhelms-Gymn. Berlin Reife M. 80; Studium: Berlin 10 S.; Coll. 28. März 08; Approb. 2. März 87.]

R o l l e r , Rob., über Hôtelbauten, speciell Anlagen von Kur-, Saison- und Berg-Hôtels, mit erläut. Beispielen bewährter schweizer. Etablissements. Mit einem Vorwort von O. Mothes. 1. Abthl. Mit 14 (autogr.) Taf. Orig.-Plänen. [Erweiterter Sep.-Abdr. aus: „Romberg's Zeitschrift für prakt. Baukunst".] Fol. (16 S.) Berlin 879, Engelmann.

Roller, S.: Untersuchungen über die physikalischen Verhältnisse krystallisirter Körper, s. M u r m a n n , Aug.

Roller, S. D., v. d. s c h ä d l. O b s t r a u p e n u. d. sichersten Mitteln, sie z. vertilgen. Auf 40jähr. Erfahr. gegründet. Mit 2 lith. Taf. 8. Dresden, 1829. (Kuntze.) — 6¼

R o l l e r , S. D., von d. schädl. **Obstraupen u. den sichersten Mitteln,** sie zu vertilgen. Auf 40jähr. Erfahr. gegründet. Mit lith. Abbild. auf 2 Taf. 8. (1½ B.) Dresden 829, Walther.

Roller, S. D., de rebus in vita Christi minutis. Lips. 1824. 8.

Röller, (G.) G., s. Röller, Gottfried Günther

Röller, Gottfried Günther

Röller, (G.,) Almanach d. Parodien, s. Solbrig.

Röller, Gf. Günth., Almanach der Travestien rc., s. K. F. Solbrig.

Roellerus, Godofr. Gneuth. Coelum ludi magistrorum, carmen elencticum de ordine doctorum aliis feliciore. 12 S. . .
Glogau, Ev., Progr. 1847

Roeller, G. G. Carmen paraeneticum ad praeceptores auctoritatem suam apud adolescentiam conservaturos. 17 S. .
Glogau, e., Progr. 1826

Roeller, G. G. Disciplina commendatrix, s. remedia pigritiae. Carmen didact. 15 S. . . . .
Progr. Glogau e 1836

Röller, G. G., Empfehlung der Pet. Schmid'schen Methode, durch wissenschaftl. Behandlung der Aufgaben versucht. 8. (5 B. u. 1 Stnt. Fol.) Glogau 834, Flemming.

— Die Glocke von Schiller, ins Lat. übersetzt. Leipz. ohne J. 8.

Röller, G. G., der Kaffee. Ein humorist. Gedicht. [Parodie der Glocke von Schiller.] 1816. Neuer Abdr. gr. 16. (15 S.) Erfurt 879. Körner. — 10

Roller, G. G., Commerslieder ins Lateinische übersetzt. Leipz. 819. 12.

— Lied an die Freude von Schiller, ins Latein. übersetzt. Sorau 810. 8. 3 gr.

Roeller, G. G. Magister vivax. Carmen didact. (Enth. allg. Vorschriften üb. Einrichtung d. Studien, bes. für Gymnasialschüler.) 16 S.
Progr. Glogau e. 1831

Ders. Pyreneus gener monetae, carmen de tempore scholae in studiis litterarum frustra contrito. 16 S. .
Glogau, Progr. 1841

Röller, Gottfr. Günth. Recordationes scholae Grimensis in carmine ejusque explanatione proposuit. 13 S.
Glogau, Evang., Progr. 1852

Röller, (Gottfr. G.,) Schola vespertina, ein Lehrgedicht über die Erhaltung des Ansehns bei d. Schuljugend. 8. Glogau 827, Neue Güntherische B.

— Schola vespertina, e. Lehrgedicht üb. die Erhaltung des Ansehens bei d. Schuljugend; latein. u. deutsch. 8. Glogau u. Lissa 828. N. Günterische B. 8 gr

Röller, Traugott Gottfried

— daß d. Lehre v. d. Sünde wid. d. heil. Geist blos ein Mißverstand d. heil. Schr. sey. 8. Chemn. Stößel. (Maule.) 784.

Röller, Trgtt. Gf., († d. 7. Juli 1794.) Dorfpredigten f. gemeine Leute. 4 Thle. 8. Greiz 790, 92. Henning. 1 rth 8 gr (4r Thl. A. u. d. T.: Casualpredigten rc. 792. 8 gr)

Röller, Traug. Gtb., Dorfpredigten f. gemeine Leute. 4 Thle. 8. Graiz, Henning. 806.

— Memoria Jh. Gf. Welleri, Superint. Zwickav. 8maj. Zwickau 781.

— Predigten fürs Herz. 3 Samml. Mit fr. Vertheidigung. gr. 8. Schleiz 772, 73. Maule. 12 gr

— de vocum σαρξ et πνεῦμα in Epist. Pauli ad Galatas sensu. 8. Zwickau 778.

Rolleston, T. W., über Wordsworth und Walt Whitman, s. Cotterill, H. B.

Rollet über die Aufbewahrung oder Magazinirung des Getreides u. Mehls als sicherstes Staatsmittel, Theuerungen vorzubeugen: nebst vorausgehenden Bemerkungen über die von den Gefahren des J. 18⁴⁶/₄₇ dictirten Sicherungsmittel u. besond. auch über den Getreidehandel von Europa. Nach des Verf. mémoire sur le blée von Ferd. Steinmann. Mit 6 lith. Taf. (in gr. 4.) gr. 8. (XII u. 167 S. m. 1 Tab. in qu. Fol.) Weimar 847, Voigt. ⅚ rth; herabges. Pr. n. ⅙ rth

Rollet, Alexander, s. Rollett

Rollet, Anton: Medicinisch-chirurgisch-praktisches Archiv von Baden in Niederösterreich für Aerzte und Wundärzte. Wien u. Baden: 1804

s.: Schenk, Karl

JB 6.056

Rollet, Ant., Hygieia. Ein belehr. Handbuch f. Badens Curgäste. Mit Kpf. u. Vign. 8. Baden 817. (Wien, Haas). 1 rth 8 gr Hbg. Pr. 16 gr

Rollet, Anton: Merkwürdige Krankengeschichten und deren Heilung für Aerzte und Nichtärzte. Wien u. Baden: 1804

s.: Schenk, Karl: Medicinisch-chirurgisch-praktisches Archiv von Baden in Niederösterreich für Aerzte und Wundärzte. Wien, Baden: 1804.

JB 6.056

Rollet, Hermann, s. Rollett

Rollet, J. (Jos. Rolletschek), Schatten. Ernstes u. Heiteres. 8. (V, 112 S.) Dresden 900. E. Pierson. n. 1. 50; geb. n. 2. 50

Rollet, Jos. (Jos. Rolletschek), verwehte Träume. Gedichte. 8. (47 S. m. Bildnis.) Wien 895. Leipzig, Literar. Anstalt A. Schulze. n. 1. —

Rollet, J. (Jos. Rolletschek), was sich die Blumen erzählen u. Anderes. (83 S.) 8. Leipzig 904. Modernes Verlagsbureau. n. 1. 60

Rolletscheck, Ignaz, nehmet hin u. esset! Ein vollständ. Kommunionbuch f. kathol. Christen. 12. (16 B. u. 1 Stahlst.) Wien 844, [Braumüller's Hofbuchh.] Thlr.

Rolletschek, Jos., s.: Rollet, Jos.

Rollett, Alex. Festschrift. Alexander Rollett zur Feier seines 30jährigen Jubiläums als Professor an der medicinischen Facultät in Graz gewidmet v. e. Kreise seiner unmittelbaren Schüler. Imp.-4. (VII, 170 S. m. 53 Abbildgn. u. 8 Taf.) Jena 893. G. Fischer. n. 20. —

Rollett, Adolf, a. Baden bei Wien: Über Äthylthiocodide. (Berlin 1908: G. Schade.) 43 S. 8°
Berlin, Phil. Diss. v. 19. Dez. 1908, Ref. Fischer
[Geb. 10. Dez. 85 Moskau; Wohnort: Berlin; Staatsangeh.: Österreich; Vorbildung: St. Peter u. Paul-Gymn. Moskau Reife Juni 03; Studium: Wien 2, Leipzig 3, Berlin 3 S.; Rig. 17. Dez. 08.] [U 09. 261

Rollett, Alexander

– Über die Änderung der Farben durch den Kontrast. S. 55. II. 314 vgr.
Separatabdruck

Rollet, Alex., über die **Aenderung** der Farben durch den Contrast. [Aus den Sitzungsber. der k. Akad. der Wiss.] Wien 867. (Gerold's Sohn.) Lex.-8. (13 S. mit eingedr. Holzschn.) 3 *ngr.*

— Über die als Azidalbumine und Alkalialbuminate bezeichneten Eiweißderivate (mit 1 Taf. und 2 Tabellen). S. 84. III. 332 .
Separatabdruck

Rollett, Alex., über die als Acidalbumine und Alkalialbuminate bezeichneten Eiweissderivate. Lex.-8. (50 S. mit 1 lithogr. Taf. und 2 Einlags-Tab.) Wien 881, (Gerold's Sohn.) *
Aus: Sitzungsberichte der k. Akademie der Wissenschaften, besonders abgedruckt.

Über die Bedeutung von Newtons Konstruktion der Farbenordnungen dünner Blättchen für die Spektraluntersuchung der Interferenzfarben (mit 1 Taf.). S. 75. III. 173 .
Separatabdruck

Rollett, Alex., über die **Bedeutung** von Newton's Construction der Farbenordnungen dünner Blättchen für die Spectraluntersuchung der Interferenzfarben. Lex.-8. (12 S. mit 1 lithogr. Taf.) Wien 877, (Gerold's Sohn.) *

—— und Otto Becker, Beiträge zur Lehre vom Sehen, s. Becker, Otto.

— Beiträge zur Physiologie der Muskeln (mit 11 Taf.). D 53. I. 190 . 11.20
Separatabdruck

Rollett, Alex., Beiträge zur Physiologie der Muskeln. Imp.-4. (64 S. mit 11 Taf.) Wien 887, (Tempsky.) *
Aus: Sitzungsberichte der k. Akademie der Wissenschaften, besonders abgedruckt.

— Anatomische und physiologische Bemerkungen über die Muskeln der Fledermäuse (mit 4 Taf.). S. 98. III. 169 .
Separatabdruck

Rollett, Alex. Anatomische u. physiologische Bemerkungen über die Muskeln der Fledermäuse. Lex.-8. (15 S. m. 4 Taf.) Wien 889, (Tempsky). * 1 50
Aus: Sitzungsber. d. k. Akad. d. Wissensch., besonders abgedruckt.

— Bemerkungen über das Rheochord als Nebenschließung. S. 73. III. 7 .
Separatabdruck

Rollett, Alex., **Bemerkungen** üb. das Rheochord als Nebenschliessung. [Aus: „Sitzungsber. d. k. Akad. d. Wiss."] Lex.-8. (11 S.) Wien 876. (Gerold's Sohn.) n. — 20

Rollett, A., Bericht üb. d. Studienj. 1894/95 an der Carl-Franzens-Universität in Graz, s.: Weiss, Joh., d. musikal. Instrumente in d. hl. Schriften d. Alten Testamentes.

— Blut u. Blutbewegung, s.: Handbuch der Physiologie.

— Über die Eiweißkörper des Bindegewebes. S. 39. 388 .
Separatabdruck

Rollett, Alex., über die Eiweisskörper des Bindegewebes. (Aus den Sitzungsber. der k. Akad. der Wissensch.) Wien 860. Gerold in Comm. gr. 8. (15 S.) 3 *ngr.*

Rollett Alexander Dr. Über freie Enden quergestreifter Muskelfäden im Innern der Muskeln (mit 1 Taf.). S. 21. 156 „
Separatabdruck

Rollet, Alex., über freie Enden quergestreifter Muskelfäden im Innern der Muskeln. Lex.-8. (7 S. mit 1 Stnt.) Wien 856, (Gerold's Sohn.) *
Aus: Sitzungsberichte der k. Akademie der Wissenschaften J. 1856, besonders abgedruckt.

– Über die verschiedene Erregbarkeit funktionell verschiedener Nervenmuskel-Apparate. 1. Abteilung (mit 3 Taf.). S. 70. III. 7 .
— – 2. Abteilung (mit 1 Taf.). S. 71. III. 33 .
— — 3. Abteilung (mit 3 Taf.). S. 72. III. 39 .
Separatabdruck

— über die verschiedene **Erregbarkeit** functionell verschiedener Nervenmuskel-Apparate. 1—3. Abth. (Aus: „Sitzungsber. d. k. Akad. d. Wiss.") Lex.-8. Wien 874. 75. (Gerold's Sohn.) n. 5. 40
1. Mit 3 (lith.) Taf. (51 S.) n. 2. 40
2. Mit 1 (lith.) Taf. (48 S.) n. 1. —
3. Mit 3 (lith.) Taf. (44 S.) n. 2. —

Über die Erscheinungsformen des Lebens und den beharrlichen Zeugen ihres Zusammenhanges. F. S. 1872 .
Separatabdruck

— über die **Erscheinungsformen** d. Lebens u. den beharrlichen Zeugen ihres Zusammenhanges. Vortrag geh. in der feierl. Sitzg. der k. Akad. der. Wiss. am 15 Juni 1872. 8. (24 S.) Ebend. 872. n. — 40

– Über die Farben, welche in den Newtonschen Ringsystemen aufeinanderfolgen (mit 4 Taf.). S. 77. III. 177 .
Separatabdruck

— über die **Farben,** welche in den Newton'schen Ringsystemen aufeinander folgen. [Mit 4 (lith.) Taf.] [Aus: „Sitzungsber. d. k. Akad. d. Wiss."] Lex.-8. (85 S.) Wien 878. Gerold's Sohn. n. 3. 20

— Über das Gefüge der *Substantia propria corneae* (mit 1 Taf.). S. 33. 516 .
Separatabdruck

Rollett, Alex., über das Gefüge der Substantia propria corneae. Lex.-8. (13 S. mit 1 Stnt.) Wien 859, (Gerold's Sohn.) Thlr. *

— Zur Kenntnis der Verbreitung des Hämatin. S. 34. II. 615
Separatabdruck

– Zur Kenntnis des Zuckungsverlaufes quergestreifter Muskeln (mit 1 Taf.). S. 89. III. 38 .
Separatabdruck

—— zur **Kenntniss** des Zuckungsverlaufes quergestreifter Muskeln. Lex.-8. (8 S. mit 1 Curventaf.) Wien 884, (Gerold's Sohn.) **

Rollet, Prof Dr Alex., Lebensfragen. Rede, gehalten am 15. Nov 1883 8. Graz, Leuschner & Lubensky 40 kr. 1883

— Zur Lehre von den Kontrastfarben und dem Abklingen der Farben. S. 55. II. 423
Separatabdruck

— zur **Lehre** von den Contrastfarben u. dem Abklingen der Farben. [Aus den Sitzungsber. der k. Akad. der Wiss.] Ebend. 867. Lex.-8. (8 S.) n. 2 *ngr.*

— Über Lösungsgemenge aus Kalialbuminat und phosphorsauren Alkalisalzen. S. 39. 547 .
Separatabdruck

Rollett, Alex., über **Lösungsgemenge** aus Kali-Albuminat und phosphorsauren Alkalisalzen. (Aus den Sitzungsber. der k. Akad. der Wissensch.) Wien 860. Gerold in Comm. gr. 8. (14 S.) 3 *ngr.*

Rollett, Alex., die wissenschaftliche Medizin u. ihre Widersacher von heute. Inaugurations-Rede. (25 S.) gr. 8. Graz 903. Leuschner & Lubensky. n. — 70

— Kurze Mitteilung einiger Resultate über die Farbstoffkristalle, welche sich unter dem Einflusse von Säuren aus dem Blute abscheiden. S. 48. II. 223 . . . . . .
Separatabdruck

— Über einen Nervenplexus und Nervenendigungen in einer Sehne (mit 1 Taf.). S. 73. III. 34 . . . .
Separatabdruck

— über e. Nervenplexus u. Nervenendigungen in e. Sehne. [Mit 1 (lith.) Taf. (in qu. gr. 4.)] (Aus: „Sitzungsber. d. k. Akad. d. Wiss.") Lex.-8. (20 S.) Ebend. 876. n. — 60

— Zur Physiologie der Kontrastfarben. S. 55. II. 741 . . . .
Separatabdruck

— zur Physiologie der Contrastfarben. [Aus den Sitzungsber. der k. Akad. der Wiss.] Ebend. 867. Lex.-8. (26 S.) n. 4 ngr.

— Untersuchungen über den Bau der quergestreiften Muskelfasern. 1. Teil (mit 4 Taf.). D 49. I. 81 . . . . vgr.
— — 2. Teil (mit 4 Taf.). D 51. I. 23 . . . . 4.80
Separatabdruck

—— Untersuchungen über den Bau der quergestreiften Muskelfasern. 1. und 2. Thl. Imp.-4. (Ebendas.) 885. [1. Thl. (52 S. mit 4 lithogr. Taf.) *ℳ 4.—.; 2. Thl. (48 S. mit 4 chromolithogr. Taf.) *ℳ 4.80.] *
Aus: Denkschriften der k. Akademie der Wissenschaften, besonders abgedruckt.

— **Untersuchungen aus dem Institute für Physiologie in Graz, s. Untersuchungen.**

—— s. **Untersuchungen aus dem Institute für Physiologie und Histologie.**

— Untersuchungen zur näheren Kenntnis des Baues der quergestreiften Muskelfasern (mit 1 Taf.). S. 24. 291 . . . .
Separatabdruck

— **Untersuchungen zur näheren Kenntniss des Baues der quergestreiften Muskelfaser.** Angestellt im physiolog. Institute der Wiener Universität. Mit 1 (lith.) Taf. (Aus d. Sitzungsberichten d. k. Akad. d. W.) Wien 857. Gerold in Comm. gr. 8. (25 S.) n. 7 ngr.

— Untersuchungen über Kontraktion und Doppelbrechung der quergestreiften Muskelfasern (mit 4 Taf.). D 58. 41 . . . .
Separatabdruck

Rollett, Alex., Untersuchungen üb. Contraction u. Doppelbrechung der quergestreiften Muskelfasern. [Aus: „Denkschr. d. k. Akad. d. Wiss."] Imp.-4. (58 S. m. 4 farb. Taf.) Wien 891. (F. Tempsky.) n. 8. —

— Untersuchungen über die Struktur des Bindegewebes (mit 2 Taf.). S. 30. 37 . . . vgr.
Separatabdruck

Rollett, Alex., **Untersuchungen über die Structur des Bindegewebes.** Mit 2 (lith.) Taf. (in 4. u. Fol.). (Aus den Sitzungsberichten d. k. Akad. d. W.) Wien 858. Gerold in Comm. gr. 8. (38 S.) n. 14 ngr.

— Über die sukzessiven Veränderungen, welche elektrische Schläge an den roten Blutkörperchen hervorbringen (mit 1 Taf.). S. 50. II. 178 . . . .
Separatabdruck

—— über die successiven **Veränderungen**, welche elektrische Schläge an den rothen Blutkörperchen hervorbringen. Lex.-8. (25 S. mit 1 Stnt. in 4.) Wien 864, (Gerold's Sohn.) *

— Über die Veränderungen, welche nach einseitiger Durchschneidung des *Nervus trigeminus* in der Mundhöhle auftreten (mit 1 Taf.). S. 51. II. 513 . . . . K
Separatabdruck

— über die **Veränderungen**, welche nach einseitiger Durchschneidung des Nervus trigeminus in der Mundhöhle auftreten. [Aus den Sitzungsber. der k. Akad. der Wiss.] Wien 865. (Gerold's Sohn.) Lex.-8. (6 S. mit 1 Steintaf.) 3 ngr.

— Versuche und Beobachtungen am Blute (mit 1 Taf.). Nebst kristallographischen und optischen Mitteilungen über die Blutkristalle von Dr. Viktor von Lang. S. 46. II. 65 . . . .
Separatabdruck

— **Versuche** und Beobachtungen am Blute. Mit 1 (lith.) Taf. (in 4.) Nebst krystallographischen u. optischen Mittheilungen über die Blutkrystalle von V. v. Lang. (Aus den Sitzungsber. der k. Akad. der Wissensch.) Ebend. 862. gr. 8. (34 S.) n. 6 ngr.

— Versuche über tatsächliche und vermeintliche Beziehungen des Blutsauerstoffes (mit 1 Taf.). S. 52. II. 236 . . . .
Separatabdruck

— **Versuche** über thatsächliche u. vermeintliche Beziehungen des Blutsauerstoffes. [Aus den Sitzungsber. der k. Akad. der Wiss.] Wien 865. (Gerold's Sohn.) Lex.-8. (18 S. mit 1 Steintaf.) n.n. 5 ngr.

Rollett Alexander, Dr.: Physiologische Versuche über binokulares Sehen, angestellt mit Hilfe planparalleler Glasplatten (mit 2 Taf.). S. 42. 488 . . . .
Separatabdruck

— Über die Wirkung des Entladungsstromes auf das Blut (mit 2 Taf.). S. 47. II. 356 .
Separatabdruck

—— über die **Wirkung** des Entladungsstromes auf das Blut. Lex.-8. (36 S. mit 2 Stnt. in Lex.-8. und 4.) Wien 863, (Gerold's Sohn.) *
Vorstehende acht Schriften des Verf. wurden aus: Sitzungsberichte der k. Akademie der Wissenschaften, besonders abgedruckt.

— Über die Wirkung, welche Salze und Zucker auf die roten Blutkörperchen ausüben (mit 1 Taf.). S. 84. III. 157 . . . .
Separatabdruck

— über die **Wirkung**, welche Salze u. Zucker auf die rothen Blutkörperchen ausüben. [Mit 1 (lith.) Taf.] [Aus: „Sitzungsber. d. k. Akad. d. Wiss."] Lex.-8. (8 S. m. 1 Tab.) Ebend. 881. n. — 40

— üb. Zweck u. Freiheit d. akademischen Lebens. Rede, geh. am 6. Decbr. 1894 bei d. Inauguration d. Rectors d. Karl-Franzens-Universität in Graz. gr. 8. (36 S.) Graz 895. Leuschner & Lubensky. n. 1. —

Rollett, Carl, s. Rollett, Karl

Rollett, Emil, Pathologie u. Therapie der beweglichen Niere. Erlangen 867. Enke's Verlag. gr. 8. (47 S.) n. 8 ngr.

Rollett, Herm., **Beethoven in Baden.** Biographischer u stadtgeschichtl. Beitrag. 2. ergänzte Aufl. gr. 8. (IV, 24 S. m. 2 Taf.) Wien 902. C. Gerold's Sohn. n. 1.—

Rollett, Hermann. Begegnungen. Erinnerungsblätter ⟨1819—1899⟩. VIII + 212 S. gr.-8. Wien, C. W. Stern ⟨L. Rosner⟩, 1903. [M. 4.50]
Darin S. 171—176: Richard Wagner. (Zürich) 1852; *S. 180—183:* Friedrich von Tschudi. 1854; *s. auch S. 169. 177 f.*

Rollett, Herm., Beiträge zur Chronik der Stadt Baden bei Wien. Mit einem Titelkpfr. u. 8 Abbildgn. im Text. gr. 8. (IV, 247 S.) Baden 880. Schütze. n. 5. —

ROLLETT, Hermann 9436 Baden
(F) Neue Beiträge zur Chronik der Stadt Baden bei Wien. Von Dr. Hermann Rollett. XII. Theil. Baden bei Wien. 1899. Schütze. Gr.-8°. 100 S. fl. 1.—

Rollett, Herm., Deklamazionsgedichte. I. gr. 8. (16 S.) Baden bei Wien 871. Otto. n. — 60

Rollett, Herm., dramatische Dichtungen. 1—3. Bd. gr. 16. Leipzig 851, Weller.

Inhalt:
Bd. 1. Die Kalunken. Dramatisches Gedicht in 5 Akten. (124 S.)
„ 2. Thomas Münzer. Volks-Drama in 4 Aufzügen. (IV und 109 S.)
„ 3. Flamingo. Ein Stück Weltkomödie. (72 S.)

— erzählende Dichtungen, s.: Universal-Bibliothek.

Rollett, Herm., (Frühlingsboten aus Oesterreich.) Gedichte. 8. (21½ B.) Jena 846, Luden.

— Gedichte. 2. verm. Aufl. [Mit dem Umschlagstitel: Frühlingsboten aus Oesterreich.] 8. (XVI u. 351 S.) Jena 849, Luden. 1½ ß

Rollett, Herm., Gedichte. Auswahl. 1. Aufl. 1865 u. 2., verm. Aufl. Leipzig 866. Wagner. 8. (XVI, 494 S. mit lith. Bildniß des Dichters.) n. 2 ß

—— die Goethe-Bildnisse, biographisch-kunstgeschichtlich dargestellt. 5 Lfgn. Imp.-4. (XII, 311 S. mit 9 Radierungen, 1 Heliogravure und 78 eingedr. Holzschn.) Wien 881—83, Braumüller. à Lfg. * ℳ 8.; geb. *

Rollett, Herm., Heldenbilder und Sagen. St. Gallen 854. Scheitlin u. Zollikofer. 16. (4 Bl., 160 S.) n. 24 ngr.

—— Jucunda, s. a. National-Bibliothek, deutsch-österreichische.

— Jucunde. 853. n. 1 ß. 20 ngr — 2. (Titel-)Aufl. Leipzig 854. O. Wigand. 16. (198 S. u. 1 Holzschn.) 1 ß.

—— dass. — (Prachtausg.) 8. (198 S. mit 1 Holzschnt.) Ebds. 853. *
Vgl.: Bibliothek deutscher Original-Romane.

— — s. a. Bibliothek Deutscher Original-Romane.

— Kampflieder. 8. (16 S.) Leipzig 848, Naumburg. n. 1/12 ß

— frische Lieder. 8. (VIII u. 325 S.) Ulm 848, Stettin. 1 ß 21 ngr — 2. verm. Aufl. 8. (VIII u. 343 S.) Ulm 850, Adam. 1 ß

— frische Lieder. Der 2. verm. Aufl. neuer Abdr. Ulm 856. Adam. 8. (VIII, 343 S.) 1 ß.

—— republikanisches Liederbuch, s. Liederbuch.

—— Liederkränze. gr. 8. (8 B.) Wien 842, Gerold, Verl. *

Rollett, Herm., Märchengeschichten aus dem Leben, s.: National-Bibliothek, deutsch-österreichische.

— die 3 Meister der Gemmoglyptik Antonio. Giovanni u. Luigi Pichler. Eine biographisch-kunstgeschichtl. Darstellg. Mit dem Bildnisse Giovanni Pichlers nach e. Intaglio Luigi Pichler's (Kpfrst.) gr. 8. (68 S.) Wien 874. Braumüller. 2. —

— Metternich. Gedicht. gr. 16. (8 S.) Leipzig 848. (Grunow.) 1½ ngr

Rollett, Herm., Badener Neujahrsblätter 1885. Beiträge zur Chronik der Stadt Baden bei Wien. gr. 8. (XIV, 64 S.) Baden 885, Schütze. *

— Offenbarungen. Ghaselen-Cyclus. 1. u. 2. Aufl. Wien 869, 70. Gerold's Sohn. 16. (IV, 52 S.) n. 8 ngr

—— deutschkatholisches Reformationslied. 8. (¼ B.) Weimar 845, Hoffmann. *

Rollett, H., die Special-Schriften üb. den Curort Baden bei Wien. Bibliographischer Beitrag zur topographisch-balneolog. Literatur Nieder-Oesterreichs. gr. 8. (27 S.) Wien 887. Verlag der Oesterreich. Buchhändler-Correspondenz. n. — 80

— ein Waldmärchen aus unserer Zeit. (Gedichte.) gr. 16. (31 S.) Leipzig 848, Verlagsbureau. n. ½ ß

—— Wanderbuch eines wiener Poeten. 8. (21 B.) Frankfurt a. M. 846, Literar. Anstalt.

Rollett, Humbert

Rollett Humbert. Dr Über die Wirkung des elektrischen Entladungsschlages auf agglutinierte und auf mit spezifischen hämolytischen Immunkörpern beladene Erythrozyten (mit 3 Textfiguren). S. 115. III. 693
Separatabdruck

Rollett, Humbert, über die Wirkung des elektr. Entladungsschlages auf agglutinierte u. auf m. spezifischen hämolytischen Immunkörpern beladene Erythrocyten. (30 S. m. 3 Fig.) gr. 8. Wien 906. A. Hölder. 1. —
Sonderabdr. aus: „Sitzungsber. d. k. Akad. d. Wiss."

Rollett, Karl

Rollett, Carl, Baden in Oesterreich, seine reichl. Quellen u. deren heil. Kräfte, seine vorzügl. Merkwürdigkeiten u. maler. Umgebungen. gr. 8. (16¾ B. u. 1 Karte.) Wien 838, (Schaumburg u. Comp.) *

Rollett, Karl. Baden in Oesterreich. 8. (36 S.) Wien, A. della Torre 1853.

Rollett, Oktavia

Rollett Oktavia, Dr Beiträge zur Kenntnis der intraperitonealen Cholerainfektion und der Immunität der Meerschweinchen (mit 1 Taf.). S. 115. III. 3
Separatabdruck

Rollett, Oktavia, Beiträge zur Kenntnis der intraperitonealen Cholerainfektion u. der Immunität der Meerschweinchen. (26 S. m. 1 Taf.) gr. 8. Wien 906. (A. Hölder.) n. — 95
Sonderabdruck aus: „Sitzungsber. d. k. Akad. d. Wiss."

Rolley, ..., chemisch. Mittel, verlarvtes Quecksilber aus d. Körper zu schaffen ꝛc. 8. Leipz. (805.) Joachim. 8 gr N. A. 817. 4 gr (A. u. d. T.: „Jöcher's Magie". 37s Hft.)

Rolley, erprobtes Mittel f. diejenigen, welche an rheumat., scrophulösen, gicht., herpet. u. einer Menge and. Uebeln u. hartn. Zufällen leiden ꝛc. Neue Aufl. 8. Leipzig, Central-Compt. 817.

Rollfuss, Bernh., Modulations-Beispiele. Leicht verständliches Verfahren, um nach allen Dur- u. Molltonarten schnell u. zielbewusst überleiten zu lernen. 8. (54 S.) Dresden 889. L. Hoffarth. n. 1. 20; englische Ausg. n 1. 50

Rolff, s. Rolffs, J. C. F.

Rollfuss, B., sollen unsere Töchter Clavier spielen lernen? Ein Beitrag zur Beantwortg. dieser Frage. 8. (22 S.) Leipzig 890. C. A. Klemm. n. — 60

Rollfuß, Carl, s. Rollfuß, Karl

Rollfuss, J., Die Innungen im Bezirke der Handels- und Gewerbekammer in Zittau im J. 1892. 8⁰. Zittau, Druck von R. Menzel, 1894.

Rollfuß, Karl

Rollfuß, Carl, Andacht zu unsers lieben Herrn Ruhe, s. Andacht.

Rolli, oder das Mohrenmädchen, v. C. Nicolai. 8. Quedlinburg, Basse. 818.

Rolli, Fritz, und Wächli, F[riedrich]. Illustrierter Führer durch das Gürbetal und das Amt Seftigen, von † Fritz Rolli und F. Wächli. VI + 96 S. 8. Bern, Verlag Ernst Nydegger, Zu beziehen durch die Buchdr. A. Benteli, 1903. [fr. 1. —]

Roelli, Hans

Entwurf zu einem Schweizerischen Bundesgesetze über den Versicherungsvertrag. M. d. Motiven. Im Auftr. d. Schweiz. Bundesrathes ausgearb. v Prof. Dr. H Roelli in Zürich. *Leipzig: C. L. Hirschfeld 1896.* (VI S., 1 Bl., 236 S.) 1 Bd 8.

— Entwurf zu e. schweizerischen Bundesgesetze üb. d. Versicherungsvertrag. M. d. Motiven. Im Auftr. d. schweiz. Bundesrathes ausgearb. gr. 8. (VIII, 236 S.) Leipzig 896. Strassburg, E. Baumgartner. n. 6. —

Roelli, H., Entwurf zu e. Bundesgesetze üb. d. Versicherungsvertrag. Im Auftrage d. Bundesrates ausgearb. Französisch übers. v. Ern. Ceresole. gr. 4. (55 S.) Bern 896. Strassburg, K. J. Trübner. n. 1. —

Roelli, H[ans]. Zur Frage der Verstaatlichung der Gebäudeversicherung im Kanton Graubünden. Eine feuerversicherungstechnische und volkswirtschaftliche Studie 27 S. 8. Zürich, G. Meyer, 1907

Roelli, H. Projet d'une loi fédérale sur le contrat d'assurance. Elaboré à la demande du Conseil fédéral. Traduction du Dr. *E Cérésole.* In-4⁰ 55 p. Berne, Schmid, Francke & Co. 1896.

Rollier, die Höhen- u. Sommerkur d. chirurg. Tuberkulose, s.: Bücherei, freie medizinische.

Rollier, A., warum habe ich brüderl. Gemeinschaft m. d. Heilsarmee? Uebers. m. Bewilligg. d. Verf. nach d. 4., umgearb. französ. Ausg. v. H. Scholder-Develay. 5., unveränd. Aufl. 12. (56 S.) Zürich (Bahnhofstr. 48) 897. Selbstverlag des Uebersetzers. n. — 40

Rollier, A[rist]. Berner Mattenenglisch. 8.

Sonderabzug [d. i. Ausschnitt] aus der Zeitschrift für Deutsche Wortforschung hrg. von Friedrich Kluge. Band 2, Heft 1. Mai 1901. Strassburg, Karl J. Trübner, 1901. S. 51—57.

Rollier, Auguste s [Thiersch, Heinrich Wilhelm Josias.] Samuel Gobat Bâle 1885.

Rollier, Auguste [Méd.-Chirurg.]: Deux observations d'agromégalie. Chez-Le-Bart 1900. 67 S. 8⁰.
Bern. Med. Diss. 1899/1900.

Rollier, Ch., voir: *Luthy, J.*

Rollier, Louis. Bericht über die Paläontologischen Sammlungen des Naturhistorischen Museum in Bern. (2 Theile.) SA 8. Bern 1891–1892.

Rollier, Louis, geologische Beschreibung des Weissensteintunnels u. seiner Umgebung, s.: Beiträge zur geolog. Karte der Schweiz. 21. Lfg. (Buxtorf, Aug.)

— Bibliographie géologique de le Suisse, s.a. Beiträge zur geolog. Karte der Schweiz. 29. Lfg.

Rollier, Louis. Bibliographie géologique de la Suisse pour les années 1770 à 1900. 2 parties. — *A. u. d. T.:* Geologische Bibliographie (**Teil 1:* Bibliohraphie) der Schweiz für das XIX. Jahrhundert (1770—1900). 2 Teile. XLVIII + II + IV + 1025 p. 4. Berne, comm. A. Francke; Impr. Aschmann & Scheller, Zurich = Bern, (**Teil 1* Berne), Komm. A. Fr'; Buchdr. Aschm' & Sch', Zürich, 1907—1908. [*je* fr. 20. —]

1re partie: A (Géologie générale et Géognosie de la Suisse) jusqu'à K 11 (Stratigraphie des Terrains molassiques) = Teil 1: A (Allgemeine Geologie und Geognosie der Schweiz) bis K 11 (Stratigraphie der Molasse). XLVIII + 540 + 1 p. 1907; — 2de partie: L1 (Hydrodynamique et Glacialisme) jusqu'à V (Reliefs géologiques) = Teil 2: L1 (Hydrodynamik und Glacialgeologie) bis V (Geologische Reliefs). II + IV p. + p. 541—1025. 1908.

Matériaux pour la Carte géologique de la Suisse .. 29e Livraison. 2 parties = Beiträge zur geologischen Karte der Schweiz. Liefg. 29. 2 Teile.

Geologische Bibliographie der Schweiz für das XIX. Jahrhundert (1770—1900) von Dr Louis **Rollier.** T. 1 Berne: A. Francke in Komm. 1907. 4°
[Nebent.] Bibliographie géol. de la Suisse
= Beiträge z. geolog Karte d. Schweiz. Lfg 29.

Rollier, Louis. Carte tectonique d'Envelier et du Weissenstein par le Dr L' R'. Levée de 1890 à 1895. Publiée par la Commission géologique en 1904. Echelle 1 : 25000. 496/364 mm. Report des feuilles 110 [et] 112 de l'Atlas topographique de la Suisse.... 1 feuille fol. Etablissement topographique J. Schlumpf, Winterthur [Comm. A. Francke, Berne,] 1904. [fr. 5. —]

[Beiträge zur geolog. Karte der Schweiz,] Carte spéciale № 32.

Rollier, L[ouis]. Carte tectonique des environs de Bellelay (Jura bernois). par L. Rollier. Levée de 1886-1900. Publiée par la Commission géolog. Suisse 1900. Echelle 1:25000. Avec l'autorisation du Bureau fédéral topogr. report de l'atlas topogr. de la Suisse. Feuilles 102-103-104-105. 495/715 mm. 1 feuille fol. Etablissement topographique J. Schlumpf, Winterthur 1901 [Comm. A. Francke, Berne, 1902]. [fr. 6. —]

[Beiträge zur geolog. Karte der Schweiz.]

Rollier, Louis. Carte tectonique des environs de Delémont (Delsberg) par le Dr L' R'. Levée de 1895 à 1903. Publiée par la Commission géologique suisse en 1904. Echelle 1:25000. 495/713 mm. Report des feuilles 92/93/94/95 de l'Atlas topographique de la Suisse ... 1 feuille fol.-obl. Etablissement topographique J. Schlumpf, Winterthur [Comm. A. Francke, Berne,] 1904. [fr. 6. —]

Rollier, L[ouis]. Carte tectonique des environs de Moutier (Jura bernois). par L. Rollier. Levée de 1886-1900. Publiée par la Commission géolog. Suisse 1900. Echelle 1:25000. Avec l'autorisation du Bureau fédéral topogr. report de l'atlas topogr. de la Suisse. Feuilles 106-107-108-109. 495/715 mm. 1 feuille fol. Etablissement topographique J. Schlumpf, Winterthur 1901 [Comm. A. Francke, Berne, 1902]. [fr. 6. —]

[Beiträge zur geolog. Karte der Schweiz.]

Rollier, Louis, s. Buxtorf, August: Geologische Beschreibung des Weissensteintunnels und seiner Umgebung.

Rollier, Louis [in Zürich]: Ueber Diskordanzen im schwäbischen Tertiär. (S.-A. a. d. Vierteljahrsschr. d. Naturforsch. Ges. in Zürich. 1903. 48. Jahrg.) Zürich 1903. 14 S. 8°.
Zürich. Phil. Hab.-Schr. 1903 1904.
Nicht für den Austausch.

Rollier, L(oui)s. Über Diskordanzen im schwäbischen Tertiär. [Mit Figuren.] Sonderabdruck aus Jahrg. 48 1903 [der] Vierteljahrsschrift der Naturforschenden Gesellschaft in Zürich.... [Habilitationsschr. Phil. II. Univ. Zürich.] II S. + S. 307—320. 8. Zürich, Zürcher & Furrer.

Rollier, Louis. Ueber den Jura zwischen Doubs ‹Chaux-de-fonds›. Delsberg. See von Neuchâtel und Weissenstein. SA. 8. [Stuttgart] 1895.

Rollier, Louis. Orographie. Conférence donnée à Bienne le 19 juillet 1898.... 8. Bienne 1898.

Rollier, Louis, structure et histoire géologiques de la partie du Jura central comprise entre le Doubs (Chaux-de-Fonds), le val de Delémont, le lac de Neuchâtel et le Weissenstein, s.a. Beiträge zur geolog. Karte d. Schweiz, 8. Lfg., 1. Spplt.

Rollier, Louis. Structure et histoire géologiques de la partie du Jura central comprise entre le Doubs ‹Chaux-de-Fonds›, le Val de Delémont, le Lac de Neuchâtel et le Weissenstein. Avec la carte géologique des environs de St-Imier au 1/25000 [*i. e.* 2 cartes], 4 planches de profils coloriés au 1/40000, une de phototypies et 2 figures dans le texte. (Matér. Carte Géol. Suisse. Livraison 8. 1er supplément ‹joint à la 2e édition de la feuille 7›.) 4. Berne 1893.

Rollier, Louis, deuxième supplément de la description géologique de la partie jurassienne de la feuille VII de la carte géologique de la Suisse, s.a. Matériaux pour la carte géologique de la Suisse. N. S. 8.

Rollier, Louis. Deuxième Supplément à la Description géologique de la partie jurassienne de la feuille 7 de la Carte géologique de la Suisse au 1: 100,000. Avec 2 cartes géologiques au 1: 25,000, 5 planches de coupes et profils, dont 2 coloriées, et nombreuses zincogravures dans le texte. Matér. Carte Géol. Suisse. Nouvelle série: 8me livraison, 33me livr' du recueil ‹jointe à la 2e édition de la feuille 7›. 4. Berne 1898.

Rollier, Louis. Troisième supplément à la description géologique de la partie jurassienne de la feuille VII de la Carte géologique de la Suisse au 1: 100,000. Avec 4 planches et 56 zincogravures dans le texte. VIII + 230 p. 4. Berne, comm. A. Francke, Impr. Stæmpfli & Cie., 1910. (fr. 8.—)
Matériaux pour la Carte géologique de la Suisse... Nouvelle Série: 25e Livr.; 55e Livr. de la collection entière.

— Die feuerfesten Tone u. die Industrie feuerfester Produkte d. Schweiz, s.: Beiträge zur Geologie d. Schweiz. 4. Lfg.

Rollier, Louis. Ueber das Verhältnis von Helvétien zum Randengrobkalk in der Nordschweiz. Mit 1 Textfigur. Separat-Abdruck aus dem Centralblatt für Mineralogie etc. 1903. No. 15. S. 477—483. 8. [Stuttgart, E. Schweizerbart.]

Rollier, L., voir: *Wartmann, E.*

Rollier, Louis s. Zschokke, B(runo). Resultate der technologischen Untersuchung der schweizerischen Tone.... Zürich 1907. (Beilage [1]....)

Rollier, Sophie, die kleine Fee. Eine Geschichte f. Knaben u. Mädchen. Autoris. Uebersetzung v. Martha Stöber. (155 S. m. Abbildgn.) gr. 8. Ravensburg (903). O. Maier. Geb. in Leinw. n. 3.—

Rollier, Sophie. Förster's Röschen. Eine Geschichte für Knaben und Mädchen (*Umschlag: für Kinder). Autorisierte Uebersetzung (*Umschlag: Deutsch) von Martha Stöber. [Illustriert.] 155 S. 8. Ravensburg, Otto Maier, [1910]. [geb. M. 2. —]
Titel-Ausgabe von: Die kleine Fee.... Ravensburg ... [1903]

Roellig, E., de codicibus Strabonianis, qui libros I—IX continent, s.a. Dissertationes philologicae Halenses.

Roellig, Eduardus [Suhlensis]: De codicibus Strabonianis qui libros I—IX continent . . . Halis Sax., form. E. Karras, 1886; 32 S. 8°
Halle, Phil. Fak., Inaug.-Diss. v. [24. Apr.] 1886.

Röllig Friedrich: De Hippia maiore.
II. 1899 PN 1246 Diss. Wien. Univ. 1559

Roellig, Johann Christian Friedrich (Schleusingen)
A. S. 602/47
Utile tutelae iudicium durante adhuc cura instituti non posse occas. l. 2. et 14. c. de administr. tut. vel curae. Präs. Christian Gottlob Einert. Leipzig (Langenheim) 31. I. 1774. 23 S.

Gew.: Gf. von Montmartin.
W. v.: Präs. 29041

Über die Harmonika. Ein Fragment von J. [recte: Karl] L[udw.] Röllig. Berlin 1787. 32 S. 4° [Kupfertit.]
cf. Schröder, F. L.: Materialien. 4 (d. J.) S. 70—73; L. 27 (1869) S. 265—267 (G. Brabbée); Abafi, L.: Gesch. d. Frmrei in Oesterreich-Ungarn. 4 (1893) S. 276—278. Kl. 605. Grösste Seltenheit. In Briefen. Erwähnt im 2. Briefe einen sonderbaren frmrischen Auftritt (nach Schröder eine Aufnahme in den Meistergrad), bei dem auch die Harmonika missbraucht wird, um Menschen zu täuschen u. nachher zu gängeln. Beitrag zur Charakteristik des Lebens u. Treibens der geheim. Gesellschaften in Wien unter Josephs Regierung.

Röllig, Jh. Ldw., über die Harmonika; e. Fragment. 4. Berl. 788. Breitkopf u. H. in Leipz. 6 gr. Hbg. Pr. 4 gr.

— Orphica, musikal. Instrument. Mit Kpf. 8. Wien 795. (W. Rauck in Leipz.) 6 gr.

— Orphica, musikal. Instrum. m. K. 8. Wien. (Sommer, Leipz.) 795.

— Versuch e. musikal. Intervallentabelle zur Zusammensetzung aller übl. Tonleiter, Akkorde u. ihren Verwechslungen. Fol. Leipz. 789.

Roellig, P., Lutardis. Poetische Erzählg. aus der Blütezeit der Schlösser Rudelsburg u. Saaleck. 8. (70 S.) Dresden 894. E. Pierson. n. 1. —; geb. in Leinw. m. Goldschn. n. 2. —

Roellig, Paulus [Suhlensis]: Quae ratio inter Photii et Suidae lexica intercedat . . . . Halis Saxonum, form. descr. E. Karras, 1886; 1 Bl. + 31 + 1 S. 8°.
Halle, Phil. Fak., Inaug.-Diss. v. [14. Sept.] 1886.

Roellig, Paulus, quae ratio inter Photii et Suidae lexica intercedat. Diss. Halle 1886, Lippertsche Buchh. 8°. 31 S.

Rollin, üb. die Kanzelberedtsamkeit u. die Beredtsamkeit u. Schönheiten der heil. Schrift. Od. lehrreiche Abhandlungen für angehende Prediger u. Candidaten d. Theologie. Uebers. v. Walther Schneider. gr. 8. Quedlinburg (838), Ernst. 1/2 ₰

Rollin, über d. Kanzelberedsamkeit u. d. Beredsamkeit u. Schönheiten d. heil. Schrift. Od. lehrr. Abhandln., zunächst f. angeh. Prediger u. Candidaten d. Theologie. Aus d. Werken d. Verf. übers. v. Walther Schneider. gr. 8. (9 B.) Cassel 840, Fischer.

Rollin, Charles

— Abrégé de l'Histoire ancienne p. A. Tailhier, av. fig. V Vol. gr. 8. Berne. Société Typogr. 775.

— — le même V. Tom. gr. 12. Augsb. Wolf. 775.

Rollin, Anleitung den Homer zu lesen deutsch mit Nachträgen. gr. 8. (VI und 66 S.) Mannheim 847, (Löffler.)

— Anweis., wie man die freien Künste lehren u. lernen soll; aus d. Französ. 2 Thle. gr. 8. Lpz. 770. Breitkopf u. H. 1 ₰ 20 ℊ

— Auszug aus der Historie alter Zeiten — von Taillhie. Aus dem Französ. Zürich 778. 3 Bde. 8. 3 rthl. 12 gr.

Rollin, Charles, Biographies d'hommes célèbres de l'antiquité, hrsg. v. Gerh. Franz, s.: Prosateurs franç.

— f. Ch. Carrich, Beispiele.

Rollin's, Ch., Geschichte Alexanders des Großen, s.a Hausbibliothek ausländischer Classiker.

— Geschichte Alexander's d. Großen. Wortgetreu nach H. R. Mecklenburg's Grundsätzen aus dem Franz. übers. v. R. T. 1.—3. Hft. 32. (192 S.) Berlin 888. H. R. Mecklenburg. à n. — 25

44*

— s. Geschichte, neuere, der Chinesen.

— Römische Geschichte bis auf die Schlacht bei Actium. Aus dem Französ. Bresl. 739-63. 16 Thle. 8. 8 rthl.

Rollin, Ch., Histoire d'Alexandre le Grand, s.a Bibliothek gediegener und interessanter französischer Werke.

Rollin, Charles, histoire d'Alexandre le Grand. Tirée de l'histoire ancienne de cet auteur. Münster 855. Theissing. 16. (XV, 218 S.) n. 8 ngr.

— histoire d'Alexandre le Grand. Für die oberen Klassen höherer Lehranstalten bearb. von Osw. Collmann. gr. 8. (160 S.) Berlin 877. Weidmann. 1 50

Rollin, Ch., histoire d'Alexandre le Grand. Erklärt v. O. Collmann. 2. Aufl. gr. 8. (167 S.) Berlin 890. Weidmann. n. 1. 50

— dasselbe, s.a Prosateurs français.

— dasselbe. Wörterbuch, s.: Bibliothek gediegener u. interessanter französischer Werke.

Rollin, Ch., Histoire ancienne. Amst. 739. 13 Tom. 12. Paris 740. 16 Vol. 12. (6 Vol. 4.) 17 rthl. Amsterd. 754. 13 Tom. (14 P.) 8. 12 rthl. Halle 756-58. 5 Vol. 8. Paris 769. 13 Vol. 8. 15 rthl. Ib. 821. 4 Tom. 8. 10 rthl. Jeder Theil 2 rthl. 12 gr.

Rollin, Histoire ancienne, accompagnée d'observations et d'éclaircissements historiques par Letronne. 2. édit., revue et enrichie d'observations nouvelles. Tome I. 12. (20 B.) Paris 846, Didot frères. *

— histoire ancienne des Egyptiens. V Vols. gr. 8. Halle 756—58. Gebauer. 10 ₰

— — le même. XIV Vol. 12. Paris. (Thourneisen à Basle.)

— histoire de la seconde guerre punique, s.a Prosateurs français.

Histoire de la seconde guerre punique p. Charles Rollin. Nebst e. Anh Suite de l'histoire d'Annibal. M. Anm. z. Schulgebr hrsg v Prof. Dr K[arl] Bandow, Dir. zu Berlin. [Nebst] Anhang [&] Wörterbuch. *Bielefeld & Leipzig: Velhagen & Klasing 1892* 3 Bde 8. [Text] 0; S. Anh. Anmerkgn (32 S.) Wörterb. (37 S)
= Sammlung, Velhagen & Klasings, französ. u. engl. Schulausgaben. Prosateurs franç. Lfg 5. Ausg B. [96. 5033

Rollin, histoire des sept rois de Rome, siehe: Wedewer.

— histoire romaine. VI Vols. compren. les XVI T., de l'édit. de France. gr. 8. Halle 753—55. Gebauer. 9 ₰

— hist romaine. VI Vol. compren. les XVI T. de l'édit. de France. gr. 8. Halle, Gebauer. 756-58.

— — le même. XVI Vol. 12. Paris. (Thourneisen à Basle.)

Rollin, M., histoire romaine. Für den Schul- u. Privatgebrauch ausgewählt u. bearb. v. J. Nick. 16. (VIII, 280 S.) Münster 871. Theissing. n. — 80

— histoire romaine. Für d. Schul- u. Privatgebrauch ausgew. u. bearb. v. J. Nick. 8. (280 S.) Münster 887. Theissing'sche Buchh. — 80

— — Römische Historie, von Erbauung der Stadt Rom bis auf die Schlacht von Actium oder das Ende der Republik. Aus dem Französischen. (16 Bde.) 8. Leipzig 1752—1763.

— römische Historie v. Erbauung d. Stadt Rom bis auf die Schlacht bei Actium; aus d. Französ. 16 Thle. 8. Bresl. 759 —763. W. G. Korn. 8 ₰ 12 ℊ

— Historie alter Zeiten und Völker. Aus dem Französ. Dresden 738-48. 13 Thle. 8. 8 rthl. 20 gr.

— Historie alter Zeiten u. Völker, der Aegypter u. Assyrer; aus d. Französ. übers. 13 Thle. 8. Dresd. 763. Walther. 10 ₰ Auszug aus derselben v. Abt Tailhier übers. 3 Bde. 8. Zürich 778. Orell. 3 ₰ 12 ℊ

— hommes illustres de l'antiquité, s. Bibliothek gediegener und interessanter französischer Werke.

— hommes illustres de l'antiquité, s.: Bibliothek gediegener u. interessanter französ. Werke.

— hommes illustres de l'antiquité, s.: Bibliothèque française.

— dass. — s. Bibliothèque française à l'usage des écoles.

— hommes illustres de l'antiquité, s. Bibliothek gediegener französ. Werke, herausg. von Goebel.

— Hommes illustres de l'antiquité, Wörterbuch dazu, s. Schwarze, F.

Rollin, C., de la manière d'enseigner et d'étudier les belles-lettres. 4 T. 8. Halle, Trampe. (Hahn, Hannover.) 776.

— berühmte Männer des Alterthums, s.a. Hausbibliothek ausländischer Classiker.

— berühmte Männer des Altertums. [Hommes illustres de l'antiquité.] Wortgetreu nach H. R. Mecklenburgs Grundsätzen aus dem Französ. übers. von R. T. 1.—4. Heft. 32. (S. 1—224.) Berlin 885—87, H. R. Mecklenburg. à Heft * 25 Pf. *

Rollin, C. Naturlehre für Kinder; a. d. Franz. Altorf 1738. 2. Aufl. 1744. Ü: *Götz (Göz), Andreas.* (ML) »Leipzig 1768. Ü: *Schwabe, Johann Joachim*«. (ML)

Charles Rollin

Karl Rollins [Charles Rollin: Physique des enfants. Deutsch:] Naturlehre zum Unterricht und Vergnügen der Jugend. Mit Anm. verm. von M[atthias] von S[chönberg]. (München: Bey den goldnen Almosen des heil. Johannes Baptist) 1767. 100 S. 8°

— Naturlehre der Kinder v. Götz. 8. Nürnb. Riegel. 768.

— — dieselbe übersetzt v. Schönberg. 8. Augsburg, Rieger. 785.

— Opuscule conten. ses lettres, harangues, complimens etc. II Vol. gr. 12. Paris. Bauer. 772.

— s. M. Fab. Quinctilianus, institution.

Rollin, Erhard, Leben und Meynungen, 2 Theile, 8. Daselbst, 787. Böhme. 1 Rthl. 10 sgl.
vgl. Rolling, Eberh.

Rollin, Franz [aus Arnswalde]: Über Albumosurie und Peptonurie bei Darmkrankheiten ... Würzburg, Scheiner's Buchdr., 1896; 22 S. 8.
Würzburg, Med. Fak., Inaug.-Diss. v. 1896

Rollin, J. F. E., nouv. Dictionnaire de Poche, franç.-allemand et allem.-français. Neues französ.-deutsches u. deutsch-französ. Taschenwörterbuch. 2 Bde. N. Aufl. 12. Berl. 822. Amelang. 1 ℛ 18 ℊ

Rollin, J. F. E., nouveau dictionnaire de poche Français-Allemand et Allemand-Français, composé sur les meilleurs et les plus nouveaux dictionnaires des deux langues. Nouv. édition. 2 vols. gr. 16. (779 S.) Berlin 847. (Leipzig, Amelang.) 3/4 ℛ

Rollin, L., neues Handbuch der französischen Conversationssprache. 12. (VIII, 376 S.) Leipzig 880. B. Tauchnitz. geb. 2. 25

Rollin, L., neues Handbuch d. französischen Conversationssprache. 2. Aufl. 12. (VIII, 376 S.) Leipzig 896. B. Tauchnitz. Geb. in Leinw. 2. 25

Rollin, L., et Wolfg. **Weber,** nouveau manuel de la conversation allemande. 12. (VIII, 376 S.) Leipzig 880. B. Tauchnitz. geb. 2. 25

Rollin, Ledru, siehe: Ledru-Rollin.

Rollin, M., s. Rollin, Charles

Rolling, Eberh., Leben u. Meinungen. 2 Thle. 8. Leipz. Böhme. 787.
vgl Rollin, Erhard

Rölling, Wilh., der falsche Hausknecht u. sein Kollege, s.: Zentraltheater.

Rollinger's Führer u. Notizbuch f. die Welt-Ausstellung 1872. Mit e. (chromolith. Stadtplan in Imp.-Fol.) u. e. (lith. Plan d. Welt-Ausstellungsplatzes (in Imp.-Fol.) 16. (106 S.) Wien 873. Gerold & Co. in Comm. n. 3. —

Rollinger, F., Plan der Stadt Wien 1873. Mit einem Verzeichniss der Strassen und Plätze des Wiener Gemeindegebietes und der Vororte und einer Uebersicht der wichtigeren öffentlichen Gebäude, Sammlungen, Kirchen und Klöster etc. Fol. (20 S. Text in gr. 16.) Wien 873 (Gerold und Comp.)

Rollinger, Leopold

Rollinger, L. und F. Holzner, Oberstlieutenante. Notizen für den Dienst in der Festungs-Artillerie. Mai 1899. 4. Auflage (Lithographiert.) kl. 8. (Wien.) 1899.

Rollinger, L., u. F. Holzner. Notizen für den Dienst in der Festungsartillerie. 6. Aufl. Wien 1900. 58 S.

Rollinger, L., u. F. **Holzner,** Notizen f. den Dienst in der Festungs-Artillerie. 7. (verm.) Aufl. (64 autograph. S. m. Fig.) kl. 8. Wien 903. (L. W. Seidel & Sohn.) n. 1. 50

Rollinger, Leop., Vorträge üb. Festungskrieg. Mit 10 Taf. gr. 8. (IV, 224 S.) Wien 885. Seidel & Sohn. n. 6. —

Rollinger, Leop., Vorträge über Festungskrieg. Mit 10 Taf. 2. Aufl. gr. 8. (IV, 218 u. II S.) Wien 895. (L. W. Seidel & Sohn.) n. 8. 50

Rollinger, Leop., Vorträge über Festungskrieg. 3. Aufl. gr. 8. (V, 242 S. m. 7 Taf.) Wien 899. (L. W. Seidel & Sohn.) n. 8. 50

Röllinger, Gebhard

Röllinger, G., Leitfaden für den Unterricht in der Mechanik fester Körper. gr. 8. (III, 66 S.) Augsburg 881. Kranzfelder. n. — 70

Vertheilung der Sonnenwärme auf der Erdoberfläche. — Von Gebhard Röllinger, Stdl. — 1879, Augsburg, ibid. — S. 3—66[8].
Progr. Augsburg (bei St. Stephan)
K. Lyceum

Röllingk, A., homöopathische Pharmacopoë nach neuesten Erfahrungen für Menschenärzte, Thierärzte und Apotheker; enthaltend alle bis jetzt geprüfte und angewandte homöopathische, auch die von Dr. Lux potenzirten isopathischen Arzneistoffe. 8. Leipzig 836. 2e Ausg. 838. (Melzer.) 1 1/2 ℛ

Röllingk, A., homöopath. Pharmacopoë nach neuesten Erfahrungen f. Menschenärzte, Thierärzte u. Apotheker; enth. alle bis jetzt geprüfte u. angewandte homöopath., auch die v. Dr. Lux potenzirten isopath. Arzneistoffe. 1. Aufl. u. 2. Ausg. 8. (à 19⅛ B.) Leipzig 838. [Braunschweig, Westermann.]

School administration in municipal government. By Frank **Rollins**. New York The Macmillan Co., Berlin Mayer & Müller 1902. (106 S.) 8°
= **Columbia University contributions** to philosophy, psychology and education. Vol. 11, No 1 [07 1191

Rollmann: Über die Anwendung des Stimmgabelchronoskopes zur Messung der Fallzeiten. 8 S. – Stralsund, Progr 1867

Rollmann, A., Predigt üb. Röm. 3, 28, geh. am Lutherfest den 11. Novbr. 1883 in der evangel. Kirche zu Fulda. 8. (13 S.) Fulda 883. Nehrkorn. n.n. — 25

Rollmann, Emma, der Unterricht im Stricken nach dem an den beiden Bezirksschulen zu Plauen eingehaltenen, der Schallenfeld'schen Methode sich anschließenden Lehrgang zur Fortbildung der Schülerinnen bearb. Mit 16 in den Text gedr. Holzschn. 8. (19 S.) Plauen 878. Neupert. n. — 50

Rollmann, Frz., C. Ss. R., Heinrich Belletable, Hauptmann des belgischen Ingenieurkorps, u. der Verein der hl. Familie. (63 S. m. 1 Bildnis.) 8. Dülmen 909. A. Laumann. — 60

Rollmann, Heinrich [approb. **Arzt aus Philadelphia**]: Ueber Gesichtsmissbildungen. Beitrag zu Facies vara. .. München, Druck v. Knorr & Hirth (1888), 23 S. u. 1 Taf. 8°
Würzburg, Med. Fak., Inaug. Diss. v. 1888

Rollmann, Heinrich, über Gesichtsmissbildungen. Beitrag zur Facies vara. Diss. Würzburg 1888, Stahelsche Univ.-Buchh. 8°. 23 S. mit einer Taf.

Rollmann, Wilhelm

Rollmann, Guilelmus: •Ratio galvanica, quae inter ferrum acidumque nitricum intercedit. 35 S. 4° (2°)
Halle-Wittenberg, Phil. Diss. v 25. Juli 1848
Geb. Soest [12. 5.] 1821. V.
Vom Verf. ersch. deutsch: Ueber das galvanische Verhalten des Eisens zur Salpetersäure. In: Annalen d. Physik u. Chemie. Bd. 73. Leipzig 1848. S. 406—417

Rollmann, Wilh. Die Thermoelectricität. Thl. I. 38 S.
Stralsund, Progr. 1859

Röllmann, Paul, a. Rhynern (Westfalen): Ein Fall von osteoplastischem Magenkrebs. Würzburg 1904: P. Scheiner. (32 S.) 8°
Würzburg, Med. Fak., Ref. v. Rindfleisch, Diss. v. 19. Sept. 1905
[Geb. 23. Nov. 80 Rhynern; Wohnort: Rhynern; Staatsangeh.: Preußen; Vorbildung Gymn. Attendorn Reife O. 99; Studium: München 1, Würzburg 3, Straßburg 1, Berlin 1, Würzburg 3 S.; Coll. 20. Juli 04; Approb. 23. Juni 04

Röllner Ferdinand: Über Ähnlichkeit und Symmetrie als grundlegende Principien der Geometrie, nebst elementaren Regeln zur unmittelbaren Raumconstruction. 10. 26. 6. Römerstadt R. 99 00. 02.
Progr.

— Beweis eines Gesetzes der gleichzeitig gleichschnellen Rotationen. 5. ibd. 99.
Progr. Römerstadt

Röllner F.: Das Normalproblem für Kegelschnitte in elementar-synthetischer Behandlung, m. 1 Taf. (9.) Znaim R. 82.
Progr.

Röllner Ferdinand Über Reflexe von Punkten auf Kreisen oder die Umkehrung des Normalenproblems. S. 82 II. 1129
Separatabdruck

Röllner, Ferd., über Reflexe von Punkten auf Kreisen oder die Umkehrung des Normalenproblems. [Aus: „Sitzungsber. d. k. Akad. d. Wiss."] Lex.-8. (11 S.) Wien 880. (Gerold's Sohn.) n.n. — 25

Röllner Ferdinand. Zur V. Vorlesung Lagranges über die Funktionenrechnung. Abgekürzte Darlegung auf Grund des Wertigkeitsprinzips. 5. Römerstadt R. 02.
Progr.

Röllner, Fr., s. Zeitschrift für deutsches Strafverfahren.

Rollo, August, od. das Gewebe meines Schicksals. 8. Leipz. 786. Meyer. 20 ℊ

ROLLO, August, oder das Gewebe meiner Schicksale. Leipzig, bey Georg David Meyer. 1796. 8°.
Seltener, stellenweise freier Studenten-Roman. — 302 S. (incl. Titel, 3 Bll. poet. Zuschrift: „Meinen Freunden Th** S** u. W* gewidmet", unterz. *S—G***, 1 Bl. Inh. der 42 Kap.).

Rollo, John: Abhandlung des Diabetes Mellitus oder der zuckerartigen Harnruhr. Mit chymischen Versuchen des Hrn.(William) Cruikshank über den Urin und Zucker. (An Account of two cases of the diabetes mellitus, with remarks... Dt.) Hrsg.von Joh(ann) Anton Heidmann. 607 S., gbd., Tab.

Wien: Wappler & Beck 1801

JB 2.370

— neue Bemerk. üb. d. mit Fieber verbundene Ruhr und Heilart, aus dem Engl. v. Michaelis. 8. Leipzig, Böhme. 778.

— neue Bemerkk. üb. die mit Fibern verbund. Ruhr u. ihre Heilart; aus d. Engl. von Chr. Fr. Michaelis 11. 8. Leipz. 787. (Snobloch). 6 ℊ

— über die Drüsenkrankheit in Barbados, s. Jam. Hendy.

— über die honigartige Harnruhr; nebst W. Cruikshanks Versuche mit verschied. Säuren; aus d. Engl. v. J. H. Jugler. 2 Thle. Mit 1 Kpf. 8. Stendal 801. Franzen u. Gr. 1 ∮ 8 ℊ

Rollo-Reuschel, moderne Raubritter. Enthüllgn. üb. d. Schlittenfahrer-Schwindler in London. M. 30 Abb. nach Documenten. 8. (III, 340 S.) Köln 895. J. P. Bachem. n. 3. —

Rolloff, Emma: Ueber die Permeabilität der Niere für die im Blute kreisenden Bakterien. Leipzig 1900: Lehmann. 34 S. 8°
Leipzig, Med. Diss. v. 25. Mai 1909, Ref. Curschmann
[Geb. 23. März 81 Tiflis; Wohnort: Leipzig; Staatsangeh.: Rußland; Vorbildung: Gymn. Tiflis Reife Mai 99; Studium: Petersburg 4, Leipzig 6 S.; Rig. 21. Juni 09.] [U 09. 2854

Rollschuh-Sport, der, s. a Miniatur-Bibliothek.

Rollschuhsport (Der). (56 S. m. Fig.) Leipzig. **1910. M. —.10**

Rollstein, der, ein Talisman der Wissenschaft u. der Religion. Für Gebildete in allen Ständen von einem Verehrer der Natur. Ansbach 869. (Junge.) gr. 8. (315 S.) 22½ ngr

Rollwage, F., Wirtschaftsbuch f. d. braunschweig. Landwirt, s.: Wohltmann, W.

Rollwage, Hermann, approb. Arzt aus Lebenstedt: (Ein Fall von primärem Nierensarkom im Kindesalter.) *Braunschweig 1901: A. Limbach.* (25 S.) 8°
Erlangen, Med. Diss. v. [18.] Mai 1901

Rollwage, Rob., über gebromte Salicylsäuren u. Aethylimidobenzoesäure. Inaugural-Dissertation. gr. 8. (32 S.) Göttingen 877. (Vandenhoeck & Ruprecht.) n. — 60

Rollwagen, Heinr., vollständige Kellermeisterei für Weinhändler, Weinschenken, Kaufleute, Gast- u. Hauswirthe, oder auf 65jähr. Erfahrungen gegründeter Unterricht, wie mit dem Weine von der Lese an umzugehen, wie der ältere wohl zu erhalten, hinfälligen zu helfen, der geringe nachhaltig zu verbessern ꝛc. Neue Aufl. Stuttgart 866. Scheible. 16. (213 S.) 16 ngr

Rollwagenbüchlein[1].
Goed. II, 463, 14.
Ein neüws, vor vnerhörts Büchlein, | darinn vil güter schwenck vnd Historien begriffen | werden, so man in schiffen vnd auff den rollwegen, | desgleichen in scherheüseren vnnd badstüben, zü | langweiligen zeiten erzellen mag, die schweren | Melancolischen gemüter damit zü ermünderen, | ... zü | samen gelesen durch Jörg Wick | rammen, . . .
1857, Nürnberg, J. Mäsch, 8°. XII, 380 S.
Hrsg. von Ignaz Hub mit biographisch-literarischen Einleitungen, sprachlichen und sachlichen Notizen.
1865, Leipzig, Otto Wiegand.
Hrsg. von Heinrich Kurz in Deutsche Bibliothek, Bd. VII, L u. 252 S.
Zahlreiche Drucke.
o. J.,* Berlin u. Stuttgart, W. Spemann, 8°.
Hrsg. von Felix Bobertag. In Kürschners Deutsche National-Literatur Bd. 24, S. 155—207.
1881,* Straßfurt u. Leipzig, A. Förster, 8°. 87 S.
Hrsg. von Karl Müller. Sammlung altdeutscher Werke in neuen Bearbeitungen, Bd. 12.
1902,* Berlin, Fischer u. Franke, 4°. 24 Bl.
Schwänke aus dem Rollwagenbüchlein, in Bildern von M. Bernuth (= Jungbrunnen Bd. 31).
1903,* Tübingen, 8°.
Hrsg. von Johannes Bolte. In Bibl. des Stuttgarter Lit. Vereins, Bd. 229, S. 1—146.
Mit Angabe der Drucke.
o. J.* Leipzig, Philipp Reclam junior, 8°.
Ausgewählt und sprachlich erneuert von Karl Pannier. 150 S. Reclams Universal-Bibliothek Nr. 1346, 1346a.

Rollwagenbüchlein, newes, das ist ein Mentor allen denen, so die newe Statt besuchen, gar nützlich vndt kurzweilig zu lesen durch Wilhelmum Equisonem. 8. (16 S.) Weimar 878. Böhlau. n.n. — 50

Rolly, Adam (Bechtolsheim)
Ueber die hypertrophische Verlängerung der Vaginalportion des Uterus.
Giessen: W. Keller 1868. 22 S. u. 1 Taf.
Diss. med. 24.11.1868. vorh. 26. 7.

Rolly, Friedrich: Ueber einen Fall von Adenomyoma uteri, Uebergang in Carcinom und Metastasenbildung. *Berlin: (G. Reimer) 1897.* (30 S.) 8° (Aus: Virchow's Archiv für pathologische Anatomie und Physiologie und für klinische Medicin, Bd 150.)
Heidelberg, Med. Diss. v. [11. Mai] 1897

Rölly, J. Ign., Selbsterinnerungen aus s. Leben, hrsg. von **Joh. Schmid.** [Aus: „Kathol. Schweizerblätter".] gr. 8. (71 S. m. 1 Bildnis.) Luzern 895. (Räber & Co.). — 90

Rölly, Josef Ignaz, Chorherr und Professor († 11. Dezbr. 1894). Selbsterinnerungen und Ergebnisse aus seinem Leben. Aus dessen handschriftl. Nachlass hrsg. von *J. Grüter.* Gr. in-8°. IV, 99 S. Luzern, J. Schill. 1896 1 —

Rölly, Josef Ignaz

Amrein, Joseph, von J. J. Rölly. Luzern 1878.
Progr.-Schr.

(R[olly], J[osef] I[gnaz].) Leonz Füglistaller Geboren den 20. April 1768, gestorben den 21 März 1840 (Biographie) [A.] 8. (Luzern 1869)

Rölly, J J J A. H e r s c h e Luzern, Progr 1878

Rölly, J J Musikdirektor Joh H o n a u e r Luzern, Progr 1870

Rölly, J J J E K o p p Luzern, Progr 1867

Rölly, J J J B L e u Luzern, Progr 1865

Rölly, J J., Auswärtige Studien und Studienorte der alten Römer um die letzten Zeiten der Republik. Luzern 1863.
Progr.

Studien und Studienorte im Occident während der römischen Kaiserherrschaft. Luzern 1869.
Progr.

Rölly, J. Ign., Uebersicht der vorzüglichsten Studien u. Studienorte im Occident während der römischen Kaiserherrschaft. Luzern 869. (Gebr. Räber.) gr. 4. (33 S.) 6 ngr

Rolník nového věku. Knihy naučné a promyslné pro hospodáře, kterýmž záleží na tom, aby a živnostech rolnických většího užitku se získalo a povolání volnické povzneslo se ku ctihodné dokona losti. Vydávají J. B. Lambl a Karel Lambl. Prag 860—64. Kober. 8.
Svaz. 1: Rozjímání o nynějším stavu našeho rolnictví. Chmelařství a jeho důležitost v dobách nynějších. S ouplným návodem ku zakládání a pěstování chmelnic. Podává Karel Lambl. 860. — 2. vydání. S 15 vyobrazeními. 862. (78 S.) n. 6¼ ngr
Svaz. 2.: O zvelebování luk, aby těžilo se více a dobré trávné píce. Sepsal a názornými vykresy opatřil Karel Lambl. 2. vydání. Se 87 vyobrazeními v dřevotisku. (XII, 107 S.) n. 8 ngr
Svaz. 3.: Základy chovu a užitku zvířectva hospodářského. Sepsal a názornými výkresy opatřil Karel Lambl. 2. vydání. Se 36 vyobrazeními. (XVI, 112 S.) n. 9½ ngr
Svaz. 9.: Pěstování řepy cukrovky, nejdůležitější to plodiny mírného pohoří. Sepsal a s 22 vyobrazeními opatřil Ant. Adam Šmid. (XVI, 192 S.) n. 16 ngr
Svaz 10.: Naučení o pomoci při porodu zvířectva hospodářského. Sepsal K. Špot. S 36 vyobrazeními. (IX, 95 S.) n. 10 ngr
Svaz 11. Nauka o vzdělávání země a nářadí orebném. Sepsal Jan. B. Lambl. S 35 nákresy. (VII, 85 S.) n. 10 ngr
Svaz. 12.: Pěstování obilních požitků. Sepsal Ant. Adam Šmid. Část I. Všeobecné zásady rostění našeho obilí. S 19 vyobrazeními. (VIII, 180 S.) n. 16 ngr
Svaz 13.: Nauka o chování všeho druhu drůbeže. Dle dobrých spisů sestavil a vlastními zkušenostmi doplnil J. H. Hušek. S 24 vyobrazeními. (X, 151 S.) n. 16 ngr
Svaz. 14.: Nauka o plemenitbě, chovu a krmení bravu vepřového a kterak možná vychovati z našich vepřů pomocí plemen anglických smíšence největší plodnosti a tučnivosti. Sepsal Jan B. Lambl. S 15 výkresy a mnohými tabulkami. (VIII, 99 S.) n. 10 ngr
Svaz. 15.: Nauka o setbě, pěstování a sklizení plodin, a jaké k tomu nářadí nejlépe slouží. Sepsal Jan B. Lambl. S 45 výkresy a mnohými tabulkami. (VIII, 127 S.) n. 13 ngr
Svaz. 16.: Pěstování obilních požitků. Sepsal Ant. Adam Šmid. Část 2. Podrobné rostění jednotlivých druhův obilí. S 27 výkresy (VIII, 192 S.) n. 18 ngr

ROLNY Franciscus Genetico-historica evolutio systematis pericoprum. — (1891) 320 S. 8° (Handschr.) Diss. 5
Diss. Wien, Univ

Roloff — Bibliotheca Roloffiana. Berol. 789. 2 Part. 8.

Roloff, die Festlegung der Lebamündung in Pommern, s.: Benoit.

Roloff, Geschichte d. Strandschutzbauten auf d. Insel Baltrum, s.: Scholten.

Roloff und Wurffbain, die Melioration der Niederung der unteren Bode und des großen Bruchs bei Groß-Oschersleben. Denkschrift zur Information der Betheiligten nebst 3 Lithogr. (in Fol.) Stendal 856. Franzen u. Große. gr. 4. (16 S.) nn. 10 ngr.

— Mitteilungen üb. nordamerikan. Wasserbauwesen, s.a Zeitschrift f. Bauwesen.

Roloff. Mittheilungen uber nordamerikanisches Wasserbauwesen. Berlin 1895. fol. Atlas fol.

Roloff, prakt. Ratgeber f. den mod. Handwerker, s.: Oestreich.

Roloff, E., das Handels- und Schiffsregister. Handbuch für Justiz- und Polizeibeamte, Kaufleute und Rheder in allen Theilen des preuß. Staatsgebietes. gr. 8. (103 S.) Berlin 862, Steinthal.

Roloff, C. F. E., alphabetisch-lexikalisches Haupt-Register z. Amtsblatt d. k. preuß. Regierung zu Merseburg u. zur Gesetzsammlung f. d. preuß. Staaten, in so weit die in letzterer enthalt. Gesetze u. Verordnungen durch das Amtsblatt publicirt werden sind, von 1816—1842. 4. (87¼ B.) Halle 846, Buchh. des Waisenhauses. *

Roloff (C. L.). Index plantarum . in horto celebri krausiano. Berol. [1746]. 8°.

Roloff, Ch. H, s. Roloff, Johann Christoph Heinrich

Roloff, Edmund, aus Schnarsleben b. Magdeburg: **Der Konsonantismus des Niederdeutschen in der Magdeburger Börde.** *Halle a. S. 1902: C. A. Kaemmerer & Co.* (50 S.) 8°
Leipzig, Phil. Diss. v. [27. Juni] 1902

Roloff, Ernst M., Ägypten einst u. jetzt, s.: Bibliothek, illustr., d. Länder- u. Völkerkunde. (Kayser, Frdr.)

Roloff, F. W., de abusu linguae graecae in vocib. lat. 8. Berl. Nicolai. 736.

Roloff, F. W., de tribus Pauli apostoli nominibus. Jen. 1731 4.

— 5 Predigten. 4. Ebend. 734.

Roloff, Ferdinand [app. Arzt aus Oberröblingen am See]: **Ein Fall von Morbus Addisonii mit Atrophie der Nebennieren. . . .** Jena, G. Fischer, 1890; 22 S. 8°
Tübingen, Med. Fak., Inaug.-Diss. v. 1890

Roloff, Ferdinand [Dr. Assistenzarzt am patholog. Inst.]: Ueber die Rolle des Pleuroperitonealendothels bei der Entstehung bindegewebiger Adhaesionen ... Rudolstadt, Druck d. fürstl. priv. Hofbuchdr. F. Mitzlaff, 1894; 29 S. 8.
Tübingen, Med. Fak., Hab.-Schr. v. 1894
(Nicht für den Austausch)

Roloff, Fr. Karl, vollständ. Handbuch bei Verhandlung der Civilstandsacte u. bei Führung d. Civilstandsregister, für Civilstandsbeamte rc. gr. 8. Magdeb. 809. Heinrichshofen. 21 ℊℊ

Roloff, Friedrich

Roloff, F., die Beurtheilungslehre des Pferdes u. des Zugochsen. Mit 117 in den Text gedr. Holzschn., nach Zeichnungen von H. Schenck. Halle 870. Buchh. des Waisenh. gr. 8. (XII, 292 S.) n. 2 ℛ 10 ngr.

Roloff, F., d. Beurtheilungslehre d. Pferdes u. d. Zugochsen. M. 117 in d. Text gedr. Holzschn., nach Zeichngn. v. H. Schenck. 2., unveränd. Aufl. gr. 8. (XII, 300 S.) Halle 896. Buchh. d. Waisenhauses. n. 7. —

Roloff, F., thierärztliche Gutachten, Berichte u. Protokolle. gr. 8. (VII, 204 S.) Berlin 884. Hirschwald. n. 5. —

Roloff, F., thierärztliche Gutachten, Berichte und Protokolle. 2., unveränd. Ausg. gr. 8. (VII, 204 S.) Berlin 890. Hirschwald. n. 5. —

— Handbuch der gerichtlichen Thierheilkunde. [Allgemeiner Theil.] Hrsg. v. C. Müller. gr. 8. (VIII, 184 S.) Ebd. 889. n. 5. —

Roloff, F., s.: Jahresbericht üb. d. Fortschritte in d. Lehre v. d. pathogenen Mikroorganismen.

Roloff, Friedrich: Über den Instinkt der Thiere und dessen Bedeutung für die Diaetetik. Halle 1865. 28 S.

— über Knochenbrüchigkeit u. Lähme (Osteomalacia u. Rachitis), mit besond. Rücksicht auf die Krankheiten der Hausthiere. [Aus: Archiv für patholog. Anatomie.] Berlin 867. G. Reimer. gr. 8. (71 S.) 10 ngr.

—— die Lungenseuche-Impfung. Eine krit. Untersuchung. gr. 8. (IV, 59 S.) Berlin 868, Hirschwald. *

— der Milzbrand, seine Entstehung u. Bekämpfung. Im Auftrage d. deutschen Landwirthschaftsraths verf. gr. 8. (48 S.) Berlin 883. Parey. n. 1. —

Roloff, F., s.: Mittheilungen aus der thierärztl. Praxis im preuss. Staate.

— die Rinderpest. Im Auftrage d. herzogl. anhalt. Staats-Ministeriums verf. gr. 8. (48 S.) Halle 871. Buchh. d. Waisenh. n. — 50

Roloff, F., die Rinderpest. Ursprünglich im Auftrage des herzogl. Anhalt. Staats-Ministeriums verfaßt. 2., nach den Beobachtungen im Jahre 1877 überarb. Aufl. gr. 8. (80 S.) Halle 877. Buchh. d. Waisenh. — 75

— die Schwindsucht, fettige Degeneration, Scrophulose u. Tuberkulose bei Schweinen. gr. 8. (48 S.) Berlin 875. Wiegandt, Hempel & Parey. n. 1. —

— Veterinair-Kalender, s. Veterinair-Kalender.

Roloff, Friedrich Max, s. Roloff, Max

Roloff, Frdr W. Dissertationes de Dionysiis Siciliae tyrannis. 4. Halae 1736.

Roloff, Georg Ludwig (Berlin) A. S. 1377/23

Observationes de concilio Tridentino quantum per illud melior deteriorque facta fuerit ecclesia Romana quantumque ex eo nostra ecclesia ceperit emolumenti demonstrantes. Präs. Sigismund Jakob Baumgarten. Halle (Grunert) 23. IX. 1737. 57 S.

Gew. Michael Roloff (Vater).
W. v. · Präs.

29170

– Dass., s.a. B a u m g a r t e n   Siegmund Jakob

Roloff, Gust., europ. Geschichtskalender, s.: Schultheß.

Roloff, Gust., die Kolonialpolitik Napoleons I., s.a. Bibliothek, historische. X.

Die K o l o n i a l p o l i t i k   Napoleons I Von Dr Gustav Roloff. München & Leipzig. R. Oldenbourg 1899 (XIV 257 S.) 8°
= Bibliothek, Historische. Bd 10.

— Napoleon I., s.a. Vorkämpfer des Jahrhunderts. III.

Napoleon I. von Gustav **Roloff**. 1 u. 2. Taus. *Berlin: G. Bondi 1900.* (VIII, 215 S.) 8° [F.]
— Vorkämpfer d. Jahrhunderts. Bd 3. [ꝏ. 205

Roloff, Gust., Politik u Kriegführung während d. Feldzuges v 1814. Ein Beitrag zur Geschichte der Freiheitskriege. gr. 8. (IV, 92 S.) Berlin 891. Mayer & Müller. n. 1 60

— Probleme aus der griechischen Kriegsgeschichte, s.a. Studien, historische. 39. Hft.

Probleme aus der griechischen Kriegsgeschichte. Von Dr. Gustav **Roloff**. *Berlin: E. Ebering 1903.* (VIII, 141 S.) 8°
— Studien, Historische. H. 39. [03-13497 6

— s.: Schultheß' europ. Geschichtskalender.

— s.: Staatsarchiv, das.

Roloff, Gustav [aus Oberröblingen]: Die politischen Streitigkeiten unter den Verbündeten während des Feldzuges von 1814 und ihr Einfluß auf die Kriegführung. Berlin, Druck v. M. Oldenbourg, 1891; 30 S., 1 Bl. 8°
Berlin, Phil. Fak., Inaug.-Diss. v. 24. Febr. 1891

Roloff, Hans Paul: Zur Kenntnis der stetigen Funktionen, die sich in einem Punkte nicht durch Fouriersche Reihen darstellen lassen. Hamburg 1908: Lütcke & Wulff. S. 155—168. 4°(8°)
Bergedorf b. Hamburg, Hansa-S, G i. E. u. R, in Festschr. z. Feier d. 25j. Bestehens, OP 1908 (949) [S 08. 380

Heinrich Christoph Roloff

Commentatio qua... ad quaestiones... propositam: "Ut ex noto Strabonis loco libri III, comparatis Diodori et Plinii locis, memorabilia de metallifodinis antiquis Hispaniae studiose conquirantur, docte et perspicue exponantur, atque ex metallurgiae recentioris doctrina commode illustrentur" respondit... Gottingae (1808:) Dieterich. 55 S. 4°
Göttingen, Phil. Preisschr. v. 17. Sept. 1808

Roloff, J. F., das Barometer im Verhältniß zur Medicin. Ein Beitrag zur Reform der Naturwissenschaften. 8. (2 B.) Hamburg 846, (47,) Verlags-Comptoir.

—— die technische Chemie. Grundriß f. Lehranstalten u. Freunde der Naturwissenschaft etc. I. Thl. Die anorganische Chemie. 8. (16¼ B., 1 Figurentaf. u. 2 Tab.) Neustrelitz 844. Leipzig, (Friedr. Fleischer.) *

Roloff, J. F., der Electromagnetismus, insbesondere als Triebkraft, sowie mehrere neue elektromagnetische Maschinen, Wagen u. Locomotiven. Mit 8 Taff. (lith.) Abbildungen. Berlin 868. Springer'sche Buchh. gr. 8. (XV, 192 S.) n. 1 ℛ 15 ngr

Roloff, J. F., die Erstickung durch Kohlendampf zu verhüten u. viel Brennmaterial zu ersparen durch luftdichten Ofenverschluß. Oder: Anfertigung, Behandlung u. Erhaltung der bisher patentirten, luftdicht schließenden Ofenthüren. Ein Beitrag zur billigsten u. gefahrlosesten Stubenheizung. gr. 8. (32 S.) Hamburg 852, Verlags-Comptoir. n. 1/3 ℛ

— die Mechanik des Elektromagnetismus, ihren Grundbegriffen nach entwickelt; so wie mehrere neue elektromagnetische Maschinen u. Apparate, um den Elektromagnetismus als Triebkraft für Mühlen, Uhren, Telegraphen etc. anzuwenden. Mit 1 (lith.) Figurentaf. (in qu. Fol.) 4. (24 S.) Berlin 851, Trautweinsche Buchhandlung. 1/2 ℛ

Roloff, J. F., die Mechanik des Elektromagnetismus, ihren Grundbegriffen nach entwickelt; so wie mehrere neue elektromagnetische Maschinen u. Apparate, um den Elektromagnetismus als Triebkraft für Mühlen, Uhren, Telegraphen u. Maschinen aller Art anzuwenden. Mit 2 (lith.) Figurentaf. (in 4. u. Fol.) Berlin 859. Springer's Sortbhdlg. 4. (VI, 32 S.) n. 20 ngr

— die Reform der Naturwissenschaften. Aufforderung zu einer gründl. Kritik, namentl. der Naturlehre. 1. Heft: Allgem. Kritik d. Naturlehre. (Ohne seinen Namen.) 8. Hamburg 843, Verlags-Compt. n. 1/2 ℛ — 2. u. 3. Heft: Besond. Kritik der Mechanik. I. Theoret. Thl. II. Prakt. Thl. Die Entscheidung des Streites über Luft- u. Wasserdruck. 8. Ebend. 847 (846.) à n. 1/2 ℛ

—— die Reform der Naturwissenschaften. 2. u. 3. Hft. Besond. Kritik d. Mechanik. I. Theoret. Thl. II. Prakt. Thl. Die Entscheidung des Streites über Luft- u. Wasserdruck. 8. (18¼ B.) Hamburg 846, (47,) Verlags-Comptoir. à *
1. Hft. Ebendas. 1845. * 15 Ngr. Vgl.: Reform der Naturwissenschaften.

Roloff, Johann Christian Heinrich,
s. R o l o f f   Johann Christoph Heinrich

Roloff, Johann Christoph Heinrich

Roloff, Jh. Cph. Hnr., Anleit. zur Prüfung der Arzneikörper bei Apothekenvisitationen, f. Physiker, Aerzte u. Apotheker. 4. Magdeb. 812. 2e A. 817. 3e A. 820. 4e von A. W. Lindes bearb. Aufl. 831. Creutz. 18 gr

Roloff, J(ohann) C(hristian) H(einrich): Anleitung zur Prüfung der Arzneikörper bei Apothekenvisitationen für Physiker, Aerzte und Apotheker. 4.umgearb., verm.u.verbess. Aufl. Hrsg.von Wilhelm Lindes. 72 S., gbd.

Magdeburg: Creutz 1834

JB 1.509

Roloff, Joh. Chrstph. Heinr., Anleit. zur Prüfung d. Arzneikörper bei Apothekenvisitationen f. Physiker, Aerzte u. Apotheker 4., völlig umgearb., verm. u. verb. Aufl. Hrsg. v (A. W.) Lindes. 4. (12½ B.) Magdeburg 834, Creutz.

Roloff's, J. C. H., Anleitung zur Prüfung der Arzneikörper bei Apotheken-Visitationen für Physiker, Aerzte und Apotheker. 5., neu bearb. und verb. Aufl. Hrsg. von Lindes. 4. (XXXII und 60 S.) Magdeburg 848, Creutz'sche Buchh. –

ROLOFF, JOHANN CHRISTOPH HEINRICH.
Zur Geschichte der [durch ihn veranlassten] Entdeckung des Kadmiums.
Gilb. Ann. 60. (1818.)

Roloff, Jh. Fr., Berichtigung u. Widerlegung d. Schrift: das Recht des Zehntherrn, seine Zehnten selbst zu ziehen od. zu verpachten. 8. Wolfenb. 806. Albrecht.

Beiträge zur Kenntnis der Kryohydrate. Von Max Roloff. Eine v. d. phil. Fak. d. Univ. Göttingen gekr. Preisschrift. Göttingen, Druck d. Dieterich'schen Univ.-Buchdr., 1894; 39 S., 2 Taf. 8.

Roloff, *Friedrich* Max: Beiträge zur Kenntnis der photochemischen Wirkung in Lösungen ... (Aus: Zeitschr. f. physik. Chem., Bd. XIII Heft 2.) Leipzig, W. Engelmann, 1894; 41 S. 8.
Göttingen, Phil. Fak., Inaug.-Diss. v [12. März] 1894

Roloff, Max, elektrische Fernschnellbahnen. Eine krit. Skizze. gr. 8. (IV, 67 S. m. 16 Abbildgn.) Halle 902. Gebauer-Schwetschke. n. 1. 35

Roloff, Max, genügt die chemische Analyse als Grundlage f. die therapeut. Beurteilung der Mineralwässer? Ein physikalisch-chem. Beitrag zur Frage nach der Ersetzbarkeit der Mineralquellen durch Kunstprodukte. (46 S.) gr. 8 Halle 903. C. Marhold. n. 1. —

Roloff, Max, Grundriss der physikalischen Chemie. (VIII, 234 S. m. 13 Abb.) Lex. 8. Leipzig 907. G. Thieme. 5.—; geb. in Leinw. 6. —

— u. Paul **Berkitz,** Leitfaden f. das elektrotechn. u. elektrochem. Seminar. Für Studierende der Elektrotechnik, Physik, Mathematik, physikal. u. Elektrochemie, Maschinenbaukunde, sowie für den in der Praxis steh. Ingenieur u. Chemiker. (VIII, 296 S. m. 75 Fig.) gr. 8. Stuttgart 904. F. Enke. n. 6. —; geb. in Leinw. n. 7. —

Roloff, Max: „Über Lichtwirkungen". *Leipzig: W. Engelmann 1898.* (27 S.) 8° ¶(Aus: Zeitschrift für physikalische Chemie, Bd 26 H. 3.)
Halle, Phil. Hab.-Schr. v. 10. Juni 1898

Die Theorie der Elektrolytischen Dissociation. Von Dr. Max **Roloff**, Privatd., Halle. *Berlin: J. Springer 1902.* (IV, 84 S.) 8°
Aus Zeitschrift f. angew. Chemie. 1902. H. 22–24. [03. 7...]

Roloff, Oskar

Roloff, Osc., ein Feenkuß. Poesie u. Prosa. 1. u. 2. Aufl. Berlin 863. Wohlgemuth. 16. (84 S.) 15 ngr.; Pracht-Ausg. n. 20 ngr.

ROLOFF, Oscar, Ein Feenkuß. Poesie und Prosa. Berlin, Marcus. (1873?) (1/2 Rthl.)

— Mistewoj. Aus der Wendenzeit. Berlin 860. Geelhaar. 16. (64 S.) n. 12 ngr.

Roloff, O., Wlaska oder der Amazonenkrieg in Böhmen. Drama in 5 Akten, nebst e. Vorspiel: Libussa's Tod. Zeit 738—744. gr. 8. (V, 81 S. m. 2 Photogravüren.) Berlin 887. Bouillon. geb. n. 4. —

Roloff, [Otto], Prof.: Des Kaisers Eltern. ⟨Rede, gehalten zur Feier des Geburtstages Sr. Majestät des Kaisers am 27. Januar 1904⟩. Potsdam 1904: Edmund Stein. (S. 1—9.) 4°
Potsdam, RG P 1904 (120)

Roloff, Otto: Robert Brownings **Leben** nebst Übertragungen einiger Gedichte desselben. *Potsdam 1900: E. Stein.* (30 S.) 8° ¶(Soll ausführlicher erscheinen.)
Potsdam, RG, P 1900 (112)

Roloff, Paul

Roloff, P., Inhalts-Verzeichnis, s.: Zeitschrift f. Bauwesen.

Statistische Nachweisungen über ausgeführte Wasserbauten des preußischen Staates. Bearb. im Minist. d. öffentl. Arbeiten. Von P[aul] **Roloff,** Reg.- u. Baurat. Berlin: W. Ernst & Sohn 1907. (IV, 136 S.) 2°
Umgearb. u. erw aus Zeitschrift f. Bauwesen. Jg. 1900, 1901 u. 1904. [07. 13786

Roloffs, Friedrich Wilhelm (Hamburg) A. S. 174/12

Dissertatio inauguralis juridica de appellationis effectu tam suspensivo quam devolutivo.
Präs. Hieronymus Friedrich Schorch.
Erfurt (Hering) 16. XII. 1748. 20 S. 29172

Roeloffs, John Th. R., Erika. Eine Mär aus der Haide. 8. (133 S.) Leipzig 883, [Most.] Ohme. geb. (ℳ 3,50.)

Roeloffs, John Theodor Rudolf [aus Celle]: Ueber Methylviolette als Antiseptica in der chirurgischen Praxis ... Leipzig, Druck v. Radelli & Hille, 1890; 28 S., 1 Bl. 8°
Würzburg, Med. Fak., Inaug.-Diss. v 1890.

Roelofsen, *Jan Adolf* [aus Groningen '(Holland)']: Beiträge zur Kenntnis der Friedel-Crafts'schen Reaktion ... Heidelberg, Univ.-Buchdr. v. Ph. Wiese, 1896; 30 S., 1 Bl. 8.
Heidelberg, Naturw.-math. Fak., Inaug.-Diss. v. [5. Jan.] 1897

Rolonius, Halt! Ein Mahnwort. (1.—5. Taus.) gr. 8. (14 S.) Berlin (896). R. Taendler. n. — 20

Rolow, B., deutscher Kaffee u. Zucker, od. d. Cultur d. Astragalus baeticus (der sogen. schwed. Kaffee-Wicke) u. wie diese mit Vortheil als Kaffee-Surrogat angewendet werden muß. Nebst e. Anweis., wie man auf e. höchst einfache u. sehr wenig kostende Weise Zucker aus Kartoffeln mit vielem Nutzen ziehen kann. 8. (5 B. u. 4 Stnt.) Hersfeld 828, Indust.-Compt.

— die Kultur des Spargels. Eine auf vieljähr. Erfahrung gegründ. Anweisung rc. 8. Leipz. 825. Ind.-Compt. (Baumgärtner). 9 gr

Rolph, W. H., biologische Probleme, zugleich als Versuch einer rationellen Ethik. gr. 8. (V, 174 S.) Leipzig 882. Engelmann. n. 3. —

Rolph, W. H., biologische Probleme, zugleich als Versuch zur Entwicklg. e. rationellen Ethik. 2. Aufl. gr. 8. (VII, 238 S.) Leipzig 884. Engelmann. n. 4. —

Rölph, D. O.

Rölph, D., die Krankheiten des nichtschwangern, schwangern, gebärenden, im Wochenbette befindl. Weibes. Eine übersichtl. Zusammenstellung der hauptsächlichsten Lehrgrundsätze nach den Handbüchern von Carus, v. Froriep, Jörg, Osiander u. v. Siebold. Mit vollständ. Wort- u. Sachregister. 1. Aufl. 1843. u. 2. Aufl. gr. 8. (à 19 B.) Leipzig 847, Krappe. à

Roelph, D. O., die Krankheiten des nicht schwangern, schwangern, gebärenden, im Wochenbette befindlichen Weibes, so wie deren ärztliche u. geburtshülfliche Behandlung. Eine übersichtliche Zusammenstellung der hauptsächlichsten Lehrgrundsätze nach d. Handbüchern von Carus, v. Froriep, Jörg, Osiander u. v. Siebold. 2. (Titel-) Ausg. gr. 8. (VIII u. 295 S.) Leipzig (843) 847, Krappe. — 3. (Titel-) Aufl. gr. 8. (VI u. 295 S.) Ebd. (843) 851. 1 1/3 ℛ

Rolshoffen, Anton Bertram (Mainlande) A. S. 569/3

Exercitatio juridica de alienatione rerum minorum ob necessariam solum causam a magistratu decernenda. Präs. Johann Michael Rotermund.
Erfurt (Hering) 14. IX. 1739. 32 S.

Gew. Karl Emmerich Franz Fhr. von Breidenbach usw.

29173

Rolshoven, Franz, Arzt a. Hermülheim: Über die Behandlung innerer Blutungen mit besonderer Berücksichtigung der Gelatine-Anwendung. Ehrenfeld [1905]: Schirk & Wagener. (23 S.) 8°
Bonn, Med. Fak., Ref: Schultze, Diss. v. 14. Juli 1905
[Geb. 4. Febr. 79 Hermülheim b. Cöln; Heimatsort: Hermülheim; Staatsangeh.: Preußen; Vorbildung: Gymn. an Aposteln Cöln Reife O. 00; Studium: Bonn 1, Straßburg 4, Berlin 2, Bonn 2 S.; Coll. 22. Febr. 05; Approb. 1. Juli 05.]

Rolshoven, W., Grundriß des praktischen kaufmännischen Rechnens. (68 S.) 8. Leipzig 907. C. E. Poeschel. 1.—

— Die jetzige soziale Stellung des deutschen Kaufmannes. (19 S.) gr. 8. Leipzig 907. (F. Schneider). —50
Sonderabdr. aus: „Mittlgn. d. Vereins deut. Handelslehrer".

Rolssenn, Thdr., e. Beitrag zur Kenntniss der Längenmaasse d. deutschen Darms. Diss. gr. 8. (53 S.) Jurjew (Dorpat) 890. (E. J. Karow.) n. 1.20

(**Rolt,** Rich.) Leben des Grafen Johann von Crawford and Lindesay, ehemaligen Königl. Grossbritannischen General-Lieutenants. A. d. Engl. von Gottl. W. v. Mack. 8. Nürnberg 1780.

Roltsch, R., das vierblättrige Kleeblatt, s.: Kastropp, G.

Roltsch, Wilhelm, Referendar in Ems: Was ist im Sinne des § 119 Abs. 2 B.G.B. eine Eigenschaft, die im Verkehr als wesentlich angesehen wird, und wie verhält sich die Anfechtung gemäß § 119 Abs. 2 B.G.B. zu der Haftung für Sachmängel beim Kauf? Borna-Leipzig 1904: R. Noske. (VIII, 50 S.) 8°
Leipzig, Jur. Fak., Diss. v. 15. Nov. 1904
[Geb. 2. Juni 81 Weimar; Wohnort: Ems; Staatsangeh.: Preußen u. S.-Weimar; Vorbildung: Wilh.-Ernstisches Gymn. Weimar Reife O. 00; Studium: München 1, Berlin 1, Genf 1, Berlin 4 S.; Rig. 18. Mai 04.]

Rom [Sachliches OW]

Rom, s.: Album. — Antiken.

Rom. Aus d. Französ. v. Aug. de Marle. 2., verb. Aufl. gr. 8. (3 B.) Leipzig 845, Otto Wigand.

Rom. Vogel-Perspectiv-Ansicht, gezeichnet und lithographirt v. Alt. Rieger. kl. Quer-Folio. Triest, Colombo Coen. 1864. 60 kr.

Rom. Das Oberhaupt, d. Einrichtung u. d. Verwaltg d. Gesamtkirche. Unt. Mitw. hervorrag. Fachgenossen bearb. v. Mgr. Paul Maria Baumgarten, P. Salvatore Brandi, S. J., Mgr. James A. Campbell ... M. 1 Farbenbilde, 60 Tafelb. u. ca 1100 vollseit. u. kleineren Bildern im Text. Hrsg. v. d. Leo-Ges. in Wien. Heft 1—3. *Berlin: Allg. Verlagsges. [1897].* 4.
= Kirche, D. kathol., uns. Zeit u. ihre Diener in Wort u. Bild. Bd 1.

Rom. Das Oberhaupt, d. Einrichtung u. d. Verwaltung d. Gesamtkirche. Bearb. von Paul Maria Baumgarten, Charles Daniel u. Anton de Waal unter Mitw. von ... Mit Taf. u. Ill. (In 30 H.) *Berlin: Allg. Verl.-Ges. 1899.* (XVI, 689 S.) 4°
= Kirche, Die katholische, unserer Zeit u. ihre Diener. Bd 1.

Rom. Der Papst, d. Regierung u. d. Verwaltung d. heil. Kirche. Neu bearb. u. m. e. ausführl. Lebensbeschreibung Papst Pius X. vers. von Paul Maria Baumgarten. Mit 4 Farbenbild., 52 Tafelbild. u. 770 Bild. im Text. München: Allg. Verl.-Ges. (1904). XII, 507 S. 4°
(Die kath. Kirche unserer Zeit u. ihre Diener Bd 1.) ...10

Rom. Moderner Cicerone. 3 Bde. 12. Stuttgart, Union. Geb. in Leinw. n. 12.50
I. Antike Kunst. Die Ruinen Roms. Von Heinr. Holtzinger. — Die Antiken-Sammlungen. Von Walth. Amelung. Mit 253 Abbildgn. u. 8 in den Text gedr. Plänen. (XVI, 479 S.) (904.) Geb. n. 6.—
II. Neuere Kunst seit Beginn der Renaissance. Von Otto Harnack. (XII, 260 S. m. 150 Abb.) (903.) Geb. n. 4.—
III. Die Umgebung. Von Thassilo v. Scheffer. Mit 56 Abbildgn. u. 1 Karte. (VIII, 159 S.) (903.) Geb. n. 2.50

Rom, das alte, s.: Thesaurus antiquitatem.

Rom, das alte. Malerische Bilder der hervorragendsten Ruinen, nebst zwei reconstruirten Ansichten. 20 Bl. in Farbendr. Mit begleitendem Texte. qu. gr. 4. (22 S.) Leipzig 884, T. O. Weigel. geb. *

Rom und Belgien, oder was will der römische Papst noch im neunzehnten Jahrhunderte? ... Neustadt a. d. O. 1831. V: *Kind, Carl Theodor.* (zu)

—— und Belgien, od.: Was will d. röm. Papst noch im 19. Jahrh.? u. was sollen d. Regierungen? Beantwort. u. mit Actenstücken begl. v. e. Freunde d. Wahrheit u. allseit. Freiheit. (Von Th. Kind.) gr. 8. (8¼ B.) Neustadt a. d. O. 831, Wagner.

Rom, das christliche, siehe: Gnaden, die, des Christenthums. 7. Bd.

Rom und seine Einwohner. Mit 7 Kpfrn. Riga, Hartknoch, 1794. 8°.
Auch m. d. Tit.: Histor. Memoiren u. galante Romane aus d. Zeitalter Ludwigs XIV, XV u. XVI.

— u. Frankreich. 8. Hamb. 804. Nestler, 10 gr.

Rom und der Freimaurerbund. Leipzig 1883. V: *Sittard, Joseph.* (Tt)

—— und der Freimaurerbund. gr. 8. (15 S.) Leipzig 883, Findel. *
Aus: Bauhütte, besonders abgedruckt.

Rom u. die Freimaurerei. Betrachtungen üb. e. Hirtenbrief d. Bischofs Don Sebastian Dias v. Larangeira. Von Philocrestos. Aus dem Portugies. v. e. Nichtmaurer. gr. 8. (30 S.) Dessau 874. Barth. n. — 50

Rom und die legitimen Fürsten Italiens. Von einem Freunde des Rechtes. 2. Abdr. Prag 862. Bellmann. gr. 8. (24 S.) n. 5 ngr.

Das Galante Rom oder CATULLI Des Edlen Römers und Poeten Liebes-Geschichte In einem anmuthigen Staats- und Liebes-Roman der galanten Welt zur Gemüths-Ergötzung vorgestellet und mit schönen Kupffern gezieret Durch P. Cölln, Bey Jacques le Sincere (1), (Leipzig, Weidmann) 1714. (Nebst Kpftit.) 8°. (In Berlin: Yu 8911.)
15 Bll. (incl. schwarz gedr. Tit.), 1276 S. (13 Bücher). Mit Kupfern.

— u. Griechenland rc., s. Griechenland.

Rom als Hauptstadt von Italien. gr. 8. (VII, 64 S.) Freiburg i/Br. 881. Herder. — 60

Rom, das heidnische, a. d. Franzs. übers. gr. 12. (1¾ B.) Barmen 838, Steinhaus.

— das Heidnische, aus d. Franz. (Brüssel 1838) übersetzt. gr. 12. Barmen 838. Steinhaus. ⅓ ℛ — 3e Aufl. gr. 12. Ebd. 838. ⅓ ℛ

Rom im Jahr 1833. [Stuttg. 1834.] V: *Kölle, Christoph Friedrich Carl von.* (NN) (GGr) (ADB) (EngG) (Th)

—— im Jahre 1833. (Von Kölle.) M. 1 Grundriss d. Stadt Rom (gez. u. bearb. v. E. Grasmüller, in Stein gest. v. Frz. Goss. gr. Fol.) 8. (13½ B.) Stuttgart 834, Cotta.

Rom, Jesuiten und Redemptoristen. Ein Sendschreiben ... Münster 1846. V: *Kleutgen (Peters), Joseph.* (Jes)

—— Jesuiten u. die Redemtoristen. Ein Sendschreiben an die Redaktion der histor.-polit. Blätter v. e. ihrer Leser. gr. 8. (3⅛ B.) Münster 846, Theissing'sche Buchh.

— u. Italien. Mannheim 867. Schneider. gr. 8. (32 S.) n. 4 ngr

Rom im Concordate mit den Regierungen ... Leipzig 1831. H: *Kind, Carl Theodor.* (zu)

—— im Concordate mit den Regierungen. Ein Beitr. zur bess. u. richtigeren Gestaltung theils der Verhältnisse d. Regierungen mit Rom, theils d. kathol. Kirchenstaatsrechtes. A. d. Holländ. übers. u. mit Anmerkn. d. deutschen Hrsgeb. begl. (Von Th. Kind.) gr. 8. (4½ B.) Leipzig 831, (Kayser.)

— im Concordate mit den Regierungen. gr. 8. Leipzig 831. (Melzer.) 1 rf

Rom im Concordate mit d. Regierungen. Ein Beitrag zur bessern u. richtigern Gestaltung theils d. Verhältnisse d. Regierungen mit Rom, theils d. kathol. Kirchenstaatsrechts. Aus d. holländ. übers. u. mit Anmerk. d. deutschen Herausgeb. *Lpz.*, Wolbrecht. 831. 8. (12 Gr.)

—— und christl. Leben in uns. Staate. Hinblick auf Hermesianismus, Unterrichtswesen u. gemischte Ehen in Westphalen. Worte e. Katholiken an d. Katholiken d. östl. preuß. Provinzen. Nebst Anh. f. alle Freunde wissenschaftl. Forschung. 8. (3 B.) Colberg 838. (Berlin, Hold.) *

— u. London, s. Fr. Buchholz.

Rom und London, oder über die Beschaffenheit der nächsten Universal-Monarchie. Tübingen 1807. V: *Buchholz, Paul Ferdinand Friedrich.* (AarF) (MGT) (AarK) (Forsch. z. Brandenb. Gesch. 12, 257.)

— u. London, od. über die Beschaffenheit d. nächsten Universalmonarchie, (v. Fr. Buchholz). gr. 8. Tübing. 808. v. Cotta. 1 rf 12 gr

Rom und Loretto ... A. d. Franz. ... O. O. 1841. 2. Aufl. Tübingen 1846. V: *Veuillot, Louis.* (Th)

—— u. Loretto. Von dem Verf. d. Wallfahrten in d. Schweiz rc. Aus d. Französ. v. Frz. X. Steck. 2 Thle. 1. Aufl. 1842. u. 2., unveränd. Aufl. 8. (à 32⅞ B.) Tübingen 846, Laupp'sche Buchh. à

Rom in München oder die Ankunft Pius VI. in München geschildert den 26. April. München 1782. V: *Ettenhuber, Matthias.* (GGr IV³/122, Nr. 46/8) (BiblPort)

Rom und die Nationen. Von einem Laien. Bremen 859. Schünemann's Verlag. Lex.-8. (71 S.) 9 ngr

Rom, das neue, u. sein neuester Don Quixote. Ein freies deutsches Wort über den Ultramontanismus u. die Concilgedanken des Protestanten Baumstark von einem Laien, d. h. von einem Manne aus dem Volke. 1. u. 2. verm. Aufl. Lahr 869. Schauenburg. gr. 8. (VIII, 56 S.) 6 ngr.

Rom, nicht Deutschl., begünstigt d. Clausel v. d. fünfjährig. Andauer im Costnitzer Concordate. 4. Nürnb. Grattenauer. 763.

Rom, nicht Deutschland, begünstigt die Clausel von d. 5jähr. Andauer im Costnitzer Concordate, (v. Beda Aschenbrenner). 4. 793. (Nürnb., Grattenauer). 12 gr

— das päpstliche zu Luthers Zeiten. Historischer Roman v. Implacabilis. (239 S.) 8. Bamberg (906). Handelsdruckerei u. Verlagsh. n. 2. 50

Rom gegenüber dem Protestantismus ... Aarau 1838. V: *Wessenberg-Ampringen, Ignaz Hnr. Carl Freih. v.* [?]. (Th)

— gegenüber dem Protestantismus. Anrede eines deutschen Prälaten an Se. Päpstliche Heiligkeit rc. über den Vorgang zu Köln. .. Aarau 839. Sauerländer. 1 rf

—— u. die Reformation in Italien. Nach d. Engl. v. F. v. Biedenfeld. gr. 8. (28 B.) Jena 846, Luden.

Rom und die Revolution 1848 und 1870. Bozen 1870. V: *Oberrauch, Anton.* (Margr)

Rom am Rhein. Roman aus der Gegenwart von einem Gläubigen. 2 Bde. Bonn 861. Rheinische Verlags-Anstalt. 8. (IV. 433 S.) n. 2 rf 15 ngr

Rom, Römer u. Römerinnen. s. W Müller.

—— oder Ronge? Die Zeit dringt auf Entscheidung! Ein Schriftlein zur Beherzigung f. denkende Katholiken u. Protestanten. gr. 8. (2¼ B.) Hersfeld 845, [Zimmermann.] *

Rom und Umgebung. (Roma e dintorni). Hrsg. von der Militair-Geographischen Anstalt. 1 : 100 000. 1893. 1 Bl. I. Fl.

Rom und Umgebung. Prakt. Führer von W. Schultz-Riesenberg. Mit 7 Karten u. 8 Grundrissen. *Berlin: A. Goldschmidt 1903–04.* (VIII, 280 S.) 8°
= **Reiseführer,** Griebens. Bd 100. [04. 3865

Rom und Umgebung. Prakt. Führer. 2.; neu bearb. Aufl. von W. Schultz-Riesenberg. Mit 7 Karten u. 9 Grundr. Berlin: A. Goldschmidt 1907–08. (VIII, 301 S.) 8°
= **Reiseführer,** Griebens. Bd 106. [07. 8399

Rom u. seine Umgebung. In Holzschnitten, nach Skizzen u. Studien von *Carl Zimmermann*, mit erläuternd. Texte von Prof. Dr. *Kühne*. Leipzig, Serbe, o. J. (c. 187*). 4°. Eleg. gepr. Orig.-Lwdb. m. Goldschnitt. VIII S., 2 Bll. Inh., 124 S.

— u. die Universitäten, v. Austriacus, s.: Sammlung zeitgemäßer Broschüren. Nr. 33.

Rom und deutsche Wissenschaft Ein Wort an alle gebildeten Katholiken und Protestanten Deutschlands unter Berücksichtigung der letzten Allokution des Papstes vom 22 November Berlin 1840. 45 S. 8.

— und deutsche Wissenschaft. Ein Wort an alle gebildete Katholiken und Protestanten Deutschlands unter Berücksichtigung der letzten Allokution des Pabstes vom 22. November. 8. Berlin 840. Bechtold u. Hartje. ¹ + sh

— und deutsche Wissenschaft. Ein Wort an alle gebildete Katholiken u. Protestanten Deutschlands unt. Berücksichtigung d. letzten Allokution d. Papstes v. 22. Nov. 8. (3 B.) Berlin 840, [Bethge.]

Rom [Schlagwort]

— s. a.: Europa. Generalkarte. — Geschichtskarten. Kiepert.

— s. a.: Geschichtskarten. Sammlung.

Rom. Antonelli, Carlo Marrè, pianta della città di Roma, e dintorni disegnata, incisa e pubblicata. 1 : 8000. 61,5×78 cm. Farbendr. Mit Text am Rande. Rom 894. (Loescher & Co.) n. 2. 50

Romae — Urbis — Veteris ac modernae accurata delineatio edita à J. B. Homanno S. C. M. Geogr. Norimbergae. 1 . 12,300. 1 Bl.

Rom. Huelsen, Chrn., Romae veteris scholarum descripta. Wandplan v. Rom. m. 2 Spezialplänen Urbis incrementa regionatim discripta, Urbis pars media duplici maioris tabulae modulo descripta. 1 : 4250 4 Blatt à ca. 64×85 cm. Farbdr. Berlin 902. D. Reimer n. 9. —; auf Leinw. in Mappe n. 15. —; m. Stäben n. 17. —

Rom. Huelsen, Christian, Romae veteris tabula in usum scholarum descripta. Wandplan von Rom m. 2 Spezialplänen Urbis incrementa regionatim discripta, Urbis pars media duplici maioris tabulae modulo descripta. 1 : 4250. 2. verb. Aufl. 4 Blatt à 64×85 cm. Farbdr. Berlin (905). D. Reimer. n. 9. —; auf Leinw. in Mappe n. 15. —; m. Stäben n. 17. —

Rom. Kiepert's, Heinr., u. Ch. Huelsen, formae urbis Romae antiquae, 1 : 10.000. 2 Blatt à 55,5 × 65 cm. 1 Blatt 44 × 61 cm. Farbendr. Accedit nomenclator topographicus a Ch. Huelsen compositus. Lex.-8. (XII, 110 S.) Berlin 896. D. Reimer. Geb. in Leinw. n. 12. —

— Koenig, J., Plan der Stadt Rom. 3. Aufl. Farbendruck. 42.5×55 cm. Würzburg 893. L. Woerl. 1. 50

— Lanciani, Rud., forma urbis Romae. Consilio et auctoritate regiae academiae Lynceorum formam dimensus est et ad modulum 1 : 1000 delineavit R. L (In 46 Blatt.) 1. u. 2. Lfg. à 6 Blatt à 57×87 cm Farbendr. Mailand 893. 894. U. Hoepli. Subskr.-Pr. f. d. vollständ. Werk n.n. 144. — Einzelpr. à Lfg. n.n. 20. —

— Lanciani, Rud., forma urbis Romae. Consilio et auctoritate regiae academiae Lyncaeorum formam dimensus est et ad modulum 1 : 1000 delineavit L. 3. u. 4. Lfg. à 6 Blatt à 57 × 87 cm. Farbendr. Mailand 895. 96. U. Hoepli. Einzelpr. à n.n. 20. —

— Lanciani, Rud., Forma urbis Romae. Consilio et auctoritate regiae academiae Lincaeorum formam dimensus est et ad modulum 1 : 1000 delineavit L. Fasc. V—VIII à 22 Blatt je 57×87 cm. Farbdr. Mit Text. (IV, 12 S.) Mailand 896—901 U. Hoepli. Einzelpr. à n.n. 20. —

Roma — Carta topografica di — e dei suoi contorni etc. 25,000. Dal Bar. di Moltke. Berlin, bei S. Schropp 1852. 2 Bl.

Romae — Urbis — Ichnographia a Leo Bufalino ligneis formis evulgata atque aeri incisa à J. B. Nolli Geometra et Architecto summi Pontificis Benedicti XIV recusa prostat in Officin. Homann. 1755 1 . 7600. 2 Sect. auf 1 Bl.

Rom. Pianta-Pharus della città di Roma. 1:12,500. 52×71 cm. Farbdr. Mit Strassenverzeichnis usw. (in italien., französ. u. deutscher Sprache). (24 S.) kl. 8. Berlin (908). (Rom, Frank & Co.) 1. 25

Rom. Plan von Rom. (Zugabe zu Scheda's Generalkarte von Europa.) Wien. 1847 Fol.

— Richter, Otto, das Forum romanum. Nach der neuesten Ausgrabgn. Wandkarte. 81,5×146,5 cm 2 Blatt. Farbendr. Berlin 893. H. Peters' Verl. n. 8. — auf Leinw. m. Stäben n.n. 12. 50

Rom — die Sieben Kirchen von — mit ihren vornehmsten Heiligthümern Stationen und Ablass herausgegeben von Mathaeo **Seutter** etc. Augsp. Perspectivisch. 1 Bl.

— Woerl's Reisehandbücher. Plan der Stadt Rom 1 : 11,000. 4. Aufl. 42,5×55,5 cm. Farbdr. Mit Text an der Seite. Leipzig (900). Woerl's Reisebücher-Verlag. n. — 50

Rom [Verfasser]

Rom, Albert v., Assistent am path. Inst.: **Aus d. pathol. Inst.** d. Krankenh. R. d. I., München. Ein Fall von **Hernia** diaphragmatica. Bonn: Eisele 1909. 55 S. 8°
Bonn, Med. Diss. v. 22. Dez. 1909, Ref. Ribbert
[Geb. 28. März 83 Mergentheim; Wohnort: Düsseldorf; Staatsangeh.: Württemberg; Vorbildung: Gymn. Stuttgart Reife O. 02; Studium: Tübingen 5, Kiel 1, Berlin 3, München 2 S.; Coll. 22. Dez. 09; Approb. 3. Aug. 09.]
[U 10. 332

Rom, Heinr., Rosa Rolan. Drama in 5 Aufzügen. (III, 78 S.) 8. Metz (903). R. Lupus. n. 1. 20

Rom, N. C., praktische Einführung in die Knaben-Handarbeit. 5 Lfgn. gr. 8. (VII, 316 S. m. Illustr.) Leipzig 889. Hobbing. à n. — 60 (cplt. geb.: n. 3. 50)

Rom, N. C., praktische Einführung in die Knaben-Handarbeit f. Lehrer u. Lernende. Mit e. Vorworte v. Waldem. Götze. 2 Tle. 2. [Titel-]Aufl. gr. 8. (316 u. 299 S.) Leipzig [889.] 902. O. Spamer. à n. 3. —; geb. in Leinw. à n. 3. 50

Rom, N. C. Praktisches Hausbuch für alle Freunde der Handarbeit. Deutsche Bearbeitg. d. dän. Werkes: „Haandgjerningsbog for Ungdommen", 5. Aufl. 2 Tle. od. 10 Lfgn. gr. 8. (316, 299 S. m. 381 u. 285 Illustr.) Lpz. 890, Hobbing. à Lfg. — 60; à Tl. 3 —; 6 —, geb. in 1 Bd. 7 —

Rom, Thé von [Pseudon.] s. a. Rommel, Frau Theodore von.

Rom, Thé v. (Frau Theodore v Rommel), die Dame m. dem Totenkopf. s.: Enßlin's Roman- u. Novellenschatz.

-- Blutige Diamanten, s.: Enßlin's Roman- u. Novellenschatz.

Rom, Thé v., Heinz Arnold's Frauen, s. a. Eckstein's illustr. Roman-Bibliothek. II. 10.

Heinz Arnold's Frauen. Ein Beitrag z. Frauenbewegung von Thé v. Rom. Mit Buchschmuck von Walter Caspari. 1.–10. Taus. *Berlin: R. Eckstein Nachf. [1901].* (153 S.) 8°
— Romanbibliothek, Ecksteins illustrierte. Jg. 2, Bd 10. (02. 13443

— nach zehn Jahren. Ein Akt. 8. (30 S.) Dresden, E. Pierson. n. — 75

— Kleingeld der Phantasie. Gedanken u. Gedichte. 8. (IV, 90 S.) Ebd. 900. n. 2. —; geb. n. 3. —

— man lebt so hin, s.: Engelhorn's allgemeine Roman-Bibliothek. XIX. 7.

Röm [Schlagwort]

Röm. Insel, s.: Deutschland. Kürschner-Pelp.

(Roma) — Antiquae Vrbis perfecta Imago. Perspectivisch. 1 Bl.

Roma, od. Nationalcharakter, Politik u. Kriegskunst d. Römer. Ein Beitr. z. Geschichte, besond. z. Kriegsgeschichte d. Vorzeit 2c. Braunschw., Meyer. ¾ ₰ 12 gr.

Roma. Kampf, Sieg, Glanz der kathol. Kirche. Zur hohen Jubelfeier des hochwürd. Bischofes von Münster, Caspar Maximilian, Reichsfreiherrn Droste zu Vischering. gr. 8. (2 B.) Münster 845, Deiters.

Roma. Impressioni di Giulio Marchetti. Beschrieben v. Alfr. Ruhemann. I. u. II. M. Orig.-Zeichngn. v. F. Brandt, D. Cardella, A. Ceccarini etc. (In italien. u. deutscher Sprache.) Fol. Rom 895. L. Bruckner. à n. 2. 50
I. Il Gianicolo. (20 S.) — II. Il Tevere — der Tiber. (24 S.)

Roma sacra et moderna, vide Pancirola.

Roma sotterranea, s. Kraus, Frz. Xav.

Romacker, G., Ratgeber f. den Stadtbezirk Kiel. (IV, 70 S.) kl. 8. Kiel 905. (W. G. Mühlau.) n. — 50

— die Reichsversicherung. Umbau u. Ausbau der Arbeiterversicherg. u. Vorschläge zur Errichtg. e. Reichsversicherg. (13 S.) 8. Grunewald-Berlin 904. Gr.-Lichterfelde, Verlag der Arbeiter-Versorgg. A. Troschel. n. — 30

Romada, Ernest P., über japan. Malerei u. ihr Verhälthältnis zu europäischen Meistern. (S. 83—102 m. Abb. u. 6 Taf.) 36×27 cm. München (905). F. Hanfstaengl.
Sonderabdr. aus: „Die Kunst unserer Zeit". 4. —

Romagnoli's, Antonio, Apotheose Victor Emanuel's II. Terzinen. Im Versmasse des Originals in's Deutsche übertr. von Emil Suter u. Thdr. Abenheim. gr. 8. (VIII, 19 S.) Leipzig 881. Friedrich. n. 1. —

Romagnosi, J. D., s. Romagnosi, Giandomenico

Romagnosi, Giandomenico

Romagnosi, J. D., Genesis d. Strafrechtes. A. d. Italiän. v. Heinr. Luden. 2 Bde. gr. 8. Jena 833, Bran. [1. (25¼ B.) 1 Thlr. 12 Gr., 2. (22 B.) 1 Thlr. 6 Gr.]

ROMAGNOSI, Giandomenico:
Die Geschichte d. Strafrechts, v. H. LUDEN. *Jena*, Bran. 833. 2 Thle. 8 (2 Thl. 18 Gr.)

— vom Wasserleitungsrecht. Abhandlung. Nebst Fragmenten aus dessen Privatwasserrecht, im Auftrage des Königl. Preuß. Ministerii d. Innern u. d. Polizei auszugsweise übersetzt von Marcus Niebuhr. Mit 3 Tafeln Abbildd. gr. 8. Halle 840. Lippert. n. 1⅓ ₰

Romagnosi, G. D., vom Wasserleitungsrecht. Abhandl. Nebst Fragmenten aus dess. Privatwasserrecht, im Auftr. k. preuß. h. Ministerii d. Innern u. d. Polizei auszugsweise übers. v. Marc. Niebuhr. gr. 8. (22½ B. u. 3 Stnt.) Halle 840, [Schmidt's Verlagsbuchh.] *
Vgl. Elvers, Th. Fr., Beiträge.

Romahn, A., das Buch f. Eltern zu einer gedeihlichen bürgerlich-häusl. Erziehung der Kinder an Leib u. Geist. Mit e. Vorw. v. Gideon Gerlach. 12. (5⅓ B.) Weimar 844, Voigt.

Romahn, Bernhard

Romahn: Quaestiones Aeschyleae. 12 S. – Rössel, Progr 1866

Romahn, Bernardus *(geb. Braunsberg in Ostpr 16. 1 1835)* De relatione temporali, quae intercedit inter participia et verba finita apud Aeschylum. Praemissa est brevis disputatio de natura atque significatione participii. Vratislaviae (1863). (39 S.) 8°
Breslau, Phil. Diss. v. 11 Aug. 1863

Romahn, M., die Beweise der Unsterblichkeit, aus Naturgesetzen u. Kräften erwiesen. Ein Versuch, die Religion in Naturwissenschaft harmonisch zu leiten. 8. (VIII, 71 S.) Leipzig 883. Besser. n.n. — 90

Romahn, M., Natur-Stimmen. Eine Sammlung von Gedichten, worin das Fortbestehen des Menschen nach diesem Leben aus der Natur u. Erfahrung bewiesen wird. 16. (III, 140 S.) Camanche, Iowa 877. (Philadelphia, Schäfer & Koradi.) 3. —

Romain, Georges, die katholische Kirche eine überzeugende u. liberale Autorität, in welchem Sinne sie dies ist u. nicht ist. Vom Verf. autoris. deutsche Ausg. von J. M. u. G. Sch. 8. (XXIV, 243 S.) Regensburg 880. Manz. 2. 40

Romain, Jul., der Würgengel od.: der Untergang e. Weltstadt. Historischer Roman aus der Gegenwart. 2 Bde. gr. 8. (560 u. 495 S. m. 22 Chromolith.) Dresden 871. 72. Tittel. 6. 60

Romain, Jules, der Würgengel oder die Commune von Paris. Historischer Roman aus der Gegenwart. 2 Bde. in 22 Heften. gr. 8. (560; 495 S., mit 23 Chromolithogr.) Dresden 872, Tittel. à Heft 30 Pf.

Romain, Laurent-Joseph, de Fumel (France): Contribution à l'étude des cours d'eau du plateau fribourgeois. Ravins et têtes de ravins. Opposition topographique et relation morphologique de ces deux modelés à leur point de contact. Dijon 1908. VI + 54 S. und zwölf Tafeln. 8°.
Freiburg i. Schw. Math.-naturw. Diss. 1907/08.

Romains, les anciens. Jeu amusant et instructif pour la jeunesse, avec un grand plan gravé et color. et une explication allemande et française. gr. in-8. Vienne 834 Müller. ⅔ ₰

Romainville, Léontine [Hrsg.]
s. a. Leo, Sophie: Die beiden Liberalen. 1831.

Romainville, Leontine, die beiden Liberalen. A. d. Memoiren e. jungen Parisers. 8. (21 B.) Leipzig 831, Brockhaus.

—— Selbstopfer. 8. (23½ B.) Leipzig 829, Brockhaus.

ROMAISZ, FRANZ: Gebet- und Gesangbuch für die christkatholische Jugend zum frommen Gebrauch der röm. kath. Pfarrgemeinde in Bátaszék. Budapest 1885: Pallas literar. Buchdruckerei A. G. 159, 5 S. - 130 mm

Der kühne Räuberheld Romaldo und seine Geliebte Antonia della Roccino, welche als Räuber-Königin genannt: ANTONIO MARINO, Alles zu Wasser und zu Lande mit ihrer Bande in Schrecken setzte. (*Vignette*, 35 × 48) Gedruckt bei P. F. Lamberti in Bremerhaven. o. J., 4 Bl. n. n., 180 × 110.
LBO Bänkelsängerlit. I, 18.

Romalino der furchtbare Mädchenräuber oder die Geheimnisse auf dem Schlosse Monte-Rosso ... Chemnitz 1822. V: *Kretschmar, Carl Ferd.* (Ky) (MGT)

Romalino, der furchtbare Mädchenräuber, od. die Geheimnisse auf d. Schlosse Monte Rosso. Frei nach d. Französ. (v. K. Fd. Kretschmar). 2 Thle. 8. Chemn. 822. Kretschmar. 1 ₰ 18 gr

Romalo, Jutta-Maria, Kristiane Wendring. Roman. (158 S.) 8. Berlin-Zehlendorf (910). R. Eckstein Nachf. 2.—
75*

Roman

Roman: Le Roman
v. **Journal du Jura.**

— a. d. Franz. des **Rousseau**. 4 Thle. 8. Prag, Schönfeld. 788—94.

— **akademischer**, oder abgeschildertes Studentenleben. 8. Frkft. u. Lpz. 741.

Roman, Der allerneueste, oder die Frau ohne Vorurtheil. Breslau 1785—86. V: *Kausch, Joh. Jos.* (Ky) (MGT)

Roman, der allerneueste, od. die Frau ohne Vorurtheil, (v. J. J. Kausch). 2 Thle. 8. Bresl. 785, 86. J. F. Korn. 2 ₰ 8 gr

Roman, Der, bei dem man sich langweilt. Wien 1885. V: *Schwarzkopf, Gustav.* (EB)

Roman, der, im Hause **Coburg**. Von Mephisto. 8. (240 S.) Zürich 899. C. Schmidt. n. 3.—

Roman, ein, zwischen Eheleuten, s.: **Theater des Auslandes.** 31. Lfg.

Roman, Der, der Gräfin Elva. Wien und Leipzig 1906. V: *Bubna und Littitz, Maraja Gräfin.* (EB)

Roman, der, der **Gräfin Elva**. 1.—3. Tauf. (341 S.) kl. 8. Wien 906. Wiener Verlag. n. 3.—; geb. n. 4.50

Roman, le, des familles. Revue bi-mensuelle, publiée sous la direction de G. van Muyden. 1re année. 1880/81. 6 Nrn. (4 Bog.) hoch 4. Berlin, Liepmannssohn. *
—— dass. — Magasin hebdomadaire, publié sous la direction de G. van Muyden. 2e—5e année. Octbr. 1881—Septbr. 1885. à Jahrg. 52 Nrn. (à Nr. 2—2½ Bog.) hoch 4. Berlin, Engelmann. à Jahrg. *

Roman, le, des familles. Magasin hebdomadaire, publié sous la direction de G. van Muyden. 6e—8e année Octbr. 1885—Septbr. 1888. à Jahrg. 52 Nrn. (à Nr. 2—3 Bog.) hoch 4. Berlin, Engelmann. à Jahrg. *

— dasselbe. 9. année. Octbr. 1888—Septbr. 1889. 24 nrs. (3 B.) hoch 4. Ebd. n. 12.—

Roman, le, des familles. Magasin hebdomadaire, publié sous la direction de G. van Muyden. 10. année. Octbr. 1889—Septbr. 1890. 48 nrs. (à 3 Bog.) hoch 4. Berl. 889, Jul. Engelmann. 12 —
Nicht weiter erschienen.

Roman, ein, durch's Fenster, s.: **Familien-Bibliothek.**

Roman, der, von Fierabras, s. **Fierabras.**

— der, der schönsten **Frau**, Bianca Capello. 8. (157 S.) Berlin 888. Steinitz. n. 2.—

— der, der schönsten **Frau**. (Von Bianca Capello). Von ihr selbst erzählt. 3. Aufl. 8. (183 S.) Berlin (900). H. Steinitz. n. 2.—

Roman, Der, des Oberleutnants Adolf Hofrichter ... Innsbruck 1910. V: *Polifka, Richard Wilhelm.* (Margr)

Roman, der, des Oberleutnants Adolf Hofrichter. Von *** (144 S.) 8. Innsbruck 910. E. Sibler. 2.—

— der, von einem Jahre, od. die Familie zu Bergefeld. 8. Offenb. 799. Brede. 1 ₰ 8 gr

Roman: Der interessante Roman
v. Schweizerische Freie Volks-Zeitung.

— **komischer**, von Fr. Hegrad. 2 Thle. 8. Wien, Wucherer.

Roman, Komischer, v. Scarron a.d.F. Hamburg: Bohn 1752. 8°

— **komischer**, v. Scarron, a. d. Franz. 3 Bde. 8. Reval. (Sommer in Lpz.) 782.

— — dass. 3 Thle. m. K. 8. Wien, Alberti. 794.

— **komischer**, des Hrn. v. Mariveaux. 2 Thle. m. K. 8. Berl. Nicolai. 762.

— — dass. 8. Riga. (Hartknoch in Lpz.) 773.

— **komischer**, von Fielding. 8. Berl. Rüdiger. 764.

ROMAN, Comischer, von zweyen Frauenzimmern (von *Fr. Adolf Kritzinger*). Scherzfeld (Leipzig, Kritzinger) 1765. 8°. Rar!

Roman, e., vom **ersten Konsul** v. 18. Brumaire bis zum Frieden von Amiens. (Von Mathilde Malling.) gr. 8. (234 S.) Kopenhagen 895. A. F. Høst & Sohn. n. 6.—; geb. n. 7.50

— der, eines **Konträrsexuellen**. Mit e. Einleitg.: Der Uranismus v. Marc-André Raffalowitsch. Autoris. Ausg. v. Wilh. Thal. gr. 8. (91 S.) Leipzig 899. M. Spohr. n. 1.80

— der, der Kronprinzessin v. Sachsen. Gesammelte Zeitungsberichte. (51 S. m. Abbildgn.) 8. Temesvár (903). (Bolatsek.) n. 1. —

Roman, Der, meines Lebens. Riga 1781—83. N. A. 1786. 4. Ausg. Frankf. u. Leipz. 1787. V: *Knigge, Adolph Franz Friedrich Ludwig Freih. v.* (stri) (ML) (Rotermund, Gel. Hannover. Bremen 1823.) (Roterm)

— der, meines Lebens; in Briefen herausgeg. von Knigge. 4 Thle. 8. Frkft. Andreä. 805.

— van Heinric en Margriete van Limborch, gedicht door Heinric, uitgegeven door Mr. L. Ph. C. van den Bergh. 2 deelen. gr. 8. 1. deel. Boek I—VI. (XLVI u. 370 S.) 2. deel. Boek VII—XII. (358 S.) Leiden 846. 47, S. & J. Luchtmans (jetzt: Brill). (1 : 1 ℔ 27 ngl 2 : n. 1⅚ ℔) n. 3 ℔ 22 ngl

ROMAN für mein Mädchen, oder Familienanekdoten aus dem Leben zweier Freunde. Leipzig, bei Wilh. Gottlob Sommer. 1789. 8°
172 S. Einiges etwas frei.

— für mein Mädchen, od. Familien-Anekdoten. 8. Leipz. 807. (Nauck). 10 gl

— für mein Mädchen, od. Familien-Anekdoten zweyer Liebenden. 8. Lpz. Sommer. 807.

ROMAN, Der, eines öffentlichen Mädchens. Seitenst. zu den „Denkwürdigkeiten des Herrn v. H". (S. dieselb.) Boston, Reginald Chesterfield (Altona, Verlags-Bureau) 1852. 12°.

— — Dasselbe. Ibid. 1862. 12°. 299 SS. (2 Rthlr. Scheible; 7 Mk. Kühl.) (In Wien, Stadtbil.: Secr. A 130.)

— — Dasselbe. Ibid. 1866. 12°. (5/6 Rthlr. O. Richter, Lpz.)

Roman, Ein, aus der Mappe eines tauben Malers. Hamburg 1830. V: *Lyser, Johann Peter Theodor.* (schr)

— le, de Marques de Rome, s.: Bibliothek d. litterar. Vereins in Stuttgart. 187.

— a. d. Menschen-Leben. 8. Brschw. Schröder. 808.

Roman, Der, ohne Namen oder Amalia und Lohrchen . . . O. O. 1764. V: *Kritzinger, Friedrich Adolph.* (BGE)

ROMAN, Der, ohne Namen, oder Amalia und Lohrchen, ein Scherzgespräch zweier Leipziger Jungemägde (von *F. A. Kritzinger*). O. O. 1764. 8°. 3½ Bogen. Sehr rar!

Der neue *Roman.* Ein Almanach. Leipzig: Wolff 1917.

— le petite, d'un grande histoire. gr. 8. Leipz. 814. (Kr. Fleischer). 8 gl

Roman, Carl Pilger's, seines Lebens. Von ihm selbst geschrieben. Ein Beitrag zur Erziehung und Kultur des Menschen. Berlin 1792—96. V: *Spazier, Johann Gottlieb Carl.* (HHBD VI, 30)

Roman eines edlen Wallachen, landwirthschaftliche Reise durch verschiedene Landschaften Europens. Nürnb. 1773—82. V: *Mayer, Johann Friedrich.* (ML)
vgl. Romani ...

— e. edl. Wallachen landwirthschaftl. Reise durch versch. Landsch. Europens, m. Anmerk. v. Meyer. 4 Thle. m. K. 8. Nürnb. Zeh. 776–82.

— le, de Renart, publié par Ernest Martin. 1. vol. Première partie du texte: L'ancienne collection des branches. gr. 8. (XXVII, 484 S.) Strassburg 882. Trübner. n. 10. —

—— le, de Renart, publié par Ernest Martin. 2. und 3. vol. gr. 8. Strassburg, Trübner. *
Inhalt:
Vol. 2. 2. partie du texte: Les branches additonnelles. (380 S.) 885. *ℳ 8.—.
» 3. Les variantes. (VIII, 611 S.) 887. *ℳ 12.—.
Vol. 1. Ebendas. 1882. *ℳ 10.—.

—— dass. — observations sur le, s. Martin, Ernst.

Roman, Ein, ohne Roman oder die Geschichte der Gräfin v. Gondetz, von ihr selbst beschrieben. Aus d. Französ. übersetzet von Selimantes. Hamb. 1730. V: *Lussan, Marguerite de.* Ü: *Wendt, Chph. Gottl.* (BGE VI², 518)

Roman, Der, im Romane oder Siegfrieds Angelo . . . Pirna 1802. V: *Schilling, Friedrich Gustav.* (NN) (MGT)

— der, im Romane, od. Siegfr. Angelo, v. G. Schilling. 2 Thle. 8. Dresden, Arnold. 807.

— der, im Romane, v. G. Schilling. 2 Thle. (Der sämmtl. Schriften 43r 44r Thl.) 2te Ausg. 8. Dresden, Arnold. 818.

— ein nicht romanhafter, od. Begebenheiten e. Frauenzimmers. 8. Bresl. 758. (Gosohorsky). 5 gl

— ein nicht romanhafter, od. Begebenh. eines Frauenz. vom Lande. 8. Frkft. u. Lpz. (Meyer in Bresl.) 750. 6 Bl. 244 S.

Roman du Mont Saint-Michel, s. Huber, Karl.

— satyrischer. 8. Frkft. u. Lpz. 726.

Roman, Satyrischer, in unterschiedlichen galanten Liebesbegebenheiten. Hamburg 1706. 1708. V: *Hunold (Menantes), Christian Friedrich.* (Vogel, Hunold. Lucka 1898. S. 53.)

Roman, Satyrischer, der galanten Welt zur vergnügten Curiosité ans Licht gestellt. O. O. 1710. 1717. V: *Hunold (Menantes), Christian Friedrich.* (Vogel, Hunold. Lucka 1898. S. 53.)

ROMAN, Der, meines Schlafzimmers. Intime Geständnisse einer Dame der guten Gesellschaft. Erste vollständige Übersetzung aus dem Französischen von Fred Marr (ps.). Mit den 62 (erot.) Radierungen der französ. Originalausgabe (auf seitengroßen Bll. aufgeklebte Bildchen in 16⁰). Privatdruck. Leipzig 1910. 8⁰. Orig.-Ldrbd., reich vergoldet. Lat. Lett. Büttenpap. (Mk. 30—.)

1 weisses Vorbl., Vortitel, 128 S. (incl. Titelbild, Haupttitel, Portrait der Heldin in ganzer Figur). Auf Rücks. d. Vortitels wird bemerkt, dass dieser Privatdruck nur in einer Auflage von 650 in der Maschine numerierten Expll. hergestellt sei, niemals ein Neudruck erscheinen würde und die zur Herstellung der Bilder verwendeten Platten vernichtet wurden.

Aus dem Prospekt: „Das französische Original „le roman de mon alcove" erschien im Jahre 1830 und ist von größter Seltenheit; auch der im Jahre 1882 hergestellte Neudruck ist kaum zu beschaffen."

Roman, Der, von zwei Seiten aus den Papieren des Mönchs Alcuin und der Schwester Agathe. Hrsg. v. d. Verf. der Antonia della Roccini. Erfurt 1806. V: *Bornschein, Joh. Ernst Dan.* (BGE VI², 518/9)

Roman: Le Roman de la Semaine
v. Express.

Roman (Ein sozialistischer). Ein Rückblick. Nach dem Amerikanischen des Edward Bellamy. 8⁰. Berlin, „Volkstribüne", 1889. (Berliner Arbeiterbibliothek, Serie 1, Heft 1.)

Roman, Der spanische, oder Diana, eine erdichtete Geschichte aus dem Spanischen übersetzt. Hamburg 1750. V: *Montemajor, Jorge de.* (BGE VII², 121)

ROMAN und Wahrheit in Darstellungen von mancherlei Inhalt. Berlin, Weiß, 1809. 8⁰. 386 S.

Enth.: Traum u. Wahrheit. — Meine Gesundheitsreise von Rom nach Florenz. — Roms Fall (In Versen). — Der Streit um die Krone. — Der falsche Prinz von Modena. — Geschichte dreier Seefahrten. — Gall od. Hindeuten auf die Erziehung der Schönheit. — Frau v. Montespan u. Gräfin Lichtenau. — Über die Fehlgriffe der Verständigen. — Karl u. Julie od. die feindlichen Liebenden.

Kayser (1827) p. 104 hat die unrichtige Jahrzahl „1810".

— u. Wahrheit, in Darstell. mancherlei Inhalts. 8. Berl. 810. (Krappe in Leipz.) 1 ℛ 12 𝒢

Roman u. Wahrheit in Darstellung v. mancherley Inhalt. 8. Berl. Weiße. 810.

Roman, ein, wie es mehrere giebt. 2 Theile. 8. Berlin, Himburg. 802. (Reimer.)

Roman, ein, wie es mehrere giebt; aus d. Französ. v. K. Müchler. 2 Thle. 8. Berl. 802. Reimer; (a. Hinrichs in Leipz.) 1 ℛ 16 𝒢

Roman: Der Roman der Woche
v. Express.

— der, der XII. Von Herm. Bahr — Otto Jul. Bierbaum — Otto Ernst — Herb. Eulenberg — Hanns Heinz Ewers — Gust. Falke — Geo. Hirschfeld — Fel. Hollaender — Gust. Meyrink — Gabriele Reuter — Olga Wohlbrück — Ernst v. Wolzogen. (Mit Silhouetten der XII. In Holzschnittmanier gezeichnet v. H. John Hörter. Mit einigen harmlosen Bosheiten verseh. v. Pet. Squentius, Vindobonensis.) 1.—5. Taus. (431 S.) 8. Berlin (909). R. W. Mecklenburg. 5.—; geb. in Leinw. 6.—

Roman, s.: Andrae, A.

Roman, Vetter, s. a.: Robler, Roman.

Roman, Vetter, zum Namenstag, s.a. Schul- u. Vereinsbühne, christliche.

(F) **Roman,** V., Zum Namenstag. Schwank in 3 Aufzügen. [65. Bd. Christliche Schul- und Vereinsbühne.] 8⁰. (43 S.) K —.40

— Modern od. frohes Wiedersehen, s.a. Schul- u. Vereinsbühne, christliche.

(F) **Roman,** V., Modern oder frohes Wiedersehen. Schwank. [Christl. Schul- und Vereinsbühne. Bd. 81.] 8⁰. (40 S.) K —.40

— Der Narr v. Lancaster, s.: Schul- u. Vereinsbühne, christl.

Roman, die Unfehlbarkeit d. römischen Papstes. Predigt geh. in der Hofkirche zu Luzern, den 6. Jänner 1873. 8. (16 S.) Luzern 873. Gebr. Räber. — 30

Roman, A., Ichneumoniden aus dem Sarekgebirge, s.: Untersuchungen, naturwissenschaftliche, des Sarekgebirges. IV, 3.

Roman, Alphonse [app. Arzt aus London]: Aus d. Frauenklinik zu Kiel. Über die Prognose der Eklampsie ... Kiel, Druck v. H. Fiencke, 1894; 29 S., 1 Bl., 7 Tab. 8.
Kiel, Med. Fak., Inaug.-Diss. v. [30. Juli] 1894

Roman, Bened., (pseudon.) Vorschläge, dem Mangel an guten kathol. Priestern abzuhelfen. 8. Ulm 803. J. Ebner. 4 𝒢

Roman, Fr. E., s. Roman, Friedrich Ernst

Roman, Frederick W[illiam]: Die deutschen gewerblichen und kaufmännischen Fortbildungs- und Fachschulen und die industriellen und kommerziellen Schulen in den Vereinigten Staaten von Nordamerika. Ein Vergleich. (Leipzig: Duncker & Humblot 1910.) VIII, 51 S. 8⁰ ¶ (Ersch. vollst. als: Staats- u. sozialwiss. Forschungen. H. 151.)
Berlin, Phil. Diss. v. 13. Aug. 1910, Ref. v. Schmoller
[Geb. 19. Nov 76 Sidney, Ohio; Wohnort: Sidney; Staatsangeh.: Vereinigte Staaten; Vorbildung: Lebanon, Ohio B. A. 99; Yale Univ. New Haven M. A. 05; Studium: Bonn 1, Berlin 4 S.; Rig. 21. Juli 10.] [U 10. 343

Roman, Frederick W., die deutschen gewerblichen u. kaufmännischen Fortbildungs- u. Fachschulen u. die industriellen u. kommerziellen Schulen in den Vereinigten Staaten v. Nord-Amerika, s.a. Forschungen, staats- u. sozialwissenschaftl. 151. Heft.

Die deutschen gewerblichen und kaufmännischen Fortbildungs- und Fachschulen u. d. industr. u. kommerz. Schulen in d. Vereinigten Staaten von Nord-Amerika. Ein Vergleich. Von Dr. Frederick W. **Roman.** Leipzig: Duncker & Humblot 1910. X, 214 S. 8⁰
(Staats- u. Sozialwissenschaftl. Forschungen. H. 151.) (10. 1339

Roman, Friedrich Ernst

Roman, Fr. E., üb. den einseitigen Rücktritt von einem abgeschloss. Gesellschaftsvertrage u. dessen rechtl. Wirkungen. Ein civilist. Versuch. 8. Heilbr. 824. Claß. 12 𝒢

Roman, Friedr. Ernst: Ueber den einseitigen Rücktritt von einem abgeschlossenen Gesellschaftsvertrage und dessen rechtliche Wirkungen. E. civilist. Versuch. Heilbronn u. Rothenburg a. d. T. 1825.

Roman, (Fr. E.,) über den einseitigen Rücktritt von einem abgeschloss. Gesellschaftsvertrage u. dessen rechtl. Wirkungen. Ein civilist. Versuch. 8. Heilbronn 825, Claß.

Roman, Geo., de actibus humanis. 8maj. Wien 768. Trattner. 22 gr.

— doctrina theologica de legibus, peccatis et peccat. poenis. 8maj. Wien 767. Trattner. 1 ℔ 1 gr.

— de sacramentis christ. legis. II Ptes. 8maj. Wien 769—770. (Trattner). 1 ℔ 21 gr.

Roman, Ghold., Geschichten in Moll. Bilder aus dem Volksleben. 8. (64 S.) Thun 882. (Christen.) n. 1. 35

Roman, Gotthold. Aus dem Strome des Lebens. Geschichten und Gedichte. In-8°, 48 S. Thun, J. J. Christen. 1881

Roman, M., üb. Verwachsung der Scheide. Inaug.-Diss. 8. (68 S.) Tübingen 889. (Fues.) n. 1. 60

ROMAN, Per Abraham.
Ichneumoniden aus dem Sarekgebirge. Inaugural-Dissertation von P. A. Roman. Stockholm 1909. 8:o. 175 s., pl. 4—7. (Ur: Naturwissensch. Untersuch. d. Sarekgebirges in Schwedisch-Lappland, geleitet von Axel Hamberg, Bd 4, Zoologie.)
Diss. Uppsal. phil. 1908-09,28

Roman, Philipp Ludwig

Roman. P. L., Versuch e. Badischen evangelisch-luthersch. Kirchenrechts 2c. gr. 8. Mannheim., Schwan und Götz. 806.

Roman, Ph. Ldw., (†. d. 18. Dec. 1814.) Versuch eines Badischen evangel.-luther. Kirchenrechts, vorzügl. f. Pfarrer u. Kandidaten d. Predigtamts. gr. 8. Pforzheim 806. (Mohr in Heidelb.) 1 ℔ 8 gr.

Roman, Stanisław, a. Nawra Wpr.: Giebt es ätiologische Beziehungen zwischen Diabetes mellitus und Geistesstörungen? Thorn 1906: S. Buszczyński. (39 S.) 8°
Würzburg, Med. Fak., Ref. Rieger, Diss. v. 28. März 1907
[Geb. 18. Juni 83 Nawra; Wohnort: Würzburg; Staatsangeh.: Preußen; Vorbildung: Gymn. Bromberg Reife O. 01; Studium: Breslau 1, Berlin 1, München 4, Leipzig 1, Würzburg 3 S.; Coll. 12. Nov. 06; Approb. 12. Mai 06.]

Roman, Viktor: Von Karlsruhe nach Konstantinopel. Reisebilder. (Dazu e. Lichtdr.-Blatt nach Aquarellen v. V. Roman.) Karlsruhe, Buchdr. v. Malsch & Vogel, 1894; 33 S., 1 Taf. 4.
Karlsruhe, RG, MP 1894 (621)

Roman, Vict. Neue Vorlagen zum Ornamentzeichnen. 1. u. 2. Heft. qu. Fol. (à Heft 6 Steintaf.) Karlsr. 889, Veith. à Heft 1 50; 3 —

Roman, Vict., neue Vorlagen zum Ornamentzeichnen. 1. u. 2. Hft. qu. Fol. (à 6 Steintaf.) Karlsruhe 892. J. Veith. à 1. 50

Román y Salamero, Don Constantino, El castellano actual. Lecturas y conversaciones castellanas sobre la vida diaria en España y en los países de lengua española. Para uso de los ques desean conocer la lengua corriente. Con la colaboración de Don Ricardo Kron. (XII, 212 S.) kl. 8. Karlsruhe 905. Freiburg i/B., J. Bielefeld. Geb. in Leinw. n. 2. 50

Román y Salamero, Don Constantino, el castellano actual. Lecturas y conversaciones castellanas sobre la vida diaria en España y en los países de lengua española. Para uso de los que desean conocer la lengua corriente. Con la colaboración de Don Ricardo Kron. 2. ed. (4.—6. mil.) (VIII, 212 S.) kl. 8. Freiburg i/B. 909. J. Bielefeld. Geb. in Leinw. 2. 50

— **Epistolario espaňol. Anleitung zum Abfassen span. Privat- u. Handelsbriefe. Auf Grundlage v. R. Krons guide épistolaire u. English letter writer fürs Spanische bearb. (95 S.) kl. 8. Ebd. 905. Geb. in Leinw. n. 1. 50**

Romana : 1864—? Baltimore, MD
Roman Catholic monthly. Published by the Kreuzer brothers.

Romana, s. a. Goldkörner.

Romana, Goldkörner. Gesammelt auf der Lebensreise. Ein geistl. Vergissmeinnicht, grösstentheils aus dem Garten der Heiligen gepflückt, besonders für die Jugend. 16°. (134 S.) Wien, Norbertus-Verlag. fl. —.25. 1886.

Romanbibliothek zum „Blatt der Hausfrau". 1. Serie, 75 Lfgn. u. 2. Serie, 1.—23. Lfg. gr. 8. (à 32 S.) Berlin 892—894. F. Schirmer. Für 25 Lfgn. 2. 50

Romanbibliothek zum „Blatt d. Hausfrau". 2. Serie, 24.—50. Lfg. gr. 8. (à 24 S.) Berlin 895. F. Schirmer. Für 25 Lfgn. 2. 50; einz. n. — 10

— deutsche. 3. Jahrg. 1—35. Heft. Wien 863, 64. Typograf.-literar.-artist. Anstalt. 8. Jedes Heft n. 3 ngr.
1—12. Heft: Die Sängerin von der Bettlerstiege. Historischer Roman von Thdr. Scheibe. 3 Bde. (765 S.)
13—21. Heft: Die Leiche im Koffer oder ein zweiter Blondin von Namur. Roman aus dem Nachlaß von Heinr. v. Levitschnigg. 2 Thle. (606 S.)
22—35. Heft: Das Kind der Diebin. Historischer Roman von Charlotte v. Gravenreuth, geb. v. Hirschberg. (1—3. Bd.: 758 S.; 4. Bd.: S. 1—144.)

— deutsche. 3. Jahrg. 36—42. Heft u. 4. Jahrg. 42 Hefte. Wien 863,64. Typographisch-literarisch-artistische Anstalt. 8. Jedes Heft 3 ngr.;
Jeder Jahrg. n. 4 ℔ 6 ngr.
3. Jahrg. Heft 36. Gravenreuth, Charlotte Baronin v., geb. Gräfin v. Hirschberg, das Kind der Diebin. Historischer Roman. (1. Abthl.) 4. Bd. (S. 902—967.)
Heft 37—42. Scheibe, Thdr., die schwarzen Brüder. Historischer Roman. (400 S.)
4. Jahrg. Heft 1—12. — Polen u. Maria Theresia. Historischer Roman. 3 Bde. (768 S.)
Heft 13—24. Gravenreuth, Charlotte Baronin v., das Kind der Diebin. Historischer Roman. 2. Abthl.: Der Depeschenraub. 3 Bde. (774 S.)
Heft 25—35. Braun v. Braunthal, Neuhof. Historischer Roman. 3 Bde. (723 S.)
Heft 36—42. Wesemael, Adele, drei Erzählungen aus der Frauenwelt. 2 Bde. (302 S.)

Romanbibliothek, deutsche. 1—12. Bd. Jena 864. Costenoble. 16.
1—3. Bd.: Im Busch. Australische Erzählung von Frdr. Gerstäcker. 3 Bde. (384 S.) 1 ℛ 12 ngr
4—9. Bd.: Das Mormonenmädchen. Eine Erzählung aus der Zeit des Kriegszuges der Vereinigten Staaten gegen die „Heiligen der letzten Tage" im Jahre 1857—1858. Von Balduin Möllhausen. 6 Bde. (893 S.) 2 ℛ 15 ngr
10—12. Bd.: Ein deutscher Landsknecht der neuesten Zeit. Aus dem Leben eines Verstorbenen, nach dessen hinterlassenen Papieren bearb. von Jul. v. Wickede. 3 Thle. (615 S.) 2 ℛ

Roman-Bibliothek, deutsche. 1.—4. Bd. 8. Leipzig 869, Minde.
Inhalt:
Bd. 1—4. Kászony, D. v., Satan und Cherub. Original-Roman in 4 Bdn. (216; 224; 214; 210 S.)

—— deutsche, zu: „Ueber Land und Meer", hrsg. von F. W. Hackländer. 1.—3. Jahrg. 1873—1875. à Jahrg. 52 Nrn. (à 2—3 Bog.) hoch 4. Stuttgart, Hallberger. à Jahrg.
In 24 Heften à Heft

Romanbibliothek, deutsche, zu: „Ueber Land und Meer, hrsg. von F. W. Hackländer. 4. und 5. Jahrg. 1876 und 1877. à Jahrg. 52 Nrn. (à 2—3 Bog.) hoch 4. Stuttgart, Hallberger. à Jahrg.
In 24 Heften à 35 Pf.

—— dass. — 6. und 7. Jahrg. 1878 und 1879. à Jahrg. 52 Nrn. (à 3 Bog.) hoch 4. Ebendas. à Jahrg. **
In 26 Heften à ** 35 Pf. **

—— dass. — 8. Jahrg. Oktbr. 1879 — Septbr. 1880. 52 Nrn. (à 3 Bog.) hoch 4. Ebendas. **
In 26 Heften à ** 35 Pf. **

Romanbibliothek, deutsche, zu „Ueber Land und Meer". 9.—11. Jahrg. Oktbr. 1880 — Septbr. 1883. à Jahrg. 52 Nrn. (à Nr. 3 Bog.) hoch 4. Stuttgart, Deutsche Verlags-Anstalt. à Jahrg. **
In 26 Heften à ** 35 Pf. **

Romanbibliothek, deutsche, zu „Ueber Land u. Meer". Red.: Edm. Zoller, Otto Baisch u. Hugo Rosenthal-Bonin. 12—15. Jahrg. Oktbr. 1883 — Septbr. 1887. à 52 Nrn. (3 B.) hoch 4. Stuttgart, Deutsche Verlags-Anstalt. à Jahrg. n.n. 8.—;
in 26 Hftn. à n.n. — 35

— deutsche, zu „Ueber Land und Meer". Hrsg.: Jos. Kürschner. Red.: Otto Baisch. 16.—19. Jahrg. Oktbr. 1887—Septbr. 1891. à 52 Nrn. (3 B.) hoch 4. Ebd. à Jahrg. n.n. 8.—; in 26 Hftn. à n.n. — 35

— deutsche, zu „Uber Land u. Meer". Hrsg.: Jos. Kürschner. Red.: Otto Baisch. 20. Jahrg. Oktbr. 1891 Septbr. 1892. 52 Nrn. (3 Bog. m. Portr.) hoch 4. Stuttgart, Deutsche Verlags-Anstalt. n. 8.—;
in 26 Hftn. à n. — 35

Roman-Bibliothek, Deutsche, zu Ueber Land u. Meer. Red. Wilh. Wetter. XXI. Jahrg. 1893. 3. Heft. Kl.-4. (S. 196 - 387) - .21
Stuttgart: Deutsche Verlagsanstalt

Romanbibliothek, Deutsche, zu Ueber Land und Meer. Red. von Wilhelm Wetter. Ausgabe für Oesterreich-Ungarn. 21. Jahrg. 1893. 26 Hefte. Kl.-4. Heft 4. (S. 290—383) ebd. —.21

Roman-Bibliothek, Deutsche, zu Ueber Land u. Meer. Red. Wilh. Wetter. Ausgabe für Oesterreich-Ungarn. XXI. Jahrg. 1893. 26 Hefte. Kl.-4. Heft 5. (S 384 – 479) ebd. - .21

Roman-Bibliothek. Deutsche, zu Ueber Land u. Meer. Red. Wilh. Wetter. Ausgabe für Oesterreich-Ungarn. XXI. Jahrgang. 1893. 26 Hefte. Kl.-4. Heft 6. (S. 481—575) ebd. —.21

Roman-Bibliothek, Deutsche, zu Ueber Land u. Meer. Red. Wilh. Wetter. Ausgabe für Oesterreich-Ungarn. XXI. Jahrgang. 1893. 26 Hefte. Kl.-4. Heft 7. (S. 578—671) ebd. —.21

Roman-Bibliothek. Deutsche, zu Ueber Land u. Meer. Red. Wilh. Wetter. Ausgabe für Oesterreich-Ungarn. XXI. Jahrgang. 1893. 26 Hefte. Kl.-4. Heft 8. (S. 672—737) ebd. —.21

Roman-Bibliothek, Deutsche, zu Ueber Land u. Meer. Red. Wilh. Wetter. Ausgabe für Oesterreich-Ungarn. XXI. Jahrgang. 1893. 26 Hefte. 9. Heft. Kl.-4. (S. 770—833) ebd. —.21

Roman-Bibliothek, Deutsche, zu Ueber Land u. Meer. Red. Wilh. Wetter. Ausgabe für Oesterreich-Ungarn. XXI. Jahrgang. 1893. 26 Hefte. Kl.-4. Heft 10. (S. 836—959) ebd. —.21

Roman-Bibliothek, Deutsche, zu Ueber Land u. Meer. Red. Wilh. Wetter. Ausgabe für Oesterreich-Ungarn. XXI. Jahrgang. 1893. 26 Hefte. Kl.-4. Heft 11. (S. 962—1055) ebd. —.21

Roman-Bibliothek, Deutsche, zu Ueber Land u. Meer. Red. Wilh. Wetter. Ausgabe für Oesterreich-Ungarn. XXI. Jahrgang. 1893. 26 Hefte. Kl.-4. Heft 12. (S. 1058—1151) ebd. —.21

Roman-Bibliothek. Deutsche, zu Ueber Land u. Meer. Red. Wilh. Wetter. XXI. Jahrg. 1893. 13. Heft. Kl.-4. (S. 335—392) —.21
XXI. Jahrgang. 1893. Nr. 14. Kl.-4. pro II. Quartal ebd. 1.20

Roman-Bibliothek, Deutsche, zu Ueber Land u. Meer. Red. Wilh. Wetter. Ausgabe für Oesterreich-Ungarn. XXI. Jahrgang. 1893. 26 Hefte. Kl.-4. Heft 13. (S. 1154—1247 u. Register) —.21
ebd.

Roman-Bibliothek. Deutsche, zu Ueber Land u. Meer. Red. Wilh. Wetter. Ausgabe für Oesterreich-Ungarn. XXI. Jahrgang. 1893. 26 Hefte. Kl.-4. Heft 14. (S. 1250—1343) —.21
ebd.

Roman-Bibliothek, Deutsche, zu Ueber Land u. Meer. Red. Wilh. Wetter. XXI. Jahrg. 1893. 15. Heft. Kl.-4. ebd. —.21

Roman-Bibliothek, Deutsche, zu Ueber Land u. Meer. Red. Wilh. Wetter. Ausg. für Oesterreich-Ungarn. XXI. Jahrgang. 1893. Kl.-4. 16. Heft. (S. 1442—1533) ebd. —.21

Roman-Bibliothek, Deutsche, zu Ueber Land u. Meer. Red. Wilh. Wetter. Ausg. für Oesterreich-Ungarn. XXI. Jahrgang. 1893. Kl.-4. 17. Heft. (S. 1534—1632) ebd —.21

Roman-Bibliothek. Deutsche, zu Ueber Land u. Meer. Red. Wilh. Wetter. Ausg. für Oesterreich-Ungarn. XXI. Jahrgang. 1893. Kl.-4. 18. Heft. ebd —.21

Roman-Bibliothek. Deutsche, zu Ueber Land u. Meer. Red. Wilh. Wetter. Ausg. für Oesterreich-Ungarn. XXI. Jahrgang. 1893. Kl.-4. 19. Heft. (S. 1729—1824) ebd —.21

Roman-Bibliothek. Deutsche, zu Ueber Land u. Meer. Red. Wilh. Wetter. Ausg. für Oesterreich-Ungarn. XXI. Jahrgang. 1893. Kl.-4. 20. Heft. (S. 1826—1919) ebd —.21

Roman-Bibliothek. Deutsche, zu Ueber Land u. Meer. Red. Wilh. Wetter. Ausg. für Oesterreich-Ungarn. XXI. Jahrgang. 1893. Kl.-4. 21. Heft. (S. 1920—2016) ebd —.21

Roman-Bibliothek, Deutsche, zu Ueber Land u. Meer. Red. Wilh. Wetter. Ausg. für Oesterreich-Ungarn. XXI. Jahrgang. 1893. Kl.-4. 22. Heft. (S. 2017—2112) ebd —.21

Roman-Bibliothek. Deutsche, zu Ueber Land u. Meer. Red. Wilh. Wetter. Ausg. für Oesterreich-Ungarn. XXI. Jahrgang. 1893. Kl.-4. 23. Heft. (S. 2113—2208) ebd —.21

Roman-Bibliothek. Deutsche, zu Ueber Land u. Meer. Red. Wilh. Wetter. Ausg. für Oesterreich-Ungarn. XXI. Jahrgang. 1893. Kl.-4. 24. Heft. (S. 2210—2319) ebd —.21

Roman-Bibliothek. Deutsche, zu Ueber Land u. Meer. Red. Wilh. Wetter. Ausg. für Oesterreich-Ungarn. XXI. Jahrgang. 1893. Kl.-4. 25. Heft. (S. 2320—2416) ebd —.21

Roman-Bibliothek, Deutsche, zu Ueber Land u. Meer. Red. Wilh. Wetter. Ausg. für Oesterreich-Ungarn. XXI. Jahrgang. 1893. Kl.-4. 26. Heft. (S. 2417—2511) ebd —.21

Roman-Bibliothek. Deutsche, zu Ueber Land u. Meer. Red. Wilh. Wetter. Ausg. für Oesterreich-Ungarn. XXII. Jahrgang. 1894. Kl.-4. 26 Hefte. 1. Heft. (S. 1—95) ebd 1894 —.21

Roman-Bibliothek, Deutsche, zu Ueber Land u. Meer. Red. Wilh. Wetter. Ausg. für Oesterreich-Ungarn. XXII. Jahrgang. 1894. Kl.-4. 26 Hefte. 3. Heft. (S. 192—288) ebd —.21

Roman-Bibliothek. Deutsche, zu Ueber Land u. Meer. Red. Wilh. Wetter. Ausg. für Oesterreich-Ungarn. XXII. Jahrgang. 1894. Kl.-4. 26 Hefte. 4. Heft. (S. 289—383) ebd —.21

Roman-Bibliothek. Deutsche, zu Ueber Land u. Meer. Red. Wilh. Wetter. Ausg. für Oesterreich-Ungarn. XXII. Jahrgang. 1894. Kl.-4. 26 Hefte. 5. Heft. (S. 384—479) ebd —.21

Roman-Bibliothek. Deutsche, zu Ueber Land u. Meer. Red. Wilh. Wetter. Ausg. für Oesterreich-Ungarn. XXII. Jahrgang. 1894. Kl.-4. 26 Hefte. 6. Heft. (S. 480—575) ebd —.21

Roman-Bibliothek, Deutsche, zu Ueber Land u. Meer. Red. Wilh. Wetter. Ausg. für Oesterreich-Ungarn. XXII. Jahrgang. 1894. Kl.-4. 26 Hefte. 7. Heft. (S. 578—671) ebd —.21

Roman-Bibliothek, Deutsche, zu Ueber Land u. Meer. Red. Wilh. Wetter. Ausg. für Oesterreich-Ungarn. XXII. Jahrgang. 1894. Kl.-4. 26 Hefte. 8. Heft. (S. 674—767) ebd —.21

Roman-Bibliothek, Deutsche, zu Ueber Land u. Meer. Red. Wilh. Wetter. Ausg. für Oesterreich-Ungarn. XXII. Jahrgang. 1894. Kl.-4. 26 Hefte. 9. Heft. (S. 768—863) ebd —.21

Roman-Bibliothek, Deutsche, zu Ueber Land u. Meer. Red. Wilh. Wetter. Ausg. für Oesterreich-Ungarn. XXII. Jahrgang. 1894. Kl.-4. 26 Hefte. 10. Heft. (S. 866—959) ebd —.21

Roman-Bibliothek. Deutsche, zu Ueber Land u. Meer. Red. Wilh. Wetter. Ausg. für Oesterreich-Ungarn. XXII. Jahrgang. 1894. Kl.-4. 26 Hefte. 12. Heft. (S. 1057—1152) ebd —.21

Roman-Bibliothek. Deutsche, zu Ueber Land u. Meer. Red. Wilh. Wetter. Ausg. für Oesterreich-Ungarn. XXII. Jahrgang. 1894. Kl.-4. 26 Hefte. 13. Heft. (S. 1154—1217) ebd —.21

Roman-Bibliothek. Deutsche, zu Ueber Land u. Meer. Red. Wilh. Wetter. Ausg. für Oesterreich-Ungarn XXII. Jahrgang. 1894. Kl.-4. 26 Hefte. 14. Heft. (S. 1250—1343) ebd —.21

Roman-Bibliothek. Deutsche, zu Ueber Land u. Meer. Red. Wilh. Wetter. Ausg. für Oesterreich-Ungarn. XXII. Jahrgang. 1894. Kl.-4. 26 Hefte. 15. Heft. (S. 1344—1440) ebd —.21

Roman-Bibliothek. Deutsche, zu Ueber Land u. Meer. Red. Wilh. Wetter. Ausg. für Oesterreich-Ungarn XXII. Jahrgang. 1894. Kl.-4. 26 Hefte. 16. Heft. (S. 1441—1536) ebd —.21

Roman-Bibliothek, Deutsche, zu Ueber Land u. Meer. Red. Wilh. Wetter. Ausg. für Oesterreich-Ungarn. XXII. Jahrgang. 1894. Kl.-4. 26 Hefte. 17. Heft. (S. 1537—1632) ebd —.21

Roman-Bibliothek. Deutsche, zu Ueber Land u. Meer. Red. Wilh. Wetter. Ausg. für Oesterreich-Ungarn. XXII. Jahrgang. 1894. Kl. 4. 26 Hefte. 18. Heft. (S. 1633—1728) ebd —.21

Roman-Bibliothek, Deutsche, zu Ueber Land u. Meer. Red. Wilh. Wetter. Ausg. für Oesterreich-Ungarn. XXII. Jahrgang. 1894. Kl.-4. 26 Hefte. 19. Heft. (S. 1729—1824) ebd. —.21

Roman-Bibliothek, Deutsche, zu Ueber Land u. Meer. Red. Wilh. Wetter. Ausg. für Oesterreich-Ungarn. XXII. Jahrgang. 1894. Kl.-4. 26 Hefte. 20. Heft. (S. 1825—1920) ebd. —.21

Roman-Bibliothek, Deutsche, zu Ueber Land u. Meer. Red. Wilh. Wetter. Ausg. für Oesterreich-Ungarn. XXII. Jahrgang. 1894. Kl.-4. 26 Hefte. 21. Heft. (Sp. 1921—2016) ebd. —.21

Roman-Bibliothek, Deutsche, zu Ueber Land u. Meer. Red. Wilh. Wetter. Ausg. für Oesterreich-Ungarn. XXII. Jahrgang. 1894. Kl.-4. 26 Hefte. 22. Heft. (Sp. 2017—2112) ebd. —.21

Roman-Bibliothek, Deutsche, zu Ueber Land u. Meer. Red. Wilh. Wetter. Ausg. für Oesterreich-Ungarn. XXII. Jahrgang. 1894. Kl.-4. 26 Hefte. 23. Heft. (Sp. 2113—2208) ebd. —.21

Roman-Bibliothek, Deutsche, zu Ueber Land u. Meer. Red. Wilh. Wetter. Ausg. für Oesterreich-Ungarn. XXII. Jahrgang. 1894. Kl.-4. 26 Hefte. 24. Heft. (Sp. 2209—2304) ebd. —.21

Roman-Bibliothek, Deutsche, zu Ueber Land u. Meer. Red. Wilh. Wetter. Ausg. für Oesterreich-Ungarn. XXII. Jahrgang. 1894. Kl.-4. 26 Hefte. 25. Heft. (Sp. 2305—2400) ebd. —.21

Roman-Bibliothek, Deutsche, zu Ueber Land u. Meer. Red. Wilh. Wetter. Ausg. für Oesterreich-Ungarn. XXII. Jahrgang. 1894. Kl.-4. 26 Hefte. 26. Heft. (Sp. 2401—2495) ebd. —.21

Roman-Bibliothek, Deutsche, zu Ueber Land u. Meer. Red. Wilh. Wetter. Ausg. für Oesterreich-Ungarn. XXIII. Jahrgang. 1895. Kl.-4. Nr. 1. Pro I. Quartal 1.86

— — XXIII. Jahrgang. 1895. 26 Hefte. Kl.-4. 1. Heft. (S. 1—95) ebd. 1895. —.21

Roman-Bibliothek, Deutsche, zu Ueber Land u. Meer. Red. Wilh. Wetter. Ausg. für Oesterreich-Ungarn. XXIII. Jahrgang. 1895. Kl.-4. Heft 2. (S. 98—191) ebd. —.21

Roman-Bibliothek, Deutsche, zu Ueber Land u. Meer. Red. Wilh. Wetter. Ausg. für Oesterreich-Ungarn. XXIII. Jahrgang. 1895. Kl.-4. Heft 3. (S. 192—287) ebd. —.21

Roman-Bibliothek, Deutsche, zu Ueber Land u. Meer. Red. Wilh. Wetter. Ausg. für Oesterreich-Ungarn. XXIII. Jahrgang. 1895. Kl.-4. Heft 4. (S. 290—383) ebd. —.21

Roman-Bibliothek, Deutsche, zu Ueber Land u. Meer. Red. Wilh. Wetter. Ausg. für Oesterreich-Ungarn. XXIII. Jahrgang. 1895. Kl.-4. Heft 5. (S. 384—479) ebd. —.21

Roman-Bibliothek, Deutsche, zu Ueber Land u. Meer. Red. Wilh. Wetter. Ausg. für Oesterreich-Ungarn. XXIII. Jahrgang. 1895. Kl.-4. Heft 8. (S. 672—767) ebd. —.21

Roman-Bibliothek, Deutsche, zu Ueber Land u. Meer. Red. Wilh. Wetter. Ausg. für Oesterreich-Ungarn. XXIV. Jahrgang. 1896. Kl.-4. Heft 6. (S. 209—248) ebd. 1896. —.21

Roman-Bibliothek, Deutsche, zu Ueber Land u. Meer. Red. Wilh. Wetter. Ausg. für Oesterreich-Ungarn. XXIV. Jahrgang. 1896. Kl.-4. Heft 7. (S. 249—288) ebd. —.21

Roman-Bibliothek, Deutsche, zu Ueber Land u. Meer. Red. Wilh. Wetter. Ausg. für Oesterreich-Ungarn. XXIV. Jahrgang. 1896. Kl.-4. Heft 8. (S. 289—328) ebd. —.21

Roman-Bibliothek, Deutsche, zu Ueber Land u. Meer. Red. Wilh. Wetter. Ausg. für Oesterreich-Ungarn. XXIV. Jahrgang. 1896. Kl.-4. Heft 9. (S. 329—368) ebd. —.21

Roman-Bibliothek, Deutsche, zu Ueber Land u. Meer. Red. Wilh. Wetter. Ausg. für Oesterreich-Ungarn. XXIV. Jahrgang. 1896. Kl.-4. Heft 10. (S. 369—408) ebd. —.21

Roman-Bibliothek, Deutsche, zu Ueber Land u. Meer. Red. Wilh. Wetter. Ausg. für Oesterreich-Ungarn. XXIV. Jahrgang. 1896. Kl.-4. Heft 11. (S. 409—448) ebd. —.21

Roman-Bibliothek, Deutsche, zu Ueber Land u. Meer. Red. Wilh. Wetter. Ausg. für Oesterreich-Ungarn. XXIV. Jahrgang. 1896. Kl.-4. Heft 12. (S. 449—488) ebd. —.21

Roman-Bibliothek, Deutsche, zu Ueber Land u. Meer. Red. Wilh. Wetter. Ausg. für Oesterreich-Ungarn. XXIV. Jahrgang. 1896. Kl.-4. Heft 13. (S. 489—528) ebd. —.21

— dasselbe. Red.: Otto Baisch. 21. Jahrg. Oktbr. 1892 —Septbr. 1893. 52 Nrn. (3 Bog. m. Portr.) hoch 4. Ebd. n. 8. —; in 26 Hftn. à n. — 35

— dasselbe. Red.: Wilh. Lauser. 22. Jahrg. Oktbr. 1893—Septbr. 1894. 52 Nrn. (3 Bog. m. Portr.) hoch 4. Ebd. n. 8. —; in 26 Hftn. à n. — 35

— deutsche. Red.: Wilh. Lauser. 23. Jahrg. Oktbr. 1894—Septbr. 1895. 52 Nrn. (3 Bog. m. Portr.) hoch 4. Ebd. n. 8. —; in 26 Hftn. à n. — 35

— deutsche. Red.: Ernst Schubert. 24.—27. Jahrg. Oktbr. 1895—Septbr. 1899. à 52 Nrn. (à ca 24 S. m. Bildn.) hoch 4. Stuttgart, Deutsche Verlagsanstalt. à Jahrg. n. 8. —

Kann auch vierteljährlich u. in 26 Hftn. à n. — 35 bezogen werden.

Romanbibliothek, deutsche. Red.: Ernst Schubert. 28.—31. Jahrg. Oktbr. 1899—Septbr. 1903. à 52 Nrn hoch 4. (à ca. 24 S.) Stuttgart, Deutsche Verlags-Anstalt à Jahrg. n. 8. —; auch in 26 Hftn. à n. — 35

Romanbibliothek, deutsche. Red.: Carl Ant. Piper. 32.—35. Jahrg. Oktbr. 1903—Septbr. 1907. à 52 Nrn. (32.—34. Jahrg. 1048, 1052 u. 1048 S.) hoch 4. Stuttgart, Deutsche Verlags-Anstalt. à Jhrg. n. 8. —

Roman Bibliothek, deutsche. Red.: Carl Ant. Piper u. seit 1910: Rud. Presber. 36.—39. Jahrg. Oktbr. 1907—Septbr 1911. à 52 Nrn. (36.—38. Jahrg. VIII, 1048; VIII, 1048 u VIII, 1056 S.) Lex.8. Stuttgart, Deutsche Verlags-Anstalt. à Jahrg. 8. —

Wird vom 1. X. 1911 an mit der Deutschen Roman-Zeitung (Berlin, O. Janke) verschmolzen.

Roman-Bibliothek Engelhorn

Engelhorns Allgemeine Romanbibliothek. Eine Auswahl der besten modernen Romane aller Völker. Jg. 8, Bd 18. 1892

s. Heyse, Paul. Marienkind.

Romanbibliothek Engelhorn

Engelhorn's Allgemeine Romanbibliothek. Eine Auswahl der besten modernen Romane aller Völker. Jg. 2, Bd 20. 1886

s. Hopfen, Hans: Mein erstes Abenteuer.

Roman-Bibliothek Engelhorn

Engelhorns Allgemeine Roman-Bibliothek. Eine Auswahl der besten modernen Romane aller Völker. Jg. 14, Bd 5.6. 1897

s. Ohnet, Georges: Der Pfarrer von Favières.

— englische. Sammlung der besten Novitäten hervorragender engl. Autoren. Hrsg. von Paul Jüngling. 1—20. Bd. 8. Berlin 881. 82. Barthol & Co. à n. 4. —

1. 2. Die Grandissimes. Eine Erzählung aus dem creolischen Leben von George W. Cable. Autoris. Uebersetzung von E. Pfänder. 2 Bde. (272 u. 304 S.)

3. 4. Dolly. Eine Liebesgeschichte von Frances Hodgson Burnett. Autoris. Uebersetzung von Hedwig Henschel. 2 Bde. (206 u. 214 S.)

5—8. Lieb Fräulein Unhold von Justin Mc. Carthy. Autoris. Uebersetzung von C. Düsterhoff. 4 Bde (250, 252, 244 u. 246 S.)

9. In Trafalgars Bay von Walter Besant u. James Rice. Autoris. Uebersetzung von A. Matthias. (202 S.)

10—12. Eines Narren Narrenstreich von A. W. Tourgee. Deutsche Bearbeitung von E. Penner. 3 Bde. (211, 187 u. 222 S.)

13—16. Die Diamanten der gnädigen Frau. Von James Payn. 4 Bde. (VI, 216; 240, 215 u. 182 S.)

17—20. Jenseits des Zodiakus. Der Bericht einer Reise nach dem Mars, dechiffrirt, übers. u. hrsg. von Percy Greg. Autoris. deutsche Ausg. 4 Bde. (235, 211, 210 u. 204 S.)

— englische. Sammlung der besten Novitäten hervorrag. engl. Autoren, hrsg. v. Paul Jüngling. Autoris. deutsche Ausg. 21—39. Bd. 8. Berlin, (Barthol & Co.). n. 70 —

21—25. Sonnenaufgang. Von Will. Black. 5 Bde. (VI, 188, 196, 191, 188 u. 199 S.) 882. 18. —

26. 27. Das Grubenmädchen. Von Frances Burnett. 2 Bde. (XVI, 223 u. 219 S.) 882. 8. —

28—32. Der Freihändler. Von Rich. Doddridge Blackmore. 5 Bde. (VII, 205, 208, 207, 202 u. 179 S.) 883. 18. —

33—35. Eine Traube v. den Dornen. Von James Payn. 3 Bde. (VII, 229, 232 u. 208 S.) 883. 12. —

36. Die schöne Barbarin v. Frances Burnett. Deutsch v. Agnes Ranke. (249 S.) 883. n. 4. —

37—39. Eines Lebens Buße v. Dav. Christie Murray. 3 Bde. (199, 205 u. 175 S.) 883. n. 10. —

—— englische. Sammlung der besten Novitäten hervorragender engl. Autoren. Hrsg. von Paul Jüngling. 1.—20. Bd. 8. Berlin, Kogge und Fritze. à Bd. *

Inhalt:

Bd. 1. 2. Cable, George W., die Grandissimes. Eine Erzählung aus dem creolischen Leben. Autoris. Uebersetzung von E. Pfänder. 2 Bde. (272; 304 S.) 881.

" 3. 4. Burnett, Frances Hodgson, Dolly. Eine Liebesgeschichte. Autoris. Uebersetzung von Hedwig Henschel. 2 Bde. (206; 214 S.) 881.

" 5—8. Mc. Carthy, Justin, Lieb Fräulein Unhold. Autoris. Uebersetzung von C. Düsterhoff. 4 Bde. (250; 252; 244; 246 S.) 881.

" 9. Besant, Walter, und James Rice, In Trafalgars Bay. Autoris. Uebersetzung von A. Matthias. (202 S.) 881.

" 10—12. Tourgee, A. W., eines Narren Narrenstreich. Deutsche Bearbeitung von E. Penner. 3 Bde. (211; 187; 222 S.) 881.

" 13—16. Payn, James, die Diamanten der gnädigen Frau. 4 Bde. (VI, 216; 240; 215; 182 S.) 882.

" 17—20. Jenseits des Zodiakus. Der Bericht einer Reise nach dem Mars, dechiffrirt, übers. und hrsg. von Percy Greg. Autoris. deutsche Ausg. 4 Bde. (235; 211; 210; 204 S.) 882.

—— dass. — 21.—39. Bd. 8. Berlin, (Ed. Krause.) *

Inhalt:

Bd. 21—25. Black, Will., Sonnenaufgang. 5 Bde. (VI, 188; 196; 191; 188; 199 S.) 882. ℳ 18.

" 26. 27. Burnett, Frances Hodgson, das Grubenmädchen. 2 Bde. (XVI, 223; 219 S.) 882. ℳ 8.

" 28—32. Blackmore, Rich. Doddridge, der Freihändler. 5 Bde. (VII, 205; 208; 207; 202; 179 S.) 883. ℳ 18.

" 33—35. Payn, James, eine Traube von den Dornen. 3 Bde. (VII, 229; 232; 208 S.) 883. ℳ 12.

" 36. Burnett, Frances Hodgson, die schöne Barbarin. Deutsch von Agnes Ranke. (249 S.) 883. *ℳ 4.

" 37—39. Murray, Dav. Christie, eines Lebens Buße. 3 Bde. (199; 205; 175 S.) 883. *ℳ 10.

—— der Gartenlaube. 1.—38. Lfg. 8. Leipzig 883,84, Keil's Nachf. à Lfg. *

Inhalt:

Lfg. 31. 37. Godin, A., Mutter und Sohn. Roman. (1. Bd. S. 1—192.)

" 11. 16. 26. 33. Heimburg, W., aus dem Leben meiner alten Freundin. Roman. 4. unveränd. Aufl. (384 S.)

32. 38. Marlitt, E., die zweite Frau. Roman. 7. Aufl. (1. Bd. S. 1—192.)

" 3. 6. 9. 21. 25. 27. —— das Geheimniß der alten Mamsell. Roman. 2 Bde. 10. Aufl. (240; 261 S.)

" 8. 12. 14. 23. —— im Hause des Commerzienrathes. Roman. 3. Aufl. (1. Bd. 313 S.; 2. Bd. S. 1—48.)

" 17. 28. 34. —— die Reichsgräfin Gisela. Roman. 7. Aufl. (1. Bd. VIII, 288 S.)

" 1. 2. 5. 20. —— Goldelse. Roman. (399 S.)

30. 36. Meyerdn, Gust. v., Teuerdanks Brautfahrt. Romantisches Zeitbild. aus dem 15. Jahrh. (S. 1—192.)

" 4. 7. 13. 22. 27. Werner, E., Am Altar. Roman. 3. Aufl. (1. Bd. 224 S.; 2. Bd. S. 1—197.)

" 18. 29. 35. —— Frühlingsboten. Roman. (288 S.)

" 10. 15. 19. 24. —— Vineta. Roman. 3. Aufl. (1. Bd. 299 S.; 2. Bd. S. 1—64.)

—— der Gartenlaube. 39.—138. (Schluß-)Lfg. 8. Leipzig 885—87, Keil's Nachf. à Lfg.

Inhalt:

Lfg. 81. 89. 96. 106. 124. Elbe, A. v. der, Brausejahre. Roman. 2 Bde. (256; 244 S.)

" 47. 56. 63. Godin, A., Mutter und Sohn. Roman. 2 Bde. (1. Bd. S. 193—247; 2. Bd. 242 S.)

" 75. 86. 114. 126. Heimburg, W., Kloster Wendhusen. Roman. (378 S.)

" 43. —— aus dem Leben meiner alten Freundin. Roman. 4. Aufl. (S. 385—443.)

" 66. 73. 80. 94. 105. —— Lumpenmüllers Lieschen. Roman. (454 S.)

" 83. 90. 99. 103. 107. 112. 122. 133. Hillern, Wilhelmine v., geb. Birch, aus eigner Kraft. Roman. 3 Bde. (253; 267; 229 S.)

" 88. 98. 129. Keyser, Stephanie, Fanfaro. Novelle. (211 S.)

" 82. 97. 109. 118. 129. —— der Krieg um die Haube. — Glockenstimmen. Zwei kulturgeschichtl. Novellen. (411 S.)

91. 102. 111. —— der Muth zur Wahrheit. Novelle. (235 S.)

67. 76. 85. 105. Marlitt, E., Amtmanns Magd. Roman. 4. Aufl. (324 S.)

" 48. 55. 62. 69. —— die zweite Frau. Roman. 7. Aufl. 2 Bde. (1. Bd. S. 193—284; 2. Bd. 274 S.)

" 52. 59. 65. 78. 95. 125. 135. —— das Haideprinzeßchen. Roman. 2 Bde. (356; 311 S.)

" 41. 49. 57. —— im Hause des Commerzienrathes. Roman. 3. Aufl. 2 Bde. (2. Bd. S. 49—312.)

" 51. 58. 64. 71. —— die Reichsgräfin Gisela. Roman. 7. Aufl. 2 Bde. (1. Bd. S. 289—343; 2. Bd. 324 S.)

Romanbibliothek der Gartenlaube &c.

Lfg. 115. 120. 123. 128. 130. 136. 138. Marlitt, E., im Schillingshof. Roman. 3. Aufl. 2 Bde. (388; 344 S.)
„ 116. 121. 132. —— Thüringer Erzählungen. (Die zwölf Apostel. — Der Blaubart.) (242 S.)
„ 44. 57. Meyern, Gust. v., Teuerbanks Brautfahrt. Romantisches Zeitbild aus dem 15. Jahrh. (S. 193—352.)
„ 84. 92. 100. 110. Renz, V., feurige Kohlen. Roman. (336 S.)
„ 87. 93. 104. 131. Schultz, Karl Theod., nach dem Leben. Novellen. (317 S.)
„ 40. 46. 54. 61. 68. Werber, E., Feuerseelen. Erzählungen. (463 S.)
„ 39. 45. 53. 60. 72. Werner, E., gesprengte Fesseln. Roman. 2 Bde. (243; 220 S.)
„ 43. —— Frühlingsboten. Roman. (S. 289—354.)
„ 70. 74. 77. 79. 117. 134. —— Glück auf! Roman. 2 Bde. (286; 274 S.)
„ 101. 108. 113. 119. 127. 137. —— um hohen Preis. Roman. 2 Bde. (299; 281 S.)
„ 42. 50. —— Vineta. Roman. 3. Aufl. 2 Bde. (2. Bd. S. 65—297.)

1.—38. Lfg. Ebendas. 1883,84. à Lfg. ℳ 1.20.

—— illustrirte. 1. Heft: Die Rache der Jesuiten. Original-Roman in 3 Bdn. von Ludw. Bernh. Buchbinder. gr. 8. (1. Bd. S. 1—48 mit 1 Holzschntaf.) Pest 872, Eckstein und Comp.

Romanbibliothek, Illustrirte. Unterhaltungsbuch für Jedermann. Erscheint in 10tägig. Lieferungen. 4. Heft 1—3 (à 16 S.) geh. à 15 kr. Wien: A. Cerny 1881.

Romanbibliothek, Illustrirte. Unterhaltungsbuch f. Jedermann. 4. Heft 5. (S. 65—80) geh. 15 kr. Ebd. 1881.

Romanbibliothek, Illustrirte. Unterhaltungsbuch f. Jedermann. 4. Heft 6. (S. 81—96) geh. 15 kr. Ebd. 1881.

Romanbibliothek, Illustrirte. Unterhaltungsbuch f. Jedermann. 4. Heft 7. (S. 97—110) geh. 15 kr. Ebd. 1881.

Romanbibliothek, illustr., Unterhaltungsblatt für Jedermann. 4. Lief. 8. (S. 113—128) geh. 15 kr. Ebd. 1881.

Romanbibliothek, Illustrirte. Unterhaltungsbuch f. Jedermann. 4. Heft 9. (S. 129—144) geh. 15 kr. Ebd. 1881.

Romanbibliothek, illustr., Unterhaltungsbuch für Jedermann. 4. Lief. 10. (S. 145—160) geh. 15 kr. Ebd. 1881.

Romanbibliothek, illustr., Unterhaltungsbuch für Jedermann. 4. Lief. 11 u. 12. (S. 161—192) geh. à 15 kr. Ebd. 1881.

Romanbibliothek, illustr., Unterhaltungsbuch für Jedermann. 4. Lief. 15 u. 16. (S. 225—256) geh. à 15 kr. Ebd. 1882.

Romanbibliothek, illustr., Unterhaltungsbuch für Jedermann. 4. Lief. 17 u. 18. (S. 257—288) geh. à 15 kr. Ebd. 1882.

Romanbibliothek, illustr., Unterhaltungsbuch für Jedermann. 4. Lief. 19 u. 20. (S. 289—320) geh. à 15 kr. Ebd. 1882.

Romanbibliothek, illustr., Unterhaltungsbuch für Jedermann. 4. Lief. 21 u. 22. (S. 321—352) geh. à 15 kr. Ebd. 1882.

Romanbibliothek, illustr., Unterhaltungsbuch für Jedermann. 4. Lief. 23—26. (S. 353—416) geh. à 15 kr. Ebd. 1882.

Romanbibliothek, illustr., Unterhaltungsbuch für Jedermann. 4. Lief. 27—28. (S. 417—448) geh. à 15 kr. Ebd. 1882.

Romanbibliothek, illustr., Unterhaltungsbuch für Jedermann. 4. Lief. 29—30. (S. 449—480) geh. à 15 kr. Ebd. 1882.

Romanbibliothek, illustr., Unterhaltungsbuch für Jedermann. 4. Lief. 31—32. (S. 481—512) geh. à 15 kr. Ebd. 1882.

Romanbibliothek, illustr., Unterhaltungsbuch für Jedermann. 4. Lief. 33—34. (S. 513—544) geh. à 15 kr. Ebd. 1882.

Romanbibliothek, illustr., Unterhaltungsbuch für Jedermann. 4. Lief. 35—36. (S. 545—576) geh. à 15 kr. Ebd. 1882.

Romanbibliothek, illustr., Unterhaltungsbuch für Jedermann. 4. Lief. 37—38. (S. 577—608) geh. à 15 kr. Ebd. 1882.

Romanbibliothek, illustr., Unterhaltungsbuch für Jedermann. 4. Lief. 39—40. (S. 609—640) geh. à 15 kr. Ebd. 1882.

Romanbibliothek, illustr., Unterhaltungsbuch für Jedermann. 4. Lief. 41—42. (S. 641—672) geh. à 15 kr. Ebd. 1882.

Romanbibliothek, illustr., Unterhaltungsbuch für Jedermann. 4. Lief. 43—44. (S. 673—704) geh. à 15 kr. Ebd. 1882.

Romanbibliothek, illustr., Unterhaltungsbuch für Jedermann. 4. Lief. 45—46. (S. 705—736) geh. à 15 kr. Ebd. 1882.

Romanbibliothek, illustr., Unterhaltungsbuch für Jedermann. 4. Lief. 47—48. (S. 737—768) geh. à 15 kr. Ebd. 1882.

Romanbibliothek, illustr., Unterhaltungsbuch für Jedermann. 4. Lief. 49—50. (S. 769—800) geh. à 15 kr. Ebd. 1882.

Romanbibliothek, illustr., Unterhaltungsbuch für Jedermann. 4. Lief. 53—54. (S. 833—864) geh. à 15 kr. Ebd. 1882.

Romanbibliothek, illustr., Unterhaltungsbuch für Jedermann. 4. Lief. 55—56. (S. 865—896) geh. à 15 kr. Ebd. 1882.

Romanbibliothek, illustr., Unterhaltungsbuch für Jedermann. 4. Lief. 57—58. (S. 897—928) geh. à 15 kr. Ebd. 1882.

Romanbibliothek, illustr., Unterhaltungsbuch für Jedermann. 4. Lief. 61—62. (S. 961—992) geh. à 15 kr. Ebd. 1882.

Romanbibliothek, illustr., Unterhaltungsbuch für Jedermann. 4. Lief. 63—64. (S. 993—1024 Schluß.) geh. à 15 kr. Ebd. 1882.

Romanbibliothek, Kleine.

Göttingen 1798—1812. H: *Reinhard, Carl.* (GGr) V: *Lafontaine, Aug. Hnr. Jul., Marie Louise Rose Petigny de Saint Romain geb. L'Evesque, Sophie Mereau, Carl Reinhard & Andere.* (Ky)

Romanbibliothek, Kleine,

von und für Damen. Dresden 1810—11. V: *Fouqué, Caroline Auguste de La Motte geb. von Briest.* (MGT)

Nationalstenographische **Roman-Bibliothek**. Bd 1. (Breslau [1905]: Grass, Barth & Co.) 8° [Text stenogr.]

Romanbibliothek, nationalstenographische. I. Bd. (III, 192 S.) 8. Breslau (906). (Liegnitz, Dr. v. Kunowski.) Geb. in Leinw. n. 2. 50

— neue. 1—38. Bd. Leipzig 863, 64. Gerhard. 16.
1—5. Bd.: Aurora Floyd. Von Miß M. E. Braddon. Aus dem Engl. von Alma v. Metzsch. 5 Bde. (820 S.) 1 ₰ 20 ngr.
6—9. Bd.: Lady Audley's Geheimniß. Von Miß M. E. Braddon. Aus dem Engl. übers. 4 Bde. (607 S.) 1 ₰ 10 ngr.
10—14. Bd.: Elinor's Sieg. Von Miß M. E. Braddon. Aus dem Engl. von Alma v. Metzsch. 5 Bde. (880 S.) 2 ₰ 24 ngr.
15—20. Bd.: Die Frau in Schwarz oder lebendig begraben. Von Frau Gordon Smythies. Aus dem Engl. 6 Bde. (1170 S.) 3 ₰
21. 24. 29. 34. 37. 38. Bd.: Romola. Von Geo. Eliot [Miß Evans]. Aus dem Engl. übers. u. mit Anmerkungen begleitet von A. E. Wollheim. 6 Bde. (1080 S.) 2 ₰ 18 ngr.
22. 23. Bd.: Der Mann mit dem zerrissenen Ohr. Von Edm. About. Uebertragen von Adeline Volckhausen. Autoris. Uebersetzung. 2 Bde. (305 S.) 24 ngr.
25—28. Bd.: Die falsche Prinzessin. Aus den Papieren einer hochgestellten englischen Familie. Eine Criminalgeschichte. Aus dem Engl. 4 Bde. (611 S.) 1 ₰ 18 ngr.
30. 31. Bd.: Eine Liebesjagd auf den Prairien. Von Thdr. Winthrop. Nach der 10. amerikan. Ausg. übers. 2 Bde. (309 S.) 24 ngr.
32. 33. Bd.: Tamaris. Roman von Geo. Sand. Aus dem Französ. von Marie Saphir. 2 Thle. (296 S.) 24 ngr.
35. 36. Bd.: Pariser Liebesabenteuer. Roman von P. J. Stahl. Aus dem Französ. von Marie Saphir. 2 Bde. (285 S.) 24 ngr.

— neue. 39—75. Bd. (Naumburg) 865—66. (Leipzig, Gerhard.) 16. 31 ₰ 8 ngr.
Bd. 39. 40. } Braddon, M. E., die Ausgestoßenen oder Henry Dunbar. Frei nach dem Engl. übers. von L. Ritter.
Bd. 46—48. } 5 Bde. (XLI, 808 S.) 2 ₰ 3 ngr.

Roman-Bibliothek, neue, des Auslandes. Herausg. von Wilh. Ludw. Wesché. 1—12. Bd. (oder 1—24. Bdchn.). Braunschweig 853. Westermann. 8. Jedes Bdchn. n. 5 ngr.
1. 4. 7. 11. Bd. (1. 2., 8. 9., 14. 15., 23. 24. Bdchn.): A. Dumas' Schriften. Neue Folge. Deutsch von W. L. Wesché. 1—4. Bd. Der Pastor von Ashbourn. 4 Bde. (3 Bl., 232; 3 Bl., 246; 3 Bl., 186; 3 Bl., 230 S.)
2. 5. 9. 10. 12. Bd. (3. 4., 10. 11., 19—22., 25—27. Bdchn.): Maquet's Schriften. Deutsch von W. L. Wesché. 1—5. Bd. Der Graf von Lavernie. 5 Bde. (3 Bl., 230; 3 Bl., 197; 3 Bl., 189; 3 Bl., 200; 3 Bl., 354 S.)
3. Bd. (5. 6. 7. Bdchn.): Marguerite oder Zwiefache Liebe. Von Mad. E. de Girardin. Aus dem Französ. übers. von L. G. Lemcke. (2 Bl., 301 S.)
6. 8. Bd. (12. 13., 16—18. Bdchn.): Die Kosakenjagd. Von Gabr. Ferry. Aus dem Französ. übers. von A. Kretzschmar. 2 Bde. (2 Bl., 194; 2 Bl., 328 S.)

Roman- und Novellen-Bibliothek. 1.—3. Bd. 8. Hamburg 869,70, Verlag der Roman- und Novellen-Mappe. à Bd. *
Inhalt:
Bd. 1. König, Ewald Aug., Verschollen! Roman. (301 S.)
„ 2. Füllborn, Geo., der Dorfpaganini. Criminal-Novelle. (172 S.)
„ 3. Hirschfeld, Herm., Carrière. Orig.-Novelle. (210 S.)

Roman- u. Novellen-Bibliothek. 1. Bd. 8. Berlin 895. Erfurt, F. Bartholomäus. n. 2. —
Martha u. Maria. Roman v. Arth. Zapp. (208 S.)

— polnische. Eine Auswahl der besten u. interessantesten Erscheinungen der neuesten polnischen Belletristik. Herausg. von J. N. Fritz. Breslau 856. Kern. 8.
1. 2. Thl.: Ostap und Jaryna. Von J. J. Kraszewski. Nach dem Poln. deutsch herausg. von J. N. Fritz. 2 Thle. (XV, 205; 221 S.) 1 ₰. 24 ngr.

— **slavische. I.—VI. 8. Prag, J. Otto. n. 21. 80; auch in Lfgn. à — 30**
I. Roman der treuen Freundschaft der Ritter Amis u. Amil. Von Jul. Zeyer. Aus dem Böhm. übers. v. Josa Höcker. (XVI, 399 S. m. Bildnis.) 904. n. 4. —
II. Erzähler, polnische. Eine Anthologie der neueren poln. Prosa. Zusammengestellt u. übers. v. B. Rogatyn. (XI, 435 S.) 904. n. 4. 30; geb. n. n. 5. 20
III. Čhodische Freiheitskämpfer. Historisches Gemälde. Von Alois Jirásek. Mit Genehmigung des Verf. aus dem Böhm. übers. v. B. Lepař. (XII, 431 S. m. Bildn.) 904. n. 4. 20
IV. Novellenbuch, südslavisches. Aus dem Kroat. u. Serb. übers. von Ljubica v. Kulpin, J. Veličković u. Fr. Vever. (423 S.) 905. n. 4. 20
V. Kaliba's Verbrechen. Ein Bild aus dem nordböhm. Vorgebirge. Von Karel V. Rais. Autoris. Uebersetzg. aus dem Böhm. v. Claudius Běhal. (XI, 308 S.) 905. n. 3. —; geb. n. 4. —
VI. Novellen. Von N. S. Lěskov. Aus dem Russ. von S. Mierzinski. (IX, 248 S.) 906. n. 2. 20

— slavische. VII.—XII. Bd. 8. Prag, J. Otto. 20.30; auch in Lfgn. à — 30
Herrmann, Ignát., ausgewählte Geschichten. Autoris. Übersetzg. aus dem Böhm. v. Annie Aurednicek. (IX, 341 S.) 908. (Bd. X.) 3. —
Horoschowski, Wilh., ukrainische Erzähler. Ausgewählt u. übers. (183 S.) 909. (Bd. XII.) 2. —
Laichter, Jos., Wahrheitssucher. Roman. Aus dem Böhm. übertr. v. Rob. Sandek. I. u. II. (491 u. 252 S.) 906. (Bd. VIII.) 6. 50
Slejhar, Jos. K., Erzählungen u. Skizzen. Aus dem Böhm. übers. v. Zdenka Hostinská. (XV, 321 S.) 907. (Bd. IX.) 2. 90
Zeyer, Jul., drei Legenden vom Krucifixe u. Rokoko. Übers. v. Cornelia Spera. (171 S.) 906. (Bd. VII.) 1. 70
— Jan Maria Plojhar. Autoris. Übersetzg. aus dem Böhm. v. Frdr. Hlaváč. 2 Bde. (X, 223 u. 249 S.) 908. (Bd. XI.) 4. 20

Stenographische **Roman-Bibliothek** in d. Schrift d. Einigungssystems Stolze-Schrey hrsg. von Ferdinand Schrey. Jg. 1. Berlin: Schrey 1903. 8° [illegible]

— stenographische, in der Schrift d. Einigungssystems Stolze-Schrey. Hrsg. v. Ferd. Schrey. 7. u. 8. Jahrg. 1909 u. 1910. à 24 Hefte. (380 u. 384 autograph. S.) 21×11,5 cm. Berlin, F. Schrey. à Jahrg. 4. —

—— transatlantische. 1.—8. Bd. 8. [Stuttgart, Auerbach.] Berlin, Abenheim'sche Verlagsh. *
Inhalt:
Bd. 1. Howells, W. D., voreilige Schlüsse. Autoris. Uebersetzung von Minna Wesselhoeft. (327 S.) 876. *ℳ 2.
„ 2. 3. Harte, Bret, Gabriel Conroy. Roman in 2 Bdn. Autoris. Uebersetzung von Carl Thdr. Eben. (VI, 377; VI, 400 S.) 876. *ℳ 1,50.
„ 4. 5. James jun., Henry, der Amerikaner oder Marquis und Yankee. Roman in 2 Bdn. Deutsch von Helchen-Abenheim. (352; 360 S.) 877. *ℳ 2.
„ 6. Münchhausen in Amerika. Ein Potpourri schnurriger Geschichten, nebst einer philosoph. Abhandlung über „Ellbogen-Raum". Nach Max Adeler's „Elbow-Room" frei bearb. von Helchen-Abenheim. Autoris. Ausg. (XX, 345 S.) 877. *ℳ 1.
„ 7. Eggleston, Edward, der Schulmeister von Flat-Creek. Eine amerikanische Dorfgeschichte. Autoris. Uebersetzung von W. Lange. (322 S.) 877. *ℳ 1.
„ 8. Howells, W. D., Bühnenspiel ohne Coulissen. Roman. Deutsch von Helchen-Abenheim. (443 S.) 878. *ℳ 3.
Nicht weiter erschienen.

— für das werkthätige Volk, hrsg. v. Emil Rosenow. 1. Jahrg. Juli 1894—Juni 1895. 60 Hfte. gr. 8. (1. Hft. 24 S. m. 1 Bild.) Hainichen, Sächs. Verlagshaus. à — 10; auch in 12 Bdn. à — 60

Roman-Bibliothek, wiener. 1. Jahrg. 40 Hefte. 8. (à Heft 64 S.) Wien 860, Typographisch-literarisch-artistische Anstalt. à Heft 3 Ngr.
Inhalt:
Heft 1—8. 10. 13. 15. 17. Braun v. Braunthal, Ritter vom Gelde.
„ 9. 11. 12. 14. 16. 18. 19. Levitschnigg, (Heinrich Ritter v.), der Diebsfänger.
„ 20—27. Braun v. Braunthal, Napoleon I. in Wien.
„ 28—40. Gravenreuth, in Palast und Hütte.

—— dass. — 2. Jahrg. 1—7. Heft: Die wiener Lori. Roman von Theod. Scheibe. 1. und 2. Thl. 8. (à Heft 64 S.) Ebendas. 861. à Heft 3 Ngr.

Roman-Bibliothek, wiener. 2. Jahrg. 8.—42. Heft. 8. Wien 862, Typographisch-literarisch-artistische Anstalt. à Heft * 3 Ngr. *
Inhalt:
Heft 8—12. Scheibe, Theodor, die Wiener Lori. Roman. 3. Thl. (256 S.)
„ 13—22. Braun v. Braunthal, der Jesuit im Frack. Culturgeschichtlicher Roman aus den Zeiten der Kaiserin Maria Theresia. 3 Thle. (210 S., 211 S. und 196 S.)
„ 23—30. Levitschnigg, Heinr. Ritter v., der Gang zum Giftbaum. Roman. 2 Bde. (229 und 285 S.)
„ 31—42. Alvensleben, L. v., Fürst Lobkowitz, oder: Rache bis über das Grab. Historischer Roman. 3 Thle. (256 S., 260 S. und 225 S.)
Vgl.: Roman-Bibliothek, deutsche.

Roman-Bibliothek, wiener. 1. Bdchn. Wien 866. Geitler. 16. 5 ngr.
1. Bdchn. Revoil, die Parias in Mexico. (S. 1—96.)

—— der Deutschen Illustrirten Zeitung. 1.—10. Bd. 8. Berlin, Berliner Verlags-Comtoir. *
Inhalt:
Bd. 10. Blüthgen, Vict., bunte Novellen. 1. und 2. Aufl. (318 S.) 887. *M 5.—; geb. *M 6.—.
" 9. —— die Stiefschwester. Erzählung. (316 S.) 887. *M 5.—; geb. *M 6.—.
" 8. Bret Harte, ein Millionär von Rough-and-Ready. Erzählung. (158 S.) 887. *M 2.50.; geb. *M 3.50.
" 4. Erhard, Emile, Onkel Hermann. Novelle. (171 S.) 886. *M 3.—.
" 1. 2. Eschstruth, Nataly v., Gänseliesel. Eine Hofgeschichte. 1. und 2. Aufl. 2 Bde. (312; 295 S.) 886. *M 10.—.
" 7. —— Humoresken. (187 S.) 886. *M 3.—; geb. *M 4.—.
" 6. —— der Irrgeist des Schlosses. Roman. (301 S.) 886. *M 5.—; geb. *M 6.—.
" 5. Jensen, Wilh., Götz und Gisela. Roman. (429 S.) 886. *M 6.—; geb. *M 7.—.
" 3. Lionheart-Zoeller, Ch., Namenlos. Roman. (290 S.) 886. *M 5.—.

Romanblätter, neue Berliner, zur Unterhaltung am häuslichen Heerd. 1.—32. Lfg. gr. 8. (à Lfg. 2 Bog.) Berlin 878,79, Hohorst. à Lfg. 10 Pf.

Romancalender für das Jahr 1798 [bis 1802]. Göttingen. H: *Reinhard, Carl.* (GGr)

Romanceiro portuguez, s. Collecção de autores portuguezes.

Romancero Castellano, o coleccion de antiguos romances populares de los Españoles, publicada con una introduccion y notas por G. B. Depping. Nueva edicion, con las notas de Don Antonio Alcala-Galiano. Dos tomos. gr. 12. (41 ⅓ B.) Leipsique 844, Brockhaus. Thlr. *

—— id. Tomo III. Que contiene la „Rosa de Romances" publicada por Fernando José Wolf. gr. 12. (5⅔ B.) Ebds. 846. *

Romancero del Cid, s.a. Coleccion de autores españoles.

Romancero del Cid. Publicado por Adelb. Keller. ..Stuttgart 840. Liesching. 1¾ ß

Romancero, e historia del muy valeroso caballero el Cid Ruy Diaz de Vibar, en lenguage antiguo, recopilado por J. de Escobar. Edic. compl. añadita y adornada con una version Castell. de la historia de la vida del Cid por el famoso historiador aleman J. de Müller. (Y la vista litograf. del monumento del Cid.) 16. (10 B.) Francofurto o. M. 828, [Schmerber.]

Romances mises en musique . . . Romanzen mit Musikbegleitung . . . Leipzig [1803]. V: *Nostitz und Jänkendorf, Gottlob Adolph Ernst von.* (GGr)

Romanciers du XIXe siècle, hrsg. v. Ludw. Hasberg, s.: Schriftsteller, englische u. französische, der neueren Zeit. XXV.

Romanczuk, Julian, die Ruthenen u. ihre Gegner in Galizien. gr. 8. (40 S.) Wien 902. C. W. Stern. n. — 60

Romando; ein romant. Gemälde der Schwärmerey, d. Ideale u. Geheimnisse. 3 Thle. m. K. u. Musik. 8. Dresd. (Sommer in Lpz.) 806. (I. II. 2 Rthlr. 8 gr. III. 1 Rthlr. 4 gr.)

Romando, Hauptmann einer Räuberbande, v. Julius Wellenborn. 3 Bde. m. K. 8. Leipz. Sommer. 816.

Romando, Hauptmann einer Räuberbande. Von J. Wallenborn. Mit Kupf. 3 Bände. Neue Ausg. 8. Leipzig, Sommer. 820.

Romane, Die, angeklagt und vertheidigt von einem unpartheyischen Richter. Friedrichstadt bey Dresden 1794 [1793]. V: *Kaden (Kade), Carl August von.* (MGT) (OL) (Ky)

Romane, die, angeklagt u. vertheidigt, (von K. A. v. Rade). Leipz. 794. Beygang. 4 gr.

— auserl., v. Florian, übersetzt v. Müller. 8. Hamburg, Vollmer.

— auserlesene kleine, f. gebildete Leser, v. Genlis. 8. Hamburg, Vollmer.

— auserlesene, d. klassischen Schriftsteller Frankreichs für gebildete Leser, herausgeg. von Müller. 15 Bde. (Enthalt.: 1r Bd. Zadig u. die Huronen, v. Voltaire. 1 Rthl. 8 gr. 2r Bd. Florians auserl. Romane. 1 Rthlr. 3r—5r Bd. Corinne von Fr. v. Stael. 2 Rthlr. 6r Bd. Arnauds auserles. Erzähl. 20 gr. 7r Bd. Marmontels Erzähl. 1 Rthlr. 8 gr. 8r 9r Bd. Rothelin. 1 Rthlr. 10r 11r Bd. Belagerung von Rochelle. 1 Rthlr. 8 gr. 12r Bd. Louvet Fanblas. 2 Bde. 1 Rthlr. 12 gr. 13r 14r 15r Bd. Alphonsine von Genlis. 3 Bde. 2 Rthlr. 4 gr.) 8. Ebend. 801—10.

Romane, ausgewählte, von H. de Balzac, H. Conscience, A. Dumas, Ch. Reybaud, G. Sand u. E. Sue. 1—4. 17 u. 18. Bd. Die drei Musketiere v. Alex. Dumas. 9 Bde. 2. Aufl. 8. Augsburg 847, v. Jenisch & Stage. à ⅓ ß

— dies. 5. 6. 9—16. Bd. Der ewige Jude v. E. Sue. 10 Bde. 3. Aufl. 8. Ebd. 847. (à ⅓ ß) 3⅓ ß

— dies. 7 u. 8. Bd. Johanna von G. Sand. 2 Bde. 2. Aufl. 8. (502 S.) Ebd. 847. (à ⅓ ß) ⅔ ß

Romane d. Auslandes. Belletristische Zeitschrift. Enth. die besten Romane d. Auslandes in guten Uebersetzgn. Red.: Gust. Janke. (10.) Jahrg. 1876. 36 Nrn. (4 B.) hoch 4. Berlin, Janke. n. 14. 40
cf.: Roman-Magazin d. Auslandes.

Romane des Auslandes. Belletristische Zeitschrift. Enth. die besten Romane des Auslandes in guten deutschen Uebersetzungen. Jahrg. 1877 u. 1878. à 36 Nrn. (4 B.) gr. 4. Berlin, Janke. à Jahrg. n. 14. 40

— dasselbe. 1879. 1. u. 2. Quartal. 18 Nrn. (4 B.) gr. 4. Ebend. n. 7. 20

— die besten, der Weltliteratur in neuen Ausgaben (m. Abbildgn.). 1. Serie. 18 Bde. 12. Teschen, K. Prochaska. Geb. in Leinw. à Bd. — 50
1—4. Der Jude. Von Karl Spindler. Deutsches Sittengemälde aus der ersten Hälfte d. 15. Jahrh. Künstlerisch illustr. 4 Bde. (224, 224, 224 u. 84 S.) 891.
4—6. Die Frau in Weiß v. Wilkie Collins. Aus dem Engl. v. Marie Scott. Autoris. Ausg. 1.—3. Bd. (140, 224 u. 224 S. m. Illustr.) 891.
7. — dasselbe. 4. Bd. (133 S. m. Illustr.) — 1812. Ein histor. Roman v. Ludw. Rellstab. 1. Bd. (90 S. m. 1 Illustr.) 891.
8—10. 1812. Ein histor. Roman v. Ludw. Rellstab. 2.—4. Bd. (224, 212 u. 224 S. m. Illustr.) 891.
11. dasselbe. 5. Bd. (122 S. m. 1 Illustr.) — Rienzi, der letzte der römischen Tribunen. Von Ed. Lytton Bulwer. 1. Bd. (105 S. m. 1 Illustr.) 891.
12. Rienzi, der letzte der römischen Tribunen. Von Ed. Lytton Bulwer. 2. Bd. (213 S. m. Illustr.) 891.
13. — dasselbe. 3. Bd. (134 S.) — Der Einsiedler auf der Johannis-Klippe. Küsten-Roman v. Emilie [Flygare-] Carlén. Aus dem Schwed. 1. Bd. (98 S.) 892.
14—16. Der Einsiedler auf der Johannis-Klippe. Küsten-Roman v. Emilie [Flygare-] Carlén. Aus dem Schwed. 2.—4. Bd. (216, 230 u. 212 S.) 892.
17. — dasselbe. 5. Bd. (101 S.) — Ein Jahr. Roman v. Emilie [Flygare-] Carlén. Aus dem Schwed. (112 S.) 892.
18. Ein Jahr. Roman v. Emilie [Flygare-] Carlén. Aus dem Schwed. 2. Bd. (264 S.) 892.

Romane, die besten, der Weltliteratur in neuen Ausgaben (m. Abbildgn.). 2. Serie. 18 Bde. 12. Teschen, K. Prochaska. Geb. in Leinw. à Bd. — 50
1—3. Johanna Eyre, die Waise v. Lowood. Von Currer Bell. Aus dem Engl. 3 Bde. (212, 212, 188 S.) 892.
4—7. Die 3 Musketiere. Von Alex. Dumas. Aus dem Franz. 4 Bde. (191, 195, 194 u. 184 S.) 892.
8—10. Afraja. Roman v. Thdr. Mügge. 3 Bde. (192, 207 u. 248 S.) 892.

11—13. Thomas Thyrnau. Roman v. Henriette v. Paalzow. 1.—3. Bd. (192, 134 u. 207 S.) 893.
14. — dasselbe. 4. Bd. (152 S.) — Ivanhoe. Roman v. Walt. Scott. Aus dem Engl. 1. Bd. (36 S.) 893.
15. 16. Ivanhoe. Roman v. Walt. Scott. Aus dem Engl. 2. u. 3. Bd. (196 u. 192 S.) 893.
17. — dasselbe. 4. Bd. (68 S.) — Der Pedlar. Von Otto Ruppius. 1. Bd. (122 S.) 893.
18. Der Pedlar. Von Otto Ruppius. 2. Bd. (192 S.) 893.

— dasselbe. 3. Serie. 18 Bde. 12. Ebd. Geb. in Leinw. à Bd. — 50
1—3. Der Dorfnotär. Roman von Jos. Frhrn. v. Eötvös. Aus dem Ung. 1.—3. Bd. (200, 192, 300 S.) 893.
4. — dasselbe. 4. Bd. (80 S.) — Ein Handelshaus in den Scheeren. Roman v. Emilie (Flygare-) Carlén. 1. Bd. (116 S.) 893.
5—9. Ein Handelshaus in den Scheeren. 2.–6. Bd. (189, 190, 196, 194 u. 198 S.) 893. 894.
10. 11. Die letzten Tage v. Pompeji. Roman v. E. L. Bulwer. Aus dem Engl. 1. u. 2. Bd. (188 u. 192 S.) 894.
12. — dasselbe. 3. Bd. (60 S.) — Lichtenstein. Von Wilh. Hauff. 1. Bd. (134 S.) 894.
13. Lichtenstein. Von Wilh. Hauff. 2. Bd. (193 S.) 894.
14. — dasselbe. 3. Bd. (100 S.) — Consuelo. Von George Sand. 1. Bd. (91 S.) 894.
15—18. Consuelo. Von George Sand. 2.—5. Bd. (191, 190, 187, 224 S.) 894.

— dasselbe. 4. Serie. 1.—7. Bd. 12. Ebd. à Bd. n. — 50
1—3. St. Roche. Von Henriette v. Paalzow. 1.—3. Bd. (191, 190 u. 192 S.) 894.
4. — dasselbe. 4. Bd. (122 S.) — Der Irre v. St. James. Aus dem Reisetagebuche e. Arztes v. Phpp. Galen. 1. Bd. (62 S.) 894.
5. 6. Der Irre v. St. James. Aus dem Reisetagebuche e. Arztes v. Phpp. Galen. 2. u. 3. Bd. (196 u. 190 S.) 894.
7. — dasselbe. 4. Bd. (109 S.) — Toussaint. Von Thdr. Mügge. 1. Bd. (86 S.) 894.

Romane, die besten, die Weltliteratur. Neue Ausgaben (m. Abb.). 4. Serie. 8.—18. Bd. 12. Teschen 895. K. Prochaska. Geb. in Leinw. à — 50
8—11. Toussaint. Von Thdr. Mügge. 2.—5. Bd. (184, 191, 188 u. 188 S.)
12. Dasselbe. 6. Bd. (150 S.) — Die Verlobten. E. Mailänder Geschichte aus dem 17. Jahrh. Von Alessandro Manzoni. 1. Bd. (45 S.)
13. 14. Dasselbe. 2. u. 3. Bd. (185 u. 160 S.)
15. Dasselbe. 4. Bd. (75 S.) — Namenlos. Roman v. Wilkie Collins. Aus d. Engl. 1. Bd. (112 S.)
16—18. Dasselbe. 2.—4. Bd. (174, 211 u. 194 S.)

— dasselbe. 5. Serie. 18 Bde. 12. Ebd. Geb. in Leinw. à — 50
1. 2. Wallensteins erste Liebe. Roman v. K. Herloßsohn. 1. u. 2. Bd. (à 176 S.) 895.
3. Wallensteins erste Liebe. 3. Bd. (131 S.) — D. Tochter des Piccolomini. Roman v. K. Herloßsohn. 1. Bd. (43 S.) 895.
4. 5. Dasselbe. 2. u. 3. Bd. (189 u. 176 S.) 895.
6. Dasselbe. 4. Bd. (78 S.) — Nacht u. Morgen. Roman v. Ed. Lytton Bulwer. 1. Bd. (96 S.) 896.
7—9. Dasselbe. 2.—4. Bd. (175, 176 u. 172 S.) 896.
10. Dasselbe. 5. Bd. (35 S.) — Tokeah oder die weiße Rose. Roman v. Charles Sealsfield. 1. Bd. (174 S.) 896.
11. 12. Dasselbe. 2. u. 3. Bd. (175 u. 179 S.) 896.
13. Dasselbe 4. Bd. (51 S.) — Zwanzig Jahre nachher. Roman v. Alex. Dumas. 1. Bd. (122 S.) 896.
14—18. Dasselbe. 2.—6. Bd. (171, 172, 174, 189 u. 199 S.) 896. 97.

Romane, die besten, der Weltliteratur. Neue Ausgaben (m. Abb.). 6. Serie. 18 Bde. 12. Teschen, K. Prochaska. Geb. in Leinw. à — 50
1—4. Ost-Lynne. Roman von H. Wood. 4 Bde. (188, 176, 152 u. 187 S.) 897.
5. 6. Der Löwe v. Flandern. Roman von Heinr. Conscience. 1. u. 2. Bd. (189 u. 182 S.) 897.
7. Dasselbe. 3. Bd. (32 S.) — Ein Deutscher. Roman aus der amerikan. Gesellschaft. Von Otto Ruppius. 1. Bd. (159 S.) 897.
8. Dasselbe. 2. Bd. (197 S.) 897.
9. Dasselbe. 3. Bd. (29 S.) — Die Armen u. Elenden. Roman von Vict. Hugo. 1. Bd. (148 S.) 897.
10—13. Dasselbe. 2.—5. Bd. (188, 183, 192 u. 191 S.) 897. 98.
14. Dasselbe. 6. Bd. (140 S.) Godwie-Castle. Aus d. Papieren der Herzogin v. Nottingham. (Von Henriette Paalzow.) 1. Bd. (35 S.) 898.
15. 16. Dasselbe. 2. u. 3. Bd. (173 u. 174 S.) 898.
17. Dasselbe. 4. Bd. (107 S.) — D. Vermächtnis d. Pedlars. Folge des Romans: „Der Pedlar". Von Otto Ruppius. 1. Bd. (72 S.) 898.
18. Dasselbe. 2. Bd. (174 S.) 898.

Romane der Briten, erlesene, neu übers. u. mit Einleitungen u. Anmerkk. begleitet v. W. A. Lindau. 1r Bd. A. u. d. T.: Der Landprediger v. Wakefield, v. O. Goldsmith. 8. Dresd. 825. Arnold. 1 ℛ 18 𝔤𝔤

Bündner Romane: Der Bündner Romane v. Il Grischun Romonsch.

Romane aus der Christenwelt aller Zeiten. Bamberg 1817. V: *Kanne, Johann Arnold.* (GGr)

— aus der Christenwelt aller Zeiten, von J. A. Kanne. 1r Th. 8. Nurnberg, Riegel und W. 817.

Deutsche **Romane**. [1–8.] (In 53 Lfgen.) (Berlin: A. Schall [1901–02].) 8 Bde 8° [F.]
[1] — Zobeltitz, Fedor v.: Der Telamone. [1901.]
[2] — Westkirch, L[uise]: Aus d. Hexenkessel d. Zeit. Frauenschuld u. Frauengröße. [1901.]
[3] — Perfall, Anton Frh. v.: Die Krone. 2. Aufl. [1901–02.]
[4] — Boguslawski, A[lbert] v.: Aus bewegten Zeiten. 2. Aufl. [1902.]
[5] — Bertz, Eduard: Das Sabinergut. 2. Aufl. [1902.]
[6] — Bethusy-Huc, Valeska Gräfin ⟨Moritz v. Reichenbach⟩: Glückskinder. 2. Aufl.
[7] — Schönthan, Paul v.: Jahreszeiten d. Feder. 2. Aufl. [1902.]
[8] — Elster, Otto: Der Pförtnerssohn von St. Veit. 2. Aufl. [1902.] [03. 15374

Romane, deutsche. 53 Lfgn. (8 Bde.) 8. Berlin (901. 902). A. Schall. Subskr.-Pr. à Lfg. — 30; geb. à Bd. 3. —; Einzelpr. n. 28. —; geb. n. 36. —
Bertz, Eduard, das Sabinergut. Roman. 2 Bde. in 1 Bde. 2. Aufl. (484 S.) Einzelpr. n. 4. —; geb. n. 5. —
Bethusy-Huc, Valeska Gräfin (Mor. v. Reichenbach), Glückskinder. Roman. 2. Aufl. (224 S.) Einzelpr. n. 3.—; geb. n. 4.—
Boguslawski, A. v., aus bewegten Zeiten. Novellen u. Skizzen. 2. Aufl. (111, 302 S.) Einzelpr. n. 4.—; geb. n. 5.—
Elster, Otto, der Pförtnerssohn v. St. Veit. Roman. 2. Aufl. (212 S.) Einzelpr. n. 3. —; geb. n. 4. —
Perfall, Ant. Frhr. v., die Krone. Romantische Erzählung. 2. Aufl. (306 S.) Einzelpr. n. 4. —; geb. n. 5. —
Schönthan, Paul v., Jahreszeiten der Feder. Allerlei. 2. Aufl. (IV, 238 S.) Einzelpr. n. 3. —; geb. n. 4. —
Westkirch, L., aus dem Hexenkessel der Zeit. Frauenschuld u. Frauengröße. Roman. (428 S.) Einzelpr. n. 3.50; geb. n. 4.50
Zobeltitz, Fed. v., der Telamone. Roman. (499 S. m. Abbildgn.) Einzelpreis n. 3. 50; geb. n. 4. 50

Romane und Erzählungen, 8. Braunschweig, 792. Meyer. 10 sgl.

Romane, Erzählungen u. Mährchen, v. S. Ascher. 2 Bde. 8. Leipz. Achenwall. 810—11.

— u. Feenmährchen. 5 Thle. 8. Glogau 770. Chr. Fr. Günther. 10 𝔤𝔤

— Feenmährchen u. unterhalt. Erzählungen. 12. Leipz. 792. (Rauck). 16 𝔤𝔤

Romane, Filidors kleine, für die Freunde vaterländischer Sagen. Leipzig 1792. V: *Müller, Joh. Ernst Frdr. Wilh.* (MGT)

— Französische. Hrsg. von Wilh. Scherffig. 1 u. 2. (Bd.) 16. 1. Georg v. Roqueville. Frei nach d. Franz. des G. Arnaud von Mor. Horn. (192 S.) 2. Die Eroberung einer Dachstube. Frei nach dem Französ. des X. Saintine von Titus Florenz. (187 S.) Zwickau 852, Gebr. Thost. (à 1/3 ℛ) 2/3 ℛ

— gesammelte, v. Fr. Schulz. 3 Thle. 8. Berl. (Vieweg in Brschw.) 789—91. (1r Zalde. 1 Rthlr. 2r Prinzessin v. Cleves. 1 Rthlr. 3r Henriette v. England. 20 gr.)

ROMANE für fühlende Herzen. 2 Bde. Leipzig, Sommer, 1814. Kl. 8°.
378 fortlauf. gez. SS. Th. 2 beginnt mit S. 209 und enth. den pikanten Roman „der junge Einsiedler". (2 Mk., Leihbiblex., Lehmann u. Lutz, c. 1884; jetzt theurer!)

Romane für fühlende Herzen. 2 Thle. a) die Entführung. b) der Einsiedler. 2 Thle. 8. Leipzig, Sommer. 816.

— für fühlende Herzen. 2 Thle. 8. Leipz. 817. 2e A. 824. (W. Nauck). 1 ß 4 ℊ

— hinterlassene kleine, v. Fr. Schulz. 1r Thl. 8. Ruppin, Kühn. 801.

— historische, a. d. Franz. v. Fr. Schulz, herausg. v. Mayer. 8. Weimar, Hoffmann. 789.

— illustrirte. (Mit Holzschn.) 1. Serie. 1 u. 2. Lfg. Die Kunst zu gefallen. Von Eug. Sue. Uebertr. von Hans Wachenhusen. 4. (46 S.) Hamburg 852, Verlags-Comptoir. (à 3 ngr) 6 ngr

— dies. 1. Serie. 3 u. 4. Lfg. Manon Lescaut. Von Prévost. Uebertragen von Hans Wachenhusen. 4. (52 S.) Ebd. 852. (à 3 ngr) 6 ngr

— dies. 1. Serie. 5—8. Lfg. Japhet der einen Vater sucht. Von Mairyat. Uebertr. v. Hans Wachenhusen. 4. (96 S.) Ebd. 852. (à 3 ngr) 12 ngr

— dies. 1. Serie. 9 u. 10. Lfg. Johanna von Neapel. Von Molé-Gentilhomme. Uebertr. v. Hans Wachenhusen. 4. (52 S.) Ebd. 852. (à 3 ngr) 6 ngr

Romane, illustrirte. Hamburg (853.) Verlags-Comptoir. Imp.-8. Jede Liefg. 3 ngr
Liefg. 11—17. (oder Bd. 5.): Die drei Musquetaire. Von Alex. Dumas. Uebertr. von Hans Wachenhusen. Illustr. mit 56 Holzschn. (328 S.)

Romane, illustrirte, aller Nationen. Unterhaltungsblätter für Jedermann. 1. Jahrg. 1880/81. 52 Nrn. (à Nr. 2 Bog.) hoch 4. Stuttgart, Hallberger.

— illustrirte, aller Nationen. Unterhaltungsblätter für Jedermann. Red.: Edm. Zoller. 1—3. Jahrg. 1881—1883. à 52 Nrn. (2 B. m. eingedr. Holzschn.) hoch 4. Stuttgart, Deutsche Verlags-Anstalt. à Jahrg. 5. —

—— dass. — Redact.: Edm. Zoller. 2.—5. Jahrg. 1881/82, 1882/83, 1883/84, 1884/1885. à Jahrg. 52 Nrn. (à Nr. 2 Bog. mit eingedr. Holzschn.) hoch 4. Stuttgart, Deutsche Verlags-Anstalt. à Jahrg.

Romane, illustrirte, aller Nationen. Unterhaltungsblätter für Jedermann. Redact.: Otto Baisch und Hugo Rosenthal-Bonin. 6.—9. Jahrg. 1885/86, 1886/87, 1887/88 und 1888/89. à Jahrg. 52 Nrn. (à Nr. 2 Bog. mit eingedr. Holzschn.) hoch 4. Stuttgart, Deutsche Verlagsanstalt. à Jahrg.
In 26 Heften à

— dasselbe. Red.: W. Wetter. 10. u. 11. Jahrg. 1890. 1891. à 26 Hfte. (4 B. m. eingedr. Holzschn.) hoch 4. Ebd. à Jahrg. n. 5. —; à Hft. n. — 20

Romane, illustrirte, aller Nationen. Unterhaltungsblätter f. Jedermann. Red.: Wilh. Wetter. 12. Jahrg. 1892 (Juli 1891—Juni 1892). 26 Hfte. (4 Bog.) hoch 4. Stuttgart, Deutsche Verlags-Anstalt. à Hft. — 20

— dasselbe. 13. Jahrg. 1893. (Juli 1892—Juni 1893). 28 Hfte. (4 Bog.) hoch 4. Ebd. à Hft. — 20
Fortsetzung s.: Aus Heimat u. Fremde.

Romane, Illustrirte, aller Nationen. Unterhaltungsblätter für Jedermann. Red. von Wilhelm Wetter. 14. Jahrgang. 1894. 26 Hefte. Kl.-4. 15. Heft. (S. 401—428) —.12

Romane, Illustrirte, aller Nationen. Unterhaltungsblätter für Jedermann. Red. von Wilhelm Wetter. 14. Jahrgang. 1894. 26 Hefte. Kl.-4. 16. Heft. (S. 429—456) —.12

Romane, Illustrirte, aller Nationen. Unterhaltungsblätter für Jedermann. Red. von Wilhelm Wetter. 14. Jahrgang. 1894. 26 Hefte. Kl.-4. 17. Heft. (S. 457—484) —.12

Romane, Illustrirte, aller Nationen. Unterhaltungsblätter für Jedermann. Red. von Wilhelm Wetter. 14. Jahrgang. 1894. 26 Hefte. Kl.-4. 18. Heft. (S. 485—512) —.12

Romane, Illustrirte, aller Nationen. Unterhaltungsblätter für Jedermann. Red. von Wilhelm Wetter. 14. Jahrgang. 1894. 26 Hefte. Kl.-4. 19 Heft. (S. 513—540) —.12

Romane, Illustrirte, aller Nationen. Unterhaltungsblätter für Jedermann. Red. von Wilhelm Wetter. 14. Jahrgang. 1894. 26 Hefte. Kl.-4. 20. Heft. (S. 541—568) —.12

Romane, Illustrirte, aller Nationen. Unterhaltungsblätter für Jedermann. Red. von Wilhelm Wetter. 14. Jahrgang. 1894. 26 Hefte. Kl.-4. 21. Heft. (S. 569—596) —.12

Romane, Illustrirte, aller Nationen. Unterhaltungsblätter für Jedermann. Red. von Wilhelm Wetter. 14. Jahrgang. 1894. 26 Hefte. Kl.-4. 22 Heft. (S. 599—624) —.12

Romane, Illustrirte, aller Nationen. Unterhaltungsblätter für Jedermann. Red. von Wilhelm Wetter. 14. Jahrgang. 1894. 26 Hefte. Kl.-4. 23. Heft. (S. 625—652) —.12

Romane, Illustrirte, aller Nationen. Unterhaltungsblätter für Jedermann. Red. von Wilhelm Wetter. 14. Jahrgang. 1894. 26 Hefte. Kl.-4. 24. Heft. (S. 653—680) —.12

Romane, Illustrirte, aller Nationen. Unterhaltungsblätter für Jedermann. Red. von Wilhelm Wetter. 14. Jahrgang. 1894. 26 Hefte. Kl.-4. 25. Heft. (S. 681—708) —.12

— **klassische, der Weltliteratur.** Ausgewählte Sammlg. **Prochaska in 32 Bdn.** 1.—17. Bd. 8. Teschen, K. **Prochaska.** Geb. in Leinw. à — 85
1—3. Afraja. Ein nord. Roman. Von Thdr. Mügge. 3 Bde. (198, 212 u. 255 S.) (902.)
4—7. Der Jude. Deutsches Sittengemälde aus der ersten Hälfte d. 15. Jahrh. Von Karl Spindler. 4 Bde. (184, 194, 193 u. 218 S.) (902.)
8—10. Johanna Eyre, die Waise von Lowood. Von Currer Bell. Aus dem Engl. 3 Bde. (199, 202 u. 176 S.) (902.)
11. 12. Der Löwe v. Flandern. Von Heinr. Conscience. 2 Bde. (202 u. 196 S.) (902.)
13—16. Die Frau in Weiß. Von Wilkie Collins. 4 Bde. (174, 194, 188 u. 171 S.) (902.)
17. Die letzten Tage v. Pompeji. Von Edward Lytton-Bulwer. 1. Bd. (215 S.) (902.)

Romane, klassische, der Weltliteratur. Ausgewählte Sammlg. Prochaska in 32 Bdn. 18.—30. Bd. 8. Teschen, K. Prochaska. Geb. in Leinw. à — 85
18. Die letzten Tage von Pompeji. Von Edward Lytton-Bulwer. 2. Bd. (215 S.) (902.)
19.—21. Der Irre v. St. James. Von Philipp Galen. (178, 198 u. 182 S.) (903.)
22. 23. Wallensteins erste Liebe. Von Karl Herloßsohn. 1. u. 2. Bd. (176 u. 179 S.)
24. Dasselbe. 3. Bd. (128 S.) — Die Tochter des Piccolomini. 1. Bd. (63 S.) 903.
25. 26. Die Tochter des Piccolomini. Von Karl Herloßsohn. 2. u. 3. Bd. (212 u. 190 S.) 903.
27. 28. Ivanhoe. Ein histor. Roman. Von Walt. Scott. 1. u. 2. Bd. (246 u. 236 S.) (903.)
29. 30. Ein Jahr. Von Emilie (Flygare-)Carlén. Aus dem Schwed. 2 Bde. (184 u. 192 S.) (903.)
31. 32. Tokeah od. die weiße Rose. Von Charles Sealsfield. 2 Bde. (167 u. 170 S.) (904.)
Vergl.: Erzählungen, klassische, der Weltliteratur.

Romane, kleine, v. Fr. Schulz. 5 Thle. 8. Lpz. Göschen. 788—90. (I. a) Liebe nach der Kunst. b) Leopoldine 1r. 20 gr. II. a) Leopoldine 2r. b) d. Ideal. c) Prinz Dadodide. 1 Rthlr. III. a) Leopoldine 3r. b) Liebesglück. c) d. vollkomm. Weib. 1 Rthlr. 4 gr. IV. a) Stark am Kopf ꝛc. b) die gute Frau. c) Muku u. Bstbst. 1 Rthlr. V. a) Leopoldine 4r. b) Sophie. c) Rapunze. d) Antonchen u. Trudchen. 1 Rthlr. Rthlr

— kleine, von Carl v. Große. 4 Bde. 8. Halle, Hendel. 793 —95. (1r u. 2r 2 Rthlr. 3r 20 gr. 4r 18 gr.)

— kleine, von Jul. v. Voß. 1r—10r Bd. 8. Berlin, Schmidt. 811—12.
1r u. 2r auch unt. d. Titel:
Ammntao, od. das glückl. Erdbeben, eine Geschichte aus dem jetzigen Kriege in Portugal 811. (à 1 Rthlr. 4 gr.)
3r die Flöte, eine deutsche Begebenheit 811.
4r Edwin Pleasure, oder die zwölf entzückenden Brautnächte. Eine Geschichte, wie es noch keine gab. 2r Thl. 812.
5r u. 6r Krieg u. Liebe, oder romantische Erzählungen v. 30jährigen Kriege, bis auf unsre Zeiten. 2 Thle. 813.
7r u. 8r Gideons u. Raphielens Künstlerleben u. Schicksale. 2 Thle. 814.
9r u. 10r Geschichte zweier Jäger aus dem Kriege 1813 u. 814, auf einer Reise nach dem Süden. 1r und 2r Thl. 815.

ROMANE, Kleine, in Althings Manier. 2 Theile. Gießen 1811 8⁰ (2 Rthl.) (Fer ber).

— — Dasselbe, tit. Kleine Romane und Erzählungen. In Althings Manier 2 Thle. Giesen (so!), in Commiss. bey G. Müller O J (1818.) 8⁰ Rar! 286 u. 190 pp. (6 Mk. 50 Pfg., Leihbiblexpl., W Koebner, Breslau, vor 1885.)
I Die Flötenuhr — Die Gefangenschaft. (Dialogform.)
II Uebereilungen. (Dialogform.)

— kleine, der Frau v. Genlis. 1r Bd. 2te Aufl. 8. Leipz. Hinrichs. 811.

— kleine, von Fr. Bar. de la Motte Fouqué. 1r u. 2r Thl. (1r enth. den Todesbund. 2r Erzählungen.) 8. Berl. Dümmler. 812. (1r 1 Rthlr. 2r 1 Rthlr. 12 gr.)

— — dessels. 3r Thl. auch unt. d. Titel: Neue Erzählungen. 1r Bd. 8. Ebend. 814.

— — dess. 4r Thl. neue Erzählungen. 2r Bd. Ebendas. 815.

— kleine, v. Fr. Baron de la Motte Fouqué. 5r Th. (Auch unter dem Titel: Neue Erzählungen. 3r Th.) 8. Berlin, Dümmler. 818.

— dessen 6r Thl. (Auch unter dem Titel: Neue Erzählungen. 4r Th.) 8. Ebend. 819.

— kleine; enth. 1) Ignez u. Leonelli. 2) Lorenza, oder das Unschuldsopfer aus Kindesliebe. 3) Adelaide u. Adelbert. 5) Franziskus, oder die Mitternachtsstunde im Klostergarten. 8 Quedlinb. Basse. 813.

— kleine, herausg. v. K. E. Berger. 8. Eisenberg, Schöne. 814.

Romane, kleine, von E. A. Berger. 2te Ausg. 8. Eisenberg. Schöne. 818. Rthlr

ROMANE, Kleine. 2 Bde. Gotha, Ettinger. o. J. (1818). 8⁰.
1: 236 S. Gefahr und Rettung. Die Freunde. Liebe u. Edelmuth. Der Flüchtling. — 2 110 S. Die unbekannte Braut. (In Briefen.) Reichthum erlaubt sich alles! (Kayser p. 104 nennt die Jahrzahl.)

— kleine, von Carol. Stahl. 2 Thle. m. Kupf. 8. Leipzig, Reclam. 819.

— kleine, von Regina Frohberg. 3 Thle. 8. Wiesbaden, Schellenberg. 819.

— kleine, von Carl Reinhard. 8. Altona, Busch. 821.

— kleine, und Erzählungen v. Mrs. Opie. s. Bilder aus dem Leben. 1r 2r Theil.

— kleine, u. Erzähl. v. Claudine. 8. Hamb. Vollmer.

— kleine, u. Erzähl. v. K. L. Kretschmann. 2 Thle. m. K. 8. Lpz. Voß. 799

— kleine, u. Erzähll.: (Attilas Schwerdt. — Elisabeth Letzkau. — Irrungen). 8. ... 800. (Wienbrack in Leipz.) 1 ₰ 8 ℊ

— kleine, u. Erzählungen, 2 Thle. 8. Braunschw. 802. Reichard. 18 ℊ

— kleine, u. Erzähl., a. d. Franz. d. Frau v. Genlis, für Deutsche bearb. v. Theodor Hell. 13 Bdch. 8. Lpz. Hinrichs. 807—11.
Jedes Bdchn. einzeln unt. folgend. Nebentiteln:
1s Bdchn. der Unglücksvogel, od. Begebenh. eines Emigranten. A. d. Franz. v. T. Hell. 8.
2s. Therese, od. der Pallast und die Hütte, u. die Liebenden als Nebenbuhler. Zwey Erzähl., u. der grüne Unterrock; eine Anekdote. A. d. Franz. v. T. Hell.
3s. der Triumph der Herzensgüte, od. der brave Mann a. d. Provinz. A. d. Franz. v. T. Hell. 8.
4s. der Abtrünnige, od. die Frommen. A. d. Franz. v. T. Hell. 8.
5s. die Prinzessin Ursini; eine Novelle. Weibervortheile, u. Darmance u. Hermine; zwey Anekdoten. A. d. Franz. v. T. Hell. 8.
6s. das Schloß Kolmeras u. der Aufseher im Verborgenen, od. Liebe u. Freundschaft. Zwey Erzähl. A. d. Frz. v. T. Hell. 8.

7s. Grabesblumen, od. Schwermuth u. Phantasie. Eine Erzähl. A. d. Franz. v. T. Hell. 8.
8s. Liebe u. Geheimniß. Eine Novelle. A. d. Franz. von T. Hell. 8.
9s. der Wunder-Saphir, die glückliche Heucheley u. die Familienfeste. Drey Erzähl. A. d. Frz. v. T. Hell. 8.
10s. drey Erzähl. Nurmahal, Saintclair, Lindane u. Valmir, bearb. v. T. Hell. 8.
11s 12s. Alfons.
13s. die Blumen, oder die Künstler u. d. Familie Volnis; 2 Novellen.

zusammen

(Velinp. 9s 1 Rthlr. 8 gr. 10s 1 Rthlr. 16 gr. 11s u. 12s 2 Rthlr. 16 gr. 13s 1 Rthlr. 12 gr.)

— kleine, u. Erzählungen, aus d. Franz. der Frau v. Genlis, bearbeitet v. Theob. Hell. 14s Bdchen. (Enthält: 1) Cölestine. 2) die Hirtinnen v. Midian. 3) das Grab der schönen Amesirik.) 8. Leipz. Hinrichs. 814. Rthlr. Velinp.

— kleine, und Erzählungen, aus dem Französ. d. Frau von Genlis, bearbeitet von Th. Hell. 15s Bdchn. mit 1 Kupf. (enthalt Ines de Castro, und den Tod des ältern Plinius.) 8. Leipzig, Hinrichs. 818.

— dessen 16s Bändchen (auch unter d. Titel: Petrark und Laura.) 8. Ebend. 820.

— kleine, u. Erzähl., v. Fr. Rochlitz. 3 Thle. 8. Züllichau, Darnmann. 807.

— kleine, und Erzählungen, von A. Kuhn. 1r Bd. 8. Berlin. 809. Jetzt Schlesinger.

— kleine, u. Erzähl. v. A. Kuhn. 1r Bd. 8. Berl. Kunst u. Ind. Compt. 810.

— kleine, u. Erzählungen, v. A. F. E. Langbein. 2 Bde. 8. Berl. Schüppel. 812 u. 14. (à 1 Rthlr. 12 gr.)

— kleine, und Erzählungen, von Heinr. Döring. 1r Thl. gr. 12. Jena, Schreiber. (Schmid in Comm.) 819.

— kleine, und Erzählungen von Caroline de la Motte Fouqué. 2 Thle. 8. Jena, Schmid. 820.

Romane und Erzählungen, Kleine. Leipzig 1820. V: *Leibrock*, *Aug.* (MGT)

— u. Novellen, kulturgeschichtliche. Hrsg. v. Frdr. S. Krauss. 1. u. 2. Bd. 8. Leipzig, Deutsche Verlagsactiengesellschaft. à n. 3. —; geb. à n. 4. —
1. Fräulein Kapellmeister. Ein Roman. Von Leo Norberg. 1.—3. Taus. (VII, 450 S.) 905.
2. Millionenwahnsinn. Ein Roman. Von Leo Norberg. 1.—3. Taus. (484 S.) 905.

Romane und Erzählungen, Kleine, von K. F. D. Zwickau und Leipzig 1907. V: *Doehnel*, *Carl Friedrich.* (BGE VI[a], 524)

* — kleine, Erzählungen, Anecdoten u. Miszellen, v. Kotzebue. 6 Thle. mit K. 8. Leipz. Kummer. 805—10.

— kleine, Erzählungen und Aufsätze aus den Zeitblüthen, herausgegeben von Fr. Gleich. 8 Bände. 8. Berlin, Maurersche Buchhdl. 818.

— kleine, u. Erzähl. f. gebildete Leser, v. d. Verf. d. Walther von Montbarry ꝛc. (enth. 1) Attila's Schwerdt ꝛc. 2) Elisabeth Lezkau ꝛc. 3) Irrungen.) (s. a. einzeln angegeb.) 8. Naumb. Wild. 800.

— kleine, u. moral. Erzähl., v. Aug. Lafontaine. 9 Bde. m. K. 12. Berlin, Sander. (I — VI. 804. 5 Rthlr. VII — IX. 801 — 9. 2 Rthlr. 12 gr.)
Postp. (I — VI. 6 Rthlr. 12 gr. VII — IX. 3 Rthlr. 8 gr.)

Romane, kleine, u. moral. Erzähl. v. Aug. Lafontaine. 10r — 12r a. unt. d. Tit.: gesammelte kleine Romane u. mor. Erzähl. 1r — 3r Bd. m. K. 12. Berl. Sander. 810. Rthlr. Velinp.

Romane und Erzählungen, Kleine, aus dem Reiche der Dichtung und Wahrheit. Helmstädt 1811. V: *Capell*, *Juliane Philippine Clara geb. Anschel.* (MGT)

Romane, Erzählungen und Schwänke, Kleine . . . Berlin 1783—89. H: *Mylius*, *Wilhelm Christoph Sigmund*, *Joh. Dav. Sander* & *Andere.* (Ky) (EE)

— kleine, u. Erzählungen aus dem Reiche der Dichtkunst u. Wahrheit von Theodora. 8. Helmstädt, Fleckeisen. 811.

* **ROMANE**, Kleine, Erzählungen u. Schwänke. Aus verschiedenen Sprachen (von Wilh. Christhelf Sigm. Mylius, Joh. Dav. Sander in Andern). 6 Bdchn. (Cplt.) Mit hübschen TKpfrn. Berlin, Himburg, 1782—89. 8°. (In Berlin: Yt 526; auch in Breslau, Kgl. u. Univ.-Bibl.: Lit. Teut. III. 8° 16. 6 voll.)

Cplt. nicht häufig. (Bdchn. 3—6: 12 Mk. Kühl.) Enth. Uebers. u. freie. Bearb. von Erzählgn. &c des Boccaccio, Le Noble, Rétif de la Bretonne, Vergier, Voltaire &c., z. Theil pikant. — Anon.-Lex. III. p. 392 (nach Kayser u. Engelmann).

Eine Fortsetzung (von dem vorigen Herausgeber Mylius) hat den Titel: Gallerie (s. d.) von romant. Gemälden . . . . 2 Thle. Berlin, Maurer, 1792—96. 8°.

— kleine, Erzählungen u. Schwänke, aus verschied. Sprachen, (v. W. C. S. Mylius). 6 Thle. Mit Kpf. 8. Berl. 783—789. (Reimer). 5 ℔

— kleine, Feenmährchen u. unterhalt. Erzähl. 12. Lpz. Sommer. 792.

Romane, Kleine, für Freunde vaterländischer Sagen. Herausgegeben vom Verfasser der romantischen Gemälde. Leipzig 1792. V: *Müller*, *Joh. Ernst Fch. Wilhelm.* Vgl. GGr V/517, Nr. 22/3. (Hdschr. Mitth. von Friedrich Müller, München. »Vorrede unterzeichnet E. Mr.«)

— kleine, für Freunde vaterländ. Sagen. 8. Leipz. 802. Weygang. 18 gr.

— kleine gesammelte. 1r Bd. 8. Hirschberg 791. Pitschiller. 18 gr.

§ **ROMANE**, Kleine, aus Amor's Guckkästchen. Von einem Satyr copirt. Mit 8 Kpfrn. Vorgebirg guter Hoffnung, 1798. 8°. (In München ex bibl. erot. Krenner.)

Ausserordentlich selten! Kein anderes Expl. nachweisbar.

— kleine, für Kinder. 8. Lpz. Weygand. 781.

— kleine, für Kinder, od. Darstellungen aus der Kinderwelt. Zur Bildung u. Veredlung des jugendl. Charakters. 8. Leipz. Weygand. 813.

— kleine. f. Kinder z. Unterhaltung. 8. Leipz. 781, a. 822. Weygand. 1 ℔

ROMANE, Kleine, mit Spuk u. Hexerey durchwebt. Bdchn. 1. (einz.) Leipzig, Joachim, 1804. 8°.
Tit. u. 347 SS., nebst 1 Bl. Druckf. — Inh.: 1. Der Kontrakt mit Adramelech. 2. Die Hexe zu Unkenbach. (Etwas frei.) (S. 169 sq.) (1½ Mk., Leihbiblexpl., Lehmann u. Lutz, Frf. a. M., c. 1884.)

— kleine, mit Spuck u. Hexerei durchwebt. 8. Leipz. 804. (W. Nauck). 1 ℛ

— kleine, m. Spuck u. Hexerey durchwebt. 8. Leipz. Sommer. 804.

— kleine unterhaltende, und Erzählungen für Mußestunden gebildeter Leser, 2 Theile, 8. Dresden, 789-90. Hilscher. 28 sgl.

Romane und Erzählungen, Kleine unterhaltende, für Musestunden gebildeter Leser. 2. Theil. Dresden 1791. H: *Gebhard*, *Carl*. (KY) (MGT) (Kläbe, Neueste Gel. Dresden. Leipzig 1796.)

— kleine unterhaltende, u. Erzähl. f. Mußestunden gebildeter Leser. 2 Thle. 8. Dresden. Hilscher. 791.

— kleine unterhaltende. 8. Leipz. ... N. A. 805. (Nauck). 10 gℊ

— kleine unterhaltende, u. Erzähll f. Mußestunden (von Karl Gebhard). 2 Thle. 8. Dresd. 791. Hilscher. 22 gℊ

— kleine, aus der wirkl. Welt. 8. Leipz. 790. Köhler. 1 ℛ 6 gℊ

ROMANE, Kleine (stellenw. pikante), aus der wirklichen Welt. Leipzig, bey Karl Frz. Köhler (m. Signet auf der feinen Titelvignette), 1791. 8°. (3 Mk., gebrauchtes Expl., Alfred Lorentz, Lpz., 1905.)
Tit. m. Vign. u. 462 S. 1. Donna Emanuela. (S. 1—198.) 2. Die Maskerade. (S. 199—270.)) 3. Lasselie, Nichte der Frau v. Montespan, am Hofe Ludwigs des XIV., Königs von Frankreich. (S. 271—386.) 4. Die Gewalt der Natur; od. die Richterversammlung in Valladolid. (S. 387-Ende.) Selten!

— kleine, aus der alten u. neuen Zeit. 1r Thl. 8. Halle 794. Renger. 18 gℊ

Romane, Kleine, aus dem mittlern Zeitalter. Leipzig 1788. V: *Reichenbach*, *Joh. Friedrich Jacob.* (NN) (KY) (MGT)

— kleine, aus d. mittlern Zeitalter, (v. Jh. Fr. Jak. Reichenbach). 8. Halle 789. Fr. Ruff. 16 gℊ

— kleine, aus dem mittlern Zeitalter, 8. Daselbst, 790. Pott. 20 sgl.

ROMANE, Kleine, aus alten u. neuen Zeiten. Bdchn. 1. (einz.?) Halle, Renger, 1794. 8°.
Tit., 1 Bl. Vorr. u. 290 S. — Inh.: Cinname, eine griechische Liebesgesch. — Kamilla, eine Geschichte des XV. Jahrhunderts. (Beide Romane erschienen auch als Einzeldrucke ebd. 1796. 8°.)

ROMANE à la Paul de Kock. Herausgeber und Verleger Auguſt Partſch, verantwortlicher Redakteur J. Nagy. (1871.) 8°.
Konfisziert.

— komische, des Herrn Scarron. Aus d. Franz. übers. 8. Hamburg, Bohn. 752. (Hoffmann und Campe.)

Romane, Komische, vom Verfasser der Ehestandsgeschichte. Hamburg 1810. V: *Schütze*, *Joh. Frdr.* (BGE)

— komische, vom Verf. der Ehestandsgesuche. (Schütz.) 8. Hamb. Schmidt. 810.

Komische Romane aus den Papieren des braunen Mannes, s.a. Müller, Joh. Gottwerth. 1784 ff.

Romane, Komische, aus den Papieren des braunen Mannes ... Göttingen 1784—90. V: *Müller*, *Johann Gottwerth.* (KY) (SCHR) (EE) (GGR) »1784—91« (JL) (AARK) (ADB 22, 791) (Kordes, Schlesw.-holst. u. eutin. Schriftst. Schleswig 1797.)

— kom., aus d. Papieren des braunen Mannes u. des Verf. des Siegfried v. Lindenberg (J. G. Müller). 8 Thle. 8. Götting. 786—91. Dieterich. 8 ℛ Hbg. Pr. 2 ℛ (1r u. 2r Thl. A. u. d. T.: Die Herren v. Waldheim. 2 Thle. 2 ℛ — 3r—6r Thl. A. u. d. T.: Emmerich. 8 Thle. 4 ℛ — 7r u. 8r Thl. A. u. d. T.: Herr Thomas. 4 Thle. 2 ℛ)

ROMANE, Komische, von dem Verf. der 3 Männer im Feuer-Ofen. 2 Bde. Mit Kpfrn. Leipzig, b. Salomo Lincke. 1800. 8°. (à 1⅔ Rthl.)
Anzeige der Verlags-Firma. — Rar!

— komische, d. Spanier, v. Chr. A. Fischer. 2 Bde. 16. Lpz. Hartknoch. 801. 2. (I. a. unt. d. Tit.: Abenteuer u. Streiche e. span. Kniff- u. Pfiffgenies. 1 Rthlr. 4 gr. II. Geständnisse e. Weltkindes. 1 Rthlr. 4 gr.)

— Romane aus dem Leben. Aus d. Erfahrungen d. Bundes f. Mutterschutz. — Gautzsch b. Leipzig: Dietrich 1908. 15 S. 8° (Kultur u. Fortschritt. 162.)

Romane für allerley Leser zur Warnung, nicht zur Nachfolge. Frankf. u. Lpz. 1776. 8°.
Bibl. J. J. Schwabii. — Selten!

ROMANE aus dem Menschenleben. Braunschweig, Schröder, 1808. 8°. (1⅓ Rthl.)

Romane, moderne. 1.—30. Heft. (à ca. 48 S.) 8. Niedersedlitz (909. 10). H. G. Münchmeyer. à — 10

Romane, moderne, des Auslandes in guten Uebersetzungen. 1—100. Bd. Berlin, Janke. 8. Jeder Bd. n. 20 *ngr.*

Bd. 1. 2. Cherbuliez, Vikt., Isabella, oder der Roman einer rechtschaffenen Frau. Aus dem Französ. übers. von Marie Bock. 2 Bde. (436 S.) 867.

Bd. 3—6. Ouida, Strathmore. Roman. Aus dem Engl. übers. von A. Eltze. 4 Bde. (872 S.) 867.

Bd. 7—9. Le Fanu, J. S., Onkel Silas v. Bartram-Haugh. Roman. Aus dem Engl. übers. von A. Eltze. 3 Bde. (XVIII, 699 S.) 867.

Bd. 10—12. Oliphant, Mrs., Agnes. Roman. Aus dem Engl. übers. von Julie Vogel. 3 Bde. (701 S.) 867.

Bd. 13—15. Wood, Mrs. Henry, Elsters Thorheit. Roman. Autoris. Ausg. Aus dem Engl. 3 Bde. (724 S.) 867.

Bd. 16—18. Kingsley, Charles, Hereward der Wachsame, „der letzte Engländer." Historischer Roman. Autoris. Ausg. Aus dem Engl. übers. von Marie Giese. 3 Bde. (XI, 843 S.) 867.

Bd. 19—21. Schwartz, Marie Sophie, Sein oder Nichtsein. Roman. Nach dem schwed. Orig.-Mscr. übers. u. bearb. von Aug. Kretzschmar. Autoris. Ausg. 3 Bde. (715 S.) 867.

Bd. 22. Erckmann-Chatrian, das Forsthaus. Roman. Aus dem Französ. übers. von H. v. Veltheim. (242 S.) 867.

Bd. 23. 24. Ulbach, Louis, der Garten des Domherrn. Roman. Aus dem Engl. übers. von Büchele. 2 Bde. (395 S.) 867.

Bd. 25—27. Wood, Mrs. Henry, Lady Adelaides Schwur. Roman. Aus dem Französ. übers. von Büchele. 3 Bde. (IX, 632 S.) 867.

Bd. 28—30. Braddon, M. E., ein ungeschliffener Diamant. (Only a clod.) Aus dem Engl. übers. von J. R. Heynrichs. 3 Bde. (III, 743 S.) 867.

Bd. 31—36. Gaskell, Mrs., Frauen u. Töchter. Eine Alltagsgeschichte. Aus dem Engl. übers. von Aug. Kretzschmar. 6 Bde. (1514 S.) 867.

Bd. 37—40. Ainsworth, Wilh. Harr., der Connetable von Bourbon. Aus dem Engl. übers. von A. Eltze. 4 Bde. (XII, 811 S.) 867.

Bd. 41. 42. Lascelles, Lady Caroline, die Octrone, oder die Lilie von Louisiana. Nach dem Engl. 2 Bde. (409 S.) 867.

Bd. 43—48. Ouida, Chandos. Roman. Aus dem Engl. übers. von Marie Giese. 6 Bde. (1230 S.) 867.

Bd. 49—52. Braddon, M. E., enttäuschte Herzen. (The lady's mile.) Roman. Aus dem Engl. übers. von Aug. Kretzschmar. 4 Bde. (812 S.) 867.

Bd. 53—58. Eliot, G., Felix Holt, der Radikale. Aus dem Engl. übers. von Emil Lehmann. 6 Bde. (IV, 1065 S.) 867.

Bd. 59. 60. Erckmann-Chatrian, Erlebnisse eines Conscribirten des Jahres 1813. Aus dem Französ. übers. von C. v. E. 2 Bde. (379 S.) 867.

Bd. 61. 62. — Waterloo. 2. Abthl. von Erlebnisse eines Conscribirten. Aus dem Französ. übers. von Ludovike Hesekiel. 2 Bde. (422 S.) 867.

Bd. 63—66. Lascelles, Lady Caroline, die schwarze Bande. Ein Roman aus der Nachtseite der modernen Gesellschaft. Aus dem Amerikan. 4 Bde. (778 S.) 897.

Bd. 67. 68. Zwei Heirathen. Vom Verf. von John Halifax, Gentleman ꝛc. Aus dem Engl. übers. von Ludovike Hesekiel. 2 Bde. (428 S.) 868.

Bd. 69—71. Schwartz, Marie Sophie, der Häusling. Roman. Nach dem schwed. Orig.-Mscr. übers. u. bearb. von Aug. Kretzschmar. 3 Bde. (643 S.) 868.

Bd. 72—75. Wood, Mrs. Henry, der Vorabend des St. Martinstages. Roman. Aus dem Engl. übers. von Julie Hallervorden. 4 Bde. (XII, 966 S.) 868.

Bd. 76—78. Reade, Charles, Griffith Gaunt oder die Eifersucht. Roman. Aus dem Engl. übers. von A. Boy. 3 Bde. (765 S.) 868.

Bd. 79. Turgeniew, Iwan, Dunst. Roman. Aus dem Russ. frei bearb. von H. v. Lankenau. (221 S.) 868.

Bd. 80. White, Babington, Circe, oder drei Acte aus dem Leben eines Künstlers. Roman. Frei nach dem Engl. (279 S.) 868.

Bd. 81—83. Ainsworth, W. H., der Erbe von Old Court. Roman. Autoris. Ausg. Aus dem Engl. übers. von Marie Giese. 3 Bde. (747 S.) 868.

Bd. 84. 85. Achscharumow, M., der falsche Name. Roman. Aus dem Russ. frei bearb. von H. v. Lankenau. 2 Bde. (VI, 476 S.) 868.

Bd. 86—89. Braddon, M. E., Rupert Godwin. Roman. Autoris. Ausg. Aus dem Engl. übers. von Aug. Kretzschmar. 4 Bde. (XII, 749 S.) 868.

Bd. 90. St. Barthelemy, ein unheimlicher Schatz. Roman. Frei nach dem Schwed. von Sigfr. Ryberg. (213 S.) 868.

Bd. 91—94. Braddon, M. E., Herrn Jasper's Miethsmann. Roman. Aus dem Engl. übers. von Aug. Kretzschmar. 4 Bde. (820 S.) 868.

Bd. 95. 96. Caccianiga, A., der Proscribirte. Roman aus der Gegenwart. Aus dem Ital. von Flor. 2 Bde. (389 S.) 868.

Bd. 97. Dickens, Ch., u. W. Collins, Nicht aus noch ein. Roman. Aus dem Engl. von Julie Hallervorden. (215 S.) 868.

Bd. 98—100. Ponson du Terrail, der Ball der Schlachtopfer. Roman. Aus dem Franz. von J. R. Heynrichs. 3 Bde. (698 S.) 868.

Moderne Romane aller Nationen (23 f. u. d. T.: Union-Sammlung moderner Romane ...). 1. *Stuttgart, Berlin, Leipzig: Union [1900].* 8° [F.]

[01. 13070

Romane, moderne, aller Nationen. 1.—22. Bd. 8. Stuttgart, Union. à — 75; geb. in Leinw. à 1. —

Inhaltsübersicht in alphabetischer Ordnung:

Becker, Aug., das alte Bild. (Neue [Titel-]Ausg.) (190 S.) [885.] (900.) (Nr. 18.)
Claretie, Jules, Noris. Autoris. Uebertragg. v. Arth. Roehl. (224 S.) (901.) (Nr. 22.)
Daudet, Ernst, ein Märtyrer der Liebe. Die Baronin Amalti. (Neue [Titel-]Ausg.) (196 S.) [885.] 900. (Nr. 3.)
Dostojewski, Th., Erniedrigte u. Beleidigte. (Neue [Titel-]Ausg.) (226 S.) [885.] (900.) (Nr. 13.)
François, Luise v., Judith, die Kluswirtin. (Neue [Titel-]Ausg.) (213 S.) [883.] (900.) (Nr. 2.)
Gontscharow, Iwan, eine alltägliche Geschichte. (Neue [Titel-]Ausg.) (280 S.) [884.] (900.) (Nr. 15.)
Harte, Fr. Bret, im Walde von Carquinez. (Neue [Titel-]Ausg.) (200 S.) [884.] (900.) (Nr. 10.)
Loti, Pierre, mein Bruder Yves. Uebers. von Rob. Prölß. (222 S.) (901.) (Nr. 21.)
Mengs, Geo., Hochsommerzeit war's! (207 S.) (901.) (Nr. 19.)
Möllhausen, Balduin, das Geheimnis des Hulks. (Neue [Titel-]Ausg.) (214 S.) [889.] 900. (Nr. 4.)
Ouida, die Leiden e. Anstandsdame od. Verfehlte Spekulationen. (Neue [Titel-]Ausg.) (220 S.) [889.] (900.) (Nr. 9.)
Pasqué, Ernst, zwei Eleven Worths. (Neue [Titel-]Ausg.) (200 S.) [881.] 900. (Nr. 7.)
Poe, Edgar Allan, seltsame Geschichten. (Neue [Titel-]Ausg.) (200 S.) [882.] 900. (Nr. 8.)
Ring, Max, Frauenherzen. (Neue [Titel-]Ausg.) (199 S.) [883.] (900.) (Nr. 16.)
Sacher-Masoch, L. v., der kleine Adam. (Neue [Titel-]Ausg.) (177 S.) [885.] (900.) (Nr. 17.)
Schmidt, Max., Glasmacherleut'. (Neue [Titel-]Ausg.) (212 S.) [884.] (900.) (Nr. 12.)
Silberstein, Aug., Hochlandsgeschichten. (Neue [Titel-]Ausg.) (211 S.) [882.] (900.) (Nr. 14.)
Stratz, Rud., das weiße Lamm. Humoristische Erzählg. (207 S.) (901.) (Nr. 20.)
Telmann, Konr., Gerichtet. (Neue [Titel-]Ausg.) (216 S.) [886.] 900. (Nr. 6.)
Turgenjew, Iwan, Rauch. (Neue [Titel-]Ausg.) (198 S.) [884.] 900. (Nr. 5.)
Voß, Rich., San Sebastian. (Neue [Titel-]Ausg.] (215 S.) [853.] (900.) (Nr. 1.)
Wolzogen, Ernst v., Basilla. (Neue Ausg.) (232 S.) (900.) (Nr. 11.)

Fortsetzung s.: Union-Sammlung mod. Romane.

Romane, Morgenländische. Hirschberg 1791. V: *Frentzel, Carl Heinrich.* (BGE VI[a], 520)

— morgenländische, 2 Bdchn. 8. Hirschb. Ußner. 791.

— neue, u. Erzählungen, v. August Kuhn. 1r Bd. 8. Berl. Kunst u. Ind. Comt. 815.

Romane, neue illustrirte. Unterhaltungsblätter für alle Stände. 1. Serie. 52 Lfgn. (à Lfg. 2 Bog. mit eingedr. Holzschn.) hoch 4. Dresden 883, A. Wolf. In 26 Heften à 20 Pf.

—— dass. — 2. und 3. Serie. à Serie 60 Lfgn. (à Lfg. 2 Bog. mit eingedr. Holzschn.) hoch 4. Ebendas. 883—85. à Lfg. à Jahrg.

Romane, neue illustr. Unterhaltungsblätter f. d. Volk. 4. 1—11. Heft. (à 16 S.) Wien, Fischer & Bienenstock. à 15 kr. 1883.

Romane Neue illustr., Unterhaltungsbl. f. d. Volk. 4. 12.—15. Heft. Wien, Fischer & Bienenstock. à 15 kr. 1883

Romane, neueste englische, deutsch v. Geo. Nic. Bärmann. 1. u. 2. Bd. — A. u. d. T.: Skizzen u. Sagen aus Portugal. Dem Engl. d. Miß Julia Pardoe nacherzählt. 2 Bde. 16. (...) Zwickau 835, [Leipzig,] Gebr. Schumann. Thlr.

— die neuesten, und Novellen, theils Originalien, theils aus dem Französ. übers. u. herausg. von E. D. Schmidt. Erfurt (855.) Hennings u. Hopf. (Leipzig, Lehmann.) 16. Jeder Bd. 15 ngr.
1. Bd.: Die Wunder der Natur. Eine Erzählung aus dem Französ. von E. D. Schmidt. (215 S. u. 1 Lithogr.)
2. Bd.: Die Flucht aus Saragossa und Die Mulattin. Zwei Erzählungen aus dem Französ. von E. D. Schmidt. (142 S. u. 1 Lithogr.)
3. Bd.: Der Christabend, eine Original-Erzählung. Die Liebe im sechszigsten Jahre und Arioline, zwei Erzählungen aus dem Französ. von E. D. Schmidt. (141 S. u. 1 Lithogr.)
4. Bd.: Die neuesten Romane und Novellen. Enthltd.: 1) Ein richterlicher Irrthum. 2) Geschichte einer boshaften Mörderin. 3) Der Aberglaube der Schatzgräberei. 4) Geschichte eines Menschenfressers. Aus dem Französ. übers. von E. D. Schmidt. (160 S. u. 1 Lithogr.)

Romane u. Novellen, norwegische. Ins Deutsche übertragen v. Julin-Fabricius. 1—3. Bd. Polykarps supplirte Manuscripte, od. eine Familiengeschichte v. M. C. Hansen. 3 Thle. gr. 16. (18¾ B.) Leipzig 844, Kollmann.

§ **ROMANE**, Priapische. 3 Bde. Mit je 1 obscönem Titelstich und 16 Kpfrn. (1—2 mit je 6, 3 mit 4 Kpf.) u. 3 TVign. Rom, b. Seraph Cazzovulva (Berlin, Himburg) 1791—97. 8⁰. (In Wien, Stadtbil.: Secr. A 100; ein 2tes Expl. hat nur die obsc. Titelstiche, die andern Kpfrn. fehlen. — Von Bd. 3 ist noch ein 3tes Expl. vorhanden.)

Cplt. jetzt 3—400 Mk. werth!

I: Das Frauenzimmer von Vergnügen. Uncastrirte, vollständige Uebersetzung von *John Clelands* „The girl of pleasure.

II: Die Frauenzimmerschule in 7 Gesprächen. (Uebers. der latein. Satyre des *Jo. Meursius* [d. i. *Nicolas Chorier*]: Aloisiae Sigeae Toletanae satyra sotadica de arcanis Amoris et Veneris. Aloisia hispanice scripsit. Latinitate donavit *Joannes Meursius*. II partes. S. l. et a. (Grenoble, Nicolas, c. 1660). u. sehr oft. Die vorstehende deutsche Uebertragung ist wahrscheinl. nach folgender französ. gemacht: Le Meursius français, ou l'académie des dames. 3 tom. av. grav. érot. Londres 1788. 8⁰.

III: Mein Noviziat. (Uebersetzung des erot. Romans *Andréa de Nerciat's:* Mon Noviciat ou les joies de Lolotte. 2 vols. S. l. (Berlin.) 1792. 18⁰. Avec 2 gravures érot. (Expl. ohne Kpfr. in München.)

— — Dasselbe. 3 Thle. Boston, bei Reginald Chesterfield (Altona, Verlags-Bureau), o. J. (c. 1865). 12⁰.

4*7, 454 u. 477 SS. Abdruck des Originals. Dazu gehören 15 Photographieen nach den Kupfern desselben. (Die Photogr. apart 3 Rthlr. Fischhaber, vor 1885; Th. 1—2: 50 Mk., sehr sauberes schönes Expl., aber ohne die Photogr., Adolf Weigel, 1909.) — Längst vergriffen!

— sämmtliche, der Verfasserin von Godwie-Castle, s. a. Paalzow.

Romane, Sämmtliche, der Verfasserin von Godwie-Castle. Breslau 1855. V: *Paalzow, Henriette.* (Ky) (Kat. d. Bibl. Görres III, 62.)

Romane, sämmtliche, der Verf. von Godwie-Castle (Henriette Paalzow.) (36 Lfgn. oder 12 Bde.) gr. 16. Breslau, Max und Comp. à Lfg. * 5 Ngr. *

Inhalt:
Godwie-Castle. 8 Lfgn. (3 Bde.) [1. Bd. (XV und 256 S.) 2. (260 S.) 3. (236 S.)] * 1 Thlr. 10 Ngr.
Ste. Roche. 9 Lfgn. (3 Bde.) [1. (252 S.) 2. (292 S.) 3. (300 S.)] * 1 Thlr. 15 Ngr.
Thomas Thyrnau. 10 Lfgn. (3 Bde.) [1. (274 S.) 2. (335 S.) 3. (364 S.)] * 1 Thlr. 20 Ngr.
Jakob van der Nees. 9 Lfgn. (3 Bde.) [1. (276 S.) 2. und 3. (595 S.)] * 1 Thlr. 15 Ngr.

ROMANE, Tragikomische, zur Unterhaltung in müssigen Stunden. 2 Bde. Leipzig, Joachim, 1805. 8⁰. (2⅔ Rthlr.) Rar!

— unterhaltende. 2 Bde. 8. Altona, Kaven. (Sommer in Lpz.) 807.

— unterhaltende. 2 Bde. 8. Leipz. 807. (Rauck). 1 ∦ 4 gr

ROMANE, Unterhaltende, für Freunde und Freundinnen. 2 Thle. Altona u. Leipzig 1797. 8⁰. Rar!

Romane, Wiener. I—III. Wien 858—60. Wallishausser'sche Buchhdlg. 8. n. 1 ∦ 6 ngr.
I.: Die Geopferten. Ein Roman vom Verf. des „Treff-König." (160 S.)
II.: Ein Wiener Früchtl. Lokaler Roman in 2 Abthlgn. von Eman. Straube. (267 S.)
III.: Ein Wiener Bürger. Roman aus dem 15. Jahrhundert von Johs. Nordmann. (268 S.)

Romanet, s. †Andrae, M.

Romanelli, Jos., die heil. Mutter Monika. Uebers. aus dem Italien. und mit einer Andacht zur heil. Monika und zum heil. Augustin versehen von einem Priester desselben Ordens. 2. Ausg. 8. (288 S. mit 1 Holzschntaf. und 1 Stnt.) Donauwörth 876, Buchh. des kathol. Erziehungsvereins.
Die 1. Aufl. war nicht im Handel.

—— Nachfolge der heil. Monika. Aus dem Italien. 2. und 3. veränd. Aufl. Mit einem Anhang von Gebeten für die christl. Mutter ıc. gr. 16. (VIII, 248 und 192 S.) Ebendas. 877,78. * ℳ 1,30.; geb. **
Die 1. Aufl. war nicht im Handel.

Romanelli, L., gli Arabi nelle Gallie, ossia il trionfo delle fede. Melodramma serio in due Atti. Wien 827. Wallishauser. 4 K

Romanen, Die, der österreichischen Monarchie. Wien 1850—51. V: *Lauriani, August Trebonius.* (EB)

Romanenbibliothek, von Caroline v. Fouqué, s. Bibliothek d. Romane.

Romanenbibliothek, englische, m. K. 8 Thle. 8. Prag, Polt. (Joachim in Leipz.) 801. (I. Albertine Mandalinsky. II—IV. Theobald Leymour. 3 Bde. V. Odioso der kleine Teufel. VI. Viktorine Viskonti. VII. Schloß Blandford. VIII. William Gordon.)

— französische, des 19ten Jahrhunderts. Für Deutsche bearbeitet von Th. Hell, K. L. Meth. Müller, K. Reinhard, N. P. Stampeel und andern. 60 Bändchen mit Kupf. 8. Leipzig, Hinrichs. 817.

Kleine *Romanen-Bibliothek* s. a. *Romanen-Kalender*

Romanenbibliothek, kleine, (herausgg. v. A. Lafontaine, Mad. Levesque u. Sophie Mereau). Jahrg. 1799—1802. Mit Kpf. 12. Götting. 799—802. Dieterich. 4 ∦ 16 gr (A. u. d. T.: Romanenkalender).

Romanenbibliothek, kleine, von u. für Damen, s. a. Bibliothek der Romane.

— kleine, von u. für Damen, herausgg. von Karol. v. Fouqué. 7 Lieferr. I. Die Frau d. Falkensteins. 2 Bdchn. 810. 1 ℛ 12 gr II. Rosamunde, od. die Pfänder d. Treue, v. Wilhelm. Willmar. 811. 1 ℛ III. Erzählungen, vom Verf. d. Roderich. 811. 1 ℛ IV. Natalie, e. Beitr. z. Geschichte d. menschl. Herzens, v. Fanny. 1 ℛ 12 gr V. Magie der Natur, e. Revolutionsgeschichte. 812. 1 ℛ VI. Kleine Erzählungen v. Fanny Tarnow. 815. 1 ℛ VII. Neue Erzählungen. 817. 1 ℛ 12 gr 8. Berl., Dümmler. Alle 7 Lieferr. 9 ℛ

ROMANENFREUND, Der. (Romane, Erzähl. u. Novellen, z. Th. pikant.) 9 Nrn. (Bde.). Berlin, Oehmigke d. Jüng. (*am Ende:* Berlin, gedr. bei Gottfr. Hayn*)*. Mit TKpfrn. 1799—180*. (Nur Bd. 1 ist von 1799.) 8°.

Besonders in den ersten 5 Bänden, deren Inhalt z. Th. mit dem der Sammlung „Leben und Schwänke relegirter Studenten" übereinstimmt, freie u. erot. Erzählungen. — Höchst selten cplt.! (Th. 1, 3 u. 4: 12 Mk. Wilh. Koebner, Breslau. vor 1885.

Nur folgende 4 Theile, sämmtlich von 1800, lagen vor: No. 2: Tit. u. 371 S. Mit TKpf. (A. Clar sc.). Enth. (wie auch kurz das Titelbl. anzeigt): 1. Der dankbare Geist (S. 1—94). 2. Der Wahrsager. E. morgenländische Geschichte (S. 95—158). 3. Novellen (I. Die Verbrecherin aus Liebe, S. 161—190; II. Der unnatürliche Vater, S. 191—261; III: Der Räuber aus Verzweiflung, S. 262—284; IV. Constantia, S. 285—316; V. Der Genius, S. 317—338). 4. Antonie, e. wahre Geschichte (S. 339—371).

No. 4: Tit. u. 319 S. Mit TKpf. (Dähling del., L. Hoppe sc.). 1. Friedrich Lindenheim. (Ueppige Ehebruchs- u. Verführungsgeschichte, S. 1—204.) 2. Karl Heerbrand. (Sehr liederliche Ehebruchs- u. Bordellgeschichte, S. 205—319.)

No. 5: Tit., 1 Bl. Inh., 320 S. Mit Titelkpfr. (Dähling del., F. W. Bollinger sc. 1799). 1. (S. 1—30.) Antonie (Fortsetzg. u. Beschluß der lethzten Gesch. in Bd. 2.) 2. Lebenslauf eines Unglücklichen (S. 31—154). 3. Liebe und Rache (S. 155—188). 4. Treue und Edelmuth (S. 189—250). 5. Don Diegos nächtliches Abentheuer (S. 251—262). 6. Wilhelm Flammer (S. 263—320), stellenw. stark erotisch; Schlußsatz: „Schreckliches Opfer des Leichtsinns und der Wollust).

No. 6: Tit., 1 Bl. Inh., 332 S., 1 leeres Bl. Mit Titelkpfr. (H. Dähling del., W. Bollinger sc.): 1. Der schwarze Peter (Räubergeschichte, S. 1—62). 2. Cecilia (S. 63—90). 3. Lira und Taher. E. Indische Erzählung (S. 91—138). 4. Kleinigkeiten (I. Der Räuberhauptmann, S. 146—158; II: Geständnisse einer Verbrecherin. Aus den Kriminal-Akten gezogen, S. 159—183, schlüpfrig; III. Die edle Tänzerin, S. 184-204; IV. Der Arzt des Herzens, S. 205—236; V: Jenny u. Sidnei, S. 237—268; VI: Diether von Spangenberg. E. Sage der Vorzeit, S. 269—324; VII: Alexis und Prescavia (Episode aus Pugatschew's Geschichte).

Romanenfreund, der, e. Samml. v. interessant. Erzählungen; aus d. Engl. 9 Bde. 8. Berl. 804. Flittner. (Sander). 10 ℛ 12 gr

Romanenfreund, der, eine Samml. von interessanten Erzählungen, a. d. Engl. m. K. 9 Bde. 8. Berl. Oehmigke d. Jüng. 804.

Romanen=Kalender für das Jahr . . . Hrsg. v. Karl Reinhard. Mit Kupferst. ([von] D[avid] Schubart, [gest. v. Ernst Ludwig] Riepenhausen [u. Johann Georg] Böhm.)
Göttingen: Phil. Georg Schröder (ab 1799: Dieterich, 1803: Leipzig: Pet. Phil. Wolf [1797—1802]). 12°
[Nebent.:] Kleine Romanen-Bibliothek.
1798: [1797.] VIII S., 16 Bl., VIII, 254 S., 7 Kupfertaf.
1799: [1798.] 16 Bl., VIII, 326 S., 7 Kupfertaf.
1800: [1799.] VI S., 16 Bl., 276 S., 2 Bl., 6 Kupfertaf.
1801: (Mit einer Melodie für das Klavier von Friedrich Methfessel.) [1800.] 16 Bl., X, 240 S., 4 Kupfertaf., 1 Notenbl.
1802: [1801.] VIII S., 16 Bl., 309 S., 2 Kupfertaf.
1803: [1802.] IV S., 9 Bl., 324 S., 2 Bl., 3 Kupfertaf.

Romanen=Calender, (od. Biblioth.) f. 1798. Herausg. v. C. Reinhard, m. K. 12. Gött. Vandenhök.

— — ders. f. d. J. 1799—802. m. K. 12. Gött. Dieterich. (à 1 Rthlr. 4 gr.)

— — ders. f. d. J. 1803. 12. Lpz. Wolf.

Romanen=Magazin, v. Fr. Schulz. 1r Thl.: William, od. Gesch. jugendl. Unvorsichtigkeiten. 8. Berl. Unger, 791. Melino.

Romanen=Magazin, neues. 1r u. 2r Jahrg. od. 1r—8r Bd. 8. Dresd. 803. Gerlach. 8 ℛ

Romanes, George John, e. kritische Darstellung der Weismann'schen Theorie. Mit Bewilligg. des Verf. aus dem Engl. übers. v. Karl Fiedler. Mit dem Bildnis v. Aug. Weismann. 8. (IX, 228 S.) Leipzig 893. W. Engelmann. n. 4. —

Darwin und nach Darwin. E. Darstellg d. Darwinschen Theorie u. Erörterg Darwinistischer Streitfragen v. George John Romanes ... M. Bewilligg d. Vfs (II f.: des Hrsg.) a. d. Engl. übs. v. Dr. B. Vetter, Prof. ... in Dresden (II f.: v. Dr. B. Nöldeke, Assist. am zool. Inst. d. Univ. Strassburg). Bd I—III. *Leipzig: W. Engelmann 1892—97.* 3 Bde 8.
I. Die Darwinsche Theorie. M. d. Bildn. Ch. Darwins u. 124 Fig. im Text. 1892. (V S., 1 Bl., 542 S., 1 Portr.)
II. Darwinist. Streitfragen. Vererbg u. Nützlichkeit. M. d. Bildn. G. J. Romanes' u. 4 Fig. im Text. 1895. (X, 398 S., 1 Portr.)
III. Darwinist. Streitfragen. Isolation u. physiolog. Auslese. M. d. Bildn. v. Rev. John J. Gulick. (Hrsg.: C. Lloyd Morgan.) 1897. (VI S., 1 Bl., 212 S.) [97. 7864

— die geistige Entwicklung beim Menschen. Ursprung der menschl. Befähigg. Autoris. deutsche Ausg. gr. 8. (VII, 432 S. m. 1 Taf.) Leipzig 893. E. Günther. n. 6. —

Romanes, G. J., die geistige Entwicklung im Tierreich, s. a. Schriften, Darwinistische, Folge II.

Romanes, Geo. John, Die geistige Entwicklung im Tierreich. Nebst Anhang: Über den Instinkt. Von Charles Darwin. Autorisierte deutsche Ausgabe. Leipzig 85. Engelmann. M. 10.-

Romanes, G. John, die geistige Entwicklung im Tierreich. Nebst e. nachgelassenen Arbeit: Ueb. den Instinkt v. Charles Darwin. Autoris. deutsche Ausg. gr. 8. (VI, 456 S. m. 1 Tab.) Leipzig 885. E. Günther. n. 10. —

Romanes, Geo. John, Gedanken üb. Religion. Die religiöse Entwicklg. e. Naturforschers vom Atheismus zum Christentum. Autoris. Übersetzg. nach der 7. Aufl. des engl. Originals von E. Dennert. gr. 8. (IV, 162 S.) Göttingen 899. Vandenhoeck & Ruprecht. n. 2. 60; geb. in Leinw. n. 3. 20

Romanesco, Th., praktische Anleitung zur Herstellung haltbarer Photographien mittelst des Pigment- u. des Platindruckes. 8. (III, 71 S.) Dresden 901. Verlag des „Apollo". n. 1. 20

— das photographische Vergrösserungsverfahren m. Tages- u. künstlichem Licht auf Bromsilber-Chlorsilbergelatine-Papier. 8. (III, 75 S. m. 23 Abbildgn.) Ebd. 900. n. 1. 50

Romanesken aus Langermanns Pulte, v. Fr. Laun, m. K. 8. Lpz. Martini.

Romanesken d. thüring. Vorzeit. (1) die Sachsenburg. 2) Das Schloß Kyffhausen). 8. Gera, Haller. 1 ℛ

[Romanet. J.]: Reise nach der Insel Martinique. Nebst einer kurzen Beschreibung derselben. Aus dem Französischen übersetzt und mit einigen Zusätzen begleitet von T. F. Ehrmann.
in: Bibliothek der neuesten und wichtigsten Reisebeschreibungen. Bd. 19. Weimar 1805. VIII. 64 S., 1 Krt. 8°.

Roman=Füllhorn. Eine Hausbibliothek interessanter Romane u. Novellen. 1. Bd. 12 Liefgn. (à 2 Bgn.). Neusalza (858.) Bornbrück. Lex.=8. 1 ℛ. 12 ngr.

Romang, F[riedrich]. Friedrich Ludwig von Effinger (1795–1867), Gemeindepräsident der Stadt Bern, und seine Vorfahren. Eine Reihe von Lebensbildern. Separatabdruck aus der „Sammlung Bernischer Biographien" [Band 2]. 8. Bern 1887.

Romang, F[riedrich]. Johann August Nahl (1710–1781). Bildhauer. Johann Wäber (1751–1793), Maler. Heinrich Wäber (1754–1826), Bildhauer. Drei bernische Lebensbilder. Separatabdruck aus der „Sammlung Bernischer Biographien" [Band 2]. 8. Bern 1889

Romang, F[riedrich]. Johannes Wäber (1499–1577). Pfarrer in Hedingen, Aarau und in Bern. Ein Lebensbild aus der Zeit der Reformation. [Mit Porträt-Tafel.] Separatabdruck aus der „Sammlung Bernischer Biographien" [Band 2]. 8. Bern 1892

Romang, F[riedrich]. Johann Rudolf Wyss (1721–1805). Fürsprech. Samuel Wyss (1757–1834). Dr. Medicinae Abraham Rudolf Wyss (1792–1854). Dr. Juris, Ober-Lehenkommissär. Bernhard Karl Wyss (1793–1870). Dr. Theol., Professor. Vier bernische Lebensbilder. Separatabdruck aus der „Sammlung Bernischer Biographien" [Band 1]. 8. Bern 1884

Romang, Johann Jakob

Romang, J. J., endlich verstanden, s.: Bergkrystalle.

Romang, J[ohann] J[acob]. Aus freiwilligem Exil. Betrachtungen über Berner-Zustände. 8. Bern 1868

Romang, J. J. Gedichte. Bern 1854. 16.

Romang, J. J. Albrecht von Haller. (1877). 4.

— Herbstblumen. Letzte Gedichte. 12. (IV, 122 S.) Bern 882. Haller. n. 1. 20; geb. n. 1. 80

— Novellen u. Erzählungen, s.: Bergkrystalle.

Romang, J[ohann] J[acob]. Oeffnet die Augen im Bernerland! Ein Beitrag zur Zeitgeschichte des Kantons Bern. 8. Bern 1865

Romang, Joh. Jak., Schützenfahrt der Schweizer nach Bremen. 1. u. 2. Aufl. Solothurn 858. Jent u. Gaßmann. 8. (VIII, 108 S. mit Holzschn. im Text.) 12 ngr.

— die Englische Schweizerlegion und ihr Aufenthalt im Orient. Langnau 857. (Bern, Blom.) 8. (128 S. u. 4 Holzschn.) n. 16 ngr.

Romang, J. J., der Strahler. — Das Osterfest der Metzger v. Lausanne, s.a. Verein f. Verbreitung guter Schriften, Basel.

Romang, J[ohann] J[acob]. Der Strahler — Das Osterfest der Metzger von Lausanne. (Zwei Novellen. Abgedruckt aus «Bergkristalle»....) [Mit Titelvignette.] IV + 88 S. 8. Basel, Verein für Verbreitung guter Schriften, Oktober 1910. fr. —. 20
Verein für Verbreitung guter Schriften. Basel Nr. 87.

Romang, J. J., der Weibel von Ins. Der Strahler, s.a. Bergkristalle. I. 9.

(Romang, J[ohann] J[acob]. Der Weibel von Ins. Der Strahler. Zwei Erzählungen....) 156 S. 8. [fr. 1. 50]
Bergkristalle.... (Serie I.) Band 9. 1. bis 3. Tausend. Biel, Ernst Kuhn, 1902.

Romang, J(ohann) J(acob). J. J. Romangs Ausgewählte Werke. Hrg. und mit einer biographischen Einleitung versehen von Hermann Aellen. Mit dem Bildnis des Dichters [Tafel]. 192 S. 8. Thun, Stüssy & Muntwyler, 1910. ([fr. 3. —,] geb. 4. —)

— die Windegghofbauern. Die Spinnerin. Die Eisenbahn, s.a. Bergkristalle. II. 3.

(Romang, J[ohann] J[acob]. Die Windegghofbauern; Die Spinnerin; Die Eisenbahn. Erzählungen....) 168 S. 8. [fr. 1. 50]
Bergkristalle.... Serie II. Band 3.... Biel, Ernst Kuhn, 1903.

Romang, Johann Peter

— Anmerkungen und Zugaben zu dem Vortrage über die Bedeutung des Communismus. 8°. Bern, Stämpfli'sche Buchh., 1848.

Romang, J. P., die Bedeutung des Communismus. Aus dem Gesichtspunkte des Christenthums u. der sittlichen Cultur gewürdigt. Ein Vortrag gehalten in der schweizer. Prediger-gesellschaft. gr. 8. (95 S.) Bern 847. Zürich, Schultheß. 11 ngr.

Romang, J[ohann] P[eter]. Ueber das Junghegelsche Christenthum oder das Ries-Zellersche Symbolum. Ein Sendschreiben an Professor Fr[iedrich] Ries. 8. Bern 1847

Romang, J. P., über d. sittlichen Dinge unter d. Voraussetzung d. Determinismus. Eine Inauguralrede. Lex.-8. (2½ B.) Bern 835, [Jenni, Sohn.]

— Einheit u. Trennung von Kirche u. Staat. Ein Vortrag vor der Prediger-Gesellschaft des Kantons Bern. gr. 8. (40 S.) Zürich 850, Beyel. 6 ngr.

Romang, J. P., die religiöse Frage unserer Zeit. Einfache Erklärung für das reformirte Volk, zunächst im Kanton Bern. 2., vielfach verb. u. erweit. Aufl. Bern 869. Wüterich-Gaudard. gr. 8. (IV, 104 S.) n. 12 ngr.

— über wichtigere Fragen der Religion. Reden an die Gebildeteren unter dem Volke. Heidelberg 870. C. Winter. gr. 8. (IV, 487 S.) n. 2 Thlr.

Romang, [Johann] P[eter]. Meine Opposition gegen die junghegelschen Tendenzen und mein Verhältniss zu der bisher geltenden christlichen Lehre. Offene Erklärung. 8. Bern 1847

Romang, J. P., der neueste Pantheismus, od. die junghegelsche Weltanschauung, nach ihren theoret. Grundlagen u. prakt. Consequenzen. Allen Denkenden gewidmet. gr. 8. (XIV u. 277 S.) Bern 848. Zürich, Schultheß, 26 ngr.

Romang, J. P., System d. natürl. Religionslehre. Aus d. ursprünglichsten Bestimmtheiten d. allgem. relig. Bewußtseins entwickelt. gr. 8. (40½ B.) Zürich 841, Schultheß.

Romang, J. P., über Unglauben, Pietismus und Wissenschaft. Ein Beitrag zum Verständniß unserer Zeit u. ihrer Aufgaben. Zürich 859. Schultheß. gr. 8. (XVI, 292 S.) n. 1 Thlr. 6 ngr.

— über Willensfreiheit u. Determinismus, mit sorgfält. Rücksicht auf d. sittl. Dinge, d. rechtl. Imputation u. Strafe, u. auf das Religiöse. Eine philosoph. Abhandl. gr. 8. (21 B.) Bern 835, Jenni Sohn.

Roman-Gallerie f. Salon u. Reise. 1.–60. Bd. 8. Leipzig 897. Berlin, Neufeld & Henius. Kart. à n. 1. —

Inhaltsübersicht in alphabet. Ordnung:
Amyntor, Gerh. v., Friede auf Erden. Novellen. (III, 159 S.) (Bd. 36.)
Bock, Annie (Neumann-Hofer): „Ellen". Novelle. (223 S.) (Bd. 24. 25.)
Dornfels, Hans (Hans Richter): Schulden d. Herzens. Roman. (245 S.) (Bd. 14. 15.)
Dürow, Joach. v., Hagestolze. Novellen. (146 S.) (Bd. 22.)
Elbe, A. v. der, Lustige Geschichten. Humoresken. (263 S.) (Bd. 39. 40.)
Elster, O., Allerlei. Erzählgn. (143 S.) (Bd. 48.)
— moderne Märchen. Novelletten. (143 S.) (Bd. 33.)
Götzendorff-Grabowski, H. v., Verschlungene Fäden. Novelle. (140 S.) (Bd. 32.)
— die Kamerunerin. E. romant. Geschichte. (159 S.) (Bd. 21.)
— vom Karneval d. Lebens. Novellen. (III, 132 S.) (Bd. 41.)
— Kinder d. Lichts. Novellen u. Skizzen. (175 S.) (Bd. 49.)
Gréville, Henry, Gesühnt. Roman. Autor. Uebersetzg. von Ludw. Wechsler. 2. Aufl. (272 S.) (Bd. 2. 3.)
Jerome, K. Jerome, drei Mann in einem Boot (vom Hunde ganz zu schweigen). Autor. Uebersetzg. v. A. u. M. Springer. (279 S.) (Bd. 34. 35.)

Iókai, Maurus, Magneta. Roman. Autor. Uebersetzg. von Ludw. Wechsler. (Neue [Umschlag-] Ausg.) (160 S.) (895.) (Bd. 11.)
— Neue Erzählgn. Autor. Uebersetzg. v. Ludw. Wechsler. (Neue [Umschlag-] Ausg.) (III, 152 S.) (895.) (Bd. 4.)
Kretzer, Max, Furcht vor d. Heim u. and. Novellen. Berliner Geschichten. (123 S.) (Bd. 17.)
Kurz-Elsheim, Frz., Eintagsfliegen. Humorist. Roman. (Neue [Umschlag-] Ausg.) (192 S.) (893.) (Bd. 10.)
Liß-Blanc, E., Disharmonien u. anderes. (155 S.) (Bd. 46.)
Mairet, Jeanne, Unzertrennlich. Roman. Autor. Bearbeitg. v. Ludw. Wechsler. (Neue [Umschlag-] Ausg.) (306 S.) (895.) (Bd. 8. 9.)
Malot, Hekt., Vergeltung. Roman. Autor. Uebertragg. von Ludw. Wechsler. (Neue [Umschlag-] Ausg.) (220 S.) (896.) (Bd. 5. 6.)
Merk, Emma, Chiemsee-Novellen. (III, 192 S.) (Bd. 47.)
— in enger Gasse. Die Trennung. Zwei Novellen. (158 S.) (Bd. 16.)
Misch, Mary, Baronin Fisi. Roman. (269 S.) (Bd. 29. 30.)
Perfall, Ant. v., Loni. Erzählg. (144 S.) (Bd. 1.)
— wilde Triebe. Novelle. (138 S.) (Bd. 13.)
Reichenbach, Mor. v. (Valesca Gräfin Bethusy-Huc), der Bummelzug u. anderes. Novellen. (156 S.) (Bd. 26.)
Römer, Alwin, auf den Kriegspfaden der Liebe. Lustige Lieutenantsgeschichten. (157 S.) (Bd. 50.)

Schmidt, Max, 's Lieserl. Erzählg. vom Ammersee. (250 S.) (Bd. 44. 45.)
— Novellen aus Dorf u. Stadt. (189 S.) (Bd. 37.)
— der Primiziant. Volkserzählg. aus d. bayer. Walde. — D. gold. Samstag. E. Hochlandsgeschichte. (267 S.) (Bd. 19. 20.)
Schönthan, Paul v., Geberden d. Liebe. 2 Novellen. (Neue [Umschlag-] Ausg.) (132 S.) (896.) (Bd. 12.)
— Ringstraßenzauber. Bilder aus d. Wiener Leben. 3. Aufl. (111 S.) (Bd. 7.)
Tamms, M., draußen vor'm Thor u. and. Novellen. (137 S.) (Bd. 38.)
— Truggold. Novellen. (153 S.) (Bd. 23.)
Torrund, Jassy, Christrosen u. and. Novellen. (162 S.) (Bd. 49.)
— erkämpftes Glück. Novellen. (148 S.) (Bd. 31.)
Walter, Gerh. (P. G. Helms), Federzeichnungen. Kleine Novellen. (130 S.) (Bd. 27.)
Weitkirch, Luise, Gretchens Liebhaber. Erzählg. (120 S.) (Bd. 18.)
— wie Ulrich Urban einen Schatz fand. Erzählg. — Die Vermittlerin. E. Künstlergeschichte. (124 S.) (Bd. 28.)
Zapp, Arth., Standesehre. Sittenbilder aus dem deutschen Offiziersleben. (107 S.) (Bd. 48.)

Romani, e. Wallachen, landwirthschaftl. Reise durch verschied. Landschaften Europens, mit Anmerkk. herausgg. v. Jh. Fr. Mayer. 4 Thle. Mit Kpf. 8. Nürnb. 775—782. Zeh. 4 ℛ

Romani, Sophie; od. was vermag ein Schurke nicht. Schausp. in 3 Aufz. v. Hensler. 8. Wien, Wallishäußer.

Romani, Carl Friedrich, s. R o m a n u s, Karl Friedrich

Romani, Clemente

— compend. della Vita di diversi principi illustri et di grandi Capitani. II Tmi. 12. Halle, Waisenhausbuchhdl. 754.

Romani, Clem., discorso d'utilissime cognizioni p. Callières. 8. Halle, Waisenhausbuchh. 753.

— discorso morale dell' inutilità della scholastica demonstrata. 8. Leipz. 750. Heinsius. 8 gr

— discorso morale dell' inutilità della Scholastica demonstrata. 8. Lps. Heinsius. 752.

— discorso serioso della connoscenza di ben condursi in questo mondo. 8. Halle 753. Waisenhaus-B. 6 gr

— dissionario italiano-tedesco et tedesco-ital. 8. maj. Nürnb. Raspe. 786.

Romani, Clem.; († d. 6. Jan. 1763.) nuovo Dizzionario italiano-tedesco, e tedesco-italiano, vollständ. italien.-deutsches u. deutsch-italien. Wörterbuch. gr. 8. Nürnb. 764. 2e mit besond. Fleiße ausgearb. Ausg. v. W. Jäger. gr. 8. Ebd. 789. 3e A. gr. 8. Nürnb. 821, Bauer u. R. 1 ℛ 12 gr

— compendiosa e di chiarissime regole rica Grammatica toscano-italiana, od. kurzgefaßte u. mit d. deutlichsten Regeln versehene italien. Grammatik. 8. Nürnb. 759. (eigentl. d. 3e Aufl.) Bauer u. R. 6 gr Aufs neue hrsgg. u. mit d. französ. Sprache verm. v. P. Frz. Savini. gr. 8. Ebd. 798. 1 ℛ 8 gr

— Guida Italiano, od. italien. Wegweiser. 8. Leipz. 750. 2e A. 754. Junius. 8 gr

— s. Vita di diversi principi illustri et di grandi Capitani.

— ital. Wegweiser. 8. Leipz. Junius. 754.

— — ders. 8. Nürnb. 759.

Romani, Clemente, Wörterbuch, vollständ. italienisch-deutsches u. deutsch-italienisches, nach der Rechtschreib. der Florent. Akademie u. nach Anleitung ihres Lexicons. 3te Aufl. gr. 8. Nürnberg, Bauer u. Raspe. 821.

ROMANI, DON CLEMENS. Merkwürdige Zufälle und Begebenheiten . . . in zweyen Theilen abgefasset und auf seine eigene Kosten herausgegeben. Erlangen, I. D. M. Kammeser, 1760. Kl. 8°. 8 Bl. 208 S. Pbd.

— merkwürdige Zufälle u. Begebenh. 2 Thle. 8. Erlang. Palm. 766.

Romani, Fel., Abufar, ossia la famiglia araba. Melodrama in due Atti. Wien 823. Wallishauser. 6 gr

Romani, F., Lucrezia Borgia, s.: Mode's Opern-Text-Bibliothek.

Romani, Felice, der Liebestrank, s.: Donizetti, Gaëtano.

— die Nachtwandlerin, s.: Bellini, Vincenzo.

— die Nachtwandlerin, s.: Mode's Opern-Text-Bibliothek.

— Norma, s.: Bellini, Vincenzo.

— Norma, s.: Mode's Opern-Text-Bibliothek.

— Romeo u. Julia. s.: Mode's Opern-Text-Bibliothek.

— das Verbrechen in der Christnacht, s.: Vereinsbühne. I.

ROMANI, H. v., Verbrecher-Liebe. Interessante Enthüllungen aus dem Leben eines Wüstlings. Berlin, o. J. (190*). 8°. (Mk. 2—.) 1 Mk. Schweitzer & Mohr, Berlin, 1909.)

Romani, Hekt. v., der Graf v. Rosembo, s.: Adels-Bibliothek.

Romani, Karl Friedrich, s. R o m a n u s, Karl Friedrich

Romani, Paul F., s. R o m a n u s, Paul Franz

Romanin: Über eine bestrittene Urkunde Lothars, welche die venezianische Geschichte betrifft. S. 11. 711 . . . . vgr.
Separatabdruck

R o m a n i n, S. — Storia documentata di Venezia di — —. Tomo II. Parte II. (S. 141—284.) Enthält: Dal doge Enrico Dandolo 1193, alla morte di Reniero Zeno 1268. 8. Venezia, Pietro Narratovich Tipografo Editore. In Vienna presso Tendler e C. 1854. (1590.)

Romanin, S. — Storia documentata di Venezia, di — —. Tomo IV. Parte II. Dal 1431 alla presa di Costantinopoli pei Turchi nel 1453. Venezia, 1856. Pietro Naratovich tipografo editore. In Vienna presso Tendler e Comp. (Vol. IV. S. 141—264. 8.)

Romanino, Girolamo, Wandgemälde in der Loggia des Löwenhofes im Castello del Buon Consiglio zu Trient. Kunsthistorischer Kongress, Innsbruck 1902. Fol (9 Lichtdr.-Taf. m. II S. Text.) Innsbruck (902). (H Schwick.) n. 4.—

Romanist, der moralische, 6 Stck. 8. Gotha, Mevius. 760.

Romanleser, der. Hrsg. u. Red.: Frz. Fanta. 5. Jahrg. Novbr. 1902—Oktbr. 1903. 52 Hfte. gr. 4. (à ca. 40 S.) Prag. (Berlin, S. Rosenbaum.) à Hft. n. —20

Romanleser, der. Hrsg.: Adf. Synek. Red.: Joh. Ryba. 6. Jahrg. Novbr. 1903—Oktbr. 1904. 36 Hefte. (à ca. 24 S.) gr. 4. Prag. (Berlin, S. Rosenbaum.) à n. — 20
Erscheint nicht mehr.

Roman-Magazin des Auslandes. Enthaltend die besten Romane des Auslandes, wie England — Frankreich — Schweden etc. in guten Uebersetzungen. 1. Jahrg. 1867. 12 Hefte (à 16—18 Bog.) hoch 4. Berlin 867, Janke. à Heft * 10 Ngr. *

Roman-Magazin des Auslandes. Enthaltend die besten Romane des Auslandes, wie England, Frankreich, Schweden etc. in guten Uebersetzungen. 2. und 3. Jahrg. 1868 und 1869. à Jahrg. 12 Hefte. (à 16—18 Bog. mit Holzschntaf.) hoch 4. Berlin, Janke. à Heft *M. 1.; à Jahrg. *
— dass. — Belletristisches Ergänzungsblatt für alle polit. Zeitungen und deutschen Unterhaltungsblätter. 4. Jahrg. 1870. 36 Nrn. (à 2 Bog. mit eingedr. Holzschn.) Ebendas. à Nr. * 10 Pf. *
— dass. — Enth. die besten Romane des Auslandes in guten Uebersetzungen. 5. Jahrg. 1871. 9 Hefte. hoch 4. Ebendas. à Heft *M. 1. *

Roman-Magazin des Auslandes. Enth. die besten Romane des Auslandes in guten Uebersetzungen. 6.—8. Jahrg. 1872—1874. à Jahrg. 36 Nrn. (à 5 Bog.) hoch 4. Berlin, Janke. à Jahrg.

Roman-Magazin des Auslandes. Enth. die besten Romane des Auslandes in guten Uebersetzungen. Redact.: Gust. Janke. 9. Jahrg. 1875. 36 Nrn. (à Bog.) hoch 4. Berlin, Janke.
Fortsetzung s. Romane des Auslandes.

Roman- u. Novellen-Mappe. Hersg. von Fr. Willib. Wulff. 1. u. 2. Bd. Leipzig 865. Purfürst. (Haynel.) 8. (424 S.) Jeder Bd. 15 ngr.

— — Hersg. von Fr. Willib. Wulff. 3. u. 4. Bd. A. u. d. T.: Erzählungen u. Novellen von W. Andrä, Chatrian, L. Du Bois, L. Habicht etc. 2 Bde. Hamburg 868. Kittler. 8. (XII, 430 S.) 1 ₰ 18 ngr.

Romann, Albrecht, poetische Aphorismen. gr. 16. (VI, 85 S.) Berlin 872. (Halle, Reichardt.) n. 1 50

— Attila. Trauerspiel. gr. 16. (147 S.) Ebend. 872. n. 2. —

Romann, A. „Das Feld muß ER behalten". Egidy's ernste u. weitere Gedanken, f. das Christenherz beleuchtet. gr. 8. (40 S.) Bresl. 891, Köhler. * — 50

Romann, Albr., nur Jesus. Sonntägliche Betrachtungen. 2. Aufl. 8. (418 S. m. Bildnis.) Stuttgart (899). Buchh. „Philadelphia". n. 1. 80; geb. n. 2. 50

[F.] Die Pflege christlicher Gemeinschaft innerhalb der evangelischen Landeskirche Vortr v A[lbrecht] **Romann,** Pastor in Liegnitz. Geh auf d Gnadenberger Gemeinschafts-Konferenz. *Liegnitz Christl Schriftenniederlage (1895).* (22 S., 1 Bl.) 1 Bd 8. [96. 580

Romann, A., Gottes Wort u. die Irvingianer. Was haben wir auf Grund der heil. Schrift von den sogenannten apostol. Gemeinden zu halten? 8. (51 S.) Liegnitz 887. Scholz. n. —50

Romann, Alfred, appr. Arzt a. Heilbronn a./N.: **Aus** dem kgl. Garnisonslazarett München. Ueber einen Fall von subkutaner traumatischer Milzruptur. München 1904: Kastner & Callwey. (32 S.) 8°
München, Med. Fak., Ref. v. Angerer, Diss. v. 3. Sept. 1904
[Geb. 23 März 76 Heilbronn a./N.; Wohnort: Heilbronn; Staatsangeh.: Württemberg, Vorbildung. Karlsgymn. Heilbronn Reife Juli 94; Studium: München 6, Gießen 2, Kiel 1 S., Coll. 1 Juli 04; Approb. 24. März 00.]

Romann, Visarion. Aritmetica cu cifre pentru prunčii ečepatori spre entrebuinicarea en scoalele poporale de l. ŏ a greco-resaritean. Dupe alci autori germani, de — —. Sibicu en tipografia Episcopeaska. 1854. (68 S. 8.) (Arithmetik mit Ziffern für Anfänger zum Gebrauche in den Volksschulen für griechisch-unirte Lyceen. Nach deutschen Autoren. Hermanstadt, bischöfliche Druckerei. 1854.)

Romanns, P. G., Vorschl., d. Mangel an guten kathol. Priestern abzuhelfen. 8. Ulm. Becker. 803.

* **Romanns,** P. G., Vorschläge, dem Mangel an guten kathol. Priestern abzuhelfen. 8. Ulm, Jakob. Ebner. 803.-

Romano . . . Braunschw. 1801.
V: *Klingemann, Ernst Frdr. Aug.* (Ky, (EE)

Romano, v. Verf. d. Ruinen im Schwarzwalde. (A. Klingemann.) 2 Thle. m. 1 K. 8. Brschw. Schröder. 801.

Romano's, Giulio, Biographie u. Charakteristik, s.: Richter, J. P.

Romano, Ant. M., Plantae officionales in Europa. 8. Wien 837. Heubner n. 2/3 ₰

Romano, Eph. Joach., (Karl Fr. Werlich), Lauretta, e. Roman. 1r Bd. 8. Rudolst. 806. (Fr. Fleischer in Leipz.) 16 gr

Romano, Silvio, Blumen etc., s. Blumen.

Romano, Silv., (Fr. Wlh. Riemer,) Blumen u. Blätter. 2 Thle. 8. Leipz. 816. 19. Cnobloch. 1 ₰ 13 gr

Romano-catholicus d. achte Rock etc., s. Rock.

Romanoff, Eugenie. Die revolutionäre Bewegung in Russland während der Regierung Alexanders II Diss. Phil. Bern. II + 68 S. 8 Heidelberg. C. F Beisel Nachf., 1910.

Romanoff, Mitrophan, aus Orel (Rußland): **Experimente über Beziehungen zwischen Atmung und Kreislauf.** [Mit einer Kurve im Texte.] Leipzig, F. C. W. Vogel, 1910. 24 S. 8°. S.-A. aus dem Archiv für experim. Pathologie und Pharmacie. Bd. 64.
Basel. Med. Diss. 1910/11.

Romanoff, N[aum]: Aus d. Univ.-Frauenklinik München. Chondrodystrophia foetalis. München 1910: Victor. 36S. 8°
München, Med. Diss. v. 22. Juli 1910, Ref. Döderlein
[Geb. 1. Okt. 78 Wasiljewo, Taurien; Wohnort: Wasiljewo; Staatsangeh.: Rußland; Vorbildung: Gymn. Feodosia Reife Mai 99; Studium: München 11 S.; Rig. 22. Juli 10.] [U 10. 3570

Romanoff, S., die Behandlung der Schmelzfarben. Eine Anleitg. zum Malen auf Porzellan u. Faïence. 8. (48 S.) Berlin 887. Sauernheimer. n. 1.50

Romanoff, S., d. Behandlg. d. Schmelzfarben. Eine Anleitg. z. Malen auf Porzellan u. Fayence. (Neudr.) 8. (48 S.) Berlin 897. Schriftenvertriebsanst. n. 1.—

Griechen-Verfolgungen in Bulgarien. Von A[thos] R[ðmanðs]. Berlin: Berliner Mercur 1907. (21 S.) 8° [F.] [07. 9554

Romanovsky Anton: Der internationale Briefwechsel an unserer Anstalt. 4. Czernowitz R 01. Progr.

Romanovsky, Anton: Katalog der Lehrerbibliothek. 39; 42; 36 S. Czernowitz, Gr or. R., Progr 1899 – 1901

— Französische Rezitation an unserer Anstalt. 7. ibd. 04. Progr. Czernowitz

Romanovský, A. Historisch-statistische Untersuchung über den Infinitiv bei Lafontaine. 2 Teile. Czernowitz, R., 1887, 1888. 37, 30 S. Progr.

Romanowski, die Verteidigung v. Port Arthur, s: Schwarz, v.

Romanowski, Ed., im Banne der Musen u. Grazien. Ein Gedichtbuch. 8. (VIII, 151 S.) Norden 890. Fischer Nachf. n. 3.—; geb. n. 4.50

Romanowski (G.). Materialien zur Geologie von Turkestan. Herausgegeben im Auftrage des Generalgouverneurs von Turkestan K. von Kaufmann. St. Petersburg. 4. — Lief. 1 Geologische und Palaeontologische Uebersicht des nordwestlichen Thian-Schan und des südöstlichen Theiles der Niederung von Turan. 1880. — Lief. 2: Historische Geologie: Palaeontologischer Character der Sedimentarbildungen des westlichen Thian-Schan und der turanischen Niederung. 1884. — Lief. 3: Historische Geologie. Palaeontologischer Character der Sedimentarbildungen des westlichen Thian-Schan und der turanischen Niederung. 1890. — (Lief. 2 u. 3 in russischer Sprache.)
Desgl. ein 2. Exemplar von Lief. 1 und 2.

Romanowski, Joannes Nepomucenus *(geb. Smielow in Pos. 21 4. 1831)* De Conradi ducis Masoviae atque ordinis cruciferorum prima mutuaque conditione. Posnaniae 1857 (80 S.) 8°
Breslau, Phil. Diss. v. 19. [vielmehr 23.] Dez. 1857

Romanowski, Max (Imman. Loetzow), in Freude u. Schmerz. Dichtungen. (189 S.) 8. Berlin (906). B. Staar. n. 2.—

Romanowski, Max, für Herz u. Gemüt. Betrachtungen aus dem Leben. Aphorismen. gr. 8. (45 S.) Leipzig 902. Kreuznach, Ch. Steffen. n. —75

— Immanuels Kummer. Biographische Novelle. (22 S.) gr. 8. Kiel (Dammstr. 50) 903. (A. Missfeldt.) n. —60

Romanowsky, Nicolaus, aus Woronesch (Russl.): Über Entwickelung der Anzeigen zur Perforation besonders in Deutschland. *Berlin (1900): G. Schade.* (29 S.) 8°
Berlin, Med. Diss. v. 14. Dez. 1900

Roman-Perlen. 1.—52. Heft. kl. 8. Berlin (904). Deutsches Druck- u. Verlagshaus. à —10
Balzac, H. v., die verhängnisvolle Meeresklippe. Roman. (140 S.) Einzelpr. —25
Dumas, Alex., die drei Musketiere. Roman. 2 Tle. (348 u. 372 S.) Einzelpr. 1.—
Gaboriau, Emile, das Verbrechen zu Orcival. Kriminal-Roman. (152 S.) Einzelpr. —20
Gerstäcker, Frdr., die Moderatoren. Roman. (75 S.) Einzelpr. —20
— Der Polizei-Agent. Roman. (82 S.)
Hartmann, Mor., der Gefangene v. Chillon. Roman. (140 S.) Einzelpr. —25
Plessis, Paul du, die Bukanier. Roman. (781 S.) Einzelausg. 1.50
Ponson du Terrail, das Geheimnis des Arztes. Kriminal-Roman. (136 S.)
— das Muttermal. Roman. (172 S.) Einzelpr. —30
Ruppius, Otto, der Hausierer. Roman aus dem deutsch-amerikan. Volksleben. (566 S.) Einzelausg. 1.—
Stolle, Ferd., deutsche Pickwickier. Komischer Roman. (439 S.)

— dasselbe. 2. Jahrg. 26 Hefte. kl. 8. Ebd. (904). à —10
Explosion, eine, zu rechter Zeit. (S. 848—864.)
Gaborian, Emil, Höllenleben. Roman. (848 S.)
Gendarm u. Bandit. (S. 865—880.)
Gerstäcker, Frdr., das Wrack des Piraten. Erzählg. (100 S.) Einzelpr. —20
Ponson du Terrail, eine Jugendsünde. Roman. (235 S.)

[F.] Berliner Roman- und Novellen-Post. Hrsg. v. Hans v. (Januszkiewicz-)Reinfels. Bd 1. 2. *Berlin: Kritik-Verl. 1897.* 8. [97. 7865

Roman- u. Novellen-Post, Berliner. Hrsg. von Hans v. Reinfels. 1.—3. Bd. gr. 8. (VII, 283; III, 352 u. III, 352 S.) Berlin 897. Dr. R. Wrede. à Bd. n. 1.50; geb. in Leinw. à Bd. n.n. 2.25

Romans, li, de Alixandre, } s.: Bibliothek des litterar. Vereins in Stuttgart. 13.

Romans de Claris et Laris, s. Bibliothek des litterarischen Vereins in Stuttgart CLXIX.

Romans et contes par M. de Voltaire. II Vol. av. vign. et pl. 8. Basle, Flick. 778.

Romans, le, de la Dame à la Lycorne et du biau Chevalier au Lyon, hrsg. v. Frdr Gennrich, s.: Gesellschaft f. romanische Literatur 18. Bd.

Romans, li, de Durmant le Galois, } s.: Bibliothek des litterar. Vereins in Stuttgart. 116.

— moraux pour servir de supplément à la Bibliothèque de Campagne. Tom. I. et II. 8. Frcf. Varrentrapp et W. 771.

— nouv. français. Vol. I—VI. 8. Lpz. Gerh. Fleischer. 811. (I. Genlis le Siège de la Rochelle. 2 Vol. II) Eugène de Rothelin. 2 Vol. III) F. A. de Chateaubriand les martyrs. 3 Vol. IV) Alphonse, ou le Fils naturel. V) Genlis Belisaire. VI) Mad. de Maintenon. 2 Vol.

— nouveaux, moraux, aussi intéressants pour les coeurs vertueux que ceux de Mr. d'Arnaud. 8. Frcf. Herrmann. (a. Gebhardt et K.) 791.

Romans des VII Sages, s. Ehret, Philipp.

Romansammlung „Deva". Nr. 1—25. Stuttgart, Deutsche Verlags-Anstalt. à n. —50
1. Das Pharaonenarmband. Kriminalnovelle. Von Frau Auguste Groner. 12. (157 S.) 900.
2. Frauenehre. Roman. Von Adph. Chenevière. Autoris. Uebersetzg. aus dem Franz. v. Ina Bach. 12. (160 S.) 900.
3. Auf der letzten Schäre. Roman. Von Gust. af Geijerstam. Aus dem Schwed. übers. v. Francis Maro. 12. (152 S.) 900.
4. Onkel Hermann. Novelle. Von Emile Ehrhard. (3. [Umschlag-]Aufl. 8. (144 S.) 901.
5. 6. Der Fall Gembalsky. Kriminalroman. Von Frdr. Thieme. 8. (310 S.) 901.
7. Unser Herz. Roman. Von Guy de Maupassant. Aus dem Franz. übers. v. M. zur Megede. 8. (160 S.) 901.
8. 9. Treue. Roman. Von Alex. Römer. 8. (315 S.) 901.
10. 11. Die goldene Nadel. Roman v. den Goldfeldern Transvaals. Von J.-H. Rosny. 8. (253 S.) 902.
12. 13. Aus Leidenschaft. Roman. Von Rhold. Ortmann. 8. (310 S.) 902.
14. 15. Pharos. Roman. Von Guy Boothby. Aus d. Engl. übers. v. Klara Berger. 8. (312 S.) 902.
16. Madame Sourdis. Nantas. Novellen. Von Emile Zola. 8. (130 S.) 902.
17. Die Falzgräfin. Ein Berliner Roman. Von Paul v. Szczepański. 2. Aufl. 8. (128 S.) 902.

18. „Ich!" Roman. Von Ida Boy-Ed. 2. Aufl. 8. (157 S.) 902.
19. Neu-Berlin. Erzählungen. Von Paul v. Szczepański. 2. Aufl. 8. (166 S.) 902.
20. Sonja Kowalewsky. Was ich gemeinsam m. ihr erlebte u. was sie mir über sich selbst erzählte. Von Anna Charlotte Leffler. Aus dem Schwed. übers. von Mathilde Mann. 8. (151 S.) 902.
21. Eigene Geschichten. 4 Novellen. Von Paul v. Szczepański. 2. Aufl. 8. (140 S.) 902.
22. 23. Fanny Förster. Roman. Von Ida Boy-Ed. 2. Aufl. 8. (306 S.) 902.
24. 25. Moderne Raubritter. Roman. Von Paul de Szczepański. 2. Aufl. 8. (304 S.) 902.
Die Bde. 1—3 erschienen ohne Sammeltitel.

Romansammlung „Deva", Fortsetzung, s.: Deva-Roman-Sammlung.

Roman-Sammlung, P. Hauptmann'sche. Nr. 2—4 u. 8. kl. 8. Bonn, P. Hauptmann. à 2.—; geb. 2.50
Ludolff, M., verhängnisvolle Augenblicke. Erzählung. (III, 296 S.) (909.) (Nr. 8.) 2.—; geb. n 2.50
— Das Geschlecht der Reichenau. Novelle. (Umschlag: 2. u. 3. Aufl.) (III, 426 S.) (907.) (Nr. 4.) 2.—; geb. n 2.50
— Verschollen! Preisgekrönter Roman. (Umschlag: 9. u. 10. Aufl.) (III, 314 S.) (907.) (Nr. 2.) 2.—; geb. n 2.50
— Verschiedene Wege. Novelle. (Neue Aufl.) (III, 286 S.) (908.) (Nr. 3.) 2.—; geb. 2.50

Roman-Schatz. Eine Sammlg. guter Volksschriften. 1.—5. Heft. gr. 8. Dresd. 892, A. Wolf. à Heft — 10; — 50
Fiorelli, G. Der Vampyr. (S. 1—120 m. 5 Bildern.)

Roman-Schatz. Eine Sammlg. guter Volksschriften. 80 Hfte. gr. 8. (à 24 S. m. 1 Bild.) Dresden 893. A. Wolf. à — 10

Roman-Schatz. E. Sammlg. guter Volksschriften. 71.—80. (Schluß-) Hft. gr. 8. Dresden (893). A. Wolf. à — 10
Der Vampyr. Von G. Fiorelli. (S. 1681—1911 m. je 1 Bild.)

Romanschatz, deutscher. 1. Bd. (96 S.) kl. 8. Dresden (910). A. Eichler — 10

Roman- u. Erzählungsschatz f. das deutsche Haus. Sammlung der besten Romane, Novellen u. Erzählungen. (In Serien v. 50—52 Hftn. od. 13 Bdn.) 1.—14. Hft. 12. Stuttgart 894 C. Malcomes. à — 30; in Bdn. à 1.20
Der Bastard. Eine deutsche Sittengeschichte aus dem Zeitalter Kaiser Rudolfs II. v. C. Spindler. 4 Bde. (254, 264, 233 u. 193 S.)
Der Liebhaber ohne Geld. Ein Roman v. Fr. Laun. 2 Bde. (104 u. 78 S.)
Reisen u. Irrthümer e. Heirathslustigen. Hrsg. v. Fr. Laun. (160 S.)
Des Fürsten Geliebte. Eine Geschichte. Dargestellt v. Frdr. Laun. (S. 1—46.)

Roman- u. Erzählungsschatz f. d. deutsche Haus. Sammlg. der besten Romane, Novellen u. Erzählgn. (1. Serie.) 15.—32. (Schluß-) Hft. 12. Stuttgart 895. Franckh à — 30; in Bdn. à 1.20
Des Fürsten Geliebte. E. Geschichte, dargestellt v. Fr. Laun. (S. 47—115.) — Die Witwen. Von Henriette Hanke, geb. Arndt. (4 Bde. 102, 145, 123 u. 126 S.) — Lebensbilder aus der westlichen Hemisphäre. Von Charles Sealsfield (Karl Postl). (In 5 Thln.) 1. Thl. George Howard's Esq. Brautfahrt. (178 S.) — 2. Thl. Ralph Doughby's Esq. Brautfahrt. (223 S.) — Der Vogelhändler v. Imst. Volksroman v. C. Spindler. (4 Bde. 176, 228, 181 u. 215 S.)

— dasselbe. 2. Serie. 15 Hfte. 8. Ebd. à Hft. — 20
Bis vors Schwurgericht. Ein Sensations-Prozeß. Kriminal-Erzählg. v. Heinr. Köhler. (112 S.) 896. — Die Tochter d. Wäscherin. Novelle v. Heinr. Köhler. (170 S.) 896, 97. — Farbenspiele des Lebens. Roman a. d. Gesellschaft. Von F. Leoni (F. Lortsch). (261 S.) 894. — Die Giftmischerin. Von Heinr. Köhler. (91 S.) 897.

Roman- u. Novellen-Schatz. Eine Auswahl der besten Romane u. Novellen aller Nationen. 1. Jahrg. 26 Bde. 8. München 899. [R. Abt.] H. Kitz. à n. — 50; geb. in Leinw. à n. — 75
Inhaltsübersicht in alphabetischer Ordnung:
Bilstain, Vicomtesse de, Oberst Durville. Frei nach d. Franz. von Ida Gräfin v. Holnstein aus Bayern geb. Gräfin Mengersen. (160 S.) (Bd. 7.)
Coloma, P. Luis., die Spätzin. — Wegen e. Laus. Novellen. Autoris. Uebersetzg. aus dem Span. v. A. Rudolph. (155 S.) (Bd. 9.)
Dezasse, Gräfin Blanca, das Ideal. Roman, u. Novellen u. Erzählgn. (128 S.) (Bd. 24.)
Dirkink, J. v., um den Lorbeer. Roman. (155 S.) (Bd. 19.)
Ekensteen, M. v., kosmopolitische Novellen. (160 S.) (Bd. 26.)
Fenn, Geo. Manville, ein Beutel voll Diamanten. Roman. Autoris. Uebersetzung aus dem Engl. von Alice Salzmann. (129 S.) (Bd. 20.)
Flach, Josephine, Gräfin Magda. Roman. 2 Bde. (136 u. 144 S.) (Bd. 3. 4.)
Flachs, Adj., die Nonne von Ghiloceni u. andere rumänische Geschichten. (155 S.) (Bd. 13.)
Fred, H., die Tochter des Flüchtlings u. andere Novellen. (158 S.) (Bd. 25.)
Gerard, E. (Emily de Laszowska), der Blumen Rache u. andere Novellen. (159 S.) (Bd. 10.)
Goldegg-Lindenburg, Ph. v., das Kind aus der Mühle. — Gemüthskrank? Novellen. (153 S.) (Bd. 6.)
Haupt, Antonie, Moselgeschichten. (164 S.) (Bd. 17.)
Herbert, M., die Rache der Jugend u. andere Novellen. (148 S.) (Bd. 8.)
Hoey, Cashel, die Blüte e. Aloe. Roman. Autoris. Uebersetzg. aus dem Engl. v. Alice Salzbrunn. (167 S.) (Bd. 11.)
Jacoby, Alinda, im Kampfe des Lebens. Roman. (164 S.) (Bd. 21.)
Java, Melati van, Miliane. Roman. Aus dem Holl. von L. v. Heemstede. 2 Bde. (161 u. 155 S.) (Bd. 15. 16.)
Kieler, L., auf Posten! Roman. Autoris. Übersetzg. aus dem Norweg. v. Emil Jonas. 2 Bde. (156 u. 150 S.) (Bd. 22. 23.)
Ludolff, M., Einsam. Roman. (168 S.) (Bd. 1.)
Mulholland, Rosa, die wilden Vögel v. Killeevy. Novelle. Autoris. Übersetzg. aus dem Engl. v. Clara Commer. (179 S.) (Bd. 2.)
Pereda, José M. de, Flügge. Roman. Autoris. Uebersetzg. Aus dem Span. v. H. Katz u. A. Rudolph. (216 S.) (Bd. 18.)
Pütz, E. v., Versöhnt. — Mein Johannes. Novellen. (145 S.) (Bd. 14.)
Redeatis (Marie Petzel), das kostbarste Erbe u. andere Erzählungen (Einband: Die Frau Müllerin). (157 S.) (Bd. 12.)
Sienkiewicz, Henryk, die Jagd nach dem Glück u. andere Novellen. Autoris. Uebersetzg. aus d. Poln. v. E. Hillebrand. (163 S.) (Bd. 5.)

— — dasselbe. 2. Jahrg. (In 26 Bdn.) 1. u. 2. Bd. 8. Ebd. 900. n. — 50; geb. in Leinw. n. — 75
1. Künstler u. Herrenkind. Roman. Von Hans Eschelbach. (156 S.)
2. Des Menschen Wille u. andere Novellen. Von Frz. Herczeg. Autoris. Uebersetzg. aus d. Ung. v. Ludw. Wechsler. (151 S.)

Roman- u. Novellen-Schatz. Eine Auswahl der besten Romane u. Novellen aller Nationen. II. Jahrg. 3. u. 4. Bd. kl. 8. München 900. (Regensburg, F. v. Stokar.) (Urspr. Pr. à — 50; geb. à — 75)
Corkran, Alice, das Dorfgenie u. andere Novellen. Autoris. Uebersetzg. aus dem Engl. v. Alice Salzbrunn. (112 S.) (4. Bd.)
Osten, Herb. v., Prinzessin Ilse. Roman. (176 S.) (3. Bd.)

Romanski, Vladimir. De calculorum urinariorum causis et processu, qui formantur. Berolini (1853). (31 S.) 8°
Berlin, Med. Diss. v. 18. Juli 1853

Romansky, Stojan, a. Orchanié ⟨Bulgarien⟩: Mahnreden des walachischen Wojwoden Nĕgoe Basarab an seinen Sohn Theodosios. Leipzig: J. A. Barth 1908. (S. 113—194) 8° ¶ (Aus: 13. Jahresbericht d. Instituts f. rumän. Sprache zu Leipzig.)
Leipzig, Phil. Fak., Ref. Leskien-Weigand, Diss. v. 30. März 1908
[Geb. 24. Febr. 82 Orchanié; Wohnort: Sofia; Staatsangeh.: Bulgarien; Vorbildung: Staatsgymn. Gabrovo Reife Juni 00; Studium: Sofia 8, Leipzig 4 S.]

Romantik. Dichtung der Freiheitskriege. Chamisso. Platen, s.: Bibliothek deutscher Klassiker f. Schule u. Haus.

Romantik, die, d. 19. Jahrh. Mit e. Nomenklatur d. Romanschreiber v. 1800—1831, u. e. Zahlenangabe d. jährlich herausgekomm. Romane v. 1700—1831. Hrsg. v. d. Verf. der „Aphorismen üb. Schriftstellerei uns. Zeit" (K. Gräbner). 8. (9 B.) Weimar 833, (Gräbner u. Comp.) Thlr.
(Hennings u. Hopf in Erfurt.)

Romantik, jüdische, und Wahrheit, von Jul. v. Voß. 8. Berlin, Schmidts W. und Sohn. 816.

Romantiker, der. Eine Sammlung der interessantesten Romane, Novellen, Erzählungen des Auslandes in sorgfältigen Uebersetzungen. I. 1—4. Lfrg. 4. (à 64 S) (jährl. 12 Hefte.) Brünn, Karafiat. 1860 à 40 kr.

Romantiker. der. Eine Sammlung der interessantesten Romane, Novellen, Erzählungen des Auslandes in sorgfältigen Uebersetzungen. 1. Bd. 5.—12. Lieferung. 4. (à 48 S.) Brünn. Karafiat. 1861. à 40 kr.

Die deutschen Romantiker. [Freytags Schulausgaben und Hilfsbücher für den deutschen Unterricht.] (246 S.)
Wien: Tempsky 1903. geb. K 1.80

Romantiker-Briefe. Hrsg. v. Frdr. Gundelfinger. (XVIII, 512 S. m. 1 Bildnis.) 8. Jena 907. E. Diederichs. 7.—; geb. in Leinw. 8.20; in Ldr. 9. —

Romantisch. [Berlin 1889]. V: *Hirzel, Ldw.* (Cat. d. Stadtbibl. Zürich. Zürich 1864—97.)

Romantischliebenden, die,. Lustsp. 8. Riga, Hartknoch. 793. -

Romanul in Francia. Cea mai nová metodá dea invêța limba Francesá in scurt timpt fárá profesor, cu intonatione exactá in pronunțare. Bonn: C. Georgi [1900]. (32 S.) 8° [Umschlagt.]
— **Kuntzé**, Méthode Polyglotte. [24.] [05. 195

Romanul in Germania. Cea mai nová metodá dea invêța limba Germaná in scurt timpt fárá profesor, cu intonatione exactá in pronunțare. Bonn: C. Georgi [1900]. (30 S.) 8° [Umschlagt.]
— **Kuntzé**, Méthode Polyglotte. [25.] [05. 196

Romanum Imperium [Schlagwort]

Romanum Imperium, s.: **Atlanten. Kampen, A. v.**

Romanus Kernbeißer, e. Geschichte, worinnen Menschen handeln. 2 Thle. Mit 1 Kpf. 8. Halle 801. Hendel. 1 ₰ 16 ₰.

Romanus, wider die Neuerer im Schulwesen. gr. 8. (15 S.) Leipzig 847, Fr. Fleischer. 3 ngl

Romanus, Engelbert von Starkenburg, durch Gottvertrauen unerschrocken in allen Gefahren seines Lebens, u. der Erste, welcher d. heil. Vehme e. Schnippchen geschlagen hat. 8. (17 B.) Nordhausen 839. [Leipzig, Literar. Museum.]

——, Ernst Gustavson, d. edle Räuberhauptmann u. Oberhaupt e. Verbrüderung d. Rächer u. Vertheidiger d. Unschuld u. Tugend im Königr. d. Scandinavier. 2 Thle. 8. (27½ B.) Nordhausen 839. [Leipzig, Literar. Museum.]

—— der Rabenvater, od.: Abenteuer e. Westphälingers, d. Mitglied e. Räuberbande in Spanien wurde, die f. Recht u. Gerechtigkeit kämpfte. Eine Räubergesch. aus d. span. Kriegsjahren v. 1808 — 13. 3 Bde. 8. (38 B.) Nordhausen 839. [Leipzig, Literar. Museum.]

—— das vergiftete Sarazenenschwert. Eine Räuber-, Ritter- u. Geistergesch. 2 Bde. 8. (24 B. u. 1 Stnt.) Nordhausen 840. [Leipzig, Literar. Museum.]

Romanus, A. T., de existentia sagarum. Jen. 1741. 4.

Romanus, B. W., der hl. Gottfried Graf v. Cappenberg, s.: Theater, kleines.

-- Der hl. Papst u. Märtyrer Clemens, ehemals heidnischer Philosoph, s. a. Theater, kleines.

Der heilige Papst und Märtyrer Clemens, ehemals heidnischer Philosoph. Schauspiel in 5 Akten von Dr. B. W. **Romanus**. Paderborn: B. Kleine [1906]. (79 S.) 8° [F.]
— **Theater**, Kleines. H. 371. [06. 13636

Romanus, C. Frid. [Pseud.], s. Olearius

Romanus, C. Julius, s. **Froehde, Osc.**

Romanus, Car. Fr., s. Romanus, Karl Friedrich

Romanus, Franz Wilhelm (Leipzig) A. S. 132/22

Dissertatio inauguralis de artificio omnes in praxi, ut aiunt, evenientes casus rite enodandi ...
Leipzig (Titius) 30. X. 1727. 52 S.

Gew.: Jakob Heinrich Gf. von Flemming. 29180

Romanus, Franz Wilhelm [Praes.], s. Brummer, Wilhelm Ludwig: De perrara poena ad triremes, in illis constitutionibus definita, seu, von der seltenen Straffe auf Galleen.

Romanus, Franz Wilhelm (Leipzig) A. S. 102/12

De eo, quod in iure dici potest vacuum.
Präs. Georg Christian Gebauer.
Leipzig (Titius) 17. V. 1725. 28 S. 29179

Romanus, Helius, Modernisten. Zeit-Roman. (166 S.) 8. Leipzig 908. Modernes Verlagsbureau. 3. —

Romanus, Joh., goldenes Schatzkästlein f. Ordensleute. Betrachtgn. auf d. vornehmst. Feste d. Heiligen u. alle Tage d. Kirchenjahres. Zu Ehren der allerheil. Dreifaltigkeit. Anh.: Betrachtgn. f. d. 1. Freitag jeden Monats. 3. (Schluß-) Bd. 8. Steyl 895. Missionsdruckerei. n. 2. —; geb. in Halbldr. n. 3. 50 (kplt.: n. 8. —; geb. n. 12. 50)
D. Weg d. Vereinigg. V. 17. Sonntag nach Pfingsten bis z. 1. Adventssonntag. (384 S.)

Romanus, Joh., goldenes Schatzkästlein f. Priester. Betrachtungen auf die vornehmsten Feste der Heiligen u. alle Tage d. Kirchenjahres. Zu Ehren der allerheiligsten Dreifaltigkeit. 1. u. 2. Bd. 8. Steyl 893. Missionsdruckerei. n. 6. 50; geb in Ldr. m. Goldschn. n. 9. —
1. Der Weg der Reinigung. Vom 1. Adventssonntag bis zum Passionssonntag. Anh.: Betrachtungen f. den 1. Freitag jeden Monats. (523 S. m. Titelbild.) n. 3. —; geb. n. 4. —
2. Der Weg der Erleuchtung. Vom Passionssonntag bis zum 17. Sonntag nach Pfingsten. Anh.: Betrachtungen f. den 1. Freitag jeden Monats. (VIII, 866 S. m. Titelbild.) n. 3. 50; geb. n. 5. —

Romanus, Jul., vom Tode Leos XIII. bis zur Erhebung des Papstes Pius' X. Mit e. geschichtl. Einleitg. üb. das Papsttum. (72 S. m. 1 Bildnis.) 8. Osnabrück 903. B. Wehberg. — 50

Romanus, Karl Frz., s. 1) Comödien. 2) Destouches, der Unschlüssige. — Dess., der Verläumder.

Romanus, Karl Frz., (+ d. 20. April 1787.) s. 3) Voltaire, verm. Schriften u. Dessen Weltgesch.

Romanus, Karl Friedrich

* **Romanus**, Car. Fr., schediasma polemicum, an dentur spectra, magi et sagae, una c. recensione hist. plurimarum hac de re opinionum. Lips. 703. 4. *Lips. 777. 4.

Romanus, C. Fr., An dentur spectra etc. Lps. 4°.

Romanus, Karl Friedrich (Leipzig) A. S. 624/31

Commentatio polemica de existentia spectrorum magorum et sagarum, Ob Wahrhaft Gespenster, Zauberer und Hexen seyn ? Annexa est recensio plurimorum hac de re opinionum.
Jena (Schill) 1744. 86 S. 29186

Romanus, Karl Friedrich (Leipzig) A. S. 741/21

Exercitatio inauguralis occasione l. XXVII. $. I. loc. cond. de rescissione contractus locati conducti ob metum spectrorum.
Leipzig (Tietze) 13. IX. 1703. 55 S.

Gew.: Bernhard Zech. 29184

Romanus, Karl Friedrich (Leipzig) A. S. 251/26

Dissertatio juridica inauguralis de rescissione contractus locati conducti ob metum spectrorum occasione L. 26. $ 1. ff. loc. cond. Von Brechung der Miethe aus Furcht für Gespenster. Iterum ed.
Halle (Hendel) 1737. 55 S.

Diss. Leipzig 13. IX. 1703. 29185

Romanus, Karl Friedrich [Praes.], s. Schubart, Rudolph August: De dimidia investitura rei immobilis allodialis, quae fit inter conjuges.

Romanus, Marforius, Pseudo-marforio Vindobonensi. Romae [Salzburg] 1795. V: *Zauner, Joh. Thaddaeus.* (GGr)

Romanus, Paul Franz [Praes.], s. Baudis, Leonhard: De eo quod differt executionem.

Romanus, P. Frc.: De feudis, in quo eorum definitiones, divisiones etc. continentur. *Frcf.* et *Lips.* 712. 4.

Romanus, Paul. Franc.: Tractatio jur., de juramento testium, vom Zeugen-Eyde, Lipsiae anno 1670 habita. Halae Magdeb. 1729.

Romanus, Paul Franz [Praes.], s. Pohlmann, Joachim: De privilegiis moratoriis, Vulgo Eisernen Briefen.

Romanus, Paul Franz [Praes.], s. Stoltz, Johann Wilhelm: De salvo conductu, quem vulgo Sicher Geleit nominamus.

Romanus, Rudolph Wilhelm (Leipzig) A. S. 720/31a

Dissertatio iuridica inauguralis de condictione triticaria. Präs. Johann Samuel Stryk.
Halle (Zeitler) 29. IV. 1700. 36 S. 29192

ROMANUS-Büchlein, oder Gott der Herr bewahr meine Seele, meinen Aus- und Eingang von nun an bis in alle Ewigkeit. Amen. Gedruckt in Berlin bei E. Bartels
Verboten vom K.-G. Böhm.-Leipa, 13 [illegible]

Die **Romanwelt.** Zeitschrift f. d. erzählende Litteratur aller Völker. (3: Hrsg. von Otto Neumann-Hofer; 4,1: & Felix Heinemann; 4,2 ff.: von Felix Heinemann.) Jg. 1, Bd 1. 2 - Jg. 8, Quartal 1. 1894-1901. [Mehr nicht erschienen.] Stuttgart: J. G. Cotta (3 f.: Berlin: Verl. d. Romanwelt; 5 ff.: Berlin: Vita) 1894-1901. 15 Bde 4° [F.]
Fortgesetzt in: Aus fremden Zungen. [07. 3079

Romanwelt, die. Wochenschrift f. die erzähl. Litteratur aller Völker. Red.: Otto Neumann-Hofer. 1. u. 2. Jahrg. Oktbr. 1893—Septbr. 1895. à 52 Hfte. (à ca. 4 Bog.) gr. 4. Stuttgart, J. G. Cotta Nachf. à Jahrg. n. 13. —; à Hft. n. — 25; auch in 18 Hftn. à n. 1. —

Romanwelt, die. Zeitschrift f. die erzähl. Litteratur aller Völker, hrsg. v. Otto Neumann-Hofer. Red.: Fel. Heinemann. 3. Jahrg. Oktbr. 1895—Septbr. 1896. 52 Hfte. (à ca. 28 S.) gr. 4. Berlin, Vita. Deutsch. Verlagshaus. n. 13. —; einz. Hfte. n. — 25

— dasselbe. Hrsg. v. Fel. Heinemann. Red.: Paul Schettler. 4.—6. Jahrg. Oktbr. 1896—Septbr. 1899. à 52 Hfte. (à ca. 4 Bog.) hoch 4. Ebd. à Jahrg. n. 15. —; einz. Hfte. n. — 30
Kann auch vierteljährlich u. in 12 Hftn. à n. 1. 25 bezogen werden.

Romanwelt, die. Zeitschrift f. die erzähl. Litteratur aller Völker. Hrsg. v. Fel. Heinemann. Red.: Erich Petersson. 7. Jahrg. Oktbr. 1899—Septbr. 1900. à 52 Hfte. hoch 4. (à ca. 32 S.) Berlin, Vita. n. 15. —

— die, vereinigt m. „Aus fremden Zungen". Zeitschrift f. moderne Roman- u. Novellenlitteratur. Red.: Karl Volhoevener. 8. Jahrg. Oktbr. 1900—Septbr. 1901. 31 Hfte. hoch 4. (à ca. 48 S.) Ebd. n. 12. —

— die. Aus fremden Zungen. Halbmonatsschrift f. die moderne Roman- und Novellenlitteratur des Auslands. Red.: Karl Volhoevener. Oktbr.—Dezbr. 1901. (Romanwelt. 8. Jahrg. 32.—37. Hft. Aus fremden Zungen. 11. Jahrg. 19.—24. Hft.) 6 Hfte. (IV u. S. 865—1152.) Stuttgart, Deutsche Verlags-Anstalt. à n. — 50
Erscheint nur noch u. d. T.: Aus fremden Zungen.

— illustr. 1.—24. Hft. gr. 8. (M. je 1 Bild.) Leipzig 896. E. Wiest Nachf. à Hft. — 10
Der blinde Zeuge. Aus d. Engl. v. Ademar Werner. (224 S.) — Unter falschem Namen. Von Sigm. Menzel. Illustr. v. Karl Römer. (360 S.)
Weiter nicht erschienen.

Roman-Zeitung
v. Züricher Post.

Roman-Zeitung. Bibliothek der vorzüglichsten Romane des In- und Auslandes. Hrsg. von Aug. Zang. 2. Jahrg. 1856. 52 Lfgn. gr. 12. Wien, Ludwig und Zang. **
Inhalt:
Dickens, Charles, Klein Dorrit. Roman. Deutsch von Gliеb. Walter. 1. Thl. (S. 1—192.)
Gondrecourt, A. v., ein wahres Weib. Roman. Deutsch von Glieb. Walter. 3 Thle. (383 S.)
Gorner, Julie, die Brüder Basset. Aus dem Engl. von Carl Gunther. (368 S.)
Feuillet, Octav, die kleine Gräfin. Deutsch von Glieb. Walter. (134 S.)
Die Ansiedler von Samarang. Nach Mery von Glieb. Walter. 3 Thle. (384 S.)
Dickens, Charles, Klein Dorrit. Roman. Deutsch von Glieb. Walter. 1. Thl. (S. 193—418.)
Anne, Andr., die Wahnsinnige von Savenay. Deutsch von Glieb. Walter. (248 S.)
Rowcroft, C., der Buschläufer von Vandiemensland. Aus dem Engl. 3 Thle. (423 S.)
Dash, eine Gräfin aus dem Volke. Aus dem Französ. von Glieb. Walter. (375 S.)
Stephens, Anna, die Waisen von Newyork. 3 Thle. [1. (200 S.) 2. (205 S.) 3. (217 S.)]
Dumas d. Jüng., Alex., Sophie Printems. 2 Thle. (257 S.)
Dickens, Charles, Klein Dorrit. Roman. Deutsch von Glieb. Walter. 1. Thl. (S. 419—630.)
Stowe, Harriet Beecher, Dred. Eine Erzählung aus den amerikanischen Sümpfen. (164 S.)
Montépin, Xav. de, der Flüchtling. Ein Lebensbild aus den Bergen. (164 S.)

Roman-Zeitung. Bibliothek der vorzüglichsten Romane des In- und Auslandes. Hrsg. von Aug. Zang. 3. Jahrg. 1857. 52 Lfgn. gr. 12. Wien, Ludwig und Zang. Thlr. **
Inhalt:
Dickens, Charles, Klein Dorrit. Bd. 1. und 2. — Ein londoner Banquier, vom Verf. von „Whitefriars". — About, Edm., der Bergkönig. — About, Edm., Germaine. — Maquet, Aug., Herzensschulden. — Grant, J., Jane Seton, oder: Der Königs-Anwalt. — Feval, Paul, der Bucklige. — Bell, Currer, der Professor. — Reid, Mayne, der Kriegspfad. — Enma, Xav., auf dem Geldsacke. — Hofmann, F., der Spion und der Leibeigene.
Ist nicht fortgesetzt worden.

Roman-Zeitung, deutsche. Unter Mitwirkung von Fr. Adami, Ulr. v. Baudissin, A. Becker rc. hrsg. 1.—4. Jahrg. 1864—67. à Jahrg. 48 Nrn. (à 5 Bog.) gr. 4. Berlin, Janke. à Jahrg.

Roman-Zeitung, deutsche. Unter Mitwirkung von Fr. Adami, J. Bacher, Ulr. v. Baudissin hrsg. 5. Jahrg. 1868. 48 Nrn. (à 5 Bog.) gr. 4. Berlin, Janke. *
—— dass. — 6. Jahrg. 1869. 36 Nrn. (à 5 Bog.) gr. 4. Ebendas. *
—— dass. — 7. Jahrg. Octbr. 1869—Septbr. 1870. 48 Nrn. (à 5 Bog.) hoch 4. Ebendas. *
—— deutsche. Redact. des Feuilletons: Rob. Schweichel. 8. und 9. Jahrg. 1871 und 1872. à Jahrg. 48 Nrn. (à 5 Bog.) hoch 4. Ebendas. à Jahrg. *
—— dass. — 10. Jahrg. 1873. 48 Nrn. (à 5 Bog.) hoch 4. Ebendas. 1. und 2. Quartal * ℳ 6.; 3. und 4. Quartal * ℳ 7. *
—— dass. — 11. und 12. Jahrg. 1874 und 1875. à Jahrg. 48 Nrn. (à 5 Bog.) hoch 4. Ebendas. à Jahrg. *

Roman-Zeitung, deutsche. Redact. des Feuilletons: Rob. Schweigel. 13.—17. Jahrg. Octbr. 1875—Septbr. 1880. à Jahrg. 48 Nrn. (à 5 Bog.) hoch 4. Berlin, Janke. à Jahrg. *

Roman-Zeitung, deutsche. Redact. des Feuilletons: Rob. Schweichel. 18. Jahrg. Octbr. 1880—Septbr. 1881. 48 Nrn. (à Nr. 5 Bog.) hoch 4. Berlin, Janke. *

—— dass. — 19. und 20. Jahrg. 1882 und 1883. à Jahrg. 52 Nrn. (à Nr. 5 Bog.) gr. 4. Ebendas. à Jahrg. *

—— dass. — Unter Mitwirkung der namhaftesten deutschen Schriftsteller hrsg. Redig. von Otto v. Leixner. 21. Jahrg. 1884. 52 Nrn. (à Heft 5 Bog.) hoch 4. Ebendas. *

Roman-Zeitung, deutsche. Unter Mitwirkung der namhaftesten deutschen Schriftsteller hrsg. Redig. von Otto v. Leixner. 22.—25. Jahrg. 1885—1888. à Jahrg. 52 Hefte. (à Heft 4½ Bog.) hoch 4. Berlin, Janke. à Jahrg. *

Roman-Zeitung, deutsche. Leiter: O. v. Leixner. 24.—27. Jahrg. 1887—1890. à 52 Hfte. (4½ B.) hoch 4. Berlin, Janke. à Jahrg. n. 14.—

Roman-Zeitung, deutsche. Leiter: Otto v. Leixner. 28.—31 Jahrg. Octbr. 1890—Septbr. 1894. à 52 Nrn. (4½ Bog.) hoch 4. Berlin, O. Janke. à Jahrg. n. 14.—

Roman-Zeitung, deutsche. Leiter: Otto v. Leixner. 32.—36. Jahrg. 1895—1899. (Octbr. 1894—Septbr. 1899.) à 52 Nrn. (à 36 S.) hoch 4. Berlin, O. Janke. à Jahrg. n. 14.—
Kann auch vierteljährlich bezogen werden.

Roman-Zeitung, deutsche. Leiter: Otto v. Leixner. 37—40. Jahrg. 1900—1903. (Oktbr. 1899—Septbr. 1903.) à 52 Nrn. hoch 4. (à ca. 72 Sp.) Berlin, O. Janke. à Jahrg. n. 14.—

Roman-Zeitung, deutsche. Geleitet v. Otto v. Leixner u. Erich Janke. Verantwortlich: Erich Janke. 41.—44. Jahrg. 1904—1907. Oktbr. 1903 bis Septbr. 1907. à 52 Nrn. (à ca. 36 S.) hoch 4. Berlin, O. Janke. à Jhrg. n. 14. —

Roman-Zeitung, deutsche. Hrsg. u. Leiter: Erich Janke. 45.—48. Jahrg. 1908—1911. Oktbr. 1907—Septbr. 1911. à 52 Nrn (à Quartalsbd. ca. 468 S.) Lex. 8. Berlin, O. Janke. à Jahrg. 14. —

Roman-Zeitung: Illustrierte Roman-Zeitung
v Schweizer Kriminal-Zeitung.

Neue illustrierte Romanzeitung des Volksgartens. Jg. 1 Dortmund Westdeutsche Verl.-Anst 1908. 8° [illegible]

— kleine. Unterhaltungsblatt f. Stadt u. Land. 1. Jahrg. Oktbr. 1903 bis Sept. 1904. 52 Hefte. (à ca. 16 S. m. Abbildgn.) Fol. Berlin, D. Dreyer & Co. 5. 20
Enthält die Fortsetzung von: Herrmann, Carl, die Geheimnisse v. Berlin.

— dasselbe. Red.: L. Wehde. Oktbr.—Dezbr. 1904. 12 Hefte. (à ca. 16 S.) gr. 4. 1. 20
Erscheint nicht mehr.

— kleine (Tannhäuser-Bibliothek). 6 Hefte. (à ca. 48 S.) kl. 8. Berlin (907). A. Michow. à — 10
Fortsetzung s. Tannhäuser-Bibliothek.

Roman- und Novellen-Zeitung. Bibliothek der vorzüglichsten Romane des In- und Auslandes. Hrsg. von Aug. Zang. (1. Jahrg. 1855. 52 Nrn.) gr. 12. Wien 855—56, Ludwig und Zang. **

Inhalt:

Nr. 1—6. (Cumming,) der Lampenwärter. (The lampligther.) Aus dem Amerikan. von Leop. R. v. Blumencron. 4 Bde. (565 S.)
" 7., 8. Reybaud, Ch., das Fräulein von Malepeire. Aus dem Französ. übers. von W. Chezy. (172 S.)
" 9., 10. Die Brautfahrt nach dem Ideal. Komischer Roman. Nach dem Französ. von Wilh. Chezy. (205 S.)
" 11—16. Stephens, Anna S., Julie Warren, oder: Glanz und Elend. Aus dem Engl. von Gllieb. Walther. (556 S.)
" 17—20. Ein wandelnder Leichnam. Von Gllieb. Walther. Frei bearb. nach Mich. Masson's Roman: Thadeus le rescuscité. (415 S.)
" 21—28. Berthet, Elie, die Katakomben von Paris. Uebers. von Wilh. Chezy. (798 S.)
" 29—34. Scott, Walter, Morcdun. Ein Geschichte aus dem J. 1210. (510 S.)
" 35—37. Berthet, Elie, Nicht Alles Gold, was glänzt. Roman. Aus dem Französ. von Carl Besser. (330 S.)
" 38. Dumas d. J., A., der Mann ohne Herz, oder die silberne Kapsel. Phantasiestück. Uebers. von Gllieb. Walter. (64 S.)
" 39—42. Boz (Ch. Dickens), Schlechte Zeiten. Deutsch von Friedr. Günther. (408 S.)
" 43—45. Sandeau, Jules, das Fräulein v. Laseiglière. Roman. (S. 1—280.)
" 46. Der Taubenpreis, nach Alex. Dumas d. J., von Gllieb. Walter. (32 S.)
" 47—50. Reybaud, Louis, Scenen modernen Lebens. Roman. Deutsch von Friedr. Gunther. (181 S.)
" 51., 52. Dumas d. J., Alex., die Somnambule. Deutsch von Gllieb. Walter. (S. 1—104.)

Roman- u. Novellen-Zeitung. Unterhaltungs-Blatt f. Haus u. Familie. Begründet 1874 als „Deutsches Fünfpfennigblatt" v. Fr. Wilib. Wulff. 11. Jahrg. 1886. 52 Nrn. (B.) gr. 4. Hamburg, Jensen & Co. 2. 60
cfr: Am deutschen Heerd.

Roman- u. Novellenzeitung. Unterhaltungsblatt „Am deutschen Heerd". Begründet 1874 als „Deutsches Fünfpfennigblatt" v. Fr. Willib. Wulff. 12. Jahrg. 1886/87. 52 Nrn. (1½ B.) gr. 4. Hamburg, Jensen & Co. n. 5. 20
Erschien nicht weiter.

— Wiener. Red.: Thdr. Scheibe. 1. Serie. 1—25. Hft. (à 5 B.) gr. 16. Wien 871. Martin. à Hft. — 40

Romanzen

—8. Altona 756. Iversen. 4 gr.

Romanzen. Berlin u. Leipzig 1756. V: *Gleim, Johann Wilhelm Ludwig.* (Gleim-Uz, Briefw. Tubingen 1899. S. 485.) (Korte, Gleim. Halberstadt 1811. Nr. 15.) »1757« (MGT) (Ky) »Halberstadt 1777« (MGT)

—(v. F. W. Gleim). 8. Berl. 757. N. Aufl. 8. Halberst. 777. Vogler. 8 gr.

Romanzen. — quis talia fando Temperet a lacrymis? Virg. Hamburg 1762. V: *Löwen, Johann Friedrich.* (BGE VI², 526)

— a. d. Span. des Gongera v. Jacobi. 8. Halle, Gebauer. 767.

Romanzen. 8. Mietau. (Sommer, Leipz.) 773.

Romanzen. Mitau 1774. V: *Geissler, A. F.* (BrMm) Ky. (GGr) (Cat. d. Stadtbibl. Zürich. Zürich 1864—97.)

Romanzen, (v. ... Geißler). 8. Mitau. 774. (W. Rauck in Leipz.) 4 gr.

Romanzen, Altschottische, treu nach dem Original hsg. . . . O. O. 1818. H: *Chezy, Wilhelmine Chr. v.* (MGT) (Kn)

— altspanische, übers. v. Fr. Diez. 8. Frkf. a. M. 818. Hermann. 8 gr.

— altspanische, besonders vom Cid u. Kaiser Karls Paladinen, übers. v. Fr. Diez. 8. Berl. 821. Reimer. 1 ℛ

Romanzen und Balladen der Deutschen. Altenb. 1799—1800. H: *Waitz, Carl Friedrich* (Ky) (GGr)

— u. Balladen der Deutschen, (v. Karl Fr. Waitz). 2 Thle. Mit 4 Kpf. 8. Altenb. 799, 800. Schnaphase. 2 ℛ 6 gr Schrbp. 3 ℛ Hbg. Pr. Drckp. 18 gr Schrbp. 1 ℛ

Romanzen u. Balladen d. neuern deutschen Dichter, s. Raßmann, (Chr.) F.

— Balladen u. Erzähl., von A. A. Sarrazin. 8. Bremen, Heyser. 809.

Romanzen, Balladen, Legenden in Bildern von Franz Stassen. *Berlin Fischer & Franke [1900].* (24 Bl.) 8° [Umschlagt. F.]
— Jungbrunnen [9.] [oo. 9494

Romanzen, die, vom Cid, s.a. Bibliothek ausländischer Klassiker.

Romanzen, die, vom Cid. Aus dem Span. v. Karl Eitner. 8. (248 S.) Leipzig 886. Bibliograph. Institut. geb. n. 1. —

Romanzen der Deutschen. Leipz. 1774—78. H: *Hirschfeld.* (GGr)

§ * ROMANZEN der Deutschen. Mit einigen Anmerkungen über die Romanze. (Gesammelt von Hirschfeld.) 2 Thle. Mit 1 Titelkpf. (vor 1) und vielen Vignetten, Leipzig, bey Christian Gottlieb Hertel. 1774—78. 8° (In Berlin Yf 2446, 1 vol., in München P o. germ. 174, 3, 1 vol.; Thl. 1 auch in Posen, Bibl. d. histor Gesellsch.) (Th. 1 apart: 6 Mk. Oskar Rauthe, Berlin, 1909.)
(1) Titelkpf. (rezitirende Volksschauspieler, Mann u. Frau, auf dem Jahrmarkt), unsign., XLVI—192 S. Enth. 46 Nrn. Zweete (sol) Abtheilung XII—228 S. Auf d. Tit. eine Holzschnitt-Vign. (costümirter Affe mit Perrücke u. Degen vor e. Spiegel stehend).

Romanzen, Einige, von A. T. G. Leipzig 1776. V: *Grahl, Andreas Traugott.* (GGr) (Ky) (MGT)

— einige, v. A. T. G. (Andr. Tr. Grahl). 8. Leipz. 776. Dyck. 2 gr

Romanzen, Fünfzehn, über den Ursprung der Stadt Aachen und ihrer Heilbäder. Mainz, Florian Kupferberg. 1815. 8°. V: *Lassaulx, Frz. v.* Vgl. Leo Just: F. v. Lassaulx. Bonn 1926. S. 208. 269. (DARP)

— funfzehn, vom Ursprung d. Stadt Aachen u. ihrer Heilbäder. 8. Mainz 815. Kupferberg. 2 gr

Romanzen des Ritters Lopez. O. O. 1771. V: *Partz, Ernst Ludw.* (MGT)

Romanzen mit Melodien und einem Schreiben an den Verfasser. Hamb. u. Leipz. 1762. V: *Löwen (Löwe), Johann Friedrich.* (JL) (Haydinger) (BrMm) (ADB)

— mit Melodien. 8. Leipz. 762. (Brockhaus). 6 gr

Romanzen mit Melodien von Hiller Leipzig 1767. V: *Schiebeler, David.* (Schr) (ML)

Romanzen nebst einigen andern Poesien. Hamburg u. Bremen 1769. V: *Löwen, Johann Friedrich.* (BGE VI², 526)

Romanzen vom Thale Ronceval. Berlin 1805. V: *La Motte Fouqué, Frdr. de.* (Ky)

— v. Thale Ronceval. 8. Berlin, Realschulbuchhdl. 805.

Romanzen vom Thale Ronceval, (von Fr. de la Motte Fouqué). 8. Berl. 805. (Renner). 12 gr

ROMANZEN und Sonette. Göttingen, bey Justus Frdr Danckwerts. 1809. 8°
66 S. Nirgends citirt Unter den Romanzen (S. 7—46) Einiges etwas frei Die Hochzeitfeyer, die verschmähte Fee die heilige Thais, die Buhlerin. Legende. — Unter d. Sonetten hervorzuheben No. VI Johanna von Orleans. — Sehr selten!

— u. Sonette. 8. Götting. 809. Vandenhöck u. R. 8 gr

Romanzen, spanische, übers. v. Bauregard-Pandin. (C. F. v. Jariges.) 12. Berl. 823, Dunker u. H.

— Spanische; aus d. Span. übers. v. Beauregard-Pandin (Fr. Karl v. Jariges). 12. Berl. 823. Duncker u. H. 16 gr.

Romanzen, Spanische. Salamanca [Breslau] 1831. V: *Hoffmann gen. von Fallersleben, August Heinrich.* (GGr)

ROMANZEN, Spanische, aus der früheren Zeit (übers. von Victor Aimé Huber). Frankfurt 1821
Anon.-Lex. III p. 392 (nach Goedeke).

Romanzen, spanische, aus d. frühern Zeit. 8. Aarau 822, Sauerländer. Rthlr.

de Romanzoff, Com. Nic., s. **Abulghasi** Bahadiir Chani.

Romarino, G. A., der Kampf d. Poln. Volkes auf Tod u. Leben; od. Polens neueste Schicksale in histor. Gemälden. Aus d. zuverläss. Quellen gezogen. 4 Bdchn. 16. (8 B. u. 4 ill. Kpfr.) Augsburg 831, Schlosser.

de Romas, Dionysius (Jones) (geb. Zakynthos 28. 5. 1825). De effectibus dispositionum anatomicarum in morbo Brighti nonnulla. Berolini 1852. 34 S. 8°
Berlin, Med. Diss. v. 20. Jan. 1852

Romätzeck, Wilhelm, Rechtspraktikant in Fürth: **Die Zwangs-Hypothek nach der Novelle zur Subhastationsordnung für Bayern vom 29. Mai 1886 und der Einfluss der neuesten Reichs-Gesetzgebung auf dieselbe.** *Fürth 1898: A. Schröder.* (30 S.) 8° [F.]
Erlangen, Jur. Diss. v. 1898

Romätzeck, Wilh., die Zwangs-Hypothek nach der Novelle zur Subhastationsordnung f. Bayern v. 29. V. 1886 u. der Einfluß der neuesten Reichs-Gesetzgebung auf dieselbe. gr. 8. (33 S.) Fürth 898. G. Rosenberg. n. — 60

ROMAUER, WOLFGANG: Ehren-Rede Über die Hochfeyerl. Verlobnuß Der Ehrwürdigen in Gott Geistlichen Schwester Vincentiae Von der Menschwerdung Christi Aus der Gesellschaft der Heil. Ursulae Vormehls Mariae Franciscae, Gebohrnen Gräfin, Fräulein von Ferrer, Als selbe nach vollendten zweyen Prob-Jahren ihre offentliche Gelübds-Verbündnuss in allerhöchster Gegenwart Ihro Majestät der Regierenden Kayserin Mariae Theresiae angeleget, In der Kirchen deren WW. EE. Closter-Fräuen Societatis S. Ursulae. Am sechsten Sonntag nach Pfingsten Im Jahr 1749. Vorgetragen von P Wolfgang Romauer S. J. Wienn 1749: Johann Ignatz Heylinger, Hochfürstl.-Ertz-Bischöfflicher Hof-Druckerey 17 S. - 240 mm

ROMAUER, WOLFFG(ANG) S. J.. Zweyfache Geburt, eine zeitliche der jungfräulichen Mutter Mariä. Eine geistliche der hoch-edl-gebohrnen Fräule Agnes Inkel von Pallin, nunmehr Schwester Maria Petronella von dem heil. Evangelisten Joanne. Als sie Ihre feyerliche Gelübds-Verbündnuss abgelegt in der Kirche deren WW. EE. Kloster-Frauen Societatis S. Ursulae zu Pressburg den 8. September. In einer Ehren-Red vorgetragen. Preßburg 1746. Gedr. mit Royerischen Schriften. 9 f. - kl. 4°

ROMAUER, WOLFGANG S. J. Heiliger Udalricus, Bischof zu Augsburg, besonderer Schutz-Herr von Schwaben-Land in einer Ehren-Rede vorgestellt als eine Höch-Löbliche, in Wienn versammlete Schwäbische Land-Genossenschaft in der Kayserl. Hofkirchen deren Wohl-Ehrwürdigen PP Augustinern Barfüssern bey Maria Loreto, am 5. Sonntag nach Pfingsten, als den 4. Julii 1751. seinen eintreffenden Fest-Tag mit Jährlich-feyerlichen Andacht begienge: von P Wolfgango Romauer, aus der Gesellschaft Jesu, In dem Kaysel. Profess-Haus besagter Gesellschaft gewöhnlichen Sonntags-Fruh-Prediger, Wienn 1751. Gedruckt bey Gregorio Kurtzböck 12 S. - 4°

Rombach, Curt, s. Rombach, Kurt

Rombach, J. Todtnau u. seine Umgebung. Geschichte u. Beschreibung. 8. Lörrach 1855

Rombach, Kurt

— — Das Hotel zum „Spanischen Hof". Roman. Mit Titelbild u. Illustrations-Beilagen. Budapest, Schneider, o. J. (c. 1906). (Mk. 2,50.) (1 Mk. 50 Pfg. F. Waldau, 1909.)

— Meine grausame, süsse Reitpeitsche. Enthüllgn. e. Wiener Baronin, veröffentlicht v. R. (128 S. m. 1 Vollbildern.) 8. Ebd. (908). 4 —
Im Deutschen Reich verboten.

— — Rutengeschichten. Mit Illustrationen. Ebd. (19**). (2 Mk. der Vorige.)

Schleichwege u. Annäherungsversuche sexuell Verirrter. (VII, 139 S.) gr. 8. Leipzig (908). Leipziger Verlag. 5.

Rombach, Curt, sie soll deine Herrin sein. Masochistischer Roman. (118 S.) 8. Pressburg (907). H. Hartleb. 3. —

— deutsche Sitten. Wacht am Rhein. Ein krit. Nachwort zur Kölner Sittlichkeitskonferenz. (16 S.) 8. Dresden (905). C. Stoll. n. — 50

Rombach, K., Deutsche Sitten-Wacht am Rhein. Ein krit. Nachwort zur Kölner Sittlichkeitskonferenz. (16 S.) 8. Dresden, C. Stoll. 1905 —. 50.

— **warum ich die Peitsche schwang! Selbstbiographie e. Herrin. Veröffentlicht v. R. (139 S.) 8. Pressburg (906). H. Hartleb. n. 3. —**

— Warum ich die Peitsche schwang! Selbstbiographie e. Herrin. (139 S.) 8. Ebd. (907). 3. —

Rombach, Curt, Herrin Weib. 4 Erzählgn. (93 S.) 8. Dresden (905). Leipzig, Moderner Dresdner Verlag. n. 3. —

— — In Weibeszucht. Nur Selbsterlebtes. Budapest, Schneider (190*). (Mk. 2—.)

— — In der Zucht strenger Damenhände. Selbstverfasster Lebenslauf eines Masochisten. Hamburg (1903). 8°. 110 S. (Mk. 3—.) (2 Mk. 75 Pfg., br. im Orig.-Umschl., Osk. Rauthe, 1908.)

Rombach, M., wessen Schuld?, s.: Lorenz, badische Bücherei. III.

Rombach, Wilhelm, bacc. iur., Referendar: **Das Wohnungsmietrecht und seine Pfändung. Montjoie 1909: Salzburg.** VII, 79 S. 8°
Leipzig, Jur. Diss. v. 10. Juli 1909
[Geb. 20. Juli 84 Roetgen; Wohnort: Roetgen; Staatsangeh.: Preußen; Vorbildung: Kaiser-Karls-Gymn. Aachen Reife O. 03, Studium: Freiburg i. B. 1, München 2, Bonn 3 S.; Rig. 30. Juli 06.] [U 09. 2649

Rombauer, Bertha. Bunte Blätter, Gedichte. St Louis 1889

Romberg (II.), s. Foerster, W., Sammlung von Hülfstafeln der Berliner Sternwarte.

Romberg, Gedächtnißrede bei der Trauerfeier f. d. heimgegang. Pastor emer. Martin Pistorius, s.: Heussi.

— **Gott mit uns! Acht Predigten u. 2 Ansprachen in außerordentl. Betstunden während des französ. Krieges in den Monaten Juli, August u. Septbr. gehalten.** Wittenberg 870. Koelling. gr. 8. (VII, 112 S.) 15 ngr.

Romberg, s.: Krankheiten, die, der Athmungs- u. Kreislaufsorgane.

— die Lehre Luthers von der heiligen Schrift in ihrem Zusammenhange dargestellt. Wittenberg 868. Herrosé. gr. 8. (47 S.) 7½ ngr.

Romberg, Marine u. Seewesen d. deutschen Reichs. [Aus: „Holtzendorff, Jahrbuch f. Gesetzgebg."] gr. 8. (36 S.) Leipzig 872. Duncker & Humblot. n. — 60

v. **Romberg.** Die Theilnahme des 5. pomm. Infanterie-Regiments No 42 an dem Feldzuge gegen Österreich u Sachsen 1866. (208) 8. M 2 Plän Stralsund 1866. 2,75.

Romberg, v., die Theilnahme des königl. 5. pommerschen Infanterie-Regiments Nr. 42 an dem Feldzuge gegen Oesterreich u. Sachsen 1866. [Hierzu 2 (lith.) Pläne (in qu. Fol. u. gr. Fol.)] Stralsund 868. Bremer. 8. (V, 208 S. mit 1 Tab. in Fol.) n. 27½ ngr.

Romberg, Dr . s. Trousseau, über die Kehlkopfeschwindsucht.

Romberg, von Advent bis Ostern. 8 Predigten aus der Amtsführung zu Wittenberg. Wittenberg 869. Herrosé. 8. (VII, 92 S.) n. 8 ngr.

Romberg, A. Das Lied von d. Glocke, s. Breitkopf u. Härtel's Text-Bibliothek.

Romberg, A., Ueber den Miles gloriosus des Plautus. Pr. 1869. 22 S. 4°. 1.20

Romberg, Amalie v , s. A l p e n r o s e und Edelweiss.

Romberg, Amalie v., vor 100 Jahren, s.: Schwerin, Gräfin Sophie, geb. Gräfin v. Dönhoff.

— Sophie Schwerin, hrsg. v. Eberh. König, s.a. Werdandi-Werke. I.

Sophie Schwerin. Ein Lebensbild aus ihren eigenen hinterlassenen Papieren zsgest. von ihrer jüngeren Schwester Amalie v. **Romberg** Neu hrsg. von Eberhard Koenig (2: von Paul Schreckenbach) Bd 1. 2. Leipzig Eckardt 1909–11 8°
(Werdandi-Werke. Bd 1. 2.) [illegible]

Romberg, Andr , s. R o m b e r g , J Andr

Romberg, Anton

Gohl, Joh. Christian Sam.: Trauer-Cantate zum Andenken des verewigten hochw. Brs. Joh. Christian Sam. Gohl. Aufgeführt in der Grossen National-Mutter-Loge zu den drei Weltkugeln [in Berlin] am 23. Aug. 1825. [Unterz.:] L[udw.] Kosegarten u. A[nton] **Romberg.** Berlin [1825]: Amelang. 8 S. 8⁰ [Umschlagtit.]
Ohne Noten: „Es rinnt der Sand der Stunden, . . ." Nebst einem Liede am Sarkophage. 25.

Zenker, Joh. Gottlieb Friedr.: Trauer-Cantate zum Andenken der verewigten Brr Joh. Gottlieb Friedr. Zenker und Georg Gottlieb Pappelbaum. Aufgeführt in der Grossen National-Mutter-Loge zu den drei Weltkugeln [in Berlin], am 18. April 1826. [Am Ende:] Von [Ludw.] Kosegarten und A[nton] **Romberg.** Berlin [1826]: Amelang. 4 Bl. 8⁰ [Umschlagtit.]
Ohne Noten: „Es rinnt der Sand der Stunden . . ." Beigefügt ein Lied am Sarkophage von J. D. Symanski u. Winter.

Trauer-Cantate für die entschlummerten Brüder in der Gr. Nat.-Mutter-Loge zu den drei Weltkugeln. [Komp. von Anton **Romberg,** Text von Ludw. Kosegarten.] [Berlin o. J.]: Amelang. 4 Bl. 8⁰ [Umschlagtit.]
Ohne Noten: „Es rinnt der Sand der Stunden, . . ." 25.

Romberg, Aug. Nationale Bildung und die Schule. 21 S. Rsch. *Coburg* 1877
Progr.

Romberg, Bernh., 25 neu aufgenommene Choralmelodien u. 34 geistl. Lieder zu dem umgearbeit. mecklenb. Gesangbuch. Vierstimmg gesetzt. Eine Ergänzg. zu Kade's mecklenburg. Choralbuch u. Wöhler's mecklenburg. Choralbuch. (59 S.) Lex. 8. Wismar 906. Hinstorff's Verl. Geb. in Leinw. n. 3. —

Romberg, Bernard. Violoncell-Schule in zwei Abtheilungen. Berlin und Posen.

Romberg, E., s.: Beiträge, anatomische, experimentelle u. klinische, zur Pathologie d. Kreislaufs.

Romberg, Ed., la bise, s.: Collection d'auteurs français.

Romberg, Ed., Plaudereien e. Arztes üb. das Radfahren der Damen. schmal 8. (88 S.) Leipzig 901. H. Seemann Nachf. n. 1. —

— ärztlicher Ratgeber f. Radfahrer, nach Fressel's Was muss jeder Radfahrer unbedingt wissen? neu bearb. 10.—12. Taus. gr. 8. (52 S. m. Abbildgn.) Ebd. (900). n. 1. —

Romberg, Eduard [app. Arzt in Eisfeld (Thüringen)]: Ein Beitrag zur Frage der örtlichen Behandlung der Rachen-Bräune. . . . Eisfeld, Druck v. W. Behling (1889); 22 S. 8°
Erlangen, Med. Fak., Inaug.-Diss. v. 22. Okt. 1889

Romberg, Erich [Unterarzt aus Berlin]: Der Nährwerth der verschiedenen Mehlsorten einer modernen Roggenkunstmühle .. München, Druck v. R. Oldenbourg, 1896; 54 S. 8.
Berlin, Med. Fak., Inaug.-Diss. v. 17. Nov. 1896

Romberg, Ernst, über d. Entwicklg. d. jetzigen therapeut. Anschauungen in d. inneren Medicin. Antrittsvorlesg., geh. am 21. XI. 1896. gr. 8. (27 S.) Leipzig 897. A. Georgi. n. — 80

Romberg, Ernst, Erfahrung u. Wissenschaft in der inneren Medizin. Akademische Antrittsvorlesg. (31 S.) kl. 8. Wien 905. Urban & Schwarzenberg. n. — 60
Sonderabdruck aus: „Therapie der Gegenwart".

— **Lehrbuch der Krankheiten des Herzens u. der Blutgefässe. (XII, 548 S. m. 53 Abbildgn.) Lex.-8. Stuttgart 906. F. Enke. n. 13. —; geb. in Leinw. n. 14.40**

Romberg, Ernst, Lehrbuch der Krankheiten des Herzens u. der Blutgefässe. 2. Aufl. (XII, 588 S. m. 69 Abb.) Lex. 8. Stuttgart 909. F. Enke. 14.—; geb. in Leinw. n 15.40

— Die Rolle der Gefässe bei inneren Krankheiten m. Ausschluss der eigentlichen Gefässkrankheiten, s.a. Sammlung klinischer Vorträge.

Die Rolle der Gefäße bei inneren Krankheiten mit Ausschluß d. eigentlichen Gefäßkrankheiten. Von Prof. Dr. E(rnst) **Romberg**. Tübingen. Leipzig: Barth 1909. 27 S. 8° [Umschlagt.]
(Sammlung klinischer Vorträge. Nr. 551.) 109. 15054

Romberg, Eugen

ROMBERG, E.: Der Königliche exotische Garten in Hohenheim. Programm. - Plieningen 1899. 42 S., 12 Taf., 1 Pl.

Romberg, Fr

Romberg, F., Aedificium scholastic. s. exercitia stili latini. 8. Berl. Haude. 715.

— s. M. Corderii, colloquia.

Romberg, F., exercitationes syntacticae. 8. Berl. 771. Haude u. Sp. 4 gl

Rombergii, Fr., Exercitationes Syntacticae ad imitationem regularum. Ed. 6. Berol. 733. 8. 4 gr.

— Kirchenpostill üb. d. Evangelia. 4. Ebend. 704.

Romberg, Friedrich

Die Bedeutung der Meisterkurse für die Gewerbeförderung und die Aufgaben der im Jahre 1907 in Cöln zu eröffnenden Gewerbeförderungsanstalt für die Rheinprovinz. Vortrag geh. zu Cöln 1905 von Dir. Friedrich **Romberg**. Köln 1906: Kölner Verl.-Anst. u. Dr. (66 S.) 8° [Umschlagt.] 07. 17560

Romberg, Frdr., die Bedeutung der Meisterkurse für die Gewerbeförderung u. die Aufgaben der im J. 1907 in Cöln zu eröffnenden Gewerbeförderungsanstalt für die Rheinprovinz. Vortrag, geh. zu Cöln am 20. XII. 1905 auf e. Versammlg. v. Mitgliedern des Gewerbevereins, der Handwerkskammer, des Vereins der Industriellen, des Bezirksvereins deutscher Ingenieure u. der elektrotechn. Gesellschaft. (66 S.) gr. 8. Köln 906. (P. Neubner). n. — 50

Romberg, Frdr., s.: Bericht der Gewerbeförderungs-Anstalt f. die Rheinprovinz zu Cöln.

Romberg F, gewerbliche Fachschule der Stadt Köln. 4° Köln 1886
Leipzig 1885. 93

Festschrift zur Eröffnungsfeier der Gewerbeförderungs-Anstalt für die Rheinprovinz zu Cöln a. Rh. Von Dir. Friedrich **Romberg**, Gewerbeschulrat. (Köln 1907: J. P. Bachem.) (79 S.) 4° 08. 8290 5

Romberg F, Festschrift zur Feier des 25jährigen Bestehens der gewerblichen Fachschulen zu Köln 1904. (95 S) 4° Köln 1904

Ein Vierteljahrhundert staatlicher und städtischer Fürsorge für die gewerbliche Ausbildung. (1879—1904.) Festschrift, hrsg. bei Gelegenheit der Feier des 25jähr Bestehens der Gewerblichen Fachschulen zu Cöln a. Rh. und der Einweihung der neuen Maschinenbauschule daselbst. Von Friedrich Romberg. — ([Köln] 1904) DuMont Schauberg. 94 S. 4°

Romberg's, Gerh., Redaktions-Kalender 1904. Schreibtisch-Almanach f. Redakteure, Journalisten, Schriftsteller, Zeitungs- u. Zeitschriften-Verleger m. historisch-politisch-biograph. Wochen-Abreiss-Kalender u. Bezugsquellen-Nachweiser. 1. Jahrg. (100 S.) gr. 8. Leipzig, E. H. F. Reisner. Geb. in Leinw. n. 3. —

Romberg, H., Fragen aus dem Seerecht und verwandten Gebieten. Ein Leitfaden für Steuerleute. gr. 8. (IV und 107 S.) Bremen 864, Heyse's Verlag. * 16 Ngr.; geb. *

Romberg, H. (H.), Fraglehre für Seefahrtschulen, s. Breusing, A.

Romberg, H., Missionspredigt über Psalm 110, V. 1-4 auf dem Missionsfeste zu Wismar am 15. Octbr. 1867 gehalten. Schwerin 868. Stiller. gr. 8. (16 S.) n. 2½ ngr.

Romberg, H., zwei Reden, zur Friedhofs-Weihe, den 27. Octbr. 1878, auf dem alten und neuen Gottesacker in Müsen gehalten. 8. (12 S.) Siegen 879, Montanus.

—— kirchliche und sociale Zustände im Elsaß. Bevorwortet von Krafft. 1.—3. Aufl. 8. (IV, 78 S.) Barmen 872, Klein. *

Romberg, H. T. B., Giftmord — Justizmord? Prozeß Fanny Schrön, verhandelt vom 26. bis 29. Novbr. 1890 vor dem Schwurgericht zu Leipzig. Mit krit. Beleuchtg. 8. (48 S.) Leipzig 890. Eisert & Kurtze. n. — 50

Romberg, Heinrich

Ausstellung Bremischer Gewerbs- und Industrie-Erzeugnisse, Führer durch die Ausstellung von Handelsrohproducten und Schifffahrtsgegenständen. Katalog der — 1865, von Heinrich Romberg. Bremen 1865.

Romberg, Heinr., das Straßenrecht auf See. Bremen 870. Heyse. gr. 8. (III, 139 S. mit 6 Steintaff.) n. 1 ℳ

Romberg, Hermann

Romberg, H. Catalog v. 5634 Sternen f. die Epoche 1875, s. a. Observations de Poulkova. Suppl. III.

Romberg, H., Catalog v. 5634 Sternen f. die Epoche 1875.0 aus den Beobachtungen am Pulkowaer Meridiankreise während der J. 1874—1880. [Suppl. III aux Observations de Poulkova.] Imp.-4. (22 u. 142 S.) St.-Pétersbourg 891. (Leipzig, Voss' Sort.) n. 8. —

Romberg, H., observations au cercle méridien, s.: Publications de l'observatoire central Nicolas.

Romberg, H., genäherte Örter der Fixsterne, v. welchen in den Astronom. Nachrichten Bd. 67 bis 112 selbstständ. Beobachtgn. angeführt sind, f. die Epoche 1855 hergeleitet u. nach den geraden Aufsteiggn. geordnet. Publication der Astronom. Gesellschaft XVIII. gr. 4. (52 S.) Leipzig 886, Engelmann. n. 4. —

Romberg, Hermannus (geb. am 22 Mai 1812 in Delitzsch bei Leipzig): Quaedam de ponte Varolii ... Bonnae, typ. C. Georgii 1838. VI, 32 S., 1 Bl., 2 Taf. 8.
Bonn, Med. Fak., Diss. v. 2 Aug. 1838

Resultate aus den Zonenbeobachtungen am Meridiankreise der Moskauer Sternwarte während der Jahre 1858—1869 v. H[erm.] Romberg u. J. Seiboth. [No] 1. *St. Pétersbourg: Acad. Imp. d. Sc. 1891.* 4.
= Memoires de l'Académie Imp. d. sciences de St.-Pétersbourg. Sér. VIII. Classe phys. math. Vol. 1. No 5. 58. 1101

Romberg, H., u. J. Seyboth, Resultate aus d. Zonenbeobachtungen am Meridiankreise der Moskauer Sternwarte währ. der J. 1858—1869. I. Zone 0° — + 4°. (Mémoires de l'académie impériale des sciences de St.-Pétersbourg. VIII. Série. Vol. 1. Nr. 5.) gr. 4. (55 S.) St. Petersburg 894. (Leipzig, Voss Sortiment.) n. 2. 50

Romberg, (Hermann) (Übers.):

s.: Trousseau, A(rmand): Praktische Abhandlung über die Kehlkopfsschwindsucht, die chronische Laryngitis und die Krankheiten der Stimme (Traité pratique de la phthisie laryngée, de la laryngite chronique et des maladies de la voix. Dt.) von A. Trousseau und (Pierre) H(ippolyte) Belloc, hrsg. und mit Zusätzen versehen von J(ohann) F(riedrich) H(ermann) Albers. Leipzig: 1839

JB 4.331

Romberg, J H S

Romberg, die Aufgabe der Predigt in dieser unserer Zeit. Ein Vortrag. gr. 8. (16 S.) Posen 857. (Berlin, Mittler und Sohn.) *

Romberg, J. H. S., die Aufgabe der Predigt in dieser unserer Zeit. Ein Vortrag gehalten am 3. Juni 1857 bei der Pastoral-Konferenz in Posen. Posen 859. (Berlin, Mittler & Sohn.) gr. 8. (16 S.) 2½ ngr.

Romberg, J. H. S., Christus, der Grund- u. Eckstein uns. Glaubens u. uns. Seligkeit. Antrittspred. gr. 8. (1¼ B.) Bromberg 830, [Hirschberg.]

—— die Gottesleugnung und die Beweise für das Dasein Gottes. Vorlesung am 14. Decbr. 1858 gehalten in Danzig. gr. 8. (23 S.) Danzig 859, (Homann's Kunst- und Buchh.)

Romberg, J. H. S., der Grund- Eckstein unsers Glaubens u. unserer Seligkeit. Eine Predigt. 8. Bromberg 831. Müller. 2 gr.

— die drei Perioden meines kirchenamtlichen Lebens, oder Lebens- und Amts-Erfahrungen im synodalen Rheinlande, im Weserlande und in der Provinz Posen. Bromberg 862. Mittler. gr. 8. (XVI, 367 S.) n. 1 rthl 15 ngr.

Romberg, Jakob Heinrich Ferdinand

Romberg, J. H. F., die neuesten Bewegungen in der kathol. Kirche. Ein Wort für u. wider ihre Anerkennung im Staate. Zum leichten Verständniß für Jedermann. gr. 8. (5⅙ B.) Berlin 845, [Mittler u. Sohn.] *

Romberg's neuer Beweis des Geistes u. der Kraft, beleuchtet von einem Protestanten. 8. (2¾ B.) Bromberg 845, Fischer. *

Romberg, Jak. Heinr. Ferd., Geschichte d. Einführung d. neuen Kirchenagende in d. Diöcese Minden. 8. (7¼ B.) Minden 828. (Essen, Bädeker.)

Romberg, J. H. F., die evangel. Kirche in dem Regier.-Bezirk Bromberg, Großherzogth. Posen. Eine Mittheilung über den gegenwärtigen Zustand derselben. [Mit einer Nachschrift über die polit. Verhältnisse der Provinz Posen.] Allen Haupt- u. Zweigvereinen u. allen Mitgliedern der Gustav-Adolph-Stiftung gewidmet. 8. (44 S.) Bromberg 848, Mittler'sche Buchhandlung in Comm. n. ⅛ rthl

Romberg, J. H. F., die prophet. Offenbarungen d. alt. u. neu. Testaments. Ein Leitfaden beim christl. Religionsunterr. nach Anleit. d. drei Artikel d. christl. Glaubens, d. zehn Gebote u. das Vater Unser, mit Benutz. d. kleinen Katechismus Luthers geordnet. 2., verb. Aufl. 8. (7½ B.) Bromberg u. Berlin 839, Mittler, Brlsh.

Romberg, J. H. F., die prophetischen Offenbarungen des alten und neuen Testaments. Ein Leitfaden beim christlichen Religionsunterricht nach Anleitung der drei Artikel des christlichen Glaubens, der zehn Gebote und des Vaterunser, mit Benutzung des kleinen lutherischen Katechismus. Neue Umarbeitung. 8. (100 S.) Bromberg 855, (Mittler'sche Buchh.) *

Romberg, J. H. F., die drei Perioden meines kirchenamtlichen Lebens, oder Lebens- und Amts-Erfahrungen im synodalen Rheinlande, im Weserlande und in der Prov. Posen. gr. 8. (XVI und 367 S.) Bromberg 862, Mittler'sche Buchh. *

—— die Spaltung des christ-kathol. Vereins in Bromberg in zwei Vereine, nämlich des apostolischen u. des leipziger Bekenntnisses. 8. (3¼ B.) Bromberg 845, [Berlin, Mittler u. Sohn.] *

—— die Stimme der Wahrheit aus d. göttl. Worte üb. Friedrich Wilhelm III. König von Preußen. In e. Auswahl v. Gedächtnißpredigten auf des hochsel. Königs Majestät aus verschied. Provinzen des preuß. Staates. Mit Bewilligung der Verfasser gesammelt u. hrsg. 2 Thle. gr. 8. (77 B.) Berlin 842, [Mittler u. Sohn.]

—— Was hat die evangel. Kirche Preußens in gegenwärtiger Zeit zu fürchten oder zu hoffen? Beleuchtet. gr. 8. (6 B.) Berlin 842, [Mittler u. Sohn.]

—— ein Wort an meine Gemeinde über die Theilnahme der evang. Bekenner an den unterscheidenden Kirchenfesten u. Gottesdiensten der römisch-kathol. Kirche. 2., mit e. die Gegenschrift des Hrn. Propst Turkowski beleuchtenden Zugabe, verm. Aufl. 8. (3½ B.) Bromberg 844. [Berlin, Mittler u. Sohn.] *

Romberg, Johann Andr

— Anleitung z. Treppenbau. Mit 14 Steintaf. qu. gr. Fol. Augsburg 832. Zanna u. Comp. (Leipzig, Kollmann.) n. 2⅙ rthl B. linp. n. 2⅔ rthl

Romberg, Joh. Andr., Decorationen innerer Räume. 5. u. 6. Hft. qu. gr. Fol. (Taf. 26—37. u. ½ B. Erklär.) Leipzig 835, Fr. Fleischer. *
1—4. Hft. Ebendas. 1834. 3 Thlr. 12 Gr.

—— dass. — Neue Folge. 1. Hft. gr. 4. (½ B. u. 8 Stnt.) Freiburg 840, Herder'sche Vrlsh. *

—— über Eisenwerks-Arbeiten in d. Civil-Baukunst. 4 Hfte. qu. ½ gr. Fol. (24 Stnt. u. 4 B. Text.) Leipzig 835, [Herm. Fritzsche.] *

— über Eisenwerks-Arbeiten in der Civil-Baukunst, 4 Hefte. Mit 6 Steintaf. qu. ½ gr. Fol. Leipzig 835. Leo. n. 4⅔ rthl — Einzeln à H. 1⅓ rthl

—— architekton. Entwürfe. 1. Hft. Plan zu einer Börse in Hamburg. qu. ½ Roy.-Fol. (6 Bl. u. 1 Bl. Text.) Hamburg 835, Aug. Campe. (Leipzig, F. A. Brockhaus.) *

—— Form u. Construction d. Feuerung erspar. Oefen, Kochheerde, Kamine u. Bratoefen. 4. (4 B. u. 56 Stnt.) Leipzig 839, [Lorck.] *

— Form und Construction der Feuerung ersparenden Oefen, Kochheerde, Kamine und Bratöfen. Mit 56 Steintafeln. 4. Leipzig 839 Weber. n. 2 rthl

— u. Fr. Steger, Geschichte der Baukunst von den ältesten Zeiten bis auf die Gegenwart. 1. Bd. Allgemeine Einleit. u. Geschichte der indischen Baukunst. — A. u. d. T.: Geschichte der Baukunst bei den Assyrern, Medern, Babyloniern, Persern, Phöniciern, Israeliten u. Indern. Roy.-4. (Mit 12 Kupfertaf.) Leipzig 844, Romberg. n. 4 rthl

— über das Gewerb-Schulwesen. Sendschreiben an die Gesellschaft zur Beförderung der Künste u. nützl. Gewerbe in Hamburg. 8. Hamburg 838. Hoffmann u. Campe. ⅙ rthl

—— über d. Gewerb-Schulwesen. Sendschr. an d. Gesellschaft z. Beförderung d. Künste u. nützl. Gewerbe in Hamburg. 8. (3 B.) Hamburg 838, Hoffmann u. Campe.

—— über d. Gewerb-Schulwesen. Od.: Welche Erziehung muß in uns. Zeit d. gewerbl. Ständen zu Theil werden? u.: Welche Gründe sprechen f. d. Errichtung v. techn. Anstalten überh., u. insbesond. f. d. Erricht. e. Gewerbschule in Hamburg? gr. 12. (5⅙ B.) Hamburg 838, (Nestler u. Melle.) *

—— Handbuch f. Bautischler. gr. Lex.-8. (48 Kpfrt. u. 1½ B. Text.) Nürnberg 837, Fr. Campe.

Romberg, J. Andr., Handbuch für Bautischler. Mit 48 Kpfrtaf. gr. Lex.-8. Nürnberg 837. Campe. n. 1⅓ rthl

—— Handbuch f. d. Bildhauer, Stukator u. Gipser. qu. Lex.=8. (2⅛ B. u. 48 Stnt.) Freiburg 837, Herder'sche Brlsh. *

— u. J. C. Wedeke, Handbuch d. Landbaukunst, s.: Wedeke, J. C.

—— neues Handbuch f. d. Zimmermann. gr. 4. (42 Stnt. v. Joh. Minsinger u. 4 B.) Leipzig 837, Hinrichssche Buchh.

Romberg, J. Andr., praktisches Handbuch f. Bautischler in stufenweisem Uebergang von den einfachern zu den zusammengesetztern u. verzierten Gegenständen nebst gleichzeitiger Anleitung mit wenig Mitteln gut u. schön zu bauen. Mit 48 Kupfertaf. 2. (Titel=) Aufl. gr. 8. (24 S.) Nürnberg (837) 851, Lotzbeck. 21 ngr

—— und J. Kaufmann, allgem. Journal f. Industrie, Handel u. Schifffahrt rc., s. Journal.

—— polytechn. Journal rc., s.a. Journal.

— polytechnisches Journal. Eine wöchentlich erschein. Zeitschrift zur Verbreitung gemeinnütz. Kenntnisse aus dem Gebiete des chemischen u. mechanischen Theils der Naturwissenschaften, der Pharmacie, der Mechanik, so wie der neuesten Erfindungen u. Entdeckungen in den Künsten, Fabriken, Manufacturen u. technischen Gewerben überhaupt; der Handlung, der Haus= u. Landwirthschaft rc. rc. Herausgeg. im Verein v. mehreren Mitredactoren u. Mitarbeitern. 1r Jahrg. 4 Quartalhefte. Mit Abbildd. gr. 4. Hamburg 838. Altona, Hammerich. n. 4½ ₰ — 2r Jahrg. 1839. 52 Numm. Mit Steindr. gr. 4. Ebd. 839. (Ebd.) n. 4½ ₰ — Vergl. Journal für Industrie rc.

Romberg, J. A.: Conversations-Lexicon für bildende Kunst, fortgesetzt von Faber. Lief. 1–32 oder 1r.–4r. Bd. – 5r. Bd. 1st. Lief. (33ste Lieferung des ganzen Werkes). Leipzig. 1843–1850. 8°

— Kunstreisen. 1e u. 2e Station. Kunstreise durch Hamburg. Ankunft daselbst. — Blick ins Kloster. — Baukunst und Ameisenhaufen. gr. 12. Hamburg 837. (Hoffmann u. Campe.) ½ ₰ — 3e Station. Kunstreise durch Hamburg. Verwaltung. Gymnasium. Schulanstalten auf dem Domsplatz. 8. Leipzig 837. (Georg Wigand.) ¼ ₰

(——) Kunstreisen. 1. u. 2. Station. Kunstreise durch Hamburg. Ankunft daselbst. — Blick ins Kloster. — Baukunst u. Ameisenhaufen. gr. 12. (3 B.) Hamburg 837. [Leipzig, Romberg.]

(——) dass. 3. Station. Kunstreise durch Hamburg. Verwaltung. Gymnasium. Schulanstalten auf dem Domsplatz. 8. (4⅛ B.) Leipzig 837, [Romberg.]

—— die Mauerwerks=Kunst in allen ihren Theilen. gr. Lex.=8. (64 Kpfrt. u. 8 B.) Wien 838, [Gerold's Brlsh.]

Romberg, Joh. Andr., der Rathgeber bei dem Bau u. der Reparatur der Wohngebäude. Ein Handbuch f. Hausbesitzer u. die es werden wollen. 1—3. Aufl. Lex.=8. (à 13 B. u. 3 Stnt.) Leipzig 845—47, Romberg. à *

—— der Rathgeber bei dem Bau und der Reparatur der Wohngebäude. Ein Handbuch für Hausbesitzer und die es werden wollen. 4. (Titel=)Aufl. gr. 8. (VIII und 198 S. mit 3 Stnt. in qu. Fol.) Leipzig 851. [Dresden,] Romberg. *

Romberg, J. A.. Rathgeber bei Bau und Reparatur der Wohngebäude. 4. A. Leipzig 1853.

Romberg's, J. A., Rathgeber bei dem Bau und der Reparatur der Wohngebäude. Ein Handbuch für Hausbesitzer und die es werden wollen. 5. verm. u. verb. Aufl. bearb. durch Frdr. Engel. Mit 5 (lith.) Taf. (in 4.) Glogau 864. Flemming. gr. 8. (X, 255 S.) 22½ ngr; cart. 25 ngr

—— Sendschreiben an E. E. Hochw. Rath zu Leipzig über eine zweckmäßige Einrichtung der Feuer=Löschanstalten. gr. 8. (1 B.) Leipzig 843, Romberg.

—— der Stadtbau, od. Anweisung z. Entwerfen v. Gebäuden aller Art. 10 Lfgn. qu. ½ gr. Fol. (62 Bl. u. 16½ B. Text, gr. 8.) Darmstadt 835—40, Leske. à * 1 Thlr. *

—— die Steinmetz=Kunst in allen ihren Theilen. 4 Hfte. 4. (56 Stnt. u. 5½ B. Text.) Magdeburg 837, [Berlin,] Rubach.

Romberg, Joh. Andr., Taschenbuch f. Möbeltischler. 12 Hfte. 4. (72 Taf. Abbild. u. 7½ B. Text.) Leipzig 836, 37, Eisenach. à 9 Gr. Thlr.

—— Taschenbuch f. den Zimmermaler. qu. Lex.-8. (48 lith. Bl. u. 2 Bl. Text.) Berlin 837, Winckelmann u. Söhne.

—— der Treppenbau in Holz oder prakt. Anleitung zur Construction der Treppen in Holz für Zimmerleute, Tischler und Baubeflissene, enthalt.: 26 in Form und Construction verschiedene Treppen mit erläut. Texte. 2. Aufl. (8 S. und 15 Stnt. in Fol.) Leipzig 847. [Dresden,] Romberg. *

—— Versuch einer architekton. Formenlehre in Bezieh. auf Gebäude uns. Zeit, f. Architekten u. Kunstfreunde. 4. (42 Taf. u. 29½ B. Text.) Berlin 837, G. Reimer. *

—— Vorbereiter f. das Zimmermeister=Examen in den deutschen Bundesstaaten. 1. Thl. gr. 8. (13¾ B. u. 6 Kpfrt.) Leipzig 843, Romberg. *

Romberg, J. A., Wegweiser durch Dresden rc., s.a. Wegweiser.

Romberg, J. A., Wegweiser durch Dresden und die sächsische Schweiz. Ein Rathgeber für Reisende. Mit 66 Vignetten, 1 Plane von Dresden, 1 Karte der Umgegend von Dresden, 1 Panorama der sächs. Schweiz, 1 Höhenkarte u. 2 Plänen des Königl. Hoftheaters (Holzschn. im Text). Leipzig (857.) Friedlein. Fol. (16 S.) nn. 5 ngr

— s.a. Zeitschrift für prakt. Baukunst.

Romberg's, J. A., Zeitschrift für praktische Baukunst. Zur Verbreitung gemeinnütz. Kenntnisse, sowie der neuesten Erfindungen u. Entdeckungen im Gebiete des gesammten Bauwesens u. in den bauwissenschaftl. Gewerben überhaupt, zunächst für Architekten, Baumeister, Ingenieure rc. 25—30. Jahrg. 1865—70. à Jahrg. 12 Hefte (32 Sp. mit Steintaff. u. eingedr. Holzschn.) Berlin, Allgemeine deutsche Verl.-Anstalt. Fol. Jeder Jahrg. n. 4 ₰
Vgl. Zeitschrift für prakt. Baukunst

Romberg's Zeitschrift f. praktische Baukunst. Zur Verbreitg. gemeinnütz. Kenntnisse, sowie der neuesten Erfindgn. u. Entdeckgn. im Gebiete d. gesammten Bauwesens u. in den bauwissenschaftl. Gewerben überhaupt, zunächst f. Architekten, Baumeister, Ingenieure rc. 31—33. Jahrg. 1871—1873 à 12 Hfte. Fol. (1—3. Hft. 96 Sp. m. 10 Steintaf.) Berlin, allgem. deutsche Verl.=Anst. à Jahrg. n. 12. —

—— dass. — 34. Jahrg. 1874. 12 Hefte. Fol. (à Heft ca. 32 S. mit Stnt. in Fol. und qu. gr. Fol.) Berlin [Leipzig], Allgemeine deutsche Verlags=Anstalt.

Romberg's Zeitschrift für praktische Baukunst zur Kundmachung der neuesten Erfindungen, Entdeckungen, Erfahrungen und Ereignisse im Gebiete des gesammten Hochbauwesens für Architekten, Hochbauingenieure, Bauherren rc. Hrsg. von Osc. Mothes. 35. und 36. Jahrg. 1875 und 1876. à Jahrg. 12 Hefte. Fol. (à Heft 32 Sp. mit eingedr. Holzschn. und 6 Stnt.) Berlin, Allgem. deutsche Verlags=Anstalt. à Jahrg.

Romberg's, J. A., Zeitschrift für praktische Baukunst zur Kundmachung der neuesten Erfindungen, Entdeckungen, Erfahrungen u. Ereignisse im Gebiete des gesammten Hochbauwesens für Architekten, Hochbauingenieure, Bauherren etc. Hrsg. v. Osc. Mothes u. C. Schwatlo. 37—41. Jahrg. 1877—1881 à 12 Hfte. Fol. (à Hft. ca. 32 Sp. m. Steintaf.) Berlin, Engelmann. à Jahrg. 15. —
cf.: Baugewerksblatt, deutsches.

– s. Zeitung f. Handel u. Fabriks-Industrie.

Romberg. Die Zimmermannskunst Mit Atlas. Leipzig, 1847

— die Zimmerwerks-Baukunst in allen ihren Theilen. Mit 120 in Stein gravirten Tafeln. Nebst erläut. Texte. Heft 1—X. qu gr. Fol. München u. Augsburg 831—33. Zanna u. Comp. (Leipzig, Kollmann.) à n. 1¾ ℛ Velinp. à n. 2⅛ ℛ — Alle 10 Heften. 17½ ℛ Velinp. n. 21¼ ℛ

— die Zimmerwerks-Baukunst in allen ihren Theilen. Mit 150 in Stein grav. Taf. nebst erläut. Text. Heft 1—4. qu. Fol. (56 lith. Taf. u. Text.) Ebend. 846. à n. 1½ ℛ

Romberg. J And. Die Zimmerwerks Baukunst in allen ihren Theilen. 2. Aufl. Leipzig 1847. 4 Tfln. Fol.

—— die Zimmerwerks-Baukunst in allen ihren Theilen. Mit 181 Stnt in Fol. 3., unveränd. (Titel-)Aufl. 4 Abthlgn. Imp.-4. (XXII und 590 S. mit 179 Taf.) Leipzig 850. [Dresden,] Romberg. à Abthl. 3 Thlr.

Romberg, (Ioannes Carolus Otto Bernhardus) • Eschatologiae christianae brevis enarratio et contra Straussii impetus defensio. 67 S. 8° (4°)
Halle-Wittenberg, Phil. Diss. v 2. Juni 1847
Geb. Stargard (Pomm.) 24. 9 1824. V

Romberg, Johs., Gedichte. 8. (XX, 294 S. m. Bildnis.) Dresden 900. E. Pierson. n. 4. —; geb. n. 5. —

Romberg, Jul, geologisch-petrographische Studien im Gebiete v. Predazzo. I u. II. gr. 8. (60 S.) Berlin 902. (G. Reimer.) n. 2. —
Sonderabdruck aus: „Sitzungsber. d. preuss. Akad. d. Wiss."

Romberg, Jul., geologisch-petrographische Studien in den Gebieten v. Predazzo u. Monzoni. III. (26 S.) gr. 8. Berlin 903. (G. Reimer.) n. 1. — (I—III.: n. 3. —)

Romberg, Julius Petrographische Untersuchungen an argentinischen Graniten, mit besonderer Berucksichtigung ihrer Structur und der Entstehung derselben. Mit 12 Tafeln. (S. A.) Neues Jahrbuch für Mineralogie etc. Beilage Bd 8 S 275—399.) Stuttgart 1892 125 S. 8°

Romberg, Julius [aus Meiningen]: Petrographische Untersuchungen an Diorit-, Gabbro- und Amphibolitgesteinen aus dem Gebiete der argentinischen Republik. Hierzu 2 Taf. ... (Aus: N. Jahrb. f. Mineral. etc., Beil.-Bd. IX.) Stuttgart, E. Schweizerbart, 1894; 2 Bl., 293—392 S., 2 Bl., 2 Taf. 8.
Berlin, Phil. Fak., Inaug.-Diss. v 1 Aug. 1894

— über die chemische Zusammensetzung der Eruptivgesteine in den Gebieten v. Predazzo u. Monzoni. (135 S. m. 1 Taf. u. 1 Tab.) Lex.-8. Ebd. 904. Kart. n. 6. —
2 Sonderabdr. aus: „Sitzungsber. d. preuss. Akad. d. Wiss."

Romberg, Kurt, Kolonialbeamtengesetz, s.: Sammlung deutscher Gesetze

— Die rechtliche Natur der Konzessionen u. Schutzbriefe in den deutschen Schutzgebieten, s.a. Abhandlungen, koloniale. Heft 17, 18.

Die rechtliche Natur der Konzessionen und Schutzbriefe in den deutschen Schutzgebieten von Kurt **Romberg**, Ref. Berlin W Süsserott 1908. (46 S.) 8° [F.]
— **Abhandlungen**, Koloniale. H 17 18. [o5. 15240

Romberg, Kurt, Gerichtsassessor: Die rechtliche Natur der Konzessionen und Schutzbriefe in den deutschen Schutzgebieten. (Cöthen 1909: Dünnhaupt.) 46 S. 8° ¶(Aus: Zeitschrift für Kolonialpolitik. Jg. 10, H. 5, 1908 und als: Koloniale Abhandlungen. H. 17/18. 1908 ersch.)
Berlin, Jur. Diss. v. 19. März 1909, Ref. Kahl
[Geb. 1 Okt. 81 Meiningen, Wohnort: Berlin; Staatsangeh. Preußen; Vorbildung Gymn. Meiningen Reife O. 00; Studium: Genf, London, Göttingen, Berlin, zus. 6 S., Rig. 2. März 09.] [U 09. 15

Romberg, M., die Glaubwürdigkeit der Evangelien. Vortrag, geh. am 22. II. 1898 im christl. Vereinshause zu Schwerin i/M. gr. 8. (24 S.) Schwerin 898. F. Bahn. n. — 50

Romberg, Marie, Wanderjahre e. jungen Kapellmeisters, s.: Musikergeschichten. I.

Romberg, Mart., heilsgeschichtliche Anmerkungen zum Alten Testament. Ein Hülfsbuch zur Einführg. in die Hl. Schrift. (VIII, 103 S.) gr. 8. Schwerin 910. F. Bahn. 2. —

— Die Gemeinschaft vom Standpunkt der Kirche aus beurteilt. (15 S.) 8. Ebd. (909). — 20

Romberg, Maur (geb Meiningen 13. 11 1795) De rhachitide congenita Berolini 1817 54 S 4°
Berlin. Med. Diss. v 29. März 1817

Romberg, Moritz Heinrich

– s. H. F. Albertini, Opuscula.

Romberg, Moritz Heinrich (Übers.):

s.: Bell, Charles: Physiologische und pathologische Untersuchungen des Nervensystems. (The nervous System of the human body; embracing the papers delivered to the Royal Society on the subject of the nerves. Dt.) Berlin: 1832

JB 4.537

Romberg, Mor. Heinr., Bemerkungen üb. d. asiat. Cholera. Mitgetheilt in e. Berichte üb. d. Cholera-Hospital. No. I. zu Berlin. 8. (4 B.) Berlin 832, Reimer.
Aus dem „Journal d. pract. Heilkunde, v. Hufeland u. Osann" besond. abgedruckt.

Romberg, Mor. Heinr., Bericht über die Cholera-Epidemie des J. 1837. [Abdr. aus Casper's Wochenschrift 1838.] gr. 8. (27 S.) Berlin 848, A. Hirschwald. ¼ ℛ

Romberg, Mor. Heinr., klinische Ergebnisse. Gesammelt in dem kgl. poliklinischen Institut der Universität v. Ed. Henoch. gr. 8. (13⅓ B. mit 1 schwarz. u. 1 ill. Abbild.) Berlin 846, Förstner.

—— Commentationes quaedam de Cerebri Haemorrhagia. Quibus ad praelectiones suas de morbis nervor. invitat. 4 maj. (2½ B.) Berolini 830, (Stuhr.)

Moritz Heinrich Romberg

Commentationes quaedam de cerebri haemorrhagia. Berolini (1830:) Unger. 18 S. 4
Berlin, Med. Diss. v. 15. Sept. 1830

— s. Journal für Kinderkrankheiten.

Romberg, Mor. Heinr., Lehrbuch d. Nervenkrankheiten des Menschen. 1. Bd. 1. Abthl. gr. 8. (18 B.) Berlin 840, Alex. Duncker. •

—— Lehrbuch der Nervenkrankheiten d. Menschen. 1. Bd. 2. u. 3. Abth. gr. 8. Berlin, Alex. Duncker. [2. Abthlg. (21¼ B.) 843. * 2 Thlr. 10 Ngr., 3. (16 B.) 46. * 1 Thlr. 20 Ngr.] *
1. Bd. 1. Abthl. Ebendas. 1840. * 2 Thlr.

— Lehrbuch der Nervenkrankheiten des Menschen. 1. Bd. 2. veränd. Aufl. 10 Lfgn. gr. 8. (1. Abth. 317 S. 2. Abth. XIV u. 373 S. 3. Abth. 244 S.) Berlin 849—51, A. Duncker. (à n. 16 ngr) n. 5⅓ Thlr

Romberg, Mor. Heinr., Lehrbuch der Nervenkrankheiten des Menschen. 1. Bd. (in 3 Abthlgn.) 3. Aufl. Berlin 853—57. A. Hirschwald. gr. 8. (XVI, 975 S.) n. 5 Thlr. 20 ngr

Romberg, Mor. Heinr., Lehrbuch der Nerven-Krankheiten des Menschen. 3., veränd. Aufl. 1. Bd. 1. und 2. Abthl. gr. 8. (717 S.) Berlin 855, A. Duncker. Thlr. *

Romberg, Mor. Heinr., Lehrbuch der Nervenkrankheiten des Menschen. 3. Aufl. 1. Bd. A. u. d. T.: Pathologie und Therapie der Sensibilität- und Motilität-Neurosen. 3. Abthl. gr. 8. (XVI und S. 718—975.) Berlin 857, A. Hirschwald. *

Romberg, M(oritz Heinrich) (Übers.u.Comm.):

s.: Marshall, Andrew: Untersuchungen des Gehirns im Wahnsinn und in der Wasserscheu, nebst einigen Abhandlungen über die Pathologie dieser Krankheiten. Aus den hinterlassenen Schriften...hrsg.von S(alomon) Sawrey. (The morbid Anatomy of the brain in mania and hydrophobia, with the pathology of these two diseases, as collected from the papers...and edited by S.Sawrey. Dt.) Berlin: 1820

JB 4.513

—— Neuralgiae nervi quinti specimen. Prolusio academ. 4maj. (2 B. u. 1 Kpfrt.) Berolini 840, Alex. Duncker. *

—— de paralysi respiratoria. Commentatio. 4maj. (2 B.) Berolini 845, Alex. Duncker.

– s. W. Scott, amtl. Bericht.

—— klinische Wahrnehmungen und Beobachtungen. Gesammelt in dem königl. poliklin. Institute der Universität von dessen Assistenzarzte Ed. Henoch. Lex.-8. (VIII und 238 S.) Berlin 851, Hertz. *

Romberg, M(oritz)H(einrich) (Mitarb.):

s.: Wochenschrift für die gesammte Heilkunde. Jg. 1833/1-2. Berlin: 1833.

JB 6 .066

Romberg, Otto, letzte Predigt, geh. am 4. Febr. 1877. Dom. Sexag. gr. 8. (10 S.) Wittenberg 877. Herrosé's Sort. n. — 35

Romberg, W., mit Ski u. Rodel. Taschenbuch für Wintersportlustige. (XI, 222 S. m. Abbildgn.) kl. 8. Leipzig (909). O. Leiner. Kart. 4. —

Romberg, Wilh., Ehre sei Gott in der Höhe! Kinderpredigten f. die Feste des Kirchenjahrs. 8. (85 S.) Berlin (902). Deutsche Sonntagsschul-Buchh. n. 1. —

Romberg, Wilh., unser Kindergottesdienst, s.: Für Feste u. Freunde der inneren Mission. 53. Hft.

— das Leben Jesu. Bearb. f. die Unterweisg. der Jugend in Kindergottesdienst u. Schule. (VIII, 438 S.) gr. 8. Berlin (905). Deutsche Sonntagsschul-Buchh. n. 4. —; geb. n. 5. —

Romberg, Wilh., zur Methodik des Kindergottesdienstes, s.a. Handreichung f. den Kindergottesdienst. 1. Heft.

— zur Methodik des Kindergottesdienstes. (44 S.) gr. 8. Ebd. 906. n. — 30

Zur Methodik des Kindergottesdienstes von Pfarrer W[ilhelm] Romberg Berlin. 2 Aufl. Berlin Deutsche Sonntagsschulbuchh [1909]. 44 S. 8°
(Handreichung f. d. Kindergottesdienst. H. 1) [09. 13347

— der Sonntagsschulhelfer. Kurze Anweisg. zur Mitarbeit an deutschen Sonntagsschulen. Gekrönte Preisschrift des Vereins zur Förderg. der Sonntagsschulsache in Deutschland. 8. (88 S.) Ebd. (900). n. — 30

— Der Sonntagsschulhelfer. Kurze Anweisg. zur Mitarbeit an deutschen Sonntagsschulen. Gekrönte Preisschrift des Vereins zur Förderg. der Sonntagsschulsache in Deutschland. 6.—7. Taus. (88 S.) kl. 8. Berlin (910). Deutsche Sonntagsschul-Buchh. — 30

Unterredungen mit Kindern über biblische Texte von Wilhelm Romberg, Pastor Berlin Deutsche Sonntagsschul-Buchh. [1900] (VIII, 203 S.) 8° [S.] [01. 2525

— Unterredungen m. Kindern üb. biblische Texte. 8. (VIII, 203 S.) Ebd. (901). n. 2. —

— Unterredungen m. Kindern üb. biblische Texte. 2. Aufl. (VIII, 203 S.) 8. Ebd. (909). 2.—; geb. in Leinw. 2. 60

Rombey, A[dolf], prakt. Arzt in Obereisenheim a. Main: 20 Fälle von Einleitung der künstlichen Frühgeburt aus der Würzburger Universitäts-Frauenklinik. *Würzburg 1899: A. Boegler.* (40 S.) 8°
Würzburg, Med. Diss. v. 1899

Rombl, A. K., üb. Eklampsie. Inaug.-Diss. gr. 8. (83 S.) Leipzig 890. Fock. n. 1. 50

Rombouts, Gérard Charles François, Arzt Ueber multiple Darmresectionen. *Königsberg i. Pr. 1900: H. Jaeger.* (63 S.) 8°
Königsberg, Med. Diss. v. 18. Juli 1900

Romburgh, P. van, Vorlesungen über anorganische Chemie, s.: Cohen, Ernst.

Romdahl, Axel Ludvig

Romdahl, Axel L., Pieter Brueghel der Altere u. sein Kunstschaffen, s.a. Jahrbuch der Kunstsammlungen d. allerhöchsten Kaiserhauses. 25. III.

Pieter Brueghel der Ältere und sein Kunstschaffen. Von Axel L. Romdahl. Mit 17 Taf. u. 51 Textabb. Leipzig: G. Freytag 1905. (S. 85–169.) 2°(4°)
= Jahrbuch d. kunsthist. Sammlungen d. Allerhöchsten Kaiserhauses. Bd 25, H. 3. [06. 8654

Romdahl, A. L., Pieter Brueghel der Ältere und sein Kunstschaffen. [Jahrbuch d. kunsthist. Sammlungen d. Allerh. Kaiserhauses. Bd. 25. Heft 3.] Fol. (ill. 169 S. mit 17 Tafeln) K 42.— Wien: Tempsky 1905.

Rome, la, des papes, son origine, ses phases successives, ses moeurs intimes, son gouvernement, son système administratif. Par un ancien membre de la constituante romaine. Traduction de l'ouvrage italien inédit. 3 Vols. gr. 12. (Vol. I. XXIV und 518 S.) Basel 859, [Bahnmaier's Verlag.] * *

Rome, la, des papes, son origine, ses phases successives, ses moeurs intimes, son gouvernement, son système administratif. Par un ancien membre de la constituante romaine. Traduction de l'ouvrage italien inédit. 3 Vols. Basel 859. Schweighauser's Sortbdlg. (Amberger.) 12. (Vol. I.: XXIV, 518 S.) nn. 3 ℛ 7½ ngr.

Röme, (N. S.,) Genesis oder Rettung u. Heilung derer, welche zum Zeugungsgeschäfte ganz oder bedingt unfähig sind 2c. 8. Ludwigsburg 826, Nast.

Röme, N. S., Genesis. Ueber d. Geschlechtsleben, z. Belehr. üb. d. Geschlechtstheile d. Menschen, ihre Verrichtung, ihren Mißbrauch u. seine Folgekrankheiten. (Ein populärer Vortrag. — Neue Ausg.) 8. (17 B.) Hamburg 839, Berendsohn.

Rome de l'Isle, de

— observations sur les rapports, qui paroissent exister entre la mine dite cristaux d'étein et les cristaux de fer octaedres. gr. 4. Erfurt 787. Keyser. 2 gr.

— metroleg. Tafeln üb. die alten Maaße, Gewichte u. Münzen Roms u. Griechenlands 2c, nach d. Französ. v. Gf. Grosse. gr. 8. Braunschw. 792. Schulbuchholg. 2 ℳ

de Romé de l'Isle, Versuch e. Chrystallographie; aus d. Französ. mit Anmerkk.; nebst Hills Spatherzeugung; aus d. Engl. u. Bergmann's Abhandl. von Spathgestalten; aus d. Latein. übers. v. Chr. E. Weigel. 4. Greifswalde 777. (Enobloch in Leipz.) 2 ℳ

Romeick, zur Technik des bürgerlichen Gesetzbuchs. I. u. II. Hft. gr. 8. Stuttgart, M. Kielmann. à n. 2. —
I. Fristbestimmung. (111 S.) 901.
II. Die abgeleitete Schuld. 1. Abschn.: Die abgeleitete Mietschuld. (B.G.B. §§ 571|579, 556 Abs. 3, 604 Abs. 41.) (117 S.) 902.

Romeick, zur Technik des bürgerlichen Gesetzbuchs. III. Heft: Rechtsnachfolge. (181 S.) 8. Stuttgart 904. M. Kielmann. n. 2. —

Romeick, Franz

Romeick, Desinfektionswesen in ländlichen Ortschaften. Referat, erstattet in der Medizinalbeamtenversammlg. in Königsberg i. Pr. am 14. XII. 1903. (14 S.) gr. 8. Leipzig 904. F. Leineweber. n. — 70

Romeick, F., zur Reform d. Hebammenwesens. Inaug.-Diss. gr. 8. (34 S.) Königsberg 888. (Gräfe & Unzer.) n.n. 1. —

Romeick, Franz [pract. Arzt]: Zur Reform des Hebammenwesens .... Königsberg in Pr., Druck v. M. Liedtke, 1888; 31 S. + 3 Bl. 8°
Königsberg, Med. Fak., Inaug.-Diss. v. 21. Jul. 1888

Romeick, Franz, Medizinalpraktikant a. Stuttgart: Aus d. patholog. Institut d. Univ. Leipzig. Ueber die spontane Ruptur des Herzens ⟨auf Grund von 9 Fällen⟩. Leipzig 1907: B. Georgi. (56 S.) 8°
Leipzig, Med. Fak., Ref. Marchand, Diss. v. 10. Nov. 1907
[Geb. 5. Mai 83 Stuttgart; Wohnort: Leipzig; Staatsangeh.: Württemberg; Vorbildung: Eberhard-Ludwig-Gymn. Stuttgart Reife Juli 01; Studium: Tübingen 4, Kiel 2, München 2, Leipzig 3 S.; Coll. 29. Nov. 07; Approb. 2. Juli 08.]

Romeijn, A., Specimen historico-literarium, exhibens vitam Philippi Macedonis, Amyntae fil. 8maj. (XIV und 152 S.) Gorinchemi 856, J. Noorduyn et fil.

Romeiks, Jul., s.: Francke's, Aug. Herm., Instruktion f. die Präzeptoren 2c.

— heimatkundliche Lesestücke f. Ost- u. Westpreußen, s.: Hirt's, Ferd., deutsches Lesebuch.

Romeiks, Jul., Ost- u. Westpreußen, heimatkundliche Lesestücke, s.: Hirt's, Ferd. deutsches Lesebuch.

Romeiks, Jul., s.: Schriften hervorragender Pädagogen. 2. Heft. (Francke's, Aug. Herm., Instruktion f. die Präzeptoren.)

Romeis, Capistran, O. F. M., das Heil des Christen ausserhalb der wahren Kirche nach der Lehre des hl. Augustin, s.a. Forschungen zur christlichen Literatur- u. Dogmengeschichte. VIII, 4.

Romeis, Capistran, P. O. F. M., Dr. u. Lektor d. Theol.: Das Heil des Christen außerhalb der wahren Kirche nach der Lehre des hl. Augustin. Paderborn: Schöningh 1908. 155 S. 8° ¶ (Forschungen z. Christl. Liter.- u. Dogmengeschichte. Bd 8, H. 4.)
Freiburg i. B., Theol. Diss. v. 1909, Ref. Braig
(Nicht für den Austausch)
[Geb. 21. Aug. 76 Wolferts; Wohnort: Kloster Frauenberg b. Fulda; Staatsangeh.: Preußen; Vorbildung: Franziskaner-Kolleg Harreveld; Studium: Rom 4, Freiburg i. B. 4 S.; Rig. 29. Apr. 07.] [U 09. 888

Das Heil des Christen außerhalb der wahren Kirche nach der Lehre des hl. Augustin. Von P Capistran Romeis O. F M. Paderborn · F. Schöningh 1908. 155 S. 8°
(Forschungen z. christl. Literatur- u. Dogmengeschichte Bd 8, H. 4.) [09. 1081

Plutarchs Biographien als Schullektüre. — Von Franz Ser. Romeis, Stdr. — 1874. Neuburg a/D., Griessmayer. — S. 3–24⁴.
Progr Neuburg a. d. D. K. Gymn

Romeis: De Aiacis Sophoclei compositione . 13 S. –Neuburg a/D , Progr 1863

Romeis, J. B. (Cooperator) „Ueber die Bestimmung des Menschen (im engern Sinne), und die daraus hervorgehende Nothwendigkeit des Religions-Unterrichtes für die Zöglinge der Landwirthschafts- und Gewerbs-Schulen" pg. 3—14. 4°. Wittwe Müller.
Freising, Progr. 1840/41

Romeis, Jacob. Der Tarif Rede geh im Repräsentanten Hause, den 17 Mai 1888. Wash. 1888

Romeisen, Achaz Valentin (Müsen) A. S. 1159/21

Dissertation physiologico-medica inauguralis phaenomena paroxysmorum febrium intermittentium exponens.
Leiden (Elzevier) 9. VII. 1708. 25 S.

Gew.: Johann Balthasar Romeisen (Vater), Johann Balthasar Romeisen, Johann Ludwig Romeisen und Georg Peter Romeisen (Brüder). 29196

ROMEISER, JOSEF C. Brief über Renan, Pilatus d(es) XIX. Jahrhundertes. In: Der kath. Christ. Jg. 17 1864. Nr. 5 v. 29. I. 1864, S. 34, bis Nr. 8 v. 19. II. 1864, S. 57-58.
- Dass. SA. Pest 1864: Emich. 30 S. - 230 mm

ROMEISER, JOSEPH C.: Festpredigt, gehalten am 19-ten August 1860. In der Kapelle auf der Franzenshöhe bei Gelegenheit des Kirchweihfestes. In: Der kath. Christ. Nr. 39 v. 1. X. 1860, S. 11 (Beil.)

Romeiser, Wilh., Automobilkarosserien, s.a. Küster's autotechnische Bibliothek.

Romeiser (W.). Automobilkarosserien. 1907. I. Karosserie-formen. (150 S. m. Abb.) mit Atlas. Berlin. 8°. geb. M. 2.80

Romeiser, Wilh., Wagenbautechnik im Automobilbau, s.a. Küster's autotechn. Bibliothek. 29. Bd.

Romeiser (W.). Wagenbautechnik im Automobilbau. (99 S. m. Abb.). Leipzig. 1906. Lw. M. 2.80

Romeiß, Felix, Assessor: Das Treuhänderverhältnis nach dem BGB. Borna-Leipzig 1909: Noske. VIII, 57 S. 8°
Rostock, Jur. Diss. v. 25. März 1909, Ref. Lehmann
[Geb. 23. April 77 Klebitz; Wohnort: Sangerhausen; Staatsangeh.: Preußen; Vorbildung: Gymn. Wittenberg Reife O. 98; Studium: Tübingen 3, Halle 4 S.; Rig. 16. Febr. 09.] [U 09. 3089

Romel, F., capita canon. de iure Abbat., decretis concilior. illustr. 4. München. Lindauer. 728.

Römeling, C. Aug., Zerstör. Babel, v. Mitternacht und Morgen n. d. darauf folgend. Bekehr. d. Juden, Heiden rc. 8. Amsterd. 710.

Roemeling, C. A. Nachricht seiner von Gott geschehenen völligen Herausführung aus Babel. Ephrata, Pa, 1792.

Römelt, O., Gedanken üb. das neue Lesebuch f. die anhaltischen Volksschulen, s.: Günther, A.

Romen, Ant., die Kundmachung der sogenannten stillen Gesellschaft u. deren Wirkungen zu Gunsten dritter Personen. Promotionsschrift. 8. (53 S.) Emmerich 881. Romen. 1. 50

Meineid und Socialdemokratie. Ein Beitrag zu e. brennenden Tagesfrage. Auf Grund authent. Quellen. [Verf.: Dr. Antonius **Romen**, Wirkl. Geh. Kriegs-R.] Berlin: R. Wilhelmi 1892. (93 S.) 8° [F.] [o8. 6971

Romen, A., die Militärpensionsgesetze, s. a. Guttentag's Sammlung deutscher Reichsgesetze.

Die Militärpensionsgesetze vom 31. Mai 1906 nebst den Ausführungsbestimmungen. Zum prakt. Gebr. f. Heer, Marine u. Schutztruppen unter Benutzung d. amtl. Quellen u. mit Berücks. d. Ergänzungsvorschriften bearb. u. erl. von Dr. jur. A[nton] **Romen**. T. 1. 2. Berlin: J. Guttentag 1907—08. 2 Bde 8° [F.]
1 = Gesetz über d. Pensionierung d. Offiziere einschließl. d. Sanitätsoff. d. Reichsheeres, d. Kais. Marine u. d. Kais. Schutztruppen. 1907.
2 = Gesetz über d. Versorgung d. Personen d. Unterklassen d. Reichsheeres, d. Kais. Marine u. d. Kaiserl. Schutztruppen. 1908.
— **Sammlung,** Guttentag'sche, Deutscher Reichsgesetze. No 79a. b. [o8. 1804

— u. Carl Rissom, die Militärstrafgerichtsordnung vom 1. XII. 1898 nebst dem Einführungsgesetz, s. a. Guttentag's Sammlung deutscher Reichsgesetze.

Romen, Antonius, und Carl *Rissom*, Die Militärstrafgerichtsordnung vom 1. Dez. 1898, nebst d. Einführungsges. Unt. Benutz. d. amtl. Quellen, d. Literatur u. d. Rechtsprech. bearb. u. erl. M. e. Anh., enth. d. Reichsges., betr. d. Entschädig. für unschuldig erlittene Verhaft. u. Bestraf. Berlin 1910. 8°.
(Guttentagsche Sammlung Deutscher Reichsgesetze. Nr. 3.)

Romen, A., die Reichsgesetze betr. die Entschädigung für unschuldig erlittene Verhaftung u. Bestrafung, s. a. Guttentag's Sammlung deutscher Reichsgesetze. Nr. 73.

Die Reichsgesetze betr. die Entschädigung für unschuldig erlittene Verhaftung und Bestrafung. Erl. von Dr. A[nton] Romen, Geh. Kriegsrat. Nebst e. Anh. enth. d. Vorschriften d. Strafprozeßordnung u. d. Militärgerichtsordnung über d. Wiederaufnahmeverfahren sowie des BGB. über d. Schadensersatz u. d. Österr. Gesetz, betr. d. Entschädigung f. ungerechtfertigt erfolgte Verurteilung. Berlin: J. Guttentag 1904. (192 S.) 8° [F.]
— Sammlung, Guttentag'sche, Deutscher Reichsgesetze. No 73. [o5. 1495

— Das Reichsvereinsgesetz vom 19. IV, 1908, s. a. Guttentag's Sammlung deutscher Reichsgesetze.

Romen, A[ntonius], Das Reichsvereinsgesetz. Vom 19. April 1908. U. Benutz. d. amtl. Quellen bearb. u. erl. Nebst e. Anh., enth. d. Vorschriften d. BGB üb. d. Vereine. Berlin 1908. 8°.
(Guttentag'sche Sammlung Deutscher Reichsgesetze. Nr 88.)

Romen, Karl

Romen jr., Carl, s.: Adress-Buch der Dampfwäschereien Deutschlands.

Romen, Carl, Bleicherei, Färberei und Appretur der Baumwoll- und Leinen-Waaren. Ein Lehr- und Handbuch, den Anforderungen der Gegenwart gemäss entworfen und unter Zugrundelegung der im pract. Fabriksbetriebe gemachten Erfahrungen bearb. Mit 200 eingeklebten Farb- und Appretur-Proben und zahlreichen Maschinen-Illustr. (In ca. 20 Lfgn.) 1.—4. Lfg. gr. 8. (S. 1—128 und Taf. 1—5.) Berlin 879, Burmester und Stempell. à Lfg. * M 1. *

Romen, C., Bleicherei, Färberei und Appretur der Baumwollen- und Leinen-Waaren. Ein Lehr- und Handbuch, den Anforderungen der Gegenwart gemäss entworfen und unter Zugrundelegung der im pract. Fabriksbetriebe gemachten Erfahrungen bearb. Mit 250 eingeklebten Farb- und Appretur-Proben und zahlreichen Maschinen-Illustr. 5.—26. Lfg. gr. 8. (S. 129—566.) Berlin 880—85, Burmester und Stempell. à Lfg. * M 1. *
1. Bd. (26 Lfgn.) compl. geb. *
1.—4. Lfg. Ebendas. 1879. à * M 1.

Romen, C., Bleicherei, Färberei und Appretur der Baumwollen- und Leinen-Waaren. Ein Lehr- und Handbuch, den Anforderungen der Gegenwart gemäss entworfen und unter Zugrundelegung der im pract. Fabriksbetriebe gemachten Erfahrungen bearb. Mit eingeklebten Farb- und Appretur-Proben. 27.—35. Lfg. gr. 8. (2. Bd. S. 1—136.) Berlin 885, 86, Burmester und Stempell. à Lfg. * M 1.—. *
1.—26. Lfg. (oder 1. Bd.) Ebendas. 1879—85. à * M 1.—.

Romen, C., die Colorie der Baumwolle auf Garne u. Gewebe m. besond. Berücksicht. der Türkischroth-Färberei. Ein Lehr- u. Handbuch für Interessenten dieser Branchen. Nach eigenen prakt. Erfahrungen zusammengestellt. Mit 6 (eingedr. Holzschn.-)Abbildungen. 8. (368 S.) Wien 878. Hartleben. 4. —

Romen's Geschäftsmarkt f. Berg- u. Hüttenwesen, Maschinen- u. Metall-Industrie. 5. Jahrg. Apr. 1895—März 1896. 24 Nrn. (à ca. 16 S. m. Abb.) gr. 4. Charlottenburg, C. Romen. n. 1. —

— dasselbe, Fortsetzg. etc., s.: Anzeiger f. Berg- u. Hüttenwesen etc.

Romen's Geschäftsmarkt u. Stellenvermittler f. Industrie u. Handel. Central-Organ f. die Theorie u. Praxis der Gewerbe. Anzeiger v. Stellen-Angeboten, -Gesuchen, Käufen, Verkäufen u. Vertretgn. in den Branchen: der Textil-Industrie, der chem. Groß- u. Klein-Industrie, des gesammten Maschinen-, Eisenbahn-, Berg- u. Hüttenwesens, diesen verwandten u. diverser anderer Industrieen. Red.: C. Romen. 4. Jahrg. 1894. 24 Nrn. (à ca. 2 Bog. m. Abbildgn.) gr. Fol. Charlottenburg, C. Romen. n. 24. —

Romen's Journal zur Veröffentlichung u. Besprechung der neuen Entdeckungen auf dem Gebiete der Textil-Industrie: Baumwollspinnerei u. -Zwirnerei, Baumwollweberei, Buntweberei, Baumwoll- u. Garnhandel, Wattefabrikation u. Textil-Maschinenbau, Handelspolitik, Volkswirthschaft, Kunst u. Geschichte bez. Branchen. Central-Organ f. Fabrikanten, Kaufleute, Ingenieure, Importeure, Exporteure u. Vertreter obiger Industrien. (Ausg. A.) Red.: C. Romen. 1.—4. Jahrg. 1887—1890. à 24 Nrn. (1 1/2 B. m. Illustr.) gr. 4. Charlottenburg, Romen. à Jahrg. n. 20. —

— Journal zur Veröffentlichung u. Besprechung der neuesten Entdeckungen auf dem Gebiete der Textil-Industrie: Baumwollspinnerei u. -Zwirnerei, Baumwollweberei, Buntweberei, Baumwoll- u. Garnhandel, Wattefabrikation u. Textil-Maschinenbau. Handelspolitik, Volkswirthschaft, Kunst u. Geschichte bez. Branchen. Central-Organ f. Fabrikanten, Kaufleute, Ingenieure, Importeure, Exporteure u. Vertreter obiger Industrien. (Ausg. A.) Red.: C. Romen. 6.—8. Jahrg. 1891—1893. à 24 Nrn. (à 1—1 1/2 Bog. m. Illustr.) gr. 4. Ebd. à Jahrg. 20. —; ermäss. Pr. à n.n.n. 2. —

— dasselbe. Ausg. f. Baumwoll- u. Wollenwaaren-Industrie, Handelspolitik, Volkswirthschaft, Kunst-Geschichte bez. Branchen. (Ausg. A.) Red.: C. Romen. 9. Jahrg. 1894. 24 Nrn. gr. 4. (Nr. 1, 20 S.) Ebd. n. 20. —; ermäss. Pr. n.n.n. 2. —

— Journal f. Wollen-, Baumwollen-, Leinen-, Seiden-, Flachs-, Hanf- u. Jute-Industrie, f. d. darauf bezügl. Maschinen, Stellenanzeiger, Käufe u. Verkäufe, Bezugsquellenliste. Ausg. A. 10. Jahrg. 1895. 24 Nrn. (Bog.) gr. 4. Ebd. n. 2. —

— dasselbe f. Textil-Industrie: Spinnerei, Weberei, Bleicherei, Färberei, Druckerei u. Appretur, sow. f. d. darauf bezügl. Maschinen, Stellenanzeiger, Käufe u. Verkäufe, Bezugsquellenliste. Ausg. A/B. 11. Jahrg. Juli 1896—Juni 1897. 12 Nrn. (à ca. 34 S. m. Abb.) gr. 4. Ebd. n. 10. —

— dasselbe. Ausg. A/B. 12. Jahrg. Octbr. 1897—Septbr. 1898. 12 Nrn. (à ca. 34 S. m. Abb.) gr. 4. Ebd. n. 10. —

— dasselbe. Ausg. f. Bleicherei, Färberei, Druckerei u. Appretur, die Farben-, Chemikalien- u. Buntpapierfabrikation. Central-Organ f. Fabrikanten, Coloristen, Chemiker, Techniker, Ingenieure u. Kaufleute obiger Branchen. (Ausg. B.) Red.: C. Romen. Fachred.: R. Hefelmann. 2.—5. Jahrg. 1887—1890. à 24 Nrn. (1½ B. m. Illustr. u. Mustern.) gr. 4. Ebd. à Jahrg. n. 20. —

— dasselbe. Ausg. f. Bleicherei, Färberei, Druckerei u. Appretur, Farben-, Chemikalien- u. Buntpapier-Fabrikation. Central-Organ f. Fabrikanten, Coloristen, Chemiker, Techniker, Ingenieure u. Kaufleute obiger Branchen. (Ausg. B.) Red.: C. Romen. Fachred.: R. Hefelmann. 6.—9. Jahrg. 1891—1894. à 24 Nrn. (Bog. m. Illustr. u. Mustern.) gr. 4. Ebd. à Jahrg. 20. —; ermäss. Pr. à n.n.n. 2. —

— Journal für Bleicherei, Färberei, Druckerei u. Appretur, Farben-, Chemikalien- u. Buntpapier-Fabrikation u. f. die darauf bezügl. Maschinen, Stellenanzeiger, Käufe und Verkäufe, Bezugsquellenliste. Ausg. B. 10. Jahrg. 1895. 24 Nrn. (Bog. m. Abb.) gr. 4. Charlottenburg, C. Romen. n. 2. —

— dasselbe. Ausg. C. Gesammt-Ausg., umfassend Ausg. A, B, D, E. 1.—4. Jahrg. 1887—1890. à 24 Nrn. gr. 4. Ebd. à Jahrg. n. 30. —

— dasselbe. Ausg. C. Gesammt-Ausg., umfassend Ausg. A. B. D. Jahrg. 1891—1894. gr. 4. Ebd. à Jahrg. 30. —; ermäss. Pr. à n.n.n. 5. —

— dasselbe. Gesammt-Ausg. C., enth. Ausg. A/B, D u. F. gr. 4. (à Nr. ca. 34, 10 u. 16 S. m. Abb. u. Mustertaf.) Ebd. 896. n. 22. —

— dasselbe. Ausg. f. Wirkerei und Strickerei. Fach-Blatt f. die Handschuh-, Strumpf- u. Tricotagen-Branchen, f. Phantasie-Artikel, Strick- u. Maschenwaaren. Special-Organ f. Posamenterie u. Stickerei, f. Bänder-, Litzen-, Kordeln- u. Knopf-Fabrikation, sowie f. Spitzen- u. Gardinen-Branche, f. Zwirnerei u. Nähfaden-Industrie. (Ausg. D.) 1.—3. Jahrg. 1888—1890. 24 Nrn. (B. m. Illustr.) gr. 4. Ebd. à Jahrg. n. 10. —

—— dass. — Ausg. f. Wirkerei u. Strickerei. Fach-Blatt f. die Handschuh-, Strumpf- u. Tricotagen-Branchen, f. Phantasie-Artikel, Strick- u. Maschenwaaren etc. (Ausg. D.) 4.—7. Jahrg. 1889—92. à Jahrg. 24 Nrn. (Bog. m. Illustr.) gr. 4. Ebd. à Jahrg. * 10 —

— dasselbe. Ausg. f. Wirkerei u. Strickerei. Fach-Blatt f. die Handschuh-, Strumpf- u. Tricotagen-Branchen, f. Phantasie-Artikel, Strick- u. Maschenwaaren. Special-Organ f. Posamenterie u. Stickerei, f. Bänder-, Litzen-, Kordeln- u. Knopf-Fabrikation, sowie f. Spitzen- u. Gardinen-Branche, f. Zwirnerei u. Nähfaden-Industrie. (Ausg. D.) 6.—9. Jahrg. 1891—1894. à 12 Nrn. (Bog. m. Illustr.) gr. 4. Ebd. à Jahrg. 10. —; ermäss. Pr. à n.n.n. 1. —

— Journal f. Wirkerei u. Strickerei, Spitzen- u. Gardinenfabrikation, Posamenten-, Bänder-, Litzen- u. Knopfindustrie, Zwirnerei- u. Nähfaden-Industrie u. f. d. darauf bezügl. Maschinen, Stellenanzeiger, Käufe u. Verkäufe, Bezugsquellenliste. Ausg. D. 10. Jahrg. 1895. 12 Nrn. (à ca. 2 Bog. m. Abb.) gr. 4. Ebd. 1. —

— dasselbe. 11. Jahrg. Juli 1896—Juni 1897. 12 Nrn. (à ca. 10 S. m. Abb.) gr. 4. Ebd. Postfrei n. 3. —

Romen's Journal f. Wirkerei u. Strickerei, Spitzen- u. Gardinenfabrikation, Posamenten-, Bänder-, Litzen- u. Knopfindustrie, Zwirnerei- u. Nähfaden-Industrie u. f. die darauf bezügl. Maschinen, Stellenanzeiger, Käufe u. Verkäufe, Bezugsquellenliste. Ausg. D. 6. Jahrg. 1900. 12 Nrn. gr. 4. (à ca. 14 S.) Charlottenburg, C. Romen. Postfrei n. 5. —

Romen's Journal zur Veröffentlichung u. Besprechung der neuen Entdeckungen auf dem Gebiete der Textilindustrie: Ausg. f. die Wollen-Waaren-Industrie: Spinnerei, Weberei, Walkerei, Appretur nebst einschlägl. Maschinenbau, Handel in Rohwolle, Garnen, Kammzug, Wollenwaaren u. Confection. (Ausg. E.) Red.: C. Romen. 1. u. 2. Jahrg. 1889. 1890. à 24 Nrn. (B. m. Illustr. u. Mustern.) gr. 4. Charlottenburg, Romen. à Jahrg. n. 12. —

—— dass. — Ausg. f. die Wollen-Waaren-Industrie: Spinnerei, Weberei, Walkerei, Appretur nebst einschlägl. Maschinenbau, Handel in Rohwolle, Garnen, Kammzug, Wollenwaaren u. Confection. (Ausg. E.) Redact.: C. Romen. 4.—7. Jahrg. 1889—92. à Jahrg. 52 Nrn. (Bog. m. Illustr. u. Must.) gr. 4. Ebd. à Jahrg. * 12 —

— dasselbe. Ausg. f. die Wollen-Waaren-Industrie: Spinnerei, Weberei, Walkerei, Appretur nebst einschlägl. Maschinenbau, Handel in Rohwolle, Garnen, Kammzug, Wollenwaaren u. Confection. (Ausg. E.) Red.: C. Romen. 6.—8. Jahrg. 1891—1893. à 52 Nrn. (Bog. m. Illustr. u. Mustern.) gr. 4. Ebd. à Jahrg. n. 12. — Wurde mit Ausg. A verschmolzen.

— Journal zur Veröffentlichg. u. Besprechg. d. neuesten Entdeckgn. u. Fortschritte auf d. Gebiete d. Seiden-, Sammet- u. Plüsch-Industrie. Für Seiden-Färbereien, -Bleichereien, -Druckereien und Maschinenfabriken dieser Branchen. Central-Organ f. Fabrikanten, Kaufleute, Ingenieure, Importeure, Exporteure u. Vertreter obiger Industrien. Ausg. F. 1. Jahrg. Septbr. 1895—Aug. 1896. 24 Nrn. (à ca. 12 S. m. Abb.) gr. 4. Ebd. n. 20. —

— dasselbe. 2. Jahrg. Juli 1896—Juni 1897. 12 Nrn. (à ca. 2 Bog. m. Abb.) gr. 4. Ebd. n. 10. —

— Stellenvermittler für Industrie u. Handel. Anzeiger v. Stellen-Angeboten, -Gesuchen, Käufen, Verkäufen u. Vertretungen in d. Branchen d. Textil-Industrie, der chem. Gross- u. Klein-Industrie, diesen verwandten u. diverser and. Industrieen. 5. Jahrg. 1895. 52 Nrn. (Bog.) gr. 4. Ebd. n. 12. —

Romen, Carl, 24 (lith.) Vorlegeblätter verschiedener Schriftarten für Lithographen, Graveure, Steinbauer, Schildermaler etc. qu. Imp. 4. Emmerich 850, Romen in Comm. n. 1 ℳ 6 ₰

Romen, Carl, 24 (lith.) Vorlegeblätter verschiedener Schriftarten für Lithographen, Graveure, Steinhauer, Schildermaler, Vergolder, Schreiblehrer und Schüler. 2. Aufl. Emmerich (853.) Romen in Comm. qu. Imp.-4. n. 1 ℛ. 6 ngr.

— Wäscherei-Zeitung. Fachblatt f. Dampf- u. Handwäschereien, Wäsche-Fabriken, chem. Wäschereien, Maschinen-Fabriken bezügl. Branchen; Käufe, Verkäufe u. Stellenvermittler. Special-Organ f. Desinfections-, Heil- u. Badeanstalten, Krankenhäuser u. Sanatorien. Ausg. W. 1. Jahrg. März 1895—Febr. 1896. 12 Nrn. (à 18 S. m. Abb.) gr. 4. Charlottenburg, C. Romen. n. 10. —

Romen's Wäscherei-Zeitung. Fachblatt f. Dampf- u. Handwäschereien, Wäsche-Fabriken, chem. Wäschereien, Maschinen-Fabriken bezügl. Branchen; Käufe, Verkäufe u. Stellenvermittler. Special-Organ f. Desinfections-, Heil- u. Badeanstalten, Krankenhäuser u. Sanatorien. Ausg. W. 2. Jahrg. Juni 1896—Mai 1897. 12 Nrn. (Bog. m. Abb.) gr. 4. Ebd. n. 10. —

— dasselbe. 3. Jahrg. Juli 1897—Juni 1898. 12 Nrn. (à ca. 20 S. m. Abb.) gr. 4. Ebd. n. 10. —

Romen, Lambertus (geb. Emmerich 31. 5. 1819): De chlorosi. Berolini (1844). (42 S.) 8°
Berlin, Med. Diss. v. 9. Sept. 1844

Romeny, M. B. [Artz. [sic!] Officier van Gesondheid 2de Kl. Nen. O. S. Leger]: Ueber die mit Darmverletzung complicirten penetrirenden Bauchwunden. . . . Freiburg i. B., Univ.-Buchdr. v. H. M. Poppen & Sohn, 1890; 46 S. + 1 Bl. 8°
Freiburg i. B., Med. Fak., Inaug.-Diss. v. 1890

Romeo, oder Erziehung u. Gemeingeist, s. Hoffmeister, K.

Romeo e Giulia, drama in due atti . . . Lipsia 1776. V: *Sanseverino, Carlo.* (BrMm)

Romeo und Julie, ein bürgerliches Trauerspiel in fünf Aufz. Leipzig 1768. 2. Aufl. 1776. 3. Aufl. 1779. B: *Weisse, Christian Felix.* (Ky) (MGT) (BrMm)

— u. Julie. Trauersp. 8. Leipz. Dyk. 779.

— and Julie. A Tragedy by Shakespear. 8. Gera, Rothe. 792.

Romeo und Julie. Ein Trauerspiel in fünf Aufz. . . . nach Shakespear frey . . . bearbeitet. Leipzig 1796. B: *Bretzner, Christoph Friedrich.* (GGr) (BrMm)

Romeo u. Julie,. Trauersp. nach Shakspeare, fürs deutsche Theater bearbeitet. 8. Leipz. Jacobäer. 796.

— u. Julie. Quodlibet von Charakteren, in 2 Aufz. 8. Wien, Wallishäußer. 808.

Romeo und Julie, eine wahre Geschichte. Mit 1 Kupfer. Erfurt, Beyer u. Maring, 1809. 8°. (1 Rthl.) Rar!

Romeo u. Julie; e. wahre Geschichte nach Regnault-Warin. Mit 1 Kpf. 8. Erfurt 809. (Otto). 1 ℛ

Romeo und Julie, Schauspiel von Shakespeare, übers. v. J. H. Voß. gr. 8. Leipzig, Brockhaus. 818.

— u. Julie. Quodlibet von Charakteren in 2 Akten. 8. Wien 818. Wallishausser. 6 fl

Romeo u. Julie, oder das furchtbare Wiedersehen in der Todtengruft. Historische Erzählung nach William Shakespeare auf's Neue dem Volke erzählt v. G. u. B. Ovm. gr. 16. (68 S.) Urfahr-Linz 877. Kraußlich. — 20

— u. Juliette, dramat. Gedicht von Soden, m. K. gr. 8. Naumb. Wild. 809.

Romeo, Der neue, eine Tragikomödie. [Frankfurt u. Leipzig] 1769. V: *Bodmer, Johann Jacob.* (GGr) (JL) (ML) (Ky) (Bächtold, Litt. d. Schweiz. Frauenf. 1892. S. 193.) (Cat. d. Stadtbibl. Zürich. Zürich 1864—97.)

Romeo, Fritz, s. a.: Römhildt, Fritz.

Romeo, Fritz, Albtal-Dischtle. Humoristische Gedichte in Karlsruher Mundart. 1. u. 2. Aufl. (157 S.) kl. 8. Pforzheim 910. Volkstümliche Bücherei. Geb. in Leinw. 2. —

— Francesca v. Rimini. Trauerspiel in 3 Akten. (104 S.) 8. Karlsruhe 908. Pforzheim, Volkstüml. Bücherei. 1. —

Romeo, Fritz, Hypochonder-Gift. Humoristische Gedichte in Karlsruher Mundart. 8. (VII, 184 S.) Karlsruhe 901. (Macklot.) Geb. n. 2. —

— Hypochonder-Gift. Humoristische Gedichte in Karlsruher Mundart. 3. Aufl. (157 S.) kl. 8. Ebd. 909. Geb. in Leinw. 2. —

— Juckpulver. Humoristische Gedichte in Karlsruher Mundart. 1.—3. Taus. (VI, 161 S.) kl. 8. Karlsruhe. Pforzheim, Volkstüml. Bücherei. Geb. 2. —

Römhildt, Fritz, Melodien in Worten. Lyrische Gedichte. (VIII, 80 S.) 12. Karlsruhe (908). Macklot. Geb. in Leinw. n.n. 1. 50

— Pfefferkörner. Humoristische Gedichte in Karlsruher Mundart. 12. (VIII, 168 S.) Ebd. 902. Geb. in Leinw. n. 2. —

— Pfefferkörner. Humoristische Gedichte in Karlsruher Mundart. 2. Aufl. (157 S.) kl. 8. Pforzheim 909. Volkstüml. Bücherei. Geb. in Leinw. 2. —

— s'schpanische Röhrle. Humoristische Gedichte in Karlsruher Mundart. 8. (VII, 188 S.) Ebd. 902. Geb. in Leinw. n. 2. —

— 's schpanische Röhrle. Humoristische Gedichte in Karlsruher Mundart. 2. Aufl. (157 S.) kl. 8. Ebd. 910. Geb. in Leinw. 2. —

— Senfpflaschter. Humoristische Gedichte in Karlsruher Mundart. (VII, 192 S.) kl. 8. Karlsruhe 905. Pforzheim, Volkstüml. Bücherei. Geb. in Leinw. 2. —

— Tanne-Nadle. Humoristische Gedichte in Karlsruher Mundart. (156 S. m. Bildnis.) kl. 8. Karlsruhe (910). F. Gutsch. Geb. in Leinw. 2. —

Romer, F., s.: Führer, illustrirter in der Münz- u. Alterthumsabtheilung d. ungarischen Nationalmuseums.

Romer, J., Kalula oder der Amerikaner in Afrika, s. Bibliothek, amerikanische.

Romer, Johann Jakob, s. Römer.

Romer, Jh. Ldw., († d. 15. Mai 1802.) s. Vorschlag zu Holzspar.-Oefen u. Kochheerden.

Romer v. Kis-Enyitzke, St., über d. wasserdichte u. vor d. Feuer schützende Farbemassa f. Schindeldächer. (Hydasistegisch-pyromentische Farbemassa.) gr. 8. (1 B.) Wien 829, Gerold.

Römer, die alten, ein lehrreiches und unterhaltendes Spiel für die Jugend. Mit einem großen in Kupfer gestoch. u. illum. Spielplane u. einer Erklarung in deutscher u. franz. Sprache. gr. 8. Wien 834. Müller. 2/3 ℳ

Römer, die, in Deutschland. Ein dramatisirt. Heldengedicht von Babo. 8. Manheim, Löffler. (a. Schwan u. G.) 780. Posp p.

Römer, Die, in Griechenland; a. d. Ital. Triest 1798. Ü: *Wichmann, August.* (Ky) (MGT)

Römer, die, in Griechenland; aus d. Italien. (von A. Wichmann). 8. Triest 798. (Andreä in Leipz.) 9 gr. (Centr.-Cpt. das.) 8 gr. (a. Miller in Grätz). 6 gr.

Römer, die, in Griechenland, a. d. Engl. 8. Triest. (Geistinger in Wien. (Bauer in Leipz.) 798.

Römer, der, u. die neuen **Rathausbauten** in Frankfurt am Main. Mit 37 Abbildgn. u. 2 Grundrissen. (VII, 104 S.) 8. Frankfurt a/M. (908). (Gebr. Knauer.) 1. —

Römer, (Hauptmann rc.) kurze Anleitung zum Aufnehmen mit der Meßkette und dem Meßtische, od. Auflösung der wichtigsten Elementaraufgaben beim Feldmessen, zunächst zum Gebrauche für die Militairschule in Oldenburg entworfen. Mit 7 Tafeln in Steindruck. 1/2 gr. 12. Oldenburg 837. Schulze. 3/8 ℳ

Römer. Sanatorium Elsterberg, Spezialanstalt für Alkohol-Entziehungskuren. 1892.

Römer, guter Magen u. gute Brust! Zwei Haupterfordernisse, ein langes Leben zu gewinnen u. zu erhalten. Ein Wegweiser für Jedermann. Altona 865. (Verl.-Bureau.) 8. (45 S.) 7½ ngr.

Römer, Superint., Rede, s. Vorträge, kirchliche.

Römer: Einige statistische Resultate aus der am 3. Dezember 1867 in Cassel vollzogenen Volkszählung. 8 S.–Cassel R., Progr. 1868

† Römer, Dr., (Ludw. Frz. Deinhardstein,) Theater. 1—3. Bd. gr. 8. Wien, Mausberger.

Bd. 1. Strabella. (Drama.) — Liebe u. Liebeley. (Lustsp.) — Brautstand u. Ehestand. (Lustsp.) (14¾ B.) 837. 20 Gr.
» 2. Die Gönnerschaften. — Liebes-Intriguen. — Die seltene Liebschaft. (11¼ B.) 838. 20 Gr.
» 3. Leichtsinn u. seine Folgen. (Schausp., nach Alex. Dumas.) — Louise v. Lignerolles. (Schausp., nach Dinaux u. Legouvé. (10 B.) 841. 16 Gr.

Römer, Volapük und deutsche Professoren. Polem. Arabesken. gr. 8. (VI, 54 S.) Neuwied 888, Heuser's Verlag.

Roemer, wie befreie ich mich v. Stuhlverstopfung u. Hämorrhoidalleiden? 8. (IV, 120 S.) Erfurt (901). F. Bartholomäus. n. 2. —

Römer, A. (Pseud.), s.a. Abraham, Albert

Römer, A. s.a. Römer, Friedrich Adolph

Römer, A., Heimatskunde f. die Schulen der Grafsch. Mansfeld. (In 3 Tln. bearb.) Mit 2 Karten, 1 Plane, 9 Handzeichngn. u. mehreren Abbildgn.) 1. Tl. gr. 8. Eisleben, G. Reichardt. n. — 80

Heimatskunde der Stadt Eisleben. Mit 1 Plane, 9 Handzeichnungen u. 4 Abbildgn. (IV, 104 S.) 900.

Roemer, Adolph [Rekt.]: Beiträge zur Kritik und Exegese griechischer Schriftsteller. Kempten, Buchdr. d. J. Kösel'schen Buchh., 1892; 28 S. 8.
Kempten, k. Humanist. G, P 1892*

Roemer, Adf., über den litterarisch-aesthetischen Bildungsstand des attischen Theaterpublikums. gr. 4. (95 S.) München 901. (G. Franz' Verl.) n. 3. —
Sonderabdruck aus: „Abhandlgn. d. bayer. Akad. d. Wiss."

Über den litterarisch-aesthetischen Bildungsstand des attischen Theaterpublikums. Von Adolf **Römer**. *(München: K. Akad. 1902.)* (95 S.) 4°
= Abhandlungen d. philos.-philol. Classe d. Kgl. Bayer. Akad. d. Wiss. Bd 22, Abth. 1, [1.] [c4. 56to

Ein Dichter und ein Kritiker vor dem Richterstuhle des Herrn R. Peppmüller. Peppmüller's Commentar zum XXIV. Buch der Ilias kritisch beleuchtet. — Von A. Römer, Stdl. — 1877. München, ibid. — S. 3 54⁸. (Dem Herrn Universitäts-Professor Dr. Leonhard von Spengel beglückwünscht zu seinem 50jährigen Doctor-Jubilaeum das Collegium des Ludwigs-Gymnasiums.)
Progr. München, Ludwigsgymnasium

Roemer, Adph., ein Dichter u. ein Kritiker vor dem Richterstuhle des Hrn. R. Peppmüller. Peppmüller's Commentar zum XXIV. Buch der Ilias kritisch beleuchtet. gr. 8. (54 S.) München 877. Lindauer. n. 1. —

— **Homerische Gestalten u. Gestaltungen.** gr. 8. (20 S.) Leipzig 901. A. Deichert Nachf. n. — 80
Sonderabdruck aus: „Festschrift d. Univ. Erlangen f. Prinzregent Luitpold".

Römer, Adf., über die Homerrecension des Zenodot. gr. 4. (84 S.) München 885, (Franz' Verlag.) **
Aus: Abhandlungen der k. bayer. Akademie der Wissenschaften, besonders abgedruckt.

Römer, A., Die Homercitate u. die homer. Fragen d. Aristoteles. Ak. 1884. 51 S.

Roemer, Adolphus [Dr.]: Homeri Ilias. Editionis prodromus. Campoduni, ex typogr. J. Koeseliana, 1893; 15 S. 4.
Kempten, k. humanist. G, P 1893*

Römer, Adolf: Das Causalprinzip in den Systemen des Rationalismus. Borna-Leipzig 1910: Noske. VI, 102 S. 8°
Erlangen, Phil. Diss. v. 7. März 1910, Ref. Falckenberg
[Geb. 28. Aug. 61 Hamm i. W.; Wohnort: Steglitz; Staatsangeh.: Preußen; Vorbildung: Gymn. Hamm Reife O. 82; Studium: Tübingen 1, Greifswald 2, Leipzig 2, Bonn 1 S.; Rig. 25. Jan. 10.] [U 10. 891

Roemer, Adf., zur Kritik u. Exegese v. Homer, Euripides, Aristophanes u. den alten Erklärern derselben. (S. 577—656.) Lex.-8. München 904. G. Franz' Verl. n. 2. —
Sonderabdruck aus: „Abhandlgn. d. bayer. Akad. d. Wiss."

Roemer, Adolf: Zur Kritik und Exegese von Homer, Euripides, Aristophanes und den alten Erklärern derselben. Von –. (München: K. Akad. 1905.) (S. 579–656.) 4°
= Abhandlungen d. philos.-philol. Klasse d. Kgl. bayer. Akad. d. Wiss. Bd 22, Abt. 3, [3.]

Römer, A., Zur Kritik u. Exegese des Sophocles. S.-A. 1890. 27 S.

Römer, A., Zur Kritik u. Exegese der Wolken d. Aristophanes. Ak. 1896. 86 S.

— Zur Kritik der Rhetorik des Aristoteles. S.-A. 1884. 20 S.

Roemer, Adf., Lebensfragen des humanistischen Gymnasiums in Bayern. gr. 8. (58 S.) München 900. J. Lindauer. n. — 80

Roemer, Adf., die Notation der alexandrinischen Philologen bei den griechischen Dramatikern. [Aus: „Abhandlgn. d. k. b. Akad. d. Wiss."] gr. 4. (54 S.) München 892. (G. Franz' Verl.) n. n. 1. 60

Römer, A., recens. Porphyrii quaest. Homer. ad Iliadem pertin. reliquias. ed. H. Schrader. 1880. S.-A. 1881. 16 S. —.80

— zur Reform der Prüfungsordnung f. das Lehramt in den philologisch-historischen Fächern. (49 S.) gr. 8. München 906. J. Lindauer. n. 1. —

— Zur Rhetorik des Aristoteles. S.-A. 1900. 12 S.

— die exegetischen Scholien der Ilias im Codex Venetus B. Eine philologisch-krit. Untersuchung. gr. 8. (XVIII, 117 S.) Ebend. 879. n. 4. —

De scholiis Victorianis Homericis. — Von A. Roemer, Stdl. — 1874. München, F. Straub. — S. 3—3?.
Progr. München, Ludwigsgymnasium

— Studien zu Aristophanes u. den alten Erklärern desselben. 1. Tl. Das Verhältnis der Scholien des Cod. Rav. u. Venet. nebst Beiträgen zur Erklärg. der Komödien des Aristophanes auf Grund unserer antiken Quellen. gr. 8. (XIV, 196 S.) Leipzig 902. B. G. Teubner. n. 8. —

— Homerische Studien. gr. 4. (S. 387—452.) München 902. (G. Franz' Verl.) n. 2. —
Sonderabdruck aus: „Abhandlgn. d. bayer. Akad. d. Wiss."

Römer, A., Studien zu der handschriftl. Ueberlieferung d. Aeschylus u. zu d. alten Erklärern desselben. Ak. 1888. 54 S.

Roemer, A., zur Technik der homerischen Gesänge. (S. 495—530.) gr. 8. München 908. G. Franz' Verl. — 60
Sonderabdruck aus: „Sitzungsber. d. bayer. Akad. d. Wiss."

Römer, Adolph [aus Calw]: Untersuchungen über den Einfluss der Masse auf die Chlorirung brennbarer Gase .... Cannstatt, Druck v. Louis Bosheyer's Buchdr., 1885; 51 S. 8°.
Tübingen, Naturw. Fak., Inaug.-Diss. v 1885.

Römer, Adolf, Untersuchungen über den Einfluss der Masse auf die Chlorirung brennbarer Gase. Diss. Tübingen 1885, Fues' Sort. 8°. 51 S.

Römer, A., Ueb. die Werke der Aristarcheer im Codex Venetus A. Ak. 1875. 84 S. 1.20

Römer, A., Zur Würdigung u. Kritik der Tragikerscholien. S. A. 1906. 67 S.

Römer, Alb., Blätter vom Wege. (VII, 122 S.) 8. Berlin 903. Herm. Walther. n. 1. 50

— John Brinckman in seinem Werden u. Wesen. Vortrag in der Literar. Gesellschaft zu Hamburg. (35 S.) 8. Berlin 907. W. Süsserott. n. — 25

— Heiteres u. Weiteres von Fritz Reuter. Mit Beiträgen zur plattdeutschen Literatur. (VII, 251 S.) 8. Berlin 905. Mayer & Müller. n. 4. —; geb. n. 4.80

— die Lüge ihres Lebens. 8. (279 S.) Berlin 890. Schorer. n. 3. 60

Römer, A., leichte Pillen, zum Genuß der großen Berliner Kunstausstellung verordnet. 8. (36 S. m. Bildern.) Berlin 893. Mayer & Müller. n. — 50

— unter dem Purpur. Roman. 8. (299 S.) Dresden 890. Pierson. n. 3. —

— Fritz Reuter in s. Leben u. Schaffen. M. Erinnergn. persönl. Freunde des Dichters u. anderen Ueberlieferg. Zeichngn. v. Fritz Reuter. Illustr. v. F. Greve. gr. 8. (III, 249 S.) Berlin 896. Mayer & Müller. n. 4. —; geb. n. 5. —

Römer, A. (II.). Schelmen-Spiegel der internationalen Kunst-Ausstellung, Berlin 1891. gr. 8. (40 S.) Berl. 891, (Bouillon). 1 —

— ein kleiner Spitz, s.: Album f. Liebhaber-Bühnen Nr. 431.

– (Hrsg.), s. Unterhaltungsblatt für beide Mecklenburg und Pommern.

Römer, Alexander [Pseud.]
d. i. Regenstein, Charlotte

— Einer aus der Masse. Roman. 8. (305 S.) Stuttgart 888. Deutsche Verlags-Anstalt. n. 4. 50

Römer, Alex., Einer aus der Masse. Roman. (Neue Titel-Ausg.) 8. (305 S.) Stuttgart 892. Deutsche Verlags-Anstalt. n. 1. —; geb. n. 1. 25

— e. Entführung, s.: Goldschmidt's Bibliothek f. Haus u. Reise.

Römer, Alex. (Charlotte Regenstein), späte Erkenntniß. Roman. gr. 8. (309 S.) Dresden 902. C. Reißner. n. 4. —; geb. n. 5. —

Römer, Alex. (Charlotte Regenstein), die Erlöserin, s.: Deva-Roman-Sammlung. 34. Bd.

Römer, Alex., Frühling u. Hochsommer. Roman. 8. (265 S.) Stuttgart 882. Deutsche Verlags-Anstalt. n. 4. 50

– Frühling u. Hochsommer. 2. Aufl. Wohlf. Ausg. 8. (265 S.) Stuttgart 891. Deutsche Verlags-Anstalt. Geb. n. 1. 25

Römer, Alex. (Charlotte Regenstein), ebenbürtige Gefährten. Roman. 8. (234 S.) Dresden 898. C. Reißner. n. 3. —; geb. n. 4. —

— gerettet, s.: Kürschner's, Jos., Bücherschatz.

— die Glücksjäger, s.: Goldschmidt's Bibliothek f. Haus u. Reise.

— dem Irrlicht nach. Roman. 2 Tle. in 1 Bd. (Neue wohlf. [Titel-]Ausg.) 8. (255 u. 254 S.) Ebd. [893.] 899. n. 1. 50; geb. n. 1. 75

Römer, Alex. [Charlotte Regenstein]. Moderne Cultur. Roman. 2. Aufl. 8. (341 S.) Dresd. 889, Pierson. * 3 —

— Leidenschaft, s.: Goldschmidt's Bibliothek für Haus u. Reise.

— Licht u. Finsterniß. Roman. 8. (227 S.) Dresden 896. E. Pierson. n. 3. —

! Licht und Finsternis. 1896.
Jetzt: Berlin: Verlag Berlin-Wien.

— die Lüge ihres Lebens, s.: Für's Coupé.

— im Netz, s.: Kürschner's Bücherschatz.

— Tante Jettes Pflegesöhne. Roman. 2 Bde 8. (226 u. 259 S.) Stuttgart 893. Deutsche Verlags-Anstalt. n. 5. —

— Tante Jettes Pflegesöhne. Roman. (Neue wohlf. [Titel-]Ausg.) 2 Tle. in 1 Bde. 8. (226 u. 259 S.) Stuttgart (893) 898. Deutsche Verlags-Anstalt. n. 2. —; geb. n. 2. 25

— unter dem Purpur. Roman. 2. (Titel-)Aufl. 8. (299 S.) Dresden 892. E. Pierson. n. 3. —

! Unter dem Purpur. 1892.
Jetzt: Berlin: Verlag Berlin-Wien.

— gesühnte Schuld, s.: Goldschmidt's Bibliothek für Haus u. Reise.

Römer, Alex., Gräfin Sibylla. Roman. 2 Bde. 8. (203; 235 S.) Stuttgart 878, Hallberger. * M. 6.; geb. *

—— Gräfin Sibylla. Roman. 2. (Titel-)Aufl. 2 Bde. 8. (203; 235 S.) Stuttgart 881, [Hallberger.] Deutsche Verlags-Anstalt. *

— still u. bewegt. Roman. 2 Bde. 8. (281 u. 238 S.) Ebend. 880. n. 7. —

— Treue, s.: Romansammlung „Deva". 8. 9.

— Versuchung. Roman. (332 S.) gr. 8. Dresden 903. C. Reißner. n. 4. —; geb. n. 5. —

— was ist Glück? Roman. 8. (416 S.) Stuttgart 895. Deutsche Verlags-Anstalt. n. 4. —

— was ist Glück? Roman. (Neue [Titel-]Ausg.) 8. (416 S.) Stuttgart [895.] 900. Deutsche Verlags-Anstalt. n. 1. 50; kart. n. 1. 75

— wer hat den Frieden? Roman. 8. (297 S.) Ebd. 897. n. 3. —; geb. n.n. 4. —

— am Ziele. Roman. 8. (300 S.) Stuttgart 899. Deutsche Verlags-Anstalt. n. 3. —; geb. n.n. 4. —

Römer, Alwin

— Veronikas Abenteuer u. andere Leutnantshumoresken, s.: Enßlin's Roman- u. Novellenschatz.

Römer, Alwin, f. die Fidelitas u. den Schluß der offiziellen Tafel, s.a. Bloch's, Ludw., Sammlung neuer Ansprachen u. Tischreden in Prosa.

[F.] Für die Fidelitas und den Schluss der offiziellen Tafel v. Alwin Römer. *Berlin: E. Bloch [1894].* (73 S.) 1 Bd 8.
= Sammlung, Ludw. Blochs, neuer Ansprachen u. Tischreden in Prosa. Bdch. 9. [96. 54..

Römer, Alwin, vor u. nach den Flitterwochen, s.a. Eckstein's humoristische Bibliothek. Nr. 99.

Römer, Alwin, vor u. nach den Flitterwochen, s.a. Enßlin's Roman- u. Novellenschatz.

Römer, Alwin: Vor und nach den Flitterwochen. Lustige Geschichten v. –. 1.–3. Taus. Berlin: R. Eckstein Nachf. [1899]. (141 S.) 8°
= Bibliothek, Ecksteins Humoristische. No 99.

— Ein bißchen Glück — e. bißchen Schuld ... Sonnige Geschichten. (283 S.) 8. Leipzig (907). E. Maerter. 3.—; geb. 4. —

Römer, Alwin, der Hochzeitskater, s.: Bibliothek, humorist., f. Stolze'sche Stenographen, II.

Römer, Alwin, der Holzhacker, s.a. Schulze's Zehnpfennigbücher in vereinfachter deutscher Stenographie. Nr. 28.

Der Holzhacker. Eine heitere Geschichte. Von Alwin Römer. In vereinf. deutscher Stenogr. (System Stolze-Schrey). Berlin: F. Schulze [1904]. (16 S.) 8°
= Zehnpfennigbücher, Schulzes. No 28. [05. 7387

— Schloß Huttenberg. Novelle. (92 S.) 8. Leipzig (910). G. Müller-Mann. 1. —

— auf Kaltenbronn, s.a. Daheim, Stenographen-Bibliothek. 3. u. 4. Bd.

Römer, Alwin: Auf Kaltenbronn. Eine Waldgesch. von –. Christfeier um Pfingsten. Eine oberschles. Waldepisode von Frdr. F[rh]. von Dincklage-Campe. Berlin: F. Schulze [1899]. (50 S.) 8°
= Daheim. Stenographen-Bibliothek. Bd 3. 4.

— auf d. Kriegspfaden d. Liebe, s.: Roman-Gallerie.

— der Kristall-Becher, s.a. Schulze's Zehnpfennigbüch.

Der Kristall-Becher. Von Alwin Römer. (Berlin: F. Schulze [1900].) (16 S.) 8° [Umschlagt. Text stenogr.]
= Zehnpfennigbücher, Schulzes. No 17. [05. 7376

— Schelmenkinder. Fröhliche Geschichten. 8. (VIII, 192 S.) Eßlingen 898. M. Harburger. n. 1. 50

— Schelmenkinder. Fröhliche Geschichten. (Neue [Titel-]Ausg.) 8. (VIII, 192 S.) Zürich [898.] 900. Th. Schröter. n. 1. —

— die Spree-Loreley, s.a. Bobach's illustr. Roman-Bibliothek. I. 11.

Die Spree-Loreley. Roman v. Alwin Römer. Illustriert v. Adolf Hering. Berlin. Leipzig. Bei: Frieda H. Kraze. Unter dem Dornenkranz. ebd. [1903.] 8°.

Römer, Alwin, unterwegs mit dem Musterkasten, s.: Bibliothek, humoristische, f. reisende Kaufleute.

— was die Spatzen vom Schuldache pfeifen. Lustige Geschichten f. alle Welt. gr. 8. (VII, 96 S.) Wiesbaden 890. Sadowsky. n. 1. 50

— was die Spatzen vom Schuldache pfeifen. Lustige Geschichten f. alle Welt. 2. (Titel-)Aufl. 8. (VII, 96 S.) Wiesbaden 893. H. Sadowsky. n. 1. —

RÖMER, Anton (Niederstotzingen): Ueber einen Fall von Adenom der männlichen Brustdrüse.- München: Wolf 1880. 22 S.
21.6.1880 - Urk (Titel: De mammae virilis adenomate.): Chr 1879/80.15
Diss.Ingolst.-Landsh.-Mchn.

Römer, Anton: Handbuch der Anatomie des menschlichen Körpers. Bd 1 - 2, gbd.

Wien: Heubner 1831

JB 731

Römer, Anton: Handbuch der Anatomie des menschlichen Körpers. 2.umgearb.u.verm. Aufl. Bd 1 - 2, gbd.

Wien: Heubner 1840 - 1841

JB 732

—— spec. Verzeichniss d. anatom.-physiolog. natürl. u. Wachs-Präparate, welche im Gebäude d. k. k. med. chirurg. Josephs-Akad. aufgestellt sind, nebst e. kurzen Beschreib. des in dies. Gebäude noch befindl. naturhistor. Cabinettes u. d. patholog.-anatom. Samml. gr. 12. (7¾ B.) Wien 837, [Heubner's Verl.]

Römer, Ant. Frz., Nachr. v. d. Küste Guinea, m. K. gr. 8. Kopenh. Pelt. 768.

Römer, Arthur, aus Mülheim a. Rh.: Aus d. Kgl. Universitätsklinik f. Syphilitische u. Hautkrankheiten zu Bonn. Über Carcinom auf luetischem Boden. *Bonn 1903: C. Georgi.* (26 S.) 8°
Bonn, Med. Diss. v. 22. Juli 1903

Römer, August

Römer, A., Anleitung zur Pflege im Wochenbett. 8. (VIII, 55 S.) Tübingen 886. Laupp. n. 1. —

Meteorologische Station (Römer, Aug.), Ergebnisse der meteorologischen Beobachtungen im Jahre 1870—83 und 1884—90. Wiesbaden.

In Jahrg. 35. 1882.: Katalog der Bibliothek des Nassauischen Vereins für Naturkunde. Im Auftrage des Vorstandes herausgegeben von AUG. RÖMER.

In Jahrg. 36 und 37. 1883 und 1884.: 1. und 2. Nachtrag zu dem Kataloge der Bibliothek des Nassauischen Vereins für Naturkunde von AUG. RÖMER.

Römer, Aug., Catalog der Conchylien-Sammlung d. naturhistorischen Museums zu Wiesbaden. [Aus: „Jahrbb. d. Nass. Ver. f. Naturkunde".] gr. 8. (191 S.) Wiesbaden 891. J. F. Bergmann. n. 5. —

— Catalog der Skelett- u. Schädel-Sammlung des naturhistorischen Museums zu Wiesbaden. [Aus: „Jahrbb. d. Nass. Vereins f. Naturkunde".] gr. 8. (17 S.) Ebd. 893. n. — 60

Römer, A., die Kunst des Krankenbesuchens. 8. (56 S.) Berlin 902. Reuther & Reichard. n. 1. —

— die Kunst des Krankenbesuchens. 2., erweit. u. verb. Aufl. (70 S.) gr. 8. Berlin 904. Reuther & Reichard. n. 1. —

Roemer, A., die Kunst des Krankenbesuchs. 3., neubearb. Aufl. (III, 68 S.) 8. Berlin 910. Reuther & Reichard. 1. —

Römer, A. (I.). Psychiatrie u. Seelsorge. gr. 8. (30 S.) Berl. 891, Reuther u. Reichard. * — 80
Aus: Halte was du hast, besonders abgedruckt.

Römer, A., Psychiatrie u. Seelsorge. Ein Wegweiser zur Erkenng. u. Beseitigg. d. Nervenschäden uns. Zeit. gr. 8. (VIII, 343 S.) Berlin 899. Reuther & Reichard. n. 5. —; geb. n. 6. —

[Rundschreiben] v. August **Römer:** An die Mitglieder der Landescommittee betr. die Herstellung eines Schleswig-Holsteinischen Fonds u. s. w. Hamburg, den 3. December 1863. 1 Bl. 4°.

Römer, A., was schulden wir dem Alter? Ratschläge u. Mahngn. eines prakt. Arztes. (94 S.) 8. Berlin 905. Reuther & Reichard. n. 1. —

Römer, Auguste v., das Christkind. Eine kleine Aufführg. f. Kinder zum Christfest. 8. (14 S.) Leipzig 885. Siegismund & Volkening. n. — 40; Ausg. f. Zuhörer, 12 Stück n. 1. 50

Römer, Auguste v., das Christkind. Eine kleine Aufführg. f. Kinder zum Christfest. (Ausg. f. Zuhörer.) (7 S.) kl. 8. Leipzig (906). Sigismund & Volkening. n.n. — 10

Römer, Auguste v., das Christkind. Eine kleine Aufführg. f. Kinder zum Christfeste. (Umschlag: 2. Aufl.) (14 S.) kl. 8. Leipzig (909). Siegismund & Volkening. — 40

Römer, Auguste v., Wellen u. Wogen. Gedichte. Leipzig 869. Matthes. 8. (IV, 211 S. mit 1 Chromolith.) 22½ ngr.; in engl. Einb. mit Goldschn. n. 1 ℛ

Römer, B.

— u. G. Böhme, Grundriß d. landwirtschaftl. Pflanzenbau-Lehre, s. a. Taschenbibliothek, deutsche landwirtschaftliche.

Römer, B., Grundriß d. landwirtschaftl. Pflanzenbaulehre. E. Leitfaden f. d. Unterricht an landwirtschaftl. Lehranst. u. z. Selbstunterricht. 6., verb. u. erweit. Aufl., m. 97 Abb., v. G. Böhme. gr. 8. (IX, 188 S.) Leipzig 898. Landwirtschaftl. Schulbuchh. Geb. in Leinw. n. 1. 80

Römer, B., Grundriß der landwirtsch. Pflanzenbaulehre. Ein Leitfaden f. den Unterricht an landwirtsch. Lehranstalten u. zum Selbstunterricht. 7. verb. u. erweit. Aufl. m. 137 Abbildgn. v. G. Böhme. gr. 8. (X, 222 S.) Leipzig 903. Landwirtschaftl. Schulbuchh. Geb. in Leinw. n. 1. 80

Römer, B., Grundriß der landw. Pflanzenbaulehre. Ein Leitfaden f. den Unterricht an landwirtschaftl. Lehr-Anstalten u. f. den angeh. Praktiker. 8. verb. u. erweit. Aufl. v. W. Koeppen. Mit 5 farb. Taf. u. 123 Textabb. (XI, 255 S.) 8. Leipzig 908. Berlin, Landwirtschaftl. Schulbuchh. Geb. in Leinw. 2. 20

Römer, B., Grundriß der landwirtschaftlichen Tierzucht-Lehre, s. a. Taschenbibliothek, deutsche landwirtschaftliche.

Römer, B., Grundriss der landw. Tierzuchtlehre. (VI.) Von G. Böhme. Mit 126 Abb. (IX., 216 S.) Lpzg. 95. Landw. Schulbuchh. Geb. M. 2.80

-- Grundriß d. landwirtschaftl. Tierzucht-Lehre. Ein Leitfaden f. d. Unterr. an landwirtschaftl. Lehranst. u. z. Selbstunterricht. 7., durchaus umgearb. u. verm. Aufl., bearb. v. G. Böhme. M. 122 in den Text gedr. Abb. gr. 8. (VIII, 217 S.) Ebd. 897. Geb. in Leinw. n. 2. 80

— Grundriß der landwirtschaftl. Tierzucht-Lehre. Ein Leitfaden f. den Unterricht an landwirtsch. Lehranstalten u. f. prakt. Landwirte. 8. verm. u. verb. Aufl., bearb. v. G. Böhme. Mit 66 in den Text gedr. Abbildgn. u. 8 Farbendr.-Doppeltaf., gezeichnet v. J. Schurig. gr. 8. (VIII, 256 S.) Ebd. 900. Geb. in Leinw. n. 2. 80

Roemer, B., Grundriß der landwirtschaftl. Tierzucht-Lehre. Ein Leitfaden f. den Unterricht an landw. Lehranstalten u. f. prakt. Landwirte. 9., verm. u. verb. Aufl., bearb. v. G. Boehme. Mit 67 in den Text gedr. Abbildgn. u 8 Farbendr.-Doppeltaf., gezeichnet v. J. Schurig. (VIII, 239 S.) gr. 8. Leipzig 903. Landwirtschaftl. Schulbuchh. Geb. in Leinw. n. 2. 80

— u. G. Böhme, Grundriß der landw. Tierzucht-Lehre. Ein Leitfaden f. den Unterricht an landwirtschaftl. Lehranstalten u. zum Selbstunterricht. 10. verb. u. durch e. Abschnitt üb. Nutzgeflügel-Zucht erweit. Aufl. von C. v. Stoeltzer. Mit 66 in den Text gedr. Abb. u. 8 Farbendr.-Doppeltaf., gezeichnet v. J. Schurig. (XI, 242 S.) 8. Berlin 908. Landwirtschaftl. Schulbuchh.
Geb. in Leinw. 2. 80

Roemer, Benedictus Jacobus (Moeno-Francofurtensis)
Dissertatio inauguralis juridica De testamentis ordinandis inprimis ex reformatione Francofurtana.
Giessae 1814. 36 S.
Diss. jur. Giessen 1814.13. Dez. vorh. 34.

Römer, (C.,) histor. Darstell. e. höchst merkw. Somnambüle. Mit 3 Abbildd. gr. 8. Stuttg. 822, Metzler.

Römer, C., Uebungsstücke zum Uebersetzen aus d. Deutschen ins Latein., f. d. obern Klassen d. gelehrten Schulen, nach e. neuen Methode bearb. 8. (19½ B.) Ulm 828, Stettin.

Römer (C. F.), Das rheinische Uebergangsgebirge. Eine geognostisch-paläontologische Darstellung. Mit 6 Tafeln. Hannover 1844. 4.
vgl. Römer, A.

Römer, C. J., der obere Amazonenstrom e. Kolonisirungsgebiet f. Deutsche. gr. 8. (III, 42 S.) Harzburg 892. C. J. Römer. 1. —

Römer, C. J., s.: Europe, illustrated. — l'Europe illustrée. — Ungarn in Wort u. Bild. — Wanderbilder, europäische.

Römer, C J s. Hochland. Das siebenbürgische H. Zürich ([18]89–90) – Pays. Le p haut de Transylvanie. Zürich ([18]90) – Transylvania Highland. The T H. Zurich [1890].

Römer, Carl Ferd., s. Römer, Karl Ferd.

Römer, Carl Heinrich, s. Römer, Karl Heinrich

Römer, Casimirus, s. Römer, Kasimir

Römer, Ch., siehe: *Heidenbote*.

Römer, Ch., Kamerun. Land, Leute und Mission. Mit 1 Karte. (32 S.) 886; 2.—4. Aufl. 8. (40 S.) Basel 886—88, Missionsbuchhandlung. *

Römer, G. Kamerun, Land, Leute u. Mission. 8. (40 S. m. 1 Karte u. Holzschn.) Basel 890, Missionsbuchh. * — 20

Römer, Ch., Kamerun. Land, Leute u. Mission. 6., aufs neue durchgeseh. u. ergänzte Aufl. 8. (48 S. m. Bildern u. 1 farb. Karte.) Basel 893. Missionsbuchh. n. — 20

Römer, Ch., Kamerun. Land, Leute u. Mission. 7., ergänzte u. verm. Aufl. M. 1 bericht. Karte d. Kamerunlands u. mehreren Bild. 8. (II, 52 S.) Basel 895. Missionsbuchh. n. — 20

Römer, Ch. Kamerun, Land, Leute und Mission. 8. Aufl. Ergänzt und bis auf die Gegenwart fortgeführt v. *P. Steiner*. Mit e. neuen Karte von Kamerun u. 16 Bildern. 8°. 64 S. Basel, Missionsbuchhandlung. 1899 — 30

Römer, Ch., Kamerun. Land, Leute u. Mission. 9. Aufl. Ergänzt u. bis auf die Gegenwart fortgeführt von P. Steiner. Mit e. Karte v. Kamerun u. Bildern. 8. (71 S.) Basel 902. Missionsbuchh. n. — 25

Römer, Chr. Heinr., s. Römer, Karl Heinrich

Römer, Christian, Christus u. die Zukunft unserer Landeskirchen. Vortrag, bei der Jahresversammlg. der Evangelisch-kirchl. Vereinigg. in Stuttgart am 17. V. 1905 geh. (32 S.) 8. Stuttgart 905. D. Gundert. n. — 50

Römer, Chr., Sünde u. Erlösung. Vortrag, geh. im Saale des Bürgermuseums zu Stuttgart. (25 S.) 8. Stuttgart 907. Buchh. der ev. Gesellschaft. — 30

— Textbuch f. Prediger. Eine Sammlg. bibl. Texte f. Festgottesdienste u. Kasualreden. Nebst Winken über die Bedeutg. u. Gestaltg. der Fest- u. Kasualrede. Im Anschluß an Schuler's Repertorium neu bearb. u. einigen Geistlichen u. hrsg. v. R. (398 S.) 8. Ebd. 903.
n. 2. 80; geb. in Leinw. n. 3. 60; in Ldr. n. 4. 50

Römer, Christian Theophil (Schwenningen)
A. S. 634/26

De efficacia statutorum in res extra territorium sitas. Präs. Karl Christoph Hofacker.
Tübingen (Reis) VII. 1778. 68 S. 29042

* *Chrift. Steph. Römer's* Demonstrative Rechenkunst. Braunschweig, Schröter. 8. (12 gr.) 1739.

Römer, Christoph Lebrecht: Abhandlung über die peruvianische Rinde, besonders deren Anwendung als äusserliches Heilmittel ... Altenburg 1792. 100 S.

— s.a. Arzneimittellehre, Chirurgische.

Römer, Chstph. Lebr., chirurgische Arzneymittellehre, d. 1sten Classe 1ste 2te Abth. von den Mitteln, welche Blut u. andere Materien ausleeren. 8. Altenb. (Akadem. Buchhandlung in Jena.) 779. (1ste Abthl. 8 gr. 2te 1 Thlr. 6 gr.)

— — desselben 2te Classe. 8. Ebend.

[Römer, Cph. Lebr.]: Chirurgische Arzneymittellehre. Klasse 1, Abth. 1. 2. Klasse 2. Altenburg 1789—93.

Römer, Christoph Lebrecht: Chirurgische Arzneymittellehre. Zwote Klasse, erste Abtheilung, Bd 1 - 2, gbd., Abb.

Altenburg: Richter 1793 - 1796

JB 1.374

Römer, E., die geheimnisvollen Engländer, od.: Ein feiner Spekulant, s.: Vereins-Bühne.

Römer, Ed.

Römer, E. Donax, s.: Martini u. Chemnitz, systematisches Conchylien-Cabinet.

Römer, Ed., Erweiterungs- u. Umbauten der königl. niederschlesisch-märkischen Eisenbahn. Mit 25 Taf. (in Kpfrst.) Fol. (12 S.) Berlin 873. Ernst & Korn.
n. 20. —

Römer, Ed., die Familie der Dreiecks- od. Stumpfmuscheln, Donacidae. — Die Familie der Herzmuscheln, Cardiacea. — Die Familie der Tellmuscheln, Tellinidae, s.: Martini u. Chemnitz, systematisches Conchylien-Cabinet. X, 3, X, 2 u. X, 4.

Römer, Ed., die Familien, Genera, Subgenera und Sectionen der zwei muskeligen, kopflosen Mollusken [Acephala lamellibranchiata dimyaria], mit innerem Ligament. Cassel 863. J. G. Luckhardt. gr. 4. (48 S.) n. 24 ngr.

Römer, Ed. v., Gott in der Natur. Morgen- u. Abendbetrachtungen. Nebst e. Vorw. v. Chrstph. Friedr. v. Ammon. gr. 8. (8 B.) Dresden u. Leipzig 845, Arnoldische Buchh. * 20 Ngr. Velinp. Thlr. *

Römer: Über die zweimuskeligen kopflosen Mollusken mit innerem Ligament. Cassel 1863. 4°
Schul-/Univ.-Schrift

—— Monographie der Molluskengattung Dosinia, Scopoli (Artemis Poli). 6 Lfgn. gr. 4. (VII und 87 S. mit 16 Chromolithogr.) Cassel 862—64, Fischer. [1.—4. Lfg. à * 2 Thlr., 5. und 6. Lfg. * 3 Thlr.] *
Auch als Suppl. zu Pfeiffer, L., Novitates conchologicae. 2. Abthl.

—— Monographie der Molluskengattung Venus Linné. 1.—13. Lfg. gr. 4. (S. 1—146 mit 39 lithogr. und ill. Taf. Abbild.) Cassel 864—68, Fischer. *
Als Supplement zu Pfeiffer, L., Novitates conchologicae: * 23 Thlr. 15 Ngr.

Römer, Ed. (I.), **Monographie der Molluskengattung Venus Linné. 1. Bd.: Subgenus Cytherea Lamarck. 14.—21. Lfg. gr. 4. (III, S. 191—217 mit 22 color. Stnt.) Cassel 871, Fischer. à Lfg. * M 6,50. ***

—— dass. — 22.—37. Lfg. (2. Bd.) gr. 4. (S. 1—128 mit 39 color. Stnt.) Ebendas. 871. à Lfg. * M 6,50. *
Als Supplement zu Pfeiffer, „Novitates conchologicae", à Lfg. * M 6.
1.—13. Lfg. Ebendas. 1864—68. * M 78.50.

Römer, Ed., kritische Untersuchung der Arten des Molluskengeschlechts Venus bei Linné und Gmelin mit Berücksicht. der später beschriebenen Arten. gr. 8. (XIII und 136 S.) Cassel 857, J. G. Luckhardt.

Römer, Elise, sechs Albumblätter. In Farbendr. ausgeführt von J. G. Bach. Danzig 870. Saunier. Imp.-4. n. 5 ₰

Roemer, Emil, griechische Formen- u. Satzlehre, s. a. Reinhardt, Karl.

Römer, Emil, kurzgefaßte griechische Formenlehre. gr. 8. (VI, 101 S.) Leipzig 884. Teubner. cart. n. 1. 20

Römer, E., kurzgefaßte griechische Formenlehre. 2. Aufl. gr. 8. (VIII, 111 S.) Leipzig 890. Teubner. cart. n. 1. 20

Römer, Erich, Flugmaschinenteile aller Art: Kataloge. 1912 ff. Frankfurt a. M.-Süd

Roemer, Ernst [app. Arzt aus Barmen]: Beitrag zur Bestimmung zusammengesetzter Reactionszeiten ... (Aus: Psychol. Arbeiten hrsg. v. E. Kraepelin, Bd 1 Heft 4.) Leipzig, W. Engelmann, 1895; 48 S. 8.
Heidelberg, Med. Fak., Inaug.-Diss. v. [17. Dez.] 1895

Römer, Ernst, die Bücherrevisoren-Praxis in Deutschland u. England. Propagandistisches Handbuch der Bücherrevision. 1. u. 2. Aufl. (VII, 274 S.) gr. 8. Berlin (N.O. 18, Werneuchenerstr. 4 pt.) 905. Bücherrevisor Römer. n. 5. —; geb. n.n. 6. 50

Römer, Ernst, O diese Canaille! u. anderes. Tagebuchblätter. (99 S.) 8. Berlin (906). E. E. Römer. n. 1. —

Römer, Eugen von: **Beiträge zu Litauens Wirtschaftsgeschichte.** *München 1897: Kastner & Lossen.* (IV, 188 S.) 8°
München, Staatswirtsch. Diss. v. 1897

Römer, Eugen (tr). Geschl Mittlg d Allg Dten Unterstützungs-Gesell von San Fr, Cal, seit seiner Gründung, 7. Jan 1854 ... San Fr, 1894.

Römer, F., biblische Geschichten alten und neuen Testamentes, für die Unterstufe der Volksschule erzählt und mit vollständig ausgeführten Mustern, mit Erklärungen der betr. Bilder, mit Zugaben, Erläuterungen und mit pract. Anmerkungen für den Schulgebrauch versehen. 2. Aufl. gr. 8. (VI, 47 S.) Hofgeismar 885. (Berlin, Deutsche Evangel. Buch- und Tractat-Gesellschaft.) *

Römer, F., biblische Geschichten alten und neuen Testamentes, f. die Unterstufe der Volksschule erzählt u. mit vollständig ausgeführten Mustern, m. Erklärungen der betr. Bilder, m. Zugaben, Erläutergn. u. m. pract. Anmerkgn. f. den Schulgebrauch versehen. 3. Aufl. gr. 8. (VI, 47 S.) Hofgeismar 887. (Berlin, Oehmigke's Verl.) n. — 55

Römer, F. Ueber den Hopfenbau. Aarau 1865.

Römer, F., Lenzeslüfte. Eine Erzählg. aus der Zeit der Statthalterschaft in der Mark. 12. (104 S.) Kyritz 899. Herm. Rohde. — 75

Römer, F., Treue gewinnt, nach Walt. Scott frei erzählt, s. a. Jugendbücherei.

(F) **Römer, F.**, Treue gewinnt. [Jugendbücherei. Nr. 15/18.] 8°. (221 S.) Graz: Styria 1908. K 1.20, geb. K 1.60

Römer, Ferdinand

Roemer (F.). Ueber eine Art der Limuliden-Gattung Belinurus aus dem Steinkohlengebirge Oberschlesiens. (Abdr. a. d. Zeitschr. der deutsch. geolog. Gesellschaft. Jahrgang 1883.) 8.

Roemer, Ferd. Neue Asteriden u. Crinoiden am devonischen Dachschiefer von Bundenbach bei Birkenfeld. (Aus Paleontograph. von H. v. Meyer's.) Cassel. 1865. 4.

Roemer, Ferd. Ueber den Bau von Melonites multipora, ein Echinide des amerikanischen Kohlenkalkes. (Aus Troschel's Archiv.) Berlin. 1856. 8.

Römer, F., Beitrag zur Systematik der Gordiiden. [Aus: „Kükenthal, Ergebnisse e. zool. Forschungsreise in d. Molukken; Abh. d. Senckenb. naturforsch. Ges."] gr. 4. (47 S. m. 1 Taf.) Frankfurt a/M. 896. (M. Diesterweg.) n. 3. —

Roemer, Ferd. Beiträge zur Kenntniss der fossilen Fauna des devonischen Gebirges am Rhein. (Aus Verhandl. d. naturf. Ver. d. Rheinlande.) Bonn. 1852. 8.

— Bemerkungen über die Kreidebildungen der Gegend von Aachen, gegründet auf Beobachtungen im J. 1853. (Aus d. Zeitschrift d. deutsch. geol. Ges.) Berlin. 1853.

— Bericht über eine geol. Reise nach Norwegen im Sommer 1859. (Aus der Zeitschr. d. deutsch. geol. Gesellsch.) Berlin. 1859. 8.

Römer, Ferd. Bericht über eine geologische Reise nach Russland im Sommer 1861. (Aus der Zeitschrift der deutschen geologischen Gesellschaft.) Berlin. 1861. 8.

Roemer, Ferd. Beschreibung eines fast vollständigen Exemplars von Fenestella infundibuliformis aus devonischen Schichten bei Waldbröl. (Aus Verh. d. naturf. Ver. d. Rheinlands. Jahrg. VII.) Bonn. 8.

Römer, Ferd. Brief über eine Reise nach Frankreich im Jahre 1860 an Bronn. (Aus d. Jahrb. f. Mineral.) Stuttgart. 1860. 8.

Roemer, Ferd. Brief über eine geolog. Reise in österr. Schlesien im J. 1859 an Bronn. (Aus Leonhard u. Bronn's Jahrb.) Stuttg. 1859. 8.

— Dorycrinus; ein neues Crinoïden-Geschlecht aus dem Kohlenkalke Nord-amerika's. (Aus Archiv für Naturg.) Berlin. 1853. 8.

Roemer, Ferd., Erläuterungen zu den Sectionen Gleiwitz, Königshütte, Loslau u. Pless der geognostischen Karte von Oberschlesien im Maassstabe 1 : 100,000. Berlin 867. Neumann. gr. 8. (46 S. mit 1 lith. Karte in hoch 4.) 7½ ngr

— über ein bisher nicht beschriebenes Exemplar v. Eurypterus, siehe: Palaeontographica, I. Bd.

Roemer, Ferd., über eine durch die Häufigkeit hippuriten-artiger Chamiden ausgezeichnete Fauna der oberturonen Kreide von Texas, s. Abhandlungen, paläontologische.

FERDINAND ROEMER, Die fossile Fauna der silurischen *Diluvial*-Geschiebe von Sadewitz bei Oels in Nieder-Schlesien. Eine palaeontologische Monographie. Mit 6 lithographischen und 2 Kupfer-Tafeln. Breslau 1861. Druck von Robert Nischkowsky. A. u. d. T.: Der Königlichen Universität Breslau bringt zur Feier ihres fünfzigjährigen Jubiläums die schlesische Gesellschaft für vaterländische Kultur ihre besten Glückwünsche dar. Inhalt: Die fossile Fauna ... von Ferdinand Roemer. ib. 1861. — gr. 4°.

—— die fossile Fauna der silurischen Diluvial-Geschiebe von Sadewitz bei Oels in Nieder-Schlesien. Eine palaeontolog. Monographie. Imp.-4. (XVI und 82 S. mit 8 Blatt Erklärungen und 6 Stnt. und 2 Kpfrt.) Breslau 861. (Leipzig, T. O. Weigel.) cart.

— die silurische Fauna des westlichen Tennessee. Eine paläontologische Monographie. Mit 5 Taf. (3 lith. u. 2 in Kpfrst.) Breslau 860. Trewendt. gr. 4. (VIII, 100 S. u. 5 Bl. Erklär. d. Taf.) n. 3 ℛ

Roemer, Ferd., über die ältesten Formen des organ. Lebens, s.a. Sammlung gemeinverständl. wissenschaftl. Vorträge.

Roemer F, über die ältesten Formen des organischen Lebens auf der Erde. (Sammlung wissenschaftlicher Vorträge 92) Berlin 1869

— Das ältere Gebirge in der Gegend von Aachen, erläutert durch die Vergleichung mit den Verhältnissen im südlichen Belgien nach Beobachtungen im Herbste 1853. (Aus d. Zeitschr. d. deutsch. geol. Gesellsch.) Berlin. 1853. 8.

Roemer, Ferd. (geb. Hildesheim Jan. 1818): De Astartarum genere et speciebus, quae e saxis jurassicis atque cretaceis proveniunt. Berolini (1842). (24 S.) 4°

Berlin, Phil. Diss. v. 16. Mai 1842

—— Geologie von Oberschlesien. Eine Erläuterung zu der im Auftrage des königl. preuss. Handelsministeriums von dem Verf. bearb. geolog. Karte von Oberschlesien in 12 Sektionen, nebst einem von dem königl. Ob.-Berg-R. Dr. Runge in Breslau verfassten das Vorkommen und die Gewinnung der nutzbaren Fossilien Oberschlesiens betr. Anhang. Mit einem Atlas von 50 die bezeichnenden Versteinerungen der einzelnen Ablagerungen Oberschlesiens darstell. lithogr. Taf. und einer Mappe mit (14 chromolithogr.) Karten und Profilen (in Fol. und gr. Fol.). 4. (XIV, 610 S. mit 1 Stnt. und 50 Bl. Erläuterungen.) Breslau 870, (Mälzer.) cart. *

Römer, Ferd., geognostische Karte von Ober-Schlesien. Im Auftrage des Königl. preuss. Ministeriums für Handel, Gewerbe und öffentl. Arbeiten unter Zugrundelegung der topograph. Karten des Königl. Generalstabes bearb. 1 : 100,000. In 12 Bl. Fol. Berlin 867—69, Neumann. *

Roemer, Ferd., die Knochenhöhlen von Ojcow in Polen. gr. 4. (43 S. mit 12 lithogr. Taf., 1 geograph. lithogr. Karten-Skizze und 12 Bl. Taf.-Erklärungen.) [Kassel 883, Fischer.] Stuttgart, Schweizerbart'sche Verlagsh. *
Aus: Palaeontographica, besonders abgedruckt.

Roemer, Ferd., die Kreidebildungen von Texas u. ihre organischen Einschlüsse. Mit einem die Beschreibung von Versteinerungen aus paläozoischen u. tertiären Schichten enthaltenden Anhange u. mit 11 v. C. Hohe nach der Natur auf Stein gez. Taf. Imp. 4. (VIII u. 100 S.) Bonn 852, Marcus. n. 4 ℛ

— Die Kreidebildungen Westphalens. Eine geognostische Monographie. (Aus d. Zeitschr. d. deutsch. geol. Ges.) Berlin. 1854. 8.

— Lethaea erratica, s.a. Abhandlungen, paläontologische.

Roemer, Fd. Lethaea erratica oder Beschreibung der in der norddeutschen Ebene vorkommenden Diluvialgeschiebe nordischer Sedimentär-Gesteine. Berlin, 1885.

Roemer (F.). Lethaea geognostica. Stuttg. 1880.→

— Lethaea palaeozoica, s.a Lethaea geognostica.

Lethaea palaeozoica v. Ferd. **Roemer.** Fortges. v. Fritz Frech (2: Lethaea pal. v. Fritz Frech). Bd 1. 2, Lfg 1. [&] Atlas. *Stuttgart: E. Schweizerbart 1876—97.* 4.(8.)
= **Lethaea geognostica.** Th. I. (98. 3843

Roemer, Ferdinand: Ueber Melonites, ein Echinid des Amerikanischen Kohlenkalks. (Bonn 1856.) (18 S.) 8° *[Aus: Archiv f. Naturgesch. Jg. 21. 1855, wo auch die zugehörige Tafel.]*

Breslau, Phil. Fak., Antr.-Progr. als ord. Prof. v. 7. Mai 1856

Roemer, Ferd. Ueber Fisch- u. Pflanzenführende Mergelschiefer des Rothliegenden bei Klein-Neudorf unweit Löwenberg und im Besonderen über Acanthodes gracilis, den am häufigsten in denselben vorkommenden Fisch. (Aus d. Zeitsch. d. deutsch. geol. Gesellsch.) Berlin. 1857. 8.

Roemer, Ferd. Monographie der fossilen Crinoïden-Familie der Blastoideen und der Gattung Pentatrematites im Besonderen. (Aus Archiv für Naturgesch. Jahrg. XVII. Vol. I.) Berlin. 1850. 8.

— Monographie der fossilen Crinoidenfamilie, der Blastoideen u. der Gattung Pentatrematites im Besondern. Mit 5 Kupfertaf. [Abdr. aus dem Archiv f. Naturgeschichte. Jahrg. XVII. Bd. 1.] gr. 8. (80 S.) Berlin 852, Nicolai. n. 5/6 ℛ

Römer, F., Monotromata u. Marsupialia aus Australien u. dem malayischen Archipel, s.: Denkschriften der medicinisch-naturwissenschaftlichen Gesellschaft zu Jena.

— Weitere Nachricht von dem Vorkommen der Posidonomya Becheri und anderer für die Culmschichten bezeichnender Fossilien in den Sudeten und in Mähren. (Aus d. Zeitschr. d. deutsch. geol. Gesellsch.) Berlin. 1860. 8.

— Die Nachweisung des Keupers in Oberschlesien und Polen. (Aus der Zeitschr. d. deutsch. geol. Gesellsch.) Berlin. 1862. 8.

Roemer, F. Notiz über eine riesenhafte neue Art der Gattung Leperditia in silurischen Diluvialgeschieben Ost-Preussens. (Aus Zeitsch. d. deutsch. geol. Gesellsch.) Berlin. 1858. 8.

Römer, F., Notiz über die Auffindung von Ammonites auritus. Sow. in Kreideschichten bei Neuenheerse im Teutoburger Walde. Als Beitrag zur Entscheidung der Frage nach der Art der Vertretung des Gault in Deutschland. (Aus d. Zeitschrift d. deutsch. geol. Gesellsch.) Berlin. 1852.

— Notiz über die Auffindung von Posidonomya Becheri im Grauwackengebirge der Sudeten. (Aus d. Zeitschr. d. deutsch. geol. Gesellsch.) Berlin. 1850. 8.

Roemer, Ferd. Notiz über die silurischen Schichten der Gegend von Zaleszczyky in Galizien. (Aus Leonh. u. Bronn's Jahrb.) Stuttgart. 1862. 8.

Roemer, F. Notiz über ein eigenthümliches Vorkommen von Alaunstein in der Steinkohle bei Zabrze in Oberschlesien. (Aus der Zeitschr. der deutsch. geol. Gesellsch.) Berlin. 1856. 8.

Roemer, Ferd. Notiz über das Vorkommen von Nautilus bilobatus Sow. im Kohlenkalke Schlesien's. (Aus d. deutsch. geol. Zeitsch.) Berlin. 1861. 8.

F. Vorläufige Notiz über die Auffindung einer eocänen Tertiärbildung in der Gegend von Osnabrück. (Aus d. Zeitschr. d. deutsch. geol. Ges.) Berlin. 1850. 8.

— Ueber Stephanocrinus, eine fossile Crinoïden-Gattung aus der Familie Cystideen. (Aus Leonhard's und Bronn's Jahrb.) Stuttgart. 1850. 8.

— Texas. Mit besonderer Rücksicht auf deutsche Auswanderung u. die phys. Verhältnisse des Landes nach eigener Beobachtung geschildert. Mit einem naturwissenschaftl. Anh. u. einer (lith. u. col.) topographisch-geognost. Karte von Texas. gr. 8. (XVI u. 464 S.) Bonn 849, Marcus. n. 2 2/3 ℛ

— einige neue Versteinerungen aus dem Korallenkalk von Hilsthon, siehe: Palaeontographica, I. Bd.

— über einige neue Versteinerungen aus dem Muschelkalke von Willebadessen, siehe: Palaeontographica, I. Bd.

— Die jurassische Weserkette. Eine geogn. Monographie. (Aus d. Zeitschr. d. deutsch. geol. Ges.) Berlin. 1858. 8.

Römer, Fidelis. Kirche und Staat im 19. Jahrhundert. 3.—4000. 47 S. 8. Luzern, J. Schill, 1901. [fr. —.20]
Schweizerische katholische Volksschriften. Nr. 1.

Roemer, Fr., es soll nicht sein, s. a Volksbücher, neue.

Es soll nicht sein. Von Fr. Roemer. Manneswort. Von M[arie] Rickmeyer. Mit 4 Ill. *Berlin: Schriftenvertriebsanst. 1902.* (101 S.) 8° [F.]
= Volksbücher, Neue. Bdch. 69.

Roemer, Fr., e. Fall v. Endotheliom der Dura mater, s.: Jahrbücher d. hamburg. Staatskrankenanstalten.

Roemer, Friedrich [app. Arzt aus Alzei]: Aus d. hygien. Anstalt am kgl. Operationskurs f. Militärärzte. Ueber experimentelle Leukocytose ... München, Buchdr. v. M. Ernst, 1890; 23 S. 8.
München, Med. Fak., Inaug.-Diss. v. 1890

Roemer, Friedr. Ad., die Algen Deutschlands. 4. (9⅓ B. u. 11 Stnt.) Hannover 845, Hahn'sche Hofbuchh. *

Römer, Friedr. Ad., Beiträge zur geolog. Kenntniss des nordwestl. Harzgebirges, s. a. Dunker, W. und H. v. Meyer, Palaeontographica.

Roemer, Frdr. Adph., Beiträge zur geologischen Kenntniss des nordwestlichen Harzgebirges. 3. u. 4. Abth. in: Palaeontographica, V. Bd. 1. Liefg. u. IX. Bd. 1. Liefg.

Römer. F. A. Beiträge 1—5 zur geologischen Kenntniss des Harzgebirges. Cassel 1850—66. 4.

Roemer, Friedr. Adph., Beiträge zur geologischen Kenntniss des nordwestlichen Harzgebirges. 4. Abthl. gr. 4. (III und 46 S. mit 12 Stnt. Abbildungen.) Cassel 860, Fischer. *
Aus dem Werke: Palaeontographica, besonders abgedruckt.
1—3. Abthl. Ebendas. 1855. * 9 Thlr. 15 Ngr.

Roemer, Friedr. Adph., Beiträge zur geologischen Kenntniss des nordwestlichen Harzgebirges. 5. Abthl. Cassel 866. Fischer. gr. 4. (35 S. mit 3 Steintaff. Abbild.) n. 2 Thlr 20 ngr.

— die neuesten Fortschritte der Mineralogie u. Geognosie. (Eine Ergänzung der Synopsis der Mineralogie u. Geognosie. Hannover 1853.) Hannover 865. Hahn'sche Hofbuchh. gr. 8. (III, 59 S.) n. 10 ngr.

Roemer, F. Ad. Geschichte der Königlichen Bergschule zu Clausthal. Zur 50jährigen Jubelfeier am 7. Januar 1861. Goslar. 1861.

Roemer, Frdr. Adph., geognostische Karte v. Hannover. Section: Hildesheim, Einbeck u. Profile. Fol. (Kpfrst. u. Lith. Color.) Berlin 852, Schropp & Co. (à n. n. 1⅚ Thlr) n. n. 5½ Thlr

Roemer, A. Geognostische Charte vom Harz-Gebirge. Braunschweig. 1856.

—— die Polyparien des norddeutschen Tertiär-Gebirges. gr. 4. (IV und 47 S. mit 5 Stnt. Abbild.) Cassel 863, Fischer. *
Aus: Palaeontographica. Beiträge zur Naturgeschichte der Vorwelt, 9. Bd., besonders abgedruckt.

—— die Spongitarien des norddeutschen Kreide-Gebirges. gr. 4. (IV und 63 S. mit 19 Stnt. Abbild.) Cassel 864, Fischer. *

— Synopsis der Mineralogie und Geognosie, s. a. Leunis, Synopsis der drei Naturreiche.

Römer (Friedr. Ad.). Synopsis der Mineralogie und Geognosie. Hannover 1853. 8.

—— und Joh. Leunis, Synopsis der drei Naturreiche, s. Leunis, Joh.

Römer, A. Das rheinische Uebergangsgebirge. Eine paläontologisch-geognost. Darstellung. Hanover. 1844. 4.

—— die Versteinerungen des Harzgebirges. Imp.-4. (8⅓ B. u. 12 Stnt.) Hannover 843, Hahn'sche Hofbuchh. *

Roemer, Friedr. Ad., die Versteinerungen d. norddeutschen Kreidegebirges. 1. u. 2. Lfg. Imp.-4. Hannover, Hahn'sche Hofbuchh. [1. (6¼ B. u. 7 Stnt.) 840. * 1½ Thlr., 2. (12¾ B. u. 9 Stnt.) 841. * 2⅙ Thlr.] *

—— die Versteinerungen d. norddeutschen Oolithen-Gebirges. (3 Lfgn.) Roy.-4. (218 S. Text, Tit. u. Vorr. u. 16 Stnt.) Hannover 835, 36, Hahn'sche Hofbuchh. *
Die mit der 1. Lfg. ausgegebenen 12 mangelhaften Steintaf., sind bei Ausg. der 3. Lfg. durch 12 ganz neu u. vorzüglich lith. Tafeln ersetzt worden.

—— dass. — Ein Nachtrag. Roy.-4. (8 B., 4 schw. u. 1 ill. Stnt.) Ebds. 839. *

Römer, Friedrich Christian (Eisleben) A. S. 82/9

Dissertatio inauguralis de pactis claudicantibus.
Präs. Simon Peter Gasser.
Halle (Grunert) 14. V. 1735. 38 S.

Gew.: Franz Heinrich Gf. von Mansfeld.
W. v.: Präs.

29043

Römer, Friedr. Wilh., keine Uebervölkerung mehr! oder: Wichtige Aufschlüsse über den Beischlaf, wie solcher in Bezug auf die Empfänglichkeit des Weibes zu regeln ist, um den Menschen zum Herrn seines Zeugungsvermögens zu machen. Eine auf wissenschaftl. Thatsachen begründete Beweisführung. 1. und 2. Aufl. 16. (27 S.) Hamburg 850, (Heller.) Thlr.

Römer, Friedr. Wilh., welchem Arzte soll ich mich anvertrauen? Eine Beantwortung dieser Frage für Diejenigen, welche eine Wasserkur gebrauchen wollen. 8. (30 S.) Leipzig 847, O. Wigand. ⅙ Thlr

Römer, Fritz [aus Moers am Rhein]: '(Aus d. zoolog. Institut in Jena.)' Über den Bau und die Entwickelung des Panzers der Gürteltiere ... (Aus: Jen. Zeitschr. f. Naturw., Bd 27. — M. 2 Taf.) Jena, G. Fischer, 1892; 48 S. 8.
Jena, Phil. Fak., Inaug.-Diss. v. 1892

Römer, Fritz, s.: Bericht üb. d. Naturgeschichte d. niederen Tiere.

Römer, Fritz, s.: Fauna arctica.

— Namen u. Sachregister, s.: Zeitschrift, Jenaische, f. Naturwissenschaft.

Römer, Fritz, a. München: Ueber die Spaltung der Oxazole und Imidazole. Reduktion von a-Benzildioxim. Erlangen 1906: E. Th. Jacob. (50 S.) 8°
Erlangen, Phil. Fak., Ref. Fischer, Diss. v. 4. Mai 1906
[Geb. 18. Nov. 81 München; Wohnort: Erlangen; Staatsangeh.: Bayern; Vorbildung: Gymn. Erlangen Reife Juli 01; Studium: Erlangen 3, Berlin 1, Erlangen 4 S.; Rig. 16. Jan. 06.]

— Studien über das Integument der Säugethiere, s.: Denkschriften der medicin.-naturwiss. Gesellschaft zu Jena. VI. Bd.

— die Tierwelt des nördlichen Eismeeres. Vortrag, geh. beim Jahresfeste des nassauischen Vereins f. Naturkunde am 11. XII. 1904. (S. XXIII—XLIII.) gr. 8. Wiesbaden 905. J. F. Bergmann. n. — 80
Sonderabdruck aus: „Jahrbb. des nass. Vereins f. Naturkde."

Römer, G., s. a. Römer, Ch.

Römer, Geo., kurze Anleitung zur Einführung in die Praxis der Buchführung. (10 S.) gr. 8. Hermannstadt 904. G. Meyer. n.n. — 25

Römer, Geo., Cäsarsätze zur Einübung u. Repetition d. lateinischen Lehrstoffes der V. Klasse (Obertertia). (IV, 74 S.) 8. Bamberg 908. C. C. Buchner's Verl. 1. 20

Römer, Geo., Grammatik der lateinischen Sprache m. Vokabular f. die Lehrerseminarien u. zum Selbstunterricht f. Lehrer. gr. 8. (VIII, 148 S.) Bamberg 901. C. C. Buchner's Verlag. n. 1. 60

Römer, Geo., griechisches Übungsbuch f. die 4. u. 5. Klasse. gr. 8. (X, 298 S.) Bamberg 902. Buchner's Sort. Geb. in Leinw. n. 3. —

— Griechisches Übungsbuch f. die 4. u. 5. Klasse. 2., durchaus verb. Aufl. (VIII, 244 u. LX S.) 8. Ebd. 908. Geb. 3. —

Römer, Geo., lateinisches Übungsbuch im Anschluß an die Cäsarlektüre f. die 5. Klasse des humanistischen Gymnasiums (Ober-Tertia) u. des Realgymnasiums. (VII, 160 S.) 8. Bamberg 907. C. C. Buchner's Verl. Geb. 1. 50

— Übungs- u. Lesebuch f. den lateinischen Unterricht an Lehrerseminarien u. zum Selbstunterricht f. Lehrer. gr. 8. (VII, 216 S.) Bamberg 901. C. C. Buchner's Verlag. n. 1. 80

Römer, Geo., die sächsische Universität. Vortrag, geh. im „Verein jüngerer Kaufleute" in Hermannstadt am 5. XI. 1902. 8. (16 S.) Hermannstadt 902. (W. Krafft.) n.n. — 34
Sonderabdruck aus: „Akademische Blätter".

— das Wichtigste aus der Wechselkunde. Lehrbuch f. Handelslehrlingsschulen u. verwandte Lehranstalten, als auch zum Gebrauche f. junge Kaufleute u. Gewerbetreibende, zusammengestellt auf Grund des ungar. Wechselgesetzes. gr. 8. (84 u. 53 S. Formulare.) Ebd. 901. n.n. — 85

Römer, Geo. Chr., Anhang z. d. 2n Stücke d. 74n Bdes des allgem. deutsch. Bibliothek. gr. 8. (Manh.) 788. 2e A. 789.

Römer, G., Anhang zu d. 2ten Stcke des 74ten Bdes der allgemeinen deutschen Bibliothek. gr. 8. Leipzig, Gräff. 789.

— Beschreib. d. Gartens zu Schwetzingen, s. Zeyher.

WALDBAUMS, Eduard, Feierstunden, eine Fortsetzung der Morgenspaziergänge. (Vf.: *Georg Chrn. Römer.*) Mit TKpf. (in engl. Braundruckmanier, gest. von Siegrist) u. gestoch. Titel. Mannheim, bei Ferd. Kaufmann. 1797. 8⁰. Vgl. N. allg. dtsch. Bibl. 43, 2, 403 ff. (Goedeke VII, 665, 267, 5 b.)

Römer, Geo. Chr., s. Morgenspaziergänge.

— s. Chr. Nicolai, Entdeckungen.

— s. Vathek.

— s. Vertheidigung d. Protestanten.

Römer, Gr., Amalie, od. treu bis in den Tod. Ein Märtyrerbild aus dem Jura. gr. 16. (156 S.) Regensburg 874. Pustet. - 45

Römer, Gust., Rückblick auf 50 Jahre kirchl. Entwicklg. d. Parochie Elsterberg. Zum 50jähr. Jubiläum d. Einweihg. d. Kirche (1. Advent 1895) f. lieben Gemeinde gewidmet. gr. 8. (31 S.) Elsterberg (895). Pfarramt. — 50

Römer, H.

— u. G. Wimmer, die Bedeutung der an der Rübenpflanze durch verschiedene Düngung hervorgerufenen äusseren Erscheinungen f. die Beurteilung der Rüben u. die Düngebedürftigkeit des Bodens, s.: Mitteilungen der herzogl. anhaltischen Versuchsstation zu Bernburg. 42.

Roemer, H., Die Chemie des Kaliums und seiner Verbindungen. Berlin, 1910. 16 8.

Römer, H., Hermann Hellriegel. Nachruf. [Aus: „Zeitschr. f. Naturwiss."] gr. 8. (8 S.) Leipzig 896. C. E. M. Pfeffer. n. — 30

Römer, H., die Indianer u. ihr Freund Dav. Zeisberger. 8. (109 S.) Gütersloh 890. Bertelsmann. n. 1. —; geb. n. 1. 50

Roemer, H., Laboratoriumsbuch f. die Kaliindustrie, s.: Laboratoriumsbücher f. die chemische u. verwandte Industrien. (Tietjens, L.)

Römer, H., und H. Emmel, deutsches Lesebuch, s. Emmel, H.

Römer, H. (S. S. Theol. Cultor), Die Liebe in ihrer Vollenkommenheit bey dem Schütz- u. Koltemannischen Hochzeits-FESTIN .... 12. Junii des 1721. Jahres in LUNEBURG .... entworffen von einem dem .... Koltemannischen Hause höchst verbundenen Diener —. LUNEBURG, gedr. in der Ortmannischen Druckerey. Fol. 2 Bll. (In Schwerin, Reg.-Bibl.: 2 Expll., wovon eins fleckig: Vol. misc. 320 carm. nupt. & jubilac.).

ROEMER, H. Ueber das Vorkommen kohlenstoffreicher, freier Fettsäuren. Ein Beitrag zur Kenntniss der Bestandtheile der Kokkelskörner. (Jena) Halle a. S., 1882.

Römer, H. G., De consulum Romanorum auctoritate libera re publica. Diss. 1841. 116 S. 1.50

Römer, Hans, approb. Arzt aus Stuttgart: Ueber die histologischen Initialveränderungen bei Lungenphthise und ihre Verwertung für die Theorie des Infektionsweges. *Tübingen 1904: G. Schnürlen.* (39 S.) 8⁰
Tübingen, Med. Diss. v. 1904

Roemer, Heinrich, a. Elberfeld: Bestimmung der Basizität durch Titration mittels Leitfähigkeitsmessung mit besonderer Berücksichtigung hydroxylhaltiger aromatischer Verbindungen. Neuwied 1907: Heuser. (78 S.) 8⁰
Münster, Phil. Fak., Ref. Salkowski, Diss. v. 29. Juli 1907
[Geb. 2. Juni 82 Elberfeld; Wohnort: Münster i. W.; Staatsangeh.: Preußen; Vorbildung: Oberrealsch. Elberfeld Reife O. 03; Studium: Göttingen 3, Berlin 1, Münster 3 S.; Rig. 18. Apr. 07.]

Römer, Heinrich, Domkandidat: Die Entwicklung des Glaubensbegriffes bei Melanchthon nach dessen dogmatischen Schriften. *Bonn 1902: C. Georgi.* (48 S.) 8⁰
Bonn, Ev.-theol. Diss. v. 11. Jan. 1902

Römer, Heinr[ich]. Flora der Schweiz oder Abbildungen sämmtlicher Schweizer-Pflanzen zu den Werken von [Jean] Gaudin, [Jean-Pierre] Monnard und [Johannes] Hegetschweiler. Hrg. von Heinr. R'.... [14] Hefte. [*je* 8 Tafeln.] 8. Zürich 1843 [–1844].

Römer, Heinr., frei u. fromm. (75 S.) 8. Halle 909. Gebauer-Schwetschke. 1.25

Römer, Heinrich: Laboratoriumsbuch für die Kaliindustrie, s. Tietjens, Ludwig

Römer, Heinr., Predigt über Ev. Joh. 6, 67–69, geh. in Remscheid am 25. VI. 1905. 1. u. 2. Aufl. (Je 20 S.) kl. 8. Halle (905). Gebauer-Schwetschke. n. —25

— neue Predigt in Remscheid, geh. am 29. IV. 1906. (16 S.) kl. 8. Ebd. (906). n. —25

——— (Herrmann), Erläuterungen zu den ersten 2 Blättern einer geognostischen Karte des Königreichs Hannover, die Gegend zwischen Hildesheim und Northeim umfassend. (Zeitschrift der deutschen geologischen Gesellschaft, Jahrgang 1851.) Berlin. 8.

Roemer, Herm., der Gypsfussboden im Dome zu Hildesheim, e. nielloartiges Bildwerk aus dem XI. Jahrh. Fol. (3 Chromolith. m. 4 S. Text.) Hildesheim 886. Gerstenberg. n. 5. —

Römer, H. Geognostische Karte von Hannover: Sektion Wolfenbüttel, Hildesheim, Einbeck, Clausthal und Göttingen. Hannover, 1851 und 1857.

Römer, Herm., die Propaganda f. asiatische Religionen im Abendland. s.a. Missions-Studien, Basler. 36, Heft.

Römer, Hermann. Die Propaganda für asiatische Religionen im Abendland. 56 S. = [Band 5,] S. 151–206. 8. Basel. Basler Missionsbuchh., 1910. [fr. 1.—]
Basler Missions-Studien. Heft 36.

Römer, Herm., ärztlicher Rathgeber für Bruchleidende beiderlei Geschlechts. Aufrichtige Belehrung über Entstehung, Verlauf u. Folgezustände der Unterleibsbrüche. Nebst prakt. Rathschlägen zur Verhütung u. Heilung derselben. Berlin 867. Mode's Verlag. 8. (VI, 79 S.) n. 15 ngr.

Roemer, der tausendjährige Rosenstock am Dome zu Hildesheim in seiner botanischen Bedeutung u. in seiner Beziehung zur Sage. gr. 8. (III, 40 S. m. 2 Lichtdr.) Hildesheim 892. Gerstenberg. n. 2. —; geb. in Leinw. n.n. 2.60

Römer, [Hermann]. Schlüssel zu (Steiner, [Paul,]) «Kamerun als Kolonie und Missionsfeld» ⟨Handbuch zur Missionskunde⟩. Für Leiter und Leiterinnen von Missionskränzchen. 46 S. 8. Basel, Basler Missionsbuchh., 1909. [fr. —.40]
vgl.: Steiner, P[aul] ... = Handbücher zur Missionskunde. Band 2...: R

— die geologischen Verhältnisse der Stadt Hildesheim, s.: Abhandlungen zur geologischen Specialkarte v. Preussen u. den Thüringischen Staaten.

Römer, Herm., Nicolaus Ludwig Graf v. Zinzendorf. Sein Leben u. Wirken. Zum Gedächtnis der Geburt d. Grafen am 26. V. 1700. hrsg. im Auftrag der Direktion der ev. Brüder-Unität. gr. 8. (193 S. m. 5 Taf.) Gnadau 900. Unitäts-Buchh. Geb. in Leinw. n. 2.80

Römer, J., die Leichenstuben, od. lebendig begraben werden, ist die schrecklichste Todesart. Gespräch im Volkston. 2 Hefte. 8. Linz 802. Acad. B. 5 gl.

Römer, J. D., die afrikanischen Zwillingsschwestern. Eine wahre Begebenheit, dem Ital. frei nacherzählt. (VII, 223 S.) gr. 8. Trier 903. Loewenberg. Geb. n. 2.50

Roemer, Johann Jakob (Übers.):

s.: Abhandlungen der schwedischen Aerzte oder Sammlung seltener Beobachtungen und Fälle aus allen Theilen der Medicin ... (Acta medicorum Suecicorum seu sylloge observationum et casuum rariorum in variis medicinae partibus... Dt.) Th.1. St. Gallen: 1785

JB 2.227

[Römer, Johann Jakob.] (Aus Afrika. [Mit 1 Tafel.]) Njbl. Naturf. Ges. Zürich 1803. 4. [Zürich.]

– s. Allioni, Abhandl.

— Anleit. alle natürl. Körper rc., s.a. Donovan.

— Anleit, alle Art. natürl. Körper, als Säugthiere, Vögel, Pfl. rc. zu sammeln und aufzubewahren, n. Donavans Instruct. frey bearbeitet, m. K. gr. 8. Zürich, Orell. 797.

Römer, Jh. Jak., († d. 15. Jan. 1819.) Annalen der Arzneimittellehre. 1r Bd. u. 2r Bd. 1s Stck. fortgesetzt von K. G. Kühn. 8. Leipz. 795—99. (Kühn). 2 ℛ 12 gl

— Annalen d. Geburtshülfe, Frauenzimmer- u. Kinderkrankheiten f. d. Jahr 1790 u. 91. 2 Hefte. 8. Winterthur. 793, 94. Steiner. 1 ℛ 2 gl

— Archiv f. die Botanik. Mit Kpf. 3 Bde. à 3 Hefte. 4. Leipz. 795—806. (Kühn). 24 ℛ

— Archiv f. d. Botanik, mit schwarzen und illum. Kupfrn. 1r — 3r Bd. zu 3 Hften. 4. Leipz. Schäfer. (Kuhn.) 796—805. (à 8 Thlr.)

[Römer, Johann Jacob.] ([Aus Australien. Mit 1 Abbildung. 1 Tafel und Anhang: Necrolog von] Stadtarzt Hans Kaspar Hirzel.) Njbl. Naturf. Ges. Zürich 1804. 4. [Zürich.]

[Römer, Johann Jacob.] (Beschreibungen und Abbildungen merkwürdiger Insekten in der Schweiz. [8 Teile, *je* Mit 1 Tafel.] Njbl. Naturf. Ges. Zürich 1809–1816. 4. [Zürich.]
1809 *mit Anhang:* [Notizen über] Sammler und Sammlungen von Ins' in der Schweiz. 1816 *mit Zugabe:* Baren auf der Wargis-Thalalp. im Spätjahre 1815.

Römer. Johann Jacob s. (Breitinger. Professor David B'....) Njbl. [Zürich.]

– s. de Candolle, theoret. Anfangsgründe.

Roemer (J. J.). Cat. horti bot. . . . turicensis. [Turici], 1802. 12°.

– s.a. Collectanea ad rem botan.

— Collectanea ad omnem rem botanicam, c. tab. aen. 4. Zürich, Gessner. 807.

Römer, J. J. Collectanea ad omnem rem botanicam spectantia. Turici 1809. 4.

Roemer, Johann Jakob (Ed.):

s.a. Delectus opusculorum ad omnem rem medicam spectantium...a celeberrimis Italiae medicis... Vol.1. Turici et Lipsiae: 1791

JB 2.303

— delectus opusculorum ad omnem rem medicam spectantium, quae primum a celeber. Italiae medicis edita, recudi curavit et praefat. est. 8. Zürich 791. Ziegler. 1 ℛ 12 gl

– s. Th. Denmann, Anleitung.

– s. J. Dickson, plantar.

– s. Dissertationum medicar. Italicar. decas.

– s. Donovan, Anleit.

Römer, Joh. Jac., Encyclopädie f. Gärtner u. Liebhaber d. Gärtnerei. 1. Thl. 1. Abth. v. Abelmoschus bis Arbutus. 8. Stuttgart, 1797. Cotta. 1. —

— Encyklopädie f. Gärtner und Liebh. d. Gärt. 1r 1ste Abthl. 8. Tübingen, Cotta. 797.

Römer, Jh. Jak., commentatio sist. partus naturalis breven expositionem. 8maj. Götting. 791. Brose. 6 gl

— flora europaea inchoata, c. tabb. aen. pict. Fasc. I—XIV. 8maj. Nürnb. 797—810. Bauer u. R. 14 ℛ

– s. Garten d. Flora.

— genera insectorum Linnaei et Fabricii, iconibus illustrata. Cum XXXVII tabb. aen. 4maj. Winterth. 789 u. 93. Steiner. 5 ℛ 18 gl illum. 11 ℛ 12 gl

[Römer, Johann Jacob.] (Conrad Gessner. 1516–1565. [Mit 1 Wappen-Vignette und 1 Tafel.]) Njbl. Naturf. Ges. Zürich 1819. 4. [Zürich.]

Römer, J(ohann) J(akob) (Hrsg.):

s.: Haller, (Albrecht) von: Tagebuch der medicinischen Litteratur der Jahre 1745 bis 1774. Bd 1 - 3. Bern: 1789 - 1791

JB 6.683

Roemer, Johann Jakob (Ed.):

s.: Linné, Karl von: Systema vegetabilium... Editio nova. Stuttgardtiae: 1817

JB 26

— u. P. Usteri, Magazin f. die Botanik. 12 Stcke. gr. 8. Zürich 787—90. Ziegler. 8 ℛ — Neues Magazin, v. Römer allein. 1r Bd. Mit 4 Kpft. gr. 8. Ebd. 794. 1 ℛ 8 gl

— neues Magazin f. d. Liebhaber der Entomologie, als Forts. des Füßlyschen. 2 Bde. u. 3n Bds 1s u. 2s Stck. gr. 8. Ebend. 781–88.

Römer, Joh[ann] Jacob, und Schinz, Heinrich Rudolf. Naturgeschichte der in der Schweiz einheimischen Säugethiere. Ein Handbuch für Kenner und Liebhaber. Bearb. von D. Joh. Jak' R' und D. H' Rodolph Sch'. 8. Zürich 1809.

— u. Hnr. Rud. Schinz, Naturgesch. der in d. Schweiz einheim. Säugethiere. 2 Abtheil. 8. Zürich 809. Geßner. 2 ℛ 3 gl

— üb. den Nutzen u. Gebrauch d. Eidechsen in Krebsschäden, bei Lustseuche u. verschied. Hautkrankheiten. gr. 8. Leipz. 788. (Aue in Altona). 10 gl

— über den Nutzen und Gebrauch der Eidechsen in Krebsschäden, der Lustseuche rc. gr. 8. Leipzig, Jacobäer. 788.

Roemer, Johannes Jacobus (geb. am 9 Febr. 1825 in Bernkastel): De oedemate glottidis ... Bonnae, typ. Krüger 1851. 30 S., 1 Bl. 8.
Bonn, Med. Fak., Diss. v. 13 Aug. 1851

– s. Gaetano Pallonis, medicin. Beobachtr.

– s.a. Samml. medicin. Abhandll.

Römer, J. Jac., Samml. medicin. Abhandl. 8. Zürich, Geßner. 805.

Römer, Joh. Jak., Sammlung der Entscheidungen des Oberappellationsgerichts zu Lübeck in frankfurter Rechtssachen, s. Sammlung.

– s.a. Scriptores de plantis hispan.

— Scriptores de plantis hispanicis, lusitanicis, brasiliensibus, cum tab. aen. 8. maj. Nürnb. Raspe. 796.

– s. J. E. Smith, Flora Britannica.

— sylloge opusculorum argumenti medici et chirurgici. Fasc. I. 8. Zürich 790. Ziegler. 8 gl

Roemer (J. J.), & J. A. Schultes. Systema vegetabilium Stuttgardiae, 1817–30. 7 vols. 8°.

— Taschenbuch bei botan. Wanderungen durch die Schweiz; nebst e. Blumenkalender. 8. Zürich 791.

Römer, Johann Jakob (Strassburg) A.S. 743/36

Disputatio inauguralis juridica de termino vitae.
Präs. Johann Bernhard Friese.
Jena (Ehrich) 9. V. 1703. 28 S. 29044

Römer, J. J., Versuch eines möglichst vollständ. Wörterbuchs der botanischen Terminologie. gr. 8. Zürich, Orell. 816.

Römer, Johann Ludwig

— Anleit., den Geschäftsgang bei d. Civiltribunalen u. Friedensgerichten d. Königsr. Westphalen einzurichten u. zu erhalten. gr. 8. Hannov. 810. Hahn. 12 gl

— Herzog Friedrich Wilhelm, d. 1. Aug. 1809 u. d. 20. Dec. 1813, e. episch-lyrisches Gedicht, nebst 2 Gesängen. 4. Braunschweig 814. Lucius. 10 gl

Römer, J. L. vo., Herzog Friedrich Wilhelm als Mensch, in treuen Zügen aus seinem Gemählde. gr. 8. Braunschw. Vieweg. 815.

Römer, Jh. Ldw., Friedrich Wilhelm, Herzog v. Braunschweig, als Mensch, in treuen Zügen aus seinem Gemälde. gr. 8. Braunschw. 816. Vieweg. 18 gl

– s.a. Gesang am Altare d. Freiheit.

— Gesang am Altare d. Freiheit, den Rettern des Vaterlandes. 4. Ebend. 814.

Römer, Joh. Guil., Specimen histor. juris publ. Romani de defensoribus plebis seu civitatium. 8maj. (8⅛ B.) Trajecti ad Rh. 840. (Lipsiae, T. O. Weigel.) *

Römer, Johs., ein schöner Dialogus v. den 4 größten Beschwernissen e. jeglichen Pfarrers, s. a. Flugschriften aus den ersten Jahren der Reformation. III, 2.

(Johannes **Römer**.) Ein schöner Dialogus von den vier größten Beschwernissen eines jeglichen Pfarrers (1521). Hrsg von Wilhelm Lucke. Leipzig. R. Haupt 1908. (84 S.) 8° [F.]
= **Flugschriften** aus d. ersten Jahren d. Reformation. Bd 3, H. 2. [c8.11;08 2

—, Johannes *Oswald* Der Sklave bei Euripides. 4 (S. 93—100).
Einladungsschrift zu der Einweihung des neuen Gebäudes der Fürsten- u. Landessch. *Grimma* 1891.
Nicht im Tauschverkehr.
Progr.

—, Der Sklave bei Euripides. (Fortsetzung und Schluſs). 4 (37 S.). Progr. Fürsten- u. Landessch. *Grimma* 1892 (536).

Römer, Julie, über Kochschulen und Haushaltungskunde in Nordamerika. Ein Beitrag zur Hebung des Volkswohles. Aus dem Engl. übers. gr. 8. (75 S.) Bern 880, Wyß. *

Römer, Julius

Römer, J., die preußischen Bergschulen. Breslau 864. Trewendt. gr. 8. (109 S. u. 1 Tab. in Fol.) 15 ngr.

Aus der Pflanzenwelt der Burzenländer Berge in Siebenbürgen. Von Julius **Römer**. M. chromolith. Taf. nach Aquarellen v. Gottl. Lehmann. Hrsg. v. d. Sektion 'Kronstadt' d. Siebenbürg. Karpathen-Ver. *Wien: C. Graeser 1898.* (VI S., 1 Bl., 119 S., 30 Taf.) 1 Bd 8. [98.9639

Römer, Jul., aus d. Pflanzenwelt d. Burzenländer Berge in Siebenbürgen. M. 30 chromolith. Taf. nach Aquarellen v. Glieb. Lehmann. Hrsg. v. d. Section „Kronstadt" d. siebenbürg. Karpathen-Vereines. gr. 8. (VII, 119 S.) Wien 898. Hermannstadt, W. Krafft. Geb. in Leinw. n. 5. —

Römer, Jul., unsere wichtigsten eßbaren u. giftigen Pilze. Ein Merkblatt f. Schule u. Haus. (15 S. m. 1 farb. Taf.) 8. Kronstadt 905. H. Zeidner. n. — 18

Römer, Jul., über Steinkohlen. Vortrag, geh. am 25. März 1877. [Aus: „Kronstädter Zeitg."] gr. 8. (23 S.) Kronstadt 877. (Hermannstadt, Michaelis.) n. — 40

— Transsilvania, s.: Sammlung gemeinnütz. Vorträge.

Römer, Julius Wesen und Begründung der Lehre Darwins. IV, 51 SS. 8. Progr. *Kronstadt* 1876.

Römer, J., Wesen und Begründung der Lehre Darwin's. gr. 8. (51 S.) Kronstadt 876. (Hermannstadt, Michaelis.) *

Römer, Carl, s. Römer, Karl

Römer, K., Anleitung zur landwirtschaftl. Buchführung f. Fortbildungsschulen u. landw. Winterschulen. Unter Mitwirkg. v. Gg. Scherer. 1 Tl. gr. 8. (XV, 240 S.) Tauberbischofsheim 886. Lang. n. 3. —

Römer, K., Anleitung zur landwirtschaftl. Buchführung f. Fortbildungsschulen u. landw. Winterschulen. Unter Mitwirkg. von G. Scherer. 2. Tl. gr. 8. (48 S. u. S. 241—366.) Tauberbischofsheim 888. Lang. n. 2. 40 (1. u. 2.: n. 5. 40)

Römer, Karl

Römer, Karl: Der Codex Arabicus Monacensis Aumer 238. Eine spanisch-arabische Evangelienhandschrift untersucht. Leipzig 1905: W. Drugulin. (59 S.) 8°
Jena, Phil. Fak., Ref. Vollers, Diss. v. 24. März 1905
[Geb. 2 Dez. 77 Erkenbrechtsweiler; Wohnort: Erkenbrechtsweiler; Staatsangeh.: Württemberg; Vorbildung: Theologische Seminare Maulbronn, Blaubeuren Reife Sommer 95; Studium: Tübingen 6, Jena 2 S.; Rig. 19. Nov 04.]

Römer, Carl [app. Arzt aus Cannstatt]: Zur Behandlung der chronischen Herzkrankheiten. . . . Tübingen, Druck v. H. Laupp jr., 1891; 42 S. 8°
Tübingen, Med. Fak., Inaug.-Diss. v. 1891

Römer, Carl, zur Behandlung der chronischen Herzkrankheiten. Diss. gr. 8. (42 S.) Tübingen 891. (A. Moser.) n n. — 80

Römer, Carl: Über Desinfection von Milzbrandsporen durch Phenol in Verbindung mit Salzen. *München: J. F. Lehmann 1898.* (18 S.) 8°
München, Med. Diss. v. 1898

Römer, *Carl*: Das Drama in der neueren siebenbürgisch-sächsischen Litteratur 4 (S. 3—56).
Progr. Ev. G. A. B. u. verbund. Lehranstalten *Mediasch* 1898

Römer, Karl [Assist. an d. k. Univ.-Augenklinik]: Ueber einen Fall von Melanosarcoma pericorneale . München, M. Pössenbacher'sche Buchdr. (Eigenthümer Max Franz), 1886; 16 S. 8°
München, Med. Fak., Inaug. Diss. v. 1888

— die landwirtschaftliche Geflügelhaltung. Im Auftrage d. großherzogl. bad. Ministeriums d. Innern bearb. gr. 8. (III, 63 S. m. 31 Abbildgn.) Berlin 890. Parey. n. 1. —

Römer, K., d. landwirtschaftl. Geflügelhaltung. Im Auftr. d. großherzogl. bad. Ministeriums d. Innern bearb. 2., verb. u. verm. Aufl. M. 17 Textabb. u. 16 Rassebild. gr. 8. (IV, 84 S) Berlin 896. P. Parey. n. 1. 50

Römer, K., die landwirtschaftliche Geflügelhaltung. Hrsg. im Auftrage des großherzogl. bad. Ministerium des Innern. 3. Aufl. Neubearb. v. Aug. Fehsenmeier u. Herm. Doll. Mit 25 Textabbildgn. u. 10 Rassebildern. (VI, 105 S.) gr. 8. Berlin 905. P. Parey. n. 2. —

RÖMER, Dr. Karl. Kavaliersehre und Frauenmacht. Roman aus der Gegenwart. (Um 1890.) 8°.
Verb. d. Ldg. Dresden A. II 110/96.

Römer, Karl, die Kraftfuttermittel, s.: Landmanns, des, Winterabende.

— die Nutzgeflügelzucht. Eine Anleitg. zum prakt. Betrieb derselben. 2 Tle. in 1 Bd. 12. (VI, 127 u. 119 S. m. 44 Holzschn.) Stuttgart 892. E. Ulmer. Geb. in Leinw. n. 2. 20

Römer, Karl, die Nutzgeflügelzucht. Eine Anleitung z. prakt. Betrieb derselben. 2. Aufl. 12. (VIII, 125 S. m. 43 Abb.) Stuttgart 899. E. Ulmer. Geb. in Leinw. n. 2. 40

Römer, Karl, die Nutzgeflügelzucht. Eine Anleitg. zum prakt. Betrieb derselben. 3. sorgfältig durchgearb. Aufl. v. K. Römer u. O. Römer. (IV, 169 S. m. 56 Abb.) kl. 8. Stuttgart 908. E. Ulmer. Geb. in Leinw. 2. 80

— die Selbsthilfe des Landwirts. 2. Aufl. v. Schmidberger, s.: Landmann's, des, Winterabende.

— Aus dem Tagebuch e. Landwirtschaftslehrers, s.: Landmann's, des, Winterabende.

Römer, Karl, Medizinalprakt.: **Über Tuberkulose beim Hund.** Leipzig: Hirzel 1909. S. 50—116. 8° ¶(**Aus: Arbeiten** auf d. Gebiete d. pathol. Anat. u. **Bakteriol. aus** d. pathol.-anat. Inst. zu Tübingen. Bd 7.)
Tübingen, Med. Diss. v. 15. Aug. 1909, **Ref. v. Baumgarten**
[Geb. 9. März 84 Basel; Wohnort: Bethel b. Bielefeld; Staatsangeh.: Württemberg; Vorbildung: Ev.-theol. Sem. Urach Reife M. 02; Studium: Tübingen 6, Kiel 1, Leipzig 1, Tübingen 2 S.; Coll. 14. Dez. 08; Approb. 10. Juli 09.]
[U 10. 4163

Römer, K., Die freiwillige Versicherung (Selbstversicherung) nach dem Invaliden-Versicherungs-Gesetz für das Deutsche Reich vom 13. VII. 1899 in ihrer hohen Bedeutung für die selbständigen Gewerbetreibenden u. Landwirte, sowie deren Familienangehörige. 3. Aufl. 8⁰. Berlin, Deutscher Verlag, 1903.

Die freiwillige Versicherung ⟨Selbstversicherung u. Weiterversicherung⟩ nach dem Invaliden-Versicherungsgesetz für das deutsche Reich vom 13. Juli 1899 in ihrer hohen Bedeutung für die selbständigen Gewerbetreibenden und Landwirte sowie deren Familienangehörigen. Von Karl Römer, Pfarrer in Schotten. 4. ⟨(erg.)⟩ Aufl. *Berlin: Deutscher Verl. [1903]* (IV, 32 S.) 8° [F.] [04. 1535

Die freiwillige Versicherung ⟨Selbstversicherung u. Weiterversicherung⟩ nach d. Invaliden-Versicherungsgesetz f. d. deutsche Reich v. 13. Juli 1899 in ihrer hohen Bedeutung f. d. selbständ. Gewerbetreibenden u. Landwirte, sowie deren Familienangehörigen. Von Karl Römer, Pfarrer. 6. Aufl. *Berlin: Deutscher Verl. [1904].* (32 S.) 8° [F.] [04. 7094

Die freiwillige Versicherung ⟨Selbstversicherung u. Weiterversicherung⟩ nach d. Invaliden-Versicherungsgesetz f. d. deutsche Reich v. 13. Juli 1899 in ihrer hohen Bedeutung f. d. selbständ. Gewerbetreibenden u. Landwirte sowie deren Familienangehörigen. Von Karl Römer Pfarrer in Schotten. 7. Aufl. *Berlin: Deutscher Verl [1904]* (32 S.) 8° [F.] [04. 14327

Römer, Karl, die freiwillige Versicherung (Selbstversicherung u. Weiterversicherung) nach dem Invaliden-Versicherungsgesetz f. das deutsche Reich vom 13. VII. 1899 in ihrer hohen Bedeutung f. die selbständigen Gewerbetreibenden u. Landwirte sowie deren Familienangehörigen. 8. Aufl. (IV, 32 S.) 8. Berlin (905). Deutscher Verlag. n. — 30

Roemer, K[arl], Zeichenlehrer Die **Verwendung** der Farbe in der Quinta. *Düsseldorf: E. Lintz 1899.* (S. 3—13.) 4
Düsseldorf, st. R an d. Prinz-Georg-Strasse, P 1899 (520)

—— Die Wirtschaftsweise der Nutzgeflügelhaltung. s. Landmann's, d., Winterabende.

— die Zucht u. Pflege des landwirtschaftl. Nutzgeflügels, s.a. Landmann's, des, Winterabende.

Römer K, die Zucht und Pflege des landwirtschaftlichen Nutzgeflügels. (Landmanns Winterabende 17) Stuttgart 1880

— u. K. W. Römer, d. Züchtung d. Milchkuh, s.a Landmanns, des, Winterabende, 59. Bdchn.

Römer, K. u. K. W., Die Züchtung der Milchkuh mit besonderer Berücksichtigung der Simmenthaler Rasse. Mit 9 Abbildungen u. 1 Tab. (IV., 127 S.) 12°. Stuttgart 96. Ulmer. Kart. M. 1.—

Römer, Karl Ferd.

Roemer, Carl Ferd., das rheinische Uebergangsgebirge. Eine palaeontolog.-geognostische Darstellung. Imp.-4. (13 B. u. 6 Stnt.) Hannover 844, Hahn'sche Hofbuchh. *

Römer, Karl Heinrich

v. Römer, C. Heinr.: Anleit. zu d. Probeschriften, welche von denjen. Rechtsgelehrten, so die Advocatur im Churfürstenth. Sachsen ausüben wollen, zu fertigen sind, nebst dazu dienl. Beilagen. *Leipzig*, (Brockhaus.) 786. gr. 8. (10 Gr.)

— Anleit. z. d. Probeschriften, w. von d. Rechtsgel., so d. Advoctur in Sachsen rc. ausüben woll., z. fertigen s. gr. 8. Leipz. Heinsius. (Gleditsch.) 786.

– s. **Familiengeschichten, adeliche.**

v. **Römer,** Grundsätze üb. Gesandtschaften u. ihre Rechte. Gotha 788.

Römer, K. H. v., Handb. f. Gesandte. 1r Thl. gr. 8. Lpz. Schneider. (Linke.) 791.

— Literatur d. Gesandtschaftsrechts. Leipz. 791.

– (Hrsg.), s. Litteraturzeitung, Allgemeine staatswissenschaftliche und juristische

Das Recht der Fürsten über die Religion ihrer Unterthanen, mit Anwendung auf das wegen der Religionsverfassung in den preuss. Landen unterm 9. Juli 1788 erlassene Edict. [Von Karl Heinr. v. Römer.] Halle: Hundt 1789. 8⁰
Kl. 3277.
[2. Aufl. u. d. Tit.:]
Das Recht der Fürsten über die Religion ihrer Unterthanen aus verschiedenen Gesichtspunkten geprüft von Carl Heinr. v. Römer. 2. Aufl. Wittenberg: Kühne 1791. 102 S. 8⁰

— das Recht der Fürsten üb. die Religion ihrer Unterthanen, aus verschied. Gesichtspunkten geprüft. 8. Wittenb. 791. Kühne. 8 gl Vergl. Vertheidigung d. neuen Religionsedicts vom 9. Juli.

— kleine philosoph. u. polit. Schriften. 1s Hft. 8. Wittenb. 794. Kühne. 8 gl

– s. **Schuldenwesen des sächs. Adels.**

– s. **Staatenjournal.**

— Staatsrecht u. Statistik d. Kurfürstenth. (jetzt Königr.) Sachsen u. der dabei befindl. Lande. 1r u. 2r Bd. gr. 8. Halle 787 u. 88. (Laue in Berl.) 4 rthl 6 gl 3r Bd. gr. 8. Wittenb. 792. Kühne. 1 rthl 4 gl 4r Bd. A. u. d. T.: Kössig, Produkten-, Fabrik-, Manufaktur- u. Handelskunde von Sachsen, in 2 Theilen dargestellt. gr. 8. Leipz. 804. Hinrichs. 2 rthl 8 gl

v. Römer, K. H., s.a. **Ant. Stolzenberg.**

STOLZENBURG, Anton, und Henriette Altmannin, oder die Folgen schlechter Erziehung und übelverstandener Aufklärung. Von dem Verfasser der adlichen Familiengeschichten *(Carl Heinr. v. Römer)*. Mit TVign. Halle, verlegt von Curts Wwe. 1788. 8°.
Tit., 3 Bll. Zuschr. (unterz.: *C. H. v. R.*) u. 336 SS. Manches derb und anstössig. Nicht häufig. — Die „adlichen Familiengeschichten aus dem 15. Jahrhundert entlehnt" erschienen in 2 Thln. Leipzig 1787—88. 8°. (6 Mk. Baer & Co., Frf. a. M., vor 1885.)

– s. Verfall d. Städte.

— Versuch e. Einleit. in die Grundsätze über die Gesandtschaften u. deren Rechte. gr. 8. Gotha 788. Ettinger. 1 ß

Römer, Ch. H. von: „Das Völkerrecht der Teutschen, als Lehrbuch bearbeitet", Halle 1789 (Hendel). — Vorh.: Com. Bibl. Hamburg.

— Völkerrecht d. Deutschen, als Lehrb. bearb. gr. 8. Halle, Heller. (Ruff.) 789.

— Völkerrecht der Deutschen, als Lehrbuch bearb. gr. 8. Halle 789. (Reinicke u. C.) 21 gr

v. Römer, C. H.: Völkerrecht d. Teutschen. Halle. 790. 8.

– s. Warum soll d. Kurfürst v Sachsen ꝛc.

— der Zuschauer an der Elbe. 8 Stcke. 8. Wittenb. 790 u. 91. Kühne. 2 ß

Römer, Kasimir

Römer, Casimirus (Lucianus Ignatius) *(geb. Wilna 25.12.1848)*: De Jodoci Ludovici Decii vita scriptisque. Vratislaviae (1874). (52 S.) 8°
Breslau, Phil. Diss. v. 21. Mai 1874

Römer, L., die volkstümlichen Dichtungsarten der altprovenzalischen Lyrik, s.a. Ausgaben u. Abhandlungen aus dem Gebiete der romanischen Philologie.

Römer, L. Die volksthümlichen Dichtungsarten der altprovenzalischen Lyrik. Diss. Marburg 1884. 48 S.

Römer, L., Wort- u. Sach-Register, s.: Urkundenbuch, mecklenburgisches.

Römer, L. S. A. M. v., die erbliche Belastung des Zentralnervensystems bei Uraniern, geistig gesunden Menschen u. Geisteskranken. (S. 69—83 m. 5 graph. Tab.) 8. Leipzig 905. M. Spohr. n. 1. —
Sonderabdruck aus: „Jahrb. f. sex. Zwischenstufen".

— die uranische Familie. s.a. Beiträge zur Erkenntniss des Uranismus.

Die Uranische Familie. Untersuchungen über d. Ascendenz d. Uranier von L. S. A. M. v. Römer, Nervenarzt in Amsterdam. Leipzig, Amsterdam: Maas & van Suchtelen 1906. (106 S., 20 Tab.) 8°
— Beiträge z. Erkenntniss d. Uranismus. H. 1.

— der Uranismus in den Niederlanden bis zum 19. Jahrh., m. besond. Berücksicht. der grossen Uranierverfolgung im J. 1730. Eine histor. u. bibliograph. Skizze. (S. 365—511 m. 4 Taf.) 8. Leipzig 906. M. Spohr. n. 3. —
Sonderabdruck aus: „Jahrb. f. sex. Zwischenstufen".

Römer, Ludwig Ferdinand: Ludewig Ferdinand Römers Nachrichten von der Küste Guinea, mit einer Vorrede von Erich Pontoppidan, aus dem Dänischen übersetzt. Mit Kupfern. Kopenhagen u. Leipzig 1769. (XX), 304 S., 1 Portr. 8°

Römer, M., s.a. Römer, M. J.

— **M.**, De vocibus quibusdam publici iuris Attici. Diss. 1905. 80 S.

Römer, M. J.

— s. Berger, Fr., Catalogus herbarii.

Römer, M., Geographie u. Geschichte d. Pflanzen. gr. 8. (9⅛ B.) München 841, Fleischmann.
Aus: Dess., Handbuch d. Botanik etc., besond. abgedruckt.

Römer, (M. J.,) Geschichte, Geographie u. Statistik des Vaterlandes. 1r Bd. 1e u. 2e Abthlg. A. u. d. T.: Gesch. des bairischen Volkes. 1e u. 2e Abthlg. gr. 8. München 825 — 27, Fleischmann. 1e Abthlg. 1 Rthl. 12 gr. 2e Abthlg. 2 Rthl. 4 gr.

Römer, M. J. (k. Landger.-Assess.), Geschichte des baierischen Volkes. 2 Thle. (in 1 Bde.). München, E. A. Fleischmann, 1825—27. Gr. 8°. Eleg. Hsrsb.
1: VIII—359 S. 2: VI—701 S. — Jeder Theil mit Doppeltitel.

—— Handbuch d. allgem. Botanik, z. Selbststud. auf der Grundlage d. natürl. Systems bearb. 3 Abthl. (od. 14 Hfte.) gr. 8. (107⅛ B.) München 835—40, Fleischmann.

Roemer, M. J., familiarum naturalium regni vegetabilis Synopses monographicae seu Enumeratio omnium plantarum hucusque detectarum secundum ordines naturales, genera et species digestarum, additis diagnosibus, synonymis, novarumque vel minus cognitarum descriptionibus. Fasc. I. Hesperides. 8 maj. Vimariae 816, Landes-Industr.-Compt. 1 ß

— ead. Fasc. II. Peponiferarum Pars I. 8 maj. ibid. 816. 1 ß 6 ngr

Roemer, M. J., familiarum naturalium regni vegetabilis synopses monographicae seu enumeratio omnium plantarum hucusque detectarum secundum ordines naturales, genera et species digestarum, additis diagnosibus, synonymis, novarumque vel minus cognitarum descriptionibus. Fasc. III. Rosiflorae. gr. 8. (VIII u. 249 S.) Fasc. IV. Ensatae. Pars I. gr. 8. (VI u. 314 S.) Vimariae 847, Landes-Industrie-Comptoir. III: 1 ß 12 ngr IV: 1 ß 18 ngr (I—IV: 5 ß 6 ngr)

Römer, Marie, mein Zimmerherr. Selbsterlebtes. (94 S. m. 1 Bildnis.) 8. Breslau 907. H. Fleischmann. — 75

Roemer, Matthäus, aus Bamberg: Der Aberglaube bei den Dramatikern des 16. Jahrhunderts in Frankreich. *München 1903: C. Wolf & Sohn.* (X, 52 S.) 8°
Rostock, Phil. Diss. v. [22. Dez.] 1902

Römer, Melchior

Römer, M., u. Kd. Furrer, zur Einweihung des neuen Friedhofes der Stadt Zürich Sonntag den 7. Octbr. 1877. 2 Reden. gr. 8. (16 S.) Zürich 877. Schulthess. n.n. — 50

Römer, Melchior: Ueber die Einwirkung von Acetylchlorid auf Halogensubstituirte Thiophene und deren Homologe. · Ueber die Nitrirung der α-Thiophensäure .... Zürich, Druck v. Ulrich & Co., 1887; 62 S. + 1 Bl. 8°
Göttingen, Phil. Fak., Inaug.-Diss. v. 9. März 1887

Römer, M., über die Einwirkung v. Acetylchlorid auf halogensubstituirte Thiophene und deren Homologe. Ueber die Nitrirung der α-Thiophensäure. Inaug.-Diss. gr. 8. (62 S.) Zürich 887. (Göttingen, Vandenhoeck & Ruprecht's Verl.) n. 1. 60

Römer, Melchior, von Zürich: Ueber den römischen Rechtssatz: obligatio ab herede incipere non potest. Zür. J. J. Ulrich Dr. 1855. 1 Bl., 40 S., 2 Bl. 8°.
Zürich, Jur. Diss. v. 22. Dec. 1855.

Römer. M[elchior]. Strassburg und Zürich in den Jahren 1576 und 1870. Historische Reminiscenzen, der Bogenschützengesellschaft der Stadt Zurich gewidmet von Dr. M. R. – Vortrag und Toast des Schutzenmeisters Wilhelm Tobler-Meyer, gehalten am Bogenschutzenmahle des 21. November 1880. 4. Zürich 1882.

Römer, M., Straßburg u. Zürich in den J. 1576 u. 1870. Historische Reminiscenzen, der Bogenschützengesellschaft der Stadt Zürich auf das Hauptgebot v. 1882 gewidmet. gr. 8. (39 S.) Zürich 884. (Schultheß.) n. 1. --

Römer, Melchior s. Zimmermann, Georg Rudolf Z, und Römer, Melchior.

Roemer, R., die Zuckerkrankheit, ihr Wesen, ihr Verlauf u. ihre Behandlung. Gemeinverständlich dargestellt. (68 S.) 8. Berlin (904). Deutscher Verlag. n. 1. —

Römer, Osk., Atlas der pathologisch-anatomischen Veränderungen der Zahnpulpa, nebst Beiträgen zur normalen Anatomie v. Zahnbein u. Pulpa beim Menschen. Mit 63 Taf. Gedruckt m. Beihilfe der Kunitzstiftg. an der Universität Strassburg. 4 Tle. (Nebst Text. 46 S. in 34×25 cm.) 51,5×34,5 cm. Freiburg i/B. 909. F. E. Fehsenfeld. 40.—; in Mappe 43. —

— die Bedeutung der Zahnpflege f. das Wohlbefinden des ganzen Menschen, in allgemein verständl. Darstellung. 2. Aufl. gr. 8. (10 S. m. 1 Taf.) Strassburg 900. (Freiburg i/B., F. E. Fehsenfeld.) — 20

Die Bedeutung der Zahnpflege für das Wohlbefinden des ganzen Menschen in allgemein verständl. Darstellung von Dr. Oskar **Römer**, Privatd., Straßburg. Tilsit: (J. Stern) 1906. (14 S.) 8° [F.] [08. 12341 10

Römer, Oscar [app. Arzt. Aus Pleschen]: Beitrag zur vergleichenden Anatomie des Wirbeltierbeckens auf Grund der Befunde an Protopterus annectens. ... Freiburg i. B., Univ.-Buchdr. v. Chr. Lehmann, 1889; 24 S. 8°
Freiburg i. B., Med. Fak., Inaug.-Diss. v. 1889

Römer, Osk., zahnhistologische Studie. 1. Thl. Die Kölliker'schen Zahnbeinröhrchen u. Tomes'schen Fasern. — 2. Thl. Nerven im Zahnbein. (Hierzu 8 Taf.) gr. 4. (50 S. m. 8 Bl. Erklärgn.) Freiburg i/B. 899. F. E. Fehsenfeld. n. 10. —

Römer, Otto, Assist. am physiol. Inst. d. Univ. Greifswald: Untersuchungen über den feineren Bau einiger Muschelschalen. Mit 3 Taf. u. 4 Fig. im Text. *Leipzig: W. Engelmann 1903.* (38 S.) 8° ¶(Aus: Zeitschrift f. wiss. Zool. Bd 75, H. 3.)
Rostock, Phil. Diss. v. [15. Juni] 1903

Römer, Otto, Kreistierarzt in Wolfenbüttel: Aus dem zoologischen Institut der Universität Rostock. Untersuchungen über die Knospung, Degeneration und Regeneration von einigen marinen octoprocten Bryozoen. Mit zwei Tafeln. Leipzig: W. Engelmann 1906. (37 S.) 8° ¶(Aus: Zeitschrift für wissenschaftl. Zoologie Bd 84, H. 3.)
Rostock, Phil. Fak., Ref. Seeliger, Diss. v. 27. Juli 1905
[Geb. 13. Aug. 72 Melverode, Braunschweig; Wohnort: Braunschweig; Staatsangeh.: Preußen; Vorbildung: Realgymn. Braunschweig Prima-Reife O. 91; Studium: Hannover Tierärztl. Hochsch. 8, Rostock 5 S.; Rig. 24. Juli 05.]

Römer, P., d. Testament d. Fürsten Bismarck. E. Vermächtniß f. d. deutsche Volk. gr. 8. (II, 80 S. m. 3 Bildertaf.) Dresden 898. A. Wolf. — 30

Römer, Paul [aus Neundorf in Anhalt]: Zur Anthropologie des Beckens ... Halle a. S., Hofbuchdr. v. C. A. Kaemmerer & C., 1896; 39 S., 1 Bl. 8.
Halle, Med. Fak., Inaug.-Diss. v. 14. März 1896

Römer, P., die Bedeutung der Bakteriologie in der Pathologie d. Auges, s.: Abhandlungen, Würzburger, aus d. Gesamtgebiet der prakt. Medizin. II. 2.

Römer, Paul, approb. Arzt aus Kirchhain, z. Z. Assistenzarzt an d. med. Klinik: Aus d. med. Klinik zu Marburg. **Beiträge zur Auffassung des Faserverlaufs im Gehirn, auf Grund des Studiums von Kindergehirnen.** Mit 6 Abb. *Marburg 1900: R. Friedrich.* (54 S.) 8°
Marburg, Med. Diss. v. 7. Juni 1900

— s.: Beiträge zur Augenheilkunde.

— die Durchblutung der Hornhaut, s.a. Sammlung zwangloser Abhandlgn. a. d. Gebiete d. Augenheilkde.

Römer, Paul: Die Durchblutung der Hornhaut. Von —. Halle a. S.: C. Marhold 1899. (38 S.) 8°
= Sammlung zwangloser Abhandlungen aus d. Geb. d. Augenheilkunde. Bd 2, H. 8.

Römer, Paul: Experimentelle und klinische Grundlagen für die Serumtherapie der Pneumokokkeninfektion der menschlichen Cornea (Ulcus serpens). Von Prof. Dr. Paul Römer, Greifswald. Mit 13 Taf. Wiesbaden: Bergmann 1909. VIII, 218 S. 4° (8°)

— Lehrbuch der Augenheilkunde in der Form klin. Besprechungen. (XXIII, 1028 S. m. 186 Abb. u. 13 farb. Taf.) Lex. 8. Wien 910. Urban & Schwarzenberg. 20.—; geb. n 22. —

— über Lidgangrän, s.a. Sammlung zwangloser Abhandlgn. aus d. Gebiete der Augenheilkunde. III. 4.

Römer, Paul: Über Lidgangrän. Von Dr. P[aul] Römer, Assistenzarzt in Giessen. (Halle a. S.: C. Marhold 1899.) (20 S.) 8°
= Sammlung zwangloser Abhandlungen aus d. Geb. d. Augenheilkunde. Bd 3, H. 4, [I.]

Die Ehrlichsche Seitenkettentheorie und ihre Bedeutung für die medizinischen Wissenschaften. Von Dr. Paul **Römer**, Privatd. zu Würzburg. Mit e. Vorw. von Geheimrat Prof. Dr. Paul Ehrlich. *Wien: A. Hölder 1904.* (VIII, 455 S.) 8° [04. 14309
vgl. Römer, Paul H.

Römer, Paul, Dr. med., 1. Assist. d. Univ.-Augenklinik d. Univ. Würzburg: **Verkalkung der Retina bei chronischer Nephritis, zugleich ein Beitrag zur pathologischen Anatomie des Glaukoms und der Retinitis proliferans.** Mit 1 Taf. *Leipzig: W. Engelmann 1901.* (24 S.) 8° ¶(Aus: v. Graefe's Archiv f. Ophthalmologie, Bd 52, H. 3.)
Würzburg, Med. Hab.-Schr. v. 1901

Römer, Paul H., Dr. med., 1. Assist. am hygien. Inst. zu Marburg: (Aus d. Abt. f. experiment. Therapie d. Instituts f. Hygiene u. experiment. Therapie d. Universität Marburg.) Über **Tuberkelbacillenstämme verschiedener Herkunft.** Mit 3 Tab. u. 7 Taf. *Marburg 1903: R. Friedrich.* (110 S.) 8°
Marburg, Med. Hab.-Schr. v. [28. Febr.] 1903

— zur Frage der Formaldehyddesinfektion. (19 S. m. 1 Abb.) gr. 8. Marburg 903. (N. G. Elwert's Verl.) n. — 60
Sonderabdr. a.: „E. v. Behring's Beitr. z. exper. Therapie".

— neue Mittheilungen üb. Rindertuberculosebekämpfung, s.a. Beiträge zur experimentellen Therapie. 7. Hft.

Neue Mittheilungen über Rindertuberculosebekämpfung. Von Dr. med. Paul H. **Römer**, Privatd., Marburg. Mit 33 Taf. *Berlin: A. Hirschwald 1904.* (S. 73–107.) 8°
= **Beiträge** z. experimentellen Therapie. H. 7, 2. [04. 36..

Römer, Paul H., die Ehrlichsche Seitenkettentheorie u. ihre Bedeutung f. die medizinischen Wissenschaften. Mit e. Vorwort v. Paul Ehrlich. (VIII, 455 S.) Lex.-8. Wien 904. A. Hölder. n. 8. 60
vgl. Römer, Paul

— weitere Studien zur Frage der intrauterinen u. extrauterinen Antitoxinübertragung von der Mutter auf ihre Nachkommen, s.a Beiträge zur experimentellen Therapie. 9. Hft.

Weitere Studien zur Frage der intrauterinen und extrauterinen Antitoxinübertragung von der Mutter auf ihre Nachkommen. Von Dr. Paul H. Römer, Privatd., Marburg. *Berlin: A. Hirschwald 1906.* (S. 18-41.) 8°
= Beiträge z. experimentellen Therapie. H. 9, 2.

Uber Trinkwasserversorgung mit besond. Berücks. d. Wasserverhältniße Marburgs. Von Privatd. Dr. Paul H. Römer. Antrittsvorlesung, geh. 1903. *Marburg: N. G. Elwert in Comm. 1903.* (16 S.) 8°
Aus: E. v. Behrings Beiträge z. Experim. Therapie. H. 6.

— dasselbe. (31 S.) gr. 8. Leipzig 903. F. Leineweber. Sonderabdruck aus: „Gesundheit". n. 1. —

— I. Tuberkelbacillenstämme. II. Wohnungsdesinfektion durch Formaldehyd. III. Trinkwasserversorgung, s.a. Beiträge zur experimentellen Therapie. 6. Hft.

I. Tuberkelbacillenstämme. II. Wohnungsdesinfektion durch Formaldehyd. III. Trinkwasserversorgung. Von Dr. med. Paul H. Römer, Privatd., Marburg. Mit 3 Tab. u. 11 Taf. *Marburg: Selbstverl. von E. v. Behring; N. G. Elwert in Comm. 1903.* (150 S.) 8°
= Beiträge z. experimentellen Therapie. H. 6.

— s.: Tuberkulose.

Römer, Peter: Beytrag zu den Actenstücken in Betr. des kölnischen Toleranzstreites an Jos. Ign. Giurgiazzi mitgetheilt. [Köln] 1788.

Römer, Peter. Ueber die Einwirkung von saurem schwefligsaurem Kali auf einige Diazoverbindungen. Tübingen, 1872.

Petr. Casp. Roemer diss. de causis, quare sectio caesarea recentiori tempore instituta fausto, quem olim habuit, eventu ut plurimum careat. Duisburg 1786. 4.

Roemer, R(ichard), Medizinalpraktikant am Nürnberger städt. Krankenhaus: Über zwei Fälle von spontaner Querruptur der Aorta bei Aorteninsufficienz. Erlangen 1906: E. Th. Jacob. (27 S.) 8°
Erlangen, Med. Fak., Ref. Hauser, Diss. v. 1. Okt. 1906
[Geb. 16. Nov. 80 München; Wohnort: Nürnberg; Staatsangeh.: Bayern; Vorbildung: Gymn. Erlangen Reife 00; Studium: Erlangen 9 S.; Coll. 10. Juli 06; Approb. 14. Juli 05.]

Römer, Rich., Tabellen zur Berechnung des Inhaltes cylindrischer Behälter, wie namentlich der Bottiche, Kübel, Fässer 2c. nach preußischen Quarten. Für Steuerbeamte, Brennerei- und Brauereibesitzer, Destillateure 2c. 8. (VII und 129 S.) Weimar 866, Voigt.

Römer, Rich., Tabellen zur Berechnung des Inhaltes cylindrischer Behälter, wie namentlich der Bottiche, Kübel, Fässer 2c. nach preußischen Quarten. Für Steuerbeamte, Brennerei- u. Brauerei-Besitzer, Destillateure 2c. (VII, 129 S.) 1866 u. 2. verm. Ausg. Weimar 869. B. F. Voigt. 8. (VIII, 162 S.) 15 ngr.

Römer, Robert

Römer, R., Abhandlungen aus dem römischen Recht, dem Handels- u. Wechselrecht. Mit besond. Berücksicht. der Rechtsprechung des Reichs-Oberhandelsgerichts. 1. Hft. gr. 8. (180 S.) Stuttgart 877. Enke. n. 4. 80

Römer, Rob., die Beweislast hinsichtlich des Irrthums nach gemeinem Civilrecht u. Prozeß. gr. 8. (VIII u. 91 S.) Stuttgart 852, Metzler. 1/2 ₰

—— das Erlöschen des klägerischen Rechts nach der Einleitung des Prozesses in seinem Verhältniß zum Endurtheil. Ein geschichtl. und dogmat. Beitrag zur Lehre von den Wirkungen des Prozesses auf das materielle Recht. gr. 8. (IV und 134 S.) Stuttgart 852, Metzler'sche Buchh.

Römer, R., Grundzüge d. württembergischen Erbrechts gr. 8. (III, 80 S.) Tübingen 872. Laupp. n. 1. 50

— württemberg. Hypothekenrecht. Leipz. 876.

Römer, R., die Leistung an Zahlungsstatt nach dem römischen u. gemeinen Recht, mit Berücksichtigung der neueren Gesetzbücher. Tübingen 866. Laupp'sche Buchh. gr. 8. (VIII, 196 S.) n. 1 ₰ 10 ngr.

Römer, R.: Ueber die rechtl. Natur der Realgemeinden, mit Entscheidungen — Ebd. 13, 94. 1852.

Römer, R., die bedingte Novation nach dem römischen und heutigen gemeinen Recht. Tübingen 863. Laupp. gr. 8. (X, 350 S.) n. 1 ₰ 26 ngr.

Römer, Robert, Medizinalprakt.: Die traumatischen Aneurysmen der Extremitäten. Leipzig 1909: Lehmann. 52 S. 8°
Leipzig, Med. Diss. v. 20. Juli 1909, Ref. Trendelenburg
[Geb. 2. April 83 Elsterberg; Wohnort: Zwickau i. S.; Staatsangeh.: Sachsen; Vorbildung: Gymn. Zwickau Reife O. 03; Studium: Leipzig 7, Freiburg i. B. 1, Kiel 3 S.; Coll. 24. Juli 09.] [U 09. 2852

— das württembergische Unterpfandrecht, s.a Hypothekenrecht, deutsches.

— d. würtemberg. Unterpfandsrecht. Leipz. 877.

—— die Verfassung des norddeutschen Bundes und die süddeutsche, insbesond. die württemberg. Freiheit. 1.—3. Abdr. gr. 8. (XV und 79 S.) Tübingen 867, Laupp'sche Buchh. *

Roemer, Theodor, Arzt, Hamm i. W.: Über die Wendungsoperation nach der Statistik der Bonner Frauenklinik. *Bonn 1902: C. Georgi.* (50 S.) 8°
Bonn, Med. Diss. v. 9. Aug. 1902

Römer, W.

— De doctrinae oeconomico politicae apud Graecos primordiis. Gel. 1866. 16 S. 4°.

Römer, W., Titulaturen u. der Verkehr m. Behörden. Ein nützlicher Ratgeber f. jedermann, der Eingaben u. Gesuche an Behörden, hohe, höchste u. allerhöchste Personen zu richten hat. 12. (78 S.) Charlottenburg (902). Berlin [Tessaro-Verlag]. R. Krüger. — 20

Titulaturen und der Verkehr mit Behörden. Ein nützl. Ratgeber f. jedermann, der Eingaben u. Gesuche an Behörden, hohe, höchste u. allerhöchste Personen zu richten hat. Verf. von W. Römer. *Berlin: Tessaro-Verl. [1902].* (78 S.) 8° [F.]
— Volksbücher. 21.

— Umrisse zur Naturlehre des Cäsarismus. S.-A. 1888. 118 S. 4°.

Römer, W., Ueber das Verhältniss der Nationaloekonomie zum klassischen Alter. S.-A. 1849. 19 S.

Römer, Wilh. Die Anmaßungen d. römischen Päpste u. ihre Eingriffe in die Rechte der Regenten u. Staaten, erwiesen aus vier der berüchtigsten päpstlichen Bullen. 8. (24 S.) Schaffhausen 890, (Rober). * — 40

Roemer, Wilhelm, aus Bochum, Rechtsanwalt und kgl. Notar daselbst: Ein Beitrag zur Lehre vom pretium certum nach römischem Recht. Erlangen 1904: E. Th. Jacob. (62 S.) 8° [F. u. A.]
Erlangen, Jur. Fak., Diss. v. 6. Juni 1904
[Geb. Bochum; Wohnort: Bochum; Staatsangeh.: Preußen; Rig. 6. Juni 04.]

Römer, Wilh., die Hexenbulle, nebst e. Auszug aus dem Hexenhammer [I, 6] u. e. Anh. Zum 400jähr. Jubiläum des Hexenhammers. 8. (30 S.) Schaffhausen 889. (Rober.) — 30

Römer, Wilhelm s. Innocentius VIII. Die Hexenbulle des Papstes Innocenz' VIII. Schaffhausen ... 1889.

— die päpstliche Schwerter-Theorie oder: Die Bulle „Unam Sanctam", aus d. Latein. ins Deutsche übertr. u. m. krit. u. histor. Erläutergn. versehen. 8. (16 S.) Ebd. 889. n.n. — 25

Römer, Wilh., die Vorrechte u. Gnaden d. Jesuiten-Ordens. Nach der latein. Orig.-Ausg. Zum erstenmal veröffentlicht v. W. R. 8. (IV, 54 S.) Schaffhausen 891. (Rober.) — 60

Römer, Willib. (A. H. Fogowitz),

– Abenteuer unter den Papuas, s. Volks- u. Jugend- Erzählungen.

– Auf Banditenfang, s. Volks- u. Jugend- Erzählungen.

– Der Findling der Creek-Indianer, s. Volks- u. Jugend- Erzählungen.

– Das Gespensterschiff, s. Volks- und Jugend- Erzählungen.

— das schönste Sagenbuch. E. Sammlg. v. Sagen, Mythen u. Legenden aus allen Gebieten. 12. (96 S. m. 4 Farbendr.-Bild.) Reutlingen 896. R. Bardtenschlager. Geb. — 60

– Auf unwirtlichem Strand, s. Volks- u. Jugend- Erzählungen.

– Der Überfall der Pacific-Eisenbahn, s. Volks- u. Jugend- Erzählungen.

– Die ersten Weißen im Westen, s. Volks- u. Jugend- Erzählungen.

– Das unheimliche Wrack, s. Volks- u. Jugend- Erzählungen.

Römer-Büchner, B. J., der deutsche Adler nach Siegeln geschichtlich erläutert. Lex.-8. (61 S. mit 2 Stnt.) Frankfurt a. M. 858, Keller. *

Römer-Büchner, (B. J.), Beiträge zur Geschichte der Stadt Frankfurt a. M. und ihres Gebietes, von der ersten geschichtlichen Kenntniss bis zum X. Jahrh. nebst chronolog. Uebersicht und Beweisstellen über die Römerherrschaft im Rheingebiet bis zum J. 450. gr. 8. (IV und 135 S.) Frankfurt a. M. 853, [Keller.] *

—— die Entwickelung der Stadtverfassung und die Bürgervereine der Stadt Frankfurt a. M. gr. 8. (XII und 280 S. mit 1 ill. Stnt.) Frankfurt a. M. 855, Keller. *

RÖMER-BÜCHNER, B. J., Notizen zur Geschichte von Frankfurt a/Main (9 Aufsätze). O. J. (Sep.-Abdr., ca. 1858.) Gr. 8°. (1 Mk. 20 Pfg. Jos. Baer & Co., c. 1886.) No. 9: Prostitutionskrankheiten.

Roemer-Büchner, die Siegel der deutschen Kaiser, Könige u. Gegenkönige. gr. 8. (78 S.) Frankfurt a. M. 851, Schmerber. n. 1/2 ₰

Römer-Büchner, (B. J.,) Verzeichniß der Steine u. Thiere, welche in d. Gebiete d. Stadt Frankfurt a. M. u. deren nächsten Umgebung gefunden werden. Mit 2 Steintaf. gr. 8. Frankf. 827, Brönner.

Römer-Büchner, B. J., Verzeichniß der Steine u. Thiere, welche in d. Gebiete d. Stadt Frankfurt a. M. u. deren nächsten Umgebungen gefunden werden. Mit 2 Steintaf. gr. 8. Frkf. a. M. 827. (Sauerländer). 18 gGr.

Römer-Büchner, B. J., die Vogteigerichte. Ein Beitrag zur deutschen Rechtsgeschichte. Frankfurt a. M. 859. Keller. gr. 8. (73 S.) n. 12 ngr.

—— die Wahl- und Krönungs-Kirche der deutschen Kaiser zu St. Bartholomäi in Frankfurt a. M. gr. 8. (IX und 85 S. mit eingedr. Holzschn. und 1 Stnt. in 4.) Frankfurt a. M. 857, Keller. *

—— dass. — 2. Abthl. A. u. d. T.: Die Wahl und Krönung der deutschen Kaiser zu Frankfurt a. M. gr. 8. (X und 118 S. mit 9 Stnt., wovon 5 ill. und 2 in Tondr.) Ebendas. 858. *

Römer-Neubner, Meta, das Gebet des Herrn u. das Gebet der neuen Menschheit. (3 S.) 8. Kronstadt (905). W. Hiemesch. n.n. — 10

Römer-Neubner, Meta, Quadrat-Noten. Ein neues vereinfachtes Notensystem ohne Schlüssel, ohne Pausen- u. Versetzungszeichen (♯, ♭, 𝄪, 𝄽, 𝄾𝄾) m. nur 12 verschiedenen, periodisch wiederkehrenden Notenbildern. qu. gr. 4. (IV, 35 S.) Kronstadt (902). W. Hiemesch. n. 2.

Quadrat-Noten. Ein neues vereinfachtes Notensystem ohne Schlüssel, ohne Pausen- u. Versetzungszeichen ⟨♯, ♭, ×, 𝄽, 𝄾𝄾⟩ mit nur 12 verschiedenen, periodisch wiederkehrenden Notenbildern von Meta Römer-Neubner. *Kronstadt, Ungarn: W. Hiemesch; Leipzig: K. F. Köhler [1902].* (35 S.) quer-8° [03. 3107

Römerbad, s. Dampfbad und Römerbad.

Römerberg und Justitia-Brunnen auf dem Römerberg ... Frankfurt a. M. 1887. V: *Koch, A.* (EB)

Römer-Briefe an die Urwähler. Von August Buddelmeyer. Nr. 1—4. Lex. 8. 1. Urwählers passt uf! Der Schwindel jeht los! (7 S.) 2. Die drei Centrums-Rassen nach der Natur jekopirt; nebst enen Anhang: Der Urwähler in de Kleinme. (8 S.) 3. Die fünf Jeschlechter der Zukunfts-Zöppe, nebst ein Wörtken an die Belagerungszuständler in der Urwahl. (8 S.) 4. Wahlmänner wählt jut! En Hundsfott, wer'n Schaafskopp is! (7 S.) Berlin 849, Lassar in Comm. (1: 1 ngr 2—4: à 1 1/2 ngr) 5 1/2 ngr

Römercastell, Das, und das Todtenfeld in der Kinzigniederung bei Rückingen ... Hanau 1873. V: *Duncker, Alb.* (Bibl. d. arch. Inst. in Rom. I. Rom 1900) & *R. Suchier.* (Zuwachsverz. d. Bibliotheken in Zürich 1898 ff.)

Römercastell, das, u. das Todtenfeld in der Kinzigniederung bei Rückingen. Vom hanauischen Bezirksverein f. hess. Geschichte u. Landeskunde hrsg. Mit 5 lith. Taf. Abbildgn., e. Kartenskizze u. e. Anzahl (eingedr.) Holzschn. 4. (49 S.) Hanau 873. (König.) n 4. 50

Römerfels, Just Wahrmund von s. Wahrmund von Römerfels, Just.

Roemermann, A., französisch-deutsche Gespräche, s. Leroy, A.

Römermann, Albert, aus Löhne: Über das Verhältnis der Handschrift D von Girard d'Amiens' cheval de fust ⟨No. 1455 des f. fr. der Pariser Nationalbibliothek⟩ zu Adenet le Roi's Cleomadès. *Greifswald 1903: F. W. Kunike.* (68 S.) 8°
Greifswald, Phil. Diss. v. 28. Nov. 1903

Römermann, E., vereinfachte Satz- u. Satzzeichenlehre nach berechtigten u. naturgemäßen Reformbestrebungen, katechetisch bearb. gr. 8. (66 S.) Hildchenbach (899). (L. Wiegand.) n. 1. —

Römermann, E., vereinfachte Satz- u. Satzzeichenlehre nach berechtigten u. naturgemäßen Reformbestrebungen, katechetisch bearb. (Neue [Titel-]Ausg.) (56 S.) gr. 8. Gütersloh [899] (904). C. Bertelsmann. n. — 70

Römermann, E., ausführliche u. vollständige Sprachlehre zum Gebrauch in Volksschulen. 8. (IV, 62 S.) Hilchenbach 889. Wiegand. geb. n. — 40

—— desgl. — in 2 Heften zum Gebrauch in Volksschulen. 2. verb. u. insbesond. durch wertvollen Übungsstoff bedeutend verm. Aufl. gr. 8. Ebd. 892. * — 50; in 1 Bde. * — 40
1. Für Kinder v. 8—11 Jahren. (30 S.) * — 20.
2. Für Kinder v. 11—14 Jahren. (48 S.) * — 30.

Römermann, E., ausführliche u. vollständige Sprachlehre zum Gebrauch in Volksschulen. 2 Hfte. 6. Aufl. gr. 8. Hilchenbach 894. L. Wiegand. n. — 50; in 1 Bd. n. — 40
1. Für die Schüler der Mittelstufe. (32 S.) n. — 20
2. Für die Schüler der Oberstufe. (48 S.) n. — 30

Römermann, E., ausführl. u. vollst. Sprachlehre zum Gebrauch in Volksschulen. 2 Hfte. 10. Aufl. gr. 8. Hilchenbach 898. L. Wiegand. n. — 50; in 1 Bd. kart. n. — 40
1. Für d. Mittelstufe. (32 S.) n. — 20.
2. Für d. Oberstufe. (48 S.) n. — 30.

— ausführliche u. vollständige Sprachlehre zum Gebrauch in Volksschulen. 2 Hfte. in 1 Bde. 11. Aufl. gr. 8. (32 u. 48 S.) Ebd. 899. Kart. n. — 40

Ausführliche und vollständige Sprachlehre zum Gebrauch in Volksschulen von E. **Römermann**. Beide Hefte in 1 Bande. 13. Aufl. *Hilchenbach: L. Wiegand 1900.* (48 S.) 8° [Umschlagt. F.] [... 6,86 6

Ausführliche und vollständige Sprachlehre zum Gebrauch in Volksschulen von E. **Römermann**. Beide H. in 1 Bde. 15. Aufl. *Hilchenbach: L. Wiegand 1902.* (48 S.) 8° [Umschlagt. F.] [03. 308 6

Ausführliche und vollständige Sprachlehre zum Gebrauch in Volksschulen von E. **Römermann**, Hauptlehrer in Löhne. Mittel- u. Oberstufe in 1 Bde. 18. Aufl. Bearb. nach d. letzten amtl. Rechtschreibung, dazu neu: 11 S. mit Worterklärungen. *Gütersloh: C. Bertelsmann 1904.* (96 S.) 8° [Umschlagt. F.] [... 1398 6

— ausführliche u. vollständige Sprachlehre zum Gebrauch in Volksschulen. 1. Heft f. die Mittelstufe. (Neudr.) (36 S.) 8. Ebd. (906). n. — 20

Romero, Petr., Prodromus ad ius canonicum universum seu prolegomena iuris canonici hodiernis academiorum moribus accommodata. (332 S.) gr. 8. Rom 905. Desclée, Lefebvre & Co. n. 4. —

Römer-Quelle, Die Kärntner. (Klgft., Leon, 1887.) 16 S.

Roemers, Dr. F. L. Campus idistavisus oder die letzten Freiheitskämpfe der Germanen gegen die Roemer. (67.) 8. Gütersloh 1866. 0,90.

Romershausen, Elard, der dynamische Antagonismus. 1. Hft. Der Antagonismus der Elektricität u. des Magnetismus. 12. (2 B. u. 1 Stnt.) Halle 846, Heynemann.

Romershausen, Elard, galvano-electrischer Apparat zur Förderung der Vegetation u. Fruchtbarkeit des Bodens, für Land- u. Gartenwirthschaft, Kunstgärtnerei u. Blumencultur. gr. 8. (16 S.) Marburg 851, Elwert. 3 ngr

Romershausen, E., Ueber Beobachtung der atmosphärischen und terrestrischen Elektricität. (Mit einer Abbildung.) (Aus: Dingler's polytechn. Journ., Bd. CXXX, Heft 3, besonders abgedruckt.)

— der einfache galvano-electrische Bogen als Heil- u. Schutzmittel, nebst einigen allgem. Bemerkungen über vitale Electrizität. gr. 8. (28 S.) Halle 849, Heynemann. 1/3 ₰

Rommershausen, Dr., der Diastimeter, oder Beschreib. eines neuen Instruments, welches in der Form eines Taschenfernrohrs alle Entfernungen aus einem einzigen Standpunkte auf eine leichte und sichere Art mißt, indem es die trigonometrische Rechnung sogleich selber ausführt, und die Resultate augenblicklich vorlegt rc. Mit 2 Kupfertaf. 8. M. d. Theorie des Diastim. als dazu gehör. Anh. (Berlin, Mittler) auch Füchsel in Zerbst. 817.

Romershausen, Elard, der Diastimeter, oder Beschreib. e. neuen Instruments, welches in d. Form eines Taschenfernrohrs alle Entfernungen aus e. einzigen Standpunkte auf eine leichte u. sichere Art mißt, indem es die trigonometr. Rechnung sogleich selber ausführt, u. die Resultate augenblickl. vorlegt rc. Mit 2 Kpft. Mit d. Theorie des Diastim. als dazu gehör. Anhang. 8. (Berl.) 817. Mittler. 1 ₰ 16 gr Hbg. Pr. 14 gr

Romershausen, Elard, die Distanz- u. Höhenmessung und das Nivellement des Diastimeters u. Distanzfernrohrs. Eine Anleitung zu richtiger Anfertigung und Behandlung dieser Instrumente. Nebst 2 (lith.) Taf. Zeichnungen (in Fol.), und einem Anh.: Die vereinfachte militairische Distanzmessung vermittelst des Reflector's oder des Dosensextant's. Marburg 855. Ehrhardt in Comm. gr. 8. (VIII, 49 S.) n. 15 ngr

—— electromotorische Essenz. Ein bewährtes Haus- und Heilmittel. 3. Aufl., gr. 8. (8 S.) Marburg 850, (Ehrhardt.) **

— die Heilkräfte der Electricität und des Magnetismus. Nebst (lith.) Zeichnung u. Beschreibung der zweckmäßigsten und billigsten Heilapparate. 2. Aufl. Marburg 853. Elwert. gr. 8. (IX, 28 S.) n. 10 ngr

—— Katechismus für die evangel.-christliche Jugend. 3. Aufl. 16. (32 S.) Halle 847, Heynemann.

Romershausen, Elard, Lichtblicke des Naturforschers in die Wunder und Geheimnisse der Schöpfung, zur Begründung fester religiöser Ueberzeugungen. 1s Heft. Allgemeine Ansichten der Körper- und Geisterwelt. 8. Zerbst 837. Kummer. 1/4 ₰

Romershausen, Elard, Lichtblicke d. Naturforschers in d. Wunder u. Geheimnisse d. Schöpfung, z. Begründung fester religiöser Ueberzeugungen. 1. Hft. Allgem. Ansichten d. Körper- u. Geisterwelt. 8. (3 B.) Zerbst 837. [Berlin, Trautwein u. Comp.] Thlr.

— Luftreinigungsapparat z. Verhütung d. Ansteckung in Lazarethen u. Krankenhäusern. Mit 1 Kpf. gr. 8. Halle 815. (Kümmel). 10 gr

—— die Meßkunst für Landleute, Gärtner und Bauhandwerker vermittelst zweier einfacher Instrumente, welche nur die Anfangsgründe des Rechnens voraussetzen. Oder gemeinfaßl. Anleitung zur Vermessung, Ent- und Bewässerung der Grundstücke rc. — Mit 49 Abbild. 8. (VIII und 76 S. mit 3 Stnt. in 4.) Halle 847, Heynemann.

— das Miasma. Ueber wahrscheinliche Entstehung u. Verbreitung desselben im Allgemeinen, und in besonderer Beziehung auf eine naturgemäße, richtige und schützende Construktion der Abtrittsanlagen und Kloake. Eine physikalisch-technische Mittheilung an Sanitäts-Behörden, Aerzte, Ortsvorsteher, Bau-Unternehmer und Familienhäupter. Nebst 1 Steinzeichnung. 1. u. 2. Aufl. Marburg 856. Ehrhardt in Comm. 8. (19 S.) n. 5 ngr

—— Militair-Fernrohr zur Distanzmessung und militair. Aufnahme. Nebst Zeichnungen. gr. 16. (32 S. und 1 Stnt.) Halle 848, Heynemann.

—— das Reductionsniveau, ein neues Meßinstrument, welches bei unebenem Terrain die gemessenen Linien ohne weitere Rechnung unmittelbar auf dem Felde auf den Horizont reducirt, unzugängliche Höhen und Distanzen mißt und ein höchst vortheilhaftes Nivellement bei festen Zielpunkten ausführt. Nebst Zeichnungen. 12. (19 S. und 1 Stnt.) Halle 848, Heynemann.

— die magneto-electrische Rotationsmaschine und der Stahlmagnet, als Heilmittel, nebst einigen Bemerkungen über das Wesen und die Eigenschaften der dabei wirksamen Naturkräfte und ihrer gegenseitigen dynamischen Reaction. gr. 8. (42 S. und 1 Stnt.) Halle 847, Heynemann.

— selbstthätiges Sicherheitsschloß f. Feuergewehre, z. Verhütung v. Unglücksfällen durch zufälliges Losgehen derselben. Mit 1 Steinzeichn. 8. Zerbst 826. (Kummer). 22 gr.

— Spiegeldiopter u. Längenmesser, der hülfreichste u. bequemste Meßapparat f. Feldmesser u. f. die praktisch-geometrischen Geschäfte des Forst- u. Bauwesens. 8. (5⅞ B. u. 4 Taf. mit 30 Abbild.) Halle 845, Heynemann.

— Spiegel-Niveau, ein neues u. vollkommen sicheres Instrument zum Wasserwägen. Eine technische Mittheilung für den Land-, Wasser- u. Straßenbau, wie auch f. landwirthschaftliche Entwässerung. 8. (2 B. u. 1 Stnt.) Leipzig 842, Klinkhardt.

— das Spiegel-Niveau. 2. Aufl., nebst Steinzeichnungen u. einem Nachtrag über die hülfreiche Verbindung des Spiegel-Niveau m. dem Längenmesser für praktische Geometer, reisende Geographen rc. 12. (38 S. m. 1 lith. Taf. in qu. Fol.) Marburg 851, Elwert. 9 ngr.

— die Theorie des Diastimeters, ein Anh. zur Beschreib. dieses Instruments, apart. 8. Berl. 817. Mittler. 4 gr.

Romershausen, Fr. Herm., Specimen Imum observationum sacrarum in V. et N. Testamentum ex Syriacis scriptoribus. Marburgi 1770.

Romershausen, J. Fr., (eigentl. Fr. Herm.,) Vorlesungen zu e. Einleit. in das alte Testament, mit Anmerkk. v. A. W. Robert. 8. Marb. 771. (Hermann in Frkf. a. M.) 16 gr.

Rommershausen, J. F., Vorlesungen z. e. Einleit. in d. Alte Test. 8. Marb. Kepler. (Hermann. a. Gebhardt u. K. in Frankf.) 771.)

Römerstadt [Schlagwort]

Römerstadt. Schächer, W., Karte des politischen Bezirkes Römerstadt, für die Hand der Schüler an Volksschulen gezeichnet. 1 : 100.000. 27×24,5 cm. Farbdr. Sternberg (902). A. R. Hitschfeld. n. — 16

Römerstrassen, Die, am rechten Ufer des Niederrheins. Berlin 1834. V: *Müffling, Friedrich Carl Ferdinand Freih. von genannt Weiss.* (ADB)

Römerstraßen, über die, am rechten Ufer des Nieder-Rheins, von dem Winterlager Vetera ausgehend, zur Feste Aliso, über pontes longi zu den Marsen und zu der niedern Weser. Von C. v. W. Nebst 1 Karte zur Uebersicht der Römer-Züge. gr. 8. Berlin 834. Mittler. ⅔ rf.

Römerstudien eines alten Soldaten nach der Natur. I. Teurnia. kl. 8. (113 S.) geh. 80 kr. Wien: Seidel 1882.

Römerstudien, Eines alten Soldaten (S. P. N.), nach der Natur II (1881). Die Strasse Teurnia-Juvavum. Wien 1881—82. V: *Pollatschek von Nordwall, Sigmund.* (KA) (Hr)

Römerstudien eines alten Soldaten nach der Natur. II. Die Straße Teurnia-Juvavum. Von Teurnia bis zur Vereinigung mit der Straße Virunum-Juvavum. kl. 8. (120 S.) geh. 80 kr.
Wien: Seidel 1882.

Römerstudien eines alten Soldaten nach der Natur. III. Santicum. kl. 8. (78 S.) geh. 60 kr. Wien: Seidel 1882.

Roemert, Georg [aus Berlin]: Klinische Beiträge zur Würdigung des Trional ... Berlin, Buchdr. v. G. Schade, *1894;* 30 S., 1 Bl. 8.
Berlin, Med. Fak., Inaug.-Diss. v. 6. März 1894

Römer-Villa, Die, zu Westenhofen ... Ingolstadt 1857. V: *Kass.* (Kat. d. Bibl. d. Techn. Hochsch. Berlin 1900.)

Römer-Villa, die, zu Westenhofen. Eine Monographie enthaltend a. Abbildung des Mosaikbodens in Farbendr. b. (lithogr.) Grundriß der Villa und Spezialkärtchen. Imp.-Fol. (2 Taf. mit 1 Bl. Text in deutscher und lateinischer Sprache.) Ingolstadt 857. (Nürnberg, Lotzbeck.) *

Lehrbuch der ebenen Trigonometrie, besonders für angehende Practiker bearb. u.durch viele Beispiele u.interessante Aufgaben erl. von Charles Romett. Braunschweig: G.C.E.Meyer 1829. VIII S., S.10-182 8°

Romett, Chr., Lehrbuch d. ebenen Trigonometrie, besond. f. angeh. Practiker bearb. u. durch viele Beispiele u. interess. Aufgaben erläut. M. 1 Kpfrt. u. e. vollständ. Tab. d. (wichtigst.) goniometr. Formeln. 8. (12 B.) Braunschweig 829, G. C. E. Meyer.
Die Tabelle apart, 4 Gr.

Romey, Emil [pr. Arzt]: Ein Epignathus mit cyclopoider Gesichtsbildung ... Königsberg i. Pr., Druck v. M. Liedtke, 1892; 24 S., 2 Bl., 2 Taf. 8.
Königsberg, Med. Fak., Inaug.-Diss. v. 21. Okt. 1892

Romey, Emil, e. Epignathus m. cyclopoider Gesichtsbildung. Diss. gr. 8. (24 S. m. 2 Taf.) Königsberg i. Pr. 892. (W. Koch.) n. 1. —

Romeyke, die Pflanze und die Agrikultur. gr. 8. (III und 47 S.) Nordhausen 858, Büchting.

Romeycke, Richard [app. Arzt aus Malliken]: Ueber traumatische Stricturen der männlichen Harnröhre und deren Behandlung. ... München, k. Hof- u. Univ.-Buchdr. v. Dr. C. Wolf & Sohn, 1890; 16 S. 8°
München, Med. Fak., Inaug.-Diss. v. 1890

Romeycke, Richard (Malliken): Ueber traumatische Stricturen der männlichen Harnröhre und deren Behandlung.- München: Wolf 1890. 16 S.
24.7.1890 - Chr 1890/91,18; Jv 1890/91,234
Diss. Ingolst.-Landsh.-Mchn.

Die **Romfahrt** Kaiser Heinrich's VII. im Bildercyclus des Codex Balduini Trevirensis herausgegeben von der Direktion der K. Preußischen Staatsarchive. Erläuternder Text bearbeitet (unter Benutzung des literarischen Nachlasses von L. v. Eltester) von Georg Irmer. Berlin, Weidmannsche Buchhandlung 1881
XII - 120 S.; 37 farb. Taf., 2 Taf. 4°

Einige Vorschläge zur Reform der Strafgesetzgebung. Von e. Schöffenger.-Vorsitzenden. [Verf.: Alexander **Roemheld**, Oberamtsrichter.] Leipzig: O. Wigand 1892. (55 S.) 8° [F.] (o8. 6970

Römheld, Amalie, Anna Braun. Roman. 2 Bde. Leipzig 870. Kollmann. 8. (III, 198 u. III, 263 S.) 2 rf.

Römheld, Carl Julius, s. Römheld, Karl Julius

Roemheld, (Friedrich), Direktor Dr.: Gedenkblatt zur Erinnerung an Professor Dr. Emil Daub. Mainz 1905: A. Wenglein. (S. 26—28.) 4°
Mainz, HM P 1905

Römheld, Frdr., Carl Julius Römheld. Eine Lebensbeschreibg. Mit e. Bildnis des Entschlafenen u. einigen Beigaben aus dessen litterar. Hinterlassenschaft. gr. 8. (VI, 94 S.) Stuttgart 894. Greiner & Pfeiffer. Kart. n. 1. 20

Roemheld, Frdr., de epithetorum compositorum apud Euripidem usu et formatione. gr. 8. (XVI, 212 S.) Giessen 877. Ricker. n. 4. 60

Römheld, Gust., über kirchliche Armenpflege. Ein Wort an evangel. Kirchenvorsteher u. Diakonen, zunächst im Großherzogthum Hessen. Im Auftrag der Pfarr-Conferenz des evangel. Dekanats Darmstadt verf. gr.8. (32 S.) Darmstadt 880. Winter'sche Buchdr. — (Frankfurt a/M., Schriften-Niederlage d. Evangel. Vereins.) n. — 40

Römheld, Heinrich, aus Hersfeld: Über die Nibelungenhandschrift h und die Iweinhandschrift a. *Greifswald 1899: J. Abel.* (91 S.) 8°
Greifswald, Phil. Diss. v. 21. Juni 1899

Roemheld, Jakob Karl (Kirchberg/Hess.)
U.S. Giessen 1767, 2

De o. servatoris nostri innocentia ex coniugis Pilati somnio evicta Matth. XXVII, 19.
Präs. Philipp Wilhelm Mosebach.
Giessen (Braun) (15.) X. 1767. 20 S. 29049

Römheld, Karl Julius

Römheld, C. J., Begleitbericht statt der Vorrede zu der biblischen Geschichte f. die unteren Klassen der Gymnasien, Realschulen u. verwandter Anstalten. gr. 8. (29 S.) Bielefeld 886. Velhagen & Klasing. n. — 25

Römheld, C. J., Beweise f. die Einheit der Offenbarung des ewigen Gottes, nebst e. Erörterung der Frage: ob „Tradition" oder „Schrift" in der evangel. Kirche. Ein Vortrag. gr. 8. (41 S.) Bielefeld 889. Velhagen & Klasing. — 60

— Diakonie und Innere Mission auf dem Lande, s.: Zimmer's Handbibliothek der praktischen Theologie.

— durch Kampf zum Sieg. Eine Predigtsammlg. f. das deutsche Haus über fortlauf. Texte aus der Apostelgeschichte. Dem evangel. Volke dargeboten. Hrsg. v. Alb. Junker. gr. 8. (XII, 594 S.) Gießen 900. J. Ricker. n. 5. 50; geb. n.n. 6. 50

— durch Kampf zum Sieg. Eine Predigtsammlg. f. das deutsche Haus üb. fortlauf. Texte aus der Apostelgeschichte. Dem evangel. Volke dargeboten. Hrsg. v. Alb. Junker. 2. wohlf. [Titel-]Ausg. (XII, 594 S.) gr. 8. Gießen [900] 905. A. Töpelmann. n. 2. —; geb. in Leinw. n. 3. —

Römheld, C. J., das heilige Evangelium in Predigten auf alle Sonn- und Festtage des Kirchenjahres dem Volke erzählt und ausgelegt. 3 Hefte. gr. 8. (559 S.) Gotha 878,79, Schloeßmann. à Heft * M 2. *
—— dass. — 2.—5. Aufl. gr. 8. (VIII, 559 S.) Ebendas. 879. * M 6.; geb. *

Römheld, C. J., das heilige Evangelium in Predigten auf alle Sonn- und Festtage des Kirchenjahres dem Volke erzählt und ausgelegt. 6. Aufl. gr. 8. (VIII, 559 S.) Gotha 881, Schloeßmann. * M 5.; geb. *

Römheld, C. J. Das heil. Evangelium in Predigten auf alle Sonn- u. Festtage des Kirchenjahres. 7. Aufl. gr. 8. Gotha 885. Berl., Reuther u. Reichardt. * 5 —; geb. * 6 —

— das heilige Evangelium in Predigten auf alle Sonn- u. Festtage d. Kirchenjahres, dem Volke erzählt u. ausgelegt. 7. Aufl. gr. 8. (VIII, 543 S.) Gotha 885. Schloeßmann. n. 5. —; geb. n. 6. —

Römheld, C. J., das hl. Evangelium in Predigten auf alle Sonn- u. Festtage d. Kirchenjahres, dem Volke erzählt u. ausgelegt. 8. Aufl. gr. 8. (VIII, 564 S.) Berlin 893. Reuther & Reichard. n. 5. —; geb. in Leinw. n.n. 6. —

— das hl. Evangelium in Predigten a. alle Sonn- u. Festtage d. Kirchenjahres. 8. Aufl. gr. 8. (VIII, 564 S.) Berlin 893. Leipzig, G. Strübig's Verlag. n. 5. —; geb. n. 6. —

Auch desselben Verfass. Predigtsammlg. „Der Wandel in der Wahrheit" ist in obig. Verlag übergegangen.

— Das hl. Evangelium in Predigten auf alle Sonn- u. Festtage des Kirchenjahres, dem Volke erzählt u. ausgelegt. 9. Aufl., besorgt v. Frdr. Römheld. (XIII, 544 S.) gr. 8. Leipzig 911. G. Strübig. 5. —; geb. 6. —

— biblische Geschichte f. die unteren Klassen der Gymnasien, Realschulen u. verwandter Anstalten. Mit Holzschn. von Schnorr v. Carolsfeld, Jäger, Ludw. Richter, Strähuber u. andern, nebst 2 Karten v. Palästina u. 1 Plane v. Jerusalem. Lex.-8. (VI, 170 S.) Bielefeld 886. Velhagen & Klasing. n. — 80; Ausg. ohne Holzschn. 8. (VIII, 253 S.) n. — 60

— biblische Geschichte f. die unteren Klassen der Gymnasien, Realschulen u. verwandter Anstalten. Mit Holzschnitten. Anh.: Auszug aus der Geschichte der christl. Kirche. Lex.-8. (20 S.) Bielefeld 887. Velhagen & Klasing. n. — 10; Anh. zur Ausg. ohne Bilder. 8. (38 S.) n. 10 —

—— biblische Geschichte für Volksschulen. Mit (eingedr.) Holzschn. von Schnorr v. Carolsfeld, Jaeger, Ludw. Richter u. A. Lex.-8. (VI, 170 S.) Bielefeld 881, Velhagen und Klasing. *
—— dass. — 2. Aufl. (Ausg. A. für lutherische, B. für reformirte Schulen.) Mit (eingedr.) Holzschn. von Schnorr v. Carolsfeld, Jaeger, Ludw. Richter u. A. Lex.-8. (VI, 174 S.) Ebendas. 882.
—— dass. — Ausg. ohne Holzschn. 8. (VIII, 248 S.) Ebendas. 882. *

—— dass. — Mit Holzschn. von Schnorr v. Carolsfeld, Jaeger, Ludw. Richter u. A. 3. und 4. verb. Aufl. Mit 2 Karten von Palästina und 1 Plan von Jerusalem (in Farbendr.). Lex.-8. (VI, 174 S.) Ebendas. 883,84. * 80 Pf.; geb. *

— dasselbe. Ausg. ohne Holzschn. 2. Aufl. Ausg. A. f. luther. Schulen. 8. (VIII, 248 S.) Ebend. 885. n. — 60; geb. n. — 85; Ausg. B. f. reformierte Schulen zu gleichen Preisen.

—— biblische Geschichte für Schulen. Mit Holzschn. von Schnorr v. Carolsfeld, Jäger, Ludw. Richter, Strähuber u. a. 5. verb. Aufl. Mit 2 Karten von Palästina und 1 Plane von Jerusalem. Ausg. A. für luther. Schulen. Lex.-8. (VI, 174 S.) Bielefeld 885, Velhagen und Klasing. *

—— dass. — Ausg. B. für reformirte Schulen. 8. (VIII, 248 S.) Ebendas. 885. * 60 Pf.; geb. *
—— dass. — 3. Aufl. 8. (VIII, 248 S. mit 3 Karten.) Ebendas. 886. *

—— dass. — Ausg. B. für reformirte Schulen. Lex.-8. (VI, 174 S.) Ebendas. 885. * 80 Pf.; geb. *
—— dass. — 6. Aufl. Lex.-8. (VI, 174 S. mit 2 Karten von Palästina und 1 Plane von Jerusalem.) Ebendas. 886. *

— biblische Geschichte für Schulen. Ausg. A. [Ohne Sprüche u. Liederverse.] Mit Holzschn. von Schnorr v. Carolsfeld, Jäger, Ludw. Richter, Strähuber u. a., nebst 2 Karten v. Palästina u. 1 Plane v. Jerusalem. 8. Aufl. gr. 8. (VI, 194 S.) Ebd. 889. n. — 80; geb. n.n. 1. 10

— dasselbe. Ausg. A. Ohne Bilder. Mit 2 Karten von Palästina u. 1 Plane v. Jerusalem. 4. Aufl. 8. (VIII, 286 S.) Ebd. 889. n. — 70; geb. n. — 95

—— Biblische Geschichte f. Schulen. Ausg. A. [Ohne Sprüche u. Liederverse.] Mit Holzschn. v. Schnorr v. Carolsfeld, Jäger, Ludw. Richter, Strähuber u. a., nebst 2 Karten v. Palästina u. 1 Plan v. Jerusalem. 9. Aufl. gr. 8. (VI, 194 S.) Bielef. 890, Velhagen u. Klasing. * — 80; geb. ** 1 10

— dasselbe. Ausg. B. [Mit Sprüchen und Liederversen.] Mit Holzschn. von Schnorr v. Carolsfeld, Jäger, Ludw. Richter, Strähuber u. a. 2., verb. Aufl. Mit 2 Karten von Palästina u. 1 Plane von Jerusalem. gr. 8. (VI, 190 S.) Ebd. 890. n. — 80

— dasselbe. Ausg. A. (Ohne Sprüche u. Liederverse.) Ohne Holzschn. 5. Aufl. 8. (VIII, 286 S. m. 3 farb. Karten.) Ebd. 891. n. — 70

— dasselbe. Ausg. B. (Mit Sprüchen u. Liederversen.) Mit Holzschn. von Schnorr v. Carolsfeld, Jäger, Ludw. Richter, Strähuber u. a. 3. Aufl. Mit 2 Karten v. Palästina u. 1 Plane v. Jerusalem (in Farbendr.). gr. 8. (VI, 190 S.) Ebd. 892. n. — 80

— biblische Geschichte f. Schulen. Ausg. A. Mit Holzschn. von Schnorr v. Carolsfeld, Jäger, Ludw. Richter, Strähuber u. a. (Ohne Sprüche u. Liederverse.) 12. Aufl. nebst 2 Karten v. Palästina u. 1 Plane v. Jerusalem. gr. 8. (VI, 194 S.) Bielefeld 893. Velhagen & Klasing. n. — 80; geb. n.n. 1. 10

— dasselbe. Ausg. B. (Mit Sprüchen u. Liederversen.) Ohne Bilder. Mit 2 Karten v. Palästina u. 1 Plane v. Jerusalem. 2. Aufl. 8. (IX, 254 S.) Ebd. 894. Geb. n. — 95

Von Ausg. A u. B giebt es Ausgaben f. luther. u. reformierte Schulen.

Römheld, C. J., biblische Geschichte f. Schulen. Ausg. A. (Ohne Sprüche u. Liederverse.) Ohne Holzschn. 6. Aufl. 8. (VIII, 248 S. m. 3 farb. Karten.) Bielefeld 895. Velhagen & Klasing. n. — 70; geb. in Halbldr. n. — 95

— dasselbe. Ausg. B. (M. Sprüchen u. Liederversen.) M. Holzschn. von Schnorr v. Carolsfeld, Jäger, Ludw. Richter u. a. 5. Aufl. M. 2 Karten v. Palästina u. 1 Plane v. Jerusalem. 4. (VI, 170 S.) Ebd. 896. n. — 80; geb. n.n. 1. 10

— dasselbe. Ausg. A. (Ohne Sprüche u. Liederverse.) M. Holzschn. von Schnorr v. Carolsfeld, Jäger, Ludw. Richter, Strähuber u. a., nebst 2 Karten v. Palästina u. 1 Plan v. Jerusalem (in Farbdr.). 16. Aufl. gr. 8. (VI, 174 S.) Ebd. 897. n. — 80; geb. n.n. 1. 10

— dasselbe. Ohne Holzschn. 7. Aufl. 8. (VIII, 248 S. m. 3 farb. Kärtchen.) Ebd. 898. n. — 70; geb. n. — 95

Römheld, C. J., biblische Geschichte für Schulen. Ausg. A. (Ohne Sprüche u. Liederverse.) Mit Holzschn. von Schnorr v. Carolsfeld, Jäger, Ludw. Richter, Strähuber u. a., nebst 2 Karten v. Palästina u. 1 Plan v. Jerusalem (in Farbdr.). 17. Aufl. gr. 8. (VI, 174 S.) Bielefeld 901. Velhagen & Klasing. n. — 80; geb. n.n. 1. 10

Römheld, Carl Jul., biblische Geschichten f. Schulen. Ausg. A. (Ohne Sprüche u. Liederverse.) Ohne Holzschn. 8. Aufl. (VIII, 248 S. m. 3 farb. Karten.) kl. 8. Bielefeld 903. Velhagen & Klasing. Geb. n. — 95

— dasselbe. Mit Holzschn. von Schnorr v. Carolsfeld, Jäger, Ludw. Richter, Strähuber u. a., nebst 2 Karten v. Palästina u. 1 Plan v. Jerusalem (in Farbdr.). 19. Aufl. (VI, 174 S.) gr. 8. Ebd. 904. Geb. n.n. 1. 10

— dasselbe. Ausg. B. Mit Sprüchen u. Liederversen. Ohne Bilder. Mit 2 Karten v. Palästina u. 1 Plane v. Jerusalem (in Farbdr.). 4. Aufl. (VIII, 254 S.) 8. Ebd. 905. n. — 70; geb. n. — 95

— dasselbe. Mit Holzschn. v. Schnorr v. Carolsfeld, Jäger, Ludw. Richter, Strähuber u. a. Mit 2 Karten v. Palästina u. 1 Plan v. Jerusalem (in Farbdr.). 9. Aufl. (VI, 170 S.) gr. 8. Ebd. 905. Geb. n.n. 1. 10

Römheld, C. J., biblische Geschichte f. Schulen. Ausg. A. (Ohne Sprüche u. Liederverse.) Mit Holzschn. v. Schnorr v. Carolsfeld, Jäger, Ludw. Richter, Strähuber u. a., nebst 2 Karten v. Palästina u. 1 Plan v. Jerusalem (in Farbdr.). 20. Aufl. (VI, 174 S.) gr. 8. Bielefeld 907. Velhagen & Klasing. — 80; geb. n 1. 10

— Grundsätze, nach welchen die illustrierte biblische Geschichte für Volksschulen bearbeitet wurde. gr. 8. (45 S.) Ebend. 881. — 30

— Grundsätze, nach welchen die biblische Geschichte für Schulen bearb. wurde. 2., verm. Aufl. gr. 8. (48 S.) Ebd. 888. — 30

— theologia sacrosancta. Grundlinien der biblischen Theologie, f. Wahrheit such. Leser der heil. Schrift nachgewiesen. 2 Bde. od. 12 Lfgn. gr. 8. Gotha 888. 889. [Schloeßmann.] Berlin, Reuther. n. 17. —; geb. n. 21. —

1. Bd.: Der Name Gottes. (VII, 526 S.) n. 8. —; geb. n. 10. —
2. Bd.: Christus-Jehova. (XIII, 616 S.) n. 9. —; geb. n. 11. —

— Theologia sacrosancta. Grundlinien der bibl. Theologie. 2. Ausg. m. e. Einführg. v. einem Freunde des Verfassers. gr. 8. (16; XI, 526 u. XIII, 616 S.) Berlin 890. Gießen, J. Ricker. 17. —; erm. Pr. 4. —

Roemheld, Carl Julius. Aus der Tiefe. Altes und Neues, dem Herrn gesungen . . . 3. Ausg. Barmen 1891. H: *Roemheld, Frdr.* (Berl)

— aus der Tiefe. Altes u. Neues, dem HErrn gesungen. 3., billige Ausg. quer 8. (II, 34 S.) Barmen 891. Klein. cart. n. 1. 50

— die Verpflanzung der inneren Mission, insbesondere der weiblichen Diakonie, auf das Land. Ein Referat, zu Nidda auf der Synode gleichen Namens am 26. Septbr. 1882 erstattet. gr. 8. (III, 76 S.) Gotha 883. Schloeßmann. n. 1. —

— der Wandel in der Wahrheit, in Predigten über die Episteln des Kirchenjahres dem evangel. Volke an's Herz gelegt. (In 3 Hftn.) 1. Hft. gr. 8. (VIII, 192 S.) Gotha 883. Schloeßmann. n. 2. —

— der Wandel in der Wahrheit, in Predigten üb. die Episteln d. Kirchenjahres dem evangel. Volke an's Herz gelegt. 2. u. 3. (Schluß-)Hft. gr. 8. (S. 193—706.) Ebend. 883. n. 4. 50 (cplt.: n. 6. 50)

— dasselbe. 3. Aufl. gr. 8. (VIII, 706 S.) Ebend. 883. n. 6. 50; geb. n. 7. 50

— der Wandel in der Wahrheit, in Predigten über die Episteln d. Kirchenjahres dem evangel. Volke ans Herz gelegt. 4., verb. Aufl. (In 12 Lfgn.) 1. Lfg. gr. 8. (64 S.) Berlin 890. Reuther. n. — 50

der Wandel in der Wahrheit, in Predigten üb. die Episteln d. Kirchenjahres dem evangel. Volke ans Herz gelegt. 4., verb. Aufl. 2.—12. Lfg. gr. 8. (VIII u. S. 65—707.) Berlin 891. 892. H. Reuther. à n. — 50; (kplt.: n. 6. —; geb. in Leinw. n.n. 7. —)

— der Wandel in der Wahrheit, in Predigten über die Episteln des Kirchenjahres dem evangel. Volke ans Herz gelegt. 5. Aufl. (VIII, 707 S.) gr. 8. Leipzig (905. 906). G. Strübig. n. 6. —; geb. n. 7. 50

— der Weg zum Leben, in Predigten üb. die v. Nitzsch vorgeschlagenen epistolischen Perikopen auf alle Sonn- u. Festtage des Kirchenjahres dem evangel. Volke gezeigt. Unter Mitwirkg. e. hess. Geistlichen hrsg. Mit dem Bildnis u. der Lebensgeschichte des sel. Verf. gr. 8. (XII, 581 S.) Stuttgart 894. Greiner & Pfeiffer. n. 5. —; geb. in Leinw. n. 6.

Römheld, C. J., die sittliche Weltordnung u. die Weltzerstörung. Meditationen üb. Schiller's Kampf m. dem Drachen, zugleich e. psycholog. Studie. 8. (VII, 253 S.) Gotha 871. Schloeßmann. n. 2. 40

Römheld, Ludwig [pr. Arzt in Asbach]: Beiträge zur Statistik der Knochenbrüche und Verrenkungen ... Giessen, C. v. Münchow, Univ.-Dr., 1893; 36 S., 2 Tab. 8.
Giessen, Med. Fak., Inaug.-Diss. v. 1893

Roemheld, Ludwig [app. Arzt]: Über Ursachen und Behandlung der habituellen Früh- und Fehlgeburten ... Mainz, Buchdr. v. H. Prickarts, 1895; 47 S., 15 Bl. 8.
Heidelberg, Med. Fak., Inaug.-Diss. v. [23. Nov.] 1894

Roemheld, L., allgem. Verhaltungsmassregeln b. d. einz. Krankheiten d. Kinder. D. hygienisch-diätet. Verordngn. d. Heidelberger Kinderklinik (Dir.: Vierordt) z. Gebrauch f. Aerzte zusammengest. 8. (VI S. u. 53 Bl.) Heidelberg 898. O. Petters. n. — 75; auch in 53 einz. Hftn. (à 10 Bl.) à n. — 10

Roemheldt, G., Quaestiones de Aeschinis oratione contra Ctesiphontem. Diss. 1869. 78 S. 8.—

Römhild [Schlagwort]

Römhild, s.: Geologische Karten (Preussen).

Römhild, s.: Preussen. Messtischblätter.

Römhild, s.: Thüringen. Gräf.

Römhild [Verfasser]

Römhild, J., der 20. Mai od.: Die Familie Biedermann. Ein Gemälde erhabener Scenen im Gebiete seltsamer Schicksalsfügungen. 8. (IV u. 389 S.) Döbeln 848. (Leipzig, Klinkhardt.) n. 1 1/3 ß

Römhild, Jh. Cph., kurzer Abriß d. christl. Religionswahrheiten bei d. Unterr. d. Katechumenen. 8. Leipz. 819. Dürr. 1 gr

— Spruchbuch, od. Hülfsbüchlein f. Kinder, um auf eine leichte Art die bibl. Sprüche lernen u. merken zu können. 8. Leipz. 819. Dürr. 1½ gr

Roemhild, Joannes Fridericus Gul. (Harburg)
Dissertatio inauguralis medica, Fungi haematodis historia.
Hamburgi: F.H. Nestler 1828.
Diss. med. Giessen 8.3.1828. vorh. 7.

Römhild, Johann Samuel (Meiningen) Altd. Med. 19/45

Dissertatio inauguralis medica de struma.
Altdorf (Kohles) 17. XI. 1707. 18 S.

Gew.: Johann Friedrich Meiss, Johann Peter Frank.

29051

Römhild, Johann Samuel (Coburg) Altd. med. 24/16

Exercitatio medica publica de pancreate.
Präs. Johann Moritz Hoffmann.
Altdorf (Kohles) 8. XII. 1706. 22 S.

W. v.: Johann Gottfried Luther, Johann Friedrich
Char. Graec. 29050

Roemhild, Iulius Carolus Guilielmus Ludovicus: De melanosi. Accesserunt tres tabulae lithographicae. Halis (1833): Baentsch. 40 S., 3 Taf. 8° (4°)
Halle-Wittenberg, Med. Diss. v. 2. Febr. 1833
Geb. Inowrazlaw (Posen) 13. 5. 1808. V.

Roemhild, Willy, Magyaren. 1. Tl. 8. (85 S.) Dresden 899. E. Pierson. n. 1. —; geb. n. 2. —

Ueb. d. Römhilder Recess v. 28. Juli 1791. Ein Beitr. z. Bericht. d. Urtheils d. Publicums üb. d. Gothaische Success.-Sache. *Göttingen*, Vandenhoeck u. Ruprecht. 825. 8. (12 Gr.)

Römhilder Receß, über d., v. 28. July 1791. Ein Beitrag z. Berichtigung d. Urtheile d. Publikums üb. d. gothaische Successions-Sache. 8. Gött. 826, Vandenhöck u. R.

Roemhild-Stift. Eine Erzählung ... Weimar 1828. V: *Ahlefeld, Charlotte Sophie Luise Wilh. von geb. v. Seebach.* (EE) (Ky) (LS)

Römhild-Stift. Eine Erzähl. aus d. wirkl. Leben. Von d. Verfin. der „Erna" rc. (Charl. Soph. Wilh. v. Ahlefeld.) 2 Thle. 8. (30 B.) Weimar 828. [Leipzig, Böhme.]

Römhild-Stift; e. Erzählung aus d. wirkl. Leben. Von der Verfass. der Erna, Felicitas, Amadea rc. (Charl. v. Ahlefeld, geb. v. Sebach). 2 Thle. 8. Weimar 828. Hoffmann. 2 ß 16 gr

Römhildt, Fritz, s. **Romeo**, Fritz.

Romhold, M. H., die letzten Tage e. Altkatholiken. Bilder aus dem deutschen Culturkampfe. 8. (185 S.) Regensburg 875. Pustet. — 75

Romich, Joh., die vorzüglichsten Behandlungsarten der Cholera nebst der höchst merkwürd. Aeußerung einer Somnambulen über die Entstehungs- und Verbreitungsweise, Nichtcontagiosität, Behandlung der Cholera, und wie man derselben am verläßlichsten vorbeugen kann. Im Anhange: Die hohe Bedeutung des animal. Magnetismus, unterstützt mit einer sehr wichtigen Ansteckung durch die Eclampsia hysterica, und einigen äußerst interessanten Krankengeschichten. gr. 8. (74 S.) Wien 850, (Seidel.) *

Romich, Joh., neueste Beobachtungen über die epidemische Cholera, deren Entstehungs- u. Verbreitungsweise, Nichtcontagiosität; nebst genauer Angabe aller diätet. u. andern Vorsichtsmassregeln, wie auch der bewährtesten Behandlungsarten gegen dieselbe. 2., verm. u. gänzl. umgeänd. Aufl. Wien 866. (Gerold's Sohn.) gr. 8. (VIII, 76 S. mit eingedr. Holzschnitt.) n. 20 ngr.

Romich, Thomas

Romich u. Fajdiga, Experimentaluntersuchung üb. die Fernwirkg. dielektrischer Körper. [Ausgeführt im k. k. physikal. Institute der Grazer Universität unter Leitg. v. Boltzmann.] [Aus: „Sitzungsber. d. k. Akad. d. Wiss."] Lex.-8. (13 S.) Wien 874. (Gerold's Sohn.) n n. — 30

— u. **Nowak**, Experimentaluntersuchungen dielektrische Körper in Bezug auf ihre dielektrische Nachwirkung. [Ausgeführt im physikal. Cabinete der Grazer Universität unter der Leitg. v. Boltzmann.] [Aus: „Sitzungsber. d. k. Akad. d. Wiss."] Lex.-8. (28 S.) Ebend. 874. n. — 40

ROMICH, Thomas: 1. Experimentaluntersuchung dielektirscher Körper in bezug auf ihre dielektrische Nachwirkung (zus. m. Nowak). 2. Experimentaluntersuchung über die Fernwirkung dielektrischer Körper (zus. m. Fajdiga). — 1889. 28, 13 S. Diss. Graz, Univ.

Romieu, M. A., der Cäsarismus oder die Nothwendigkeit der Säbelherrschaft dargethan durch geschichtliche Beispiele von den Zeiten der Cäsaren bis auf die Gegenwart. 2. Aufl. gr. 8. (VIII und 84 S.) Weimar 852, Voigt. Thlr.

— das rothe Gespenst von 1852. Aus dem Französ. Mit einem Preußischen Nachworte. gr. 12. (70 S.) Berlin 851, Hayn. n. 1/3 ß

— das rothe Gespenst von 1852. Nach der 3. Aufl. des französ. Orig. übers. von Ludw. Fort. 8. (IV u. 78 S.) Grimma 851, Verlags-Comptoir. ½ ℛ

Romieu, Prof. A., lettres à Monsieur Lepsius sur un décan du ciel égyptien. Leipzig 870. Hinrichs'sche Verlagsh. 4. (43 S. m. 2 Steintaff.) n. 2 ℛ

—— le spectre rouge de 1852. 1—4. Édition. 8. (64 S.) Berlin 851, libr. Behr.

Romig, Eugen (geb. am 20 Apr. 1862 in Köln): Ueber die Einwirkung von Aluminiumchlorid auf Aethylidenchlorid und Benzol oder Toluol oder m-Xylol und über die Einwirkung von Salpetersäure auf Diphenyläthan ... Bonn, Univ.-Buchdr. v. C. Georgi 1885. 50 S., 1 Bl. 8.
Bonn, Phil. Fak., Diss. v. 18 Juli 1885

Romig, Georg, k. Hofbenefiziat u. Religionslehrer: Die Gesinnung nach der Lehre Schleiermachers. München 1908: C. Wolf & Sohn. (86 S.) 8°
München, Phil. Fak., Ref. Frh. v. Hertling, Diss. v. 19. Juli 1906
[Geb. 2. Mai 68 Neuötting a. I.; Wohnort: München; Staatsangeh.: Bayern; Vorbildung: Gymn. Passau Reife Juli 88; Studium: Phil. Lyzeum Passau 2, Theol. Univ. München 6 S.; Rig. 19. Juli 06.]

Romig, Georg: Die Gesinnung nach der Lehre Schleiermachers. Eine ethisch-pädag. Studie. München 1908: Wolf. 86 S. 8°
München, k. Luitpold-Kreis-OR P 1908* [S 08. 381

Romig, Gottlieb Friedrich (Urach) A. S. 1381/34

Dissertatio historico-critica de insigni additamento codicis Cantabrigiensis, quod post verba Christi Matthaei c. XX. 28. exstantia in eo legitur.
Präs. Johann Adam Osiander.
Tübingen (Löffler) IX. 1755. 77 S.

7 Resp. 29199

Romig, H., Konkordanz zum gesamten Memorierstoff für die evangel. Schulen in Württemberg. gr. 8. (VI, 247 S.) Stuttgart 903. Ch. Belser. n. 2.40; geb. in Leinw. n. 3.—

Romig, J. Michael

Romig, J. M. (Lehrer des franz. Sprachunterrichts) „Analyse einer Integralreihe zur Auffindung der Rektifikation des Kreises". pg. 3 10. 4°. Fr. Humann.
Bamberg, Progr. 1833/34

Romig, J. Michael (Rektor) „Das Wesentlichste aus der Goniometrie und ebenen Trigonometrie". pg. 3—20. 4°. Ambrosius Ambrosi.
Passau, Progr. 1840/41

Romig, J. M. „Einige Worte über Wittwen- und Waisen-Verpflegungsanstalten nebst zwei Einzahlungstabellen für Wittwenkassen, nach der Brune'schen Mortalitätstafel berechnet". pg. 3—12. 4°. Mit 2 Tabellen. Albr. Volkhart.
Augsburg, Progr. 1848/49

Romig, J. M., einige Worte über Wittwen- u. Waisen-Verpflegungsanstalten nebst zwei Einzahlungstabellen f. Wittwenkassen, nach der Brune'schen Mortalitätstafel berechnet. gr. 8. (22 S. m. 2 Tab. in qu. Fol.) Augsburg 850, Kollmann. 6 ngr

Romig, Johann Christoph (Schwäb. -Hall)
Altd. Thl. 15/26

Analysis et vindiciae illustrium Scripturae S. dictorum doctrinam de creatione mundi et angelis continentium. Präs. Johann Wilhelm Baier.
Altdorf (Kohles) 29. I. 1716. S. 93-116. 29201

Romig, Johann Christoph (Schwäb. -Hall) A. S. 1361/9

Dissertatio exegetico-polemica. De chiliasmo praesenti in quo d. g. vivimus ex Apoc. XX, 4. seqq. conjecturae. Präs. Georg Gustav Zeltner.
Altdorf (Kohles) III. 1716. 56 S.

W. v.: Präs., Johann Wilhelm Baier. 29202

Romig, Johann Christoph (Schwäb. -Hall)
Altd. Phs. 46/2

Prodromus chiliasmi philosophici. Dissertatio II.
Altdorf (Endter) IV. 1711. S. 35-68.

Gew.: Johann Wulffer, Christian Viktor Ayrer.
29200

Romig, Johann Joseph (Schwäbisch-Hall) A. S. 572/34

Dissertatio historica de liberis imperii civitatibus a pace religiosa numquam exclusis.
Präs. Christian Wilhelm Franz Walch.
Göttingen (Schulz) 6. IX. 1755. 28 S.

Gew.: Stadt Schwäbisch-Hall. 29203

Romig, Ludwig Friedrich

Romig, L. F., chronolog. Tabellen d. allgem. Geschichte. gr. Fol. Stuttg. 818. Metzler. 20 gr

Romig, L. F., Zeittafeln d. allgem. Geschichte. gr. 4. (13½ B.) Stuttgart 837, Metzler'sche Buchh.

Romig's, Ludw. Frdr., Zeittafeln der allgemeinen Geschichte. 2. Aufl. Umgearb. u. bis auf die neueste Zeit fortges. von J. Rieckher. gr. 4. (IV u. 146 S.) Stuttgart 852, Metzler. 1 ℛ 12 ngr

Romig's, Ludw. Friedr., Zeittafeln der allgemeinen Geschichte. Neue, bis Ende 1853 fortgesetzte Ausg. von J. Rieckher. Stuttgart 854. Metzler. gr. 4. (IV, 150 S.) 1 ℛ. 12 ngr.

Romih, Dr. Thomas, Obrtno knjigovodstvo s kratkim poukom o menicah. Ein Lehrbuch für gewerbliche Fortbildungsschulen und zugleich Handbuch für Gewerbetreibende. Cilli 1892. Karl Hribar. (Min.-Erl. v. 7. December 1892, Z. 26177.) Gebunden 1.—

Romilly, Jean Edme. Predigten über verschiedene Gegenstände der Religion und Sitten; a. d. Franz. Leipzig 1787. Ü: *Beck, Johann Wilh.* (Ky) (MGT)

Romilly, Predigten über verschied. Gegenst. d. Relig. und Sittenlehre. 1r Bd. a. d. Franz. gr. 8. Leipz. Crusius. (F. C. W. Vogel.) 787.

Romin, Karl, Wisby. 30 Ansichten. Text v. C. J. Borgman. (16 S.) Mit Plan v. Wisby v. L. Fegraeus. 4. Stockholm 891. (Leipzig, K. F. Koehler.) Geb. in Leinw. n. 6. 80

Roming, Matth., betet ohne Unterlaß, s. Betet.

Roming, Matthias, Predigt bei der 20. feierl. Einkleidung in den Orden der barmherzigen Schwestern am 24. Aug. 1843 in der Kirche des Mutterhauses zu München. 8. München 843, Lentner. n. $^1/_{12}$ ℛ

Rominger, C. L., Anleitung zu Behandlung der Bau-Gesuche mit e. Zusammenstellung der alten u. neuen Bau-Vorschriften f. die Ortsvorsteher, Mitglieder d. Stadträthe rc. 3., verm. Aufl. 8. (7½ B.) Reutlingen 844, Kalbfell-Kurtz. *

Rominger, C. L.: Anleitung zu Behandlung der Bau-Gesuche mit einer Zusammenstellung der alten und neuen Bau-Vorschriften. 4. Aufl. Reutlingen: Kalbfell & Kurz 1845. [1. Aufl. 1842.]

Rominger, C. L., Anleitung zu Behandlung der Bau-Gesuche mit einer Zusammenstellung der alten u. neuen Bau- u. Feuerpolizei-Vorschriften. Ein Handbuch in Bausachen f. die Oberämter, Ortsvorsteher, Gemeinderäthe rc. 5. nach dem neuesten Stande der Gesetzgebung umgearb. Aufl. gr. 8. (XII u. 152 S.) Stuttgart 850, Metzler. n. ⅔ ℛ

— · systemat. Zusammenstellung sammtl. Vorschriften über die verschied. Bevölkerungs-Aufnahmen in Würtemberg u. die hierbei zu verfassenden Tabellen. Mit 8 Formularen. 8. (1½ B. u. 3 Tab.) Reutlingen 842, Kalbfell-Kurtz.

Rominger, G., s.: **Jahrbuch**, Straßburger katholisches.

Rominger, G., Perikopenbuch f. sämtliche Sonn- u. Festtage des Kirchenjahres, zum Gebrauche f. alle Diözesen Deutschlands hrsg. u. m. den nötigsten Anmerkgn. versehen. (V, 327 S.) gr. 8. Rixheim 905. Straßburg i/E. (Schloßgasse 1), Vikar Rominger. n.n. 2. —; geb. n.n. 3. 20; m. Goldschn. n.n. 4. —

Rominger, G., Rodolpho, der Räuberhauptmann, s. a. Esser's, J., Sammlung leicht aufführbarer Theaterstücke.

Rodolpho, der Räuberhauptmann. Schauspiel in 3 Aufz. frei nach d. Franz. bearb. von G. **Rominger** *Paderborn: J. Esser [1902].* (40 S.) 8° [F.]
— **Sammlung**, J. Esser's, leicht aufführb. Theaterstücke. H. 77. (o). 14699

Rominger, Johann (Ebingen) A. S. 1378/25

Dissertatio theologica de confirmatione catechumenorum in ecclesiis Augustanae confessionis usitata itemque de confirmatione Anglicana. Präs. Christoph Matthaeus Pfaff.
Tübingen (Sigismund) 1723. 45 S.

3 Resp. 29205

Rominger, Joh., ausführliche Belehrung über die Potischomanie. Dem Französ. und der allgemeinen Musterzeitung entnommen, durch eigene Ausübung erprobt und mit Abbildungen versehen. gr. 8. (19 S. mit 2 Holzschnt.) Stuttgart 854, (Frz. Köhler.) •

Römisch od. evangelisch? Kurze Erwiderg. u. Abwehr gegen die Polemik des Stadtpfarrers Theodor Traub in seiner Schrift römisch od. evangelisch? durch Irenaeus Verus (A. K. Verus) gr. 8. (V, 82 S.) Stuttgart 894. Verl. des „Deutschen Volksblatts" n. — 60

Römisch und katholisch, oder Wer ist abgefallen? Ein offenes Wort an die Gegner der christkatholischen Kirche. Aarau 1878. V: *Fischer, Xaver.* (BSchwLk V, 10 e γ)

Römisch, s.: **Mitteilungen** der Schulkommission des Verbandes sächsischer Schuhmacher Innungen. -

Roemisch, C. De insania potatorum. D. Lipsiae 1843.

ROMISCH, FRANC(ISCUS SERAPHICUS). Die allervollkommenste Schönheit das ist: Kurze Lobrede von der allerheiligsten Dreyfaltigkeit, welche an dessen hohen Festtag, an dem hohen Titularfest des Barfüsserordens der allerheiligsten Dreyfaltigkeit von Erlösung gefangener Christen in dessen Klosterkirche zu Pressburg vorgestellet wurde. Da eine hochlöbl. engl. Erzbruderschaft erwähnten Ordens ihre Würdenswahl bestättiget. Preßburg 1774. Gedr. bey Joh. Mich. Landerer 12, 2 f. - kl. 4°

Römisch, Johannes, Referendar: **Das Prokuraindossament im Verhältnis zur Vollmachterteilung des Bürgerlichen Rechts.** Leipzig: Wigand 1910. VI, 46 S. 8°
Leipzig, Jur. Diss. v. 19. März 1910
[Geb. 24. Mai 87 Freiberg i. S.; Wohnort: Freiberg; Staatsangeh.: Sachsen; Vorbildung: Gymn. Freiberg Reife O. 06; Studium: Freiburg i. B. 1, Heidelberg 1, Leipzig 5 S.; Rig. 30. Juni 09.] [U 10. 2848

Roemisch, Karl Gottlob (Schlesien) A. S. 569/44

Dissertatio iuridica de insinuatione in donationibus ad pias caussas exule.
Präs. Johann Samuel Friedrich Boehmer.
Frankfurt/O. (Winter) 24. II. 1755. 38 S.

Gew. Philipp Gotthard von Schaffgotsch, Fürstbischof von Breslau, Karl Gotthard von Schaffgotsch.
W. v. Präs. 29052

Römisch, Kurt, Referendar in Freiberg: Über die Haftung und den Ausschluß der Haftung des Wechselausstellers. Leipzig: O. Wigand 1908. (49 S.) 8° [F.]
Leipzig, Jur. Fak., Diss. v. 3. Juli 1908
[Geb. 19. Juni 84 Freiberg (Sachsen); Wohnort: Freiberg; Staatsangeh.: Sachsen; Vorbildung: Gymn. Albertinum Freiberg Reife O. 03; Studium: Tübingen 1, Leipzig 7 S.; Rig. 3. Febr. 08.]

Römisch, Paul, über Korn-Theuerung und deren mögliche Verhütung. Eine Mahnung für Alle. gr. 8. (III und 115 S.) Frankfurt a. M. 855, Sauerländer's Verlag. •

Roemisch, W[olfgang]. Alpine climate and the human constitution. A lecture by Dr. med W. R' of Arosa. Translated by S F S 30 p. 8. Essen, O. Radke's Nachf., [1902]. [M. —. 80]

Roemisch, Wolfg., der Einfluss des Geistes auf den Körper zur Heilg. v. Krankheiten, besonders d. Lungentuberkulose. Vortrag, geh. am 16. II. 1906. (48 S.) 8. Davos 906. H. Erfurt. n. 1. —

Roemisch, Wolfg., der Einfluss des Geistes auf den Körper zur Heilung v. Krankheiten besonders der Lungentuberkulose. Vortrag zum Besten unbemittelter Lungenkranken. 2. Aufl. (46 S.) kl. 8. Davos 910. H. Erfurt 1. —

Römisch, Wolfgang [app. Arzt aus Dresden] Ueber Favus und Favusbehandlung. Freiburg i. B., Buchdr H Epstein, 1891, 35 S. 8°
Freiburg i. B., Med. Fak., Inaug. Diss. v 1891

Roemisch, W[olfgang]. Wie schützen wir uns vor Wiedererkrankung an Lungentuberkulose? Vortrag zum Besten unbemittelter Lungenkranker von Dr. med. W Roemisch in Arosa. 45 S. 8. Essen, O. Radke's Nachf., 1902. [M. —. 80]

Roemisch, Wolfgang Die Wirkung des Hochgebirgs-Klimas auf den Organismus des Menschen. Vortrag gehalten in Arosa am 11. März 1901 zu Gunsten der Deutschen Heilstätte für minderbemittelte Lungenkranke in Davos. 37 S. 8. Essen, O. Radke's Nachf., 1901. [M. — 80]

Römisch-Christlich nicht Anti-Christlich. Eine kurze Beleuchtung des Broschürleins. „Christ katholisch nicht Römisch. Jesuitenspiegel f. das J. 1845. :c" Von Einem, der die Jesuiten auch kennt 8. (2½ B.) Regensburg 845, Manz.

Römisches Reich [Schlagwort]

Römisches Reich, s.: **Geschichtskarten. Sammlung.**

Romito, Guido, (Psdn.), s. a. **Bertha, od. die Liebe u. Stimme Jenseits.**

ROMITO (ps.). Bertha, oder die Liebe u. die Stimme von Jenseits. Mittheilungen aus den Tagebüchern eines Reisenden Neue Ausgabe Mit 2 Kpfrn. Eisenberg, J W Schöne, 1831 8° (1¼ Rthl.) 17½ Bogen
Zuerst gedr 1825. — Fehlt in Kaysers Roman-Verz

† **Romito, Guido,** (?) der Meisterschlag, und: 's hat Eins geschlagen! Erzähln. 8. (14¼ B.) Leipzig 836, [Lorck.]

Romito, Guido, der Meisterschlag, und: 's hat Eins geschlagen! Erzählungen. 8. Leipzig 836. Weber. 1 ₰

Römke, G. F., diss. solemn. med. de Abortu. 4. Helmst Fleckeisen. 798.

Romkerhalle [Schlagwort]

Romkerhalle, s: **Braunschweig** Landeskarte.

Romland, W., a. Lüdenscheid: **Entwicklung und Lage der Metallkurzwarenindustrie in den Städten Lüdenscheid und Iserlohn.** Freiburg i. Br. 1905: U. Hochreuther. (87 S.) 8°
Freiburg i. B., Rechts- u. staatsw. Fak., Diss. v. 1907/08

Romm, Geo., experimentell-pharmacologische Untersuchungen üb. das Evonymin. gr. 8. (55 S.) Dorpat 884. (Schnakenburg.) 1. - -

Romm, Hans, der Physikunterricht an den Münchener Volksschulen. Für die Schüler der 6. Klasse bearb. 1. u. 2. Aufgabe. 8. Ingolstadt 904. (München, M. Kellerer.) à n.n. — 15
1. Die Wärme dehnt alle Körper aus. (12 S.)
2. Alle Körper sind schwer. (12 S.)

Romm, Max: Aus der Kgl. Chirurg. Universitätsklinik zu Königsberg i. Pr. Ein Fall von Atlasluxation mit Abbruch des Zahnfortsatzes des Epistropheus. Tübingen 1905: H. Laupp jr. (19 S.) 8° ¶(Aus: Beiträge zur klinischen Chirurgie Bd 47, H. 3.)
Königsberg, Med. Fak., Ref. Lexer, Diss. v. 29. Dez. 1905
[Geb. 2 Mai 81 Ortelsburg, Ostpr.; Wohnort: Ortelsburg; Staatsangeh.: Preußen; Vorbildung: Gymn. Meseritz Reife O. 00; Studium: Berlin 5, Königsberg 6 S.; Coll. 21 Dez. 05; Approb. 20. Dez. 05.]

Rommel Dr [Pseudon.] s. a Pernessin Alfred

Rommel, üb. den Begriff der Strafanstalts-Arbeit etc., s. Blätter f. Gefängnisskunde.

Rommel (Hrsg.), s. Sealsfield, Ch. Ausgewählte Werke.

Rommel, Alfr., Frankreichs Fremdenlegion u. ihr Zweck. Eigene Erlebnisse des Hrsg. (51 S.) 8. Berlin 906. W. Süsserott. n. — 75

Rommel, Bruno, Referendar am Kgl. Landgericht II zu Berlin: Der Notstand nach dem Bürgerlichen Gesetzbuch. Kirchhain, N.-L. 1905: M. Schmersow. (96 S.) 8°
Heidelberg, Jur. Fak., Ref. Endemann, Diss. v. 16. Dez. 1905
[Geb. 22. März 82 Berlin; Wohnort: Berlin; Staatsangeh.: Preußen; Vorbildung: Gymn. Steglitz Reife O. 00; Studium: Tübingen 2, Berlin 4 S.; Rig. 31 Mai 04.]

Rommel, Carl, s. Rommel, Karl

Rommel, Christoph v

— Aristoteles u. Roscius, od. über die Kunst überhaupt, u. über die Geberden- u. Declamirkunst insbesondere. 8. Leipz. 809. Barth. 12 gr

— Beschreibung der Völker des Caucasus. Mit Kupfern und Charten. Weimar 808. 8. 1 rthl.

— deutsche Chrestomathie. Poet. Theil. 8. Charkow 813.

— s. Cicero, oratt. selectae.

Rommel, (Diet. Chrstph.) de, Correspondence inédite de Henri IV., s. a. Correspondence.

v Rommel, Chr. Correspondance de Henry IV, roi de France, avec Maurice le Savant, landgrave de Hesse (29 f) 8. Hambourg 1840 10,00.

v. *Rommel*, Dtr. Cph., Abulfedea Arabiae descriptio comment. perpet. illustr. 4maj. Götting. 802. Dieterich. 18 gr

— Caucasiarum regionum et gentium Straboniana descriptio, cum appendice text. graec. cont. 8maj. Leipz. 804. (W. Vogel). 12 gr

Rommel, Chrph, De Taciti descriptione Germanorum. Marburg 1805. 4.

v. Rommel, Chr., Deutschland u. die deutsche National-Verfassung. gr. 8. (11 S.) Cassel 848, Krieger. 3 ngr

Rommel, (Dietr.) Chrstph. v., Entwurf eines Cyklus vaterländischer Gemälde aus der deutschen insbesond. hessischen Geschichte. Von der ältesten Zeit bis zum Anfang der jetzt regier. hess. Hauptlinien. Ausübenden Künstlern gewidmet. Lex.-8. (1½ B.) Cassel 842, Hotop.

— Faustum Hieronymi Napoleonis I, Regis Westphaliae etc. 4. Marb. 808. Krieger.

— über Dr. Gall, mit besond. Rücksicht auf Vortrag, Darstell. u. Methode desselben. 8. Marb. 800.

— über Geographie, Ethnographie u. Statistik, nebst e. Abriß dieser u. d. polit. Wissenschaften. gr. 8. Marb. 810. Krieger. 2 gr

Rommel, Chr., Geschichte von Hessen. 1r Theil. gr. 8. Cassel, Lukhardt. 820.

Rommel, (Chr.,) Geschichte v. Hessen. 2 Thle. u. 3r Thl. in 2 Abthlgen. gr. 8. Marb. 820—27, (Garthe, auch Vandenhöck u Rup. in G) à 2 Rthl.

Rommel, Chrstph. v., Geschichte v. Hessen. 3. Thl. 2. Abthl. (Des Ganzen 4. Bd. — Von d. völligen Einführ. d. Reformation in Hessen bis zum Tode Philipps d. Großm., od. d. zum Anfang d. jetzigen hess. Haupt-Linien 1528—1567.) gr. 8. (25 B., 1 Tab. u. 31½ B. Anmerkn.) Cassel 830. (Hamburg, Fr. Perthes.)

—— dass. 4. Thl. 1. Abthl. (5. Bd.) — A. u. d. T.: Neuere Gesch. v. Hessen. 1. Bd. gr. 8. (55½ B.) Cassel 835. Ebds.

—— Geschichte v. Hessen. 4. Thl. 2. u. 3. Abthl. (od. 6. u. 7. Bd.) — A. u. d. T.: Neuere Gesch. v. Hessen. 2. u. 3. Bd. gr. 8. (51¾ u. 49 B.) Cassel 837, 39. (Hamburg, Fr. Perthes.) à * 3½ Thlr. *

—— Geschichte von Hessen. 4. Thl. 4. Abthl. (oder) 8. Bd. — A. u. d. Ttl.: Neuere Geschichte von Hessen. 4. Bd. gr. 8. (52 B. u. 1 Tab.) Cassel, Hamburg u. Gotha 843, Friedr. u. Andr. Perthes. *

Rommel, Chrph., Geschichte von Hessen. 9. Bd. Geschichte von Hessen seit dem westphälischen Frieden bis jetzt. 1. Bd. Cassel 853. Fischer. 8. (X, 515 S. u. 1 Tab. in Fol.) n. 2 ₰.

— — 10. Bd. Geschichte von Hessen seit dem westphäl. Frieden bis jetzt. 2. Bd. A. u. d. T.: Landgraf Carl von Hessen. Eine Deutsche Regentengeschichte aus dem 17. u. 18. Jahrh. (1677—1730). Nebst Lebens-Nachrichten der vornehmsten Hof-, Staats- und Kriegsbeamten, Gelehrten und Künstler unter L. Carl. 1. Liefg. Cassel 858. (Göttingen, Wigand.) 8. (XVIII. S. 1—160. u. 3 Tab. in 4. u. Fol.) n. 20 ngr

— Geschichte d. Hessischen Kirchenreformation unter d. Landgrafen Philipp d. Großmüthigen, Wilhelm d. Weisen u. Moritz d. Gelehrten. Zur Jubelfeier d. Reformation in Hessen auf d. J. 1817. gr. 8. Marb. 817. Krieger. 4 gr

— Geschichte der hessischen Kirchenverbesserung. gr. 8. Marburg, Krieger. 819.

— zur Geschichte der französischen Colonien in Hessen-Cassel. Cassel 857. Bohné. gr. 8. (106 S.) n. 15 ngr

Rommel, Chrph. v., zur Geschichte der französischen Colonien in Hessen-Cassel. gr. 8. (106 S.) Cassel 857, [Freyschmidt.] Thlr. *

— Progr. cui insunt nonnulla de generibus eloquentiae. 4. Marb. 809. Krieger. 3 gr

v Rommel, Chr. Philipp der Grossmüthige, Landgraf von Hessen. 3 Bde. (104 B) 8 Giessen 1828—35. 18,00.

— Philipp d. Großmüthige, Landgraf v. Hessen. Ein Beitr. zur genauern Kunde der Reformation u. des 16. Jahrh. Nebst e. Urkunden-Bande; aus d. Urkunden u. a. Quellen herausgg. 3 Bde. Mit d. Bildn. (u. fac-simile) des Fürsten. gr. 8. Gießen 830. Heyer. 6 ₰ (3r Bd. A. u. d. T.: Urkunden-Band zur Gesch. Philipp des Großmüthigen ꝛc. 1 ₰ 12 gr)

—— Landgraf Philipp der Hochherzige u. die Reformation. Offenes Sendschreiben an die Herausgeber der münchener histor.-polit. Blätter. 8. (1½ B.) Darmstadt 845, Leske.
Aus: Allgemeine Kirchenzeitung 2c., besond. abgedruckt.

— über Philologie u. philolog. Erklärung d. griech. u. römisch. Klassiker. 8. Marb. 805.

— Rede zur Gedächtnißfeier Jh. v. Müllers, am 14. Juni 1809. 8. Marb. 809. Krieger. 3 gl

– s. Salluet, opera.

– s. Theophrasts Charaktere.

— die Völker des Caucasus. Mit 4 ill. Kpft. u. 1 Karte. gr. 8. Weimar, Ind.-Compt. 1 ℛ

— Wilhelm der Erste, Kurfürst v. Hessen. Eine Uebersicht seines öffentl. Lebens. 8. Kassel 822, Bohne.

Rommel, Dietrich Christoph v., s. Rommel, Christoph v.

Rommel, E., siehe: Henning der Hahn.

Rommel, Ernst, Charlotte Corday. Eine histor. Tragödie in 5 Acten. Hannover 856. Lohse. 16. (VI, 130 S.) n. 25 ngr.

Rommel, Ernst, approb. Arzt aus Ernstthal: **Aus d. pathol. Institut zu Gießen. Darmverschluß durch den persistierenden, am Nabel geschlossenen Dottergang.** *Gießen 1903: v. Münchow.* (36 S.) 8°
Gießen, Med. Diss. v. 1903

Rommel, Ernst, Fest-Gedicht zur Jubelfeier des 60jährigen Bestehens der königl. technischen Hochschule zu Hannover. Am 2., 3. u. 4. Juni 1881. Im Auftrage des Festausschusses verf. Lex.-8. (20 S.) Hannover 881. (Schmorl & v. Seefeld.) n.n. — 50

Rommel, Ernst, Gedichte. Poesie u. Kunst, Liebe, Glaube, Wissen, Arbeit u. Vaterland. Hannover 868. Schmorl & v. Seefeld. gr. 8. (VII, 280 S.) n. 1 ℛ 10 ngr.

Rommel, Ernst, Poesie und Kunst. Festgedicht zur Feier des 100jährigen Geburtstages Friedrich v. Schiller's. Gedicht. Hannover 859. (Lohse.) gr. 8. (8 S.) 3 ngr.

— deutscher Spruchschatz. Sammlung alter u. neuer Reimsprüche für Geist u. Herz, im Ernst u. Scherz. Insbesondere: Zur sinnig-künstlerischen Zier für Haus u. Wand, für Fries u. Thür 2c. für Bauherrn, Architekten, Maler 2c. Hannover 868. Rümpler. 8. (XV, 399 S.) cart. 1 ℛ 15 ngr.; geb. mit Goldschn. 1 ℛ 25 ngr.

— Georg Stephenson. Kulturhistorisches Schauspiel in 4 Aufzügen. 8. (79 S.) Ebend. 881. n. 1. —

Rommel, Ernst Aug., Heimatskunde von Leipzig. Leitfaden für den Unterricht in Schule u. Haus. Leipzig 867. Weber. gr. 8. (XI, 120 S. mit 34 in den Text gedr. Abbild. in Holzschn., 1 lith. Karte der Umgegend u. 1 lith. Orientirungsplan von Leipzig in gr. 4.) n. 12½ ngr. cart. n. 15 ngr.

Rommel, Ernst Aug., Leitfaden für den Unterricht in der Heimatskunde von Leipzig. Mit 40 in den Text gedr. Abbild., einer Karte der Umgebung und einem Orientirungsplan von Leipzig. 2., verm. und verb. Aufl. gr. 8. (XV, 129 S. mit eingedr. Holzschn. und 2 Holzschntaf., wovon 1 in Tondr., in qu. 4.) Leipzig 870, Weber. *

Rommel, Ernst Aug., Leitfaden der Heimathskunde v. Leipzig. 3. verm. Aufl.. bearb. v. H. G. Förster. Mit 42 in den Text gedr. (Holzschn.-) Abbildgn., e. (lith) Karte der Umgegend u. e. (lith.) Orientirungsplan v. Leipzig (in qu. gr. 4.) gr. 8. (XV, 125 S.) Leipzig 876. Weber. n. 1. 20

Rommel, Ernst Aug., Leitfaden der Heimatskunde von Leipzig. 4., verb. Aufl., bearb. v. Ed. Mangner. Mit 29 in den Text gedr. Abbildungen., einer (lith.) Karte der Umgegend u. einem (lith.) Orientierungsplan von Leipzig. gr. 8. (X, 106 S.) Leipzig 881. Weber. geb. n. 1 20

Rommel, E. A., Plan von Leipzig. Für den Unterricht in der Heimatskunde. 2. Aufl. Bearb. von H. G. Förster und H. Volbeding. 15 Bl. Chromolithogr. Imp.-Fol. Leipzig 878, Kürth. **
aufgezogen **

—— Plan von Leipzig nebst Karte der Umgegend. 2. Aufl., bearb. von H. G. Förster und H. Volbeding. Chromolithogr. Imp.-Fol. Leipzig 879, (Hucke.) *

Rommel, E. A., das deutsche Reich 1871. Zum Schulgebrauch für Wiederholung des Lehrstoffes bearb. Fol. Leipzig 871, Priber. *

Rommel, E. A., Sachsen. Fol. Leipzig 871, Priber.

Rommel, Eug., quaestiones de consummatione homicidii inprimis quod attinet ad interpretationem legum 11. 15. 51. D. ad legem Aquiliam 9, 2. Dissert. inaug. Augsburg 862. (Lampart & Co.) gr. 8. (82 S.) n. 10 ngr.

Rommel, F., s.: Lehrerinnen-Kalender, deutscher.

Rommel, George M., Zucht, Fütterung und Haltung des Schweins in Nordamerika. Nach d. Original bearb. von M. *Herter* Berlin 1905. 8°
(Arbeiten d. Deutschen Landwirtschafts-Ges. H. 102.)

Rommel, J. C. Sigm., poet. Versuche üb. d. vier Jahreszeiten. 8. Hildburgsh. Hanisch. 776.

[**Rommel, Joh. Jakob.** Ulmer Trachtenfiguren aus dem Ende des 18. Jahrhunderts. Ulm 1830—40.]
21 Taf. in kol. Lithogr. 8°
Entstanden in der Ulmer lithogr. Anstalt von Daniel Farr nach den mit Aufschriften versehenen Tonfiguren d. Ulmer Hafners Joh. Jak. Rommel (1740—1823).

Rommel, Just. Ph.

— Predigt üb. die Verbindlichkeit zur äußern öffentl. Gottesverehrung. Bei Einweihung der Schloßkirche zu Weißenstein. 8. Cassel 793. Luthard. 3 gl
(Noch mehrere einzelne Predigten).

— Predigt nach der Vermählung. 8. Ebend. 802.

Rommel, J. P., Rede u. Handl. b. d. Vermähl. d. Erbprz. Aemil. Leop. August v. Sachsen-Gotha mit der Prinzessin Car. Amalia von Hessencassel. 8. Cassel, Griesbach. 802.

Rommel, Just. Ph., Trauer- u. Gedächtnißpredigt auf das am 27. Febr. 1821 erfolgte Ableben Sr. kön. Hoheit des Kurfürsten v. Hessen, Wilhelm I. 8. Cassel 821. Luthardt. 2 gl

Rommel, Karl

Rommel, Karl, Grundzüge e. Chronik der Stadt Löwenstein. gr 8. (245 S. m. Bildern.) Löwenstein 893. (Schwäb.-Hall, W. German.) n. 2. 70

Rommel, Carl [aus Strelitz i. Meckl.]: **Ueber die anaesthesirende Wirkung einiger organischer Herzgifte auf das Auge ...** Greifswald, Druck v. J. Abel, 1892; 38 S. 8.
Greifswald, Med. Fak., Inaug.-Diss. v. 14. März 1892

Rommel M & Cie, Stuttgart. Lichtdruckproben. Stuttgart

Rommel, O., Frankreich gerichtet durch sich selbst. Deutsche autoris. Ausg. v. Au pays de la revanche. 8. (235 S.) Mannheim 886. Bender. n. 2. 70

(F) **Rommel,** O., Friedrich Halm. Ausgewählte Werke. I. Bd. Novellen. [Deutsch-österreichische Klassiker-Bibliothek. 1. Bd.] 8° (XII, 207 S.) Teschen: Prochaska 1908. geb. K 1.—

(F) Rommel, O., Nikolaus Lenau. Ausgewählte Werke. 1. Bd. [Deutsch-österr. Klassikerbibliothek. 2. Bd.] 8°. (XVI, 191 S.) Teschen: Prochaska 1908. geb. K 1.—

– (Hrsg.), s. Zedlitz, Joseph Christian Freih. v.: Ausgewählte Werke.

Rommel, Otto [aus Berlin]: Über die Ausscheidung der Alloxurkörper unter physiologischen Bedingungen und bei Nephritis ... Berlin, Buchdr. v. G. Schade, *1896*; 30 S., 1 Bl. 8.
Berlin, Med. Fak., Inaug.-Diss. v. 17. Apr. 1896

Rommel, Otto [vordem Rechtsanw. am gemeinschaftl. Thüring. Oberlandesger. Jena]: Der Betrug. Strafrechtl. Studie unter vollst. Berücks. d. einschläg. Rechtsprechg d. Reichsgerichts z. Gebr. f. d. Praxis, d. Studium u. d. tägl. Verkehr. Leipzig, H. Mendelssohn, 1894; VIII, 177 S. 8.
Erlangen, Jur. Fak., Inaug.-Diss. v. 1894
(Nicht für den Austausch)

Rommel, Otto, der Betrug. Strafrechtl. Studie unter vollständ. Berücksicht. der einschläg. Rechtsprechg. des Reichsgerichts zum Gebrauch f. die Praxis, das Studium u. den tägl. Verkehr. gr. 8. (VIII, 177 S.) Leipzig 894. H. Mendelssohn. Geb. in Leinw. n. 4. —

ROMMEL, Otto: Charakteristik des Wiener Musenalmanachs 1777 bis 1796. — 1903. X, 529 Bl. Diss. Graz, Univ.

Rommel, Otto, Geschichte der sächsischen Zeitungsmarke 3 Pfennige rot. 8. (48 S. m. Fig. u. 1 farb. Taf.) Leipzig 894. E. Heitmann. n. 1. 60

Rommel, Otto, permanentes Handbuch der Postfreimarkenkunde, s.: **Krötzsch,** Hugo.

Rommel, Otto, s.: Klassiker-Bibliothek, deutsch-österreichische.

Rommel, Otto. Der Wiener Musenalmanach ...s.a. Euphorion. Zeitschrift .... Ergänzungsheft 6. Leipzig und Wien ... 1906.

Der Wiener Musenalmanach. Eine literar-hist. Untersuchung von Otto **Rommel.** Leipzig & Wien: C. Fromme 1906. (VIII, 225 S.) 8° [F.]
— Euphorion. Zeitschrift f. Literaturgesch. Erg.H. 6. [07. 1016

– die Postwertzeichen v. Lübeck. [Aus: „Postwertzeichen-Kunde".] 8. (96 S. m. Abb. u. 1 Taf.) München 895. (Dresden, C. Höckner's Buchh.) n.n. 1. —

— d. Postwertzeichen d. Bergedorfer Postbezirks. 8. (VII, 56 S. m. Abb. u. Nachtrag 15 S.) München 892. A. Larisch. 1. —

Rommel, O., das Recht zu leben od. der Völkerfrühling. Soziale Betrachtgn. üb. Krieg, menschl. Elend, Duelle, Todesstrafe u. Tötgn. in Notwehr u. Notstand. Ein Beitrag zur Lösg. der sozialen Frage. 8. (III, 94 S.) München 899. A. Schupp. n. 1. —

— Special-Catalog d. Postwertzeichen d. deutschen Postbezirke, enth. alle bis Ende 1895 zur Ausgabe gelangten Freimarken, Nachportomarken, Dienstmarken, sow. d. Briefumschläge u. Streifbänder m. eingeprägtem Wertstempel, nebst vergleich. Preisangaben auf Grund d. hervorragendsten in- u. ausländ. Cataloge, Handbücher u. Preislisten. gr. 8. (121 S. m. Abb.) Dresden 896. (C. Höckner's Buchh.) n.n. 1. 25

Rommel, Otto, aus dem politischen Tagebuch eines Süddeutschen 1863—1884. Festgabe zum 100jähr. Jubiläum des Schwäbischen Merkurs. gr. 8. (VIII, 206 S.) Stuttgart 885, Gebr. Kröner. *

Rommel, Robert, Assistenzarzt am Stadt-Hannoverschen Krankenhause II in Linden: **Kleinhirn und cerebellare Ataxie.** *Hannover 1900: A. Brager & Scherrer.* (23 S.) 8°
Göttingen, Med. Diss. v. [10. Sept.] 1900

Rommel, Rob., Kleinhirn u. cerebellare Ataxie. Diss. gr. 8. (23 S.) Hannover 900. (Göttingen, Vandenhoeck & Ruprecht.) n. — 60

Rommel, Siegmund Chr.

Rommel, S. C., Anweis. z. Rechenkunst. 8. Coburg, Ahl. (a. Hanisch in Hildburghs.) 794.

Rommel, Siegm. Chr., Anweis. zur Rechnenkunst f. Lehrer u. Lernende. 8. Coburg 794. (Riemann). 8 gl

— poet. Versuche üb. die vier Jahreszeiten. 8. Jena 776. (Hildburgh., Hanisch). 3 gl

Rommel, Frau Theodore von s. Familienbibliothek, Schweizer. Nr. 92.

Rommel, Frau Theodore v., s.: Goldmar, Jos v.

Rommel, Frau Theodore v., s.: Rom, Thé v.

Rommel, Wilhelm: **Anatomische Untersuchungen über die Gruppen der Piroleae und Clethraceae. M. 1 Taf.** *Heidelberg 1898: J. Hörning.* (53 S. mit Taf.) 8°
Heidelberg, Naturw.-math. Diss. v. [1. Juli] 1898

Römmele. Marie R'. Ein Lebensbild. Dargestellt von Freundeshand, mit Vorwort von Dora Rappard geb. Gobat. [Mit 2 Porträt-Tafeln.] VIII + 156 S. 8. (St. Chrischona bei Basel, Pilgermissions-Buchdr.;) Zu beziehen ... In der Schweiz: von Frl. H. Rappard, St. Chr', Riehen, Kt. Baselstadt, (1903). [fr. 1.50, geb. 2.—]

Rommeler, Gustav, appr. Arzt a. Mülheim a. d. Mosel, Assistenzarzt im 10. Lothringischen Inf.-Reg. No 174 (Metz): Über Schußverletzungen der Leber. Berlin (1906): G. Schade. (38 S.) 8°
Berlin, Med. Fak., Ref. Hildebrand, Diss. v. 30. Jan. 1906
[Geb. 12. Mai 78 Mülheim a. d. Mosel; Wohnort: Metz; Staatsangeh.: Preußen; Vorbildung: Kaiser Wilh.-Gymn. Trier Reife O. 99; Studium: Straßburg 1, Berlin Kaiser Wilh.-Akad. 9 S.; Coll. 30. Jan. 06; Approb. 1. Juli 05.]

Rommelsbacher, Adf., zeitgemässe, praktische Maler-Skizzen f. Dekorations- u. Zimmermaler etc. I. u. II. Serie, enth. je 12 Taf. in 8 bis 10 farb. lithograph. Druck m. Begleitwort. gr. 4. (à III S.) Stuttgart (902). P. Mähler. à Serie n. 4. —

Rommelsbacher, Adf., zeitgemässe, prakt. Maler-Skizzen f. Dekorations- u. Zimmermaler etc. Serie III, enth. 12 Taf. in 8 bis 10 farb. lithograph. Druck m. Begleitwort. (II S.) gr. 4. Stuttgart 903. P. Mähler. n. 4. — (I—III in Mappe: n. 18. 50)

Roemmelt, Josef: Beiträge zur Berechnung magnetisch betätigter Kupplungen und Bremsen. 1907. 53 S., 9 Taf. 8°
Berlin, Dr.-Ing.-Diss. v. 18. 10. 1907

Rommerdt, Jh. Chr. Karl

Rommerdt, J. Chr. C., auf 30jähr. Erfahrung gegründ. Anleit. Stuben-, Heiz- u. Kochöfen, Küchkochöfen, Bratspiesfeuerungen, Casserolanlagen, Kesselfeuerungen, Camine rc. holzsparend, ökonomisch, bequem u. d. Gesundheit vorzügl. zuträglich, vorzurichten. Auch Rauchfänge u. Schornsteine nicht bloß gut Rauch abführend neu anzulegen, sond. nicht minder alle Rauchübel derart. Anlagen zu heben. Durch vollständ., bauleit. Zeichn., wie d. deutlichsten Erläutern. durch Text, mitgetheilt, f. jeden Hausvater, Ofensetzer rc. 8. (7¼ B. u. 7 Stnt.) Hannover 831, Helwing. Thlr.

Rommerdt, Jh. Chr. Karl, gründl. Anleit. zur Abfassung aller Gattungen v. schriftl. Aufsätzen des gemeinen Lebens. 1r Thl. gr. 8. Nordhaus. 825. (Dörffling in Leipz.) 1 Rthlr. 8 Gr.

Rommerdt, (Joh. Chr. Carl,) gründl. Anleitung zur Abfassung aller Gattungen von schriftl. Aufsätzen des gemeinen Lebens. 1r Thl. gr. 8. Nordhausen 825, Landgraf.

— Feldmeß-Katechismus f. Stadt- u. Landschulen, auch zum Selbstunterrichte. Mit 2 Kpf. 8. Nordhaus. 824. (Dörffling in Leipz.) 1 Rthlr. 8 Gr.

— Feldmeß-Katechismus f. Stadt- u. Landschulen, auch zum Selbstunterrichte. Mit 2 Kupfert. Nordh. 824, Landgraf.

— die ökonom. Feldmeßkunst in einer Nuß, od. Kunst, ohne viele theoret. Kenntnisse u. theure Instrumente, in wenigen Wochen e. sehr brauchbarer Feldmesser zu werden. Mit 1 Kpst. gr. 8. Ilmenau 823. Voigt. 12 Gr.

— Feuerschutzbuch f. Stadt u. Land. Mit 3 Kpf. gr. 8. Gotha 827. Hennings. 16 Gr.

—— die Geschäftsrechenkunst, od. kurze u. deutl. Anleit. zur Zahlen-, Buchstabenrechenkunst u. niedern Algebra; unentbehrl. f. Alle, die nicht bloß mechanisch rechnen wollen, besond. aber f. diejen., welche sich mit mathemat. Wissenschaften beschäftigen; als: Forstmänner, Künstler, Kaufleute ꝛc. zum Selbstunterr. entworfen. 8. (16½ B.) Nordhausen 831. [Leipzig, Dörffling.]

Rommerdt, Jh. Chr. Karl, Handbuch der Land- u. Wasserbaukunst ꝛc. 2 Bde. gr. 8. Gotha, (jetzt Hennigs u. Hopf in Erfurt.) 5 Rthlr. jetzt 3 Rthlr.

Rommerdt J. C. C.: Handbuch d. Land- u. Wasserbaukunst, f. angehende u. ausübende Forstmänner, Kameralisten u. Oekonomen. 2 Bd. Erfurt u. Gotha 1827-28.
(= Die Forst- u. Jagdwissenschaft ..., Th. 13. Bd. 1-2). 574. (1. Die Landbaukunst. 403 S. 24 Tvl. — 2. Die Wasserbaukunst. 195 S. 7 Tvl.).

Rommerdt, J. C., Handbuch für Civil- und Wasserbaukunst. Gotha. 1827 — 1828. 2 Bde. 5 Thlr.
1r Band. Landbaukunst. 1827. 3½ Thlr.
2r Band. Wasserbaukunst. 1828. 1½ Thlr.

—— Land- u. Wasserbaukunst, s.a. Forst- u. Jagdwissenschaft, XIII. Thl. 2. Bd.

— Land- u. Wasserbaukunst f. angeh. u. ausüb. Forstmänner, Kameralisten ꝛc. 2 Bde. Mit 31 Kpst. gr. 8. Gotha 828. Hennings. 5 Rthlr. (A. u. d. T.: Forst- u. Jagdwissensch. 13r Thl.)

— der feldmessende Landwirth u. Hausvater, oder kurze, aber deutliche Anweisung einzelne Ackerstücke, Wiesen, Teiche, Holzungen ꝛc. die Größe d. Grundstücke richtig zu beurtheilen, selbst aufzunehmen ꝛc. Mit 3 Steintaf. gr. 8. Leipz. 827, Engelmann.

— Rechenbuch f. Frauenzimmer, sowohl zum Selbstunterricht, als z. Leitfaden f. Lehrerinnen bei weibl. Instituten ꝛc. gr. 8. Gotha 825, Hennings.

— Rechenkatechismus f. Stadt- u. Landschulen, auch zum Selbstunterricht. 8. Nordhaus. 823. (Dörffling in Leipz.) 12 Gr.

— Rechenkatechismus f. Stadt- u. Landschulen, auch zum Selbstunterricht. 8. Nordh. 823, Landgraf.

Rommerdt, Jh. Geo., vollständ. Beschreib. u. Zeichnung e. vorzügl. brauchbaren Rammmaschine; verbessert mit 2 Kpst. von Karl Chr. Rommerdt. 8. Eisenach 804. (Bärecke). 12 Gr.

Rommerdt, Joh. Geo., Beschr. u. Zeichnung e. vorzüglich brauchb. Rammmaschine, m. Kupf. verb. v. Karl Chr. Rommerdt. 8. Eisenach, Wittekind. 804.

ROMMERDT, Josef Christian Carl: Handbuch der Land- und Wasserbaukunst für angehende und ausübende Forstmänner etc. - Gotha, Erfurt 1827 u. 1828. 2 Bd. - Bd. 1: Die Landbaukunst. - Bd. 2: Die Wasserbaukunst. - (= XIII, Tl., Bd. 1 u. 2 v.: Die Forst- und Jagdwissenschaft nach allen ihren Theilen für angehende und ausübende Forstmänner und Jäger. Hrsg. v. J. M. Bechstein, fortges. v. C. P. Laurop)

Rommerdt, Karl Chr., Anleit., geometr. Figuren zum vollkommenen Schlusse zu bringen, zu zeichnen u. eben so genau zu berechnen. Mit 2 Kpf. 8. Leipz. 807. Fr. Fleischer. 3 Rthlr.

— allgem. verständl. Anweis., Stuben-, Küch- u. Koch-Oefen holzsparend, bequem, der Gesundheit zuträgl. u. wohlfeil zu bauen. Mit 3 ill. Kpst. 8. Eisenach 803. (Bärecke). 16 Gr.

— s. J. G. Rommerdt, Beschreibung

— theoret.-prakt. Selbstunterricht, in den ersten Anfangsgr. d. Meßkunst. Mit 4 Kpf. 8. Erfurt 804. Keyser. 2 Rthlr. 12 Gr.

— sehr verbesserte, gesunde, wohlfeile, angenehm ins Auge fallende Stuben-, Heiz- u. Koch-Oefen ꝛc. Mit 2 Kpst. 8. Eisenach 804. (Bärecke). 12 Gr.

— trigonometr. Tafeln u. kurze Anweis. zu deren Gebrauch, Winkel bis zu e. Minute genau zu Messen ꝛc. (Aus d. Anfangsgr. d. Meßkunst besond. abgedr.) 8. Erf. 804. Keyser. 16 Gr.

— Taschenbuch f. Forst- u. Feldgeometer, auch Rathgeber f. alle diejenigen, welche sich mit geometr. Arbeiten selbst beschäftigen müssen u. s. w. Mit Kupf. 8. Rudolst. 811. (Hildebrandt in Arnst.) 3 Rthlr.

— Taschenbuch f. Forst- u. Feldgeometer, auch Rathgeber f. alle diejenigen, welche sich mit geometr. Arbeiten selbst beschäftigen müssen ꝛc. m. K. 8. Rudolstadt, Klüger. 811.

— encyklopäd. Unterricht f. Frauenzimmer in d. Unentbehrlichsten aus verschied. Wissenschaften, sowohl zum Selbstunterr. als zum Leitfaden. 1r Thl. 1e Abtheil. Rechenkunst. gr. 8. Gotha 820. Hennings. 20 Gr. Hbg. Pr. 12 Gr.

ROMMERDT, Karl Josef Christian: Feldmesskatechismus für Stadt- und Landschulen, auch zum Selbstunterricht für Forstwissenschaftslehrlinge. - Nordhausen 1824

ROMMERDT, Karl Josef Christian: Theoretisch-praktischer Selbstunterricht in den ersten Anfangsgründen der Meßkunst, um ein Stück Feld, Wald etc. aufzunehmen, zu berechnen und zu theilen. - Erfurt 1804

ROMMERDT, Karl Josef Christian: Taschenbuch für Forst- und Feldgeometer, auch Rathgeber für alle diejenigen, welche sich mit geometrischen Arbeiten selbst beschäftigen müssen usw. - Rudolstadt 1811

Rommershausen, Elard, s. Romershausen.

Rommershausen, J. Fr., s. Romershausen.

Rommershausen, Johann Jakob (Kassel) A. S. 183/11

Dissertatio iuridica de oblatione ad litem.
Präs. Emil Ludwig Hombergh zu Vach.
Marburg (Müller) VI. 1746. 34 S. 29208

Rommershausen, Johann Jakob (Kassel) A. S. 202/10

Dissertatio juridica de parentibus inter liberos disponentibus eorumque juribus.
Präs. Johann Karl König.
Marburg (Müller) 5. III. 1744. 64 S. 29207

Rommerskirch, Joseph: Aus der Königl. chirurgischen Klinik zu Breslau. 101 Fälle von Gastrostomie. *Breslau 1898: Schles. Volkszeitungs-Buchdr.* (57 S.) 8°
Breslau, Med. Diss. v. 30. Juli 1898

Rommerz [Schlagwort]

Rommerz, s.: Preussen. Messtischblätter.

Roemmich, Klaus Wagner-
s. Wagner-Roemmich. [10. 7397

Römmler und Jonas. Monumente des Mittelalters und der Renaissance aus dem sächsischen Erzgebirge. die Klosterkirche Zschillen, jetzt Wechselburg und die Rochlitzer Kunigunden-Kirche. 50 Blatt in Lichtdruck. Dresden 1875. Fol.

Römmler, Willy: Über den Wasserstoffgehalt des Elektrolytnickels. 1908. 51 S., 1 Taf. 8° ¶ Vgl. Zeitschrift f. Elektrochemie. Jg. 13. 1907. S. 561 ff.
Dresden, Dr.-Ing.-Diss. v. 11. 12. 1907

Romney, George

Romney, Meisterbilder, s.a. Weichers Kunstbücher.

Die Meisterbilder von [George] **Romney** (1734–1802). Eine Auswahl von 60 Reprod. nach Orig.Aufnahmen. Berlin. Weicher 1910 66 S. 8°
(Weichers Kunstbücher Nr 50.) [10. 13191

Römö, s.: Went v. Römö.

Romocki, Ludw. v., Distinguiert, s.a. Eckstein's mod. Bibliothek.

Distinguiert. Geschichten von Ludwig v. **Romocki**. 1 bis 10. Taus. *Berlin: R. Eckstein Nachf. [1901].* (94 S.) 8°
= Bibliothek, Ecksteins Moderne. No 3. [03. 13383

— fair gewonnen, s.: Eckstein's Miniaturbibliothek.

Die Montecarlisten. Jeu- u. Sportroman von L[udwig] v. **Romocki**. 3. Aufl. *Berlin: R. Eckstein Nachf. [1903].* (224 S.) 8° [03. 12455

Romocki, S. J. v., Geschichte d. Explosivstoffe. I. u. II. gr. 8. Berlin. Hannover, Gebr. Jänecke. n. 22. —; geb. n.n. 27. —
I. Geschichte d. Sprengstoffchemie, d. Sprengtechnik u. d. Torpedowesens bis z. Beginn d. neuesten Zeit. M. e. Einführg. v. Max Jähns. M. vielen Reproductionen v. alten Handschriften, Malereien, Stichen u. s. w. (VII, 394 S.) 895. n. 12. —; geb. n.n. 14. 50
II. D. rauchschwachen Pulver in ihrer Entwickelg. bis zur Gegenwart. (XI, 324 S. m. Abb. u. 1 Bildn.) 896. n. 10. —; geb. n.n. 12. 50

Johannes Römoldt. Von Karl Goedeke. (Besonderer Abdruck aus der Zeitschrift d. historischen Vereins für Niedersachsen, Jahrgang 1852.) Hannover 1855. 8°
Enthält S. 9–64: Ein fein Christlich Spiel von dem Laster der Hoffart. Durch Johannem Römoldt. 1564. G. G. S. 330 Nr. 348. — Geschenk des Herausgebers.

Romonsch: Il Romonsch (I) (Der Romane)
④ Amitg dil Pievel (II) ⑤ 9. 8. 1845—29. 12. 1848 ⑥ 4° ⑦ Wochenblatt ⑧ Cuera. Frars Sutter (1845—1846), Stamparia Pradella (1847), Ben. Holdenried (1848) ⑪ Prof Pl. Condrau, Gion; Ant. Huonder, Gion; Giachen. Capaul ⑫ katholisch-konservativ ⑬ BGSZ: 1009 ⑭ Ch K (nur wenige Nummern); Di Kb. ⑮ «Il Romonsch» ist die erste romanische Zeitung mit Feuilleton.

Romonsch: Il Romonsch (II) (Der Romane)
⑤ 6. 8. 1850—30. 12. 1852 ⑥ 4° ⑦ Wochenblatt ⑧ Cuera: Wassali (1850—1851), Pargätzi & Felix (1852) ⑩ Herren v. Latour, Brigels ⑪ Al. v. Latour und die Männer von «Amitg dil Pievel (I)» ⑫ liberales Blatt ⑬ BGSZ: 1002, 1009 ⑭ Ch: K; Di: Kb.

Rompe, Frz., Beitrag zur Kenntniss d. Glioma retinae. gr. 8. (31 S.) Helmstedt 884. (Göttingen, Vandenhoeck & Ruprecht.) n. — 80

Rompel, Frederik, die Helden des Burenkriegs. Bilder u. Skizzen nach eigenen Erlebnissen. Mit e. Einleitg. v. Alb. Pfister. Mit 22 Portr., 24 ganzseit. u. 73 Text-Bildern, e. Kriegschronik u. 1 Karte des Kriegsschauplatzes. 26.—30. Taus. gr. 8. (224 S.) Stuttgart 902. R. Thienemann. Kart. 2. 50
1.—25. Taus. unter d. Titel:

— Siegen od. Sterben. Die Helden des Burenkriegs. Bilder u. Skizzen nach eigenen Erlebnissen. Mit e. Einleitg. v. Alb. Pfister. Mit 22 Portr., 24 ganzseit. u. 73 Text-Bildern, e. Kriegschronik u. 1 Karte des Kriegsschauplatzes. 1.—25. Taus. gr. 8. (à 192 S.) Ebd. (901) Kart. 2. 50

— Präsident Steijn, s.a. Im Kampf um Süd-Afrika. III.

Präsident Steijn und die Freistaater im Krieg mit England. Von F(rederik) **Rompel** u. J. D. Kestell. (Mit Abb., 2 Kartensk. u. 2 Taf. Deutsche Originalausg. Hrsg. von A. Schowalter.) *München: J. F. Lehmann 1902* (70, X, 380 S.) 8° [Umschlagt.]
[Sondert. 1.] Präs. Steijn. Ein Lebensbild von F. Rompel.
[Sondert. 2.] Mit d. Burenkommandos im Felde. Von J. D. Kestell.
— Kampf, Im, um Süd-Afrika. Bd 3. [02. 14584

Rompel, Jos., die wirtschaftliche u. finanzielle Entwicklung v. Wiesbaden als Fremdenstadt seit Beginn der preussischen Herrschaft von 1867—1907. Unter Benutzg. amtl. Quellen bearb. (XII, 143 S.) Lex. 8. Wiesbaden 910. J. F. Bergmann. 3. —

Rompel Josef. Kristalle von Kalziumoxalat in der Fruchtwand der Umbelliferen und ihre Verwertung für die Systematik (mit 2 Taf.). S. 104. 1. 417. , 1.80
Separatabdruck

Rompel, Jos., S. J., Krystalle v. Calciumoxalat in d. Fruchtwand d. Umbelliferen u. ihre Verwerthg. f. d. Systematik. [Aus: „Sitzungsber. d. Akad. d. Wiss."] Lex.-8. (58 S. m. 2 Taf.) Wien 895. C. Gerold's Sohn.) n. 1. 80

Rompel, Josef. Die Laubmoose des Herbariums der Stella Matutina. I. Teil. S. 52—63. 8. II. Teil. S. 65—74. 8.
Öffentl. Privatgymn. a. d. Stella Matutina *Feldkirch* 1907. 1908.
Progr.

Rompel, Jos., S. J., Malaria, Parasit u. Stechmücke, s.a. Broschüren, Frankfurter zeitgemäße. XXI. 6.

Malaria, Parasit und Stechmücke. Ein Abschnitt moderner biolog. Forschung. Dargest. von Joseph **Rompel**, S. J. *Hamm i. W.: Breer & Thiemann 1902* (36 S.) 8° [J.]
= Broschüren, Frankfurter zeitgemässe. N. F. Bd 21, H 6. [02. —

Rompel Josef: Kritische Studien zur ältesten Geschichte der Chinarinde. 62. Feldkirch Priv. G. 05.
Progr.

Rompel, Peter Josef: Die wirtschaftliche und finanzielle Entwicklung von Wiesbaden als Fremdenstadt seit Beginn der preussischen Herrschaft von 1867 bis 1907. Wiesbaden 1909: Bergmann. XII, 143 S. 8° ¶ (Ersch. auch als Buch ebd. 1910.)
Freiburg i. B., Rechts- u. staatsw. Diss. v. 1909, Ref. Diehl
(Nicht für den Austausch, lag nicht vor)
[Geb. 30. Aug. 84 Lindenholzhausen; Wohnort: Wiesbaden; Staatsangeh.: Preußen; Vorbildung: Gymn. Wiesbaden Reife M. 04; Studium: Straßburg 1, Bonn 5 S.; Rig. 17. Juli 09.] [U 10. 947

Römpler, Carl, s. Römpler, Karl

Römpler, Erich, aus Plauen i. V.: Studie über die Darstellung der Persönlichkeit in den Geschichtswerken des Thukydides und Xenophon. *Erlangen 1898: E. Th. Jacob.* (61 S.) 8°
Erlangen, Phil. Diss. v. 17. Nov. 1898

Römpler, Herm. Fr.

Römpler, Bemerkungen zu „Schiller's Jungfrau v. Orleans." gr. 8. (78 S. m. 1 chromolith. Karte in Fol.) Plauen 872. (Neupert.) n. 1. 60; Karte apart n. — 60

Römpler, Herm. Fr., zur Bibelerklärung. Hermeneut. exeget. Hilfsbüchlein. gr. 8. (VII, 94 S.) Plauen 895. A. Koll. n. 1. —

Römpler, Herm. Fr., die Form d. Unterrichts. Ein Stück Unterrichtslehre, erörtert. gr. 8. (V, 178 S.) Plauen i/V. 891. A. Kell. n. 2. —

Römpler, Herm. Fr., die Form des Unterrichts. Ein Stück Unterrichtslehre. 2. zum Teil ganz neu bearb. Aufl. gr. 8. (III, IV, 199 S.) Plauen 900. A. Kell. Geb. in Leinw. n. 3. —

Römpler, H. F., das Friedensfest. Vaterländisches Lustspiel in 3 Aufzügen. gr. 8. (32 S.) Plauen i/V. 890. (Kell.) n. — 50

Römpler, Herm. Fr., Handbuch f. Lehrer zur unterrichtlichen Behandlung biblischer Geschichten. 4. vollständig neu bearb. u. verm. Aufl. d. Handbuchs v. A. Schilbe, W. Menkel u. F. Iber. 1. Abtlg. gr. 8. (VIII, 214 S.) Plauen 887. Neupert. n. 2. 25

— Handbuch f. Lehrer zur unterrichtlichen Behandlung biblischer Geschichten. 4., neu bearb. u. verm. Aufl. des Handbuches v. A. Schilbe, W. Menkel u. F. Iber. 2. u. 3. Abtlg. gr. 8. Plauen i/V. 887. 889. Neupert's Verl. n. 7. 25 (cplt.: n. 9. 50)

— Handbuch f. Lehrer z. unterrichtl. Behandlg. biblisch. Geschichten. 3 Abtlgn. gr. 8. (VIII, 214, 302 u. 498 S.) Plauen 887—889. [Neupert's Verl.] A. Kell. n. 9. 50; ermäß. Pr. n. 5. —

— die Katechese im Dienste d. erziehenden Unterrichts. Festschrift. gr. 8. (57 S.) Ebend. 885. n. — 75

Römpler. Katechetik od. Erziehung zu kirchl. Mündigkeit e. mittelbare Kunst. Allerhand Fremdes u. Eigenes, zur Jahrhundertfeier des 1. vogtländ. Schul-Lehrer-Seminarium zusammengestellt. (IV, 94 S.) 8. Plauen 910. A. Kell. 1. 20

Römpler, Herm. Fr., Leitfaden f. den Unterricht in der Katechetik. Plauen 869. Neupert. 8. (VI, 104 S.) n. 8 ngr.

— Mitteilungen üb. die Lehrer u. Schüler d. königl. Schullehrerseminars zu Plauen i. V. Anhang der zum Jubelfeste d. Seminars im Mai 1885 hrsg. Festschriften. 4. (48 S.) Ebend. 885. n. — 75

— Nachrichtliches üb. das königl. Schullehrerseminar zu Plauen i. V., nebst Mitteilgn. über seine Lehrer u. Schüler u. e. Abhandlg. üb. die Katechese im Dienste d. erzieh. Unterrichts, zu seinem Jubelfeste 1885. gr. 8. (130 S. m. 2 Steintaf.) Ebend. 885. n. 1. 50

Römpler, Herm. Fr., Rautenblätter. Erinnerungen an Sachsens Freud und Leid, gesammelt und mit Anmerkungen versehen. 8. (VII, 176 S.) Plauen 884, Neupert. * cart. *ℳ 1,80.; geb. *

— Rede, bei der Schulfeier d. kgl. Seminars zum Sedanfest am 2. Sept. 1890 geh. gr. 8. (14 S.) Plauen i/V. 890. (Kell.) n.n. — 25

Römpler, H. F., Reden. s.: Zapff, K. Ch.

Römpler, Religio moralis. (63 S.) gr. 8. Leipzig 906. F. Brandstetter. n. — 80
Sonderabdruck aus: „Der prakt. Schulmann".

— vor u. nach d. Religionsstunde. Zur Verständigg. üb. d. evang. Glaubens- u. Sittenlehre. gr. 8. (XIV, 456 S.) Ebd. 898. n. 6. —; geb. in Leinw. n. 6. 80

— aus dem Seminarleben. Eine Sammlg. v. Reden, bei Schulfeierlichkeiten u. dgl. geh. gr. 8. (VI, 277 S.) Iserlohn 887. Leipzig, Jul. Baedeker's Verl. n. 4. —

— die deutsche Wehrpflicht im Lichte der humanistischen Bildung. Vortrag zur Vorfeier des 50jähr. Militärdienstjubiläums Sr. Maj. des Königs. gr. 8. (15 S.) Ebd. 893. n. — 25

Roempler, Johann Christian (Sprottau) A. S. 1281a/3

Dissertatio inauguralis medica, de catarrho suffocativo, efficaci quodam remedio tractando.
Präs. Michael Alberti.

Halle (Hendel) IX. 1720. 18 S.

Gew.: Johann Heinrich Rethel, Christian Friedrich Rethel.
W. v.: D. I. Iuncker, Samuel Roempler (Vetter), Gottfried John (Vetter), Heinrich Becker, C. M. Wiegand.
29054

Römpler, Karl

Römpler, Carl [Referendar aus Erfurt]: Der Begriff des Gewahrsams in Civil- und Strafrecht ... Göttingen, Druck d. Univ.-Buchdr. v. W. F. Kästner, 1894; 43 S. 8.
Göttingen, Jur. Fak., Inaug.-Diss. v. [22. Jan.] 1894

Römpler, Carl, der Begriff des Gewahrsams in Civil- u. Strafrecht. Diss. gr. 8. (43 S.) Göttingen 894. (Vandenhoeck & Ruprecht.) n. 1. —

Versuch einer Geschichte der Burschenschaft Hannovera zu Göttingen. (Verf.: Dr. C[arl] Römpler, Ref.) Göttingen (1897): Dieterich. VIII, 220 S. 8°
[illegible]

Römpler, Thdr., d. Behandlg. Lungenkranker in Höhenkurorten, m. spec. Berücksicht. d. geschloss. Heilanstalten, s.: Bibliothek, balneologische, Nr. 36.

Römpler, Theodor Ueber Pyo- und Pyopneumothorax. Halle 1873: Lipke, 30 S. 8°
Halle-Wittenberg, Med. Diss. v. 22. Dez. 1873
Geb. Hassenhausen bei Naumburg a. d. S. 1. 8. 1845. V

Rom's Bannstrahl im 11n Jahrh., oder d. deutsche Heinrich IV., s. J. G. Dyck, Theater.

Roms Bannstrahl im eilften Jahrhundert; od. d. deutsche Heinrich IV. Trauersp. 8. Leipz. Dyk. 788.

Rom's Dichterheroen. Eine Sammlung der schönsten römischen Poesien, in Uebersetzungen. Hrsg. v. Jul. Henning. 2 Bdchn. 8. (32 B.) Hamburg 842, Bödecker. *

Rom's Dichterheroen. Eine Sammlung d. schönsten Römischen Poesien in Uebersetzungen. Herausg. von Jul. Henning. 2 Bdchn. (in 1 Bd.) Neue (Titel-) Ausg. 8. (XVI u. 493 S.) Leipzig (842) 849, Sechtling. 1 ß

Rom's zwölf unglückl. Sechser, od. histor. Beleuchtung des bekannten Verses: Semper sub Sextis perdita Roma fuit. (v. F. X. Christmann). 8. Konstanz 803.

—— Wirken in Deutschland od. Schilderungen römisch-kathol. Zustände Deutschlands nebst Paragraphen zu e. neuen Verfassungsurkunde der deutsch-kathol. Kirche von zwei kathol. Geistlichen. In Auszügen aus ihren Schriften allen guten Deutschen zur Beachtung vorgelegt v. Friedr. Ludw. Wilh. Wagner. gr. 8. (5¼ B.) Darmstadt 845, Kern. *

Romsdorfer, Karl A , s. R o m s t o r f e r , Karl Adolf

Romsée, Tossani-Jos., Opera liturgica. 5 Ti. Edit. nova. 12maj. (72 B. u. 1 Kpfr. gr. 4.) Mechliniae 830. (Moguntiae, Kirchheim, Schott et Thielmann.)
Tom. I et II. Praxis celebrandi missam, tum privatam, tum solemnem, juxta ritum romanum. — III. Praxis divini officii, juxta ritum Rom. — IV Sensus litteralis, moralis ac historicus rituum ac caeremoniarum missae ad mentem rubricarum breviarii et missalis, nec non decretorum S. R. C. — V Collectio decretorum authenticorum sacrae congregationis, cum notis.

Romsée, R. D. Tossani-Josephi, opera liturgica. V Tomi. Editio nova a sacrae theologiae professore accurate revisa. Mit 1 Kpf. 12maj. Mecheln 830. (Müller in Mainz). 4 ₰ 6 ℊ

—— Praxis celebrandi missam, tum privatim, tum solemnem, juxta ritum romanum, ad mentem rubricarum missalis romani et decretorum Sac. Rit. Congregat. Edit. nova, emend. et auctior. II Ti. 8. (25½ B. u. 1 Stndr. gr. 4.) Augustae Trevir. 831, Lintz.

Romsée, Tossani-Jos., Praxis celebrandi missam, tum privatam, tum solemnem, juxta ritum romanum, ad mentem rubricarum missalis romani et decretorum sacrae rituum congregationis. II Ti. 8. (25¾ B. u. 1 Kpfr.) Augustae Treviror. 841, libr. Lintz.

Römstodt, Hermann [aus Barnitz]: Die englische Schriftsprache bei Caxton. Am 4. Juni 1890 Von d. phil. Fak. d. Univ. Göttingen gekr. Preisschrift. Göttingen, Druck d. Dieterich'schen Univ.-Buchdr., 1891; V, 54 S., 2 Bl. 4. [vgl. 1890,91 Göttingen No 129.]
Göttingen, Phil. Fak., Inaug.-Diss. v. [11. März] 1892

Römstedt, Herm., die englische Schriftsprache bei Caxton. Am 4. Juni 1890 v. der philosoph. Fakultät der Universität Göttingen gekrönte Preisschrift. gr. 4. (V, 54 S.) Göttingen 891. (Leipzig, G Fock.) n. 2. 50

Die Astronomen, Mathematiker und Physiker der Diöcese Eichstätt. Ein alphabetisches Verzeichniß der Gelehrten. I. Serie. — Von Franz Sales R o m s t ö c k, L. P. — 1884, Eichstätt, ibid. — S. 3—110⁸.
Progr. Eichstätt, bischöfl. Lyzeum

Die Astronomen, Mathematiker und Physiker der Diöcese Eichstätt. II. Serie. - Von Franz Sales R o m s t ö c k, L.-P. — 1886, Eichstätt, Ph. Brönner (A. Hornik). - S. 3 116.
Progr. Eichstätt, bischöfl. Lyzeum

Romstöck, Frz. Sales, die J o s u i t o n n u l l e n Prantl's an d. Universität Ingolstadt u. ihre Leidensgenossen. E. biobibliograph. Studie. gr. 8. (VIII, 523 S.) Eichstätt 898. (Ph. Brönner.) n. 10. —

Personalstatistik und Bibliographie des bischöflichen Lyceums in Eichstätt. — Von Fr. S. R o m s t ö c k, L.-P. — 1894, Ingolstadt, A. Ganghofer. — S. I—IV und 1—265.
(Festschrift zur Feier des fünfzigjährigen Jubiläums des Lyceums Eichstätt).
Progr. Eichstätt, bischöfl. Lyzeum

Romstöck, Frz. Sales, Personalstatistik u. Bibliographie des bischöfl. Lyceums in Eichstätt. Verf. zur Feier des 50jähr. Jubiläums dieser Anstalt. Lex.-8. (V, IV, 265 S. m. farb. Titel u. 6 Lichtdr.-Bildnissen.) Ingolstadt 894. (A Ganghofer.) Kart. n. 4. 50

Romstöck, M., Geschichte des Mariahilfberges bei Neumarkt i. O. Nebst e. Anh. Gebete u. Lieder. 16. (51 S.) Neumarkt i. Ob.-Pf. 900. F. Boegl. — 20

Romstöck, M., Maria hilf! Ein Wallfahrtsbüchlein. Mit der Geschichte des Mariahilfberges bei Neumarkt i. O. 2. verb. u. verm. Aufl. (168 S. m. 2 [1 farb.] Taf.) 16. Neumarkt i. O. 908. F. Boegl. Geb. in Leinw. — 50

Romstorfer, A., s. R o m s t o r f e r , Karl Adolf

Romstorfer, Karl, s. R o m s t o r f e r , Karl Adolf

Romstorfer, Karl Adolf

Romstorfer, Carl A. Auf welche Weise können die Fortschritte der Bautechnik den besonderen Zwecken d. landwirthschaftl. Bauwesens dienstbar gemacht werden? gr. 8. (23 S.) Wien 890, (Frick). * 1 20

Romstorfer, Karl Adolf: Das Bauernhaus in der Bukowina. Czernowitz: Pardini 1890.

Romstorfer, Karl A., d. m o l d a u i s c h - b y z a n t i n i s c h e B a u k u n s t. [Aus: „Allgem. Bauzeitg."] Fol. (20 S. m. 10 Taf.) Wien 896. A. Lehmann. n. 8. —

Romstorfer, C. A., die B a u t i s c h l e r e i, s. a. T a s c h e n b i b l i o t h e k, deutsche bautechnische.

Romstorfer, A: Die Bautischlerei. H. 1. Leipzig 1880

[R]omstorfer KA, die Bautischlerei. (Taschenbücher, Bautechnische 9) Leipzig 1882

Romstorfer, Carl A., die B a u v o r s c h r i f t e n in der Bukowina. 8. (40 S.) Czernowitz 894. H. Pardini. n.n. — 50

— das B i n d e r - od. B ö t t c h e r b u c h. Handbuch u. Vorlagenwerk f. Binder. gr. 4. (XI, 111 S. m. 60 Abbildgn. u. 40 Taf. in Fol. u. Mappe.) Leipzig 893. E. A. Seemann. n. 12. —; in 2 Bde. geb. n.n. 14. —

— das B i n d e r - od. B ö t t c h e r b u c h. Ergänzungsbd. Werkzeug- u. Maschinenkunde f. Binder. M. e. Vorworte v. W. F. Exner. 4. (XI, 140 S. m. 262 Abb.) Leipzig 895. E. A. Seemann. n. 5. —; geb. n. 6. —; (Hauptwerk u. Ergänzungsbd.: n. 17. —; geb. n. 20. —)

Romstorfer, Carl A., D a u e r, Entwertung, Erhaltungskosten u. Amortisierung der Gebäude sowie die Personal-Einkommensteuer aus den Erträgnissen der letzteren. gr. 8. (22 S.) Czernowitz 900. H. Pardini. n.n. 1.—

Romstorfer Karl: Kaiserin E l i s a b e t h. †. 2. Czernowitz St. Gew. Sch. 99.
Progr.

— Entwicklungsgeschichte d. k. k. S t a a t s - G e w e r b e s c h u l e in Czernowitz. 1873—1898. Denkschrift, hrsg. anlässl. d. Feier d. 25jähr. Bestandes d. Lehranstalt, 14. VIII. 1898. M. 2 Taf. photograph. Ansichten, e. Taf. m. Grundrissen, e. Graphicon u. 1 Tab. gr. 8. (III, 198 S.) Czernowitz 898. (H. Pardini.) n. 2. —

Entwicklungsgeschichte der k. k. Staats-Gewerbeschule in Czernowitz. 1873 - 1898. Denkschr. hrsg. anlässl. d. Feier d. 25jähr Bestandes d. Lehranst., 14. Aug. 1898, vf. v Architekt Carl A **Romstorfer**, k. k. Dir. M. 2 Taf. photogr. Ansichten, 1 Taf. m. Grundrissen, 1 Graphicon u. 1 Tab.) *Czernowitz: Selbstv d. k. k. Staats-Gewerbeschule, R. Erhardt'sche Buchdr. 1898.* (2 Bl., 191 S., 3 Bl., 3 Taf., 2 Tab.) 1 Bd 4. [98. 12225

Romstorfer C. A. Ermittlung der Form des sogenannten Drittelfasses. Czernowitz St. G. Sch. 91.
Progr.

Romsdorfer, Karl A., die Eröffnung der in der gr.-ort. Klosterkirche Putna befindlichen Fürstengräber im J. 1856. Protokoll u. Akten hierüber. (39 S. m. 1 Taf.) Lex.-8. Czernowitz 904. (H. Pardini.) n. 2. —

Die Feier des 50jähr. Regierungs-Jubiläums Sr. Majestät des Kaisers Franz Jos. I. und des 25jähr. Bestandes der k. k. St.-Gew. Schule. 14. ibd. 99.
Progr.

—: Die Fürstengräber in der griechisch-orientalischen Klosterkirche Putna. In: JBLM, 12/1904, S. 3–39. Sonderdruck: Czernowitz: Pardini 1904.

Das alte Fürstenschloß in Suczawa. Bericht über d. Forschungsarbeiten. Von Arch. Carl A. **Romstorfer.** [1–3.] Czernowitz 1902–04: H. Czopp (2: H. Pardini in Komm.; 3 Bukowiner Vereinsdr.). 3 Bde 4°
1. Seit 1895, insbes. im J. 1901 1902. 2. Im J. 1902. 1903. 3. Im J. 1903. 1904. Aus: Jahrbuch d. Bukowiner Landes-Mus. 9. 1902. 1904. [05. 2795 10

Romstorfer, Karl A., künstliche Höhlen aus der Vergangenheit, s. a. Sammlung gemeinnütziger Vorträge.

Romstorfer, K A.: Künstliche Höhlen aus der Vergangenheit. [Sammlung gemeinnütziger Vorträge. Nr. 28? .] Prag: Calve 1910. 8°

— s.: **Jahrbuch des Bukowiner Landes-Museums.**

— d. Kirchenbauten in d. Bukowina. [Aus: „Mittheilgn. d. k. k. Central-Commission f. Kunst- u. histor. Denkmale in Wien".] gr. 4. (32 S. m. 57 Abb.) Wien 896. (W. Braumüller.) n.n. 4. —

Romstorfer, K. A., Das alte griechisch-orthodoxe Kloster Putna. Sonderabdruck a. d. „Allg. Bauzeitung". Heft 4. 1903. Gr.-8°. (52 S.) Wien. Pardini 1904. * K 5.—

Romstorfer, C. A., s.: Musterplan f. landwirthschaftliche Bauten in Niederösterreich.

— Musterpläne f. Rinderstallungen u. deren innere Einrichtung. 7 Stallprojekte auf 4 bis 24 Stück Großvieh. 14 Taf. m. 62 Fig. samt Textbeilage. Entworfen, gezeichnet u. erläutert. Hrsg. v. der deutschen Sektion d. Landeskulturrates f. das Königr. Böhmen. (12 S.) 34,5×25 cm. Prag 908. (J. G. Calve.)
Im Umschlag nn 4. —

— **Schloss Neamtu u. einige Klosteranlagen in seiner Umgebung. Im histor. Theile ergänzt v. J. Fleischer. Mit 3 Lichtdr.-Taf., 2 Plantaf. u. 13 Textfig.** gr. 8. (31 S.) Ebd. 899. n. 2. —
2 Sonderabdrucke a.: „Jahrb. d. Bukowiner Land.-Museums".

— Die griechisch-orientalische Pfarrkirche in Bossancze. (4 S. m. 2 Abb. u. 7 Taf.) 44×29,5 cm. Wien 908. (Czernowitz, H. Pardini.) 4. —
Sonderabdruck aus: „Allg. Bauzeitg."

— s.: Pläne landwirthschaftlicher Bauten des Kleingrundbesitzes in Oesterreich.

Romsdorfer, Karl A., das alte griechisch-orthodoxe Kloster Putna. (52 S. m. 18 Abbildgn. u. 3 Taf.) gr. 8. Czernowitz 904. H. Pardini. n.n. 4. —
Sonderabdruck aus: „Allg. Bauzeitg."

— die Stallgebäude in ihrer sanitären Anlage, s.: **Taschenbibliothek, deutsche bautechnische.**

—— **und Hub. Wiglitzky, vergleichende graphische Statistik in ihrer Anwendung auf das Herzogth. Bukowina und das österreichische Staatsgebiet [die im Reichsrathe vertretenen Königreiche und Länder]. Imp.-4. (49 S. mit 13 Tab. und 1 Farbentaf.) Wien 886, Frick.** *

— **Typen der landwirthschaftlichen Bauten im Herzogth. Bukowina. Aufgenommen u. beschrieben. Mit 9 Taf. Hausansichten u. Plänen, sowie 1 Textfig. [Aus: „Mittheilgn. d. anthropolog. Gesellsch. in Wien".] gr. 4. (14 S.) Wien 892. (A. Hölder.) n. 5. —**

— Ältere Vertheidigungsanlagen in der Bukowina. 17. ibd. 95.
Progr.

Romuald, Adjutus (Adam Rohmann), Chlodwig od. Der Sieg des Christenthums, s.: Dilettantenbühne. 129.

— **Fügungen Gottes.** 4 Erzählgn. gr. 8. (79 S.) Dießen (902). J. C. Huber. n. 2. —

— **Andreas Hofer, s.: Theater-Bibliothek. 9.**

Romuald, Adjutus (Adam Rohmann), Lenchen v. Heilbronn, s. Lustspiele.

Romuald, Robin. Polnisches Lesebuch ..., s. Tarnowski, Stanislaus

— **Schneeglöckchen aus dem Dichterhain.** 8. (72 S.) Wien 902. Neue Literaturanstalt. n. 2.—

Romulus; imité de l'allemand d' August Lafontaine pr. F. I. avec fig. 2 Vol. 18.' Frcf. Esslinger. 800.

Der lateinische Äsop [Fabulae Aesopiae] des **Romulus** und die Prosa-Fassungen des Phädrus. Krit. Text mit Komm. u. einl. Untersuchungen von Georg Thiele. Heidelberg: Winter 1910. CCXXXVIII, 300 S. 8° [10. 8181

Romulus Fabeln, s. Phädrus aesop. Fabeln, 3. Bdchn.

Romulus, die Paraphrasen des Phaedrus u. die Aesopische Fabel im Mittelalter von Herm. Oesterley. Berlin 870. Weidmann'sche Buchh. 8. (124 S.) 15 ngr.

Romundt, Heinr., Antäus. Neuer Aufbau der Lehre Kants über Seele, Freiheit und Gott. gr. 8. (IX, 146 S.) Leipzig 882, Veit und Comp. *

Romundt, Heinr., e. Band der Geister. Entwurf e. Philosophie in Briefen. 8. (VIII, 129 S.) Leipzig 895. C. G. Naumann. n. 2. —

Romundt, Heinr., die menschliche Erkenntniß u. das Wesen der Dinge. gr. 8. (VII, 96 S.) Basel 873. Georg. n. 1. 60

Romundt, H., die drei Fragen Kant's. gr. 8. (64 S.) Berlin 887. Nicolai's Verl. n. 1. —

[F.] Eine Gesellschaft auf dem Lande. Unterhaltgn üb. Schönht u. Kunst m. bes. Beziehg auf Kant. Von Dr. Heinrich **Romundt.** *Leipzig: C. G. Naumann 1897.* (VI, 124 S.) 1 Bd 8. [97. 5969

Romundt, Heinr., Grundlegung zur Reform der Philosophie. Vereinfachte u. erweiterte Darstellung v. Imman. Kants Kritik der reinen Vernunft. gr. 8. (VII, 264 S.) Berlin 885. Nicolai's Verl. n. 5. —

— die Herstellung der Lehre Jesu durch Kant's Reform der Philosophie. gr. 8. (34 S.) Bremen 883. Roussell. n. 1. —

Kirchen und Kirche nach Kants philososophischer Religionslehre. Von Dr. Heinrich **Romundt**. *Gotha: E. F. Thienemann 1903.* (VIII, 199 S.) 8° [F.] [03. 15437

Kants Kritik der reinen Vernunft abgekürzt auf Grund ihrer Entstehungsgeschichte. Eine Vorübung f. krit. Philos. von Dr. Heinrich **Romundt**. Gotha: E. F. Thienemann 1905. (112 S.) 8° [05. 6373

— ein neuer Paulus. Immanuel Kants Grundlegg. zu e. sicheren Lehre v. der Religion, dargestellt. gr. 8. (IX, 309 S.) Berlin 886. Nicolai's Verl. n. 5. —

— der Platonismus in Kants Kritik der Urteilskraft, s.: Vorträge u. Aufsätze aus der Comenius-Ges. IX. 1, 2.

Der Professorenkant. Ein Ende u. e. Anfang. Von Dr. Heinrich **Romundt**. Gotha: E. F. Thienemann 1906. (126 S.) 8° [06. 15568 10

Romundt, Heinr., Kants philosophische Religionslehre, eine Frucht der gesamten Vernunftkritik. gr. 8. (IV, 96 S.) Gotha 902. E. F. Thienemann. n. 2. —

—— Vernunft als Christentum. gr. 8. (V, 131 S.) Leipzig 882, Veit und Comp. *

— die Vollendung d. Sokrates. Immanuel Kants Grundlegung zur Reform der Sittenlehre, dargestellt v. H. R. gr. 8. (VII, 304 S.) Ebend. 885. n. 5.

Romundt, Heinr., die Wiedergeburt der Philosophie, s.: Vorträge u. Aufsätze aus der Comenius-Gesellsch. XVII, 1.

— Kants Widerlegung des Idealismus. Ein Lebenszeichen der Vernunftkritik zu ihres Urhebers hundertjähr. Todestage, den 12. II. 1904. (24 S.) gr. 8. Ebd. 904. n. — 50

Romundt, H., Die Wurzel λεγ im Griechischen. Diss. 1869. 32 S.

Romundt, Ina, allerlei Bilder aus e. Helferkreis. (100 S.) 8. Berlin (909). Deutsche Sonntagsschul-Buchh. Kart. 1.—

-- Frau Peters u. ihr Flickverein, s.: Geschichten u. Bilder der Frauenhilfe. 2. Heft.

Romvart. Beitraege zur Kunde mittelalterlicher Dichtung aus italiaenischen Bibliotheken von Adelb. Keller. gr. 8. (45½ B.) Mannheim 844, Bassermann. *

Römverinsagn (Am 596,4°), hrsg. v. Rud. Meissner, s.: Palaestra. 88.

— dasselbe. (Abdruck des Textes aus Palaestra 88.) (132 S.) gr. 8. Berlin 910. Mayer & Müller. 2. 40

Romwall und Luise ein psychologischer Roman, 8. Leipzig, 790. Lincke. 25 ggl.

ROMWALL und Luise. Ein psychologischer (freier) Roman. Mit Titelvignette. Leipzig, Schneider, 1790. 8°. Tit. u. 400 S. (3 Mk. Taussig, Prag, 1906.)
Auch m. d. Titel: Neue Original-Romane d. Deutschen. Bd. 37.

Romwei, L. G. W., s. Brymsthön, Receptaschenbuch.

Roemwolt, Gottwalt, aus Sandersleben (Anhalt): Zur Natur der farblosen und farbigen Derivate des Succinylobernsteinsäureäthers. *Würzburg 1902: C. J. Becker.* (74 S.) 8°
Würzburg, Phil. Diss. v. 1902

Ron, A. J., Ein deutscher Handwerker. Eine Erzählung aus den Volkskreisen Wiens. Gr. 8. (21 S.) Böhm.-Leipa: Künstner 1891. —.30

Rona, Dr. Ludwig, Major. Geschichte des k. u. k. Infanterie-Regimentes Adolf Grossherzog von Luxemburg, Herzog zu Nassau Nr. 15 1701—1901. 4. Prag 1901.

Rona, Samuel

Róna, S., dermatologische Propädeutik. Die entzündl. Erscheingn. der Haut im Lichte der modernen Pathologie. 7 Vorlesgn. f. Ärzte u. Studierende. (VII, 143 S.) 8. Berlin 909. J. Springer. 3. 60

Róna, Sigm., der jährliche Gang der Temperatur in Ungarn, s.: Publikationen der kön. ung. Reichsanstalt f. Meteorologie u. Erdmagnetismus. 3. Bd.

— u. L. Fraunhoffer, die Temperaturverhältnisse v. Ungarn, s. a. Publikationen der königl. ung. Reichsanstalt f. Meteorologie u. Erdmagnetismus. 6. Bd.

Róna, S. und **Fraunhoffer,** L., Die Temperaturverhältnisse von Ungarn. [Publikationen des k. ungar. Reichsanstalt für Meteorologie und Erdmagnetismus. 1904. Bd. 6.] Fol. (III, 155 S. mit 5 Karten.) † Budapest: Toldi 1904. K 4.—

Róna-Sklarek, Elisabet

Ungarische Volksmärchen. Ausgew. u. übers. von Elisabet Sklarek [d. i. **Róna**-Sklarek]. Mit e. Einl. von A[dolf] Schullerus. [Nebst] Neue Folge. Leipzig: Dieterich 1901-09. 8° [10. 5165

Róna-Sklarek, Elisab., ungarische Volksmärchen. Ausgewählt u. übers. Neue Folge. Mit Unterstützg. der ungar. Akademie der Wissenschaften. (VIII, 313 S.) 8. Leipzig 909. Dieterich. 5.—; geb. 6. —

Ronai, Armin, der Kampf ums Mandat, s. a. Kürschner's Bücherschatz.

Ronai, Armin: Der Kampf ums Mandat. Eine lustige Wahlgeschichte. Nach d. Ungar. von –. Mit Ill. von W. Roegge. Berlin, Leipzig: Hillger [1908]. 111 S. 8°
(Kürschners Bücherschatz. Nr 636.)

Ronai, Armin, Lebenskünstler, s. a. Kürschner's, J., Bücherschatz.

Lebenskünstler. Humorist. Roman von Armin **Ronai**. Frei nach d. Ungar. Mit Ill. von A. Lewin. Berlin, Eisenach, Leipzig: H. Hillger [1905]. (112 S.) 8° [F.]
= **Bücherschatz,** Kürschners. No 469. [07. 13287

Ronai, Armin, u. Andere, Licht u. Schatten. Heitere u. ernste Skizzen. 8. (149 S.) Mannheim 896. J. Bensheimer's Verl. n. 1. 50

— Der Sommerarzt u. andere Novellen, s.: Universal-Bibliothek.

— im Wechsel des Lebens. Ernste u. heitere Geschichten. Nach dem Ungar. (219 S.) 8. Straßburg 906. J. Singer. n. 3. —; geb. in Leinw. n. 4. —

Ronai, J., Zion u. Ungarn. gr. 8. (35 S.) Balázsfalva 897. (Budapest, S. Deutsch & Co.) n. 1. —

RONAI, Johannes: Doctrina sancti Pauli apostoli de dominio et de labore ex epistolis eiusdem apostoli enucleata. — (1904) 86 Bl 4° (Handschr.) Diss. 764
Diss. Wien, Univ

RÓNAI, STEPHAN: Das natürliche Christentum. Aphorismen herausgegeben von Eugen Heinrich Schmitt. Leipzig 1894: Jansen. XVI, 62 S. - 190 mm

Ronalds, Eduard (London)
Ueber die Oxydation des Wachses durch Salpetersäure.
[In: Annalen d. Chemie u. Pharmacie, Bd 43 (1842) 356.]
Dr. phil. Giessen 2.8.1842.

Ronardo, Carmelia. Trauersp. von Schwarz. 8. Bayreuth, Lübeck. 788.

Rónay, Steph., das natürliche Christenthum. Aphorismen. Hrsg. v. Eug. Heinr. Schmitt. gr. 8. (XVI, 62 S.) Leipzig 893. A. Janssen. Geb. in Leinw. n. 1. 50

Rónay, Stephan, Das natürliche Christentum. Aphorismen. Herausgegeben von Eugen Heinrich Schmitt. Leipzig, Janssen, 1894, 8°, XVI, 62 S., geb. in Leinw. 1,50 Mk.

— Gedichte. 8. (VIII, 310 S.) Ebd. 894. Geb. in Leinw m. Goldschn. n. 6. –

Rónay, Stef., Gedichte. 2. Aufl. (228 S.) 8. Hamburg 908. A. Janssen. Geb. in Leinw. 3. —

Rónberg Madsen, Georg: Bischof N. F. S. Grundtvig und seine Bedeutung als Pädagog. Langensalza 1905: H. Beyer & Söhne. (VI, 124 S.) 8°
Jena, Phil. Fak., Ref. Rein, Diss. v. 27. Juni 1905
[Geb. 9. Mai 77 Faaborg auf Fünen; Wohnort. Faaborg; Staatsangeh. Dänemark; Vorbildung. Gymn. Kopenhagen Reife O. 95; Studium: Kopenhagen 5, Jena 4 S.; Rig. 14. Mai 04.]

Roenberg, J. H. De delirio tremente. D. Halae. 1823.

Ronca, Joseph s. Hartmann Ludwig. und Ronca, Joseph

(Ronca, J[oseph].) Der ein und dreyßigste Jänner und der erste März 1798 Zwey merkwürdige Täge für Luzern. 8 o O

Ronca, Louis de, Fables imitées de l'allem. et de l'espagnol. 2 Vol. gr. 8. Berl. Quien. 803.

de Ronca, Louis, fables imitées de l'allemagne et de l'espagniole. II Vols. gr. 8. Berl. 803. (Rücker). 1 ℔

— s. Benj. Delbecke, Anastasii.

Roncador, Bruno Heinrich: Wesen und Wirkung der Agrarzölle. Halle a. S. 1910: Hohmann. 221 S. 8° ¶ (Auch als: Sammlung nationalökon. u. statist. Abhandl. d. staatswiss. Sem. zu Halle. Bd 63. 1911.)
Halle, Phil. Diss. v. 27. Sept. 1910, Ref. Conrad
[Geb. 26. Febr. 87 Wilkau, Sachsen; Wohnort: Ober-Rengersdorf; Staatsangeh.: Preußen; Vorbildung: Gymn. Görlitz Reife O. 07; Studium: Halle 2, Heidelberg 3, Halle 1 S.; Rig. 21 Juni 10.] [U 11 1803

Roncador, Bruno Heinr., Wesen und Wirkung der Agrarzölle. 8°. Jena, G. Fischer. 1911. (Sammlung nat.-ökonom. u. statist. Abhandlungen d. staatswissenschaftl. Seminars zu Halle a. S., Bd. 63.)

Roncagliac, Constantin, theologia moralis. II Tom. fol. Augsb. Wolf. 736.

Roncali, Angelo, moderne italienische Handelskorrespondenz nebst Formularien. Systematisch zusammengestellt als Anleitg. zur Verfassg. der gebräuchlichst. kaufmänn. Briefe u. Dokumente f. Handelsschulen u. zum Selbstunterricht. Aus dem wirkl. Handelsverkehr gesammelt u. bearb. (Sammlung kaufmänn. Sprachbücher.) gr. 8. (VIII, 56 S.) Leipzig (900). Dr. L. Huberti. Geb. in Leinw. n. 2.75

Roncali, Leone, Beiträge zur Legalisirungsfrage in Oesterreich. gr. 8. (55 S.) Wien 873. Manz. n. — 60

Roncali, L., Notarenstand u. Notariat in Oesterreich. Wien 867. (Sallmayer & Co.) 8. (VII, 147 S.) n. 20 ngr.

Roncali, Dr Leone, Civil-Gesetzbuch d. Königr. Italien. 8. (XVI u. 413 S.) Wien, Alfred Hölder. 3 fl. 1884

Roncalli, F., hist. morborum, c. observat. illustr. fol. maj. Brix. Mortier. 741.

Ronceaux, Schloss. Nach einem alten Manuskripte. Breslau 1850. V: *Köckritz, Marie von.* (Ky)

Ronceaux, Schloß. Nach einem alten Manuskripte. (Roman v. Marie v. Köckritz.) 3 Thle. 8. (193. 179 u. 190 S.) Breslau 850, Kern. 2²/₃ ℔

RONCHETTI, Josef Die theosophischen Richtungen des apostolischen Zeitalters. — (1907) XII, 97 Bl 4° (Handschr.) Diss. 85
Diss. Wien, Univ.

Ronchini, Phil. M., Dolorosa. Andachten und fromme Uebungen zur schmerzhaften Mutter Maria nebst einer kurzen Uebung des heil. Kreuzweges. Nach dem Italien. bearb. von einem Priester des Franziskaner-Ordens. 12. (81 S. mit 1 Holzschnt.) Paderborn 859, Schöningh. *

Gewölbeschmuck im Römischen Altertum. Studien u. Aufnahmen von Konstantin Ronczewski, Architekt, Doc. zu Riga. Hrsg. vom Verf. *Berlin G. Reimer 1903.* (VI, 46 S., 30 Taf.) 4°(8°) (03. 1303)

Röndahl, H., Wilhelm Tell. Der deutschen Jugend in poet. Form erzählt. (8 S.) gr. 8. Danzig 909. A. W. Kafemann. — 15

Rondani, Camillo, dipterologiae Italicae prodromus. Vol. I. Et. s. t.: Genera Italica ordinis dipterorum ordinatim disposita et distincta et in familias et stirpes aggregata. 8. (228 S.) Parma 856(58). (Mailand, Fajini und Comp.) *

Rondayes de Mallorca. 8. (IV, 230 S.) Würzburg 895. L. Woerl. Geb. in Leinw. n. 5. —
Die deutsche Ausg. erschien u. d. Namen d. Verfassers: Ludwig Salvator, Erzherzog.

Ronde, Aloys [aus Wittlich (Rheinprov.)]: Über die Ätiologie der Bronchiectasie. Würzburg, Becker's Univ.-Buchdr., 1886; 35 S. 8°
Würzburg, Med. Fak., Inaug.-Diss. v. 1886.

Ronde, Aloys, über die Ätiologie der Bronchiectasie. Diss. Würzburg 1886, Stahelsche Univ.-Buchh. 8°. 35 S.

Ronde, Hans, a. Homburg i. Rheinpfalz, Rechtsprakt. am Kgl. Landgericht Nürnberg: Mittelbare Täterschaft. Borna-Leipzig 1907: R Noske. (VIII, 69 S.) 8°
Erlangen, Jur. Fak., Ref. Allfeld, Diss. v. 17. Dez. 1907
[Geb. 6. Febr. 83 Homburg Wohnort: Nürnberg; Staatsangeh.: Bayern; Vorbildung: Gymn. Zweibrücken Reife 01; Studium: München 3, Kiel 1, Freiburg i. B. 2, Erlangen 2 S, Rig. 29. Okt. 07.]

Ronde, Jacob: Untersuchung des blauen Farbstoffes, welcher in den Kleberzellen einiger Gramineen vorkommt. *Berlin 1898: Ch. Wiegler Nachf.* (35 S.) 8°
Erlangen, Phil. Diss. v. 2. Febr. 1898

Ronde, Julius [pr. Arzt aus Wittlich '(Rheinl.)']: Zur Ätiologie der Herzschwielenbildung ... Würzburg, P. Scheiner's Buchdr., 1893; 30 S. 8.
Würzburg, Med. Fak., Inaug.-Diss. v. 1893

Rondeau, P., Dictionnaire franç.-allem. et allem.-français, corrigé et augmenté. II Vols. 4. Leipz. 765. (Brockhaus). 6 ℳ 8 gr

Rondeau, P., Dictionnaire franç.-allem. et allem.-franç. revu, corrigé et augmenté. II Tom. 4. Leipz. Gleditsch. 765.

— Grammaire nouv. franç. pour les allemands. 8. ibid. 716.

Rondelet, J., theoret.-prakt. Anleitung zur Kunst zu bauen. 5 Bde. Mit d. 210 Kpfr. (Roy.-Fol.) d. Pariser Orig.-Ausg. Nach d. 6. Aufl. a. d. Franz. übers. Lex.-8. (146¼ B.) Darmstadt 833—36, Leske. Subsc.-Pr. à 5 Thlr.
1. u. 2. Bd. übers. u. mit Zusätzen begl. v. C. H. Diestelbarth, 3—5. Bd. übers. v. J. Heß.
Der Text apart, 13 Thlr.

Rondelet, J., Handbuch d. Maurers u. Tünchers. Lex.-8. (17 Kpfrt. u. 8 B. Text.) Darmstadt 835, Leske. *

— Supplemente zu Joh. Rondelets theoretischer u. practischer Abhandlung über die Kunst zu bauen, von G. Abel Blouet. Aus dem Französischen von E. F. Vogel. Leipzig 1849. 8 u. Fol. (Unvollst. nur bis S. 224.)

—— die Zimmerwerkskunst. Lex.-8. (60 Kpfrt. u. 14 B. Text.) Darmstadt 835, Leske. *

Rondet, Laur. Steph.

Rondet, (zu Paris) Hebamme, Frau, Abhandlung über die Vesico-Vaginal-Hernie, oder über den Bruch der Blase durch die Vagina und über die besten Mittel, demselben abzuhelfen, nebst einigen Beobachtungen, welche auf verschied. andere Dislocationen der Gebärorgane Bezug haben, u. durch die Anwendung der Pessarien geheilt wurden. Für Deutschland mitgetheilt nebst Zusätzen von J. F. W. Nevermann. Mit 1 Taf. Abbild. gr. 8. Quedlinburg 839. Basse. 5/12 ℳ

Rondet, Laur. Steph., Harmonie der historischen Bücher des A. Bundes, vorzüglich um die Bücher der Könige, Chronikon und Makkabäer verständlich zu machen. Übersetzt von Burchard Bollert. Augsburg, Wolf, 1792, 398 S., 8°

Rondholz, Fr. Topographische Karte des Bergischen Landes. 1 : 60 000. Barmen 1889. 1 Bl. c. 1

Rondholz, Fr. Topographische Karte d. Bergischen Landes. Nach den Generalstabskarten, neuesten Kreis- u. Special-Karten bearb. u. nach örtl. Ermittelgn. ergänzt. 1 : 60,000. Neuer revid. u. verm. Abdr. Farbendr. 64×86 cm. Barmen 892, H. Inderau Nachf. * 4 —; m. Stäben ** 5 —; auf Leinw. * 5 50 In Mappe ** 6 50; m. Stäben ** 7 50

Rondholz, Fr. Topographische Karte der Umgebung von Elberfeld u. Barmen. 1 : 60,000. [Aus: „Topograph. Karte d. berg. Landes".] Farbendr. 40,5×46 cm. Barmen 892, Inderau Nachf. * 1 —

Rondina, F. Xaver, der greise Täufer. Schauspiel in 5 Aufzügen. Nach der 6. italien. Aufl. ins Deutsche übertr. v. J. Buhr. 12. (60 S.) Paderborn 894. J. Esser n. — 80

Rondke, *Gustav August* Wilhelm [pr. Arzt aus Görlitz '(Schles.)']: Ueber subperiostale Amputationen ... Marburg, *Druck v. G. Dressler in Görlitz*, 1892; 27 S. 8.
Marburg, Med. Fak., Inaug.-Diss. v. [9. Jan.] 1893

Rondo, das, Lustsp. von Brigel. 8. Leipz. Crusius. (W. Vogel.) 781.

RONDO, Camillo (ps.), Memoiren eines bekehrten Sünders. Stuttgart 1829. 8°. Sehr selten!
Citirt Kayser ohne Angabe der Adresse und des Ladenpreises.

Rondolini, L.

— Diss. med. funiculi umbilicalis. 8. Wien 770. Trattner. 2¼ gr

Rondolini, L., opuscula, sist. aliquot hist. med. 8. Triest 792. (Andrä in Leipz.) 7 gr

Rondon, J., neue franz. Sprachlehre. gr. 8. Leipz. Crusius. (F. C. W. Vogel.) 793.

Rondonneau, L., s. a. Handbuch d. Einregistrirungs-, Stempel-, Greffe- u. Hypothekenwesens.

Rondonneau, L., Handbuch d. Einregistrirungs-, Stempel-, Greffe- u. Hypothekenwesens, aus d. Franz. von G. J. F. Nöldecke. 2 Thle. 8. Oldenb. Schulze. 812.

Rondorf, Josef, a. Bonn-Grau-Rheindorf: Die westfälischen Städte in ihrem Verhältnis zur Hanse bis zum Beginn des XVI. Jahrhunderts. Bonn 1905: C. Georgi. (VI, 87 S.) 8°
Münster, Phil. Fak., Ref. Meister, Diss. v. 14. Okt. 1905
[Geb. 25. Sept. 78 Grau-Rheindorf; Wohnort: Münster; Staatsangeh.: Preußen; Vorbildung: Gymn. Bonn Reife O. 00; Studium: Bonn 7, Münster 4 S.; Rig. 3. Aug. 05.]

Rondorf, Wilhelm, Arzt aus Köln a. Rh. ⟨Aus d. Universitäts-Frauenklinik zu Berlin.⟩ Über schwere Geburtsstörungen nach Vaginofixatio uteri. *Berlin (1900): G. Schade.* (28 S.) 8°
Berlin, Med. Diss. v. 19. Juli 1900

Rondorfer, A. J., Wetterleuchten. Ein Lebensbild aus Deutschböhmens Bergen in 4 Abthlgn. 8. (93 S.) Wien 900. B. Thiel. n. 1. 50

Roner, Anna. Prinz Goldhaar und die Gänsehirtin. Märchenspiel in drei Aufzügen ⟨acht Bildern⟩, einem Grimmschen Motive nachgedichtet von A' R'. Musik von Hans Jelmoli. [Umschlag illustriert.] 84 S. 8. Zürich, Rascher & Cie., 1910. [fr. 2. —]

Ronfort, Fr., s.: Charakterbilder, geograph., aus Schwaben.

Rong, Fr. Wilhelm

— Anleit. zur gründl. Tonartenkenntniß in dialog. Lehrart, zur Selbstbelehrung f. die Anfänger d. Musik. Fürs Pianoforte. Mit 10 Tabellen. ... 814. ...

Rong, Fr. Wilh., Autobiographie, poetisch dargestellt. Mit d. Portr. d. Verf. 8. Lütgenhof 821.

— Betrachtt. über d. Natur. 8. ... 822.

— Elementarlehre am Klavier. Berl. 786.

Rong, Fr. Wilh., theor. prakt. Handb. d. Tonartenkenntniß. gr. 4. Berl. Lange. 804.

— theoret.-prakt. Handbuch über die Tonartenkenntniß. gr. 4. Berl. 804. (Reimer). 16 gr

— Versuch e. Elementarlehre f. d. Jugend am Klavier. Mit 17 Tabellen. Berl. 793.

Tirannenmonument von Buri, bei der Nachricht der siegreichen Schlacht bei Belle-Alliance in Musik gesetzt von W. F. Rong. Bellin bei Güstrow: 1816. Kl. 1817.

Ronge's, Johannes, Charakter, Lehre u. Wandel. Nach der Wahrheit beleuchtet. 2. Aufl. 8. (1 B.) Ulm 846, (Heerbrandt u. Thämel.)

Ronge u. Czerski. Erhebung des evangel. Geistes gegen die röm. Hierarchie. Eine historische Skizze. 2. Aufl. gr. 8. Jena 845, Mauke. 1/4 ꝑ

Ronge u. Czerski zur Kirchenversammlung in Leipzig. Eine Denkschrift zur Erinnerung an das Concil u. die Osterfeier der deutsch-kath. Gemeinde zu Leipzig. Nebst drei Worten des Herrn an die Baumeister seiner Kirche in Deutschland. 2. Aufl. gr. 8. (3 B.) Leipzig 845, Brauns. Thlr.

—— seine Gegner u. sein Verhältniß zur kathol. Kirche. Beleuchtet von e. Unparteiischen. gr. 8. (2 B.) Leipzig 846, Otto Wigand.

Ronge der Held des Tages. Dat. S. 123—8.

—— Herr Johannes, mit Gründen widerlegt, f. Katholiken u. Protestanten. gr. 8. (4 1/4 B.) Mainz 844, Kirchheim, Schott u. Thielmann.
Aus: Mainzer kathol. Sonntagsblätter 2c., besond. abgedruckt.

—— Johannes, u. seine Irrthümer. gr. 12. (1 B.) Münster 844, Theisingsche Buchh.
Aus: Sonntagsblatt f. kathol. Christen, besond. abgedruckt.

—— Johannes, der Kämpfer f. Licht u. Wahrheit im 19. Jahrhundert. Biograph. Mittheilungen von dessen Studienzeit bis zur Gegenwart. Von einem ehemal. Kommilitonen. 4. Aufl. 8. (1 B.) Breslau 845, Günther'sche Buchh. *

—— Herr Johannes, der falsche „kathol. Priester," u. die schlechte Presse. 8. (3 1/4 B.) Mainz 844, Kirchheim, Schott u. Thielmann.
Aus: Der Katholik 2c., besond. abgedruckt.

—— Johannes, u. der heil. Rock. Ein Beitrag zur Geschichte des 19. Jahrhunderts. 2. Aufl. 8. (2 1/2 B.) Arnstadt 845, Meinhardt.

—— Leben u. Wirken nebst den seine Degradation u. Excommunication veranlaßten Aufsätzen: „Rom u. das breslauer Domkapitel" u. „Urtheil eines kathol. Priesters über den heil. Rock zu Trier." 3. Aufl. 16. (3 B.) Jena 845, (Luden.)

—— der Reformator (?), od. des Teufels Lustspiel, aufgeführt in der Sitzung der f. g. deutsch-kathol. Gemeinde zu Breslau. 12. (1/2 B.) Düsseldorf 845, [Cöln, Roschütz u. Comp.] *

—— erste Rundreise zu den christ-kathol. Gemeinden Schlesiens, Sachsens u. der Mark Ostern 1845. Denkschriften f. alle Christ-Katholiken bearb. von e. seiner Begleiter. gr. 8. (2 3/4 B.) Breslau 845, Schulz u. Comp. *

Ronge u. Herr Joh. Sporschil. Von einem kath. Laien. Leipzig, Berger, 1845, gr. 8°.

—— u. Uhlich. Oder die Union der protestant. u. kathol. Lichtfreunde. Eine Schrift f. Protestanten u. Katholiken, die noch Augen haben, zu sehen, u. Ohren, zu hören. gr. 8. (2 B.) Magdeburg 845, Falckenberg u. Comp. *

Ronge, Benj., die Destillirkunst prakt. angewandt od.: Gründliche, leichtfaßl. u. vollständ. Belehrung reinen fuselfreien Spiritus od. Weingeist herzustellen 2c.; die verschiedensten geistigen Getränke wie: Rosoglien, Liqueure, Crèmes, Ratafia, Elixire 2c. zu fabriciren. Auf vieljähr. prakt. Erfahrungen gegründet. Mit 5 lith. Taf. (in qu. 4.) 8. (XIV u. 178 S.) Wien 852, Sallmayer & Co. 1 ꝑ

Ronge, Carl, s. Ronge, Karl

Ronge, Hans

Ronge, H., die moderne Behandlung Herzkranker nach hygienischen u. physikalisch-diätetischen Grundsätzen in allgemein verständl. u. krit. Darstellung. (16 S.) gr. 8. Hirschberg (904). (Görlitz, Finster.) n. — 75

Die moderne Behandlung Herzkranker nach hygienischen und physikalisch diätetischen Grundsätzen in allgemein verständl. u. krit. Darstellung von Dr med H[ans] Ronge. 2 Aufl. Görlitz Finster in Komm. (1904). (14 S.) 8° [Umschlagt.] 05. 4821 2

Ronge, Hans: Casuistischer Beitrag zur pathologischen Anatomie des Herzaneurysmas. *München 1898: Kastner & Lossen.* (27 S.) 8°
München, Med. Diss. v 1898

Grundzüge der Entstehung, Verhütung u. modernen Behandlung chronischer Krankheiten. Dargest. als Leitfaden f. d. Behandlung u. Kur in Sanatorien von Dr med. H[ans] Ronge, Bertelsdorf. (Hirschberg i. Schl.) 1904 (Gen.-Anzeiger f. d. Rsgb.). (39 S.) 8° [Umschlagt. J.] 05. 4487 2

Ronge, J., die Post u. Telegraphie in Hamburg. Denkschrift zur Einweihung des neuen Reichs-Post- u. Telegraphengebäudes am Stephansplatz. Lex.-8. (III, 55 S. m. Titel u. 1 Taf. in Lichtdr.) Hamburg 887. (Boysen.) n. 2. —

Ronge, J., Rechtfertigung. 3. Aufl. 8°. Jena 1845.

Ronge, Johs., Anleitung zum Kindergarten-System als Ergänzung der Familienerziehung. 1. Thl. enth. die Behandlg. der Gesetze d. menschl. Organismus u. Geistes od. Physiologie u. Psychologie d. Kindheitalters. gr. 8. (32 S.) Budapest 870. (Aigner.) n. — 60

Ronge, Johs., Antwort auf die Rede des Kultusministers Hrn. v. Puttkamer am 17. Decbr. 1879 über Confessions- und Simultanschule. 1. und 2. Aufl. 8. (21 S.) Berlin, Mrose. *

Ronge, Johs., Antwort auf die Rede des Kultusministers Hrn. von Puttkamer am 17 Decbr. 1879 über Confessions- u. Simultanschule. 2. Aufl. 8. (21 S.) Berlin 880. Mrose. n. — 50

— die 14 Artikel des Badischen Ministeriums wider die Deutschkatholiken. gr. 8. Dessau 846, Neubürger. (Leipzig, Friese.) n. 2 ngl

Ronge, Johs, Aufruf an die deutschen Männer u. Frauen, nebst Grundbestimmungen der freien Kirche. gr. 8. (16 S.) Hamburg 850, Niemeyer 3 ngl

Ronge's, Johs., Brief an Bischof Arnoldi v. Trier. Mit e. Einleitg. u. Nachwort v. Gust. Tschirn. (Bibliothek der Aufklärg.) (32 S.) 8. Frankfurt a/M. 908. Neuer Frankfurter Verlag. — 30

Ronge, Johs., offener Brief an den Tetzel d. 19. Jahrh., Bischof Arnoldi v. Trier, s. Henning, Ludw., der heilige Rock zu Trier im J. 1844 u. 1891.

— kathol. Dichtungen. 1. Hft. 8. (3 B.) Dessau 845, Neubürger. (Leipzig, Friese.) *

— Europa darf nicht kosakisch, Europa muß frei werden. Ein Sendschreiben. 1—3. Aufl. gr. 8. (10 S.) Hamburg 849, [Heller.] *

— neue u. doch alte Feinde. 8. (1 B.) Dessau 845, Neubürger. (Leipzig, Friese.) *

— Neue und doch alte Feinde 2. Aufl. Dessau, H. Neubürger 1845. 15 S. 8.

— An die niedere katholische Geistlichkeit. Jena, Fr Frommann 1845. 14 S. 8.

— An die niedere katholische Geistlichkeit. 2. Aufl. Altenburg, Schnuphase 1845. 14 S. 8.

— An meine Glaubensgenossen und Mitbürger Altenburg, Schnuphase 1845 15 S. 8.

— an meine Glaubensgenossen u. Mitbürger. gr. 8. (1 B.) Altenburg 845. (Breslau, Schulz u. Comp.) *

— wider die standrechtl. Hinrichtungen in Baden. Sendschreiben an das deutsche Volk. [Abdr. aus d. Schweizerischen National-Zeitung.] gr. 8. (8 S.) (Basel 849, Schabelitz.) n. 2 ngr

— an die kathol. Lehrer. gr. 8. (½ B.) Altenburg 845. (Breslau, Schulz u. Comp.)

— Maria, od.: die Stellung der Frauen der alten u. neuen Zeit. Eine Erwiderung auf das Rundschreiben des Papstes wegen dringender Verehrung der Maria. gr. 8. (15 S.) Hamburg 849, Niemeyer. 3 ngr

— Deutschlands Neugestaltung. Ein Wort der Ermunterung. gr. 8. (16 S.) Leipzig 848, Blum & Co. (jetzt: Friese.) n. 1/12 rß

— Deutschlands Neugestaltung. Ein Wort der Ermunterung. gr. 8. (16 S.) Leipzig 848, [Matthes.] *

§ **RONGE**, Johannes (Stifter der deutsch-kathol. Secte). — Johannes Norge (Ronge), oder Selbstbekenntnisse eines Cölibatärs. Rudolstadt 1845. 8°. Selten! 350 S. Scharfe Anklage gegen Rom wegen des Cölibats.

— kirchtägliche Perikopen oder neue Auswahl von Lehrabschnitten aus den Evangelien u. Episteln des neuen Testaments für die christkathol. Kirche auf alle Kirchtage des Jahres. 8. (3⅔ B.) Dessau 845, Neubürger. (Leipzig, Friese.) *

Ronge, Johannes Rechtfertigung. 2. Aufl. Altenburg, Schnuphase 1845. 51 S. 8.
— Dasselbe 3. und 5. Aufl. Jena, Fr Frommann 1845. 46 S. 8.

— Rede, gehalten bei der erstlichen gottesdienstlichen Feier der freien christlichen Gemeinde zu Bremen den 11 Juli 1847 (Bremen 1847.) 12 S. 8.

— Rede, gehalt. am 18. Octob. 1845 bei Konstanz auf der schweizer Gränze. 8. (⅓ B.) Dessau 845, Neubürger. (Leipzig, Friese.) *

— Rede, gehalt. am 23. Septb. 1845 in der Münsterkirche zu Ulm. 8. (1 B.) Ulm 845, Rübling.

— zwei Reden gehalt. in der deutschkathol. Gemeinde zu München. 1. Rede am 19. Novbr. 1848. 2. Rede am 26. Novbr. zur Todtenfeier Robert Blum's. gr. 8. (24 S.) München 848, Franz in Comm. 2 ngr

— Religion u. Politik. gr. 8. (39 S.) Frankfurt a. M. 850, Literarische Anstalt. 1/6 rß

— die römische u. deutsche Schule. 1. Hft. 8. (2 B.) Dessau 846, Neubürger. (Leipzig, Friese.) *

Ronge, Johs., Sendschreiben an die Katholiken Deutschlands. 2. Aufl. Frankfurt a. M. 863. (Wiesbaden, Limbarth.) gr. 8. (12 S.) n. 2 ngr

(**Ronge**, Johannes.) Urtheil eines katholischen Priesters über den heiligen Rock zu Trier. (Aus den sächsischen Vaterlandsblättern, datirt Laurahütte 1844 Okt. 12.) 4 S. 8.

— das Verhältniß der jungen Kirche zur socialen Frage. gr. 8. (42 S.) München 848, (Franz.)

— das Wesen der freien christlichen Kirche. 12. (VI u. 88 S.) Hamburg 847, Hoffmann & Campe. ¼ rß

— Zuruf. gr. 8. (1 B.) Dessau 845, Neubürger. (Leipzig, Friese.) *

— Ein Zuruf an die Nichtbevorrechteten. 8°. Breslau 1848.

Ronge, Karl

Ronge, Carl, aus Königsberg in Franken: **Beitrag zur Petrographie des Fichtelgebirges.** *Breslau 1897: Bresl. Genossenschafts-Buchdr.* (22 S.) 8°
Erlangen, Phil. Diss. v. 1897.

Ronge, Max, Schiedsrichter. Mit 1 Textskizze, 1 Kartenbeilage u. 3 Oleaten. (39 S.) gr. 8. Wien 907. L. W. Seidel & Sohn. 1.30
Sonderabdruck aus „Streffleur's militär. Ztschr."

Ronge-Album. Den deutsch-kathol. Gemeinden u. ihren Freunden geweiht. (10⅓ B. u. 1 Stlbld.) Jena 845, Mauke.

Rongelieder. — Die religiösen Ideen der Gegenwart. 16. (6 B.) Stuttgart 845, (Dittmarsch u. Comp.) *

Rongen, J., kleiner Pfaffenspiegel od. kostbare Reliquien, meist aus dem goldenen Zeitalter der röm. Hierarchie. 2. Aufl. 8. (31 S.) Landsberg a. W. 871. Volger & Klein. — 30

Rongen, J., kostbare Reliquien, meist aus dem goldenen Zeitalter der römischen Hierarchie. gr. 8. (2 B.) Landsberg 845, Volger u. Klein. Thlr. *

Rongethum, über das, u. seine Zulässigkeit in Bayern, jedem bayerischen Unterthanen kathol. u. protest. Confession bei Gelegenheit des heurigen Landtages gewidmet von e. Regensburger Invaliden. gr. 8. Regensburg 846, Pustet. 1/6 rß

Rongger, Niklaus [aus Valendas (Kt. Graubünden)]: Über die Bestandteile der Samen von Picea excelsa (Link). Morseburg 1898. 32 S. 8°.
Zürich. Phil. Diss. II. S. 1898/99.

Ronicke, Herm., bedeutsame Novembertage f. d. deutsche Volk u. f. d. Altmärker insonderheit. (1. E. Kaiserjagd in Letzlingen. 2. Aus d. Franzosenzeit. Erinnergn. e. Altmärkers. 3. Mittheilgn. zur Schlacht bei Roßbach nach Aufzeichngn. im Pfarrarchiv zu Neumark. 4 Der 10. November u. s. Bedeutg. f. d. deutsche Volk.) gr. 8. (21 S.) Gardelegen 897. J. Manger. n. — 60

Rönickius, Jh. Tob., († ...) poëtarum germanorum recentior. carmina latin. selecta. II Tomi. 8. Helmst. 749—51. (Weygand in Leipz.) 1 rß 16 gr

Rönigk, Weck und Strauß, Lehr- und Lern-Büchlein, s. Weck.

Ronin, Max

Ronin, M., Jagden in fünf Weltteilen. Eine Sammlg. der interessantesten Tier- u. Jagdabenteuer. Mit 4 Bildern in Farbendr. nach Aquarellen v. H. Leutemann. gr. 8. (VIII, 504 S.) Stuttgart 888. Gundert. geb. n. 6. —

Ronin, Max, Jagden in fünf Weltteilen. E. Sammlg. d. interessantesten Tier- u. Jagdabenteuer. M. 1 Titelbild in Farbendr. 2. Aufl. gr. 8. (416 S.) Stuttgart 898. D. Gundert. Geb. in Leinw. n. 3. —

Ronin, Max, Kämpfe in der Südsee. Abenteuer u. Erlebnisse zu Wasser u. zu Land. f. die Jugend hrsg. Mit 1 Farbendr., 8 Vollbildern u. vielen Holzschn. gr. 8. (415 S.) Stuttgart 900. D. Gundert. Geb. in Leinw. 4.50

Ronin, Max, der sibirische Zobeljäger u. andere Erzählungen, s.: Sonntagsbibliothek. Nr. 29.

Rönisch, C., Gesangstoffe f. höh. Schulen. Theorie, 2- u. 3stimm. Lieder u. 4stimm. gem. Chöre. 12. (II, 102 S.) Görlitz 895. F. Fiedler. Kart. n. — 90

Rönisch, C., Gesangstoffe f. höhere Schulen. Theorie, 2- u. 3stimm. Lieder u. 4stimm. gemischte Chöre. Neu bearb. v. R. Adam. 3. verm. u. verb. Aufl. 8. (II, 112 S. m. 2 Fig.) Görlitz (900). F. Fiedler. Kart. n. — 90

Rönisch, C., Gesangstoffe f. höhere Schulen. Theorie, 2- u. 3stimm. Lieder u. 4stimm. gemischte Chöre. Neu bearb. v. R. Adam. 4. verm. u. verb. Aufl. (II, 112 S.) 8. Görlitz (904). F. Fiedler. Kart. n.n. — 80

Ronke, Wilhelm [Dir.]: *Die Enthüllung des Nieberding-Denkmals in Gleiwitz am 17. Nov. 1895.* Gleiwitz, Neumann's Stadtbuchdr., *1896;* 22--24 S. 4.
Gleiwitz, k. kath. G, OP 1896 (187)

Ronke, Wilhelm [Dir.]: Die letzten 25 Jahre des Gymnasiums zu Gleiwitz als Beitr. zu e. Geschichte d. Anstalt. (Forts. v.. Carl Nieberding, Gesch. d. Gründung u. Entw. d. Gymn. . . Festschr 1866.) Gleiwitz, Neumann's Stadtbuchdr., *1891;* S. 1—41; 4°
Gleiwitz, k. kath. G, Festschr 1891 (180)

Ronketti, Bozen, Gries u. Umgebgn., s.: Grieben's Reisebücher.

Ronkiti-Hafen [Schlagwort]

Ronkiti-Hafen, s.: Seekarten.

v. Rönn, (C. W.) Erklärung über alles, was im Kalender enthalten ist, nebst einigen Regeln, um künftige Witterung vorher zu bestimmen. 8. Stade 818, Pockwitz. (Lüneburg, Herold u. W.)

Ronna, A., s. Barberi, J. Th., Dictionn. Franç.-Ital.

Ronna, A., Düngerfabrication aus Mineralstoffen, oder: die Kalkphosphate und ihre Anwendung in England. Nebst practischer Belehrung über Werthbestimmung u. rationelle Anwendung besonderer Düngerarten bei dem Anbau bestimmter Getreidearten u. Wurzelgewächse. Aus dem Französ. übers. von Fr. Heller. Prag 864. Credner. gr. 8. (2 Bl., 88 S.) n. 12 ngr

Rönnberg: Das preußische Gesetz, betr. die Losgesellschaften, die Veräußerung von Inhaberpapieren mit Prämien und den Handel mit Lotterielosen (Loshandelsgesetz) vom 19. Juli 1911. Mit e. Anh. Erl. für d. prakt. Gebrauch. Wismar 1911.

Rönnberg, Bernhard Heinrich

* M. *Bernhard Hinrich Roennbergs*, vormahls öffentlichen Lehrers der Rostokschen Hohen Schule, und jetzo der Wismarschen Grossen Stadt-Schule Rektors, erfundne leichte und richtige Ausmessung der Fässer, welche nach der Länge liegen, und nicht voll gefüllet sind. Bey Gelegenheit einer zum rühmlichen Andenken des sel. Herrn *Johann Jurgen Velthusen*, wohlverdienten Rathsverwandten, und vornehmen Kaufmanns gehaltenen öffentlichen Redeübung herausgegeben. Wismar, bey Johann Andreas Berger. 4. 26 S. nebst einer Tafel mit Fig. 1747.

— vernünftige Gedanken von d. Ursachen d. Sonnenkronen, bei Gelegenheit e. Lufterscheinung dieser Art. 4. Wismar 751.

Rönnberg, Bernhard Heinrich [Praes.], s. Sieden, A J J De mundo finito et infinito.

Rönnberg, Bhrd. Hnr., († ...) systema influxus physici distinct. expositum et sua ratione confirmatum. 4. Wismar 751. Berger. 6 gr

Rönnberg, C., biograph. Darstellg. d. Lebens Sr. Maj. d. Kaisers u. Königs Wilhelm I., s.: Zum 100jähr. Geburtstage weil. rc. Wilhelm I.

Rönnberg, C., unser Kaiser Wilhelm. Mit 1 Photographie. 1. u. 2. Aufl. gr. 8. (76 S.) Berlin 881. Militaria. n. — 80

— dasselbe. 3. Aufl. gr. 8. (76 S.) Ebend. 882. n. — 50

Rönnberg, Fr. Wlh., s. Hof, der, Ludwigs XIV.

*Rönnberg, F[ranz] Über Ähnlichkeit und Verwandtschaft im Pflanzenreiche 45 S. 8.
In· Festschrift zur Jubiläums-Feier des 50 jährigen Bestehens der Unterrichtsanstalten der Israelitischen Religionsgesellschaft
Progr. *Frankfurt a. M* 1903 (478).

Rönnberg, F[ranz] Über Ähnlichkeit und Verwandtschaft im Pflanzenreiche. *(Frankfurt a. M 1903: L. Golde.)* (45 S.) 8°
Frankfurt a. M., R der Isr Religions-Gesellschaft, Festschr 1903 (478)

Rönnberg, Frz. Untersuchungen über molekularphysikalische Eigenschaften wässeriger Salzlösungen. 49 S.
Progr. R. isr. Rel. *Frankfurt a/M* 1880.

Rönnberg, Jakob Friedrich

— die patriot. Bemühungen z. Wiederherstellung d. Ruhe Deutschlands, e. Jubelrede. 4. Jena 763. (Knobloch in Leipz.) 4 gr

— die patriotischen Bemühungen zur Wiederherstellung der Ruhe Deutschlands, eine Jubelrede, gehalten in d. Pauliner Kirche zu Jena am Friedensfeste d. 2ten May 1763. 4. Jena, Melchior. (Gabler.) 763.

— über symbol. Bücher, in Bez. auf Staatsrecht. gr. 8. Frankfurt. (Koppe, Rostock. a. B. Fleischer, Leipzig.) 789.

— — dess. 1ste Fortsetz. gr. 8. Ebend. 792.

— üb. symbol. Bücher, in Bezug auf Staatsrecht. gr. 8. Rostock u. Leipz. 789. 2e A. 790. (Stiller in Rostock). 12 gr — Dass. mit e. Fortsetzung. gr. 8. Frankf. 789—92. (Fr. Fleischer in Leipz.) 1 ₰ 8 gr Die Fortsetz. allein 20 gr 2e Fortsetz. 1e u. 2e Abtheil. gr. 8. 793, 94.

Rönnberg, Jak. Fr., († d. 4. Nov. 1809.) üb. Dienstentlassung u. Dienstaufkündigung. 8. Berl. 799. (Duncker u. H.) 14 gr

RÖNNBERG, Jac. F.: Ueb. Dienstentlassung und Dienstaufkündigung. *Berlin*, Fröhlich. 799. 8. (16 Gr.)

RÖNNBERG, Jac. F.: Gemeinnütz. Notiz. v. kais. Privilegium de non appell.; sowohl in allgem., als in besond. Bezieh. auf Mecklenburg. *Rostock*, Koppe. 785. 8. (1 Thl. 12 Gr.)

— Notiz vom kaiserl. Privilegio de non appellando, sowohl im Allgemeinen, als besond. in Beziehung auf Mecklenburg. gr. 8. Rostock 775. (Stiller). 1 ₰ 12 gr

– s.a. Poesien u. Briefe.

POESIEN und Briefe (von *Jacob Friedr. Rönnberg*). Me juvet in gremio doctae legisse puellae . . . . Propert. Jena, Verlegts Chr Fr. Gollner. 1762. 96 S. 8°. (In Berlin · Yl 6516.)
Anon.-Lex. III. p. 283 hat unrichtig „1763" (nach Kayser).

Rönnberg. [Jak. Friedr.]: Ueber Reichsmatrikel, Reichskontingent u. Römermonate sowohl im Allgemeinen als im Bez. auf Meklemburg. Leipzig 1794.

— über Reichsmatrikel u. Reichscontingent, besond. in Mecklenburg. 8. Leipz. 794. Fr. Fleischer. 1 ₰ 4 gr

Roennberg, Jakob Friedrich A. S. 579/29

De tortura quid sibi videatur.
Rostock (Adler) 1770. 31 S. 29056

29056

Rönnberg, Joachim[us] Henricus: Theses, quas loco dissertationis de delirio tremente propediem edendae defendet. Halae (1823) Schimmelpfennig. 2 Bl. 8°
Halle-Wittenberg, Med. Thesen v. 4. Jan. 1823
Ein Exemplar nur in der Library of the Surgeon-General's office in Washington nachweisbar

Roennberg, Joachim[us] Henricus: De vi morborum corporis in animo. Hamburgi 1824 · Meissner 23 S. 8°
[Halle, Med. Diss. nachgeliefert von dem am 4. Jan. 1823 auf Thesen promovierten Verf.]
Geb. [Hamburg 8. 3. 1799]
Ein Exemplar nur in der Library of the Surgeon-General's office in Washington nachweisbar

Rönnberg, Wilhelm

Rönnberg, W. [Referendar] Das Erbrecht von Gortyna Berlin, *Druck v. G. Bernstein* 1889. 41 S. 8
Rostock, Jur. Fak., Inaug. Diss. v. 30. Jan. 1889

Rönnberg, W., das Erbrecht v. Gortyna. Inaug.-Diss. gr. 8. (41 S.) Berlin 888. (Rostock, Stiller.) n. 1. 20

Rönnberg, W., d. Grenzscheidungsklage nach röm. u. gemeinem Recht, sow. nach d. Entwürfen e. bürgerl. Gesetzbuches f. d. Deutsche Reich. [Aus: „Archiv f. bürgerl. Recht".] gr. 8. (VI, 96 S.) Berlin 896. C. Heymann's Verl. n. 2. —

Rönnberg, W., die Lotterievergehen nach mecklenburgischem Landesstrafrecht. gr. 8. (IV, 91 S.) Leipzig-Reudnitz 893. M. Hoffmann. n. 2. —

Rönnberg, Wilhelm, Gerichtsass.: Die kaufmännischen Nebengewerbe der Land- und Forstwirte. Borna-Leipzig 1910: Noske. VIII, 35 S. 8°
Heidelberg, Jur. Diss. v. 25. Juli 1910, Ref. Schröder
[Geb. 20. Nov 82 Rostock; Wohnort Magdeburg, Staatsangeh.: Baden; Vorbildung: Gymn. Baden-Baden Reife Juli 01; Studium: Heidelberg 2, Zürich 1, München 3, Freiburg i. B. 1 S.; Rig. 3. Mai 10.] [U 10. 1990

Rönnberg, Wilh., das Reichs- u. Landes-Lotterie- u. sonstige Glücksspielstrafrecht im Gebiete der preußischen Lotteriegemeinschaft (Preußen, Mecklenburg-Schwerin, Mecklenburg-Strelitz, Lübeck, Reuß j. L., Hessen, Sachsen-Weimar, Sachsen-Meiningen, Sachsen-Altenburg, Sachsen-Koburg-Gotha, Anhalt, Schwarzburg-Sondershausen, Schwarzburg-Rudolstadt, Reuß ä. L., Schaumburg-Lippe, Lippe, Oldenburg). Handbuch f. die Strafrechtspraxis u. den Lotterieverkehr. (XXIV, 536 S.) gr. 8. Rostock 907. C. J. E. Volckmann Nachf. n. 12. —

Friedrich von **Rönne.** Hauptzüge aus seinem Leben und dessen Abhandlung über die Verfassung der vereinigten Staaten. Dem Norddeutschen Parlamente gewidmet v. Julius von Rönne. Berlin. 1867. 8°.

Rönne, Meinen lieben Schülerinnen Den Fräulein Laura und Lyda, bey Ihrer Konfirmation. Mitau 1797. V: *Regiment, Carl Friedrich.* (R-N)

Rönne, von. Entwurf eines Gesetzes f. Dtld. z. Schutze d. Eigenthums an Werken d. Wiss. u. Kunst geg. Nachdruck ..., s. Heydemann, Ludwig Eduard.

Roenne, v., ein Votum in der Kriegsfrage, dem Wahlkreise Lennep-Solingen gewidmet. Stettin 866. Saunier. gr. 8. (31 S.) n. 5 ngr.

Rönne, Fr. v., die allgem. eheliche Gütergemeinschaft im Herzogth. Cleve u. der Grafsch. Mark. Eine mit erläut. Anmerkn. begleit. Zusammenstell. der darüber vorhand. Quellen. gr. 8. (25 B.) Halle 852, Buchh. d. Waisenhauses.

—— System d. Preuß. Civilrechts, s. Klein, E. F.

– s. W. F. Wiese, Repertorium d. Preuß. Civilr.

Rönne, Jul.

Roenne, J. v., die Aufgabe d. Laienelements im Strafprozesse. Ein Beitrag zur Verständigg. üb. das Problem der Organisation der deutschen Strafgerichte. gr. 8. (48 S.) Leipzig 876. Roßberg. n. 1. —

Rönne, Jul. v., Friedrich v. Rönne, preußischer Minister-Resident u. im Jahre 1849 deutscher Reichsgesandter bei den Vereinigten Staaten von Nordamerika. Hauptzüge aus seinem Leben u. dessen Abhandlung über die Verfassung der Vereinigten Staaten. Berlin 867. C. Heymann's Verlag. gr. 8. (IV, 223 S.) 22½ ngr.

— die criminalistische Zurechnungsfähigkeit. Kritik der Paragraphen 46—52 des Entwurfs eines Strafgesetzbuches für den norddeutschen Bund. Unter Beifügung eines Abdruckes der darauf bezüglichen Motive u. Gutachten der wissenschaftlichen Deputation für das Medicinalwesen. Berlin 870. Kortkampf. gr. 8. (92 S.) n. 18 ngr

Rönne, Ludw. v. und Heinr. Simon: Die Bau-Polizei des Preussischen Staates. Systematisch geordnete Sammlung aller Bestimmungen. Nebst Suppl.-Bd. 2 Bde. Breslau: Aderholz 1846. 52.

— — 2. Aufl. [nur] von Ludw. v. Rönne. 1854.

Rönne, Ludw. v., die Bau-Polizei d. preußischen Staates; e. systematisch geordn. Sammlg. aller auf dieselbe Bezug hab. gesetzliche Bestimmgn., insbesondere der in der Gesetz-Sammlg. f. die preuß. Staaten, in den v. Kamptz'schen Annalen f. die innere Staatsverwaltg. u. deren Fortsetzgn. durch die Ministerial-Blätter enthalt. Verordngn. u. Reskripte, in ihrem organ. Zusammenhange m. der früheren Gesetzgebg., u. unter Berücksicht. der Gesetzgebg. der neuerworbenen Landestheile, dargestellt unter Benutzg. der Archive der Ministerien. 3. verb. u. verm. Ausg. gr. 8. (XVI, 938 S.) Breslau 872. Aderholz. n. 12. —

v. Rönne, Ludw., kritische Bemerkungen über den Entwurf des Verfassungsgesetzes f. den Preuß. Staat. Den Abgeordneten der Preuß. National-Versammlung gewidmet. gr. 8. (28 S.) Berlin 848, Stuhr. n. 6 ngr

Rönne, Ludw. v., das allgemeine Berggesetz f. die Preußischen Staaten vom 24. Juni 1865, nebst Ergänzungen u. Erläuterungen durch Gesetzgebg. u. Wissenschaft. 8. (VIII, 361 S.) Berlin 887. v Decker. geb. n. 4. 50

—— Denkschrift die volkswirthschaftlichen Bestimmungen der nordamerikan. Bundesconstitution betreff. gr. 8. (16 S.) Berlin 848, Besser'sche Sortimentsb.

v. Rönne, Ludw., Denkschrift die volkswirthschaftl. Bestimmungen der nordamerikanischen Bundesconstitution betreff. gr. 8. (16 S.) Berlin 848, Hertz. 3 ngr

RÖNNE, Ludwig v.: Das Domainen-, Forst- und Jagd-Wesen des Preussischen Staates; eine systematisch geordnete Sammlung aller auf dasselbe Bezug habenden gesetzlichen Bestimmungen ... in ihrem organischen Zusammenhange mit der früheren Gesetzgebung dargestellt unter Benutzung des Archivs der im Ministerium des Kgl. Hauses bis zum Jahr 1848 bestandenen General-Verwaltung für Domainen und Forsten. - Berlin 1854. XXVIII, 1062 S., 5 Tab. - (Die Verfass. u. Verw. d. Preuss. Staates 9 Tl., 1 Abt.)

Rönne, L. v., s.: Ergänzungen u. Erläuterungen d. allgemeinen Landrechts für die Preußischen Staaten durch Gesetzgebung u. Wissenschaft.

Rönne, Ludw. v., Ergänzungen u. Erläuterungen der preußischen Rechtsbücher, s. Ergänzungen.

– s.a. Gemeinde- u. Kreis-Ordnung, u. die Kreis-Bezirks- u. Provinzial-Ordnung.

Rönne, Ludw. v.: Die Gemeinde-Ordnung und die Kreis-, Bezirks- und Provinzial Ordnung für den Preussischen Staat nebst dem Gesetze über die Polizei-Verwaltung vom 11. März 1850. Mit Kommentar. Brandenburg a. H.: Müller 1850.

Rönne, Ludw. v. u. Heinr. Simon: Die Gemeinde-Verfassung des Preussischen Staates. Abt. 1: Die Städte-Ordnungen von 1808 u. 1831. Breslau: Aderholz 1843.

— das Gesetz vom 11. März 1850, betreff. die auf Mühlen-Grundstücken haftenden Reallasten; nebst einem prakt. Kommentar zu demselben u. einer krit. Beurtheilung des Gesetzes. Ein Handbuch zum Gebrauch f. die Auseinandersetzungs-Behörden, die Schiedsrichter u. die Berechtigten u. Verpflichteten. Lex. 8. (VIII u. 119 S.) Brandenburg 850, Müller in Comm. n. 24 ngr

— das Gesetz über die Presse vom 12. Mai 1851, mit dem Regierungs-Entwurfe u. den Kommissions-Berichten beider Kammern zusammengestellt, u. unter Berücksichtigung der Kammer-Verhandlungen bearb., nebst einem historisch-krit. u. prakt. Kommentar zu demselben. gr. 8. (323 S.) Breslau 851, G. P. Aderholz. 1 1/3 rf

Ld. v. Rönne, Die Gewerbe-Polizei des Preuß. Staates (Thl. 7 von v. Rönne's Verfassung und Verwaltung des Preuß. Staates). Breslau 1851. 2 Bde. in 3 Abtheilgn. gr. 8. (XXXV u. 1305 S.)

—— u. Heinr. Simon, das Medicinal-Wesen des preuß. Staates. 1. u. 2. Thl. gr. 8. Breslau, G. Ph. Aderholz. [1. (51 3/8 B. u. 1 Tab.) 844., 2. (40 1/8 B.) 46. à 2 Thlr. 22 1/2 Ngr.]

Rönne, Ludwig v. u. Heinrich Simon: Das Medicinal-Wesen des Preussischen Staates; e. systemat. geordnete Samml aller auf dasselbe Bezug habenden gesetzlichen Bestimmunegn ... Thl 1. 2 [Nebst] Suppl. Bd [1.] 2. Breslau 1844—56.
Suppl. Bd [1.] Enth d. bis 1852 erlass. Verordnungen. 1852.
2. Enth. d. bis z. Mitte d. J. 1856 erlass. Verordnungen. 1856.

—— und Heinr. Simon, das Polizeiwesen d. preuß. Staates; e. systemat. geord. Samml. aller auf dieselben Bezug habenden gesetzl. Bestimmn., insbesond. der in d. Gesetzsamml. f. d. preuß. Staaten u. in den v. Kamptz'schen Annalen f. d. innere Staatsverwalt. enthalt. Verordnn. u. Reskripte, in ihrem organ. Zusammenhange mit d. früh. Gesetzgeb., dargest. unt. Benutz. d. Archivs d. Ministeriums d. Innern u. d. Polizei. 2 Bde. gr. 8. (115 3/4 B.) Breslau 840, 41, G. P. Aderholz.

Rönne, Ludw. v. u. Heinr. Simon: Das Polizeiwesen des Preussischen Staates. 2 Bde. nebst 2 Suppl.-Bdn. Breslau: Aderholz 1840. 41. 44. 52.

Rönne, Ludw. v., Rede in der vorberathenden Versammlung der Urwähler des 48. Wahlbezirks von Berlin am 28. April gehalten. Zuerst gedr. in der National-Zeitung. gr. 8. (16 S.) Berlin 848, Besser'sche Sortimentsb.

— Rede in der vorberathenden Versammlung der Urwähler des 48. Wahlbezirks von Berlin am 28. April gehalten. Zuerst gedr. in der National-Zeitung. gr. 8. (16 S.) Berlin 848, Hertz. 3 ngr

Rönne, Ludw. v., das Reichs-Gesetz über den Unterstützungswohnsitz vom 6. Juni 1870 u. das preußische Ausführungs-Gesetz vom 8. März 1871, nebst deren Ergänzungen u. Erläuterungen. [Aus: „Ergänzungen u. Erläuterungen der preuß. Rechtsbücher", 6. Ausg.] 4. (83 S.) Berlin 879. v. Decker. n. 2. 60

— die in der Kammer-Sitzungs-Periode v. 1851—1852 bewirkte Revision der Verfassungs-Urkunde f. den Preuß. Staat, vom 31. Jan. 1850. Ein Nachtrag zu der Schrift: Die Verfassungs-Urkunde f. den Preuß. Staat vom 31. Januar 1850 ꝛc. gr. 4. (IV u. 56 S.) Berlin 852, C. Heymann. n. 2/3 rf (cplt. n. 1 1/2 rf)

Rönne, L. Die höhern Schulen u. Universitaten des preussischen Staates. Berlin 1855.

Rönne, Ludw. v. u. Simon, Heinr.: (Die eigentliche Sicherheits-Polizei.) Bd 1. 2. [Nebst] Suppl. Bd. Breslau 1840—44.

Ludw. v. Rönne, Die Staats-Einnahmen aus Domainen und Regalien. 1. Abth. (9. Thl. von v. Rönne's Die Verfassung und Verwaltung des Preuß. Staates) Auch unter dem Titel: Das Domainen-, Forst- und Jagdwesen des Preuß. Staates. Berlin, 1854. Vgl. Die Rezension von Baumstark in den Heidelberger Jahrb. der Literatur. Jahrg. 1855, Nr. 53 u. 54, S. 836—850.

—— das Staats-Recht der preußischen Monarchie. (In 2 Bdn. à 2 Lfgn.) Lex.-8. (1. Bd.: Das Verfassungs-Recht. XXI und 729 S.) Leipzig 856, Brockhaus. *

—— das Staats-Recht der preußischen Monarchie. 3. Lfg. Lex.-8. (2. Bd. VIII und S. 1—404.) Leipzig 859, Brockhaus. *

—— dass. — 4. Lfg. 1. und 2. Hälfte. Lex.-8. (2. Bd. IV und S. 405—608, IV und S. 609—784.) Ebendas. 861,62. à Hälfte * 25 Ngr. *

— das Staats-Recht der preußischen Monarchie. 2. Bd. Das Verwaltungsrecht. Leipzig 863. Brockhaus. Lex.-8. (XVII, 1034 S.) n. 5 ℳ

— — 2. verm. u. verb. Aufl. 1. Bd. 1. Abth., enthaltend die Einleitung u. die beiden ersten Abschnitte der 1. Abth. des Verfassungs-Rechtes. Ebend. 864. Lex.-8. (XVIII, 386 S.) n. 2 ℳ

— — 2. verm. u. verb. Aufl. 1. Bd. 2. Abth. u. 2. Bd. 1. Abth. Ebend. 864. Lex.-8. (XX, 1040 S.) n. 5 ℳ 10 ngr.

— das Staats-Recht der preußischen Monarchie. 2., verm. u. verb. Aufl. 2. Bd. 2. Abthlg. Zweite Abtheilung des Verwaltungs-Rechtes. Leipzig 865. Brockhaus. gr. 8. (XIV, 699 S.) n. 3 ℳ 20 ngr.

— 3., verm. u. verb. Aufl. In 2 Bdn. (od. 16—20 Lfgn.) Ebend. 869,70. 1—8. Lfg. gr. 8. (1. Bd. 1. Abthlg. XII, 495 S. u. 2. Abthlg. XII, 836 S.) Jede Lieferung n. 20 ngr.

— das Staats-Recht der preußischen Monarchie. 3. verm. u. verb. Aufl. 9—18. Lfg. Lex.-8. (2. Bd. 1. Abth. XII, 614 u. 2. Abth. XVII, 923 S.) Ebend. 870. 72. à n. 2. —

— das Staatsrecht der Preußischen Monarchie. 4., verm. u. verb. Aufl. In 5 Bdn. (In ca. 20 Lfgn.) 1—11. Lfg. gr. 8. (1. Bd. XX, 709; 2. Bd. VIII, 525 S. u. 3. Bd. S. 1—288.) Ebend. 881—82. à n. 2. —

— das Staatsrecht der Preußischen Monarchie. 4. Aufl. 12—20. Lfg. Lex.-8. (3. Bd. VIII u. S. 289—585 u. 4. Bd. 848 S.) Leipzig 883. 84. Brockhaus. à n. 2. — (1—4 Bd.: n. 40. —; geb. n. 46. —)

Rönne, Ludw. v., d. Staatsrecht d. Preuß. Monarchie. In 5. Aufl. neu bearb. v. Phpp. Zorn. 1. Bd. gr. 8. (XX, 633 S.) Leipzig 899. F. A. Brockhaus. n. 14. —; geb. n. 15. 50

— dasselbe, Ergänzungsbd., s.: Schoen, Paul, d. Recht d. Kommunalverbände in Preußen.

Rönne, Ludw. v., d. Staatsrecht d. Preußischen Monarchie. In 5. Aufl. neu bearb. von Philipp Zorn. 2. Bd. (X, 804 S.) Lex.-8. Leipzig 906. F. A. Brockhaus. n. 18. —; geb. n. 20. — (Vollst. n. 32. —; geb. n. 35. 50)

— das Staats-Recht d. deutschen Reiches. 2. völlig umgearb. Aufl. 1. Bd. Lex.-8. (X, 396 S.) Leipzig 876. Brockhaus. n. 8. —; geb. n. 9. 50

—— das Staats-Recht des Deutschen Reiches. 2. völlig umgearb. Aufl. 2. (Schluß-)Bd. 2 Abthlgn. gr. 8. Leipzig 877, Brockhaus. [1. Abthl. (VII, 332 S.) * ℳ 7.; 2. Abthl. (VI, 390 S.) * ℳ 8.] * geb. in 1 Bd. *

—— die preuß. Städte-Ordnungen v. 19. Nov. 1808 u. vom 17. März 1831 mit ihren Ergänzn. u. Erläutern. durch Gesetzgeb. u. Wissenschaft. gr. 8. (30 B.) Breslau 840, G. P. Aderholz.

Rönne, Ludw. v. u. Simon, Heinr.: Die Preußischen Städte-Ordnungen vom 19. Nov. 1808 u. vom 17. März 1831 mit ihren Erg. u. Erl. . . . dargestellt. Breslau 1843.

—— und H. Gräff, das Strafgesetzbuch für die preuß. Staaten, s. Gräff.

—— der Tod des Ahasver's des ewigen Juden. 8. (III und 284 S.) Tangermünde 855, Doeger'sche Buchh. *

Rönne, Ludw. v.: Das Unterrichts-Wesen des Preussischen Staates. 2 Bde. Berlin: Veit & Co. 1855.
1: Allgemeiner Theil. Privat-Unterricht. Volksschulwesen.
2: Höhere Schulen. Universitäten. Sonstige Kulturanstalten.

— Verfassung d. Deutschen Reichs, s. a. Guttentag's Sammlg. deutscher Reichsgesetze Nr. 1.

Rönne, L. v.: Verfassung des Deutschen Reichs. (Gegeben Berlin, den 16. April 1871.) Berlin: Guttentag 1871.
(Deutsche Reichsgesetzgebung. Text-Ausg. mit Anm.)

— Verfassung d. deutschen Reichs. [Gegeben Berlin, den 16. April 1871.] Text-Ausg. m. Ergänzgn, Anmerkgn. u. Sachregister. 2. verm. Aufl. 16. (147 S.) Berlin 874. Guttentag. n — 75

— Verfassung des Deutschen Reichs. [Gegeben Berlin, den 16. April 1871.] Text-Ausg. m. Ergänzungen, Anmerkungen u. Sachregister. 3., verm. Aufl. 16. (184 S.) Berlin 878. Guttentag. cart. n. — 80

—— Verfassung des Deutschen Reichs. [Gegeben Berlin, den 16. April 1871.] Text-Ausg. mit Ergänzungen, Anmerkungen und Sachregister. 4. verm. Aufl. 16. (V, 213 S.) Berlin 882, Guttentag. cart. *

—— Verfassung des Deutschen Reichs. [Gegeben Berlin, den 16. April 1871.] Text-Ausg. mit Ergänzungen, Anmerkungen und Sachregister. 5. verm. Aufl. 16. (V, 233 S.) Berlin 886, Guttentag. cart. *

— — 7. Aufl. von Paul v. Rönne. Berlin. 1895.

— — 8. Aufl. 1899.

— — 10. Aufl. von Paul v. Rönne u. Carl v. Dobbeler. 1912.

— und Heinrich Simon

—— —— die Verfassung u. Verwaltung d. preuß. Staates; e. systemat. geord. Samml. aller auf dies. Bezug habenden gesetzl. Bestimmn., insbesond. der in d. Gesetzsamml. f. d. preuß. Staaten u. in den v. Kamptzschen Annalen f. d. innere Staatsverwalt. enthalt. Verordnn. u. Rescripte, in ihrem organ. Zusammenhange mit d. früh. Gesetzgeb. dargest. 1—4. Lfg. — A. u. d. T.: Das Polizeiwesen d. preuß. Staates. 2 Bde. gr. 8. Breslau, G. P. Aderholz. [1. (48¾ B.) 840. * 2 Thlr., 2. (59¾ B.) 841. * 2⅔ Thlr.] *

—— —— die Verfassung u. Verwaltung des preuß. Staates. 5. u. 6. Lfg. oder: 4. Thl. 2 Bde. Die Gemeinde-Verfassung. 1. Abth. Die Städte-Ordnungen vom 19. November 1808 u. 17. März 1831. gr. 8. (47⅞ B.) Breslau 843, G. Ph. Aderholz. *

A. u. d. Ttl.:

Die preuß. Städte-Ordnungen vom 19. Novbr. 1808 u. vom 17. März 1831 mit ihren Ergänzungen u. Erläuter. ꝛc. dargestellt unter Benutzung der Archive der Ministerien des Innern u. der Justiz. 2 Lfgn. (47⅞ B.) 2 Thlr. 15 Ngr.

—— —— dass. 7. Lfg. od. 8. Thl. Die kirchlichen u. Unterrichts-Verhältnisse 3. Bd. Die früheren u. gegenwärt. Verhältnisse der Juden in den sämmtlichen Landestheilen des preuß. Staates; eine Darstellung u. Revision der gesetzl. Bestimmungen über ihre staats- u. privatrechtl. Zustände. gr. 8. (33¾ B.) Ebds. 843. * 1 Thlr. 15 Ngr.; apart

—— —— dass. 8. Lfg. oder 6. Thl. Das Polizeiwesen. Supplement-Band, enthalt. die bis zum J. 1844 erlass. Verordnungen. gr. 8. (14 B.) Ebds. 844. * 20 Ngr.; apart. —

—— —— dass. 9. u. 10 Lfg. oder 6. Thl. Das Polizeiwesen. 3. Bd. A. u. d. Ttl.: Das Medicinal-Wesen des preuß. Staates. 1. Thl. gr. 8. (51⅝ B. u. 1 Tab.) Ebds. 844. * 2 Thlr. 5 Ngr. apart 2

—— —— dass. 11. Lfg. Die Medicinal-Polizei. 2. Bd. gr. 8. (40¼ B.) Ebds. 846. *

Vgl. oben das Medicinal-Wesen.

—— —— dass. 12. u. 13. Lfg. Die Bau-Polizei. 1. u. 2. Abth. gr. 8. (41¾ B.) Ebds. 846. * 2 Thlr.; apart in 1 Bde.

1—4. Lfg. Das Polizeiwesen 1. u. 2. Bd. Ebendas. 1840, 41. * 4 Thlr. 20 Ngr.

—— die Verfassung und Verwaltung des preuß. Staates; eine systematisch geordnete Sammlung aller auf dieselben Bezug habenden gesetzl. Bestimmungen ꝛc. 14—18. Lfg. (oder 7. Thl.) A. u. d. T.: Die Gewerbe-Polizei des preuß. Staates. 2 Bde. in 3 Abthlgn. gr. 8. (XXXV und 1305 S.) Breslau 851, G. P. Aderholz. *

Einzeln

—— dass. — 19. Lfg. gr. 8. Ebds. 852.

Inhalt: Die Bau-Polizei des preuß. Staates. Supplement-Band, enth. die bis zum J. 1852 erlassenen Verordnungen. (VIII und 143 S.) 20 Ngr. Das Medizinal-Wesen des preuß. Staates. Supplement-Band. (VII und 122 S.) 20 Ngr.

—— dass. — 20. Lfg. A. u. d. T.: Das Polizeiwesen des preuß. Staates. 2. Supplement-Band, enth. die vom J. 1844 bis zum J. 1852 erlassenen Verordnungen. gr. 8. (VIII und 252 S.) Ebds. 852.

—— dass. — 21. und 22. Lfg. oder 6. Thl.: Das Polizei-Wesen. 4. Bd.: Das Bau- und Weg.-Wesen des preuß. Staates. 2. Abthl. A. u. d. T.: Die Wege-Polizei und das Wege-Recht des preuß. Staates. gr. 8. (XVI und 671 S.) Ebds. 852.

Vgl. 10. Bd. 2. Abthl. S. 178.

—— dass. — 7. Thl.: Die Gewerbe-Polizei. 3. Abthl.: A. u. d. T.: Die Landes-Kultur-Gesetzgebung des preuß. Staates. Nebst einem historisch-krit. und prakt. Kommentar über die betreff. Gesetze, hrsg. von Adph. Lette und Ludw. v. Rönne. 1. Bd., enthaltend die allgemeine Einleitung und die Sammlung der Verordnungen und Reskripte., und 2. Bd., enthaltend den Kommentar. gr. 8. Berlin, Veit und Comp. [1. (CLXXIV und 909 S.) 2. Bd. 1. Abthl. (1032 S.) 2. 2. Abthl. (XXI und 784 S.) 853—54.] *

Register hierzu folgen später gratis.

—— dass. — 8. Thl.: Die kirchlichen und Unterrichts-Verhältnisse. 2. Bd. A. u. d. T.: Das Unterrichts-Wesen des preuß. Staates. 1. Bd. (2 Thl.): Das Volksschul-Wesen des preuß. Staates mit Einschluß des Privat-Unterrichts, dargestellt unter Benutzung der im Justiz-Ministerium ausgearb. „revidirten Entwürfe der Provinzial-Rechte" und Beifügung der drei Regulative vom 1., 2. und 3. Oktbr. 1854. 1—4. Heft. gr. 8. (S. XIII—XXVIII und 281—967.) Berlin 854—55, Veit und Comp. Thlr. *

—— dass. — 8. Thl.: die kirchlichen und Unterrichts-Verhältnisse. 2. Bd. A. u. d. T.: Das Unterrichts-Wesen des preußischen Staates. (In 4 Thln.) 1. oder allgem. Thl.: Das Unterrichts-Wesen des preuß. Staates in seiner geschichtlichen Entwickelung dargestellt unter Benutzung der im Justiz-Ministerium ausgearbeiteten „revidirten Entwürfe zum Provinzial-Rechte." gr. 8. (XVI und 280 S.) Ebds. 854. *

—— dass. — 9. Thl.: Die Staats-Einnahmen aus Domainen und Regalien. 1. Abthl. A. u. d. T.: Das Domainen-, Forst- und Jagd-Wesen des preuß. Staates, dargestellt unter Benutzung des Archivs der im Ministerium des königl. Hauses bis zum J. 1848 bestandenen General-Verwaltung für Domainen und Forsten. gr. 8. (XXVIII und 1062 S. mit 5 Tab. in qu. gr. 4.) Ebds. 854. *

—— dass. — (12. und 13. Lfg.:) 6. Thl.: Das Polizeiwesen. 4. Bd.: Das Bau- und Wegewesen des preuß. Staates. 1. Abthl. A. u. d. T.: Die Bau-Polizei des preuß. Staates. 2., verb. und verm. Ausg. gr. 8. (XVI und 648 S.) Breslau 854, Aderholz.

Vgl. 11. Bd. 2. Abthl. S. 191.

Rönne, Ludw. v., die Verfassung und Verwaltung des preuß. Staates ꝛc. 8. Thl.: Die kirchlichen und Unterrichts-Verhältnisse. 2. Bd. A. u. d. T.: Das Unterrichts-Wesen des preuß. Staates. 2. Bd.: Die höheren Schulen und die Universitäten des preuß. Staates. gr. 8. (XX und 663 S.) Ebds. 855. *

—— die Verfassung und Verwaltung des preuß. Staates; eine systematisch geordnete Sammlung aller auf dieselben Bezug habenden gesetzlichen Bestimmungen ꝛc. 23. Lfg. oder 6. Thl.: Das Polizei-Wesen. 3. Bd. A. u. d. T.: Das Medicinal-Wesen des preuß. Staates. 2. Suppl.-Bd., enthaltend die bis zur Mitte des J. 1856 erlassenen Verordnungen. gr. 8. (XII und 128 S.) Breslau 856, Aderholz.

— das Verfassungs-Recht d. deutschen Reiches. Historisch-dogmatisch dargestellt. gr. 8. (VIII, 204 S.) Leipzig 872. Brockhaus. n. 3. —

—— Verfassungsurkunde, die, für den preuß. Staat, s. a. Verfassungs-Urkunde.

Ld. v. Rönne, Die Verfassungs-Urkunde für den Preuß. Staat v. 31. Jan. 1850, unter Vergleichung mit dem Entwurfe zum Verfassungs-Gesetze vom 20. Mai 1848; dem Entwurfe der Verfassungs-Kommission der National-Versammlung; den Beschlüssen der National-Versammlung; der Verfass.-Urkunde v. 5. Decbr. 1848; den Revisions-Arbeiten beider Kammern; den Propositionen der Kgl. Botschaft v. 7. Jan. 1850 und unter Berücksichtigung der Motive bearbeitet. Berlin, 1850. — 2. Aufl. mit einem (auch besonders erschienenen) Nachtrage, enth. die Darstellung der in der Kammer-Sitzungs-Periode von 1851—52 bewirkten Revision der Verfassungs-Urkunde. Berlin, 1852 (Vgl. darüber R. v. Mohl, Gesch. und Literatur der Staatswissensch. Bd. 2, S. 349). — Ld. v. Rönne, Verfass.-Urkunde für das Königreich Preußen v. 31. Jan. 1850. Mit allen bis 1874 erfolgten Abänderungen und kurzen erläuternden Anmerkungen. Berlin, Kortkampf, 1874. 3. Aufl.

— die Verfassungs-Urkunde für den Preußischen Staat, vom 31. Januar 1850, unter Vergleichung mit dem Entwurfe zum Verfassungs-Gesetze vom 20. Mai 1848; dem Entwurfe der Verfassungs-Kommission der National-Versammlung; den Beschlüssen der National-Versammlung; der Verfassungs-Urkunde vom 5. Decbr 1848; den Revisions-Arbeiten beider Kammern; den Propositionen der Königl. Botschaft vom 7. Jan. 1850; u. unter Berücksichtigung der Motive, nebst einem Nachtrage, enthaltend die Darstellung der in der Kammer-Sitzungs-Periode von 1851 bis 1852 bewirkten Revision der Verfassungs-Urkunde. 3., durch den Abdr. der Verfassungs-Urkunde u. der dieselbe abändernden Gesetze verm. Aufl. Berlin 859. C. Heymann. gr. 4. (XXIII, 278 S.) 22½ ngr.

Rönne, Ludw. v. u. Simon, Heinr.: Die früheren und gegenwärtigen Verhältnisse der Juden in den sämmtlichen Landestheilen des Preußischen Staates. Breslau 1843.

— die preußische Vormundschafts-Ordnung vom 5. Juli 1875, nebst deren Ergänzungen u. Erläutergn. [Aus: „Ergänzungen u. Erläuterungen der preuß. Rechtsbücher", 6. Ausg.] gr. 4. (56 S.) Berlin 879. v. Decker. n. 2. —

Ld. v. Rönne, die Wege-Polizei und das Wege-Recht des Preuß. Staates. Breslau, 1852.

Roenneberg, die Kriegsbrücken u. ihre Verwendung in der Kriegsgeschichte. gr. 8. (72 S. m. eingedr. Holzschn.) Berlin 875. Luckhardt. n. 2. —

Roenneberg, die Kriegsbrücken und ihre Verwendung in der Kriegsgeschichte. gr. 8. (72 S. mit eingedr. Holzschn.) [Cassel 878.) Berlin, Luckhardt'sche Verlagsh. *

Rönneberg, C. Fr., das große Staatswappen d. Herzogth. Sachsen-Altenburg in seinen 21 Feldern m. den zugehör. Helmkleinoden. gr. 8. (22 Chromolith.) Leipzig 889. Ruhl. geb. n. 9. —

Ronneberg, Friedr. (geb. Münster in Westf. [14. 11. 1847]) Thesen. Berlin (1870). (2 Bl.) 8°
Berlin, Med. Thes. v. 30. Juli 1870

Rönneberg, Jakob Friedrich, s. Rönnberg

Ronneburg [Schlagwort]

Ronneburg, s.: Preussen. Messtischblätter. — Sachsen. Karte. Messtischblätter.

Rönneburg, Albert, aus Ülzen: Ueber eine Synthese von Pyrazolen aus Acetylaceton und Diazoessigester. *Heidelberg 1903: J. Hörning.* (32 S.) 8°
Heidelberg, Naturw.-math. Diss. v. 1903

Ronneburger, M[ax], E[dmund] Erich, aus Berlin: Untersuchungen über die deutsche Evangelienharmonie der Münchener Handschrift Cg. 532 aus d. J. 1367. *Greifswald 1903: F. W. Kunike.* (123 S.) 8°
Greifswald, Phil. Diss. v. 23. Nov. 1903

Rönnecke, Karl, s. Rönneke.

Rönnefahrt, J. G., Blätter aus der Naturgeschichte der Menschheit. 1—4. Blatt. Leipzig 859—61. Dyk. gr. 8. n. 1 ₰ 29 ngr.
1. Göthe's Schauspiel Iphigenia auf Tauris. Aus seinem Inhalt erklärt. (XVI, 88 S.) 15 ngr.
2. Schiller's Braut von Messina, oder die feindlichen Brüder, erklärt. (95 S.) n. 12 ngr.
3. Schiller's romantische Tragödie: Die Jungfrau von Orleans, aus ihrem Inhalte erläutert. (88 S.) n. 12 ngr.
4. Schiller's Trauerspiel Maria Stuart, erklärt. (136 S.) n. 20 ngr.

Rönnefahrt, J. G., Goethe's Faust und Schillers Wilhelm Tell nach ihrer weltgeschichtlichen Bedeutung und wechselseitigen Ergänzung. gr. 8. (IV und 195 S.) Leipzig 855, Dyk'sche Buchh.

Rönnefahrt, J. G., Schiller's dramatisches Gedicht Don Karlos Infant von Spanien. Auch ein Blatt aus der Naturgeschichte der Menschheit ausgelegt. München 865. Kaiser. gr. 8. (109 S.) 15 ngr.

— Lessing's dramatisches Gedicht Nathan der Weise. Aus seinem Inhalte erklärt. Stendal 863. Franzen & Große. gr. 8. (183 S.) n. 20 ngr.

— Schiller und Goethe oder: der 13. Juni 1794 ein Segenstag der deutschen Nation. Worte der Aufmunterung zu allgemeiner Theilnahme an der Säcularfeier des Geburtstages unsers Schiller, 10. Novbr. 1859, allen deutschen Männern u. Frauen, sowie der reiferen deutschen Jugend gewidmet. Leipzig 859. Dyk. gr. 8. (IV, 107 S.) 15 ngr.

— der Tod Ahasver's des ewigen Juden. Tangermünde 855. Doeger. 16. (2 Bl., 284 S.) n. 1 ₰.

— Schiller's dramatisches Gedicht Wallenstein aus seinem Inhalt erklärt. gr. 8. (IV und 412 S.) Leipzig 855, Dyk'sche Buchh.

Rönnefahrt, J. G., Schillers dramatisches Gedicht Wallenstein, aus seinem Inhalt erklärt. 2. Aufl. gr. 8. (VII, 143 S.) Leipzig 886. Dyk. n. 2. 80

— Johann Joachim Winckelmann. Kurze Lebensgeschichte, bei Gelegenheit der Aufstellung des Winckelmannsdenkmals allen Mitbewohnern der Stadt Stendal und der übrigen Altmark gewidmet. Stendal 859. Franzen & Große. gr. 8. (32 S.) n. 5 ngr.

Rönneke, Karl

Roenneke, K., das Blutbad von Barletta, — Luigi Desanctis, } s.: Für die Feste u. Freunde d. Gustav-Adolf-Vereins.

Roenneke, Karl, Festpredigten aus der Diaspora in Italien. 16. Leipzig 877, Drescher. *

Roenneke, Karl, Festpredigten aus der Diaspora in Italien. 16. (139 S.) [Leipzig 877.] Rudolstadt, Hartung und Sohn. *

Roenneke, Karl, Friede den Fernen und den Nahen. Evangelische Zeugnisse aus Rom. gr. 8. (VII, 403 S.) Halle 881, Strien Verlag. *

— Kaisertrauer auf dem Kapitol. Gedächtnißreden f. Se. Maj. den Kaiser Wilhelm u. Se. Maj. den Kaiser Friedrich in der Kapelle der kaiserl. deutschen Botschaft zu Rom geh. 8. (43 S.) Leipzig 888. Fr. Richter. n. — 60

Roenneke, K., Karte über den Stand des Evangelisationswerkes in Italien. Lithogr. Imp.-4. Florens 876. (Halle, Schwabe.)

— Rom's christliche Katakomben nach den Ergebnissen der heutigen Forschung. 8. (78 S.) Leipzig 886, Böhme Nachf. *
Vgl.: Waal, A. de, Roms Katakomben und Pastor Rönneke. — Schultze, Vict., die christlichen Bildwerke.

Rönneke, K., die evangelische Kirche in Italien, s. a. Flugschriften des Evangelischen Bundes.

Rönneke, K[arl]: Die evangel. Kirche in Italien, ihr Besitzstand in der Gegenwart und ihre Aussichten für die Zukunft. — Lpg: Braun in Komm. 1907. 48 S. (Flugschriften des Evangel. Bundes. H. 252.)

— die Liturgie oder die Ordnung des evangel. Hauptgottesdienstes, insbesondere die in der k. deutschen Botschaftskapelle zu Rom gebräuchl., nach ihrer Bedeutung u. Gliederung für die christliche Gemeinde dargestellt. 8. (IV, 59 S.) Ebend. 882. n. — 75

Rönneke, K., die Los von Rom-Bewegung in Italien, s. a. Berichte üb. den Fortgang d. „Los v. Rom-Bewegg." 8. 9.

Die Los von Rom-Bewegung in Italien. Von Oberpfarrer K[arl] Rönneke, Superint. in Gommern. *München: J. F. Lehmann 1902.* (83 S.) 8° [F.]
— Berichte über d. Fortgang d. 'Los von Rom-Bewegung'. H. 8/9.

— die Eheleute Madiai. 2., verb. Aufl. [Neue Bearbeitg.] 12. (30 S.) Barmen 888. Klein. n. — 30

— dasselbe, — Giov. Ludov. Pasquale, } s.: Für die Feste u. Freunde d. Gustav-Adolf-Vereins.

— Pius IX. Encyklika u. Syllabus vom 8. Dezbr. 1864, als e. Beitrag zum Verständnis der kirchl. Lage der Gegenwart f. evangel. Christen verdeutscht u. erklärt. 8. (XVIII, 111 S.) Gütersloh 891, Bertelsmann. * 1 50

— Predigt, geh. in Gegenwart Sr. Maj. d. Deutschen Kaisers Wilhelm II. am 14. Oktbr. 1888 in der K. Botschaftskapelle zu Rom. 8. (16 S.) Leipzig 888. Fr. Richter. n. — 30

— Rom u. die Bibel, s. a. Streitschriften, freundschaftliche.

Rom und die Bibel. Von K[arl] Rönneke. 2. Aufl. Barmen: D. B. Wiemann [1888]. (47 S.) 8° [F.]
— Streitschriften, Freundschaftliche. No 3.

— über die Sinnbilder der christl. Katakomben Roms, s.: Schriften des thüring. Paramenten-Vereins. I.

Roenneke, Karl, Francesco Spiera. Eine Geschichte aus der Zeit der Reformation in Italien. gr 16. (XII, 154 S.) Hamburg 874. Agentur d. Rauhen Hauses. n. 1. 20

— Die Stellung der römischen Kirche zum Studium u. zur Verbreitung der Bibel, s. a. Flugschriften des evangel. Bundes zur Wahrung der deutschen-protestantischen Interessen.

Die Stellung der römischen Kirche zum Studium und zur Verbreitung der Bibel. Von Superint. Lic. [Karl] Rönneke, Gommern. Halle ⟨Saale⟩: Ev. Bund 1910. 38 S. 8° [Umschlagt.]
(Flugschriften des Evang. Bundes. 291/92.)

Ronnenberg, Jh. Gli. Fd., s. 1) Abbild. d. Kurhannöverschen Armee, u. setze hinzu: (v. J. G. F. Ronnenberg). Mit 34 Kpf. 2) in Romanen.

Rönnenberg, Jh. Gli. Fd., s. Martinsthal, das Dorf.

An die geehrten Wähler des 9ten ländlichen Wahldistricts im Herzogthum Schleswig. [Von Christian Rönnenkamp. ?] Gedruckt als Manuscript. Hamburg. (1846.) 8°.

Rönnenkamp, Peter, Johannes

Rönnenkamp, P. J., Beleuchtung d. Diesterweg'schen Urtheils üb. d. wechselseit. Schuleinrichtung. gr. 8. (4 B.) Altona 837, [Dessau,] Aue.

Beschreibung des Kirchspiels Brockdorf vom Jahre 1816 v. Peter Johannes Rönnenkamp. (Altona. 1822.) Siehe in: Schriften der Schleswig-Holsteinischen patriotischen Gesellschaft. Bd. 5, Heft 2 und 3. 8°

Rönnenkamp, P. J., die zehn Gebote u. das apostol. Glaubensbekenntniß, mit Bibelsprüchen, Gesangversen u. Schulgebeten in 30 Lect.; zu lesen u. Besprechen mit Kindern, welche die eckernförder Lesetabellen durchgemacht haben. gr. 16. (1½ B.) Oldenburg 843, Fränckel.

Rönnenkamp, Pet. Joh., Gesänge zur Confirmationsfeier. 2., verm. Aufl. gr. 8. (1¼ B.) Schleswig 830. (Altona, Aue.)

Nachrichten, welche im Allgemeinen über das Kirchspiel Brockdorf und insbesondere über die drei, zum Kirchspiel Brockdorf gehörenden, Districkte Afsteeck, Gross- und Klein- Arendsee von der Central-Administration der Schleswig-Holsteinischen Patriotischen Gesellschaft zur Abfassung eines topographischen Repertoriums für das Herzogthum Holstein gewünscht werden. (Von Peter Johannes Rönnenkamp.) [Ausschnitt aus den Schriften der Schleswig-Holsteinischen patriotischen Gesellschaft. Bd. 5. (1822.)] 8°.

—— Rede, gehalt. im Nov. 1828 bei d. Weihe d. Lundener Elementarschule u. zur Einführ. d. gegenseit. Unterr. in dies. Schule, nebst den bei dies. Feier gebraucht. Gesängen. gr. 8. (1½ B.) Altona 829, [Aue.]

—— zwei Reden, gehalt. zur Empfehl. d. wechselseit. Schuleinrichtung. gr. 8. (2½ B.) Altona 828, [Aue.]

—— Reflexionen u. Aphorismen üb. d. Wesen, die Vorzüge, d. Vervollkommn. u. d. Fortgang d. wechselseit. Schuleinricht., in d. Hrzgth. Schleswig u. Holstein, wider die Gegner dies. Schuleinrichtung. gr. 8. (9½ B. u. 6 Tab.) Altona 840, [Dessau,] Aue.

Roennenkamp, Peter Johann. Reminiscenzen aus meinem Leben... Plön 1859. H: *Kuntze, Johanna.* (A)

⊙ Reminiscenzen aus meinem Leben v. Peter Johann Rönnenkamp, weil. Pastor. Nach seinem Tode hrgg. v. J[ohanna] K[untze]. Ploen. 1859. 8°.

— Schilderung d. Februar-Sturmfluth d. Jahres 1825, in ihren Wirkungen auf Norderdithmarschen. A. u. d. Umschlags-Titel: Denkschrift f. Norderdithmarschen, zur Erinnerung an d. große Wasserfluth in d. Nacht vom 3. auf d. 4. Febr, d. J. 1825. gr. 8. Schleswig 825. (Aue in Altona). 12 gl

RÖNNENKAMP, PT. JO., Christi Stimme an uns in der Wasserfluth. Predigt gehalten in Lunden am Fastnachts-Sonnt. 1825 nach dem Durchbruche bei Preil in der Nacht vom 3—4. Febr. d. J. und der darauf folgenden Ueberschwemmung mit einigen grösztentheils geschichtlichen Anmerkungen. Altona. (1825).

Rönnenkamp, P. J., der Glockentöne Zuruf: „Wachet", Predigt am 18n Sonnt. nach d. Feste d. Dreieinigkeit üb. d. Text: Marci 13, v. 33—37. gr. 8. Schlesw. 825. (Aue in Altona). 3 gl

— Unsere Wünsche für die neue Orgel. Predigt gehalten zur Orgelweihe in Cosel, am 20. Sonntage nach dem Feste der Dreieinigkeit, d. 18. Nov. 1832. Schleswig. 1832. P.

Ronner's Compendium arithmeticum. 8. 1706.

RÖNNIG, H., Historisch romantische Gemälde aus der Ritterzeit. Nordhausen, bei Ernst Friedrich Fürst. 1831. 8° Zahm.
IV—184 S. Inh. (bezüglich 1—3, wie auch auf d. Titelbl. steht) 1 Die Kreuzfahrer 2 Der Berggeist des Thüringerwaldes. 3. Das Wunderhorn. 4. Der Buhle u. sein Liebchen (S. 131 ff., nicht auf d. Titelbl. verzeichnet).

Ronniger, Karl, Touristenführer in Wiens Umgebgn., s.: Förster, F.

Ronniger, Max, Referendar am Kgl. Amtsgericht Leipzig: Das Nachindossament. Borna-Leipzig 1907: R. Noske, (x, 84 S.) 8°
Leipzig, Jur. Fak., Diss. v. 14. Dez. 1907
[Geb. 9. Okt. 82 Leipzig; Wohnort: Leipzig; Staatsangeh.: Sachsen; Vorbildung: König-Albert-Gymn. Leipzig Reife O. 03; Studium: Leipzig 6 S.; Rig. 4. Juli 06.]

Rönning, H., histor.-romant. Gemälde aus d. Ritterzeit. 8. Nordhaus. 831. Fürst. 21 gr

Ronninger, Carl, u. Karl **Eichhorn**, Gerechtigkeit? Dramat. Episode aus d. Tessiner Bergen. Nach e. Novelle bearb. 12. (16 S.) München 895. Carl Beck. n. — 40

Ronninger, Carl, kurzer Leitfaden der Handschriftendeutg. Nach eigenen Studien verf. (Du bist erkannt!!! Jedermann sein eigener Graphologe.) gr. 8. (31 S.) München 900. (Leipzig, H. Haessel, Kommissionsgeschäft.) 1. —

— Touristenführer in Wiens Umgebgn., s.: Förster, F.

Ronnotte, Claudius Hadrian

—— Philosophisches Lexikon der Religion, in welchem die von den Ungläubigen angefochtenen Religionspunkte vertheidigt werden. Aus dem Französ. übersetzt von J. K. von Zabuesnig. Augsburg 1775. gr 8°, 2 Bde (Wien 1804, gr. 8°, 3 Bde. Köln 1810.)

Ronowsky, A. v., die Geschlechtserkrankungen u. deren zuverlässigste Heilmittel, sowie die Hebg. selbstverschuldeter Schwächezustände. Nach den Vorträgen der Professoren der Wiener medicin. Facultät in populärer Sprache zusammengestellt. 8. (102 S.) Wien 875. Wenedikt. n. 2. —

Roensberg, Herm. (geb. Beeck im Rheinl. 1. 12. 1836) De metamorphosi adiposa eaque in renibus obvia adjecto casu lethali steatosis hepatis et renum. Berolini (1863). (32 S.) 8°
Berlin, Med. Diss. v. 8. Aug. 1863

Rönsberg, Rudolf [aus Duisburg]: Ueber Meningitis cerebrospinalis epidemica ... München, Buchdr. v. M. Ernst, 1893; 36 S. 8.
München, Med. Fak., Inaug.-Diss. v. 1893

Rönsch, v., die Organisation e. Feuerwehr. Practische Anleitg. zur Organisation, Ausbildg. u. Führg. v. Feuerwehren f. Stadt u. Land, vorzugsweise aber f. Fabrik-Etablissements, Berg- u. Hüttenwerke etc. Mit 21 lith. Taf. (in gr. 8. u. qu. Fol.) gr. 8. (VIII, 102 S.) Berlin 876. Stuhr. n. 6. —

Rönsch, Hermann

Rönsch, H., semasiologische Beiträge zum lateinischen Wörterbuch. 3 Hfte. gr. 8. Leipzig, Reisland. n. 8. 40
1. Substantiva. (78 S.) 887. n. 2. 40
2. Adjectiva u. Pronomina. Adverbia u. Adverbialia. (86 S.) 888. n. 3. —
3. Verba. (86 S.) 889. n. 3. —

Rönsch, H., das Buch der Jubiläen od. die kleine Genesis. Unter Beifügg. d. revidirten Textes der in der Ambrosiana aufgefundenen latein. Fragmente, sowie e. v. Aug. Dillmann aus 2 äthiop. Handschriften gefertigten latein. Uebertragg. erläutert, untersucht u. m. Unterstützg. der königl. Gesellschaft der Wissenschaften zu Göttingen hrsg. gr. 8. (VI, 553 S.) Leipzig 874 Fues' Verl. n. 14. —

Rönsch. H.. Das carmen apologeticum des Commodian. S.-A. 1872. 140 S.

Rönsch, Herm., collectanea philologica. Nach dem Tode d. Verf. hrsg. v Carl Wagenor gr. 8 (VI, 325 S.) Bremen 891. Heinsius Nachf. n. 7. —

Rönsch, Herm., Itala u. Vulgata. Das Sprachidiom der urchristlichen Itala u. der kathol. Vulgata unter Berücksichtigung der röm. Volkssprache durch Beispiele erläutert. Marburg 869. (Elwert.) gr. 8. (XVI, 510 S.) n. 2 ℳ 20 ngr.

— Itala u. Vulgata. Das Sprachidiom der urchristl. Itala u. der kathol. Vulgata unter Berücksicht. der röm. Volkssprache durch Beispiele erläutert. 2., bericht. u. verm. Ausg. gr. 8. (XVI, 526 S.) Marburg 875. Elwert's Verl. n. 6. —

—— das neue Testament Tertullian's. Aus den Schriften des Letzteren möglichst vollständig reconstruirt, mit Einleitungen und Anmerkungen textkrit. und sprachl. Inhaltes. gr. 8. (VIII, 731 S.) Leipzig 871, Fues's Verlag. *

Rönsch, J. C. G., de vi et efficacia verae fidei in perpessionibus fidelium manifestata. Neostad. 1781 4.

Rönspiess, A., De coniugationis latinae formis apud Terentium earumque origine. Diss. 1873. 30 S. 4°. 2.—

Rönström, Th. O. Joh., metri Vergiliani recensio. gr 8. (61 S.) Lund 892. (Hj. Möller's Univ.-Buchh.) n. 1. 20

Ronte, Heinrich [aus Siegen (Westf.)]: **Beiträge zur Kenntniss der Blüthengestaltung einiger Tropenpflanzen ...** (Aus: Flora od. allg. bot. Zeitg. 1891. Heft 4.) **Marburg**, Univ.-Buchdr. (R. Friedrich), 1891; 42 S., 1 Bl., 2 Taf. 8.
Marburg, Phil. Fak., Inaug.-Diss. v. [6. Okt.] 1891

Röntgen, G. L. A., Prolegom. ad tit. digest. de divers. reg. jur. antiq. spec. 8. maj. Lips. Göthe, 803.

Röntgen, Edw., († d. 7. Dec. 1814.) die erste Christengemeinde, oder so sind wir eine wahre Gemeinde Jesu? Eine Predigt, bei d. Kirchenvisitation zu Esens gehalten. gr. 8. Brem. 805. Müller. 5 gr

— Geschichte d. Entstehung, Fortpflanzung, Ausbreitung u. Verfassung d. Mährisch-Herrnhut. Brüdergemeinde. 1r Thl. 8. Aurich 790.

— s. Passionsblumen.

— Rhapsodien zum Genuß d. Morgenstunden e. ganzen Jahres f. höhere u. bessere Menschen, mit e. Zuschrift an Jean Paul. 3 Hfte. (A. u. d. T.: Gebetbuch aus Romanen gezogen ꝛc.) 8. Bayr. 801. 2e A. 805. (Grau in Hof); (a. Belgt in Jena). 2 ₰ 16 gr

— Rhapsodien z. Genuß d. Morgenstunden e. ganzen Jahres f. höhere u. bessere Menschen, m. e. Zuschr. v. Jean Paul. 3 Hfte. 8. Bayreuth, Lübeck. 805.

— Schreiben an d. Fürsten v. ..., betreff. das im J. 1788 herausgekomm. Kön. Preuß. Religionsedict. 8. Hamb. 789.

— Versuche zur Beförder. des Wachsthums an Christen-Weisheit u. Christen-Tugend, in Predigten. 2 Thle. 8. Aurich u. Jever 787—89. (Ernst in Quedlinb.) 2 ₰ 4 gr

— das Wesentliche d. christl. Religionswahrheiten. 8. Aurich 787.

Roentgen, Paul, das Absehen der Taubstummen. Ein Wort an alle, welche m. Taubstummen in Verkehr treten. gr. 8. (28 S.) Aachen 891. J. Schweitzer. n. — 60

Röntgen, Paul, die Begriffsentwicklung in der Taubstummenschule. 8. (VIII, 133 S.) Aachen 886. Barth. n. 1. 50

Röntgen, Paul, Gemüt u. Gemütsbildung. Sozial-pädagog. Studien üb. die Erziehg. des Volkes in Familie, Schule u. Leben. Ein Beitrag zur Lösg. der sozialen Frage. 8. (XI, 368 S.) Kempten 900. J. Kösel. n. 3. 20; geb. in Leinw. n. 3. 80

Roentgen, Paul, zur Heilpädagogik. Erziehg. u. Unterr. d. schwachbegabten Kinder d. Volksschule. [Aus: „Kathol. Zeitschr. f. Erziehg. u. Unterr."] gr. 8. (38 S.) Düsseldorf 897. L. Schwann. n. — 70

Röntgen, Rob. (I.), die Anfangsgründe der analytischen Geometrie nebst vielen Uebungsbeispielen und verschiedenen Anwendungen auf die Naturwissenschaften. Für höhere Lehranstalten, insbesondere für Real- und Gewerbeschulen sowie für den Selbstunterricht. gr. 8. (XIV, 275 S. mit 116 in den Text gedr. Holzschn.) Jena 879, Costenoble. *

Röntgen, Rob., die Grundlehren der mechanischen Wärmetheorie nebst einer Beschreibung der wichtigern Heißluft-, Gas- und Dampfmaschinen und Anwendung jener Lehren zur Berechnung der Leistungsfähigkeit dieser Maschinen. Für Ingenieure, Maschinenbauer und Industrielle, sowie für die Zöglinge höherer gewerbl. oder techn. Anstalten gemeinfaßl. bearb. 1. und 2. Thl. Lex.-8. Jena, Costenoble. *

Inhalt:

Thl. 1. Die mechanische Wärmetheorie, die Beschreibung und Berechnung der Heißluft- und Gasmaschinen. (XIV, 293 S. mit 49 eingedr. Holzschn.) 871. *M 7,20.

" 2. Theorie der Dämpfe und ihre Anwendung auf die Berechnung der Condensatoren, des Giffard'schen Injectors und der Dampfmaschinen. Nebst einem Anhang zum 1. Thl. (XI, 331 S. mit 43 eingedr. Holzschn.) 873. *M 10,40.

Röntgen R, Leitfaden der Hydraulik und Dampfmaschinenlehre. Remscheid 1872

— der Werkzeug-Fabrikant, s.a. Schauplatz, neuer, der Künste u. Handwerke.

Röntgen R, der Werkzeugfabrikant. Mit Atlas. (Schaupl. d. Künste 169) Weimar 1875

Röntgen, Wilhelm Konrad

W C RÖNTGENS GRUNDLEGENDE ABHANDLUNGEN über die X-Strahlen. Zum siebzigsten Geburtstag des Verfassers herausgegeben von der Physikalisch-Medizinischen Gesellschaft in Würzburg. Mit 1 Porträt. Würzburg 1915. Verlag von Curt Kabitzsch. 8°

Röntgen W C. und Exner F Über eine Anwendung des Eiskalorimeters zur Bestimmung der Intensität der Sonnenstrahlung (mit 1 Taf.). S. 69. II. 28 - —.30
Separatabdruck

Röntgen, W. C., u. F. **Exner**, üb. e. Anwendung d. Ciscalorimeters zur Bestimmung der Intensität der Sonnenstrahlung. Mit 1 (lith.) Taf. [Aus: „Sitzungsber. d. k. Akad. d. Wiss."] Lex.-8. (11 S.) Wien 874. (Gerold's Sohn.) n. — 40

Röntgen, Wilh. Konr., üb. e. neue Art v. Strahlen. (Vorläufige Mittheilg.) [Aus: „Sitzungsber. d. Würzb. phys.-med. Gesellsch."] gr. 8. (10 S.) Würzburg 895. Stahel'sche Verlagsanstalt. n. — 60

— dasselbe. 2.—5. Aufl. gr. 8. (12 S.) Ebd. 896. n. — 60

— dasselbe. II. Mittheilg. [Aus: „Sitzungsber. d. Würzb. phys.-med. Gesellsch."] gr. 8. (9 S.) Ebd. 896. n. — 60

— weitere Beobachtgn. üb. die Eigenschaften der X-Strahlen. [Aus: „Sitzungsber. d. Akad. d. Wiss. zu Berlin".] gr. 8. (17 S. m. 1 Fig.) Berlin 897. (G. Reimer.) n. 1. —

Röntgen, W C., Dr, Bestimmungen des Verhältnisses der specifischen Wärme bei constantem Volumen für einige Gase. Berlin 1873.

Röntgen, Wilh. Conr und L. Zehnder Über den Einfluss des Druckes auf die Brechungsexponenten von Schwefelkohlenstoff und Wasser 1888.

Röntgen, Wilh. Conr und L. Zehnder Über den Einfluss des Druckes auf die Brechungsexponenten von Wasser Schwefelkohlenstoff, Benzol Aethyläther und einigen Alkoholen. Leipzig 1891.

— Ueber fortführende Entladungen der Elektricität. Strassburg 1873. (9600)

Zur Geschichte der Physik an der Universität Würzburg. Festrede z. Feier d. dreihundert und zwölften Stiftungstages d. Julius-Maximilians-Univ. geh. am 2ten Jan. 1894 v. Dr. *Wilhelm Conrad* Röntgen, ö. o. Prof. d. Physik, z. Z. Rector. [Enth. ausserdem die Chronik u. Preisfragen.] Würzburg, Druck d. kgl. Universitätsdr. v. H. Stürtz, 1894; 1 Bl., 23 S. 4.

Röntgen, Wilhelm (Conrad), von Apeldoorn (Holland) Studien über Gase. Zür. Zürcher u. Furrer Dr 1869. 46 S. 1 Bl. 8°
Zürich, Phil. Diss. [v 22. Juni 1869].

Röntgen-Dörchläuchting, s.a. **Mirbach.**

Röntgen-Dörchläuchting. (Freiherr von) Mirbach. Altes und Neues, Helles und Dunkles. 47 S. 8. Zürich, Caesar Schmidt, 1904. [fr. 1. 25]

Röntgenkalender. Begründet und hrg. von Prof. Dr. Ernst Sommer, Zürich.... Jahrg. 1. Mit 44 Illustrationen im Text, 23 Abbildungen auf 6 Tafeln und einem Bildnis [Tafel] des Prof. (W[ilhelm] K[onrad] v.) Röntgen. XX + 208 S. + *Anzeigen.* 8. Leipzig, Otto Nemnich, 1908. [geb. M. 3. —]
Forts. s. Röntgen-Taschenbuch...

Röntgen-Strahlen. Ihre Verwendung in der aerztl. Praxis vom wissenschaftl., oekonom. u. techn. Standpunkte aus betrachtet ... *München: Voltohm-Elektricitätsges. A. G. (1898).* (32 S., 6 Taf.) 1 Bd 8. 198. 9640 8e

Röntgen-Taschenbuch. ⟨Röntgenkalender.⟩ Begründet und hrg. von Prof. Dr. Ernst Sommer, Zürich.... Band 2. Mit 125 Illustrationen. VIII + 318 S. + *Anzeigen.* 8. Leipzig, Otto Nemnich. 1909. [geb. M. 4. 50]
Forts. von: Röntgenkalender...

Röntsch, Johs., historischer oder dogmatischer Christus? Conferenz-Vortrag gehalten zu Meißen am 21. Mai 1867. Leipzig 867. Hinrichs'sche Verlagsh. gr. 8. (28 S.) n. 5 ngr.

Röntsch, Johs., die Herrlichkeit d. Herrn. 7 Betrachtgn. üb. die Person Jesu Christi. Eine Gabe an die Gebildeten unter den Gläubigen. gr. 8. (VIII, 123 S.) Leipzig 873. Hinrichs' Verl. 2. 70; geb. n. 3. 50

Röntsch, J., die Herrlichkeit Jesu Christi. Betrachtungen f. die Gebildeten unter den Gläubigen. Gesammtausg. gr. 8. (IV, VIII, 124; IV, 188 u. VI, 190 S.) Leipzig 887. Hinrichs' Verl. geb. n. 6. —

Röntsch, Johs., Jesus-Messias, der Herr u. sein Volk. Ein pragmat. Abriß der evangel. Geschichte. gr. 8. (VI, 190 S.) Leipzig 882. Hinrichs' Verl. 2. 70; geb. 3. 50

— über Indogermanen- u. Semitenthum. Eine völkerpsycholog. Studie. gr. 8. (VI, 274 S.) Leipzig 872. Hinrichs' Verl. 4. —; geb. 5. —

Röntsch, Johs., Rabbuni, der Herr und seine Jünger. Biblische Betrachtungen. br. 8. (IV, 188 S.) Leipzig 875, Hinrichs'sche Buchh. M 2,70.; geb. *

— Reich Gottes, Gemeinde u. Kirche. Ein Beitrag zum Verständniß der kirchl. Tagesfragen. gr. 8. (48 S.) Ebend. 874. 1. —

Röntsch, Walter, bacc. jur., Referendar: Das kaufmännische Zurückbehaltungsrecht im geltenden Rechte. Leipzig: Wigand 1909. VI, 42 S. 8°

Leipzig, Jur. Diss. v. 31. Juli 1909

[Geb. 11 Mai 81 Chemnitz; Wohnort: Leipzig, Staatsangeh.: Sachsen, Vorbildung: Gymn. Chemnitz Reife O. 02, Studium: Leipzig 10 S., Rig. 9. Febr. 07.] [U 09. 2640

Ronus, Max. Über Cineolsäure. Diss. Phil. Basel. 63 S. 8. Basel, Walz & Miéville, 1901.

Ronus, Susanne, der Tante Märchenbuch. Mit 8 Illustr. (Vollbildern) v. Sophie Linder. 2. Aufl., hrsg. v. Hanna Riggenbach. (XXXV, 319 S.) 8. Basel 909. C. F. Lendorff. Geb. in Leinw. 6. 50

(Ronus, Rob[ert].) Zur Erinnerung an das 60jährige Doctorjubiläum des Herrn Prof. K[arl] E[wald] Hasse 19. März 1893. 8. Zurich.

[Ronus, Susanna]. *Großvaters Erzählungen und Mährchen* für die Jugendwelt von Selma. Herausgegeben von J. C. Appenzeller. Winterthur, Steinerische Buchhandl. [1831]. V, 281 S. Typograph. verzierter u. bedruckter rosa Or.-Karton (etwas benutzt). Selten. 15.—

[Ronus]. *Der Tante Mährchenbuch.* Erstes Bändchen. Mit einem Kupfer [v. Martin Disteli]. Winterthur, etc. 2 Bl. 404 S. Kl.-8°. Hübsch typograph. verzierter heller Or.-Karton (ein wenig benutzt). 14.—

[Ronus]. ***Der Tante Mährchenbuch,*** **oder Abendunterhaltungen für die weibliche Jugend. Von Selma.** Erstes [— Zweites] Bändchen. Mit [je] einem Kupfer [von M. Disteli]. Winterthur, Steiner [1833]. 3 Bll. 404 S. — 2 Bl. 359 S. Kl.-8°. Or.-Karton. 30.—
Rümann 327. Seltene ★ erste Ausgabe. Hübsche, wenn auch etwas belehrende, märchenartige Erzählungen von Dialogen mit Kindern eingerahmt. — Titel u. Vorwort gestempelt. Einige kl. Flecken. Einbde. beschäd.

Ronus, Susanne. Der Tante Märchenbuch. Mit acht Illustrationen [Tafeln] von Sophie Linder. 2. Aufl. hrg. von Hanna Riggenbach. XXXVI+319 S. 8. Basel, C. F. Lendorff, 1909. [geb. fr. 6.50]

Ronzal, M. J., Annex zur Morsé-Fibel. Enthaltend alle mit 1. April 1879 in Kraft getretenen Abänderungen [betreffs Abschaffung der Telegraphen-Marken und Avisi und der zu deren Verrechnung und Evidenzhaltung erforderlich gewesenen Journale, Einführung des Wort-Tarifes für Oesterreich-Ungarn, Bosnien, Herzegovina und Deutschland] und neuesten bis Ende Novbr. 1879 erschienenen Verordnungen, endlich Abänderung der Monatseingaben und Depeschen-Verbuchungen etc. Neue Ausg. Lex.-8. (24 S.) Brünn 1879, (Knauthe.) *
Hauptwerk. (Ebendas.) 1878. ** M 4.

Ronzal, M. J., Morsé-Fibel. Ein Hand- u. Hilfsbuch f. Lehrer u. Schüler der Morsé-Telegraphie vorzugsweise zum Selbst-Unterricht. Mit fortschreit. Elementar-, Spiel- u. Leseübungen. Mit Xylographie- u. Lithographie-Beilage (in Imp.-Fol.). Als-Suppl. zum „Kral" m. Berücksichtigung d. Petersburger Vortrages. gr. 8. (136 S.) Brünn 878. (Knauthe.) n.n. 4. —

—— Schlüssel zur Morsé-Fibel, enthaltend Lösung der Aufgaben, Beantwortung der 270 Prüfungsfragen, Umänderungen und Complettirungen auf Grundlage des Londoner Telegraphen-Vertrages und aller Verordnungen bis incl. Febr. 1881, Tabellen und einem Telegramm-Gebühren-Tarif bis 100 Worte nach allen Ländern. Lex.-8. (120 S. mit 160 Illustr. [8 Stnt.].) Brünn 881, (Knauthe.) *

Ronzani, H. — Das goldene Pferd. Ballet in 2 Akten und 5 Tableaux von — — Musik von H. Scaramelli und Bajetti. 8. (12 S.) Wien. Gedruckt bei A. Pichlers Witwe und Sohn. 1854.

Ronzelen, J. J. van, **Beschreibung des Baues des Bremer Leuchtthurms an der Stelle der Bremerbaake in der Wesermündung. Bremerhaven 857. v. Vangerow in Comm. gr. 4. (53 S. m. Holzschn. im Text u. 3 lith. Taf. in 4. u. Fol.)** n. 1 Thlr. 10 ngr.

Ronzeval der Eskamoteur od. des Struwwelpeter 2. Thl. in 10 Verwandlungen illustr. durch allerley (lith.) Bilder u. Randzeichnungen. gr. 4. (47 S.) Erlangen 849, Bläsing. n. 2/3 Thlr.

Roo. Gerardus de. Annales. Oder Historische Chronick Der Durchleuchtigsten Fursten vnd Herren / Ertzhertzogen zu Oesterreich Habspurgischen Stammens fürnemlich von Rudolpho dem Ersten biß auff Carolum den Fünfften Erstlich durch Gerardum de Roo zusam getragen vnnd nachmals auff vnkosten Herrn Conrad Dietzen von Weidenberg außgangen auch von jhme auß Lateinischer in vnser Teutsche Sprach vbersetzt jetzo von newem durchsehen vnnd inn Druck gegeben Augspurg Gedruckt bey Johann Schultes M.DC.XXII [1622].
Tit. X — 482 S. 23 Bl. m. 478 Holzschn. 4°
Erstausgabe 1592 lateinisch; Neuauflage 1709 in Halle.
Vgl. Graesse VI 1 59

Roo, Gerh. de, Annales domus austriacae. 4. Halae, Renger. 709.

de Roo, Ger. Annales rerum belli domique ab Austriacis Habsburgicae gentis principibus a Rudolpho I. usque ad Carol. V. gestarum. 4. Halis 1709.

Roock, Henr. (geb. Tempelburg 28. 4. 1837) De morborum cordis renumque combinatione et nexu. Berolini (1859). (32 S.) 8°
Berlin, Med. Diss. v. 9. Dez. 1859

Rood, O. N., die moderne Farbenlehre mit Hinweisung auf ihre Benutzungen in Malerei u. Kunstgewerbe, s. a. Bibliothek, internationale wissenschaftliche.

Rood, O. N: Die moderne Farbenlehre mit Hinweisung auf ihre Benutzungen in Malerei und Kunstgewerbe. Leipzig 1880

Roode, Matthaeus van (Alkmar) A. S. 1156/24

Disputatio medica inauguralis, de lithiasi.
Leiden (vander Aa) 21. III. 1720. 23 S.

Gew. Jan van Roode (Bruder), Constantinus de Renealme (Onkel), Bernhard Albinus, Hermann Boerhaave, Wolferdus Seguerdius, Willem Phoenix, Jacob Hooghcamer.
W. v. J. Hooghcamer. 29213

Roodenfels, Fanny, s.: Eulenstein's musikalische Laufbahn.

Rooke, Charles (Follerton)
Inaug. Diss. on Fewer and Inflamation.
[lt. Dekanatsbuch nur handschriftlich eingereicht.]
Dr. med. Giessen 16.12.1842.

Rookes, Hnr., Reisen nach der Küste des glückseel. Arabiens; aus d. Engl. gr. 8. Leipz. 787. Kummer. 10 gr.

Room, Edm., Anemonen und Myrthen. Vermischte Gedichte. gr. 16. (247 S. mit 1 Chromolithogr.) Wien 857, [Gerold's Sohn.] *

Room, Edm., Anemonen und Myrthen. Vermischte Gedichte. Wien 857. Tendler u. Co. 16. (247 S. u. 1 color. Lithogr.) n. 1 Thlr. 12 ngr.

Roon, Generalfeldmarschall Albrecht Graf v. Ein kurzes Lebensbild. 8. (III, 107 S. m. Bild.) Gütersloh 888. Bertelsmann. n. — 80; geb. n. 1. 20

Roon, Generalfeldmarschall **Albrecht Graf v. Ein kurzes** Lebensbild. 2. Aufl. 8. (IV, 113 S. m. 6 Abb.) Gütersloh 902. C. Bertelsmann. n. — 80; geb. n. 1.20

— s. Garlepp, Bruno. Die Paladine Kaiser Wilhelms I. 5. Bdchn.

Roon's, Feldmarschall Graf Albr. v., Biographie, s.: Goßler, v.

v. Roon, Albr., Anfangsgründe d. Erd-, Völker- u. Staatenkunde, ein Leitfaden für Schüler von Gymnasien, Militair- u. höheren Bürgerschulen. Für einen stufenweisen Unterrichtsgang berechnet und entworfen. 3 Abthll. gr. 8. Berlin 834. Reimer. 7/12 Thlr. — 2e verb. Aufl. gr. 8. Ebd. 835. 3e Aufl. 838. 7/12 Thlr. (I. 1/4 Thlr. II. 5 gr. III. 1/6 Thlr.)

Roon, Albr. v., Anfangsgründe d. Erd-, Völker- u. Staatenkunde. Ein Leitfaden f. Schüler v. Gymnasien, Militär- u. höh. Bürgerschulen. Für e. stufenweisen Unterrichtsgang berechnet u. entworfen. 3 Abthln. 4., umgearb. Aufl. gr. 8. (21 1/2 B.) Berlin 841, G. Reimer.

Roon, Albr. v., Anfangsgründe der Erd-, Völker- u. Staatenkunde. Ein Leitfaden für Schüler von Gymnasien, Militär- u. h. Bürgerschulen. 3 Abthlgn. 5. Aufl. (19⅝ B.) 843. u. 6., bericht. Aufl. gr. 8. (20¼ B.) Berlin 845, G. Reimer. à 6 Ngr.; (compl.)

Roon, Albr. v., Anfangsgründe der Erd-, Völker- und Staatenkunde. Ein Leitfaden für Schüler von Gymnasien, Militair- und höh. Bürgerschulen. Für einen stufenweisen Unterrichtsgang berechnet und entworfen. 3 Abthlgn. (in 1 Bd.) 7. Aufl. (X und 90 S.) 1847. und 8., berichtigte Aufl. gr. 8. (X und 310 S.) Berlin 850, G. Reimer.

Roon, Albr. v., Anfangsgründe der Erd-, Völker- und Staatenkunde. Ein Leitfaden für Schüler von Gymnasien, Militair- und höheren Bürgerschulen. Für einen stufenweisen Unterrichtsgang berechnet und entworfen. 3 Abthlgn. 9. Aufl. 853. (VIII, 312 S.) — 10. bericht. Aufl. Berlin 856. G. Reimer. gr. 8. (VI, 322 S.) 15 ngr.

Roon, Albr. v., Anfangsgründe der Erd-, Völker- und Staatenkunde. Ein Leitfaden für Schüler von Gymnasien, Militair- u. höheren Bürgerschulen. Für einen stufenweisen Unterrichtsgang berechnet u. entworfen. 11. berichtigte Aufl. Berlin 860. G. Reimer. gr. 8. (VI, 302 S.) 15 ngr.

Roon, Albr. v., Anfangsgründe der Erd-, Völker- u. Staatenkunde. Ein Leitfaden für Schüler von Gymnasien, Militär- u. höheren Bürgerschulen. 3 Abtheilungen in 1 Bd. 12., bericht. Aufl. Berlin 868. G. Reimer. gr. 8. (VI, 309 S.) 15 ngr.

(Roon?) Militärische Briefe eines deutschen Officiers während einer Reise durch die Schweiz in das mittlere Frankreich, im Anfange des Jahres 1844. Mit besonderer Bezugnahme auf die neueren französischen Befestigungen. Mit Plänen. 8. Adorf 1845.

Roon, Graf v., Briefwechsel m. Prof. Clemens Theodor Perthes, s.: Briefwechsel.

Roon, Graf Albrecht v., s.a. Denkwürdigkeiten.

Roon, Albrecht Graf von. Denkwürdigkeiten aus dem Leben . . . Sammlung von Briefen . . . 2. Aufl. Bresl. 1892. H: *Roon, Waldemar Graf v.* (Berl)

Roon, [Albrecht] v., Generalfeldmarschall: Denkwürdigkeiten. [Hrsg. v. Waldemar v. Roon.] 2 Bde. Breslau: Trewendt 1892.

[F.] Denkwürdigkeiten aus dem Leben des General-Feldmarschalls Kriegsministers (Albrecht) Grafen von Roon. Sammlg v. Briefen, Schriftstücken u. Erinnergn. (Hrsg. v. Waldemar Graf Roon, Generallt. . . .) 4. bericht. u. verm. Aufl. Bd 1—3. (In 6 Halbbdn.) . . . *Breslau: E. Trewendt 1897.* 3 Bde 8.
1. M. 1 Bildn. u. 1 Facs. (XVI, 530 S., 1 Portr., 1 Facs.)
2. M. 1 Bildn. (VIII, 572 S., 1 Portr.)
3. M. d. Bilde 'Roon's Grab in Krobnitz'. (VIII, 544 S., 1 Taf.) [98. ....

[Roon.] — Denkwürdigkeiten aus dem Leben des Generalfeldmarschalls Kriegsministers Grafen v. Roon. Sammlung v. Briefen, Schriftstücken u. Erinnergn. 5. Aufl. 3 Bde. 6.—14. Lfg. (XIV, 532; VII, 572 u. VII, 544 S. m. 2 Bildnissen.) 8. Berlin 905. E. Trewendt. n. 21.—; geb. in Leinw. n. 24.60; in Halbfrz. n. 27.—
Erschien auch in 14 Lfgn. à n. 1.50.

— Grundzüge der Erd- u. Staatenkunde, 48 Tafeln daraus, s.a. Roon: Achtundvierzig Tafeln.

—— Grundzüge der Erd-, Völker- u. Staatenkunde, e. Leitfaden f. höh. Schulen, zunächst f. d. Kgl. Preuß. Cadetten-Anstalten bestimmt. Mit e. Vorw. v. Carl Ritter. 2 Abthln. mit e. Anh. Nebst 26 Tab. (27 B. gr. Fol.) gr. 8. (37½ B. u. 1½ B. Tab. gr. Fol.) Berlin 832, Duncker u. Humblot.
Einzeln 2 Abthln. 1 Thlr. 16 Gr. — Die Tabellen apart, 1 Thlr.

—— Grundzüge d. Erd-, Völker- u. Staatenkunde. Ein Leitfaden, f. höh. Schulen u. d. Selbstunterr. entworfen. Mit e. Vorw. v. Carl Ritter. I — 3. Abthl. I. 2., ganz umgearb. Aufl. gr. 8. Berlin, Duncker u. Humblot.
Abthl. 1. Topische Geographie. (20¼ B.) 837. 1 Thlr. 8 Gr.
" 2. Physische Geographie. (46 B.) 838. 2 Thlr. 16 Gr.
" 3. Politische Geographie I. — A. u. d. T.: Darstellung d. allgem. Verhältnisse u. Erscheinungen d. Völkerkunde, als Propädeutik d. polit. Geographie bearb. (31¼ B.) 840. 2 Thlr.

—— Grundzüge der Erd-, Völker- u. Staatenkunde. Ein Leitfaden für höhere Schulen u. den Selbstunterr. Mit Vorw. v. Carl Ritter. In 3 Abth.: Politische Geographie. II. 2 Lfgn. A. u. d. Ttl.: Die Völker u. Staaten der Erde, mit besond. Berücksichtig. der europäischen, namentl. der deutschen Verhältnisse, oder Versuch einer systemat. Darstellung der polit. Geographie aus dem ethnograph. Gesichtspunkte. 2 Lfgn. gr. 8. (76⅞ B. u. 28 Tab.) Berlin 843, 45, Duncker u. Humblot.

—— Grundzüge der Erd-, Völker- und Staatenkunde. Ein Leitfaden für höh. Schulen u. d. Selbstunterricht. Mit einem Vorworte von Carl Ritter. In 3 Abthlgn. 1. Abthl: Topische Geographie. 3., verb. Aufl. gr. 8. (XXVIII und 308 S.) Berlin 847, Duncker und Humblot.

—— dass. — 2. Abthl.: Physische Geographie. 3., verb. Aufl. gr. 8. (XII und 627 S.) Ebds. 849.

—— Grundzüge der Erd-, Völker- und Staatenkunde. Ein Leitfaden für höhere Schulen und den Selbstunterricht. Mit einem Vorwort von Carl Ritter. 3. Abthl.: Politische Geographie. I. (Thl.) 3., verb. und verm. Aufl. A. u. d. T.: Darstellung der allgemeinen Verhältnisse und Erscheinungen der Völkerkunde, als Propädeutik der polit. Geographie. 3., verb. und verm. Aufl. gr. 8. (XVIII und 494 S.) Berlin 855, Duncker und Humblot.

Roon, Albr. v., die iberische Halbinsel, e. Monographie aus d. Gesichtspunkte d. Militairs. 1. Abthl. Das Kriegstheater zwischen d. Ebro u. d. Pyrenäen. gr. 8. (22 B.) Berlin 839, G. Reimer. Thlr.

—— militair. Länderbeschreibung v. Europa ꝛc., s.a. Hand-Bibliothek f. Offiziere, 11. Bd.

Roon, Albr. v., Militärische Länderbeschreibung von Europa. 1. Abth. Mittel- und Süd-Europa. — A. u. d. T.: Hand-Bibliothek für Offiziere, oder Populäre Kriegslehre für Eingeweihte und Laien. Bearb. u. herausg. von einer Gesellschaft Preuss. Offiziere etc. 11. Bd. Berlin, Herbig, 1837. gr. 12.

—— 48 Tafeln zur Vergleichung geograph. Größen u. Maaße, für Geschäftsmänner u. Reisende. gr. 4. Berlin 845, Duncker u. Humblot.
Aus: Dessen Grundzüge ꝛc., besond. abgedruckt.

Roon, G. van, Lucanidae, s.: **Coleopterorum catalogus**.

[F.] Kriegsminister von Roon als Redner. Polit. u. militär. erläut. v. Waldemar Graf Roon, Generallt. u. Mitgl. d. Reichstages. Bd I—III. *Breslau: E. Trewendt 1895. 96.* 3 Bde 8.
I. 1895. (VII, 494 S.) II. 1896. (1 Bl., 382 S.)
III. (Schluss)-Bd. M. Namen- u. Sachreg. f. d. ganze Werk. 1896. (1 Bl., 363 S.) [96. 698.

Roon, Waldemar Graf v. (Hrsg.), s. Roon, Albrecht Graf von: Denkwürdigkeiten.

Roor, Jürgen, Allerlei aus dem Soldatenleben,
— in der Garnison,
— Gott mit uns,
— Humor im Kriege,
— eine Wacht am Rhein. Kleine Geschichten aus verschiedenen Zeiten,
} s.: Soldaten-Bibliothek, kleine.

Roorbach, Orville Augustus. Bibliotheca Americana, 1820-61. New York: Roorbach, 1852-61.

Roorda, Tacone

— s. Abul, Abbasi Amedis.

Roorda, T., s. Bråtå Joeda. — de Groot, A. D. C., Javaansche Sprachkunst. — Javaansche Brieven. — Javaansche Wetten. — Orientalia.

Roorda, T., siehe: Brieven, Javansche.

Roorda, T., commentarii in aliquot Jeremiae loca. 8maj. Gröningen 824. (Barth in Leipz.) 18 gr

Roorda, T., Grammatica arabica. Breviter in us. scholar. academicarum conscripta. Adjuncta est brevis Chrestomathia, edita et lexico explanata a P. Cool. 8maj. (21 1/4 B.) Lugduni Bat., Luchtmans 835. (Lipsiae, libr. Weidmann; T. O. Weigel.) *

Roorda, Tacone, Grammatica hebraea. II Vol. 8maj. Lugduni Batav. 831, Luchtmans. (Lipsiae, Weigel.)
Vol. I. De elementis vocibusque simplicibus. (19 3/4 B.) 831. 2 Thlr. 16 Gr.
- II. De syntaxi seu de vocibus coniunctis. (25 1/2 B.) 833. 3 Thlr. 8 Gr.

Roos, Dr. Johs. Chrn., Erzbischof v. Freiburg. Gedenkblatt. 16. (1 Bl. m. Bild u. 1 S. Text.) Freiburg i/Br. 889. Herder. f. 12 Explre. n. — 12

Roos, Erzbischof Dr. J. Chr., Lebensbild, s. Episkopat, der, der Gegenwart, in Lebensbildern dargestellt.

Roos, Dr., Beobachtungen über die eigentl. Wirkungen d. Heilquellen zu Rippoldsau u. der Bäder. Nach eigenen bisherigen Beobachtungen durch eine Reihe von Krankengeschichten dargestellt. 8. Freyburg 833. Herder. 3/4 ß

— dass. in franz. Sprache. 8. Ebd. 833. 3/4 ß

Roos, Etudes des animaux avec, pl. fol. Leipzig, Industr. Comt.

Roos und Rieger; neues Journal für Prediger und Jenaische allgemeine Litteraturzeitung . . . Ulm 1791. V: *Kesler, Christian David.* H: *Burk, Marcus Philipp.* (MGT) (Ky) (BB) (Heyd) (Kläbe, Gel. Schwaben. 1802.)

Roos u. Rieger, neues Journal f. Prediger u. Jenaische Litrat.-Zeitung; e. Entwurf zur Prüfung vorgelegt von e. Würtemberger (M. Ph. Burk). 8. Ulm 791. Wohler. 1 gr

Roos, Plan von Cöln und Umgebung. 1 : 25,000. Aubeldr. Imp.-Fol. Cöln 877, Lengfeld'sche Buchh. *

Roos, A. G., Prolegomena ad Arriani Anabaseos et indicae editionem criticam adiecto Anabaseos libri primi specimine. (XLVIII, 64 S. m. 1 Taf.) gr. 8. Groningen 904. J. B. Wolters. n. 4. 20

Roos, Alfred

Roos, üb. die Alkylester der aromatischen Sulfonsäuren. Diss. gr. 8. (34 S.) Heidelberg 893. (J. Hörning.) n. — 80

Roos, Anton. Gerard, s.: Excerpta historica iussu imp. Constantini Porphyrogeniti confecta.

Roos, Arnold (geb. am 21 Aug. 1853 in Rheinbrohl): Ueber die Angriffspunkte der Blausäure im thierischen Organismus . . . Bonn, Univ.-Buchdr. v. C. Georgi 1882. 35 S. 8.
Bonn, Med. Fak., Diss. v. 15 Apr. 1882

Roos, C., s.a. Roos, Karl

Roos, C., Atlas des Aetna, siehe: Sartorius v. Waltershausen.

Roos, Chr. Ph., s. Lieder u. Choräle, 125.

Roos, E., Anleitung zum Gebrauch d. französischen Sprech-, Schreib-, Leseunterrichts f. Mädchenschulen. — Französischer Sprech-, Schreib-, Leseunterricht f. Mädchenschulen, s.: Hahn, Th.

Roos, E., Aschenbrödel. Lustsp. in 3 Akten. 8. (38 S.) Frankfurt a/M. 884. (Berlin, M. Böhm.) 1. 50

Roos, E., Aschenbrödel. Lustspiel in 3 Akten, f. ihre Schülerinnen verf. u. zur Aufführg. in Privatkreisen geeignet. 8. (38 S.) Frankfurt a/M. 884. Koenitzer. n. — 60

Roos, E., die Einigkeit im Geist. Eph. 4, 3. Referat. 8. (16 S.) Gernsbach 883. Christl. Kolportage-Verein. n. — 4

Roos, E., französischer Sprech-, Schreib-, Leseunterricht f. Mädchenschulen, s.: Hahn, Th.

Roos, E., Wörterbuch, s.: Yonge, Ch. M., the little duke.

Roos, Ernst [Dr., Assistenzarzt an d. med. Poliklinik in Freiburg i. B.]: Über Schilddrüsentherapie und Jodothyrin '(früher Thyrojodin genannt.)' . . . Freiburg i. B. & Leipzig, J. C. B. Mohr, 1896; 78 S. 8.
Freiburg i. B., Med. Fak., Hab.-Schr. v. 1896

Roos, Ernst, über Schilddrüsentherapie u. Jodothyrin (früher Thyrojodin genannt). Habilitationsschrift. gr. 8. (78 S.) Freiburg i/B. 897. Tübingen, J. C. B. Mohr. n. 1. 80

Roos, Ernst [app. Arzt aus Lichtenau (Baden)]: Ueber das Vorkommen von Kohlehydraten im Harn von Tieren. . . . Freiburg i. B., Univ.-Buchdr. v. Chr. Lehmann, 1891; 34 S., 1 Bl. 8°
Freiburg i. B., Med. Fak., Inaug.-Diss. v. 1891

Roos, Eug., Gedichte. 8. (IV, 59 S.) Leipzig 895. W. Friedrich. n. 1. —

Roos, Fr., die Briefe d. Apostels Paulus u. die Reden d. Herrn Jesu. Ein Blick in den organ. Zusammenhang der neutestamentl. Schriften. 8. (IV, 296 S.) Ludwigsburg 887. Neubert. n. 3. —

Roos, Fr., die Geschichtlichkeit d. Pentateuchs, insbesondere seiner Gesetzgebung. Eine Prüfg. der Wellhausen'schen Hypothese. gr. 8. (168 S.) Stuttgart 883. J. F. Steinkopf. n. 2. 40

Roos, Fr., über die richtigen Grundsätze für die biblische Kritik. gr. 8. (V, 39 S.) Ludwigsburg 882. Neubert. n. — 80

Roos, Fr., die Inspiration der heiligen Schrift m. besond. Rücksicht auf Rothe's Theorie. gr. 8. (VI, 63 S.) Tübingen 876. Fues. n. 1. 30

Roos, Fr., die häusliche Kinderzucht. Vortrag bei der Diöcesansynode in Neuenstadt den 19. Novbr. 1868. 8. (28 S.) Stuttgart 870, Belser's Verlag. *

Roos, Fr. Paul, Schmierbrenners Maxl. Die Blinde vom Wolfenhof. Irrfahrten, s. Bachem's Jugend-Erzählungen. 22. Bd.

Ross, Franz Paul: Schmierbrenners Maxl. Die Blinde vom Wolkenhof. Irrfahrten. 3 Erzählungen f. d. Jugend von —. Mit 4 Bild. von A. Sieberath. Köln: J. P. Bachem [1903]. (207 S.) 8°
= Jugend-Erzählungen, Bachem's. Bd 22.

Roos, Frdr., das Verhältniß der Philosophie zur Offenbarung oder ihre Bedeutung für die Theologie, nach den wesentlichsten Beziehungen vom philosophischen u. theologischen Standpunkte aus untersucht. Basel 863. Bahnmaier. gr. 8. (VIII, 182 S.) n. 26 ngr

[Roos, G. F.], Gewisse, wahrscheinliche und falsche Gedanken von dem Zustande gerechter Seelen nach dem Tode. Altona. 1791. P.

Roos, Gust. Adolf, über Jugendspiele, Vortr., Leipzig 1893, 6 S., 4°

Roos, H. U. L. v., ein Jahr aus mein. Leben, od. Reise v. d. westl. Ufern der Donau an d. Nara, südl. v. Moskwa, u. zurück an d. Beresina mit d. grossen Armee Napoleons, im J. 1812. — A. m. d. Umschlags-Ttl.: Denkwürdigkeiten aus d. Kriege d. J. 1812. gr. 8. (24¾ B.) St. Petersburg 832. (Hamburg, Perthes-Besser u. Mauke.) Thlr.

Roos, H. U. L. v., erster u. zweiter medicin. Jahres-Bericht v. Marien-Krankenhaus f. Arme in St. Petersburg v. J. 1836 u. 1837. 2 Hfte. gr. 8. (23⅛ B. u. 10 Tab.) St. Petersburg 839. (Hamburg, Perthes-Besser u. Mauke.)

v. Roos, H. U. L., über das Wachsthum des Eisens zur Erörterung der Frage: ob dieses Metall erschöpflich sey! Lex.-8. St. Petersburg 837. (Eggers u. Comp.) n. 5 12 ₰

Roos, J., einige Gedanken u. Bedenken e. ev. Geistlichen zu Frenssen's „Jörn Uhl". (Umschlag: 2. Aufl.) (48 S.) gr. 8. Hamburg 903. Eckardt & Meßtorff. n. — 80

Roos, J., aus d. Papieren e. schwäb. Familie (Klemm), s.: Familien-Bibliothek, Calwer, Bd. 45.

— Stimmungen. Poetische Versuche. gr. 8. (VII, 135 S.) Ebd. 885. n. 1. 10

Roos, J., sein großer Tag. Zwölf Lieder der Zukunft. (29 S.) 8. Barmen 908. E. Müller. — 40

Roos, J. O., Specimen variarum lectionum sacri textus. 8maj. Tübing. 782. (Osiander). 12 gr.

Roos, Jacob [aus Lichtenau '(Baden)']: Über Kochsalzinfusion bei acuter Anämie ... Strassburg i. E., Buchdr. Ch. Müh & C., 1894; 34 S., 1 Bl. 8.
Strassburg, Med. Fak., Inaug.-Diss. v. 1894

Roos, Johann Fr

— Abhandl. üb. den Charakter des Josia in d. Andria des Terenz. 4. Gießen 784.

Roos, Jh. Fr. I., († d. 24. Dec. 1804.) Beitrr. zur histor. Kritik. 8. Gießen 794. Heyer. 4 gr.

Roos, J F., Einige Bemerkungen über den moralischen Charakter des Sallust. Progr. Giefs. 788. 4.

— Bemerkk. üb. den hebr. Elementarunterricht auf Schulen. 8. Gießen 781.

— Bibliothek f. Pädagogen u. Erzieher. 2 Thle. 8. Marb. Krieger. 784.

Roos, J. F., Progr. de Terentii quibusd. locis. Giefs 786. 4.

— opuscula academica. 8. Marb. 790. Krieger. 16 gr.

— Probleme der ältesten u. neuesten Geschichte. 8. Gießen 798. Heyer; (a. Krieger in Marb.) 12 gr.

— Reformationsgeschichte, s. a. Chr. Fr. Junius.

— Reformationsgeschichte in e. verbesserten Ausz. C. F. Junius, a. d. V. L. v. Seckendorf historia Lutheranismi. 2 Bde. gr. 8. Tübing. Fues.

— s. M. Fr. Roos, Gespräche vom Alter.

Roos, Jh. Fr. II., Versuch e. christl. Kirchengeschichte f. Lehrer aus allen Ständen. 1r Thl. gr. 8. Tübing. 796. v. Cotta. 1 ₰ 12 gr. 2r Thl. 801. ?

— Versuch über die Classiker. 8. Marb. 790. Krieger. 16 gr.

Roos, Johann Friedrich (Darmstadt) U. S. Erlangen 1779/3

Animadversiones ad quaedam loca Jobi. Continuatio I.
Präs. Wilhelm Friedrich Hufnagel.
Erlangen (Ellrodt) V. 1779. 20 S. 29214

Roos, Johann Friedrich (Darmstadt) Erlg. Phs. 1780, 3

Observationes philologico-exegeticae ad difficiliora quaedam loca Hoseae. Part. I.
Erlangen (Ellrodt) IV. 1780. 20 S.

Gew. Friedrich Karl Fhr. von Moser. 29215

Roos, Johann Philipp

— fortgesetzte Aufklärung v. dem ältesten Gebrauch des spanisch Siegelwachses. 4. Frkf. a. M. 792. Andreä. 5 gr.

- s. Bibliothek für Pädagogen.

Roos, Jh. Ph., Bruchstücke, betreff. die Beobachtung d. Pflichten eines Staatsdieners, sichtbar auf die Handlungen des gräfl. Dhaunsch. Raths. 4. Frkf. a. M. 785. Andreä. 12 gr.

- s. Just. Claproth, Vortrag.

— Erläuterung d. Frage: Ob die Todesstrafe in Deutschland nothwendig sey? 8. Jena 774.

— bestätigter Gebrauch aufgestellter Landesrechnungen, bei Erforschung d. Geschichte, insofern dieselbe Lebensbegebenheiten 2c. betrifft. 4. Frkf. a. M. 782. Eichenberg. 6 gr.

— Gedanken von der verschied. Denkungsart des Kunstrichters, wenn er tadelt. 8. Jena 774.

s. W. Green, Commentar.

s. Horaz. Oden, 5 Bücher.

— einige Nachrr. v. d. Wild- u. Rheingrafen Ph. Frz. v. Dhaun. 4. Frkf. a. M. 785. Andreä. 14 gr.

s. Jh. Bernh. de Rossi, hebr. typogr.

s. Ph. Er. Spieß, Unterr. v. Siegel-Oblaten.

s. Staatsdiener, der sterbende.

s. Terenz, Lustspiele.

Roos, Johs., Augustin u. Luther. Ein historisch-apologet. Versuch. gr. 8. (VIII, 152 S.) Gütersloh 876. Bertelsmann. n. 1. 80

Roos, Johannes Christian

— s. a. Hirtenschreiben.

Roos, Johs. Chrn., Hirtenschreiben an den hochwürdigen Clerus u. die Gläubigen der Erzdiöcese üb. den kirchlichen Gesang, zur Einführung d. neuen Diöcesan-Gesangbuches Magnificat. gr. 8. (27 S.) Freiburg i/B. 892. Herder. n. — 25

Roos, J[oseph]. Beschreibung der Gemeinde Hohenrain, deren Umgegend und des Kantons Luzern. Zunächst für anormale Kinder. Hrg. von J. R'.. . [Mit 3 Figuren.] 80 S. 8. Luzern, Kantonaler Lehrmittelverlag — Druck J. Schills Erben —, 1907. [geb. fr —. 75]

Roos, Jos., Fränzeli. Geheilter Aberglaube, s.: Weiß, Margar.

— das Fronfastenkind. Christians Vermächtnis u. Opfer. Das Dorforakel. Küferpauls Jahrzeit. Der Ansichtskartensporren. Meine Nachbarn, s.: Weiß, Margar.

(Roos, J[oseph].) Führer durch Affoltern am Albis und Umgebung [Illustriert.] 8 Affoltern a A o J [1893 98].

Roos, J., no Fyrobigs. Buredütschi G'schichtli, Gedichtli, Rym u. Ränk. 3., durchgeseh. Aufl. gr. 8. (IV, 124 S. m. Bildnis.) Luzern 892. H. Keller's Buchdr. n. 1. 35

[J.] No Fyrobigs. Buredütschi G'schichtli, Gedichtli, Rym u. Ränk v J. Roos. *Luzern: Meyer 1892.* (2 Bl., 120 S.) 1 Bd 8. [98. 2303

Roos, Josef. No Fyrobigs. Puretütschi Gschichtli, Gedichtli, Rym und Ränk. 7., durchgesehene und vermehrte Aufl. [Mit Porträt-Tafel und illustriertem Umschlag.] XXIV + 206 S. 8. Bern, A. Francke, 1907. [geb. fr. 3.—]

Roos J[oseph] Erholungsstation Schweiz. Eisenbahner und Kurhaus Grubisbalm am Sudwestabhange des Rigiberges Im Auftrag des Genossenschaftsvorstandes geschildert [Mit Illustrationen und 1 Tafel.] 8 Luzern 1900

Roos, Israel [aus Frankfurt a. Main]: Ueber einige schwefelhaltige Abkommlinge des Chinolins . Berlin, Druck v. H. Itzkowski (1888), 54 S. + 1 Bl. 8°
Berlin, Phil. Fak., Inaug.-Diss. v. 20. Jul. 1888

Roos, Jsr., über einige schwefelhaltige Abkömmlinge des Chinolins. Inaugural-Dissertation. gr. 8. (54 S.) Berlin 888, (Mayer und Müller.) *

Roos, Karl

Roos C., Epimetrum de Platonis codicibus 1888.

Roos, Karl: Die **Fremdwörter** in den **elsässischen Mundarten.** Ein Beitrag zur elsäss. Dialektforschung. *Straßburg 1903: J. H. E. Heitz.* (102 S.) 8°
Straßburg, Phil. Diss. v. 1903

Roos, Karl, das Gerichtskostengesetz. Systematisch dargestellt. Hrsg. v. Otto Kern. 8. (XXX, 421 S.) Karlsruhe 901. J. Lang. n. 6.50; geb. n. 7.25

Roos, C., de Theodoreto Clementis et Eusebii compilatore, s.a **Dissertationes philologicae Halenses.**

Roos, Carolus De Theodoreto Clementis et Eusebii compilatore Halis Saxonum 1883 Karras. 32 S. 8°
Halle-Wittenberg, Phil. Diss. v 30. Jan. 1883
Geb. [Niederrad bei] Frankfurt a. M 20. 10. 1858. V
Ersch vollst Accedit epimetrum de Platonis codicibus in Dissertationes philologicae Halenses. Vol. 6. Halis Sax. 1883. S. 1--69.

Roos, Carl, Vorlegeblatter für Gewerbeschulen und technische Anstalten, sowie zum Gebrauche fur Architecten, Bildhauer, Dekorationsmaler etc. herausg. von dem Lokal-Gewerbeverein in Mainz. 1. Heft. Mainz 855. v. Zabern. gr. Fol. (6 lith. Bl.) n. 1 ₰.

Roos, Karl, ein Wort über die deutsche Schützen-Waffe nebst Bemerkungen und Einwendungen gegen einige Bestimmungen in den Satzungen des deutschen Schützenbundes, Stuttgart 862. Kröner. 8. (16 S.) 3 ngr.

Roos, L., christliches Vergißmeinnicht. Gedenksprüche f. alle Tage d. Jahres. M. bes. Berücksicht. der hohen Festtage. 32. (384 S. m. farb. Titelbild.) Reutlingen 897. R. Bardtenschlager. Geb. in Leinw. 1.—; m. Goldschn. 1. 20; 1. 50 u. 1. 70

Roos, Ludwig, Schaubert, Eduard und **Hansen, Christian.** Die Akropolis von Athen nach den neuesten Ausgrabungen. Der Tempel der Nike Apteros. Berlin 1839. Fol.

Roos, Magnus Friedrich

– Abhandlung von der Sünde wider den heiligen Geist. Stuttgart: Erhard 1771 96 S.

— Abhandl. von d. Sünde wider den heil. Geist. 8. Nürnb. 772.

Roos, Magn. Fr., († d. 19. März 1803.) Abhandll. vermischten Inhalts. gr. 8. Nürnb. 805. Raw. 1 ₰ Hbg. Pr. 12 gr

– Abhandlungen verschiedenen Inhalts. Von Magnus Friedrich Roos. Nach dessen Tode hrsg. von Johann Friedrich Roos. – Nürnberg: Raw 1804. 480 S.

– zwei Abhandlungen von der Rechtfertigung und Heiligung. – Tübingen: Fues 1797.

– Aus M. Fr. Roos' Schriften: Zwei Abhandlungen von der Rechtfertigung und Heiligung. Von dem geistlichen Wachsthum. Gewisse, wahrscheinliche, und falsche Gedanken von dem Zustande gerechter Seelen nach dem Tode Stuttgart 1860. 64 S.

– Abschieds-Predigt zu Lustnau im Jahr 1784. – Reutlingen [1784]. 15 S.

[–] Christliche Ansprache an die durch einen schröklichen Brand verunglükte Göppinger. o.O. 1782. 16 S.

– Anweisung für Christen, wie sie sich in die gegenwärtige Zeit schicken und was sie bedenken und thun sollen. – Tübingen: Fues 1790. 56 S.

Roos, Magnus Friedrich (Mitarb.), s. Auberlen, Carl August: Der Prophet Daniel ..

— Aufruf zur Nachfolge Jesu. 8. Tübing. 800.

– [–] Auslegung des Briefs an die Römer. Neue unveränderte, mit einigen Beilagen verm. Ausg. Hrsg. von Freunden gläubig, nüchterner Schriftauslegung. – Reutlingen: Rupp & Baur 1860. VIII, 298 S.

– [–] Auslegung des Briefs an die Römer. Neue unveränd., mit einigen Beilagen verm. Ausg. Hrsg. von Freunden gläubig nüchterner Schriftauslegung. – Stuttgart: Evang. Bücherstiftung [um 1860]. 298 S.

– Auslegung des 53. Kapitels Jesajä. – Tübingen: Fues 1796.

– kurze Auslegung des Briefs St. Pauli an die Galater. – Tübingen: Fues 1784. 153 S.

— k. Ausleg. des Br. Pauli an die Galater. 8. Tüb. Fues. 785.

– – Stuttgart: Mezler 1786. 153 S.

— kurze Auslegung des Briefs Pauli an die Römer. 8. Tübing. 789. Fues. 4 gr

— kurze Auslegung d. beiden Briefe Pauli an d. Thessalonicher. 8. Stuttg. 786. Metzler. 3 gr

– kurze Auslegung der beiden Briefe des Apostels Pauli an die Thessalonicher hrsg. von Magnus Friedrich Roos. – Tübingen: Fues 1786. 98 S.

– kurze Auslegung der drey Briefe des Apostels Johannes. Hrsg. von Magnus Friedrich Roos. – Tübingen: Fues 1796. 70 S.

— kurze Auslegung der 3 Briefe d. Apostels Johannes. 8. Tübing. 798.

— kurze Auslegung d. Briefe des Apostel Petrus u. des Briefs Judä. 8. Tübing. 798. Fues. 4 gr

– Auslegung der Weissagungen Daniels, die in die Zeit des Neuen Testaments hineinreichen, nebst ihrer Vergleichung mit der Offenbarung Johannis nach der Bengelischen Erklärung derselben, hrsg. von M. Magnus Friedr. Roos. Leipzig: Saalbach 1771 322 S.

— Auslegung der Weissagungen Daniels, die in die Zeit des N. Testam. hineinreichen. gr. 8. Tübing. 771. 2e Ausg. ... Fues. (Leipz., Kummer). 12 gr

– – 2. Aufl. o. O. 1795. 373 S.
– – 2. Aufl. – Tübingen Fues 1795.

– SÄMMTLICHE AUSLEGUNGSSCHRIFTEN mit Uebersezung und Ergänzungen hrsg. von Karl Chr. Eberh. Ehmann. T. 1. 2. – Tübingen, Osiander, Stuttgart 1864 bis 1869.
1. Die Briefe Petri und der Brief Judä. Tübingen 1864
2. Die Briefe des Jakobus und Johannes. Stuttgart 1869

– BEICHT- UND COMMUNIONBUCH. – Stuttgart: Erhard 1791
– – 3. Aufl. – Stuttgart: Macklot 1799. 150 S.
– – 6. Aufl. – Stuttgart: Steinkopf o. J. [nach 1800]. 138 S.

— Beicht= u. Communionbuch. 8. Stuttg. 805. Steinkopf. 5 gl. Schrbp. 12 gl.

– BELEUCHTUNG DER GEGENWÄRTIGEN GROSSEN BEGEBENHEITEN durch das prophetische Wort Gottes. In vier Abhandlungen. – Minden 1793.
– – o. O. 1794. 126 S.

– Beleuchtung der gegenwärt. großen Begebenheiten durch das prophet. Wort Gottes. 8. Tübing. 794. Fues. 4 gl.

– BETRACHTUNGEN ÜBER DIE SECHS HAUPTSTÜCKE DES CATECHISMUS. – Tübingen Franck 1775. 205 S.

– BETRACHTUNGEN ÜBER DIE GEGENWÄRTIGE ZEIT und die Nothwendigkeit und Beschaffenheit der Bekehrung und christlichen Frömmigkeit. In 7 Gesprächen. Von Magnus Friedrich Roos. – Tübingen: Fues 1779.

– BEWEIS, DASS DIE GANZE BIBEL VON GOTT EINGEGEBEN und die christliche Religion wahr sey. – Tübingen: Fues 1791. 257 S.

– Beweis, daß die ganze Bibel von Gott eingegeben und die darauf gegründete christliche Religion wahr sei. Von Magnus Friedrich Roos. 2. Ausg. – Reutlingen: Rupp & Baur 1866. VI, 236 S.

Roos, Magn. Friedr., Beweis, daß die ganze Bibel von Gott eingegeben u. die darauf gegründete Religion wahr sei. 2. Ausg. Reutlingen 867. Baur. 8. (VII, 236 S.) 18 ngr.

s. Bibel, Tübingen.

– BIBLIA ... durch D. Martin Luther in das Teutsche übersezt mit Desselben Vorreden und Randglossen, wie auch mit neuen Anmerkungen, ingleichen mit eines jeden Kapitels Summarien und Nuzanwendungen versehen. ... Mit einer Vorrede von Magnus Friedrich Roos (5 ungez. S.). – Tübingen: Schramm 1788.

– kleine Blätter f. Söhne u. Töchter auf d. Lande. 8. Tüb. 800.

(–) DIE FÜNF BÜCHER MOSIS zu öffentlicher Kirchenandacht in dem Herzogthum Wirtemberg, auch sonsten zum erbaulichen Hausgebrauch ausgefertiget. – Stuttgart 1789. in: Summarien oder gründliche Auslegung der Schriften Alten Testaments. 1.

— selecta capita doctrinae de ecclesia, praesenti tempori accomm. 8maj. Tübing. 774. v. Cotta. 1 ℛ 8 gl.

– SELECTA CAPITA DOCTRINAE DE ECCLESIA praesenti tempori accomodata a Magno Friderico Roos. – Tubingae: Cotta 1784. VIII, 470 S.

– DE COLLISIONE OFFICIORUM. Praes.: Dan. Maichelius. – Tubingae 1716.

– DANIEL als ein rechtschaffener Hofmann abgeschildert. – Frankfurt & Leipzig 1767
– – Stuttgart 1767.
– – 2. Aufl. – Stuttgardt: Erhard 1774. 74 S.

– Daniel als ein rechtschaff. Hofmann geschildert. 8. Frankf. 767. N. A. 8. Stuttg. 774. (Osiander). 4 gl.

– – Mit Anmerkungen von G. A. Süskind. – Stuttgart: Hallberger 1856. XIX, 117 S. (Thesaurus biblicus, oder die Bibel im Lichte geschichtl. Thatsachen. 1.)

– EINLEITUNG IN DIE BIBLISCHEN GESCHICHTEN von der Schöpfung an bis auf die Zeit Abrahams. Von M. Magnus Friedrich Roos. – Tübingen: Fues 1774. XLVIII, 382 S.
– – Stuttgart: Metzler 1776. XLVIII, 364 S.
– – Aufs neue hrsg. und durch Anmerkungen und andere Zugaben verm. von Wilhelm Friedrich Roos. – Tübingen: Fues 1835. XL, 304 S.
– – neu hrsg. und verm. von Wilhelm Friedrich Roos. T. 1–3. – Tübingen: Fues 1835–1838.
1 1835.
2 1837
3 1838.

Roos, Magn. Friedr., Einleitungen in d. bibl. Geschichten. 3 Bde. Aufs neue hrsg. u. durch Anmerkn. u. a. Zugaben verm. v. Wilh. Friedr. Roos. gr. 8. Tübingen 837, Fues.
Bd. 1. Von der Schöpfung an bis auf d. Zeit Abrahams. (18 B.) 835. 18 Gr.
" 2. u. 3. A. u. d. T.: Fußtapfen d. Glaubens Abrahams in den Lebensbeschreibungen d. Patriarchen u. Propheten, aus den Schriften d. alten Testaments gezeigt. 2 Thle.
Thl. 1. Von Abraham bis auf Salomos Zeit. (36¼ B.) 837. 1 Thlr. 12 Gr.
" 2. Von Salomo an bis auf Jesum Christum. (37½ B.) 838. 1 Thlr. 12 Gr.

– – Auf's neue hrsg. und durch Anmerkungen und andere Zugaben vermehrt von dem Enkel desselben, M. Wilhelm Friedrich Roos. Neuer Abdruck. Bd. 1–3. – Tübingen: Fues 1857
1 Von der Schöpfung an bis auf die Zeit Abrahams. XXXIV, 240 S.
2. Von Abraham bis auf die Zeit Salomo's. XXII, 405 S.
3. Von Salomo an bis auf Jesum Christum. XX, 198 S.
Sondert. für Bd 2 und 3: Fußstapfen des Glaubens Abrahams in den Lebensbeschreibungen der Patriarchen und Propheten, aus den Schriften des alten Testaments gezeigt

Roos, Magnus Frdr., Einleitung in die biblischen Geschichten d. Alten Testaments m. besond. Hinweisg. auf die Fußtapfen d. Glaubens Abrahams in den Lebensbeschreibgn. der Patriarchen u. Propheten. Neue Ausg. m. 3 Beilagen. gr. 8. (XIII, 964 S.) Stuttgart 876. (Buchh. der evangel. Gesellschaft.) n. 6. —

– KURZER ENTWURF UND BEWEIS DER NÖTHIGSTEN LEHRE DES EVANGELIUMS. – Tübingen: Fues 1781.

— kurzer Entwurf u. Beweis der nöthigsten Lehren des Evangeliums für diejenigen, welche sich zur gegenwärtigen Zeit nicht mit mancherlei u. fremden Lehren umtreiben lassen wollen. Auf's Neue hrsg. von der Pilger-Mission auf St. Chrischona. Basel 867. Spittler. 8. (71 S.) n. 3 ngr.

– s. Entwurf d. Lehren d. Evangeliums.

Roos, Magnus Friedr., Erbauungsbuch, enthalt. Morgen= u. Abendandachten auf 4 Wochen, nebst e. Anh. v. Morgen= u. Abendgebetliedern f. jeden Wochentag, u. Gebeten f. Festtage u. besond. Gelegenheiten. Neue Aufl. gr. 12. (8 B.) Nürnberg 833, Raw.

—— Erbauungsbuch, enth. Morgen= u. Abendandachten auf vier Wochen, nebst e. Anh. v. Morgen= u. Abendgebetliedern f. jeden Wochentag, u. Gebeten f. Festtage u. besond. Gelegenheiten. Neueste Aufl. gr. 12. (8 B.) Nürnberg 840, Raw'sche Buchh.

Roos, Magnus Frdr., Erbauungsbuch enth. Morgen= u. Abend=Andachten auf 4 Wochen nebst einem Anhange von Morgen= u. Abends=Gebetliedern f. jeden Wochentag u. Gebeten f. Festtage u. besondere Gelegenheiten. 5. Aufl. 12. (192 S. mit 1 Stahlst.) Nürnberg 847, Raw. ¼ ℛ

— häusl. Erbauungsbuch in Gebeten u. Betracht. Mit Kpf. gr. 8. Nürnb. 790. N. A. 791, 803. Raw. 16 gl. Hbg. Pr. 12 gl.

[–] DEUTLICHE UND ZUR ERBAUUNG EINGERICHTETE ERKLÄRUNG DER OFFENBARUNG JOHANNIS. – o. O. 1789. 18, 264 S.

– KURZE ERKLÄRUNG DER ZWEEN BRIEFE DES APOSTELS PETRUS UND DES BRIEFS DES APOSTELS JUDAS von Magnus Friedrich Roos. – Tübingen: Fues 1798. XVI, 160 S.

– Kurze Erklärung der zwei Briefe des Apostels Petrus und des Briefs des Apostels Judas. Von Magnus Friedrich Roos. – Tübingen: Osiander 1864. XI, 166 S. (Roos: Sämmtliche Auslegungsschriften. 1.)

[–] Etwas für Seefahrer. In Gesprächen über das Unentbehrlichste zu einer vergnügten und glücklichen Seereise. – Hamburg 1787. 175 S.

— fundamenta physiologiae ex s. scriptura collecta. 8. Tüb. Heerbrand. 769.

— fundamenta physiologiae ex sacra scriptura sic collecta etc. 8. Tübing. 769. (Osiander). 6 gl

– Fundamenta psychologiae ex sacra scriptura sic collecta, ut dicta eius de anima eiusque facultatibus agentia collecta, digesta atque explicata sint. A. M. Magno Frid. Roos. – Tubingae: Fues 1769. 248 S.

— Fußtapfen des Glaubens Abrahams, in d. Beschreib. der Patriarchen u. Propheten. 6 Stcke. 8. Tübing. 769—70. N. A. 2 Bde. 776. Fues. 22 gl

– Fussstapfen des Glaubens Abrahams in den Lebens-Beschreibungen der Patriarchen und Propheten aus den Schriften des Alten Testaments gezeiget von Magnus Friedrich Roos. St. 1–6. – Tübingen: Fues 1770–1771. 1206 S.

– – Neue Aufl. St 1–6 (Bd 1. 2). – Tübingen: Fues 1773–1775. 514 S., S. 515–1292.

– – Aufs neue hrsg. und durch Anmerkungen und andere Zugaben vermehrt. Bd 1. 2. – Tübingen: Fues 1837–1838. XXVII, 584, XVI, 575 S.

– – Tübingen 1857 s. Roos: Einleitung in die biblischen Geschichten. 2. 3.

– – Neuer Abdruck. 1857.

– Christliche Gedanken von der Verschiedenheit und Einigkeit der Kinder Gottes nebst des seel. Hrn C. F. Steinhofers Entwurf eines theologischen Sendschreibens von dem Unterschied der gemeinen Kirchenverfassung und der besondern Anstalten und Gemeinen (S. 108–124). – Stuttgart: Erhard 1761. 124 S.

— christl. Gedanken von der Verschiedenheit u. Einigkeit der Kinder Gottes; nebst Ch. F. Steinhoffers Entwurf e. theolog. Sendschreibens rc. 8. Tübing. 764. 2e A. 775. Fues; (auch Hoffmann in Stuttg.) 3 gl

– – nebst C. F. Steinhofers Entwurf eines theologischen Sendschreibens, von dem Unterschied der gemeinen Kirchenverfassung. Hrsg. von Magnus Friedrich Roos. 2. Aufl. – Stuttgart: Erhard 1775. 128 S.

– – wieder hrsg. von einem Enkel desselben, Pfarrer M. W. Fr. Roos zu Ditzingen. – Stuttgart: Evang. Gesellschaft 1850. 55 S.

— christliche Gedanken von der Verschiedenheit u. Einigkeit der Kinder Gottes, wieder hrsg. v. einem Enkel desselben W. Fr. Roos. gr. 8. (55 S.) Stuttgart 850, J. F. Steinkopf. 4 ngl

– – Neue Ausg. – Stuttgart: Evang. Bücherstiftung 1868. 72 S.

– s.a. Gedanken v. Zustande d. Seele nach d. Tode, u. setze hinzu: Tubing., Fues. 2 Gr.

– Gewisse, wahrscheinliche und falsche Gedanken von dem Zustand gerechter Seelen nach dem Tode. – Altona: Schulz 1791

– – Tübingen: Fues 1792.

– Geschichte von einem Administrator und dessen Sohn. – o. O. 1792.

– Gespräch vom Alter, nebst seinem Lebenslauf. – Nürnberg: Raw 1803.

— Gespräche vom Alter, nebst dessen Lebensbeschreib., nach sm. Tode hrsgg. von Jh. Fr. Roos. 8. Nürnb. 803. Raw. 8 gl Hbg. Pr. 3 gl

– Christliche Gespräche für Landleute. – Tübingen: Fues 1791.

— christl. Gespräche f. Landleute; nebst e. Beschreib. des geistl. Wachsthums. 8. Tübing. 800.

– – Tübingen 1840: Fues. 80 S.

– Christliche Gespräche vom Tod. – Tübingen: Fues 1800.

[–] Erbauliche Gespräche von wahren Geschichten, welche sich unter Handels- und Handwerksleuten zugetragen haben, und merkwürdige Erweisungen der Gnade und Gerechtigkeit Gottes enthalten. 2. Aufl. – Tübingen 1789. 104 S.

– Erbauliche Gespräche über die Offenbarung Johannis. – o. O. 1788. 232 S.

— christl. Glaubensbekenntniß u. Beweis v. dem göttl. Ursprunge u. Ansehen d. Bibel. 8. Leipz. 773. 2e A. 773. N. A. 774.

– Christliches Glaubens-Bekenntniss und überzeugender Beweis von dem göttlichen Ursprung und Ansehen der Bibel den neuesten Einwürfen entgegen gesezt von M. Magnus Friedrich Roos. – Tübingen: Fues 1773. 144 S.

– – 2. Aufl. auf Kosten guter Freunde zum Verschenken. – o. O. 1773.

– – 3. Aufl. – Tübingen: Fues 1774. 103 S.

– Christliche Glaubenslehre für diejenige, welche sich . . nicht mit . . . fremden Lehren umtreiben lassen wollen . . . . – Stuttgart: Metzler 1786.

– – Christliche Glaubenslehre für diejenige, welche sich zur gegenwärtigen Zeit nicht mit mancherley und fremden Lehren umtreiben lassen wollen. 2. Aufl. mit einer Vorrede von Prof. Dr. Beck in Tübingen. – Tübingen: Fues 1845. VII, 175 S.

– – 3. Aufl. – Stuttgart: Evang. Bücherstiftung 1860. 210 S.

Roos, Magnus Friedr., Grundzüge der Seelen-Lehre aus heiliger Schrift. Nach dem Latein. Stuttgart 857. J. F. Steinkopf. 8. (252 S.) n. 22½ ngr

– Christliches Haus-Buch welches Morgen- und Abendandachten aufs ganze Jahr nebst beygefügten Liedern enthält. Mit Kupfern. Bd 1. 2. – Stuttgart: Mezler 1783.
1. Jenner bis Junius. 740 S.
2. Julius bis December. 718 S.

– – 2. Aufl. T. 1. 2. – Stuttgart: Metzler 1790.

– – T. 1. 2. – Nürnberg 1808.

– – Bd 1. 2. – Nürnberg 1821

– – 5., verm. Aufl. – Nürnberg: Raw 1834.

– – Neueste, mit einem Register über die Lieder verm. Aufl. (mit 1 Bildnis). T. 1. 2. – Reutlingen: Grözinger & Schauwecker; Kalbfell 1834–1839. XVI, 748, XVI, 764 S.

– – 6. Aufl. – Nürnberg: Raw 1847.

– – Nebst beigefügten (Hiller'schen) Liedern. Nebst einem Anhang von weiteren Gebeten für zwei Wochen und für einige besondere Fälle. Mit dem Lebensabriß des sel. Verfassers. – Stuttgart: Steinkopf 1860. XVI, 1055 S.

– – Stuttgart: Steinkopf 1871.

– – Mit dem Lebensabriß des sel. Verf. eingel. von seinem Urenkel Fr. Roos. Mit 1 Stahlstich. – Stuttgart: Steinkopf 1885. XVI, 1055 S.

– [–, Ausz.] Häusliches Erbauungsbuch in Gebeten und Betrachtungen. – Nürnberg: Raw 1790.

– [–, –] Häusliches Erbauungsbuch, enthaltend Gebete auf alle Feste, Feyer- und Wochentage, wie auch für besondere Fälle des Lebens. Eine Sammlung ausgezogen aus den J. C. Storr'schen und Roos'schen Erbauungsbüchern. T. 1. 2. – Tübingen: Fues; Stuttgart: Steinkopf in Komm. 1831–1832. 378, XIV, 498 S.

– [–, –] Erbauungsbuch, enthaltend Morgen- und Abend-Andachten. – Nürnberg: Raw 1840.

– [–, –] Erbauungsbuch, enthaltend Morgen- und Abend-Andachten. 5. Aufl. mit Anhang von Gebetsliedern. – Nürnberg: Raw 1847.

– [–, –] 3. Aufl. – Stuttgart 1849.

– [–, –] Häusliches Erbauungsbuch. 8. Aufl. – Stuttgart: Evang. Bücherstiftung 1875. VII, 422 S.

Roos', Magnus Friedr., christliches Hausbuch, welches Morgen- u. Abend-Andachten auf jeden Tag des ganzen Jahres nebst beigefügten (Hiller'schen) Liedern enth. Nebst e. Anh. v. weiteren Gebeten f. 2 Wochen u. f. einige besondere Fälle. Mit dem Lebensabriß des Verf. (XVI, 1055 S. m. Titelbild.) gr. 8. Stuttgart 910. J. F. Steinkopf. 4.—; geb. in Leinw. 5.—; in Halbfrz. 6.—

– Historia succincta controversiae de processione spiritus sancti a patre filioque. – Tubingae: Löffler (1749). 26 S.

[–] Jesus der Erlöser der Menschen nach Jesajas 52, V. 13–15. und Cap. 53. Von M. F. R[oos]. – Tübingen: Fues 1788. 46 S.

- NEUE KREUZ-SCHULE oder Anweisung zu einem christlichen Verhalten unter dem Leiden welche in zwölf Abhandlungen in Auszügen aus erbaulichen Schriften, in Liedern und Gebetern besteht. Als ein Anhang sind Morgen- und Abend-Gebete, ein Wetter-Gebet, und kurze Gebete eines Sterbenden beygefügt Tübingen: Fues 1779. 262 S.
- 3. Aufl. - Tübingen: Fues 1788.
- - 4. Aufl. Tübingen: Fues 1812. 270 S.
- Kreuzschule, oder Anweisung zu einem christlichen Verhalten unter dem Leiden, mit einem Anhang von Gebeten für besondere Fälle 5. Aufl. Stuttgart: Evang. Bücherstiftung, Tübingen: Fues 1857. XVI, 289 S.
- 7. Aufl. Stuttgart: Evang. Bücherstiftung 1875. 277 S.
- - Kreuzschule, oder Anweisung zu einem christlichen Verhalten unter dem Leiden. Von M. Friedrich Roos. 8. Aufl. Stuttgart Buchh. der Evang. Gesellschaft 1896. IX, 222 S.

— die Lehre u. Lebensgeschichte Jesu Christi, nach d. 4 Evangelisten entworfen. 2 Thle. 8. Stuttg. 777. (Fues in Tüb.) 1 ℔

- DIE LEHRE UND LEBENSGESCHICHTE JESU CHRISTI. Bd 1. 2. - Tübingen: Fues 1776–1777
  - Die Lehre und Lebensgeschichte Jesu Christi, des Sohnes Gottes, nach den vier Evangelisten entworfen. T. 1. 2. 2. Aufl. aufs neue hrsg. und mit einigen Zugaben verm. von Wilhelm Friedrich Roos. T. 1. 2. Tübingen: Fues 1817. 1818
  1. Die Lehre Jesu Christi. XX, 526 S.
  2. Die Lebensgeschichte Jesu Christi. XXXVII, 118 S.

- MORGEN- UND ABEND-GEBETE auf alle Tage in der Woche und an einem Feiertage von M. Magnus Friedr. Roos, weiland würtemb. Rathe und Prälaten zu Anhausen. Tuttlingen 1832: Bofinger 36 S.

(–) DIE OFFENBARUNG JOHANNIS. - Stuttgart 1787. - in: Summarien oder gründliche Auslegung der Schriften Neuen Testaments 2

- PREDIGTEN ÜBER DIE NEUE für die Wirtembergische Kirche verordnete EVANGELIEN ..., nebst einer kurzen Erklärung der drey Briefe des Apostels Johannes. Stuttgart: Erhard 1795. 296 S.

— Predigten über die in Würtemberg neu eingeführten Evangelien. gr. 8. Stuttg. 795. (Hoffmann). 12 gl; bei Steinkopf u. bei Metzler. 9 gl

- M. Magnus Friedrich Roos. PREDIGTEN ÜBER DIE SONN- UND FEYERTÄGLICHE EVANGELIEN eines ganzen Jahrs nebst angehängten Passions-Predigten. - Stuttgart & Tübingen: Erhard & Sigmund 1774. 654, 114 S.

- Predigten über die Sonn- Fest- und Feyertägliche Evangelien nebst Passionspredigten. Neue Aufl. - Stuttgart: Erhard 1787.

— — dies. 4. Stuttg. Steinkopf. 787.

[-] DIE PROPHETEN NEBST DEN BÜCHERN, SO MAN APOCRYPHA NENNET, verdeutscht durch D. Martin Luthern, mit jeden Capitels kurzen Summarien, auch beygefügten vielen, richtigen und mit Fleiß nachgesehenen Parallelen [von M. F. Roos]. - in: Die Bibel ... nach der Uebersetzung D. Martin Luthers. - Tübingen: Sigmund 1770 *(andere Ausgabe: Tübingen, Sigmund 1771. - Verfasserschaft von Roos laut Bibliographie, 958. - s. Nr 2497).*

s.a **Prüfung d. gegenwart. Zeit.**

[-] PRÜFUNG DER GEGENWARTIGEN ZEIT nach der Offenbarung Johannis. Luc. 12, 51.55.56.57. - o.O. 1786. 485 S.

— Prüfung der gegenwärt. Zeit nach der Offenb. Joh. 8. Stuttg. Metzler. 786.

- - Tübingen: Fues 1786.

- DER 15. UND DER 110. PSALM AUSGELEGT. - Tübingen: Fues 1796.

- DER ZWEITE UND DER ZWÖLFTE PSALM mit einer Anwendung auf die gegenwärtige Zeit. Tübingen: Fues 1793.

— der 2e, 12e, 45e u. 110e Psalm, mit Anwendung auf die gegenwärt. Zeit ausgelegt. 8. Tübing. 795, 96. Fues. 6 gl

— erbaul. Reden über die Offenbar. Johannis. 8. Tübing. 788.

— Samml. von zweifachen Morgen- u. Abendandachten an jed. Wochentage. gr. 8. Nürnb. 807. Raw. 2 gl

Roos, Magnus Friedrich (Hrsg.), s. Seckendorf, Veit Ludwig von · Reformationsgeschichte.

- SOLDATEN GESPRÄCHE zur Pflanzung der Gottseligkeit unter den Soldaten eingerichtet. - o.O. 1777. 132 S.

Roos, Magn. Fr., Soldatengespräche, zur Pflanzung d. Gottseligkeit unter d. Soldaten. 8. Tübing. 777.

— von der Sünde wider den heil. Geist. 8. Nürnb. Monath. 772.

— s. Tabea, die Württembergische.

— von der Verschiedenheit und Einigkeit der Kinder Gottes. 8. Ebend. (a. Erhard.) 764.

— — dass. 8. Nürnb. Monath. 775.

- VON DER VERSCHIEDENHEIT UND EINIGKEIT DER KINDER GOTTES. 3. Aufl. Stuttgart: Erhard 1787
  - Tübingen: Fues 1777

—— über d. Wachsthum d. Eisens z. Erörterung d. Frage: ob dieses Metall erschöpflich sey? Hrsg. v. ders. Gesellschaft. Lex.-8. (1½ B.) St. Petersburg 837, (Eggers u. Cp.) *

Wie kann man im Alter noch jung und fruchtbar und selbst im Tode getrost seyn? Von weil. Magnus Friedr. Roos. AUSZUG AUS DESSEN GESPRÄCHEN ÜBER DAS ALTER UND DEN TOD, bearb. von Pf. St. in B. Reutlingen: Enßlin & Laiblin [1886]. S. 308–360

— einige Worte der Ermahnung u. des Trostes f. diejen., welche zur gegenwärt. unchristl. Zeit leben. 8. Tübing. 779.

- WORTE DER ERMAHNUNG UND DES TROSTES von Roos, C. F. Hartmann und J. A. Bengel für unsere Zeit. Tübingen: Fues 1785
- Worte der Ermahnung und des Trostes von Roos, C. F. Hartmann, J. A. Bengel für unsere Zeit. Tübingen: Fues 1875. S. 1–17
  2. Aufl. Tübingen: Fues 1880. S. 6–22

— K. F. Hartmann u. J. A. Bengel, Worte f. unsere Zeit. 8. (47 S.) Tübingen 875. Fues. — 30

Roos, M. F., K. F. Hartmann, J. A. Bengel, Worte f. unsere Zeit. 2. Aufl. 8. (56 S.) Tübingen 880. Fues. n.n. — 50

Roos, Magnus Johann Friedrich, s. Roos, Magnus Friedrich

Roos, Mathilde, das Allerteuerste, s.a. Tannenzweige. 3.

Roos, Mathilde Das Allerteuerste Von – Am heiligen Abend Von Gottlieb Fischer Winterfreuden fürs kleine Volk. Von Fr Gr. 3 Erzählungen. Mit Bild Barmen Wupperthaler Trakt-Ges. [1899] (39 S.) 8°
= Tannenzweige H. 3.

— Tante Majas Erzählung, s.a. Kleinkindergarten.

Tante Majas Erzählung Erzählung von Mathilde Roos. (Autor. Übers. aus d. Schwed.) *Berlin: Schriftenvertriebsanst. 1901.* (16 S.) 8° [F.]
= Kleinkindergarten. No 50. [01. 11641

Roos, Mathilda, d. Felsenmann (Betrachtgn. üb. d. Sünde d. Frommen), s.a. Broschüren, religiöse, f. Gebildete.

[F.] Der Felsenmann. Betrachtgn üb. d. Sünde d. Frommen. Von Mathilda Roos. '(A. d. Schwed. übs. v. F. E.)' ... *Berlin: Christl. Zeitschriftenver. 1897.* (25 S.) 1 Bd 8.
= Broschüren, Religiöse, f. Gebildete. II. 1. [97. 6296

— der unsichtbare Gast, s.a. Tannenzweige. 7.

Roos, Mathilde. Der unsichtbare Gast (Von –) Der kleine Zeitungsträger. (Von M. Dahnow [d. i. M. Gräfin zu Dohna]) Mit Bild Barmen Wupperthaler Trakt.-Ges. [1899] (39 S.) 8°
= Tannenzweige. H. 7

— M. Dahnow u. a., der unsichtbare Gast, s.a. Christblumen. 8. Bdchn.

Roos, Mathilde Der unsichtbare Gast. Erzählungen von Mathilde Roos, M Dahnow [d. i. M Gräfin zu Dohna] u a. Mit 4 Bild. Barmen. Wupperthaler Trakt.-Ges. [1899] (69 S.) 8°
= Christblumen. Bdch. 8.

Roos, Mathilde, der unsichtbare Gast. Aus dem Schwed. von Anna v. Below. (47 S. m. Vignetten.) kl. 8. Striegau (905). Th. Urban. n. — 25

[F.] Das Geheimnis der Gottesliebe Erzählg v Mathilde Roos. (Autoris. Übs. a. d. Schwed.) *Barmen. Wupperth. Traktat-Ges. [1898]* (16 S.) 1 Bd 8. [98. 12226 Ilu

— das Geheimnis der Gottesliebe. Eine Erzählg. f. die Jugend. (Autoris. Übersetzg. aus dem Schwed.) 12. (16 S.) Barmen 899. Wupperthaler Traktat-Gesellsch. n. — 10

— Glück. Erzählung. Berechtigte Uebersetzg. aus dem Schwed. nach der 4. Aufl. des Originals v. F. E. 1. u. 2. Aufl. (135 S.) 8. Schwerin 906. F. Bahn. n. — 80; geb. n. 1. —

— die Heiligabendglocke. Ein Roman aus Norrland. Autoris. Uebersetzg. aus dem Schwed. v. F. E. Mit e. Vorwort v. Pentzlin. 2 Tle. in 1 Bde. (XV, 456 S.) 8. Wismar 907. H. Bartholdi. n. 5. —; geb. n. 6. —

(G) **Roos, Math., d. Heiligabendglocke 907.** Jetzt: Leipzig, E. Ungleich.

die Heiligung, s.a. Broschüren, religiöse, f. Gebildete.

Die Heiligung. Eine psycholog Studie nach d. Bibel. Von Mathilda Roos. Autor Übers. aus d. Schwed. *Berlin: Christl. Zeitschriftenver 1898.* (19 S.) 8° [F.]
— Broschüren, Religiöse, f. Gebildete. H. 10. [01. 9046

— drei Monat im Schnee, s.: Hagen, Clara.

— ihr Sohn. Erzählung. Berechtigte Uebersetzg. aus dem Schwed. v. F. E. 1. u. 2. Aufl. (290 S.) 8. Schwerin 906. F. Bahn. n. 2. 80; geb. n. 3. 60

— die Töchter Zelophehads, s.: Broschüren, religiöse, f. Gebildete, Hft. 9.

Roos, Mathilda, Vater unser!, s.a. Kleinkindergarten.

Vater unser! [Fader vår] Von Mathilde Roos. Autor Uebers. aus d. Schwed Berlin Schriftenvertriebsanst. 1897 (15 S.) 8° [F.]
— Kleinkindergarten No 30. [05 6280

— das größte Vergnügen, s.: Geben ist seliger als Nehmen.

Was Ivar Lyth im Gefängnisse hörte. Erzählung von Mathilda Roos. Aus d. Schwed. übers. von K[atharina] v. B[erg]. Berlin. Deutsche Evang. Buch- u. Traktat-Gesellsch. [1904]. (32 S.) 8° [F.]
— Dich, Fürl No 31. [06. 0614

— was Ivar Lyth im Gefängnisse hörte. Erzählung. Aus dem Schwed. übers. von K. v. B. (32 S.) kl. 8. Berlin (905). Deutsche ev. Buch- u. Traktat-Gesellschaft. n. — 20

— unsichtbare Wege. Berechtigte Uebersetzg. aus dem Schwed. v. M. Mann. 1. u. 2. Aufl. (294 S.) 8. Ebd. 906. n. 2. 80; geb. n. 3. 60

— fröhliche Weihnachten, s.: Hagen, Clara.

— der Weihnachtsabend des kleinen Tom, s.a. Tannenzweige. 2.

Roos, Mathilde: Der Weihnachtsabend des kleinen Tom. Von — Selig sind die da leidtragen. Von Gottlieb Fischer. 2 Erzähl. Mit Bild. Barmen. Wupperthaler Trakt.-Ges. [1899] (40 S.) 8°
= Tannenzweige. H. 2.

— Weihnachtsfreude, s.a. Tannenzweige. 16.

Roos, Mathilde. Weihnachtsfreude. Eine Erzählung von — Barmen. Wupperthaler Traktat-Gesellsch. [1900] (14 S.) 8°
= Tannenzweige. H. 16, [1.]

— ein erfüllter Wunsch, s.a. Kleinkindergarten.

Ein erfüllter Wunsch. Erzählung von Mathilde Roos. (Autor. Übers. aus d. Schwed.) *Berlin: Schriftenvertriebsanst. 1901.* (16 S.) 8° [F.]
— Kleinkindergarten. No 51. [01. 11640

Roos, Max [aus Münstermaifeld]: Aus d. chirurg. Klinik zu Bonn. Ueber die chirurgisch wichtigen Formen des Brandes .... Bonn, Jos. Bach Wwe., Buch- u. Steindr., 1888; 2 Bl. + 31 + 1 S. 8°
Bonn, Med. Fak., Inaug.-Diss. v. 2. März 1888

Roos, Otto, Gerichtsass.: Nach welchem örtlichen Rechte sind, insbesondere seit 1. Januar 1900, Vertragsobligationen zu beurteilen? Strassburg 1909: Strassburger Neueste Nachr. VIII, 48 S. 8°
Erlangen, Jur. Diss. v. 2. Mai 1909, Ref. Oertmann
[Geb. 18. März 79 Straßburg; Wohnort: Straßburg; Staatsangeh.: Elsaß-Lothringen, Vorbildung Lyzeum Straßburg Reife 97; Studium: Straßburg 7, Berlin 1 München 1 S.; Rig. 23. Jan. 09.] [U 09. 731

ROOS, PAUL FRANÇOIS. Ueber isomere Bromtoluidine aus Ortho- und Para-Bromtoluol, und über die gegenseitige Stellung von CH^3 Br und NO^2 (oder NH^2), im Benzol. (Göttingen) Amsterdam, 1873.

Roos, Petr Henr (geb. Coblenz 10. 5. 1814) De hydrocephalo chronico interno. Berolini (1842). (31 S.) 8°
Berlin, Med. Diss. v. 21 Nov. 1842

Roos, Philipp: Klinisches über die sarkomatöse Metaplasie der Uterusmyome. Heidelberg 1908: Hörning. 26 S. 8°
Heidelberg, Med. Diss. v. 27. Aug. 1909, Ref. Menge
[Geb. 21. Febr. 83 Ahlen i. W.; Wohnort: Straßburg; Staatsangeh.: Preußen; Vorbildung: Gymn. Rheine Reife O. 03; Studium: Heidelberg 3, Bonn 3, München 1, Berlin 1, Heidelberg 2 S.; Coll. 8. Dez. 08; Approb. 31. Juli 09.] [U 10. 2086

Roos, Phil. Heinr., Predigt über Phil. 1, 3—11 am Jahresfest des Frankfurter Hauptvereins der G.-Ad.-Stiftung 24. S. n. Trin. 1857 gehalten. Frankfurt a. M. 858. Völcker. gr. 8. (15 S.) n. 4 ngr.

Roos, Richard [Pseud.]
s.a. Engelhardt, Karl August [Wirkl. Name]

Roos, Richard, Agrionien. Eine Sammlung von Charaden und Räthseln. 8. Güstrow 836. Opitz u. Frege. 1/2 ₰ — 2e Ausg. 8. Quedlinburg 840. Ernst. 5/12 ₰

— musivische Bilder. Hinterlassen. 8. Güstrow 836. Opitz u. Frege. 1 1/8 ₰ — Neue Ausg. 8. Quedlinb. 840. Ernst. 1 ₰

— Erzählungen. 8. Dresd. 820. Arnold. 2e Aufl. 2 Bde. (Der silberne Storch. — Sängers Angststunden. — Dietrich v. Harras. — Der Präceptor). Ebd. 825. 2 ₰ 6 gr

Roos, Rich., (Karl Aug. Engelhardt,) Gedichte. 2 Bdchen. 8. Dresd. 820, 23. Arnold. 2 ₰ 3 gr

Roos, (Rich.,) Gedichte. 2s Bdchen. 8. Dresd. 822, Arnold.

†Roos, Rich., (Karl Aug. Engelhardt,) Gedichte. 3. Bdchn. Nach d. Tode d. Dichters gesammelt (v. E. C. Engelhardt). — A. u. d. T.: Ausgewählte neuere Gedichte. 8. (12 3/4 B.) Leipzig 834, Hinrichs.

Roos, Richard (= Carl August Engelhardt). Ausgewählte neuere Gedichte. Leipzig 1834. H: *Engelhardt, Ernst Carl.* (Ky)

Roos, Richard, Tharands heilige Hallen, Dichtung f. Declamation. 12. Leipz. Franz. 816.

— Tharand's heilige Hallen. Dichtung f. Deklamation. Mit Bemerkk. über den Vortrag von C. F. Solbrig. 2e verm. u. verb. Ausg. 16. Leipz. 825, Taubert.

Roos, Richard, (Karl Aug. Engelhard), Dietrich v. Harras, od. d. Rittersprung, u. d. Präceptor. Erzähll. 8. Dresd. 822. Arnold. 1 ₰ 3 ℊ

ROOS, Rich. (d. i. *Carl August Engelhard*, Kanzleisekretär zu Dresden), Die Mönche von San Martino auf der Keuschheitsprobe. Mit 1 (erot.) Kupfer. Leipzig, in der von Kleefeldschen Buchhandlung. 1797. 8°. 309 S. (In Berlin, Magistratsbibl.) Sehr selten! (7 Mk. 50 Pfg., geles. Expl., Paul Neubner, Cöln, 1892.)

— der Herr Pathe, s. Reihe, bunte. 1r Bd.

— bunte Steine, gefunden auf d. Wegen d. Phantasie rc. 2 Bde. 8. Leipz. 821. Hinrichs. 2 ₰ 8 ℊ

Roos, Richard, der große Unbekannte oder die romantische Reise. Aus dessen literar. Nachlasse. 8. (9 B. u. 1 Titlbld.) Meißen 845, Goedsche.

Roos, Wilhelm: Die **Chronik des Jakob Wagner über die Zeit der schwedischen Okkupation in Augsburg** vom 20. April 1632 bis 28. März 1635. *Augsburg 1902: Haas & Grabherr.* (VIII, 69 S.) 8° ¶ (Die ganze Chronik, umfassend d. Zeit 1613—1647, soll später veröffentlicht werden.)
Augsburg, k. RG, P 1002*

Roos, Wilh., die Chronik des Jakob Wagner über die Zeit der schwedischen Okkupation in Augsburg vom 20. IV. 1632 bis 28. III. 1635. gr. 8. (VIII, 69 S.) Augsburg 902. (Lampart & Co.) n. 1.—

Roos, Wilhelm: Die **Historia** nostri temporis des Adolphus Brachelius. Ein Beitrag zur Kritik d. Quellen d. dreissigjähr. Krieges. *Würzburg 1899: Bonitas-Bauer.* (47 S.) 8°
Würzburg, k. neues G, P 1899*

Roos, Wlh. Fr., s. M. F. Roos, Einleitung in die biblischen Geschichten rc.

Roos, Wilh. Frdr., das Wort vom Kreuz. Eine Schrift zur Belehrung und Erbauung für nachdenkliche und heilsbegierige Leser aus allen Ständen. Stuttgart 863. Belser. gr. 8. (787 S.) n. 1 ₰ 2 ngr.

Roosa, D. B. St. John, Lehrbuch der praktischen Ohrenheilkunde. Nach der 6. Aufl. d. Originals bearb. v. L. Weiss. Mit 77 Holzschn. gr. 8. (XII, 396 S.) Berlin 889. Hirschwald. n. 10.—

Rooschütz, Herm., e. Beitrag z. Therapie d. Abortes. Diss. gr. 8. (27 S.) Bern 895. (H. Körber.) n. — 60

Rooschüz, Paul, Owen. Seine Geschichte u. seine Denkwürdigkeiten. 8. (VIII, 191 S.) Stuttgart 884. Kohlhammer. n. 2.—

Roosdorf, W., vermuthliche Witterung u. deren Einfluß auf die Kulturpflanzen für das Jahr 1868. Berechnet im November 1867. Chur 867. (Gsell.) gr. 8. (15 S.) n. 4 ngr.

Roose, H[einrich]. Halt aus! 10 Geistliche Lieder für eine Singstimme mit Begleitung des Pianoforte komponiert von H. R'. Op. 6. ... 23 S. 4. Basel, Kober, 1904. [fr. 1. 50]

Roose, H., der HErr hat alles wohl gemacht! Ein Wort üb. Taubstumme u. Taubstummen-Unterricht. 8. (36 S.) Basel 894. Jaeger & Kober. n.n. — 25

Roose, H[einrich]. Kehr heim! Zwölf Lieder für eine Singstimme mit Begleitung des Pianoforte komponiert von H. R'. Op. 7. ... 23 S. 4. Basel, Kober, 1906. [fr. 1. 50]

Roose, H . Lasset uns singen. 12 geistliche Lieder für zwei Singstimmen (auch einstimmig zu singen) mit Begleitung des Pianoforte komponirt. Op. 4. 23 S. 4. Basel, Kober, 1901. [fr. 1. 50]

Roose, H. Zwölf Lieder Karl Gerocks für eine Singstimme mit Begleitung des Pianoforte componiert In-4°. 24 S. Basel, Jäger & Kober. 1895. 1 50

Roose, H[einrich]. O führe mich! 7 geistliche Lieder für eine Singstimme mit Begleitung des Pianoforte komponiert. Op. 5. ... 23 S. 4. Basel, Kober, 1903. [fr. 1. 50]

Roose, H[einrich]. Zu Gottes Preise. Vierzehn geistliche Lieder für eine mittlere Singstimme mit Begleitung des Pianoforte komponiert. ... 2. Aufl. 23 S. 4. Basel, Kober, 1903. [fr. 1. 50]

Roose, Holger, Warmwasserbereitungsanlagen u. Badeeinrichtungen, s. a. Oldenbourg's technische Handbibliothek. V.

Warmwasserbereitungsanlagen und Badeeinrichtungen. Leitfaden z. Berechnen u. Entwerfen von Warmwasserbereitungs- u. Verteilungsanlagen öffentl. Badeanst., Bädern in Wohn- u. Krankenhäusern ... bearb. f. Ingenieure, Architekten ... von Holger Roose, Ingen. Mit 37 Textabb. München & Berlin: R. Oldenbourg 1905. (XII, 259 S.) 8°
= **Handbibliothek**, Oldenbourgs Technische. Bd 5.

Roose, Robson, die Gicht u. ihre Beziehungen zu den Krankheiten der Leber u. der Nieren. Autoris. Übersetzg. der 4. Orig.-Aufl. v. I. Krakauer. gr. 8. (VIII, 114 S.) Wien 887. Urban & Schwarzenberg. n. 2. 50

Roose, Theodor Georg August

Roose (Bearb.). s. Abhandlungen d. Londoner Gesellschaft z. Vermehrung d. medicin. u. chirurg. Wissenschaften.

Roose, Thdr. Geo. Aug., († d. 21. März 1803.) Beitrr. zur öffentl. u. gerichtl. Arzneikunde. 1s Stck. 8. Braunschw. 798. Schulbuchh. 12 ℊ 2s Stck. 8. Frankf. a. M. 802. Fr. Wilmanns. 18 ℊ

— anthropolog. Briefe. 8. Leipz. 803. Leo. 12 ℊ

Ueber das Ersticken neugeborner Kinder. Ein Programm beim Antritte e. Professorats... zu Braunschweig von Theodor Georg August Roose. Braunschweig 1794: Kircher. 19 S. 8°

— über die Gesundheit der Menschen. 8. Gött. Dieterich. 793.

— Grundriß medicin.-gerichtl. Vorlesungen. 2 Stcke. 8. Frkf. a. M. 802. Fr. Wilmans. 14 ℊ

— Grundriß physisch-anthropolog. Vorlesungen. 8. Helmst. 801. Fleckeisen. 12 ℊ

Grundzüge der Lehre von der Lebenskraft. Entworfen von Theodor Georg August Roose. Braunschweig: Thomas 1797. VI,320 S. 8°

Roose, Theodor Georg August: Grundzüge der Lehre von der Lebenskraft. 2.Aufl. 418 S., gbd.

Göttingen u.Braunschweig: Thomas 1800

JB 969

Grund[züge] der Lehre von der Lebenskraft. [Entworfen von] Theodor Georg August Roose. 2.,verb.Aufl. Göttingen: Vandenhoek-Ruprecht 1803. XIV,418 S.8°
[Titelbl. beschädigt.]

– s. K. Himly, über d. Impfen d. Kuhblattern.

— üb. die gelben Körper im weibl. Eierstocke; nebst e. Glückwünschungsschr. an Pott. 8. Braunschw. 800.

— üb. die Krankheiten der Gesunden, für gebild. Nichtärzte. 8. Götting. 801. Dieterich. 1 ₰ 8 gl.

— medicin. Miscellen, aus dessen Nachlasse hrsgg. v. Edw. Formey. 8. Frkf. a. M. 804. Fr. Wilmans. 18 gl.

— Diss. de superfoetatione nonnulla. 4. Bremen. (Frankf. a. M.) 801. Fr. Wilmans. 4 gl.

— Diss. de nativo vesicae urinariae inversae prolapsu; cum tab. aen. 4. Götting. 794. Dieterich. 6 gl.

– s. Ant. Scarpa, vom innern Bau der Knochen.

– s. A. Scarpa, Gehör.

— Taschenbuch für gerichtl. Aerzte u. Wundärzte bei gesetzmäß. Leichenöffnungen. 8. Bremen 800. 2e A. 801. 3e A. 804. 4e Aufl. hrsgg. v. K. Himly. 8. Frankf. a. M. 811. 5e A. 819. Fr. Wilmans. 1 ₰

– s. Thornton, üb. d. Natur d. Gesundheit.

— physiolog. Untersuchungen. 8. Braunschw. 796. (W. Rauck in Leipz.) 8 gl. (Götting., Brose). 8 gl. Hbg. Pr. 820. 3 gl.

Physiologische Untersuchungen. Von Theodor Georg August Roose. Braunschweig: Thomas 1796. VII, 102 S. 8°

— über Konr. Arn. Schmidts u. Karl Chr. Gärtners Verdienste. 8. Helmst. 792. Fleckeisen. 3 gl.

— Versuch üb. die Gesundheit des Menschen. 8. Götting. 793. Dieterich. 5 gl.

Roosen, Albert

Roosen, A., Zur Bedeutung und Schreibung der Partikel etiamnunc. S.-A. 1897. 9 S.

Zur Bildung griechischer Eigennamen. Von Albert Roosen, Oberl. am Städt. Gymn. *Bonn: Dr. v. C. Georgi 1898.* (27 S.) 1 Bd 8.

Roosen, Albertus: De quarundam verbi et adiectivi formarum usu Plautino Annaeano. Bonnae, typ. C. Georgi typogr. acad., 1896; 31 S. 4.
Bonn, OR m. PG, OP 1896 (499)

Roosen, Berend Karl

Roosen, B. C., Geschichte der Mennoniten-Gemeinde zu Hamburg u. Altona. 1. u. 2. Hälfte. gr. 8. Hamburg 886. 887. (Gräfe.) n. 1. 60
1. Die ersten anderthalb Jahrhunderte. (78 S.) n. — 80
2. Die zweiten anderthalb Jahrhunderte. (87 S.) n. — 80

Roosen, Berend Karl, Gerhard Roosen, weiland Prediger der evangel. Mennoniten-Gemeinde zu Hamburg u. Altona, geboren 1612, gestorben 1711, den evangelischen Mennoniten-Gemeinden geschildert. Hamburg 854. Agentur d. Rauhen Hauses in Comm. 12. (VI, 82 S.) n. 7½ ngr.

Roosen, B. C., Der Sport, Hamburg, 12 S., 8°.

Roosen, B. C., das evangelische Trostlied und der Trost evangelischen Liedes um die Zeit des 30jährigen Krieges. In geschichtlicher Uebersicht. Dresden 862. Ehlermann. gr. 8. (VIII, 240 S.) n. 24 ngr.

Roosen, Gerhard. Christliches Gemüths-gespräch ... Ephrata, Pa, 1769.

Roosen, Karl B., Norges et Sveriges Geographie for Begyndere. (Heimed 1 lithogr. Kort over begge de forenede Riger.) 8. Christiania 839. (Dahl.) n. 1/3 ₰

Roosen, Carl B., Norwegen u. Schweden. Ein geograph. Abriß. 8. (2¼ B.) Christiania 841, Gulbberg u. Dzwonkowski. (Leipzig, Michelsen.)

Roosen, Oskar [aus Hamburg]: **Synthese der Harnsäure.** ... Leipzig, Druck v. Metzger & Wittig, 1888; 19+1 S. 8°
Leipzig, Phil. Fak., Inaug.-Diss. v. 19. Jan. 1889

Roosen, Peter Adolf [aus Köln]: **Beiträge zur Kenntniss einiger Pyrazolabkömmlinge.** ... Aachen, Druck v. L. Speckheuer, 1891; 49 S. 8°
Erlangen, Phil. Fak., Inaug.-Diss. v. 1891

Roosen, Wilhelm von [Pseudon.] *s.* Segmüller, P. Fridolin.

Roosen-Runge, C(aesar), Assistenzarzt: Aus d. pathol. Institut d. allgem. Krankenhauses Hamburg-St. Georg. Ueber die Bedeutung des Trauma in der Aetiologie der disseminirten Fettgewebsnekrose. *Berlin 1902: L. Schumacher.* (11 S.) 8° ¶(Aus: Zeitschrift f. klinische Med., Bd 45, H. 5 u. 6.)
Kiel, Med. Diss. v. [21. Juli] 1902

Roosen-Runge jun., J., ärztlicher Rathgeber für Schiffscapitaine u. Auswanderer nebst Gebrauchsanweisung der in den Schiffs-Apotheken befindlichen Arzneimittel etc. Hamburg 860. Schultz in Comm. 8. (VIII, 103 S.) n. 18 ngr

Roosendaal, A. M. van, u. C. H. Wind, Prüfung v. Strommessern u. Strommessungsversuche in der Nordsee, s.a. Publications de circonstance du conseil permanent international pour l'exploration de la mer Nr. 26.

A. M. van Roosendaal und C. H. Wind: Pruefung von Strommessern und Strommessungsversuche in der Nordsee. Mit 2 Taf. Copenhague: A. F. Host & fils en comm. 1905. (10 S.) 4° (8°)
= Conseil permanent internat. pour l'exploration de la mer. Publications de circonstance. No 26.

Rooses, Max, s.: Dyck, Ant. van, 50 Meisterwerke.

Rooses, Max, Geschichte der Malerschule Antwerpens von Q. Massijs bis zu den letzten Ausläufern der Schule P. P. Rubens. Aus dem Vlämischen übersetzt von Frz. Reber. Mit 10 Radirungen von J. B. Michiels u. 40 Holzschn.-Vollbildern. Lex.-8. (XII, 480 S.) München 880. Literar.-artist. Anstalt. n. 18. —; geb. n. 20. —

Rooses, Max. Geschichte d. Malerschule Antwerpens v. Q. Massijs bis z. d. letzten Ausläufern der Schule P. P. Rubens. Zweite Ausg. Lex.-8. Münch. 889, Bassermann. * 8 —; geb. * 10 —

Rooses, M., Geschichte der Malerschule Antwerpens von Q. Massijs bis zu den letzten Ausläufern der Schule P. P. Rubens. Mit 10 Radirgn. von J. B. Michiels u. 40 Holzschn.-Vollbildern. Aus dem Vläm. übers. v. F. Reber. 2. (Titel-)Ausg. Lex.-8. (XII, 480 S.) München 889. Literarisch-artist. Anstalt. n. 8. —; geb. n. 10. —

Rooses, Max, Jordaens' Leben u. Werke. Mit 33 Kunstbeilagen u. 149 Abbildgn. im Text. (VIII, 310 S.) 4. Stuttgart (906). Union. Geb. in Ldr. n. 55. —

Rooses, Max: Rubens' Leben und Werke von Max Rooses, Dir., Antwerpen. Mit 65 Kunstbeil. u. 280 Textabb. Stuttgart, Berlin, Leipzig: Union [1904]. (VI, 668 S.) 4°

— **Rubens' Leben u. Werke. Mit 65 Kunstbeilagen u. 280 Textabbildgn.** (VI, 668 S.) 4. Ebd. (905). Geb. in Ldr. n. 100. —

Rooses, Max, die Meister der Malerei u. ihre Werke. Fünf Jahrhunderte Malkunst in Deutschland, Italien, Spanien, Frankreich, England u. den Niederlanden 1400—1800. Mit 423 Abbild., darunter 13 Farbendr.-Taf. (XII, 380 S.) Lex. 8. Berlin 908. W. Weicher. Geb. in Leinw. 12.—; auch in 12 Lfgn. à 1.—

Roosevelt, Florence, The Siren's net, s.: Unwin's library.

— Als Cowboy unter Cowboys. Deutsche Ausg. v. Max Kullnick. (VI, 212 S.) gr. 8. Berlin 909. E. S. Mittler & Sohn. 4.—; geb. 5.—

Roosevelt, Theodore, Amerikanismus, s. a. Universal-Bibliothek.

Roosevelt, Theodore, Amerikanismus. Schriften u. Reden. Ins Deutsche übertr. u. m. e. Vorwort versehen v. Paul Raché. (92 S.) gr. 8. Leipzig 903. Berlin, H. Seemann Nachf. n. 1.—

Roosevelt, Theodore: Amerikanismus. Schriften u. Reden von —. Ins Deutsche übertr. u. mit e. Vorw. versehen von Dr. Paul Raché. Leipzig: Reclam jun. [1907]. 93 S. 8°
(Universal-Bibliothek. 4919)

Büffeljagden. Von Präsident Theodore **Roosevelt**. (Berlin: F. Schulze [1907].) (16 S.) 8° [Umschlagt. Text stenogr.]
— **Zehnpfennigbücher**, Schulzes. No 52. [07. 9715

Die Jagd auf den Grisly. Von Präsident Theodore **Roosevelt**. (Berlin: F. Schulze [1907].) (16 S.) 8° [Umschlagt. Text stenogr.]
— **Zehnpfennigbücher**, Schulzes. No 53. [07. 9716

— Jagden in amerikanischer Wildnis. Eine Schilderg. des Wildes der Vereinigten Staaten. u. seiner Jagd. 1.—3. Aufl. Mit e. Bildnis des Verf., 24 Taf. u. Textabbildgn. (XVIII, 389 S.) gr. 8. Berlin 905. P. Parey. Geb. in Leinw. n. 11.—

Jagden in amerikanischer Wildnis [The Wilderness Hunter]. Eine Schilderung d. Wildes d. Vereinigten Staaten u. s. Jagd von Theodore **Roosevelt**. (Übers.: Max Kullnick.) 4. Aufl. Mit e. Bildn. d. Verf., 24 Taf. u. Textabb. Berlin P Parey 1908. (XVIII, 389 S.) 8° [F.] [08. 3646

— Jagdstreifzüge. Skizzen aus den nordwestl. Prärien. Einzig berecht. Uebersetzg. v. Lise Landau. (XII, 176 S. m. Bildnis.) 8. München 904. A. Langen. n. 2.—; geb. n. 3.—

Jägerfreuden [Outdoor pastimes of an American hunter]. Von Theodore **Roosevelt**. (Übers.: Dr. Max Kullnick.) Mit 48 Taf. Berlin: P. Parey 1907. (XII, 347 S.) 8° [F.] [07. 14497

Im Lande der Cowboys. Von Präsident Theodore **Roosevelt**. (Berlin: F. Schulze [1907].) (16 S.) 8° [Umschlagt. Text stenogr.]
— **Zehnpfennigbücher**, Schulzes. No 54. [07. 9717

(F) **Roosevelt**, Th., Die Moral der Individuen und der Nationen. 8°. (203 S.) Wien: Lumen 1909. K 5.40

— Die Moral der Individuen u. der Nationen. Berecht. Übersetzg. v. Jul. Sachs. 2. Aufl. (203 S.) 8. Wien 910. M. Braunschweig. 3.50; geb. 4.50

— Outdoor pastimes of an American hunter, s. a. Collection of British authors.

Outdoor Pastimes of an American hunter. By Theodore **Roosevelt**. Copyright ed. With a portr. of the author. Leipzig: Tauchnitz 1906. 335 S. 8°
(Collection of British authors. Tauchnitz Ed. Vol. 3918.) [11. 8685

— im Reiche der Hinterwäldler. Aus der „Eroberg. des Westens" ausgewählt u. übers. v. Max Kullnick. (XI, 284 S. m. Bildnis u. 1 Karte.) gr. 8. Berlin 907. E. S. Mittler & Sohn. n. 4.—; geb. n. 5.—

— Im Reiche der Hinterwäldler. Aus der „Eroberg. des Westens" ausgewählt u. übers. v. Max Kullnick. 2. Aufl. (XII, 298 S. m. Bildnis u. 1 Karte.) gr. 8. Berlin 910. E. S. Mittler & Sohn. 4.—; geb. 5.—

— die rauhen Reiter. Einzige berecht. Uebersetzg. v. L. Landau. (VIII, 312 S.) 8. München 906. A. Langen. n. 4.—; geb. n. 5.—

Theodore **Roosevelt** Staats- und Lebenskunst. Aus s. Reden u. Botschaften ausgew von Dr Max Kullnick. 2. Aufl. Berlin. Curtius (1910). 195 S. 8° [10. 13736 II

— Afrikanische Wanderungen e. Naturforschers u. Jägers. Deutsche autoris. Ausg. Übersetzg. v. Max Kullnick. Mit Illustr. auf 48 Taf. nach Photographien v. Kermit Roosevelt u. and. Mitgliedern d. Expedition u. nach Zeichngn. v. Philip R. Goodwin. (XVI, 464 S.) gr. 8. Berlin 910. P. Parey. Geb. in Leinw. 13.—

— The North-American wilderness and its game, ausgew. v. M. Kullnick, s.: Schulbibliothek französischer u. engl. Prosaschriften.

Die amerikanische Wildnis. Von Präsident Theodore **Roosevelt**. (Berlin F. Schulze [1907].) (16 S.) 8° [Umschlagt. Text stenogr.]
— **Zehnpfennigbücher**, Schulzes. No 51. [07. 9714

Roost, Johann Baptist

Roost, J. B., Atlas des Königr. Bayern in 9 (lith. u. color.) Blättern nach d. neuesten Eintheilung vom 29. Novbr. 1837, vorzüglich zum Gebrauch bei Cammerers Königr. Bayern; nach der Landesvermessung gez. u. bearb. 3. verb. Aufl. Kempten 854. Dannheimer. Fol. n. 27 ngr.

Roost, Joh. Bapt., Atlas der Deutschen Bundesstaaten in 6 (lith. u. color.) Blättern Kempten, Dannheimer, 1842. qu.-Fol. (1 Rl.) . . . . . (Br. Mus.)

Roost, J. B., allgem. Hand- u. Schulatlas von 30 Karten, mit vielen erläut. Beigaben nach d. anerkannt besten geograph. Lehrbüchern u. Karten bearb. 1—3. Lfg. M. 20 lith. u. größtenth. ill. Karten. qu. kl. Fol. Kempten 836—42, Dannheimer.

Roost, J. B., allgem. Hand- u. Schulatlas von 30 Karten, mit vielen erläut. Beigaben nach den anerkannt besten geograph. Lehrbüchern u. Karten bearbeitet. III. Liefg. 1. u. 2. u. IV. 1. Abtheil. qu. kl. Fol. Kempten 841, 42, 46, Dannheimer. 1³/₄ ₰

Roost, Joh. Bapt., allgemeiner Hand- u. Schulatlas v. 30 (lith. u. color.) Karten mit vielen erläuternden Beigaben nach den anerkannt besten geograph. Lehrbüchern u. Karten bearb. qu. Fol. (1 Bl. Text.) Kempten 852, Dannheimer. n. 1²/₃ ₰

—— allgemeiner Hand- und Schul-Atlas von 30 Karten mit vielen erläuternden Beigaben nach anerkannt besten geograph. Lehrbüchern und Karten bearb. I. Ausg. 1852. * 1 Thlr. 20 Ngr. und neue, wohlf. Ausg. 1. Lfg. Fol. (2 lithogr. und ill. Karten.) Kempten 854, Dannheimer.

Roost, J. B. und **Grasmüller**, E. Karte der gefürsteten Grafschaft Tyrol und Vorarlberg mit dem souverainen Fürstenthume Liechtenstein, nebst Theilen der angraenzenden Länder, worunter das südbayersche und salzburger Hochgebirge. 1 : 400 000. München 1838. 1 Bl. c. L. Ff.

— Post- u. Reisekarte v. Italien u. den nördlich angrenz. Alpen-Ländern mit westl. Ausdehnung bis Toulon, Marseille u. Lyon, nördl. bis München u. Wien, östl. bis Ofen, Belgrad u. Korfu; nebst 2 Nebenkärtchen, deren eines die östl. Fortsetzung der Hauptkarte im kleineren Maasstabe, m. Bezeichnung der Dampfschifffahrts-Verbindung von Korfu nach Patras, Athen [Piräus], Syra, Smyrna u. Konstantinopel, die andere eine Karte von Algier darstellt. 2 lith. u. color. Bl. in gr. Fol. München 848, Literarisch-artistische Anstalt. Auf Leinw. in Engl. gr. 8. Carton. n. 2¹/₃ ₰ Das nördliche Blatt allein n. 1¹/₂ ₰; das südl. Blatt allein n. 1¹/₆ ₰

—— Reise-Karte von Süd-Bayern und Nord-Tyrol nach den neuesten amtl. Materialien. 1869—71. *M. 3., und Neue Ausg. Fol. Ebendas. 872. aufgez. in Carton *

Roost, Joh. Bapt., Reisekarte von Süd-Bayern und den angrenzenden Theilen von Tyrol und Salzburg. Nach der von J. B. Roost angefertigten Zeichnung. Nürnberg 1864. (Br. Mus.)

Roost, J. B., Reisekarte von Südbayern und den angrenzenden Theilen von Tyrol und Salzburg. (Neue Ausg.) 1 : 200,000. Fol. Nürnberg 868, Serz und Comp. aufgez. in Carton *

— Reise-Karte von Süd-Bayern und Nord-Tyrol nach den neuesten amtl. Materialien. 1869—71. *ℳ 3., und Neue Ausg. Fol. Ebendas. 872. aufgez. in Carton *

— neue Wand-Karte von Deutschland, den Königreichen Holland u. Belgien u. der Schweiz, sammt den angrenz. Gebieten von Dänemark, England, Frankreich, den österr. u. preuss. Ländern u. Polen; im 1 Millionenmal verkleinerten Maasstabe nach den neuesten Materialien gez. u. bearb. 4 lith. u. col. Bl. in Imp. Fol. Ebd. 850. n. 2 ₰

— neue Wandkarte v. Europa, Afrika's Nordküste u. einem grossen Theile Asiens; nach dem neuesten Bestande u. den zuverlässigsten Angaben, mit Bezeichnung d. Eisenbahnen u. Dampfschifffahrts-Verbindgn. zur See, sammt einem Höhen-Profile aller Gebirgszüge u. statist. Tabellen üb. die einzelnen Staaten Europas. (Neue Aufl.) 4 lith. u. color. Bl. in Imp. Fol. Ebd. 850. n. 2 ₰; auf Leinw. u. in Mappe n. 3 ₰ 14 ngr.

Roosval, Johnny, Schnitzaltäre in schwed. Kirchen u. Museen aus der Werkstatt des Brüsseler Bildschnitzers Jan Bormann, s.a. **Zur Kunstgeschichte des Auslandes. 14. Hft.**

Roosval, Johnny, aus Kalmar i. Schweden **Schnitzaltäre** in schwedischen Kirchen und Museen aus der Werkstatt des Brüsseler Bildschnitzers Jan Borman. *Straßburg 1903: J. H. E. Heitz.* (26 S.) 4°(8°) ¶[Erschien vollst. u. mit 61 Abb. 1903 in Zur Kunstgesch. d. Auslandes, H. 14.]
Berlin, Phil. Diss. v. 24. Jan. 1903

Schnitzaltäre in schwedischen Kirchen und Museen aus der Werkstatt des Brüsseler Bildschnitzers Jan Bormann von Dr. Johnny **Roosval**, Assist., Stockholm. Mit 61 Abb. *Straßburg: J. H. E. Heitz 1903.* (VIII, 52 S.) 4°
— Kunstgeschichte, Zur, d. Auslandes. H. 14. (03. 9839

Root, A. J., das ABC der Bienenzucht. Sammelwerk aller auf die Biene, den Honig, die Bienenwohngn., Werkzeuge, honigtrag. Pflanzen, u. s. w. Bezug hab. Fragen, m. Einschluss der Ernten, fussend auf die Erfahrg. tausender v. Bienenzüchter u. geprüft durch e. prakt. Arbeit in unseren eigenen Bienenständen. Durchgesehen u. neubearb. v. E. R. Root. 100. Taus. (86. engl. Aufl.) 1. deutsche Aufl. Durchgesehen v. Fried. Greiner. Hrsg. v. E. Bondonneau. (XVI, 490 S. m. Abbildgn.) gr. 8. Paris 907. (Aarau, Sauerländer's Sort.) 8. —

Root, Elihu (geb. Belchertown, Mass. 14. 9. 1845). Zur Kenntniss der dielectrischen Polarisation. Berlin 1876. (93 S.) 8°
Berlin, Phil. Diss. v. 16. Febr 1876

Roothaan, J., Sancti Ignatii exercitia spiritualia. Versio literalis ex autographo Hispanico notis illustrata. 8. (XL, 325 S.) Augsburg 887. Litterar. Institut von Dr. M. Huttler. n. 2. —; geb. n. 3. —

Roothaan, Joh., († d. 8. Mai 1853), zwei Rundschreiben, nämlich eins über die Andacht zum h. Herzen Jesu u. das andere über die Andacht zum unbefleckten Herzen Mariens. Aus dem Franz. übers. von Tewes. gr. 8. (32 S.) Paderborn 851, Schöningh. n. 1/6 ₰

Roothaan, Johs, s.: Anleitung zum Betrachten.

Roothan, Johs., über die rechte Art und Weise, die geistliche Betrachtung zu verrichten. Aus dem Latein. Regensburg 853. Manz. 24. (180 S.) 5 ngr.

Roothan, Johs., über die rechte Art u. Weise, die geistliche Betrachtung zu verrichten. Aus dem Latein. 2., verb. Aufl. Regensburg 867. Manz. 16. (179 S.) 5 ngr.

Roothan, Johs., üb. die rechte Art u. Weise, die geistliche Betrachtung zu verrichten. Aus dem Lat. 3., verb. Aufl. 16. (VIII, 184 S.) Regensburg 891. Nationale Verlags-Anstalt. n. — 50

Roothan, S. J. P., Johs., über d. rechte Art u. Weise, d. geistliche Betrachtung zu verrichten. Aus d. Lat. 4., verb. Aufl. 16. (VIII, 184 S.) Regensburg 897. Verlagsanstalt vorm. G. J. Manz. n. — 50

— über die rechte Art u. Weise die geistliche Betrachtung zu verrichten. Aus dem Lat. 5. Aufl. 16. (VIII, 184 S.) Regenburg 900. Verlagsanstalt vorm. G. J. Manz. n. — 50

Roothaan, Johs., über die rechte Art u. Weise, die geistliche Betrachtung zu verrichten. Aus dem Lat. 6. Aufl. (VIII, 184 S.) 16. Regensburg 903. Verlagsanstalt vorm. G. J. Manz. n. — 50

Roothan, Pater Johannes —, Art und Weise die geistliche Betrachtung zu verrichten. Nach dem Tode des Verfassers aus dem Lateinischen übersetzt. 8. (1 Bl. und 100 S.) Wien. Druck von Anton Schweiger. Bei Mayer und Komp. 1854.

— drei Bücher über das Streben nach christlicher Vollkommenheit, oder Mittel, dasselbe zu erwecken, zu fördern und zu erhalten. Aus dem Latein. übers. und mit einem Anhange der gewöhnlichen Gebete versehen von einem Priester der Diöcese Rottenburg. Schaffhausen 855. Hurter. 16. (VIII, 308 S.) 15 ngr.

Roothan, Johs., drei Bücher über das Streben nach christlicher Vollkommenheit, oder Mittel, dasselbe zu erwecken, zu fördern und zu erhalten. Aus dem Latein. übers. u. mit einem Anhang der gewöhnlichen Gebete versehen von Joh. Ev. Göser. 2. verb. Aufl. Schaffhausen 860. Hurter. 16. (VIII, 280 S.) 15 ngr.

— de ratione meditandi, s. De ratione etc.

— das Streben der Ordensperson nach der Vollkommenheit ihres Standes, 3. Aufl., s.: Bayma, Jos.

— über das Streben nach christl. Vollkommenheit, s. Ueber ꝛc.

— de studio religiosae perfectionis excitando, augendo et conservando libri III, s. De studio etc.

Roothaan, Louis, s.: Aus vergangenen Tagen.

Roothaan, Louis, Lehrgang f. den Schul-Gesangunterricht. Op. 27. 8. (86 S.) Baden-Baden 893. F. Spies. n. — 75

— zweistimmige Lieder f. Schule u. Haus, bearb. u. eingerichtet. Op. 30. 8. (32 S.) Baden-Baden 893. E. Sommermeyer. n. — 60

Roothaan, Louis: Aus vergangenen Tagen. Erinnerungen e. Musikers (Louis Roothaan) an Jugenderlebnisse u. große Meister: A. Rubinstein, Liszt, H. v. Bülow u. Stockhausen. Geordnet u. hrsg. von P. Rave. Münster i. W.: Visarius [1909]. 38 S. 8°

Roothaan, Louis, praktischer Wegweiser f. Männer-Gesangvereine. 3.—5. Aufl. (20 S.) kl. 8. Bühl (903—906). A. Oser. — 20

— Praktischer Wegweiser f. Männer-Gesangvereine. 11. [Titel-]Aufl. (24 S. m. Fig.) kl. 8. Bühl [908] (910). A. Oser. — 20

Rooy, Petronella Johanna de. Die Entwickelung des Herzens, des Blutes und der grossen Gefässe bei Megalobatrachus maximus Schlegel. Diss. Phil. [II.] Univ. Zürich. Mit 6 Tafeln. [Sep.-Abdr. aus: Jenaische Zeitschrift für Naturwissenschaft. Band 42, N. F. Band 35, Heft 2.] 42 S. 8. Jena. Gustav Fischer, 1907.

Roozeboom, Hendrik Willem Bakhuis

Die Bedeutung der Phasenlehre. Vortrag geh. zu Aachen 1900 von H[endrik] W[illem] Bakhuis Roozeboom, Prof. Leipzig: W. Engelmann 1900. (29 S.) 8° [oa. 18411 9

Die heterogenen Gleichgewichte vom Standpunkte der Phasenlehre von Dr. H. W. Bakhuis Roozeboom, Prof., Amsterdam. H. 1. *Braunschweig: F. Vieweg & Sohn 1901.* 8° [oa. 9348

Roozeboom, H. W. Bakhuis, die heterogenen Gleichgewichte vom Standpunkte der Phasenlehre. 2. Heft. Systeme aus zwei Komponenten. 1. Tl. (XII, 467 S. m. 149 Abbildgn. u. 2 Taf.) gr. 8. Braunschweig 904. F. Vieweg & Sohn. n. 12. 50

Roozeboom, Janus Gysl., Specimen philosophicum de idealismo. 4maj. Harderovici 808. (Weidmann in Leipz.)

Die Wolke mit dem Silbersaum oder Der Christ gegenüber dem Leiden auf Erden. Aus d. Holländ. d. Pastor J. H. L. Roozemeyer von D. Disselhoff. Kaiserswerth a. Rh.: Diakonissen-Anst. 1910. 83 S. 8° [oa. 15120

Rop, Ant. H., Religionsunterricht u. Erziehung. Volksthümlicher Vortrag an alle Eltern u. Erzieher. 8. (53 S.) Gotha 893. Stollberg. n. — 50

Ropa, Leo, die Schlaftänzerin Mme. Madeleine. Ein Triumpf der Kunst od. des Hypnotismus. (27 S. m. 1 Taf.) 8. München (904). Seitz & Schauer. n. — 50

Ropcea, Horia, a. Calarasi (Rumänien): Zur Kenntnis der Tuberkulose des Unterkiefers. Berlin (1908): G. Schade. (29 S.) 8°

Berlin, Med. Fak., Ref. Hildebrand, Diss. v. 13. März 1908

[Geb. 23. Aug. 83 Calarasi; Wohnort: Calarasi; Staatsangeh.: Rumänien; Vorbildung: Gymn. Bukarest Reife M. 02; Studium: Berlin 10 S.; Coll. 9. März 08: Approb. W.S. 07/08.]

Röpcke, Amandus [app. Arzt aus Wandsbek] Aus d. patholog. Institut zu Kiel. Beitrag zur Aetiologie der Oesofaguscarcinome. Kiel, Druck v. Carl Böckel, 1889; 12 S. + 1 Bl. 8°

Kiel, Med. Fak., Inaug. Diss. v. 4. Apr. 1889

Röpcke, A., Beitrag zur Aetiologie der Oesofaguscarcinome. Inaug.-Diss. gr. 8. (12 S.) Kiel 889. (Lipsius & Tischer.) n. — 60

Roepcke, F., Für und Wider in der Seelenfrage, nebst Betrachtungen über die Seelenkräfte der Thiere. Eine Studie. 12. (VII, 45 S.) Osterwieck 887, Zickfeldt. *

Roepcke, F.: Die animale Impfanstalt. Deren Anlage, Einrichtung u. Betrieb. Mit 32 Abb. [Nebst] Nachtrag. Stuttgart 1890. VI, 90 S.

Nachtrag. Chalybäus: Zur Technik d. Gewinnung u. Zubereitung d. thierischen Impfstoffes.

Aus: Correspondenzbl. d. sächs. ärztl. Kreis- u. Bezirksvereine. Bd 48, No 4.

Roepcke, F., Die animale Impfanstalt. Deren Anlage, Einrichtung und Betrieb. Mit 32 Abbildgn. (VI., 90 S.) Stuttgart 90. Enke. M. 2.40

Röpcke, Fr. Wlh. Ldw., Staat u. Regierung. Aus d. Gesichtspunkte des Naturrechts mit Beziehung auf die von dem Hrn. Geh. Rath v. Strombeck verfaßte Schrift: Was ist Rechtens &c. dargestellt. gr. 8. Braunschw. 831. Vieweg. 6 gr

Röpcke, Friedr. Wilh. Ludw., Staat u. Regierung. Aus d. Gesichtspunkte d. Naturrechts mit Bezich. auf die von etc. v. Strombeck verfasste Schrift: Was ist Rechtens, etc. dargestellt. gr. 8. (3½ B.) Braunschweig 832, Vieweg.

Röpcke, Willy, das Seebeuterecht, s.a. Studien, Rostocker rechtswissenschaftliche. II. 7.

Röpcke, Willy, Dr.: Das Seebeuterecht. *Leipzig: A. Deichert 1904.* (X, 139 S.) 8° ¶(= Rostocker Rechtswiss. Studien Bd 2, H. 7.)

Rostock, Jur. Diss. v [20. Juli] 1904

[Nicht für den Austausch]

Das Seebeuterecht. Von Dr. Willy **Röpcke**. *Leipzig: A. Deichert 1904.* (X, 139 S.) 8°

= **Studien**, Rostocker rechtswissenschaftliche. Bd 2, H. 7 [o4. 5788

Röpe, G., Festpredigt bei der 12. Jahresfeier des Jonathan, christl. Vereins für junge Kaufleute in Hamburg, am 13. Januar 1867 in der St. Anschar-Capelle gehalten. Nebst Jahresbericht, abgestattet vom Vorstand. Hamburg 867. (Nolte.) gr. 8. (31 S.) n. 3 ngr.

Roepe, Georgius: De Veteris Testamenti locorum in apostolorum libris allegatione. Halis 1827: (Ruff). VI, 52 S. 8°

Halle-Wittenberg, Phil. Diss. v. 3. März 1827

Geb. [Hamburg 11. 4. 1803]

Hall. gekrönte theol. Preisschrift v. 1826.

Verf. erlebte die Diplomerneuerung 1877 als Realgymnasial-Professor in Hamburg, vgl. Anh. Nr. 566, und 1887 das 60jährige Dr.-Jubiläum.

Röpe, Geo. Heinr., Antritts-Predigt üb. 1. Johannis 5, 4, am 29. Juni 1883 in der St. Jacobi-Kirche geh. gr. 8. (19 S.) Hamburg 883. Gräfe. — 30

Ueber die dramatische Behandlung der Nibelungensage in Hebbel's „Nibelungen" und Geibel's „Brunhild" v. Georg Reinhard Röpe. Hamburg. 1865. 4°

Röpe, Geo. Reinhard, dass das Mahl des Fusswaschens mit dem Paschamahl nicht identisch sei. Eine exegetisch-histor. Abhandlung. Hamburg 856. Perthes-Besser u. Mauke. gr. 4. (40 S.) n. 10 ngr.

— Schillers Götter Griechenlands, ein Zeugniß für die gute Sache des Christenthums. Als Beitrag zum Verständniß und zur gerechteren Würdigung Schillers. Hamburg 853. Perthes-Besser u. Mauke. gr. 8. (VI, 46 S.) n. 6 ngr.

Röpe, Geo. Reinhard, Johann Melchior Goeze. Eine Rettung. Mit (lith.) Portr. u. Facsim. Hamburg 860. Nolte. gr. 8. (XVI, 280 S.) n. 1 Rthlr 6 ngr.

— Hat Pastor Mallet die Juden wirklich verflucht? Ein offenes Sendschreiben an Hrn. Dr. Frankfurter. Hamburg 858. Nolte u. Köhler. gr. 8. (16 S.) n. 3 ngr.

—— s. John's Communionbuch.

— Konfirmationsstunden. Zur Befestigg. im christl. Glaubensleben f. die Gemeinde. gr. 8. (VIII, 352 S.) Ebend. 884. n. 3. 80; geb. m. Goldschn. n. 5. —

Röpe, Geo. Rhard., die moderne Nibelungendichtung. Mit besonderer Rücksicht auf Geibel, Hebbel u. Jordan. Hamburg 869. O. Meißner. 8. (XV, 224 S.) 24 ngr.

—— drei Predigten aus dem Schröderstift. gr. 8. (47 S.) Hamburg 869, Nolte. *

Röpe, Geo. Rhard., unbewußte Zeugnisse für die christliche Wahrheit. In Werken deutscher Dichter nachgewiesen. gr. 8. (VIII, 199 S.) Hamburg 877. Oemler. n. 2. 40

Röpe, (H.,) Glockentöne aus d. Jugendzeit. (Gedichte.) 8. Götting. 822, Dietrich. Rthlr.

Röpe, H., das Reichs-Civilstandsgesetz, s.: Zeitfragen d. christlichen Volkslebens.

Röpe, Heinr., daß der ideale Christus mit dem historischen steht u. fällt. Eine Erwiderung auf den Vortrag des Past. Cropp im Protestanten-Verein „über die Frage nach dem geschichtl. Leben Jesu in seiner Bedeutung für das religiöse Leben der Gegenwart." Hamburg 869. Grüning. gr. 8. (34 S.) n. 6 ngr.

Röpe Heinr., die neue Hamburgische Kirchenverfassung u. ihre Bedeutung f. die Gemeinde. Vortrag, geh. in der Aula d. Johanneums am 10. März 1871. gr. 8. (29 S.) Hamburg 871. Nolte. n. — 60

Röpe, Herm., meine poetische Jugend. Gedichte. gr. 8. Hamburg 834. (Schmidt u. v. Cossel in Wismar.) n. $1\frac{1}{3}$ nβ

Röpe, Karl Reinh., s. 1) Liebeserklärung, die ungewöhnliche 2) Unbeständige, der.

Ropelius, J. J., Chronik od. Geschichte v. Hamburg. Im Auszuge bearb. gr. 12. (9⅔ B.) Hamburg 832, (Herold.)

Anleitung zum Zeichnen der Landkarten, nach mathematisch-geographischen Regeln. Von Johannes Jens Ropelius. Hamburg 1824. 8°.

Röpell, C., Statistik des Conitzer Kreises nebst e. Ortschafts-Verzeichnisse. 4. (14 B.) Conitz 846. (Berlin, Amelang'sche Sort.-Buchh.)

Roepell, G., die Bewegung der deutschen Banken in den Jahren 1864—66 einschliesslich tabellarisch dargestellt. Berlin 868. Herbig. 4. (VI, 80 S.) n. 1 nβ

Roepell, G., die Bewegung der neun preussischen Zettelbanken, in den Jahren 1857—1863 einschliesslich tabellarisch dargestellt. Danzig 864. Kafemann. Lex.-8. (39 S.) 18 ngr.

Roepell, Richard

Röpell, R., J. J. Rousseau's Betrachtungen üb. die polnische Verfassung. [Aus: „Zeitschr. d. histor. Gesellsch. f. d. Prov. Posen".] gr. 8. (24 S.) Posen 887. (Jolowicz.) n. — 80

Roepell, Rich., die orientalische Frage in ihrer geschichtlichen Entwickelung. 1774—1830. Breslau 854. E. Trewendt. 8. (V, 320 S.) 1 nβ. 15 ngr.

Roepell, Rich., Geschichte Polens, s. a. Geschichte der europäischen Staaten, 17. Liefg.

Geschichte Polens v. Richard Roepell.
Th. 1. Hamburg. 1840.
—— Fortgesetzt v. Jacob Caro.
Th. 2. 1300—1386. Gotha. 1863. Th. 3. 1386—1430. ebd. 1869. Th. 4. 1430—1455. ebd. 1875. Th. 5. 1455—1506. ebd. 1886—88. = Geschichte der europäischen Staaten. Hrgg. v. Heeren, Ukert u. Giesebrecht. (16.) 8°.

Roepell, Richard, Geschichte Polens. 1. Thl. gr. 8. (44¼ B. u. 1½ B. Tab.) Hamburg 840, Fr. Perthes.

Zur Geschichte der Stiftung der Königlichen Universität zu Breslau. Im Auftrage des Senats der Universität von Dr. Richard Röpell. Breslau 1861. (27 S.) 4°

Roepell, Rich., die Grafen v. Habsburg. Eine von d. Universität zu Halle gekr. Abhandl. üb. Genealogie u. Besitzungen dies. Geschlechts bis zur Thronbesteigung Rudolfs im J. 1273. gr. 8. (8½ B.) Halle 832, Schwetschke u. Sohn.

Illustris Lycei Hosiani Brunsbergensis rectori et senatui, professoribus et collegis diem festum quo ante haec decem lustra Lyceum Hosianum instauratum est, sollemniter celebrantibus diem hunc laetissimum gratulantur Universitatis Vratislaviensis rector Richardus Roepell et senatus academicus. P. p. Vratislaviae a. d. V Kal. Sextil. a. d. 1868. Vratislaviae (1868). (1 Bl.) gr. 2°

Illustrissimae atque inclitissimae Litterarum Universitati Bernensi quinque lustra peracta d. IV et V m. Aug. a. 1884 celebranda gratulatur Universitatis Vratislaviensis rector Ricardus Roepell cum senatu academico. P. p. Vratislaviae m. Julio a. 1884. Vratislaviae (1884). (1 Bl.) gr. 2°

Illustrissimae atque inclitissimae Litterarum Universitati Edinburgensi saecularia tertia per dies XVI—XVIII m. Aprilis hujus anni celebranti gratulatur Universitas Vratislaviensis interprete Richardo Roepell h. t. rectore et senatu academico. P. p. Vratislaviae d. VII. m. Apr. a. 1884. Vratislaviae (1884). (1 Bl.) gr. 2°

Roepell, Rich., das Interregnum. Wahl u. Krönung v. Stanislaw August Poniatowski. [Aus: „Zeitschr. d. histor. Gesellsch. f. d. Prov. Posen".] gr. 8. (173 S.) Posen 892. (J. Jolowicz.) n.n. 2. 50

Roepell, Rich., Polen um die Mitte d. 18. Jahrh. gr. 8. (VII, 237 S.) Gotha 876. F. A. Perthes. n. 4. —

Roepell, Rich., Karl Wenceslaus v. Rotteck. Rede, zum Antritt des Rectorats der Universität Breslau am 15. Octbr. 1883 gehalten. gr. 8. (32 S.) Breslau 883, Koebner.

Universitatis Vratislaviensis prorector Otto Gierke et senatus academicus Richardo Roepell universitatis rectori s. *[folgt d. Text e. Glückwunschadresse z. 50-jähr. Dr.-Jubil.]* Dabamus Vratislaviae a. d. XIII. Kal. Majas a. p. C. n. 1884. (Vratislaviae 1884.) (1 Bl.) gr. 2°

Universitatis Vratislaviensis rector Richardus Roepell cum senatu academico Universitatis Lundensis rectori et senatui s. *[folgt d. Text e. Adresse]* Dabamus Vratislaviae a. d. V Id. Majas a. 1868. Vratislaviae (1868). (1 Bl.) gr. 2°

— über die Verbreitung des Magdeburger Stadtrechts im Gebiete des alten polnischen Reichs ostwärts der Weichsel. Aus d. Abhdlgn. d. hist. phil. Gesellschaft in Breslau. Breslau 857. E. Trewendt. Lex.-8. (60 S.) n. 20 ngr.

Roepell, Richard Schlesien's Verhalten zur Zeit der böhmischen Unruhen. März bis Juli 1618. Breslau (1855). (32 S.) 8° [J.]
Breslau, Phil. Fak. Antr.-Progr. als ord. Prof. v. 7. Aug. 1855

Roepell, Richardus: De Alberto Waldsteinio, Fridlandiae duce, proditore, contra Frid. Foersteri sententiam.
Halle-Wittenberg, Phil. Diss. v. 19. April 1834
Geb. [Danzig 4. 11. 1808]
Ms. fehlt. Die Arbeit ersch. als Phil. Hab.-Schr. v. 27. Okt. 1834.
— Verf. erlebte die Diplomerneuerung 1884 als ordentlicher Professor der Geschichte in Breslau.

Roepell, Richardus: De Alberto Waldsteinio, Fridlandiae duce, proditore. Halae 1834: Grunert. 70 S. 8°
Halle-Wittenberg, Phil. Hab.-Schr. v. 27. Okt. 1834
War vorher des Verf. phil. Diss. v. 19. April 1834.

Roepell, Richard (Hrsg.), s. Zeitschrift des Vereins für Geschichte ...

Roeper, A., Sonnenschein u. Wetterstrahl. Aus Danzigs Sage u. Geschichte. Mit Zeichngn. v. Mor. Wimmer. 8. (IV, 123 S.) Danzig 890. Bertling. 1. 50

Sonnenschein und Wetterstrahl. Aus Danzigs Sage u. Geschichte. Von A. Roeper. Mit Zeichn. von Moritz Wimmer. [Tit.-Aufl.] *Danzig: L. Saunier [1902].* (123 S.) 8° [J.]
— Gedanensia. Bdch. 6. geb. nβ 10

Roeper, Adb., s. a. Bilder- u. Spiegel-Rahmen.

Roeper A und H Bösch, Bilder- und Spiegel-Rahmen vorzugsweise in Schnitzarbeit von Albr. Dürer bis zum Rokoko. (2 S. 30 T.) fol. München (1897)

— geschmiedete Gitter des XVI.- XVIII. Jahrh. aus Süddeutschland. Ausgew. u. hrsg. v. R., m. e. Vorwort vers. v. Hans Bösch. 50 Taf. Photogr. u. Lichtdr. v. Jos. Albert, München. Fol. (3 S. Text.) München 895. Jos. Albert. In Halbleinw.-Mappe 30. —

Roeper, Adalb., geschmiedete Gitter d. XVI.—XVIII. Jahrh. aus Süddeutschland. Ausgewählt u. hrsg. v. R. Mit e. Vorwort v. Hans Bösch. 50 Taf. in Lichtdr. nach photograph. Orig.-Aufnahmen. 2. neu durchgeseh. Aufl. (VII S. Text.) 43,5×33,5 cm. Leipzig 909. Baumgärtner. In Mappe 24. —

— Moebel aller Stilarten v. Ausgange d. Mittelalters bis z. Ende des 18. Jahrh. Ausgew. u. hrsg. v. R. unt. Mitwirkg. u. m. e. Vorwort v. Hans Bösch. Fol. (50 Lichtdr.-Taf. m. 4 S. Text.) Ebd. 897. In Mappe 30. —

— s.a. Ornament-Schnitzwerke, ausgew, d. XV.–XVIII. Jahrh.

Roeper A und H Bösch, ausgewählte Ornament-Schnitzwerke des 15. bis 18. Jahrhunderts. (2 S 50 T) fol München (1897)

— Ausgewählte Ornament-Schnitzwerke des XV.—XVIII. Jahrh. Ausgewählt u. hrsg. unter Mitwirkg. u. m. e. Vorwort v. Hans Bösch. 50 Taf. in Lichtdr. nach photograph. Orig.-Aufnahmen. 2. neudurchgeseh. Aufl. (VIII S. Text.) 44×33 cm. Leipzig 909. Baumgärtner. In Mappe 24. —

— Sammlung v. Oefen in allen Stilarten v. XVI. bis Anfang d. XIX. Jahrh. Ausgew. u. hrsg. v. R. unt. Mitwirkg. u. m. e. Vorwort v. Hans Bösch. 60 Taf. Photogr. u. Lichtdr. v. Jos. Albert, München. Fol. (6 S. Text.) München 895. Jos. Albert. In Mappe 40. —

— deutsche Schmiedearbeiten aus 5 Jahrhunderten. Ausgew. u. hrsg. v. R., m. e. Vorwort vers. v. Hans Bösch. gr. Fol. (50 Taf. in Photogr. u. Lichtdr. m. 4 S. Text.) Ebd. 896. In Mappe 30. —

Das Infanterie-Regiment Nr. 83 in der Schlacht bei Wörth am 6. August 1870. Von (A[ugust]) **Röper**, Hauptm. Mit 5 Abbildungstaf. u. 2 Pl. Berlin: E. S. Mittler & Sohn 1905. (88 S.) 8° [F.] [06. 809

Röper, August, a. Berlin: Die Unterseekabel. Naumburg a. S. 1909: Lippert. VIII, 190 S. 8° ¶ (Ersch. auch als: Wirtschafts- u. Verwaltungsstudien m. bes. Berücks. Bayerns. 38.) *
Würzburg, Jur. Diss. v. 24. Jan. 1910, Ref. G. v. Schanz
[Geb. 22. Juni 68 Ratzeburg; Wohnort: Zehlendorf; Staatsangeh.: Preußen; Vorbildung: Gymn. Altona Reife M. 87; Studium: Berlin 16 S.; Rig. 28. Juli 09.] [U 10. 4323

= Car. I, 97 nd [38]

Röper, Aug., die Unterseekabel, s.a. Wirtschafts- u. Verwaltungsstudien. 38.

Die Unterseekabel. Von Dr. August **Röper**, Hauptm. a. D. Mit 1 Kt. Leipzig: Deichert 1910. XIV, 190 S. 8°
Ein T. erschien als Inaug. Diss. Würzburg 1909.
(Wirtschafts- u. Verwaltungsstudien mit besond. Berücks. Bayerns. 38.)

Roeper, Avgvstvs (geb. am 7 Sept. 1856 in Danzig): De dualis vsv Platonico ... Gedani, typ. E. Groeningii 1878. 2 Bl., 34 S., 1 Bl. 8. Bonn, Phil. Fak., Diss. v. 15 Aug. 1878

Röper, Christian (Halberstadt) A. S. 1116/33

Dissertatione inaugurali morbos incongruos ... examini submittit ... Präs. Friedrich Hoffmann. Halle (Henckel) III. 1702. 28 S.

W. v.: Präs., Joh. Nik. Röper (Bruder). 29057

Röper, Fr. Ldw., Blumenlese aus d. Weisesten des Alterthums, f. Freunde d. Religion u. Tugend. 2 Thle. 8. Neustrelitz 796—797. (Albanus). 1 ⁄ 16 gr

Geschichte und Anekdoten von Dobberan in Mecklenburg. Nebst e. Beschreibung der dortigen Seebadeanstalten. Von F[riedrich] L[udwig] Röper. Neustrelitz: Michaelis 1797. 172 S. 8°

— Geschichten u. Anekdoten von Dobberan in Mecklenburg. 8. Neustrel. 797. 2e verm. Aufl. 808. Albanus. 12 gr

— s. Handbuch, exeget., des N. Testam.

— Lehrbuch d. Naturwissenschaften u. der Geschichte f. fähigere Kinder in Bürgerschulen, so wie auch f. wißbegierige Nichtgelehrte. 8. Rostock 825. (Stiller). 12 gr

— Versuche zur Beförder. wahrer Lebensweisheit. 1r Thl. 8. Berl. 800. Maurers B. 8 gr 2r Thl. A. u. d. T.: Schimpf u. Ernst für Alt u. Jung. 8. Ebd. 803. 12 gr

Röper, G · M. Terentii Varronis Eumenidum reliquiae. P. 1. 24 S. – Progr. Danzig 1858.

Roeper, M. Terenti Varronis Eumenidum reliquiae. 2 Tle. Pr. 1861. 1862. 40, 42 S. je 2.—

Roeper, G. F., Freundschaft u. Ideal. Gedichte. Hrsg. v. seinen hinterbliebenen Kindern. 8. (XV, 205 S.) Danzig 887. Saunier. n. 2. —; geb. n. 3. —

Roeper, Gottl. Über einige Schriftsteller mit Namen Hekataeos. Eine philologische Studie. 28, 32 SS. St. G. *Danzig* 1877 1878 Progr.

Blindow, Karl Gottfr. Herm. Wilh.: Gedächtnissrede auf C. G. H. W. Blindow, in der Trauer-Loge am 29. Aug. 1857 gehalten von [Gottlieb Friedr.] Roeper. Nebst einem Nachrufe von Brandstäter. Danzig [1857]: Wedel. 11 S. 8° [Umschlagtit.]
Tt. 2179. Der Nachruf in Versen.

Roeper, Gustav: Denkschrift anläßlich des 50jährigen Bestehens der Firma Berliner Holz-Comptoir Aktien-Gesellschaft 1857 – 11 April — 1907. (Berlin 1907 Otto Lange.) 39 S. 4°

[F.] Dichtungen v. H. Robertin [d. i. Hedwig **Röper**]. *Berlin: Concordia 1896.* (1 Bl., 91 S.) 1 Bd 8. [97. 2286

Roeper, J., zur Flora Mecklenburgs. 2 Thle. gr. 8. Rostock Leopold. [1. (10 B.) 843. 18¾ Ngr., 2. (18½ B. u. 1 Kpfr.) 44. 1 Thlr. 15 Ngr.]

Röper, J. De floribus et affinitatibus balsaminearum. Basil. 1830.

Roeper, Jo., de organis plantarum. 4 maj. (5½ B.) Basileae 828, Schweighauser.

Röper, Joh., s.: de Candolle, Aug. Pyr.

Röper, Joh., der Taumel-Lolch [Lolium temulentum Linn.] in Bezug auf Ektopie, gewohnheitl. Atrophie u. außergewöhnl. normanstreb. Hypertrophie. Hierzu 2 (lith.) Taf. 4. (23 S.) Rostock 873. (Stiller.) n. 1. 50

Roeper, Johann Andreas (Halberstadt) A. S. 1229/10

Dissertatio medica inauguralis, de lochiorum statu legitimo et morboso. Präs. Michael Alberti. Halle (Henckel) 20. XII. 1724. 36 S.

W. v.: C. G. Schoepfer. 29058

Die Wuerckung [Wirkung] der Seele in den menschlichen Cörper nach Anleitung der Geschichte eines Nacht-Wanderers aus vernünftigen Gründen erl. von Johann Andr. Roeper. Halberstadt 1748: Friderich. 48 S. 8°

Johannes Roeper
1801-1885
Enumeratio Euphorbiarum quae in Germania et Pannonia gignuntur. Auctore Joanne Roeper. Gottingae 1824: Rosenbusch. VIII,68 S. 4

Roeper, (J.,) Enumeratio Euphorbiarum quae in Germania et Pannonia gignuntur. gr. Real4. Gottingae 824, Rosenbusch, (Lauffer in Leipz.)

Roeper, Jo., enumeratio Euphorbiarum quae in Germania et Pannonia gignuntur. gr. Real-4. Götting. 824. (Vandenhöck u. R.) 1 ℔ 8 gr

Roeper, Johs., vorgefasste botanische Meinungen vertheidigt. gr. 8. (VIII und 75 S.) Rostock 860, Stiller'sche Hofbuchh.

Röper, Karl, a. Schmallenberg in Westfalen: Ein Fall von traumatischer Exostosis bursata (Abriss der peripheren Sehne des biceps brachii) nebst Bemerkungen über die Bildung freier Körper in Gelenken und Bursen. Wiesbaden: J. F. Bergmann 1904. (16 S.) 4°(8°) ¶ (Aus: Archiv f. Orthopädie 3,1.)
Würzburg, Med. Fak., Ref. v. Rindfleisch, Diss. v. 6. Dez. 1904
[Geb. 13. März 79 Fredeburg, Wohnort: Schmallenberg; Staatsangeh.: Preußen; Vorbildung: Gymn. Attendorn Reife O. 99, Studium: München 1, Würzburg 4, Straßburg 1, Berlin 2, Würzburg 4 S., Coll. 3. Febr. 04; Approb. 16. Jan. 04.]

Roeper, Klemens [app. Arzt aus Arnsberg]: Enthält die Muttermilch normaler Weise Mikroorganismen, spez. pathogene? ... Marburg, Druck v. H. R. Stein, Arnsberg, 1890; 21 S., 1 Bl. 8.
Marburg, Med. Fak., Inaug.-Diss. v. 6. Jan. 1890

Roeper, Osc., System einer beweglichen Brücke. Mit 2 Blatt (lith.) Zeichngn. (in qu. gr. Fol.) Hamburg 868. O. Meissner gr. 8. (III, 48 S.) n. 24 ngr.

Röper, Paul, s. Lackowitz, W. Die Vögel Europa's.

Röper, Paul, landwirthschaftliche Studien. gr. 8. (III, 177 S.) Wien 873, Faesy und Frick. *

Röper, Paul M., Bilder aus Mecklenburgs Vor- u Jetztzeit. gr. 8. (VIII, 236 S.) Wien 875. Faesy & Frick. n. 6. —

Roeper, Theophilus, Lectiones Abulpharagianae. Ad Graecarum litterarum historiae locos nonnullos illustrandos. Fasc I Lectiones Abulpharagianae alterae: De Honaini vita Platonis. [Gratulationsschrift.] 2 voll. Gedani 1844. 1866. 4°

Roeper, Theoph., lectiones Abulpharagianae. Ad Graecarum litterarum historiae locos nonnullos illustrandos conscripsit. Fasc. I. 4maj. (7 B.) Gedani 844, libr. Gerhard.

Roeperi, Teoph., lectiones Abulpharagianae alterae: de Honaini vita Platonis. gr. 4. (22 S.) Gedani 867. (Berlin, Calvary und Comp.)

Roeper, Theoph., Lucubrationum pontificalium primitiae. 4maj. (40 S.) Gedani 849, libr. Homann.

Roeper, Theoph., de poesis Varronianae reliquiis quibusdam. gr. 4. (16 S.) Danzig 858, Weber.

Roeper, Th.: De Q Ennii Scipione. 30 S. – Danzig, Progr. 1869

Roeper, Theophil., de Q. Ennii Scipione. 4. (30 S.) Gedani 870. (Berlin, Calvary und Comp.) *

Roeper, Werner, a. Warburg in Westf.: Zur Casuistik der retrograden Amnesie nach Kopftrauma. Warburg i. W.: F. Quick 1906. (30 S.) 8°
Freiburg i. B., Med. Fak., Ref. Hoche, Diss. v. 1907
[Geb. 25. Jan. 82 Warburg (Westf.); Wohnort: Freiburg i. B.; Staatsangeh.: Preußen; Vorbildung: Gymn. Warburg Reife O. 01; Studium: Bonn 1, Marburg 4, Leipzig 2, Freiburg i. B. 2 S.; Coll. 9. Febr. 06.]

Röper, Wilh., Familien-Stammbuch. Familien-Aufzeichngn. u. Formulare zu d. amtl. Eintraggn auf dem Standesamte, nebst Auszug aus d. Reichsgesetze üb die Beurkundg. d. Personenstandes u. die Eheschliessg. vom 6. II. 1875. gr. 8. (16 S.) Arnsberg 897. J. Stahl. n. — 20; kart. n — 30; geb. n — 60

Familien-Stammbuch. (Entworfen vom Amtmann Röper.) *Arnsberg: J Stahl 1899.* (15 S.) 8° [Umschlagt. J.] M. 1685 6

Röper, Wilhelm, aus Fredeburg (Westf.): Aus d. bakteriol. Untersuchungsstation d. Kgl. Garnisonlazaretes Würzburg. Über Typhuspneumonie. *Würzburg 1901: C. J. Becker.* (26 S.) 8°
Würzburg, Med. Diss. v. 1901

Röper, Wilhelm, approb. Arzt aus Arnsberg i. W.: Über die Ursachen des Todes bei Morbus Basedowii und über den acuten Verlauf desselben. *Leipzig (1899): A. Edelmann.* (53 S.) 8°
Leipzig, Med. Diss. v. 27 Juli 1899
(Nur in beschränkter Zahl für den Austausch)

Ropers, Portolano di navigazione della costa occidentale dell'Africa dallo stretto di Gibilterra fino al golfo di Benin. Tradotto sulla 3. ediz. inglese per cura di Franc. Leva. Triest 866. Dase. gr. 8. (324 S.) n. 2 ℔

v. Röpert, Frhr. Fr. Ad. Geo. Frz. Leop. Bonav., vollständ. Handbuch d. neuesten polit. Geographie; hrsgg. v. J. G. C. Fick. gr. 8. Leipz. 801. Schwickert. 1 ℔ 12 gr

Roepert, Jul., nicht drüber weg, sondern drunter durch! Ein Vorschlag zur Frage, wie e. Bahnunterführg. f. Dessau praktisch möglich. Vortrag, geh. im nordwestl. Bürgerverein. gr. 8. (11 S.) Dessau (901). Anhalt. Verlagsanstalt. — 15

Ropertz, Avgvstvs (geb. 1840 in Ahrweiler): De casv qvodam pyaemiae ... Bonnae, typ. F. Krveger (1865). 2 Bl., 21 S., 1 Bl. 8.
Bonn, Med. Fak., Diss. v 11 Aug. 1865

Ropertz, Pet., Quellen u. Beiträge zur Geschichte der Benediktiner-Abtei des heiligen Vitus in M. Gladbach. gr. 8. (VI, 379 S.) M. Gladbach 877. (Bonn, Lempertz.) n. 3. —

Ropes, James Hardy, d. Sprüche Jesu, die in d. kanon. Evangelien nicht überliefert sind, s.a. Texte u. Untersuchungen zur Geschichte d. altchristl. Literatur.

Die Sprüche Jesu, die in den kanonischen Evangelien nicht überliefert sind. E. krit. Bearbeitg des v. D. Alfred Resch gesamm. Materials v. James Hardy **Ropes,** Instructor in the Div School of Havard Univ *Leipzig: J C. Hinrichs 1896.* (VI S., 1 Bl., 176 S.) 8.
= Texte u. Untersuchungen z. Geschichte d. altchristl. Literatur Bd. 14. H 2. 96. 7524

Röpke, A., Wald- u. Wiesenblumen. Gedichte. 16. (166 S.) Wolfenbüttel 887. Zwißler. n. 2. —; geb. n. 3. —

Röpke, Ad., die Hamburg. Dienstbotenordnung nebst dem Reglement f. die Gesindevermieter, sowie e. Anh.: Zusammenstellung der Wohlfahrtseinrichtgn. f. Dienstboten. Für den prakt. Gebrauch bearb. u. m. Anmerkgn. versehen. 8. (VIII, 103 S.) Hamburg 899. L. Voß. Kart. n. 1. 50

Röpke, Ad., die hamburgische Dienstbotenordnung vom 7. XII. 1898, in der Fassung vom 11. XI. 1901, in Kraft getreten am 15. IV. 1899, nebst dem Statut der Dienstbotenkrankenkasse u. den Vorschriften f. den Geschäftsbetrieb der Gesindevermieter vom 30. IV. 1902. Für den prakt. Gebrauch bearb. u. m. Anmerkgn. versehen. 2. verm. Aufl. (VIII, 104 S.) 8. Hamburg 908. Leipzig, L. Voß. 1. 50

Röpke, Frdr., die Berufskrankheiten des Ohres u. der oberen Luftwege, s.a. Ohrenheilkunde, die, der Gegenwart. II.

Die Berufskrankheiten des Ohres und der oberen Luftwege. Von Dr. med. Friedrich Röpke in Solingen. *Wiesbaden: J. F. Bergmann 1902.* (X, 147 S.) 8°
= Ohrenheilkunde d. Gegenwart u. ihre Grenzgebiete. 2. [02. 2493

Röpke, F., Die Krankheiten der Eisenarbeiter. Jena, 1905. 41 S.

Röpke, Frdr., die Verletzungen der Nase u. deren Nebenhöhlen, nebst Anleitg. zur Begutachtg. ihrer Folgezustände. (IX, 135 S.) Lex.-8. Wiesbaden 905. J. F. Bergmann. n. 4. 60

Roepke, Fritz: Studien zur Chanson d'Aspremont ⟨Beschreibung der Handschriften, Bibliographie, Concordanztabelle, Textproben⟩. Greifswald 1909: Kunike. 45 S. 8°
Greifswald, Phil. Diss. v. 13. Juli 1909, Ref. Stengel
[Geb. 26. Mai 84 Berlin; Wohnort: Berlin; Staatsangeh.: Preußen; Vorbildung: Sophien-Gymn. Berlin Reife M. 04; Studium: Berlin 2, Paris 1, Berlin 4, Greifswald 1 S.; Rig. 2. Febr. 09.] [U 09. 1557

Röpke, H(ermann), pr. Arzt: Aus d. chir. Abt. d. St. Josephsstift in Bremen. ⟨Oberarzt Gross⟩. Gelenktuberkulose unter dem Bilde des Gelenkrheumatismus ⟨Poncet⟩. Leipzig 1910: Lehmann. 22 S. 8°
Leipzig, Med. Diss. v. 2. Mai 1910, Ref. Trendelenburg
[Geb. 10. Febr. 77 Werder, Braunschweig; Wohnort: Grohn-Vegesack; Staatsangeh.: Preußen; Vorbildung: Gymn. Verden Reife O. 98; Studium: Würzburg 6, Breslau 6 S.; Coll. 13. Mai 10; Approb. 20. Aug. 04.] [U 10. 3047

Roepke, Joan. Car. Augustus (geb. Brandenburg a. H. 25. 10. 1810): Quaedam ad constrictionum pathologiam. Berolini (1834). (47 S.) 8°
Berlin, Med. Diss. v. 6. März 1834

Roepke, Otto, zur Aufklärung u. Belehrung über die Tuberkulose, ihre Entstehung, Verhütung u. Heilung. Im Auftrage des Vorstandes der Pensionskasse f. die Arbeiter der preußisch-hess. Eisenbahn-Gemeinschaft verf. 1.—30. Taus. (37 S.) 8. Melsungen 905. (A. Bernecker.) n.n. — 50

— dasselbe. 3. erweit. Aufl. 60.—70. Taus. (55 S.) 8. Ebd. 906. n. — 60

Roepke, die Bekämpfung der Tuberkulose (Perlsucht) des Rindviehs. Ein auf Verfügg. erstatteter Bericht. [Aus: „Rundschau auf d. Gebiete der Thiermed."] gr. 8. (14 S.) Osterwieck 888. (A. W. Zickfeldt.) — 75

Roepke, Otto, die Desinfektion bei Tuberkulose. (11 S.) Lex. 8. Leipzig 910. B. Konegen. 1. —
Sonderabdruck aus: „Reichs-Medizinal-Anzeiger".

— Jahres-Bericht pro 1887/88 üb. Fleischschau u. Fleischverbrauch auf dem Schlachthofe in Bremen. [Aus: „Rundschau auf d. Gebiete d. Thiermed."] gr. 8. (26 S.) Ebd. 888. — 50

Roepke, Otto: Die Klinik der Tuberkulose, s. Bandelier, Bruno

Roepke, Otto: Lehrbuch der spezifischen Diagnostik ..., s. Bandelier, Bruno

Kurzer Leitfaden für die Wohnungsdesinfektion. Zsgest. von Chefarzt Dr. [Otto] Roepke. 2. Aufl. Melsungen: A. Bernecker 1906. (27 S.) 8° [06. 8914

Roepke, Otto [aus Argenau in Posen]: Ueber Morbidität und Mortalität in der Erlanger Entbindungsanstalt in den Jahren 1890 bis 1894 ... Greifswald, Druck v. J. Abel, 1895; 40 S. 8.
Erlangen, Med. Fak., Inaug.-Diss. v. [13.] Juli 1895

— u. E. Huss, Untersuchungen üb. die Möglichkeit der Uebertragung v. Krankheitserregern durch den gemeinsamen Abendmahlskelch, nebst Bemerkgn. üb. die Wahrscheinlichkeit solcher Uebertragg. u. Vorschlägen zu ihrer Vermeidg. (17 S.) gr. 8. Leipzig 905. G. Thieme. n. — 80

— s.: Zeitschrift f. Bahn- u. Bahnkassenärzte.

Roepke, Paulus, appr. Tierarzt a. Belgard in Pommern: Aus d. Chirurg. Klinik d. Kgl. Tierärztl. Hochschule zu Berlin. Vergleichende Untersuchungen über die Wirkung der Mydriatica beim Pferde. Stuttgart 1906: Union. (30 S.) 8°
¶ (Aus: Monatshefte für prakt. Tierheilkunde Bd 17.)
Gießen, Med. Fak., Ref. Pfeiffer, Diss. v. 9. Juni 1906
[Geb. 10. Jan. 76 Belgard; Wohnort: Stenschewo; Staatsangeh.: Preußen; Vorbildung: Gymn. Belgard Reife M. 96; Studium: Berlin Tierärztl. Hochsch. 8 S.; Rig. 28. Febr. 06.]

Roepke, Walter. Ergebnisse anatomischer Untersuchungen an Standfuss'schen Lepidopterenbastarden. I. Folge: Smerinthus hybr. hybridus Westw. und hybr. operosa Stdfs. Diss. Phil. [II.] Univ. Zürich. Mit 3 Tafeln und 53 Figuren im Text. (Abdruck aus der Jenaischen Zeitschrift für Naturwissenschaft. Bd. 44. N. F. 37. Heft 1. 1908.) VI + 122 S. 8. Jena, Gustav Fischer, 1908.

Röpke, Wilhelm, Dr. med., 1. Assistenzarzt der chirurgischen Klinik: Aus der chirurgischen Klinik zu Jena. Die Bedeutung des Traumas für die Entstehung der Carcinome und Sarcome an der Hand des Materials der chirurgischen Klinik zu Jena beleuchtet. Berlin 1905: L. Schumacher. (50 S.) 8° ¶ (Aus: Archiv für klinische Chirurgie Bd 78, H. 2.)
Jena, Med. Fak., Hab.-Schr. v. 1905

Röpke, *Wilhelm* [app. Arzt aus Schwarmstedt]: Das Caput obstipum, die Resultate der subkutanen Durchschneidung des Musculus sternokleidomastoideus ... Göttingen, Druck d. Dieterich'schen Univ.-Buchdr., 1893; 31 S. 8.
Göttingen, Med. Fak., Inaug.-Diss. v. [28. Juli] 1893

Röpke, W[ilhelm], approb. Arzt aus Leer ⟨Ostfriesl.⟩: Aus d. chirurg. Klinik zu Jena. Ueber Thiersch'sche Transplantationen. *Jena 1899: A. Kämpfe.* (40 S.) 8°
Jena, Med. Diss. v. (30. Sept.) 1899

Ropohl, Ferdinand: Das Verhältnis des Assonanzteiles zum Reimteile im altfranzösischen Apolloniusroman ⟨Jourdains de Blaivies⟩. Köln 1909: Elkan. 94 S. 8°
Kiel, Phil. Diss. v. 4. Aug. 1909, Ref. Körting
[Geb. 29. März 77 Düren; Wohnort: Cöln; Staatsangeh.: Preußen; Vorbildung: Gymn. Düren Reife O. 97; Studium: München 1, Münster 2, Berlin 1, Bourges 1, Münster 3 S.; Rig. 27. Febr. 09.] [U 09. 2333

Ropp, Alexander Baron von der, aus Kertsch: Eine Untersuchung über die Oxydation des Platins durch Salpetersäure, wenn seine Legirungen mit Silber und anderen Metallen mit dieser Säure behandelt werden, und über die Löslichkeit der entstandenen Platinverbindungen in Wasser, Salzsäure, schwefliger Säure und anderen Lösungsmitteln. Eine neue Methode zur Trennung d. Platins von Gold u. d. Platinmetallen. *Berlin 1900: J. Bahlke.* (42 S.) 8°
Berlin, Phil. Diss. v. 18. Juli 1900

Ropp, Carlo Frhr. v. der, Blätter im Winde. Gedichte. 12. (36 S.) Dresden 895. J. Naumann. n. — 60

Ropp, Carlo Frhr. v. der, in stillen Stunden. Erzählungen. 12. (45 S.) Dresden 894. J. Naumann. n. — 40

Ropp, E. C., biblische Geschichten, s.: Zeller, Ph. F.

Ropp, Goswin Frh. v.

Ropp, G. Frhr. v. der, socialpolit. Bewegungen im Bauernstande vor d. Bauernkriege. Rede, geh. b. Antritt d. Rektorats am 16. X. 1898. gr. 8. (16 S.) Marburg 899. N. G. Elwert's Verl. n. — 40

Ropp, G. Frhr. v. der, zur deutsch-skandinavischen Geschichte d. 15. Jahrh. gr. 8. (IV, 187 S.) Leipzig 876. Duncker & Humblot. n. 4. —

Ropp, G. Frhr. v. der, s.: Hanserecesse.

Ropp, G. Frhr. v. der, s.: Urkundenbuch der Stadt Friedberg.

von der Ropp, Gosw. König Erich der Pommer und die skandinavische Union. (114) 8. Leipzig 1875.

Ropp, Goswin Frhr. v. der, s.: Geschichtsblätter, hansische.

— Kaufmannsleben zur Zeit der Hanse, s.a. Pfingstblätter des hansischen Geschichtsvereins. 3. Blatt.

Kaufmannsleben zur Zeit der Hanse. Von G[oswin] F^rh. v. der Ropp. Leipzig: Duncker & Humblot 1907. (51 S.) 8° [J.]
— Pfingstblätter d. Hansischen Geschichtsvereins. Blatt 3. (07. 1315)

Ropp, Goswin Freiherr von der: Deutsche Kolonien im 12. u. 13. Jahrhundert. Gießen, C. v. Münchow, 1886; 23 S. 4°.
Gießen, akad. Festrede z. Feier d. Stiftungsfestes d. Gr. Hess. Ludwigs-Univ. am 1. Jul. 1886.

Ropp, Goswin Freiherr von der, deutsche Kolonien im 12. und 13. Jahrhundert. Academ. Festrede zur Feier des Stiftungsfestes der Großherzogl. Hess. Ludwigs-Universität am 1. Juli 1886. Gießen 1886, J. Rickersche Buchh. 4°. 23 S.

— s.: Regesten der Erzbischöfe v. Mainz.

— s.a. Statuten, Göttinger.

Göttinger Statuten. Akten z. Geschichte d. Verwaltung u. d. Gildewesens d. Stadt Göttingen bis z. Ausgang d. Mittelalters. Bearb. von Goswin F^rh. v. der Ropp. Hannover & Leipzig: Hahn 1907. (XXXIX, 557 S.) 8°.
= Quellen u. Darstellungen z. Geschichte Niedersachsens. Bd 25. (08. 973)

Ropp, Goswin v. der, Erzbischof Werner v. Mainz. Ein Beitrag zur deutschen Reichsgeschichte d. 13. Jahrh. gr. 8. (196 S.) Göttingen 872. Vandenhoeck & Ruprecht in Comm. n. 3. —

Ropp, Max Alexis v. der, Elkesragge. Ein balt. Zeitroman. (289 S.) 8. Berlin 907. E. Fleischel & Co. 3.50; geb. 5. —

— — 2. Aufl. '08. 289 S.

Ropp, P[aul] F^rh. von der, aus Dauzogir (Russland): Ueber einige Derivate des Cumols. *Rostock 1898: C. Hinstorff.* (58 S.) 8°
Rostock, Phil. Diss. v. [17. Dez.] 1898

Roppan, Jh. Karl, († d. 20. April 1804.) s.a. Beschäftigungen mit Breslau.

† BESCHÄFTIGUNGEN mit Breßlau, dessen Geschichte und Merkwürdigkeiten (von *Joh. Karl Roppan*, † 20. April 1804). Stück 1 (einz.). Breßlau, Joh. Friedr. Korn, d. Aeltere, 1778. 8°. 84 S. (In Breslau, Kgl. und Univ.-Bibl.: Hist. Germ. V. Silesiaca 8°. 199.)
„Iste liber est rarissimus cujus causam vide Provinzialbll. in elogio Roppanis, Roppans Denkmahl." (Notiz im Zettel-Cat. d. Stadtbibl.) Das Anon.-Lex. I. p. 196 hat „Breslau 1777" (nach Kayser u. Meusel).

Röppel, . . . , Anleit. zur Decimal-Rechnung. 8. Münch., Jaquet. 8 gr.

Röppell, d. Verbreitg. d. Magdeburger Stadtrechts. Breslau 857. (2. —)

Roppelt, Frz., († d. 17. Juni 1793.) philosoph. Entscheidungsgründe üb. d. architekton. Streit, die heutige Bauart betreff. 8. Bamb. 786.

Roppelt, Joannes (Hrsg.), s. Bamberg [Schlagwort]. Karte ...

Roppelt, Johann Baptist Georg

Praktische Abhandlung von den Gränz-Zeichen samt einer geometrischen Unterweisung zum Nutzen und Gebrauch der Kloster Banzischen Märker und anderer Liebhaber. Verfertigt von Johann Bapt[ist] Roppelt. Coburg: Ahl 1775. 92 S. 8°

Roppelt, Jh. Bpt. Geo., († d. 11. Febr. 1814.) prakt. Abhandl. v. den Gränzzeichen, sammt e. geometr. Unterweisung. Mit 7 Kpf. 8. Coburg 775. (Riemann). 8 gr.

— histor.-topograph. Beschreib. des Fürstenth. Bamberg. 2 Bde. Mit 1 Karte in 4 Bl. gr. 8. Nürnb. 801. Schneider u. W. 3 ₰ Die Karte apart 1 ₰

— prakt. Entwurf eines neu zu errichtenden Urbariums, Saal- od. Lagerbuches. Mit e. Vorrede v. J. F. Malblanc. Mit 13 ill. Kpf. Fol. Nürnb. 792. Raw. 6 ₰ Hdg. Pr. 3 ₰

Roppelt, J. Bt.: Prakt. Entwurf e. neu zu erricht. Urbariums, Saal- od. Lagerbuches; z. Gebr. d. Lehnherrsch., Beamten, Feldmesser u. s. w. *Nürnberg*, Raw. 794. fol. mit Kpf. (6 Thl.)

Roppelt, J. B.: „Practischer Entwurf eines neu zu errichtenden Urbariums, Flur- und Lagerbuches; zum Gebrauch für Lehnsherrschaften, Cameralisten und Beamte", mit XIII illuminierten Kupfern, Nürnberg 1794 (Winterschmidt).

— institutio de calculo literali et analysi. 8. Bamb. 763. (102 S.)

— introductio in mathesin, quarumcunque scientiar. cultoribus accomm. 8maj. Bamb. 775. N. A. 777. (Wesché in Frankf. a. M.) 12 gr.

— introduct. in mathesin, quarumcunque scientiar. cultoribus accomm. 8. maj. Francof. (Goebhard, Bamberg.) 777.

Roppelt, Joh. Bapt., Special-Charte der Länder in Franken. Nürnberg 1801. Kupf., kolor. . . . . (KPA.)

— Topographie des Fürstenth. Bambergs. 2 Bde. m. Ch. gr. 8. Nrnb. Schneider u. W. 805.

— systemat. Vorkenntnisse von der Fortifikation oder Kriegsbaukunst. 8. Bamb. 786.

Roppelt, Johann Josef Adm.

Roppelt, Jos., Anleit. z. d. prakt. geistl. Beredsamkeit. 8. Bamb. Dederich. (Göbhard.) 784.

Roppelt, Jh. Jos. Adm., († d. 8. April 1797.) Anleit. zur prakt. geistl. Beredtsamkeit. 8. Bamb. 784. (Frankf. a. M., Wesché). 20 gr.

— Predigten in d. Charwoche. 8. Bamb. 779.

Roppenecker, *Hermann:* De emendatione metrica canticorum Plautinorum. (Soll fortges. werden.) Freising, Buchdr. v. A. Fellerer, 1894; 41 S. 8.
Freising, k. Humanist. G, P 1894*

Zur Plautinischen Metrik und Rhythmik. I. Teil. — Von H Roppenecker, G.-L. — 1901, Frankenthal, Fr. Albeck. P. 3—36.
Progr Frankenthal . Progymn.

Roppenecker, H[ermann], kgl. Gymnasiallehrer. Zur plautinischen Metrik und Rhythmik. T. 2. *Frankenthal 1902: F. Albeck.* (48 S.) 8° ¶ [Teil 1 erschien als Progr Frankenthal i. d. Pfalz, Progymn., 1901.] — (Der Schluss erscheint an anderer Stelle.)
München, Phil. Diss. v 1902

Roppenecker, Herm., Stammtafeln der Wittelsbacher. (2 autogr. Bl.) 50×65,5 u. 58,5×19 cm. Ludwigshafen (908). (A. Lauterborn.) — 45

Roppold, J (Hrsg.), s. S o p h o k l e s ' Elektra

Roppweiler [Schlagwort]

Roppweiler, s.: Geologische Karten (Elsass-Lothringen).

Rops, Felicien, das Weib. (30 Taf. m. Titelblatt.) 4. Wien (905). C. W. Stern. In Mappe n. 30. —

Roqquerol, J. M., Novellen, Memoiren u. Gedichte. gr. 12. (9 B.) Leipzig 845. [Gebhardt u. Reisland.]

Roqquerol, J. M., Novellen, Memoiren u. Gedichte. gr. 12. Leipzig 845. (Weygand'sche Buchh.) ⅔ ₰

DE LA ROQUE, C. A.: Von dem sowohl den Churfürsten überhaupt, als besond. dem zu Cöln zustehenden, unbeschränkten Rechte der Appellations-Instanz. *Cöln*, Montag. 787. 4. (8 Gr.)

de **Roquefeuil,** Camille, Reise um die Welt in d. J. 1816—1819. gr. 8. Jena 823. Bran. 2 ₰

Roquelaure, Gaston Jean Baptiste duc de. Lustige Begebenheiten . . . a. d. Franz. Franckf. u. Leipz. 1753. Ü: *Krünitz, Johann Georg.* (BGE

Roquelaure, des Herzogs von, Begebenh., a. d. Franz. 8. Frkft. Kunze. (Akadem. Buchhdl.) 753. ⅓ thlr.

v. **Roquelaure,** Herzog, Schnurren, Schwänke u. lustige Einfälle. 8. Leipz. 797. Linke. 10 gr

Roques, v., B e s t i m m u n g e n f. die Kontrolversammlungen u. Dienstverhältnisse der Offiziere pp. des Beurlaubtenstandes der königl. preußischen Armee. Nach den gegebenen Vorschriften bearb. Anlage E zu „Stellung u. Tätigkeit des Bezirksoffiziers". gr. 8. (42 S.) Leipzig 902. A. Grunert. n. 1. 20

Stellung und Tätigkeit des Bezirksoffiziers. Nach d. gegebenen Bestimmungen bearb. von **Roques,** Hauptm. z. D. *Leipzig: A. Grunert 1902.* (X, 153, 42 S.) 8° [F.]
[Sondert.] Anlage E. Bestimmungen f. d. Kontrolversammlungen u. Dienstverhältnisse d. Offiziere pp. d. Beurlaubtenstandes d. Kgl. Preuss. Armee bearb. von Roques.
[illegible]

Roques, B.: Analyse et réfutation des "Avis aux Chirurgiens" par Mr.Vincent Kern, Professeur à Vienne, pour les engager à accepter et à introduire une méthode plus simple, plus naturelle et moins dispendieuse dans le pansement des blessés. 31 S., gbd.

Vienne: van Ghelen 1809

JB 3.591

Roques, Frz. v., Stammliste der Offiziere des 1. kurhessischen Infanterie-Regiments Nr. 81 seit 1866. Abgeschlossen im Septbr. 1904. Auf Befehl des Regiments zusammengestellt. (V, 102 S.) gr. 8. Frankfurt a/M. 904. (Mahlau & Waldschmidt.) Geb. in Leinw. n. 4. —

Roques, H v. [illegible] menschlichen Acardiacus Marburg 4
Schul-/Univ.-Schrift 1864.

Roques, Herm. v., d. heidelberg. Katechismus, s.a. K a t e c h i s m u s.

Roques, Herm. v., der heidelberger Katechismus, mit Bibelsprüchen. Zum bessern Verständnisse f. d. Katechumenen zergliedert. 2., verb. Aufl. gr. 12. (5 B.) Marburg 838, Elwert'sche Univ.-Buchh.

Roques, Herm. v., der Heidelberger Katechismus mit Bibelsprüchen. Zum besseren Verständnisse für die Katechumenen zergliedert und herausg. 7. verb. Aufl. Marburg 855. Elwert. 12. (IV, 128 S.) 5 ngr

Roques, Herm. v., der Heidelberger Katechismus mit Bibelsprüchen. Zum bessern Verständnisse für die Katechumenen zergliedert u. hrsg. 8., verb. Aufl. Cassel 865. Fischer. 12. (III, 128 S.) n. 5 ngr

Roques, H. v., der Heidelberger Katechismus mit Bibelsprüchen. Zum besseren Verständniß für die Katechumenen zergliedert. 9. verb. Aufl. 874. * 50 Pf.; 10. Aufl. gr. 8. (126 S.) Kassel 884, [Fischer.] Hühn. geb.

Roques, H. v., der Heidelberger Katechismus m. Bibelsprüchen. Zum besseren Verständnisse f. die Katechumenen zergliedert u. hrsg. Neu hrsg. von Frz. v. Roques. 11. Aufl. 8. (IV, 126 S.) Cassel 889. Hühn. n. — 50; geb. n.n. — 65

Roques, Herm. v., der Heidelberger Katechismus m. Bibelsprüchen. Zum besseren Verständnisse f. die Katechumenen zergliedert u. hrsg. Neu hrsg. von Frz. v. Roques. 12. Aufl. 12. (IV, 126 S.) Cassel 894. E. Hühn. Geb. n. — 65

Roques, Herm. v., Kloster Kaufungen in Hessen, s.: Q u e l l e n u. A b h a n d l u n g e n zur Geschichte der Abtei u. der Diözese Fulda. V.

Roques, Herm. v., s.: Urkundenbuch des Klosters Kaufungen in Hessen.

Roques, Joh.Christoph P o s i t i o n e s philosophicae s. R y h i n e r , Peter (Praes.)

Roques, Peter

- Abbild. der wahr. G o t t s e l i g k e i t rc. a. dem Franz. von Rambach. 3 Thle. 8. Nordh. Stiller. 747.

- Abbild. von dem V e r h a l t e n e. um s. Seligkeit ernstlich bekümmerten Christen, a. d. Frz. 8. Quedlinb. Biestersfeld. (Ernst.) 757.

- und Basnage, Betracht. über das D u e l l i r e n, aus dem Franz. von F. Eb. Rambach. 8. Jena, Hartung. 747.

Roques, Pierre & Samuel Basnage. Historische und moralische Betrachtungen über das Duelliren. Jena 1718. Ü: *Rambach, Friedrich Eberhard.* (ML)

— s. **Bible, la sainte.**

Roques, Pet., Gestalt eines evangel. Lehrers. 3 Thle. N. A. gr. 8. Halle 768. Gebauer. 9 gr

— Gestalt e. gewissenh. Richters, a. d. Franz. von F. Eb. Rambach. 8. Jena, Hartung. 747.

— Pasteur évangélique, ou Essais s. l'Excellence de la nature du Ministre. 4. Basle. 723.

— Predigten üb. ein. wicht. Pflicht. d. Sittenl. Jesu, als Anh. zur Gestalt ein. evangel. Lehrers. 8. Halle, Gebauer. 744.

— Reden von d. Pflichten d. Unterth. geg. ihr. Obrigk. 8. Quedlinb. Biesterfeld. 757.

— Sermons sur les Devoirs des Sujets. 8. Basle, Schweighaeuser.
— — le même. 8. Basle, Thourneisen. 737.

Roques, Pet., Tableau de la Conduite du Chrétien. 8. Basle. 722. Dithlr.

Roques de Maumont, Jac. Em., s.a. Maumont.

Roques de Maumont, de la Rochefoucauld Jak. Em., († d. 16. März 1805.) Abbild. von d. Verhalten eines um seine Seligkeit ernstl. bekümmerten Christen; aus d. Französ. 8. Quedlinb. 757. (Ernst). 14 gr

— Begriff der allgem. Weltgeschichte; aus d. Französ. 8. Frkf. a. M. 754. Eßlinger. (Schäfer). 3 gr

— Briefe an einen Freund, während des Aufenthalts d. französ. Truppen in Zelle, in d. J. 1757 u. 58. 8. Braunschw. 780. Schulbuchh. 10 gr

Roques-Maumont, v., Briefe, geschrieben an e. Freund währ. d. Aufenthalts d. französ. Truppen in Celle in d. Jahren 1757 u. 1758. A. d. Franz. 8. (15¾ B.) Bremen 836, (Kaiser.)

— le Chrétien au lit de la mort ou derniere exhortation d'un pere mourant à son fils unique. 8. Frkf. a. M. 753.

— école du Chrétien. 8. Zelle 756. Schulze. 8 gr

— lettres sur la part qu'il a eue aux demélés des Messieurs Voltaire et la Beaumelle. 8. Hannov. 755.

— Mémoires sur les Polypiers de Mer. Mit 16 Kpf. gr. 8. Zelle 782. (W. Nauck in Leipz). 1 ß

— Récueil pour l'esprit et pour le coeur. II Toms. en IV Pts. 8. Zelle 764, 65. Nouveau Récueil etc. II Toms. 8. ibid. 767—72.

— Récueil de prières. 8. Zelle 760. (Hahn in Hannov.) 16 gr
— Dass. deutsch. 8. Ebd., (Ebd.) 16 gr

— Recueil de Prières. 8. Zelle, Schulze. 767.

— — dass. a. in deutscher Sprache.

— heil. Reden, deutsch gehalten. 2 Thle. 8. Frkf. a. M. 753—763. Eßlinger. 14 gr

— 12 heil. Reden über verschied. Texte heil. Schriften. 8. Frkf. a. M. 753. Eßlinger. 6 gr

— Schule der Christen; aus d. Französ. v. J. J. Heilmann. 8. Bremen 757. (Schulze in Zelle). 8 gr — Dass. eine andere Uebersetzung. 8. Bresl. 757. (Gosohorsky). 4 gr

— von den Seepolypengehäusen; aus d. Französ. Mit 16 Kpf. gr. 8. Zelle 783. (W. Nauck in Leipz.) 20 gr

[Mémoire sur les polypiers de mer. Deutsch:] Von den Seepolypengehäusen. Aus d. Franz. d. J[acques] E[manuel] Roques de Maumont. Zelle: Runge & Richter 1785. X,78 S. 8°

— sermon d'Action de graces à l'occasion de la paix. 8. Zelle 763.
(NB. Das 2e, 6e, 9e, 10e u. 11e Buch sind vielleicht auch von Pet. Roques?)

Roquette, die Bedeutung des geistlichen Amtes in Bezug auf die Gemeinde nach evangelischen Grundsätzen. Königsberg 863. Gräfe & Unzer. 8. (51 S.) n. 5 ngr.

Roquette, Adalb., die Finanzlage d. deutsch. Bibliotheken, s.a. Sammlung bibliothekswiss. Arbeiten. 16.

Roquette, Adalbert. Die Finanzlage der deutschen Bibliotheken. VI + 30 S. 8. Leipzig, M. Spirgatis, 1902. (M. 1.80)
Sammlung bibliothekswissenschaftlicher Arbeiten. Hrg. von Karl Dziatzko... Heft 16...

Roquette, A. De Xenophontis vita. Diss. 1884. 111 S.

Roquette, Adb., de Xenophontis vita. gr. 8. (112 S.) Königsberg 884. (Gräfe & Unzer.) n.n. 2. —

Roquette, Armin Julius (geb. Krotoschin 25. 7. 1829) De fungorum vegetationibus, nonnullis morbis pathognomonicis. Berolini (1855). (27 S.) 8°
Berlin, Med. Diss. v. 2. Apr. 1855

Roquette, C. D., neues deutsches ABC-, Buchstabir- u. Lesebuch, nach d. strengst. Stufenfolge eingerichtet. (Aus d. deutsch-französ. Elementarbuch f. Bürger- u. Landschulen besond. abgedr.) 8. Prenzlau 821. (Ragoczy). 2½ gr

– s. Abécédaire

— neues Bilderbuch z. angenehmen u. belehr. Unterhaltung f. Kinder von 3—6 Jahren. Mit 24 ill. Kpft. 8. Prenzl., Ragoczy. 16 gr

ROQUETTE, C. D. *Germon* oder Unterhaltungen eines Vaters mit seinen Kindern über die Geschichte der Reformation und der Einwanderung der in Frankreich verfolgten Reformirten in die preußisch-brandenburgischen Staaten. Nach dem Französischen bearbeitet und herausgegeben von C. D. Roquette. Mit [4 handkolorierten] Kupfern. Berlin, L. Oehmigke, 1827. 224 S. Kl.-8°. Blaugrüner Or.-Karton m. Deckelholzschnitten, Titel u. typogr. Verzierung. 30.—
Seltenes, interess. Stück. Der erste Kupfer sign. F. GUMPEL fec. — Stempel u. Nummer a. d. Titel, der hübsche Einband nur unbedeut. benutzt. Gutes Ex.

— zweites deutsch-französ. Lesebuch; od. Livre élémentaire allemand et français. 2r Thl. 8. Prenzl. 823. Ragoczy. 4 gr

Roquette, (C. D.,) zweites deutsch-französ. Lesebuch; od. Livre élémentaire allemand et français. 2r Thl. 8. Prenzlau 824, Ragoczy.

– Recueil de Poésies. Samml. französischer Gedichte zum Uebersetzen u. Auswendiglernen f. Anfänger u. Geübtere. 8. Berl. 822, L. Oehmigke.

Roquette, C. D., Recueil de Poésies. — Sammlung franz. Gedichte zum Uebersetzen u. Auswendiglernen, f. d. ersten Anfänger sowohl als f. Geübtere methodisch eingericht. (2., verm. u. verb. Ausg.) 8. (7½ B.) Berlin 831, Oehmigke.

Roquette, C. D., Recueil de poésies. Sammlung französischer Gedichte zum Uebersetzen und Auswendiglernen für Anfänger und Geübtere. 3., von H. Robolsky umgearb. Ausg. 8. (VI und 106 S.) Berlin 857, Oehmigke's Verlag.

— neue prakt. französ. Sprachlehre. 8. Berl. 822. 2e A. 825. 3e verb. A. 830. (L. Oehmigke). 18 gr

—— prakt. französ. Sprachlehre, zum Schulgebr. u. Selbstunterr. bearb. Nebst e. kurzen Anweis. f. Lehrer. 3. u. 4., v. neuem durchges. Ausg. (à 40 B.) 8. Berlin 830, 33, Oehmigke. à

Roquette, C. D., prakt. französ. Sprachlehre, z. Schulgebr. u. Selbstunterr. bearb. Nebst e. kurzen Anweis. f. Lehrer. 5., durchges. Ausg. 8. (40 B.) Berlin 841, L. Oehmigke.

Roquette, Eduard (geb. Lübeck 16. 6. 1838): Ueber die sogenannte Muskelhypertrophie. Berlin (1868). (32 S.) 8°
Berlin, Med. Diss. v. 15. Aug. 1868

Roquette, Henri, Cozaiba, die Tochter der Incas. Charakter-Tragödie in 5 Akten. (III, 200 S.) Dresden 903. E. Pierson. n. 2. —

Roquette, Henri, König Otto. (Drama.) Vorspiel: Der junge König. 1. Tl.: Die Brüder. 2. Tl.: Vater u. Söhne. (177 S.) 8. Leipzig-Gohlis 909. B. Volger. 2. 50

Roquette, Herm. Lor., Bilder aus der französisch-reformirten Kirche. Hamburg 869. Agent. d. Rauh. Hauses. 8. (XII, 134 S.) cart. n. 12 ngr.

Roquette, Julie, s. Jul. Penz.

Roquette, L., französ. Lesebuch f. die mittlern Klassen in Gymnasien u. d. obersten Klassen in Bürgerschulen. 8. Lübeck 826. v. Rohden. 15 gr.

Roquette, L., französ. Lesebuch f. d. mittlern Klassen in Gymnasien u. d. obersten Klassen in Bürgerschulen. (2. Ausg.) 8. (20 B.) Lübeck 834, v. Rohden.

— Musterstücke d. franz. Sprache, in Prosa u. in Versen, vorzügl. aus d. neusten Schriftstellern u. mit besond. Rücksicht auf d. Bedürfniß d. höhern Schulklassen gesamm. 2 Thle. 8. (20 u. 22 B.) Lübeck 833, 34, v. Rohden. à 18 Gr.

— Uebungsstücke zum Uebersetzen aus d. Deutschen ins Französische. 8. Lübeck 826. v. Rohden. 18 gr.

(**Roquette, Otto** Guilelmus) * Ars dramatica apud Germanos quomodo inde ab initio exculta ac deinde implicata sit clericorum controversiis, initio saeculi XVIII finitis. 67 S. 4° (2°)
Halle-Wittenberg, Phil. Diss. v. 27 Mai 1851
Geb. Krotoschin 19. 4. 1824. \

Roquette, Otto, der Baum im Odenwald. Novelle. 8. (109 S.) Breslau 884. Schottländer. n. 1. 20; geb. n. 2. —

— Waldmeisters Brautfahrt. Ein Rhein-Wein- u. Wandermärchen. 16. (IV u. 84 S.) Stuttgart 851, Cotta. — 2. unveränd. Aufl. 16. (IV u. 84 S.) Ebd. 851. — 3. unveränd. Aufl. 16. (IV u. 84 S.) Ebd. 851. — 4. unveränd. Aufl. 16. (IV u. 84 S.) Ebd. 852. — 5. unveränd. Aufl. 16. (IV u. 84 S.) Ebd. 852. 1/2 Thlr.

— Waldmeisters Brautfahrt. Ein Rhein-Wein- und Wandermärchen. 6—19. unveränd. Aufl. Stuttgart 853—58. Cotta. 16. (2 Bl., 100 S.) 15 ngr.

— Waldmeisters Brautfahrt. Ein Rhein-, Wein- u. Wandermärchen. 27. Aufl. Stuttgart 865. Cotta'sche Buchh. 16. (100 S.) cart. mit Goldschn. 15 ngr.

— Waldmeisters Brautfahrt. Ein Rhein-, Wein- und Wandermärchen. 28.—42. Aufl. 16. (100 S.) Stuttgart 866—74, Cotta'sche Buchh. cart. mit Goldschn. (*ℳ 1,80) *

— Waldmeisters Brautfahrt. Ein Rhein-, Wein- u. Wandermärchen. 43. Aufl. 16. (100 S.) Ebend. 875. cart. m. Godschn. n. 2. —

— Waldmeisters Brautfahrt. Ein Rhein-, Wein- und Wandermährchen. 43. Aufl. 16. (100 S.) Ebendas. 876. cart. mit Goldschn.

— Waldmeisters Brautfahrt. Ein Rhein-, Wein- und Wandermährchen. 44.—56. Aufl. 16. (100 S.) Stuttgart 877—85, Cotta'sche Buchh. cart. mit Goldschn. *

— Waldmeisters Brautfahrt. Ein Rhein-Wein- und Wandermärchen. Min.-Ausg. 60. Aufl. (121 S.) Stuttgart 888. Cotta Nachf. geb. 2. 50

— Waldmeisters Brautfahrt. Ein Rhein-, Wein- u. Wandermärchen. Min. Ausg. 64. Aufl. 16. (121 S.) Stuttg. 892, Cotta Nachf. geb. m. Goldschn. 2 50

— Waldmeisters Brautfahrt. Ein Rhein-, Wein- u. Wandermärchen. 65. Aufl. gr. 16. (122 S.) Stuttgart 893. J. G. Cotta Nachf. Geb. in Leinw. m. Goldschn n. 3. —

— Waldmeisters Brautfahrt. E. Rhein-, Wein- u. Wandermärchen. Mit Illustr. von A. Schmidhammer. Lex.-8. (97 S. m. Text- u. 5 Vollbild.) Ebd. 897. Geb. in Leinw. m. Goldschn. 12. —

— Waldmeisters Brautfahrt. Ein Rhein-, Wein- und Wandermärchen. 74. u. 75. Aufl. 12. (à 122 S. m. Titelbild.) Stuttgart 899. 901. J. G. Cotta Nachf. Geb. in Leinw. m. Goldschn. n. 3. —

— Waldmeisters Brautfahrt. Ein Rhein-, Wein- u. Wandermärchen. 76. u. 77. Aufl. (à 122 S. m. Titelbild.) kl. 8. Stuttgart 901. 905. J. G. Cotta Nachf. Geb. in Leinw. n. 3. —

— Waldmeisters Brautfahrt. Ein Rhein-, Wein- u. Wandermärchen. 79. u. 80. Aufl. (122 S.) kl. 8. Stuttgart 909. J. G. Cotta Nachf. Geb. in Leinw. 3. —

Roquette, Otto, das Buchstabirbuch der Leidenschaft. Roman. 2 Bde. 8. (240 u. 222 S.) Berlin 878. Hertz. 8. —

Roquette, Otto, Cesario. Erzählung in Versen. 12. (98 S.) Stuttgart 888. J. G. Cotta Nachf. Geb. in Leinw m. Goldschn. n. 2. 50

Roquette, Otto, der Dämmerungsverein, s.: Universal-Bibliothek.

Roquette, Otto, dramatische Dichtungen. Stuttgart 867. Cotta'sche Buchh. 8. (III, 364 S.) n. 1 Thlr 12 ngr.

— dramatische Dichtungen. 2. (Schluß-)Bd. 8. (335 S.) Stuttgart 876, Cotta'sche Buchh.
1. Bd. Ebendas. 1867. *ℳ 4,20.

Roquette, Otto, Erzählungen. 8. (369 S.) Frankfurt a. M. 859. [Stuttgart, Bruckmann.]
Inhalt:
Der Freiwerber — Bei Tische. — Johann. — Die Kunstgenossen. — Der Malgraf. — Macugnaga und der Monte Rosa.

Roquette, Otto, Erzählungen. Frankfurt a. M. 859. Verlag für Kunst u. Wissenschaft. 8. (369 S.) n. 1 Thlr 15 ngr.

— neue Erzählungen. Stuttgart 862. Cotta. 8. (2 Bl., 362 S.) 1 Thlr 3 ngr.

Roquette, Otto, das Eulenzeichen. Die Tage des Waldlebens, s.a. Hesse's, Max, Volksbücherei.

— das Eulenzeichen. Novelle. 8. (168 S.) Ebend. 884. n. 1. 80; geb. n. 2. 50

Roquette, Otto
Euphrosyne. Roman.
Stuttgart, Leipzig: Hallberger 1877. 335 S. 8°

— Euphrosyne. Roman. 2. (Titel-)Aufl. 8. (335 S.) Stuttgart 880, [Hallberger.] Deutsche Verlags-Anstalt.

Roquette, Otto, Heinrich Falk. Roman in 3 Bdn. Breslau 858. E. Trewendt. 8. (3 Bl., 335; 2 Bl., 414; 2 Bl., 283 S.) 5 Thlr.

— Heinrich Falk. Roman in 3 Thln. 2. Aufl. 8. (VI, 185; 244 u. 168 S.) Breslau 879. Trewendt. n. 3. —

Roquette, Otto: Festgrusz eines ehemaligen Abiturienten an das Friedrichs-Gymnasium zu Frankfurt a. O. zum Juli 1894. Frankfurt a. O., kgl. Hofbuchdr. Trowitzsch & Sohn, 1894; 1 Bl. 8.
Frankfurt a. O., k. Friedrichs-G. Festschr 1894

— Frühlingsstimmen. [Das Kapitel üb. die Frauen. Der Dachreiter. Krachmost.] Novellen. 8. (329 S.) Breslau 890. Schlesische Verlags-Anstalt. n. 5. —; geb. n. 6. —

— Frühlingsstimmen. Das Kapitel üb. die Frauen. — Der Dachreiter. — Krachmost. Novellen. 2. (Titel-) Aufl. 8. (III, 329 S.) Breslau 891. Schles. Verlags-Anstalt. n. 5. —; geb. n. 6. —

—— Frühlingsstimmen. [Das Kapitel üb. die Frauen. Der Dachreiter. Krachmost.] Novellen. 1. u. 2. (Titel-)Aufl. 8. (329 S.) Bresl. 890,91, Schottländer. * 5 —; geb. * 6 —

Roquette, Otto, Frühlingsstimmen. — D. Kapitel üb. d. Frauen. — D. Dachreiter. — Krachmost. Novellen. (Neue [Titel-]Ausg.) 8. (329 S.) Breslau (891) 898. Schles. Buchdruckerei etc. n. 2. —

—— s. Gallerie deutscher Dichter.

Roquette, Otto, Gedichte. Des Liederbuches 2., durchaus veränd. und verm. Aufl. 16. (VIII und 175 S.) Stuttgart 859, Cotta'sche Buchh. geb. Thlr. *

—— Gedichte. 3. veränd. und verm. Aufl. 16. (VIII, 228 S.) Stuttgart 880, Cotta'sche Buchh. geb. mit Goldschn.

— Geschichte der deutschen Dichtung von den ältesten Denkmälern bis auf die Neuzeit. 2. Aufl. 2 Bde. gr. 8. (VII, 419 u. IV, 518 S.) Stuttgart 871. 72. Ebner & Seubert. n. 7 20

—— Geschichte der deutschen Dichtung von den ältesten Denkmälern bis auf die Neuzeit. 3. durchgeseh. Aufl. 2 Thle. in 1 Bd. gr. 8. (V, 375; III, 450 S.) Stuttgart 879. Ebner und Seubert.

— Geschichte der deutschen Dichtung von den ältesten Denkmälern bis auf die Neuzeit. 3., durchgeseh. Aufl. Neue unveränd. (Titel-)Ausg. 2 Thle. in 1 Bd. gr. 8. (VII, 375 u. III, 450 S.) Frankfurt a/M. (1879) 882. Literar. Anstalt. n. 7. 20

—— Geschichte der deutschen Literatur von den ältesten Denkmälern bis auf die neueste Zeit. 2 Bde Lex.-8. Stuttgart, Ebner und Seubert. [1. Bd. (V und 408 S.) 862. * 1 Thlr 18 Ngr., 2. Bd. 1. Abthl. (S. 1—214.) 863. * 24 Ngr., 2. Bd. 2. Abthl. (VIII und S. 217—515.) 863. * 1 Thlr. 6 Ngr.]

Roquette, Otto, Goethe und die Gartenkunst, s. Festschrift zur Jubelfeier des 50jähr. Bestehens der Grossherzogl. Technischen Hochschule zu Darmstadt.

Roquette, Otto, Hans Haidekuckuck. 1. Aufl. (211 S.) 1855. und 2., durchges. Aufl. 16. (197 S.) Berlin 856, Schindler.

— Hans Haidekuckuck. 3. Aufl. Berlin 864. Schindler. 16. (197 S.) n. 1 ℛ

— Hans Haidekuckuck. 4. Aufl. 12. (186 S.) Stuttgart 894 J. G. Cotta Nachf. n. 2. —; geb. n. 3. —

—— Hanswurst, s. Universal-Bibliothek Nr. 2702.

— im Hause der Väter. Roman. 8. (289 S.) Berlin 878. Paetel. n. 5. —

— Herr Heinrich. Eine deutsche Sage. 16. (160 S.) Stuttgart 854, Cotta'sche Buchh.

— Herr Heinrich. Eine deutsche Sage. 854. (160 S.) — 2. völlig umgearb. Aufl. Stuttgart 857. Cotta. 16. (134 S.) 1 ℛ.

— das Hünengrab. Historische Erzählung. Dessau 855. Katz. 8. (2 Bl., 390 S.) 1 ℛ. 20 ngr

— siebzig Jahre. Geschichte meines Lebens. 2 Bde. 8. (336 u. 293 S.) Darmstadt 894. A. Bergsträßer. n. 8. —; geb. n. 10. —

—— Idyllen, Elegieen und Monologe. 8. (IV, 144 S.) Stuttgart 882, Cotta'sche Buchh. cart.

Roquette, Otto
Krachmost. Erzählung. Berlin 1868.
In: Roman-Zeitung, Deutsche. Bd 2.

— Krethi u. Plethi, s.a. Unterwegs u. Daheim.

[F.] Krethi und Plethi. Novelle. Von Otto Roquette. *Breslau: S. Schottlaender 1896.* (142 S.) 1 Bd 8.
= Unterwegs und Daheim. (Ser.) 1. (Bd) 7. [96. 1300

— Leben und Dichten Joh. Christ. Günther's. Stuttgart 860. Cotta. 8. (XIV, 206 S.) 1 ℛ 6 ngr

—— deutsches Lesebuch für höhere Lehranstalten. Ausgewählte Stücke deutscher Dichtung und Prosa nebst einer historisch-biograf. Uebersicht. 2 Bde. 8. Berlin 877, [Wiegandt, Hempel und Parey.] Parey. * ℳ 4,50.; geb. *
Inhalt:
Bd. 1. Dichtungen. (V, 335 S.) * ℳ 2,50.; geb. * ℳ 2,90.
„ 2. Prosa. (267 S.) * ℳ 2.; geb. * ℳ 2.40.

—— große und kleine Leute in Alt-Weimar. Novellen. 8. (VIII, 460 S.) Breslau 887, Schottländer. * geb. *

Roquette, Otto, Liederbuch. 16. (XII u. 240 S.) Stuttgart 852, Cotta. 1 ℛ

—— Luginsland. Novellen. 8. (VIII und 603 S.) Stuttgart 867, Cotta'sche Buchh.

— der Maigraf. Erzählung. 2. Aufl. 8. (140 S.) Berlin 879. Janke. n. — 50

— Novellen. Berlin 870. Hertz. 8. (III, 410 S.) 2 ℛ

— Novellen. 2. Aufl. 8. (410 S.) Berlin 875. Hertz. 6. —

—— neues Novellenbuch. [Das Eulenzeichen. Ein Baum im Odenwald. Wer trägt die Schuld? Die Tage des Waldlebens. Unterwegs.] 8. (335 S.) Breslau 884, Schottländer. * geb. *

— Orion. Ein Phantasiestück. 8. (364 S.) Bremen 851, Schlodtmann. 1 ℛ

Roquette, Otto
Das Paradies. Erzählung. Berlin 1869.
In: Roman-Zeitung, Deutsche. Bd 1.

— Friedrich Preller. Ein Lebensbild. gr. 8. (XV, 343 S. m. heliogr. Portr.) Frankfurt a/M. 883. Literar. Anstalt. n. 7. —; geb. n. 7. 75

— die Prophetenschule. Roman. 2 Bde. 8. (331 u. 350 S.) Ebend. 879. n. 10. —

—— die Prophetenschule. Roman. 2 Bde. 2. Aufl. 8. (331; 350 S.) Berlin 882, Janke.

— Rebenkranz zu Waldmeisters silberner Hochzeit, s.a. Handbibliothek, Cotta'sche.

— Rebenkranz zu Waldmeisters silberner Hochzeit. 16. (151 S.) Stuttgart 876. Cotta. cart. m. Goldschn. n. 2. 50

—— Rebenkranz zu Waldmeisters silberner Hochzeit. 2.—4. Aufl. 16. (151 S.) Stuttgart 877—881, Cotta'sche Buchh. cart. mit Goldschn. *

—— Rebenkranz zu Waldmeisters silberner Hochzeit. 5. Aufl. 12. (151 S.) Stuttgart 885, Cotta'sche Buchh. Nachf. cart. *

- Rebenkranz zu Waldmeisters silberner Hochzeit. 6. Aufl. gr. 16 (154 S.) Stuttgart 893. J. G. Cotta Nachf. Geb. in Leinw. m. Goldschn. n. 3. -

Rebenkranz zu Waldmeisters silberner Hochzeit von Otto Roquette. *Stuttgart & Berlin: J. G. Cotta Nachf. [1903].* (102 S.) 8° [F.]
— Handbibliothek, Cotta'sche. No 78. [04. 2570

- das Reich der Träume. Ein dramatisches Gedicht in fünf Aufzügen. 853. — 2. Aufl. Berlin 854. Schindler. 16. (156 S.) n. 1 ₰. 10 ngr

—— das Reich der Träume. Ein dramat. Gedicht in 5 Aufzügen. 1. Aufl. 1853. und 2. Aufl. (Bühnen gegenüber Mscr.) 16. (III und 156 S.) Berlin 855, Schindler.

—— das Reich der Träume. Ein dramatisches Gedicht. 3. (Titel-) Aufl. (Bühnen gegenüber Mscr.) 16. (III und 156 S.) Berlin (855)59, Schindler. geb. *

Roquette, Otto, die Reise ins Blaue. Mit Heliogr. nach Originalen v. Edm. Kanoldt. 1. u. 2. Tausend. 12. (à 134 S.) Leipzig 899. R. Baum. Geb. in Leinw. n. 5. —

(B) Roquette, Otto, die Reise ins Blaue. 899. Jetzt: Leipzig, C. F. Tiefenbach.

—— Der Schelm v. Bergen, s. Universal-Bibliothek Nr. 2701.

— Sonderlinge. Novellen. 8. (318 S.) Breslau 895. Schles. Verlags-Anstalt n. 4 —; geb. n. 5. —

- Susanne. Erzählung. Stuttgart 864. Cotta. 8. (336 S.) 1 ₰ 6 ngr

- Inga Svendson. Erzählung. 8. (223 S.) Stuttgart 883. Richter & Kappler. n. 4. —; geb. n. 5. —

— der Tag v. St. Jakob. Ein Gedicht. 16. (XX u. 131 S.) Stuttgart 852, Cotta. — 2. Aufl. Unveränd. Abdr. 16. (XX u. 131 S.) Ebd. 852. n. 24 ngr

- der Tag von St. Jakob. Ein Gedicht. 3. Aufl. Unveränderter Abdruck. Stuttgart 853. Cotta. 16. (XX, 131 S.) n. 24 ngr

— der Tag von St. Jakob. Ein Gedicht. 4., neu bearb. Aufl. 16. (VI, 109 S.) Stuttgart 879. Cotta. n. 2. —; geb. n. 3. —

[F.] Von Tag zu Tage. Dichtgn v. Otto Roquette. A. d. Nachl. hrsg. v. Ludwig Fulda. *Stuttgart: J. G. Cotta 1896.* (IV, 366 S.) 1 Bd 8.

- die Tage d. Waldlebens. Novelle. 8. (117 S.) Breslau 884. Schottländer. n. 1. 80; geb. n. 2. 50

— Gevatter Tod. 8. (V, 250 S.) Stuttgart 873. Cotta. n. 4. —

Roquette, Otto, III v. Haslach. Der fahrende Schüler. Spindel u. Thyrsus. Ambrosius Beichte. Paris der Bessere. Erzählende Dichtgn. 16. (175 S.) Berlin 892. F. Fontane & Co. n. 2. —; geb. n. n. 3. —

— unterwegs. Novelle. 8. (73 S.) Ebend. 884. n. 1. 20; geb. n. 2. —

– Vogel flieg aus!, s.: Hausbücherei, rheinische.

— Waldeinsamkeit, s. Bloch's, E., Dilettanten-Bühne.

— Welt u. Haus. Novellen. 2 Bde. gr. 8. (412 u. 385 S.) Braunschweig 871. 75. Westermann. à n. 6. —

—— Wer trägt die Schuld? Novelle. 8. (186 S.) Breslau 884, Schottländer. *ℳ 1,80.; geb. *

Roquette, Otto
Ueber den Wolken und anderen Novellen. Dresden, Leipzig: Pierson 1887. 529 S. 8°

— über den Wolken u. andere Novellen. 3. Aufl. 8. (529 S.) Dresden 889. Pierson. n. 3. —; geb. n. 4. —

(B) — über d. Wolken. 889. Jetzt: Berlin, Verlag Berlin-Wien.

Roer, Heinrich, Referendar. Der Besitz an gepfändeten Sachen nach dem Rechte des Deutschen Reiches. *Breslau 1904: Schles. Volkszeitung.* (55 S.) 8°
Breslau, Jur. Diss. v. 5. März 1904

Roer, Henr. Eduard. De notione absolute infinitae substantiae, in Spinozae ethice constituta, quaestio metaphysica. Berolini 1833. 27 S. 8°. * Verf. promov. 1829 in Königsberg. Diese Schrift wurde erst zum Zwecke der Habilitation in Berlin veröffentlicht
Berlin, Phil. Fak., Hab.-Schr. v. 6. März 1833]

Rorarius, Hier., tract., quod animalia bruta saepe ratione utantur melius homine. c. annot. Ribow. 8. Helmst. (Weygand, Lips.) 729.

Rorate od.: Andachtsübungen f. die heilige Adventzeit. Ein vollständ. Gebet- u. Andachtsbuch f. alle Christen. Zur Feier des hochheil. Geheimnisses der Menschwerdung Jesu Christi. Mit 7 Meßgebeten, Beicht-, Communion-, Morgen- u. Abendgebeten ꝛc. 16. (IV u. 222 S. m. eingedr. Holzschn. u. 1 Lith.) Innsbruck 851. (Wagner.) 6 ngr

Rorate-Lieder, welche abwechselnd während der heil. Adventzeit im Früh-Gottesdienst in der Pfarrkirche gesungen werden. Bregenz, 1856. Buchdruckerei von Jul. Hilds sel. Witwe. (16 S. 8.)

Bericht über die Tätigkeit des Nationalvereins zur Bekämpfung der Tuberkulose 1901–1904. Von Holger Rordam, Vors. d. Geschäftsausschusses. *Kopenhagen 1904: P. Petersen.* (27 S.) 8°
[Umschlagt.:] Nationalforeningen til Tuberkulosens Bekæmpelse i Danmark von Holger Rordam
(Tuberkulose-Konferenzen 1904. København.) [04. 8763

Rördam, J. Chr., Commentationis de authentia epistolae Barnabae Partic. I. 8. (7 B.) Hauniae 823, (Reitzel.)

Rørdam, Thom. Skat, Libri Judicum et Ruth, s. Libri Judicum etc.

Roerdansz, Adalb., ein Freiheits-Martyrium. Gefangene Berliner auf dem Transport nach Spandau am Morgen des 19. März 1848. Protocollarische Aussagen u. eigene Berichte von 91 Betheiligten. 8. (IV u. 227 S.) Berlin 848, Liebmann. n. 1/2 ₰

Roerdansz, Käte v., Ehetragödie. Roman aus unseren Tagen. (116 S.) 8. Gotha 910. P. Hartung. 2. —; geb. 3. —

Roerdansz, R., Ballistik abgeleitet aus der graphischen Darstellung der Schuß- und Wurftafeln. Hierzu ein Atlas in gr Fol. mit 14 grav. Taf. gr. 8. (IV und 82 S. mit eingedr. Holzschn.) Berlin 863, Voßische Buchh.

— das gezogene 4pfündige Feldgeschütz. Ein Vortrag, gehalten in der militair. Gesellschaft am 17. März 1865. gr. 8. (56 S. mit 4 lithogr. Plänen, wovon 3 ill., in Fol.) Berlin 865, Mittler und Sohn.

Roerdansz, R., Theorie der Kriegs-Fuhrwerke. gr. 8. (IV und 132 S. mit eingedr. Holzschn.) Berlin 863, Voßische Buchh.

Roerdansz. Über die Wirkung schwerer Geschütze gegen Panzerziele. Berlin 1869. 8°

Roerdansz, Walter Beitrag zur Kenntnis durch Sonnenlicht bewirkter chemischer Synthesen. *Königsberg i. Pr. 1901: Karg & Manneck* (71 S.) 8°
Königsberg, Phil. Diss. v. 22. Juni 1901

Rordorf, Augustus Ferd. Car. (geb. Strehlen in Schles. 12. 10. 1827)
De nervo sympathico. Berolini (1851). (29 S.) 8°
Berlin, Med. Diss. v. 13. Okt. 1851

Rordorf, C., u. Wirtz, Panorama von Heidelberg, seinem Schlosse u. seine Umgebungen, gestoch. v. Rordorf. Mit 1 Bl. kurzer Erläuterr. (deutsch u. französ.) u. 1 Uebersichtsblatt, schmal 4. Heidelb. 828. Engelmann. 2 ⁄⁄ 12 ß

Rordorf, C., Panorama du Niederwald près de Rüdesheim. — Panorama vom Niederwald bey Rüdesheim. Ausgemalt v. Wirtz. (Ein 75" langes u. 5" breit. Bl. M. 3 Bl. Erklär., deutsch u. franz. qu. gr. 8., u. Titvign.) Heidelberg 828, Engelmann.

Rordorf, David A. S. 1349/26

Dissertatio physica de variis annonae conservandae methodis earumque delectu. Präs. Johann Gesner. Zürich (Gessner) III. 1761. 1 Taf., 37 S.

8 Resp. 29216

RORDORF, Hans Casper: Der Schweizer Jäger. Oder vollständige Anleitung, wann, wo und wie der Jäger die in der Schweiz sich befindenden jagdbaren vierfüssigen Thiere und Vögel auffinden, sie jagen und fangen kann. Nebst einem hinlänglichen Unterricht in Flug und Lauf zu schiessen und Kenntniss derjenigen Hunde, welche bei der Jagd gebraucht werden können, nebst kleinem Anhange zur Erkenntniss und Heilung einiger Hauptkrankheiten der Hunde. - Glarus 1835. 175 S., 2 Abb.

Rordorf, Heinrich A. S. 1345/24

Dissertatio physico-mathematica de corporum motu et viribus. Präs. Johann Gesner. Zürich (Gessner) II. 1746. 2 Taf., 55 S.

12 Respondenten. 29217

Röreke, Heinr. Wilh., letzte Anrede eines Lehrers an seine Katechumenen über: „Bleibe fromm u. halte dich recht: denn Solchen wird es zuletzt wohl gehen." Ein Denkblatt f. die confirmirte Jugend. 8. (1 B.) Quedlinburg 843, Basse.

Röreke, Heinr. Wilh., über d. Geneigtheit d. Jugend zum Leugnen ihrer Vergehungen, nebst prakt. Rathschlägen z. gründl. Heilung u. sichern Verhütung dieses Uebels. Eine dring. Mahnung an Eltern, Lehrer u. Erzieher. 8. (2½ B.) Quedlinburg 839, Basse.

Röreke, Heinr. Wilh., †(Karl Holbeck,) Scherz-, Räthsel- u. and. sinnige Fragen, mit angehängt. Auflösungen, zur Erheiterung etc. d. lebensfroh., denklustig. Jugend. Nebst einigen Schulanekdoten u. a. unterhalt. Sachen. 8. (3 B.) Quedlinburg 850, Basse.

— Schule der Weisheit u. Tugend. In sinnigen u. erweckl. Fragen üb. moral. Gegenstände. Zur Nahrung f. Geist u. Herz d. reif. Jugend. 8. (4½ B.) Quedlinburg 832, Basse.

Roeren, C.

Roeren: Adnotationes ad Grammaticorum de usu casus Ablativi praecepta. 28 S. – Paderborn, Progr. 1854

Roeren, C., Bemerkungen über griechische Wort- und Satzgliederstellung. Pr. 1867. 22 S. 4°. —.80

Roeren: Minuciana i. e. Annotationes criticae ad M. Minucii Felicis dialogum, qui inscribitur Octavius, praemissa commentatione de ipsius scriptoris aetate. 26 S. – Bedburg, Progr 1859

Roeren, C., Minuciana, i. e. Annotationes criticae ad M. Minucii Felicis Octavium dialogum. Pr. 1877. 8 S. 4°. —.90

Roeren, C.: Nekrolog des seligen Ober- und Studien-Directors J.P. Seul. 8 S. – Bedburg, Progr. 1860.

Roeren, Hermannus (geb. 1823 in Paderborn): Collecta et cogitata quaedam ad cholerae epidemicae pathologiam spectantia ... Bonnae, form. F. P. Lechneri 1849. 3 Bl., 29 S. 8.
Bonn, Med. Fak., Diss. v. 9 Mai 1849

Roeren, Herm., das Gesetz zur Bekämpfung des unlauteren Wettbewerbes, s.a. **Bachem, Jul.**

— dasselbe, s.a. Zeitfragen, sociale u. politische.

[F.] Das Gesetz zur Bekämpfung des unlautern Wettbewerbs v. 27. Mai 1896. Seiner Gesch., parlamentar. Behandlg u. s. Inhalte nach dargest. u. erläut. v. Hermann **Roeren**, Oberlandesger.-Rath, Mitgl. d. Deutschen Reichstags ... *Köln: J. P. Bachem [1896].* (47 S.) 8.
= **Zeitfragen,** Sociale u. politische. H. 2. (91. 134

Roeren, Herm., practischer Handweiser. Kurze und faßl. Darstellung derjenigen Gesetze und Verwaltungseinrichtungen, welche für den Landwirth hauptsächlich von Interesse sind. Vom westfälischen Bauernverein gekrönte Preisschrift. 1. und 2. Aufl. 8. (200 S.) Münster 884, Theissing'sche Buchh.

ROEREN, Geh.-Rath Dr Herm. (Oberlandesger.-Rath a. D. in Köln-Lindenthal, geb. zu Rüthen 29. März 1844), Lex Heinze, Kunst und Literatur. 1901
Kürschner's Lit.-Kal. f. 1909, Sp. 1364, wo auch die 2 ff. Schriften.

Roeren, Herm., Katholizismus u. Ultramontanismus, s.: Versammlung, öffentliche, der Centrumspartei in Mannheim.

— der internationale Kulturkampf insbesondere die Graßmann'sche Schmähschrift. Rede auf der Katholiken-Versammlg. zu Trier am 2. V. 1901. 8. (20 S.) Trier (901). (Paulinus-Druckerei.) n.n. — 10

— zur Polenfrage, s.a. Broschüren, Frankfurter zeitgemäße. 22. I. II.

Zur Polenfrage. Von Herm. **Roeren**, Reichs- u. Landtagsabgeordn. *Hamm: Breer & Thiemann 1902.* (62 S.) 8° [F.]
= Broschüren, Frankfurter zeitgemässe. N. F. Bd 22, H. 1 2 (02. 103.

Roeren, Herm., die Sittlichkeitsgesetzgebung der Kulturstaaten, s.a. Sammlung Kösel.

— — Die Sittlichkeitsgesetzgebung der Kulturstaaten. Kempten (?) 1907 Kl. 8°. III u. 136 S. (Mk. 1—.)
„Diese Zusammenstellung ist sehr instruktiv und jeder, der mit der sexuellen Frage zu tun hat, sollte sich zuvor aus dem Büchlein orientieren. Ueber die spez. Tendenz des Verfassers, des bekannten Säulenapostels unserer brüchigen Sittlichkeit, ist es unnötig, ein Wort zu verlieren. Auf p. 107 wird das Scheitern der lex Heinze innig bedauert! Die Freiheit der Wissenschaft ist glücklicherweise verfassungsgemäß für die Dunkelmänner unantastbar; die Wissenschaft wird daher auch nicht mundtot gemacht werden können, wenn sie nachweist, daß der Beichtstuhl das brennendste Interesse daran haben muß, gerade die Sexualität des Menschen unter seine alleinige Autorität zu ducken." (Dr A. Kind in d. Bibliogr. z. Sexualwissensch., 1908.)

Roeren, Hermann: Die Sittlichkeitsgesetzgebung der Kulturstaaten. — Kempten u. München: Kösel 1907. 135 S. 8° (Sammlung Kösel. 14.)

— der Toleranzantrag des Centrums, s.a. Broschüren, Frankfurter zeitgemäße. 21. II.

Der Toleranzantrag des Centrums. Von Hermann Roeren, Mitgl. d. deutsch. Reichstags. Hamm i. W.: Breer & Thiemann 1901. (30 S.) 8°
(Broschüren, Frankfurter zeitgemässe. Bd 21, H. 2.

— die öffentliche Unsittlichkeit u. ihre Bekämpfung. Flugschrift des Kölner Männervereins zur Bekämpfung der öffentl. Unsittlichkeit. (32 S.) gr. 8. Köln (904). J. P. Bachem. n n. — 25

Roeren, Joh. Mart., Choral-Buch f. den kathol. Gottesdienst, mit besond. Rücksicht auf das Gesangbuch v. Lütkenhaus, vierstimmig u. mit Zwischenspielen bearbeitet. 5 Abthlgn. qu. gr. 4. Münster, Deiters.

Abthl. 1. Die Melodien zu allgem. Gesängen. (16 B.) 844. * 22½ Ngr.
" 2. Die Melodien zu Meßgesängen. (8 B.) 844. * 22½ Ngr.
" 3. Melodien nach der Ordnung des Kirchenjahres. 2 Hfte. (18 B.) 844. à * 22½ Ngr.
" 4. Melodien bei verschied. Anläßen. (5 B.) * 22½ Ngr.
" 5. Melodien für die Festtage der Mutter Gottes u. der Heiligen. (41 B. u. Titelgn.) 847. * 1 Thlr. 7½ Ngr.

— Choralbuch für den kathol. Kirchengesang (zunächst zum Herold'schen Gesangbuche), vierstimmig u. mit Zwischenspielen versehen. (In 2 Abthl.) qu. gr. 4. Essen 845, Bädeker. (I. n. 2 ℳ II. n. 2½ ℳ) n. 1½ ℳ

—— Choralmelodieen zum Herold'schen katholischen Gesangbuche, 4stimmig u. mit Zwischenspielen. 2 Abthlgn. qu. gr. 4. Essen, Bädeker. [1. (24½ B.) 843. * 2 Thlr., 2. (28 B.) 45. * 2 Thlr. 15 Ngr.]

Rorer, Aug., († d. .. Jan. 1808.) Leitfaden zu popularmetaphysisch. Vorlesungen. 8. Günzburg 792. Wagegg. (6 Bog.)

— positiones metaphysicae. 8. Günzb. 795. Wagegg. (5 Bog.)

— Predigt üb. die zwei Hauptvortheile unserer. Leiden. 8. Ulm 789. Wohler. 1 ℊ

Roretz, Karl v., Roberto Ardigò u. seine Beziehungen zur neueren Philosophie, s.: Beilage, wissenschaftliche, zum 21. Jahresbericht der philosophischen Gesellschaft an der Universität zu Wien.

Roretz Karl von: Das Einführungsproblem in der modernen Aesthetik.
M. 1906 PN 2001 Diss.Wien, Univ. 110

— Der Zweckbegriff im psychologischen u. erkenntnistheoretischen Denken, s.: Beilage, wissenschaftliche, zum 22. Jahresbericht der philosophischen Gesellschaft an der Universität zu Wien.

Karl Ludwig Christian Roerhand

De Febre biliosa putrida. Helmstadii 1786: Schnorr. XXIV S. 8°

Helmstedt, Med. Diss. v. 11. Aug. 1786

2. Ex.: Mx 86 (34)

Rorich, Souvenirkarte von St. Gallen. Zürich, J. H. Locher. 1873. —. 50

Rorich, C., die Kunst d. Klavierstimmens, s.: Armellino, G.

Roerich, H.: Alcoolisme et criminalité. 24 S. 8°. H. W. Sauerländer. Aarau. 1899.

Roriczer, Mathias, das Büchlein von der Fialen Gerechtigkeit. Nach einem alten Drucke aus d. J. 1486 in die heutige Mundart übertragen u. durch Anmerkungen erläutert. Mit einem Vorworte von A. Reichensperger. gr. 4. (Mit 1 lith. Tafel.) Trier 845, Lintz. n. ½ ℳ

Rörig, Adolf

Rörig. Einiges üb. Jagd und Jäger-Aberglauben. gr. 8. (40 S.) Lpz. 892, Elischer Nachf. * — 30

Rörig, Adf., 340 Jahre Geschichte der Kirche Unserer lieben Frauen [der Pfarrkirche] zu Frankenberg in Hessen. Mit Bezugnahme auf die Hauptmomente der relig. u. kirchl. Lebens in der Zeit von 1286—1626. Eine Gedenkschrift zur 6. Säkularfeier ihrer 1286 erfolgten Grundsteinlegg. Mit 1 (autotyp.) Abbildg. der Kirche. gr. 8. (III, 63 S.) Marburg 886. Elwert's Verl. n. 1. —

Über Geweihentwickelung und Geweihbildung. Von Adolf Rörig. Mit Taf. Abschn. 1-4. Leipzig: W. Engelmann 1900-01. 4 Bde 8°
1. Die phylogenet. Gesetze d. Geweihentwickelung. 1900.
2. Die Geweihentwickelung in histolog. u. histogenet. Hinsicht. 1900.
3. Die normale Geweihentwickelung u. Geweihbildung in biolog. u. morphol. Hinsicht. Mit 4 Fig. 1901.
4. Abnorme Geweihbildungen u. ihre Ursachen. 1901.
Aus: Archiv f. Entwickelungsmechanik d. Organismen. Bd 10, H. 4. 11, 1. 2. [05.10277 4

Rörig, Adph., die gemischten Holzbestände. Eine kurzgefaßte Darstellung der Vorzüge, welche gemischte Holzbestände in forstlicher u. volkswirthschaftlicher Beziehung haben. Zum Gebrauche für Waldbesitzer, Verwalter u. Beamte &c. Berlin 867. [Stuttgart, Johannssen's Verlag.] gr. 8. (VI, 178 S.) n. 24 ngr.

Rörig, die Jagd in der Urzeit, in Verbindung m. der Entwickelung der Gesellschaft in Centraleuropa. gr. 8. (101 S.) Leipzig 891. Elischer Nachf. n. — 60

— die Jagd in der fränkischen Zeit, in Verbindung m. der Entwickelung der damaligen Gesellschaft. gr. 8. (30 S.) Ebd. 891. n. — 25

Rörig, Adf., das Wachstum des Schädels v. Capreolus vulgaris, Cervus elaphus u. Dama vulgaris, s.a. Bibliotheca, medica.

Das Wachstum des Schädels von Capreolus vulgaris, Cervus elaphus und Dama vulgaris. Von Adolf Rörig. Mit 4 Taf. u. 3 Textfig. *Stuttgart: E. Nägele 1904.* (VIII, 320 S.) 4°
— Bibliotheca medica. Abt. A, H. 4. [04.1997

Welche Beziehungen bestehen zwischen den Reproduktionsorganen der Cerviden und der Geweihbildung derselben? Von A(dolf) Rörig. Leipzig: W. Engelmann 1899. (S. 382–447.) 8° [Umschlagt.]
Aus: Archiv f. Entwickelungsmechanik d. Organismen. Bd 8, H. 3. [05.10278 4

Ueber die Wirkung der Kastration von Cervus (Cariacus) mexicanus auf die Schädelbildung. Von A(dolf) Rörig. Mit 4 Fig. Leipzig: W. Engelmann 1899. (S. 633–641.) 8° [Umschlagt.]
Aus: Archiv f. Entwickelungsmechanik d. Organismen. Bd 8, H. 4. [05.10279 4

Roerig, Anton (geb. am 24 Dez. 1852 in Leiberg Westf.): Ueber Rezidive der Lippenkrebse. (Mit besonderer Berücksichtigung der in den letzten 8 Jahren in der Bonner Klinik vorgekommenen Fälle.) ... Bonn, Druck v. J. F. Carthaus (1881). 28 S., 1 Bl. 8.
Bonn, Med. Fak., Diss. v. 3 Okt. 1881

Rörig, August

Rörig, A., allgemeines deutsches Eisenbahn-Güter-Tarif-Buch, mit Einschluss des Güterverkehrs von und nach den wichtigsten Orten Frankreichs, Belgiens, der Niederlande und der Schweiz. 1866 — 1867. Nach amtl. Quellen bearb. 6. Jahrg. 2 Thle. Lex.-8. (XVI und 475 S.) Berlin 866, Schotte und Comp.
2. Nachtrag dazu. (15 S.) *
Vgl.: Schultz, G., allgemeines deutsches Eisenbahn-Güter-Tarif-Buch.

Rörig, Aug., deutsch-österreichisches Eisenbahn-Güter-Tarif-Buch. Ein Handbuch für Eisenbahn-Beamte, Spediteure, Fabrikanten, Kaufleute etc. etc. Nach amtl. Quellen bearb. 7. Jahrg. 1868—69. (LIV, 1328 Sp.) *ℳ 13,50., und 8. Jahrg. 1871. gr. 4. (XXIV, 1202 Sp. mit 1 lithogr. Eisenbahn-Karte in Imp.-Fol.) Berlin, Schotte und Comp. [H. Voigt.] (*ℳ 18.) *

— deutsch-österreichisches Eisenbahn-Güter-Tarif-Buch. Ein Handbuch f. Eisenbahn-Beamte, Spediteure, Fabrikanten, Kaufleute etc. etc. Nach amtl. Quellen bearbeitet. 8. Jahrg. 1871. Mit einer (lith.) Eisenbahn-Karte (in Imp.-Fol.). Ebend. 870. gr. 4. (XXIV S. u. 1202 Sp.) n. 6 ℛ

Vgl. Schultz, G., allgemeines deutsches Eisenbahn-Güter-Tarif-Buch.

Rörig, A., deutsch-österreichisch-ungarisches Eisenbahn-Güter-Tarifbuch. 9. Jahrg. 1878. [2. Thl. des Verkehrshandbuches für das Deutsche Reich.] Sammlung von Eisenbahn-Güter-Tarifen für den Local-, directen resp. internationalen Güter-Verkehr zwischen den Haupt-Handels- u. Verkehrsplätzen des deutsch-österreichisch-ungarischen Bahngebietes einerseits u. den in demselben gelegenen directen resp. Verbandsstationen, sowie im Verkehre mit Frankreich, Belgien, Dänemark, Schweden, Niederlande, Schweiz, Italien, Russland u. verschiedenen wichtigen Handelsplätzen des Orients andererseits. Nach amtl. Quellen bearb. Tarifheft Nr. 1. — Berlin. Lex.-8. (VI, XCI, 68 S.) Leipzig 878. H. Voigt. n. 4. —

Rörig, A., Meilenzeiger von Deutschlands Eisenbahnen, zum Gebrauch für Eisenbahn-, Post-, und Telegraphen-Beamten etc. nebst einem Anhang, einige ausländische Eisenbahn-Routen enthaltend nach amtl. Quellen bearb. 8. (VII und 73 S. mit 1 lithogr. Eisenbahn-Karte in qu. Fol.) Glogau 861, Flemming's Verlag.

— Sammlung von Bahnhofs-Situations-Plänen verschiedener grösserer Eisenbahn-Knotenpunkte, deren Verbindungsbahnen etc. Zum Gebrauche für Eisenbahn-Verwaltungs- u. Expeditionsbeamte, nach amtl. Mittheilungen bearb. u. hrsg. 3. Aufl. gr. 8. (22 Steintaf. m. 3 S. Text.) Ebend. 879. n. 1. 20

Rörig, A., Supplement-Heft zu G. Schultz Tarif-Taschenbuch für den Güterverkehr auf Deutschlands Eisenbahnen, s. Schultz, G.

Roerig, C., die medicinisch-geograph. Verhältnisse im Fürstenthum Waldeck mit Berücksichtigung der Aetiologie der daselbst herrschenden Krankheiten. Eine vom Verein für gemeinsch. Arbeiten zur Förderung der wissenschaftlichen Heilkunde gekrönte Preisschrift. (Abdr. aus dem Archiv für wissenschaftliche Heilkunde.) Göttingen 857. Vandenhoeck u. Ruprecht. gr. 8. (2 Bl., 53 S., 5 lith. Taf. u. 1 Tab. in Fol.) n. 20 ngr

— eine Wechselfieber-Epidemie in Waldeck. Sendschreiben an die Fürstl. Waldeckische Regierung. (Aus dem Archiv für wissenschaftliche Heilkunde abgedr.) Göttingen 854. Vandenhoeck u. Ruprecht. gr. 8. (20 S.) n. 5 ngr

Rörig, Carl, s. Rörig, Karl

Rörig, Friedrich [app. Arzt aus Bad Wildungen]: Über die Heilung des anus praeternaturalis ... Halle a. S., Hofbuchdr. v. C. A. Kaemmerer & C., 1897; 39 S., 2 Bl. 8.
Halle, Med. Fak., Inaug.-Diss. v. 1. Juli 1897

Rörig, Fritz: Die Entstehung der Landeshoheit des Trierer Erzbischofs zwischen Saar, Mosel und Ruwer und ihr Kampf mit den patrimonialen Gewalten. Trier 1906: J. Lintz. (69 S.) 8°
Leipzig, Phil. Fak., Ref. Seeliger, Lamprecht, Diss. v. 26. April 1906
[Geb. 2. Okt. 82 St. Blasien, Schwarzwald; Wohnort: Detmold; Staatsangeh.: Preußen; Vorbildung: Gymn. Barmen Reife O. 01; Studium: Tübingen 3, Leipzig 6 S.; Rig. 28. Juli 05.]

Rörig, Fritz, die Entstehung der Landeshoheit des Trierer Erzbischofs zwischen Saar, Mosel u. Ruwer u. ihr Kampf mit den patrimon. Gewalten, s.a. Zeitschrift, westdeutsche, für Geschichte u. Kunst.

Die Entstehung der Landeshoheit des Trierer Erzbischofs zwischen Saar, Mosel u. Ruwer und ihr Kampf mit den patrimonialen Gewalten. Anh.: Zur Entstehung d. Agrarkommunismus d. Gehöferschaften. Von Fritz Rörig. (Trier: J. Lintz 1906.) (VI, 86 S.) 8°
— Zeitschrift, Westdeutsche, f. Geschichte u. Kunst. Erg.H. 13. [06. 8771 4

Rörig, Georg

Rörig, Geo., über die Anlage von Nistkästen u. Futterplätzen f. insektenfressende Vögel, s.a. Flugblätter des kaiserl. Gesundheitsamtes. Nr. 19.

Über die Anlage von Niststätten und Futterplätzen für insektenfressende Vögel. Von Reg.R. Dr. [Georg] Rörig. 2. Aufl. (Berlin: P. Parey) 1905. (4 S.) 8° [Kopft. F.]
— Kais. Biolog. Anstalt f. Land- u. Forstwirtschaft. Flugblatt. No 19. [06. 1991 8

Über die Anlage von Niststätten und Futterplätzen für insektenfressende Vögel. Von Reg.R. Dr. [Georg] Rörig. *Berlin: P. Parey 1903.* (4 S.) 8° [F.]
— Kais. Gesundheitsamt. Biolog. Abteilung. Flugblatt No 19. [03. 1443

Über die Bedeutung der insektenfressenden Vögel in Bezug auf die Bekämpfung land- und forstwirtschaftlich schädlicher Insekten. Von Reg.R. Dr. [Georg] Rörig. Berlin: Illustr. Landwirtschaftl. Zeitung 1901. (42 S.) 8° [F.]
Aus: Illustr. Landwirtschaftl. Zeitung. [08. 1907 7

Rörig, G., die wirtschaftliche Bedeutung der Vogelwelt, s.a. Mitteilungen aus der kaiserl. biologischen Anstalt f. Land- u. Forstwirtschaft.

Rörig G.: Die wirtschaftliche Bedeutung d. Vogelwelt als Grundlage d. Vogelschutzes. Berl. 1910. 48 S. Fig. 4°.

— u. O. Appel, die Bekämpfung der Feldmäuse, s.a. Flugblätter des kaiserl. Gesundheitsamtes. Nr. 13.

Die Bekämpfung der Feldmäuse. Von Reg.R. [Georg] Rörig u. Dr. [Otto] Appel. *Berlin: P. Parey 1901.* (4 S.) 8° [Kopft. F.]
— Kais. Gesundheitsamt. Biolog. Abtheilung. Flugblatt No 13.

Die Bekämpfung der Feldmäuse. Von Reg.R. Dr. [Georg] Rörig u. Reg.R. Dr. [Otto] Appel. 2. Aufl. (Berlin: P. Parey) 1905. (4 S.) 8° [Kopft. F.]
— Kais. Biolog. Anstalt f. Land- u. Forstwirtschaft. Flugblatt. No 13. [06. 1996 8

— die Bussarde u. der Hühnerhabicht, s.a. Flugblätter des kaiserl. Gesundheitsamtes. Nr. 27.

Die Bussarde und der Hühnerhabicht. Von Reg.R. Dr. G[eorg] Rörig. 2. Aufl. (Berlin: P. Parey) 1905. (8 S.) 8° [Kopft. F.]
— Kais. Gesundheitsamt. Biolog. Abteilung f. Land- u. Forstwirtschaft. Flugblatt. No 27. [06. 1008

Die Bussarde und der Hühnerhabicht. Von Reg.R. Dr. G[eorg] R[ö]rig. 3. Aufl. (Berlin: P. Parey) 1906. (8 S.) 8° [Kopft. F.]
— Kais. Biolog. Anstalt f. Land- u. Forstwirtschaft. Flugblatt. No 27. [06. 1398 3

RÖRIG, Georg: Einiges über Jagd- und Jäger-Aberglauben. - Leipzig 1892. 40 S.

Rörig, G., die Fritfliege, s.a. Flugblätter des kaiserl. Gesundheitsamtes. Nr. 9.

Die Fritfliege. Von Reg.R. Dr. [Georg] Rörig. Berlin: P. Parey 1901. (4 S.) 8° [Kopft. F.]
— Kais. Gesundheitsamt. Biolog. Abtheilung. Flugblatt No 9.

Die Fritfliege. Von Reg.R. Dr. [Georg] Rörig. 2. Aufl. (Berlin: P. Parey) 1905. (4 S.) 8° [Kopft. F.]
— Kais. Biolog. Anstalt f. Land- u. Forstwirtschaft. Flugblatt. No 9. [06. 1396 3

Rörig, G., d. Geweihsammlung d. kgl. landwirtschaftl. Hochschule in Berlin. Mit 42 v. Verf. gezeichn. Abb., nebst e. schemat. Darstellg. d. bei d. beschrieb. Geweihen vorhand. Homologieen. gr. 8. (90 S.) Neudamm 896. J. Neumann. n. 5. —; geb. n. 6. —

— die gelbe Halmfliege (Chlorops taeniopus). Plakat in Farbendr. 88,5×46 cm. Berlin 895. P. Parey. n.n. — 50

— der Hopfenkäfer (Plinthus porcatus Panz.). 1 Blatt m. Text u. 8 farb. Abb. 38×46 cm. Berlin 898. J. Springer. n. — 50

— der Hopfenkäfer (Plinthus porcatus Panz.). Hrsg. vom kaiserl. Gesundheitsamt. (Farb.) Plakat. Berlin (900). P. Parey. — J. Springer. (Auslieferung durch Parey.) n.n. — 50

RÖRIG, Georg: Die Jagd in der Urzeit, in Verbindung mit der Entwicklung der Gesellschaft in Zentraleuropa. - Leipzig 1891. 101 S.

RÖRIG, Georg: Die Jagd in der fränkischen Zeit, in Verbindung mit der Entwicklung der damaligen Gesellschaft. - Leipzig 1891. 30 S.

— der Kiefernspinner (Bombyx pini), s.a. Flugblätter der kaiserl. biologischen Anstalt f. Land- u. Forstwirtschaft. Nr. 37.

Der Kiefernspinner (Bombyx pini). Von Reg.R. Dr. G[eorg] Rörig. (Berlin: P. Parey) 1906. (4 S.) 8° [Kopft. F.]
= Kais. Biolog. Anstalt f. Land- u. Forstwirtschaft. Flugblatt. No 37. [06. 13990 S

— Krankheiten u. Beschädigungen der Nutz- u. Zierpflanzen des Gartenbaues, s.: Krüger, Fr.

Rörig, G., Leitfaden f. das Studium der Insekten u. entomologische Unterrichtstafeln. gr. 8. (IV, 43 S. m. 8 Taf.) Berlin 894. R. Friedländer & Sohn. n. 3. —

Rörig, G., Magenuntersuchgn. land- u. forstwirtschaftl. wicht. Vögel, s.a. Berichte d. landwirtschaftl. Instituts d. Universität Königsberg i/Pr.

RÖRIG, G.: Magenuntersuchungen land- und forstwirthschaftlich wichtiger Vögel. - Berlin 1900. 125 S.

— der Maulwurf, s.a. Flugblätter des kaiserl. Gesundheitsamtes.

Der Maulwurf. Von Reg.R. Dr. G[eorg] Rörig. Berlin P. Parey 1904. (4 S.) 8° [Kopft. F.]
= Kais. Gesundheitsamt. Biolog. Abteilung. Flugblatt. No 24. [05. 5618

Der Maulwurf. Von Reg.R. Dr. G[eorg] Rörig. 2. Aufl. (Berlin: P. Parey) 1905. (4 S.) 8° [Kopft. F.]
= Kais. Biolog. Anstalt f. Land- u. Forstwirtschaft. Flugblatt. No 24. [06 13978 S

Rörig, Georg *Friedrich Carl* [aus Erfurt]: Oscinis frit und pusilla. Beitrag z. Kenntniss d. kleinen Feinde d. Landwirthschaft ... (Aus: Ber. aus d. physiol. Laborat. u. d. Versuchsanst. d. landw. Inst. d. Univ. Halle. x. Heft. M. 2 Taf.) Halle, *Dresden, G. Schönfeld's Verlagsbuchh.*, 1892; 2 Bl., 33 S., 2 Bl. 4. (8).
Halle, Phil. Fak., Inaug.-Diss. v. 2. März 1892

— Oscinis frit (vastator Curt.) u. pusilla. Ein Beitrag zur Kenntniß der kleinen Feinde der Landwirthschaft. Mit 2 lith. Taf. in Farbendr. [Aus: „Berichte aus dem physiolog. Laboratorium u. der Versuchsanstalt d. landwirthschaftl. Instituts der Universität Halle".] Lex.-8. (33 S.) Dresden 893. G. Schönfeld. n. 2. —

— dasselbe, s.: Berichte aus dem physiologischen Laboratorium u. der Versuchsanstalt des landwirthschaftlichen Instituts der Universität Halle.

Ⓢ — Oscinis frit. 893. Jetzt: Hannover, M. & H. Schaper.

— Pflanzenschutz, s.: Sorauer, Paul.

— u. Krüger, Spargelschädlinge. Hrsg. v. der biolog. Abteilg. des kaiserl. Gesundheitsamtes. Plakat. 46×38 cm. Farbdr. Berlin (905). P. Parey. — J. Springer. (Auslieferung durch Parey.) n.n. — 50

Studien über die wirtschaftliche Bedeutung der insektenfressenden Vögel. Untersuchungen über d. Nahrung uns. heimischen Vögel mit bes. Berücks. d. Tag- u. Nachtraubvögel. Von G[eorg] Rörig, Reg.R. Kleinere Mitteilungen. Mit 3 Taf. u. 9 Abb. *Berlin: P. Parey 1903.* (IV, 122 S.) 4°
= Arbeiten aus d. Biolog. Abteilung f. Land- u. Forstwirtschaft am Kais. Gesundheitsamte. Bd 4, H. 1. [04. 3113 S

Studien über das Gebiss mitteleuropäischer recenter Mäuse. Von Reg.R Dr. G[eorg] Rörig u. Dr C(arl) Börner ⟨Referent⟩. Mit 3 Taf. u. 39 Abb. Berlin: P. Parey 1905. (S. 37-97.) 4°(8°)
= Arbeiten aus d. Kais. Biolog. Anstalt f. Land- u. Forstwirtsch. Bd 5, H. 2. [08. 13141

Rörig, G., Theorie u. Praxis. Schwank in 3 Akten. gr. 8. (48 S.) Halle 888. (Fricke's Sort.) n. 1. —

— Tierwelt u. Landwirtschaft. Des Landwirtes Freunde u. Feinde unter den freileb. Tieren. Mit 5 Farbentaf. u. 439 in den Text gedr. Abbildgn. (VIII, 418 S. m. 5 Bl. Erklärgn.) gr. 8. Stuttgart 906. E. Ulmer. Geb. in Leinw. n. 10. —

— Tierwelt u. Landwirtschaft. Des Landwirtes Freunde u. Feinde unter den freileb. Tieren. Volks-[Titel-]Ausg. (VI, 418 S. m. 439 Abbildgn., 5 farb. Taf. u. 5 Bl. Erklärgn.) gr. 8. Stuttgart [906] 910. E. Ulmer. Geb. in Leinw. 6. —

— Turmfalk u. Sperber, s.a. Flugblätter des kaiserl. Gesundheitsamtes. Nr. 31.

Turmfalk und Sperber. Von Reg.R. Dr. G[eorg] Rörig. 2. Aufl. (Berlin: P. Parey) 1905. (4 S.) 8° [Kopft. F.]
= Kais. Biolog. Anstalt f. Land- u. Forstwirtschaft. Flugblatt. No 31. [06. 13985 S

— Untersuchgn. üb. den Nahrungsverbrauch d. insektenfress. Vögel, s.a. Mitteilungen aus d. landwirtschaftl.-physiolog. Laboratorium der Universität Königsberg in Preußen.

1. Untersuchungen üb. d. Nahrungsverbrauch insektenfressender Vögel u Säugetiere ... 2. Magenuntersuchungen land- u. forstwirtschaftlich wichtiger Vögel ... 3. Untersuchgn üb. d. Nahrg. d. Krähen. Von Prof. Dr. G[eorg] Rörig. Berlin: P. Parey 1898. (1 Bl., 104, LXV S.) 1 Bd 8°
(Mitteilgn aus d. landwirtschaftl.-physiolog. Laborator. d. Univ Königsberg i. Pr.)
= Berichte d. landwirtschaftl. Instituts d. Univ. Königsberg i. Pr. [H.] I

— Untersuchgn. üb. d. Winternahrg. d. Krähen, s.a. Mitteilungen aus d. landwirtschaftl.-physiolog. Laboratorium der Universität Königsberg in Preußen.

[F.] I. Untersuchungen über die Winternahrung der Krähen ... — II. Untersuchungen über den Nahrungsverbrauch der insektenfressenden Vögel v. Prof. Dr. G[eorg] Rörig. *Neudamm: J. Neumann 1897.* (44 S.) 1 Bd 8.
(Mitteilungen aus d. landwirtschaftlich-physiolog. Laboratorium d. Univ. Königsberg in Preussen.) [98. 2663

Vogelschutz m. besond. Berücks. d. insektenfressenden Vögel. Von Prof. Dr G[eorg] Rörig Berlin Deutsche Landwirtsch.-Ges. 1910. 40 S. 8°
(Flugschriften d. Deutschen Landwirtschafts-Gesellschaft. H. 11) A 12. 10311

— Wandtafel schädlicher Nagetiere. 80,5×70,5 cm. Farbdr. Stuttgart (904). E. Ulmer. In Mappe od. Rolle n. 2. 60

— die Weißlinge. Veröffentl. im Auftr. d. k. Ministeriums f. Landwirthschaft, Domainen u. Forsten in Berlin. Farb. Taf. m. Text am Fuße. 38,5×46 cm. Berlin (896). P. Parey. n.n. — 50

Prof. Dr. G[eorg] **Rörig**: Die nordische Wühlratte, Arvicola ratticeps Keys. et Blas. in Deutschland und ihre Verwandtschaft mit den russischen Arvicoliden. Magen- u. Gewölluntersuchungen heimischer Raubvögel. Mit 3 Taf. u. 68 Abb. Berlin: Parey 1909. IV S., S. 430-520. 4°(8°)
(Arbeiten aus d. Biolog. Anstalt f. Land- u. Forstwirtschaft. Bd 7, H. 4.) (11. 9167

Abstinenz und Sittlichkeit. (Vortrag.) Von Dr. med. (Karl) **Rörig**. Hannover [1910]: Stephansstift. 7 S. 8° [Umschlagt.] (10. 9093 7

RÖRIG, Karl (Wildungen): Vierzig Fälle von Steinzertrümmerung als Beitrag zur Lehre der Lithotripsie.- München: Gradinger 1884. 37 S.
8.3.1884 - Urk (Titel: De quadraginta lithotripsiis.); Chr 1883/84,14
Diss. Ingolst.-Landsh.-Mchn.

Rörig, Carl, die Heilquellen von Wildungen in ihren topographischen, geognostischen, physikalischen rc. Verhältnissen, in ihrer Wirkung u. Anwendung. 1. Aufl. 1867. und 2. Aufl. Leipzig 868. Berlin, Denicke. 8. (VII, 106 S.) n. 20 ngr.

Rörig, Karl, Hermann, der Befreier, vaterländ. Schauspiel. Eine Festgabe zur 19. Jahrhundertfeier der Teutoburger Schlacht. (VII, 61 S.) 8. Leipzig 909. A. Deichert Nachf. 1.20

— Jugend u. Sittlichkeit. Das schwerste Problem. Hrsg. vom christl. Männer- u. Jüngl.-Verein, Hannover. (16 S.) kl. 8. Hannover (909). H. Feesche. p — 15

Rörig jr., Karl, die Krankheiten der Nieren u. Blase, s.a. Sammlung Mejo.

Rörig jr., Karl, die Krankheiten der Nieren u. Blase, gebildeten Laien geschildert. gr. 8. (XII, 193 S. m. Abbildgn.) Berlin 898. [A. W. Köllner.] H. Th. Hoffmann. n. 4. —

Rörig, Karl, Paulus, e. religiöses Drama. 8. (VII, 64 S.) Leipzig 901. A. Deichert Nachf. n. 1.20; geb. n. 2. —

CARL ROERIG, Die medicinisch-geograph. Verhältnisse im Fürstenthum Waldeck mit Berücksichtigung der Aetiologie der daselbst herrschenden Krankheiten. Eine vom Verein für gemeinsch. Arbeiten zur Förderung der wissenschaftl. Heilkunde gekrönte Preisschrift. (Abdruck aus dem Archiv f. wissenschaftl. Heilkunde Bd. III. Heft 3.) (Mit Tafeln.) Göttingen. 1857. Vandenhoeck & Ruprecht. 8°.

Rörig, Konrad, aus Frankfurt a. M. Untersuchungen über das Verhalten des Acetons im menschlichen Organismus. Ausgeführt im Laboratorium d. med. Klinik zu Würzburg. *Würzburg 1898: Stahel* (30 S.) 8
Würzburg, Med. Diss. v. 1898

Rörig, Reinhard [aus Bad Wildungen]: Primäres Cancroid des Magens ... Würzburg, P. Scheiner's Buchdr., 1895; 23 S. 8.
Würzburg, Med. Fak., Inaug.-Diss. v. 1895

Rörik, Hermann Henri. Berechnung der Oberfläche der Uteruskarunkeln ⟨Semiplacenta materna⟩ beim Rind. Diss. Vet.-Med. Bern. [Mit 1 Tafel.] (Sonderabdruck aus dem Archiv für wissensch. u. prakt. Tierheilkunde. Bd. 33. 1907.) II S. + S. 421—431. 8. Berlin. L. Schumacher, 1907.

Roritzer, Mathias, das Büchlein von der Fialen Gerechtigkeit. Nach e. alten Drucke aus d. J. 1486 in die heutige Mundart übertragen u. durch Anmerkungen erläutert. Mit einem Vorw. von A. Reichensperger. gr. 4. (3¼ B. u. 1 Stnt.) Trier 845, Lintz'sche Buchh.

— der Jugendsänger, s. Jugendsänger.

Rorschach [Sachliches OW]

Rorschach. Der Bezirk R'. Njbl. S. Gallens. s. [Bernet, Johann Jacob].

Rorschach, Der Bezirk. St. Gallen [1828]. V: *Bernet, Joh. Jac.* (Cat. d. Stadtbibl. Zürich. Zürich 1864—97.)

Rorschach [Schlagwort]

Rorschach. Plan v. Rorschach u. naher Umgebung. ca. 1:12,000. 18×28,5 cm. Farbdr. Nebst prakt. Verkehrsnotizen u. den wichtigsten Posttarifen. (3 S.) 8. Rorschach 910. P. J. Kober. nn — 50

Rorschach [Verfasser]

Rorschach, J., Anschauungslehre der geometrischen Formen. Ein Vorkurs f. den Unterricht in der Geometrie. 8. (29 S.) St. Gallen 872. Huber & Co. n. — 35

Rorschach, J., geometrische Formenlehre. Ein Vorkurs für den Unterricht in der Geometrie. 2. Aufl. 8. (42 S. m. eingedr. Holzschn.) St. Gallen 879. Huber & Co. n. — 50

— **Raumberechnungen. Geometrische Rechnungsaufgaben f. Mittelschulen.** 1. u. 2. Hft. gr. 8. Ebend. 874. à n. — 60
1. Längen- u. Flächenberechnungen. (35 S.)
2. Körperberechnungen. (41 S.)

— Raumberechnungen. Geometrische Rechnungsaufgaben für Mittelschulen. 1. Hft. Längen- u. Flächenberechnungen. 2., verb. Aufl. 8. (35 S. m. eingedr. Holzschn.) Ebend. 879. n. — 60; Auflösungen (12 S.) n. — 40

Rorschach, J., Raumberechnungen. Geometrische Rechnungsaufgaben f. Mittelschulen. 1. u. 2. Hft. 3. Aufl. gr. 8. St. Gallen, Huber & Co. Kart. à n. — 60
1. Längen- u. Flächenberechnungen. (40 S. m. Fig.) 890.
2. Körperberechnungen. (46 S. m. Fig.) 893.

Rorschach, J., **Raumberechnungen. Geometrische Rechnungsaufgaben f. Mittelschulen. 1. Hft. Längen- u. Flächenberechnungen. 4. Aufl. 8.** (40 S. m. Fig.) St. Gallen 896. **Fehr.** Kart. n. — 60

Rorschacher-Zeitung (I)
④ St. Gallische Volkszeitung ⑤ 24. 12. 1860 (Probenummer)—30. 6. 1864 ⑥ 4° ⑦ wöchentlich 2× ⑧ Rorschach: Witwe Helfenberger (24. 12. 1860—15. 2. 1861), Joh. Helfenberger (19. 2. 1861—30. 6. 1864) ⑪ Placidus Plattner, Samuel Plattner ⑫ katholisch-konservativ ⑬ BGSZ: 1046—1047 ⑭ SG: Va (1861).

Rorschacher-Zeitung (II)
① Organ der konservativen Partei. Publikations- und Anzeige-Blatt für die Bezirke Rorschach, Tablatt, Unterrheinthal, Arbon und angrenzenden Gemeinden (16. 12. 1899). Tagblatt der Bezirke Rorschach, Unterrheintal, Arbon und der angrenzenden Gemeinden der Kantone Appenzell und Thurgau (1. 1. 1952) ⑤ 16. 12. 1899 (1 Probenummer) (cont.) ⑥ 2° ⑦ wöchentlich 3×, wöchentlich 4× (ab 1908), dann Tagblatt (seit Oktober 1913) ⑧ Rorschach: J. M. Cavelti-Hubatka (1899—30. 12. 1932), Cavelti-Hubatka & Co. (1. 12. 1932—31. 12. 1941), Dr. H. Cavelti & Co. (2. 1. 1942—29. 4. 1949), Dr. H. Cavelti (ab 30. 4. 1949) ⑨ Illustriertes Sonntagsblatt. Heimatklänge, Rorschacher Blätter, Heiliger Sonntag ⑩ die Drucker ⑪ J. M. Cavelti-Hubatka ⑫ katholisch-konservativ ⑬ BGSZ: 380, 1045—1047; Sondernummer vom 16. 12. 1949 ⑭ Be: L (seit 1915).

Roersdansz, R., Ballistik abgeleitet aus der graphischen Darstellung der Schuß- und Wurftafeln. Hierzu 1 Atlas in gr. Fol. mit 14 grav. Taf. Berlin 863. Voß. gr. 8. (IV, 82 S. m. Holzschn.) n. 1 ⅔ 12½ ngr.

Ros tum Stanislaianum, olim ad D. Ignatii S. I. conditoris Manresam plantatum ac enatum hodie ad D. Joannis Baptistae, adumbratum 26 symbolis, dum S. Stanislao inter Divos relato litaret academicum ejusdem S. I. collegium Tyrnaviae. Tyrnaviae 1747. V: *Árvai, Georg.* (Pk)

Roes, Gerhardus (geb. am 4 März 1793 in Andelst Gem. Valburg, Prov. Gelderland in Holl.): Theses medicae quas ... dissertationi ... De morbo caeruleo ex singulari cor inter et arterias ratione proxime typis edendae praemittit. Bonnae, typ. Büschlerianis (1821). 2 Bl. 4.
¶ D. versprochene Diss. ist nicht erschienen.
Bonn, Med. Fak., Thes. v. 29 Aug. 1821

Rosa, od. die Hütte am Felsen. 1r Thl. 8. Braunschweig 806. Vieweg. 16 Gr.

— od. das Hüttchen am Rheinstrome. 8. Quedl. 811. Basse. 1 Thlr.

Rosa d'Albret oder die unruhigen Zeiten, s. Echo.

Rosa: La Rosa alpina
① Motto: Miscere utile dulci ⑤ 21. 7. 1893—26. 9. 1894 ⑥ in-2° ⑦ bimensile (per la stagione estiva) ⑧ Poschiavo: Tipografia Menghini ⑪ Napoleone Barenghi ⑬ BGSZ: 1011—1013; Zendralli: Stampa Grigioni Italiano, no. 17 ⑭ Ch: K (non completo).

Rosa, Angelika. Lebensschicksale e. deutschen Frau im 18. Jahrh. in eigenhänd. Briefen. Dem Druck übergeben u. bevorwortet vom Urenkel Vict. Kirchner. (VI, 186 S.) 8. Magdeburg 908. Creutz. Kart. 3.—; geb. in Leinw. 3.60

Rosa, das Bettlermädchen u. seine Wohlthäter; frei nach dem Engl. 2 Thle. 8. Neuburg 803. ... 1 Thlr. 4 Gr.

Rosa centifolia, seu Primum Saeculum Gymnasii Clagenfurtensis S. J. Clagenfurti 1705. V: *Pfeiffersberg, Carl.* (Jes) (So)

Rosa Electa, die betende Jungfrau. Gebet- u. Belehrungsbuch f. kathol. Jungfrauen. Mit e. Vorwort von Fischer. gr. 16. (360 S. m. farb. Titelbild.) Münster (902), Alphonsus-Buchh. — 90; geb. in Leinw. n. 1. 50

— s.a. Jungfrau, die, im Weltleben.

Rosa Electa, die Jungfrau im Weltleben. Ein Begleitbuch zur religiösen Belehrg. u. zeitgemäßen Unterweisg., den kathol. Töchtern aller Stände gewidmet. Mit e. Vorrede von Gratian v. Linden, O. Cap. 2. verm. Aufl. (XII, 224 S. m. Titelbild.) kl. 8. Münster (905). Alphonsus-Buchh. Geb. in Leinw. n. 1. 80; m. Goldschn. n. 2. 50

Rosa, Graefin, oder das stille Dörfchen. N. A. Wien 1808. V: *Schwaldopler, Joh.* (Kn) »2. Aufl. Leipz. 1802« (Ky)

Rosa, Gräfin, od. das stille Dörfchen, (v. Jh. Schwaldopler). 2e Aufl. 8. Leipz. 802. Wien. 808. Ant. Doll. 12 Gr. (Vergl. Dörfchen, das stille.

Rosa Maddalena. s. Maddalena.

Rosa Manserwisi die Unerforschliche. 2 Thle. Wohlf. Ausg. 8. Meißen 834. Goedsche. 2/3 Thlr.

Rosa Manserwisi, die Unerforschliche. 2 Thle. Wohlf. Ausg. 8. (23 B.) Meißen 834. [Leipzig, Rostosky.]

Rosa Maria's poet. Nachlaß. Hrsg. v. D. A. Assing. 8. (16½ B.) Altona 841, Hammerich. Thlr.

ROSA, die Retterin der Ihrigen; oder der Gespensterschauer. Eine Criminalgeschichte. Hamburg, 1836. 8°. (3 Mk., geles. Expl. mit Stempel, Jul. Neumann, Magdeb., 1908.)

Rosa die Retterin der Ihrigen; od. der Gespensterschauer. Eine Criminal-Geschichte. 8. (15 B.) Hamburg 836, Heroldsche Bh.

Rosa u. Rosita, s.: Theater-Repertoir, Wiener.

Rosa's, Salvator, Biographie und Charakteristik, s. Regnet, C. A.

Rosa, Schwester, und die heilige Sühnmesse ... Wien 1895. V: *Odiot de Benoit de La Pailonne, Marie de la Croix.* (EB)

Rosa, Schwester, u. die hl. Sühnmesse. Von der ehrw. Mutter M. D. L. C., O. Praem. Aus d. Franz. übers. u. bearb. v. Alph. Žák, O. Praem. [Aus: „St. Norbertus-Bl."] 12. (55 S.) Wien 895. St. Norbertus. n. — 30

Rosa Sine Spina Ex Gentilitijs Eszterhazianae Domûs Ceris decerpta ... Tyrnaviae 1702. V: *Petretics, Stephan.* (Jes)

Rosa v. Tannenburg, Schausp., bearb. v. J. Woller, s.a. Jugend-Bildersaal, 15—17. Bdchn.

Rosa von Tannenburg, s.a. Schmid, Chrph. v.

Rosa of Tannenburg. A tale of ancient times for parents and children by the author of »Genoveva«. Translated from the German. Stuttgart s. a. V: *Schmid, Christoph.* (Russell X, 229)

Rosa von Tannenburg. Eine Geschichte des Alterthums, für Ältern und Kinder erzählt ... 2. Aufl. Augsburg 1826. Neue Ausg. Regensburg 1879. 1881. V: *Schmid, Christoph.* (Russell IX, 705)

Rosa v. Tannenburg. Eine Geschichte des Alterthums vom Verfass. d. Ostereyer. (Christoph Schmid.) 2e Aufl. mit 1 K. 8. Augsb. 826, Veith u. Rieger.

Rosa v. Tannenburg. Eine Geschichte d. Alterthums, f. Aeltern u. Kinder erzählt v. d. Verf. d. „Genovefa" (Chrstph. Schmid). 3., u. 4., verb. Aufl. Mit Titkpfr. (à 12 B.) 8. Augsburg 830, 35, Wolff. (Regensburg, Manz.) à 8 Gr., mit Kpfr.

Rosa v. Tannenburg. Ritter-Schausp. in 5 Aufz. (Von Fuchsberger.) 12. (6½ B.) Nördlingen 833, Beck. Thlr.

Rosa von Tannenburg. Eine Geschichte für Aeltern und Kinder, vom Verfasser der „Ostereier." Mit 1 Stahlst. 5e Aufl. 8. Augsburg 840. Wolff. 1/3 Thlr.

Rosa v. Tannenburg, oder der Sieg der kindl. Liebe. Eine rührende Geschichte aus dem Mittelalter für die Jugend und deren Freunde. 3.—6. Aufl. 8. (64 S. mit eingedr. Holzschn.) Reutlingen 870—74, Enßlin und Laiblin.

Rosa v. Tannenburg, oder der Sieg der kindlichen Liebe. Eine rührende Geschichte aus dem Mittelalter für die Jugend und deren Freunde. 7.—10. Aufl. 8. (64 S. mit eingedr. Holzschn.) Reutlingen 875—78, Ensslin und Laiblin's Verlagsb.

Rosa, dalla, s.: Dalla Rosa.

Rosa, „Mein Stammbuch." Denkblätter d. Liebe u. Freundschaft. 8. (9 B.) Augsburg 841, v. Jenisch u. Stage'sche Bh.

Rosa, Antonio, verlorne Heimat, s.a. Bibliothek der Gesamtliteratur.

Verlorene Heimat Drama in 2 Aufz. von Antonio Rosa. Aus d. Italien. ins Deutsche übertr. von Hugo Webinger. Mit d. Bilde d. Dichters. Halle a. S Hendel [1909] 46 S. 8°
(Bibliothek d. Gesamtliteratur d. In- u. Auslandes. Nr 2127)

Rosa, Dan., die progressive Reduktion der Variabilität u. ihre Beziehungen zum Aussterben u. zur Entstehung der Arten. Im Einverständnis m. dem Verf. aus dem Ital. übers. v. Heinr. Bosshard. gr. 8. (III, 106 S.) Jena 903. G. Fischer. n. 2. 50

Rosa, Daniel, die exotischen Terricolen d. k. k. naturhistorischen Hofmuseums. [Aus: „Annalen d. k. k. naturhistor. Hofmuseums".] Lex.-8. (S. 379—406 m. 2 lith. Taf.) Wien 891. A. Hölder n. 3. 20

Rosa, J. G., Christus in horto Geths. afflictissimus, ab angelo tamen confortatus. Rudolphop. 1744. f.

Rosa, J. G., de usu et abusu exempli latronis. Rudolst. 1743. f.

Rosa, Johann Gotthelf [Praes.], s. Bloettner, Jo. Georg: De gravi latinitatis et philosophiae in sui contemtores.

Rosa, Johann Gotthelf [Praes.], s. Cellarius, Ernst Andreas: Limites proverbii proximus sum egomet mihi vulgo Ich bin mir selbst der Nächste.

Rosa, Johann Gotthelf [Praes.], s. Grimm, Christ. Barth. Wilh.: De indulgentia et rigore juris naturalis.

Rosa, Johann Gotthelf [Praes.], s. Heumann, Johann David: Dissertat. qua polyhistoris idea delineatur

Rosa, Johann Gotthelf [Praes.], s. Quehl, Gottlieb Christoph. De utilitate jurisprudentiae naturalis ad theologiam.

Rosa, Joh s., aus dem Leben u. Treiben dreier kleiner Dörfer. Ernstes u. Heiteres aus Geschichte u. Kultur. (95 S.) 8. Magdeburg 909. Creutz. 1.80; geb. 1.60

Rosa, Jul., anatomische u. experimentelle Beiträge zur Pathologie der Nieren. Inaugural-Dissertation. gr. 8. (48 S.) Königsberg 878. (Hartung.) 1. 50

Rosa, Luigi della, das postembryonale Wachsthum d. menschlichen Schläfemuskels u. die m. demselben zusammenhängenden Veränderungen d. knöchernen Schädels. Eine anatom. Studie. Mit e. Kurventabelle u. 23 chemilith. Taf. hoch 4. (VII, 196 S.) Stuttgart 886. Enke. n. 16.

Michele Rosa
De Epidemicis et contagiosis acroasis. [Verf.: Michele Rosa.] o.O. 1782. 26, 180 S. 8°

Rosa, Ph. Ge., praes. G. Wolfg. Wedel, De dysuria. 32 pp. Jen. 4°.
1704

Rosa, Ph. Ge., Diss. chim.-med. de theriaca coelesti. 32 pp. Jen. 4°. 1703

Rosa, R., der amerikanische Continent. Neueste topographische und Eisenbahnkarte der Vereinigten Staaten, britischen Besitzungen, Westindien, Mexico und Central-Amerika. 1868—72. ℳ 3., und Neue Ausg. Fol. New-York 873—75. [Stuttgart, Lubrecht.] *

—— neuester Plan von New-York, Brooklyn, Jersey City, Hoboken etc. Fol. Ebendas. 867—74.

***Rosa*, Salv., la Pittura, satira. Con le note de J. D. Fiorillo. 8. Götting. 785. Dieterich. 4 gr Kummer in Lpz. 6 gr**

Rosa, Salvat. Diversae positurae etc. Noviter etc. a Joh. Chr. Kolb. Aug. Vindel. 1720. 4. (M. d. Titelbilde 20 Kupfer.)

Rosa, Salvatore, rasch Italienisch. Zum prakt. Gebrauche f. jedermann auf d. Reise, währ. d. Aufenthaltes in Italien, sow. f. d. Kontorgebrauch u. d. schriftl. Verkehr. 12. (VII, 135 S.) Zittau 895. Leipzig, Pahl. Kart. n. 1. 50

***de Rosa*, Thom., de executoribus literar. apostolicar. Fol. Frankf. a. M. 769. Varrentrapp. 2 ß 8 gr**

Rosa-Stramin, Prinz . . . Kassel 1834. V: *Koch, Ernst.* (Grisebach, Weltliteraturkat. Berl. 1898—1900. I, 284.)

Rosahl, *Max Albert* Friedrich [app. Arzt aus Gimritz b. Wettin]: Erfolge der verschiedenen Behandlungsmethoden bei 87 Fällen von Placenta praevia aus der Zeit vom 15.|VI. 1887 bis 31. III. 94 ... Halle a. S., Hofbuchdr. v. C. A. Kaemmerer & C., 1895; 34 S., 17 Bl. 8.
Halle, Med. Fak., Inaug.-Diss. v. 27. Juni 1895

Rosalba, ein Roman . . . Leipz. 1818. V: *Naubert, Christiane Benedicte Eugenie geb. Hebenstreit.* (Ky) (EE)

Rosalba; e. Roman (v. B. Naubert). 2 Thle. 8. Leipz. 818. Hinrichs. 2 ß

Rosalha. Eleonara di,. gr. 12. Lpz. Schmidt.

— s. auch Eleonora di Rosalba.

ROSALIA. Kurtzer Ehren-Ruff zu der heiligen und wunderthätigen Jungfrauen Rosalia, welchen eine königliche Freystadt Pressburg in ihrer sogenannten Rosalia-Kirchen jährlichen mit einer Danksagungs-Procession pfleget abzustaffeln und neu componirten in Reimen verfasst auf das Jahr 1734. Pressburg 1734. Druck. Royer (4 f.) - 16°

Rosalia, ein Nachspiel mit Chören. Gotha 1777. V: *Schink, Johann Friedrich.* (GGr)

Rosalia. Nachsp. mit Arien von Schink. 8. Gotha, Ettinger. 776.

ROSALIA, Apollonia, Guercina. Oder: der Teufel in den Leihbibliotheken, unter den Recensenten, Buchhändlern u. Schriftstellern. Eine Prise für Jedermann. Für Alle, die lieber lächeln u. lachen als sich belachen und belächeln lassen. O. O. 1801. 8°. (In Leipzig, Bibl. d. Börsenver. f. d. d. B.) Sehr selten!

Rosalia und Emma. Ein angenehmes und nützliches Bilderbuch . . . Leipz. 1810. V: *Hempel, Frdr. Wilh.* (Ky) (MGT)
vgl. Rosalie . . .

Rosalia, d. Linzermädchen, od. d. Folgen d. Liebe u. d. Hasses zwischen Mutter u. Tochter. 8. Linz, Eurich. 803.
vgl. Rosalie . . .

Rosalia-Bad, das — bei Wiener-Neustadt. Separatabdruck aus dem „Neutitscheiner Allgem. Anzeiger." Mit Abbildung. Neutitschein. 1855. Schnellpressendruck von J. N. Enders. (8 S. und 1 Abbildg. 8).

Rosalia-Bad, Das — bei Wiener-Neustadt. (Mit Abbildung.) Neutitschein, 1856. Schnellpressendruck von J. N. Enders. (8 S. 8.)

ROSALIE, eine tragische Geschichte zur Warnung für allzu empfindsame Herzen. Frankfurt (Breslau, Gutsch). 1782. 8°. Selten!
Geschichts- und Romanen-Litt. Breslau 1798. (Catalog.) — Fehlt bei Kayser unter Romanen.

Rosalie; od. die eheliche Liebe. 8. Halle, Franke. 788.

Rosalie. [Erzählung.]: Zschokkes Erheiterungen 1815, 2, 385/414. V: *Adrian, Joh. Val.* Wiederholt in dessen »Nachtstimmen«. Frankfurt a. M. 1818.
(DARP)

Rosalie, oder sie besinnt sich anders, Lustspiel in 1 Aufz. von Reg. Frohberg. 8. Wiesbaden, Schellenberg. 818.

— od. d. Geheimniß. Vom Verf. des „wandernden Gerippes". 2 Bde. 8. Braunschw. 822. Meyer. 2 Thlr 8 Gr

Rosalie, oder: Triumph d. Unschuld. Ein Schauspiel in 5 Akten. Von A. St. gr. 12. Berl. 827, Laue.

Rosalie, od.: Triumph der Unschuld. Ein Schausp. in 5 Akt. 8. (13½ B.) Berlin 830, [Stackebrandt.]

Rosalie, oder: Triumph der Unschuld. Ein Schauspiel in 5 Akten. (Von ... Struve.) gr. 12. 830. Halle, Coldiz'sche Buchh. ⅓ Thlr

Rosalie, oder die edelmüthige Schwester, nebst andern kleinen Erzählungen. Ein Geschenk für Kinder. Mit 3 Steindr. 12. Straßburg 833. Levrault. ⅙ Thlr — Mit illum. Steindr. u. illum. Umschlag ¼ Thlr

— u. Albert, od. die Insel d. Freundschaft u. Liebe rc. 8. Nürnb. 806. Bauer u. R. 1 Thlr

Rosalie u. Albert, od. die Insel der Freundschaft u. Liebe rc. 8. Nürnb. Raspe. 806.

Rosalie und Amadee, oder Schein und Liebe. Leipzig 1804. V: *Vibeau, Xaver Maximilian Amadaeus Edmund.* (StAt) (MGT)

— u. Amadée, od. Schein u. Liebe, v. X. M. A. E. Mit Kpf. 8. Leipz. 805. Andrä. 1 Thlr 6 Gr

— u. Amadée, od. Schein u. Liebe, m. K. 8. Lpz. Bauer. 805.

Rosalie und Cleberg auf dem Lande. Offenbach 1791. V: *La Roche, Marie Sophie geb. Gutermann.* (Schl)

— u. Cleberg auf d. Lande, v. Sophie de la Roche. 8. Offenbach, Brede. 791.

Rosalie u. Emma. Ein angenehmes u. nützl. Lesebuch f. gutgeartete Töchter, (v. Fr. Wlh. Hempel). Mit 24 illum. Kpf. gr. 8. Leipz. 811. Tauchnitz. 1 Thlr
vgl. Rosalia . . .

Rosalie, das Linzer-Mädchen, oder die Folgen der Liebe, des Hasses und der Eifersucht zwischen Mutter und Tochter. Eine wahre Geschichte unserer Zeiten. Wien, o. J. (18**). 8°.
vgl. Rosalia . . .

Rosalie, das Linzermädchen. 8. Leipz. 803. Eurich. 12 Gr

Rosalie, das eingemauerte Mädchen. Eine Criminalgeschichte aus unserem Jahrh. gr. 16. (64 S.) Reutlingen 876. Enßlin & Laiblin. — 20

Rosalie und Nettchen. Ein Roman. Berlin 1801. V: *Unger, Friederike Helene.*
(BGE VII³, 532)

Rosalie, Schwester. Ein Lebensbild aus dem Französischen. Berlin 867. Prochnow's Selbstverlag. 16. (99 S.) n. 7½ ngr.

— Vanini, od. die Wunder d. Liebe; nebst andern romant. Gemälden. 8. Leipz. 827. (Centr.-Compt.) 1 Thlr

Rosalie, (Psdn.), Licht- u. Schattengemälde. 8. Nordh. 823. (Dörffling in Leipz.) 14 Gr

Rosaliens Briefe an ihre Freundin Mariane, v. St**. v. d. Verfasserin d. Fräul. v. Sternheim, (Sophie de la Roche.) 3 Bde. 8. Altenb. (Akadem. Buchhdl. in Jena.) 796. (I. 1 Rthlr. 8 gr. II. 1 Rthlr. 8 gr. III. 21 gr.)

Rosaliens Briefe an ihre Freundin Mariane von St** von der Verf. des Fräuleins von Sternheim (Sophie von la Roche) 3 Theile, neue Ausgabe, 8. Altenburg, 797. Richter. 3 Rthl. 18 sgl. Desselben Buches 4r Theil, 8. Offenbach, 791. Brede. 1 Rtl. 10 sgl.

Rosaliens Briefe an Serena, s. Fr. Mosengeil.

Rosaliens Briefe an Serena. Geschrieben auf einer Reise nach Cölln. Herausgeg. v. F. Mosengeil. 8. Meiningen, Keyßner. 817.

— Erzählungen. Ein Lesebuch f. die reifere Jugend. Mit 8 ill. Kpf. 8. Nürnb. 820. 2e verb. u. verm. Aufl. 826. Bauer u. R. 1 Thlr 8 Gr

Rosaliens Erzählungen. Ein Lesebuch f. die reifere Jugend. 2e verb. u. verm. Aufl. mit 8 ill. Kupfern. 8. Nürnberg 825, Bauer u. Raspe.

Rosaliens Nachlaß, s. Jacobs, Fr.

Rosaliens Nachlaß, nebst einem Anhange, herausg. v. dem Verf. des Allwin u. Theodor. 2te Aufl. 8. Leipzig, Enobloch. 816.

Rosaliens Schreibtafel z. tägl. Gebr. ihr. Schw. f. 1794. 16. Lpz. Voß.

— Schreibtisch z. tägl. Gebrauche ihrer Schwestern. 16. Leipz. 794. Voß. 18 gr. Dann 1796. mit folg. n. Tit.: Samml. kl. Aufsätze z. Bildung d. Frauen. Ebd. 10 gr

Rosalinde, od. die gerettete Unschuld. 12. Rudolst. 800. (Hildebrand in Arnst.) 8 gr

ROSALINDE oder die gerettete Unschuld. Eine Auferstehungsscene neuester Zeit. (Zahmer Roman.) Mit TKpf. Rudolstadt, Langbein u. Klüger, 1800. 12⁰ (70 Pfg. Scheible, vor 1885, jetzt höher!)

Rosaline oder das Geheimniss... Braunschweig 1822. V: *Brancalio (Brancaglio), Johann Ernst.* (KY) (MGT)

Rosaline, od. d. Geheimniß, (v. Brancaglio). 2 Bde. 8. Braunschweig 822. Meyer. 2 Rthl. 8 gr

Rosalini, König Roderich, oder das Cölibat ꝛc. Ein Schspl. 8. Hildburgh. 793. Hanisch. 6 gr

Rosalino, Frz. de Paula, († d. 20. Febr. 1793.) s. 1) Biblia. Wien. 2) Nachr., literar., v. d. Werken d. besten Schriftsteller, u. setze hinzu: (v. Frz. de Paula Rosalino). 3) Warnungen, zwei.

Rosalino

Gesetzbuch des Eklektischen Freimaurerbundes vom Jahre 5801. Zum Gebrauch der ger** und vollk** St. Johannes-Loge Sokrates zur Standhaftigkeit im Or. zu Frankfurt a. M. eingerichtet. Frankfurt a. M. 1836; vom Jahre 5811. Frankfurt 1836. V: *Rosalino, Heinr. Franz.* (KL 199) (TT 1045) (wolfstieg II, 58)

– Dass., s.a. Gesetzbuch des Eklektischen Freimaurerbundes.

Rosalowski, Wladimir

Rosalowski. s.a. Leben und Thaten des Generals Dombrowski.

(*Rosalowski*, Wladim., Communeflüchtling, † 3. Juni 1876 zu Rödelheim bei Frkft. a. M.), Leben u. Thaten des *Generals Jaroslas Dombrowski.* Nach den Aufzeichnungen seines Adjutanten. 3 Lfgn. (in 1 vol.) Mit Portr. u. Facsim. D's. Leipzig, Genossenschaftsbuchdr., 1876. 8⁰. Cart.
2 Bll. u. 169 S. — Verboten von d. kgl. sächs. Kreishptmsch. Leipzig, den 10. Dezbr. 1878.

Rosalowsky, L. A., Referate aus Prozeßsachen der pommerschen Mühlen-Assecuranz-Societät zu Berlin. Berlin 867. C. Heymann's Verlag. 8. (III, 32 S.) 6 ngr

Rosalva

— Don Sylvio de, Aventures merveilleuses de, trad. de l'Allem. de C. M. Wieland. 2 Vol. 8. Dresde, Walther. 772.

Rosalva, d. Don Sylvio von, Abenteuer, v. C. M. Wieland, m. K. u. Vign. 2 Thle. 8. Lpz. Weidmann. 772. Holländ. Pap.

— Don Sylvio de, singular adventures of, translated from the german of C. M. Wieland. III Vol. 12. London. (Bauer in Lpz.) 774.

v. **Rosalva**, Don Sylvio, od. d. Sieg d. Natur üb. Schwärmerei. 8. Königsb. 795. Nicolovius. 12 gr

Rosamira. 8. Pirna. (Arnold in Dresd.) 804.

ROSAMIRE. (Zahmer Roman.) Mit Titelvignette. Pirna, bei Pinther 1804. 8⁰ (3/4 Rthl.)
Tit. u. 243 S — Fehlt bei Kayser unter Romanen.

Rosamund. Singsp. v. Wieland. 8. Weim. Hoffmann. 778.

Rosamunda, s.a. Köchin, die, ohne Fehl u. Tadel.

Rosamunda, die Köchin ohne Fehl und Tadel; oder: gänzlich zuverlässige Kunst, ohne alle andere Anleitung innerhalb vier Wochen insbesondere treffliche, gesunde u. schmackhafte Hausmannskost nebst feinen Gerichten u. Backwerken bereiten zu lernen. Das neuste und unentbehrlichste auf vieljahrige Erfahrung begründete Kochbuch. gr. 12. München 839. Lindauer. 3/8 Rthl. — 2e Aufl. 840. 3e Aufl. 841. 3/8 Rthl.

Rosamunde, od. die Pfänder der Treue ꝛc., s. Bibliothek der Romane von u. für Damen. 2te Lief.

Rosamunde, Ein Trauersp. in 5 Aufz. v. Theod. Körner. gr. 8. Leipz. Hartknoch. 814.

Rosamunde, od. d. Ritter um Mitternacht. gr. 8. Brandenb. 819. Wiesike. 20 gr

Rosamunde, od. Erzähl. d. Gefangenschaft u. d. Leiden ein. Amerikanerin bei d. papist. Priestern auf d. Insel Cuba. Von ihr selbst geschrieben u. nach d. 2. amerikan. Ausg. deutsch bearb. v. Frz. Demmler. 8. (20 B. u. Portr. d. Verfn.) Stuttgart 830. [Scheible, Rieger u. Sattler.]

Rosamunde und andere Erzählungen aus dem Reiche der Wahrheit und Dichtung ... Quedlinburg 1827. V: *Ahlefeld, Charlotte Sophie Luise Wilh. von geb. von Seebach.* (EE) (LS)

Rosamunde, u. and. Erzähll., aus d. Reiche der Wahrheit u. Dichtung. Von der Verfass. der Erna ꝛc. 8. Quedlinb. 827. Basse. 1 Rthl. 4 gr

Rosamunde, die Köchin ohne Fehl u. Tadel, s. Köchin.

Rosamunde, Königin. Trauerspiel in fünf Aufzügen. Wien u. Leipzig 1906. V: *Mayrginter, H.* (EB)

Rosamunde, Königin. Trauerspiel in 5 Aufzügen v. ***. (V, 115 S.) 8. Wien 906. W. Braumüller. n. 3.—

Rosamunde, ein Taschenbuch f. Kinder. (1810). 3 Tle. frz. u. dtsch. M. 3 Kpf. Leipzig.

(F) Königin Rosamunde. Trauerspiel in fünf Aufzügen. 8⁰. (115 S.) Wien: Braumüller 1906. K 3.60

Rosamundens Feierstunden, in Erzähll. 8. Brandenb. 798. Leich. 12 gr

Inclutissimae societati ad litteras artesque optimas per Silesiam totamque patriam propagandas ante hos C annos constitutae ... anniversaria saecularia ... gratulatur ... Universitas Vratislaviensis interprete Jacobo **Rosanes** h. t. rectore cum senatu academico. Dabamus die XVII mensis Decembris anno MDCCCCIII. *Vratislaviae (1903): W. Friedrich.* (1 Bl.) gr. 2°
(Nicht für den Austausch)

Rosanes, Jacobus (*geb. Brody in Galiz. 16.8.1842*): De polarium reciprocarum theoria observationes. Vratislaviae (1865). (23 S.) 8°
Breslau, Phil. Diss. v 21. Aug. 1865

Rosanes, J., üb. die neuesten Untersuchungen in Betreff unserer Anschauung vom Raume. Ein Vortrag. gr. 8. (20 S.) Breslau 871. Maruschke & Berendt. n. 60

Charakteristische Züge in der Entwicklung der Mathematik des 19. Jahrhunderts. Rede geh. beim Antritt d. Rektorats d. Univ. Breslau 1903 von J[akob] **Rosanes**. Leipzig 1904: B. G. Teubner. (16 S.) 8°
Aus: Jahresbericht d. Deutschen Mathematiker-Vereinigung. Bd 13. [04. 1904 2

Rosanes, Otto, Referendar bei d. Kgl. Staatsanwaltsch. zu Breslau: Die Voraussehbarkeit des Erfolges bei der Schadensersatzpflicht Unzurechnungsfähiger. *Breslau 1901: Bresl. Genossenschafts-Buchdr.* (55 S.) 8°
Breslau, Jur. Diss. v. 30. Jan. 1901

Rosanoff, Nicolai, a. Iwanowo-Wosnessiensk, Rußland: Beziehungen zwischen Farbe und Konstitution von Nitrophenolderivaten. Weida i. Th. 1908: Thomas & Hubert. (48 S.) 8°
Leipzig, Phil. Fak., Ref. Hantzsch-Beckmann, Diss. v. 21. Jan. 1908
[Geb. 3./16. Febr. 83 Iwanowo-Wosnessiensk; Wohnort: Iwanowo-Wosnessiensk; Staatsangeh.: Rußland; Vorbildung: Gymn. Schuja bis Mai 00; Studium: Moskau 4, Leipzig 5 S.]

Rosanow, M. N., Jakob M. R. Lenz, der Dichter der Sturm- u. Drangperiode. Sein Leben u. seine Werke. Preisgekrönt v. der kaiserl. Akademie der Wissenschaften in St. Petersburg. Vom Verf. autoris. u. durchgeseh. Uebersetzg. Deutsch von C. v. Gütschow. (VIII, 557 S.) gr. 8. Leipzig 909. Schulze & Co. 12.—; geb. n 14. —

Rosario, Streusand. 16. (XV, 200 S.) Parchim 883. Wehdemann. 2.25; geb. n. 3.—; m. Goldschn. n. 3.50

Rosas Alpinas (Alpenrosen) v. Ligia Grischa.

Rosas, A., s. Souvestre, E., der Mensch u. das Geld.

Rosas, Ant., Handbuch d. theoret. u. pract. Augenheilkunde. III Bde. M. 2 Kpfrt. gr. 8. (101 B.) Wien 830, Wallishausser.

Rosas, Ant. v., medicinische Jahrbücher, s. Jahrbücher.

– s Jahrbücher u. Wochenschrift, medicinische.—

Rosas, Anton von: Lehre von den Augenkrankheiten. Zum Gebrauche für practische Aerzte und Wundärzte, wie auch zur Benutzung als Leitfaden beim klinischen Unterrichte. 599 S., gbd.
Wien: Wallishausser 1834
JB 4.257

– s. Littarzik, J. B., das Examen bei Augenkrankheiten.

Rosaschleife, Die, oder das Ideal und der Lenhardische Gesundheits-Trank ... Zwickau 1804. V: *Döhnel, Carl Friedrich.* (Ky)

Rosaschleife, die, od. d. Ideal u. d. Lenhardische Gesundheits-Trank ec., (von K. F. Döhnel). 8. Zwickau 804. Schumann. 12 gr

Rosatis, F. W., s.a. Liederbuch für Turner.

Rosatis, F. W., Liederbuch für Turner. 24. (89 S.) Königsberg 847, Samter.
2. Aufl. vgl.: Liederbuch.

Rosatzin, Th., zur Lehre v. Geschwülsten u. Infectionskrankheiten, s.: Lubarsch, O.

Rosatzin, Theodor: Untersuchungen über die bacterientötenden Eigenschaften des Blutserums und ihre Bedeutung für die verschiedene Widerstandsfähigkeit des Organismus. *Wiesbaden: J. F. Bergmann 1897.* (84 S.) 8°
Rostock, Med. Diss. v. [13. Sept.] 1897

Rosaura; Roman v. Fr. H. Bothe. 8. Berlin, Schüppel. 807.

Luxemburg. — Rosbach, Post- und Reisekarte des Grossherzogth. Luxemburg. 1:80,000. Neue Aufl. ergänzt bis 1888. Luxemburg 888, Schamburger. Auf Leinw. gedr. *

Rosbach, Henricus (geb. am 31 Mai 1814 in Trier): De numero digitorum adaucto ... Bonnae, typ. C. Georgii (1838). 2 Bl., 35 S., 2 Bl. 8.
Bonn, Med. Fak., Diss. v. 20 Febr. 1838

Rosbach, Heinr., Flora v. Trier. Verzeichniss der im Reg.-Bez. Trier, sowie dessen nächster Umgebung wild wachs., häufig angebauten u. verwilderten Gefässpflanzen, nebst Angabe ihrer Hauptkennzeichen u. ihrer Verbreitung. 2 Thle. in 1 Bde. 8. (IX, 231 u. VI, 197 S.) Trier 880. Groppe's Verl. n. 8. —

Rosbach, Heinr., Flora v. Trier. Verzeichn. der im Reg.-Bez. Trier sow. dessen nächster Umgebg. wildwachs., häufig. angebauten u. verwild. Gefässpflanzen, nebst Angabe ihrer Hauptkennzeichen u. ihrer Verbreitg. 2 Tle. in 1 Bd. 2., wohlf. [Titel-] Ausg. 12. (IX, 231 u. VI, 197 S.) Trier (880) 896. H. Stephanus. n. 4.—; geb. n. 5. —

Rosbach, K., Festgrüße. Gedichte u. Gespräche zu Geburts- u. Namenstagen, Polterabenden, Hochzeiten u. Jubelfesten. 16. (132 S.) Köln 889. Bacher. cart. — 60

Rosbach, Kath., fröhliche Stunden im festlichen Kreise. Beliebte Szenen u. Spiele f. Weihnachten, Namenstage, Jubiläen u. Hochzeiten, f. Familien-, Vereins- u. Schulfeste. 12. (275 S.) Köln 895. J. Bacher. Kart. 1.80

Rosbach, Otto Die Reichspolitik der trierischen Erzbischöfe vom Ausgange der Regierung Friedrichs I. bis zum Ende des Interregnums. Ein Beitrag zur rhein. Provinzialgeschichte in der Hohenstaufenzeit. Erster Teil. 23 S. Progr. G. *Bonn* 1883

Rosbach, Otto: Die Reichspolitik der Trierischen Erzbischöfe vom Ausgange der Regierung Friedrichs I. bis zum Ende des Interregnums. ... Zweiter Teil. Erzbischof Johann I. (1189—1212). Trier, Fr. Lintz'sche Buchdr., 1889; S. 1—20; 4°
Trier, k. G, OP 1889 (484)

DIE SAECULARFEIER DER GESELLSCHAFT FÜR NÜTZLICHE FORSCHUNGEN ZU TRIER am 10. April 1901. Trier, 1901. Selbstverlag der Gesellschaft für nützliche Forschungen. — Darin mit bes. Titelbl.: OTTO ROSBACH, Die Gesellschaft für nützliche Forschungen zu Trier 1801—1901. Ein geschichtlicher Rückblick anlässlich der Feier des hundertjährigen Bestehens dieser Gesellschaft. Trier, 1901. Druck von Jacob Lintz. 4°.

Rosauer Otto: Über die Trennung der Dimethyläther des Pyrogallols und des Methylpyrogallols. S. 107. Hb. 30 . . . . vgr.

Separatabdruck

Rosbach, Konrad: P o s t - und Reise k a r t e des Grossherzogthums Luxemburg. Luxemburg 1863. Lithogr. C. Rosbach.

Rosbach, Konrad: P o s t - und Reise k a r t e des Grossherzogthums Luxemburg. Neue Ausgabe. Verbessert und vermehrt durch die Angabe der neugebauten Eisenbahnen ... Luxemburg: Lith. C. Rosbach 1873.

– Dass. Ebd. 1886. 1 Bl. 48x63 cm.

Rosberg, J. E., s.: **Hölzel's geograph. Charakter-Bilder.**

Rosberg, M., e. Blick auf die weltgeschichtliche Bedeutung Rußlands. gr. 8. (15 S.) Dorpat 873. Schnakenburg. n. — 40

Rosberg, M., De praepositionibus apud Homerum quae cum solo genitivi casu coniunguntur. I. Ἀπό. Diss. 1868. 44 S. 1.—

Roesberg, Johs., Registor, s.: Zeitschrift f. christl. Kunst.

Rosbund, Felix, Gerichtsassessor: Die Uebernahme der persönlichen Schuld durch den Erwerber des hypothekarisch belasteten Grundstücks. *Potsdam 1902: Krämer.* (48 S.) 8° [F.]
Rostock, Jur. Diss. v. 26. Jan.] 1903

Rosbund, M., der erste Rechenunterricht mit besonderer Berücksichtigung der Veranschaulichung der Grundoperationen dargestellt. Lübben 867. Leipzig, Matthes. gr. 8. (40 S.) 5 *ngr.*

Rosbund, Max: Dryden als Shakespeare-Bearbeiter. Halle a. S. 1882: Plötz. 72 S. 8°
Halle-Wittenberg, Phil. Diss. v. [4. Juli] 1882
Geb. Berlin 26. 6. 1860. V.

Rosbund, M[ax], Dr.: Von der höheren **Schule** in Frankreich. *Danzig 1899: E. Groening.* (27 S.) 4°
Danzig, st. G. OP 1899 (28)

Roscelini epistola ad P. Abaelardum. Editore J. A. S c h m e l l e r. (Aus den Abhandlungen der I. Cl. der k. Akademie der Wiss. V. Bd. III. Abth. abgedr.) gr. 4. (24 S.) München 850. (Franz.) n. 8 *ngr.*

Rosch, das Bette, der Schlaf u. d. Traum, in Bezieh. auf d. Gesundheit u. hauptsächl. auf d. Entwickelung d. Kinder, so wie auch auf d. Erhalt. e. blühenden Aussehens in spätern Jahren. 1. Aufl. 837. u. 2., verm. u. verb. Aufl. gr. 12. (à 2 B.) Nürnberg 840, [Lotzbeck.] à *

Rosch, das Bette, der Schlaf und der Traum, deren Einwirkung auf die Gesundheit und hauptsächlich auf die Entwickelung der Kinder, sowie auch auf die Erhaltung eines immer frischen Aussehens. Für Jedermann, zunächst aber für Eltern und Erzieher. 3. verm. rc. (Titel-)Aufl. Nürnberg (840.) 854. Lotzbeck. 12. (46 S.) 5 *ngr.*

— die Erkenntniß und Heilung des Nervenfiebers. Seine Entstehung, sein Verlauf und Ende. 2. (Titel-)Aufl. Ebend. (840.) 854. 8. (28 S.) 5 *ngr.*

—— die wahre G r u n d u r s a c h e d. meisten chron. Krankheiten, besond. d. ewigen Leiden d. weibl. Geschlechts. Keine leere Hypothese. Ein Büchlein f. Jedermann, zur Beförderung d. d. Familienglücks. Ein Wink f. Aerzte, zur gründl. Behandl. weit verbreit. Krankheiten. Ein Beitr. z. Gesetzgebung u. Volksbildung. gr. 8. (3½ B.) Nürnberg 837, [Lotzbeck.]

— die wahre Grundursache der meisten c h r o n i s c h e n K r a n k h e i t e n, besonders der ewigen Leiden des weibl. Geschlechts. Keine leere Hypothese. Ein Büchlein für Jedermann. gr. 8. Nürnberg 837. Geh. ½ rß

—— die wahre einzige G r u n d u r s a c h e der meisten chronischen Krankheiten, besonders der beständigen Leiden des weiblichen Geschlechts. Zur Beförderung des Familienglücks, sowie ein Beitrag zur Gesetzgebung und Volksbildung. 2. (Titel-)Aufl. gr. 8. (IV und 51 S.) Nürnberg 854, Lotzbeck.

Rosch, die wahre einzige Grundursache der meisten chronischen Krankheiten, besonders der beständigen Leiden d. weiblichen Geschlechts. Zur Beförderg. d. Familienglücks, sowie e. Beitrag zur Gesetzgebg. u. Volksbildg. 4. Aufl. 8. (IV, 36 S.) Leipzig 890. Verlag der neuen Heilkunst (L. Volkmar). n. — 20

Rosch, die wahre einzige Grundursache der meisten chronischen Krankheiten, besonders der beständ. Leiden d. weibl. Geschlechts. Zur Beförderg. d. Familienglücks, sowie e. Beitrag zur Gesetzgebg. u. Volksbildg. 5. Aufl. 8. (36 S.) Berlin 893. Verlag der Neuen Heilkunst (L. Volkmar). n. — 20

Rosch, Naturheilungen. Ueber die Ursache der Rückgrads-Verkrümmungen oder des Schiefwerdens der Kinder und das unfehlbare Mittel dagegen; Schlaflosigkeit und deren Abhülfe; Wundfieber und die Vermeidung desselben; Mastdarmvorfälle und ihre augenblickliche Heilung; einige Einrichtungen im Hause zur Verhütung von Krankheiten. 8. (62 S. mit 1 Stnt.) Nürnberg 857, Lotzbeck.

— das N e r v e n f i e b e r, ein Hirngespinst. Sendschreiben an denkende Aerzte u. Nichtärzte. 8. Nürnberg 840. (Geh.) ¼ rß

—— über d. N o t h im Volke, die Unzufriedenheit u. d. Auswanderungen. 8. (5 B.) Nürnberg 838, [Lotzbeck.]

— über die N o t h im Volke, die Unzufriedenheit u. die Auswanderungen. Allen Regierungen, Staatsmännern rc. gewidmet. 8. Nürnberg 838. (Geh.) ½ rß

—— die N o t h im Volke, die Unzufriedenheit und die Auswanderungen. Oder Mittel denselben vorzubeugen und gänzlich zu heben. 2. (Titel-)Ausg. 8. (75 S.) Nürnberg 854, Lotzbeck.

Rosch, die eheliche Pflicht u. ihre Folgen, s. a. M ö l l e r's, Wilh., Bibliothek f. Gesundheitspflege usw. 43. Hft.

Die eheliche Pflicht und ihre Folgen. Eine Beleuchtung d. Ursachen chronischer Krankheiten, besond. d. Hysterie, Hypochondrie u. anderer Nervenstörungen. Von Dr. med. **Rosch.** Oranienburg bei Berlin: W. Möller [1906]. (25 S.) 8° [F. u. Ant.]
— **Bibliothek,** Möller's, f. Gesundheitspflege, Erziehung u. Volksaufklärung. II. 43. 07. 4410

—— der S c h l ü s s e l zum Nervenfieber. Sendschreiben an denk. Aerzte u. Nichtärzte. gr. 8. (2 B.) Nürnberg 840, [Lotzbeck.]

— der Schlüssel zum Nervenfieber. Sendschreiben an denkende Aerzte und Nichtärzte. gr. 8. Nürnberg 840. Geh. n. ¼ rß

—— die W e i h e d. Jünglings zum Manne. Ein Abschiedsgeschenk f. gebild. Söhne, bei ihrem Austritte aus d. Vaterhause od. d. Lehranstalten, u. e. freundl. Begleiter auf ihren spätern Lebenswegen, u. allen Vätern u. Lehrern ans Herz gelegt. gr. 8. (7½ B.) Nürnberg 839, [Lotzbeck.]

... Rosch: d. Weihe d. Jünglings z. Manne; e. Abschiedsgeschenk f. gebild. Söhne b. ihr. Austr. a. d. Vaterhause od. d. Lehranstalten u. s. w. *Nürnb.*, **Zeh. B. 839. gr 8° 12 gl**

— die Weihe des Jünglings zum Manne. Mitgabe für gebildete Söhne bei ihrem Eintritt in das Leben oder Anleitung zur Erhaltung eines gesunden kräftigen Körpers und immer heitern, lebendigen Geistes. Allen Vätern und Lehrern an das Herz gelegt. 2. (Titel-)Aufl. gr. 8. (VIII und 110 S.) Nürnberg 854, Lotzbeck. Thlr.

Rosch, Ernst [aus Merzig a. Saar]: Ueber die Dupuytren'sche Fingerkontraktur. Beiträge zur Casuistik der Fingerkontrakturen und ihrer Therapie. . . . Strassburg i. E., Buchdr. C. Goeller, 1891: 10 S., 1 Bl. 8°
Strassburg, Med. Fak. Inaug.-Diss. v. 1891

Rosch, Gustav, und Anton Wollensack, Beobachtungen, Fragen und Aufgaben aus dem Gebiete der elementaren astronomischen Geographie. 2. verbesserte und vermehrte Auflage. 8. (38 S.) Wien: Hölder 1893. —.18

Rosch, H.: Der moderne Ringkampf und seine Geschichte. Leipzig. 44 S. m. Abb. (Miniatur-Bibliothek. 765.)

Rösch, A.: Die Königin von Saba als Königin Bilqis. Eine Studie. Leipzig 1890.

Rösch, Adf., die Beziehungen der Staatsgewalt zur katholischen Kirche in den beiden hohenzollern'schen Fürstentümern von 1800—1850. (VII, 190 S.) gr. 8. Sigmaringen 906. (K. Liebner.) n. 3.—
Sonderabdruck aus: „Archiv f. kath. Kirchenrecht".

Rösch, Adf., der Einfluß der deutschen protestant. Regierungen auf die Bischofswahlen, s. a. Studien aus dem Collegium sapientae zu Freiburg im Breisgau. 4. Bd.

Der Einfluss der deutschen protestantischen Regierungen auf die Bischofswahlen. Von A. **Rösch**. *Freiburg i. Br.: Charitasverband f. d. kath. Deutschl. in Komm. 1900.* (VIII, 268 S.) 8° [F.]
= **Studien** aus d. **Collegium Sapientiae** zu Freiburg i. Br. Bd 4. [0. 6.]

Rösch, Adf., ein neuer Historiker der Aufklärung. Antwort auf Professor Merkles Rede u. Schrift: Die kathol. Beurteilg. des Aufklärungszeitalters. Zugleich e. Beitrag zur Geschichte der Aufklärg. (VIII, 181 S.) gr. 8. Essen (909). Fredebeul & Koenen. 2. —

Rösch, Adf., der Klerus u. das Strafgesetzbuch, s. a. Seelsorger-Praxis. III.

Der Klerus und das Strafgesetzbuch. Prakt. Kommentar der auf Religion u. Klerus bezügl. Materien d. Strafgesetzbuches. Von Dr. iur. Adolf **Rösch**, Pfarrer. *Paderborn: F. Schöningh 1902.* (152 S.) 8° [F.]
= **Seelsorger-Praxis.** 3. [03. 4303]

— **Das religiöse Leben in Hohenzollern unter dem Einflusse des Wessenbergianismus 1800—1850, s. a. Görres-Gesellschaft zur Pflege der Wissenschaft im katholischen Deutschland. 1908. 2. Vereinsschrift.**

Das religiöse Leben in Hohenzollern unter dem Einflusse des Wessenbergianismus, 1800–1850. Ein Beitrag z. Geschichte d. religiösen Aufklärung in Süddeutschland. Von Dr. Adolf **Rösch**. Köln: Bachem 1908. 130 S. 8°
(Vereinsgaben d. Görres-Gesellschaft. 1908, 2.) [09. 9081 6]

Rösch, Anton. Der Kontakt zwischen dem Flysch und der Molasse im Allgäu. ⟨Mit 2 Tafeln.⟩ Diss. Phil. Bern. (Sonderabdruck aus den Mitteilungen der Geographischen Gesellschaft in München. Bd. 1. Heft 3. 1905.) IV S. + S. 313—354. 8. München, F. Straub, 1905.

Rösch, Anton, Rechtsprakt.: Der Kreditwucher. Achern 1910: Unitas. 73, II S. 8°
Heidelberg, Jur. Diss. v. 5. Mai 1910, Ref. v. Lilienthal
[Geb. 21. Dez. 81 Ottenhofen; Wohnort: Achern; Staatsangeh.: Baden; Vorbildung: Gymn. Offenburg Reife Juli 02; Studium: Straßburg, Freiburg i. B., Berlin, zus. 7 S.; Rig. 14. Febr. 10.] [U 10. 1991

Rösch, Ant., Schemata u. Lehrproben, s.: Königbauer, Joach.

Rösch, C., s. Rösch, Karl

Rösch, Carl, s. Rösch, Karl

Rösch, Constantin, s. Rösch, Konstantin

Roesch, Ed., Hermann's v. Lehnin Weissagung üb. das Brandenburgische Haus [nach dem Exemplare aus der Abtei Benediktbeuren] historisch u. kritisch zum erstenmale vollständig entwickelt. 32. (266 S.) Stuttgart 850, Scheible. 11 ngl

Rösch, F., die methodistischen Klaßversammlungen. Ihr Wesen u. ihre Bedeutg. f. die Kirche, nebst Anweisgn. f. die Klaßführer. Nach engl. Quellen dargestellt. (51 S.) 8. Bremen (908). Buchh. u. Verlag des Traktathauses. — 40

Rösch, Fr. Nikol.

— **Handbuch d. Geschichte d. ehmal. Fürstenth., jetzt Großherzogth. Würzburg, vorzügl. z. Gebr. in Schulen. 8. Würzb. 815.**

Rösch, Fr. Nikol., (✝ d. 7. Juni 1834.) der prakt. Prediger, od. kurze Anweis., dem Landvolke auf eine allgemeinverständl. Weise zu predigen. 8. Würzb. 808, Stahel. 10 gl

Rösch, Frz. N., Trauerrede auf Papst Pius VIII. gr. 8. (1¼ B.) Würzburg 831, [Etlinger'sche Buchh.]

Rösch. Friedrich. Biedermanniade, Gedichte. Chicago. 1885. UC

Rösch, Friedrich, Festschrift zum 50 jähr. Stiftungsfest des Turnvereins Mosbach, 1846—1896, i. A. d. Turnr. verf., Mosbach 1896, 25 S., 8°.

Rösch, Friedrich, Lehramtspraktikant: **Grundlagen** der Geometrie. *Heidelberg 1899: E. Geisendörfer.* (S. 12—16.) 4°
Heidelberg, OR, P 1899 (660)

Rösch, Friedr., ein Heldenleben. Tondichtung für grosses Orchester v. Richard Strauss. Erläuterungsschrift v. R., nebst e. umschreib. Dichtg. v. Eberh. König. qu. 8. (39 S.) Leipzig (900). F. E. C. Leuckart. — 80

Ich möcht ein Lied dir weihn. Ged. v. Peter Cornelius. F. 1 Singstimme m. Klavierbegl. comp. v. Friedrich Rösch ... Leipzig: Commv. v. F. Hofmeister; Lith. Anst. v. C. G. Röder [1896]. 1 Bd 4°

Rösch, Friedrich, Lehramtspraktikant, aus Bretten ⟨Baden⟩: **Ueber die Irreduktibilität der partiellen Differentialgleichung** $a(x,y)\frac{\partial z}{\partial x} + b(x,y)\frac{\partial z}{\partial y} + c(x,y)\,z = 0$. *Heidelberg 1899: J. Hörning.* (29 S.) 8°
Heidelberg, Naturw.-math. Diss. v. [16. Mai] 1899

Rösch, F., Lehrplan f. das Turnen der männlichen Schuljugend, s.: Maul, Alfr.

Drei Lieder. Ged. v. Carl Stieler. F. e. Tenorst. m. Orchesterbegleitg comp. v. Friedrich Roesch. 1. Der Trauten. 2. Das ist wohl e. alte Lehr! 3. Komm! ... Klavierausz. *Leipzig: Commv. v. F. Hofmeister: Lith. Anst. v. C. G. Röder [1896].* (14 S.) 1 Bd 4. [96. 8734

Drei Lieder f. e. Sopranstimme m. Orchesterbegleitg comp. v. Friedrich Roesch. 1. Bekenntniss ... 2. Wie wundersam ... 3. Lied v. Winde ... Partitur ... Leipzig: Commv. v. F. Hofmeister; Lith. Anst. v. C. G. Röder [1895]. (38 S.) 1 Bd 4°

Drei Lieder f. e. Tenorst. m. Orchesterbegleitg comp. v. Friedrich Roesch. 1. Braunäuglein ... 2. Lieb Seelchen, lass das Fragen ... 3. Im Rosengärtlein ... Partitur ... *Leipzig: Commv. v. F. Hofmeister; Lith. Anst. v. C. G. Röder [1896].* (23 S.) 1 Bd 4. [96. 8635

Drei Lieder f. e. Tenorst. m. Orchesterbegleitg comp. v. Friedrich Roesch. 1. Braunäuglein ... 2. Lieb Seelchen, lass das Fragen ... 3. Im Rosengärtlein ... Klavierausz. *Leipzig: Commv. v. F. Hofmeister; Lith. Anst. v. C. G. Röder [1896].* (11 S.) 1 Bd 4. [96. 8636

[F. u. Ant.] Fünf Madrigale '(nach altdeutschen Liedern)' f. vierstimm. gem. Chor comp. v. Friedrich Roesch ... *Leipzig: Commv. v. F. Hofmeister; Lith. Anst. v. C. G. Röder [1895].* (17 S.) 1 Bd 4. [96. 8637

Drei Madrigale '(nach altdeutschen Liedern)' f. vierstimm. Männerchor gesetzt v. Friedrich Roesch ... *Leipzig: Commv. v. F. Hofmeister; Lith. Anst. v. C. G. Röder [1895].* (11 S.) 1 Bd 4. [96. 8638

Sicheres Merkmal. Ged. v. Wilhelmine Gräfin Wickenburg-Almasy. F. e. Sopranst. m. Klavierbegl. comp. v. Friedrich Roesch ... *Leipzig: Commv. v. F. Hofmeister; Lith. Anst. v. C. G. Röder [1895].* (7 S.) 1 Bd 4. [96. 8639

[F.] Musik-ästhetische Streitfragen. Streiflichter u. Schlagschatten zu d. Ausgew. Schriften v. Hans v. Bülow. E. krit. Waffengang v. Friedrich Rösch. *Leipzig: Komm.-V. v. F. Hofmeister; ([Dr. v.] C. G. Röder) 1897.* (239 S.) 1 Bd 8. [97. 2094

– Die grundlegenden Übungen des deutschen Turnens in 76 Bildern. Mit Erläutergn. (XI, 24 S. u. 76 S. Abb.) kl. 8. Karlsruhe 910. G. Braun'sche Hofbuchdr. 4. 50

— une vie de héros. Poème symphonique pour grand orchestre par Rich. Strauss. Etude analytique, précédée d'un poeme-commentaire par Eberh. König. Traduction française de Ernest Closson. qu. 12. (32 S.) Ebd. (900). n. — 40

Rösch, Friedrich, a. Cannstatt: Vorbemerkungen zu einer Grammatik der achmimischen Mundart. Strassburg: Schlesier & Schweikhardt 1909. 187 S. 4° [Text autogr.] • (Ersch. vollst. ebd. u. d. T.: Der achmimische Papyrus d. Strassburger Univ.- u. Landesbibliothek.)

Straßburg, Phil. Diss. v. 1. Aug. 1907, Ref. Spiegelberg, v. Dobschütz

[Geb. 1. Aug. 83 Backnang; Wohnort: Straßburg; Staatsangeh.: Württemberg; Vorbildung: Kaiser-Friedrichs-Gymn. Frankfurt a. M. Reife O. 03; Studium: Heidelberg 1, Straßburg 4, Berlin 2, Straßburg 2 S.] [U 09. 3850

Rösch, Frdr., Vorbemerkungen zu e. Grammatik der achmimischen Mundart. Diss. (VII S. u. 187 autogr. S.) 33×26 cm. Strassburg 909. [Schlesier & Schweikhardt] Leipzig, J. C. Hinrichs' Verl. 15. —

Rösch, G. A., die Königin v. Saba als Königin Bilqis. [Aus: „Jahrbb. f. protest. Theol."] gr. 8. (52 S.) Leipzig 880. Barth. n. 2. —

Rösch, H., biographisches Lexikon d. deutschen Buchhandels der Gegenwart, s.: Pfau, K. F.

Rösch, H., Übungsgruppen an Barren, Reck und Pferd für die Vereine des Breisgauer Turngaues, Waldkirch 1893, 55 S., 8°.

Roesch, Heinr., wie werde ich rasch e. guter Stenograph?, s.: Reutor's Bibliothek für Gabelsberger-Stenographen.

Rösch, Hugo, s.a. Schmidt, Auguste

Rösch, Hugo (Hrsg.), s. Die Badeanstalt.

Rösch, Hugo, s.: Praxis, die literarische.

Rösch, Hugo, Sang u. Klang im Sachsen-Land. Eine Blumenlese heimatl. Volkslieder. Mit Bildern v. Krause, Lewin u. Will. 8. (XVI, 205 S.) Leipzig 887. Renger. n. 3. —; geb. n. 4. —

Rösch, J. F.

Rösch, von, Beiträge z. schönen Baukunst in Bemerkungen üb. das neu erbaute Theater zu Karlsruhe. 8. Stuttg. Erhard. 811.

Rösch, J. F. v., Beyträge zur schönen Baukunst, in Bemerkungen über eine Berliner Recension, den Schneiderschen Vitruv, das Theater zu Karlsruhe u. das Weinbrennerische System, das Residenzschloß zu Stuttgart betreffend. 8. Stuttgart, Löfflund. 818.

Rösch, von, Beiträge zur Geographie und Geschichte der Vorzeit. Mit einer Steintafel mit Keilschriften und einer Beilage das griechische Theater betreffend. Stuttg. 819. 8. 1 rthl. 16 gr.

— Entwurf zu einem zweck- und pflichtmäßigen Militairstande f. Wirtemberg. 8. Stuttgart, Steinkopf. 799.

— Erläuter. über Vitruvs Baukunst. gr. 8. Stuttg. Löflund. 802.

Rösch, J. F. v., Commentar üb. d. Commentarien des Cäsars, als e. Beantw. d. remarques sur César. m. K. gr. 8. Halle, Gebauer. 783.
s.a. Rösch, J. Georg

— Taschenbuch der Vorzeit, auf 1805. 8. Stuttg. Mag. f. Lit.

Rösch, J. Geo.

– trigonometr. Aufnahme des Thals von St. Luzien-Steig bis Chur in Graubündten. Mit 1 Tabelle u. 1 Karte. gr. 8. Winterthur 809.

Rösch, J. G., Beiträge zum Orthographieunterricht. Mit besond. Betonung der sprachvergleichenden Methode und für ältere Schüler bearb. gr. 8. (IV, 72 S.) Nürnberg 885, Korn'sche Buchh. *

Rösch, J. G., die brauchbarsten Kapitel der deutschen Grammatik in neuer Beleuchtg. E. Bücheranzeige u. Winke aus d. Praxis. 8. (26 S.) Wunsiedel 887. (G. Kohler.) n. — 40

Rösch, J. Gg., Bayreuther Schnell- u. Schönschreibschule. Theoretisch-praktische Anleitg. zur Erzielg. e. guten Handschrift. Für Schulen u. zum Selbstunterricht bearb. (56 S.) 8. Bayreuth 906. (Grau) n. 1. —

Rösch, J. Geo., Schorndorf u. die Landvogtei an d. Fils u. d. Rems, nebst statist. Uebersicht d. Königr. Würtemberg. Mit 1 Karte u. Tabell. gr. 8. Stuttg. 817. (Metzler). 1 ₰ 8 gr

v. Rösch, Ritter Jak. Fr., Beitr. z. schönen Baukunst, in Bemerk. üb. e. Berliner Recension, d. Schneiderschen Vitruv, d. Theater zu Karlsruhe u. d. Weinbrennersche System, d. Residenzschloß zu Stuttgart betreff. 8. Stutta. 818. Löflund. 1 ℛ

— Beitr. z. Geographie u. Geschichte d. Vorzeit. Mit 1 Steink., mit Keilschriften u. e. Beilage, das griech. Theater betreff. 8. Stuttg. 819. (Löflund). 1 ℛ 16 ℊ

— Entwurf zu e. zweck- u. pflichtmäß. Militärstande für Würtemberg. 8. Stuttg. 799. Steinkopf. 6 ℊ

— Erläuterr. üb. Vitruvs Baukunst. gr. 8. Stuttg. 802. (Löflund). 16 ℊ

— Commentar üb. die Commentarien d. Cäsar, als e. Beantwortung d. Remarques sur César des M. v. W. Mit 4 Kpft. gr. 8. Halle 783. Gebauer. 1 ℛ 18 ℊ
s.a. Rösch, J.F

— röm. Kriegsalterthümer, s. J. J. H. Nast,

s. F. G. A, v. Mitler, Taktik.

s.a. Pläne v. 42 Hauptschlachten.

Rösch, J. F. Pläne von Zwei und Vierzig Hauptschlachten, Treffen und Belagerungen des siebenjährigen Krieges. Mit französischer und deutschor Erklärung. Fol. Frankfurt 1790.

— Sätze aus d. Taktik. Stuttg. 777—82.

— Taschenbuch d. Vorzeit, auf d. J. 1805. 12. Stuttg. 804. Magaz. f. Litt. 20 ℊ

Rösch, J. F. v., Taschenbuch der Vorzeit. Stuttg. 805. 8. 20 gr.

v. Rösch, Jak. Fr., mathemat. Untersuchungen d. Feldbefestigungskunst. 4. Stuttg. 782.

Rösch, Jac. Friedr. v., Erläuterungen u. Zusätze zu Rotteck's Weltgeschichte. 1. Bd. — Kaußler's Versuch e. Kriegsgeschichte aller Völker. 1. Bd. — Grüneisens Revision d. jüngst. Forschungen üb. d. Salomon. Tempel. — Hübsch's Aeußerungen gegen Vitruv ꝛc. u. zu d. falschen Erklärn. d. äginäischen Bildwerke in Stuttgart u. München ꝛc. gr. 8. (5¼ B.) Ulm 832, (Ebner.)

Rösch, Joh. Cap., bete u. arbeite. Katholisches Lehr-, Gebet- u. Gesang-Buch, oder Anleitung, wie man durch Gebet u. Arbeit, durch Beiwohnung des Gottesdienstes, durch Empfang der heiligen Sakramente ꝛc. dem lieben Gott dienen kann u. soll, zum Heile der Seele im Leben u. im Sterben. Für das kathol. Landvolk eingerichtet u. herausg. Mit einem Titelbilde (in Stahlst.). Graz 868. (Moser.) 8. (577 S.) n. 18 ngr.

Rösch, Joseph, a. Honningen a. Rhein: Untersuchungen über die Struktur der Banden im Spektrum der Effektkohlen sowie des Baryum-Fluorids. Trier 1906: Paulinus-Dr. (31 S.) 8°
Bonn, Phil. Fak., Ref. Kayser, Diss. v. 11. Aug. 1906
[Geb. 14. Dez 82 Honningen a. Rh.; Wohnort: Hönningen a. Rh.; Staatsangeh.: Preußen; Vorbildung: Kaiserin Augusta-Gymn. Coblenz Reife O. 03; Studium: Bonn 6 S.; Rig. 1 Aug. 06.]

Rösch, Karl

Rösch, Carl (Heinr.), die Arzneikräfte d. Salmiaks. Eine Abhandl. f. prakt. Aerzte. 8. (6 B.) Tübingen 835, Laupp'sche Bh.

—— über d. Bedeutung d. Bluts im gesunden u. kranken Leben u. d. Verhältniss d. Nervensystems zu demselben. Od.: Vertheidigung meiner patholog. „Untersuchungen" geg. d. Angriffe d. Solidar- u. Nervenpathologie. gr. 8. (7⅛ B.) Stuttgart 839, Hallberger'sche Vrlsh.

Rösch, Carl, über d. allgem. Indicationen zum Aderlassen. Mit Vorw. v. Herm. Friedr. Autenrieth. 8. (4 B.) Tübingen 833, Laupp.

— primae lineae pathologiae humorum, qui in corpore humano circulantur, ad praesentem phys ologiae ac pathologiae statum constructae. 8maj. Stuttgartiae 837. Brodhag. 7/8 ℛ

—— primae lineae pathologiae humorum, qui in corpore humano circulantur, ad praesentem physiologiae ac pathologiae statum constructae. 8maj. (8 B.) Stuttgartiae 837, [Scheible, Rieger u. Sattler.]

Rösch, Carl, der Mäßigkeits-Verein zu Schwenningen. Dargestellt und dem Volke gewidmet. Eigenthum des Würtemberg. Volksschriften-Vereins. 8. Ulm 844. (Heerbrandt u. Thämel.) 1/8 ℛ

—— der Missbrauch geistiger Getränke in patholog., therapeut., medizin.-polizeil. u. gerichtl. Hinsicht untersucht. gr. 8. (21½ B.) Tübingen 839, Laupp'sche Buchh.

—— über d. Missbrauch d. geistigen Getränke, in Bezieh. z. Medizinal-Polizei u. gerichtl. Medizin. gr. 8. (8½ B.) Berlin 839, Rubach.
Aus: Analecten f. d. gesammte Staatsarzneikunde, besond. abgedruckt.

Carl Rösch die 18. Vers. deutscher N. F. u. A., Reiseerinnerungen. Stuttgart 1841. 8.

—— die Stiftung f. Kretinenkinder auf dem Abendberge bei Interlachen in der Schweiz. gr 8. (2 B.) Stuttgart 842, (Ebner u. Seubert.)

— Untersuchungen aus dem Gebiete der Heilwissenschaft. 2 Thle. gr. 8. Stuttgart 837, 38. Brodhag. (à 1½ ℛ) 3 ℛ

—— Untersuchungen aus d. Gebiete d. Heilwissenschaft. 2 Thle. gr. 8. (à 17½ B.) Stuttgart 837, [Scheible, Rieger u. Sattler.] à 1½ Thlr.

—— neue Untersuchungen üb. den Kretinismus, s. Maffei.

— die achtzehnte Versammlung deutscher Naturforscher und Aerzte. Reiseerinnerungen. Mit dem Vortrag des Verfassers über Cretinismus und angebornen Blödsinn. gr. 8. Stuttgart 841, Ebner u. Seubert. ¾ ℛ

Rösch, Konstantin

Rösch, Const., O. Cap., der Aufbau der hl. Schriften des Neuen Testamentes. (VIII, 143 S.) gr. 8. Münster 905. Aschendorff. n. 2. 50

Rösch, Const., O. Cap., die Hl. Schriften des Alten Testaments. Ausführliche Inhaltsübersicht m. kurzgefasst spezieller Einleitg. I. Tl.: Die histor. Schriften. (VI, 256 S.) Lex. 8. Münster 908. Aschendorff. 4. —

Roesch, Matthias (Strassburg) A. S. 159/10

Dissertatio inauguralis iuridica de feudis de camera et caneva.
Leipzig (Langenheim) 1751. 38 S.

Diss. Strassburg VI. 1701. 29067

ROESCH, Robert (Markranstädt/Sachs.): Beiträge zur modernen Radicaloperation der Hernien.- München: Wolf 1882. 22 S.
29.11.1882 - Urk (Titel: De operatione radicali herniarum recenti.); Chr 1882/83,17
Diss.Ingolst.-Landsh.-Mchn.

Rösch, W., üb. den griechischen Accent. Vortrag auf der Lehrerversammlg. in Hall 13. Mai 1882. gr. 8. (17 S.) Tübingen 882. Fues. n. — 50

Rösch, W., Anthologie aus griechischen Prosaikern, s.. Kraut, K.

-- Demosthenes als Redner u. Staatsmann, s. a. Sammlung gemeinverständl. wissenschaftl. Vorträge.

[ö.] Demosthenes als Redner und Staatsmann. Vortr. v. W. **Roesch,** Prof. in Heilbronn. *Hamburg: Verlagsanst. u. Dr. A. G. 1896.* (36 S.) 8. = Sammlung gemeinverständl. wissensch. Vorträge. N. F. Ser. 10. H. 235. [96. 769

—— neue Forschungen über das Wesen und die Construction des Infinitivs. Vortrag auf der Lehrerversammlung in Heilbronn, 26. April 1879. gr. 8. (16 S.) (Ebendas.) 880.
Vorstehende zwei Schriften sind aus: Correspondenzblatt für die Gelehrten- und Realschulen Württembergs, besonders abgedruckt.

— der Dichter Horatius u. seine Zeit, s. a. Sammlung gemeinverständlicher wissenschaftlicher Vorträge.

Rösch W. der Dichter Horatius und seine Zeit. (S. wiss. Vortr. 463) Berlin 1885

Rösch, W. Die Sprache, das Bild der Seele. Heilbronn, G., 1878. 16 S. 4. Progr.

— der Geschichtschreiber Cornelius Tacitus, s. a. Sammlung gemeinverständlicher wissenschaftlicher Vorträge

Rösch W, der Geschichtsschreiber Cornelius Tacitus. (Sammlung gemeinndlicher wissenschaftlicher Vorträge Neue Folge 119) Hamburg 1891

Rösch, W., üb. das Wesen u. die Geschichte der Sprache, s. a. Sammlung gemeinverständl. wissenschaftl. Vorträge.

Rösch W, über das Wesen und die Geschichte der Sprache. (Sammlung gemeinverständlicher wissenschaftlicher Vorträge 172) Berlin 1873

Rösch, Wilh., mustergiltige plastische Motive f. das Studium u. die kunstgewerbliche Praxis d. Bildhauers. Nach ausgeführten Originalen v. W. R. photographisch aufgenommen in feinsten Lichtdr.-Reproductionen. Hrsg. v. Wilh. Kick. 10 Lfgn. gr. Fol. (à 4 Blatt.) Stuttgart 891. 892. A. Zimmer's Verl. à n. 2 50 (kplt in Mappe n. 25)

Georg **Rösch** von Geroldshausen: Tiroler Landreim und Wunschspruch von allerlei Welthändeln, Werkleuten und Gewerben &c. Zwei tirolische Gedichte d. XVI. Jh. Mit d. Lebensabriss d. Vfs, geschichtl. u. sachl. Erläut. hrsg. v. Conrad Fischnaler. *Innsbruck: Wagner 1898.* (2 Bl., 30 S., 37 Bl., XI S., 1 Bl.) 1 Bd 8. [98. 9841

Rösch-Eisen, M., die doppelte Buchhaltung in einfachster Form, nur mittelst eines Buches. Ulm 855. F. Ebner. 4. (17, 35 S.) 13 ngr.

Roschatt, Alois

Roschatt, A., Ueb. d. Gebrauch d. Parenthesen in Ciceros Reden u. rhetor. Schriften. Diss. 1883. 33 S. 1.20

Roschatt, *Alois* Die Metaphern bei den attischen Rednern. 8. (52 S.) **Progr.** Studienanst. *Straubing* 1886.

Roschatt, *Alois* **[Dr., Prof.]: Die synonymen Verbindungen bei den attischen Rednern. Freising, Buchdr. v. A. Fellerer, 1896; 42 S. 8.**
Freising, k. Humanist. G., P. 1896*

Roschazek, H. (Red.), s. Bau-Industrie-Zeitung, Wiener.

Rosche, Herm., Berechnung etc. des Oberbaues, s.: Zimmermann, Herm.

Röschel und Bucher, Briefwechsel von dem Wesen der Seele. Amst. 1716. 1723. 8°.
1713

Röschel, Johann Baptist [Praes.], s. Pinsdörffer, Michael: Ουρανολογιαν

Röschel, Johann Baptist [Praes.], s. Vater, Abraham: De eo, quod theion habetur, in rebus naturalibus.

Röschen, s. a. Immergrün.

— s. a. Rösgen.

Röschen und Colas; eine Operette a. d. Franz. [des Michel Jean Sedaine]. Frankfurt a. M. 1772. V: *Faber, Johann Heinrich.* (Ky) (ML)

Röschen u. Colas. Operette. 8. **Manh. 780. Schwan u. G.** 6 Kr. s. auch Sedaine.

Röschen, Friedheims, auf ihrer ökonomischen Wanderung. Leipzig 1800. V: *Lossius, Rudolph Chph.* (Ky)

Röschen und Hannchen, oder der böhmische Musikant. Lustspiel in fünf Akten. Kopenhagen 1798. V: *Tode, Johann Clemens.* (Ky) (GGr)

Röschen u. Hannchen; od. d. böhmische Musikant. Lustsp. in 5 Akten. 8. Copenhagen, Schubothe. 798.

Roes'chen u. ihre Mutter. 8. (16 S. u. 12 lith. u. color. Taf. m. Text.) Stuttgart 851, Schulz. 8 ngr.

Roeschen, A., s.a. Sternsdorff, C.

Roeschen, (A.) Beiträge zur Geschichte des siebenjährigen Krieges in Oberhessen. (Gießen 1887.) 8°. (5. Jahresbericht d. Oberhess. Vereins f. Localgesch.)

(Roeschen, A.) Das Treffen bei Grünberg und Laubach am 21. März 1761. 2. Aufl. (Marburg 1910.) 8°. (Aus: Roeschen: Vogelsberg.)

Roeschen, August (Winnerod)
Der syntaktische Gebrauch der Negation bei Ville-Hardouin. Giessen: Wenzel 1884. 58 S.
Diss. phil. 9.6.1884. vorh. 26. 7.

Roeschen, August, Dr. **Rückblick** auf die Geschichte der Lateinschule und des Gymnasiums Fridericianum zu Laubach in Hessen. Mit 6 Beil. u. 4 Abb. *Grünberg 1900 H. Robert.* (III, 54 S.) 8°
Laubach, grossh. G. Fridericianum, Festschr. 1900**

Roeschen, Aug., Rückblick auf die Geschichte der Lateinschule u. des Gymnasiums Fridericianum zu Laubach in Hessen. Festschrift zum 25jähr. Jubiläum des Gymnasiums Fridericianum. Mit 6 Beilagen und 4 Abbildgn. gr. 8. (III, 54 S.) Grünberg 900. (Giessen, A. Frees.) 1. 50

Roeschen, Aug., durch Vogelsberg, Wetterau u. Rhön. Unter Mitwirkg. des Vogelsberger Höhenklubs. Neue Aufl. Mit 97 Abbildgn., 39 Streckenkrokis u. 2 [1 farb.] Karten. (XVI, 326 S.) kl. 8. Marburg 910. N. G. Elwert's Verl. Geb. in Leinw. 2.—

Roeschen, Aug., illustrierter Vogelsberg-Wetterau-Rhön-Führer. s.a. Roth.

Roth's illustrierter Vogelsberg-Wetterau-Rhön-Führer. Vogelsberg und Wetterau nebst den schönsten Teilen der Rhön. Unter Mitw. d. Vogelsb. Höhenklubs bearb. von Prof. Dr. August Roeschen. Mit über 100 Ill., 4 Pl. u. 3 Karten. *Gießen: E. Roth 1904.* (XIII, 248, 64 S.) 8° 100. 1910

Roeschen, Aug., Wanderung durch die nördliche Wetterau von Butzbach üb. Münzenberg u. Arnsburg z. Pfahlgraben. M. 20 Abb., 2 Grundrissen u. 1 Karte. 8. (VI, 93 S.) Giessen 897. E. Roth. Geb. n. 1. 50

Röschen, Frdr. Aug., die Zauberei u. ihre Bekämpfung. 8. (111 S.) Gütersloh 886. Bertelsmann. n. 1. 20

Röschen, Otto, Beschreibung der evangelischen Pfarreien des Großherzogt. Hessen, nach pfarramtlichen, statistischen, sozialen, topographischen u. historischen Gesichtspunkten auf Grund amtlicher Mitteilungen. gr. 4. (VIII, 232 S.) Gießen 900. (v. Münchow'sche Hof- und Universitäts-Druckerei.) n. 7. 50

Rös'chen, Richard, Arzt: Über die Wirksamkeit der Pankreasfermente im sauren Darminhalt. Dettelbach 1896: Triltsch. 16 S. 8°

Würzburg, Med. Diss. v. 12. Febr. 1912, Ref. Fick

[Geb. 16. Mai 64 Wiunerod; Wohnort: Würzburg; Staatsangeh.: Hessen; Vorbildung: Gymn. Gießen Reife O. 85; Studium: Gießen 3, Erlangen 2, Münster 5, Erlangen 4, Würzburg 6 S.; Coll. 30. Juli 96; Approb. 8. Mai 96.] [U 12. 4675

Ich hört' ein Sichlein rauschen ... Verse von M. Roschenbacher. Berlin-Leipzig: C. Wigand 1906. (72 S.) 8° 108. 5908

Röschens Bilderfreude. qu. 4. (12 S. m. 7 Chromolith.) Wesel 879. Düms. cart. — 60

Röschen's Feierstunden. 8. Halle 796. Dreißig. 6 gr

Röschens Geheimnisse, v. Verf. d. Weibes wie es ist. (Gustav Schilling.) 2 Thle. 8. Dresden, Arnold. 806.

Roeschens Kinderstube, e. ABC- u. Lesebüchl. f. fleiß. Mädchen. M. 22 ill. Kpfr. gr. 12. (2 B.) Nürnberg 834, Bauer u. Raspe.

— Verlegenheiten, v. G. F. Fischer. m. 1 K. 8. Pirna, Friese. 809.

Röschens Verlegenheiten, von G. F. Fischer. wohlf. Ausg. 8. Pirna, Friese. 817.

G. Roscher in Hamburg. Der Altmeister der Daktyloskopie. Ein Gedenkblatt f. J. E. Purkinje. Leipzig: F. C. W. Vogel 1906. (S. 326–335.) 8° [Umschlagt.]

Aus: Archiv f. Kriminalanthropologie. Bd 22. 106. 8101 2

Roscher, Berathung bei der Wahl e. gewerblichen Berufs. 8. (III, 14 S.) Dresden 889. Verlag der Gewerbeschau (Minden & Wolters). n. — 20

Roscher, Geheimnisse der Zeugung u. das Geschlechtsleben des Menschen, s.: Kreß.

Roscher, die Zeugung u. das Geschlechtsleben des Menschen, s.: Kreß.

Roscher, Albr., Ptolemaeus und die Handelsstrassen in Central-Africa. Ein Beitrag zur Erklärung der ältesten uns erhaltenen Weltkarte. gr. 8. (VIII und 114 S. mit 2 in Stahl gest. Karten in Fol.) Gotha 857, J. Perthes.

Roscher, Alfred, aus Regensburg: Ein Fall von juveniler progressiver spinaler Muskelatrophie. *Erlangen 1898: A. Vollrath.* (22 S.) 8°

Erlangen, Med. Diss. v. 26. Juli 1898

Roscher, C., s. Roscher, Karl

Roscher, Carl, s. Roscher, Karl

Roscher, C. F. F., die Glaubenslehre d. Christen nach Vernunft u. Bibel. 8. Altenb. 815. Schnuphase. 4 gr

Roscher, Chr. Fr.

— s. Antischubart.

Roscher, Chr. Fr. Ueber den verderblichen Einfluss des Lotteriewesens für den Staat. 8°. Leipzig, Voss, 1795. 2. Aufl. 1797.

Roscher C. F.: Von der Verbesserung d. Flachsbaues in Sachsen. Zittau u. Leipz. 1787. (14) 67 S.

Roscher, Chr. Fr. († d. 6. Jan. 1797.) von d. Verbesser. d. Flachsbaues in Sachsen. gr. 8. Zittau 787. Schöps. 6 gr

Roscher, G., Handbuch der Daktyloskopie. Für den Selbstunterricht bearb. Mit 4 Abbildgn. u. 1 Mustertaf. (20 S.) gr. 8. Leipzig 905. C. L. Hirschfeld. n. 1. 20

Roscher, G., s.: Pitaval, der, der Gegenwart.

Roscher, Geo. Albr., († ...) s. Sohn, an meinen.

Roscher, Gottfried (Chemnitz) A. S. 182/3

De substitutione militari. Präs. Johann Gottfried Bauer.
Leipzig (Titze) 29. IV. 1728. 31 S.

Gew.: Johann von Bretschneider.
W. v.: Präs. 29232

Roscher, Guil. Geo. Frid.,
s. Roscher, Wilhelm Georg Friedrich

Roscher, H. W. Ausführliches Lexikon der Griechischen und Römischen Mythologie im Verein mit Th. Birt, O. Crusius, R. Engelmann, E. Fabricius, A. Flasch, A. Furtwängler, A. Klügmann, O. Meltzer, Ed. Meyer, R. Peter, A. Preuner, A. Rapp, A. Reifferscheid, K. Seeliger, H.W. Stoll, L. v. Sybel, E. Thrämer, P. Weizsäcker, L. Weniger, G. Wissowa, E. Wörner u. A. unter Mitredaktion von Th. Schreiber herausgegeben von W. H. Roscher. Mit zahlreichen Abbildungen. Leipzig 1884—. 8°.

Roscher, Hans, a. Dresden: Die Wallensteinübersetzung von Samuel T. Coleridge und ihr deutsches Original. Borna-Leipzig 1905: R. Noske. (170 S.) 8°

Tübingen, Phil. Fak., Ref. Franz, Diss. v. 23. Okt. 1905

[Geb. 30. Okt. 80 Herold, Sachsen; Wohnort: Dresden; Staatsangeh.: Sachsen; Vorbildung: Realsch. 1. Ordnung Chemnitz Reife O. 80; Studium: Leipzig 8 S.; Coll. 20. Juli 05.]

Zur Erinnerung an die Schlacht von Malplaquet am 11. Sept. 1709 (v. Heinrich Roscher). Hamburg. 1909. 8° [Kopft.]

Roscher, H., Wohnungs-Studien. gr. 8. (23 S.) Hamburg 900. O. Meißner's Verl. n. — 50

Roscher, Jh. Ph.

— Anleit. f. Lehrer beim Gebrauch d. gemeinnütz. Rechenbuchs in Schulen. 2 Thle. 4. Lippst. u. Lemgo 788, 91. (1r Thl. 3e Aufl. 799.)

Roscher, Jh. Ph., († 181..) gründl. Anweis., die Kinder im Kopf- u. schriftl. Rechnen zu unterrichten. 8. Münst. (804.) Theyssing. 6 gr

— die Decimalrechnung f. das gemeine Leben, nach d. Bedürfnissen unserer Zeit u. deren Anwendung bei d. Geometrie. 8. Lemgo 811. Meyer. 10 gr

Roscher, J. P., Rechenbuch. 1r Thl. 3te Aufl. 4. Lemgo, Meyer. 817.

— gemeinnütz. Rechenbuch z. Selbstübung, vornehml. z. Schulgebrauch, nach verschiedenen Geldsorten. 2 Thle. 4. Leipz. u. Lemgo 788, 91. 2e A. 800—803. Meyer. 3 ß 4 gr 1r Thl. 3e Aufl. 817. 1 ß 16 gr

ROSCHER, Joh. Mich.: Nützliche Holtzmenage. - Hall i. Schwaben 1743

Roscher, Jos., tollheiteres! 3 lust. Erzählgn. 1. Ein unheiml. Heiratsversprechen. 2. Das Sargholen. 3. Höhlenqualen. (58 S.) 16. Wien 910. Sallmayer'sche Buchh. — 50

Roscher, Karl

Roscher, Carl, die Betheiligung der evangelischen Geistlichen an der socialen Bewegung unserer Zeit, eine Umschau, anläßlich eines auf der diesjähr. sächs. Kirchen- u. Pastoral-Conferenz erstatteten Vortrages ausgearb. gr. 8. (IV, 73 S.) Berlin 878. Puttkammer & Mühlbrecht. n. 1. 50

Roscher, Carl, Führer durch die kgl. Gemäldegalerie zu Dresden. Gemeinverständliche Anleitung zum künstler. Verständnis u. Genuss ihrer Hauptschätze, unter Mitwirkung v. Bernh. Breull, Rich. Bürckner, Frz. Dibelius u. a. hrsg. (VIII, 228 S. m. 100 Abbild. u. 3 Grundrissen.) kl. 8. Dresden 910. G. Kühtmann. Geb. in Leinw. 2.50; Subskr.-Pr. bis 31. XII. 1910 2. —

Roscher, K., Gutachten üb. Bestrafung d. Arbeitsvertragsbruches, s.: Schriften d. Vereins f. Socialpolitik.

—— zur Kritik der neuesten wirthschaftlichen Entwickelung im Deutschen Reiche. Gutachten, im Auftrage der Handels- und Gewerbekammer zu Zittau verfaßt. gr. 8. (XVI, 518 S.) Zittau 876. (Pahl'sche Buchh.)

— zur Kritik der neuesten wirthschaftlichen Entwickelung im Deutschen Reiche. Gutachten, im Auftrage der Handels- u. Gewerbekammer zu Zittau verfaßt. gr. 8. (XVI, 518 S.) Zittau 876. Rühl in Comm. n. 5. —

Roscher, Carl, Postsparcassen u. Localsparcassen in Deutschland. gr. 8. (VIII, 100 S.) Dresden 885. v. Zahn & Jaensch. n. 1. —

— unsere Zeitungen, s.: Bildungs-Blätter f. unser Volk.

Roscher, Konr. Aug. Albr., de vi investiturae eventual. et exspectat., quibus access. vasalli principalis consensus. 8maj. Hannov. 793. Hahn. 7 gr

— wem wird das Vermögen d. Lüneburg. Salz-Comtoirs bei d. bevorstehenden Aufhebung desselben zu Theil? gr. 8. Hannov. 799. Hahn. 10 gr

Roscher, *Georg* Kurt [aus Luckenwalde]: Blutuntersuchungen bei septischem Fieber ... Berlin, C. Vogt's Buchdr., *1894*; 32 S., 1 Bl. 8.
Berlin, Med. Fak., Inaug.-Diss. v. 6. März 1894

Roscher, Max, Referendar aus Zschopau: Die Mängelanzeige nach § 377 des Handelsgesetzbuchs vom 10. Mai 1897. *Borna-Leipzig 1902: R. Noske.* (IX, 58 S.) 8°
Leipzig, Jur. Diss. v. 1902

Roscher, Paul, appr. Tierarzt: Aus d. Physiol. u. Histol. Inst. d. Tierärztl. Hochsch. zu Dresden. Ueber den Vorderdarm von Cricetus frumentarius, ein Beitrag zur vergleichenden Anatomie und Histologie. Mit 17 Textabb. u. 6 Taf. Dresden 1909: Franke. 105 S. 8°
Leipzig, Veterinär-Med. Diss. v. 18. Febr. 1909, Ref. Ellenberger
[Geb. 26. Dez. 81 Ehrenfriedersdorf; Wohnort: Tetschen; Staatsangeb.: Sachsen; Vorbildung: Kreuz-Gymn. Dresden Reife O. 01: Studium: Jura Leipzig 4, Tierheilk. Dresden Tierärztl. Hochsch. 8 S.; Coll. 3. März 09; Approb. 1. Juli 08.] [U 09. 2855

Roscher, Richard, appr. Arzt aus Mittelherwigsdorf: Über die Echinococcuscysten der Niere und des perirenalen Gewebes. *Berlin 1898: J. S. Preuss.* (144 S.) 8°
Freiburg i. B., Med. Diss. v. 1898

Roscher, T., der Kopfdarm v. Cricetus frumentarius. Eine physiologisch-anatom. Studie. I. Mitteilg. zum Verdauungsapparat des Hamsters. (64 S. m. 2 Taf.) gr. 8. Wien 909. A. Hölder. 2. 30
Sonderabdr. a.: „Sitzungsber. d. k. Akad. d. Wiss."

Roscher, Theod.: Gerichtsverfassung und Anwaltschaft im einstmaligen Kurstaat und Königreich Hannover. Hannover (1905)

Als Ms. gedr. Geschichtsblätter der niedersächsischen Familie Roscher. Von Dr. jur. Theodor Roscher, Hannover. Hannover 1909: Göhmann. 121 S. 8° [10. 810 7

Roscher, Wilh., Ansichten der Volkswirthschaft aus dem geschichtlichen Standpunkte. 1. u. 2. unveränd. Abdr. Leipzig 861. C. F. Winter. gr. 8. (VII, 495 S.) n. 2 ß 12 ngr

Roscher, Wilh., Ansichten der Volkswirthschaft aus dem geschichtlichen Standpunkte. 3., verb. u. m. acht Abhandlungen verm. Aufl. 2 Bde. gr. 8. (VII, 386 u. III, 493 S.) Leipzig 878. C. F. Winter. n. 13. —

Roscher, Wilh., Betrachtungen über die geographische Lage der großen Städte. Vortrag gehalten am 27. Jan. 1871 im Gewandhaussaale zu Leipzig. br. 8. (24 S.) Leipzig 871, Hinrichs' Verlag.
Aus: Vorträge zum Besten der deutschen Invaliden, besonders abgedruckt.

—— Betrachtungen über die Währungsfrage der deutschen Münzreform, s. Zeit- und Streit-Fragen, deutsche.

— d. Blüthe deut. Nationalök. im Zeitalt. d. Reformation. (N. i. H.) 861.

Roscher, Wilhelm. Geistliche Gedanken eines National-Oekonomen. Dresd. 1895. H: *Roscher, Carl.* (Berl)

Roscher, Wilh., geistliche Gedanken e. National-Oekonomen. Mit dem Bildnisse d. Verf. aus dem J. 1893, in Heliograv. 1.—3. Taus. 8. (XXIX, 187 S.) Dresden 895. v. Zahn & Jaensch. n. 4. —; geb. in Leinw. n. 5. —

—— Geschichte der National-Oekonomik in Deutschland, s. Geschichte der Wissenschaften in Deutschland.

— Geschichte der Nationalökonomik. (Gesch. d. Wissensch. i. Deutschl. 14) München 1874

Roscher, Wilh., zur Geschichte der englischen Volkswirthschaftslehre. hoch 4. (124 S.) Leipzig 851, [Hirzel.] *
Aus: Abhandlungen der k. sächs. Gesellschaft der Wissenschaften 3. Bd., besonders abgedruckt.

— zur Geschichte der Englischen Volkswirthschaftslehre. Nebst Nachträgen. [Aus dem III. Bd. der Abhandlungen der K. Sächs. Gesellschaft der Wissenschaften.] hoch 4. (124 S.) Leipzig 851. 52, Weidmann (jetzt: Hirzel). (n. 1 ℛ Nachtr. n. 8 ngr) n. 1 ℛ 8 ngr

•— Grundlagen der Nationalökonomie. 19. Auflage. Stuttgart 1888.

[J.] Grundlagen der Nationalökonomie. E. Hand- u. Leseb. f. Geschäftsmänner u. Studier. v. Wilhelm Roscher. 22. verm. u. verb. Aufl. bearb. v. Robert Pöhlmann. M. Roscher's Bildn. *Stuttgart: J. G. Cotta Nachf. 1897.* (XIV S., 1 Bl., 857 S., 1 Portr.) 1 Bd 8.
= Roscher, W.: System d. Volkswirthschaft. Bd 1. [97. 1937

Grundlagen der Nationaloekonomie. Ein Hand- u. Lesebuch f. Geschäftsmänner u. Studierende von Wilhelm Roscher. 23. verm. u. verb. Aufl., bearb. von Robert Pöhlmann. Mit Roscher's Bildn. *Stuttgart: J. G. Cotta Nachf. 1900.* (XVI, 908 S.) 8° [J.]
= Roscher: System d. Volkswirtschaft. Bd 1. [03. 1189 B

Grundlagen der Nationalökonomie. Ein Hand- u. Lesebuch ... von Wilhelm **Roscher**, 24. verm. u. verb. Aufl. bearb. von Robert Pöhlmann. Mit Roschers Bildnis. Stuttgart & Berlin: J. G. Cotta Nachf. 1906. (XV, 895 S.) 8° [J.]
= Roscher: System d. Volkswirtschaft. Bd 1. [06. 5667 B

—— Grundriß zu Vorlesungen über die Staatswirthschaft. Nach geschichtl. Methode. gr. 8. (9¾ B.) Göttingen 843, Dieterich'sche Buchh.

—— zur Gründungsgeschichte des Zollvereins. gr. 8. (71 S.) Berlin 870, van Muyden.
Aus: Deutschland, besonders abgedruckt.

Roscher, W., Haben unsere deutsche Vorfahren zu Tacitus Zeit ihre Landwirthschaft nach dem Dreifeldersysteme getrieben? S.-A. 1858. 20 S. 1.—

Roscher, Wilh., Haftung f. Tierschäden nach dem durch Reichsgesetz vom 30. V. 1908 abgeänderten § 833 des BGB. (Diss.) (XI, 72 S.) gr. 8. Leipzig 909. B. Franke. 2.—

Roscher, Wilh., ein nationalökonomisches Hauptprincip der Forstwissenschaft. Gelesen am Geburtstage S. M. des Königs (18. May 1854) in der K. Sächs. Gesellsch. d. W. Leipzig 854. Hirzel. gr. 8. (24 S.) n. 6 ngr

Roscher, Wilh., Klio. Beiträge zur Geschichte der histor. Kunst. 1. Bd. Prolegomena. Thukydides. — A. u. d. Ttl.: Leben, Werke u. Zeitalter des Thukydides. Mit einer Einleitung zur Aesthetik der historischen Kunst überhaupt. gr. 8. (37 B.) Göttingen 842, Vandenhoeck u. Ruprecht.

— **Kolonien, Kolonialpolitik und Auswanderung. 2. verb. u. stark verm. Aufl. Leipzig 856. C. F. Winter. 8. (VIII, 455 S.) n. 2 ℛ.**

—— und Rob. Jannasch, Kolonien, Kolonialpolitik und Auswanderung. 3. verb., verm. und zum Theil ganz neu bearb. Aufl. von Roscher's Kolonien. gr. 8. (VI, 469 S.) Leipzig 885, C. F. Winter'sche Verlagsh. *

Roscher, Wilh., über Kornhandel u. Theuerungspolitik. 3. stark verm. u. verb. Ausg. gr. 8. (VI u. 164 S.) Stuttgart 852, Cotta. 21 ngr

—— über Korntheuerungen. Ein Beitrag zur Wirthschaftspolizei. Abgedr. aus der deutschen Vierteljahrsschrift und mit vielen Zusätzen bereichert. gr. 8. (XII und 82 S.) Stuttgart 847, Cotta'sche Buchh.

ROSCHER, Wilhelm: Nationalökonomik des Ackerbaues und der verwandten Urproduktionen. Ein Hand- und Lesebuch für Staats- und Landwirthe. - Stuttgart 1860. 538 S. - (System d. Volkswirthsch. Bd. II)

Roscher W.: Nationalökonomik d. Ackerbaues u. d. verwandten Urproductionen ... 4. verm. u. verb. Aufl. Stuttg. 1865. 568 S. (=: System d. Volkswirthschaft. Bd. 2).

Roscher, W., Nationalökonomik des Ackerbaues und der verwandten Urproduktionen. 7. verm. u. verb. Aufl. Stuttgart 1873. 8°.

Roscher, Wilhelm: Nationalökonomik des Ackerbaues und verwandten Urproductionen. Von –. 8. Aufl. Stuttgart. 1875. 8°
– 10. Aufl. Stuttgart. 1882. = desselben: System der Volkswirthschaft. Bd. 2, 8. u. 10. Aufl. 8°

Roscher W.: Nationalökonomie d. Ackerbaues u. d. verwandten Urproduktionen ... 12. Aufl. Stuttg. 1888. 734 S. (System d. Volkswirtschaft ... 2. Bd.).

Nationalökonomik des Ackerbaues und der verwandten Urproduktionen. Ein Hand- u. Lesebuch f. Staats- u. Landwirte von Wilhelm Roscher. 13. verm. Aufl. bearb. von Heinrich Dade. Mit 2 bildl. Darstell. *Stuttgart & Berlin: J. G. Cotta Nachf. 1903.* (XIV, 864 S.) 8° [J.]
= Roscher: System d. Volkswirtschaft. Bd 2. [03. 8006

— die deutsche Nationalökonomik an der Gränzscheide des 16. u. 17. Jahrhunderts. (Aus den Abhdlgn. der k. Sachs. Gesellsch. d. Wiss.) Leipzig 862. Hirzel. 4. (82 S.) n. 20 ngr

Roscher, Wilhelm: Nationalökonomik des Handels- und Gewerbfleisses. Von –. 3. Aufl. Stuttgart. 1882. = desselben: System der Volkswirthschaft. Bd 3. 3. Aufl. 8°

[J.] Nationalökonomik des Handels und Gewerbfleisses. E. Hand- u. Lesebuch f. Geschäftsmänner u. Studierende v. Wilhelm Roscher. 6., m. vielen Zusätzen bereicherte Aufl. *Stuttgart: J. G. Cotta Nf. 1892.* (1 Bl., XII, 880 S.) 1 Bd 8.
= Roscher, W.: System d. Volkswirthschaft. Bd 3. [98. 1938 B

Roscher, Wilhelm: Nationalökonomik des Handels und Gewerbfleisses. Ein Hand- und Lesebuch für Geschäftsmänner und Studierende von –. 7. verm. Aufl. bearb. von Wilhelm Stieda. Stuttgart: J. G. Cotta 1899. (XVIII, 1119 S.) 8°
= Roscher: System. d. Volkswirthschaft. 7. Aufl. Bd 3.

Roscher, W., Das tiefe Naturgefühl der Griechen und Römer in seiner historischen Entwickelung. Pr. 1875. 28 S. 4°.

Roscher W. Politik: Geschichtliche Naturlehre der Monarchie, Aristokratie und Demokratie. Stuttgart 1892

— Politik: Geschichtliche Naturlehre der Monarchie, Aristokratie u. Demokratie. 1. u. 2. Aufl. gr. 8. (VII, 722 S.) Stuttgart 892. J. G. Cotta Nachf. n. 10.— ; geb. in Halbfrz. n. 12.—

Roscher, Wilhelm. Politik. Geschichtliche Naturlehre der Monarchie, Aristokratie und Demokratie. 3. Aufl. X+726 S. 8. Stuttgart und Berlin, J. G. Cotta Nachfolger, 1908. (M. 10.—, geb. 12.50)
Darin S. 7. 131/5. 157 f. 345 f. 356/8. 364. 368 f. 386. 431/9. 491 etc. die Schweiz *betr.; s. auch S. 2 f. 8 f. 24. 297 etc.*

—— **über die gegenwärtige Productionskrise des hannover. Leinengewerbes, mit besond. Rücksicht auf den Absatz in Amerika. gr. 8. (3¼ B.) Göttingen 845, Vandenhoeck u. Ruprecht.**
Aus: Göttinger Studien 1845 besond. abgedruckt.

System der Armenpflege und Armenpolitik von Wilhelm Roscher. 2. Aufl. (Vorr.: Carl Roscher.) *Stuttgart:* J. G. Cotta Nachf. 1894. (X, 339 S.) 8° [J.]
— Roscher: System d. Volkswirtschaft. Bd 5. [94. 1835 B

System der Armenpflege und Armenpolitik. Ein Hand- u. Lesebuch f. Geschäftsmänner u. Studierende von Wilhelm Roscher. 3. Aufl. Ergänzt von Christian J. Klumker. Stuttgart & Berlin: J. G. Cotta Nachf. 1906. (X, 400 S.) 8° [J.]
= Roscher: System d. Volkswirtschaft. Bd 5. [06. 14159

[J.] System der Finanzwissenschaft. E. Hand- u. Lesebuch f. Geschäftsmänner u. Studierende v. Wilhelm Roscher. 4., verm. u. verb. Aufl. *Stuttgart: J. G. Cotta Nf. 1894.* (XXII S., 1 Bl., 771 S.) 1 Bd 8.
= Roscher, W.: System d. Volkswirthschaft. Bd 4. [98. 1939 B

System der Finanzwissenschaft. Ein Hand- u. Lesebuch f. Geschäftsmänner u. Studierende von Wilhelm Roscher. 5. verm. Aufl. bearb. von Otto Gerlach. Halbbd 1. 2. *Stuttgart: J. G. Cotta 1901.* 2 Bde 8°
= Roscher: System d. Volkswirtschaft. Bd 4. [01. 11045

—— System der Volkswirthschaft. Ein Hand- und Lesebuch für Geschäftsmänner und Studierende. 1. Bd. A. u. d. T.: Die Grundlagen der Nationalökonomie. gr. 8. (X und 512 S.) Stuttgart 854, Cotta'sche Buchh.

—— System der Volkswirthschaft. Ein Hand- und Lesebuch für Geschäftsmänner und Studierende. 1. Bd. A. u. d. T.: Die Grundlagen der Nationalökonomie. 2—4., verm. und verb. Aufl. gr. 8. (XI und 580 S.) Stuttgart 857—61, Cotta'sche Buchh.

— System der Volkswirthschaft. Ein Hand- und Lesebuch für Geschäftsmänner und Studierende. Stuttgart, Cotta. gr. 8.
1. Bd.: Die Grundlagen der Nationalökonomie. 4. Aufl. 861. (XI, 580 S.) — 5., verm. u. verb. Aufl. 864. (XIII, 596 S.) n. 3 ß
2. Bd.: Nationalökonomik des Ackerbaues u. der verwandten Urproductionen. Ein Hand- und Lesebuch für Staats- und Landwirthe. 1. u. 2. Abdr. 860. (VIII, 538 S.) — 3. verm. u. verb. Aufl. 862. (VIII, 546 S.) n. 2 ß 26 ngr.

— System der Volkswirthschaft. Ein Hand- u. Lesebuch für Geschäftsmänner u. Studirende. 2 Bde. Stuttgart, Cotta'sche Buchh. gr. 8. n. 5 ß 22 ngr.
Bd. 1. Die Grundlagen der Nationalökonomie. 5. u. 6. Auflage. 1864,66. à n. 3 ß, 7. Aufl. 1868. n. 2 ß 26 ngr. u. 8. Aufl. (XIII, 633 S.) n. 3 ß.
Bd. 2. Nationalökonomik des Ackerbaues u. der verwandten Urproductionen. Ein Hand- u. Lesebuch für Staats- u. Landwirthe. 4. u. 5. Aufl. 1865,67. n. 2 ß 26 ngr. u. 6., verm. u. verb. Aufl. 870. (X, 637 S.) n. 3 ß 10 ngr.

—— System der Volkswirthschaft. Ein Hand- und Lesebuch für Geschäftsmänner und Studirende. 2 Bde. gr. 8. Stuttgart, Cotta'sche Buchh.
Inhalt:
Bd. 1. Die Grundlagen der Nationalökonomie. 8. Aufl. (XIII, 633 S.) 1869. *ℳ 9.; 9. Aufl. (XII, 641 S.) 1871. *ℳ 10.; 10. Aufl. (XII, 667 S.) 1873. *ℳ 11., und 11. verm. und verb. Aufl. (XII, 682 S.) 875. *ℳ 11.
2. Nationalökonomik des Ackerbaues und der verwandten Urproductionen. Ein Hand- und Lesebuch für Staats- und Landwirthe. 6. Aufl. (X, 637 S.) 1870, und 7., stark verm. und verb. Aufl. (X, 646 S.) 873. *ℳ 10.

—— System der Volkswirthschaft. Ein Hand- und Lesebuch für Geschäftsmänner und Studirende. 2 Bde. gr. 8. Stuttgart, Cotta'sche Buchh. *
Inhalt:
Bd. 1. Die Grundlagen der Nationalökonomie. 12. und 13. Aufl. (667 S.) 875.77, 14. stark verm. und verb. Aufl. (XII, 720 S.) 879. *ℳ 11.
2. Nationalökonomik des Ackerbaues und der verwandten Urproductionen. Ein Hand- und Lesebuch für Staats- und Landwirthe. 8. Aufl. (646 S.) 875; 9. Aufl. (X, 668 S.) 878. *ℳ 10.

— System der Volkswirthschaft. Ein Hand- u. Lesebuch für Geschäftsmänner u. Studierende. 3 Bde. gr. 8. Stuttgart 879—82. Cotta. n. 33. —
1. Grundlagen der Nationalökonomie. 14—16., stark verm. Aufl. (XIV, 756 S.) n. 11. —
2. Nationalökonomik des Ackerbaues u. der verwandten Urproductionen. Ein Hand- u. Lesebuch für Staats- u. Landwirthe. 10., verm. Aufl. (XII, 685 S.) n. 10. —
3. Nationalökonomik des Handels- u. Gewerbfleißes. 2. u. 3., verm. u. verb. Aufl. (XII, 827 S.) n. 12. —

Roscher, Wilh., System der Volkswirthschaft. Ein Hand- und Lesebuch für Geschäftsmänner und Studierende. 3 Bde. gr. 8. Stuttgart, Cotta'sche Buchh. *
Inhalt:
Bd. 1. Grundlagen der Nationalökonomie. 15. Aufl. [Unveränd. Abdr. der vorigen.] (XII, 720 S.) 880. *ℳ 15.; 16. stark verm. und verb. Aufl. (XIV, 756 S.) 882. *ℳ 11.
2. Nationalökonomik des Ackerbaues und der verwandten Urproductionen. Ein Hand- und Lesebuch für Staats- und Landwirthe. 10. verm. Aufl. (XII, 685 S.) 882. *ℳ 10.
3. Nationalökonomik des Handels- und Gewerbfleißes. 1. und 2. Aufl., der 1. unveränd. Abdr. (X, 823 S.) 881; 3. verm. und verb. Aufl. (XII, 827 S.) 882. *ℳ 12.

Roscher, Wilh., System der Volkswirthschaft. Ein Hand- u. Lesebuch f. Geschäftsmänner u. Studierende. 4. Bd. 1. Abth. A. u. d. T.: System der Finanzwissenschaft. 2. Aufl. gr. 8. (X, 699 S.) Stuttgart 886. Cotta. n. 10. — (I—IV, 1.: n. 43. —)

Roscher, Wilh., System der Volkswirtschaft. Ein Hand- u. Lehrbuch f. Geschäftsmänner u. Studierende. 1. Bd., 3. Bd. u. 4. Bd. 1. Abtlg. gr. 8. Stuttgart, Cotta Nachf. n. 35. — (I—IV, 1.: n. 45. —
1. Bd. Grundlagen der Nationalökonomie. 18., verb. Aufl. (XIV, 774 S.) 887. n. 11. —
3. Bd. Nationalökonomik d. Handels- u. Gewerbfleißes. 5., verb. Aufl. (XII, 864 S.) 887. n. 12. —
4. Bd. 1. Abtlg. System der Finanzwissenschaft. 3., verm. u. verb. Aufl. (XIII, 771 S.) 889. n. 12. —

— System der Volkswirthschaft. Ein Hand- u. Lesebuch f. Geschäftsmänner u. Studierende. 5 Bde. gr. 8. Ebd. n. 50. —
1. Grundlagen der Nationalökonomie. 20. u. 21., verm. u. verb. Aufl. (XVI, 809 S.) 892. 894. n. 11. —
2. Nationalökonomik des Ackerbaues u. der verwandten Urproductionen. Ein Hand- u. Lesebuch f. Staats- u. Landwirthe. 12., m. Zusätzen bereich. Aufl. (X, 731 S.) 888. n. 10. —
3. Nationalökonomik d. Handels u. Gewerbfleißes. 6., m. vielen Zusätzen bereicherte Aufl. (XII, 880 S.) 892. n. 12. —
4. System der Finanzwissenschaft. 4., verm. u. verb. Aufl. (XXII, 771 S.) 894. n. 12. —
5. System der Armenpflege u. Armenpolitik. 2. Aufl. (X, 339 S.) 894. n. 5. —

Roscher, Wilh., System d. Volkswirthschaft. E. Hand- u. Lesebuch f. Geschäftsmänner u. Studierende. 1. Bd. A. u. d. T.: Grundlagen d. Nationalökonomie. 22., verm. u. verb. Aufl., bearb. v. Rob. Pöhlmann. gr. 8. (XIV, 857 S. m. Bildn.) Stuttgart 897. J. G. Cotta Nachf. n. 11. —; geb. in Halbfrz. n. 13. —

Roscher, Wilh., System der Volkswirthschaft. Ein Hand- u. Lesebuch f. Geschäftsmänner u. Studierende. 1., 3. u. 4. Bd. gr. 8. Stuttgart, J. G. Cotta Nachf. n. 43. —; geb. in Halbfrz. n. 51. 50
1. Grundlagen der Nationalökonomie. 23. verm. u. verb. Aufl., bearb. v. Rob. Pöhlmann. (XVI, 908 S. m. Bildnis.) 900. n. 11. —; geb. n. 13. —
3. Nationalökonomik des Handels u. Gewerbefleißes. 7. verm. Aufl., bearb. v. Wilh. Stieda. (XVIII, 1119 S.) 899. n. 16. —; geb. n. 18. 50
4. System der Finanzwissenschaft. 5. verm. Aufl., bearb. v. Otto Gerlach. 2 Halbbde. (XII, 511 u. VI, 523 S.) 901. n. 16. —; geb. n. 20. —

Roscher, Wilh., System der Volkswirtschaft. Ein Hand- u. Lesebuch für Geschäftsmänner u. Studierende. 1., 2. u. 5. Bd. gr. 8. Stuttgart, J. G. Cotta Nachf. n. 34. —; geb. in Halbfrz. n. 41. 50
1. Grundlagen der Nationalökonomie. 24. verm. u. verb. Aufl., bearb. v. Rob. Pöhlmann. (XV, 896 S. m. Bildnis.) 906. n. 14. —; geb. n. 16. 50
2. Nationalökonomik des Ackerbaues u. der verwandten Urproduktionen. 13. verm. Aufl., bearb. v. Heinr. Dade. Mit 2 bildl. Darstellgn. (XIV, 864 S.) 903. n. 13. —; geb. n. 15. 50
5. System der Armenpflege u. Armenpolitik. 3. Aufl. Ergänzt v. Christian J. Klumker. (X, 406 S.) 905. n. 7. —; geb. n. 9. 50

– Umrisse zur Naturlehre d. Cäsarismus. [Aus: „Abhandlgn. d. k. sächs. Gesellsch. d. Wiss.“] Lex.-8. (115 S.) Leipzig 888. Hirzel. n. 5. —

—— Umrisse zur Naturlehre der Demokratie. Lex.-8. (148 S.) Lpz. 890, Hirzel. * 6 —
Aus: Abhandlungen d. kgl. sächs. Gesellsch. der Wissenschaften, besonders abgedruckt.

—— Versuch einer Theorie der Finanz-Regalien. Lex.-8. (85 S.) Leipzig 884, Hirzel.
Aus: Abhandlungen der k. sächs. Gesellschaft der Wissenschaften, besonders abgedruckt.

Roscher, Wilhelm Georg Friedrich

Roscher, Guil. Geo. Frid., de historicae doctrinae apud sophistas majores vestigiis. Dissert. inaug. 8maj. (5 1/8 B.) Gottingae 838, libr. Dieterich.

Roscher, Wilhelm Heinr*ich* [Rekt. Dr., Prof.]: Antrittsrede *über die leitenden Grundanschauungen bei Führung seines Amtes*, geh. am 8. Jan. 1894 im Anschl. an d. Morgenandacht. Wurzen, Druck v. G. Jacob, *1894*; 1—11 S. 4.
Wurzen, k. G, OP 1894 (547)

Roscher, W. H., De aspiratione vulgari apud Graecos. Diss. 1868. 68 S.

— **Ephialtes, e. pathologisch-mytholog. Abhandlg. üb. die Alpträume u. Alpdämonen des klass. Altertums, s.a. Abhandlungen der königl. sächs. Gesellschaft d. Wissensch. Philol.-histor. Cl. XX. 2.**

Ephialtes, eine pathologisch-mythologische Abhandlung über die Alpträume und Alpdämonen des klassischen Altertums von Wilhelm Heinrich Roscher *Leipzig B. G. Teubner 1900.* (132 S.) 4°(8°)
= Abhandlungen d. k. Sächsischen Gesellschaft d. Wissenschaften. Philol.-hist. Cl. Bd. 20, No 2. [00. 10040

Das von der 'Kynanthropie' handelnde Fragment des Marcellus v. Side. ... M. 3 Textfig. Von W[ilhelm] H Roscher. *Leipzig: S. Hirzel 1896.* (1 Bl., 92 S.) 4.(S.)
= Abhandlungen d. Kgl. Sächs. Gesellschaft d. Wissenschaften. Philol.-histor. Cl. Bd 17. No III. 96. 4056

Roscher, Wilh. Heinr., die enneadischen u. hebdomad. Fristen u. Wochen der ältesten Griechen, s.a. Abhandlungen der kgl. sächs. Gesellschaft der Wissenschaften. Philolog.-hist. Klasse.

Die enneadischen und hebdomadischen Fristen und Wochen der ältesten Griechen, ein Beitrag z. vergl. Chronologie u. Zahlenmystik von W[ilh.] H[einr.] Roscher. *Leipzig: B. G. Teubner 1903.* (92 S.) 4°
= Abhandlungen d. K. Sächs. Gesellschaft d. Wiss. Philol.-hist. Kl. Bd 21, No 4. [03. 8470

Roscher, Wilh. Heinr., die Gorgonen u. Verwandtes. Eine Vorarbeit zu einem Handbuch der griech. Mythologie vom vergleich. Standpunkt. gr. 8. (IX, 138 S.) Leipzig 879. Teubner. n. 4. —

— **die Hebdomadenlehren der griechischen Philosophen u. Aerzte, s.a. Abhandlungen der kgl. sächs. Gesellschaft der Wissenschaften. Philolog.-histor. Klasse. 24. VI.**

Die Hebdomadenlehren der griechischen Philosophen und Ärzte. Ein Beitrag z. Geschichte d. griech. Philosophie u. Medizin von Wilhelm Heinrich Roscher. Leipzig: B. G. Teubner 1906. (240 S.) 4°(8°)
= Abhandlungen d. K. Sächs. Gesellschaft d. Wiss. Philol.-hist. Kl. Bd 24, No 6. [06. 18803 S

— Hermes der Windgott. Eine Vorarbeit zu einem Handbuch der griech. Mythologie vom vergleich. Standpunkt. gr. 8. (X, 135 S.) Ebend. 878. n. 3. 60

Roscher, W. H., Juno u. Hera als Mondgöttinnen. S.-A. s. a. 22 S.

— Zur griechischen Lautlehre. Pr. 1879. 7 S. 4°.

Roscher, Wilh. Heinr., s.: Lexikon, ausführliches, der griechischen u. römischen Mythologie.

-- Miscellen. I. Ueb. *βάτραχος* u. seine Sippe. II. Ueb die Form *πιει* auf Trinkschalen. III. E. neue Etymologie von *Ὀδυσσεύς*. IV. Austausch von *β* und *μ*. S.-A. 1886. 18 S. —.60

Roscher, Wilh. Heinr., Nektar und Ambrosia. Mit einem Anhang über die Grundbedeutung der Aphrodite und Athene. gr. 8. (VIII, 116 S.) Leipzig 883, Teubner.

— Phonetisches u. Etymologisches. S.-A. 1870. 18 S.

Roscher. W. H.. Satura critica. (Soph., Cic., Eurip., Sall. S.-A. 9 S.

— Die Schattenlosigkeit des Zeus-Abatons auf dem Lykaion. S.-A. 1892. 8 S.

Roscher, W. H., üb. Selene u. Verwandtes. Nachträge. gr. 4. (56 S.) Leipzig 895. B. G. Teubner. n. 2.— (Hauptwerk u. Nachträge: n. 8.—)

Roscher, Wilhelm Heinrich [Prof. Dr., Rekt.]: Nachträge zu meiner Schrift über Selene und Verwandtes [Leipzig 1890]. Wurzen, Druck v. G. Jacob, *1895;* 1—56 S. 4.
Wurzen i. S., k. G, OP 1895 (557)

— **die Sieben- u. Neunzahl im Kultus u. Mythus der Griechen, s.a. Abhandlungen der kgl. sächs. Gesellschaft der Wissenschaften. Philol.-histor. Klasse.**

Die Sieben- und Neunzahl im Kultus und Mythus der Griechen. Nebst e. Anh., Nachträge zu d. 'Ennead. u. hebdom. Fristen u. Wochen' enth., von W[ilhelm] H[einrich] Roscher Leipzig: B.G. Teubner 1904. (126 S.) 4°(8°)
= Abhandlungen d. K. Sächs. Gesellschaft d. Wiss. Phil.-hist. Kl. Bd 24, No 1. [05. 1543

— Ueb. d. gegenwärt. Stand d. Forschg. auf d. Gebiet d. griech. Mythologie u. die deutung des Pan. S.-A. s. a. 48 S.

— **Enneadische Studien, Versuch e. Geschichte der Neunzahl bei den Griechen, s.a. Abhandlungen der königl. sächs. Gesellschaft der Wissenschaften. Phil.-histor. Klasse. 26, I.**

Enneadische Studien. Versuch e. Geschichte d. Neunzahl bei d. Griechen, mit besond. Berücks. d. ält. Epos, d. Philosophen u. Ärzte, von W[ilhelm] H[einrich] Roscher Leipzig: B. G. Teubner 1907 (170 S.) 4°(8°)
= Abhandlungen d. K. Sächs. Gesellsch. d. Wiss. Philol.-hist. Kl. Bd 26, No 1 [07. 14771

— **Studien zur griechischen Mythologie u. Kulturgeschichte vom vergleichenden Standpunkte. IV. Hft.: Über Selene u. Verwandtes. Mit e. Anh. v. N. G. Politis über die bei den Neugriechen vorhandenen Vorstellgn. vom Monde u. 5 Bildertaf. gr. 8. (XVI, 202 S.) Leipzig 890. Teubner. n. 6. — (I—IV.: n. 17. 20)**
Das I.—III. Hft. bilden: I. Hermes, der Windgott. 878. n. 3. 60. — II. Die Gorgonen u. Verwandtes. 879. n. 4. —. — III. Nektar u. Ambrosia. 883. n. 3. 60.

Roscher, Wilh. Heinr., Studien zur vergleichenden Mythologie der Griechen u. Römer. I. u. II. gr. 8. Leipzig 873. 75. Engelmann. n. 5. —
I. Apollon u. Mars. (X, 93 S.) n. 2. —
II. Juno u. Hera. (X, 106 S.) n. 3. —

— **Die Tessarakondaten u. Tessarakontadenlehren der Griechen u. anderer Völker, s.a. Berichte üb. die Verhandlungen der königl. sächs. Gesellschaft der Wissenschaften. Philol.-histor. Kl. 61, II.**

Wilhelm Heinrich Roscher Die Tessarakontaden und Tessarakontadenlehren der Griechen und anderer Völker Ein Beitrag z. vergl. Religionswiss., Volkskunde u. Zahlenmystik sowie z. Geschichte d. Medizin. Leipzig Teubner 1909. S. 21 206 8° [Umschlagt.]
(Berichte über d. Verhandlungen d. Kgl. Sächs. Gesellsch. d. Wiss. zu Leipzig Philol.-hist. Kl. Bd 61 H 2) [09. 17211

Roscher, W. H., Der Thesauros der Egestaier auf dem Eryx und der Bericht des kydides. S.-A. 9 S.

Roscher, Wilhelm Heinr. [Prof. Dr., Rektor]: Übersicht über die den Jahresberichten des Kgl. Gymnasiums in Wurzen beigegebenen wissenschaftl. Abhandlungen. Wurzen, Druck v. G. Jacob, *1897;* 1 S. 4.
Wurzen, k. G, OP 1897 (566)

Roscher, Wilhelm Heinr.: Übersicht über die den Jahresberichten des Kgl. Gymnasiums in Wurzen beigegebenen wissenschaftl. Abhandlungen. *Wurzen (1898): G. Jacob.* (1 S.) 4°
[Vgl. P-Beilage 1897.]
Wurzen, k. G, OP 1898 (570)

Roscher, Wilhelm Heinr., Rekt. Prof. Dr. Übersicht über die den Jahresberichten des Kgl. Gymnasiums in Wurzen beigegebenen wissenschaftl. Abhandlungen. (1884—1899.) *Wurzen (1900): G. Jacob.* (1 S.) 4°
Wurzen i. S., k. G, OP 1900 (583)

— **Die Zahl 40 im Glauben, Brauch u. Schriften der Semiten, s.: Abhandlungen der königl. sächsischen Gesellschaft der Wissenschaften. Philol.-histor. Kl. 27, IV.**

Röscher, C. A. A., de vi investiturae eventual. expectat. quib. access. vasalli principal. consensus. 8, maj. Hannov. Hahn. 798.

Schreibm.

— wem wird das Vermögen des Lüneb. Salz-Comtoirs bey d. bevorsteh. Aufheb. desselben zu Theil? gr. 8. Hannov. Hahn. 799.

Röscher, C. F. F., die Glaubenslehre der Christen nach Vernunft u Bibel. 8, Altenburg, Schnuphase. 815.

Roescher, (Frid.) Eduard. (geb. Sonnenburg in d. Neum. 21. 3. 1811): De myelitide notiaea. Berolini (1836). (28 S.) 8°
Berlin, Med. Diss. v. 26. Apr. 1836

Röscher, Ernst, appr. Arzt a. Obermehnen b. Blasheim ... in Westf.: Aus d. Universitäts-Frauenklinik zu Bonn: Beitrag zur Pflege u. Ernährung frühgeborener Kinder. Bonn (1908): E. Eisele. (64 S., 4 Taf.) 8°
Bonn, Med. Fak., Ref. Fritsch, Diss. v. 2. Juni 1908
[Geb. 18. März 82 Obermehnen; Wohnort: Gelsenkirchen; Staatsangeh.: Preußen: Vorbildung: Gymn. Gütersloh Reife O. 99; Studium: Heidelberg 1, Göttingen 3, Bonn 6 S.; Coll. 31. Juli 07; Approb. 21. Mai 08.]

Roescher, L. Sichelhängen (Harvest home): Lyrische Oper in 3 Akten, s. A. Nembach.

Roschet (Übers.):

s.: Orfila, P.M(athéo José Bonaventura): Rettungsmittel bey Vergiftung und Scheintod... (Secours à donner aux personnes empoisonnées ou asphyxiées... Dt.) Basel: 1818

JB 5.236

Roschet, Andr.: Cogitata quaedam circa medicinam priscam et illam recentiorum. Basel, Med. Fak., Diss 1806.

Roschger, Carl, s. Roschger, Karl

Roschger, Karl

Roschger, K., Grössen- u. Preis-Umwandlungs-Tabellen f. metrisches Maass u. Gewicht. gr. 8. (24 S.) Klagenfurt 875. Bertschinger & Heyn. n. — 80

Roschger, Carl, neue Maass- und Gewichts-Ordnung nach dem Gesetze vom 23. Juli 1871, Nr. 16, R. G. Bl. 1872, der Ministerial-Verordnung vom 17. Febr. 1872, Nr. 17, R. G. Bl., und der Aichordnung vom 19. Decbr. 1872, Nr. 171, R. G. Bl. Facultativ seit 1. Jänner 1873 und einzig vom 1. Jänner 1876 an giltig. Dargestellt in 7 Tab. mit Berücksicht. besond. Verhältnisse. gr. 8. (12 S. mit 1 Tab. in qu. Fol.) Klagenfurt 874, Bertschinger und Heyn.

Rede an die der Trauerfeyer vom 25. Dec. 5825 beywohnenden Schwestern, gehalten von [Jak. Eman.] Roschl. o. O. [1825]. 4 S. 4° [Kopftit.]
Kl. 1461. Üb. die Vorurteile gegen die Frmrei. 193.

Roschig, Predigten üb. d. Evangelien. 4 Thle. gr. 8. Dresd. Beuer. 778.

Roschig, Georg, Assistent an d. chirurg. Klinik d. Kgl. Tierärztl. Hochschule zu Stuttgart: Untersuchungen über die individuellen Verschiedenheiten der Grosshirnfurchen beim Rinde. Hierzu 4 Taf. u. 4 Textabb. (Stuttgart) 1907: R. Enzig. (90 S.) 8
Gießen, Veterinär-Med. Koll., Ref. Martin, Diss. v. 15. Febr. 1908
[Geb. 6. Nov. 81 Riesa; Wohnort: Stuttgart; Staatsangeh.: Sachsen; Vorbildung: Gymn. Wurzen Reife O. 01; Studium: Dresden 7 S.; Rig. 22. Nov. 07.]

Roschke, Kurt: Über α-Oxolaktame. Hildesheim 1909: Lax. 51 S. 8°
Göttingen, Phil. Diss. v. 6. Nov. 1909, Ref. Wallach
[Geb. 22. April 83 Kottbus; Wohnort: Celle; Staatsangeh.: Preußen; Vorbildung: Oberrealsch. Kiel Reife O. 04; Studium: Kiel 1, Berlin 2, Göttingen 8 S.; Rig. 29. Juli 09.] [U 10. 1458

Roschke u. Schulz, Dienstunterricht f. Maschinengewehr-Abteilungen u. -Kompagnien. Gerät 01 u. Gerät 08. Mit Genehmigg. des königl. preuß. Kriegsministeriums hrsg. (VIII, 212 S. m. Abbild. u. Titelbild.) 8. Berlin 911. Vossische Buchh. p nn —70; geb. nn — 80

Roschkott Alfred: Untersuchungen über Böenbildung im Gebirge (mit 5 Textfiguren). S. 121. IIa. 935 . . . . 1.10
Separatabdruck

Roschkowski, R., die Methode, s. Sammelmappe, pädagogische, 104, 105.

—— die Pflege des Ehrgefühls in der Volksschule, s. Sammelmappe, pädagogische, 89.

Lehrplan und Entwürfe aus allen Unterrichtsgebieten der Volksschule. Gesammelt u. hrsg. von W. **Roschkowski**. Lissa i. P.: Eulitz (1909). 364 S. 8° (II. 470

Roschkowski, W., Lehrproben u. Entwürfe aus allen Unterrichtsgebieten der Volksschule. Gesammelt u. hrsg. (364 S.) gr. 8. Lissa (909). O. Eulitz. 3.—; geb. 3. 50

Roschkowski, W., Liederschatz für evang. Volksschulen. E. Sammlg. 1- u. 2-stimm. Volks-, Spiel-, geistl. u. patriot. Lieder f. alle Jahreszeiten u. Feste. Gesammelt, bearb. u. hrsg. unt. Mitwirkg. vieler Schulmänner. 8. (VIII, 208 S.) Breslau 897. M. Woywod. Geb. n. — 60

Roschkowski, W., die Weihnachtsfeier in der Schule u. Kirche. Eine Sammlg. v. Festspielen, Gedichten, Wechselgesprächen u. Ansprachen m. zwei vollständ. Ausführgn. u. e. Anh. zur Auswahl. (80 S.) gr. 8. Lissa 903. F. Ebbecke. n. 1. —

— Die Weihnachtsfeier in der Schule u. Kirche. Eine Sammlg. v. Festspielen, Gedichten, Wechselgesprächen, Ansprachen, m. drei vollständ. Ausführgn., e. Anh. zur Auswahl u. Liedern m. Noten. 2., stark verm. Aufl. (196 S.) 8. Ebd. 907. 1.80

Röschlaub, Andreas

Röschlaub, Andr., die Afteranwendung d. neuen Systems der Philosophie auf die Medicin. 8. Landsh. 803. Krüll. 3 gl

— die Afteranwendung des neuen Syst. d. Philosophie. 8. Ebend. (a. Rienner in Würzb.) 805.

— Avis an das baierische Publikum, worin er eine, durch Landshut. Magistratspersonen veranlaßte, grobe Pasquillirung höchster Personen aufdeckt. 8. Landsh. 803. Krüll. 4 gl.

— s. Jb. Brown's sämmtl. Werke u. dessen Leben.

Roeschlaub, Andreas [Praes.], s. Dürig, Joseph: Naturae in sanandis vulneribus efficacia casibus aliquot illustrata.

Röschlaub, Andreas: Von dem Einflusse der Brown'schen Theorie auf die praktische Heilkunde. 240 S., gbd.

Würzburg: Köl 1798

JB 2.570

Röschlaub, Andr(eas): Erster Entwurf eines Lehrbuches der allgemeinen Jaterie und ihrer Propädeutik als Handschrift zu seinen Vorlesungen. Th.1, 399 S., gbd.

Frankfurt am Main: Andreä 1804

JB 2.576

— erster Entwurf e. Lehrbuchs d. allgem. Jatrie u. ihrer Propädeutik. 1r Thl. gr. 8. Frankf. a. M. 805. Andreä. 1 ℔ 12 gl

Röschlaub, Andr., und M. J. Röschlaub, Erklärungen üb. d. wandernde Cholera-Krankheit u. die geg. dieselbe bey ihren Annahen, Eintreten u. Herrschen zu ergreif. Vorkehrungen. gr. 8. (4½ B.) München 831, Weber.

– Diss. de febri fragmentum. 8. Bamb. 795. (Palm in Erlang.) 3 gr

Röschlaub, Andreas (Hrsg.):

s.a. Hygiea, Zeitschrift für öffentliche und private Gesundheitspflege. Bd 1, St.1. Frankfurt am Main: 1803

JB 6.054

— u. G. Oeggl, Hygiea; e. Zeitschrift f. öffentl. u. Privat-Gesundheitspflege. 1r Bd. 4 Stcke. 8. Frankf. a. M. 804—6. Andreä. 1 ./ 16 gr

– Lehrbuch der Jaterie. 1r Th. gr. 8. Ebendaselbst. 805.

Röschlaub, A(ndreas): Lehrbuch der Nosologie. Zu seinen Vorlesungen entworfen. 511 S., gbd.

Bamberg u.Wirzburg: Göbhardt 1801

JB 2.573

— Lehrbuch d. Nosologie, zu seinen Vorlesungen entworfen, 2 Bde. gr. 8. Bamb. 801. (Weschè in Frankf. a. M.) 2 ./ 8 gr

Röschlaub, A(ndreas): Lehrbuch der Nosologie. Zu seinen Vorlesungen entworfen. 432 S., gbd.

Bamberg: 1802

JB 2.574

— Lehrbuch d. besondern Nosologie, Jatreusiologie u. Jatrie. 1r Bd. 3 Thle. gr. 8. Frankf. a. M. 801—810. Andreä. 3 ./ 20 gr

— neues Magazin f. d. klinische Medicin. 1r Bd. 1s—4s Stck. 8. Nürnb. 816, 17. Riegel u. W. 2 ./ 16 gr

Röschlaub, Andreas (Hrsg.):

s.a.: Magazin zur Vervollkommnung der theoretischen und praktischen Heilkunde. Bd 1-10. Frankfurt a.M.: 1799-1807.

JB 6.051

— Magaz. z. Vervollkommnung d. theoret. u. prakt. Heilkunde. 10 Bde. 8. Frankf. a. M. 799—809. Andreä. 14 ./ 16 gr

Röschlaub, Andreas: Über Medizin, ihr Verhältniss zur Chirurgie, nebst Materialien zu einem Entwurfe der Polizei der Medizin. 316 S., gbd. (mit 65 Seiten handschr. Notizen).

Frankfurt am Main: Andreä 1802

JB 5.560

Röschlaub, A. Üb. Medizin, ihr Verhältn. z. Chirurgie. Landshut 1802.

— einige Nacherinnerungen an die Leser seines Schreibens an Marcus. 8. Landsh. 811. Krüll. 2 gr

— Nacherinnerungen an die Leser seines Schreibens an Marcus. 8. Ebend. 814.

— üb. d. Nutzen e. medicin.-klinischen Schule. gr. 8. Landsh. 803. Krüll. 4 gr

— Progr. von d. Zwecke u. d. Erfordernissen e. klinisch-medicin. Schule. 1e Lect. 8. Bamb. 800.

— Rede z. Feier d. Andenkens an Jh. Ant. Schmidtmüller. 8. Landsh. 809. Thomann. 3 gr

– s. J. M. Ringseis, de doctrina Hippocratica.

— Traité de l'influence de la théorie de Brown sur la médicine pratique, traduit de l'allemand par S. Breinersdorf. 8. Bamb. 802. Drausnik. 12 gr

— an A. F. Marcus, üb. d. Typhus. 8. Landsh. 814. Krüll. 12 gr

Röschlaub, Andreas: Untersuchungen über Pathogenie oder Einleitung in die medizinische Theorie. Th.3, 528 S., gbd.

Frankfurt am Main: Andreä 1800

JB 2.571

Röschlaub, Andreas: Untersuchungen über Pathogenie oder Einleitung in die Heilkunde. 2.veränderte Aufl. Th.1 - 3, gbd.

Frankfurt am Main: Andreä 1800 - 1803

JB 2.572

— Versuch üb. d. Einfluß d. Brownschen Theorie in d. prakt. Heilkunde. gr. 8. Würzb. 798. (Hahn in Hannov.) 18 gr

— philosoph. Werke. 1r Bd. A. u. d. T.: Ueber die Würde u. d. Wachsthum d. Wissenschaften rc. 1r Bd. gr. 8. Sulzb. 827. v. Seidel. 2 ./

— Zeitschrift f. Jatrotechnik. 1n Bds 1s Stck. gr. 8. Landsh. Krüll. 804.

— Zeitschrift f. Jatrotechnik. 1n Bdes 1s Stck. gr. 8. Landsh. 814. Krüll. 10 gr

Röschlaub, M. J., Erklärr. über die wandernde Cholera-Krankheit, s. A. Röschlaub.

RÖSCHLAUB, Michael Joseph (Landshut): Dissertatio inauguralis medica sistens disquisitiones nosologicas de inflammatione traumatica.- Monachii: Fleischmann (1828). 1 Bl., 38 S. 6.8.1828 - Urk (Titel: De inflammatione traumatico.); F 39
Diss. Ingolst.-Landsh.-Mchn.

Roschmann, Ant., glaubw. Nachr. über d. Leben des heil. Valentini, Bisch. zu Passau rc. 4. Ulm, Bartholomäi. 746.

— Veldidena urbs antiquiss. Augusti colonia et totius Rhaetiae princeps etc. 4. ibid. 744.

Roschmann, Hermann, approb. Arzt aus Nortorf i. Holstein: **Aus d. kgl. patholog. Institute in Kiel. Fünf Fälle von Ulcus ventriculi mit Beteiligung des Oesofagus und Duodenums.** *Kiel 1899: H. Fiencke.* (19 S.) 8°
Kiel, Med. Diss. v. [30. Jan.] 1899

Roschmann, Julie, Koch-Rezepte f. unsere Töchter, s.: Kunze, Wilhelmine.

Roschmann, Tobias (Ulm) Altd. Phs. 38/32

Dissertatio historico-philosophica de Xenophane.
Präs. Jakob Wilhelm Feuerlin.
Altdorf (Meyer) 15. XII. 1729. 48 S. 29233

Roschmann v. Hörburg, Cassian Ant., Geschichte von Tyrol. 2 Thle. gr. 8. Insbr. 792—802. Wagner; (auch v. Mösle in Wien). 1 ₰ 14 gl.

Roschmann v. Hörburg, Cassian Ant., Sirminde; e. Trspl. 8. Insbr. 774.

Roschmann-Hörburg, Julius v Die Bevölkerung der Bukowina nach dem Berufe, s. Zacher, Anton

Roschmann-Hörburg, Jul. v., die Bewegung des Realitäten- u. Hypothekar-Verkehrs in der Bukowina, s.a. Mitteilungen des statist. Landesamtes des Herzogth. Bukowina. IV.

Die Bewegung des Realitäten- und Hypothekar Verkehres in der Bukowina vom Jahre 1868 bis mit 1892 Tabellen. (Vert. von Dr Julius v Roschmann-Hörburg, Prof.) Czernowitz H Pardini in Comm. 1897. (VIII, 305 S.) 4°
= Mittheilungen d. Statist Landesamtes d. Hzgth. Bukowina. H 4 (o. 6.)

Roschmann-Hörburg, Jul., der Bodenwerth Oesterreichs. Eine volkswirthschaftlich-statist. Studie. gr. 8. (VI, 74 S.) Wien 885, Hölder. *
Aus Statistische Monatschrift, besonders abgedruckt.

Roschmann-Hörburg, Jul. v., s.: Mitteilungen d. statist. Landesamtes d. Herzogth. Bukowina.

— die Viehzählung in Österreich vom 31. Decbr 1890. 1. Hft gr 8. Wien 893. A. Hölder. n. 2. 40
Die vorläufigen Ergebnisse u. die definitiven Ergebnisse, summarisch dargestellt. (120 S.)

Pastor Johannes Roschmann. Ein Lebensbild aus d Anfängen d. Gemeinschaftsbewegung unserer Zeit (Vorr H. Coerper) Neumunster Ihloff (1906). 50 S. 8° (o. 636, 8

Röschmann, Pastor Johannes. Ein Lebensbild aus den Anfängen der Gemeinschaftsbewegg. unserer Zeit. (56 S. m. 1 Bildnis u. 1 Taf.) gr. 8. Neumünster (907). Vereinsbuchh. G. Ihloff & Co. — 50

Röschmann (Red.), s. Gemeinschaftsfreund, Der

Röschmann, der unermeßliche Wert e. frühzeitigen Bekehrung u. Übergabe. Vortrag, geh. in Bockenheim bei Frankfurt a/M. auf der 3. „Studentenkonferenz zu Vertiefg christl Lebens u. zur Anregg. christl. Werkes unter der studier Jugend". 8. (12 S.) Bonn 892. (J. Schergens.) n.n. — 10

— dasselbe. 2. Aufl. 8. (II, 14 S.) Ebd. 893. n.n. — 10

Röschmann, Joh., Philadelphia u. Laodicea. Offenbarung 3, 7—22. Nachgeschriebenes aus Bibelstunden. (1897/98.) (XVI, 206 S. m. Bildnis.) 8. Dinglingen (903). St. Johannis-Druckerei. n. 1. —

Roschnik, Rud., Leitfaden des österreichischen Gebührenrechtes. gr. 8. (VII, 144 u. 3 S.) Wien 901. Manz. n. 2. 70; kart. n. 3. —

Roschnik, Rud., Leitfaden des österreichischen Gebührenrechtes. 2., verb. Aufl. (VIII, 181 S.) gr. 8. Wien 904. Manz. n. 3. 60; kart. n. 3. 90

Roschnik, Rud., Leitfaden des österreichischen Gebührenrechtes. 3. Aufl. (VIII, 202 S.) 8. Wien 908. Manz. 3.30; kart. 3. 50

— u. P. v. Zhuber, Rundschau vom Laibacher-Schlossberg 364 M. Hrsg. v. der Section „Krain" des D. u. Ö. Alpenvereines. 2. Aufl. 17,5×125 cm. Lith. Laibach 904. (I. v. Kleinmayr & F. Bamberg.) n. 1. —

— der Triglav, s.: Gipfelführer, alpine, VIII.

— das österreichische Zollwesen. Ein Umriß. (57 S.) 8. Wien 905. Manz. n. — 85

Roschtitzky, Barbara. Das Auftreten des kalorischen und Drehnystagmus bei verschiedenen Ohrkrankheiten. Diss. Med. Bern. 20 S. 8. Bern, R. Suter & Cie., 1909

Roschütz, B. P. L., Jahrbuch f. Geist u. Herz, s. Jahrbuch.

— s. J. P. Rossel, Realbuch fur Schulen.

Roschütz, B. P. L., Universal-Volks-Kalender f. 1840 u. 1841. 8. Aachen, [Cöln,] Roschütz u. Comp. [1840. (14½ B.) ⅓ Thlr., 41. (13¾ B.) 5/12 Thlr.]

—— Universal-Volkskalender f. 1843, mit Zeichnungen u. Radirungen von S. Mit dem Anhange: Jahrbuch f. Geist u. Herz, zur Belehrung u. Unterhaltung. 8. (9½ B.) Düsseldorf 842. [Cöln, Roschütz u. Comp.] Thlr. * –

Roschütz, Frz., Jesus, Maria, Joseph unser Vorbild, od. geistl. Anweis., durch sie d. zeitl. Frieden u. d. ewige Seligkeit zu erlangen. 18. (250 Seit.) Aachen 838, [Cöln,] Roschütz u. Cp. Mit Ttlkpfr. geb. m. Goldschn.

Roschütz, Frz., Lesebuch für katholische Schulen. 8. Aachen u. Düsseldorf 841, Roschütz u. Comp. ⅓ ₰

Roschütz, Frz., Lesebuch f. kathol. Schulen. 8. (12½ B.) Aachen 841, [Cöln,] Roschütz u. Comp. Thlr.

v. Roschütz, Frz., Predigten u. Betrachtungen für die heilige Fastenzeit. gr. 8. (IV u. 234 S.) Gleiwitz 848, Landsberger. 1 ₰

Roschütz, Frz. v., Predigten und Betrachtungen für die heil. Fastenzeit. gr. 8. (IV und 234 S.) Gleiwitz 848. [Breslau, Schletter'sche Buchh.]

— Reden zur Feier der ersten heil. Kommunion u. Vorbereitung zur heil. Beichte der Kinder. gr. 8. (76 S.) Regensburg 850, Manz. ¼ ₰

Roschütz, Ph. B., s. Jahrbuch für Geist u. Herz. — Universal-Volkskalender.

Roscio, B Experimente über die Durchschneidung der Sehnerven. Wien 1864. 6 p.
Schul-/Univ.-Schrift

Rosciszewski, Karl von: **Das Rind und dessen Haltung in der südwestlichen Provinz Russlands. II. Th.: Das Rind.** *Breslau 1897: Dr. R. Galle.* (74 S.) 8° ¶ (Soll vollständig erscheinen.)
Breslau, Phil. Diss. v. 3. Dez. 1897

Rosciszewski, Karl v., das Rind u. dessen Haltg. in d. südwestl. Provinz Russlands. II. Thl.: Das Rind. Diss. gr. 8. (74 S.) Breslau 897. (Schlotter.) n.n. 1. —

(Roscius): Westpreußen von 1772 bis 1827 als Nachtrag zu den statistischen Uebersichten in den Ortschaftsverzeichnissen der Marienwerderschen u. Danziger Regierungsbezirke. [Nebst] Anh. Marienwerder 1828.
Anh. [u. d. Tit.:] **(Roscius)**: Ueber den Zustand der einzelnen Städte Westpreußens. 1828.

Roscius, Friedr., Herr im Hause oder ein geplagter Parlamentswähler. Schwank in 2 Aufzügen. 8. (38 S.) Leipzig 888, Werther. *

— s.: Polter-Abende, fröhliche.

—— s. Stunden, gesellige.

Roscius, Geo. Gf., de fide et officiis Christianor. ex August. Confessione dissert. 4. Lubenae. 751.

Roscius, Jh. Jak., († ...) Beschreib. einer abgenommenen krebshaften Brust. 4. Regensb. 769.

Roscoe, Henry Enfield

Roscoe, H. E., Chemie, s. a. Elementarbücher, naturwissenschaftl., 1. Bdchn.

Roscoe, H. E., Chemie. Deutsche Ausg., bearb. v. F. Rose. Mit (eingedr. Holzschn.-)Abbildgn. gr. 16. (XII, 116 S.) Straßburg 876. Trübner. n. — 80

Roscoe, H. E., Chemie. Deutsche Ausg., besorgt von F. Rose. Mit (eingedr. Holzschn.-)Abbild. 1. Aufl. (XII, 116 S.) 1876; 2. verb., durch einen Anhang von Fragen und Aufgaben verm. Aufl. 8. (XII, 132 S.) Straßburg 878, Trübner. cart.

Roscoe, H. E., Chemie. Deutsche Ausg., besorgt von F. Rose. Mit (eingedr. Holzschn.-)Abbildgn. u. einem Anh. von Fragen u. Aufgaben. 3., v. neuem durchgeseh. Aufl. 8. (XII, 132 S.) Straßburg 882. Trübner. geb. n. — 80

Roscoe, H. E., Chemie. Deutsche Ausg., besorgt v. F. Rose. Mit Abbildgn. u. e. Anh. v. Fragen u. Aufgaben. 4. Aufl. 8. (XII, 136 S.) Straßburg 886. Trübner. geb. n. — 80

Elementarbuch der Chemie. Deutsche Ausgabe von F. Rose. Fünfte durchgesehene Auflage. Strassburg, 1892. 8vo. Ill.

Elementarbuch der Chemie. Deutsche Ausgabe von F. Rose. Sechste Auflage. Strassburg, 1897. 8vo. Ill.

— u. Arth. Harden, die Entstehung der Dalton'schen Atomtheorie in neuer Beleuchtung, s. a. Monographieen aus d. Geschichte d. Chemie.

ROSCOE, SIR HENRY E., und ARTHUR HARDEN.
Entstehung (Die) der Daltonschen Atomtheorie in neuer Beleuchtung. Ein Beitrag zur Geschichte der Chemie. Zugleich mit Briefen und Dokumenten über Dalton's Leben und Arbeiten zum ersten Male aus den im Besitz der Literary und Philosophical Society to Manchester befindlichen Manuscripten veröffentlicht. Ins Deutsche übertragen von G. W. A. Kahlbaum. Leipzig, 1898. 8vo. Ill. Portrait und Facsimiles.
See First Supplement, page 39.

Ausführliches Lehrbuch der Chemie. Von H[enry] E[nfield] Roscoe u. C[arl] Schorlemmer, Professoren in Manchester. (3 ff.: Fortges. von Jul. Wilh. Brühl, Prof. in Heidelberg. Bearb. in Gemeinsch. mit Edvard Hjelt u. Ossian Aschan, Helsingfors; 9: mit Hjelt, Aschan, O[tto] Cohnheim, Heidelberg, O[skar] Emmerling, Halle, E[rnst] Vahlen, Berlin.) Mit Holzstichen. Bd 1–9. *Braunschweig: F. Vieweg & Sohn 1877–1901.* 9 Bde 8°
1. Nichtmetalle. 1877. 2. Die Metalle u. Spectralanalyse. (In 2 Abth.) 1879. 3–9. Die Kohlenwasserstoffe u. ihre Derivate oder Organische Chemie. (5 ff. = Roscoe: Lehrbuch d. organ. Chemie.) Th 1–7.
1. (In 2 Abth.) 18(82–)84. 2. (In 4 Abth.) 1886–89. 3. (In 2 Abth.) 1891–96. 4. 1898. 5. 1899. 6. 7. 1901. [illegible]

— und C. Schorlemmer, ausführliches Lehrbuch der Chemie. 3. Bd: Die Kohlenwasserstoffe und ihre Derivate oder organische Chemie. Mit zahlreichen in den Text eingedr. Holzst. 1. and 2. Abthl. gr. 8. Braunschweig, Schwetschke und Sohn. [1. Abthl. (S. 1—624.) 882; 2. Abthl. (XI, S. 625—1179.) 884. à *M 12.]

— u. C. Schorlemmer, ausführliches Lehrbuch der Chemie. 1. Bd. Nichtmetalle. 2. Aufl. Mit Holzst. gr. 8. (IX, 655 S.) Braunschweig 885. Vieweg & Sohn. n. 12. —

— — dasselbe. 4. Bd. 1. Abth. Die Kohlenwasserstoffe u. ihre Derivate od. organische Chemie. 2. Thl. Mit eingedr. Holzst. I. Abth. gr. 8. (336 S.) Ebend. 886. n. 6. 50

— u. C. Schorlemmer, ausführliches Lehrbuch der Chemie. 2. Bd.: Die Metalle u. Spectralanalyse. 2., verm. Aufl. Mit Holzst., 2 farb. u. 2 photogr. Spectraltaf. 2 Abthlgn. gr. 8. Ebd. 888. 889. n. 18. —
1. (432 S.) n. 8. —. — 2. (XIII u. S. 433—896 m. 4 Taf.) n. 10. —

— — dasselbe. 4. Bd. Die Kohlenwasserstoffe u. ihre Derivate od. organische Chemie. 2. Thl. 2.—4. Abth. gr. 8. (XIV u. S. 337—1220 m. Holzst.) Ebd. 887—889. n. 17. 50 (4. Bd. cplt.: n. 24. —)
2. Abth. (S. 337—672.) n. 6. 50. — 3. Abth. (S. 673—1009.) n. 6. 50. — 4. Abth. (XIV u. S. 1011—1220.) n. 4. 50.

— u. C. Schorlemmer, ausführliches Lehrbuch der Chemie. 5. Bd. Die Kohlenwasserstoffe u. ihre Derivate od. organ. Chemie. 3. Thl. 1. Abth. gr. 8. (464 S. m. Holzst.) Braunschweig 891. F. Vieweg & Sohn. n. 9. — (I—V, 3, I.: n. 87. —)

— u. C. Schorlemmer, ausführl. Lehrbuch d. Chemie. Anorganischer Thl. in 2 Bdn. Roscoe, Sir Henry E., u. Alex. Classen: Lehrbuch der anorgan. Chemie. 3., gänzl. umgearb. Aufl. d. in früheren Aufl. v. Roscoe u. Schorlemmer bearb. Werkes. 2 Bde. gr. 8. Braunschweig, F. Vieweg & Sohn. n. 52. —
I. 2 Abthlgn. (XI, 940 S. m. 401 eingedr. Holzschn.) 895. n. 26. —
II. 2 Abthlgn. (XIII, III, 962 S. m. 228 eingedr. Holzschn. u. 1 Spektraltaf.) 896. 97. n. 26. —

— — dasselbe. Fortgesetzt v. Jul. Wilh. Brühl. 5. Bd. Die Kohlenwasserstoffe u. ihre Derivate od. organ. Chemie. 3. Thl. Bearb. in Gemeinschaft m. Edvard Hjelt u. Ossian Aschan. 2. Abth. (Schluss d. 5. Bds.) gr. 8. (XI u. S. 465—1018 m. Holzst.) Ebd. 896. n. 12. —

— — dasselbe. 6. Bd. Die Kohlenwasserstoffe u. ihre Derivate od. organ. Chemie. 4. Thl. gr. 8. Ebd. 898. n. 15. — (I—VI: n. 114. —)
Chemie d. fünfgliedr. heterocyklischen Systeme m. Kohlenstoff-, Sauerstoff-, Schwefel-, Selen- u. Stickstoff-Atomen. In Gemeinschaft m. Edvard Hjelt u. Ossian Aschan von Jul. Wilh. Brühl. (XII, 709 S.)

Roscoe u. Schorlemmer's ausführliches Lehrbuch der Chemie v. Jul. Wilh. Brühl. VII.—IX. Bd. Die Kohlenwasserstoffe u. ihre Derivate od. organ. Chemie. 5.—7. Thl. gr. 8. Braunschweig, F. Vieweg & Sohn. n. 70. —; geb. in Leinw. n. 73. 50; in Halbfrz. n. 76. —; (kplt. n. 206. —; geb. n. 215. 50; bezw. n. 224. —)
VII. Chemie der sechsgliedrigen heterocyklischen Systeme. Von Jul. Wilh. Brühl. In Gemeinschaft m. Edvard Hjelt u. Ossian Aschan. (XXVII, 1320 S.) 899. n. 28. —; geb. in Leinw. n. 29. 50; in Halbfrz. n. 30. —
VIII. Bearb. in Gemeinschaft m. Edvard Hjelt u. Ossian Aschan. (XXXIX, 1045 S.) 901. n. 22. —; geb. in Leinw. n. 23. —; in Halbfrz. n. 24. —
IX. Bearb. in Gemeinschaft m. Edvard Hjelt u. Ossian Aschan u. O. Cohnheim, O. Emmerling u. E. Vahlen. (XXXII, 627 u. 131 S.) 901. n. 20. —; geb. in Leinw. n. 21. —; in Halbfrz. n. 22. —

Roscoe, H. E., Lehrbuch der Chemie nach den neuesten Ansichten der Wissenschaft. Bearbeitet von B. Schorlemmer. 2. Aufl. Braunschweig 1868. 8°.

Roscoe, H. E., kurzes Lehrbuch der Chemie nach den neuesten Ansichten der Wissenschaft. Deutsche Ausg., unter Mitwirkung des Verf. bearb. von Carl Schorlemmer. 8. (XV und 400 S. mit zahlreichen in den Text eingedr. Holzst. und 1 chromolithogr. Spectraltaf. in 4.) Braunschweig 867, Vieweg und Sohn.

Roscoe, H. E., kurzes Lehrbuch der Chemie nach den neuesten Ansichten der Wissenschaft. Deutsche Ausgabe, unter Mitwirkung des Verfassers bearb. von Carl Schorlemmer. Braunschweig 869. Vieweg & Sohn. 8. (XIX, 416 S. mit zahlreichen in den Text eingedruckten Holzst. u. 1 chromolithgr. Spectraltaf. in 4.) n. 1 ₰ 20 ngr

— kurzes Lehrbuch der Chemie nach den neuesten Ansichten der Wissenschaft. Deutsche Ausg. unter Mitwirkg. d. Verf. bearb. v. Carl Schorlemmer. Mit zahlreichen in den Text eingedr. Holzst. u. e. farb. (lith.) Spectraltaf. (in 4.) 3. nach den neuesten Forschgn. verm. u. verb. Aufl. 8. (XX, 426 S.) Braunschweig 871. Vieweg & Sohn. n. 5. —

Roscoe, E. H., kurzes Lehrbuch der Chemie. Nach den neuesten Ansichten der Wissenschaft. Deutsche Ausg. unter Mitwirkung des Verf. bearb. von Carl Schorlemmer. 1.—3. Aufl. 1869—71. *M. 5., und 4. und 5. nach den neuesten Forschungen verm. und verb. Aufl. 8. (XXI, 450 S. mit zahlreichen in den Text eingedr. Holzst. und 1 farb. Spectraltaf. in 4.) Braunschweig 873,75, Vieweg und Sohn.

—— dass. — 2. Bd., s. Schorlemmer, Carl.

– und C. Schorlemmer

—— —— kurzes Lehrbuch der Chemie, nach den neuesten Ansichten der Wissenschaft. 6. verb. Aufl. 8. (XIX, 468 S. mit zahlreichen in den Text eingedr. Holzschn. und 1 farb. Spectraltaf.) Ebendas. 878.

—— —— kurzes Lehrbuch der Chemie nach den neuesten Ansichten der Wissenschaft. 7. verb. Aufl. 8. (XXI, 475 S. mit zahlreichen in den Text eingedr. Holzst. und 1 farbigen Spectraltafel.) Braunschweig 882, Vieweg und Sohn.

—— —— kurzes Lehrbuch der Chemie nach den neuesten Ansichten der Wissenschaft. 8. verm. Aufl. 8. (XXII, 484 S. mit zahlreichen eingedr. Holzst. und 1 Taf. in Farbendr.) Ebendas. 886. *
Der 2. Thl. bildet: Schorlemmer, Kohlenstoffverbindungen (s. d.).

—— u. Carl Schorlemmer. Kurzes Lehrbuch der Chemie nach den neuesten Ansichten der Wissenschaft. Mit zahlreichen eingedr. Holzst. u. e. farb. Spectral-Taf. 9. verm. Aufl. 8. (XXV, 494 S.) Braunschw. 890, Vieweg u. Sohn. * 5 50; geb. * 6 50

— — kurzes Lehrbuch der Chemie nach den neuesten Ansichten der Wissenschaften von Sir Henry E. Roscoe u. Alex. Classen. 10., verm. Aufl. Mit 71 Holzst. u. 1 farb. Spectraltaf. gr. 8. (XXVI, 541 S.) Ebd. 894. n. 7. 50; geb. in Leinw. n. 8. 50

— — kurzes Lehrbuch d. Chemie nach d. neuesten Ansichten der Wissenschaft v. Sir Henry E. Roscoe u. Alex. Classen. 11., verm Aufl. M. 73 Holzst. u. 1 farb. Spectraltaf. gr. 8. (XXIII, 554 S.) Ebd. 898. n. 7. 50

— — dasselbe. 2. Bd., s.: Schorlemmer, Lehrbuch d. Kohlenstoffverbindungen.

Lehrbuch der organischen Chemie von H[enry] E[nfield] Roscoe u. C[arl] Schorlemmer. Fortges. von Jul. Wilh. Brühl. (3 ff.: bearb. in Gemeinsch. mit Edvard Hjelt u. Ossian Aschan; 7: mit Hjelt, Aschan, O[tto] Cohnheim, O[skar] Emmerling u. E[rnst] Vahlen.) Th. 1–7. *Braunschweig: F. Vieweg & Sohn 18(82–)1901.* 7 Bde 8°
[1. 2 ohne Sondertitel.] 1. 18(82–)84. 2. 1886–89. 3. 1891–99. 4. 1898. 5. 1899. 6. 7. 1901.
= Roscoe: Ausführl. Lehrbuch d. Chemie. Bd 3–9.

—— und C. Schorlemmer, ausführliches Lesebuch der Chemie. 2 Bde. gr. 8. Braunschweig, Vieweg und Sohn. *
Inhalt:
Bd. 1. Nichtmetalle. (IX, 633 S. mit zahlreichen in den Text eingedr. Holzschn.) 877. *M. 12.
» 2. Die Metalle und Spectralanalyse. 2 Abthlgn. (XIII, 866 S. mit 2 farb. und 2 photogr. Spectraltaf.) 879. *M. 16,80.

— die Spectralanalyse in einer Reihe von sechs Vorlesungen mit wissenschaftlichen Nachträgen. Autorisirte deutsche Ausgabe bearb. von C. Schorlemmer. Mit 80 in den Text eingedr. Holzst., (6) Chromolith., (2) Spectraltaff. (in Holzschn. in gr. 8. u. qu. 4.) etc. Braunschweig 870. Vieweg & Sohn. gr. 8. (X, 300 S.) n. 3 ℛ

—— die Spectralanalyse in einer Reihe von sechs Vorlesungen mit wissenschaftlichen Nachträgen. Autoris. deutsche Ausg. bearb. von C. Schorlemmer. 1. Aufl. (X, 300 S.) 1870, und 2. verm. Aufl. gr. 8. (XVI, 300 S. mit 80 in den Text eingedr. Holzst., 3 Chromolithogr. in qu. 4., 2 Spectraltaf. in qu. 4. und qu. Fol.) Braunschweig 873, Vieweg und Sohn.

Roscoe, H. E., die Spectralanalyse in e. Reihe von 6 Vorlesungen m. wissenschaftlichen Beiträgen. 3. Aufl., neu bearb. vom Verf. u. A. Schuster. Mit 123 Holzst., Chromolith., Spectraltaf. etc. gr. 8. (XI, 466 S.) Braunschweig 890. Vieweg & Sohn. n. 16. —

– photochemische Untersuchungen, s.: Bunsen, R.

—— Photochemische Untersuchungen, s. Klassiker der exakten Wissenschaften. Nr. 34.

Roscoe, Thom., Edelstein u. Perle, s. Edelstein.

Roscoe, Thom., venetianische Novellen, s. Edelstein u. Perle.

Roscoe's, (Thos.) London and Birmingham Railway, with a map of the Line, and 18 steel plates. 8. cloth gilt. London, Black et Armstrong. 5^{5} 8 ℛ

Roscoe, William

Roscoe, W., Leben Lorenzo de' Medici, s. a. Lorck's, C. B., Hausbibliothek.

— Leben d. Lorenz v. Medici, a. d. Engl. gr. 8. Berl. Himburg. (Sommer in Leipz.) 797.

— Leben des Lorenz v. Medici; aus d. Engl. von Kurt Sprengel, mit Anmerkk. von J. R. Forster. Mit 1 Bildn. gr. 8. Berl. 797. (Reimer; a. W. Nauck in Leipz.) 1 ℛ 18 gr

Roscoe, W., Leben Lorenzos v. Medici, aus d. Engl. v. K. Sprengel. Neue wohlf. Ausg. gr. 8. Leipzig, Sommer. 811.

Roscoe, Will., Leben Lorenzo de' Medici genannt der Prächtige. Nach der 8. Aufl. des engl. Originals deutsch bearbeitet von Fr. Spielhagen. Neue (Titel-)Ausgabe. (Mit dem Portr. Lorenzo's nach Vasari in Holzschnitt.) Leipzig (861)65. Senf. gr. 8. (VIII, 239 S.) 20 ngr.

Roscoe, William, Leben Lorenzo de' Medici genannt der Prächtige. Nach der 8. Aufl. des engl. Originals deutsch bearb. von Fr. Spielhagen. Mit dem Portrait Lorenzo's nach Vasari (Holzschn.). 3. (Titel-)Aufl. 8. (VIII, 239 S.) Leipzig (865)74, Senf.

Roscoe, W., Leben u. Regierung Papst Leo X.; aus d. Engl. von A. F. G. Glaser. Mit Anmerkk. von H. P. K. Henke. 3 Bde. gr. 8. Leipz. 806—8. W. Vogel. 6 ℛ 18 gr

Roscoe, (W.,) the life of Lorenzo de Medici etc., s. a. Collection of the Classics etc. Vol. I—III.

— Life of Lorenzo de' Medici. IV Vol. gr. 8. Basel, Thurneisen. 799.

Roscoe, William. The life of Lorenzo de' Medici, called the Magnificent. Mit 2 Abbild. (Aus: „Collection of the classic english historians".) (4 Bde.) 8. Heidelberg 1825—1826.

Roscoe, W., über den Ursprung und die Schicksale der Gelehrsamkeit und Kunst. Aus d. Engl. von W. A. Lindau. 8. Leipzig, Rein. 819.

de Roscovány, Aug., s. Roskovány.

Rosculetz, Valeriu [aus Rumänien]: Beiträge zur Entwicklungsgeschichte des Genitalhöckers beim Menschen und beim Schweine. … Berlin, Buchdr. v. Gustav Schade (Otto Francke) (1890); 31 + 1 S. 8°
Berlin, Med. Fak., Inaug.-Diss. v. 31. März 1890

Roscy, J. A., Werke, a. d. Franz. 5 Thle. 8. Leipz. Kummer. 789—802.

Rosczkowski, Gust., über das Wesen des Eigenthums. Inaugural-Dissertation. gr. 8. Freiburg i. Br. 870, Wagner'sche Buchh.

ROSDALSKY, GOTTHARD. Ueber Abkömmlinge des Piperazins. (Basel) Dresden, 1895.

Rose, die, s.a. Schmidt's, J. C., Garten-Bibliothek.

Rose oder die Nonne wider ihren Willen. München [Carlsruhe] 1778. V: *Weiss, Johann Adam.* (Wr) (MGT) (GGr)

Rose, oder die Nonne wider Willen. Trspl. in 5 A. 8. Karlsr. 778. Braun. 4 gr.

Rose; od. die Nonne wider ihren Willen. Trauersp. in 5 Aufz. 8. Carlsruhe, Macklot. 778.

— od. die Nonne wider ihren Willen. 8. Münch. (Karlsr.) 778.

Rose: Von der **Rose. Eine Rede, am 2ten Sept. 1779 als am Stiftungstage der Loge zu den drey Rosen [in Sachsenfeld] am 72sten Geburtstage des H. W. M. v. St. [Friedr. Ludw. Grafen zu Solms] gehalten von dem Br Redner. Leipzig [1779]: Breitkopf. 16 S. 8⁰ [Umschlagtit.]**

Kl. 1015. Sehr selten. Kloss' Angabe des Namens Franke als Verf. unter Nr 1015 ist nicht richtig. Bedeutung der Rose. Aus der Rede (S. 13) geht hervor, dass die Loge 1743 gestiftet wurde, nicht 1742, wie Peuckert angibt.

Rose oder Pflicht und Liebe im Streit. Ein komisches Singspiel in drey Aufzügen. (Musik von Johann Mederitsch.) Wien 1783. V: *Stephanie, Gottlieb d. J.* (G. Th. Sonneck, Catalogue of Opera Librettos. Washington 1914. Bd. I, S. 954) (BiblPort)

— oder Pflicht u. Liebe im Streit; Sgspl. 8. Wien 783. Kurzböck. 4 gr.

Rose, Die. Eine tragisch-komische Erzählung. Bayreuth 1791. V: *Vulpius, Christian August.* (Ky) (EE)

Rose, die, e. tragi-kom. Erzählung, (v. Chr. A. Vulpius). 8. Bayreuth 791. Grau in Hof. 14 gr.

Rose, die, eine tragi-komische Erzählung. 8. Bayreuth, Lübeck. 791.

Rose, Die, oder die Macht der Liebe . . . Leipzig 1802. V: *Störchel.* (BGE)

— die, od. die Macht der Liebe. 2 Thle. 8. Prag 802. Widtmann. 1 Thl. 12 gr.

Rose oder der Fündling. Ein kleiner Roman . . . Frankfurt a. M. 1812. V: *Ahlefeld, Charlotte Sophie Luise Wilhelmine von geb. von Seebach.* (Ky) (MGT) (LS)

— od. d. Findling; (v. Charl. v. Ahlefeld). 8. Frankf. 812. Fr. Wilmans. 14 gr.

Rose, la, des Alpes, s. Alpenröslein.

— Angiolini, od. die liebende Büßerin. 2 Thle. 8. Leipz. 806, 7. Schmidt. 1 Thl. 20 gr.

Rose, the, of Ashurst, s. Collection of British authors.

Rose, Die, im Augarten. Dithyrambe. Wien 1782. V: *Behrisch, Hch. Wolfgang.* (Provinz.-Nachr. 1782, S. 211) (BiblPort)

Rose, die, von Cadena, von A. W. B., s. Erzählungen und Novellen, neue.

Rose und Distel! Poesien aus England und Schottland, übertragen von Gisbert Freih. Vincke. Dessau 853. Katz. 16. (5 Bl., 177 S.) 24 ngr.

Rose, die geistige. Enthaltend die 15 Mysterien des Rosenkranzes in eben so vielen Federzeichnungen von Jos. Führich, lith. v. Jos. Binder, begleitet mit e. erklär. Texte v Joh. Em. Veith. qu. gr. 4. (15 Stnt. u. 4¼ B. Text.) Wien 844, Mayer u. Comp. * 1 Thlr. 15 Ngr.; Velinp. mit Thon-Abdrücken.

Rose, geistliche. Ein kathol. Gebet- u. Andachtsbuch hrsg. von Andr. Büschl. Mit 1 Titelkpfr. 3. Aufl. 12. (VI u. 364 S.) Augsburg 847, Schmid. ¼ Thl.

Rose, Die goldene. Ein Sonntagsbüchlein für die Gläubigen aller Stände. Sulzbach 1837. V: *Herbst, Ferdinand.* (GGr X, 406) (Zeitschr. f. Büch. N. F. 15, 1923, S. 120)

Rose, die goldene, e. Sonntagsbüchlein f. d. Gläubigen aller Stände. 8. (15½ B.) Sulzbach 837, v. Seidel'sche Buchh.

Rose, die güldne, oder 5 chymische Tractate. 8. Frankfurt. 757.

Gůldene **Rose, d. i. einfåltige Beschreibung des allergrössesten von dem allmåchtigsten Schöpffer Himmels und der Erden Jehovah, in die Natur gelegten, und dessen Freunden und Auserwehlten zugetheilten Geheimnisses, als Spiegels der göttlichen und natůrlichen Weisheit, ans Licht gebracht durch J. R. V. M. D. Frankfurt u. Leipzig: Esslinger 1767. 88 S. 8⁰**

Sehr selten. In Versen.

Rose, die, von Jericho. s.a. Heß, D., im Alphabet.

Die Rose von Jerichow. Ein Märchen f. verständige Kinder *Paderborn: Bonifacius-Dr. [1896].* (24 S.) 8° [F.]
— [Märchenbücher f. Kinder.] No 9. [00. 13093]

Rose, keine, ohne Dornen. Ein Jugendschriftchen, bestehend in 20 lehrreichen Beispielen ꝛc. 8. Nürnb. 820. Stein. 9 gr

ROSE. Die von Laeken oder Paris Brussel und Rom. Enthullungen aus der Gegenwart europäischer Höfe vom Grafen *D***mont*. Würzburg 1870. 8°
Gmaehle's (München) Leihbibl.-Cat., no. 29147

Rose die von Laeken oder Brüssel, Paris und Rom. Enthüllungen aus der Gegenwart europ. Höfe vom Grafen D....mont. 8. (IV, 328 S.) Würzburg 870. Julien. [Keßler.]

Rose, die letzte, oder Erklärung des Vater Unser nach Markus von Weida — 1501, und Münzinger von Ulm — 1470 c. Nach den Drucken: Markus — 1516. Strassburg. Folio, — und Münzinger aus dem 14. Jahrh.; Druck vor c. 1470. [Memmingen?] Bearb. von Vinc. Hasak. gr. 8. (236 S.) Regensburg 883, Manz. *

Rose, die letzte, od. Erklärung d. Vater Unser nach Markus v. Weida—1501, u. Münzinger v. Ulm—1470 c. Nach den Drucken: Markus—1516. Strassburg. Folio, — u. Münzinger aus dem 14. Jahrh.; Druck v. c. 1470. [Memmingen?]. Bearb. v. Vinc. Hasak. gr. 8. (236 S.) Regensburg 883. Verlags-Anstalt. n. 3. 20

Rose: Le Petit Rose
① Organe officiel du Cercle Romand. Bienne (1905—1921). Organe officiel du Cercle démocratique romand de Bienne (1922—septembre 1929. 1938—1947 ?) ⑤ janvier 1905—décembre 1947—? ⑥ in-8° ⑦ mensuel ⑧ Bienne: C. Schweizer (& Cie.) (1905—août 1925). Charles Rohr (septembre 1925—1947—?) ⑩ Comité administratif du CDR ⑪ l'éditeur ⑫ démocratique ⑬ BGSZ 1 (no. 6418). 962 ⑭ Be L (1905—1947).

Rose, Die, und die Reise, eine Erzählung . . . Berlin 1820. V: *Linckersdorf, Francisca von.* (Ky) (GGr)

Rose, de la, d. Ritter; e. schreckl. Beyspiel menschl. Leidenschaften. 2 Bde. (h. a. d. Titel: Anti-Bibliothek f. Wollustlinge.) 8. Leipz. Joachim.

—— die, von Rom, s.a. Abendunterhaltungen, lehrreiche.

Rose, Die, von Rom, oder ehre Vater und Mutter! Eine Erzählung für die reifere Jugend. Augsburg u. Günzburg 1838. 2. Aufl. 1840. V: *Nebel, Wilhelm Michael.* (Zeitschr. f. Büch. N. F. 15, 1923, S. 120)

—— die, von Rom, od. ehre Vater u. Mutter! Eine Erzähl. f. d. reif. Jugend. Von d. Verf. d. Glocke d. Andacht. 1. Aufl. (10¼ B. u. Titelbild.) 838., 2., verb. A. (12½ B. u. 1 Stahlst.) Augsburg 840, Lampart u. Comp. à

—— die, von Rom, oder ehre Vater u. Mutter. Eine Erzählung f. die reifere Jugend. Von dem Verf. der Glocke der Andacht. 4., verb. Aufl. 8. (12¾ B. u. 1 Stahlst.) Augsburg 844, Lampart u. Comp.

— die, von Rom, od. ehre Vater u. Mutter. Eine Erzählung f. die reifere Jugend. Von dem Verf. der Glocke der Andacht. 5. unveränd Aufl. Mit 1 Stahlst. 8. (196 S.) Augsburg 848, Lampart & Co. ½ ₰

Rose, die, von Rom, oder ehre Vater und Mutter. Eine Erzählung für die reifere Jugend und Erwachsene. Von dem Verf. der Glocke der Andacht. 6., unveränd. Aufl. 8. (192 S. mit 1 Stahlst.) Augsburg 853, Lampart und Comp. (Leipzig, Hübner.)

Rose, die, von Rom oder ehret Vater und Mutter. Eine Erzählung für die reifere Jugend und Erwachsene von dem Verf „Die Glocke der Andacht" 9. verb. Aufl. 8. (175 S. mit 1 Stahlst.) Regensburg 878, Volks- und Jugendschriften-Verlag. cart.

—— de Rome, la, ou honore ton père et ta mère! Conte moral à l'usage des adolescents par l'auteur de la cloche de la dévotion. Trad. de l'allemand par Felix Bourier. 8. (11½ B. u. 1 Stahlst.) Augsbourg 842, libr. Kollmann.

Rose, die rothe und die weiße, histor. Oper in 3 Aufzügen nach d. Französ. von Castelli. 8. Wien, Wallishauser. 810.

— die, von Rubinen, oder die beyden Manuelen, von Wilhelm. v. Gersdorf. 8. Görlitz, Zobel. 821.

— zum Ruhm ihres Schöpfers und Vergnügen edler Gemüther. 8. Lpz. 742.

Rose, die, im Thal. Eine wahre Geschichte. 16. (63 S.) Cleveland 871. (Philadelphia, Schäfer & Koradi.) geb. n. – 80

— thistle and shamrock, s.a. Freiligrath.

Rose, thistle and shamrock, the. A selection of english poetry, chiefly modern. By Ferd. Freiligrath. 16. (XXVIII und 638 S.) Stuttgart 853, Ed. Hallberger.

Rose, die träumende, oder Nantchen Windbeflissen, sein Leben u. Schicksal. Neuwied 861. v. d. Beeck. 16. (72 S.) n. 10 ngr.

— die weiße. Taschenbuch für 1845 redigirt v. Thdr. Mügge. Mit 6 col. Bildern. 1. Jahrg. 16. Guben 844. (Berger.) geb. 2½ ₰

—— die weiße. Taschenbuch f. 1845 redig. v. Th. Mügge. 1. Jhrg. 16. (22 B. u. 6 ill. Bild.) Guben 844, [Leipzig, Schreck.]

—— die zweite, am lebendigen Gebetskranze in der ganzen Christenheit. Enthaltend: Das Bedürfniß eines göttl. Führers u. Lehrers in unserer glaubensarmen Zeit. — Europa's Heil. Unter Mitwirkung mehrerer christl. Freunde hrsg. v. J. Alan Aman. 12. (7 B.) München 845, Franz.
Vgl.: Aman, J. A.

Rose, Anleitung zum Kopfrechnen, welche d. Gründe d. Rechnung selbst entwickelt u. dadurch erleichtert, u. so d. beste Mittel wird, die Seelenkräfte zu üben. Nebst e. Reihe v. Beispielen nach d. Stufenfolge vom Leichtern zum Schweren. 8. (18½ B.) Halle 829, Renger. [Leipzig, Volckmar.]

Rose, Diss. de consuetudine ex utroque medicinae principio demonstrata. Regiom. 4°

Rose, . ., (Oberlehrer. Dr.,) Gebete in gebundener u. ungebundener Schreibart f. Jünglinge in Gymnasien u. höhern Bürgerschulen. 8. Berl. 829. Nortmann. 12 gr

Rose. Lettres de Louis XIV aux princes d'Europe à ses généraux etc recueillies par Rose, avec des remarques par Morelly 2 v. 16. Francfort 1 55.

Rose. Observations sur la prononciation. Berlin, Rg., 1865. 35 S. 4. Progr.

Rose, was können u. müssen die kirchlichen Organe f. e. tatkräftige Pflege u. Erziehung der konfirmierten Jugend tun?, s.: Glaser.

Rose, A., Atonia gastrica u. e. neue Methode der Behandlung derselben. gr. 8. (15 S. m. 1 Abbildg.) München 901. Seitz & Schauer. n. 1.—
Sonderabdruck aus: „Deutsche Praxis".

Rose, A., praktisches Volksliederbuch mit entwickelnden Vorübungen [Elementarkursus]. 2 Hefte. 8. Bielefeld 888, Helmich. *
Inhalt:
Heft 1. Für die Unterstufe [1. und 2. Jahrg.]. Nach dem Gehör und nach Ziffern. (47 S.) * 25 Pf.
2. Für die Mittelstufe [3. bis 5. Jahrg.]. Nach Ziffern. Nebst einem Anhang, enth. eine Einführung in das Notensystem für die Oberstufe. (84 S.) * 40 Pf.

ROSE, A. W., Angiolina die liebende Büßerin. 2 Theile. Leipzig (Schmidt) 1806—7 8°
XII, 236 u. 270 Seiten. Einiges etwas frei.

Rose, Achilles

Rose, A., über die Barbarismen in der ärztlichen Kunstsprache. (7 S.) 8. Berlin 906. J. Goldschmidt. n. 1. —
Sonderabdruck aus: „Deut. medizin. Presse".

Rose, Achilles, Denkschrift üb. ärztliche Kunstsprache, den in Marburg am 30. VII. 1907 zusammenkomm. Rectores magnifici aller deutschen Universitäten zur Beratg. vorgelegt. (16 S.) gr. 8. New York 907. (G. E. Stechert & Co.) — 50

Rose, Achilles, die Griechen u. ihre Sprache seit der Zeit Konstantins des Großen. Nebst e. Vorwort v. D. N. Botassi. 8. (X, 332 S. m. 1 Bildnis.) Leipzig 899. [W. Friedrich.] M. Altmann. n. 5. —; geb. n. 6. —

Rose, Achilles, Griechisch als allgemeine Sprache der Aerzte u. Gelehrten überhaupt. Zu Rud. Virchow's Rectoratsrede „Lernen u. Forschen". gr. 8. (19 S.) New-York 893. G. E. Stechert n. 1 —

Υπόμνημα προς τούς πρυτάνεις τῶν Γερμανικῶν Πανεπιστημίων περὶ ἰατρικῆς ὀνοματολογίας [Denkschrift über ärztl. Kunstsprache] ὑπὸ Ἀχιλλέως Ρόζε [Rose]. ο. O (1907). 12 S. 8°
Aus Σάλπιγξ τῆς Κύπρου. [09. 17840 5

Rose, Adolf Kaiser Anastasius I. Th 1 Die äussere Poltik des Kaisers. Halle a. S. 1882 Plötz. 68 S. 8°
Halle-Wittenberg. Phil Diss v [12. Aug.] 1882
Geb. Delitzsch 10. 1 1860. V
Hallische gekrönte phil. Preisschrift v 1880; Teildr Das beabsichtigte spätere Ersch. der fertigen Teile 2 (Der Kirchenstreit) und 3 (Die Verwaltung des Inneren) unterblieb.

Die byzantinische Kirchenpolitik unter Kaiser Anastasius I. Pr. 1888. 18 S. 4°

Rose, Albert, Referendar a. Paderborn: Das sogenannte forum arresti nach seinen historischen Grundlagen und seiner heutigen Bedeutung. Ein Beitrag z. Gesch. u. Interpretation des § 23 d. Zivilprozeßordnung. Berlin 1907: R. Trenkel. (38 S.) 8°
Heidelberg, Jur. Fak., Ref. Schroeder, Diss. v. 1907
[Geb. 3. Sept. 82 Paderborn; Wohnort: Medebach, Kr. Brilon; Staatsangeh.: Preußen; Vorbildung: Gymn. Paderborn Reife O. 02; Studium: München 1. Berlin 3. Münster 2 S.; Rig. 20. Dez. 06.]

Rose, Albert: Das ostpreußische Rittergut Müggen von 1860 bis 1902. *Königsberg i. Pr. 1903: Ostpreuß. Druckerei u. Verlagsanst.* (87 S.) 8° [F.]
Jena, Phil. Diss. v. (28. Febr.) 1903

Rose, Alb., Verzeichniss der vollgültigen, im ganzen deutschen Reiche umlaufsfähigen Banknoten der Mark-Währung. Zusammengestellt auf Grund der Erlasse d. Reichskanzlers u. directer Correspondenzen m. den deutschen Notenbanken. gr. 16. (6 S.) Coburg 876. Sendelbach. n. — 15

Rose, Albr Mor

— romant. Darstellung. aus d. Familie Lindau. 8. Coburg 799. Sinner. 20 gr

Rose, Albr. Mor., (Gli. Mt. Wlh. Ldw. Rau), Franzesko Zadolini, s. Franzesko.

Rose Alexander Zweene Briefe an [illegible] en über seine Hinreise und über das Königreich Nepal (Aus den Phi[illegible] Transaction Vol 60. 1770.)
in Beiträge zu Völker- und Länderkunde Th 3. S 145-151 Leipzig 1783 8°

Rosé, Alex., Auf der Hochwacht der Freiheit und des Rechts. Geschrieben im Kerker 1875. 8°. Olmütz, Selbstverl. d. Verf., 1875.

Rose, Alfred (Bearb.), s. Bisping, Max: Klavier u. Klavierspiel.

Rose, Alfred [aus Auerbach i./V.]: **Darstellung der Syntax in Cynewulfs Crist. Halle a. S., Druck v. Ehrhardt Karras, 1890; 57 + 1 S. 8°**
Leipzig, Phil. Fak., Inaug.-Diss. v. 19. Jul. 1890

Rose, Alfr., Darstellung der Syntax in Cynewulfs Crist. Inaug.-Diss. gr. 8. (57 S.) Halle a/S. 890. (Leipzig, Fock.) n. 1. 50

40 Sonatinen, Sonaten, Rondos und andere Stücke für Klavier von Clementi, Kuhlau, Dussek .. in fortschreitender Ordnung zsgest., mit genauer Fingersatz-, Phrasierungs- u. Vortrags-Bezeichnung versehen von Alfred Rose Münster i. W. E. Bisping, (Leipzig F Hofmeister) (1904). (118 S.) 4° [04. 3008 6

Rose, Andr. Ldw. Eberh., Diss. inaug. med. de dyspepsiae causis. 8. Götting. 797. Dieterich. 2 gr

Anton Heinrich **Rose.** Drei Cyklen Gedichte. Maria, Min Leyt, Leben. Breslau Bohm & Taussig [1910]. 33 S. 8° [10. 14130 2

Rose, Anton Heinrich (Hrsg.), s. Taschenbuch, Studentisches.

Rosé, Arnold, Lehrstoff f. Violine. gr. 8. (8 S.) Wien 899. A. Rosé. n. — 40

Rose, Arthur: Ueber nicht-medicamentöse Schlafmittel. *Berlin (1898): E. Ebering.* (32 S.) 8°
Berlin, Med. Diss. v. 22. Apr. 1898

Rose, C. Ueber die Odeen zu Athen, Rom und Carthago. 31 S.
Soest. Progr. 1831

Rose, (C. A.) Fabeln in gebundener u. ungebundener Schreibart mit Nutzanwendungen. 8. Schmalkalden 822, Varnhagen.

— Goldkörner f. jeden Gebildeten. Ein Beitrag zur prakt. Lebensphilosophie. 8. Schmalkalden 822, Varnhagen.

Rose, C. A., das Wichtigste, welches e. Jüngling zu prüfen hat, ehe er d. Universität bezieht. Deutschlands edlen Jünglingen u. deren Eltern u. Lehrern gewid. 8. (7½ B.) Grimma 834, J. M. Gebhardt.

—s.a. Worte, zeitgemäße, für Studirende auf ihre Gesundheit aufmerksam zu sehn.

(——) zeitgemäße Worte f. Studirende auf ihre Gesundheit aufmerksam zu seyn. Deutschlands edlen Jünglingen gewid. 8. (4¼ B.) Grimma 834, J. M. Gebhardt.

Rose, Carl. s. Rose, Karl

Rose, Christian

De augusto Contraria medicina curato. ([Halle] 1741.) 46 S. 8°

Halle, Med. Diss. v. Sept. 1741

[Titelbl. beschädigt mit Textverlust.]

Rose, Christian: De Augusto contraria medicina curato. 50 S. (S. 383-432), gbd.

Halae Magdeb.: 1741
(Opuscula ad medicinae historiam pertinentia. Bd 1,7)

JB 5.705

Rose, Chr., freimüth. Bemerkt. üb. die polit. Verfassung des Ordens d. freien Maurer. 8. Leipz. 787. (Linke). 16 gr

Freye Bemerkungen über die politische Verfassung des Ordens der freyen Maurer von CHristian Rose, Rittern zum heiligen Grabe. Leipzig: Schneider 1787. 247 S. 8°
cf. D. neuesten Religionsbegebenheiten. 11 (1788) S. 444–468, 509—532.
Kl. 506, Tt. 1763. Mit Anh.: Urkunden für Frmr u. Rosenkreuzer. 23. 25.

Rose, Christian (Ruppin) A. S. 1333/48

Dissertatio inauguralis de dea Victoria et ara deae in curia Iulia. Präs. Johann Heinrich Schulze. Halle (Hilliger) V. 1741. 30 S.

Gew.: Friedrich Hoffmann.
W. v.: Präs.
29235

Rose, Conrad, s. Rose, Konrad

Rose, Dietr. Ant. Karl, s.a. **Karl Esor.**

Rose, Dietrich Anton Karl [Wirkl Name],
s.a. Gutmann, Karl [Pseud.]

s. Abriß e. Geschichte d. Moral rc. d. Hebräer, u. setze hinzu: (v. K. A. Rose).

s. Beispiele, moral., d. A., Testam., u. setze hinzu: (von K. A. Rose).

s. Blumenwelt, die duftende.

s.a. Bruchstücke aus der Lebensphilosophie rc., u. setze hinzu (v. K A. Rose).

BRUCHSTÜCKE aus der Lebensphilosophie für jedes Alter brauchbar von *R**. (d. i. *Dietr. Anton Carl Rose*). Halberstadt 1821—26. 8°.
Anon.-Lex. I. p. 279 (nach Kayser).

s. Dogmen, d christl.

Rose, Karl A., (eigentl. Dietr. Ant. Karl,) Fabeln in gebundener u. ungebundener Schreibart, mit Nutzanwendungen. 8. Schmalkalden (822) (Keyßner in Meining.) 16 gr

s. Für Deutschlands edle Töchter.

Rose, (D. A. K.,) †(K. **Gutmann**,) Gebete in gebund. u. ungebund. Schreibart f. Jünglinge in Gymnasien u. höh. Bürgerschulen. 8. (13 B.) **Berlin 829**, Nortmann. (?)

— Goldkörner f. jeden Gebildeten. Ein Beitr. z. prakt. Lebensphilosophie. 8. Schmalkalden 822. Barnhagen. 21 gr

— unterhaltendes u. belehrendes Handbuch für Freunde edler Grundsätze. 8. Braunschw. 802. Reichard. 15 gr

ESOR, Karl (d. i. *Dietr. Ant. Karl Rose*, Gymnas.-Direktor zu Soest, geb. das. 10. März 1774), Hulda oder das traurige Opfer eines unschuldigen Herzens. — Der Irrthum oder Freundschaft und Liebe im Kampfe, und einige andere Erzählungen. Halberstadt, in Commission bei H. Vogler. 1825. 8°.
VIII (incl. gestoch. Tit.) u. 440 S., nebst 1 Bl. Druckf. Enth. 1 Dutzend Erzählungen, hier u. da etwas frei. — Ed. I. tit.: Wiesenblumen oder Erzählungen zur Veredlung des Herzens. Ebd. 1824. 8° (1½ Rthl.) Kayser 1836, p. 39, A. G. Schmidt, Gallerie etc.

s. Kritik d. äußerl. Beredsamkeit.

s. Religion, über die Muhamedische.

— auserles. Samml. d. schönsten Gedanken u. Aussprüche großer Männer der Vorzeit rc. 8. Braunschw. 802. Reichard; (a. Vogler in Potsd.) 9 gr

GUTMANN, Dr Karl (d. i. *Dietr. Ant. Carl Rose*, Dr der Philosophie u. Gymnasialdirector zu Soest in der Grafschaft Mark, geb. das. am 10. März 1774), Der Spiegel. Ein Taschenbuch für Deutschlands edle Töchter, zur Beförderung des häuslichen und ehelichen Glücks. 3 Thle Magdeburg, Heinrichshofen, 1827, 29, 32. 16° 18, 17 u. 20 Bogen. Cplt. selten!
In Th. 1 (277 S.), der allein vorlag, u. a.. Der weibliche Busen, S. 39—45. — Zur Philosophie der Ehe, S. 94—104. — Galanterie der Männer gegen Frauen und Mädchen, S. 111—118. — Eheliches Leben, S. 161—65. — Gemälde des weibl. Lebens, S. 266—272.
Th. 2 auch u. d. Titel: „Neuer Spiegel", Th. 3 „Neuester Spiegel". — A. G. Schmidt, Gallerie etc.

— väterl. Winke an junge Frauenzimmer üb. ihre Bestimmung. Mit 1 Kpf. 8. Hannov. 802. (Hahn). 20 gr

s. Wirkungen, dreierlei.

Rose, E., aus der Kinderwelt, s.: Weigand, K.

Rose, Edmund

— Beiträge zur Kenntniss der Verletzung des Rumpfes. Berlin 1865.

Rose, Edm., Beobachtungen über den Bruchschnitt. (Aus: Charité-Annalen.) Berlin 867. (Janke.) gr. 8. (V, 131 S. mit 2 lithogr. Zeichnungen u. 8 Tabb. in 8. u. qu. 4.) n. 1 ℳ

Rose, Edm., weitere Beobachtungen üb. den Bruchschnitt. [Aus: „Deutsche Zeitschr. f. Chirurgie".] gr. 8. (IV, 64 S.) Leipzig 892. F. C. W. Vogel. n. 1. 20

Rose, E., Delirium tremens u. Delirium traumaticum, s. a. Chirurgie, deutsche.

Rose, Edmund: Delirium tremens und Delirium traumaticum. Stuttgart 1884. IX. 148 S.
(Deutsche Chirurgie. Lfg 7.)

— Elemente der Krystallographie, nebst einer tabellarischen Uebersicht der Mineralien nach den Krystallformen. Berlin 1833.

Rose, Edmund, Ueber die Farbenblindheit durch Genuss der Santonsäure. Berlin 1860.

Rose, Edmund, Dr, Die Farben-Krankheiten im Abriss. (Aus: Poggendorff's Annalen, Band CXXVI.)

— Ueber stehende Farbentäuschungen. (Besond. Abdr aus v Graefe's Arch. für Ophthalmologie. Band VII, 2.) Berlin 1860.

— Ueber die Hallucinationen im Santonrausch. (Sep.-Abdr aus Virchow's Archiv für pathologische Anatomie und Physiologie und für klinische Medicin. 28. Band.) Berlin 1863.

— Herztamponade. Ein Beitrag zur Herzchirurgie. gr. 8. (III, 82 S.) Leipzig 884. F. C. W. Vogel. n. 2.

Rose, Edm., der Züricher Hülfszug zum Schlachtfeld bei Belfort. Bericht. gr. 8 (40 S.) Zürich 871. Schmidt. — 75

Rose, Edm., das Krankenzerstreuungssystem im Felde Antrittsrede, gehalten in Zürich am 21. Dezbr. 1867. gr. 8. (47 S.) Berlin 868, Janke.

—— dass. — Erfahrungen aus dem Kriege in Böhmen 1866. 2. (Titel-)Aufl. gr. 8. (47 S.) Ebendas. (868)70.

Rose, Edm., der Kropftod u. die Radicalcur der Kröpfe. [Aus: „Arch. f. klin. Chir."] gr. 8. (71 S.) Berlin 878. Hirschwald. n. 1 60

— Dr., Die Mechanik des Huftgelenkes. Berlin 1865.

— Mineralogisch geognostische Reise nach dem Ural, dem Altai und dem Kaspischen Meere 1 Bd Reise nach dem nordl. Ural und dem Altai. Berlin 1837

Rose, Edmund. (geb. Berlin 10. 10. 1836) De santonico. Berolini (1858). (50 S.) 8°
Berlin, Med. Diss. v. 28. Juni 1858

Rose, Edm., d. Starrkrampf b. Menschen, s.a. Chirurgie, deutsche, Lfg. 8.

Der Starrkrampf beim Menschen. Von Prof. Dr. Edmund **Rose**, ... Geh. Med.-R. in Berlin ... M. 2 Fig. im Text. *Stuttgart: F. Enke 1897.* (X, 625 S.) 1 Bd 8.
= **Chirurgie, Deutsche.** Lfg 8. [97. 2540

— **über Stichwunden der Oberschenkelgefässe u. ihre sicherste Behandlung,** s.: **Sammlung klinischer Vorträge.**

Rose, Edm., Dr., Ueber die Wirkung der wesentlichen Bestandtheile der Wurmbluthen (des Santonikum). 1 u. 2 Aufsatz.

Rose, E., s.: **Zeitschrift, deutsche, f. Chirurgie.**

Rose, Eduard, a. Neckargemünd: **Die Axiome der projektiven Geometrie linearer Mannigfaltigkeiten. Straßburg i. E.** 1905: C. Müh & Cie. (58 S.) 8°
Straßburg, Math.-naturwiss. Fak., Ref. Weber, Reye, Diss. v. 1905
[Geb. 30. Sept. 79 Neckargemünd; Wohnort: Straßburg i. E.; Staatsangeh.: Baden; Vorbildung: Realgymn. Mannheim Reife S. 98; Studium: Straßburg 12 S.; Rig. 19. Juni 05.]

Rose, Eduard, a. Düsseldorf: **Beiträge zur Lehre von der Komplementablenkung. Würzburg** 1907: F. Staudenraus. (44 S.) 8°
Würzburg, Med. Fak., Ref. v. Leube, Diss. v. 27. Juni 1907
[Geb. 17. Sept. 78 Düsseldorf; Wohnort: Cöln; Staatsangeh.: Preußen; Vorbildung: Gymn. Düsseldorf Reife O. 99; Studium: Würzburg 4, Tübingen 1, Bonn 1, Würzburg 4 S.; Coll. 6. März 07; Approb. 25. Juli 05.]

Rose, Eduard, aus Neurode: **Danziger Getreidehandel vom Beginn bis zur Mitte des XIX. Jahrhunderts.** *Heidelberg 1901: W. W. Klambt, Neurode.* (32 S.) 8°
Heidelberg, Phil. Diss. v. 1901

Rose, Eduard [aus Batavia]: Ueber Neue quantitative Trennungen des Wismuths vom Zink und vom Nickel mit Wasserstoffsuperoxyd in alkalischer Lösung und des Wismuths vom Nickel und vom Kobalt in einem mit Bromdämpfen beladenen Kohlensäurestrome ... Heidelberg, Univ.-Buchdr. v. J. Hörning, 1896; 34 S., 1 Bl., 1 Taf. 8.
Heidelberg, Naturw.-math. Fak., Inaug.-Diss. v. [28. Febr.] 1896

Rose, Ed., üb. neue quantitative Trennungen d. Wismuths v. Zink u. v. Nickel m. Wasserstoffsuperoxyd in alkal. Lösg. u. d. Wismuths v. Nickel u. v. Kobalt in e. m. Bromdämpfen belad. Kohlensäurestrome. Diss. gr. 8. (34 S.) Heidelberg 896. (J. Hörning.) n. — 80

Rose, Edward, d. rote Eminenz, s.: Weymann, Stanley

Rose, Elise, Kochbüchlein für die Puppenküche, oder: Erste Anweisung zum Kochen für Mädchen von 6—14 Jahren. Kassel 861. (Meßner.) 16. (60 S.) 4½ ngr.

Rose, F.: Über die Einwirkung lufthaltigen Wassers auf Aluminium, s. Mylius, F

Rose, F., resp. D. D. **Candidatus,** Physiognomia hominis ex consideratione quatuor temperamentorum exhibita. 62 pp. Frib. 4°. 1768

Rose, F., s. Roscoe, H. E., Chemie.

Rose, F. C. O., neue Methode, die gewöhnl. zahlreichen Fieberkrankheiten einfach, sicher und schnell zu heilen. 8. Berlin, Dümmler. 817.

Rose, Felicitas [Pseud.], s.a. Moersberger, Rosa

Kerlchens Ebenbild. Von Felicitas **Rose** [d. i. Rosa Moersberger]. *Berlin: R. Bong [1904].* (212 S.) 8° [F.]
= **Rose** Provinzmädel. Bd 10.
(Humorist. Bibliothek.) [04. 165 0

Rose, Felicitas (Frau Rose Moersberger), die Eiks v. Eichen. Roman aus e. Kleinstadt. (275 S.) 8. Berlin 910). Deutsches Verlagshaus Bong & Co. 3.50; geb. in Leinw. 4.50

Rose, Gerhard

Kerlchens Flitterwochen. Von Felicitas Rose [d. i. Rosa Moersberger]. *Berlin: R. Bong [1904]* (204 S.) 8° [F.]
= **Rose** Provinz-Mädel. Bd 8.
(Humorist. Bibliothek.)

— Allerhand Frohes! Neue [Titel-]Ausg. v. Kerlchen, lust. Geschichten. (180 S.) 8. Cassel [900] 907. G. Dufayel. 1. —

— Heideschulmeister Uwe Karsten. Roman. 1.—10. Taus. (320 S.) 8. Berlin (909). Deutsches Verlagshaus Bong & Co 4. —; geb. in Leinw. 5. —

Rose, Felicitas, Kerlchen, lust. Geschichten. 8. (180 S.) Oppeln 900. G. Maske. n 2. —; geb. n. 3. —

Kerlchen als Anstandsdame. Von Felicitas **Rose.** *Berlin: R. Bong [1903].* (188 S.) 8° [F.]
= **Rose**: Provinz-Mädel. Bd 5.
(Humorist. Bibliothek.) [03. 5840

Kerlchen als Erzieher. Von Felicitas **Rose** [d. i. Rosa Moersberger]. *Berlin: R. Bong [1902].* (176 S.) 8° [F.]
= **Rose**: Provinzmädel. Bd 4.
(Humorist. Bibliothek.) [04. 165, 5

Kerlchen als Sorgen- und Sektbrecher Von Felicitas **Rose** [d. i. Rosa Moersberger]. *Berlin: R. Bong [1903]* (188 S.) 8° [F.]
= **Rose** Provinz-Mädel. Bd 6.
(Humorist. Bibliothek.) [04. 16498

Kerlchen wird vernünftig. Von Felicitas **Rose** [d. i. Rosa Moersberger]. *Berlin: R. Bong [1902].* (179 S.) 8° [F.]
= **Rose** Provinzmädel. Bd 3.
(Humorist. Bibliothek.) [04. 16334

Kleinstadtluft von Felicitas **Rose** [d. i. Rosa Moersberger]. *Berlin: R. Bong [1902].* (231 S.) 8° [F.]
= **Rose**. Provinzmädel. Bd 1.
(Humorist. Bibliothek.) [04. 8987

Kerlchens Lern- und Wanderjahre. Von Felicitas **Rose** [d. i. Rosa Moersberger]. *Berlin R. Bong [1902].* (203 S.) 8° [F.]
= **Rose** Provinzmädel. Bd 2.
(Humorist. Bibliothek.) [04. [illegible]

Liebesgeschichten von Felicitas **Rose** [d. i. Rosa Moersberger]. *Berlin. R. Bong [1903]* (188 S.) 8° [F.]
= **Rose**: Provinz-Mädel. Bd 7.
(Humorist. Bibliothek.) [04. 15697

Kerlchens Mutterglück. Von Felicitas **Rose** [d. i. Rosa Moersberger]. *Berlin R. Bong [1904]* (203 S.) 8° [F.]
= **Rose** Provinz-Mädel. Bd 9.
(Humorist. Bibliothek.) [04. 1.7.1

— **Provinzmädel. 1.—4. Bd. (Humoristische Bibliothek.) schmal 8. Berlin (902). R. Bong. à n. 1. —; geb. à n. 1.50**
1. Kleinstadtluft. (231 S.) — 2. Kerlchens Lern- u. Wanderjahre. (203 S.) — 3. Kerlchen wird vernünftig. (179 S.) — 4. Kerlchen als Erzieher. (176 S.)

Rose, Felicitas, Provinzmädel. (Humoristische Bibliothek.) 5.—10. (Schluß-)Bd. schmal 8. Berlin, R. Bong. à n. 1. —; geb. in Leinw. à n. 1. 50; (kplt. in Eisenbahn-Waggon-Attrappe n. 12. 50; geb. n. 17. 50)
5. Kerlchen als Anstandsdame. (188 S.) (903). — 6. Kerlchen als Sorgen- u. Sektbrecher. (188 S.) (903.) — 7. Liebesgeschichten. (188 S.) (903.) — 8. Kerlchens Flitterwochen. (204 S.) (904.) — 9. Kerlchens Mutterglück. (203 S.) (904.) — 10. Kerlchens Ebenbild. (212 S.) (904.)

Rose, Frederick [aus Gateshead-on-Tyne]: Einwirkung des Cumylhydrazins auf Zuckerarten, Ketone und Aldehyde. Berlin, Buchdr. v. G. Schade, *1894;* 49 S., 1 Bl. 8.
Berlin, Phil. Fak., Inaug.-Diss. v. 7. Apr. 1894

Rose, Frdr., Untersuchungen üb. ammoniakalische Kobalt-Verbindungen. Mit e. lith. Taf. (in 4.) gr. 8. (55 S.) Heidelberg 871. C. Winter. n. 1. 60

Rose, Frdr. Wilh., im Streik. Schausp. in 5 Akten aus d. Zeit d. 1. großen Bergarbeiterstreiks im J. 1889. 8 (34 S.) Leipzig 897. O. Mutze. n. 1. —

Rose, Fritz Otto, die Lehre v. den eingeborenen Ideen bei Descartes u. Locke, s. a. Studien, Berner, zur Philosophie u. ihrer Geschichte. 31. Bd.

Rose, Fritz Otto. Die Lehre von den eingeborenen Ideen bei Descartes und Locke. Ein Beitrag zur Geschichte des Apriori. IV + 34 S. 8. Bern, C. Sturzenegger, 1901. (fr. 1. —)
Berner Studien zur Philosophie und ihrer Geschichte. Hrg. von Dr. Ludwig Stein.... Band 31.

Rose, G., Das Psephisma des Kannonos. S.-A. 1891. 14 S.

Rose, G., neues Wörterbuch der französischen u. deutschen Sprache, m. e. Verzeichnisse der Eigennamen, deren Rechtschreibg. v. der französischen abweicht u. e. Tabelle der unregelmäß. Zeitwörter. 2 Tle. in 1 Bde 3 Aufl. gr. 8. (VII, 341 u. 424 S.) Berlin (900). Leipzig, Bibliograph. Anstalt A. Schumann. Geb. in Halbleinw. 5 —; in Halbfrz. 6. —

Rose, G. M., Sympathiam attractioni et gravitati substituit. Viteb. 4°. 1756

Rose, Georg, Gerichtsassessor in Frankfurt a. M.: Die zivilrechtliche Arglist nach dem Bürgerlichen Gesetzbuche und der strafrechtliche Betrug. Frankfurt a. M. 1905: A. Weisbrod. (34 S.) 8°
Rostock, Jur. Fak., Ref. Matthiass, Wachenfeld, Diss. v. 15. Feb. 1905
[Geb. 12. Juli 76 Grabow i. M.; Wohnort: Frankfurt a. M.; Staatsangeh.: Mecklenburg-Schw.; Vorbildung: Stiftsgymn. Zeitz Reife O. 95; Studium: Jena, Rostock; Rig. 28. Juni 04.]

Rose, G[eorge]: [Lebensabriss des in den Ruhestand getretenen Professors Dr. Adolf Lasson.] *Berlin 1898: O. Elsner.* (22—23 S.) 4°
Berlin, Luisenstädt. RG., P. 1898 (98)

Rose, Gerhard

Rose, G Die Anstellungs-, Dienst- und Besoldungsverhältnisse der preußischen Zollbeamten, s. a. Weicke's Zollbücherei 4 Bd.

Rose, Gerhard Die Anstellungs-, Dienst- und Besoldungsverhältnisse der preußischen Zollbeamten. Eine Samml. der hierauf bezügl. Gesetze u Vorschriften nebst Erl. nach d neuesten Stande als Diensthandbuch. Bearb von G[erhard] Rose, Oberzollsekr. Staßfurt: Seegelken 1909 301 S. 8°
(Weicke's Zollbücherei. Bd 4)

Rose, G., Vorschriften üb. die Kassenverwaltung, s. a. Weicke's Zollbücherei, Bd. 3.

Rose, Gerhard Die Vorschriften über die Kassenverwaltung und das Zahlungswesen bei den preußischen Zollkassen Zsgest u erl von G[erhard] Rose Staßfurt Seegelken 1909 94 S. 8°
(Weicke's Zollbücherei. Bd 3)

Rose, Gustav

Rose (G.), Mineralogische Abhandlungen. 4 Separat-Abdrücke. Berlin. 8.

— Ueber den Asterismus der Krystalle, insbesondere des Glimmers und des Meteoreisens (Aus den Monatsb. d. Akad.) Berlin 1862. 8.

Rose, G. Bemerkungen über die Melaphyr genannten Gesteine von Ilfeld am Harz. (Aus d. Zeitschr d. deutsch. geol. Gesellsch. Berlin. 1859. 8.

Rose, Gust., Beschreibung und Eintheilung der Meteoriten auf Grund der Sammlung im mineralogischen Museum zu Berlin. gr. 4. (141 S. mit 4 Kpfrt.) Berlin 864, (Dümmler's Verlag.) cart. *
Aus: Abhandlungen der k. Akademie der Wissenschaften zu Berlin, besonders abgedruckt.

Rose, G. Ueber Darstellung krystallisirter Kieselsäure auf trockenem Wege. Berl. 1869.

Rose, Gust., Elemente d. Krystallographie, nebst e. tabellar. Uebersicht der Mineralien nach d. Krystallformen. M. 10 (20) Kpfrt. (wobei 1¼ B. Erklär.) gr. 8. (11½ B.) Berlin 833, Mittler.

Rose, Gust., Elemente d. Krystallographie, nebst e. tabellar. Uebersicht d. Mineralien nach d. Krystallformen. 2. Aufl. gr. 8. (13 B. u. 10 Kpfrt.) Berlin 838, Mittler, Vrlsh. *

Rose's, Gust., Elemente der Krystallographie. 3. Aufl. neu bearb. u. verm. v. Alex. Sadebeck. Mit 9 lith. Doppeltaf. (in 4.) gr. 8. (IX, 181 S.) Berlin 873. Mittler & Sohn. n. 7. 50

— dasselbe. 2. Bd. A. u. d. T.: Angewandte Krystallographie, [Ausbildg. der Krystalle, Zwillingsbildg., Krystallotektonik], nebst e. Anh. üb. Zonenlehre v. Alex. Sadebeck. Mit 23 lith. Taf. (in gr. 8. u. qu. gr. 4.) gr. 8. (XV, 284 S.) Ebend. 876. n. 12. —

Rose's, G., Elemente d. Krystallographie. 3. Bd. gr. 8. Berlin 887. Mittler & Sohn. n. 20.— (1.—3.: n. 39. 50)
Anwendung der Linearprojection zum Berechnen der Krystalle. Von M. Websky. Mit 11 Taf. in Steindr. (XVIII, 377 S.)

— Ueber den Epistilbit, eine neue zur Familie der Zeolithe gehörige Mineralgattung. (Aus Poggend. Ann.) Leipzig 1826. 8

Rose, G. Ueber den Feldspath, Albit, Labrador und Anorthit. (Aus Gilbert's Ann.) Leipzig 1823. 8

— Gust., Ueber den Feldspath, Albit, Labrador und Anorthit. 1825.

— Ueber den glasigen Feldspath. (Aus Poggend. Ann.) Leipzig 1829. 8.

Rose Gust. Ueber einige neue Formen des regulären Krystallisationssystems. (Aus Poggendorff's Annalen. Vol. 12.) Leipzig 1827. 8.

Rose, Gust. De novis quibusdam fossilibus quae in montibus Uraliis inveniuntur. Berolini (1839). (12 S.) 4°
Berlin, Phil. Fak., Antrittsprogr. v. 18. Okt. 1839

Rose, G. Ueber die Gemengtheile des Euphotids. (Aus Poggendorff's Annalen. Bd. 36.) Leipzig. 1835. 8

— Ueber die Isomorphie von Schwefel und Arsenik. (Aus Poggendorf's Annalen.) Leipzig 1849. 8

Rose, G., über die im Kalkspath vorkommenden hohlen Canäle. [Aus den Abhandlgn. d. k. Akademie der Wissenschaften.] Mit 3 Kupfertaff. Berlin 869. (Dümmler's Verlag.) gr. 4. (23 S.) n. 20 ngr.

— Ueber den Kastor und seine Verwandtschaft mit dem Petalit. (Aus Pogg. Ann.) Leipzig 1850. 8

Rose, Gust., über die Krystallform der rhomboëdrischen Metalle, namentlich des Wismuths. Eine in der königl. Akademie der Wissenschaften zu Berlin gehalt. Vorlesung. Mit 2 Kpfrtaf. gr. 4. (29 S.) Berlin 850, G. Reimer. n. ⅔ ß

Rose, Gust., über die Krystallisation des Diamanten. Nach hinterlassenen Aufzeichnungen bearb. v. Alex. Sadebeck. Mit 4 (lith.) Taf. [Aus: „Abhandlgn. d. k. Akad. d. Wiss. zu Berlin".] gr. 4. (64 S.) Berlin 876. Dümmler's Verl. in Comm. n. 4. —

Rose, Gust. (I.), über das Krystallisationssystem des Quarzes. Eine in der Academie der Wissenschaften am 25. Apr. 1844 gehalt. Vorlesung. gr. 4. (7¾ B. u. 5 Kpfrt.) Berlin 845, G. Reimer. *

Rose, Gust., über das Krystallisationssystem des Quarzes. Eine in der Academie der Wissenschaften am 25. April 1844 gehalt. Vorlesung. Mit 5 Kpfrt. gr. 4. Berlin 846, Reimer. n. 1⅓ ℛ

Rose, G. Ueber das Krystallisationssystem des Titanits und Sphens. (Aus Leonhard's Taschenbuch für Mineralogie. Frankfurt 1821. 8.

Ueber die Lichterscheinungen bei der Krystallbildung. (Aus Poggendorf's Annalen. Vol. 30.) Leipzig. 1835. 8. •

— über das **Meteoreisen** v. Iquique in Peru. [Aus: „Festschrift zur Feier d. 100jähr. Bestehens der Gesell. naturforsch. Freunde zu Berlin."] Mit 2 Taf. in Steindr. Fol. (7 S. m. eingedr. Holzschn.) Berlin 873. Dümmler's Verl. n. 1. 50

— Ueber die bei Schwetz aufgefundene Meteoreisen-Masse. 8.

Rose, G. Ueber die in den Meteorsteinen vorkommenden krystallisirten Mineralien. (Aus Poggend. Ann. Vol. IV.) Leipzig. 1825. 8.

— das kristallo-chemische Mineralsystem. Mit 10 (eingedr.) Holzschn. br. gr. 8. (VI u. 156 S.) Leipzig 852, W. Engelmann. 1½ ℛ

Rose, Gust., Eilhardt Mitscherlich. Gedächtnissrede gehalten in der deutschen geolog. Gesellschaft. gr. 8. (54 S.) Berlin 864, Hertz. *

Aus: Zeitschrift der deutschen geologischen Gesellschaft, besonders abgedruckt.

— Mittheilungen über den Meteorit von der Sierra de Chaco in Chile. (Aus den Monatsb. d. k. Akad.) Berlin. 1863. 8.

— u. Alex. **Sadebeck**, das mineralogische Museum der Universität Berlin. Systematisches Verzeichniss u. Beschreibg. seiner Schausammlgn. gr. 16. (100 S.) Berlin 874. Mittler & Sohn. n. 2. —

— Notice biographique sur le professeur – 1864.

— Ueber die Nothwendigkeit, den Augit und Hornblende in einer Gattung zu vereinigen. (Aus Poggend. Ann.) Leipzig 1865. 8.

— Ueber den Phenakit vom Ilmengebirge, einem neuen Fundorte desselben. (Aus Poggend. Ann.) Leipzig. 18[illegible]. 8.

Rose, G. Ueber die Pseudomorphosen des Glimmers nach Feldspath mit Albit. (Aus Poggend. Ann. Vol. 80.) Leipzig. 1850. 8.

– Ueber die **Pseudomorphosen** des Serpentins von Snarum und die Bildung des Serpentins im Allgemeinen. (Aus Poggend. Ann. Vol. 82.) Leipzig. 1851 8°

— Ueber zwei merkwürdige Pseudomorphosen von Kalkspath und Eisenglanz. (Aus Poggend. Ann.) Leipzig 1851. 8.

—— mineralogisch-geognostische Reise nach dem Ural, dem Altai u. dem kaspischen Meere, s.a. **Humboldt, A. v.**

Rose G.: Mineralogisch-geognostische Reise nach dem Ural, dem Altai u. dem Kaspischen Meere. 2 Bd. Berl. 1837-42. 11 Tvl. (1 kol.). 4 Kt.

(O. m. Tit.: Reise nach dem Ural im J. 1829 ausgeführt v. A. v. Humboldt, G. Ehrenberg u. G. Rose. Mineralog.-geognost. Th. u. histor. Bericht der Reise).

— — Karte v. Ural-Gebirge. Opkl. p. Lærred. Sammenl. i Futteral. 4°.

— Reise nach dem Ural, dem Altai ɛc., s.a. **Alex. v. Humboldt.**

Rose, Gustav. Reise nach dem Ural, dem Altai und dem Kaspischen Meere auf Befehl Sr. Majestät des Kaisers von Russland im Jahre 1829 ausgeführt von A. von Humboldt, G. Ehrenberg und G. Rose. Mineralogisch-geognostischer Theil und historischer Bericht der Reise von G. Rose. Mineralogisch-geognostische Reise nach dem Ural, dem Altai und dem Kaspischen Meere. Bd. 1. Reise nach dem nördlichen Ural und dem Altai. Bd. 2. Reise nach dem südlichen Ural und dem Kaspischen Meere. Uebersicht der Mineralien und Gebirgsarten des Ural. Mit Kupfern, Karten und Holzschnitten und einer kartenbeilage: Karte vom Ural-Gebirge. Berlin 1837 u. 1842. 3 Bde. XXXII, 641 S., 7 Tf., 3 Krt. XVII, 606 S. 3 Tf., 2 Krt. Kartenbeilage. 8°. [Humboldt-Sammlung

— Ueber Schaumkalk als Pseudomorphose von Aragonit. (Aus Poggendorff's Annalen.) Leipzig 1856. 8.

— Ueber die Schmelzung des kohlensauren Kalkes, und Darstellung künstlichen Marmors. (Aus Pogg. Ann.) Leipzig. 1863. 8.

Rose, (Lehrer,) Gust., allgemeine Schulvorschriften für den Unterricht im Schönschreiben. 1.—4. Heft. qu. 4. (21 lith. Blätter.) Stralsund 843, 44. (Löffler.) à n. 6¼ ngr

Rose, Gust. (geb. Berlin März 1798) De Sphenis atque Titanitae systemate crystallino. Berolini 1820. (28 S.) [illegible]

Berlin, Phil. Diss. v. 9. Dez. 1820

—— s. **Studer**, System der Mineralien.

— Ueber die im Ural vorkommenden krystallisirten Verbindungen von Osmium und Iridium. (Aus Poggend. Ann.) Leipzig 1835. 8.

— Vergleichung der Krystallformen des Columbits und Wolframs. (Aus Poggendorf. Ann.) Leipzig 1845 8

— Ueber das Verhältniss d. Augits zur Hornblende. (Aus Poggend. Ann.) Leipzig. 1834 8

— Ueber eine neue kreisförmige Verwachsung des Rutils. (Aus Poggendorff's Ann.) Leipzig 1862 8.

— Systematisches Verzeichniss der Meteoriten in dem mineralogischen Museum der Universität von Berlin. (Aus d. Monatsb. d. k. Akad.) Berlin. 1862. 8.

— Ueber den Zinkenit, eine neue Mineralgattung. (Aus Poggendorff's Annalen.) Leipzig. 182[illegible]. 8.

—— über d. **Zusammenhang** zwischen d. Form u. d. elektrischen Polarität d. Krystalle. 1. Abhandl. Turmalin. Gelesen in d. k. Akad. d. Wissensch. zu Berlin. gr. 4. (4½ B. u. 2 Kpfrt.) Berlin 838, (Sandersche Buchh.) •

Rose, G. Ueber die chemische Zusammensetzung der Apatite. (Aus Poggendorf's Ann.) Leipzig. 1827. 8.

Rose, Gust., über die heteromorphen Zustände der kohlensauren Kalkerde. 1. Abhandlung. Aus d. Abhdlgn. d. k. Akad. d. W. zu Berlin. Mit 4 Kpfrtaf. Berlin 856. Dümmler's Verlhdlg. in Comm. gr. 4. (76 S.) n. 1 ℛ. 10 ngr.

Rose, Gust., über die heteromorphen Zustände der kohlensauren Kalkerde. 2. Abhandlung. gr. 4. (49 S. mit 3 Kpfrt.) Berlin 859, (Dümmler's Verlagsh.) *

Aus: Abhandlungen der k. Akademie der Wissenschaften zu Berlin Jahrg. 1858, besonders abgedruckt.

1. Abhandlung. (Ebendas.) 1856. * 1 Thlr. 10 Ngr.

— Ueber einen merkwürdigen Zwillingskrystall des gediegenen Silbers von Kongsberg. (Aus Poggend. Ann.) Leipzig. [illegible]

Rose, Gustav Adolf. Die byzantinische Kirchenpolitik unter Kaiser Anastasius I. [illegible] 4. (18 S.) **Progr.** G. Wohlau 1888. (199

Rose, Gustav Heinrich. „Versuch einer historisch-kritischen Uebersicht des Fürstenthums Hildesheim, vorzüglich in Bezug auf die Steuer-Verfassung unter Franz Egon und Friedrich Wilhelm III.", Celle 1806. — Vorh. Bibl. des Oberlandesgerichts Celle

Rose, Gust. Hilr., Versuch e. histor.-krit. Uebersicht d. Fürstenthums Hildesheim unter Franz Egon u. Friedrich Wilhelm III. in Bezug auf die Steuerverfassung. 8. Zelle 806. Schulze. 16 ℊℊ.

Rose, H., Predigt über Psalm 46, 8—12 zur Feier des 50jähr. Gedenktages der Schlacht bei Waterloo in der Hauptkirche B. M. V. zu Wolfenbüttel gehalten. Wolfenbüttel 865. (Stichtenoth.) 8. (16 S.) n. 2½ ngr.

Rose, (H. J.) der Zustand d. protest. Religion in Deutschland; in vier Reden, gehalt. an d. Universität zu Cambridge. Mit vielen Anmerkk. zur Erläut. d. Reden. A. d. Engl. mit einigen Bemerkk. übersetzt. 8. Leipz. 826, Fr. Fleischer.

Rose, [Harry], Rechtsanwalt: Die Verfolgung des Vermieter-Pfandrechts. Greifswald 1907: J. Abel. (32 S.) 8°

Greifswald, Jur. Fak., Ref. Weismann, Diss. v. 25. Juni 1907

[Geb. 12. Apr. 77 Pirna a. E.; Wohnort: Berlin; Staatsangeh.: Preußen; Vorbildung: Gymn. Dresden Reife O. 96; Studium: Berlin 2, Freiburg i. B. 5 S.; Rig. 31. Mai 07.]

Rose, Henr.: De acido sulphurico anhydro. Berolini 1836. (24 S.) 8°
Berlin, Phil. Fak., Antrittsprogr. v. [21. Mai] 1836

Rose, Heinr., s.: Bericht d. wissenschaftl. Gesellsch. Philomathie in Neisse.

— s. Berzelius, v. d. Anwendung d. Lethrohrs.

Rose, Heinrich Dr. „Einiges über die Rechnung mit unmöglichen Grössen". pg. 3—20. 4°. Campe'sche Off.
Nürnberg, Progr. 1836/37

Rose, Heinr., Gedächtnissrede auf Berzelius gehalt. in der öffentl. Sitzung der Akademie der Wissenschaften in Berlin am 3. Juli 1851. gr. 4. (61 S.) Berlin 852, G. Reimer. n. 1/2 ℛ

— ausführliches Handbuch der analytischen Chemie. Mit in den Text eingedr. Holzschn. 2 Thle. gr. 8. 1. Bd.: Die Lehre von den qualitativen chemisch-analyt. Untersuchungen. (XIV u. 968 S.) 2. Thl.: Die Lehre von den quantitativen chemisch-analyt. Untersuchungen. (VI u. 1070 S.) Braunschweig 851, Vieweg & Sohn. (1: n. 4 ℛ 2: n. 4 2/3 ℛ) n. 8 2/3 ℛ (Nachtrag dazu siehe: Weber, R., Atomgewichtstabellen.)

Rose, Heinr., Handbuch d. analyt. Chemie. (1. Aufl.) gr. 8. (39½ B.) Berlin 829, Mittler.

—— dass. 2 Bde. 2. u. 3. Aufl. gr. 8. Ebds. à Aufl.
Bd. 1. Die Lehre v. d. qualitativen chem.-analyt. Untersuchungen. 2. u 3. Aufl. (38 1/4 u 42 B.) 831, 33. à 2 Thlr. 18 Gr.
2. Die Lehre v. d. quantitativen chem.-analyt. Untersuchungen. 2. u. 3. Aufl (46 3/4 u. 51 1/2 B. mit Holzschn.) 832, 34. à 3 Thlr. 18 Gr.

Rose, Hnr., Handbuch der analytischen Chemie. 2 Bde. Die Lehre von d. quantitativen chemisch-analytischen Untersuchungen. 3e Aufl. gr. 8. Berlin 833, 34. Mittler. 3 3/4 ℛ — 4e Aufl. gr. 8. Ebd. 838. n. 6 2/3 ℛ

Rose H.: Handbuch d. analytischen Chemie. 4. Aufl. 2 Bd. Berl. 1838.
— — [5. Aufl. m. Tit.:] Ausführliches Handbuch etc. 2 Bd. Braunschw. 1851. Fig.
— — — Nachtrag — R. Weber: Atomgewichts-Tabellen. ... Sst. 1852. 125 S.
— — 6. Aufl. Nach dem Tode d. Verf. vollendet v. R. Finkener. 2 Bd. Leipz. 1867-71.

Rose, Heinr., Handbuch der analytischen Chemie. 6. Aufl. Nach dem Tode des Verf. vollendet von R. Finkener. 1. Bd. 1. Liefg. Leipzig 864. J. A. Barth in Comm. gr. 8. (S. 1—400.) n. 1 ℛ 18 ngr

Rose, Heinr., Handbuch der analytischen Chemie. 6. Aufl. Nach dem Tode des Verf. vollendet von R. Finkener. (In 4 Liefgn.) 1. Bd. 2. Liefg. u. 2. Bd. 1. Liefg. Leipzig. (J. A. Barth.) gr. 8. [1. Bd. 2. Liefg. (VII u. S. 401—863.) 867., 2. Bd. 1. Liefg. (S. 1—400.) 865.] Jede Liefg. n. 1 ℛ 18 ngr

Rose, Heinr., Handbuch der analytischen Chemie. 6. Aufl. Nach dem Tode d. Verf. vollendet v. R. Finkener. 2. Bd. 2. Lfg. Quantitative Analyse. gr. 8. (V u. S. 401—957 m. eingedr. Holzschn.) Leipzig 871. Barth in Comm. n. 6. 60 (cplt.: n. 21. —)

—— Lehrbuch d. Geometrie f. techn. Lehranstalten u. Gymnasien. 1. Thl. Die ebene Geometrie. gr. 8. (16 3/4 B. u. 6 Kpfrt.) Nürnberg 840, Riegel u. Wiessner.

Rose, Heinr., Lehrbuch der Geometrie für technische Lehranstalten und Gymnasien. 1. Thl.: Die ebene Geometrie. 2., durchgeseh. Aufl. gr. 8. (VIII und 278 S. mit 208 in den Text gedr. Holzschn.) Nürnberg 858, [Mainberger.]

Rose, Heinr., Lehrbuch der Geometrie für technische Lehranstalten u. Gymnasien. 1. Thl. Die ebene Geometrie. 2. durchges. Aufl. Mit 208 in den Text gedr. Holzschn. Nürnberg 858. Riegel u. Wiessner. gr. 8. (VIII, 278 S.) 1 ℛ. 12 ngr

Rose, Heinrich, Arzt: Aus d. pathol. Inst. in Bonn. Ueber Nieren- und Ureterentuberkulose. Bonn 1909: Eisele. 27 S. 8°
Bonn, Med. Diss. v. 5. Aug. 1909, Ref. Ribbert
[Geb. 26. Mai 81 Hohe; Wohnort: Wasserleben; Staatsangeh.: Braunschweig; Vorbildung: Gymn. Holzminden Reife O. 02; Studium: Bonn 6, Göttingen 1, Leipzig 1, Bonn 2 S.; Coll. 5. Aug. 09; Approb. 5. Nov. 08.] [U 09. 363

—— Tafeln, welche dazu dienen, bei quantitativ. Analysen aus d. gefund. Menge e. Substanz die einer andern zu berechnen. gr. 8. (7¼ B.) Berlin 831, Mittler.
Aus dess. „Handbuch d. analyt. Chemie" besond. abgedruckt.

— Heinrich, Ueber das Titan und seine Verbindungen mit Sauerstoff und Schwefel. 1823.

ROSE, HENR., De Titanio ejusqve connubiis cum Oxygenio et Sulphuro. Diss. inaug. Kiliæ. 1821. P. (U. B.).

Rose, Heinrich, Chemische Untersuchung der Mineralien, welche die Krystallisation des Pyroxens haben (der Sippschaft des Angits Werners) und Analyse des Tafelspaths als Nachtrag. (Ann. der Physik, B. 72, St. 1, J. 1822, St. 9.)

Rose, H. Über die Verbindungen der Borsäure und des Wassers mit dem Eisenoxyd. 1853.

— H. Ueber die Zusammensetzung der in der Natur vorkommenden niobhaltigen Mineralien. (Aus Pogg. Ann.) Leipzig 1863. 8.

Rose, Herm., über die Behandlung der Nahrungsverweigerung der Geisteskranken in den Irren-Anstalten zu Göttingen u. Friedrichsberg. Inaugural-Dissertation. gr. 8. (22 S.) Göttingen 881. (Vandenhoeck & Ruprecht.) n. — 80

ROSE, Hermann: Beschreibung des Fränkischen Waldes. - Coburg 1832. 32 S., m. Tab.

Rose, Hermann: Über Dispersion und Rotationsdispersion einiger natürlich-aktiver Kristalle. Göttingen 1909: (Grüninger, Stuttgart). 53 S. 8° ¶ (Aus: Neues Jahrbuch f. Mineral., Geol. u. Paläontol. Beil.-Bd 29.)
Göttingen, Phil. Diss. v. 15. Dez. 1909, Ref. Mügge
[Geb. 18. Sept. 83 Hoheneggelsen; Wohnort: Hoheneggelsen; Staatsangeh.: Preußen; Vorbildung: Realgymn. Hildesheim Reife O. 02; Studium: Göttingen 1, Bonn 2, Berlin 1, Göttingen 10 S.; Rig. 5. Mai 09.] [U 10. 1459

Rose, H. Der Einfluss Villon's auf Marot. Diss. Greifswald 1877, und Glückstadt, G., 1878. 34 S. 4. Progr.

Rose, Hermann [aus Stralsund]: Einwirkung aromatischer Kohlenwasserstoffe auf Pyrosulfurylchlorid sowie Darstellung zweier isomerer Pseudocumidinsulfonsäuren ... Rostock, Univ.-Buchdr. v. Adler's Erben, 1896; 36 S., 1 Bl. 8.
Rostock, Phil. Fak., Inaug.-Diss. v. [19. Dez.] 1895

Rose, Herm., meine Erlebnisse auf d. preuß. Expedition nach Ostasien 1860, 1861 u. 1862. gr. 8. (III, 147 S.) Kiel 895. M. Liebscher. n.* 2. 40; erm. Pr. 1. 20

Rose, Herm., meine Erlebnisse auf der preuß. Expedition nach Ostasien 1860, 1861 u. 1862. (Neue [Titel-]Ausg.) gr. 8. (III, 147 S.) Kiel [895.] (899). Siegen, M. Liebscher. n. — 80; kart. n. 1. 25

Rose, Herm., Eschenwitz un sin Inwahners. (III, 248 S.) gr. 8. Leipzig-R. (904). (A. Hoffmann.) Geb. n. 3. 50

Rose, Herm., de Aristidis Plutarchei fontibus. Dissertatio inauguralis. gr. 8. (43 S.) Göttingen 874. (Vandenhoeck & Ruprecht.) n. — 80

Rose, Hermann, Gerichtsassessor a. Lüneburg: Der ererbte Konkurs. Borna-Leipzig 1907: R. Noske. (26 S.) 8° [J.]
Würzburg, Jur. Fak., Ref. Mendelssohn-Bartholdy, Diss. v. 9. März 1907
[Geb. 7. Mai 79 Lüneburg; Wohnort: Berlin; Staatsangeh.: Preußen; Vorbildung: Gymn. Lüneburg Reife O. 97; Studium: Heidelberg 2, München 2, Göttingen 8 S.; Rig. 30. Jan. 07.]

Rose, Hermann: Über die Metrik der Chronik Fantosme's. (Separat-Abdruck aus den Romanischen Studien, herausgegeben von Eduard Boehmer.) Bonn, Eduard Weber's Verlag (Julius Flittner), 1880. 8. S. 301–382. (82 S.)

ROSE, Hermann: Statistische Mittheilungen über das Herzogthum Sachsen-Coburg mit besonderer Rücksicht auf Land- und Forst-Wirthschaft. Für die 19. Versammlung deutscher Land- und Forstwirthe zusammengestellt. - Coburg 1857. 108 S., m. Tab. u. Taf.

Rose, (Car.) Herm. (Conr.) (geb. Herford 18. 3. 1818). Nonnulla inter morbos membranarum internarum atque cutis comparativa. Berolini (1841). (48 S.) 8°
Berlin, Med. Diss. v. 17. Mai 1841

Rose, Hermann: Transcontinentale Reisen in Nord-Amerika. Vortrag gehalten in der Sitzung des „Centralvereins für Handelsgeographie etc." am 9. Februar 1883. Berlin 1883. 16 S. 8°

Rose, Herm. [Dr., Prof.]: Über das Verhältnis der Schrift von Helvétius: De l'Esprit zu La Rochefoucauld's Maximes. Lahr, Druck v. J. H. Geiger, 1890; 16 S. 4°
Lahr, grossh. G. MP 1890

Rose, J. W., Carlos u. Elisabeth; Trspl. in 5 A. 8. Leipz. 802. Dyck. 10 ℊ

— s. Pocahontas.

Rose, Jacob (geb. Krojanke in Westpr. 31. 12. 1843). De carcinomate glandulae thyreoideae cordis palpitationem et exophthalmum secum ferente. Berolini (1867). (30 S.) 8°
Berlin, Med. Diss. v. 13. März 1867

Rose, Jo. Christoph (Nürnberg) Altd. Thl. 23/6

Dissertatio philologico-exegetica qua praemium Iebusaeorum castri expugnati II. Sam. v. 7. expresse definitum asseritur. Präs. Gustav Georg Zeltner. Altdorf (Kohles) 9. IV. 1729. 28 S.

W. v. · Präs.

29236

Rose, Johann Friedrich (Allstedt/Thür.) A. S. 337/1

Dissertatio inauguralis juridica de effectu inimicitiarum capitalium in jure. Präs. Ernst Tenzell. Erfurt (Grosch) 31. V. 1724. 40 S. 29237

Rose, Johann Gottlieb [Praes.], s. Grenz, Adam
De Mole Adriani, hodie Castello S. Angeli, hoc est Die Engels=Burg.

Rose, Jh. Wlh. I., († d. 9. Oct. 1801.) prakt. Beitr. z. geistl. Amtsführung in besondern Fällen. 8. Ansb. 794. (Gassert). 1 ℛ 4 ℊ

Rose, J. W., prakt. Beyträge zur Amtsführung in besondern Fällen. 8. Ansbach, Haueisen. (Gassert.) 794.

— Betrachtt. u. Gebete, z. Gebrauch in d. v. Crailsheim. Stiftungs=Passions=Betstunden. 8. Ansb. 798.

— Formulare f. Passions=Betstunden. 8. Ansbach 799. (Gassert). 4 ℊ

Rose, Jh. Wlh. I., Kabinets=Predigten. gr. 8. Nürnb. 782. (Eichhorn; a. Lauffer in Leipz.) 20 ℊ

— Cabinets=Predigten. gr. 8. Nürnb. Grattenauer. 782.

— Kanzelvorträge, z. Gebrauch bei Leseleichen. 3 Bde. gr. 8. Nürnb. 784—90. 2 ℛ 20 ℊ; 2e Aufl. 789, 97. 3e A. gr. 8. Ebd. 818. (Hahn in Hannov.) 1 ℛ 20 ℊ

— s. Proben dramat. Gedichte.

— Trauungsreden, nebst e. Anhange v. andern Kasualpredigten. 8. Ansb. 784. (Gassert). 18 ℊ

Rose, Jh. Wlh. II., Versuche in verschied. Dichtungsarten. 8. Leipz. 802. Dyck. 1 ℛ 8 ℊ

Rose, Johannes Adolf, Apotheker u. gepr. Nahrungsmittel-Chemiker aus Menden (i. Westf.): **Beitraege zur Kenntniss der Borsäure und über eine direkte gewichtsanalytische Bestimmung derselben.** *Bonn a. Rh. 1902: S. Foppen.* (74 S.) 8°
Erlangen, Phil. Diss. v. 28. Jan. 1902

Rose, John Holland. Napoleon I. Unter Benutzung neuen Materials aus dem britischen Staatsarchiv, von J. H. R.... Autorisierte deutsche Übersetzung von Professor Dr. K. W. Schmidt. Mit vielen Karten und Plänen [im Text], einem Faksimile-Briefe und einem Bildnis Napoleons in Photogravüre [2 Tafeln]. 2 B(än)de. XII + 503 S. [mit 2 Tafeln] u. IV + 623 S. 8. Stuttgart, Greiner & Pfeiffer, 1906. [zus. M. 12. —, geb. 15. —]
Darin Bd. 1, S. 16/21. 25/27. 34 f. 41. 61. 157. 173/5. 210. 237/43. 256. 285. 300. 307. 325. 327 f. 378/89. 392. 397. 405. 409. 466 f. 500 f. und Bd. 2, S. 6. 44 f. 105. 220 f. 345. 350/2. 393. 466. etc. die Schweiz *und* Schweizer *betr.*

Rose Joseph Constantinus (geb. Posen 12. 1. 1826). De leucaemia. Berolini (1854). (30 S.) 8°
Berlin, Med. Diss. v. 15. Aug. 1854

Rose, K. s. a. Rose, Chr

— unterh. u. belehr. Handbuch f. Freunde edl. Grundsätze. 8. Ebend. 802.

— üb. d. muhamedanische Religion, Sekten u. Gebr. ꝛc. 8. Elberfeld, Büschler.

— auserles. Samml. der schönst. Gedanken u. Ausspr. großer Männer d. Vorzeit ꝛc. bes. f. Zöglinge ꝛc. 8. Braunschw. Reichard. 802.

Rose, K., väterl. Winke an junge Frauenzimmer über ihre Bestimmung ꝛc. allen edlen Töchtern Deutschlands gew. 8. Hannov. Ritscher. (Hahn.) 802. Rthlr.

Rose, Karl

Rose, Carl [Konrad Friedrich], a. Straßburg i. Els.: Das Verhalten des großen Netzes nach intraperitonealen Injektionen körniger Stoffe. Straßburg i. E. 1907: C. Müh & Cie. (59 S.) 8°
Straßburg, Med. Fak., Ref. Schwalbe, Diss. v. 13. Febr. 1908
[Geb. 10. April 82 Straßburg i. E.; Wohnort: Straßburg; Staatsangeh.: Elsaß-Lothringen; Vorbildung: Protest. Gymn. Straßburg Reife M. 02; Studium: Straßburg 10 S.; Coll. 20. Dez. 07; Approb. 13. Dez. 07.]

Rose, Karl A. s. Rose, Dietr. Ant. Karl

Rose, Karl Hermann Konrad, s. Rose, Hermann

Rose, Konrad

Rose, Conr., mutvoller Frohsinn, e. Heilmittel ohnegleichen. (17 S.) kl. 8. Jungborn-Stapelburg (909). R. Just. — 30

Rose, Conr., Gedichte. 8. (40 S.) Leipzig 892. 28. Friedrich. n. 1.

— Genesung. Ein Wort der Hülfe u. des Trostes für Nervöse u. Kranke. (36 S.) 8. Niederlößnitz-Kötzschenbroda (908). (Jungborn-Stapelburg, R. Just.) — 70

Rose, Konrad (Lippe) A. S. 1194/49

Dissertatio inauguralis medica de impotentia virilis.
Präs. Georg Wolfgang Wedel.
Jena (Krebs) 9. VII. 1712. 36 S.

Gew.: Konrad Hildebrand Rose (Onkel), Konrad Lambert Sinnemann (Onkel).
W. v.: Präs.

29239

Rose, Konrad (Lippe) A. S. 1320/6

De temperamento mathematico.
Präs. Bonifaz Heinrich Ehrenberger.
Jena (Werther) XII. 1710. 22 S. 29238

Rose, Louis Frédéric, Französ. Fibel. Inhalt: Elementar-Leseübungen; Lesestücke, entnommen aus der heil. Schrift, der Geographie u. der Naturgeschichte; leichte nach der Grammatik geordn. Sätze zur Uebertragung ins Deutsche; Sammlung der gebräuchlichsten Wörter. 8. (152 S.) Berlin 848, L. Oehmigke. 6 ngr

— method. Lesebuch zur leichten u. sichern Erlernung der franz. Sprache. Für Schulen u. zum Selbstunterricht. 8. (VI u. 47 S.) Berlin 848, Springer. n. 1/3 ℛ

— littérature de l'enfance. Chois de morceaux tirés de meilleurs écrivains-français. A l'usage des classes moyennes. gr. 8. (VIII u. 256 S.) Berlin 848, L. Schlesinger. 1/2 ℛ

Rose, Louis Fréd., littérature de l'enfance. Choix de morceaux tirés des meilleurs écrivains français. A l'usage des classes moyennes. (Neue Titel-Ausg.) Berlin (848.) 853. Schlesinger'sche Buchhdlg. 8. (V, 256 S. u. Vocabulaire 36 S.) 15 ngr; das Vocabulaire apart 5 ngr

Rose, Ludwig: Beiträge zur Kenntnis der Organismen im Eichenschleimfluß. (Berlin 1910: Unger.) 52 S. 8° ¶ (Ersch. vollst. in: Wochenschrift f. Brauerei.)
Berlin, Phil. Diss. v. 15. Juni 1910, Ref. Schwendener
[Geb. 15. März 87 Frankfurt a. M.; Wohnort: Berlin; Staatsangeh.: Preußen; Vorbildung: Goethe-Gymn. Frankfurt Reife O. 05; Studium: Würzburg 1, Berlin 5 S.; Rig. 26. Mai 10.] [U 10. 243

Rose, Ludw. W., bremische Geschichte für das Volk. 4 Hefte. Bremen 860. (Valett & Co.) gr. 8. (VIII, 376 S.) n. 1 ℛ

Rose, Ludw. W., kleine bremische Geschichte und Heimathskunde. gr. 8. (IV und 92 S.) Bremen 860, Valett und Comp. Thlr. *

— der Bremer Wall in seiner landschaftlichen, geschichtlichen u. botanischen Bedeutung. Bremen 860. Kühtmann & Co. 8. (VI, 82 S. u. lith. Portr. von J. H. A. Altmann.) n. 12 ngr

Rose, L. W., der Bremer Wall. 2., verb. u. verm. Aufl. Bremen 865. (Halle, Gesenius.) 8. (VIII, 116 S.) n. 12 ngr

Rose, Max (Hrsg.), s. Turn-Zeitung, Deutsche.

Wahrheit und Treue. Von Max Rose. o. O. u. J. 1 Bl. 8°. [Kopftit.]
„Wie Sonnenschein in goldner Klarheit" . . .
21.

Rose, Moritz. Gedanken über die sociale Frage. Meissen 1886. H: *Steiger, Adolph.* (Bibl. d. stat. Bureaus. Dresden 1890.)

Rose, Mor., aus sonnigen Tagen. Lustige Geschichten aus dem Gymnasium- und Studentenleben. gr. 8. (106 S.) Oederan 878, Schlesinger'sche Buchh. *

Rose, Mor., die Wallfahrt nach Lourdes. Ein humorist.-satyr. Epos. Mit (eingedr. Holzschn.-)Illustr. v. B. Aleth. gr. 8. (57 S.) Leipzig 875. Payne. n. 2. —

Rose, Otto, der Adel Deutschlands u. seine Stellung im deutschen Reich u. in dessen Einzelstaaten. 8. (VIII, 167 S.) Berlin 883. H. W. Müller. n. 4. —

Rose, Otto, aus Aschersleben ⟨Prov. Sachs.⟩: **Der Flugbrand** der **Sommergetreidesaaten und Maßnahmen zur Bekämpfung dieses Pilzes in der landwirtschaftlichen Praxis.** *Rostock: J. G. Tiedemann Nachf. 1903.* (59 S.) 8°
Rostock, Phil. Diss. v [3. März] 1903
(Nur in beschränkter Zahl für den Austausch)

—— Revanche! Bilder aus Paris. 8. (XX, 341 S.) Berlin 884, Oppenheim. *

Rose, P., und A. Kühne: Die Messung des Formfaktors einer Wechselspannung. Berlin 1903 (Mitteil. a. d. Physik.-Techn. Reichsanst.)

Rose, Richard

Die Kirchenbücher der evangelischen Kirchen Ost- und West-Preussens, nebst e. Verzeichnis d. Militär-Kirchenbücher d. Prov. West Preussen u. d. kath. Kirchenbücher d. Dioz. Ermland. Auf Grund amtl. Nachr. zsgest. von Richard **Rose** Papiermühle, S.-A. Vogt in Komm. 1909. 16, V S. 4° [09. 6455

Stammtafel der schlesischen Familie Becker ⟨Bekker⟩ nach dem Stande der Forschung vom 1. März 1900. Zsgest. von Richard **Rose,** Kibaranga, auf Grund der von San.R. Dr. Hugo Becker, Breslau, gesammelten Nachrichten. o. O. (1909). 1 Bl. quer-2° [09. 6783

Stammtafel der Familie Köhler ⟨Cöhler, Colerus⟩. Zsgest. von Richard **Rose,** Kibaranga, im Auftr. von Ernst Köhler, Lewa. [Kibaranga: Selbstverl. 1908.] 1 Taf. quer-4° [Kopft.] [08. 13141

Stammtafel der hessischen Pfarrer-Familie Köhler ⟨Köler, Koelerus, Cöler, Cöhler, Coelerus⟩. Auf Grund urkundl. Materials zsgest. von Richard **Rose,** Liegnitz. 2. Aufl. [Liegnitz: Selbstverl.] 1908. (1 Bl.) quer-2° [Kopft.] [08. 18413

Rose, Richard: Stammtafel der Familie Rose (Rhose, Rohse). Nach d. Stande d. Forschungen v. 16. Nov. 1908, zsgest. v. Plantagenbesitzer Richard Rose. Liegnitz: Selbstverl. 1908. 1 Bl.
Sonderabdr. No 7 aus: Familiengeschichtl. Blätter. H. 67–69.

Stammtafel der Familie Zarniko ⟨Zarnikau⟩. Zsgest. nach d. Stande d. Forschung vom 1. Aug. 1910 von Richard **Rose,** Kiel. (Papiermühle S.-A. 1910: Vogt.) 1 Tab. 76 × 32 1/2 cm. 8° [Kopft.] [11. 3744 10

Rose, Robert, aus Palermo ⟨Italien⟩: **Beiträge zur Kenntnis der beiden Stereoisomeren γ-Methyl-γ-Phenyl-Itaconsäuren.** *Leipzig 1903: Thalacker & Schöffer.* (45 S.) 8°
Leipzig, Phil. Diss. v. 1903

Rose, Siegbert: Ueber Pyaemie im Säuglingsalter. *Berlin (1898): E. Ebering.* (26 S.) 8°
Berlin, Med. Diss. v. 10. Juli 1898

Rose, Th., das heißt eine Vergnügungsreise, s.: Both's, L. W., Bühnen-Repertoir des In- u. Auslandes.

Rose, Th., ein verreister Ehemann, s. Both's Bühnen-Repertoir.

Rose, Theodor [Referendar]: Gegenwart und Zukunft der Lehre von der hereditas jacens. . . . Hildesheim, Druck v. August Lax, 1889; 42 S. 8°
Göttingen, Jur. Fak., Inaug.-Diss. v. 10. Febr. 1889

Rose, Th., Gegenwart u. Zukunft der Lehre von der hereditas jacens. Inaug.-Diss. gr. 8. (42 S.) Hildesheim 889. (Göttingen, Vandenhoeck & Ruprecht's Verl.) n. 1. —

Rose, Th., der Hauptmann der Schaarwache, s.: Bühnenrepertoir, Nr. 154.

— die Theilung der Güter, siehe: Bühnenrepertoir, Nr. 144.

Rose, Th., verheirathet aus Rache, s.: Both's, L. W.,

— das bewußte Wort, s. Bühnen-Repertoir.

Rose, Ulrich [pr. Arzt aus Berlin]: Ein Beitrag zur Lehre von der apoplektischen Pseudobulbärparalyse ... Strassburg i. E., Buchdr. C. & J. Göller, 1897; 67 S. 8.
Strassburg, Med. Fak., Inaug.-Diss. v. 1897

Rose, Ulr., die Zuckergussleber u. die fibröse Polyserositis, s.: Abhandlungen, Würzburger, aus dem Gesamtgebiet der praktischen Medizin. IV. 5.

Rose, Valent.

—— s. Anacreontis Teii.

Rose, Valent., anecdota graeca et graecolatina. Mittheilungen aus Handschriften zur Geschichte der griech. Wissenschaft. 1. Heft. Mit 1 Taf. in Steindr. Berlin 864. Dümmler's Verlhdlg. gr. 8. (V, 201 S.) n. 1 ₰ 20 ngr.

Rose, Valent., anecdota graeca et graecolatina. Mittheilungen aus Handschriften zur Geschichte der griech. Wissenschaft. 2. Hft. Mit 2 Taf. in Steindr. gr. 8. (IV, 331 S.) Berlin 870. Dümmler's Verl. n. 10. — (1. 2.: n. 15. —)

— Aristoteles pseudepigraphus. Leipzig 863. Teubner. gr. 8. (728 S.) n. 4 ₰ 20 ngr.

Rose, Val., die lateinischen Handschriften, s.: Handschriften-Verzeichnisse, die, der königl. Bibliothek zu Berlin. 13. Bd.

Rose, V., Leben d. heil. David v. Thessalonike, griechisch, nach der einzigen bisher aufgefundenen Handschrift hrsg. gr. 8. (XVI, 22 S.) Berlin 887. Asher & Co. n. 1.—

Rose, Val., de Aristotelis librorum ordine et auctoritate commentatio. Berolini 854. G. Reimer. gr. 8. (260 S.) 1 ₰.

Rose, Valent., Verzeichnis der latein. Handschriften, s.: Handschriften-Verzeichnisse, die, der königl. Bibliothek zu Berlin. 13. Bd.

Rose, Walth., die hypnotische Erziehung der Kinder bei Stehlsucht, Naschhaftigkeit, Lügenhaftigkeit, Furchtsamkeit, Faulheit, Nägelkauen, Linkshändigkeit, Stottern, Stammeln, Lispeln, Bettnässen, Onanie, Homosexualität etc. Ein Wegweiser u. Ratgeber f. Eltern, Lehrer u. Erzieher. Mit e. Vorwort v. Reinh. Gerling. (Schlosser's Bibliothek f. Naturheilkunde.) (IV, 57 S.) 8. Berlin (898). F. Schlosser. n. — 75

Rose, Walth., d. Grenze d. menschl. Lebens, s.: Licht — Luft — Wasser! 20. Hft.

— rationelle Gymnastik, s.a Möller's, Wilh., Bibliothek f. Gesundheitspflege usw. 42. Heft.

Rationelle Gymnastik. Eine Anleitung zu ihrer Ausübung von Walther **Rose**. Oranienburg bei Berlin: W. Möller [1906]. (30 S.) 8° [F.]
= Bibliothek, Möller's, f. Gesundheitspflege, Erziehung u. Volksaufklärung. H. 42. [07. 4411

Rose, W., d. Basedowsche Krankheit u. d. Krankheiten d. Schilddrüse (Myxödem, Kropf u. s. w.) m. bes. Berücksicht. d. Organtherapie. Gemeinverständl. dargest. gr. 8. (61 S.) Berlin 898. H. Steinitz. n. 1. 50

— strahlende Menschen! Das bisher letzte Ergebnis der Forschg. m. radio-aktiven Stoffen, besonders mit Radium, unter Berücksicht. der v. Reichenbach'schen Odlehre berichtet. (80 S.) gr. 8. Oranienburg (904). Orania-Verlag. n. — 75

(B) **Rose**, Walt., strahlende Menschen. 904. (KVL 34.) Jetzt: Oranienburg, F. Koslowsky.

Rose, Walth., der Spiritismus als unbekannte Naturwissenschaft, s.a. Licht — Luft — Wasser. 37. Hft.

Der Spiritismus als unbekannte Naturwissenschaft. Von Walther **Rose**. (Vorr.: Reinh. Gerling.) *Berlin: W. Möller [1900].* (38 S.) 8° [F.]
= Licht! Luft! Wasser. Bd 2, H. 37. [00. 1241

Rose, Wilhelm

Rose, W., Ueber deutsche Auswanderung nach Spanien. 8°. Berlin 1853.

Rose, Wilhelm, a. Köln: Die Ueberführung von Zimmtaldehyd in Hydrozimmtsäure durch eine Verschiebung der Doppelbindung. Straßburg i. E. 1906: C. Müh. (40 S.) 8°
Straßburg, Math.-naturwiss. Fak., Ref. Thiele, Diss. v. 1906
[Geb. 21. April 77 Cöln; Wohnort: Straßburg i. E.; Staatsangeh.: Preußen; Vorbildung: Realgymn. Düsseldorf Reife M. 99; Studium: Straßburg 12 S.]

Rose, Wilhelm: Wanderungen durch Graubünden. ([S.-A.] Haude- u. Spenersche Zeitung. 1857.) Berlin 1857. 11 S. 4°.

Rose, Wilhelm: Was muß man vom Menschlichen Körper '(Anatomie)' wissen? Von Dr. med. Wilh. Rose, prakt. Arzt. M. Ill. Berlin: H. Steinitz (1899). (123 S.) 1 Bd 8.

Rose, Wilh., was muß man vom menschlichen Körper (Anatomie) wissen? 2. verm. u. verb. Aufl. gr. 8. (133 S. m. Abbildgn.) Berlin (900). H. Steinitz. n. 1. 50

Rose, Wilhelm: Vier Wochen in Afrika. Reiseskizze. Berlin 1855. 46 S. 8°

Rose-Marie. Jeanne. (Nouvelle.) Par Rose-Marie. [Couverture illustrée.] IV + 99 p. 8. Berne, Office polytechnique d'édition S. A., 1902. [fr. 1. 50]
Petite collection romande.

Rose-Sadebeck's [Gust.], Elemente der Krystallographie. 2.(Schluss-)Bd. A. u. d. T.: Angewandte Krystallographie, [Ausbildung der Krystalle, Zwillingsbildung, Krystallotektonik], nebst einem Anhang über Zonenlehre von Alex. Sadebeck. gr. 8. (XV, 284 S. mit 23 lithogr. Taf. in gr. 8. und qu. gr. 4.) Berlin 876, Mittler und Sohn. *
1. Ed. Ebendas. 1873. *ℳ 7,50.

Roese, Herrschen u. Dienen nach ultramontaner u. nach deutsch-evangelischer Auffassung. Festrede, zu der Feier v. Luthers u. Schillers Geburtstag am 10. XI. 1909 im evangel. Bunde zu Wittenberg geh. (14 S.) 8. Wittenberg 910. P. Wunschmann. — 40

Roese, A., das Roesesche Hölzchen, s.a. Beiträge zur Geschichte Eisenachs, VIII.

[F.] Das Roesesche Hölzchen. Von A. **Roese**. *Eisenach: H. Kahle 1897.* (19 S.) 1 Bd 8.
= Beiträge z. Geschichte Eisenachs. [H.] VIII. [97. 5363

Röse, A., Thiergärten u. Thierleben auf Schloss Callenberg u. Reinhardtsbrunn im Herzogthum Coburg-Gotha. [Aus dem „Zoolog. Garten."] Coburg 869. (Sendelbach.) gr. 8. (19 S.) 6 ngr.

Röse, Bernhard. Herzog Bernhard der Grosse von Sachsen-Weimar. Biographisch dargestellt. ([Mit] Urkundenbuch.) 2 Theile. 8. Weimar 1828–1829.
Theil 1. Mit dem Bildnisse des Fürsten [Tafel] und einer Münztafel.
Theil 2. Mit einer Münztafel.

Röse, B., Herzog Bernhard d. Große v. Sachsen-Weimar. Biograph. dargest. 2 Thle. gr. 8. Weimar, Landes-Indust.-Compt. [1. (30 B., Bildn. Bernh. d. Gr. u. 1 Münztaf.) 828. 2 Thlr. 8 Gr., 2. (36 B. u. 1 Münztaf.) 829. 3 Thlr. 6 Gr.]

Röse, (B.,) Johann Friedrich VI., Herzog zu Sachsen, Ernestin. Linie. Ein biograph. Versuch. gr. 8. Neustadt 827, Wagner.

Röse, Carl, s. Röse, Karl

Roese, Chr., Gesellschaftskunde. Das Wissenswerteste aus der Staaten- u. Gesetzeskunde, sowie der Volkswirtschaftslehre. Zum Gebrauche in Volks- u. Fortbildungsschulen bearb. gr. 8. (VIII, 96 S.) Hannover 901. C. Meyer. Kart. n. — 60; geb. n. — 80

Röse, Chr. Hat Herodot sein Werk selbst herausgegeben? Erster Teil. 23 S. Progr. G. *Giessen* 1879.

Roese, Chr., Unterrichtsbriefe f. das Selbst-Studium der altgriech. Sprache, s. a. Koch, Ernst.

— Unterrichtsbriefe f. das Selbst-Studium der latein. Sprache. 1.—6. Brief. gr. 8. (1. Kurs. S. 1—127.) Leipzig (902). E. Haberland. à n. — 50

Roese, Chr., Unterrichtsbriefe f. das Selbst-Studium der lateinischen Sprache. 7.—48. Brief u. 2 Beilagen. (I. u. III. Kurs.) (1. Kurs. XII u. S. 129—343; 2. Kurs. S. 345—599 u. 3. Kurs. XVI u. S. 601—918.) Lex.-8. Leipzig (903. 905.) E. Haberland. à — 50 (vollst. 27.—; auf einmal bezogen n. 24.—)

Röse, E., d. Bau- u. Kunstdenkmäler d. Kreises Dortmund-Stadt, s.: Ludorff, A., d. Bau- u. Kunstdenkmäler v. Westfalen.

Roese, E(duard), Dir. Prof. Dr.: Antrittsrede. *Stralsund 1899: Kgl. Regierungs-Buchdr.* (S. 3—8.) 4° [F.]
Stralsund, RG, P 1899 (160)

Roese, E(duard), Dir. Prof. Dr.: [Bericht über seine Einführung als Direktor.] *Stralsund 1899: Kgl. Regierungs-Buchdr.* (S. 22—23.) 4° [F.]
Stralsund, RG, P 1899 (160)

Roese, E[duard], Dir. Prof. Dr.: Zu Goethes Gedächtnis. ⟨Bei d. Feier am 2. Sept. 1899.⟩ *Stralsund 1900: Kgl. Regierungs-Buchdr.* (S. 3—8.) 4° [F.]
Stralsund, RG, P 1900 (162)

Roese, Eduard, Direktor Dr.: Über Mithrasdienst. Stralsund 1905: Regierungs-Buchdr. (30 S.) 4°
Stralsund, RG OP 1905 (182)

Roese, Eduard (Bearb.), s. Urkundenbuch, Dortmunder.

Röse, Emil, s.: Katalog, offiz., d. Thüringer Gewerbe- u. Industrie-Ausstellung zu Erfurt 1894.

Roese, Ferdinand

Roese, F., 5000 Aufgaben nebst Resultaten aus der Bruchrechng. 16. (46 S.) Wismar 890. Hinstorff's Verl. n. — 50

Röse, Ferd., über d. scenische Darstellung d. Goethe'schen Faust u. Seydelmann's Auffassung d. Mephistopheles. gr. 8. (3¼ B.) Berlin 838, Duncker u. Humblot.

Roese, Ferd., Elementargeometrie. gr. 8. (III, 98 S. m. 89 Fig.) Wismar 890. Hinstorff's Verl. n. 1. 50

—— über d. Erkenntnißweise d. Absoluten. gr. 8. (15⅛ B.) Basel 841, Schweighauser'sche Buchh.

Röse, Ferd., der neue Eulenspiegel, oder: Deutschland vor hundert Jahren und jetzt. Beschrieben von Eulenspiegel Vater und Sohn. I. Abschnitt. A. u. d. T.: Die schöne Geschichte vom neuen Eulenspiegel oder Eulenspiegel-Perückenmacher. I. und 2. Abdr. gr. 16. (XI und 148 S. mit 1 Holzschn.) Tübingen 849, Laupp'sche Buchh.

—— Gedichte. 8. (2½ B.) Hamburg 839, Meißner.

— Grundriß der ebenen Trigonometrie. 12. (II, 61 S.) Ebd. 889. n. — 75

— die Ideen v. den göttl. Dingen u. unsere Zeit. Ankündigungsschrift des Systems der Individualitäts-Philosophie. gr. 8. (89 S.) Berlin 847, G. Reimer. ⅓ ₰

— über die Kunst zu philosophiren. Habilitations-Rede gehalt. am 18. Mai 1847. 8. (34 S.) Basel 847, Schweighauser. ⅙ ₰

Röse, Ferd., Lebensbilder aus Süd u. Nord, s. Lebensbilder.

Röse, Ferd., die Psychologie, als Einleitung in die Individualitäts-Philosophie. Göttingen 856. Wigand. gr. 8. (XXXI, 332 S.) n. 2 ₰

— arithmetisches Quellsalz für Freunde des Rechnens. 12. (176 S.) Ebd. 890. cart. — 50

Roese, F., Richtung u. Länge der geraden Linien od. Lehre v. den Winkeln u. der Congruenz der Figuren. 8. (22 S.) Wismar 874. Hinstorff. — 75

Roese, F., Richtung u. Länge der geraden Linie oder Lehre von den Winkeln u. der Congruenz der Figuren. 2., verb. Aufl. 8. (24 S. m. eingedr. Fig.) Wismar 881. Hinstorff's Verl. n. — 75

Roese, F. [Oberl.]: Das höhere Schulwesen Schwedens. Wismar, Druck d. Hinstorff'schen Ratsbuchdr., 1890; 21 S. 4°
Wismar, grosze Stadt-S (G u. R), OP 1890

— das höhere Schulwesen Schwedens. gr. 4. (21 S.) Wismar 890. (Leipzig, Fock.) n. — 80

—— Schwänke u. Geschichten f. das deutsche Volk. 8. (13⅛ B.) Berlin 846, Springer. —

Roese, Ferd., sphärische Trigonometrie für Schulen u. den Selbstunterricht. Wismar 867. Hinstorff'sche Hofbuchh. 8. (IV, 40 S.) n. 10 ngr

— die deutsche Volksbewegung von Gottes Gnaden. Geschichte des J. 1848. 8. (293 S.) Stuttgart 849, Krauß & Schaerer. 1 ₰

— Vorschule der Geometrie. gr. 8. (16 S. m. 6 Fig. u. 2 Taf.) Wismar 890. Hinstorff's Verl. n. — 50

Roese, Fritz, a. Berlin: Ueber dingliche Ansprüche nach geltendem Recht. Heidelberg 1904: K. Rössler. (57 S.) 8°
Heidelberg, Jur. Fak., Ref. Bekker, Diss. v. 20. Sept. 1904
[Geb. 19. Juli 75 Berlin; Wohnort: Berlin; Staatsangeh.: Preußen; Vorbildung: Gymn. Bernburg Reife O. 96; Studium: Heidelberg 3, Berlin 5 S.; Rig. 22. Juli 04.]

Roese, George *Wilhelm Charles* [App. Arzt]: Über Amyloidentartung bei chronischer Arthritis ... Leipzig, Druck v. C. G. Röder, 1897; 36 S. 8.
Leipzig, Med. Fak., Inaug.-Diss. v. 16. Juni 1897

Roese, H., Cultur des Weinstockes unter Glas mit besonderer Berücksichtigung des Klima's von Norddeutschland. gr. 8. (47 S. m. 7 Holzschntaf.) Leipzig 879. H. Voigt. n. 1. —

Röse, Hilmar, der gewandte Rechnenkünstler. Eine Sammlung der überraschendsten Rechnenkünste ꝛc. 8. (8 B.) Nordhausen 842, Fürst. —

Röse, Karl

Anleitung zur Zahn- und Mundpflege von Dr. med. C[arl] **Röse** ⟨München⟩. Mit 38 Abb. 4. Aufl. Jena: G. Fischer 1900. (58 S.) 8° [06. 10026 11

Anleitung zur Zahn- und Mundpflege von Dr. med. C[arl] Röse ⟨München⟩. Mit 38 Abb. 5. Aufl. *Jena: G. Fischer 1900.* (58 S.) 8° [00. 10909 4

Röse, C., Anleitung zur Zahn- u. Mundpflege. 6. Aufl. 35.—40. Taus. gr. 8. (62 S. m. 40 Abbildgn.) Jena 901. G. Fischer. n. — 50

Röse, Carl [Dr.]: **Beiträge zur Entwicklungsgeschichte des Herzens** . . . . Heidelberg, Univ.-Buchdr. v. J. Hörning, 1888; 19 S. u. 1 Taf. 4°
Heidelberg, Med. Fak., Inaug.-Diss. v. [16. Mai] 1888

Röse, Karl, Beiträge zur Entwicklungsgeschichte des Herzens. Diss. Heidelberg 1888, Theodor Groos. 4°. 19 S. mit einer Taf.

Röse, Carl, Beiträge zur europäischen Rassenkunde u. die Beziehgn. zwischen Rasse u. Zahnverderbnis. (202 S. m. Abb.) Lex. 8. Berlin (906). Leipzig, B. G. Teubner. 4. 80
Sonderabdr. a.: „Archiv f. Rassen-Gesellschafts-Biologie".

Röse, C. Beruf und Militärtauglichkeit. Leipzig (1904.) 8°. (Aus: Politisch-anthropologische Revue.)

Roese, Dr. K. Beruf u. Militärtauglichkeit. Leipzig 1905. 27 S.

Röse, Carl [Dr. med.]: **Ueber die Entwicklung der Zähne des Menschen** ... (Aus: Arch. f. mikrosk. Anat., Bd. 38.) Bonn, F. Cohen, 1891; 1 Bl., 447—489 S. 8.
Freiburg i. B., Med. Fak., Hab.-Schr. v. 1891

— **Erdsalzarmut u. Entartung.** (III, 156 S.) gr. 8. Berlin 908. J. Springer. 2. 40

— üb. Kieferbrüche u. Kieferverbände. Lex.-8. (VI, 53 S. m. 56 Abbildgn.) Jena 893. G. Fischer. n. 2. —
Bildet e. Abschnitt des in Arbeit befindlichen Lehrbuches der Zahnheilkunde des Verf.

Roese, Carl, die Kunst, Hülfeleistungen f. Verwundete u. Kranke zu improvisiren. Concurrenzschrift. gr. 8. (56 S. m. 11 Steintaf.) Leipzig 884. Thieme. n. 3. 60

— **Über die Wirkungsweise d. Gaumen- u. Schlundmuskulatur bei angeborener Gaumenspalte.** (26 S. m. Abb.) gr. 8. Ebd. 909. 1. —
2 Sonderabdrucke a.: „Deut. Monatsschr. f. Zahnheilkde."

Röse, C., u. Bartels, Über d. Zahnentwicklung d. Rindes. S.-A. Jena 96. Fischer.

Zahn- und Mundpflege. Von Dr. med. C. RÖSE, Leiter der Zentralstelle für Zahnhygiene in Dresden. 46.—100. Tausend. Herausgegeben vom Deutschen Zentral-Komitee zur Bekämpfung der Tuberkulose. Berlin 1907. (Druck von Trowitzsch & Sohn in Berlin.) 8°.

Röse, C., d. Zahnpflege in d. Schulen. [Aus: „Zeitschrift f. Schulgesundheitspflege".] 2. Aufl. (6.—10. Taus.) gr. 8. (23 S.) Hamburg 895. L. Voss. n. — 20

Röse, Martha, mein Vetter, d. Radfahrer. Radsportl. Roman nach d. Engl. des Rue. 12. (112 S.) Stuttgart 897. Glaser & Sulz. n. 1. —

Röse, Otto, u. Jul. Prüwer, Richard Strauss' Elektra. Ein Musikführer durch das Werk. (VI, 42 S. m. Titelbild u. 1 Fksm.) 8. Berlin (909). A. Fürstner. 1. —

— — dasselbe. Gentilmente tradotta da R. Stroppa Quaglia. (VII, 40 S. m. 1 Fksm. u. 1 Taf. Notenbeispiele.) 8. Ebd. (909). — 80

— — dasselbe. A guide to the music. Translated by Alfr. Kalisch. (VII, 43 S. m. 1 Taf. u. 1 Faksm.) 8. Ebd. (910). 1. —

Röse, Otto, ein Herbst im Elsaß. Briefe eines Parisers. gr. 8. (54 S.) Neuwied 898. Heuser's Verl. n. 1. —

Röse, Otto, Revanche! Bilder aus Paris. 8. (XX, 341 S.) Berlin 884. Oppenheim. n. 5. —

Roese, Otto, Richard Strauss' Salome. Ein Wegweiser durch die Oper. (XII, 52 S. m. 1 Bildnis, 1 Fksm. u. 1 Taf. Notenbeispiele.) 8. Berlin 906. Marquardt & Co. n. 1. —

RÖSE, Otto (in Breslau, Chefred. d. „Schles. Ztg.", geb. 29. Mai 1853 zu Schnepfenthal), Pariser Sittenbilder. Berlin 1884. 8°. (Mk. 5—.) (2 Mk. 50 Pfg., P. Neubner, Cöln, 1892; 1 Mk. Adolf Graeper, Barmen, 1896.)
Adel u. Kinder Israels. — Adels- u. Ordenssucht. — Damenmangel in der Republik. — Ball im Elisée. — Sport u. Volksvergnügen. — Glücksspiel. — Duell. — Grand Mariage. — Ehescheidung. — Nationalfest. — Das Fest d. Logen. — Badeleben. — Die Gattenkarawane etc.

Röse, Th., die Marketenderin. Humoristische Erzählungen u. Anecdoten aus dem österreichisch-preuß. Feldzuge im J. 1866. 1. u. 2. Aufl. Berlin 865. Tronbach. gr. 16. (64 S.) 4 ngr.

Röse, Th., die Marketenderin. Humoristische Erzählungen und Anecdoten aus dem österreichisch-preuß. Feldzuge im J. 1866. 1. und 2. Aufl. gr. 16. (64 S.) Berlin 867, Tronbach.

Roesebeck, Curt [app. Arzt aus Moringen]: Ein Fall von **perniciöser Anaemie** mit schwerer Erkrankung des Rückenmarkes ... Göttingen, Druck d. Dieterich'schen Univ.-Buchdr., 1894; 30 S. 8.
Göttingen, Med. Fak., Inaug.-Diss. v. [23. Mai] 1894

Roesebeck, Curt, e. Fall v. perniciöser Anaemie m. schwerer Erkrankung des Rückenmarkes. Diss. gr. 8. (30 S.) Göttingen 894. (Vandenhoeck & Ruprecht.) n. — 80

Rosebery, Lord, Napoleon I. am Schluß seines Lebens, s. a. Napoleon I.

Rosebery, Lord, Napoleon I. am Schluß seines Lebens. Uebertr. von Osk. Marschall v. Bieberstein. Autoris. Ausg. gr. 8. (III, 278 S. m. 97 Abbildgn.) Leipzig 901. H. Schmidt & C. Günther. n. 7. 50; geb. n. 10. —

Rosebrock, Kostenzusammenstellung des Neubaues der Turnhalle u. Pförtnerwohnung f. d. Meller T. V., m. 2. Pl., 2 Bl., Hs., 2°.

ROSEBROCK, AUGUST Untersuchungen über das o-p-Dimethylchinolin und das α-o-Dimethylchinolin. Freiburg i. B., 1878.

Rosebrock, A[ugust], aus Verden a. d. Aller: **Untersuchungen über das o-p-Dimethylchinolin und das α-o-Dimethylchinolin.** *Freiburg i. B. 1898: F. Wagner.* (45 S.) 8°
Freiburg i. B., Phil. Diss. v. 1898

Rosebrock, H[einrich]: Frauenfrage und die kommende Mädchenschulreform. — Berlin: Simion 1909. 46 S. 8°

Kaiser Wilhelm II. und die Frauenfrage. Von Heinrich **Rosebrock** Berlin Simion 1910. 30 S. 8°

Roseck: Einige Paragraphen zu einer Einleitung ins Alte Testament. 49 S —Breslau M., Progr 1864.

Roseck, Hnr. Gust., allgemeine Deutsche Schulvorschriften für den Unterricht im Schönschreiben. I.—XII. Heft. Lithogr. (Mit Titelvign.) qu. gr. 8. Glogau 842, 45, Flemming. à $1/8$ ß

— Englische Schulvorschriften mit deutschem Texte für den Unterricht im Schönschreiben. I.—IV. Heft. Lithogr. (Mit Titelvign.) qu. gr. 8. Ebend. 842, 45, 46. à 1/8 ℔

Roseck, W(altherus) *Comparantur inter se quae Aeschylus et Sophocles de diis, imprimis de fato senserunt. 54 S. 4° (2°)
Halle-Wittenberg, Phil. Diss. v. 17 Nov. 1851
Geb. Sagan 2. 11. 1827 V
Verf. erlebte die Diplomerneuerung 1901 als Gymnasialprofessor a. D. in Breslau, vgl. Anh. Nr 626.

Rosée céleste ou petit recueil de prières à l'usage des tous le fidèles. 32. (292 S. m. 1 Stahlst.) Kevelaer 896. J. Thum. Geb. in Ldr. m. Goldschn. 1. 50

v. Rosee, s. **v. Larosee**.

Rosée, Adolph

Rosée, Adph., d. sterbende Ahasver. E. Stück Gegenwart in 4 Akten u. e. Vorrede. gr. 8. (164 S.) Berlin 898. E. Ebering. n. 2. —

Rosée, Adph., Kismet! Ein arab. Märchenspiel in 4 Akten. 8. (VIII, 156 S.) Leipzig 900. R. Wöpke. n. 2. —

Rosée, Ad., die Leihbibliotheken bei Epidemien u. ansteckenden Krankheiten überhaupt. Ein Mahnruf an Alle! gr. 8. (16 S.) Berlin 890. Sauernheimer. n. 1. —

— u. Thilo v. Trotha, der Litteraturbaron. Komödie in 3 Aufzügen. gr. 8. (73 S.) Berlin 901. E. Bloch. n. 2. —

Rosée, Adph., Marksteine. Fünf Tage preuß. Geschichte. 8. (191 S.) Berlin 896. A. Entsch. n. 2. 50

— Marksteine. Vier preuß. Geschichtsbilder. 2. durchgeseh. u. erweit. Aufl. 8. (169 S.) Ebd. 900. n. 2. —

— ein Mustergatte, } s.: Universal-Bibliothek.
— sein Skatabend, }

Rosee, J. la, (Reichsgr. v.,) v. d. schädlichen Geringschätzung verschiedener Stände eines Staats. 4. München, Lentner. 772.

Roseeu, Robert: Ludwig Börne als Kunstkritiker. Frankfurt a. M. 1910: Eichhorn. 86 S. 8°
Greifswald, Phil. Diss. v. 25. Sept. 1910, Ref. Ehrismann
[Geb. 29. Mai 87 Frankfurt a. M.; Wohnort: Frankfurt; Staatsangeh.: Preußen; Vorbildung: Goethe-Gymn. Frankfurt Reife O. 07; Studium: Bonn 3, Berlin 3, Greifswald 3 S.; Rig. 25. Juli 10.] [U 11. 1712

Rosegger, Hans Ludw., das parlamentar. Interpellationsrecht, s. a. Abhandlungen, staats- u. völkerrechtliche. VI, 2.

Das parlamentarische Interpellationsrecht. Rechtsvergl. u. polit. Studie von Dr. Hans Ludwig **Rosegger**. Leipzig: Duncker & Humblot 1907. (VI, 112 S.) 8°
— Abhandlungen, Staats- u. völkerrechtliche. Bd 6, H. 2. [07. 10871

— Von Königen u. Jakobinern. Mit Buchschmuck v. Camilla Sodoma. (III, 274 S.) 8. Köstritz 910. C. Seifert. 3.50; geb. in Leinw. 4. 50

— Lebensschicksal eines Einsamen. Ein Tagebuch. Neuaufl. [Titel-Aufl.] v. „Die Verbrecherkolonie". (272 S.) 8. Berlin-Zehlendorf [907] (910). R. Eckstein Nachf. 3.—; geb. n 4. —

Gottlieb Alcibiades Pengrat. Ein Lebensschicksal von Hans Ludwig **Rosegger** Berlin-Zehlendorf: Kruger [1908]. 368 S. 8° [09. 8683

— Die blutrote Perle u. andere Sonderbarkeiten. (239 S.) 8. Köstritz 910. C. Seifert. 3.—; geb. 4. —

— Petitionen, Bitten u. Beschwerden. Ein Beitrag z. Entwicklungsgeschichte moderner Verfassgn. in rechtsvergleich. Darstellg. (VI, 218 S.) gr. 8. Berlin 908. F. Vahlen. 5. —

— Der Stegreifritter. Der Zug um 6 Uhr 10. Zwei Novellen. (268 S.) 8. Köstritz 909. C. Seifert. 3.—; geb. 4.—

— Die Verbrecherkolonie. Ein Tagebuch. (272 S.) 8. Berlin-Zehlendorf 907. R. Eckstein Nachf. 3.—; geb. n 4. —

Rosegger, Peter

— Der Adlerwirt v. Kirchbrunn, s.: Volksbücher der deutschen Dichter-Gedächtnis-Stiftung.

— Alpengeschichten. Illustr. v. Fritz Reiß. 8. (V, 93 S.) Stuttgart 896. C. Krabbe. n. 1. —; geb. n. 2. 50

— Alpensommer. 1.—8. Taus. (VIII, 415 S.) 8. Leipzig 909. L. Staackmann. 4.—; geb. in Leinw. 5. —

—— die Aelpler, in ihren Wald- und Dorftypen geschildert. 4. Aufl. (Min.-Ausg.) 16. (560 S.) Ebendas. 886. geb. mit Goldschn. *

Die Aelpler in ihren Wald- und Dorftypen geschildert von P[etri] K[ettenfeier] Rosegger [Peter Rosegger]. 3. Aufl. Wien, Pest, Leipzig Hartleben 1864. 384 S. 8° A 12. 3406

— als ich das erste Mal auf dem Dampfwagen saß. Auf der Wacht, s. a. Schneeflocken. 26. Hft.

Als ich das erste Mal auf dem Dampfwagen sass. Auf der Wacht. Erzählungen von Peter **Rosegger** *Berlin: M. Warneck [1901].* (16 S.) 8° [Umschlagt. J.]
— Schneeflocken. 26. [03. 3838

— als ich jung noch war. Neue Geschichten aus der Waldheimat. Mit dem Bildnis d. Verf. als Waldbauernbub (in Photograv.). 8. (439 S.) Leipzig 895. L. Staackmann. n. 4. —, geb. in Leinw. n 5. —

— als ich jung noch war. Neue Geschichten aus der Waldheimat. Mit dem Bildnis des Verf. als Waldbauernbub. 11. Taus. 8. (438 S.) Ebd. 900. n. 4. —; geb. in Leinw. 5. —; in Halbfrz. 5. 50

— als ich noch der Waldbauernbub war. Für die Jugend ausgewählt aus den Schriften Roseggers vom Hamburger Jugendschriftenausschuß. 3 Tle. gr. 8. Leipzig, L. Staackmann. Kart. à n. — 70; geb. à n. — 90
I. 1.—45. Taus. (VIII, 119 S.) 900—902. — II. 21.—30. Taus. (III, 123 S.) 902. — III. 1.—10. Taus. (III, 115 S.) 902.

— u. Hans Haurud, aus den Bergen, s.: Jugendbücherei, deutsche.

— Bergpredigten. Geh. auf der Höhe der Zeit unter freiem Himmel u. zu Schimpf u. Spott unseren Feinden, den Schwächen, Lastern u. Irrthümern der Cultur gewidmet. (Ausgewählte Schriften 20. Bd.) 8. (308 S.) Ebend. 885. n. 2. 50; geb. n 3. 70

— Bergpredigten. Geh. auf d. Höhe d. Zeit unt. freiem Himmel, u. Schimpf u. Spott uns. Feinden, d. Schwächen, Lastern u. Irrthümern d. Cultur gewidmet. 3. Aufl. 8. (308 S.) Wien 894. Leipzig, L. Staackmann. n. 2. 50; geb. in Leinw. n.n. 3. 70

Rosegger, P. K., s.: Bilder von Defregger, Geschichten von Rosegger.

— Das Buch v. den Kleinen. Den Eltern zur Freude, den Liebenden zur Hoffng., den Junggesellen zur Mahng. u. den Weltweisen zur Lehre. (Ein Auszug aus seinen Schriften. 3. u. 4. Taus.) (372 S.) 8. Ebd. 911. 4.—; geb. in Leinw. 5.—; in Halbfrz. 6. —

Rosegger, P K

Das Buch der Novellen. Von P.K. Rosegger [d.i. Petri Kettenfeier]. Bd 2.3.
Wien, Pest, Leipzig: Hartleben 1881. 8°

—— das Buch der Novellen. 1. und 2. Reihe. 5. Aufl. 16. (491; 520 S.) Ebendas. 886.
geb. mit Goldschn. à Reihe *M 6.—. *

— Die Abelsberger Chronik. Den Schriften entnommene Sonderausg. Umschlag- u. Textzeichngn. v. Ant. C. Baworowski. 1.—10. Taus. (VII, 196 S.) kl. 8. Leipzig 907.08. L. Staackmann. Kart. 3. —

Rosegger, P. K., s.a. Defregger-Album.

Defregger-Album. Text von P. K. Rosegger. Leipzig und Wien. Fol.

— das zu Grunde gegangene Dorf, s.a. Volksbücher, Wiesbadener.

— das zugrunde gegangene Dorf. Erzählung. (In stenograph. Schrift. System Stolze-Schrey.) (48 S.) 8. Berlin 906. Frz. Schulze. Kart. n. 1. —

— Dorfsünden. 4., neu zusammengestellte Aufl. Min.-Ausg. gr. 16. (520 S.) Wien 887. Hartleben. geb. m. Goldschn. n. 6. —

— Dorfsünden. D. Buch d. Novellen. 4. Bd. 7. Aufl. 8. (415 S.) Ebd. 896. n. 2. 50; geb. in Leinw. n.n. 3. 70

— Durch! u. and. Geschichten aus d. Alpen. Illustr. v. Fritz Reiß. 8. (VII, 101 S.) Stuttgart 897. C. Krabbe. n. 1. —; geb. in Ldr. n. 2. 50

— Die Ehestandspredigt, s.: Schatzgräber, der.

Rosegger, P. K., in der Einöde. 8. Pest 872. Wien, Hartleben's Verlag. M 4.; geb. * 6 40

Rosegger, P. K., in der Einöde. Eine Geschichte in 2 Büchern. br. 8. (320 S.) Preßburg 872. Heckenast. 4. 50

— Erdsegen. Vertrauliche Sonntagsbriefe e. Bauernknechtes. Ein Kulturroman. 1.—12. Taus. 8. (425 S.) Leipzig 900. L. Staackmann. n. 4 —; geb. in Leinw. 5.—; in Halbfrz. 5. 50

— d. Ereignis in d. Schrun, s.: Verein f. Verbreitung guter Schriften. Zürich, Nr. 3.

— das Ereignis in der Schrun. 's Guderl. Die Nottaufe, s.: Volksbücher, Wiesbadener. Nr. 60.

— persönliche Erinnerungen an Robert Hamerling. 8. (VI, 198 S. m. Portr.) Wien 891. A. Hartleben. n. 2. 50; geb. in Leinw. n. 3. 60

— Ernst u. Heiter u. so weiter. Für die reifere Jugend gewählt aus den Schriften v. P. K. R. 8. (VII, 279 S.) Ebd. 892. Kart. n. 4. —; geb. m. Goldschn. n. 5. —

— Ernst u. heiter u. so weiter. Für die reifere Jugend gewählt aus den Schriften. 2. Aufl. (III, 304 S.) 8. Leipzig (903). L. Staackmann. Geb. n. 4. —

— dasselbe. Volksausg. f. Oesterreich. 1.—5. Taus. (III, 246 S.) 8. Ebd. (906). Geb. n. 2. 50

Rosegger's, P. K., Erzählungen, s.a. Volksbibliothek d. Lahrer hinkenden Boten.

— u. J. Gotthelf, Erzählungen. Vorgeschlagen v. der Jugendschriften-Kommission des schweiz. Lehrer-Vereins. (112 S.) gr. 8. Basel 904. Verein f. Verbreitg. guter Schriften. Kart. n. — 80

— Ausgewählte Erzählungen. 2 Bde. Für den Schulgebrauch hrsg. v. Rud. Latzke. kl. 8. Leipzig 910. G. Freytag. — Wien, F. Tempsky. Geb. à 1. —
1. Die Pfingstnacht. — Das Felsenbildnis. — Der Herren-Sepp. — Das Ereignis in der Schrun. (120 S. m. Bildnis.)
2. Die Harfenspieler. — Der Mann m. den 13 Talern. — Empor zu Gott. — Die Nottaufe. (124 S. m. Bildnis.)

— Feierabende. Lustige u. finst. Geschichten. 7. Aufl. 8. (480 S.) Wien 897. Leipzig, L. Staackmann. n. 2. 50; geb. in Leinw. n.n. 3. 70

Felix der Begehrte. Erzählung von Peter Rosegger. (Berlin: F. Schulze 1909.) 80 S. 8° [Text stenogr.]
(Schulzes Illustrierte Unterhaltungsblätter für Stenographen, Jg. 8, Beil.)

— Felix der Begehrte. Erzählung. (In stenograph. Schrift, System Stolze-Schrey.) (80 S.) 8. Berlin 910. Frz. Schulze. Geb. in Leinw nn 1. 10

— meine Ferien. 5. Aufl. 8. (352 S.) Ebd. 896. n. 2. 50; geb. in Leinw. n.n. 3. 70

— Die Försterbuben. Ein Roman aus den steir. Alpen. 1.—17. Taus. (856 S.) 8. Leipzig 908. L. Staackmann. 4.—; geb. in Leinw. 5.—; in Halbfrz. 5. 50

- — Heidepeter's Gabriel. Miniatur-Ausgabe. Vierte Auflage. 8° (429 S.) Ebd. In Original-Prachtband. fl. 3.30.
1886

— Heidepeter's Gabriel. Eine Geschichte in 2 Büchern. 4. Aufl. 16. (429 S.) Ebend. 886. geb. m. Goldschn. n. 6. —

— Heidepeter's Gabriel. E. Geschichte in 2 Büchern. 9. Aufl. 8. (336 S.) Ebd. 898. n. 2. 50; geb. in Leinw. n.n. 3. 70

— Gedichte. 8. (190 S. m. 18 Illustr.) Ebd. 891. Geb. in Leinw m. Goldschn. n. 3. 60

— s.: Gefunden.

Die Geschichte vom Gupferl. Von Peter Rosegger. Ill. von W Heubach. *Berlin: Bong & Co. [1899].* (38 S.) 8° [F.]
— Meister-Novellen d. XIX. Jahrh Bd 2, [4]
(Illustr Klassikerbibl. Beigabe zu Zur Guten Stunde.) [01. 9838

— Geschichten (die Rache der Knechtin. Der Mädeljäger. Mann u. Weib), s.: Kürschner's, Jos., Bücherschatz.

— Geschichten aus den Alpen. 2 Bde. 8. (318 u. 343 S.) Ebend. 873. 9. —

— Geschichten u. Gestalten aus den Alpen, s.: Reclam's Novellen-Bibliothek.

— Geschichten u. Gestalten aus den Alpen, s.: Universal-Bibliothek.

Rosegger, P. K., lustige Geschichten. 8. (267 S.) Wien 879, Manz'sche Hofbuchh. * 4

— Geschichten aus Steiermark. 8. (VIII, 437 S.) Ebend. 871. 4. 50

— Steirische Geschichten, s.a. Hochlands-Erzählungen.

— steirische Geschichten, s.a. Volksbücherei. Nr. 29.

Rosegger, P., Steirische Geschichten. [Volksbücherei. 8. Bd.] 8°. (78, 80 S.) geb. K —.90
Graz: Styria 1903.

— deutsches Geschichtenbuch. Für die reifere Jugend gewählt aus den Schriften v. P. K. R. 8. (V, 327 S. m. 14 Farbendr.-Bildern.) Ebd. 890. cart. n. 4. —; geb. n. 5. —

— deutsches Geschichtenbuch. Für die reifere Jugend gewählt aus den Schriften v. R. 2. Aufl. 3. u. 4. Tauf. 8. (V, 309 S. m. 12 Vollbildern.) Leipzig (901). L. Staackmann. Geb. n. 4. —

— das Geschichtenbuch d. Wanderers. Neue Erzählgn. aus Dorf u. Berg, aus Wald u. Welt. 2 Bde. [Ausgewählte Schriften 18. u. 19. Bd.] 8. (334 u. 308 S.) Wien 885. Hartleben. n. 5. —; geb. n. 7. 40

— das Geschichtenbuch d. Wanderers. Neue Erzählgn. aus Dorf u. Berg, aus Wald u. Welt. Min.-Ausg. 3. Aufl. 16. (559 S.) Ebd. 890. geb. m. Goldschn. n. 6. —

— das Geschichtenbuch d. Wanderers. Neue Erzählgn. aus Dorf u. Birg, aus Wald u. Welt. 2 Bde. 5. Aufl. 8. (334 u. 308 S.) Ebd. 896. à n. 2. 50; geb. in Leinw. à n.n. 3. 70

Ein Gespräch mit Bauern über den Deutschen Schulverein. Von P[etri] K[ettenfeier] Rosegger Wien · Deutscher Schulver. 1907. (8 S.) 8° [F.]
Aus Deutsche Zeitung. [07. 100]; 2

— Gestalten aus dem Volke der österreichischen Alpenwelt. 8. (IV, 320 S.) Ebend. 872. n. 4. —

Rosegger, P. K., Der Goldsucher. Ein Roman. 2 Bde. 8. (36 Bogen) geh. 3 fl. 60 kr.
Wien: Hartleben 1882.

— der Gottsucher. Roman. 2 Bde. 8. (287 u. 279 S.) Wien 883. Hartleben. 6. —

—— der Gottsucher. Ein Roman. 4. Aufl. (Min.-Ausg.) 16. (627 S.) Wien 886, Hartleben's Verlag. geb. mit Goldschn. *

Rosegger, P. K., der Gottsucher. Ein Roman. 9. Aufl. 8. (412 S.) Leipzig 898. L. Staackmann. n. 2. 50; geb. in Leinw. n.n. 3. 70

Der Gottsucher. Ein Roman von Peter Rosegger. 31 Aufl. Leipzig Staackmann 1910. 412 S. 8° [11. 1264] 5

— unser Gretchen, s.a. Schneeflocken. 35. Hft.

Unser Gretchen. Von P[eter] Rosegger. *Gütersloh: C. Bertelsmann [1902].* (15 S.) 8° [Umschlagt. F.]
— Schneeflocken. 35. [03. 3867]

— aus meinem Handwerkerleben. Beiträge zur Charakteristik der Aelpler. 8. (XVI, 378 S.) Leipzig 880. Duncker & Humblot. n. 6. —

— s.: Heimgarten.

Mein Himmelreich. Bekenntnisse, Geständnisse u. Erfahrungen aus d. religiösen Leben von Peter Rosegger 2. Taus. *Leipzig: L. Staackmann 1901.* (403 S.) 8° [F.] [02. 395] 4

— mein Himmelreich. Bekenntnisse, Geständnisse u. Erfahrgn. aus dem religiösen Leben. 4. Tauf. 8. (VII, 403 S.) Leipzig 901. L. Staackmann. n. 4. —; geb. in Leinw. n. 5. —; in Halbfrz. n. 5. 60

— Hoch vom Dachstein. Geschichten u. Schildereien aus Steiermark. (Ausgewählte Schriften. 27. Bd.) 8. (VIII, 464 S.) Ebd. 891. n 4. —: geb. in Leinw. n. 5. 20; auch in 8 Lfgn à n. 50

— dasselbe. 3. Aufl. (Min.-Ausg.) 16. (VIII, 496 S.) Ebd. 893 Geb. in Leinw. m. Goldschn. n. 6. —

— Hoch vom Dachstein. Geschichte u. Schildereien aus Steiermark. 4. Aufl. 8. (VIII, 464 S.) Ebd. 897. n. 4. —; geb. in Leinw. n. 5. 20

— Höhenfeuer. Neue Geschichten aus den Alpen. (Ausgewählte Schriften 21. Bd.) 8. (428 S.) Ebend. 887. n. 4. —; geb. n. 5. 20

— Höhenfeuer. Min.-Ausg. 3. Aufl. 16. (494 S.) Ebd. 888. geb. m. Goldschn. n. 6. —

— Höhenfeuer. Neue Geschichten aus d. Alpen. 6. Aufl. 8. (III, 428 S.) Wien 895. Leipzig, L. Staackmann n. 4. ; geb. in Leinw. n. 5. 20

— der Höllbart, s.: Hesse's, Max, Volksbücherei.

— Humoresken aus d. Alpenland, s.: Reuter's Bibliothek f. Gabelsberger-Stenographen.

Rosegger, P. K., das neue Jahr. Deutscher Volkskalender für 1873—1875. 8. Pest, Heckenast. à Jahrg. * 1 20

— Jakob, der Letzte. Eine Waldbauerngeschichte aus unseren Tagen. (Ausgewählte Schriften, 23. Bd.) 1. u. 2. Aufl. 8. (384 S.) Ebd. 888. 889. n. 4.—; geb. n. 5. 20

Rosegger, P. K., Jakob der Letzte. Eine Waldbauern-Geschichte aus unseren Tagen. 4. Auflage. Miniatur-Ausgabe. Kl.-8. (419 S.) In Original-Prachtband. (P. K. Rosegger's Schriften. Miniatur-Ausgaben. Bd. XVI) 3.30
Wien: Hartleben 1891.

— Jakob, der Letzte. E. Waldbauerngeschichte aus uns. Tagen. 6. Aufl. 8. (384 S.) Ebd. 895. n. 4. —; geb. in Leinw. n. 5. 20

— Idyllen aus e. untergeh. Welt. 8. (IV, 459 S.) Leipzig 899. L. Staackmann n. 4. ; geb. in Leinw. n. 5. —; in Halbfrz. n. 5. 50

— Idyllen aus e. untergehenden Welt. 10. Tauf. 8. (IV, 459 S.) Leipzig 900. L. Staackmann. n. 4. —; geb. in Leinw. 5. —; in Halbfrz. 5. 50

— I. N. R. I. Frohe Botschaft e. armen Sünders. (394 S.) 8. Leipzig 905. L. Staackmann. n. 4. —; geb. in Leinw. n. 5. —; in Halbfrz. n. 5. 50

— dasselbe. Neubearb. Volksausg. 1.—15. Tauf. (293 S.) kl. 8. Ebd. 906. Geb. in Leinw. n. 1. 80

— gute Kameraden. Persönliche Erinnergn. an berühmte u. beliebte Zeitgenossen. 8. (VII, 223 S. m. 12 Bildnissen.) Wien 893. A. Hartleben. n. 3. —; geb. n. 4 —

— vom Kickel, der eingesperrt gewesen ist u. anderes, s.: Reuter's Bibliothek f. Gabelsberger-Stenographen. 50. Bd.

— Lasset uns v. Liebe reden. Letzte Geschichten. 2. Tauf. (411 S.) 8. Leipzig 910. L. Staackmann. 4.—; geb. in Leinw. 5.—; in Halbfrz. 6. —

Rosegger, Pet. K., ein verhängnisvolles Laster unseres Volkes, s.: Schriften des Allgem. deutschen Schulvereins. 1.

Rosegger's, P. K., Lebens- u. Charakter-Skizze, s.: Svoboda, A. V.

— allerhand Leute. (Ausgewählte Schriften, 22. Bd.) 8. (VIII, 452 S.) Ebd. 888. n. 4. —; geb. n. 5. 20

— — Allerhand Leute. Miniatur-Ausgabe. Vierte Auflage. 12. (581 S.) In Originalband. (P. K. Rosegger's Schriften. Miniatur-Ausgabe. XIV.) 3.30
Wien: Hartleben 1889.

— allerhand Leute. 6. Aufl. 8. (VIII, 452 S.) Wien 897. Leipzig, L. Staackmann. n. 4. —; geb in Leinw n. 5. 20

Rosegger, P K

Das ewige Licht. Erzählung. Aus den Schriften eines Waldpfarrers. Von Peter Rosegger [d.i. Petri Kettenfeier].
Leipzig: Staackmann 1897. 192 S. 8°

— dasselbe, 2. Tl., s.: Grundemann, Pet. Rhold.

— das ewige Licht. Erzählung aus den Schriften e. Waldpfarrers. 23. Taus. 8. (427 S.) Leipzig 900. L. Staackmann. n. 4. —; geb. in Leinw. 5. —; in Halbfrz. 5.50

Rosegger, Peter. La Lumière Eternelle. Aventures d'un curé exilé dans la montagne. Récit extrait de ses papiers par Pierre Rosegger. Traduction autorisée d'après la dix-neuvième éd. par L(ouis) Egger, maitre secondaire. IV + 439 p. 8. Bienne, Louis Egger, 1901. [fr. 3. 50]

— Mann u. Weib. Liebesgeschichten. 2 Bde. 8. (IV, 264 u. 280 S.) Wien 879. Manz. n. 9. 60

—— Maria im Elend, s. Novellenschatz, neuer deutscher.

— Martin der Mann. Eine Erzählung. (Ausgewählte Schriften, 24. Bd.) 1. u. 2. Aufl. 8. (XV, 352 S.) Ebd. 889. n. 4. —; geb. n. 5. 20

— Peter Mayr, der Wirt an der Mahr. Eine Geschichte aus deutscher Heldenzeit. (Schriften. 29. Bd.) 1.—3. Aufl. 8. (VIII, 416 S.) Ebd. 893. 894. n. 4. —; geb. in Leinw. n. 5. 20

Rosegger's, P. K., Peter Mayr, der Wirth an der Mahr. Eine Geschichte aus deutscher Heldenzeit Miniatur-Ausgabe. Vierte Auflage. (507 S.) Miniatur-Format. In Original-Prachtband mit Goldschnitt. (P. K. Rosegger's Schriften. Miniatur-Ausgabe. Band XIX) 3.30
Wien: Hartleben 1894.

— Peter Mayr, d. Wirt an d. Mahr. Eine Geschichte aus deutscher Heldenzeit. 6. Aufl. 8. (VIII, 416 S.) Wien 897. Leipzig, L. Staackmann. n. 4. —; geb. in Leinw. n. 5. 20

— Peter Mayr, der Wirt an der Mahr. Eine Geschichte aus deutscher Heldenzeit. 18. Aufl. (417 S.) 8. Ebd. 909. 3.—; geb. in Leinw. 4. —

— dasselbe. Für den Schulgebrauch in verkürzter Form hrsg. v. Rud. Latzke. (298 S. m. Bildnis.) kl. 8. Leipzig 910. G. Freytag. — Wien, F. Tempsky. Geb. 1. 80

(F) Rosegger, P., Peter Mahr, der Wirt an der Mahr. Herausgegeben von Dr. Rudolf Latzke. [Freytag's Schulausgaben und Hilfsbücher für den deutschen Unterricht.] 8°. (298 S.)
Wien: Tempsky 1910. geb. K 2.20

— allerlei Menschliches. (Ausgewählte Schriften. 28. Bd.) 1. u. 2. Aufl. 8. (VIII, 450 S.) Ebd. 892. n. 4. —; geb. in Leinw. n. 5. 20; auch in Lfgn. à n. — 50

— allerlei Menschliches. 3. Aufl. 8. (VIII, 450 S.) Ebd. 897. n. 4. —; geb. in Leinw. n. 5. 20

— von meiner Mutter, s.a. Röttger's Volksbücherei. 10.

Von meiner Mutter. Von Peter Rosegger. *(Kassel: E. Röttger [1902].)* (S. 115–159.) 8° [Zwischent. F.]
— Volksbücherei, Röttger's. Bd 10, 2. [illegible]

— nur e. kleines Stüberl, s.: Verein f. Verbreitung guter Schriften, Bern.

— Reich, s.a. Jacht's stenograph. Jugend-Bibliothek. I.

— reich, s.a. Jacht's, O., Stenographen-Bibliothek. I.

Reich. Erzählung von P[eter] Rosegger. Berlin: F. Schulze [1899]. (S. 37–48.) 8° [Text stenogr.]
— Jugend-Bibliothek, Lehrer Jachts Stenographische. Bd 1, [2.] [illegible]

— der Schelm aus den Alpen, s.a. Reuter's Bibliothek f. Gabelsberger-Stenographen.

— der Schelm aus den Alpen. Allerlei Geschichten u. Gestalten, Schwänke u. Schnurren. 2 Bde. (Ausgewählte Schriften, 25 u. 26. Bd.) 8. (VIII, 412 u. VI, 408 S.) Ebd. 890. n. 8. —; geb. n. 10. 40; auch in 16 Lfgn. à n. — 50

— d. Schelm aus d. Alpen. Allerlei Geschichten u. Gestalten, Schwänke u. Schnurren. 2 Bde. 3. Aufl. 8. (VIII, 412 u. VI, 408 S.) Ebd. 896. à n. 4. —; geb. in Leinw. à n.n. 5. 20

Rosegger, P. K., Schriften. Volksausg. (In 100 Lfgn.) 1.—8. Lfg. 8. Wien 895. A. Hartleben. à n. — 35
Jakob, der Letzte. Eine Waldbauerngeschichte aus unseren Tagen. (384 S. m. 2 Abbildgn.)
Peter Mayr, der Wirt an der Mahr. Eine Geschichte aus deutscher Heldenzeit. (S. 1—96.)

Rosegger's, P. K., Schriften. Volks-Ausg. 9.—100. Lfg. 8. Wien. Leipzig, L. Staackmann. à Lfg. n. — 35 (kplt. in 15 Leinw.-Bdn. n. 45. —)
Peter Mayr, d. Wirt an d. Mahr. E. Geschichte aus deutscher Heldenzeit. (S. 97—415.) 895.
Allerhand Leute. 5. Aufl. (VIII, 452 S.) 895.
D. Volksleben in Steiermark. In Charakter- u. Sittenbildern dargest. In 2 Büchern. 2. Aufl. (443 S.) 895.
Neue Waldgeschichten. 8. Aufl. (336 S.) 896.
Dorfsünden. D. Buch d. Novellen. 4. Bd. 6. Aufl. (415 S.) 896.
Der Gottsucher. E. Roman. 8. Aufl. (412 S.) 896.
Waldheimat. Erinnergn. aus d. Jugendzeit. I. Bd.: Kindesjahre. 9. Aufl. 2 Bde. (362 u. 344 S.) 896.
Die Schriften d. Waldschulmeisters. 23. Aufl. (336 S.) 897.
Heidepeter's Gabriel. Eine Geschichte in 2 Büchern. 8. Aufl. (336 S.) 897.
Das Buch d. Novellen. 1. Bd. 11. Aufl. (397 S.) 897.
Dasselbe. 2. Bd. 10. Aufl. (416 S.) 897.
Dasselbe. 3. Bd. 6. Aufl. (445 S.) 897.
Hoch v. Dachstein. Geschichten u. Schildereien aus Steiermark. 5. Aufl. (VIII, 464 S.) 898.

— dasselbe. 2. Serie. (In 100 Lfgn.) 1.—40. Lfg. 8. Ebd. à Lfg. n. — 35
Höhenfeuer. Neue Geschichten aus den Alpen. 7. Aufl. (III, 428 S.) 898.
Allerlei Menschliches. 4. Aufl. (VIII, 450 S.) 898.
Das Geschichtenbuch des Wanderers. Neue Erzählgn. aus Dorf u. Birg, aus Wald u. Welt. 2 Bde. 7. Aufl. (335 u. 308 S.) 898.
Die Aelpler in ihren Wald- u. Dorftypen geschildert. 9. Aufl. (381 S.) 898.
Martin d. Mann. E. Erzählg. 3. Aufl. (XIII, 342 S.) 899.
Spaziergänge in der Heimat. Nebst e. Anh.: Ausflüge in die Fremde. 2. Aufl. (VIII u. S. 1—112.) 898.

Rosegger's, Pet. K., Schriften. (Volks-Ausg.) 2. Serie. 41.—100. Lfg. 8. Leipzig, L. Staackmann. à n. — 35
Spaziergänge in der Heimat. Nebst e. Anh. Ausflüge in die Fremde. 2. Aufl. (S. 113—432.) 899.
Sonntagsruhe. Ein Unterhaltungs- u. Erbauungsbuch, enth. Gedichte in steir. Mundart, hochdeutsche Gedichte, Aufsätze üb. Kinder, Parabeln, Legenden u. Weltbetrachtgn. 7. Aufl. (416 S.) 899.
Feierabende. Lustige u. finstere Geschichten. 8. Aufl. (480 S.) 899.
Sonderlinge aus dem Volke der Alpen. 9. Aufl. (408 S.) 899.
Bergpredigten. Gehalten auf der Höhe der Zeit unter freiem Himmel u. Schimpf u. Spott, unseren Feinden den Schwächen, Lastern u. Irrtümern d. Cultur gewidmet. 4. Aufl. (308 S.) 899.
Am Wanderstabe. 6. Aufl. (416 S.) 899.
Der Schelm a. d. Alpen. Allerlei Geschichten u. Gestalten, Schwänke u. Schnurren. 2 Bde. 4. Aufl. (412 u. VI, 408 S.) 899. 900.
Meine Ferien. 6. Aufl. (252 S.) 899.

Rosegger, Pet., Schriften. Volks-Ausg. III. Serie. (In 80 Lfgn.) 1.—58. Lfg. 8. Leipzig (905.906). L. Staackmann. à n. — 35

1. Bd. Das ewige Licht. Erzählung aus den Schriften e. Waldpfarrers. (427 S.) — 2. Bd. Als ich jung noch war. Neue Geschichten aus der Waldheimat. (438 S.) — 3. Bd. Erdsegen. Vertrauliche Sonntagsbriefe e. Bauernknechtes. Ein Kulturroman. (425 S.) — 4. Bd. Der Waldvogel. Neue Geschichten aus Berg u. Thal. (442 S.) — 5. Bd. Mein Weltleben od. wie es dem Waldbauernbuben bei den Stadtleuten erging. (VI, 457 S.) — 6. Bd. Idyllen aus e. untergehenden Welt. (IV, 460 S.) — 7. Bd. Das Sünderglöckel. (VIII, 404 S.) — 8. Bd. Sonnenschein. (VIII u. S. 1—176.)

Rosegger, Pet., Schriften. Volks-Ausg. III. Serie. 59.—80. (Schluß-)Lfg. 8. Leipzig (907). L. Staackmann. à Lfg. — 35

8. Bd. Sonnenschein. (S. 177—460.) — 9. Bd. Weltgift. (402 S.) 10. Bd. Mein Himmelreich. Bekenntnisse, Geständnisse u. Erfahrgn. aus dem religiösen Leben. Neu bearb. u. veränd. Aufl. (VI, 389 S. m. Bildnis.)

— Ausgewählte Schriften. Zwölf Bände. 300 Bogen. 8. Eleganteste Ausstattung. Bd. I II. Waldheimat. — III. Die Aelpler. — IV. Volksleben in Steiermark. — V. Heidepeters Gabriel. — VI. Die Schriften des Waldmeisters. — VII. VIII. IX. Buch der Novellen. — X. Feierabend. — XI. Sonderlinge aus dem Volke der Alpen. — XII. Am Wanderstabe. In zwölf eleganten, charakteristischen Originalbänden geb. 22 fl. 20 kr.
— — In zwölf Originalbänden geb. Mit elegantem Eichen-Bibliothekskasten und Verpackungskiste 25 fl.

Wien: Hartleben 1881.

— Dasselbe in 16 eleganten charakteristischen Originalbänden 8. geb. 29 fl. 60 kr. Inhalt: Bd. I. II. Waldheimat. 2 Bände. — III. Die Aelpler. — IV. Volksleben in Steiermark. — V. Heidepeters Gabriel. — VI. Die Schriften des Waldschulmeisters. — VII. VIII. IX. Buch der Novellen. 3 Bände. — X. Feierabende. — XI. Sonderlinge aus dem Volke der Alpen. — XII. Am Wanderstabe — XIII. Sonntagsruhe. — XIV. Dorfsünden. — XV. Meine Ferien. — XVI. Der Gottsucher.

Rosegger's, P. K., ausgewählte Schriften. 1—76. Lfg. 8. Wien 881. 82. Hartleben. à n. — 50

Das Buch der Novellen. (1. u. 2. Bd. 397 u. 416 S. m. Portr. d. Verf. in Holzschn.)
Die Schriften d. Waldschulmeisters. (336 S.)
Sonderlinge aus dem Volke der Alpen. (408 S.)
Die Aelpler, in ihren Wald- u. Dorftypen geschildert. (284 S.)
Das Volksleben in Steiermark, in Charakter- u. Sittenbildern dargestellt. (418 S.)
Heidepeter's Gabriel. Eine Geschichte in zwei Büchern. (326 S.)
Das Buch der Novellen. 3. Bd. (445 S.)
Waldheimat. Erinnerungen aus der Jugendzeit. 2 Bde. (362 u. 311 S.)
Feierabende. Lustige u. finstere Geschichten. (480 S.)
Am Wanderstabe. (416 S.)
Sonntagsruhe. Ein Unterhaltungs- u. Erbauungsbuch, enth. Gedichte in steir. Mundart, hochdeutsche Gedichte, Aufsätze über Kinder, Parabeln, Legenden u. Weltbetrachtungen. (416 S.)
Dorfsünden. [Das Buch der Novellen 1. Bd.] (415 S.)
Meine Ferien. (352 S.)
Der Gottsucher. Roman. 2. Aufl. (1. Bd. S. 1-96.)

Rosegger's, P. K., ausgewählte Schriften. 77—80. (Schluß-) Lfg. 8. Wien 883. Hartleben. à — 50
Der Gottsucher. Roman. (S. 97—412.)

Rosegger, P. K., ausgewählte Schriften. 85 Lfgn. oder 17 Bde. 8. Wien, Hartleben's Verlag. à Lfg. — 50
à Bd. *ℳ 2,50. * 42 50
geb. à Bd. *ℳ 3,70. * 62 90

Inhalt:

Bd. 1. Das Buch der Novellen. 1. Bd. (397 S. mit dem Portr. des Verf. in Holzschn.) 881.
" 2. Die Schriften des Waldschulmeisters. (336 S.) 881.
" 3. Sonderlinge aus dem Volke der Alpen. (408 S.) 881.
" 4. Das Buch der Novellen. 2. Bd. (416 S.) 881.
" 5. Die Aelpler, in ihren Wald- und Dorftypen geschildert. (384 S.) 881.
" 6. Das Volksleben in Steiermark, in Charakter- und Sittenbildern dargestellt. (448 S.) 881.
" 7. Heidepeters Gabriel. Eine Geschichte in zwei Büchern. (336 S.) 882.
" 8. Das Buch der Novellen. 3. Bd. (445 S.) 882.
" 9. Waldheimat. Erinnerungen aus der Jugendzeit. 1. Bd.: Kindesjahre. (462 S.) 882.
" 10. —— dass. — 2. Bd.: Lehrjahre. (344 S.) 882.
" 11. Feierabende. Lustige und finstere Geschichten. (480 S.) 882.
" 12. Am Wanderstabe. (416 S.) 882.
" 13. Sonntagsruhe. Ein Unterhaltungs- und Erbauungsbuch, enthaltend Gedichte in steirischer Mundart, hochdeutsche Gedichte, Aufsätze über Kinder, Parabeln, Legenden und Weltbetrachtungen. (416 S.) 883.
" 14. Das Buch der Novellen. 4. Bd.: Dorfsünden. (415 S.) 883.
" 15. Meine Ferien. (352 S.) 883.
" 16. Der Gottsucher. Roman. (412 S.) 883.
" 17. Neue Waldgeschichten. (336 S.) 884.

Rosegger, P. K. Ausgewählte Schriften. 2., 23.—28. Bd. 8°. Wien, Hartleben. * 26 50; geb. * 34 90

2. Die Schriften d. Waldschulmeisters. 12. Aufl. (336 S.) 892. * 2 50; geb. * 3 70.
23. Jakob, der Letzte. Eine Waldbauerngeschichte aus unseren Tagen. 2. Aufl. (344 S.) 889. * 4 —; geb. * 5 20.
24. Martin der Mann. Eine Erzählg. 1. u. 2. Aufl. (XV, 352 S.) 889. * 4 —; geb. * 5 20.
25. 26. Der Schelm aus den Alpen. Allerlei Geschichten u. Gestalten, Schwänke u. Schnurren. 2 Bde. (VIII, 412; VI, 408 S.) 890. * 8 —; geb. * 10 40.
27. Hoch vom Dachstein. Geschichten u. Schildereien aus Steiermark. 1. u. 2. Aufl. (VIII, 464 S.) 891. * 4 —; geb. * 5 20.
28. Allerlei Menschliches. 1. u. 2. Aufl. (VIII, 450 S.) 892. * 4 —; geb. * 5 20. Auch in Lieferungen à * — 50.

1., 3.—17. u. 20. Bd. à * 2 50; geb. * 3 70; 18. 19. Bd. * 5 —; geb. * 7 40; 21. u. 22. Bd. Ebd. 1881—88. à 4 —; geb. * 5 20.

Rosegger, P. K., ausgewählte Schriften. 18.—23. Bd. 8. Wien, Hartleben. *ℳ 19.50.; geb. *

Inhalt:

Bd. 18. 19. Das Geschichtenbuch des Wanderers. Neue Erzählungen aus Dorf und Berg, aus Wald und Welt. 2 Bde. (334; 308 S.) 885. *ℳ 5.—; geb. *ℳ 7.40.
" 20. Bergpredigten. Gehalten auf der Höhe der Zeit unter freiem Himmel und zu Schimpf und Spott unseren Feinden, den Schwächen, Lastern und Irrthümern der Cultur gewidmet. (308 S.) 885. *ℳ 2.50.; geb. *ℳ 3.70.
" 21. Höhenfeuer. Neue Geschichten aus den Alpen. (428 S.) 887. *ℳ 4.—; geb. *ℳ 5.20.
" 22. Allerhand Leute. (VIII, 452 S.) 888. *ℳ 4.—; geb. *ℳ 5.20.
" 23. Jakob, der Letzte. Eine Waldbauerngeschichte aus unseren Tagen. (384 S.) 888. *ℳ 4.—; geb. *ℳ 5.20.
1.—17. Bd. Ebendas. 1881—84 à Bd. *ℳ 2.50.; geb. à Bd. *ℳ 3.70.

Rosegger's, P. K., Ausgewählte Schriften. II. Bd. Inhalt: Die Schriften des Waldschulmeisters. 15. Auflage. 8. (336 S.) 1.25, geb. 1.85

XXIX. Bd. Inh.: Peter Mayr, der Wirth an der Mahr. Zweite Auflage. 8. (415 S.) 2.—, geb 2.60

Wien: Hartleben 1893.

— ausgewählte Schriften. 30 Bde. 8. Ebd. 90.—; geb. in Leinw. n.n. 126.—; in Halbfrz. n. 145.—

1. Das Buch der Novellen. 1. Bd. 10. Aufl. (396 S.) 899. n. 2.50; geb. n.n. 3.70 u. n. 4.50
2. Die Schriften des Waldschulmeisters. 33. Aufl. (336 S.) 900. n. 2.50; geb. n.n. 3.70 u. n. 4.50
3. Sonderlinge aus dem Volke der Alpen. 9. Aufl. (407 S.) 900. n. 2.50; geb. n.n. 3.70 u. n. 4.50
4. Das Buch der Novellen. 2. Bd. 13. Aufl. (415 S.) 899. n. 2.50; geb. n.n. 3.70 u. n. 4.50
5. Die Älpler in ihren Wald- u. Dorftypen geschildert. 9. Aufl. (384 S.) 899. n. 2.50; geb. n.n. 3.70 u. n. 4.50
6. Das Volksleben in Steiermark in Charakter- u. Sittenbildern. 2 Bücher. 7. Aufl. (348 S.) 899. n. 2.50; geb. n.n. 3.70 u. n. 4.50
7. Heidepeter's Gabriel. Eine Geschichte in 2 Büchern. 11. Aufl. (336 S.) 900. n. 2.50; geb. n.n. 3.70 u. n. 4.50
8. Das Buch der Novellen. 3. Bd. 8. Aufl. (444 S.) 899. n. 2.50; geb. n.n. 3.70 u. n. 4.50
9. Waldheimat. Erinnerungen aus der Jugendzeit. 1. Bd.: Kindesjahre. 14. Aufl. (362 S.) 900. n. 2.50; geb. n.n. 3.70 u. n. 4.50
10. Dasselbe. II. Bd.: Lehrjahre. 14. Aufl. (344 S.) 900. n. 2.50; geb. n.n. 3.70 u. n. 4.50
11. Feierabende. Lustige u. finstere Geschichten. 9. Aufl. (480 S.) 900. n. 2.50; geb. n.n. 3.70 u. n. 4.50
12. Am Wanderstabe. 7. Aufl. (416 S. m. 1 Abbildg.) 900. n. 2.50; geb. n.n. 3.70 u. n. 4.50
13. Sonntagsruhe. Ein Unterhaltungs- u. Erbauungsbuch, enth. Gedichte in steir. Mundart, hochdeutsche Gedichte, Aufsätze über Kinder, Parabeln, Legenden u. Weltbetrachtgn. 7. Aufl. (416 S.) 900. n. 2.50; geb. n.n. 3.70 u. n. 4.50
14. Dorfsünden. Das Buch d. Novellen. 4. Bd. 8. Aufl. (415 S.) 899. n. 2.50; geb. n.n. 3.70 u. n. 4.50
15. Meine Ferien. 6. Aufl. (352 S.) 899. n. 2.50; geb. n.n. 3.70 u. n. 4.50
16. Der Gottsucher. Ein Roman. 12. Aufl. (412 S.) 900. n. 2.50; geb. n.n. 3.70 u. n. 4.50
17. Neue Waldgeschichten. 7. Aufl. (VI, 336 S.) 899. n. 2.50; geb. n.n. 3.70 u. n. 4.50
18. 19. Das Geschichtenbuch des Wanderers. Neue Erzählgn. aus Dorf u. Berg, aus Wald u. Welt. 2 Bde. 6. Aufl. (383 u. 307 S.) 899. à n. 2.50; geb. à n.n. 3.70 u. à n. 4.50
20. Bergpredigten. Geh. auf der Höhe der Zeit unter freiem Himmel u. Schimpf u. Spott unseren Feinden den Schwächen, Lastern u. Irrtümern der Cultur gewidmet. 6. Aufl. Volks-Ausg. (308 S.) 899. n. 2.50; geb. n.n. 3.70 u. n. 4.50

21. Höhenfeuer. Neue Geschichten aus den Alpen. 7. Aufl. (III, 428 S.) 899. n. 4. —; geb. n. 5. 20 u. n. 6. —
22. Allerhand Leute. 7. Aufl. (VIII, 452 S.) 899. n. 4. —; geb. n. 5. 20 u. n. 6. —
23. Jakob, der Letzte. Eine Waldbauerngeschichte aus unseren Tagen. 8. Aufl. (383 S.) 900. n. 4. —; geb. n. 5. 20 u. n. 6. —
24. Martin der Mann. Eine Erzählg. 3. Aufl. (XIII, 352 S.) 899. n. 4. —; geb. n. 5. 20 u. n. 6. —
25. 26. Der Schelm aus den Alpen. Allerlei Geschichten u. Gestalten, Schwänke u. Schnurren. 2 Bde. 5. Aufl. (VIII, 412 u. IV, 404 S.) 899. n. 4. —; geb. n. 5. 20 u. n. 6. —
27. Hoch vom Dachstein. Geschichten u. Schildereien a. Steiermark. 5. Aufl. (VI, 461 S.) 899. n. 4. —; geb. n. 5. 20 u. n. 6. —
28. Allerlei Menschliches. 4. Aufl. (VI, 450 S.) 899. n. 4. —; geb. n. 5. 20 u. n. 6. —
29. Peter Mayr, der Wirt an der Mahr. Eine Geschichte aus deutscher Heldenzeit. 7. Aufl. (VI, 415 S.) 899. n. 4. —; geb. n. 5. 20 u. n. 6. —
30. Spaziergänge in der Heimat. Nebst e. Anh.: Ausflüge in die Fremde. (Ausg. 1900.) (VI, 432 S.) 899. n. 4. —; geb. n. 5 20 u. n. 6. —

— Schriften in steirischer Mundart. Gesammtausg. in 3 Bdn. 8. Graz, Leykam. à Bd. n. 4. —
1. Zither u. Hackbrett. Gedichte in obersteir. Mundart. M. e. Vorworte v. Rob. Hamerling. 4., sehr verm. u. neubearb. Aufl. (XVIII, 423 S.) 895.
2. Tannenharz u. Fichtennadeln. Ein Geschichtenbuch in steir. Mundart. 3., sehr verm. u. verb. Aufl. (VII, 380 S.) 895.
3. Stoansteirisch. Lustige Vorlesgn. in steir. Mundart. 2., sehr verm. Aufl. (VIII, 356 S.) 896.

— Schriften in steirischer Mundart. Gesamtausg. in 3 Bdn. 8. Graz (907). Leykam. à 4.—; geb. in Leinw. à 5. —
I. Zither u. Hackbrett. Gedichte in obersteir. Mundart. Mit e. Vorworte v. Rob. Hamerling. 5., neudurchgeseh. Aufl. (XIX, 433 S.) — II. Tannenharz u. Fichtennadeln. Ein Geschichtenbuch in steir. Mundart. 4., verm. Aufl. (VII, 440 S.) — III. Stoansteirisch. Lustige Vorlesgn. in steir. Mundart. 4., verm. Aufl. (VII, 439 S.)

— die Schriften d. Waldschulmeisters. 8. (442 S. m. 1 lith. Karte in qu. 4.) Ebend. 875. n. 6. 80

— Die Schriften des Waldschulmeisters. 3. Aufl. Miniatur-Ausg. kl. 8. (424 S.) eleg. geh. 2 fl. 20 kr., in Original-Prachtband mit Goldschnitt. (Mit Carton) 3 fl. 30 kr.
Wien: Hartleben 1881.

—— die Schriften des Waldschulmeisters. 3. Aufl. 16. (424 S.) Wien 882, Hartleben's Verlag. 4 —
geb. mit Goldschn. 6 —

— die Schriften d. Waldschulmeisters. Min.-Ausg. 6. Aufl. gr. 16. (424 S.) Ebend 886. geb. m. Goldschn. n. 6. —

— dasselbe. 7. Aufl. 8. (336 S. m. Holzschn.-Portr. d. Verf.) Ebend. 886. n. 2. 50; geb. 3. 70

— die Schriften d. Waldschulmeisters. (Ausgewählte Schriften 2. Bd.) 12. Aufl. 8. (336 S.) Ebd. 892. n. 2 50; geb. in Leinw. n. 3. 70
— dasselbe. 13., neu durchgeseh u. verb. Aufl. (Min.-Ausg.) 16. (440 S.) Ebd. 893. Geb. in Leinw. m. Goldschn. n. 6. —
— dasselbe. 14. u. 15. Aufl. 8. (336 S.) Ebd. 894. n. 2 50; geb. in Leinw. n. 3. 70

— die Schriften des Waldschulmeisters. 25. Aufl. 8. (336 S.) Wien 898. Leipzig, L. Staackmann. n. 2. 50; geb. in Leinw. n n. 3. 70

— die Schriften des Waldschulmeisters. 50., durchgeseh. Aufl. (344 S. m. Bildnis u. 1 Karte.) 4. Leipzig 903. L. Staackmann. Geb. in Ldr. n. 10. —

Die Schriften des Waldschulmeisters. Hrsg von Peter **Rosegger**. 87. durchges. Aufl. Leipzig: Staackmann 1910. 339 S. 8° (11. 1169, 5

— Aus Schriften des Waldschulmeisters. Ausgew. v. Rud. Latzke, s. a. Dichter, neuere, f. die studierende Jugend.

(F) **Rosegger, P**, Schriften des Waldschulmeisters. Herausgegeben von Prof. Dr R. Latzke [Neuere Dichter für die studierende Jugend.] 8° (180 S.) geb. K 1.40
Wien: Eberle & Co 1910.

- sein Geld will er haben, s.: Verein f. Verbreitung guter Schriften, Sektion Bern. Nr. 47.

— von e. Siege d. Gewissens, s. a. Familien-Bücherschatz.

— von e. Siege d. Gewissens, s. a. Hansjakob, Heinr., d. närrische Maler.

Rosegger, P[etri] K[ettenfeier]: Von e. Siege d. Gewissens. *Weimar & Berlin [1897].*
in Hansjakob, Heinrich: D. närrische Maler (97. 6849

Rosegger, P. K., Sittenbilder aus dem steierischen Oberlande. Graz 870. Verl. d. „Leykam". gr. 8. (VII, 262 S.) n. 28 *ngr.*

—— Sonderlinge aus dem Volke der Alpen. 3 Bde. 8. Preßburg 875. Wien, Hartleben's Verlag. *M* 12., geb. * 15 —

—— Sonderlinge aus dem Volke der Alpen. 3 Bde. 8. (V, 245; 255; 259 S.) Preßburg 875, Heckenast. * 12 —

Rosegger, P. K., Sonderlinge aus dem Volke der Alpen. Miniatur Ausgabe. Sechste Auflage. 12. (551 S.) In Originalband. (P. K. Rosegger's Schriften. Miniatur Ausgabe. XIII.) 3.30
Wien: Hartleben 1889.

— Sonderlinge aus dem Volke d. Alpen. 8. Aufl. 8. (408 S.) Wien 896. Leipzig, L. Staackmann. n. 2. 50; geb. in Leinw. n n. 3. 70

— Sonnenschein, s. a. Reuter's Bibliothek f. Gabelsbergersche Stenographen.

Sonnenschein von Peter **Rosegger** 2. Taus. *Leipzig: L. Staackmann 1902.* (VIII, 460 S.) 8° [F.] (01. 1161

— Sonnenschein. 3.—17. Taus. 8. (à VIII, 460 S.) Leipzig 901. 902. L. Staackmann. n. 4. —; geb. in Leinw. n. 5. —; in Halbfrz. n. 5. 50

— Sonntagsruhe. Ein Unterhaltungs- u. Erbauungsbuch, enth. Gedichte, Aufsätze üb. Kinder, Parabeln, Legenden u. Weltbetrachtgn. 4., neu zusammengestellte Aufl. Min.-Ausg. gr. 16. (512 S.) Ebd. 887. geb. m. Goldschn. n. 6. —

— Sonntagsruhe. E. Unterhaltungs- u. Erbauungsbuch, enth. Gedichte in steir Mundart, hochdeutsche Gedichte, Aufsätze üb. Kinder, Parabeln, Legenden u. Weltbetrachtgn. 6 Aufl. 8. (416 S.) Ebd. 897. n. 2. 50; geb. in Leinw. n. n. 3. 70

— Spaziergänge in der Heimat. Nebst e. Anh.: Ausflüge in die Fremde. (Ausgewählte Schriften 30. Bd.) 8. (VIII, 432 S.) Wien 894. A. Hartleben. n. 4. —; geb. in Leinw. n. 5. 20; auch in 8 Lfgn. à n. — 50

— u. Hermine Möbius, aus Stadt u. Land, s.: Köhler's illustr. Jugend- u. Volksbibliothek. Nr. 24.

— eine Standrede an die Deutschen, s.: Flugblätter des deutschen Vereins gegen den Mißbrauch geistiger Getränke. Nr. 2.

— ein Sterben im Walde, s.: Volksbibliothek d. Lahrer hinkenden Boten.

— Stoansteirisch. Vorlesungen in steier. Mundart. 8. (IV, 216 S.) Graz 885. Leykam. n. 3 —; geb. n. 4. —

— Stoansteirisch. [Neue Folge.] Vorlesungen in steir. Mundart. 8. (262 S.) Graz 889. Leykam. n. 3. — (1. 2.: n. 6. —)

(F.) Rosegger, P., Stoansteirisch. Lustige Vorlesungen. 4. Aufl. Rosegger, Schriften in steirischer Mundart. III. Bd. 8°. (VII, 436 S.) Graz. Leykam 1907 K 4.—, geb. K 5.—

— Streit u. Sieg, s. a. Collection Hartleben.

— Streit und Sieg. Novellen. 2 Bde. 8. (VII, 191; 195 S.) [Preßburg 876, Heckenast's Buchh.] Wien, Hartleben's Verlag. * 4 80

— arme Sünder u. andere Geschichten, s. a. Kürschner's, Jos., Bücherschatz.

Arme Sünder und andere Geschichten. Von Peter Rosegger Mit Ill. von W. Roegge. *Berlin, Eisenach, Leipzig: H. Hillger [1903].* (108 S.) 8° [F.]
— Bücherschatz, Kürschner's No 365. [04. 989

— das Sünderglöckel. (VIII, 404 S.) gr. 8. Leipzig 904. L. Staackmann. n. 4. —; geb. in Leinw. n. 5. —; in Halbfrz. n. 5. 50

Rosegger, Pet. K., dem Anderl sein Tabakgeld u. Anderes, s.: Reuter's Bibliothek f. Gabelsberger-Stenographen.

— am Tage d. Gerichts. Volksschauspiel in 4 Aufzügen. 8. (122 S.) Wien 892. A. Hartleben n. 3. —; geb n. 4. —

— Tannenherz u. Fichtennadeln. Geschichten, Schwänke, Skizzen u. Lieder in obersteier. Mundart. Graz 870. Verl. Leykam-Josephsthal. 8. (216 S.) n. 24 ngr.; geb. n. 1 ℛ 6 ngr.

Rosegger, P. K. Tannenharz und Fichtennadeln. Geschichten, Schwänke. Skizzen und Lieder in oberösterreichischer Mundart. 1870. (216 S.) Graz. Leck 1 fl. 20 kr.

— Tannenharz u. Fichtennadeln. Ein Geschichtenbuch in steirischer Mundart. 2., sehr verm. u. verb. Aufl. Mit einem Anh. von Erklärungen u. Wörterverzeichniß. 8. (VI, 320 S.) Graz 881 Leykam. n. 4 40; geb. m. Goldschn. n. 6. —

(F.) Rosegger, P., Tannenharz und Fichtennadeln. Ein Geschichtenbuch. 4. Aufl. [Rosegger, Schriften in steirischer Mundart. II. Bd.] Gr.-8°. (VII, 438 S.) K 4.—, geb. K 5 Graz. Leykam 1907

— s.: Tirol.

Verzeichniß in Buchform von P. K. Rosegger's Ausgewählten Schriften. Octav-Ausgabe Gratis
Dasselbe. Miniatur-Ausgabe Gratis
Wien: Hartleben 1893.

Rosegger, Pet., nixnutzig Volk, s. a. Reuter's Bibliothek f. Gabelsbergersche Stenographen.

— nixnutzig Volk. Eine Bande paßloser Leute. 1.—9. Tausend. (Je IV, 408 S.) 8. Ebd. 907. n. 4. — geb. in Leinw. n. 5. —; in Halbfrz. n. 5. 50

— das Volksleben in Steiermark in Charakter- u. Sittenbildern dargestellt. 2 Bde. 8. (VI, 184 u. 246 S.) Graz 875. Verl. Leykam-Josefsthal. n. 7. 20

— das Volksleben in Steiermark in Charakter- u. Sittenbildern dargestellt. In 2 Büchern. Min.-Ausg. 6. Aufl. 16. (584 S.) Wien 888. Hartleben. geb. m. Goldschn. n. 6. —

— das Volksleben in Steiermark. In Charakter- u. Sittenbildern dargestellt. In 2 Büchern. 7. Aufl. 8. (448 S.) Ebd. 895. n. 2. 50; geb. in Leinw. n.n. 3. 70

— u. Rich. Heuberger, Volkslieder aus Steiermark m. Melodien. gr. 8. (VII, 24 S.) Preßburg 872. Heckenast. 1. 50

— Volksreden üb. Fragen u. Klagen, Zagen u. Wagen der Zeit. (Veröffentlichung der Lessing-Gesellschaft f. Kunst u. Wissenschaft E. V. Berlin.) (VII, 178 S.) kl. 8. Berlin 908. [E. Kantorowicz.] C. A. Schwetschke & Sohn. 2.80; geb. in Leinw. 3. 50

Volksreden über Fragen und Klagen, Zagen und Wagen der Zeit. Von Peter Rosegger. 3. Taus. Berlin: E. Kantorowicz 1908. (VII, 171 S.) 8° [F.]
(Veröffentlichung d. Lessing-Gesellschaft f. Kunst u. Wissenschaft.) [08. 12677

— aus dem Walde. gr. 8. Pest 874. Wien, Hartleben's Verlag. ℳ 4.; geb. * 6 —

— aus dem Walde. Ausgewählte Schriften für die reifere Jugend. gr. 8. (X, 276 S. mit Illustr. in eingedr. Holzschn. und Holzschntaf. und 1 Stahlst.) Pest 874, Heckenast. 4 — geb. mit Goldschn. 6 —

— aus dem Walde. Ausgewählte Geschichten für die reifere Jugend. Mit Illustr. (1 Stahlst., eingedr. Holzschn. u. Holzschntaf.). 2. Aufl. gr. 8. (IV, 277 S.) Wien 881. Hartleben. cart. 3. 60; geb. m. Goldschn. 4. 50

— — Aus dem Walde. Ausgewählte Geschichten für die reifere Jugend. Mit 36 Abbildungen und einem Stahlstiche. Dritte, vermehrte Auflage. (VII, 254 S.) In Farbendruck-Umschlag cartonnirt 2.20
Dasselbe, gebunden mit Goldschnitt (mit Carton)
Wien: Hartleben 1892. 2.75

— aus dem Walde. Ausgewählte Geschichten f. die reifere Jugend. Mit 36 Abbildgn. 3., verm. Aufl. (Neue Titel-Ausg.) 8. (VIII, 254 S.) Ebd. (892.) 900. n. 4. —; geb. in Halbleinw. n. 5. —

— dasselbe. Mit 35 Abbildgn. u. 1 Stahlst.) 4. Aufl. 8. (VIII, 255 S.) Ebd. (900). Geb. n. 4. —

— aus dem Walde. Ausgewählte Geschichten f. d. reifere Jugend. 5. Aufl. (VIII, 255 S. m. 35 Abbildgn. u. 1 Stahlst.) 8. Ebd. (903). Geb. n. 4. —

— aus Wäldern u. Bergen. Stille Geschichten. gr. 16. (230 S.) Braunschweig 875. Westermann. n. 3. 60

— Waldferien. Ländliche Geschichten f. die Jugend, gewählt aus den Schriften von P. K. R. Mit 20 Abbildgn. 8. (VI, 263 S.) Ebd. 887. cart. n. 4. —

— Waldferien. Ländliche Geschichten f. d. Jugend, gewählt aus d. Schriften v. R. 2. Aufl. 8. (VI, 263 S. m. 20 Abb.) Ebd. 896. Kart. n. 4 —; geb. in Leinw. m. Goldschn. n.n. 5. —

— neue Waldgeschichten. (Ausgewählte Schriften 17. Bd.) 8. (336 S.) Wien 884. Hartleben. n. 2. 50; geb. n. 3. 70

— neue Waldgeschichten. Gesammelte Erzählungen u. Bilder. (Min.-Ausg.) 6. Aufl. 16. (480 S.) Ebd. 892. Geb. in Leinw. m. Goldschn. n 6 —

— neue Waldgeschichten. 7. Aufl. 8. (336 S.) Ebd. 895. n. 2. 50; geb. in Leinw. n n. 3. 70

— Waldheimat. Erinnerungen aus der Jugendzeit. 8. (XI, 397 S.) Preßburg 877. Heckenast's Nachf. n. 4. 80

— Waldheimat. Erinnerungen aus der Jugendzeit. 2 Bde. Min.-Ausg. 3. verm. Aufl. gr. 16. Ebend. 886. geb. m. Goldschn. à n. 6. —

1. Kindesjahre. (542 S.) — 2. Lehrjahre. (542 S.)

Rosegger, P K

Waldheimat. Erinnerungen aus der Jugendzeit. Von P. K. Rosegger [d.i. Petri Kettenfeier]. Bd 1.2. Wien, Pest, Leipzig: Hartleben 1886. 8°

1. Kindesjahre. 4. Aufl. 362 S.
2. Lehrjahre. 4. Aufl. 344 S.

— Waldheimat. Erinnergn. aus d. Jugendzeit. 2 Bde. (Kinderjahre. — Lehrjahre.) 10. Aufl. 8. (362 u. 344 S.) Ebd. 897. à n. 2. 50; geb. in Leinw. à n.n. 3. 70

— Waldheimat. Ausgew. v. Rud. Latzke, s.a. Dichter, neuere, f. die studierende Jugend.

(F) Rosegger, P., Waldheimat. Herausgegeben von Prof. Dr. R. Latzke. [Neuere Dichter für die studierende Jugend.] 8°. (175 S.) geb. K 1.40
Wien: Eberle & Co 1910.

— Waldjugend. Geschichten f. junge Leute von 15 bis 70 Jahren. Mit zahlr. Text-Illustr. u. 10 Vollbild. v. Alfr. Mailick. gr. 8. (VI, 231 S.) Leipzig 898. L. Staackmann. Geb. in Leinw. n. 6. —

— Waldjugend. Geschichten f. junge Leute von 15 bis 70 Jahren. Mit zahlreichen Text-Illustr. u. 10 Vollbildern v. Alfr. Mailick. 6. bis 8. Tausf. gr. 8. (IV, 230 S.) Ebd. (900). Geb. in Leinw. n. 6. —

— Waldjugend. Geschichten f. junge Leute von 15 bis 70 Jahren. Mit zahlr. Text-Illustr. u. 10 Vollbildern v. Alfr. Mailick. 9.—12. Tausf. (VI, 231 S.) gr 8 Ebd. (903). Geb. in Leinw. n. 6. —

— d. Waldvogel. Neue Geschichten aus Berg u. Thal. 2. Aufl. Mit e. Titelbilde v. Alfr. Mailick 8. (VII, 443 S.) Ebd. 896. n. 4. —; geb. n. 5. —

Rosegger, P K

Der Waldvogel. Neue Geschichten aus Berg und Thal. Von Peter Rosegger [d.i. Petri Kettenfeier]. Leipzig: Staackmann 1896. VII. 441 S. 8°

— Wanderleben. Skizzen. gr. 8. (III, 245 S.) Pest 871, Heckenast. 3 —

– s. W a s trage ich vor?

— das ewig Weibliche. Die Königssucher. Illustriert v. E. Klein. gr. 8. (IV, 155 S.) Stuttgart 898 C. Krabbe. n. 2. —; in weichem Ldrbd. n.n. 3. 50

— Bekannte u. unbekannte Welten. Abenteuerl. Reisen. Pr.-Ausg. Lex. 8. V. Serie. Lief. 36. (S. 121—152) geh. 30 kr.
Wien: Hartleben 1881.

— Weltgift. Roman. 8. (402 S.) Ebd. 903. n. 4. —; geb. in Leinw. n. 5. —; in Halbfrz. n. 5. 50

— Mein Weltleben od. Wie es dem Waldbauernbuben bei den Stadtleuten erging, s.a. Reuter's Bibliothek f. Gabelsbergersche Stenographen.

Rosegger, P. K., mein Weltleben od. wie es d. Waldbauernbuben bei d. Stadtleuten erging. 1.—3. Tausf. 8. (IV, 457 S. m. Bildnis.) Leipzig 898. L. Staackmann. n. 4. —; geb. in Leinw. n. 5. —; in Halbfrz. n. 5. 50

— mein Weltleben od. wie es dem Waldbauernbuben bei den Stadtleuten erging. Mit dem Bildnis des Verf. 12. Tausf. 8. (IV, 456 S.) Ebd. 898. n. 4. —; geb. in Leinw. 5. —; in Halbfrz. 5. 50

Rosegger's, P. K., ausgewählte Werke. Mit 600 Illustr. v. A. Greil u. A. Schmidhammer. 1.—104. Lfg. Lex.-8. (1. Bd. V, 520; 2. Bd. 432; 3. Bd. 472; 4. Bd. 472; 5. Bd. 480 S.; 6. Bd. S. 1—256.) Wien 888—890. Hartleben. à Lfg. n. — 50 (geb. à Bd. n.n. 12. 50)

— ausgewählte Werke. Mit 900 Illustr. v. A. Greil u. A. Schmidhammer. 105.—115. (Schluß-)Lfg. Lex.-8. (6. Bd. S. 257—552.) Ebd. 891. à n. — 50 (à Bd. geb. n n. 12. 50)

— wie man 80 wird, s.: Schumann's stenographische Lesestoffsammlung. 8. Hft.

— wie Peter Obenaus zu seiner Frau kam u. andere lustige Geschichten, s.: Reuter's Bibliothek f. Gabelsberger-Stenographen.

— wie sie lieben u. hassen, s.a. Hausbibliothek.

Rosegger, P K

Wie sie lieben und hassen. Erzählung. Von P.K. Rosegger [d.i. Petri Kettenfeier]. Berlin 1878.

In: Roman-Zeitung, Deutsche. Bd 2.

Wie sie lieben und hassen. Erzählung von Peter Rosegger. 3. Aufl. Berlin: O. Janke [1904]. (147 S.) 8° [F.]
Erschien auch u. d. T. Der Waldstreit in P. Rosegger, Ausgew. Werke. Leipzig: Staackmann. Bd 2.
(Kollektion Otto Janke.)
[05. 13009

— Wildlinge. 1.—15. Tausf.) (VIII, 411 S.) 8. Ebd. 906. n. 4. —; geb. in Leinw. n. 5. —; in Halbfrz. n. 5. 50

— s.: Willkommen!

— Zither und Hackbrett. Gedichte in obersteier. Mundart. Mit einem Vorworte von Rob. Hamerling. gr. 16. (VIII, 170 S.) Graz 870, Peck. * 2 —
— dass. — 2. verm. und verb. Aufl. 16. (XVI, 214 S.) Graz 874, Verlag Leykam-Josefsthal. * 3 —

— Zither u. Hackbret. Gedichte in obersteier. Mundart. Mit e. Vorworte v. Rob. Hamerling. 3. Aufl. 8. (XVI, 304 S.) Graz 884. Leykam. n. 3. —; geb. n. 4. —

Rosegger, P.: Zither und Hackbrett. Gedichte. 5. Aufl. [Rosegger, Schriften in steirischer Mundart. 1. Bd.] Graz: Verlagsbuchh. „Leykam" 1907. (XIX, 433 S.) 8°

Rosegger, R., Licht u. Dunkel. Dichterische Versuche, veröffentlicht v. dessen dankbaren Freunden u. Pfarrangehörigen. Mit Portr. u. Fcsm. in Lichtdr. 16. (VIII, 76 S.) Graz 888. Moser. n. 1. —

Rösel, A. (Red.), s. Schuhmacherzeitung, Wiener allgemeine.

Roesel, Aron (geb. Rawitsch 16. 3. 1830) De ophthalmia neonatorum atque diphtheritide oculi. Berolini (1854). (31 S.) 8°
Berlin, Med. Diss. v. 14. Aug. 1854

Rösel, Arth., Halimah. Lyr. Bühnenspiel in 2 Aufzgn. (Text m. Benutzg ein. Lieder d. Hafis u. and. oriental. Poesien v. Componisten.) 8. (19 S.) Weimar 895. (L. Thelemann.) n. — 30

Rösel, G., der Feldzug gegen die Sklaverei in Afrika, dessen Nothwendigkeit, Ausführbarkeit u. Organisation. 8. (31 S.) Trier 889. Paulinus-Druckerei. n. — 50

— das praktische Kirchenrecht im Königr. Sachsen. Eine übersichtl. Darstellg. der einschläg. Gesetze u. Verordngn. 8. (VIII, 256 S.) Leipzig 887. Roßberg. n. 3. 75; cart. n. 4. 20

Rösel, Geo., Juden u. Christenverfolgung bis in die ersten Jahrhunderte des Mittelalters. 8. (III, 88 S.) Münster 893. A. Russell. n. 1. —

— Luther u. die Juden. Ein Beitrag zu der Frage: „Hat die Reformation gegen Juda Toleranz geübt?" 8. (40 S.) Ebd. 893. n. — 50

Rösel, Glo. Sam., († ...) Auszug einer geograph. u. histor. Beschreib. v. Schlesien. gr. 8. Bresl. 783. (Sojohorsky). 4 ƒ.

Liederkranz. Eine Sammlung von Liedern für gemischten Chor. Für die oberen Klassen höherer Schulen zsgest. u. hrsg. von Heinrich **Roosel**. 2. Aufl. *Berlin: Th. Thiele [1899]* (15, 93 S.) quer-8° [00. 10439

Roesel, Heinr., Liederkranz. Eine Sammlg. v. Liedern f. gemischten Chor. Für die oberen Klassen höherer Schulen zusammengestellt u hrsg. 3. Aufl. qu. 8. (15 u. 93 S.) Berlin (901). R. Kaun. n. 1. —

Liederkranz. Eine Sammlung von Liedern f. gemischten Chor. Für d. oberen Klassen höherer Schulen zsgest. u. hrsg. von Heinrich **Roesel**. 3. Aufl. *Milwaukee, Wis.: Kaun & Bluemel; Berlin: R. Kaun [1903]*. (15, 93 S.) quer-8°
— **Kaun**, Edition. No 10. [04. 7035

Rösel, Johann Peter (Hersbruck) A. S. 1306/28

Disquisitionis corporis humani anatomico-pathologicae specimen IV. Präs. Johann Moritz Hoffmann.
Altdorf (Meyer) 10. X. 1705. S. 39-44.

29071

Rösel, Johann Peter (Hersbruck) Altd. Med. 19/41

Disputatio inauguralis medico-chirurgica de ecchymomate.
Altdorf (Meyer) 31. V. 1707.

Gew.. Stadt Nürnberg. 29073

Rösel, Johann Peter (Hersbruck) A. S. 1307/54

Disputatio medica diversum sudorum praesentium praesagium et indicium, ex Hippocr. sect. IV. aph. XXXVII. et XXXIIX. solide demonstrans et exponens.
Präs. Jakob Pancratius Bruno.
Altdorf (Meyer) 17. IV. 1706. 2 Bl. 29072

Rösel, Johann Peter (Hersbruck) A. S. 1307/9

De Mercurii crudi usu interno, specimen circulare.
Präs. Johann Jakob Bajer.
Altdorf (Meyer) 15. XI. 1704. 16 S. 29070

Rösel, Isert: Die Reichssteuern der deutschen Judengemeinden von ihren Anfängen bis zur Mitte des 14. Jahrhunderts. Ein Beitr. z. Geschichte d. Steuerverfassung des Deutschen Reiches im späteren Mittelalter. Halle ⟨Saale⟩ 1910: (Alkalay, Preßburg). 57 S. 8° ¶ (Ersch. vollst. in: Monatsschrift f. Gesch. u. Wissensch. d. Judentums. Jg. 53. 54. 1909. 10.)
Halle, Phil. Diss. v. 12. April 1910, Ref. Lindner
[Geb. 27. April 83 Rawitsch; Wohnort: Berlin; Staatsangeh.: Preußen; Vorbildung: Gymn. Rawitsch Reife O. 01; Studium: Berlin 10, Halle 2 S.; Rig. 9. Jan. 09.] [U 10. 1790

Die Reichssteuern der deutschen Judengemeinden von ihren Anfängen bis zur Mitte des 14. Jahrhunderts. Von Dr. Isert **Rösel**. Berlin: Lamm 1910. 95 S. 8°
(Schriften d. Gesellschaft z. Förderung d. Wissenschaft d. Judentums. [17.]) 10.471

Rösel, R., zum 90. Geburtstage Sr. Majestät Kaiser Wilhelm I. gr. 8. (8 S.) Gera 887. Bauch. n. — 15

Rösel, Ludw., Alt-Nürnberg. Geschichte einer deutschen Stadt im Zusammenhang d. deutschen Reichs- u. Volksgeschichte. M. e. Titelbild u. e. histor. Plan d. Stadt. 2. Hälfte. gr. 8. (X u. S. 321—686.) Nürnberg 895. F. Korn. n. 3. 50 (kplt geb. in Halbfrz.: n.n. 8. 50)
Erschien auch in 10 Lfgn. à n. — 75.

— unter d. Krummstab. Zwei Jahrhunderte Bamberger Geschichte (1430—1630). Ein Beitrag zur Geschichte Frankens. gr. 8. (IV, 196 S.) Bamberg 895. Handels-druckerei. Geb. in Leinw. n. 3. —

Roesel, Ludwig Karl, aus Nürnberg: **Die litterarischen und** persönlichen **Beziehungen Sir Walter Scott's zu Goethe.** Ein Beitrag zu Studien über d. Verhältnis d. deutschen Litteratur zur englischen am Ende d. 18. u. zu Beginn d. 19. Jhs. *Leipzig 1901: J. G. Findel.* (92 S.) 8°
Leipzig, Phil. Diss. v. [30. Jan.] 1902

Rösel, M., Festlieder u. Gedenkblätter zur Feier der goldenen Hochzeit Ihrer königl. Hoheiten d. Großherzogs Carl Alexander u. der Großherzogin Sophie am 8. Oktbr 1892. gr. 8. (17 S.) Weimar 892. W. Hoffmann. n.n. — 10

RÖSEL, RICHARD. Zur Kenntniss der benachbarten Tetramidotoluols und seiner Derivate. (Basel) Wiesbaden, 1890.

Ein schön frisch Liedlein von Doctor Faust. (Verf.: Samuel **Rösel**. [Leipzig:] Breitkopf & Härtel 1909.) 6 Bl. 8° [09. 7062

Rösel von Rosenhof, August Johann. Historia naturalis ranarum nostratium oder: die natürliche Historie der Frösche hiesigen Landes ... Nürnberg 1758.
Ü: *Huth, Georg Leonh.* (Ky)

August Johann Roesel von Rosenhof

Historia naturalis ranarum nostratium in qua omnes earum proprietates...fusius enarrantur. Cum praef. Alberti v.Haller [1708-1777] ed.accuratisque iconibus ornavit Augustus Iohannes Roesel von Rosenhof. Die natürliche Historie der Frösche hiesigen Landes... Norimbergae: Fleischmann 1758. 115 S. 2°

[Text lat.u.deutsch]

— historia naturalis ranarum nostratium, oder: die natürliche Historie d. Frösche hiesigen Landes. Latein. (v. G. L. Huth), u. deutsch. Mit 24 illum. u. 24 schwarz. Kpfpl. Royal-Fol. Nürnb. 758. Neue, von J. C. D. Schreber besorgte Aufl. 1s—8s Hft. Mit 48 Kpft. u. 8 Vign. gr. Fol. Ebd. 800—815. Stein. 32 ℔

Rösel v. Rosenhof, Aug. Jh., († d. 27. März 1759.) Insektenbelustigungen, (nach dessen Tode (d. 4e Thl.) v. C. F. K. Kleemann fortgesetzt.) 4 Thle. Mit ill. Kpf. 4. Nürnb. 741—61. Bauer u. R. 36 ℔ Holländ. Pap. 46 ℔ 8 gℓ (Dass. im Auszuge, s. Schmetterlingsbelustigungen.) Beitrr. dazu, v. C. F. K. Kleemann. 1r Thl. mit ill. Kpf. 4. Ebd. 792. 10 ℔ 2r Thl. 1e u. 2e Liefrg. fortgef. v. C. Schwarz. Mit illum. Kpf. 4. Ebd. 793, 94. 4 ℔ 8 gℓ Holländ. Pap. 2 Thle. 17 ℔ 4 gℓ Nomenclatur üb. beide Werke von Chr. Schwarz. 1e—7e Abtheil. 4. Ebd. 793—830. 2 ℔ 8 gℓ

RÖSEL, August Johann: Der monatlich herausgegebenen Insekten-Belustigung 1 Theil, in welchem die in sechs Classen eingetheilten Papilionen mit ihrem Ursprung, Verwandlung . beschrieben und in sauber illuminirten Kupfern vorgestellet werden. Nebst einer Vorrede, in welcher von dem Nutzen derer Insecten gehandelt, was sie seyen gezeiget, und von der Eintheilung dererselben Nachricht gegeben wird. Ferner: Kurzer Vorbericht zu der Natur- und Insecten-Geschichte ersten Beytrag oder vorläufige Nachricht von desselben Einrichtung und künftigen Fortsetzung von Christian Friedrich Karl Kleemann. - Nürnberg 1746. 376 S. Hierzu 119 Taf. i. bes. Bd. - 2-4 Tl. ebd. 1749-1761

Rösel von Rosenhof, August Johann: Insekten-Belustigung, hrsg.von C(hristian) F(riedrich) K(arl) Kleemann. Th.1 - 4; Beyträge von C.F. K.Kleemann, Th.1; Nomenclator von Christian Schwarz, Abth.1 - 2, 3 - 7; Ebd., Abb.

Nürnberg: Kleemann, Bauer & Raspe (1746)-1830

JB 98

August Johann Roesel von Rosenhof

Der monatlich herausgegebenen Insecten-Belustigung [Insekten-Belustigung]...Theil...von August Johann Rösel (von Rosenhof).Th.1-4.(Text u.Taf.-Bde nebst] Anh. Nürnberg:Verf.1746-92. 10 Bde 8°

Th.1,Samml.1-6: 1746.
Samml.1.2:Worinnen die Tag-Papilions der 1.u.2.Classe.
Samml.3-6:Worinnen die Nacht-Papilions der 1.-4.u.letzten Classe.
[Titelbl.u.Vorbericht zu Samml.4. fehlen.]

Th.2: Welcher 8 Classen verschiedener sowohl inländischer, als auch einiger ausländischer Insecte enthält. [1-5.] 1749.
[1:]Sammlung derer Erd-Kefer hiesigen Landes. Cl.1-3.
[2:]Wasser-Insecten.Cl.1-2.
[3:]Sammlung derer Heuschrecken und Grillen hiesigen Landes.
[4:]Sammlung derer Hummeln und Wespen hiesigen Landes.
[5:]Sammlung derer Mucken und Schnacken hiesigen Landes.

Th.3=Nachtr.1:Worinnen ausser verschiedenen, zu den in den beeden ersten Theilen enthaltenen Classen, gehörigen Insecten auch mancherley Arten von 8 neuen Classen...vorgestellet werden.1755.

Th.4: In welchem ausser verschiedenen in-und ausländischen Insecten, auch die hiesige grosse Kreutz-Spinne...vorgestellet worden... nebst einer zuverläßigen Nachricht von den Lebensumständen des seel. Verfassers (Ausführliche und zuverläßige Nachricht des verstorbenen Miniaturmahlers...August Johann Rösels von Rosenhof)beschrieben u.hrsg.von C(hristian) F(riedrich) C(arl) Kleemann. 1761.

Anh.[u.d.T.]: Kleemann, Christian Friedrich Carl: Beyträge zur Natur-und Insecten-Geschichte.Th.1.2.1792-93.

— — Beyträge dazu, s. Kleemann.

— Naturgesch. der Frösche d. mittl. Deutschl. verbess. von J. C. D. Schreber, m. K. 1s—5s Heft. gr. Fol. Nürnberg, Stein. 800—805. holl. Realpap. (à 4 Rthlr.)

Rösel von Rosenhof, A. J., Naturgeschichte d. Frösche u. Kröten Deutschlands. 6s, 7s v. 8s Heft, mit K. gr. Fol. Nürnb. Stein. 813—15. (à 3 Rthlr.)

Röseler, Friedrich *Hermann* [aus Cladow in Pomm.]: Über die von 1886 bis 1890 in der Greifswalder chirurgischen Klinik vorgekommenen Fälle schwerer septischer Infektion an der untern Extremität... Greifswald, Druck v. J. Abel, 1891, 36 S. 8°
Greifswald, Med. Fak., Inaug.-Diss. v. 30. Jul. 1891

Röseler, Paul [aus Potsdam]. Anatomie und Entwickelungsgeschichte der sekundären Gefässbündel bei Yucca, Aloë und Dracaena. . Berlin, Druck: Th. Haberlandt (1888); 30 S. + 1 Bl. 8°
Berlin, Phil. Fak., Inaug.-Diss. v. 8. Dez. 1888

Rooseler, Paul [aus Berlin]: Ueber die operative Behandlung von Geschwülsten der Harnblase ... Berlin, Buchdr. v. G. Schade, *1892*; 36 S., 1 Bl. 8.
Berlin, Med. Fak., Inaug.-Diss. v. 17. Aug. 1892

Roeseler, Paul, Beiträge zur Osteomyelitis m. besond Berücksicht. der Therapie u. der Heilerfolge, s.a Sammlung klinischer Vorträge.

Beiträge zur Osteomyelitis m. besond. Berücks. d. Therapie u. d. Heilerfolge v Paul Roeseler, (Berlin). Leipzig Breitkopf & Härtel 1899. (30 S.) 8°
= Sammlung klinischer Vorträge. N. F No 243.

Röseler, Paul, Leitfaden f. d. Unterricht in d. Botanik,
— dasselbe, Zoologie, s.: Vogel, Otto.

Röseler, Wilh., die Barberina. 8. (VII, 256 S.) Berlin 890. Freund & Jeckel. n. 3. —

Röseler, Wilh., Brockenteufel. Ein Harzlied. 8. (VII, 147 S.) Berlin 887, Freund und Jeckel. *

Brockenteufel Ein Harzlied v. Wilhelm Röseler. 2 Aufl Berlin 1887 8

Röseler, Wilh., Matthias Claudius u. sein Humor. 8. (51 S.) Berlin 873. Denicke's Verl. n. — 50

Röseler, Wilh., Dornröschen. Ein Liebeslied in 10 Gesängen. 8. (VII, 185 S.) Harding 882. Lühr & Dircks. geb. n. 4. —

— nordische Eichen. Meiner Heimath Chronik in Dichtgn. gr. 8. (IX, 332 S.) Berlin 876. Weile. n. 5. —

Roseleur, Alfred

Roseleur, A., Handbuch der Galvanoplastik, s. Kaselowsky, G.

Roseleur, A., Handbuch der Galvanoplastik oder der hydroelektrischen Metall-Überziehung in allen ihren Anwendungsarten, mit besond. chem. Abhandlungen und Notizen für galvan. (elektrochem.) Vergolden, Vermessingen und Bronciren von Zink ꝛc. Nach dem Französ. Deutsch bearb. nach dem heut. Standpunkt der Wissenschaft von H. Willich und G. Kaselowsky. gr. 8. (XI und 228 S.) Stuttgart 862, Rieger'sche Verlagsh.

– Handbuch der Galvanoplastik oder der hydro-elektrischen Metall-Ueberziehung in allen ihren Anwendungsarten mit besonderen chemischen Abhandlungen über galvanischen, elektrochemischen Vergolden, Versilbern, Vernickelen, Platiniren, Verkupfern, Vermessingen, Bronziren, Verstählen, Verzinnen und Färben der verschiedenen Metalle. Nach dem französischen des A. Roseleur, Deutsch bearbeitet nach dem heutigen Standpunkte der Wissenschaft von G. Kaselowsky. Zweite Auflage. Stuttgart, 1876. 8vo. III
Dritte Auflage Stuttgart, 1882 8vo III.

Roseleur-Kaselowsky, Handbuch der Galvanoplastik, 5 Aufl., s.: Taucher, Konr.

Roselieb, Emil [app. Arzt aus Germerode]: Über 5 Fälle von Carcinom des Dünndarms. München, Buchdr. v. M. Ernst, 1889: 25 S. 8°
München, Med. Fak., Inaug.-Diss. v. 1889

Roselieb, Gust.

– Heinrich Stillfrieds Brautschau. Ein Hamburger Tagebuch. (114 S.) 8. Wolfenbüttel 907. [Heckner.] Braunschweig, E. Appelhans & Co. 1. 60

Roselieb, Gust., die beiden Stillfrieds. Bilder aus dem Leben. (VII, 144 S.) 8. Braunschweig 908. E. Appelhans & Co. 2. 25

Rosell, diätetisch-physikalische Kurmittel gegen chron. Krankheiten u. ihre Anwendung im Sanatorium. 1.—10. Taus. (XVI S. u. 126 Sp. m. Abb.) 15×24,5 cm. Ballenstedt (910). E. Luppe. 1. —

Rosell, D., und F. Groscurth, Lehrbuch der englischen Sprache, s. Groscurth, F.

Rosell, Degenhard, Referendar in Hermülheim: Die Haftung des Ehemannes für die Krankheits- und Kurkosten seiner Ehefrau unter der Verwaltungsgemeinschaft des Bürgerlichen Gesetzbuchs. Cöln 1907: Th. Quos. (64 S.) 8°
Leipzig, Jur. Fak., Diss. v. 1. Aug. 1907
[Geb. 17 Juni 82 Hermülheim; Wohnort: Hermülheim; Staatsangeh.: Preußen; Vorbildung: Kaiser-Wilhelm-Gymn. Cöln Reife O. 00; Studium: Bonn 1, München 1, Heidelberg 1, Berlin 1, Bonn 3 S.; Rig. 5. Aug. 04.]

Rosell, José Maria: Beitrag zur Tuberkulose der Scheide. Würzburg 1910: Verlagsdr. 13 S. 8°
Würzburg, Med. Diss. v. 20. Dez. 1910, Ref. Kretz
[Geb. 12. April 84 Salas-Bajas; Wohnort: Würzburg; Staatsangeh.: Spanien; Vorbildung: Gymn. Barcelona Reife Juli 01; Studium: Barcelona 6, Berlin 7, Greifswald 1, Würzburg 3 S.; Rig. 12. Dez. 10.] [U 11. 4593

Rosell, Max, Arzt aus Bedburg: Ueber Nachweis und Verbreitung intracellulärer Fermente. *Strassburg i. E.: J. Singer 1901.* (25 S.) 8°
Strassburg, Med. Diss. v. 1901

Rosell, Yngve. Untersuchungen über die Oxyazo- und Amidoazoverbindungen. (Basel) Zürich, 1890.

Rosell, Y. Untersuchungen über die Oxyazo- und Amidoazo Verbindungen. Ut er 1890.

Roselle, des Marquis v., Briefe a. d. Franz. der Frau von Beaumont. 2 Thle. gr. 8. Hamb. Hoffmann. 784.

v. Roselle, Marq., Briefe. 2 Thle. 8. Lpz. 765. Weidmann. 1 ₰

Rosellen, R. W., das Dekanat Brühl, s.: Geschichte der Pfarreien der Erzdiöcese Köln.

Roselli

— des unglückseligen Neapolitaners Leben. 8. Ebend. 720.

Roselli. wunderl. Leben u. Historien. m. K. 8. Hamb. 713.

Roselli, D.

Roselli: Morgenländischer Rothfarbenkünstler für die Baumwolle in Deutschland, oder: Die Kunst, das baumwollne Garn nicht sowohl ächt türkisch roth, sondern auch weit wohlfeiler, als der gegenwärtige Preiß desselben in Deutschland ist, zu färben. Leipzig 1800

— morgenländ. Farbenkünstler für die Baumwolle in Deutschland. 8. Leipz. 800. Leo. 6 K

Roselli, D., prakt. Unterricht mit Indigo u. Persio Seide u. Baumwolle zu färben. 8. Nürnb. 800. Bauer u. R. 6 K

Rosellini, Ippol., i Monumenti dell' Egitto e della Nubia, disegnati dalla spedizione scientifico-letteraria Toscana in Egitto; distribuiti in ordine di materie, interpretati ed illustrati. (Opera pubbl. sotto gli auspicj di S. A. I. e R. il Gran-Duca di Toscana etc. etc. etc.) Tomo I. Monumenti Storici (Parte I—III. — Atlas von 57 Kpfrtaf., wovon 27 illum. sind u. Text, in Imp.-Fol. Ferner Text:) Parte I. Monumenti Storici. Tomo I. et II. Mit 1 Steintaf. gr. 8. Pisa 832, 33. (Wien, Rohrmann u. Schweigerd.) n. 48 ₰

Rosellini, Massimina, commedie per l'adolescenza e puerizia. München 860. Franz. 16. (116 S.) n. 4 ngr.
Inhalt: I sotterfugi. — La disobbedienza. — L'oziosa.

Rosellini, Massimina, tre commedine pei Giovanetti. 16. (6 B.) Monaco 846, Franz.
Inhalt: La Vanerella. I Golosi. La Puntigliosa.

Roselly de Lorgues, Antoine François Félix

Roselly de Lorgues, Christus u. das Jahrhundert. Oder: Neue Zeugnisse der Wissenschaften zu Gunsten des kathol. Glaubens. Nach der 15. Originalaufl. aus d. Französ. übersetzt von Jul. Röttinger. 8. (25½ B.) Regensburg 845, Manz. –

Roselly de Lorgues, Graf, Christoph Columbus, sein Leben u. seine Entdeckungen, s. o. Laicus, Ph.

Roselly de Lorgues, Graf. Christoph Columbus, sein Leben und seine Entdeckungen. Nach dem Französischen bearbeitet von *Philipp Laicus.* Reich illustrirt mit Randeinfassungen, Scenen, Landschaften, Seestücken, Porträts und Karte. Liefg. 1. In-4°, XIV u. S. 1—32. Einsiedeln, Benziger & Cie. 1888 1 —

Roselly de Lorgues, das Kreuz in den beiden Welten. Oder: Der Schlüssel der Erkenntniß. Nach der 2. Aufl. aus d. Franz. übers. von Karl Koch. 8. (VIII u. 616 S.) Regensburg 849, Manz. 1½ ₰

Roselly de Lorgues, Comte Antoine-François-Félix s. [Wasserburg, Philipp.] Christoph Columbus.... Einsiedeln ..1888.

Röselmüller, Anton Wilhelm

Röselmüller, W., Gottfried Arnold als Kirchenhistoriker, Mystiker u. geistlicher Liederdichter. Ein Beitrag zur Würdigg. G. Arnolds. gr. 4. (34 S.) Annaberg 884. (Graser.) n. 1. —

Röselmüller, A. W., das Leben u. Wirken d. Erasmus Sarcerius. Ein Beitrag zur Reformationsgeschichte. gr. 4. (28 S. m. Bild.) Annaberg 888. (Graser.) n. — 80

Roselt, L., der Begleiter zu Gustav-Adolfs-Vereins-Versammlungen. Das Wichtigste üb. den Gesammtverein der Gustav-Adolf-Stiftung. 8. (16 S.) Leipzig 874. (Apolda, Teubner.) n. — 30

Roselt, L., der Begleiter zu Gustav-Adolf-Vereins-Versammlungen. 2. Aufl. 8. (16 S.) Heilbronn 877. Henninger. n. — 20

Roselt, L. Der Gustav-Adolf-Verein im Großherzogth. Sachsen. 2. Heft, die J. 1870 bis 1890 umfassend. gr. 8. (IV, 51 S.) Weimar 891, (Huckschwerdt). * — 50
1. Heft (1870 im Selbstverlage erschienen). Ebd. * — 20.

Rosemann, Augustus *(geb. Lommitz in Mittelschles. 30. 8. 1823)*
De ictero. Vratislaviae (1850). (36 S.) 8°
Breslau, Med. Diss. v. 6. März 1850

Rosemann, Carl, s. Rosemann, Karl

Rosemann, Friedrich *(geb. Schweidnitz 25. 9. 1841)* Ueber intrauterine Behandlung. Breslau 1869. 27 S. 8
Breslau; Med. Diss. v. 15. Juli 1869

Rosemann, G., einiges über die Heilquellen zu Salzbrunn mit Rücksicht auf die Kurzeit des J. 1850. gr. 8. (22 S.) Schweidnitz 850, Weigmann in Comm. 6 ngr.

Rosemann, G., einiges über die Heilquellen zu Salzbrunn mit Rücksicht auf die Kurzeit des J. 1850. gr. 8. (22 S.) Schweidnitz 851, (Weigmann.)

Rosemann [illegible]
[illegible]
[illegible]

ROSEMANN, HANS. Ueber die Oxime der Leukonsäure und ihre Reductionsprodukte nebst weiteren Beiträgen zur Kenntniss der Leukonazine. (Basel) Glogau, 1889.

Rosemann, Heinrich [app. Arzt aus Wellingholzhausen (Hannover)]: Ein Fall von Myoma uteri cavernosum. . . . Würzburg, Etlinger's Buchdr., 1890; 30 S., 2 Taf. 8°
Würzburg, Med. Fak., Inaug.-Diss. v. 1890

Rosemann, Heinr., Weihnachtszauber, s.: Danner's, G., deutsche Jugendbühne.

Rosemann, Hnr. Fr. A., Anleitung zur Entwerfung mehrerer bei Gemeinheitstheilungen u. Ablösungen von Servituten vorkommenden technischen Arbeiten. 8. (13 B.) Quedlinburg 842. Ernst'sche Buchh.

ROSEMANN, Heinrich Fr. A.: Anleitung zur Entwerfung mehrerer bei Gemeinheitstheilungen und Ablösungen von Servituten vorkommenden technischen Arbeiten. Ein Handbuch für ... (Classification des Bodens - Ertragsberechnung - Abschätzung der Weide - Durchwinterungs-Berechnung ...). - Quedlinburg, Leipzig 1842. 203 S. - 2. Aufl. ebd. 1845. 266 S. bearbeitet von J. F. Rust

Rosemann, Karl

Rosemann, Carl, der Nordische Bienenzüchter; insbesondere für Bienenzüchter in magerer Trachtgegend, mit lith. Fig. (auf 8 Taf.); oder wie gewinnt man sicher und bequem das schönste Wachs und das reinste Honig; ingleichem mit Hinweisung für den Seidenbau. Bearb. für den Ackerbürger und Landmann und Hebung des Mittelstandes. Liegnitz (853.) (Breslau, Kern.) 8. (XVI, 159 S.) n. 20 ngr.

— die gedeihliche Ueberwinterung der Biene als Grundbedingung zum rationellen Betriebe der Bienenzucht wie ihres Aufschwunges überhaupt. Zugleich als Fortsetzung des „Nordischen Bienenzüchters". Liegnitz (854.) Kuhlmey'sche Buchhandlg. 8. (24 S.) n. 5 ngr.

Rosemann, Rud, der Alkohol als Nahrungsstoff Nach e. Vortrag in der VIII. Jahresversammlung d. Vereins abstinenter Aerzte des deutschen Sprachgebietes auf der 75. Jahresversammlg. deutscher Naturforscher u. Aerzte in Cassel am 25. IX. 1903. (21 S.) gr. 8. Bonn 904. M. Hager. n. — 80
Sonderabdruck aus: „Archiv f. d. ges. Physiologie".

Rosemann, R., Beiträge zur Physiologie der Verdauung. I. Mitteilg. Die Eigenschaften u. die Zusammensetzg. des durch Scheinfütterg. gewonnenen Hundemagensaftes. (S. 467—524.) gr. 8. Bonn 907. M. Hager. 1. 80
Sonderabdruck aus: „Archiv f. d. ges. Physiol."

— dasselbe. 2. Mitteilg. Über den Gesamtchlorgehalt des tier. Körpers. (Aus dem psysiol. Institut der westfäl. Wilhelms-Universität Münster.) (S. 177—195.) gr. 8. Ebd. 910. — 80
Sonderabdr. aus: „Pflüger's Archiv f. d. ges. Physiol."

Rosemann, Rud., der Einfluss des Alkohols auf den Eiweissstoffwechsel. Zusammenfassende krit. Darstellung, nebst Mittheilg. neuer Stoffwechselversuche an Menschen. gr. 8. (S. 307—563.) Bonn 901. [E. Strauss.] M. Hager. n. 8. —
Sonderabdruck aus: „Archiv f. d. ges. Physiologie".

Rosemann, Rudolf [aus Berlin]: Über die myogenen Lähmungen der Kehlkopfmuskeln. Mitteilg e. Falles v. doppelseitiger myogener Adductoren-Lähmg ... Greifswald, Druck v. J. Abel, 1893; 36 S. 8.
Greifswald, Med. Fak., Inaug.-Diss. v. 29. Juli 1893

— Lehrbuch der Physiologie des Menschen, s.: Landois. L.

Rosemann, Rud., die Mineral-Trinkquellen Deutschlands. Nach d. neuesten Analysen verglichen u. zusammengest. Mit einer Vorbemerkung v. Hugo Schulz. gr. 8. (III, 182 S.) Greifswald 897. J. Abel. n. 7 20

Rosemann, Steph., Staatsrecht d. Königr. Ungarn, nach d. heutigen Verfassung bearb. gr. 8. Wien 792. Al. Doll. 1 fl

Rösemeier, Hermann

Rösemeier, H., die Arbeiter im 19. Jahrh., s.a. Am Ende des Jahrhunderts. 18. Bd.

Die Arbeiter im neunzehnten Jahrhundert. Von Dr H(erm.) Rösemeier
Berlin: S. Cronbach 1900. (160 S.) 8° [F.]
— Ende, Am d. Jahrhunderts Bd 18. [... 5797

Rösemeier, *Johann Friedrich* Hermann [aus Bückeburg]: Niccolò Machiavellis Erste Legation zum Kaiser Maximilian und seine drei Schriften über Deutschland ... Bückeburg, Grimme'sche Hofbuchdr., *1894;* 2 Bl., 46 S., 1 Bl. 8.
Kiel, Phil. Fak. Inaug.-Diss. v. [21. Juni] 1894

— was man v. der Geschichte des Handwerks wissen muss. (Dr. Ludw. Huberti's prakt. gewerbl. Bibliothek.) gr. 8. (VII, 127 S.) Leipzig 902. H. Klasing. Geb. in Leinw. n. 3. —

Rosenmeyer, A., s. Neukirch, C.

Rosemeyer, Jos., Dauerbrand-Bogenlampen. Eine leichtfassl. Betrachtg. üb. Bogenlampen im allgemeinen u. Dauerbrandlampen m. langer Brenndauer im besonderen, sowie deren Verhältnisse zu einander. 8. (78 S. m. Abbildgn.) Leipzig 899. O. Leiner. n. 2. —

Rosemeyer, W.. Tachyphag Eine Reform d Leichenbestattung München 1890

Rosemeyer, Wilh. [cand. med. aus Bremen]: Die fehlerhafte Lage der Frucht in ihren Folgen für Mutter und Kind und deren Geburtsmechanismus. . . München, Druck v. M. Ernst, 1889; 87 S. 8°
München, Med. Fak., Inaug.-Diss. v 1889

Rosemont, der Frau Julia, und des Herrn Heinrich Cardigan Geschichte in einer Reihe von Briefen, 8. Leipzig, 782. Schwickert. 20 sgl.

Rosemond, Ritter Tobias, ist Substitut d. Behemot ɪr.

Rosemunde,. Trauersp. 8. Leipz. Dyk. 767.

ROSEMUNDE oder der Ritter um Mitternacht. (Episches) Gedicht in 3 Büchern, von *T. M.* Brandenburg, 1819. 8°. 212 S. Selten! (3 Mk. Taussig, Prag, 1906.)

Rosemunde, der Longobardischen Königin, Gesch. 8. Frankf. 729.

Rosen, die, f. a. K. G. Rössig.

Rosen, die, nach d. Nat. gez. u. color. m. kurz. botan. Bestimmungen begl. v. Rössig. 9 Hefte. Fol. Leipz. Industrie-Comt. 804—9. (1r 2 Rthlr. 12 gr. 2r—9r à 2 Rthlr.)

— — dies. a. m. franz. Text.

— gesammelte Erzählungen, von Aug. Lafontaine. 8. Mannh. Löffler. 814.

Rosen. Ein Taschenbuch für ... ([Hrsg. v. Theodor Hell d. i. Karl Gottlieb Theodor Winkler mit Beitr. v.] Ludwig Bechstein, Adolph Ritter von Tschabuschnigg [u. a. u. mit Stichen v.] Fr[anz Xaver] Stöber, Dav[id] Weiß [u. a.].)
Leipzig: Friedr. Aug. Leo [1830—1837]. 16°
[Stahlst.-Tit.]
1827: 4 Bl., 521 S., 1 Titelbild, 7 Taf.
1829: 3 Bl., 558 S., 1 Titelbild, 5 Taf., 1 Widmungsbl. [*Titelbild u. 2 oder 3 Taf. fehlen.*]
1830: 3 Bl., 528 S., 1 Titelbild, 7 Taf.
1832/1833: 8 Bl., 434 S., 1 Titelbild, 7 Taf.
1834: 6 Bl., 419 S., 1 Titelbild, 7 Taf.
1837: 4 Bl., 419 S., 1 Titelbild, 6 Taf.
Ab 1838 vereinigt mit „Vergißmeinnicht" [Clauren] *zu* „Rosen und Vergißmeinnicht".

Rosen. Ein Taschenbuch f. . . . . Hg.: Th. Hell
1827. 6 Bl., 521 S. M. Stahlst.
1828. 5 Bl., 493 S. M. 6 Stahlst.
1829. 5 Bl., 558 S. M. 6 Stahlst.
1830. 528 S. M. 8 Stahlst.
1831. 467 S. M. 8 Stahlst.
1832/33. 5 Bl., 434 S. M. 8 Stahlst.
1834. 8 Bl., 419 S. M. 8 Stahlst.
1835. 3 Bl., 458 S. u. 1 Bl. M. 8 Stahlst.
1836. M. 8 Stahlst.
1837. 5 Bl., 419 S. M. 8 Stahlst.
Leipzig u. Bremen. Goed. VIII, 119, 301.

—— Ein Taschenbuch f. 1836 u. 37. 16. Leipzig, [H. Fritzsche.] [836. (32 B. u. 8 Kpfr.), 37. (27 B. u. 7 Kpfr.) à * 2⅓ Thlr.] *
Jahrg. 1827—37. (Bremen, Heyse.) Zusammen genomm. * 3 Thlr. 8 G
Hieran schließt sich: Rosen und Vergißmeinicht.

Rosen. Sammlung d. neuesten u. schönsten aus Frankreich, England, Belgien u. Deutschland bezogenen, in unserm Garten cultivirten, nach d. Natur gez. u. col. Rosen. 1. Cent. 1—6. Lfg. Lex.-8. (à 10 Stnt.) Düsseldorf 835—40. Arnz u. Comp. à L. *

Rosen, Samml. d. neuesten u. schönsten aus Frankreich, England, Belgien u. Deutschland bezogenen, in unserm Garten cultivirten; nach d. Natur gezeichnet u. col. 1 Centurie. 1—6. Lief. (à 10 Steintaf.) Lex.-8. Düsseldorf, 1835—40. (Elkan, Bäumer u. C.) à 1. — 6. —

— Eine Zeitschrift für die gebildete Welt. Herausg. v. Rob. Heller. 1r—3r Jahrg. 1835—1840. à 312 Numm. Mit Titelvign. gr. 4. Altenburg; Leipzig, Leo. (à n. 10 gr) 30 gr

—— Eine Zeitschrift f. d. gebild. Welt. Hrsg. v. Rob. Heller. 1—5. Jahrg. 1838—42. à 312 Nrn. (à ½ Bog.) Nebst Literaturblatt. gr. 4. Leipzig, (H. Fritzsche.) à J. *

Rosen. Eine Zeitschrift für die gebildete Welt. Hrsg. von Rob. Heller. 6—10. Jahrg. 1843—47. à 312 Nrn. (½ B.) gr. 4. Altenburg, Helbig. à J. *
6—8. Jahrg. redig. von Rob. Heller, 9. u. 10. Jahrg. redig. v. George Hesekiel. 1—5. Jahrg. Leipzig, (Herm. Fritzsche.) à J. * 10 Thlr.

—— Eine Zeitschrift für die gebildete Welt. Hrsg. von George Hesekiel. 11. Jahrg, 1848. 312 Nrn. (à ½ Bog.) Mit 1 Stahlst. gr. 4. Altenburg, Helbig. *

Rosen. 4 Blatt Naturstudien. Fardendr. 4. Toplitz 890. Willner & Pick. n. 2. 50; einzelne Blatt à — 90

Rosen, Blaue, schwarze Tulpen. Lustspiel in 1 Aufzug von ***. Als Manuscript gedruckt. Berlin 1872. V: *Bittong, Franz.* (Franz Brümner, Lexikon der deutschen Dichter des 19. Jhdts. Leipzig 1913 ff. Bd. I, S. 249) (Hdschr. Mitth. von Friedrich Müller, München)

— Böhmische. Czechische Volkslieder übers. von Ida v. Düringsfeld. 16. (VIII u. 192 S.) Breslau 851. Kern. 27 ngr; in Engl. Einb. m. Goldschn. 1 ₰ 12 ngr

Rosen und Disteln, oder satyrische und literarische Anekdoten. Taschenbuch auf 1825 . . . Berlin 1824. V: *Langner, Leopold.* (MGT)

— mit Dornen. Erzählung, s. Abend-Bibliothek. 5s Bdchen.

ROSEN und Dornen, oder Laune, Spass und Ernst. Ein Neujahrsgeschenk zum Zeitvertreibe. Aufs Jahr 1800. (Hrsg. von Carl Gottlieb Heinr Kapf.) Breslau (1799). 8°.
Anon.-Lex. III. p. 393 (nach Jördens, Goedeke, Meusel, Kayser).

Rosen und Dornen für die Jahre 1811[—13]. Frankfurt 1811—13. V: *Döring, Philipp Jacob.* (MGT) (Ky)

Rosen u. Dornen; eine Zeitschrift. 8. Frankf. am M. Gebhard u. K. 811.

— u. Dornen; eine Zeitschrift f. d. Jahr 1811, 12 u. 13. (herausgg. v. P. J. Döring). A. u. d. T.: Hausphilosophie f. alle, welche ihr Herz veredeln wollen. 3 Bde. 2e Ausg. 8. Frankf. a. M. (814.) Döring. 1 ₰ 6 gr

— und Dornen, in Erzählungen und Scenen aus d. stillen häusl. Leben von L. Th. Becker. 2 Thle. Nürnberg, Zeh. 817.

Die drey Rosen. [Regensburg 1811: Augustin.] 2 Bl. 8° [Kopftit.]

[Dasselbe.] Ebendas. 1819. 2 Bl. 8°
Kantate ohne Noten: „Vom Schoose der Natur ..."

— auf das Grab Josephs II. s. Hübner.

Rosen des Guten und Schönen. 8. Regensburg, Daisenberger. 820.

Rosen, die heiligen, romant. Sagen aus dem Mittelalter. Herausgeg. von Aug. Adolph und Wilh. Ferdinand. 8. Leipzig, Kollmann. 819.

Rosen, Die heiligen, romantische Sagen aus dem Mittelalter ... Leipz. 1822. H: *Bergner, Adolph August.* (MGT)

Rosen, Karl, und Wilhelmine Wagner. Leipzig 1794. V: *Hammerdörfer, Carl.* (GGr) (Ky)

— — dasselbe, s. ad. Liebe, e. Briefsammlung.

Rosen, Carl, und Wilhelmine Wagner eine deutsche Familiengeschichte des achtzehnten Jahrhunderts, 2 Theile, 8. Reval, (Leipzig) 794. Bornwasser, Dyck) 1 Rthl. 15 sgl.

Rosen, Kunz v. der, Maxim. des ersten lustiger Rath; ein Beytrag z. Gesch. d. niederländischen Unruhen im 15ten Jahrh. (v. J. G. Strauß.) 2 Thle. 8. Freyberg, Craz u. G. 792—94. Rthlr.

Rosen, Kunz von der, Kaisers Maximilian I. lustiger Rath. München 1841. V: *Aurbacher, Ludwig.* (ADB 29, 197)

Rosen Lacken

Die Rosen von Lacken oder Brüssel, Paris und Rom. Enthüllungen aus der Gegenwart europäischer Höfe. Von Grafen D....mont.
Würzburg: Julien 1870. 328 S. 8°

Rosen und Lilien. Huldigungsgedicht mit italienischer Uebersetzung zur Vermählungsfeier Ihrer k. k. Hoheit der Frau Erzherzogin Maria Henrika mit Sr. k. Hoheit Leopold Herzog von Brabant, Kronprinzen von Belgien, in tiefster Ehrfurcht gewidmet von J. U. E. H. (Deutsch und Italienisch.) 8. (6 pag.) Wien. Druck von J. P. Sollinger's Witwe. 1853.

Rosen u. Lilien. Eine Sammlung der schönsten Lieder zu Ehren der allerseligsten Jungfrau u. Mutter Maria f. Kirche, Schule u. Haus. Nebst e. Anh. v. Gesängen zum allerh. Altarssakramente. 2. verb. Aufl. 16. (48 S.) Osnabrück 872. Brinker. n. — 30

Rosen und Lilien in Legenden und legendenartigen Erzählungen [in Gedichtform] ..., herausgegeben von Heinrich Rebau. Villingen, F. Förderer [c. 1840]. VIII, 160 S. 12°. Hellgrauer Or.-Kart. m. hübscher Holzschnitt- u. typograph. Verzierung. 12.—

— und Lilien als Weihgeschenk der allerseligsten Jungfrau Maria dargebracht. (Mit 1 Stahlstich.) 16. Grätz 843. (Kienreich.) 6 ngl. — 2. verm. Aufl. Mit 1 Kupfer. fl. 12. Ebend. 844. 1/4 Rthlr

— zum Rosenkranze Mariens, oder anmuthsvolle Durchgehung der heil. Geheimnisse Jesu und Mariens bei Abbetung des heil. Rosenkranzes. 8. (VI und 102 S. mit 1 Titelbilde.) Innsbruck 861, F. Rauch.

Rosen zum Rosenkranze Mariens, oder anmuthsvolle Betrachtungen der heil. Geheimnisse Jesu und Mariens, für Gott liebende Seelen. 2., verm. Aufl. 8. (XVI und 203 S. mit 1 Titelbilde.) Innsbruck 861, F. Rauch.

Rosen zum Rosenkranze Mariens, oder anmuthungsvolle Betrachtungen der heil. Geheimnisse Jesu u. Mariens für Gott liebende Seelen. 2. stark verm. Aufl., mit 1 (lith.) Titelbilde. Innsbruck 862. (F. Rauch.) 16. (XVI, 203 S.) 9 ngr.

Rosen aus Saron, s. a. Mildenstein.

Rosen aus Saron. Heilige Gesänge und Lieder aus allen christl. Jahrhunderten. Gesammelt von Ed. v. Mildenstein. 16. (XVI und 224 S. mit 1 Kpfr.) Leipzig 854, Hunger. *

— twee wille. Volksstück in 1 Aufzuge nach e. älteren Motiv. Dialekt der Unterweser. 8. (47 S.) Bremen 892. M. Nößler n. 1. —

Rosen, unvergängliche. (Gedichte, ausgewählt v. Helene Krüger.) qu. 12. (8 S. m. farb. Abbildgn.) Nürnberg 894. Th. Stroefer. n. 1.50

— und Vergißmeinnicht, dargebracht d. J. 1838—42. 16. Leipzig, [H. Fritzsche.] [838. (32 1/2 B. u. 8 Kpfr.), 39. (30 B. u. 8 Kpfr.), 40. (30 1/2 B. u. 8 Kpfr.), 41. (30 1/2 B. u. 8 Kpfr.), 42. (26 1/8 B. u. 8 Kpfr.) à * 2 1/3 Thlr.] *

— und Vergißmeinnicht, dargebracht den Jahren 1839—1841. Mit à 8 Kpfrn.) 16. Leipzig 839, 40. Leo. Geb. mit Goldschn. à J. n. 2 1/3 Rthlr

— und Vergißmeinnicht, dargebracht dem Jahre 1842—1845. (Jedes mit 8 Stahlstichen.) 16. Leipzig 841—44, (H. Fritzsche.) geb. à n. 2 1/2 Rthlr (1.—10. Jahrg. 1827—1837 sind jetzt Verlag von Heyse in Bremen und werden ungetrennt zu n. 3 1/3 Rthlr erlassen.)

Rosen u. Vergißmeinnicht. Taschenbuch f. d. J. 1847. Hrsg. v. L. Bourdin. 16. (22 B. u. 6 Stahlst.) Leipzig 846, Berger's Buchh. Geb. mit Goldschn. *

ROSEN und Vergißmeinnicht. Freundes-Gabe in Novellen und Erzählungen. Mit Abbildungen. Stuttgart, Ed. Fischhaber, o. J (c. 1860). 4° 164 S.
Enthält 17 zahme Geschichten.

Rosen u. Vergißmeinnicht. Kurze Betrachtungen üb. 15 Rosenkranzgeheimnisse u. 14 Kreuzwegstationen. Von e. kathol. Priester. 8. (44 S. m. Abbildgn.) München 900. J. Pfeiffer. n. — 40

Rosen, wilde, s. a. Amorinen und Amoretten.

Wilde Rosen : 1851- -

Weekly published in interests of "free-thought" and socialism. Edited by Wilhelm Rosenthal. & published by Friedrich Wilhelm Thomas.

Philadelphia, PA

— wilde. Aus lyrischen Dichtern gesammelt. 16. (VI u. 309 S.) Leipzig 851, Arnold. n. 1½ ₰ — 3. (Titel-) Aufl. 16. (309 S.) Cassel 852, Balde. In Seide geb. m. Goldschn. n. 1 ₰ (siehe auch: Amorinen u. Amoretten, 2. Bd.)

— wilde, aus Krieg und Frieden. Stuttgart 856. Hofbuchdr. Zu Guttenberg. 8. (VI, 216 S.) 22½ ngr.

Rosen, Wilde und zahme. Oper mit Chor ... Helvetia [Glarus] 1855. V: *Bruhin, Caspar Alois.* (Wr)

— Wilhelmine von, (v. L. F. v. Bilderbeck.) 2 Thle. 8. Leipz. Voß. 802.

Rosen, die nötigsten Geschäfts-Ausdrücke in der französischen u. englischen Sprache m. der Aussprache. 2. Aufl. (90 S.) 16. Würzburg (910). F. X. Bucher. — 50

Rosen, Baron, das Leben für den Czar. Große Oper in 5 Akten. Deutsche Bearbeitung von Rich. Pohl. Musik von M. J. Glinka. (Textbuch.) 8. (78 S.) Berlin 879. Fürstner. n. — 50

v. Rosen, Frhrr., Reflexionen üb. die nunmehr nothwendige, auch mögliche Aenderung d. bisher. Wirthschafts-Methode v. d. Ostsee-Provinzen, betreff. die Einführung d. normalmäß., auf Grundsätze sich stützenden Wechsel- u. Koppelwirthschaft, mit d. Metzsun. Mit Plän. gr. 8. St. Petersb. 827, Brieff. (Restler in Hamb.) 2 ₰ 16 gr.

Rosen, gen. Ballhorn, s. Studien, jurist.

Rosen, A., vor dem Frühstück, Wiener. — Fräulein Secretär, s.: Theater-Repertoir,

Rosen, Baron Andr., Skizze zu e. Familien-Geschichte der Freiherren u. Grafen v. Rosen 992—1876. gr. 8. (63 S. m. 1 Tab. in qu. gr. Fol.) St. Petersburg 876. (Reval, Wassermann.) n. 4. —

Rosen, Basil, üb. die Verwendbarkeit d. v. Basch'schen Sphygmomanometers zu Blutdruckmessungen an Thieren. Diss. gr. 8. (106 S.) Jurjew (Dorpat) 891. (E. J. Karow.) n. 2 50

Rosen, C., siehe a. Bau-Handbuch f. Landwirthe in Esth- u. Liefland.

Bau-Handbuch f. Landwirthe in Ehst- u. Liefland von C. v. Rosen. Mit 16 Taf. Abbildgn. gr. 8. Reval, Kluge's Verl. 1852. n. 3 Rth.

Rosen, Dorothee v.

Rosen, D. v., Caroline Amalie, Königin von Dänemark, geb. Prinzessin von Schleswig-Holstein-Sonderburg-Augustenburg. Eine Lebensskizze. Deutsche Ausg. gr. 8. (51 S.) Lübeck 882, [Grautoff.] Schmersahl. * 2 —

Rosen, E., anatomische Wandtafeln der vegetabilischen Nahrungs- u. Genussmittel. 6. (Schluss-)Lfg. 5 farb. Taf. je 100×75,5 cm. Mit Text. (6. u. S. 177—239.) 8. Breslau 904. J. U. Kern. n. 12. 50 (vollst. n. 75. —)

Rosen, Eberh., resp. J. L. **Helligtag**, Diss. de morbo spasmodico-convulsivo epidemco. (Geadelt Rosenblad.) 1749

Rosen, Baronesse Elisab., Rückblicke auf die Pflege d. Schauspielkunst in Reval. Festschrift zur Eröffng. des neuen Theaters in Reval im Septbr. 1910, hrsg. vom Revaler deutschen Theaterverein. (VIII, 240 S. m. 7 Vollbildern.) gr. 8. Reval (910). Melle, F. E. Haag. Geb. 4.—; in imit. Perg. 4. 50

Rosen, Erich Frh. v., Rechtspraktikant: Die Religionsdelikte nach dem russischen Strafgesetzbuch von 1903. Heidelberg 1906: J. Hörning. (84 S.) 8°

Heidelberg, Jur. Fak., Ref. v. Lilienthal, Diss. v. 30. Juli 1906

[Geb. 19. Febr. 80 Rittergut Kostifer in Estland; Wohnort: Heidelberg; Staatsangeh.: Baden; Vorbildung: Vitzthumsches Gymn. Dresden Reife O. 00; Studium: Heidelberg 7 S.; Rig. 19. Febr. 06.]

Rosen, Baron **Ernst** von: Farbe und Konstitution von Oxychinonen und ihren Salzen. Weida i. Th. 1910: Thomas & Hubert. 50 S. 8°

Leipzig, Phil. Diss. v. 19. April 1910, Ref. Hantzsch, Beckmann

[Geb. 8. Juni 84 Reval; Wohnort: Reval; Staatsangeh.: Rußland; Vorbildung: Annensch. Petersburg Reife Juni 02; Studium: Dorpat 4, Basel 2, Leipzig 3 S.; Rig. 18. Febr. 10.] [U 10. 3221

Rosen, Erwin, in der Fremdenlegion. s. a. Memoirenbibliothek. III, 5.

In der Fremdenlegion Erinnerungen u. Eindrücke von Erwin Rosen. Stuttgart. Lutz [1909] 317 S. 8° (Memoiren-Bibliothek. Ser. 3. Bd. 3.)

In der Fremdenlegion. Erinnerungen u. Eindrücke von Erwin Rosen. [d. i. Erwin Carlé] 2. Aufl. Stuttgart: Lutz [1909]. VIII, 317 S. 8° (Memoirenbibliothek. Ser. 3 Bd. 3.)

Rosen, E. In der Fremdenlegion. 9. Aufl. Stuttgart (1909). 8°. (Memoirenbibliothek. 3,3.) (1. Aufl. 1909.)

— Der König der Vagabunden. Lustige Geschichten v. amerikan. Gelichter. Erlauscht v. R. 1.—5. Taus. (188 S.) 8. Hamburg 910. Berlin, Gutenberg-Verlag. 3.—; geb. 4. —

Rosen, Eugenius von. Die Sechs Decennien meines Lebens oder mein 61ster Geburtstag. Riga 1877. H: *Rosen, Andreas Baron.* (Erman & Horn, Bibliogr. der dtsch. Universitäten. Leipz. und Berl. 1904—5. III.)

Rosen, Eugenius Baron v., die sechs Decennien meines Lebens oder mein 61. Geburtstag. Seinen Kindern u. Freunden gewidmet. gr. 8. (VIII, 315 S.) Riga 877. Kymmel. n. 5. —

Rosen, F., Ferdinand Cohn, s.: Cohn, Pauline.

Rosen, F., Haus-Kreuz, — taub muß er sein, s. Bloch's, E., Theater-Gartenlaube.

Rosen, Fel., Anleitung zur Beobachtung der Pflanzenwelt. s. a. Wissenschaft u. Bildung.

A n l e i t u n g zur Beobachtung der Pflanzenwelt. Von Dr. Felix Rosen, Prof. Leipzig: Quelle & Meyer 1909 155 S. 8°
(Wissenschaft u. Bildung. 42.)

Rosen, Felix [aus Leipzig]: Ein Beitrag zur Kenntniss der Chytridiaceen . . . (Sep.-Abdr. aus: F. Cohn, Beiträge zur Biologie der Pflanzen. Band IV.) Breslau, Druck v. Robert Nischkowsky, 1886; 1 Bl. + 14 S. + 2 Bl. u. 2 Taf. 8°.
Strassburg, Math.-Naturw. Fak., Inaug.-Diss. v. 1886.

— s.: Beiträge zur Biologie der Pflanzen.

Rosen, Felix [in Breslau]: Beiträge zur Kenntniss der Pflanzenzellen ... Breslau, Druck v. R. Nischkowsky, 1892; 1 Bl., 44 S. 8.
Breslau, Phil. Fak., Hab.-Schr. v. 5. Aug. 1892

— Charakterpflanzen des abessinischen Hochlandes, s.: Vegetationsbilder. VII, 5.

Rosen, Fel., eine deutsche Gesandtschaft in Abessinien. (XII, 496 S. m. 160 Abb. u. 1 Karte.) Lex. 8. Leipzig 907. Veit & Co. 10.—; geb. in Leinw. 12. —

Rosen, Fel., die Natur in der Kunst. Studien e. Naturforschers zur Geschichte der Malerei. Mit 120 Abbildgn. nach Zeichngn. von Erwin Süss u. Photographien des Verf. (XI, 344 S.) Leipzig 903. B. G. Teubner. Geb. in Leinw. n. 12. —

Rosen, F., über die Natur der Stromatoporen. Dorpat 26 p. mit 11 lithogr. *Tafeln u. 12 Holzschn.* 1867
Schul-/Univ.-Schrift

Rosen, F., anatomische Wandtafeln d. vegetabil. Nahrungs- u. Genussmittel. 1.—4. Lfg. 20 farb. Taf. à 100×73 cm. M. Text. gr. 8. (144 S.) Breslau 895—898. J. U. Kern's Verl. n. 50. —
1. n. 10. —. — 2. n. 12. 50. — 3. n. 12. 50. — 4. n. 15. —.

— anatomische Wandtafeln d. vegetabil. Nahrungs- u. Genussmittel. 5. Lfg. 5 farb. Taf. à 100×75 cm. Mit Text. gr. 8. (S. 145—176.) Breslau 901. J. U. Kern. n. 12. 50
1.—4. Lfg. Ebd. 895. n. 50. —.

Rosen, Felix: Der Wimpertrichter der Lumbriciden ⟨e. Beitr. z. Kenntnis d. lymphoiden Organe⟩. Leipzig: W. Engelmann 1911. S. 135—178. 8° ¶(Aus: Zeitschrift f. wiss. Zool. Bd 98, H. 1.)
München, Phil. Diss. v. 17. Nov. 1910, Ref. v. Hertwig
[Geb. 11. Sept. 86 Lódź; Wohnort: Lódź; Staatsangeh.: Rußland; Vorbildung: Gymn. Piotrków Reife Mai 07; Studium: Leipzig 3, München 6 S.; Rig. 17. Nov. 10.] [U 12. 3886

Rosen, Fr., s.a. R o s e n , Friedrich August

Rosen, Fr., d. Einmaleins in Beispielen. 8. Wien 820. Mörschner u. J. 6 Kr

Rosen, Frz. (Frau Margarethe v. Sydow), Chronik des Leidens. 2 Erzählgn. 8. (270 S.) Dresden 899. E. Pierson. n. 3. —; geb. n. 4. —

Rosen, Frz. (Frau Marg. v. Sydow), erlöse uns v. dem Alltag. Roman. (276 S.) 8. Stuttgart 904. Strecker & Schröder. n. 3. 50

Ⓑ Rosen, Frz. (Frau Marg. v. Sydow), erlöse uns v. dem Alltag. 904. — Hinrik Gehrts. 906. (KBL 34.) Jetzt: Berlin, Verlag „Berlin-Wien".

Das Forum der Welt. Roman von Franz Rosen. *Dresden & Leipzig: E. Pierson 1897.* (403 S.) 8° [J.] [so. 2091

Geheimnisse. Roman von Franz Rosen [d. i. Margarete v. Sydow]. Dresden & Leipzig: Pierson 1899. 349 S. 8° [so. 9686

— Hinrik Gehrts. Roman. (284 S.) 8. Ebd. 906. n. 3. 50; geb. n. 4. 50

Ein K a m p f ums Dasein. Roman von Franz Rosen [d.i. Margarete v. Sydow]. Berlin: Schall [1907] 460 S. 8°
(Verein d. Bücherfreunde. [Jg. 16,8.])

— Die Kinder vom Röbinghof. Roman. (506 S.) 8. Dresden 909. [E. Pierson.] Berlin, Verlag Berlin-Wien. 3.50; geb. n 4. 50
Auch die übrigen Rosen'schen Schriften aus E. Pierson's Verl. sind an obige Firma übergegangen.

— die Kleine. Roman. 8. (319 S.) Ebd. (902). n. 3. 50; geb. n. 4. 50

— Jungfrau Königin. Roman. (402 S.) 8. Dresden E. Pierson. n. 5. —; geb. n. 6. —

— erloschenes Licht. Roman. (219 S.) 8. Ebd. 902. n. 4. —; geb. n. 5. —

— Eines großen M a n n e s Liebe. Roman. (391 S.) 8. Berlin (910). Verlag Berlin-Wien. 5.—; geb. 6. —

— der Mönch v. Sanct Blasien. Die Geschichte e. Glaubens. Illustriert v. Marie Elisab. Pinoff. gr. 8. (252 S.) Ebd. 901. n. 4. —; geb. n. 5. —

— Neigung u. Pflicht. Roman. 8. (249 S.) Ebd. 900. n. 3. 50; geb. n. 4. 50

— Svante Ohlsen. Roman. 8. (322 S.) Ebd. 901. n. 3. 50; geb. n. 4. 50

— die Frau Patronin. Roman. (Illustriert v. R. Teichmann.) 2 Bde. 8. (232 u. 222 S.) Ebd. (901). n. 6. —; geb. n. 8. —

— die Frau Patronin. Roman. 2 Tle. in 1 Bd. (Illustr. v. R. Teichmann.) (2. [Titel-]Aufl.) (232 u. 22 S.) 8. Ebd. [901] (904). n. 3. 50

— letzte Rast. Römische Wandertage. 8. (308 S.) Erfurt 901. (Leipzig, O. Maier.) n. 4. —

— letzte Rast. Römische Wandertage. (308 S.) 8. Stuttgart 904. Strecker & Schröder. n. 3. 50

Ⓑ — Letzte Rast. 904. — Der Sünde Sold. 904. (KBL 34.) Jetzt: Berlin, Verlag „Berlin-Wien".

— Sachsenehre. Histor. Schauspiel aus dem 9. Jahrh. 8. (136 S.) Dresden 901. E. Pierson. n. 2. —

— der Sünde Sold. Roman. (175 S.) 8. Ebd. 904. n. 2. 50; geb. n. 3. 50

— des M a n n e s Vorrecht. Roman. (294 S.) 8. Ebd. (904). n. 3. 50.; geb. n. 4. 50

Rosen, Friedrich: Die Indarsabhā des Amānat. Ein Beitr. z. Kenntnis der Hindustani-Litteratur ... [Erschien m. lithogr. indisch. Text 1892.] Leipzig, F. A. Brockhaus, 1891; IV, 102 S., 1 Bl. 8.
Leipzig, Phil. Fak., Inaug.-Diss. v. [16. Dez.] 1891

Rosen, Frdr., die Indarsabha d. Amanat. Neuindisches Singspiel in lith Orig.-Text m Übersetzg. u. Erklärgn., sowie e. Einleitg. üb. das hindustan. Drama. Lex.-8. (V, 102 u. 64 S. m. Abbildgn) Leipzig 892. F. A. Brockhaus. n 8 —

(6) **Rosen**, Frdr., die Indarsabha d. Amänat. 892. (KBL 28.) Jetzt . Leipzig, O. Harrassowitz. Erm. Pr. 4. —

Rosen, Frdr., s.: Omar's, des Zeltmachers, Sinnsprüche.

Rosen, Frdr. v., die chemisch-geognostischen Verhältnisse der devonischen Formation des Dünathals in Liv- und Kurland und des Welikajathals bei Pleskau. (Aus dem Archiv für die Naturkunde Liv-, Esth- und Kurland's abgedr.) Mit 3 Tab. u. 2 (lith.) Karten (in 8., 4. u. Fol.). Dorpat 863. (Gläser.) gr. 8. (102 S.) n. 1 ₰ 15 ngr.

Rosen, Frid. August (geb. Hannover 2. 9. 1805) Corporis radicum sanscritarum prolusio. Berolini 1826. 54 S. 8° • Vollst. ersch. u. d. T. Radices sanscritae. Berolini F. Dümmler 1827.
Berlin, Phil. Diss. v. 15. März 1826

Rosen, (Fr.,) Corporis radicum sanscritarum prolusio. 8 maj. Berol. 826, Dümmler.

— Radices Sanscritae. Illustratas edit. gr. 8. Berol. 827, Dümmler.

— s. Rig-Vedae.

Rosen, Friedr. Ed., die Kaiserlichen zu Schweinfurt im Jahre 1549. 2 Bde. gr. 8. (21¾ B.) Straßburg 836, Treuttel u. Würtz. *

Rosen, Fritz. Shumā Farsī hārf mizānid? [Sprechen sie Persisch?] Neupersischer Sprachführer, f. die Reise u. zum Selbstunterricht. 8. (XI, 164 S.) Lpz. 890, C. A. Koch. 3 —

Rosen, G

— — Das palästinensische Felsengrab und seine Bedeutung für die formelle Ausbildung der christlichen Kunst. Ztschr. für allg. Erdk. Neue Folge. Bd. XVII.] Berlin 1864 [.

Rosen, G., Geschichte der Türkei, s. a. Staatengeschichte der neuesten Zeit.

Rosen, Dr G Geschichte der Türkei von dem Siege der Reform im Jahre 1826 bis zum Pariser Tractat vom Jahre 1856. 1. Th. Von der Vertilgung der Janitscharen bis zum Tode Mahmuds II. 2. Th. Von der Thronbesteigung Abdulmedjids bis zum Pariser Tractat von 1856. Aus: „Staatengeschichte der neuesten Zeit" — Leipzig 1866—1867

— das Haram von Jerusalem u. der Tempelplatz des Moria. Eine Untersuchung über die Identität beider Stätten. Gotha 866. Besser. gr. 8. (65 S. mit 1 lith. u. color. Terrainkarte von Jerusalem u. 3 architecton. Zeichnungen von der Moschee El Borak, den Unterbauten des Gerichtshauses zu Jerusalem u. des Teiches Obrak in gr. 8. u. gr. 4.) n. 20 ngr.

Rosen, G. Die Patriarchengruft zu Hebron [Zeitschr. f. allg. Erdk. Neue Folge Bd. XIV.]

Rosen, G. v., das älteste Stadtbuch der Stadt Garz auf der Insel Rügen, s. a. Quellen zur pommerschen Geschichte.

Das älteste Stadtbuch der Stadt Garz a. R., bearb. v. v. **Rosen**. Stettin 885.

— — Syrien, das Land und seine Bewohner. (Aus: Unsere Zeit. Jahrbuch zum Conversations-Lexikon.) 1864

Rosen, G., Türkje bilürmişiniz? [Verstehen Sie Türkisch?] Türkischer Sprachführer, bestehend aus kurzgefaßter türk. Grammatik, e. Wörtersammlg. u. aus dem Leben gegriffenen Gesprächen. Zur raschen Erlerng. der türk. Sprache zusammengestellt. 8. (VI, 136 S.) Leipzig 891. C. A. Koch. n. 2. 50

Rosen, G., Weihnachtshimmel voll schöner, den Kindlein holder Engelein. In Märchen u. Erzählungen. 1. Bdchn. Mit (4 lith. u. color.) Bildern v. Th. Hosemann u. einem einleit. Wort v. L. Rellstab. gr. 16. (VIII u. 171 S.) Berlin 850, A. Duncker. n. 28 ngr.

Rosen, G. A., Fragmenti Gajani de jure confinium, quod extat in L. ult. D. Fin. reg. interpretatio. 8 maj. (5½ B.) Lemgoviae 831, Meyer.

Rosen, Geo., die Balkan-Haiduken. Ein Beitrag zur innern Geschichte des Slawenthums. gr. 8. (X, 336 S.) Leipzig 878. Brockhaus. n. 5. 50

Rosen, Georg, Elementa persica, s. Elementa.

—— über die Sprache der Lazen. Vorgelegt der kgl. Akademie der Wissenschaften am 11. November 1843. 4. (4 B.) Lemgo u. Detmold 844, Meyer'sche Hofbuchh. *

Rosen. Georg Ossetische Sprachlehre nebst einer Abhandlung über das Mingrelische Suanische und Abchasische Lemgo und Detmold 1846. 4°

Rosen, Georg, Referendar: Das Stimmrecht des Aktionärs nach dem Handelsgesetzbuch vom 10. 5. 1897. Borna-Leipzig 1909: Noske. 47 S. 8°
Leipzig, Jur. Diss. v. 26. Jan. 1909
[Geb. 2. April 83 Leipzig; Wohnort: Leipzig; Staatsangeh.: Sachsen; Vorbildung: König-Albert-Gymn. Leipzig Reife O. 02; Studium: Leipzig 1, Berlin 1, Leipzig 5 S.; Rig. 21. Febr. 06.] [U 09. 2651

Rosen, Baron Geo., die Tochter Joann's III. Trauersp. in 5 Aufz. A. d. Russ. übers. v. d. Verf. Lex.-8. (11½ B.) St. Petersburg 841, (Leipzig, Voß.) *

— s.: Volksdichtungen, bulgarische.

[F.] Hans Behr der Aeltere, Fürstl. Pommerscher Landrath, Erb-, Lehn- und Gerichts-Herr der Hugoldsdorfer Güter, und seine Söhne Daniel, Hugold und Samuel. Lebensbilder aus d. 16. u. 17. Jh. v. Gottlieb v. **Rosen**, Regiergsr. a. D. (Hrsg.: Ulrich Graf Behr Negendank, Kgl. Wirkl. Geh. Rath ...) *Stralsund: Gedr. bei E. Berndt;* (A. d. Umschl.: *Berlin: J. A. Stargardt) 1896.* (VI, 162, 166 S., 1 Bl., 1 Stammtaf.) 1 Bd 8. [97. 7866

Bilder aus Algier und der Fremdenlegion. Von G[ottlieb] von **Rosen**. — Kiel: Bünsow 1842. V, 306 S. 8°

Rosen, G. v., Bilder aus Algier u. der Fremdenlegion. gr. 12. (13 B.) Kiel 842, [Naeck.]

Bilder aus Spanien und der Fremdenlegion. Von G[ottlieb] von **Rosen**. Bd. (Th.) 1. 2. — Kiel: Bünsow 1843—44. 8°
1. 1843.
2. Nebst e. Anh.: (Rosen): Die Unternehmung Muñagorris. 1844.

—— Bilder aus Spanien u. der Fremdenlegion. 2 Bde. gr. 8. Kiel, [Naeck.] [1. (18½ B.) 843., 2. (21 B.) 44.]

Schleswig-Holstein. Ein Wort zur Verständigung. [Von Gottlieb von **Rosen**.] Leipzig 1846. 8

Rosen, H., wahlverwandt, s.: Wallner's allgemeine Schaubühne.

von Rosen, Hans Frh.: Die socialpolitischen Ideen Alexander Herzens ... [Erschien vollst. 1894 unter d. Pseud.: Otto v. Sperber.] Halle, *Pierer'sche Hofbuchdr. in Altenburg,* 1893; VIII, 86 S., 1 Bl. 8.
Halle, Phil. Fak., Inaug.-Diss. v. [8. Dez.] 1893

Rosen, Herm. v., chemische u. pharmacologische Untersuchungen üb. die Lobelia nicotianaefolia. gr. 8. (58 S.) Dorpat 886. (Karow.) n. 1. —

Rosen, Hildgard zur, aus dem Liebes- und Liederfrühling eines deutschen Mädchens. 2. Aufl. Berlin 864. Lenz. 16. (24 S.) 3 ngr.

Rosen, Ios[ephus]: *De quodam genere curvarum focialium. 59 S., 5 Taf. 4° (2°)
Halle-Wittenberg, Phil. Diss. v. 19. Apr. 1858
Geb. [Aachen 18. 6. 1818]

Rosen, Jul., Ambo solo! s. Theater-Repertoir, Wiener.

— Mamas Augen, s.: Bloch's, E., Theater-Correspondenz.

Rosen, J., c. Knopf, s.: Bloch's, E., Theater-Correspondenz.

— hohe Politik. Original-Lustspiel in 3 Aufzügen. Prag 865. Selbstverlag. 8. (52 S.)

— am Vermählungstage. Festgedicht. 16. (14 S.) Wien 873. Rosner. — 30

Rosen, Jul., gesammelte dramatische Werke. 1.—8. Bd. 8. Berlin, Lassar's Buchh. à Bd. * 4 50

Inhalt:

Bd. 1. Die Compromittirten. Lustspiel in 3 Akten. — Il Baccio. Schwank in 1 Akt. — Garibaldi. Posse in 1 Akt. — Hohe Politik. Lustspiel in 3 Akten. 1. Aufl. 1870, und 2. Aufl. (VIII, 250 S.) 873.
" 2. Kanonenfutter. Lustspiel in 3 Akten. — Ein Knopf. Lustspiel in 1 Akt. — Alte Sünden. Schwank in 1 Akt. — Ein schlechter Mensch. Lustspiel in 3 Akten. (209 S.) 870.
" 3. Des Nächsten Hausfrau. Lustspiel in 3 Akten. — Im Schlafe. Schwank in 1 Akt. — Die böse Welt. Lustspiel in 2 Akten. — Schulden. Lustspiel in 3 Akten. (III, 240 S.) 871.
" 4. Sein Einziges. Posse in 3 Akten. — Eine innere Stimme. Lustspiel in 1 Akt. — Schweigen ist Gold. Schwank in 1 Akt. — Nullen. Lustspiel in 4 Akten. (VII, 222 S.) 871.
" 5. Ein Engel. Schwank in 3 Akten. — Der erste Narrenabend. Histor. Lustspiel in 5 Akten. — Ein Held der Reclame. Posse in 2 Akten. (III, 246 S.) 872.
" 6. Ein Teufel. Schwank in 3 Akten. — Keine Kinder. Genrebild in 1 Akt. — Fromme Wünsche. Lustspiel in 3 Akten. (202 S.) 873.
" 7. Unter dem Mikroskop. Lustspiel in 3 Akten. — Das Hemd des Glücklichen. Schwank in 1 Akt. — Feinde. Lustspiel in 3 Akten. (198 S.) 875.
" 8. Schwere Zeiten. Lustspiel in 3 Akten. — Ich verbrenne meine Schwiegermutter. Schwank in 1 Akt. — Ein Quartett. Scherz in 1 Akt. — Faullenzer. Posse in 1 Akt. (200 S.) 875.

Rosen, Jul., gesammelte dramatische Werke. 9—13. Bd. 8. Berlin 877—80. Lassar. à n. 4. 50

9. Deutscher Krieg. Lustspiel in 3 Akten. — Mein Bruder. Schwank in 1 Akt. — Margarethe u. der Doktor. Genrebild in 1 Akt. — Die schönste Nase. Posse in 3 Akten. (256 S.)
10. Citronen. Lustspiel in 4 Akten. — Kinder um jeden Preis. Schwank in 1 Akt. — Ein Schutzgeist. Posse in 3 Akten. (232 S.)
11. O, diese Männer! Lustspiel in 4 Akten. — Das Damokles-Schwert. Schwank in 1 Akt. — Der große Wurf. Lustspiel in 4 Akten. (268 S.)
12. Größenwahn. Schwank in 4 Akten. — Die Egoisten. Lustspiel in 3 Akten. (217 S.)
13. Dilettanten. Lustspiel in 4 Akten. — Die Talismane. Lustspiel in 3 Akten. (208 S.)

Rosen, Jul., gesammelte dramatische Werke. 14. Bd.: Halbe Dichter. Schwank in 3 Akten. — Deficit. Lustspiel in 4 Akten. 8. (233 S.) Berlin 888, Lassar's Buchh. *

Rosen, Karl v., Beiträge zur rügisch-pommerschen Kunstgeschichte. 1. Hft. Dänemarks Einfluß auf die frühste christl. Architektur d. Fürstenth. Rügen. — Der Insel u. d. Festlandes. — gr. 8. (36 S.) Greifswald 872. (Bindewald.) n. 1. —

Rosen, Karl v. Beiträge zur rügisch-pommerschen Kunstgeschichte, 2. Heft, s. Beiträge &c.

Rosen, Carl v., der Fensterschmuck der Wallfahrtskirche zu Kentz in Neu-Vorpommern. Eine Festschrift zur Jubelfeier 50jähr. Vereinigung Neu-Vorpommerns u. Rügens mit dem preuß. Staate. Stralsund 865. Hingst Nachfolger. gr. 8. (28 S.) n. 10 ngr.

Rosen, Karl v., König Friedrich Wilhelm IV. in seinem Verhältniß zur bildenden Kunst. Stralsund 862. Bremer. gr. 8. (52 S.) n. 12½ ngr.

Rosen, K. v., Geschichte der Familie von Rosen, pommersche Linie. Wernigerode 1860.

—— Rügensche Lieder. 8. (V und 131 S.) Stralsund 863, Bremer.

Rosen, Karl v., vom baltischen Strande. Rügisch-pommersche Lebensbilder. gr. 8. (VIII, 221 S.) Berlin 876, [Rieter.] Czihatzki. * 4 5

ROSÉN, Karl David Petrus.
Studien und Messungen an einem Dreipendelapparate. Von Karl D. P. Rosén Stockholm 1903. 8:o. 34 s.
Diss. Upsal. phil.

Rosen, Karl Ed, Deutschlands Zukunft. Eine polit. Flugschr. gr. 16. (2¼ B.) Altenburg 831. [Leipzig, Franke'sche Verls.-Expedition.]

Rosen, K. Ed., Deutschlands Zukunft. Eine polit. Flugschrift. gr. 16. Altenb. 831. (Weygand in Leipz.) 5 gr.

Rosen, Kathinka v., Bekenntnisse e. Monistin. (18 S.) gr. 8. München 906. O. Th. Scholl. — 25
Sonderabdruck aus: „Es werde Licht".

Vaterländischer Schriftenverband ⟨V. S. V.⟩. 'Deutsche Frauen in die Front!' Von Kathinka v. **Rosen.** (Weibliche Notstandsarbeiten. Von Maria Werner.) Berlin: Schriftenverband 1910. 26 S. 8°
(Flugschriften des V. S. V. 4.) (11. 4787

Rosen, Kathinka v., zur Dienstbotenfrage. Eine Erwiderg. an Dr. Osk. Stillich. (46 S.) 8. Leipzig 903. Berlin, Verlag der „Frauen-Rundschau". n. — 75

Rosen, Kathinka von: Zur Dienstbotenfrage. Eine Erwiderung an Dr. Oscar Stillich. 2. Aufl. — Leipzig: Verlag d. Frauenrundschau 1903. 46 S. 8°

Rosen, Kathinka Freifrau v., geb. v. Fabricius, die Kinder-Erziehung m. besond. Rücksichtnahme auf die Charakter-Bildung. Ein Leitfaden f. Eltern zur leibl. u. geist. Gesundheitspflege ihrer Kinder. 8. (V, 141 S.) Teschen 884. Prochaska. n. 2. 40

—— Leitfaden für Krankenpflegerinnen, enthaltend die Privatpflege, den Spitaldienst, die Krankenpflege im Kriege und die Pflege des kranken Kindes. 8. (VIII, 175 S.) Wien 882, Faesy. * 2 80

Rosen v Kathinka, Leitfaden für Krankenpflegerinnen. Wohlteile Ausgabe. 8 Wien. Faesy. fl. —.80. 1886

— über den moralischen Schwachsinn des Weibes. (35 S.) gr. 8. Halle 904. C. Marhold. n. 1.—

— dasselbe. Mit e. Vorwort v. P. J. Möbius nebst einigen ausgewählten Kritiken u. Briefen. 2. Aufl. (48 S.) gr. 8. Ebd. 904. n. 1. —

Rosen, L., der Buchenhof. Ein Roman. Leipzig 858. Brockhaus. 8. (VI, 344 S.) n. 1 ₰. 24 ngr.

[Lied.] Zur Erinnerung an die Feier des Schwester[n]-Festes am 29. Dez. 1862 in Heidelberg. [Unterz.:] [L.] Rosen. [Heidelberg 1862.] 2 Bl. 8⁰ [Umschlagtit.]
Ohne Noten: „Ein alter Freund voll Lieb und Lust..."

Rosen, L., das große Examen das ist wahrhaftige und abentheuerliche Historie, wie man in der Königl. Residenz Berlin einige Candidatos zum dritten Male examinando geprüfet und torquiret hat ꝛc. Herausg. von Ed. v. Rüdiger. Berlin 862. (Streerath.) 8. (16 S.) 5 ngr.

Rosen, L., Wanderbuch eines Schwermüthigen. 8. Hamburg 834. Hoffmann u. Campe 1⅓ ₰

Rosen, Ludwig [Pseud.], s.a. J u e n g s t, Ludwig Volrath

Rosen, Ludw., Damals. Novellen aus den Befreiungskriegen. Breslau 863. Trewendt. 8. (3 Bl., 298 S.) 1 ₰ 7½ ngr.

Rosen, L.: Der E i s e n b a h n = R ä u b e r, s. J ü n g s t ' s Reisebibliothek.

—— vier Freunde. Roman in 3 Bdn. 8. (VIII und 955 S.) Breslau 861, E. Trewendt.

Rosen, Ludw., der Geburtstag des alten Schulmeisters, s.: Verein f. Verbreitung guter Schriften, Zürich. Nr. 44.

— Misdroy, s. Grieben's Reise-Bibliothek.

—— Novellen. gr. 8. (III und 282 S.) Detmold 866, Meyer'sche Hofbuchh.

– Der alte S c h m u g g l e r, s. J ü n g s t ' s Reisebibliothek.

—— Werner Thormann. Ein Roman. 3 Bde. 8. (XV und 850 S.) Breslau 859, E. Trewendt.

– Für u. wider das V a t e r l a n d, s. J ü n g s t ' s Reisebibliothek.

Beitrag zur Frage: Welches Keimblatt bildet d. Skelett d. Wirbeltiere? Von Nils **Rosén**. Mit 1 Taf. u. 16 Textfig. (Aus d. Zoolog. Inst., Lund.) Lund 1910 Ohlsson. 26 S. 4°
(Lunds Universitets Årsskrift. N. F. Afd. 2, Bd 6, Nr 7.) A 12. 7403

ROSÉN, Nils [Walfrid].
Zur Kenntnis der parasitischen Schnecken. Lund 1910. 4:o. (67 s., 4 pl.) (Lunds universitets årsskrift. N. F. Afd. 2. Bd 6. Nr 4.)
Diss. Lund. phil.

Zur Kenntnis der parasitischen Schnecken. Von Nils **Rosén**. Mit 4 Taf. u. 9 Textfig. (Aus d. Zoolog. Inst., Lund.) Lund 1910 Ohlsson. 67 S. 4°
(Lunds Universitets Årsskrift. N. F. Afd. 2, Bd 6, Nr 4.) A 12. 7406

Rosén, Olof, wie Ellen Key die Liebe verkündigt! Eine krit. Studie. Aus dem Schwed. übertr. v. Heinr. Torbald. 1. u. 2., durchgeseh. Aufl. (VIII, 118 S.) 8. Dresden (907. 08). E. Pierson. 1.50; geb. n 2.50

— dasselbe. 3., durchgeseh. [Titel-]Aufl. (VIII, 118 S.) 8. Ebd. [908] (910). 1.—

Rosen, Otto Gustav v

Rosen, O. G. Freyh. von, die Numismatik od. Geschichte der Münzen älterer, mittlerer und neuerer Zeiten. gr. 8. Dorpat. (Riga, Hartmann in Comm.) 816.

v. Rosen, Frhrr. Otto Gust., die Numismatik od. Geschichte d. Münzen älterer, mittlerer u. neuerer Zeiten. gr. 8. Dorpat 816. (Stirig in Leipz.) 16 gr

Rosen, O. G. v., Die Numismatik, oder Geschichte der Münzen älterer, mittlerer und neuer Zeit. Dorpat 817. 8. 1 rthl. 8 gr.

— s. Uebersicht d. russ. Kriegsoperationen.

Bestimmung der Intensität der Schwerkraft auf d. Stationen Haparanda, Hernösand, Upsala, Stockholm u. Lund von P[er] G[u s t a f] **Rosén**. *Stockholm 1898: P. A. Norstedt & söner.* (36 S.) 8°
= **Handlingar**, K. Svenska Vetenskaps-Akademiens. Bihang. Bd 24. Afd. 1, No 1 [00. 5576

Telegraphische Längenbestimmungen zwischen Lund, Göteborg, Stockholm, Hernö und Torneå ausgef. v. P[er] G[ustaf] **Rosén** u. R. Larssén, redig. v. P. G. Rosén *Stockholm: Boktr. P. A. Norstedt & söner 1894.* (67 S.) 4.
= **Handlingar**, K. Svenska Vetenskaps-Akademiens N. F. Bd 26. No 1. [97. 1342

Untersuchungen über die Schwere in der Grube Sala im J. 1890 v. P[er] G[u s t a f] **Rosén** *Stockholm: Boktr. P. A. Norstedt & söner 1895.* (34 S.) 8.
= **Bihang** till K. Svenska Vet.-Akad. Handlingar. Bd 20. Afd. I. No 7. [96. 3219

Rosen, Pet., 100 Tage in Europa. Reise übers Meer durch Irland, England, Frankreich, d. Schweiz, Italien, u. d. heimathl. Gefilden Deutschlands. Nebst Anh. m. Auszgn. aus d. Hirtenbriefen amerikan. Bischöfe u. den deutsch-kathol. Zeitgn. üb. d. Geheimen Gesellschaften. 8. (317 S. m. Bildnis u. 35 Taf.) St. Louis., Mo. 895. Cincinnati, Benziger Brothers. Geb. in Leinw. n. 7.—

Rosen, Rich., die häusliche Behandlg. Lungenkranker, s.a. Klinik, Berliner.

Die häusliche Behandlung Lungenkranker. Von Dr. **Richard Rosen** in Berlin. *Berlin: Fischer 1900.* (15 S.) 8°
= **Klinik**, Berliner. II. 143. [01. 13010

Rosen, Rich., s.: Klinik, Berliner.

Rosen, Richard [aus Stolp i. P.]: Aus d. geburtshülfl.-gynäcolog. Universitätsklinik d. Charité '(Herr Geheimr. Prof. Dr. Gusserow)'. Zur Complication von Schwangerschaft und Geburt durch Ovarialtumoren ... Berlin, Buchdr. v. G. Schade, *1895;* 31 S. 8.
Berlin, Med. Fak., Inaug.-Diss. v. 16. Juli 1895

— die Krankenpflege in der ärztlichen Praxis. 8. (VII, 197 S. m. 75 Abbildgn.) Berlin 902. Fischer's medizin. Buchh. n. 3. 50

— s.: Monatsschrift, illustr., f. ärztl. Polytechnik.

— Prophylaxe der Herzkrankheiten, s.a. Klinik, Berliner. 186. Hft.

Prophylaxe der Herzkrankheiten. Von R(ichard) Rosen. Berlin. *Berlin: Fischer 1903.* (30 S.) 8°
= Klinik, Berliner. H. 186.

— die Prophylaxe in der inneren Medizin, s.: Einhorn.

— s.: Zeitschrift f. Krankenpflege.

R[osen]. V. v., Nekrolog [Bernhard Dorns]. (SA. aus der „St. Petersburger Zeitung" Nr. 148 vom 28. Mai 1881.)

Rosen, Vict., les manuscrits arabes de l'institut des langues orientales, s.: Collection scientifique de l'institut des langues orientales du ministère des affaires étrangères.

Rosen, Baron Vict., Les manuscrits persans, s.: Collections scientifiques de l'institut des langues orientales du ministère des affaires étrangères.

Rosen, Baron Vict., Notices sommaires des manuscrits arabes du musée asiatique. 1e livr. Lex.-8. (IV, 256 S.) St. Pétersbourg 881 (Leipzig, Voss' Sortiment.) * 3 30

Rosen, W.: Buchholz, s.: Liebhaber=Bühne, neue.

Rosen, W.: O alte Burschenherrlichkeit; s.a. Liebhaber=Bühne,

Rosen, W., o alte Burschenherrlichkeit, s.a. Volger's Herren-Bühne.

O alte Burschenherrlichkeit. Schwank mit Gesang in 1 Akt von W. Rosen. Musik von Kapellmeister O. Vogel. Landsberg a. W.: Volger & Klein [1903]. (15 S.) 8°
= Herren-Bühne, Volger's. No 6.

Rosen, W., der Dorfbarbier, s.: Liebhaber-Bühne, neue.

Rosen, W.: Das liederliche Kleeblatt; s.a. Liebhaber=Bühne.

– List üb. List, s.: Liebhaber=Bühne, neue.

Rosen, W.: E. ruhiger Miether, s.a. Liebhaber=Bühne,

Ein ruhiger Miether. Schwank in 1 Akt von W. Rosen. Landsberg a. W.: Volger & Klein [19o3]. (14 S.) 8°
= Herren - Bühne, Volger's. No 7.

[Kopft.:] **Rosen,** Wilhelm: Reichsreformbestrebungen am Ausgange des Mittelalters. *Emmerich, 1893;* 21 S. 4.
Emmerich, L. G, P 1893 (440)

Nils Rosén von Rosenstein

Des Nils Rosén von Rosenstein [Underrättelser om barnasjukdomar och deras botemedel. Deutsch:] Anweisung zur Kenntniß und Cur der Kinderkrankheiten. Aus d. Schwed. übers. u. m. Anm. erl. von Johann Andreas Murray. Gotha & Göttingen: Dieterich 1766. 614 S. 8

Beigeb.: Rosén von Rosenstein: Haus- und Reise-Apotheck. Leipzig 1766.

Rosen von **Rosenstein,** Anweis. zur Kenntniß u. Kur der Kinderkrankheiten. A. d. Schwed. 2. Aufl. 541 S. Gött. 1768. 1785. 8°.

Rosén von Rosenstein, Nils: Anweisung zur Kenntniß und Cur der Kinderkrankheiten. (Underrättelse om barns sjukdomar och deras bote-medel. Dt.) Übers.und mit Anmerkungen erläutert von Johan Anders Murray. Nebst der Lebensbeschreibung des Hrn.Verfassers. 3.verm.und verbess.Aufl. 736 S., gbd.

Göttingen u.Gotha: Dieterich 1774

JB 4.060

Rosén von Rosenstein, Nils: Anweisung zur Kenntniß und Cur der Kinderkrankheiten. (Underrättelse om barns sjukdomar och deras bote-medel. Dt.) Übers.und mit Anmerkungen erläutert von Johan Anders Murray. Nebst der Lebensbeschreibung des Herrn Verfassers. 4.verm,und verbess.Aufl. 771 S., gbd.

Göttingen u.Gotha: Dieterich 1781

JB 4.062

Rosén von Rosenstein, Nils: Anweisung zur Kenntniß und Cur der Kinderkrankheiten. (Underrättelse om barns sjukdomar och deras bote-medel. Dt.) Übers.und mit Anmerkungen erläutert von J(ohan) Anders Murray. Nebst der Lebensbeschreibung des Herrn Verfassers. 5.verm.und verbess.Aufl. 784 S., gbd.

Göttingen: Dieterich 1785

JB 4.063

Rosén von Rosenstein, Nils: Anweisung zur Kenntniß und Kur der Kinderkrankheiten. (Underrättelse om barns sjukdomar och deras bote-medel. Dt.) Übers.und mit Anmerkungen erläutert von J(ohan) Anders Murray. Nebst der Lebensbeschreibung des Herrn Verfassers. Neueste Aufl. 668 S., gbd.

Wien: v.Trattnern 1787

JB 4.064

Rosén von Rosenstein, Nils: Anweisung zur Kenntniß und Kur der Kinderkrankheiten. (Underrättelse om barns sjukdomar och deras bote-medel. Dt.) Übers.und mit Anmerkungen erläutert von J(ohan) Anders Murray. Nebst der Lebensbeschreibung des Herrn Verfassers. Neueste Aufl. 668 S., gbd.

Wien: v.Trattnern 1793

JB 4.065

Nils Rosén von Rosenstein

Nils Rosén von Rosenstein [Underrättelser om barnesjukdomar och deras botemedel. Deutsch:] Anweisung zur Kenntniß und Kur der Kinderkrankheiten. Uebers. u. m. Zusätzen von Joh[ann] Andreas Murray. 6. Aufl. m. Anm. von Just Christian [von] Loder u.von Wilh[elm] Heinr[ich] Sebast[ian] Bucholz. Göttingen: Dieterich 1798. 808 S. 8

Rosen v. Rosenstein. Haus- und Reise-Apotheke. Leipzig 1766.

Rösen, Carl, s. Rösen, Karl

Roesen, Hans, a. Bonn: Beitrag zur Behandlung der chirurgischen Tuberkulose mit hyperämisierendem Verfahren. Bonn 1906: S. Foppen. (68 S.) 8°
Bonn, Med. Fak., Ref. Bier, Diss. v. 20. Aug. 1906
[Geb. 23. Juli 79 Bonn; Wohnort: Bonn, Staatsangeh.: Preußen; Vorbildung: Kgl. Gymn. Bonn Reife O. 00, Studium München 2, Bonn 2, Kiel 1, Berlin 1, Bonn 3 S., Coll. 9. Febr 06; Approb. 1 Aug. 06.]

Roesen, Hans, Beitrag zur Behandlung der chirurgischen Tuberkulose m. hyperämisierendem Verfahren. Diss. (68 S.) 8. Bonn 906. L. Röhrscheid. n. 1. 25

Rösen J. T. Lehrplan für den deutschen und geographischen Unterricht 11 S. **Progr.** *Oberhausen* 1880

Roesen, Johann (geb. am 24 März 1846 in Bonn): Rupturen des Uterus während der Geburt ... Bonn, Druck v. C. Georgi 1870. 38 S., 1 Bl. 8.
Bonn, Med. Fak., Diss. v. 18 Juli 1870

Rösen, K., der Altar u. der Chorraum. Nach den liturg. Vorschriften u. den Anforderqn. der Kunst. gr. 8. (IV, 75 S.) Münster 885. Theissing. n. 1. —

Roesen, K., Grundzüge der Physik. Mit e. Anh.: Chemie u. Mineralogie. Zum Gebrauche f. die mittleren Klassen höherer Lehranstalten bearb. (XI, 180 S. m. Abbildgn.) 8. Leipzig 906. O. Leiner. n. 2. —; geb. n. 2. 50

Rösen, K., Himmelsfreude. Gebetbüchlein für die kathol. Jugend. Nebst einem Anhang von Liedern. 1. und 2. Aufl. 16. (267 S. mit 1 Holzschntaf.) Dülmen 873,78, Laumann'sche Verlagsh. geb. * — 75

Rösen, K., Himmelsfreude. Gebetbüchlein für die katholische Jugend. Nebst einem Anhang von Liedern. 3. Aufl. 24. (328 S. mit 1 Holzschn.) Dülmen 882, Laumann'sche Verlagsh. geb. * — 60

Rösen, K., Himmelsfreude. Gebetbüchlein f. die kathol. Jugend. Nebst e. Anh. v. Liedern. 4., erweit. Aufl. 32. (384 S. m. 1 Bild.) Dülmen 887. Laumann. geb. n. — 60

Rösen, K., Himmelsfreude. Gebetbüchlein f. d. kathol. Jugend. Nebst e. Anh. v. Liedern. 32 (384 S. m. farb Titel u. 1 Stahlst.) Dülmen 895. A. Laumann. Geb. in Leinw. — 60

Himmelsfreude. Gebetbüchlein f. d. kath. Jugend nebst e. Anh. von Liedern von Dr K Rösen, Pfarrer in Ruhrort. *Dülmen: A. Laumann (1902).* (384 S.) 8° [F.]

— Lehrbuch der Physik. Zum Gebrauche f. die oberen Klassen höh. Lehranstalten bearb. (X, 880 S. m. 328 Abbildgn.) 8. Ebd. 906. n. 4. —; geb. n. 4. 60

— dasselbe. Ergänzungen. (68 S. m. 61 Abbildgn.) 8. Ebd. 906. n.n. — 90; geb. 1. 20

Rösen, K., Schutzengel. Gebetbüchlein f. die kathol. Jugend. 32. (374 S. m. 1 Stahlst.) Dülmen 876. Laumann. geb. n. — 80

— Schutzengel. Gebetbüchlein für die katholische Jugend. 32. (374 S.) Ebend. 878. geb. — 60; in Leinw. n. — 80

Rösen, Karl

Roesen, Karl Bedeutung der Vorübergänge der Venus vor der Sonnenscheibe, mit spezieller Berücksichtigung des Vorüberganges am 6. Dezbr 1882. S. 29 – 36. **Progr.** G.* *Crefeld* 1883

ROESEN, Carl (Xanten): De immaculata conceptione beatae Mariae virginis. (Titel nach der Urkunde) 4.1.1854 - Urk
Diss. Ingolst.-Landsh.-Mchn.

Rösen, Karl, die pragmatische Sanction, welche unter dem Namen Ludwig's IX., des Heiligen, Königs von Frankreich, auf uns gekommen ist. Eine kirchengeschichtliche Abhandlung. München 853. (Münster, Theissing in Comm.) gr. 8. (2 Bl., 55 S.) n. 8 ngr

Roesen, Karl Über die involutorische isogonale Verwandtschaft: $W^2 + Z^2 + 2AWZ = B$. 21 S. **Progr.** G. *Crefeld* 1881.

Roesen, Leonhard [aus Crefeld]: Aus d. med. Klinik zu Bonn. Ueber die Charcot'schen Krystalle und deren Beziehung in den Faeces zur Helminthiasis Crefeld, Druck v. Sontag & Kohlenberg, 1893; 31 S., 1 Bl. 8.
Bonn, Med. Fak., Inaug.-Diss. v. [27. Febr.] 1893

Roesen, Ludwig [approb. Arzt u. Assistenzarzt am städt. Krankenhause München]: Über Steine und Krebs der Harnblase.... München, Jos. Ant Finsterlin, 1886; 23 S. 8°.
München, Med. Fak., Inaug. Diss. v. 1886.

Rösen, Walther, Referendar Die **Versteigerung.** ***Bonn 1902:*** *J. Bach Wwe.* (IX, 84 S.) 8°
Rostock, Jur. Diss. v [20. Nov.] 1902

Rosenack, Leop., Trauerrede an d. Bahre d. am 14. Apr. 1896 in ihrem 35. Lebensj. dahingeschied. Frau Therese Aschendorff geb. Schragenheim geh. gr. 8. (7 S.) Halle 896. (J. Kranie.) n. — 20

Rosenak, Leop., zur Bekämpfung des Mädchenhandels. Referat, erstattet in der Rabbinerversammlg. zu Frankfurt a. M. am 7. VII. 1902. (14 S.) gr. 8. Frankfurt a/M. 903. J. Kauffmann. n. — 30

Rosenak, Leopold: Die Fortschritte der hebräischen Sprachwissenschaft von Jehuda Chajjûg bis David Kimchi. I. Teil. Bremen 1898. 47 S. 8°.
Bern. Phil. Diss. 1898/99.

Rosenak, Leop., die Fortschritte der hebräischen Sprachwissenschaft von Jehuda Chajjûg bis David Kimchi. (X. bis XIII. Jahrh.) 1. Tl. gr. 8. (VIII, 47 S.) Bremen 898. (Frankfurt a/M., J. Kauffmann.) n. 2. —

Rosenau; od. es hat sich gut geendigt. Schausp. 8. Augsb. Wolf. 787.

Rosenau, Graf Eugen v., v. K. Woyda. 2 Thle. 8. Berlin, Voß. 804.

Rosenau, Graf Eugen von. Berlin 1805. V: *Woyda, Karl.* (BGE VI[2], 535)

Rosenau, Reime u. Blüthen. 16. (VI u. 122 S.) Leipzig 847, Siegel & Stoll. 1/3 ß

Rosenau, A., 100 illustr. Fälle a. d. Frauen-Praxis, s.: **Auvard, A.**

[Rosenau, Daniel David:] • Brevis comparatio linguae germanicae cum Franco-gallica. 10 S. 8° (4°)
Halle-Wittenberg, Phil. Diss. v 11. Juli 1818
Geb. [Ahrensdorf (Kr. Beeskow) 16. 3. 1756]
Verf ist der älteste phil. Drd. unserer Periode.

Rosenau, Ernst [pr. Arzt aus Marienfelde '(Prov. Posen)']: Ueber Herzerkrankungen durch Trauma ... Berlin, Buchdr. v. G. Schade, *1895*; 30 S., 1 Bl. 8.
Berlin, Med. Fak., Inaug.-Diss. v. 30. Juli 1895

Rosenau, Fd., theatralisches Allerlei, für Volksbühnen. 1r Bd., enthält: Scüs, Mond u. Pagat. 6 ℋ — Justinio, der Verbannte, oder der Straßenräuber bei Otranto. — Boleslav, od. die Zerstörung von Zunky. 8. Wien 821. Wallishausser. 21 ℋ

Rosenau, Karl, die Theaterprobe; Lstspl. 8. Prag 797. Neureutter. (Leipz., Hinrichs). 6 ℋ

Rosenau, Wilh. v., Abdelmelik, König von Granada, od.: Leicht sinkt der Mensch. Eine Geschichte aus der Zeit der maurischen Herrschaft in Spanien. 8. (16 B.) Nordhausen 842, Fürst.

v. **Rosenau,** Wlh., Gundobald von Schwarzeneck. Eine Geschichte aus den Zeiten der Vehmgerichte u. Kreuzzüge. 2 Bde. 8. Nordhausen 839. Fürst. 2 ℋ

Rosenau, Wilh. v., Gundobald v. Schwarzeneck. Eine Gesch. aus d. Zeiten d. Vehmgerichte u. Kreuzzüge. 2 Bde. 8. (25 B.) Nordhausen 839. [Leipzig, Literar. Museum.]

Rosenauer, Fel., über die Ausmittlung v. Gefechts-Schiessplätzen, deren Sicherung u. Einrichtung. (Mit 2 Abbildgn. u. 26 Zeichngn.) gr. 8. (82 S.) Wien 900. (L. W. Seidel & Sohn.) n. 2. —

Rosenauer, Fel., über die Ausmittlung v. Gefechtsschiessplätzen, deren Sicherung u. Einrichtung. 2. Aufl. Mit 2 Abbildgn. u. 26 Zeichngn. (81 S.) gr. 8. Wien 905. L. W. Seidel & Sohn. n. 2. —

Rosenauer, H., v. Liturgierechte evangel. deutscher Fürsten. Ein Schreiben an einen Freund in Preußen. gr. 8. Bonn 825. Marcus. 4 ℋ

Rosenauer, J., die astronomische Uhr am Rathhause zu Prag. Populäre u. gemeinfaßliche Erörterung der zum Verständniß der Uhr nöth. astronom. Vorbegriffe. Prag 866. Steinhauser. 8. (VI, 34 S. mit 1 Steintaf. in 4.) n. 4 ngr.

Rosenauer, J., Welches ist der Unterschied zwischen sogen. „öffentlichen" und sogen. „Privatschulen"? Ein Wort zur Aufklärung, zuvörderst an Eltern gerichtet. Nebst einem Anhang: Ueber religiös-sittliche Erziehung in konfessionslosen Schulen. gr. 8. (III, 16 S.) Wien 868, Herzfeld und Bauer. [Brüder Winter.] * — 50

Rosenauer, Michael, u. Hermann Roth: Katalog der Lehrer-Bibliothek des evang. Gymnasiums A. B. in Mediasch. T. (1)—4. Hermannstadt (3. 4: Mediasch) 1892—1905. Mediasch, ev. G., P. 1891/92, 1892/93, 1903/04, 1904/05.

Rosenauer, Michael Katalog der Lehrer-Bibliothek des evang. Gymnasiums A. B. in Mediasch. (Nach Fächern geordnet und zusammengestellt von M. R. 8 (127 S.). 8 (S. 129—231).
Ev. G. A. B. und verbund. Lehranstalten *Mediasch* 1892. 1893.
Progr.

Rosenauer. Michael Studien zur Kritik ungarischer Geschichtsquellen für die Zeit Stephans des Heiligen. 4 (S. 3—23).
Progr. Ev. G. A. B. u. verb. Lehranst. *Mediasch* 1886.

Rosenbach, Nachtrag v. Gebrauch d. Brechmittel. 8. Lpz. Gräff.

The Influence of the 'Celestina' in the Early English Drama. By Abraham S. Wolf **Rosenbach.** *Berlin: [Langenscheidt] 1903.* (S. 43–61.) 8°
Aus: Jahrbuch d. Deutschen Shakespeare-Gesellschaft. Jg 39. [04. 1097 3

Genealogie der Familie Rosenbach. Stammbäume u. biogr. Skizzen gesammelt u. zsgest. von Dr. phil. Adolf **Rosenbach.** Göttingen 1908: W. F. Kaestner. (43 S.) 8° [08. 15144 4

Rosenbach, Adolf: Untersuchungen über Pulegon und Isopulegon. Göttingen 1908: Dieterich. 54 S. 8°
Göttingen, Phil. Diss. v. 15. Aug. 1908, Ref. Wallach
[Geb. 3. Dez. 83 Göttingen; Wohnort: Göttingen: Staatsangeh.: Preußen; Vorbildung: Gymn. Göttingen Reife O. 03; Studium: Lausanne 1, Göttingen 4, München 1, Göttingen 4 S.; Rig. 8. Juli 08.] [U 09. 1397

Rosenbach, Dr. C., Grundlagen, Aufgaben und Grenzen der Therapie. Nebst einem Anhange: Kritik des Koch'schen Verfahrens. Lex.-8. (XVI, 196 S.) 3.—
Wien: Urban & Schwarzenberg 1891.

Rosenbach Erwin: Fieldings „Tom Jones" auf der Bühne.
H. 1905 PN 1898 Diss. Wien, Univ. 1964

Rosenbach, Friedrich, appr. Arzt aus Göttingen: Beitrag zur Kenntnis der Gefäßtuberculose. *Göttingen 1903: Dieterich.* (25 S.) 8°
Göttingen, Med. Diss. v. [4. Apr.] 1903

Rosenbach, Frdr., Beitrag zur Kenntnis der Gefässtuberculose. Diss. (25 S.) gr. 8. Göttingen 903. (Vandenhoeck & Ruprecht.) n. — 80

Rosenbach, Frdr. Jul., Mikro-Organismen bei den Wund-Infections-Krankheiten d. Menschen. Mit 5 (4 chromolith. u. 1 lith.) Taf. gr. 8. (X, 122 S.) Wiesbaden 884. Bergmann. n. 6. —

Rosenbach, F. J., üb. die tieferen eiternden Schimmelerkrankungen der Haut u. üb. deren Ursache. Beobachtungen u. Untersuchgn. aus der Göttinger chirurg. Poliklinik. Lex.-8. (43 S. m. 1 farb. u. 5 Lichtdr.-Taf u. 6 Bl. Erklärgn.) Wiesbaden 894. J. F. Bergmann. n. 4. 60

Rosenbach, F. J: Tuberkulin. Leipzig 1910—1917. (Sammelband: Sonderabdrücke, Prospekte usw.)

Rosenbach, Friedr. Jul., Untersuchungen über die Beziehungen kleinster lebender Wesen zu den Wund-Infectionskrankheiten des Menschen. Vortrag, gehalten am 18. Septbr. 1884 in der ersten allgemeinen Sitzung der 57. Naturforscher-Versammlung zu Magdeburg. gr. 8. (24 S.) Wiesbaden 885, Bergmann. *

Briefe aus Persien von Dr. Fritz **Rosenbach.** Göttingen 1907: F. Haensch. (71 S.) 8° [08. 13609 7

Rosenbach, Hans, a. Hildesheim: Beitrag zur Frage der Entstehung der Schwangerschaftsödeme. Göttingen 1907: W. F. Kaestner. (29 S.) 8°
Göttingen, Med. Fak., Ref. Runge, Diss. v. 24. Juni 1908
[Geb. 12. Mai 82 Hildesheim; Wohnort: Hildesheim; Staatsangeh.: Preußen; Vorbildung: Gymn. Goslar Reife O. 01; Studium: Göttingen 5, Berlin 1, Heidelberg 1, Göttingen 3 S.; Coll. 30. Mai 07; Approb. 24. Juni 08.]

Rosenbach, Heinrich August (Grimma) A. S. 101/16

Differentiae iuris Romani et Germanici in usuris praecipue ultra alterum tantum.
Präs. Johann Peter von Ludewig.
Halle (Grunert) 1748. 52 S.

Diss. 11. IV. 1740. 29243

Rosenbach, J., s.: Krankheiten der Haut.

Rosenbach, J., Untersuchungen üb. den Einfluss der Karbolsäure gegen das Zustandekommen der pyämischen u. putriden Infection bei Thieren. Habilitationsschrift. Mit 4 (lith.) Taf. (in qu. Fol.) gr. 8. (39 S.) Göttingen 872. Peppmüller. n. 2. —

ROSENBACH, JOHANN: Kirchen-Lieder, welche in der Torbágyer Pfarrkirche gesungen werden. Gesammelt und zusammengestellt von Johann Rosenbach, Oberlehrer und Cantor. Torbágy 1906. D. Süsz Buchdruckerei in Budapest. 170 S. - 145 mm

Johann Anton Rosenbach

De Inflammationibus chronicis genuinis. Goettingae (1790:) Grape. 64 S. 8°
Göttingen, Med. Diss. v. 19. Juni 1790

— Diss. de inflammationibus chronicis genuinis. 8maj. Gött. 790. Dieterich. 3 gr.

Rosenbach, Jh. Ant., Commentat. de inflammationibus chronicis genuinis. 8maj. Götting. 791. Brose. 6 gr.

Rosenbach, Johann Georg

– NOTHWENDIGE ADDRESSE An Eine Christl. Obrigkeit Wegen Der ... Abfertigung Joh. Philipp Storrens Wider Johann Georg Rosenbachs ... Beygedrucktes Glaubens-Bekänntnis. - o.O. 1704.

– – Nothwendige Addresse An Eine Christl. Obrigkeit Wegen Der vergeblich so genannten kurtzen und gründlichen Abfertigung Hn. M. Joh. Philipp Storren Des Ministerii zu Heylbronn Mit-Glied. Wider Johann Georg Rosenbachs Sporer-Gesellen Beygedrucktes Glaubens-Bekänntniß. Zum andernmal umb ein merkliches vermehret. – o.O. 1704. 100 S.

– – Nothwendige Addresse An Eine Christliche Obrigkeit Wegen Der so vergeblich genannten kurtzen und gründlichen Abfertigung Hern M. Johann Philipp Storren. Des Ministerii zu Heylbronn Mit-Glied wider Johann Georg Rosenbachs Sporrer-Gesellen beygedrucktes Glaubens-Bekänntniß. Gedruckt zu Cölln an der Spre 1704. 72 S.

– WUNDER- UND GNADEN-VOLLE BEKEHRUNG Zweyer in der Irre gegangenen verlohren gewesenen Schaafe. Beschrieben von Joh. Georg Rosenbach. Sporer-Gesellen, als einem, deme Christus lange nachgegangen, und endlich gefunden hat, im Jahr 1701. Matth. 11,25. – o.O. 1703. 23 ungez., 120 S.

– – o.O. 1704.

Rosenbach, J. G., gnadenvolle Führung Gottes, oder Erzähl. s. Bekehrung. 12. Wetzlar. 704.

– WUNDER- UND GNADEN-VOLLE FÜHRUNG GOTTES Eines auff dem Wege der Bekehrung Christo nachfolgenden Schaafs, Oder Historische Erzehlung Was sich mit mir Endes-benahmten in verschiedenen Landen, Städten, Flecken und Oertern von 1701. biß 1704. zugetragen. Zur Ehre GOttes, und aller Menschen Beprüfung, aber keines einigen Menschens Verlästerung vor GOttes Angesicht beschrieben von mir Johann Georg Rosenbach, Sporers-Gesellen. Als einem, den Christus, und der Christum gefunden, nun aber da Er zu der Heerde gebracht, von reissenden Raub-Wölffen gefressen will werden. 2.Cor. 11.31. Nebst einer beygefügten Vorrede, und dazu versehenen Regi-ter, von einem, der weder Namen, Titul noch Lob-Geschrey damit suchet, dem Christlich-gesinnten Leser zu gefallen (mit 1 Bildnis). - o. O. u. J. [um 1705] 631 S.

– WAHRE UND IN GOTTES WORT GEGRÜNDETE GLAUBENS-BEKÄNNTNUSS, des Um der Wahrheit Christi Willen, den 14ten Maji 1703 aus der Stadt Heilbronn unschuldig vertriebenen Johann Georg Rosenbach, Sporers Gesellen, So derselbe vor GOtt und aller Welt ableget. – (Heilbronn 1703). 22 S.

Rosenbach, Otto: Untersuchungen über Kolloide im normalen menschlichen Urin. Göttingen 1909: Kaestner. 29 S. 8°
Göttingen, Med. Diss. v. 10. Juli 1909, Ref. Cramer
[Geb. 4. Febr. 84 Hildesheim; Wohnort: Hamburg; Staatsangeh.: Preußen; Vorbildung: Gymn. Hildesheim Reife O. 03; Studium: Freiburg i. B. 1, Göttingen 6, München 2, Göttingen 1 S.; Coll. 18. Mai 09; Approb. 10. Juli 09.]
[U 09. 1321

Rosenbach, Ottom., ausgewählte Abhandlungen. Hrsg. v. Walt. Guttmann. 2 Bde. Lex. 8. Leipzig 909. J. A. Barth. 32.—; geb. 36.—
1. (Beiträge zu e. Energetopathologie.) (XXX, 608 S. m. Bildnis.) 16.—; geb. 17.—
2. (Klinisch-experimentelle Abhandlungen. Arbeiten vermischten Inhalts. Briefe. Nachlass.) (IV, 684 S.) 17.—; geb. 19.—

Rosenbach, O., über regionäre Anämie resp. Hypothermie der Haut als Ausdruck funktioneller Störungen innerer Organe, s.a. Klinik, Berliner. 178. Heft.

Ueber regionäre Anämie resp. Hypothermie der Haut als Ausdruck funktioneller Störungen innerer Organe. Von O[ttomar] Rosenbach in Berlin. *Berlin: Fischer (1903).* (17 S.) 8°
= Klinik, Berliner. H. 178. [03. 6414

Rosenbach, Ottomar, Ansteckung, Ansteckungsfurcht u. die bacteriologische Schule. [Erweit. Sonderdr. aus: „Hygieia".] gr. 8. (29 S.) Stuttgart 892. A. Zimmer. n. — 50

Rosenbach, O., Arzt c/a Bakteriologe. gr. 8. (IX, 278 S.) Wien 903. Urban & Schwarzenberg. n. 7.—; geb. in Leinw. n. 8. 50

— Bedeutung u. Behandlung der Krisen bei akuten Krankheiten, s.: Klinik, Berliner.

— Beiträge zu e. Energetopathologie. Hrsg. v. Walt. Guttmann. [Aus: „Ausgew. Abhandlgn."] (XXX, 608 S.) Lex. 8. Ebd. 909. 16.—; geb. 17.—

Rosenbach, O., Beiträge zur Pathologie u. Therapie d. Verdauungsorgane. [Aus: „Archiv f. Verdauungskrankheiten".] gr. 8. (56 S.) Berlin 895. S. Karger. n. 1. 40

Bemerkungen zur Dynamik des Nervensystems. '(Die oxygene Energie.)' Von Prof. Dr. O[ttomar] Rosenbach in Berlin. *Berlin: Fischer 1896.* (42 S.) 8.
= Klinik, Berliner. H. 101. [96. 4403

Rosenbach, O., üb. funktionelle Diagnostik u. die Diagnose der Insufficienz d. Verdauungs-Apparates, s.: Zeit- u. Streitfragen, klinische.

— Energetik u. Medizin. (Die Organisation als Transformator u. Betrieb.) 2. erweit. Aufl. (V, 118 S.) gr. 8. Berlin 904. A. Hirschwald. n. 2. 80

— die Entstehung u. die hygienische Behandlung der Bleichsucht, s.: Bibliothek, medicinische, f. praktische Ärzte.

— die Erkrankungen des Brustfells, s.a. Pathologie u. Therapie, specielle.

Die Erkrankungen des Brustfells. Von Prof. Dr. O[ttomar] Rosenbach in Breslau. *Wien: A. Hölder 1894.* (VI, 247 S.) 8.
= Pathologie, Specielle, u. Therapie. Bd 14. Th. 1. [94. 3431

— paroxysmale Erweiterung der Aorta abdominalis. gr. 8. (9 S.) München 900. Seitz & Schauer. n. — 60
Sonderabdruck aus: „Deutsche Praxis".

Ⓑ — Erweiterg. d. Aorta abdom. 900. (KBL 32.) Jetzt: München, Verlag d. ärztl. Rundschau.

Rosenbach, Ottomar *(geb. Krappitz in Oberschles. 4. 1. 1851)*: Ein Fall von Pyelitis calculosa mit Perforation in das colon ascendens. Breslau (1873). (22 S.) 8°
Breslau, Med. Diss. v. 19. Apr. 1873

— Grundlagen, Aufgaben u. Grenzen der Therapie. Nebst e. Anh.: Kritik d. Koch'schen Verfahrens. gr. 8. (XVI, 196 S.) Wien 891. Urban & Schwarzenberg. n. 5. —

— die Grundlagen der Lehre vom Kreislaufe. [Aus: „Wiener med. Wochenschr."] gr. 8. (23 S.) Wien 894. M. Perles. n. — 80

Grundriss der Pathologie und Therapie der Herzkrankheiten von Prof Dr O[ttomar] **Rosenbach** in Berlin. Berlin, Wien Urban & Schwarzenberg 1898 (VII, 428 S.) 1 Bd 8.

— **Grundriss der Pathologie u. Therapie der Herzkrankheiten, gr. 8. (VII, 428 S.) Wien 899. Urban & Schwarzenberg.** n. 9 —; geb. n. 11. —

Heilkunde und Spezialistentum von Ottomar **Rosenbach**. Aus d. literar. Nachlasse d. Autors hrsg. von Dr Franz C[urt] R[einhold] Esche, Sinsheim a. E. München Aerztl. Rundschau 1907 (70 S.) 8° [illegible]

— **Heilung u Heilserum.** [Erweit. Abdr. aus: „Die Nation".] gr. 8. (28 S.) Berlin 894. J. Goldschmidt. n. — 60

Rosenbach, O., üb. musikalische Herzgeräusche, s.: Klinik, Wiener.

Rosenbach, Ottomar Ueber artificielle Herzklappenfehler Breslau 1878. 39 S 8 [illegible]

Breslau Med. Fak. Hab. Schr. v. 25. Febr. 1878

— **der Hospitalbrand,** s.: Chirurgie, deutsche.

Rosenbach: Der Hospitalbrand. Stuttgart 1888. XV, 113 S. (Deutsche Chirurgie. Lfg 6)

Inwieweit hat die Bacteriologie die Diagnostik gefördert und die Aetiologie geklärt? Von O[ttomar] **Rosenbach** *Leipzig G. Thieme 1896* (22 S.) 8° [Umschlagt.] Aus: Deutsche Med. Wochenschrift 1896 No. 41 [illegible]

— **Korsett u. Bleichsucht.** [Aus: „Deutsche Revue".] 12. (36 S.) Stuttgart 895 Deutsche Verlags-Anstalt. n. — 60

— **Korsett u. Bleichsucht.** 2. Aufl. (36 S.) 8. Stuttgart 903. Deutsche Verlags-Anstalt. n. — 60
Sonderabdruck aus: „Deutsche Revue".

— **die Krankheiten des Herzens u. ihre Behandlung.** 1. Hälfte u. 2. Hälfte, 1. Abth. gr. 8. Wien, Urban & Schwarzenberg. n. 16. —
1. (S. 1 400.) 893. n. 10. —. — 2, I. (S. 401—640.) 894. n. 6. —

— **die Krankheiten des Herzens u. ihre Behandlung.** 2. Hälfte. 2. Abth. gr. 8. (XVI u. S. 641 1128.) Wien 897. Urban & Schwarzenberg. n. 12. — (kplt.: n. 28. —; geb. n. 30. —)

— der Mechanismus u. die Diagnose der Mageninsufficienz, s.: Sammlung klinischer Vorträge

— **Morphium als Heilmittel. (VII, 94 S.) gr. 8. Berlin 904. Fischer's medicin. Buchh.** n. 2. —

— d. Nervenkreislauf u. d. tonische (oxygene) Energie (Bemerkungen zur Dynamik des Nervensystems), s.: Klinik, Berliner.

— **das Problem der Syphilis u. die Legende von der specifischen Wirkung des Quecksilbers u. Jods. (VII, 78 S.) gr. 8. Berlin 903. A. Hirschwald.** n. 2. —

Das Problem der Syphilis und kritische Betrachtungen über ihre Behandlung. Von Prof. Dr. O[ttomar] **Rosenbach** in Berlin. 2., wesentl. erw. Aufl. Berlin: A. Hirschwald 1906. (XII, 164 S.) 8° [illegible]

Die Seekrankheit Von Prof Dr O[ttomar] **Rosenbach** in Breslau Wien A. Hölder 1896. (3 S, 111 S.) 8.
= Pathologie, Specielle, u Therapie Bd 12. Th. III Abth. II

— dasselbe, s.: Pathologie u. Therapie, specielle.

— **d. Seekrankheit** als Typus d. Kinetosen. Versuch e. Mechanik d. psychosomat. Betriebes. gr. 8. (IV, 226 S.) Wien 896. A. Hölder. n. 5. 60

— Studien über den Nervus vagus. Ein Beitrag zur Lehre von den automatischen Nervencentren u. den Hemmungsnerven. gr. 8. (V, 140 S. m. 1 Steintaf.) Berlin 877. Hirschwald. n. 4. —

— **Studien üb. die Seekrankheit. gr. 8. (VI, 56 S.) Berlin 891. A. Hirschwald.** n. 1 20

— **über psychische Therapie** innerer Krankheiten, s.: **Klinik, Berliner.**

— **warum sind wissenschaftl. Schlussfolgerungen auf dem Gebiete der Heilkunde so schwierig, u. in welchem Umfange können wesentl. Fehlerquellen durch die betriebstechn. (energet.) Betrachtungsweise vermindert od. beseitigt werden? (III, 62 S.) Lex.-8. Ebd. 903.** n. 1. 60
Sonderabdruck aus: „Ztschr. f. klin. Med."

Wesen und Behandlung der Krisen bei akuten Krankheiten Von Prof O[ttomar] **Rosenbach** in Berlin. Berlin: Fischer 1899 (38 S.) 8°
= Klinik, Berliner H 134

Nervöse Zustände u. ihre psychische Behandlg. Von Prof. Dr. O[ttomar] **Rosenbach** in Berlin. *Berlin: Fischer 1897.* (VI S., 1 Bl., 105 S.) 1 Bd 8. [illegible]

— **nervöse Zustände u. ihre psychische Behandlung. 2. erweit. Aufl. (IX, 214 S.) gr. 8. Berlin 903. Fischer's medicin. Buchh.** n. 6. —

Rosenbach, Samuelis [illegible]
De contagio mallei humidi in homines translato. Vratislaviae 1842 45 S 8
Breslau, Med. Diss. v. 12 Okt 1842

Rosenbacher, Arnold, Moses u. Hammurabi. Vortrag, geh. im Zentralvereine zur Pflege jüd. Angelegenheiten in Prag. (19 S.) gr. 8. Prag 904. J. B. Brandeis. n.n. — 35

Rosenband, [illegible]
Berlin Med. Diss. [illegible]

Rosenbauer, *Andreas:* Ueber P. Ronsard's kunsttheoretische Ansichten . [Erschien vollst. u. d. T.: Die poetischen Theorien der Plejade nach Ronsard und Dubellay , als Heft x von Münchener Beitr. z. roman. u. engl. Philol. hrsg. v. Breymann u. Koeppel.] München, *Lippert & C., Naumburg a. S.,* 1895; IV, 32 S. 8.
München, Phil. Fak., Inaug.-Diss. v. 1895

Rosenbauer, A., d. poetischen Theorien d. Plejade nach Ronsard u. Dubellay, s.: Beiträge, Münchener, zur roman. u. engl. Philologie, X.

Rosenbauer, Friedrich: Zur Lehre von der Unterordnung der Sätze im Altfranzösischen Strassburg, Druck v M DuMont-Schauberg, 1886; 61 S. 8°.
Strassburg, Phil. Fak., Inaug.-Diss. v. 1886.

Rosenbauer, Friedrich, zur Lehre von der Unterordnung der Sätze im Altfranzösischen. Diss. Strassburg i. Els. 1886, Trübners Buchh. u. Antiqu. (E. d'Oleire). 8°. 61 S.

Rosenbaum, des Fräuleins Julie von, Geschichte, 2 Theile, 8. Berlin, 786. Fr. Nicolai. 1 Rthl.

Rosenbaum (Hrsg.), s. Bilder z. Orientierung in Sachen d. Hermesianismus.

Rosenbaum, letztes Wort auf die Entgegnung der Hrn. Ludwig und Achilles vom 14. August 1838. 4.

Rosenbaum, A., Resultate meiner Beobachtungen während der Cholera-Epidemie in Landsberg u. Kreuzburg. Ratibor 853. Wichura. 12. (II, 38 S.) 6 ngr.

Rosenbaum, A., üb. den nicht-buchhändlerischen Vertrieb v. Preßerzeugnissen. Studie zu den §§ 23 u. 3 d. Preßgesetzes. [Aus: „Oesterr. Zeitschr. f. Verwaltg."] gr. 8. (30 S.) Wien 888. Manz. n. — 60

Rosenbaum, Adolf: Zur operativen Behandlung der Empyeme und Empyemfisteln ... München, Buchdr. v. M. Ernst, 1895; 30 S., 1 Bl. 8.
München, Med. Fak., Inaug.-Diss. v. 1895

Rosenbaum, Alex, approb. Arzt aus Horn i. Lippe: **Über die Melanome der Vulva. Ein Fall von Melano-Sarcoma clitoridis.** *Kiel 1901: P. Peters.* (32 S.) 8°
Kiel, Med. Diss. v. [28. Mai] 1901

Rosenbaum, Alfred [prakt. Arzt in Berlin]: Ueber Agoraphobie... Berlin, Gedr. bei L. Schumacher, 1886; 31 S. 8°.
Berlin, Med. Fak., Inaug.-Diss. v. 25. März 1886.

Rosenbaum, Alfred, über Agoraphobie. Diss. Berlin 1886, Mayer & Müller. 8° 31 S.

Rosenbaum, Alfr., Grundriss zur Geschichte der deutschen Dichtung, s.a Goedeke, Karl.

[illegible] ROSENBAUM K. Goedeke's Grundriss zur Geschichte der deutschen Dichtung. 25 Heft (IX. Band, Bogen 1—10)
Prag Diss. 1908/1909

Rosenbaum, Alfred, Gerichtsreferendar in Berlin: **Carl Ferdinand Hommel in seinen Beziehungen zum Naturrecht und zur juristischen Aufklärung im 18. Jahrhundert.** Berlin-Wilmersdorf: C. Arnold 1907. (52 S.) 8°
Leipzig, Jur. Fak., Diss. v. 13. Mai 1907
[Geb. 25. Aug. 81 Berlin; Wohnort: Deutsch-Wilmersdorf b. Berlin; Staatsangeh.: Preußen; Vorbildung: Sophien-Gymn. Berlin Reife M. 99; Studium: Berlin 2, München 1, Berlin 3 S.; Rig. 23. Dez. 04.]

Rosenbaum, Arnoldus [illegible] De Brightii morbo quaedam. Vratislaviae 1858 [vielmehr 1848]. 32S. 8
Breslau, Med. Diss. [illegible]

Rosenbaum, Bernhard [aus Mewe]: Aeltere Fieberhypothesen ... Berlin, Buchdr. v. J. S. Preuss, 1894; 30 S., 1 Bl. 8.
Berlin, Med. Fak., Inaug.-Diss. v. 9. Okt. 1894

Rosenbaum, Berthold, Gerichtsrefer.: **Ist die seitens eines Deutschen in der Türkei eingegangene Vielehe von dem Deutschen Reichsstrafgesetzbuch mit Strafe bedroht?** Berlin: Trenkel 1909. 40 S. 8°
Rostock, Jur. Diss. v. 20. Mai 1909, Ref. Wachenfeld
[Geb. 18. Juli 85 Schneidemühl; Wohnort: Schneidemühl; Staatsangeh.: Preußen; Vorbildung: Gymn. Schneidemühl Reife M. 05; Studium: Berlin 3, Königsberg 3 S.; Rig. 4. März 09.] [U 09. 3690]

Rosenbaum, Bruno, Arzt: **Aus d. Bresl. chirurg. Klinik. ⟨Geheimrat von Mikulicz.⟩ Fremdkörper im Ösophagus** und ihre Entfernung. 1890—1902. *Breslau 1903: Bresl. Genoss.-Buchdr.* (37 S.) 8°
Breslau, Med. Diss. v. 3. Aug. 1903

Rosenbaum, C., de effectibus Kadmii in organismum animalem ejusque usu medico. 8. Braunschw. 820. Lucius. 8 gr.

Rosenbaum, C., geognostische Karte der Mineral-Regionen am Lake superior, Michigan, North-Amer. Zusammengetragen nach den Special-Karten der H. H. J. W. Foster u. J. D. Whitney, Geologen der Verein. Staaten N. A. u. deren Assistenten der H. H. S. W. Hill u. W. Schlatter unter Leitung des Bergrathes F. C. L. Koch. Imp. Fol. Lith. u. color. Cassel 851. (Göttingen, Dieterich.) n. 1 ß

Rosenbaum, Eman., une conférence contradictoire religieuse et scientifique sur l'anatomie et la physiologie des organes génitaux de la femme à l'école de Rami, fils de Samuel et de rabbi Yitshac, fils de rabbi Yehoudou à la fin du 2me siècle. Extraite du Talmud, traité de la „Menstruation", traduite et expliquée. gr. 8. (89 S.) Frankfurt a/M 901. J. Kauffmann. n. 3. —

Rosenbaum, Emanuel [aus Maromaros Sziget '(Ungarn)']: Warum müssen wir schlafen? Eine neue Theorie d. Schlafes ... Berlin, gedr. bei L. Schumacher, 1892; 62 S., 1 Bl., 1 Tab. 8.
Berlin, Med. Fak., Inaug.-Diss. v. 5. Apr. 1892

Rosenbaum, Eman., warum müssen wir schlafen? Eine neue Theorie d. Schlafes. gr. 8. (62 S. m. 1 Tab.) Berlin 892. A. Hirschwald. n. 1. 60

Rosenbaum, Emil [app. Arzt aus Giessen]: Aus d. patholog. Institut zu Giessen. Zur Casuistik der angeborenen Halskiemenfisteln des Menschen ... Giessen, grossh. Hof- u. Univ.-Dr. C. v. Münchow, 1895; 23 S. 8.
Giessen, Med. Fak., Inaug.-Diss. v. 1895

Rosenbaum, Ernst [app. Arzt aus Graudenz]: **Die in der Kieler Frauenklinik in dem Zeitraum von 1885—1895 bei Beckenenge unter Kunsthilfe beendeten Geburten ... Berlin,** Buchdr. „D. Post", 1897; 44 S., 1 Bl. 8.
Kiel, Med. Fak., Inaug.-Diss. v. [8. Juli] 1897

Rosenbaum, F., das europäische Porzellan des 18. Jahrh. (32 S. m. Abb.) Lex.-8. Halle 905. W. Knapp. n. 2.50
Sonderabdruck aus: „Keram. Monatshefte".

Rosenbaum, Frdr., Untersuchungen über den Kohlehydratbestand des thierischen Organismus nach Vergiftung mit Arsen, Phosphor, Strychnin, Morphin, Chloroform. Inaugural-Dissertation. gr. 8. (58 S.) Dorpat 879. (Karow.) n. 1. —

Rosenbaum, Henny, allesamt Sünder. Novellen. Buchschmuck v. Walt. Henschel vom Hain. (V, 127 S.) kl. 8. München (904). Leipzig, F. Rothbarth. n. 2. —

Rosenbaum, J., Filial-Treiberei u. Massen-Bazare, deren Auswüchse u. Folgen. 12. (32 S.) Bamberg 895. Handelsdruckerei. — 30

— Findlinge auf d. Wege d. Lebens, s.: Volksschriften zur Umwälzg. d. Geister.

Rosenbaum, J., Schutz dem Kleingewerbe u. dem Detailhandel. gr. 8. (20 S.) Nürnberg 894. (J. Korn.) n. — 20

Rosenbaum, Ida Elisab., aus der Fremde. Eine Novelle. (105 S.) 8. Leipzig 910. Xenien-Verlag. 1.50

Rosenbaum, Jo. Jos., de controversia inter Rationalismum et Supranaturalismum, ut vulgo vocantur, nostra praeprimis aetate mota. 8maj. (6½ B.) Augustae Trevir. 831. Troschel.

Rosenbaum, Joh. Jos., Über Glauben. Ein Beitrag zur Rechtfertigung der Lehren des sel. Professors Hermes über diesen Gegenstand, zunächst gegen den demselben gemachten Vorwurf der Unkirchlichkeit. Trier, Gall, 1833, 8°, 80 S., 1.50 Mk.
Festschrift zum 50jähr. Priesterjubiläum des Bischofs Jos. v. Hommer zu Trier. Erörtert klar u. bestimmt u. in würdigem Tone die Idee des Glaubens im Sinne der Philos. Einl. von Hermes. Recens. Katholik Bd. 51 (1834), S. 319—68; Bd. 54 S. 90—4.

Rosenbaum, Joh. Jos., Orientirung in Sachen d. Hermesianismus, s. Biunde, F. X.

Rosenbaum, Josef, cand. med. aus München: Das Vorkommen von Erysipel in der chirurg. Klinik und im chirurg. Krankenhaus München l. I. während der Jahre 1891—97. *München 1901: Kastner & Lossen.* (16 S.) 8° ¶ [Aus: Annalen d. städt. allgem. Krankenhäuser zu München, Bd. 11.]
München, Med. Diss. v. 1901

Rosenbaum, Jul., Additamenta ad Lud. Choulanti bibliothecam medico-historicam. 8maj. Halis Saxon. 842, Lippert. n. 1/2 ₰

Rosenbaum, Jul., Additamenta ad Lud. Choulanti bibliothecam medico-historicam. 8maj. (6 B.) Halis Saxon. 842, [Schmidt.] *

Rosenbaum, Jul., additamenta ad Lud. Choulanti bibliothecam medico-historicam. Specimen secundum. 8maj. (XI und 166 S.) Halis Sax. 847. [Braunschweig,] Schwetschke et filius.
Specimen prim. Halis 1842, [Schmidt.] * 15 Ngr.

Jul. Rosenbaum (resp. Ludov. Krahmer) analecta quaedam ad sectionis caesareae antiquitates. Adjecta est tabula lap. inc. Hal. 1836. 8.

Rosenbaum, Julius: Analecta quaedam ad sectionis caesareae antiquitates. Adjecta est tabula lapidi incisa: Halis (1836): Ploetz. 31 S., 1 Taf. 8°
Halle-Wittenberg, Med. Hab.-Schr. v. 14. Mai 1836

—— über die physische Erziehung. Erstes Wort an gebildete Eltern. 1. Wort: Das Säuglingsalter. gr. 16. (3½ B.) Leipzig 844, [Berlin,] Gebauer'sche Buchh.

Rosenbaum, Julius: De sexuali organismorum fabrica. Disquisitionum anatomico-historicarum specimen. 1. Halae 1832: Schimmelpfennig. XX, 110 S. 8°
Halle-Wittenberg, Med. Diss. v. 23. Okt. 1832
Geb. Burg [7. 9.] 1807. V.
Im Buchhandel 1832 bei Ruff in Halle.

Rosenbaum, Jul., de sexuali organismorum fabrica disquisitionum anatomico-historicarum spec. I. 8maj. (3 B.) Halae 832, (Ruff. ?)

Rosenbaum, Julius: Zur Geschichte und Kritik der Lehre von den Hautkrankheiten, mit besonderer Rücksicht auf die Genesis der Elementarformen. 109 S., gbd.

Halle: Buchhandlung des Waisenhauses 1844

JB 4.722

Rosenbaum, Jul., Geschichte der Lustseuche. 1r Thl. A. u. d. T.: Die Lustseuche im Alterthume, für Aerzte u. Alterthumsforscher dargestellt. gr. 8. Halle 839. Lippert. 2¼ ₰

Rosenbaum, Jul., Geschichte d. Lustseuche. 1. Thl. — A. u. d. T.: Die Lustseuche im Alterthume, f. Aerzte u. Alterthumsforscher dargestellt. gr. 8. (30⅛ B.) Halle 839, [Schmidt's Vrlsh.]

—— Geschichte der Lustseuche im Alterthume f. Aerzte, Philologen u. Alterthumsforscher dargestellt. 2., unveränd. Abdr. gr. 8. (29⅞ B.) Halle 845, [Schmidt's Verl.] *

Rosenbaum, Jul., Geschichte der Lustseuche im Alterthume, nebst ausführlichen Untersuchungen über den Venus- u. Phalluscultus, Bordelle, Νοῦσος θήλεια der Skythen, Paederastie u. andere geschlechtliche Ausschweifungen der Alten, als Beiträge zur richtigen Erklärung ihrer Schriften dargestellt. 3., unveränd. Abdr. gr. 8. (XII, 484 S.) Halle 882. Schmidt. n. 6. —

Rosenbaum, Jul., Geschichte der Lustseuche im Alterthume, nebst ausführlichen Untersuchungen über den Venus- und Phalluscultus, Bordelle, Νοῦσος θήλεια der Skythen, Paederastie und andere geschlechtliche Ausschweifungen der Alten, als Beiträge der richt. Erklärung ihrer Schriften dargestellt. 4. unveränd. Abdr. gr. 8. (XII, 484 S.) Halle 888, Schmidt. *

Rosenbaum, Jul., Geschichte der Lustseuche im Alterthume, nebst ausführl Untersuchgn. üb. den Venus- u. Phalluscultus, Bordelle, Νοῦσος θήλεια der Skythen, Paederastie u. andere geschlechtl. Ausschweifgn. der Alten, als Beiträge zur richt. Erklärg. ihrer Schriften dargestellt. 5. u. 6. unveränd. (Titel-)Aufl. gr. 8. (XII, 484 S.) Halle 892. 893. H. W. Schmidt. n. 6. —

Rosenbaum, Jul., Geschichte der Lustseuche im Altertume, nebst ausführl. Untersuchgn. üb. den Venus- u. Phalluskultus, Bordelle, Νοῦσος θήλεια der Skythen, Paederastie u. andere geschlechtl. Ausschweifgn. der Alten als Beiträge zur richt. Erklärg. ihrer Schriften dargestellt. 7., rev. u. m. e. Anh. verm. Aufl. (IX, 435 S.) gr. 8. Berlin 904. H. Barsdorf. n. 6. —; geb. in Leinw. n. 7. 50

— neun Jahre aus dem Leben eines Privatdocenten. Ein Beitrag zur innern Geschichte der medicin. Fakultät zu Halle. gr. 8. (55 S.) Leipzig 847, (Berlin) Gebauer. n. 8 ngl

—— die Onanie oder Selbstbefleckung, nicht sowohl Laster od. Sünde, sondern eine wirkliche Krankheit in ihrer Entstehung u. ihren Folgen, nebst Anweisung zu ihrer Heilung f. gebildete Eltern, Erzieher u. Kranke dargestellt. gr. 8. (17 B.) Leipzig 845. [Berlin,] Gebauer'sche Buchh. *

Rosenbaum, Julius (Comm.):

s.: Sprengel, Kurt (Polykarp Joachim): Geschichte der Medicin im Alterthume. 4.Aufl. Abth.1. Leipzig: 1846

JB 5.700/1,1

– s. Sprengel, Kurt: Opuscula academica.

Rosenbaum, Julius (Comm.):

s.: Sprengel, Kurt (Polykarp Joachim): Versuch einer pragmatischen Geschichte der Arzneikunde. 4.Aufl. Leipzig: 1846

JB 5.700

Karl Rosenbaum

Experimenta quaedam de effectibus kadmii in organismum animalem, ejusque usu medico. Gottingae 1819: Huth. 79 S. 8°

Göttingen, Med.Diss.v. 1819

Rosenbaum, Frau Kory Elisab., s.: Towsta, Kory.

Rosenbaum, L., der Ehestands-Arzt od. Erkenntniß u. Heilung des Unvermögens beider Geschlechter u. der männl. sowohl als weibl. Unfruchtbarkeit. Ein Hülfsbuch f. Männer u. Frauen. 8. (176 S.) Berlin 847, L. Schlesinger. 1/2 ₰

Rosenbaum, L., unentbehrlicher Rathgeber bei der Wahl einer Amme, nebst einem Anhange über Gesundheitspflege der Wöchnerinnen. Ein Noth- und Hülfsbüchlein für junge Frauen. 8. (IV und 142 S.) Berlin 847, L. Schlesinger.

Rosenbaum, L. J. Die Deutschen in Polen. Berlin 1848. 8 S. 8.

Rosenbaum, Ludwig, Referendar: **Grundsätze und Art der** Haftung des **Testamentsvollstreckers unter besonderer Berücksichtigung** der geschichtlichen **Entwicklung und Rechtsprechung.** Habelschwerdt 1910: Franke. 33 S. 8°

Breslau, Jur. Diss. v. 21. Febr. 1910, Ref. Leonhard, Schott

[Geb. 13. Jan. 86 Pleß O.-Schl.; Wohnort: Habelschwerdt; Staatsangeh.: Preußen, Vorbildung: Gymn. Pleß Reife O. 06; Studium: München 1, Berlin 3, Breslau 2 S.; Rig. 19. Nov. 09.] [U 10. 525

Rosenbaum, M., Kein Journal mehr! oder allerneueste Methode zur Einrichtung für Prima-Nota, Cassa- und Factura-Buch, für Einkauf und Verkauf, zur doppelten und einfachen Buchführung mit und ohne Journal. 3. Aufl. gr. 8. (VI und 30 S. mit 5 Tab. in Fol. und gr. Fol.) Berlin (861)62, Adolf und Comp.

Rosenbaum, **Max, Bekenntnisse e. Deserteurs. I. Meine Erzehg. II. Die Berliner Börse. III. Soldatenleben im Frieden.** Von **M. R., Einj. Freiw. im 2. Garde-Dragoner-Regiment in Berlin vom 1. 10.—1. 12. '92. 12. (72 S.)** Amsterdam 894. (A. Dieckmann.) n. 1. —

Rosenbaum, Max, a. Grebenstein: **Über die Harnsäureausscheidung** bei einem mit **Röntgenstrahlen behandelten** Leukämiker. Berlin 1907: W. Büxenstein. (13 S., 1 Taf.) 8°

Leipzig, Med. Fak., Ref. Hoffmann, Diss. v. 28. Nov. 1907

[Geb. 4. Mai 82 Grebenstein (Hessen-N.); Wohnort: Berlin; Staatsangeh.: Preußen; Vorbildung: Gymn. Weilburg a. L. Reife O. 02; Studium: München 1, Heidelberg 2, Würzburg 2, München 2, Berlin 1, Göttingen 2 S., Coll. 16. Dez 07, Approb. 24. Juli 07]

Rosenbaum, Otto, approb. Arzt aus Schwerin i. M.: **Aus d. Kgl. Augenklinik zu Kiel. Ueber Retinitis pigmentosa.** *Kiel 1900: P. Peters.* (22 S.) 8°

Kiel, Med. Diss. v. [14. Juli] 1900

Rosenbaum, Paul, approb. Arzt aus Ludwigslust: **Aus d. pathol. Institute zu Kiel. Ein Beitrag zur Aetiologie der Hirnblutungen.** *Kiel 1903: P. Peters.* (17 S.) 8°

Kiel, Med. Diss. v [14. Apr.] 1903

Richard ROSENBAUM Zacharias' Stellung in der Geschichte des böhmischen Heldengedichtes im 18. Jahrhunderts

Prag: Phil. Diss. 1889/90.

Rosenbaum, Saly, approb. Arzt aus Frankfurt a. M. ⟨Aus d. Kgl. Universitäts-Augenklinik zu Marburg.⟩ **Beiträge zur** Aplasie des Nervus opticus. *Marburg a. L. 1902: (Imberg & Lefson in Berlin).* (16 S.) 8° ¶(Aus. Zeitschrift f. Augenheilkunde, Bd 7.)

Marburg, Med. Diss. v 28. Jan. 1902

Rosenbaum, Theod. (Augustus) Guil. (gen. Graudenz [illegible]) De usu catheteris in partu praematuro artificiali. Berolini (1860) (32 S.) 8°

Berlin, Med. Diss. v. 30. März 1860

Rosenbaum, W., der Hellweg. Plattdeutsches Gedicht. gr. 8. (12 S.) **Bochum 893. A. Stumpf.** n. — 60

Rosenbaum, Wilhelm

Rosenbaum, W., der Abdominalanthraxtyphus d. Pferde. gr. 8. (1½ B.) Zerbst 846, Kummer'sche Buchh.

Rosenbaum, W., Der Abdominalanthraxtyphus der Pferde. (24 S.) Zerbst 46. (Violet, Leipzig.) M. —.50

Rosenbaum, Wilhelm [aus Berlin]: **Aktinogramme, als diagnostisches Hilfsmittel bei Hüftgelenkserkrankungen ...** Erlangen, kgl. bayer. Hofbuchdr. v. A. Vollrath, 1897; 25 S., 1 Bl., 1 Taf. 8.

Erlangen, Med. Fak., Inaug.-Diss. v. 22. Jan. 1897

Rosenbaum, Wilh., die Wuthkrankheit bei den Haussäugethieren in ihrer pathologisch-therapeut. und polizeilich-socialen Beziehung. Ein meistens auf eigenen Erfahrungen begründeter, für Aerzte und Nichtärzte bearb. Beitrag zur Monographie dieses Uebels. gr. 8. (VIII und 104 S.) Zerbst 848, Kummer'sche Buchh.

Rosenbaum, Wilhelm, a. Witten, **Gerichtsassessor in Bochum:** Das Verhältnis des **Wandelungsanspruches** beim Kaufe zur Anfechtung des Kaufes **wegen Irrtums oder Betrugs.** Bochum 1907: W. Stumpf. (52 S.) 8°

Erlangen, Jur. Fak., Ref. Siber, Diss. v. 4. Dez. 1907

[Geb. 23. Febr. 76 Witten (Westfalen); Wohnort: Bochum; Staatsangeh.: Preußen: Vorbildung: Gymn. Bochum Reife O. 97; Studium: München 2, Berlin 2, Marburg 2 S.; Rig. 21. Nov. 07.]

Rosenbaum-Jenkins, s.: Lawn-Tennis-Handbuch f. Oesterr.

Rosenberg [Sachl.OW]

Rosenberg, eine bayersche Klostergesch. 2 Thle. 8. Frankf. (Stein in Nürnb.) 783.

Rosenberg, Graf von, oder das enthüllte Verbrechen. Eine wahre Geschichte aus der letzten Zeit des 30jähr. Krieges. Leipz. 1791. V: *Naubert, Christiane Benedicte Eugenie geb. Hebenstreit.* (EE) (Ky)

— Graf, oder das enthüllte Verbrechen, eine Geschichte aus der letzten Zeit des dreyßigjährigen Krieges, mit 1 Kupf. 8. Leipzig, 791. Weygand. 25 sgl.
Dasselbe Buch mit 1 Kupf. 8. Wien, 792. Haas. 15 sgl.

Rosenberg, Die Gräfin von, oder das biedere Mädchen. Leipzig 1804. V: *Kanngiesser, Peter Friedrich.* (MGT) (Ky) (GGr)

v. Rosenberg, die Gräfin, od. das biedere Mädchen, (v. Pt. Fr. Kanngießer). 8. Leipz. 804. Er. Fleischer. 1 ℳ

Rosenberg, Franz, eine Geschichte unserer Zeit, von A. Wesling, 8. Daselbst, 795. Hartmann. 1 Rthl.

Rosenberg [Schlagwort]

— s. a.: Forstkarten.

Rosenberg, s.a. Kreiskarten.

– s.a. Marienwerder

Rosenberg, Kreis, s.a. Oppeln, Reg.-Bez.

Rosenberg, s.a. Riesen- u. Glatzer-Gebirge, das, in Bild u. Wort.

Rosenberg, s.a.Woerl's Reisehandbücher.

Rosenberg. Hilscher, A., Karte des Kreises Rosenberg (Wpr.). 1 : 40,000. 6 Blatt à 54,5 × 45 cm. Farbendr. Riesenburg 896. L. Schwalm. n. 9. —; auf Leinw. m. Stäben n. 12. —; in Leinw.-Mappe n.n. 14. —

Rosenberg, Kreis. Karte des Kreises Rosenberg im Reg.-Bez. Marienwerder. Hrsg. v. der kartogr. Abteilg. der königl. preuss. Landesaufnahme 1905. Aufgenommen vom königl. preuss. Generalstab 1869—72. 1 : 100,000. 43×55 cm. Farbdr. Berlin (R. Eisenschmidt). n.n. 2. —; ermäss. Preis n.n. 1. 50

Rosenberg, Kreis. Spezialkarte vom Kreise Rosenberg. Rev. v. den zuständ. Behörden. 1 : 100,000. 44×51 cm. Farbdr. Lissa (908). O. Eulitz. — 50. auf Leinw. 1. —

Rosenberg [Verfasser]

Rosenberg, Baron von [Pseud.]. s. a. Christern. Johann Wilhelm

Rosenberg, v. Andeutungen zur Ausbildung des Regiments. Rathenow 1879. 8°.

Rosenberg: Ansichten, s. Strack, Ludwig

Brüder Rosenberg's Berichte vom Wiener Centralviehmarkte. Wochenschrift. Herausgegeben von Sandor Rosenberg in Wien. (H.-M., Z. 51949, ddo. 29. September 1896.)

v. Rosenberg, Hamburg's galante Damen bei Licht besehen. Neustadt 858. (Altona, Verlagsbureau.) 16. (48 S.) 6 ngr.

Rosenberg, v., Dienst-Vorschriften f. die Mannschaften der Jäger- u. Schützen-Bataillone, s.: Liebr.

Rosenberg, Fürst, der Dualismus in der Landes-Verwaltung. Vorschläge zur Verwaltungsreform. gr. 8. (15 S.) Klagenfurt 881. v. Kleinmayr. — 30

Rosenberg, endlich gelöst! Die Ostmarkenfrage. Die Landarbeiterfrage. (VII, 76 S.) gr. 8. Leipzig 905. A. Deichert Nachf. n. 1. —

Rosenberg.: Faktorentafel für alle Zahlen... s. Dase

Rosenberg, maurerische Fest-Klänge. Reden. 8. (VII, 91 S.) Hirschberg i/Schl. 888. (Kuh.) n. 1. 30

Rosenberg, Oberst v., zusammengewürfelte Gedanken über unseren Dienst (Cavallerie). 1. und 2. Aufl. gr. 8. (109 S.) Rathenow 884, Haase's Buchh. * 3 —

—— Hamburg's galante Häuser bei Nacht und Nebel. 1—6. Aufl. 16. (48 S.) Neustadt 858,59. (Altona, Verlags-Bureau.)

Der polnische Klerus das deutsche Zentrum und das evangelische Deutschtum. Vortrag, geh. im Zweigverein 'Berlin' d. evang. Bundes 1908 von Pastor prim. Rosenberg in Kempen-Posen. Lissa i. P. Eulitz (1908). 24 S. 8°

Rosenberg, der polnische Klerus, das deutsche Zentrum u. das evangel. Deutschtum. Vortrag, geh. im Zweigverein „Berlin" des evangel. Bundes am 20. XI. 1908. (24 S.) 8. Lissa (909). O. Eulitz. — 30

Rosenberg: Klopstock über die Alten. 25 S. –Berlin Gw, Progr. 1856

— galante Mysterien der Hamburger Maitressen, Unterhaltenen, Grisetten und Loretten. Neustadt 858. (Altona, Verlags-Bureau.) 16. (48 S.) 6 ngr.

— Schieß-Buch, s.: Liebr.

Rosenberg, Baron v., der Universal-Deklamator oder der allezeit fertige Komiker. Eine Sammlung der neuesten u. berühmtesten ernsten, scherzhaften u. lustigen Vorträge. 8. (96 S.) Bremen 880. Haake. 1. —

Rosenberg, A., das Judenthum u. die Nationalitätsidee. Eine völkerpsycholog. Studie. 8. (31 S.) Kaposvár 882. (Wien, Perles.) n — 60

Rosenberg, A. G., Untersuch. u. Erklärung v. d. Ursachen der Electricität, herausgeg. v. P. W. Bresl. 8°.

1745

Rosenberg, Abraham Glo.

— histor. Abhandl. v. d. ersten Kirchenvisitation in d. evangel. Kirche, welche v. Luther u. Melanchthon in d. J. 1527, 28 u. 29 gehalten worden rc. 4. Bresl. 754. (Gesohorsky). 2 gl.

Rosenberg, Abrh. Glo., († 1764.) schlesische Reformationsgeschichte, nach d. Verfass. Tode v. e. Freunde desselben mitgetheilt rc. gr. 8. Bresl. 767. (Gosohorsky). 1 ℔

— s. J. Egaurin, Predigten.

Rosenberg, Adolf

Rosenberg, Ad. Heinrich Aldegrever. (Dohme, Kunst und Künstler Abth. 1, Bd. I.)

Rosenberg, Ad. Albrecht Altdorfer. (Dohme, Kunst und Künstler. Abth. 1, Bd. I.)

Rosenberg.: Architektur Deutschlands. s. Licht

Rosenberg, Adf., Architektur der Gegenwart, s.: Licht, Hugo.

Rosenberg, Ad. Jacob Binck. Dohme, Kunst und Künstler. Abth. 1, Bd. I.)

Rosenberg, Adf., Herr Professor Bötticher als Archäolog. Ein Beitrag zur Geschichte der Berliner Archäologie. gr. 8. (31 S.) Berlin 873. Borntraeger. n. — 80

Rosenberg, A: Die Bühneneinrichtung des neuen Cölner Stadttheaters. Coln a. Rh (1904)

– Defregger. s.a. Künstler=Monographien

[J.] Defregger. Von Adolf Rosenberg. M. 96 Abb. nach Gemälden u. Zeichngn. *Bielefeld & Leipzig: Velhagen & Klasing 1897* (2 Bl., 100 S., 1 Portr.) 1 Bd 4.(8.)
= Künstler-Monographien. [Bd] 18. (97. 1853)

Defregger. Von Adolf Rosenberg. Mit 97 Abb. nach Gemälden u. Zeichn. 2. Aufl. *Bielefeld & Leipzig: Velhagen & Klasing 1900.* (108 S.) 4°(8°) [F.]
= Künstler-Monographien. 18. [01. 2481

Rosenberg, A. Eugène Delacroix (Dohme, Kunst und Künstler. Abth. 4, Bd. II.)

Rosenberg, Ad. Paul Delaroche (Dohme, Kunst und Künstler. Abth. 4, Bd. II.)

Rosenberg, A. Donatello. (Dohme, Kunst und Künstler. Abth. 2, Bd. I.)

Rosenberg, Adf., (Gustav) Eberlein, s. a. Künstler-Monographien. LXVI.

Eberlein. Von Adolf Rosenberg. Mit 106 Abb. *Bielefeld & Leipzig: Velhagen & Klasing 1903.* (120 S.) 4°(8°) [F.]
= Künstler-Monographien. 66. [04. 3036

— die Erinyen. Ein Beitrag zur Religion u. Kunst der Griechen. Mit 2 (eingedr.) Holzschn. u. e. Taf. in Steindr. (in qu. 4.) gr. 8. (IV, 87 S.) Ebend. 873. n. 3. —

— Die Erinyen. Ein Beitrag zur Religion und Kunst der Griechen. 1894. 87 S.

Rosenberg, Ad. Peter Flötner (Dohme, Kunst und Künstler. Abth. 1, Bd. I.)

— Deutschlands regierende Fürsten, s.: Reichard, F.

— E. v. Gebhardt, s. a. Künstler-Monographien.

E von Gebhardt Von Adolf Rosenberg. Mit 93 Abb nach Gemälden u. Zeichn. Bielefeld & Leipzig: Velhagen & Klasing 1899 (96 S.) 4° (8°)
= Künstler - Monographien. 38.

Rosenberg, Adf., Théodore Géricault und Eugène Delacroix, s. Kunst und Künstler der ersten Hälfte des 19. Jahrh.

ROSENBERG, A. Geschichte des Kostüms. 5 Bände. Mit 200 Tafeln in reichem Farbendruck und 200 Tafeln in Schwarzdruck. Berlin 1906—23. 4°. (24.32 cm.) In 5 Orig.-Halblederbänden.

Rosenberg, Adf., Geschichte des Kostüms. I. Bd. 1.—3. Lfg. (30 [16 farb.] Taf. m. V, 39 S. Text.) 4. Berlin 905. 906. E. Wasmuth. In Mappe à n. 6.—; grössere Ausg., 50×34 cm à n. 10. —

Rosenberg, Adf., Geschichte des Kostüms. 4.—13. Lfg. (I. Bd. 4.—8. Lfg. u. II. Bd. 1.—5. Lfg.) (100 [48 farb.] Taf. m. 148 Bl. u. S. Text.) 34,5×25 cm. Berlin (907—10). E. Wasmuth. à Lfg. 6.—; grössere Ausg., 50×33 cm. à Lfg. 10. —

—— Geschichte der modernen Kunst. (In 2 Bdn.) 1.—4. Lfg. gr. 8. (S. 1—384 mit Kopfleisten und Ornamenten.) Leipzig 882—84, Grunow. à Lfg. *M 2. *

Rosenberg, Adf., Geschichte der modernen Kunst. 5.—12. Lfg. Lex.-8. (1. Bd. S. 385—483; 2. Bd. 489 S.; 3. Bd. S. 1—192.) Leipzig 885—88, Grunow. à Lfg. *M 2.—. *

1.—4. Lfg. Ebendas. 1882—84. à *M 2.—

Rosenberg, A., Geschichte der modernen Kunst. 7.—15. Lfg. (2. Bd. S. 97—489, 3. Bd. IX, 488 S.) Lex.-8. Leipzig 888. 889. Grunow. à Lfg. n. 2. — (1—3. Bd.: n. 30. —; in Halbfrz. geb. n.n. 40. 50)

Geschichte der modernen Kunst v. Adolf Rosenberg. 2 erg. Ausg. Bd I - III. Leipzig: F W.Grunow 1894. 3 Bde 8.
I. Gesch. d. Französ. Kunst v 1789 bis z. Gegenwart. (2 Bl., 501 S.)
II Die Deutsche Kunst. I. Abschn. 1795 - 1848. (2 Bl., 489 S.)
III II Abschn 1849 - 1893. (VIII, 502 S.)

— Geschichte der modernen Kunst von der französischen Revolution bis auf die Gegenwart. Neue Subskr. — Billige (Titel-)Ausg. 16 Lfgn. gr. 8. (1. Bd. 480 S., 2. Bd. 489 S., 3. Bd. VIII, 502 S.) Leipzig 893. 894. F. W. Grunow. (Gera, C. B. Griesbach.) à Lfg. n. 1. —

– Ghibert u. Donatello, s. Kunst u. Künstler d. Mittelalters u. der Neuzeit.

—— s. Guhl, Ernst, Künstlerbriefe.

— Handbuch der Kunstgeschichte. Mit 885 Abbildgn. im Text u. 4 Beilagen. Lex.-8. (VI, 646 S.) Bielefeld 902. Velhagen & Klasing. Kart. n. 12. —; geb. in Halbfrz. n. 15. —

— Handbuch der Kunstgeschichte. 2. verb. u. verm. Aufl. Mit 903 Abbildgn. im Text u. 4 Beilagen. Hrsg. v. Hans Rosenhagen. (VIII, 677 S.) Lex. 8. Bielefeld 908. Velhagen & Klasing. Geb. 12.—; in Halbfrz. 15. —

Rosenberg, Ad. Augustin Hirschvogel. (Dohme, Kunst und Künstler. Abth. 1, Bd. I.)

— Friedr. Aug. v. Kaulbach, s. a. Künstler-Monograph.

Friedrich August von Kaulbach. Von Adolf Rosenberg. Mit 107 Abb. nach Gemälden u. Zeichn. *Bielefeld & Leipzig: Velhagen & Klasing 1900.* (112 S.) 4°(8°) [F.]
— Künstler-Monographien. 48. [01. 2485

Friedrich August von Kaulbach von Adolf Rosenberg. Mit 1 Titelbild, 1 Portr. u. 125 Textabb. 2. Aufl. Bielefeld & Leipzig: Velhagen & Klasing 1910. 131 S. 4°(8°)
(Künstler-Monographien. 48.) [11. 1897

— A. Klamroth. Ein Meister der Pastellmalerei. gr. 4. (40 S. m. Abb.) Leipzig 901. H. Seemann Nachf. n. 1. —

—— Klassiker der Architektur, s. Klassiker-Bibliothek der bildenden Künste.

— s.: Klassiker der Kunst in Gesamtausgaben.

Rosenberg, Ad. Hans von Kulmbach. (Dohme, Kunst und Künstler. Abth. 1, Bd. I.)

— der Kupferstich in der Schule u. unter dem Einflusse d. Rubens, s.: Geschichte der vervielfältigenden Künste.

Rosenberg, Ad. Hans Ladenspelder. (Dohme, Kunst und Künstler. Abth. 1, Bd. I.)

Rosenberg, Ad. Hans Lautensack. (Dohme, Kunst und Künstler. Abth. 1, Bd. I.)

— Lenbach, s. a. Künstler-Monographien. XXXIV.

[F.] Lenbach. Von Adolf **Rosenberg.** M. 101 Abb. nach Gemälden u. Zeichngn. *Bielefeld & Leipzig: Velhagen & Klasing 1898.* (1 Bl., 422 S., 1 Portr.) 1 Bd 4.(8.)
= **Künstler-Monographien.** [Bd] 34. [98. 7617

Lenbach. Von Adolf **Rosenberg.** Mit 1 Titelbild u. 120 Abb. nach Gemälden u. Zeichn. 3. Aufl. *Bielefeld & Leipzig: Velhagen & Klasing 1903.* (132 S.) 4°(8°) [F.]
— **Künstler-Monographien.** 34. [04. 4179 6

Lenbach. Von Adolf **Rosenberg.** Mit 1 Titelbild, 122 Abb. u. 3 Einschaltbild. 4. Aufl. Bielefeld & Leipzig: Velhagen & Klasing 1905. (130 S.) 4°(8°) [F.]
— **Künstler-Monographien.** 34. [07. 6643 6

— **Leonardo da Vinci, s.a. Monographs on artists. VII.**

— **Leonardo da Vinci, s.a. Künstler-Monographien.**

[F.] Leonardo da Vinci. Von Adolf **Rosenberg.** M. 128 Abb. nach Gemälden u. Zeichngn. *Bielefeld & Leipzig: Velhagen & Klasing 1898.* (1 Bl., 136 S., 1 Portr.) 1 Bd 4.(8.)
= **Künstler-Monographien.** [Bd] 33. [98. 7770

Leonardo da Vinci. By Adolf **Rosenberg,** transl. by J. Lohse. With 128 Ill. *Bielefeld & Leipzig: Velhagen & Klasing 1903.* (VII, 155 S.) 4°(8°)
— **Monographs on artists.** 7. [03. 6690

Leonardo da Vinci. Von Adolf **Rosenberg.** Mit 128 Abb. 2. Aufl. Bielefeld & Leipzig: Velhagen & Klasing 1907. (140 S.) 4°(8°) [F.]
— **Künstler-Monographien.** 33. [08. 5476 6

—— **s. Licht, Hugo, Architektur Deutschlands.**

— **s.: Licht, H., Architektur d. Gegenwart.**

Rosenberg, Ad. Melchior Lorch. (Dohme, Kunst und Künstler. Abth. 1, Bd. I.)

– Lucas v. Leyden, s. Kunst u. Künstler d. Mittelalters u. der Neuzeit.

– die Maler der deutschen Renaissance unter dem Einflusse Dürer's [die deutschen Kleinmeister], s. Kunst u. Künstler d. Mittelalters u. der Neuzeit.

— die Berliner Malerschule 1819—1879. Studien u. Kritiken. 8. (X, 358 S.) Berlin 879. Wasmuth. n. 5. —

— **aus der Düsseldorfer Malerschule. Studien u. Skizzen. Ausg. A. Mit 16 Kpfrn. (auf chines. Pap.) u. eingedr. Holzschn. 4. (74 S.) Leipzig 890. E. A. Seemann. geb. m. Goldschn. n. 25. —; f. Abonnenten der Zeitschr. f. bild. Kunst n.n. 15. —; Ausg. B. Mit Kpfrn. auf weißem Pap. n. 20. —; f. Abonnenten der Zeitschr. f. bild. Kunst n.n. 12. —**

—— **die Münchener Malerschule seit dem J. 1871. Gewöhnliche Ausg. mit Kupfern auf weißem Papier. 12 Lfgn. gr. 4. (88 S. mit eingedr. Holzschn. und 28 Kpfrlichtdr.) Leipzig 887, Seemann.**
à Lfg. ℳ 1.50. * 18 —
geb. * 20 —
Mit Kpfrn. auf chines. Pap. à Lfg. 2 —
Prachtausg. * 24 —
geb. in Calico mit Goldschn. * ℳ 27.—.; in Saffian 36 —

– Adriaen u. Isack van Ostade, s.a. Künstler–Monographien.

Adriaen und Isack van Ostade. Von Adolf Rosenberg. Mit 107 Abb. nach Gemälden, Zeichn. u. Radierungen. Bielefeld & Leipzig: Velhagen & Klasing 1900. (109 S.) 8°
=Künstler-Monographien. 44.

Rosenberg, Ad. Michael Ostendorfer. (Dohme, Kunst und Künstler. Abth. 1, Bd. I.)

Rosenberg, Ad. Georg Pencz. (Dohme, Kunst und Künstler. Abth. 1, Bd. I.)

– Hermann Prell, s.a. Künstler=Monographien.

Prell. Von Adolf **Rosenberg.** Mit 115 Abb. *Bielefeld & Leipzig: Velhagen & Klasing 1901.* (116 S.) 4°(8°) [F.]
— **Künstler-Monographien.** 53. [02. 8473

— **s.: Raffael, Gemälde.**

Rosenberg, (Car.) Adolph. (geb. Bromberg 30. 1. 1850): De Erinyum religione, cultu, imaginibus particula prior. Berolini (1872). (32 S.) 8°
* Vollst. ersch. u. d. T.: Die Erinyen. Ein Beitrag zur Religion und Kunst der Griechen. Berlin: Gebr. Borntraeger 1873.
Berlin, Phil. Diss. v. 26. Juli 1872

— **s.: Rembrandt, Gemälde.**

Rosenberg, Ad. Leopold Robert. (Dohme, Kunst und Künstler. Abth. 4, Bd. II.)

— **s.: Rubens, P. P., Gemälde.**

— s.: Rubensbriefe.

Rosenberg Av, die Rubensstecher. (168 S 43 T) fol (Geschichte der vervielfältigenden Künste I)
Wien 1893

– François Rude, s. Kunst und Künstler der ersten Hälfte des 19. Jahrh.

— Andrea u. Jacopo Sansovino. s.: Kunst u. Künstler d. Mittelalters u. der Neuzeit.

Rosenberg, A. Andrea Sansovino. (Dohme, Kunst und Künstler. Abth. 2, Bd. III.)

Rosenberg, A. Jacopo Sansovino. (Dohme, Kunst und Künstler. Abth. 2, Bd. III.)

Rosenberg, Ad. Hans Schäufelein. (Dohme, Kunst und Künstler. Abth. 1, Bd. I.)

Rosenberg, A. Erhard Schön. (Dohme, Kunst und Künstler. Abth. 1, Bd. I.)

Rosenberg, A., Sebald und Barthel Beham. gr. 8. Leipzig 875, List und Francke. * 6 —

— **Sebald u. Barthel Beham, zwei Maler der deutschen Renaissance. Mit 24 (eingedr.) Holzschn.-Illustr. (u. 1 Holzschntaf.) gr. 8. (IV, 143 S.) Leipzig 875. Seemann. n. 6. —**

Rosenberg, Ad. Hans Springinklee. (Dohme, Kunst und Künstler. Abth. 1, Bd. I.)

Rosenberg, Adolf, approb. Arzt aus Münster i. W.: **Ueber Tabes dorsalis mit Hemiplegie. Ein Beitrag zur Syphilis-Tabesfrage.** *München 1902: C. Wolf & Sohn.* (33 S.) 8°
München, Med. Diss. v. 1902

– Teniers d. Jüngere, s.a. Künstler=Monographien.

[F.] Teniers der Jüngere. Von Adolf Rosenberg. M. 63 Abb. v. Gemälden u. Zeichngn. *Bielefeld & Leipzig: Velhagen & Klasing 1895.* (2 Bl., 79 S., 1 Portr.) 1 Bd 4.(8.)
= Künstler-Monographien. [Bd] 8. [96. 4449

Teniers der Jüngere. Von Adolf Rosenberg. Mit 79 Abb. 2. Aufl. *Bielefeld & Leipzig: Velhagen & Klasing 1901.* (98 S.) 4°(8°) [F.]
= Künstler-Monographien. 8. [01. 9520

– Terborch u. Jan Steen, s.a. Künstler=Monographien.

[F.] Terborch und Jan Steen. Von Adolf Rosenberg. M. 95 Abb. nach Gemälden u. Zeichngn. *Bielefeld & Leipzig: Velhagen & Klasing 1897.* (2 Bl., 113 S.) 1 Bd 4.(8.)
= Künstler-Monographien. [Bd] 19. [97. 2854

– Thorwaldsen, s.a. Künstler=Monographien.

[F.] Thorwaldsen. Von Adolf Rosenberg. M. 146 Abb. *Bielefeld & Leipzig: Velhagen & Klasing 1896.* (2 Bl., 104 S., 2 Taf.) 1 Bd 4.(8).
= Künstler-Monographien. [Bd] 16. [97. 2855

Thorwaldsen Von Adolf Rosenberg. Mit 146 Abb 2. Aufl. Bielefeld & Leipzig: Velhagen & Klasing 1901. (108 S.) 4° (8°)
= Künstler - Monographien. 16.

– Vautier, s.a. Künstler=Monographien.

[F.] Vautier. Von Adolf Rosenberg. M. 111 Abb. nach Gemälden u. Zeichngn. *Bielefeld & Leipzig: Velhagen & Klasing 1897.* (1 Bl., 98 S., 1 Portr., 1 Taf.) 1 Bd 4.(8.)
= Künstler-Monographien. [Bd] 23. [98. 1146

—— Palma Vecchio, s.a. Kunst und Künstler des Mittelalters und der Neuzeit.

Rosenberg, A. Palma Vecchio. (Dohme, Kunst und Künstler. Abth. 2, Bd. III.)
Gutbier. Museum d. ital. Malerei in Photogr. XXXV.

– Horace Vernet, P. Delaroche, Leopold Robert, s.a. Kunst und Künstler der ersten Hälfte des 19. Jahrh.

Rosenberg. Adolf. Horace Vernet (1789–1863). Paul Delaroche (1797–1856), Leopold Robert (1794–1835). [Illustré.] 4. [Leipzig 1885.]
[Robert] Dohme Kunst und Künstler d. 19. Jahrh. No. 15.

– Antoine Watteau, s.a. Küstler-Monographien

[F.] Antoine Watteau. Von Adolf Rosenberg. M. 92 Abb. v. Gemälden u. Zeichngn. *Bielefeld & Leipzig: Velhagen & Klasing 1896.* (2 Bl., 106 S., 1 Bl., 1 Taf.) 1 Bd. 4.(8.)
= Künstler-Monographien. [Bd] 15. 97. 2856

– A. v. Werner, s.a. Künstler=Monographien.

[F.] Anton v. Werner. Von Adolf Rosenberg. M. 125 Abb. v. Gemälden u. Zeichngn. *Bielefeld & Leipzig: Velhagen & Klasing 1895.* (2 Bl., 128 S., 5 Taf.) 1 Bd 4.(8.)
= Künstler-Monographien. [Bd] 9. [96. 4449

A. v. Werner. Von Adolf Rosenberg. Mit 134 Abb. 2. Aufl. *Bielefeld & Leipzig: Velhagen & Klasing 1900.* (140 S.) 4°(8°) [F.]
= Künstler-Monographien. 9. [01. 2880

Rosenberg, Albert [aus Berlin]: Beiträge zur Kenntnis des Hydrastins. . . . Berlin, Buchdr. v. Gustav Schade (Otto Francke) (1890); 60 + 1 S. + 1 Bl. 8°
Berlin, Phil. Fak., Inaug.-Diss. v. 12. Jul. 1890

Die Bühneneinrichtung des neuen Cölner Stadttheaters. Hrsg. von d. Erbauer d. Bühneneinrichtung Albert Rosenberg, Betriebsinsp. d. ver. Stadttheater. *Cöln 1903: T. Fuhrmann.* (70 S.) 4° [03. 6

Rosenberg, Albert (geb. Schloppe in Westpr. 17. 9. 1850) Ueber einen Fall von Misbildung. Berlin (1880). (31 S.) 8°
Berlin. Med. Diss. v. 6. Aug. 1880

Rosenberg, Alb., die Krankheiten der Mundhöhle, des Rachens u. des Kehlkopfes. Mit Einschluss der Untersuchungs- u. Behandlungsmethoden. Für prakt. Aerzte u. Studirende. gr. 8. (X, 329 S. m. 178 Abbildgn., 1 farb. Taf. u. 1 Bl. Erklärgn.) Berlin 893. S. Karger. n. 8. —; geb. n. 9. —

Rosenberg, Alb., die Krankheiten der Mundhöhle, des Rachens u. des Kehlkopfes m. Einschluss der Untersuchungs- u. Behandlungsmethoden. Für prakt. Aerzte u. Studirende. 2. neu durchgeseh. u. erweit. Aufl. gr. 8. (X, 412 S. m. 180 Abb.) Berlin 899. S. Karger. n. 7. —; geb. n. 8. —

Rosenberg, Alb., Pathologie u. Therapie d. Rachenkrankheiten, s.a. Pathologie u. Therapie, spezielle.

Pathologie und Therapie der Rachenkrankheiten. Von Prof. Dr. Albert Rosenberg, Berlin. Mit 50 Abb. Wien & Leipzig: Hölder 1911. VI, 164 S. 8°
(Spezielle Pathologie u. Therapie.) [10. 18319

— der Retropharyngealabscess. (6 S.) gr. 8. Berlin 903. J. Goldschmidt. n. 1. —
Sonderabdruck aus: „Deut. medicin. Presse".

— Therapeutisches Taschenbuch d. Nasen-, Rachen- u. Kehlkopfkrankheiten, s.a. Fischer's therapeut. Taschenbücher. IX. Bd.

Therapeutisches Taschenbuch der Nasen-, Rachen- und Kehlkopfkrankheiten. Von Prof. Dr. Albert Rosenberg. Berlin: Fischer's Med. Buchh. 1910. VII, 102 S. 8°
(Fischer's Therapeutische Taschenbücher. 9.) [11. 14230

Rosenberg, Alb., welche Nasenkrankheiten kann man ohne techn. Untersuchungsmethoden erkennen?, s.a. Klinik, Berliner.

Welche Nasenkrankheiten kann man ohne technische Untersuchungsmethoden erkennen? Prakt. Fingerzeige f. d. Arzt. Von Prof. Dr. Albert Rosenberg, Berlin. Mit 20 Abb. *Berlin: Fischer 1903.* (37 S.) 8°
= Klinik, Berliner. H. 175. [03. 1949

Rosenberg, Alexander: Uber die Entwicklung des Extremitäten-Skeletes bei einigen durch Reduction ihrer Gliedmassen characterisirten Wirbelthieren. Mit 3 Taf. Leipzig 1872. 56 S
Aus. Zeitschrift fur wissenschaftl. Zoologie. Bd 23.

Rosenberg. Alexander Untersuchungen über die Entwickelung der Teleostier-Niere Diss. Dorpat. 8° 77 pp. mit einer lithographirten Tafel.
1867.

Rosenberg, Alex., vergleichende Untersuchungen betr. das Alkalialbuminat, Acidalbumin u. Albumin. gr. 8. (39 S.) Dorpat 883. (Karow.) n. 1. —
Diss.

Rosenberg, Ant. Gl., schles. Reform. Gesch. gr. 8. Bresl. Meyer. 767.

Rosenberg, Arthur, prakt. Arzt: **Die Behandlung von Kniegelenkscontracturen.** *Königsberg i. Pr. 1902: O. Kümmel.* (40 S.) 8°
Königsberg, Med. Diss. v. 24. Jan. 1902

Rosenberg, Arthur, appr. Arzt: Beiträge zur Kasuistik der Streptokokkeninfektion. Berlin 1909: G. Schade. 24 S. 8°
Berlin, Med. Diss. v. 13. Aug. 1909, Ref. Bier
[Geb. 27. Okt. 73 Konitz; Wohnort: Konitz; Staatsangeh.: Preußen; Vorbildung: Gymn. Konitz Reife M. 93; Studium: Berlin 8 S.; Coll. 12. Aug. 09; Approb. 23. Mai 98.] [U 09. 95

Rosenberg, Aug. Ferd., die preussische Kauffahrtei-Flotte. Verzeichniss sämmtlicher preuss. Schiffe, excl. Küstenfahrer, deren resp. Correspondent-Rheder, Führer, Bauart und Grösse, im Anfange des J. 1855. 24. (55 S.) Stettin 855, Müller'sche Buchh. *

—— dass. — im Anfange des J. 1856. 24. (59 S.) Ebds. 856.

Rosenberg, Benjamin [app. Arzt aus Ahlen in Westfalen]: Über das diastatische Ferment im Harn und über experimentelle Fermenturie. ... Tübingen, Druck d. L. Fr. Fues'schen Buchdr. (W. Armbruster & O. Riecker), 1890; 27 S. 8°
Tübingen, Med. Fak., Inaug.-Diss. v. 1890

Rosenberg, Bernhard [aus Neudenau, Baden]: Ueber die Bakterien des Mainwassers. (Aus d. pharmakolog. Institut Würzburg).... (Sep.-Abdr. aus d. Archiv für Hygiene. 1886.) München, Druck v. R. Oldenbourg, 1886; 1 Bl. + 37 S. 8°.
Würzburg, Med. Fak., Inaug.-Diss. v. 1886.

Rosenberg, Bernhard, a. Uerdingen: Die älteste mittelenglische Übersetzung der Imitatio Christi des Thomas von Kempen und ihr Verhältnis zum Original. Borna-Leipzig 1905: R. Noske. (67 S.) 8°
Münster, Phil. Fak., Ref. Jiriczek, Diss. v. 18. März 1905
[Geb. 31. Okt. 77 Düsseldorf; Wohnort: Uerdingen a. Rh.; Staatsangeh.: Preußen; Vorbildung: Gymn. Cöln a. Rh. Reife O. 96; Studium: Münster 3, Königsberg 3 S.; Rig. 10. Febr. 05.]

Rosenberg, Bruno [aus Berlin]: Über das Vorkommen der alimentären Glykosurie bei Gesunden sowie bei einigen Intoxicationen ... Berlin, Buchdr. v. G. Schade, *1897*; 30 S., 1 Bl. 8.
Berlin, Med. Fak., Inaug.-Diss. v. 14. Mai 1897

Rosenberg, C. B. H. v., der malayische Archipel. Land u. Leute in Schilderungen, gesammelt während eines 30jähr. Aufenthaltes in den Kolonien. Mit zahlreichen (eingedr. Holzschn.-)Illustr. zumeist nach den Originalen des Verf. u. einem Vorwort von P. J. Veth. gr. 8. (XVI, 615 S. m. 1 lith. Plan u. 1 lith. Karte.) Leipzig 878. 79. G. Weigel. n. 18. —; geb. n. 21. —

Rosenberg, C. B. H. v., Reistochten naar de Geelvinkbaai of Nieuw-Guinea in de Jaren 1869 en 1870. Met Kaarten en Afbeeldinger. gr. 4. (XXIV, 153 S.) Haag 875. Nijhoff. n. 12. —

Rosenberg, C. G., Anweis. f. die Jugend z. richtigen Aussprache u. Rechtschreibung in Deutschland. gr. 8. Dresd. 811. Berger. 20 gr. Holländ. Pap. 1 Rthlr.

Rosenberg, Carl, s. Rosenberg, Karl

Rosenberg, Carl Heinrich, s. Rosenberg, Karl Heinrich

Rosenberg, Charles, Bibliothèque historique, s. Bibliothèque.

—— Méthode de H. G. Ollendorff pour l'étude de la langue allemande. 2. Édition, revue et corrigée. 8. (IV und 500 S.) Heidelberg 851, [Bangel und Schmitt.]

Rosenberg, Charles, méthode de H. G. Ollendorff pour l'étude de la langue Allemande, 2. édition, revue et corrigée. 8. (IV u. 500 S.) Heidelberg 851, Hoffmeister. 1 Rthlr. 18 ngr.

— Schulgrammatik d. franz. Sprache, nach der 35. Aufl. von Noël u. Chapsal mit den Musterbeispielen der Acad. Franç., nebst observations raisonnées et critiques sur la grammaire Franç. gr. 8. (XXVI u. 150 S.) Berlin 847, Duncker u. Humblot. n. 12 ngr.

Rosenberg, Christian Abraham

– s. Arzt, der schlesische. — Kern d. ganzen Medicin.

Viro perillustri experientissimo Christiano Abrahamo Rosenberg in principe Silesiae urbe medico clinico acceptos ante quinquaginta annos summos in medicina et chirurgia honores gratulantur Idibus Majis 1822 Cives Universitatis Viadrinae Vratislaviensis. (Vratislaviae 1822.) (2 Bl.) 4°
[Lat. Gedicht.]

Rosenberg, Chr. Abr., freundschaftl. Vorschläge z. Verlängerung d. Lebens. 8. Bresl. 781. (Gosohorsky). 16 gr.

Rosenberg, Conrad, s. Rosenberg, Konrad

Rosenberg, Curt, s. Rosenberg, Kurt

Rosenberg, Dav., de microscopii usu in diagnostica. Commentatio regio praemio ornata. gr. 4. (VI u. 41 S.) Gottingae 848, Dieterich in Comm. n. ⅓ Rthlr.

Rosenberg, E., e. vergleichende Beurtheilung der verschiedenen Richtungen in der Anatomie d. Menschen. Vortrag. gr. 8. (52 S.) Leipzig 889. Engelmann. n. — 80

Rosenberg, E., über Bildung u. Zersetzung v. Fetten in der Natur. Zugleich e. Beitrag zur Lehre von der Eiweissfäulnis und der Entstehg. des Erdöles. (19 S.) Lex. 8. Berlin (908). Schöneberg (Verlag für Fachliteratur). 1. —
Sonderabdruck aus: „Petroleum".

Rosenberg, E., s. Krankenkassenstatistik.

Rosenberg, E., elektrische Starkstrom-Technik. Eine leichtfassl. Darstellg. als Lehrbuch f. Monteure, Techniker, Installateure, Mechaniker, Schlosser u. die Hilfsarbeiter in der Elektrotechnik, sowie auch für Laien. gr. 8. (VII, 296 S. m. 284 Abb.) Leipzig 902. O. Leiner. n. 7. —; geb. in Leinw. n. 8. —

Rosenberg, E., elektrische Starkstromtechnik. Eine leichtfassl. Darstellg. 2. verm. Aufl. (VIII, 293 S. m. 283 Abb.) 8. Leipzig 909. O. Leiner. 6.50; geb. 7.25

ROSENBERG, Edwin v. (ps.), Laura. Das schöne Harburger Fabrikmädchen, oder Leidenschaft u. Liebe. Von ihr selbst erzählt. Neustadt, J. Wagener (Altona, Aug. Prinz), o. J. (186*). 12° 70 S. (6 Mk., Tit. gestemp., Adolf Weigel, 1907.)
Dieser Pseud. fehlt bei Weller

Rosenberg, E(gon) (Berlin): Aus d. chem. Abteilung d. Kgl. Patholog. Instituts d. Universität zu Berlin. Ueber Bildung und Zersetzung von Fetten in der Natur. Zugleich ein Beitrag zur Lehre von der Eiweissfäulnis und der Entstehung des Erdöles. (Berlin [1908]: C. Marschner.) (19 S.) 4°
Münster, Phil. Fak., Ref. Salkowski, Diss. v. 10. April 1908
[Geb. 30. März 81 Prag; Wohnort: Münster; Staatsangeh.: Österreich; Vorbildung: Oberrealsch. Brünn Reife M. 00; Studium: Berlin 7, Rostock 1, Berlin 3, Münster 1 S.; Rig. 31. Juli 07.]

Rosenberg, Emil

Rosenberg, Aemil. (geb. Posen 1. 3. 1830) De valvularum cordis affectionibus. Berolini (1855). (32 S.) 8°
Berlin, Med. Diss. v. 27. Aug. 1855

Rosenberg, Emil [aus Rheine '(Westf.)']: **Aus d. psychiatr. Klinik in Strassburg. Ueber Pathologische Anatomie, Symptomatologie u. Diagnostik der Rückenmarksgeschwülste** ... Strassburg i. E., Buchdr. C. Gœller, 1892; 59 S., 36 Bl., 1 Tab. 8.
Strassburg, Med. Fak., Inaug.-Diss. v 1892

— E., Die Arbeitslosenzählung, s. Mitteilungen d. statistischen Amts der Stadt Kiel, Nr 11.

Die Arbeitslosenzählung in der Stadt Kiel am 13. Dez. 1908. Im Auftr. d. Magistrats bearb. von E[mil] **Rosenberg**, Dir Kiel 1909 Lipsius & Tischer 10 S. 4°
(Mitteilungen d. Statist. Amts d. Stadt Kiel. Nr 11.) 109. 11205

Rosenberg, Emil (I.), Aufgaben zum Übersetzen ins Lateinische im Anschluß an die Klassenlektüre für Ober-Secunda und Unter-Prima. 1. Heft für Ober-Secunda: im Anschluß an Cicero's Reden für Sex. Roscius aus Ameria und den Dichter Archias. gr. 8. (VI, 45 S.) Leipzig 880, Teubner.

Rosenberg, E., Aufgaben zum Übersetzen ins Lateinische im Anschluß an die Klassenlektüre f. Ober-Sekunda u. Prima. 2. Hft. f. Prima: im Anschluß: inhaltlich an die Gedichte d. Horaz, sprachlich an Reden u. Briefe Cicero's, sowie an Livius. gr. 8. (VIII, 138 S.) Leipzig 889. Teubner. 1. 50 (cplt.: 2. 10)

Rosenberg, Emil: Der deutsche Ausdruck beim Übersetzen ciceronianischer Reden. ⟨Berücksichtigt sind bes.: Cic. in Verr. 4. 5. pro Murena. pro Plancio.⟩ Hirschberg 1908: Schlesische Gebirgs-Zeitung. S. 1—18. 4°
Hirschberg i. Schl., k. G OP 1908 (253) [S 08. 382

1 Die Bautätigkeit in der Stadt Kiel in den letzten Jahren. 2. Die Zählung leerstehenden Wohnungen Ende Juli 1903 Im Auftr. d. Magistrats bearb. von E[mil] **Rosenberg**, Dir Kiel 1903· Schmidt & Klaunig. 36 S. 4° (8°)
(Mitteilungen d. Statist. Amts d Stadt Kiel. Nr. 1.)

Rosenberg *Emil* Curae Demosthenicae 4 (S 3—12).
Progr. G *Hirschberg* 1887 (17.)

Maurerische Fest-Klänge. Reden gehalten von [Emil] Rosenberg. Hirschberg: Oertel 1888. 91 S. 8°
Recens: FZ. 42 (1888) S. 271—272 (K. Pilz); L. 11 (1888) S. 120 (B. Cramer); SL. 8 (1888) S. 125.
13 Reden, 3 Schwestern-Toaste.
[N. F. u. d. Tit.:]

Neue maurerische Festklänge. Logen-Reden gehalten von [Emil] Rosenberg. Hirschberg i. Schl.: Tageblatt 1893. 93 S. 8°
Recens: Bbl. 7 (1893) S. 564 (A. W. Sellin); SL. 13 (1893) S. 184; Bh. 37 (1894) S. 152 (C. Gotthold); FZ. 48 (1894) S. 143 (K. Pilz); BZC. 23 (1894) S. 84—85 (K. Gartz).
12 Reden.

Rosenberg. Emil Festrede am Tage der Enthüllung des in Dorpat errichteten Denkmals für Karl Ernst von Baer in der Aula der Universität am 16. (28.) November 1886. Herausgegeben von der Kaiserlichen Universität Dorpat. Dorpat 1886. 33 S. 4°

Rosenberg, Emil, das Gedächtniß. Vortrag am 28. Janr. geh. gr. 8. (30 S.) Gotha 871. Gläser. — 75

Rosenberg, Emil, über Grillparzer, vorzüglich als Dramatiker. Populär-wissenschaftlicher Vortrag. gr. 8. (27 S.) Hirschberg 880. Heilig. n. — 60

Rosenberg, E., Die Grundstückzählung (Kiel), s. **Mitteilungen des statistischen Amts der Stadt Kiel, Nr. 12**

Die Grundstücks- Gebäude- und Wohnungszählung vom Dezember 1905. Im Auft. d. Magistrats hrsg. von E[mil] **Rosenberg** Dir Kiel 1909 Lipsius & Tischer 43, 45* S. 4°
(Mitteilungen d. Statist. Amts d. Stadt Kiel. Nr 12.) 109. 11207

Rosenberg, Emil, Prof. Dr.: **Zu Horaz und Cicero.** Hirschberg 1907: Tageblatt-Buchdruckerei. (28 S.) 4°
Hirschberg, k. G OP 1907 (237)

Rosenberg, Aemil., **de Lycurgi orationis Leocrateae interpolationibus.** Dissertatio inauguralis philologica. Gryphiswaldiae 869. (Leipzig, Teubner.) gr. 8. (III, 48 S.) n. 10 *ngr.*

Rosenberg Emil Zur Kritik von Aeschines Ctesiphontea 23 S
Progr. *Hirschberg* 1878

Rosenberg, Emil Zur äußeren u. inneren Kritik der Rede des Lykurg gegen Leokrates. (Mit einem Annex über die Randglossen d. hamburger Aldina d. attischen Redner) 26 S. G *Ratibor* 1876.
Progr.

Rosenberg, Emil, **die Lyrik d. Horaz.** Aesthetisch-kulturhistor. Studien. gr. 8. (X, 167 S.) Gotha 883. F. A. Perthes. n. 3. —

Rosenberg, E., s.: Mitteilungen des statist. Amts d. Stadt Kiel.

— Kiels Schiffs- u. Warenverkehr im J. 1908, s. Mitteilungen des statistischen Amts der Stadt Kiel, Nr. 13.

1. Zur Statistik der städtischen Arbeiter. 2. Die Rechts- u. Dienstvorschriften d. städt. Arbeiter nach d. Arbeitsordnungen einer Anzahl deutscher Städte. Im Auftr. d. Magistrats bearb. von E[mil] **Rosenberg**, Dir Kiel 1906: Vollbehr & Riepen. 46 S. 4°
(Mitteilungen d. Statist. Amts d. Stadt Kiel. Nr 6.)

Rosenberg, Emil, Prorektor Dr **Studien** zu Ciceros Rede für Murena. *Hirschberg 1902: Tageblatt-Buchdr.* (S. 3—20.) 4°
Hirschberg i. Schl., k. G, OP 1902 (200)

Rosenberg. Emil, Untersuchungen über die Entwickelung des Canalis cochlearis der Säugethiere. Diss. Dorpat. 4°. 18 pp. mit 2 lithographirten Tafeln.
1868.

Rosenberg, Emil (II.), Untersuchungen über die Occipitalregion des Cranium und den proximalen Theil der Wirbelsäule einiger Selachier. Eine Festschrift. gr. 4. (26 S. mit 4 Taf., wovon 2 lithogr. und 2 in Lichtdr.) Dorpat 884, (Karow.) *

Rosenberg, Emil, üb. d. Wirbelsäure d. Myrmecophaga jubata Linné, s.: **Festschrift z. 70. Geburtstage v. Carl Gegenbaur.**

Die Wohnungszählung vom November 1903. (Vorläuf. Ergebnis.) (Verf.: [Emil] Rosenberg. [Kiel 1903] : Nord-Ostsee-Zeitung.) 16 S. 4° (8°) [Kopft.]
(Mitteilungen d. Statist. Amts d. Stadt Kiel. Nr. 2.)

Rosenberg, Erich: **Zur operativen Behandlung der irreponiblen traumatischen Hüftgelenksluxationen.** *Osnabrück 1897: J. G. Kisling.* (76 S.) 8°
Göttingen, Med. Diss. v. [31. Juli] 1897

Rosenberg, Ernst, approb. Arzt aus Breslau: **Aus d. Tübinger Universitäts-Augenklinik. Die Augenverletzungen in der Tübinger Klinik in den Jahren 1896—1899.** *Tübingen: F. Pietzcker 1901.* (16 S.) 8°
Tübingen, Med. Diss. v. 1901

Aus der Loge zum Frankfurter Adler im Or. Frankfurt a. M. Jahresschluss-feier-Schwesternloge. Verf. von Ernst Rosenberg. Dargest. von Schw. Marie Gündel. [Leipzig: Findel 1888.] 7 S. 8⁰ [Kopftit.]
Abgedr. in: Bh. 31 (1888) S. 81—82.
Dramatische Szene.

Ein Johannismärchen. Von Ernst Rosenberg. [Frankfurt a. M.: ca 1884.] 4 S. 8⁰ [Kopftit.]
Abgedr. in: Bh. 27 (1884) S. 202—205.
Im Traum sieht Verf. das Ideal des Mrtums im Leben verwirklicht u. gelobt sich nun, seine ganze Kraft dafür einzusetzen, dass dieses Ideal zur Wirklichkeit werde.

Rosenberg, Ernst, approb. Arzt aus Dortmund: **Über Mischgeschwülste** der **Brustdrüse.** *Würzburg 1903: V. N. Seubert.* (26 S.) 8°
Würzburg, Med. Diss. v. 1903

Rosenberg, Felix [aus Posen]: Ueber eine Sammlung deutscher Volks- und Gesellschaftslieder in hebräischen Lettern ... (Aus: Geiger's Zeitschr. f. d. Gesch. d. Juden in Deutschland). Braunschweig, Buchdr. v. Eugen Appelhans (1888); 82 S. + 3 Bl. 8°
Berlin, Phil. Fak., Inaug.-Diss. v. 20. Jul. 1888

Rosenberg, Felix, über eine Sammlung deutscher Volks- und Gesellschaftslieder in hebräischen Lettern. Diss. Berlin 1888. 8⁰. 82 S.
Sonder-Abdruck aus: Zeitschrift für die Geschichte der Juden in Deutschland, hrsg. von Ludwig Geiger. Jahrgang 1888. Braunschweig, C. A. Schwetschke & Sohn.

Rosenberg, Félix, (Dr.): Un voyage de vacances à Paris. *Berlin: Weidmann 1903.* (19 S.) 4°
Berlin, Köllnisches G, OP 1903 (63)

Rosenberg, Friedr., Kinderbüchlein. Mit 10 color. Bildern. qu. 16. (46 S.) Heilbronn 847, Drechsler. n. 4 ngr.

Rosenberg, *Gabriel Jacques* [in Kiew]: **Zur Arbeiterschutzgesetzgebung in Rufsland ... Leipzig, Duncker & Humblot,** 1895; 2 Bl., 156 S., 1 Bl. 8.
Heidelberg, Phil. Fak., Inaug.-Diss. v. [1. Febr.] 1895

Rosenberg, G. J. v.. u. Heinr. Lautensack, der Hofrath erzählt. gr. 8. (188 S.) München 902. A. Schupp. n. 3. —

Rosenberg, Georg, D. Turnklub Neuruppin gewidm., Turn- u. Wanderlieder, m. Abb., 82 S., 8°.

Rosenberg, Gust., ein Liebestraum. 8. (84 S.) Dresden 900. E. Pierson. n. 1. —; geb. n. 2. —

Rosenberg, G., Vorbereitung zur Bankprüfung. 8°. (56 S.)
Wien: Stern 1907. K 1.—, geb. K 1.50

Rosenberg, G., Vorbereitung zur Bankprüfung. Ein praktischer Leitfaden für Bankkurse und zum Selbstunterricht. 2. Aufl. 8°. (64 S.) K 1.20
Wien: Stern 1908.

Rosenberg, Gust., Vorbereitung zur Bankprüfg. Ein prakt. Leitfaden f. Bankkurse u. z. Selbstunterricht. 3., durchgeseh. Aufl. (61 S.) 8. Wien 910. Mor. Stern. 1. —

Rosenberg, H. von, s. Rosenberg, C. B. H. von

Rosenberg, H., Aufgaben zur Uebung der Regula-de-tri. gr. 8. (48 S.) Hamburg 851, Nestler & Melle. n. 12 ngr.

Rosenberg, H. Beitrag zur Berechnung der Zinsen und Zinseszinsen. Hamburg. 1809.

Rosenberg, H., Beitrag zur Berechnung der Zinsen, Zinseszinsen, Staatspapiercourse, Lotterie-Anleihen, der Leibrenten, Lebensversicherungen, für Kaufleute, Financiers ꝛc. 859. — 2. verb. Aufl. Hamburg 863. Jowien. gr. 8. (2 Bl., 60 S.) 15 ngr.

Rosenberg, Hans [Oswald]: Der Veränderliche χ Cygni. Halle a. d. S. 1906: E. Karras. (121—255 S., 2 Taf.) 4° ¶(Aus: Nova Acta, Abhdlgn. d. kaiserl. Leopoldinisch-Carolinischen deutschen Akademie d. Naturforscher Bd 85.)
Straßburg, Math.-naturw. Fak., Ref. Becker, Diss. v. 1905
[Geb. 18. Mai 79 Berlin; Wohnort: Straßburg i. E.; Staatsangeh.: Preußen; Vorbildung: Wilhelms-Gymn. Berlin Reife O. 99; Studium: München 1, Berlin 3, Straßburg 4 S.]

Rosenberg, Hans, der veränderliche χ Cygni, s.: Acta, nova, academiae etc. naturae curiosorum.

Das Veränderliche χ Cygni. Von Hans **Rosenberg.** Mit 22 Taf. Halle; Leipzig: W. Engelmann in Komm. 1906. (135 S.) 4°
= Acta, Nova, physico-med. Academiae Caes. Leopoldino-Carolinae. T. 85, No 2.
[67. 1660 3

Rosenberg, Heimann (Chajim), aus Héthárs **(Ungarn):** Das Geschlecht der Hauptwörter in der Mischna. Berlin 1909. II + 78 S. 8°.
Bern. Phil. Diss. 1908/09.

Rosenberg, H., das Geschlecht der Hauptwörter in d. Mischna. (78 S.) gr. 8. Berlin 908. Mayer & Müller. 2.50
Sonderabdruck aus: „Monatsschr. f. Gesch. u. Wissen d. Judentums".

Rosenberg, Heinr., homöopath. Diätordnung. 8. (2¼ B.) Stuttgart 839, Ebner u. Seubert.

Rosenberg, Heinr., Duell, Ehre u. Herr Egenter. Ein Wort der Erwiderg. gr. 16. (24 S.) Leipzig 875. Walther. n. — 50

— ein Frühlingsmärchen f. die Weihnachtszeit. gr. 16. (V, 38 S.) Ebend. 875. geb. m. Goldschn. 2. —

— Klein Libby, s.: Boudoir-Geschichten, amusante.

Rosenberg, Heinr., die Umgestaltung der Eisenbahn-Gütertarife Oesterreichs, s.: Leoder, Osk.

Rosenberg, H(einrich): Der Weichselzopf, eine theoretisch-practische Abhandlung sammt einer pragmatischen Geschichte desselben, treu nach der Natur beobachtet und nach homöopathischen Grundsätzen bearbeitet. 172 S., gbd.

München: Franz 1839

JB 4.713

Rosenberg, Hugo: Die dingliche Wirkung des Vermächtnisses nach römischem Recht. *Köln 1897: H. Theissing.* (36 S.) 8°
Erlangen, Jur. Diss. v. 1897

Rosenberg, J., „Erkenne Gott." Predigt gehalten am Sabbath Waëra (den 5. Jan. 1856) in der Synagoge zu Nordhausen. Nordhausen 856. Büchting. gr. 8. (18 S.) n. 3 ngr.

– – s.a. Rosenfeld, J.

Rosenberg, J., Festpredigten. (VII, 140 S.) 8. Frankfurt a/M. 903. J. Kauffmann. n. 2. —

Rosenberg, J., de Const. M. erga ecclesias et scholas munificentia. Budiss. 1711. fol.

Rosenberg, J., Rechen-Fibel. 1. u. 2. Thl. gr. 8. (36 u. 32 S.) Aschersleben 877. 79. Huch. à n. — 20; geb. à n n. — 25

Rosenberg, J., Rechenfibel. 1. u. 2. Tl. 2. Aufl. gr. 8. (à 32 S.) Aschersleben 887. Huch. à n. — 20

Rosenberg, J., Rechenfibel. 2 Tle. 3. Aufl. gr. 8. (à 32 S.) Aschersleben 896. O. Bennewitz. n.n. — 55
1. n.n. — 25. — 2. Kart. n.n. — 30.

Rosenberg, J., Ricardo u. Marx als Werttheoretiker. Eine krit. Studie. (128 S.) gr. 8. Wien 904. (Wiener Volksbuchh.) n. 3. —

Rosenberg, J., zwei Rosch-Haschanah-Predigten. gr. 8. (14 S.) Frankfurt a/M. 891. J. Kauffmann. n. — 50

ROSENBERG, J., Trias theol., philos. et hist. in honorem Ss. Trinitatis. (3 mal 300 kleine Erzählungen etc., theils in deutscher Sprache.) Lipsiae 1707. 8⁰. Selten! (1 Mk. 20 Pfg. Heberle, Cöln, 1896; jetzt theurer!) Selten!

Rosenberg, I., trias theolog. philos. et historica. 8. Lips. 708.

Rosenberg, J. Th. H., kaufmänn. Arithmetik. Enthaltend die Gold- u. Silbermünzen, das Papier-, Rechnungs- u. Wechselgeld, die Wechsel- u. Staatspapier-Course u. die höhere Zinsrechnung nebst Aufgaben. gr. 8. ($8\frac{1}{8}$ B.) Hamburg 843, Herold'sche Buchh. *

Rosenberg, J. Th. H., die Arithmetik für die Schule und ihre Lehrer. I. Abthl.: die elementare Zahlenlehre. gr. 8. (VIII und 72 S.) Hamburg 855, Perthes-Besser und Mauke. *

Rosenberg, J. Th. H., arithmetische Aufgaben. Für den Unterricht geordnet. 1e Lfrg. Mit 1 B. Facite, besonders geheftet. gr. 8. Hamburg 835. (Herold.) n. $\frac{1}{3}$ ₰ — 2e Lfrg. incl. Facite. gr. 8. Ebd. 835. n. $\frac{1}{4}$ ₰

—— arithmetische Aufgaben. Entworfen u. für den Unterricht geordnet. 1. Lfg. 3., verm. Aufl. gr. 8. (4 B.) Hamburg 843, Herold'sche Buchh. *

Rosenberg, J. Th. H., arithmetische Aufgaben. Entworfen und für den Unterricht geordnet. 1. Liefg. 4. verm. Aufl. Hamburg 860. Nolte. 8. (64 S.) n. $7\frac{1}{2}$ ngr

—— Erläuterungen über Geld-, Wechsel-, Staatspapierberechnungen, Leibrenten ꝛc., als Commentar zu seiner kaufmänn. Arithmetik. gr. 8. (9 B.) Hamburg 844, Herold'sche Buchh. *

Rosenberg, J. T. H., Exempelbuch d. Arithmetik. 1. Hft. Die Grundrechnungsarten. Mit Faciten. 8. ($6\frac{1}{4}$ B.) Hamburg 832, (Herold.)

Rosenberg, J. Th. H., das Geld, nämlich die Gold-, Silber- und Kupfermünzen nach den neuesten gesetzmäßigen Bestimmungen, das Papier-, Rechnungs- und Wechselgeld, so wie die Geld-, Wechsel- und Staatspapier-Course. 853. (62 S.) — 2. Aufl. Hamburg 855. Nestler u. Melle. gr. 8. (66 S.) n. 12 ngr

—— Leitfaden bei dem Unterricht in der Elementar-Geometrie, besond. zum Gebrauch in Schulen. 3., verb. Aufl. gr. 8. (4 B.) Hamburg 842, Herold'sche Buchh. *

Rosenberg, Jac., Antrittspredigt, geh. am ersten Sabbate n. d. Wochenfeste d. 14. Sivan A. M. 5597, in d. Synagoge zu Düsseldorf. gr. 8. ($2\frac{1}{2}$ B.) Düsseldorf 837. [Leipzig, Fr. Fleischer.] *

Rosenberg, (Landrabbiner) Jac., Antrittspredigt, gehalten am ersten Sabbate nach dem Wochenfeste. gr. 8. Düsseldorf 837. Schreiner. n. $\frac{1}{4}$ ₰

Rosenberg, Jac., Gedächtnißpredigt z. Andenken d. Königs Friedrich Wilhelm III., geh. am 19. Juli 1840 in d. Synagoge zu Düsseldorf. gr. 8. ($1\frac{3}{4}$ B.) Düsseldorf, (Schaubsche Buchh.) Thlr.

Rosenberg, Jean. Recueil des prospects les plus beaux et les plus intéressants de Berlin. Berlin 1786. Fol.

Rosenberg, Ignacz, Beiträge zur Kenntniss der Thiophengruppe. Anhang: Ueber die Anhydride der aromatischen Sulfosäuren. Diss. Göttingen 1886, Dieterichsche Univ.-Buchh. 8°. 55 S.

Rosenberg, Ignacz [aus Kaschau (Ungarn)]: **Beiträge zur Kenntniss der Thiophengruppe.** Anhang: Ueber die Anhydride der aromatischen Sulfosäuren .... Kaschau, Buchdr. u. Verlagsanst. Ludw. Ries, 1886; 55 S. 8°.
Göttingen, Phil. Fak., Inaug.-Diss. v. 1886.

Rosenberg, Johann Georg (Danzig) A. S. 568/46

Dissertatio iuridica de iure principi negato circa territorium suum, Germanis: Von den mancherley Rechten eines Fürsten wegen seines Landes, und den Fällen, wenn Ihm solche verneinet werden wollen.
Präs. Samuel Friedrich Willenberg.
Jena (Heller) 1749. 71 S.

Diss. 15. IX. 1701. 29249

(Rosenberg, J[ohann] C[arl] W[ilhelm].) Les cris de Berlin. Zwölf merkwurdige Ausrufer von Berlin mit ihrem Geschrey. [J. C. W. Rosenberg inv. et del.] In Verlag von Johann Morino und Compagnie. Königl. Acad. Kunsthändler in Berlin [um 1790].
Tit., 1 Bl.: 10 Taf. in Kupferst., davon eine doppelt. 4°
Tit., Inhalt und 2 Taf. in Photogr. ergänzt.
Abb. 49

Rosenberg, Joseph, aus Freudenberg, Kr. Roessel (Ostpr.): Ueber **Aneurysmen** der Gehirnarterien. *Greifswald 1904: J. Abel.* (51 S.) 8°
Greifswald, Med. Diss. v. 14. Mai 1904

Rosenberg, Jos., die Anwendung des Zymoidin bei Gonorrhoe, e. unentbehrl. Wegweiser bei Ausübg. d. Insufflationstherapie. gr. 8. (20 S.) Berlin 895. J. Goldschmidt. n. — 80

Rosenberg, Jos., die Behandlung der Gonorrhoe nach neuen Grundsätzen. gr. 8. (56 S. m. 7 Abbildgn.) Berlin 895. S. Karger. n. 1. —

Rosenberg, Joseph, Medizinalprakt.: ⟨Aus d. experim. Abt. d. Inst. f. Hygiene u. experim. Therapie zu Marburg.⟩ Die Bewertung des Tetanusserums im Mischungs- und Heilversuch. Jena: Fischer 1910. 18 S. 8° ¶ (Aus: Zeitschrift f. Immunitätsforsch. u. experim. Therapie. T. 1. Bd 8.)
Marburg, Med. Diss. v. 23. Nov. 1910, Ref. Römer, Bonhoff
[Geb. 4. Febr. 86 Rosenthal, Hessen-Nassau; Wohnort: Cöln; Staatsangeh.: Preußen; Vorbildung: Oberrealsch. Marburg Reife O. 05. Erg. Realgymn. Kassel 06; Studium: Marburg 5, München 1, Marburg 1, Berlin 1, Marburg 3 S.; Coll. 9. Sept. 10.] [U 11. 3420

Rosenberg, Joseph (geb. Dt.-Crone 9. 11. 1858): Untersuchung des Nasenrachenraums. Berlin (1881). (32 S.) 8°
Berlin, Med. Diss. v. 2. Aug. 1881

Rosenberg, Isaak

Rosenberg, J., hebräische Conversations-Grammatik, s.a. Kunst, die, d. Polyglottie.

Rosenberg, I., Hebräische Conversations-Grammatik. Kurzgefasstes theoretisch-praktisches Lehrbuch der modernen hebräischen Conversations- und Schriftsprache. Mit chronologisch und geographisch geordneten Schriftproben und einem Abriss der hebräischen Stenographie. 8. (VIII, 184 S.) (Bibliothek der Sprachenkunde, 58. Theil.) Gebdn. 1.10
Wien: Hartleben 1898.

Rosenberg, I., Lehrbuch der neusyrischen Schrift- u. Umgangssprache, s.a. Kunst, die, der Polyglottie. 77. Tl.

[Syr. u. Ant.] Malpānā de- lišānā de-hamzamtā de-surjājē madnēḥājē. Lehrbuch d. neusyr. Schrift- u. Umgangssprache. Grammatik. Konversation, Korrespondenz u. Chrestomathie von I[saac] Rosenberg, Prof. Mit Schriftproben d. neusyr. Kursivschrift. *Wien, Pest, Leipzig: A. Hartleben [1903].* (VIII, 159 S.) 8°
= Kunst. Die, der Polyglottie. T. 77.
(A. Hartleben's Bibliothek d. Sprachenkunde.) [03. 6073

Rosenberg, J.: Lehrbuch d. samaritanisch. Sprache u. Literatur, s.a. Kunst, die, der Polyglottie.

Argarizim ... Lehrbuch der samaritanischen Sprache und Literatur von I[saak] Rosenberg, Prof. Mit Facs. e. samaritan. Briefes v. gegenwärt. Hohenpriester d. Samaritaner (Ja'aqob Ben-Aharōn) zu Nablus [and. Verf.]. *Wien, Pest, Leipzig: A. Hartleben [1901].* (VIII, 182 S.) 8°
= Kunst d. Polyglottie. T. 71.
(Bibliothek d. Sprachenkunde.) [04. 11718

Rosenberg, J.: Assyrische Sprachlehre u. Keilschriftkunde, s.a. Kunst die, der Polyglottie.

... Assyrische Sprachlehre und Keilschriftkunde für das Selbststudium. Grammatik, Syllabar, Chrestomathie u. Vocabular ... method. u. leichtfaßl. bearb. von I[saak] Rosenberg, Prof. *Wien, Pest, Leipzig: A. Hartleben [1900].* (VIII, 180 S.) 8°
= Kunst d. Polyglottie. T. 66.
(Bibliothek d. Sprachenkunde.) [04. 11316

Rosenberg, J., phönikische Sprachlehre und Epigraphik, s.a. Kunst, die, der Polyglottie. 92. Tl.

Rosenberg, J., Phönikische Sprachlehre und Epigraphik. [Die Kunst der Polyglottie. 92. Teil.] 8°. (VIII, 173 S.) geb. K 2.20
Wien: Hartleben 1907.

Rosenberg, Isaac [cand. phil.]: Das aramäische Verbum im babylonischen Talmud. Erster Teil, enthaltend das regelmäßige Verbum, die Verba 'נפ und die Verba, welche א als 2. Radical haben .... Berlin, Verl. v. Julius Benzian, 1887; 2 Bl. + 96 S. + 1 Bl. 8°
Leipzig, Phil. Fak., Inaug.-Diss. v. 18. Jan. 1888

Rosenberg, J., das aramäische Verbum im babylonischen Talmud. gr. 8. (III, 66 S.) Marburg 888. Ehrhardt. n. 2.—

Rosenberg, Julius, Arzt in Reppen: Ein Fall von hysterischer Lähmung einer Schwangeren. *Leipzig 1903: B. Georgi.* (25 S.) 8°
Leipzig, Med. Diss. v. (16. Febr.) 1903

Rosenberg, K.

— s. F. A. Silber, neubegründ. Schreibschule.

Rosenberg, K., Vorschule d. deutschen Grammatik f. Studirende u. obere Gymnasialclassen. Ein Versuch zu e. philosoph.-krit. Einleit. in d. Sprachstudium. 8. (29½ B.) Berlin 828, Duncker u. Humblot.

Rosenberg, Karl

Rosenberg's, Carl, Androgynik. Beweis für ein neues naturgemässes Heilverfahren zur Verhütung und Ausrottung aller geheimen Krankheiten und deren Folgeübel und zur Wiederherstellung der Mannheit. In Verbindung mit einem Preservativ gegen Infection. Gestützt auf 25jähr. Praxis des Verf. 3. Aufl. br. 8. (XXIV und 95 S. mit 1 Tab. in Fol.) London 853, Rosenberg's Selbstverlag.

Rosenberg, Karl, Experimentierbuch f. d. Elementarunterr. in der Naturlehre. Mit bes. Berücksicht. d. Bedürfnisse der österr. Bürgerschulen u. im Anschlusse an Swoboda-Mayers Naturlehre f. Bürgerschulen. 1. Thl. M. 61 in d. Text gedr. Fig. gr. 8. (VI, 110 S.) Wien 898. A. Hölder. n. 1. 20

Rosenberg, Karl, Experimentierbuch f. den Elementarunterricht in der Naturlehre. Mit besond. Berücksicht. der Bedürfnisse der österr. Bürgerschulen u. im Anschlusse an Swoboda-Mayers Naturlehre für Bürgerschulen. 2. u. 3. Thl. gr. 8. Wien, A. Hölder. à n. 1.40; geb. à n. 1.80
2. (V, 114 S. m. 104 Fig.) 899. — 3. (V, 110 S. m. 97 Fig.) 900.

Rosenberg, Karl, Experimentierbuch für den Unterricht in der Naturlehre. 2 Bde. 2., vollkommen umgearb. und bedeutend verm. Aufl. gr. 8. Wien, A. Hölder. 13.20; geb. in Leinw. 14.60
1. (XI, 453 S. m. 301 Fig.) 908. 6.—; geb. 6.60
2. (X, 550 S. m. 602 Fig.) 910. 7.20; geb. 8.—

Rosenberg, Karl, Geschichte des brandenburgisch-preußischen Staates zum Vortrag und Selbstunterricht. In 2 Bdchn. 1. Bdchn. Von den ältesten Zeiten bis zum Regierungsantritt Friedrich Wilhelm I. 1713. Berlin 855. Vereins-Buchhandlung. 8. (5 Bl., 205 S.) n. 15 ngr.

— — 2. Bdchn. Vom Regierungsantritt Friedrich Wilhelms I. bis zum J. 1815. Ebend. 856. 8. (298 S.) n. 20 ngr.

Rosenberg, Karl, Lehrbuch der Physik f. die oberen Klassen der Mittelschulen u. verwandter Lehranstalten Mit 615 in den Text gedr. Fig. u. 1 farb. Spektraltaf. 2. Aufl. (Inhaltlich unveränd. Abdr. der 1. Aufl.) (VIII, 488 S.) gr. 8. Wien 905. A. Hölder. Geb. n. 4.50

— dasselbe. Ausg. f. Gymnasien. (VIII, 488 S.) gr. 8 Ebd. 903. Geb. in Leinw. n. 4.50

Rosenberg, Dr. Karl, Lehrbuch der Physik für die oberen Klassen der Mittelschulen und verwandter Lehranstalten. 3., inhaltlich unveränderte, somit nach den Min.-Erlässen vom 7. April 1905, Z 11547, und vom 4. April 1905, Z. 10950, allgemein zulässige Auflage. Wien 1906. A. Hölder. 1. Ausgabe. Für Gymnasien. Geh. K 4.70, geb. K 5.20. 2. Ausgabe. Für Realschulen. Geh. K 4.50. geb. K 5.—.

— dasselbe f. die oberen Klassen der höheren Schulen. Mit 615 in den Text gedr. Fig. u. 1 farb. Spektraltaf. Ausg. f. Gymnasien. (XIII, 489 S.) gr. 8. Ebd 906. Geb. n. 5.—

Rosenberg, Dr. Karl, Lehrbuch der Physik für die oberen Klassen der Mittelschulen und verwandter Lehranstalten. 4., inhaltlich im wesentlichen unveränderte, somit gemäß Min.-Erl. vom 11. Oktober 1906. Z. 37956, zulässige Auflage. Wien 1903. A. Hölder. Ausgabe für Gymnasien. Geh. K 4.70, geb. K 5.20. Ausgabe für Realschulen. Geh. K 4.50, geb. K 5.

— dasselbe f. die unteren Klassen der höher. Schulen. Mit 345 in d. Text gedr., z. Tl. farbig ausgeführten Fig. u. 1 farb. Taf. Ausg. f. Gymnasien. (III, 269 S.) gr. 8. Ebd. 908. Geb. 2.60

— dasselbe f. die unteren Klassen der Mittelschulen u. verwandter Lehranstalten. Ausg. f. Gymnasien. Mit 345 in den Text gedr., zum Tl. farbig ausgeführten Fig. u. 1 farb. Taf. 2. Aufl. Inhaltl. unveränd. Abdr. der 1. Aufl. (III, 269 S.) 8. Ebd. 908. Geb. 2.60

— Lehrbuch der Physik f. Mädchenlyzeen. 3 Tle. (In neuer Rechtschreibg.) gr. 8. Ebd. 902. Geb. in Leinw. n. 4.40; in 1 Bd. geb. n. 3.70

1. (Einleitung. Molekularkräfte. Schwerkraft. Wärme.) (IV, 44 S. m. 33 Abbildgn.) n. 1.10
2. (Mechanik. Akustik.) (IV, 98 S. m. 120 Abbildgn.) n. 1.60
3. (Magnetismus. Elektrizität. Optik.) (V, 93 S. m. 115 Abbildgn.) n. 1.70

Rosenberg, Dr. Karl, Lehrbuch der Physik für Mädchenlyzeen I. Teil. 2., inhaltlich unveränderte, sonach gemäß Min. Erl. vom 25. Jänner 1902, Z. 1686, allgemein zulässige Auflage. Wien 1907. A. Hölder. Geb. K 1.10.

Rosenberg, Dr. Karl, Lehrbuch der Physik für Mädchenlyzeen II. Teil. 2., unveränderte, sonach gemäß Min.-Erl. vom 25. Jänner 1902 Z. 1686, allgemein zulässige Auflage. Wien 1908. A. Hölder. Geb. K 1.60.

— dasselbe für Mädchenlyzeen. 3. Tl. (Magnetismus. Elektrizität. Optik.) 2. Aufl. (V, 93 S. m. 115 Abbild.) gr. 8. Ebd. 910. Geb. 1.48

— dasselbe f. Obergymnasien, Ergänzg., s.: Hemmelmayr, Frz. v., Leitfaden der Chemie.

— dasselbe. Ausg. f. Realgymnasien u. Oberrealschulen. (XIII, 463 S.) gr. 8. Ebd. 906. Geb. n. 4.80

Rosenberg, Karl, Lehrbuch d. Physik für die oberen Klassen der höh. Schulen. 3., im wesentlichen unveränd., durch e. Nachtrag verm. Aufl. Mit 636 in den Text gedr. Fig., 1 schwarzen Taf. u. 1 farb. Spektraltaf. Ausg. f. Realgymnasien u. Oberrealschulen. (XIV, 477 S.) gr. 8. Wien 910. A. Hölder. Geb. in Leinw. 4.80

— dasselbe. Ausg. f. Realschulen. (VIII, 462 S.) gr. 8 Ebd. 903. Geb. in Leinw. n. 4.40

Rosenberg, K., Lehrbuch der Physik für die oberen Klassen der Mittelschulen und verwandten Lehranstalten. 2. Aufl. Ausgabe für Realschulen. Gr.-8°. (VIII, 462 S.) K 4.50 geb. K 5. Wien Hölder 1905.

— dasselbe. Mit 336 in den Text gedr., z. Tl. farbig ausgeführten Fig. u. 1 farb. Taf. Ausg. f. Realschulen. (III, 260 S.) gr. 8. Ebd. 907. Geb. 2.60

— dasselbe. Ausg. f. Realschulen. Mit 336 in den Text gedr., zum Teil farbig ausgeführten Fig. u. 1 farb. Taf. 2. Aufl. Inhaltlich unveränd. Abdr. der 1. Aufl. (III, 260 S.) 8. Ebd. 908. Geb. 2.60

— dasselbe. Resultate der Uebungsaufgaben. (15 S. m. 8 Fig.) gr. 8. Ebd. 906. n. — 52

— Naturlehre, s.: Swoboda & Mayer.

Rosenberg, [illegible] (geb. Breslau 180[illegible]) [illegible] philosophiae [illegible] diss. Berolini 1830 [illegible]
Berlin, Phil. Diss. v. 22. März 183[illegible]

— Die Projektionsapparate usw., s.: Hassack, Karl.

— method. geordn. Sammlg. v. Aufgaben aus d. Arithmetik u. Algebra f. Lehrer- u. Lehrerinnen-Bildungs-Anst., sow. f. and. gleichgest. Lehranst. gr. 8. (IV, 247 S.) Wien 896. A. Hölder. Geb. n. 2.60

ROSENBERG, Karl
(F) Methodisch geordnete Sammlung von Aufgaben aus der Arithmetik und Algebra für Lehrer- und Lehrerinnen-Bildungs-Anstalten sowie für andere gleichgestellte Lehranstalten. Von Dr. Karl Rosenberg. 2. im wesentlichen unveränderte Auflage. Wien. 1899. Hölder. Gr.-8°. IV, 253 S. fl. 1.05, geb. fl. 1.30

— methodisch geordnete Sammlung von Aufgaben aus der Arithmetik u. Algebra f. Lehrer- u. Lehrerinnen-Bildungs-Anstalten sowie f. andere gleichgestellte Lehranstalten. 3. unveränd. Aufl. gr. 8. (IV, 255 S.) Wien 901. A. Hölder. Geb. n. 2.60

— methodisch geordnete Sammlung v. Aufgaben aus der Arithmetik u. Algebra f. Lehrer- u. Lehrerinnen-Bildungs-Anstalten sowie f. andere gleichgestellte Lehranstalten. 4. Aufl. (IV, 255 S.) gr. 8. Wien 905. A. Hölder. Geb. n. 2.24

Rosenberg, Dr. Karl, Methodisch geordnete Sammlung von Aufgaben aus der Arithmetik und Algebra für Lehrer- und Lehrerinnenbildungsanstalten sowie für andere gleichgestellte Lehranstalten. 5., inhaltlich unveränderte, sonach gemäß Min.-Erl. vom 31. Jänner 1905 Z. 2646, zulässige Auflage Wien 1907. Alfred Hölder. Geh. K 2.10, geb. K 2.60.

Rosenberg, Dr. Karl, Methodisch geordnete Sammlung von Aufgaben aus der Arithmetik und Algebra für Lehrer- und Lehrerinnenbildungsanstalten sowie für andere gleichgestellte Lehranstalten. 6., inhaltlich unveränderte, daher gemäß Min.-Erl. vom 31. Jänner 1905, Z. 2646, zulässige Auflage. Wien 1908. Alfred Hölder. Geh. K 2.10, geb. K 2.60.

— Methodisch geordnete Sammlung von Aufgaben aus der Arithmetik u. Algebra f. Lehrer- u. Lehrerinnenbildungsanstalten sowie für andere gleichgestellte Lehranstalten. 7. Aufl. Inhaltlich unveränd. Abdr. d. 6. Aufl. (IV, 255 S.) 8. Wien 910. A. Hölder. Geb. in Leinw. 2.24

— dasselbe aus d. Planimetrie u. Stereometrie f. Lehrer- u. Lehrerinnen-Bildungs-Anst., sowie f. and. gleichgest. Lehranst. gr. 8. (III, 169 S. m. 107 Fig.) Ebd. 896. Geb. n. 1.90

— dasselbe aus der Planimetrie u. Stereometrie f. Lehrer- u. Lehrerinnen-Bildungs-Anstalten, sowie f. andere gleichgestellte Lehranstalten. 2., im wesentlichen unveränd. Aufl. Mit 109 in den Text gedr. Fig. gr. 8. (IV, 168 S.) Ebd. 900. Geb. n. 1.92

ROSENBERG, Karl

(F) Methodisch geordnete Sammlung von Aufgaben aus der Planimetrie und Stereometrie für Lehrer- und Lehrerinnen-Bildungs-Anstalten, sowie für andere gleichgestellte Lehranstalten. Von Dr. Karl Rosenberg. 2., im wesentlichen unveränderte Auflage. Mit 109 in den Text gedruckten Figuren. Wien. 1901. Hölder. Gr.-8°. 168 S. Geb. K 1 92

— dasselbe aus der Planimetrie u. Stereometrie f. Lehrer- u. Lehrerinnen-Bildungs-Anstalten, sowie f. andere gleichgestellte Lehranstalten. 3. Aufl. Mit 109 in den Text gedr. Fig. (IV, 168 S.) 8. Ebd. 904. Geb. in Leinw. n. 1. 70

Rosenberg, Dr. Karl, Methodisch geordnete Sammlung von Aufgaben aus der Planimetrie und Stereometrie für Lehrer- und Lehrerinnenbildungsanstalten sowie für andere gleichgestellte Anstalten. Mit 109 in den Text gedruckten Figuren. 4., unveränderte, daher gemäß Min.-Erl. vom 18. Jänner 1901, Z. 1007, allgemein zulässige Auflage. Wien 1906. Alfred Hölder. Geh. K 1.14, geb. K 1.94.

— dasselbe aus der Planimetrie u. Stereometrie f. Lehrer- u. Lehrerinnenbildungsanstalten sowie f. andere gleichgestellte Lehranstalten. 5. Aufl. Inhaltlich unveränderter Abdr. der 4. Aufl. (IV, 168 S. m. 109 Fig.) 8. Ebd. 908. Geb. 1. 70

Rosenberg, Karl, s. Sophokles, Elektra.

— Unterstufe der Physik für die höheren Schulen. Ausg. f. Gymnasien. 2., im wesentlichen unveränd. Aufl. (VII, 269 S. m. 345 z. Teil farb. Fig. u. 1 farb. Taf.) gr. 8. Ebd. 909. Geb. 2. 60

— dasselbe. Ausg. f. Realgymnasien und Realschulen. 2., im wesentl. unveränd. Aufl. (VII, 260 S. m. 366 z. Tl. farb. Fig. u. 1 farb. Taf.) gr. 8. Ebd. 909. Geb. 2. 60

Rosenberg, Karl Heinrich

Rosenberg, Carl Heinr., Fortschritte u. Leistungen der Homöopathie in u. außer Ungarn, nebst e. Darstellung ihrer Grundsätze von ihrem gegenwärt. wissenschaftl. Standpunkte u. Hinweisung auf die Vortheile, die daraus f. Staat u. Staatsbürger resultiren. Ein Wort zu seiner Zeit. gr. 8. (16 B. u. 1 Tab.) Leipzig 843, [T. O. Weigel.]

—— des Leibes u. der Seele vollständ. Gesundheits- u. Erziehungslehre. Briefe über Erziehung, Beförderung u. Aufrechthaltung eines möglichst glücklichen Zustandes des Körpers u. des Geistes etc. Ein unentbehrl. Handbuch f. Gebildete überhaupt, u. f. Aerzte, Aeltern u. Erzieher insbesondere. 4 Bde. (14 Lfgn.) gr. 8. Wien, Gerold, Verl. [1. (41½ B.) 2. (10⅝ B.) 846., 3. (18 B.) 4. (12 B.) 47.] (à Lfg. 15 Ngr.)

— die Krankheiten der Respirations- u. Circulations-Organe u. deren Behandlung nach homöopath. Grundsätzen. Ein Versuch zur Lösung der von der Société de méd. homéop. zu Paris aufgestellten Preisfrage. gr. 8. (XIV u. 194 S.) Wien 850, Leo. n. 1 ₰

— die Lustseuche in allen ihren Formen u. Stadien u. ihre gründliche u. schnelle Heilung. Ein theoretisch-prakt. Handbuch für Ärzte u. Laien, treu nach den Grundsätzen der rationell-spezifischen [homöopath.] Heilmethode u. den Ergebnissen vieljähriger zahlreicher Beobachtgn. u. Erfahrgn. bearb. 1. Abth. gr. 12. (XVI u. 227 S.) Wien 850, (Jasper, Hügel &) Manz. 1 ₰

Rosenberg, Konrad

Rosenberg, Conrad [aus Bärwalde in Pommern]: Die Verletzung der grossen Schenkelgefässe und ihre Folgen. . . . Erlangen, Druck v. Aug. Vollrath's k. b. Hofbuchdr., 1890; 17 S. 8°
Erlangen, Med. Fak., Inaug.-Diss. v. 20. Jul. 1889

Rosenberg, Kurt, Die Kürschnerei und Mützenmacherei. Schriften d. Vereins f. Socialpolitik, Bd. 85. gr. 8°. Leipzig 1899.

Rosenberg, Curt, das Vereinsrecht des bürgerlichen Gesetzbuchs u. die Gewerkschaftsbewegung. (VI, 53 S.) gr. 8. Berlin 903. Struppe & Winckler. n. 1. 50

Rosenberg, Leo, Gerichtsref.: Die Beweislast nach der Civilprozessordnung und dem Bürgerlichen Gesetzbuche. *Berlin: O. Liebmann 1900.* (VI, 58 S.) 8° [§.] ¶ (Erschien vollst. im gleichen Verl.)
Breslau, Jur. Diss. v. [7. Dez.] 1900

— L., s. Kommentar zum bürgerl. Gesetzbuch.

Rosenberg, Leo, Stellvertretung im Prozess. Auf der Grundlage u. unter eingeh., vergleich. Darstellg. der Stellvertretungslehre des bürgerl. Rechts nebst einer Geschichte der prozessual. Stellvertretg. (IX, 1016 S.) gr. 8. Berlin 908. F. Vahlen. 20. —

Rosenberg, Ludw., üb. Nervenendigungen in der Schleimhaut u. im Epithel der Säugethierzunge. [Mit 2 Taf.] [Aus dem physiolog. Institute der Universität Wien.] Lex.-8. (36 S.) Wien 886. (Gerold's Sohn.) n. 1. —

Rosenberg, Ludw., nihil obstat. Vergangenheit u. Zukunft der Freimaurerei culturhistorisch beleuchtet. Festrede zur Installationsfeier der □ „Grossmuth" am 11. Mai 1874. [Mscr. f. Brr.] gr. 8. (19 S.) Budapest 874. Gebr. Rosenberg. n.n. — 50

Rosenberg, Ludw., der ungarische Strafprocess und die Stellung des Vertheidigers bei der Untersuchung und Schlussverhandlung. Eine Studie. 8. (104 S.) Budapest 880, [Gebr. Rosenberg.] Gebr. Révai. *
Aus: Ungarische Gerichtshalle, besonders abgedruckt.

Strafreform und Gefängnissvereine in Ungarn. Ein Vortrag, gehalten in der □ „Zur Grossmuth" [in Budapest] von Ludw. Rosenberg. Ms. f. Br∴ Budapest: Rosenberg in Comm. 1874. 44 S. 8°
Verlangt, dass sich die Frmrei der Strafreform u. Gründung von Gefängnisvereinen in Ungarn annehme.

Rosenberg, Ludwig, appr. Arzt aus Cassel: Ulcus rotundum ventriculi mit Perforation durch die Bauchwand. *München 1901: Kastner & Lossen.* (49 S.) 8°
München, Med. Diss. v. 1901

Rosenberg, M., Grundzüge der mosaischen Religions- u. Sittenlehre für israelitische Söhne u. Töchter; nebst einem Anhang u. einer Zugabe für Schüler u. Schülerinnen der oberen Klassen. 12. (VI u. 54 S.) Posen 848, Heine in Comm. n. ⅙ ₰

Rosenberg, M. v., idées pratiques sur le service de la cavalerie. 8. (158 S.) Rathenow 887. Babenzien. n. 3. 20

Rosenberg, M., Wiederholungsbuch der deutschen Sprache bei jeder Methode zu gebrauchen. Für die Hand der Schüler. 8. (7⅛ B.) Posen 845, Cohn. *

Rosenberg, Manasse (geb. Deutsch-Krone 5. 11. 1856): Ueber Ozaena. Berlin (1880). (35 S.) 8°
Berlin, Med. Diss. v. 7. Okt. 1880

Rosenberg, Marc., alte kunstgewerbliche Arbeiten auf der Badischen Kunst- u. Kunstgewerbe-Ausstellung zu Karlsruhe 1881 unter dem Protektorate Sr. Königl. Hoheit des Erbgroßherzogs. Hrsg. vom Haupt-Comité; in dessen Auftrag ausgewählt u. beschrieben. In Lichtdr. ausgeführt von J. Baeckmann in Karlsruhe. (In ca. 12 Lfgn.) 1—6. Lfg. Fol. (à 5 Bl. m. 5 Bl. Text.) Frankfurt a/M. 882. Keller. à n. 5. —

Rosenberg, Marc, alte kunstgewerbliche Arbeiten auf der Badischen Kunst- u. Kunstgewerbe-Ausstellung zu Karlsruhe 1881 unter dem Protektorate Sr. Königl. Hoh. d. Erbgroßherzogs. Hrsg. vom Haupt-Comité; in dessen Auftrag ausgewählt u. beschrieben. In Lichtdr. ausgeführt v. J. Baeckmann in Karlsruhe. 7—10. (Schluß-) Lfg. Fol. (à 5 Bl. m. 5 Bl. Text.) Frankfurt a/M. 883. Keller. à n. 5. —

—— 17 Blatt aus dem grossherzogl. sächsischen Silberschatz im Schlosse zu Weimar. gr. Fol. (17 Photogr. m. 3 Bl. Text u. 16 Bl. Erläutergn.) Karlsr. 891, Bielefeld's Hofbuchh. geb. * 240 —

Rosenberg, Marc, ägyptische Einlage in Gold u. Silber. (12 S. m. Abbildgn.) gr. 4. Frankfurt a/M. 905. H. Keller. n. 10. —

Rosenberg, Marc, s.a. Fächer, alte u. neue, aus der Wettbewerbung u. Ausstellung zu Karlsruhe 1891.

Rosenberg, Marc. Alte und neue Fächer aus der Wettbewerbung und Ausstellung zu Karlsruhe 1891. Wien. Gerlach & Schenk (1891)
Tit., 1 Bl., 15 S. m. Abb., 69 Taf., X S. 2°

Rosenberg, Marc, s.: Fürstenbildnisse, badische.

— Geschichte d. Goldschmiedekunst auf technisch. Grundlage. Einführung. (Doppelheft.) (III, 136 S. m. Abb.) 35,5×26,5 cm. Frankfurt a/M. 910. H. Keller. 54. —

— dasselbe. Abtlg.: Niello. (36 S. m. z. Tl. farb. Abb.) 35×26,5 cm. Ebd. 908. 27. —

— der Hochaltar im Münster zu Alt-Breisach, nebst einer Einleitung über die Baugeschichte des Münsters u. drei Excursen. Mit 5 Taf. (2 lith. u. 3 phototyp.). gr. 8. (X, 99 S.) Heidelberg 877. C. Winter. n. 6. —

— das Kreuz v. St. Trudpert. Eine alamann. Niello-arbeit aus spätroman. Zeit. Hrsg. vom Breisgau-Verein „Schau-ins-Land". gr. 4. (34 S. m. Abbildgn.) Freiburg i/B. 894. (Herder.) n. 2. —

— die Kunstkammer im grossherzogl. Residenzschlosse zu Karlsruhe. gr. Fol. (25 Lichtdr.-Taf. m. VI S. u. 26 Blatt Text.) Karlsruhe 892. (A. Bielefeld's Hofbuchh.) In Mappe. n.n. 240. —

Rosenberg, M., der Goldschmiede Merkzeichen. 2000 Stempel auf älteren Goldschmiedearbeiten, in Fcsm. hrsg. u. erklärt. Lex.-8. (IX, 582 S.) Frankfurt a/M. 890. Keller. n. 22. —; in Halbfrzbd. n. 25. —

—— Quellen zur Geschichte des Heidelberger Schlosses. Mit einer Einleitung: Das Heidelberger Schloss in seiner kunst- und culturgeschichtl. Bedeutung von K. B. Stark. Imp.-4. (VIII, 264 S. mit eingedr. Ornamenten und 8 photo- und lithogr. Taf.) Heidelberg 882, C. Winter's Universitäts-Buchh. *

— badische Sammlungen. I—III, V u. VI. Karlsruhe, A. Bielefeld. n. 35. —
I II. (I.) Inschriften. Von Wilh. Brambach u. Karl Zangemeister. (II.) Urkunden, Akten, Handschriften, Autographen bis 1650. Von Karl Hauck. (III, 52 S. m. 2 Lichtdr.-Taf.) Lex.-8. 898. n. 10. —
III. Allegorie auf St. Blasien. Bemalter Kupferstich. Von Marc Rosenberg. (24 S. m. 2 Lichtdr.) Lex.-8. 895. 10. —
V. Repertorium der Handschriften. (III, 45 S.) Lex.-8. 899. n. 10. —
VI. Das Wetzlarer Skizzenbuch. Von Ebel. [Aus: „Ztschr. f. Bauwesen."] (Sp. 257—272 m. Abbildgn. u. 3 Taf.) gr. 4. Berlin 904. n. 5. —

— dasselbe. VII. Lex.-8. Frankfurt a/M. (H. Keller). n. 6. —
VII. Katalog der badischen Handschriften. Erwerbungen bis 1905. Unter Mitwirkg. v. Pet. P. Albert hrsg. v. Herm. Flamm. (VI, 109 S.) 906.

— Badische Sammlung. VIII—X. Lex. 8. Ebd. 22. 40
VIII. Badische Handschriften. Erwerbungen 1905 u. 1906. Hrsg. v. Herm. Flamm. (III, 30 S.) 907. 2. 40
IX. Badische Bauerntrachten. Katalog der graph. Darstellgn. bis 1870. Hrsg. von Herm. Flamm. (VI, 29 S.) 908. 20. —
X. Badische Handschriften. Erwerbgn. 1907—1910. Herm. Flamm. (III, 31 S.) 910. Unberechnet als Ergänzungsheft zu VII.

— s.: Schloss, das, zu Heidelberg.

Badische Uniformen 1807 und 1809. Hrsg. von **Marc Rosenberg**. *Karlsruhe: A. Bielefeld 1896.* (43 S.) 4°(8°)
— **Sammlung**, Marc Rosenberg's badische. + (*. 8474

Rosenberg, Marcus (geb. Bentschen 9. 11. 1829): Analecta ad infantium gastromalaciam. Berolini (1854). (30 S.) 8°
Berlin, Med. Diss. v. 14. Okt. 1854

Rosenbergius, Marcus: * De librorum chronicorum paraphrasi chaldaica. 65 S. 4° (2°)
Halle-Wittenberg, Phil. Diss. v. 20. Juni 1845
Geb. [Bentschen (Kr. Meseritz) 1819]

Rosenberg, Mart., s. Baldung Grün, Hans, Skizzenbuch.

Rosenberg, Martin, Referendar: Die Ministerverantwortlichkeit in Preußen. Greifswald 1910: Adler. 58 S. 8°
Greifswald, Jur. Diss. v. 24. Febr. 1910, Ref. Hubrich
[Geb. 23. Okt. 84 Kalkberge, Brandenburg; Wohnort: Lenzen a. E.; Staatsangeh.: Preußen; Vorbildung: Gymn. Dramburg Reife O. 04; Studium: Berlin 1, Erlangen 2, Berlin 2, Greifswald 4 S.; Rig. 2. Aug. 09.] [U 10. 1544

Rosenberg, Max [pr. Arzt in Niedermarschacht '(Reg.-Bez. Lüneb.)']: Ueber Glaucoma malignum ... Leipzig, G. Fock, 1894; 36 S. 8.
Leipzig, Med. Fak., Inaug.-Diss. v. [26. Sept.] 1894

Rosenberg, Max, Referendar: Zur Lehre von der Haftung des in das Geschäft eines Einzelkaufmanns als offener Handelsgesellschafter Eintretenden für ältere Geschäftsschulden. Johannisburg 1910: Beermann. X, 32 S. 8°
Heidelberg, Jur. Diss. v. 4. Dez. 1910, Ref. Schröder
[Geb. 30. Dez. 84 Landsberg Opr.; Wohnort: Johannisburg Opr.; Staatsangeh.: Preußen; Vorbildung: Gymn. Allenstein Reife M. 04; Studium: Berlin 8 S.; Rig. 5. Aug. 10.] [U 11. 2112

Rosenberg Max Ritter von: Metaphysik der Materie.
H. 1890 PN 620 **Diss.** Wien, Univ. 45

Rosenberg, Maximilian v.

Rosenberg, Max. v., auf schwankendem Boden. Roman. 8. (VI, 478 S.) Elberfeld 893. S. Lucas. n. 3. —; geb. n. 4. —

Rosenberg, Max v., Briefe e. zweifelnden Seele. (338 S.) 8. Berlin (904). A. Schall. n. 4. —

Rosenberg, Maximilianus *(geb. Posen 26. 12. 1823)*: De recentioribus structurae hepatis humani indagationibus. Vratislaviae (1852). (39 S.) 8°
Breslau, Med. Diss. v. 27. Nov. 1852

Rosenberg, Max. v., die Kugelsucherin. Roman. 8. (461 S.) Berlin 896. F. Fontane & Co. n. 5. —

Rosenberg, Max. v., nach dem Liebesmahl. Erlebtes u. Erdachtes. 8. (137 S.) Berlin 899. O. Janke. n. 1. —

— gefährliches Liebesspiel. Novelle. 8. (144 S.) Ebd. 899. n. 1. —

— Magdalena. Roman. 8. (338 S.) Berlin (900). A. Schall. n. 3. 50; geb. n. 4. 50

Magdalena. Roman v. Maximilian v. Rosenberg. *Berlin: A. Schall [1901].* (338 S.) 8° [F.]
— Verein d. Bücherfreunde. Jg 10, [3.] [01. 7504

— Pflichten. Roman in 6 Büchern. 3 Bde. 8. (217, 219 u. 297 S.) Berlin 899. O. Janke. n. 10. —

— „Prosit!" E. humorist. Erzählg. 8. (358 S.) Elberfeld 895. S. Lucas. n. 3. —; geb. n. 4. —

— Vizefeldwebel Starke. Roman. 8. (398 S.) Berlin 901. Grunewald, F. Fontane & Co. n. 5. —; geb. n. 6. 50

— von Geschlecht zu Geschlecht, s.: Deva-Roman-Sammlung.

Rosenberg, Michael, a. Rußland: Differentielle Diagnose der hysterischen Pseudoneuralgien mit besonderer Berücksichtigung der Glossodynie. Berlin (1908): E. Ebering. (36 S.) 8°
Berlin, Med. Fak., Ref. Ziehen, Diss. v. 9. Jan. 1908
[Geb. 24. Juli 83 Odessa; Wohnort: Schitomir; Staatsangeh.: Rußland; Vorbildung: Gymn. Schitomir Reife O. 03; Studium: Berlin 10 S.; Rig. 7. Jan. 08.]

Rosenberg, N. Zur Frage der Fusstuberkulose mit besondrer Berücksichtigung der Endresultate der Behandlung. Mit 9 Tabellen. In 8°. 39 S. Basel. These. 1897.

Rosenberg, *Nathan* [Apotheker aus Kempen]: Über Akridonderivate ... Breslau, Druck v. O. Gutsmann, 1894; 3 Bl., 44 S. 8.
Erlangen, Phil. Fak., Inaug.-Diss. v. 1894

Ueber die Befruchtung von Plasmopara alpina (Johans.) von O. Rosenberg. Mit 2 Taf. *Stockholm 1903: P. A. Norstedt & söner.* (20 S.) 8°
— Handlingar, K. Svenska Vetenskaps-Akademiens. Bihang. Bd 28, Afd. 3, No 10. [03. 13746

Rosenberg, O., cytologische u. morphologische Studien an Drosera longifolia × rotundifolia. (65 S. m. 33 Fig. u. 4 Taf.) 31,5×25,5 cm. Uppsala 909. Berlin, R. Friedländer & Sohn. nn 4. —
Sonderabdruck aus: „Kungl. svenska vetenskapsakademiens handlingar".

Kolonial-Kochbuch hrsg. im Auftr. d. Kolonialwirtschaftl. Komitees. (Verf.: Olga **Rosenberg**.) Berlin: W. Süsserott [1906]. (222 S.) 8°
— **Kolonialbibliothek**, Süsserotts. Bd 13. [07. 13434

Rosenberg, Oscar: Histologische Untersuchungen über das Leberglycogen. Naumburg a. S. 1910: Lippert. 32 S. 8°
¶ (Aus: Beiträge z. pathol. Anat. u. z. allg. Pathol. Bd 49.)
Heidelberg, Med. Diss. v. 12. Dez. 1910, Ref. Ernst
[Geb. 18. April 84 Samotschin; Wohnort: Berlin; Staatsangeh.: Preußen; Vorbildung: Friedrich-Wilhelms-Gymn. Posen Reife O. 03; Studium: Heidelberg 5, München 2, Berlin 1, Heidelberg 2 S.; Coll. 24. Juli 09; Approb. 1. Juli 09.] [U 11. 2219

Rosenberg, Otto v., Bilder aus London, in d. jüngsten Zeit nach d. Leben entworfen. M. 10 nach d. Natur v. Verf. gez. Skizzen (incl. 2 ill.) 8. (6¼ B.) Leipzig 834, Friese.

Ueber die Embryologie von Zostera marina L. von Otto Rosenberg. Mit 2 Taf. *Stockholm 1902: P. A. Norstedt & Söner.* (24 S.) 8°
— Meddelanden fr. Stockholms Högskola. No 211.
— Handlingar, Svenska Vetenskaps-Akademiens. Bihang. Bd 27, Afd. 3, No 6. [02. 11111 0

Studien über die Membranschleime der Pflanzen. Von Otto Rosenberg .. Th. 1. *Stockholm: Kgl. Bokt., P. A. Norstedt & söner 1897.* 8.
— Bihang till K. Svenska Vet.-Akad. Handlingar. Bd 23. Afd. III. No 8. [97. 104

Rosenberg, Otto, aus Stockholm: Physiologisch-cytologische Untersuchungen über Drosera rotundifolia L. *Upsala* (Umschlagt.: *Uppsala) 1899: Almqvist & Wiksell.* (126 S.) 8°
Bonn, Phil. Diss. v. 20. Juli 1899

Rosenberg, Otto, aus Stockholm: Physiologisch-cytologische Untersuchungen über Drosera rotundifolia L. *Bonn 1899: K. Drobnig.* (2 Bl.) 8° ¶ [Nur Titelblatt, Vita u. Thesen.]
Bonn, Phil. Diss. v. 20. Juli 1899

Rosenberg, Otto Fr., s.a. Rosenberger

Rosenberg, O. F., Anleit. Fruchtbäume durch das Copuliren zu veredeln, mit Kupf. 8. Königsb. Unzer. 808.

Rosenberg, Otto Fr., Anleit. Fruchtbäume durch d. Copuliren z. veredeln. Mit 1 Kpf. 8. Königsberg, 1809. Unzer. — 5

Christenthum, Humanität und Freimaurerei. [Eine Antwort auf die in den preussischen Jahrbüchern erschienene Arbeit des Br. Aug. Wolfstieg.] Vortrag, von Paul **Rosenberg.** Berlin: Goldschmidt 1901. 27 S. 8° [Umschlagtit.]
Aus: BstF. 10 (1901) S. 44—70.
Abgedr. in: Bh. 44 (1901) S. 33—44.
cf. ML. 29 (1900—1901) S. 116—117 (O. Henckel); BrL. 18 (1900—1901) S. 81—82 (F. Holtschmidt); FZ. 55 (1901) S. 97 bis 101 (A. Wolfstieg), abgedr. in: Bbl. 15 (1901) S. 242—251 und FZ. 55 (1901) S. 122 bis 123 und im Auszug in: ML. 29 (1900 bis 1901) S. 163—166; vgl. ferner: Bh. 44 (1901) S. 133—139 (P. Rosenberg), abgedr. in: BstF. 10 (1901) S. 96—109; vgl. ferner: Bbl. 15 (1901) S. 241—242; FZ. 56 (1902) S. 297—302 (Ziegler), 354—356 (P. Rosenberg), abgedr. in: BstF. 11 (1902) S. 197 bis 201; vgl. auch: S. 8 (1901) S. 38—40 (J. G. Findel).

Rosenberg, Paul [pr. Arzt in Neustettin]: Ueber Morbus Basedowii nach Influenza.... Greifswald, Druck v. J. Abel, 1890; 24 S. 8°
Greifswald, Med. Fak., Inaug.-Diss. v. 5. Dez. 1890

Rosenberg, Paul, s.: Taschen-Kalender f. Aerzte.

Ein offenes Wort. [Unterz.:] Paul **Rosenberg.** [Berlin 1899: Unger.] 11 S. 8° [Kopftit.]

Gegen den Indifferentismus grösserer Kreise der Brrschaft u. gegen die Unwissenheit in Sachen frmrischer Geschichte, Symbolik, u. frmrischen Rituals.

Rosenberg, Paul M.: Die deutsche Korsettindustrie. Eine volkswirtschaftl. Studie. Stuttgart 1909: Union. 130 S. 8° ¶(Ersch. auch als: Münchenervolkswirtsch. Studien. Stück 95.)
München, Staatswirtsch. Diss. v. 28. Juni 1909, Ref. Brentano
[Geb. 26. Jan. 88 Cöln; Wohnort: Cöln; Staatsangeh.: Preußen; Vorbildung: Gymn. i. d. Kreuzgasse Cöln Reife O. 06; Studium: Jura u. Staatsw. Bonn 3, München 4 S.; Rig. 28. Juni 09.] [U 10. 3465

Rosenberg, Paul M., die deutsche Korsettindustrie, s. Studien, Münchener volkswirtschaftliche. 95.

Die deutsche Korsettindustrie Eine volkswirtschaftl. Studie von Paul M. Rosenberg, Dr Stuttgart & Berlin: Cotta 1909 130 S. 8°
(Münchener Volkswirtschaftl. Studien. Stück 95.)

Rosenberg, Philipp [aus Bazin, Ungarn]: Die Grundzüge der Kant'schen Religionsphilosophie in der „Kritik der praktischen Vernunft" und in der „Kritik der Urteilskraft". Bazin 1903. 50 S. + 1 Bl. Berichtigungen. 8° [25. V. 03.]
Bern Phil. Diss. 1903/1904

Rosenberg, Philipp. Die Grundzüge der Kant'schen Religionsphilosophie in der « Kritik der praktischen Vernunft » und in der « Kritik der Urteilskraft ». Diss. Phil. Bern. II + 51 S. 8. Bazin, Alfred Klein, (1904).

Rosenberg, Rhard., Verjährung u. gesetzliche Befristung nach dem bürgerl. Recht des deutschen Reichs. (III, 146 S.) gr. 8. München 904. J. Schweitzer Verl. n. 3. 20

Rosenberg, S. [aus Hamburg]: **Die Differentialdiagnose der Poliomyelitis anterior acuta et chronica adultorum und der Neuritis multiplex** Heidelberg, Univ.-Buchdr. v. J. Hörning, 1890; 50 S. 8°
Heidelberg, Med. Fak., Inaug.-Diss. v. 15. März 1890

Rosenberg, Schaja [aus Kowno, Russland]: Ricardo und Marx als Werttheoretiker. Bern. 128 S. 8°. [17. XII. 02.]
Bern. Phil. Diss. 1903/1904.

Rosenberg, Schaja. (David) Ricardo und (Karl) Marx als Werttheoretiker. Diss. Phil. Bern. 128 S. 8. Bern, Unionsdr., 1903 (*Umschlag: 1904).

Rosenberg. [illegible] Ein Beitrag zur Kennt[illegible] Kranit der Venenklappen Berlin (1882 [illegible]
Berlin. Med. Diss. v. 24. Juli 1882

Rosenberg, Siegfr., üb. Mediastinaltumoren bei Kindern. gr. 8. (32 S.) Göttingen 884. (Vandenhoeck & Ruprecht.) n. — 80

Rosenberg, Siegfried [app. Arzt aus Lübbecke in Westfalen]: Ueber Spina bifida und Diastematomyelie. Freiburg i. B., Buchdr v Chr Ströcker, 1890; 43 + 1 S. 8°
Freiburg i. B., Med. Fak., Inaug.-Diss. v. 1890

Rosenberg, Sigismund Albert (Danzig) A. S. 800/6

Disputatio juridica de litium incommodis.
Präs. Samuel Friedrich Willenberg.
Danzig (Stoll) 13. IX. 1703. 46 S. 29250

Rosenberg, Thdr., Andeutungen zum weiteren Ausbau der Arends'schen Stenographie. 8. (14 autogr. S. in stenogr. Schrift.) Berlin 884. Stuhr. n. — 20

Rosenberg, Theodor, Arzt in Könitz: **Fleisch- oder Pflanzenkost.** Eine kritische Studie. ***Berlin: M. Günther 1900.*** (36 S.) 8°
Leipzig, Med. Diss. v. (30. Juni) 1900

—— **Lehrgang der Arends'schen rationellen Stenographie, unter besond. Berücksicht. des Arends'schen Leitfaden in neun Unterrichtsstunden bearb. gr. 8. (III, 64 S.) Ebendas. 883. ****

—— **dass. — Zum Schul- und Selbstunterrichte bearb. 2. vollkommen umgearb. und vielfach verb. Aufl. gr. 8. (IV, 58 S.) Ebendas. 884. ***

Rosenberg, Th., wie läßt sich die freie Arztwahl bei d. Gemeinde-Krankenversicherung f. die Landgemeinden u. Gutsbezirke d. Kreises Salzwedel am besten durchführen? E. Wort d. Aufklärg. u. Abwehr. gr. 8. (20 S.) Salzwedel 898. (Berlin, M. Günther.) n. — 50

Rosenberg, W., **declamator. Final bei öffentl. Schulprüfungen.** Eine Samml. v. 36 Declamations-Stücken, worunter 3 poet. Reisen auf d. Karte; nebst e. Anh. f. d. Lehrer. gr. 12. (5 B.) Posen 836, Gebr. Scherk.

Ems. — Rosenberg, W., neue Karte der Umgegend von Ems. 1 : 40,000. Lithogr. gr. Fol. Ems 889, Pfeffer. * — 50

Rosenberg, W., neueste Karte der Umgegend von Ems. 1 : 40,000. Fol. Ems 868, Fahdt. In Carton * 1 50
aufgez. * M 2.; color. * M 2.; aufgez. * 2 50

Rosenberg, W., **neueste Karte der Umgegend von Ems. 1 40,000. Lithogr. gr. Fol. Ems 883, Pfeffer. * 1 —**

Rosenberg, W. L., aus dem Reiche d. Tantalus. Alfresco-Skizzen. gr. 8. (157 S.) Zürich 888. Verlags-Magazin. n. 1. 60

Rosenberg, Walter, aus Hirschberg: **Der Kaiser und die Protestanten in den Jahren 1537—1539.** ***Halle a. S. 1903: E. Karras.*** (94 S.) 8° [F.] ¶[— Schriften d. Vereins f. Reformationsgesch., No 77.]
Breslau, Phil. Diss. v. 23. Febr. 1903

Rosenberg, Walt., der Kaiser u. die Protestanten in den J. 1537—1539, s. Schriften des Vereins f. Reformationsgeschichte. Nr. 77.

Der Kaiser und die Protestanten in den Jahren 1537–1539 von Walter **Rosenberg.** *Halle a. S.: Verein f. Reformationsgesch. (M. Niemeyer in Komm.) 1903.* (91 S.) 8° [F.]
— Schriften d. Vereins f. Reformationsgeschichte. No 77. (03. 691) 6

Rosenberg, Walther, pract. Arzt: **⟨Aus Dr. Max Joseph's Poliklinik f. Hautkrankheiten in Berlin.⟩ Ein neues Quecksilber-Präparat, das 'Quecksilber-Velopurin'.** ***Breslau 1902: Th. Schatzky.*** (45 S.) 8°
Leipzig, Med. Diss. v. (27 Nov) 1902

Rosenberg, *Erich Joseph* Werner [pr. Arzt aus Aschersleben]: Ueber Dystrophia muscularis progressiva mit Betelligung des Gesichts ... Marburg, *Hofbuchdr. d. Gebr. Jänecke, Hannover,* 1895; 43 S. 8.
Marburg, Med. Fak., Inaug.-Diss. v. 19. Dez. 1895

Rosenberg, Wern., französische Reformbestrebungen auf dem Gebiete der Untersuchungshaft. s. Beiträge zur Reform des Strafprozesses. I, 3.

Rosenberg, Werner Französische Reformbestrebungen auf dem Gebiete der Untersuchungshaft. Berlin 1908 8°
(Beiträge z. Reform d. Strafprozesses hrsg. von Franz *Adickes* (u. a.). Bd 1, H. 3.)

Rosenberg, Werner, die staatsrechtl. Stellung v. Elsass-Lothringen. gr. 8. (70 S.) Metz 896. G. Scriba. n. 1. 60

Rosenberg, W., die staatsrechtliche Stellung d. Reichskanzlers. gr. 8. (45 S.) Strassburg i/E. 889. Strassburger Druckerei u. Verlags-Anstalt. n. 1. 50

Rosenberg, Wilhelm [aus Neudenau in Baden]: Ein Beitrag zur Lehre der Lymphangiome ... Künzelsau, P. Locher's Buchdr., 1894; 19 S. 8.
Würzburg, Med. Fak., Inaug.-Diss. v. 1894

Rosenberg, Wilh., Entwicklung u. Stand der Arbeiterfrage. In gemeinfaßl. Darstellg. Hrsg. vom Deutschen Verein zur Verbreitg. gemeinnütz. Kenntnisse in Prag. gr. 8. (82 S.) Prag 892. (F. Haerpfer.) n. 1. -

Entwicklung und Stand der Arbeiterfrage. In gemeinfaßl. Darstellung von Dr Wilhelm **Rosenberg.** Hrsg. v. Deutschen Ver. z. Verbreitung gemeinnütz. Kenntnisse in Prag. 1. Taus. Prag: Deutscher Ver. z. Verbreitung gemeinnütz. Kenntnisse 1892. (82 S.) 8° [F.] [07. 304 H

Rosenberg, Wilhelm v Kritik der Gesch des Vereins zum Schutze der deutschen Auswanderer nach Texas. Austin, 1894.

Rosenberg, Wulf-Wladimir, aus Stawropol-Kaukasus (Russl.): Aus d. Laboratorium d. Hygien. Instituts d. Universität Würzburg. Beiträge zur Kenntnis der Bakterienfarbstoffe, insbesondere der Gruppe des Bacterium prodigiosum. *o. O. 1899: A. Benteli & Co.* (40 S.) 4°(8°)
Würzburg, Med. Diss. v. 1899

Rosenberg-Hein, Edgar, aus Crossen a. O.: Über die Pektinmetamorphose. Basel 1908. 48 S. und neun Tafeln. 8°. [26. VII. 07.]
Bern. Phil. Diss. 1907/08.

Rosenberg-Hein, Edgar. Über die Pektinmetamorphose. Diss. Phil. Bern. [Mit 9 Tafeln.] 48 S. 8. Basel, Friedrich Reinhardt, 1908.

v. Rosenberg-Lipinsky, Handbuch f. den Geschäftsverkehr mit der schlesischen Landschaft, wie f. die Mitglieder u. Beamten derselben. Eine übersichtlich geordnete Zusammenstellung der landschaftl. Gesetzgebung bis auf die jüngste Zeit. gr. 8. (LII u. 322 S.) Breslau 851, Hirt. n. 1 1/3 ₰

Rosenberg-Lipinsky, v., Geneal. Nachrichten über die Familie von Rosenberg-Lipinsky. Nebst 3 Nachträgen. Berlin 1859. 4.

Rosenberg-Lipinski, v., über d. gegenwärt. Zustand d. schles. Grund-Eigenthums. Mit Rücksicht auf d. Schrift v. A. Gebel: „Ueber d. tiefe Verschuldung d. Rittergutsbesitzer." gr. 8. (3¼ B.) Breslau 836, Graß, Barth u. Comp.

Rosenberg-Lipinsky, Alb. v., der praktische Ackerbau in Bezug auf rationelle Bodenkultur, nebst Vorstudien aus der unorganischen und organischen Chemie, ein Handbuch für Landwirthe und die es werden wollen. 2 Bde. Breslau 862. Trewendt. gr. 8. (XLVIII, 1454 S. u. 1 lith. Taf. in 4.) 6 ₰

Rosenberg-Lipinsky, Alb. v., der praktische Ackerbau in Bezug auf rationelle Bodenkultur, nebst Vorstudien aus der unorgan. u. organ. Chemie, ein Handbuch für Landwirthe u. die es werden wollen. 2 Bde. 2. Aufl. 1866 u. 3. verb. Aufl. Breslau 869. Trewendt. gr. 8. (XLVIII, 1212 S. mit 1 Steintaf. in qu. 4.) 4 ₰ 15 ngr.

Rosenberg-Lipinsky, Alb. v., der praktische Ackerbau in Bezug auf rationelle Bodenkultur, nebst Vorstudien aus der unorgan. und organ. Chemie, ein Handbuch für Landwirthe und die es werden wollen. 3.—5. verb. Aufl. 2 Bde. gr. 8. Breslau 869—73, Trewendt. *M.* 13,50.; geb. 17 25
Inhalt:
Bd. 1. Vorstudien. (XXVIII, 520 S.)
„ 2. Der praktische Ackerbau. (XV, 692 S. mit 1 lithogr. Taf.)

Rosenberg-Lipinsky, Alb. v., der praktische Ackerbau in Bezug auf rationelle Bodenkultur, nebst Vorstudien aus der unorganischen u. organischen Chemie, ein Handbuch für Landwirthe u. die es werden wollen. 6. Aufl. 2 Bde. gr 8. (XXVIII, 520 u. XVI, 692 S.) Breslau 879. Trewendt. 15. —

Rosenberg-Lipinsky, Alb. v., der praktische Ackerbau in Bezug auf rationelle Bodenkultur. Ein Handbuch f. Landwirte u. die es werden wollen. 7. Aufl. 2 Bde. gr. 8. (XXVIII, 520 u. VI, 692 S. m. 1 lith. Taf.) Breslau 890. Trewendt. n. 18. —; geb. n. 20. —

Rosenberg-Lipinsky, Alfr. v., Gedichte. gr. 16. (X, 196 S.) Breslau 875. Trewendt. 3. —; geb. m. Goldschn. 4. 50

Rosenberg-Orsini, Lothar, Graf, Der geheimnißvolle Jäger. Eine Sage vom Wörthersee. 24. (22 S.) —.12
Klagenfurt: Rannecker 1896.

Rosenberg, Lothar Graf Orsini, Itineraria des Landskroner Vice-Burgvoigth des ehrsamben Hanns Strainz. Historische Erzählung aus Kärntens Vorzeit. Gr.-8. (58 S.) —.80
Klagenfurt: Rannecker 1891.

Rosenberg-Orsini, Lothar Graf, Der unheimliche Reisende. Dictat eines Irrsinnigen. Erzählung. 12. (32 S.) —.12
Klagenfurt: Rannecker 1894.

Rosenberg, Lothar Graf Orsini, Itineraria des Landskroner Vice-Burgvoigth des ehrsamben Hanns Strainz. Historische Erzählung aus Kärntens Vorzeit. Gr.-8. (58 S.) —.80
Klagenfurt: Rannecker 1891.

Rosenberger (Red.), s. Abhandlungen. Vermischte, a.d. Gebiete der Heilkunde v einer Gesellschaft pract Aerzte zu St Petersburg.

Rosenberger, A., die abscedirende Paranephritis u. ihre Behandlung. gr. 8. (77 S.) Würzburg 879. Stahel. n. 1. 80

Rosenberger, Albert, von Birmensdorf [Kt. Zürich] Ueber das Furtum nach klassisch-römischem Recht, insbesondere über den Animus lueri faciundi. Zür J Herzog Dr 1879
2 Bl., 85 S., 1 Bl., 1 Bl. Thesen. 8°
Zürich, Jur. Diss. v 8. März 1879

Rosenberger, [Albert]. Gedächtnisrede auf Theodor Fierz von Zürich, Zunftmeister des Kämbel. Gehalten in der Zunft zum K' am 2. November 1903. [Mit 1 Portrat-Tafel.] 16 S. 8. Zürich, Fritz Amberger, (1903).

Rosenberger, A[lbert]. Die Zünfte und die Politik. Vortrag, gehalten in der Zunft zum Kämbel am 14. Jänner 1901. 22 S. 8. Zürich, Fritz Amberger, 1901.

Rosenberger, Erwin, der König der Diebe u. andere Erzählungen, s. Universal-Bibliothek.

Der Konig der Diebe u. andere Erzählungen von Erwin **Rosenberger.** Leipzig Reclam (1910). 79 S. 8°
(Universal-Bibliothek 5249.) (11. 157

ROSENBERGER, Erwin
Der Handelsmann Karl Kraus. Von Erwin Rosenberger. [Der Pinsel. II. Folge. Wien. 1899.] Selbstverlag. 8°. 18 S. fl. —.10

ROSENBERGER, Erwin
Der Pinsel. Herrn Karl Kraus gewidmet von Erwin Rosenberger. Wien. [1899.] Selbstverlag. 8°. 36 S. fl. —. 10

Rosenberger, Eugenie, auf großer Fahrt. gr. 8. (V, 374 S. m. 1 Karte.) Berlin 899. D. Reimer. n. 6. —; geb. in Leinw. n. 8. —

Auf grosser Fahrt. Von Eugenie **Rosenberger.** 2. Aufl. *Berlin: D. Reimer 1899* (374 S.) 8° [F.] (01. 4990 11

Auf grosser Fahrt. Von Eugenie **Rosenberger.** 2. Aufl. *Berlin: D. Reimer 1900.* (374 S.) 8° [F.] (00. 4391

Rosenberger, Felix, prakt. Arzt aus Köln a. Rh.: **Statistische Untersuchungen der pathologisch-anatomischen Lues-Befunde am Berliner städt. Krankenhause am Urban.** *Freiburg i. B.: Speyer & Kaerner 1904.* (39 S.) 8°
Freiburg i. B., Med. Diss. v. 1904

Rosenberger, Ferd., die Buchstabenrechnung. Eine Entwicklung der Gesetze der Grundrechnungsarten rein aus den Begriffen der Zahl und des Zählens als Grundlage für den Unterricht. gr. 8. (VIII, 150 S.) Jena 876. [Dufft.] Fischer. *

Rosenberger, Ferd., d. moderne Entwicklg. d. elektrischen Principien. 5 Vorträge. gr. 8. (V, 170 S.) Leipzig 898. J. A. Barth. n. 3.—

Rosenberger, Ferd., über die Genesis wissenschaftlicher Entdeckungen und Erfindungen. Ein Vortrag, gehalten im Verein akademisch gebildeter Lehrer zu Frankfurt a. M. gr. 8. (29 S.) Braunschweig 885, Vieweg und Sohn. * — 80

Rosenberger, Ferd., die Geschichte der Physik in Grundzügen, mit synchronist. Tabellen der Mathematik, der Chemie u. beschreibenden Naturwissenschaften, sowie der allgemeinen Geschichte. 1. Thl. Geschichte der Physik im Alterthum u. im Mittelalter. gr. 8. (IX, 175 S.) Braunschweig 882. Vieweg & Sohn. n. 3. 60

— die Geschichte der Physik in Grundzügen m. synchronistischen Tabellen der Mathematik, der Chemie u. beschreibenden Naturwissenschaften, sowie der allgemeinen Geschichte. 2. Thl. Geschichte der Physik in der neueren Zeit. gr. 8. (VII, 406 S.) Ebend. 884. n. 8. — (1. u. 2.: n. 11. 60)

Rosenberger, F., die Geschichte der Physik in Grundzügen m. synchronistischen Tabellen der Mathematik, der Chemie u. beschreibenden Naturwissenschaften, sowie der allgemeinen Geschichte. 3. Thl. Geschichte der Physik in den letzten hundert Jahren. 2 Abthlgn. gr. 8. Braunschweig, Vieweg & Sohn. n. 16. 90 (cplt.: n. 28. 50)
1. (318 S.) 887. n. 6. 50. — 2. (XIII u. S. 319—826.) 890. n. 10. 40.

— Isaac Newton u. s. physikal. Principien. E. Hauptstück aus d. Entwickelungsgeschichte der modernen Physik. gr. 8. (VI, 536 S. m. 25 Abb.) Ebd. 895. n. 13. 50

ROSENBERGER, FERDINAND. I. N und seine physikalischen Principien. Ein Hauptstück aus der Entwicklungsgeschichte der modernen Physik. Leipzig, 1897. 8vo. III.

Rosenberger, Frz., die Kohlehydrate im menschl. Urin, s.: **Abhandlungen, Würzburger, aus dem Gesamtgebiet der praktischen Medizin. VII, 7.**

Rosenberger, Franz: **Ursachen der Karbolgangrän. (Experimentelle Untersuchungen.)** *Würzburg: A. Stuber 1901.* (14 S.) 8° ¶(Aus: Verhandl. d. phys.-med. Gesellsch., N. F. Bd 34.)
Würzburg, Med. Diss. v. 1901

Rosenberger, G., deutsch-schwedisches Wörterbuch. Ster.-Aufl. 12. (XV, 283 S.) Stockholm 894. P. A. Norstedt & Söner. Geb. in Leinw. n. 4. 50

Rosenberger, Georg. Beiträge zur Kenntnis der von Fettsäuren sich ableitenden Imidazole. Diss. Phil. Basel. 42 S. 8. München, Dr. C. Wolf & Sohn, 1904.

Rosenberger, Georg, pract. Arzt aus Königsdorff-Jastrzemb O.S.: **Die Hypertrophie der lymphatischen Gebilde des Rachens als Symptom der Skrofulose.** *Leipzig 1902: B. Georgi.* (70 S.) 8°
Leipzig, Med. Diss. v. (11. Nov.) 1902

Rosenberger, Gg., was der Handwerker vom Gewerberecht wissen muß. (Meistertitel, Lehrlingswesen, Arbeitsverhältnis, Sonntagsruhe, Gesellen- u. Meisterprüfg., Innungen, Handwerkskammer, Gewerbegericht zc.) gr. 16. (95 S.) Würzburg 902. B. Bauch. n. — 75

Rosenberger, Gg., was der Handwerker vom Gewerberecht wissen muß. (Meistertitel, Lehrlingswesen, Arbeitsverhältnis, Sonntagsruhe, Gesellen- u. Meisterprüfung, Innungen, Handwerkskammer, Gewerbegericht u. s. w.) 2., verb. Aufl. (VII, 95 S.) gr. 16. Würzburg 903. B. Bauch. n. — 50

Rosenberger, Gg., was der Handwerker vom Gewerberecht wissen muß. 3. verb. Aufl. (VII, 86 S.) kl. 8. Würzburg 910. B. Bauch. — 80

Rosenberger, Gust., de centris motuum cordis. Disquisitiones anatomico-physiologicae. Dissertatio inauguralis. gr. 8. (39 S.) Dorpati Liv. 850. (Mitaviae, Reyher.) 1/3 ₰

ROSENBERGER, Gustav (München): Malignes Lymphom. (Titel nach der Urkunde) 19.12.1894 - Urk; Chr 1894/95,21
Diss. Ingolst.-Landsh.-**Mchn.**

Rosenberger, J. A.

Rosenberger, üb. die operative Behandlung der männlichen Epispadie [Aus: „Sitzungsber d. Würzb. phys.-med. Gesellsch."] gr. 8. (2 S.) Würzburg 891. Stahel. n. — 30

Rosenberger, J. A., über chirurg. Eingriffe bei Blinddarmentzündung, s.: Abhandlungen, Würzburger, aus d. Gesamtgebiet der prakt. Medizin. I. 7.

Rosenberger, J. A., Exstirpation e. grossen Neubildung im Gesichte m. plastischer Deckung. gr. 8. (2 S.) Würzburg 886. Stahel. — 15

—— über Resection im Handgelenke. gr. 8. (4 S.) Ebendas. 886. * — 20
Aus: Sitzungsberichte der physikalisch-medicinischen Gesellschaft zu Würzburg, besonders abgedruckt.

Rosenberger, J. A., e. Vorschlag zur Behandlung gangraenescirender Darmwandbrüche. [Aus: „Festschrift f. A. v. Kölliker".] gr. 4. (11 S.) Leipzig 887. Engelmann. n. 1. —

Rosenberger, J. A., über das Wesen des septischen Giftes, s. Festschrift zur dritten Saecularfeier der Alma Julia Maximiliana.

Rosenberger, O. Th., Kösen. Zur Mitgabe u. Erinnerung f. Badegäste. breit 16. (4 B. u. 7 Stahlst.) Leipzig 842. [Berlin, Klemann.] *

Rosenberger, O. Th., Kösen. Zur Mitgabe und Erinnerung für Badegäste. (Mit 7 Stahlstichen.) breit 16. Leipzig 842, G. Wigand. n. 2/3 ₰

Rosenberger, O. Th., Kösen. Zur Mitgabe u. Erinnerung f. Badegäste. 2. vollständig umgearb. Ausg. [Mit 7 Stahlst.] gr. 16. (144 S.) Naumburg 850, Merzyn. n. 1/2 ₰

Rosenberger, O. Th., Kösen. 3. illustr. Ausg. mit 2 neuen Lithogr. von H. Delius und 1 (lith.) Karte (in 4.). Naumburg (854.) Merzyn. 16. (80, 64 S.) 22½ ngr.

Rosenberger, O. W., v. d. Versuchung Christi. Königsb. 1738. 8.

Rosenberger, Otto Benj. Gf., die Brautnacht. Ein Symposion. kl. 8. Dorpat (811.) (48 S.)

Rosenberger, Otto Benjamin Gottfried von, s. Flectionstabellen für die Lettischen Verba.

— Formenlehre d. lettischen Sprache. Conspect f. seine Zuhörer. 8. Mitau 830. (XVI u. 190 S.)

— von e. Princip z. wissenschaftl. Anordnung d. Lehre von den göttl. Eigenschaften 8. Dorpat 823. (61 S.)

Rosenberger, (Staatsr.,) das lettische Verbum aufs Neue dargestellt. gr. 8. Dorpat 843. (Gläser.) n. 5/12 ₰

Rosenberger, Otto. Fr. s.a. Rosenberg

Rosenberger, Otto Fr., Anleit., Fruchtbäume durch das Copuliren zu veredeln. Mit 1 Kpftaf. 8. Königsb. 808. Unzer. 4 ₰

— Diss. inaug. de viribus partum efficientibus generatim, et de utero speciatim ratione substantiae musculosae et vasorum arteriosorum. Mit 3 Kpft. 4maj. Halle 791.

— s. Wie müssen Seebäder x.

Rosenberger, Otto Georg(ius) Armin(ius). Nonnulla de scorbuto. Halis (1835): Karl Grunert. 43 S. 8°
Halle-Wittenberg, Med. Diss. v 4. Aug. 1835
Geb. Neuenburg (Kurland) 1805. V

Rosenberger, Frau Sophia geb. Kaplun-Kogan, a. Moskau: Beitrag zur Tuberkulose in den quergestreiften Muskeln. Köln 1905: Ph. Amsel. (16 S.) 8°
Freiburg i. B., Med. Fak., Ref. Kraske, Diss. v. 1905
[Geb. 12. Mai 79 Moskau; Wohnort: Freiburg; Staatsangeh.: Preußen; Vorbildung: Mädchengymn. Jalta Reife Mai 99; Studium: Berlin 3, Freiburg 5, Berlin 1, Freiburg 2 S.; Rig. 14. März 05.]

Rosenberger, Wilhelm, approb. Arzt aus Würzburg Mehrere Fälle von chirurgischer Lues. *Kiel 1904: Schmidt & Klaunig.* (70 S.) 8°
Kiel, Med. Diss. v [19. Apr.] 1904

Rosenberger, Wold., Wörterbuch der Neutralsprache (Idiom neutral). Neutral-Deutsch u. Deutsch-Neutral, m. e. vollständ. Grammatik nach den Beschlüssen der internationalen Weltspracheakademie u. e. kurzgefassten Enstehungs-Geschichte der Neutralsprache, zusammengestellt u. m. Bewilligg. der Akademie hrsg. gr. 16. (315 S.) Leipzig 902 E. Haberland. Geb. in Leinw. n. 6.—

Rosenberger, Woldem., Wörterbuch d. Neutralsprache (Idiom Neutral). Suppl. (Internationale Weltspracheakademie.) (IV, 18 S.) kl. 8. Leipzig (906). E. Haberland. nn — 30
Hauptwerk. Ebd. 902. Geb. 6.—.

Akadem internasional de lingu universal. Diksionar de idiom neutral neutral-german e german-neutral ko gramatik komplet sekuantu rezolusioni de Akadem internas. de lingu univ. e ko histor brev di origin de idiom neutral komposed e publiked ko konsesion de Akad. per membr de it Voldemar (Woldemar) **Rosenberger** [Nebst] Suplement. Leipzig Haberland 1902[–06]. 8°
[Nebent.:] Wörterbuch d. Neutralsprache (Idiom neutral) Neutral-Deutsch u. Deutsch-Neutral ... hrsg. von W. Rosenberger [illegible]

Rosenblad, Fr. v., Guido u. Marie. Eine sicilian. Novelle. 8. (5 B.) Augsburg 828, Bürgler.

Rosenbladt, Aug. Cph., († d. 10. Febr. 1805.) s. a. Abhandl. von d. Wirkungen des Kohls.

Rosenbladt, A. C., medicin. Abhandl. von den Wirkungen des Kohls, aus d. Engl. 8. Altenburg, Richter. (Akadem. Buchh. in Jena.) 778.

Rosenbladt, August Christoph (Übers.):

s.: Ferro, Pascal Joseph: Medicinische Ephemeriden. (Ephemerides medicae. Dt.) Jena: 1795

JB 2.308

Rosenblat, Salomea, aus Lublin (Russ. Polen): Vergleichende Untersuchungen über neuere Färbungsmethoden der Tuberkelbacillen nebst einem Beitrag zur Morphologie dieser Mikroorganismen. ‹Aus dem Institute zur Erforschung der Infektionskrankheiten in Bern. Direktor Prof. Kolle.› Jena, Gustav Fischer, 1911. II. 20 S. 8°. S.-A. aus dem Centralblatt für Bakteriologie etc. Abt. 1. Originale. Bd. 58. Heft 2. [16. XII. 10.]
Bern. Phil. Diss. 1910 11.

Rosenblat, Stephanie, aus Lublin (russ. Polen): Zur Kenntnis der zur Gruppe der Tuberkelbazillen gehörenden säurefesten Mikroorganismen. München 1905. 58 S. 8° S.-A. aus „Flora od. allg. bot. Zeitg." Ergänzungsbd. 1905. Heft 2. [29. XII. 05.]
Zürich Phil. Diss. II S 1905/1906.

Rosenblath, Will., über Typhus-Recidive. Inaugural-Dissertation. gr. 8. (44 S.) Göttingen 884, (Vandenhoeck und Ruprecht's Verlag.) *

Rosenblatt von und für Damen. Halle 1786. V: *Grossing, Franz Rudolph von.* (wrztg 1786, S. 321) (F. Wadzek, Leben und Schicksale des Franz Rud. von Grossing. Berlin 1789. S. 191) (Allgemeine Wiener Bucher-Nachr. 1786, S. 105/106; 171/172) (KY 2/440) (R. v. Grossing's Staaten-Journal 2/338) (BiblPort)

Rosenblatt, Ein — auf den Traualtar. Gedicht zur Allerhöchsten Vermählungsfeier Sr. k. k. Apost. Majestät Franz Joseph I. Kaisers von Oesterreich mit Ihrer königlichen Hoheit der durchlauchtigsten Prinzessin Elisabeth Herzogin in Baiern. 4. (4 Blätter.) Wien. 1854. Gedruckt bei Leopold Sommer.

Rosenblatt, Alfr., über die Existenz von Integralen gewöhnlicher Differentialgleichungen. (4 S.) 8. Uppsala 908. (Berlin, R. Friedländer & Sohn.) nn — 60
Sonderabdruck aus: „Arkiv f. matematik, astronomi och fysik".

Rosenblatt, Jos., die Strafen-Concurrenz. Ein Beitrag zur Lehre von der sogenannten Verbrechens-Concurrenz. gr. 8. (VII, 107 S.) Teschen 879, Malik. *

Rosenblatt, Jos., Vertheidigungsrede, geh. im Krakauer Schwurgerichtssaale am 13. April 1880 im Prozess der polnischen Sozialisten. Uebers. von Edm. Mikiewicz, 8°. Wien, Dirnböck's Buchhdlg. (1880).

Rosenblatt, Isidor [aus Regensburg]: Über Blutungen im Ohre beim Erstickungstode. Würzburg, Druck d. Ferdinand Röhrl'schen Buchdr., 1889; 20 S. 8°
Würzburg, Med. Fak., Inaug.-Diss. v. 1889

Rosenblatt, Israel [aus Odessa '(Russl.)']: Ueber hereditäre Belastung bei der Tabes dorsalis ... Berlin, Buchdr. v. G. Schade, *1893*; 31 S. 8.
Berlin, Med. Fak., Inaug.-Diss. v. 14. Aug. 1893

Rosenblatt, Ludwig: Aus der Universitäts-Frauenklinik zu Giessen. Der congenitale Hydrocephalus und seine Beziehung zur Geburt. *Wiesbaden 1898: L. Schellenberg.* (46 S.) 8°
Giessen, Med. Diss. v. 1898

Rosenblatt, Meyer, a. Odessa (Russland): Beiträge zur Kenntnis der chronischen Bleivergiftung. Rostock 1906: Adler. (107 S.) 8°
Rostock, Med. Fak., Ref. Kobert, Diss. v. 10. Aug. 1906
[Geb. 16. April 79 Odessa; Wohnort: Odessa; Staatsangeh.: Rußland; Vorbildung: Richelieu-Gymn. Odessa Reife Juni 99; Studium: Rostock 9 S.; Rig. 3. Juli 06.]

Rosenblatt, Siegmund [aus Kleinlangheim (Unterfranken)]: Über die Wirkung von CS_2-Dämpfen auf den Menschen nebst Versuchen deren Giftigkeit zu bestimmen. ... Würzburg, k. Universitätsdr. v. H. Stürtz, 1890; 24 S. 8°
Würzburg, Med. Fak., Inaug.-Diss. v. 1890

Rosenblätter. Neue Erzählungen und Lieder für Kinder. Nürnberg 1791. Nürnberg 1803. Wien 1822. V: *Armbruster, Joh. Michael.* (KY 1/106) (GGR VI/419, Nr. 1/13) (Bespr. Allg. Oberdeutsche Litteraturzeitung 4/1792, Sp. 28—30) (Auct. Heberle, Mai 1912, Nr. 1669) (Fidei-Commiss-Bibliothek Wien 2/411, Nr. 1023) (BIBLPORT)

Rosenblätter, Lehr- u. Leseb. f. d. Jugend, v. Armbruster 8 Bdch. 8. Nrnb. Weigel. 791.
1s od. Armbrusters neue Erzählungen. illum.
2s oder Volkslieder d. Deutschen.
3s u. 4s. ausgewähl. Aesop. und andre Fabeln, Scenen a. d. Schaupl. d. Jugendw. und Voits Sittenb. m Kupf. illum.
5s Erzähl. a. d. bibl. Gesch.
6s 7s und 8s s. Holander Naturgesch.

Rosenblätter. Lyrisches Album. Redigirt von Ludwig Bowitsch. Neutitschein. 1855. Schnellpressendruck und Verlag von J. N. Enders. (VIII, 130 S. 8.)

Rosenblätter oder Monatszettel, gewidmet den Rosen des lebend. Rosenkranzes. Red.: Otto Jaenich. 1.—3. Jahrg. 1879—1881. à Jahrg. 12 Nrn. (Bog.) 16. Berlin, (Germania.) à Jahrg.

—— dass. — Redact.: Th. Leikes. 4.—6. Jahrg. 1882—1884. à Jahrg. 12 Nrn. (Bog.) 16. Dülmen, Laumann'sche Verlagsh. à Jahrg.

Rosenblätter od. Monatszettel, gewidmet den Rosen d. lebend. Rosenkranzes. Red.: Th. M. Leikes. 6—8. Jahrg. 1884–1886. à 12 Päckchen zu 15 einzelnen Geheimnissen. (Bl.) 16. Dülmen, Laumann à Jahrg. n. 1.5

Rosenblätter. Monatsblätter f. den lebend. Rosenkranz. Vollständiger Jahrg. 1891, enth. 12 Päckchen m. je 15 Geheimnißzetteln u. 1 Namenliste. 16. Dülmen 891. Laumann. n.n. 1.5

Rosenblätter. Monatszettel f. den lebend. Rosenkranz. Vollständiger Jahrg 1892, enth. 12 Päckchen m. je 15 Geheimnißzetteln u. 1 Namenliste. 16. Dülmen 891. A. Laumann n.n. 1.5

Rosenblätter. Monatszettel f. d. lebend. Rosenkranz. 19.—22. Jahrg. 1896—1899. à 12 Päckchen m. je 15 Geheimniszetteln u. e. Namenliste. 16. Dülmen, A. Laumann. à Jahrg. n. 1.05

Rosenblätter. Monatszettel, gewidmet den Rosen des lebend. Rosenkranzes. 23.—25. Jahrg. 1900—1902. à 12 Päckchen m. je 15 Geheimniszetteln u. e. Namenliste. 16. Dülmen, A. Laumann. à Jahrg. n. 1.05

Rosenblätter. Monatszettel, gewidmet den Rosen des lebend. Rosenkranzes. 26.—29. Jahrg. 1903—1906. à 12 Päckchen m. je 15 Geheimniszetteln u. e. Namenliste. 16. Dülmen, A. Laumann. à Jhrg. n. 1.05

Rosenblätter oder Monatszettel für die Rosen des lebend. Rosenkranzes. 30.—33. Jahrg. 1907—1910. à 12 Päckchen m. je 15 Geheimniszetteln u. einer Namenliste. 16. Dülmen, A. Laumann. à Jahrg. 1.05

Rosenblum, B., Przewodnik lekarski dla mężczyzn, podług Brauna, Albrechta i innych ułożony, wydanie drugie przejrzane i znacznie pomnożone. 16. Warschau 843, Orgelbrand. 5/6 ₰

— Tryper czyli śluzotok zaraźliwy we wszystkich swoich formach, skutkach i następstwach z dołączeniem najsłynniejszych sposobów leczenia. 8. Ebend. 847. 1 ₰

Rosenblum, Leo [cand. med. aus Altona]: Über einen Fall von Radicaloperation eines persistierenden Ductus omphalo-mesaraicus. ... Altona, Druck v. H. W. Köbner & Co., 1891; 22 S. 8°
Erlangen, Med. Fak., Inaug.-Diss. v. 1891

Rosenblum, Samuel [aus Krisburg]: **Über einen Fall von „Missed Labour"....** Berlin, Druck v. W. Axt, 1890; 32 S. 8°
Berlin, Med. Fak., Inaug.-Diss. v. 20. Jun. 1890

Rosenblüth, Felix: Zur Begriffsbestimmung von Volk und Nation. Berlin 1910: Ebering. 43 S. 8°
Heidelberg, Phil. Diss. v. 23. Juli 1910, Ref. Jellinek
[Geb. 24. Juni 87 Berlin; Wohnort: Berlin; Staatsangeh.: Preußen; Vorbildung: Dorotheenstädt. Realgymn. Berlin Reife O. 06; Studium: Freiburg i. B. 1, Berlin 3, Marburg 1, Heidelberg 2 S.; Rig. 22. Juli 09.] [U 10. 2101

Rosenblüth, Martin: Beiträge zur Quellenkunde von Petrons Satiren. Berlin 1909: Eisenstaedt. 94 S. 8°
Kiel, Phil. Diss. v. 9. Dez. 1909, Ref. Jacoby
[Geb. 1. Febr. 86 Messingwerk; Wohnort: Messingwerk; Staatsangeh.: Preußen; Vorbildung: Gymn. Eberswalde Reife O. 04; Studium: Marburg 1, München 1, Berlin 4, Kiel 3 S.; Rig. 8. Mai 09.] [U 10. 2526

Rosenblüth, Sigmund [aus Bamberg]: **Ueber den Kropf, seine Gefahren und Behandlung....** Würzburg, Druck d. F. Röhrl'schen Buchdr., 1890; 54 S. 8°
Erlangen, Med. Fak., Inaug.-Diss. v. 30. Jul. 1890

Rosenblüth, Sim., Psalm-Vorträge, geh. im Vereine Auhawé Tauroh in Fürth (Bayern). Winter-Semester 1908—09. (50 S.) 8. Frankfurt a/M. 909. Sänger & Friedberg. 1.—

Rosenblüth, Simon, der Seelenbegriff im alten Testament, s.a. Studien, Berner, zur Philosophie u. ihrer Geschichte.

Rosenblüth, Simon: Der Seelenbegriff im Alten Testament. Bern 1898. 62 S. 8°.
Bern. Phil. Diss. 1897/98.

Rosenblüth, Tristan [Pseud.], s.a. Niemeyer, Johann Christian Ludwig

Rosenblüth, (J. C. L. Niemeyer), das Weltkind, eine Warnungstafel. gr. 8. Halberst. 814. N. Aufl. 825. Vogler in Potsd. 18 gr

Rosenboom, E.

— d. Gasbeleuchtg., s.: Handbuch d. Hygiene, 14. Lfg.

– Die Kraftmaschinen, s. Buch, Das, d. Erfindungen, II.

Rosenboom, E., die Mechanik od. d. Lehre v. d. Bewegg. d. Körper, s.: Buch, das, d. Erfindungen, II.

Rosenboom, E., die städtische Wasserversorgung. Unter besond. Berücksicht. der hygien. u wirthschaftl. Gesichtspunkte bearb. f. weitere Kreise, besonders Mitglieder städt. Verwaltgn., Aerzte u. Techniker. [Erweit. Sonderabdr. aus: „Prometheus".] gr. 8. (VII, 44 S. m. 8 Abbildgn.) Berlin 893. R. Mückenberger. n. 1. 20

Rosenboom, Johannes

—: [Bericht über die für den scheidenden Direktor Dr. Franz Cramer vom Gymnasium und der Bürgerschaft veranstaltete Abschiedsfeier.] S. 29—31. 4.
Gymn. mit Realprogymn. u. Realschulklassen *Eschweiler* 1909 (595). Progr.

Rosenboom, Johannes: Bericht über die Feier der Einführung des Direktors Dr. Rosenboom. Eschweiler 1909: Herzog. S. 3—10. 4°
Eschweiler, G m. RPG u. R P 1909 (595) [S 09. 389

Rosenboom, Johannes, Dr.: **Proben** aus einer Stoffsammlung zu lateinischen Klassenarbeiten im Anschluss an die Caesar-Lektüre der Tertia. *(Rheinbach 1899: C. Hensler.)* (12 S.) 4°
Rheinbach, st. PG, P 1899 (488)

Rosenboom, Ioannes [Rhenanus]: Quaestiones de Orphei Argonauticorum elocutione. Halis Saxonum, form. descrips. E. Karras, 1887; 31 + 1 S. 8°
Halle, Phil. Fak., Inaug.-Diss. v. [15. Dez.] 1887

Rosenboom, Joannes, quaestiones de Orphei Argonauticorum elocutione. Diss. Halle 1887, Lippertsche Buchh. 8°. 31 S.

Rosenburg, Arthur, a. Linda (Prov. Sachsen): **Beiträge zur** Kenntnis semicyklischer 1,5-Diketone. Leipzig 1907: Thalacker & Schöffer. (VIII, 66 S.) 8°
Leipzig, Phil. Fak., Ref. Hantzsch-Beckmann, Diss. v. 13. Mai 1907
[Geb. 15. Juli 78 Linda (Prov. Sachsen); Wohnort: Liebenwerda; Staatsangeh.: Preußen; Vorbildung: Realgymn. Nordhausen Reife O. 99; Studium: Leipzig 3, Genf 1, Leipzig 8 S.; Rig. 21. Febr. 07.]

Rosenburg, Herm., s.: Auszählreime, Kinderlieder u. Spiele.

Rosenburg, Herm., die Geschichte f. Lehrerbildungsanstalten, s.: Heinze, W.

Die Geschichte für Präparandenanstalten. Hrsg. von Hermann Rosenburg, Seminarl. T. 1.2. Hannover, Berlin: C. Meyer 1903 2 Bde. 8°
1. Deutsche Geschichte bis 1648. Für d. 3. Präparandenklasse.
2. Deutsche, besond. brandenburg.-preuß. Geschichte bis z. Gegenw. Für d. 2. Präparandenklasse.

— die Geschichte f. Präparandenanstalten. 1. u. 2. Tl. 8. Hannover 904. C. Meyer. Geb. n. 3. 10
1. Deutsche Geschichte bis 1648. Für die III. Präparandenklasse. 2. u. 3. gleichlaut. Aufl. (VIII, 122 S.) n. 1. 50
2. Deutsche, besonders brandenburgisch-preußische Geschichte bis zur Gegenwart. Für die II. Präparandenklasse. 2. u. 3. gleichlaut. Aufl. (VIII, 136 S.) n. 1. 60

— Die Geschichte für Präparandenanstalten. 2 Tle. 8. Hannover, C. Meyer. Geb. 3. 10
1. Deutsche Geschichte bis 1648. Für die III. Präparandenklasse. 8. u. 9., verb. Aufl. (VIII, 122 S.) 910. Geb. 1. 50
2. Deutsche, besonders brandenburgisch-preußische Geschichte bis zur Gegenwart. Für die II. Präparandenklasse. 6. u. 7. Aufl. (VIII, 136 S.) 909. Geb. 1. 60

— Geschichte der Prov. Sachsen, s.: Heine, H.

Rosenburg, Herm., Lehr- u. Übungsbuch d. deutschen Sprache f. Präparandenanst. 2 Tle. in 1 Bde. (I.: Satzlehre u. Wortlehre. II.: Rechtschreibungs- u. Lautlehre.) gr. 8. (190 S.) Breslau 895. F. Hirt. Geb. in Halbleinw. n. 1. 80

Rosenburg, Herm., Methodik d. Geschichtsunterrichts. Nach den Grundsätzen der vermittelnden Pädagogik bearb. gr. 8. (120 S.) Breslau 892. F. Hirt. n. 1. 50

— Methodik des Geschichtsunterrichts. 2., verm. u. verb. Aufl. gr. 8. (150 S.) Ebd. 897. n. 1. 75

— Methodik des Geschichtsunterrichts. 3., verb. Aufl. gr. 8. (150 S.) Breslau 900. F. Hirt. n. 1. 75; geb. in Leinw. n. 2. 25

Methodik des Geschichtsunterrichts von Hermann Rosenburg, Seminarl. zu Eisleben. 4., verb. Aufl. *Breslau: F. Hirt 1903* (150 S.) 8° [F.] 04. m

— Methodik des Geschichtsunterrichts. 5., verm. u. verb. Aufl. (154 S.) gr. 8. Breslau 905. F. Hirt. Geb. n. 2. 25

— Methodik d. Geschichtsunterrichts. 6., durchgeseh. Aufl. (155 S.) gr. 8. Breslau 910. F. Hirt. Geb. 2. 25

HERM. ROSENBURG. 1 Notstände der evangelischen Geistlichkeit in der Grafschaft Mansfeld um 1555. 2. Sittliche Notstände des Volkslebens in der Grafschaft Mansfeld um 1555. Ein Beitrag zur Reformationsgeschichte Zwei Vorträge, gehalten im „Verein für Geschichte und Altertümer der Grafschaft Mansfeld" zu Eisleben. Eisleben (1887). Druck von Ernst Schneider. 8°

— Quellen-Lesebuch f. den Unterricht in der vaterländischen Geschichte, s.: Heinze, W.

— deutsche Sprachlehre f. Präparandenanst. E. Lehr- u. Übungsbuch. 2 Tle. in 1 Bde. (I.: Satzlehre u. Wortlehre. II.: Rechtschreiblehre u. Lautlehre) 2., durchgeseh. Aufl. gr. 8. (190 S.) Ebd. 898. Geb. n. 1. 80

Deutsche Sprachlehre für Präparandenanstalten. Ein Lehr- u. Übungsbuch von Hermann Rosenburg, Seminarl. 2 Teile in 1 Bde. 3., durchges. Aufl. *Breslau F. Hirt 1900.* (190 S.) 8° [F.]
1 Satzlehre u. Wortlehre 2. Rechtschreiblehre u. Lautlehre [00. 1005

— deutsche Sprachlehre f. Präparandenanstalten. Ein Lehr- u. Übungsbuch. 2 Tle. in 1 Bde. (I.: Satzlehre u. Wortlehre. II: Rechtschreiblehre u. Lautlehre.) 4., durchgeseh. Aufl. gr. 8. (192 S.) Breslau 901. F. Hirt. Geb. n. 1. 80

— deutsche Sprachlehre f. Präparandenanstalten. Ein Lehr- u. Uebungsbuch. 2 Tle. in 1 Bde. (I.: Satzlehre u. Wortlehre. II.: Rechtschreibungslehre.) 5., nach den neuen Lehrplänen umgearb. Aufl. (188 S.) gr. 8. Breslau 903. F. Hirt. Geb. n. 1. 80

— Deutsche Sprachlehre f. Präparandenanstalten. Ein Lehr- u. Übungsbuch. 2 Tle. in 1 Bde. (I.: Sprachlehre. II.: Rechtschreibungslehre.) 6., durchgeseh. Aufl. (188 S.) gr. 8. Breslau 909. F. Hirt. Geb. 1. 80

v. Rosenbusch, Ad., 106 Schönheitsmittel, od. die Kunst, den menschl. Körper sowohl auf jede Art zu verschönern, als auch schön zu erhalten. 8. Nordhaus. 829. Fürst. 8 gr

Rosenbusch, Ad. v., 106 Schönheitsmittel, od. d. Kunst, den menschl. Körper sowohl auf jede Art zu verschönern, als auch schön zu erhalten. 2., verb. Aufl. 12. (4½ B.) 839. ⅓ Thlr., 3., verb. A. 8. (5½ B.) Nordhausen 842, Fürst.

v. Rosenbusch, Adf., 106 Schönheitsmittel, oder: die Kunst, den menschl. Körper sowohl auf jede Art zu verschönern, als auch schön zu erhalten. 3. (Titel-) Aufl. 8. (VIII u. 80 S.) Quedlinburg (842) 849, Ernst. ⅓ ß

Rosenbusch, Alfred: Die Organisation des Kommunalkredits unter spezieller Berücksichtigung der Verhältnisse in der Rheinpfalz. Augsburg 1908: Reichel. 115 S. 8°
Heidelberg, Phil. Diss. v. 14. Dez. 1908, Ref. Gothein
[Geb. 9. Jan. 87 Augsburg; Wohnort: Augsburg; Staatsangeh.: Bayern; Vorbildung. St.-Anna-Gymn. Augsburg Reife M. 05; Studium: Gent 2, München 2, Berlin 1, Heidelberg 1 S.; Rig. 24. Juli 08.] [U 09. 2016

Rosenbusch, Alfr., die Organisation des Kommunalkredits unter spezieller Berücksicht. der Verhältnisse in der Rheinpfalz. (115 S. m. 2 Tab.) gr. 8. Augsburg 908. Dr. A. Rosenbusch. 1. 50

Was ist die Schwiegermutter? (Vf.: *Anton Wilhelm Rosenbusch.*) O. O. 1782.
Anon.-Lex. IV. p. 378 (nach Behrisch, Wiener Autoren. 1784).

Rosenbusch, Bernh., über den Gebrauch d. Participien u. Gerundien in d. italien. Sprache. Eine monograph. Studie zur Ergänzg. d. Grammatik. 1. Tl. 8. (VIII, 152 S.) Heidelberg 898. Ch. Th. Groos. Kart. n. 2. 20

Rosenbusch, E., neue Frühlingsveilchen. 8. Manh. 806. Löffler. 6 gr (Wahrscheinl. mit F. J. Rosenbusch Frühlingsstunden ein u. dasselbe u. nur ein neuer veränd. Titel?)

Rosenbusch, E. Mord- Brand Krieg- und Unglücks- Calender, Worinnen Neben den gewöhnlichen Calender Nothwendigkeiten Befindlich Viel leß-würdige Geschichte und jämmerliche Begegnüssen, so sich in Belagerungen, Pest-Zeiten, Hungers-Nöth, Erdbeben, Feuers Brunsten, Wassers-Nöthen, Mördereyen, und anderen erbärmlichen Zuständen begeben und zugetragen. Gestellet Auf das Jahr M.DCC.IV. Durch Emanuel Rosenbusch, Mathem. Augsburg, Caspar Brechenmayer (1704). *Titelkupfer*, Titel, 31 Bl. (incl. Kalendarium). —

Rosenbusch, E., u. W. Frh. v. Pöllnitz. Das Chevaulegers-Reg. Taxis. Historische Skizze zum 200jähr. Geburtstage desselben. München 1882. 167 S.

Rosenbusch, F. J., Blumen aus d. Lebensphilosophie. 8. Manh. 797. Löffler. 14 gr

— meine Frühlingsstunden. 8. Manh. 805. Löffler. 6 gr

— meine Frühlingsveilchen. 8. Ebend. 806.

Rosenbusch, G. H. W., leichtfaßl. Anleitung z. Anlegung e. Schmetterlingssamml. Eine Schrift f. Kinder. 8. (1½ B. u. 1 Stnt.) Einbeck 838. (Osterode, Sorge.)

Rosenbusch, H. Zukunftsstrassen der Grossstädte. gr. 8. (8 S. m. Abbildgn.) Münch. 890, (Lindauer). * — 50

Rosenbusch, Harry

——— Ueber die chemischen Beziehungen der Eruptivgesteine. (Sep.-Abdr. aus Mineralog. und Petrograph. Mittheilungen.) Wien 1889. 8.

Elemente der Gesteinslehre v. H[arry] Rosenbusch. M. 96 Fig. u. 2 Taf. *Stuttgart: E. Schweizerbart 1898.* (VI, 546 S., 2 Taf.) 1 Bd 8. [98. 5878

Rosenbusch, H., zur Deutung der Glaukophangesteine. [Aus: „Sitzungsber. der preuss. Akad. der Wiss."] gr. 8. (12 S.) Berlin 898. (G. Reimer.) n. — 50

— Elemente d. Gesteinslehre. M. 96 Fig. u. 2 Taf. gr. 8. (VI, 546 S.) Stuttgart 898. E. Schweizerbart. n. 20. —

Rosenbusch, H., Elemente der Gesteinslehre. 2. Aufl. gr. 8. (VIII, 565 S. m. 96 Fig. u. 2 Taf.) Stuttgart 901. E. Schweizerbart. n. 18. —; geb. in Halbfrz. n.n. 20. —

Elemente der Gesteinslehre von H[arry] Rosenbusch. Mit 107 Fig. u. 2 Taf. 3., neubearb. Aufl. Stuttgart: Schweizerbart 1910. VIII, 692 S. 8°

— über Euktolith, e. neues Glied der theralitischen Effusiomagmen. gr. 8. (6 S.) Berlin 899. (G. Reimer.) n. — 50
Sonderabdruck aus: „Sitzungsber. d. preuss. Akad. d. Wiss."

Rosenbusch, Harry, Dr., Grh. Bad. Geh. Bergrat u. o. ö. Prof. d. Mineral. u. Geol., d. Z. Prorektor d. Grh. Bad. Univ. Heidelberg: **Aus der Geologie von Heidelberg. (Enthält ausserdem: Chronik der Universität für 1899/1900 u. Preisverteilung.)** *Heidelberg 1900: J. Hörning.* (S. 1—21.) 4°
Heidelberg, Rede am Geburtst. d. sel. Grossherzogs Karl Friedrich 1900

— aus der Geologie v. Heidelberg. Akademische Rede, zur Feier d. Geburtsfestes d. höchstsel. Grossherzogs Karl Friedrich am 22. XI. 1900 geh. gr. 8. (24 S.) Heidelberg 901. C. Winter. n. — 80

Rosenbusch, H., Hülfstabellen zur mikroskopischen Mineralbestimmung in Gesteinen. 4. (9 Tab. in qu. Fol.) Stuttgart 888. Schweizerbart. cart. n. 2. —

Rosenbusch, H.: Über Monchiquit . . ., s. Hunter, M.

Rosenbusch, H., der Nephelinit vom Katzenbuckel. Inaugural-Dissertation. Freiburg 869. (Wagner.) gr. 8. (IV, 75 S.) n. 10 ngr.

Rosenbusch, H., mikroskopische Physiographie der petrographisch wichtigen Mineralien. Ein Hülfsbuch bei mikroskop. Gesteinstudien. Mit 102 (eingedr.) Holzschn. u. 10 Taf. in Farbendr. gr. 8. (IX, 398 S.) Stuttgart 873. Schweizerbart. n. 16. —

Rosenbusch, H., mikroskopische Physiographie der Mineralien und Gesteine. Ein Hülfsbuch bei mikroskop. Gesteinstudien. 2. Bd. A. u. d. T.: Mikroskopische Physiographie der massigen Gesteine. gr. 8. (XII, 596 S.) Stuttgart 877, Schweizerbart'sche Verlagsh. *
Den 1. Bd. bildet: Rosenbusch, H., mikroskopische Physiographie der petrographisch wichtigen Mineralien.

—— mikroskopische Physiographie der Mineralien und Gesteine. Ein Hülfsbuch bei mikroskop. Gesteinsstudien. 1. Bd. und 2. Bd. in 2 Abthlgn. gr. 8. Ebendas. * 48 —
Inhalt:
Bd. 1. Die petrographisch wichtigen Mineralien. 2. gänzlich umgearb. Aufl. (XIV, 656 S. mit 177 Holzschn., 26 Taf. in Photographiedr. und der Newton'schen Farbenskala in Farbendr.) 885. *ℳ 24.—.
» 2. Mikroskopische Physiographie der massigen Gesteine. 2 Abthlgn. 2. gänzlich umgearb. Aufl. [1. Abthl. (S. 1—416.) 886; 2. Abthl. (XV, S. 417—877 mit 6 Taf. in Photograv.) 887.] à Abthl. *ℳ 12.—.

Rosenbusch, H., mikroskopische Physiographie der Mineralien u. Gesteine. Ein Hülfsbuch bei mikroskop. Gesteinsstudien 1. Bd. Die petrographisch wicht. Mineralien. 3., verm. u. verb. Aufl. Mit 239 Holzschn., 24 Taf. in Photogr.-Druck u. der Newton'schen Farbenskala in Farbendr. gr. 8. (XVII, 712 S.) Stuttgart 892. E. Schweizerbart. n. 24 —

— mikroskopische Physiographie d. Mineralien u. Gesteine. E. Hilfsbuch bei mikroskop. Gesteinsstudien. 2. Bd. D. massigen Gesteine. 3., verm. u. verb. Aufl. M. 6 Taf. in Photographiedr. gr. 8. (XIV, 1360 S.) Stuttgart 895. 96. E. Schweizerbart. n. 32. —; (kplt.: n. 56. —)

Rosenbusch, H., mikroskopische Physiographie der Mineralien u. Gesteine. Ein Hülfsbuch bei mikroskop. Gesteinsstudien. I. Bd. Die petrographisch wicht. Mineralien. 4., neu bearb. Aufl. v. H. Rosenbusch u. E. A. Wülfing. 1. u. 2. Hälfte. gr. 8. Stuttgart, E. Schweizerbart. n. 40. —
1. Allgemeiner Tl. 4., völlig umgestalt. Aufl. v. E. A. Wülfing. (XV, 467 S. m. 286 Fig., 17 [2 farb.] Taf. u. 13 Bl. Erklärgn.) 904. n. 20. —
2. Spezieller Tl. 4., neubearb. Aufl. v. H. Rosenbusch. Mit 206 Fig. im Text, 20 Taf. u. e. Anh.: Hülfstabellen zur mikroskop. Mineralbestimmg. (IX, 402 S. m. 13 Bl. Erklärgn. u. 7 Tab.) 905. n. 20. —

Rosenbusch, H., mikroskopische Physiographie der Mineralien u. Gesteine. Ein Hülfsbuch bei mikroskop. Gesteinsstudien. II. Bd. Massige Gesteine. 2 Hälften. Lex. 8. Stuttgart, E. Schweizerbart. 60. —
II. 1. Tiefengesteine. Ganggesteine. 4. neu bearb. Aufl. (XIII, 716 S.) 907. 26. —
2. Ergussgesteine. 4. neu bearb. Aufl. (X u. S. 717—1592 m. 4 Taf. u. 4 Bl. Erklärgn.) 908. 34. —
I. Bd. Ebd. 904. 05. 40.—.

— die Steiger Schiefer u. ihre Contactzone an den Granititen von Barr-Andlau u. Hohwald, s.a. Abhandlungen zur geologischen Specialkarte von Elsass-Lothringen.

Rosenbusch, H. Die Steiger-Schiefer und ihre Contactzone an den Granititen von Barr-Andlau und Hohwald. 1877 Referat von H. von Dechen.

— Verzeichniss der mineralogischen u. geologischen Litteratur. s.: Abhandlungen zur geolog. Special-Karte v. Elsass-Lothringen.

Rosenbusch, *Georgius Maximilianus* Hugo [Hannoveranus]: Quaestiones de parodi in comoedia Atticorum antiquissima compositione . . . Marpurgi Catt., typ. F. Soemmering, 1892; 2 Bl., 67 S. 8.
Marburg, Phil. Fak., Inaug.-Diss. v. [29. Febr.] 1892

Rosenbusche, Familiengesch. der,: eine wahre Gesch. 4 Thle. (neue Originalromane d. Deutschen 33r bis 36r Bd.

Rosenbusche, der, Familiengeschichte, aus authentischen Quellen, 4 Theile, 8. Leipzig, 789:90. Lincke. 2 Rthl. 20 sgl.

Rosencrantz, Friedrich Nikolaus (Hoya) A. S. 576/107

Actuarius peccans in legem iudiciariam de compositione amicabili tentanda. Exercitatio.
Präs. Gustav Heinrich Mylius.
Leipzig (Langenheim) 1. VI. 1746. 12 S. 29252

Rosencrantz, Nathaniel [M. D. Graduate Cooper Med. College — San Francisco]: **Beitrag zur Behandlung nicht consolidirter Schenkelhalsbrüche mittels Nagelung der Fragmente. . . . Würzburg, P. Scheiner's Buchdr., 1890;** 26 S. 8°
Würzburg, Med. Fak., Inaug.-Diss. v. 1890

Rosencrantz, Otto, Oberlandesgerichtsref. aus Insterburg: **Die Staatsrechtliche Stellung von Elsass-Lothringen.** *Insterburg 1899: O. Mahnke.* (37 S.) 8°
Erlangen, Jur. Diss. v. 18. Juli 1898

Rosendahl: Consonanz und Tonleiter vom mathematisch-physikalischen Standpunkte betrachtet. 15 S. und Fgt. – Bielefeld, Progr 1860.

Rosendahl, Alfred. Tierarzt aus Gütersloh: Verminderter Luftdruck tötet nicht durch Sauerstoffmangel. ⟨Aus dem physiologischen Institut der Universität Bern.⟩ München 1908. IV + 25 S 8° [2. VII. 08.]
Bern, Vet.-med. Diss. 1908 09

Rosendahl, Alfred. Verminderter Luftdruck tötet nicht durch Sauerstoffmangel. Aus dem physiologischen Institut der Universität Bern. Diss. Vet.-Med. Bern. IV S. + S. 16—40. 8. München, R. Oldenbourg, 1908.

Rosendahl, B. W.

Rosendahl und Asmus, Hülfsbuch beim Zeichnen architecton., artist. u. techn. Verzierungen. 1. Hft. m. 5 Bl. (4 sind farbig gedr.) gr. 4. Berlin 834. Reimer.

Rosendahl, (B. W.,) u. (Heinr.) Asmus, Hülfsbuch beim Zeichnen architecton., artist. u. techn. Verzierungen. 2—6. Hft. gr. 4. Berlin 835—42, G. Reimer. [2. (2 schw. u. 3 farb. Stnt.), 3. u. 4. (à 5 Stnt.), 5. (2 schw. u. 3 farb. Stnt.), 6. (3 schw. u. 2 farb. Stnt.), 7. (5 Stnt.) à * 5/6 Thlr.] *
1. Hft. Ebendas. 1834. * 20 Gr.

— dass. 1. u. 2. Heft. 2. verb. Aufl. gr. 4. Ebd. 841. à n. 5/6 ℛ

Rosendahl, Carl Otto, s. Rosendahl, Karl Otto

Rosendahl, F[riedrich], Kand. d. höh. Schulamtes: Vergleichend anatomische Untersuchungen über die braunen Parmelien. Münster i. W. 1907: Aschendorff. (34 S.) 8° ¶ (Erscheint vollst. in: Nova Acta d. Leop. Carol. Akademie.)
Münster, Phil. Fak., Ref. Zopf, Diss. v. 1. März 1907
[Geb. 18. Aug. 81 Wickede; Wohnort: Münster i. W.; Staatsangeh.: Preußen; Vorbildung: Gymn. Gütersloh Reife O. 01; Studium: Göttingen 4, München 2, Münster 2 S.; Rig. 2. Nov. 06.]

Rosendahl, Frdr., vergleichend-anatomische Untersuchgn. üb. die braunen Parmelien, s. a. Acta, nova, academiae etc. naturae curiosorum. 87, III.

Vergleichend-anatomische Untersuchungen über die braunen Parmelien. Von Friedrich **Rosendahl**. Mit 4 Taf. Halle a. S. 1907: E. Karras. (59 S.) 4°
— **Acta**, Nova, physico-medica Academiae Caes. Leopoldino-Carolinae Germanicae naturae curiosorum. Bd 87, No 3. [07. 16897 3

Rosendahl, Hugo, Referendar, Duisburg: Inwieweit finden die Bestimmungen des Bürgerlichen Gesetzbuchs über das Vertragspfandrecht Anwendung auf das Pfändungspfandrecht der Zivilprozessordnung, insbesondere ist auch das Pfändungspfandrecht ein akzessorisches Recht? Sterkrade-Rhld. 1910: Scharrer. V, 56 S. 8°
Heidelberg, Jur. Diss. v. 17. Sept. 1910, Ref. Heinsheimer
[Geb. 28. Dez. 84 Sterkrade; Wohnort: Sterkrade; Staatsangeh.: Preußen; Vorbildung: Gymn. Mülheim a. R. Reife M. 04; Studium: Marburg 2, München 2, Münster 2 S.; Rig. 6. Aug. 10.] [U 11. 2113

Rosendahl, Karl Otto

Rosendahl, Carl Otto, a. Minnesota, Nordamerika: Die nordamerikanischen Saxifraginae und ihre Verwandtschafts-Verhältnisse in Beziehung zu ihrer geographischen Verbreitung. (Leipzig 1905: Breitkopf & Härtel.) (61 S.) 8° ¶ (Aus: Englers Botan. Jahrbüchern, Bd 38, Beibl. 83.)
Berlin, Phil. Fak., Ref. Engler, Schwendener, Diss. v. 12. Aug. 1905
[Geb. 24. Okt. 75 Spring Grove, Minnesota, Vereinigte Staaten; Heimatsort: Minneapolis; Staatsangeh.: Vereinigte Staaten; Vorbildung: Minneapolis: Univ. of Minnesota Bach. science Juni 01, Master of arts 02; Studium: Berlin 3 S.; Rig. 31. Juli 05.]

Rosendahl, Thom(as) Frider(icus): De embryotomia. Halae 1836: Gebauer. 32 S. 8°
Halle-Wittenberg, Med. Diss. v. [25. Juli] 1836
Geb. [Frederikshøj bei Viborg (Jütland), get. 19.4.] 1801. V. Verf. wurde in absentia promoviert.

Rosendahl, Thom. P. (Hrsg.), s. Decker, Christian August: Herzens-Gefühle ...

Rosendahl, W.: Quadratur und Rectification der Curven, sowie Berechnung des körperlichen Inhalts und der Oberfläche der Revolutionskörper ohne Integralrechnung. Zs. 56 S. 4° – Bielefeld, Progr. 1869 u. 1870.

Rosendorff, Max, appr. Arzt a. Schneidemühl: Ueber einen Fall von Struma maligna sarkomatosa.[1] München 1905: C. Wolf & Sohn. (21 S.) 8°
München, Med. Fak., Ref. v. Bollinger, Diss. v. 31. Mai 1905
[Geb. 2. Okt. 77 Usch, Kreis Kolmar i. P.; Wohnort: Schneidemühl; Staatsangeh.: Preußen; Vorbildung: Gymn. Schneidemühl Reife O. 98; Studium: Heidelberg 1, München 3, Berlin 3, München 3 S.; Coll. 10. März 05; Approb. 20. Juli 03.]

Rosendorff, Richard

Rosendorff, R. Die deutschen Banken im überseeischen Verkehr. Sonderabzug aus Schmollers Jahrbuch für Gesetzgebung etc., Jahrgang 28. Leipzig 1904.

Rosendorff, R. Die deutschen Überseebanken und ihre Geschäfte. Berlin 1908.

Rosendorff, Richard, Referendar: **Das Wechselblanket.** *Berlin 1899: W. Pilz.* (52 S.) 8°
Erlangen, Jur. Diss. v. 15. März 1899

Rosendorff, Rich., das Wechselblanket. Wechselrechtl. Studie. gr. 8. (III, 52 S.) Berlin 899. Struppe & Winckler. n. 1. 20

Rosendorff, Wilhelm, Medizinalprakt.: Ein Beitrag zur Kenntnis der Verdauungsleukocytose. Leipzig 1909: Georgi. 30 S. 8°
Leipzig, Med. Diss. v. 15. Jan. 1909, Ref. Curschmann
[Geb. 7. Juni 82 Gartz a. O.; Wohnort: Gartz; Staatsangeh.: Preußen; Vorbildung: Gymn. Gartz Reife O. 03; Studium: München 1, Berlin 9 S.; Coll. 23. Jan. 09.] [U 09. 2856

Rosenduft, A., neuester Briefsteller f. Liebende beiderlei Geschlechts. (64 S.) 8. Neuweißensee, E. Bartels. 1. —

Rosenduft, A., neuester Briefsteller f. Liebende beiderlei Geschlechts. Eine vollständ. Sammlg. v. Liebesbriefen aller Art, f. jeden Stand u. f. die verschiedenen Fälle u. Verhältnisse unter Liebenden brauchbar. Nebst e. Anh. enth.: Stammbuchsverse f. Liebende, Gelegenheitsgedichte u. Glückwünsche f. Liebende ꝛc. 8. (96 S.) Schwelm 873. Wortmann. n. — 60

Rosenduft, Fel., der Liebe Glück und Leid dargestellt in einem ganz neuen Liebes-Briefsteller, welcher Briefe für alle nur denkbaren Verhältnisse aus dem Liebesleben enthält, und durch Liebesgedichte, Stammbuchsverse u. Blumensprache ergänzt ist. Mülheim a. d. R. 863. Bagel. 8. (126 S.) 10 ngr.

Rosenduft, Fel., s. a. Liebes-Briefsteller, neuester.

—— neuester Liebes-Briefsteller, welcher Briefe für alle nur denkbaren Verhältnisse aus dem Liebesleben enthält. 8. (80 S.) Mülheim a. d. R. 863, Bagel.

Neuester **Liebes-Briefsteller**, welcher Briefe für alle nur denkbaren Verhältnisse aus dem Liebesleben enthält. Nebst e. Anh.: Ill. Briefmarkensprache. Hrsg. von Felix **Rosenduft**. 20. Aufl. *Mülheim a. d. Ruhr: J. Bagel [1898].* (120 S.) 8° [F.] [00. 3131 5

Rosener, Friedr., die Kunst, durch bloßen Selbstunterricht sich in acht Tagen zum brauchbaren Feldmesser auszubilden. Für alle Grundstück-Besitzer, Oekonomen, Gärtner ꝛc. Zum ersten Male aufgestellt. 12. (IV und 44 S. mit 2 Stnt. in gr. 4.) Quedlinburg 854, Ernst'sche Buchh.

Rosener, F., d. Kunst, durch blossen Selbstunterricht sich in einigen Tagen z. brauchbaren Feldmesser auszubilden. F. alle Grundstück-Besitzer, Oekonomen, Gärtner etc. Mit 2 Taf. 8. Quedlinburg, 1855. 2. Aufl. 1857. Ernst. — 10

Rosener, Friedr., die Kunst, durch bloßen Selbstunterricht sich in einigen Tagen zum brauchbaren Feldmesser auszubilden. Für alle Grundstücks-Besitzer, Oekonomen, Gärtner ꝛc. 3., verm. u. verb. Aufl. Quedlinburg 868. Ernst'sche Buchh. 8. (VIII, 56 S. mit 4 Steintaff. in qu. 4.) n. 10 ngr.

Rösener, Vertheidigungsschrift in der vom K. Land- u. Stadtgerichte zu Demmin geführten Untersuchungssache wider den Dr. Marcus Rosenberg daselbst wegen versuchten Aufruhrs. 8. (40 S.) Demmin 849, Dietze. (Berlin, Springer.) n. 1/6 ℛ

Roesener, Andr. C., de dissensu etc. 4. Lips. Iacobaeer. (Cnobloch.) 717.

Rösener, Andreas Christoph [Praes.], s. H e r m a n, Paul Nicolaus: De reservatione juris competentis. Von Vorbehalt zustehenden Rechtes.

Roesener, Bruno: Bemerkungen über die dem Andronikos von Rhodos mit Unrecht zugewiesenen Schriften. (Der 2. Teil folgt 1891.) Schweidnitz, Buchdr. v. C. Boy, 1890; 26 S. 4°
Schweidnitz, ev. G. OP 1890 (199)

Roesener, Bruno: Bemerkungen über die dem Andronikos von Rhodos mit Unrecht zugewiesenen Schriften, II. Tl. (Forts. d. P-Beil. 1890.) Schweidnitz, Buchdr. v. A. Schreyer, 1891; 26 S. 4°
Schweidnitz, ev. G. OP 1891 (202)

Roesener, Bruno; Bemerkungen über die dem Andronikos von Rhodos mit Unrecht zugewiesenen Schriften, III. Tl. (Forts. d. P-Beil. 1890. 91.) Schweidnitz, Buchdr. v. O. Maisel, 1892; 26 S. 4.
Schweidnitz, ev. G, OP 1892 (294 [viehn. 204])

Roesener, Bruno: Bemerkungen über die dem Andronikos von Rhodos mit Unrecht zugewiesenen Schriften, IV. Tl. [Forts. d. P-Beil. 1890—92.] Schweidnitz, Buchdr. v. L. Heege, 1893; 31 S. 4.
Schweidnitz, ev. G, OP 1893 (207)

Roesener, Bruno: Etwas von den Bolkonen. Tl [1]—3. Schweidnitz, Druck v. L. Heege, 1893; [1.] (17 S.) 2. (43 S.) 3. (68 S.) 4.
Schweidnitz, ev. G, OP 1893 (207)

Rösener, Carl, s. R ö s e n e r Karl

Rösener, Frdr., u. **Wilh. Rösener**, Anweisung zum Gebrauche der Rösener'schen Rechenmaschine, nebst Beschreibung u. Zeichnungen der 3 verschiedenen Aufstellungen des Apparates u. ein Rückblick auf die Geschichte der Rechenmaschinen überhaupt. 8. (IV, 32 S. m. eingedr. Holzschn.) Leipzig 879. Klinkhardt in Comm. n. — 40

Rösener, Friedrich, a. Barop in Westfalen: Die französischen Lehnwörter im Frühneuenglischen. Marburg 1907: R. Friedrich. (59 S.) 8°
Marburg, Phil. Fak., Ref. Viëtor, Diss. v. 23. Juli 1907
[Geb. 5. Sept. 85 Barop, Kr. Hörde i. W.; Wohnort: Barop; Staatsangeh.: Preußen; Vorbildung: Realgymn. Witten Reife O. 03; Studium: Marburg 3, Berlin 1, Marburg 3 S.; Rig. 30. Jan. 07.]

Roesener [Georg], Direktor Dr.: Die Feier der Einweihung des neuen Gymnasialgebäudes vom 27.—29. September 1906. Northeim 1907: W. A. Röhrs. (S. 3—19.) 4° [F.]
Northeim, G Corvinianum OP 1907 (388)

Roesener, Georg Über den poetischen Memorierstoff im deutschen Unterricht. 14 S. **Progr.** *Einbeck* 1885.

Roesener, Georgius: *De Thucydidis orationibus. 58 S. 4° (2°)
Halle-Wittenberg, Phil. Diss. v. 13. Dez. 1872
Geb. [Demmin (Pomm.) 11. 2. 1848]
Ersch. u. d. T.: De orationibus operi Tuhcydidio [!] insertis. Greifenberg (1874): Lemcke. 16 S. 8° (4°) Gymn.-Progr.

Rösener, H., Frauenbilder aus der Stenographenwelt, s.: Bibliothek, kleine, f. Arends'sche Stenographen.

[F.] Deutsche Geschichte ... bearbeitet von H. Weigand und A. Tecklenburg. Ergänzungsheft für die Provinz Posen bearb. v. H. Rösener. *Hannover: C. Meyer 1897.* (34 S.) 1 Bd 8.
= Weigand, Heinrich, u. Tecklenburg, A.: Deutsche Geschichte. Ergänzungsheft (No 6). [illegible] 7

Rösener, H., Prov. Posen, s.: Weigand, H., u. A. Tecklenburg, deutsche Geschichte.

Rösener, Karl

Roesener, Carl: Fünf Fälle von Tuberkulose des Auges. Erlangen 1909: Junge. 30 S. 8°
Erlangen, Med. Diss. v. 5. März 1909, Ref. Oeller
[Geb. 24. Dez. 79 Grünstadt; Wohnort: Kamerun; Staatsangeh.: Bayern; Vorbildung: Gymn. Kaiserslautern Reife 98; Studium: München 2, Straßburg 1, Erlangen 9 S.; Coll. 1. Febr. 09; Approb. 2. Sept. 04.] [U 09. 783]

Rösener, Karl, im Kampf um die Volksseele. Ein Beitrag zur sozialen Versöhng. u. zur Organisation der Volkserziehg. (VII, 67 S.) kl. 8. München 907. C. H. Beck. Kart. 1. 20

Rösener, Karl, Kunsterziehung im Geiste Ludwig Richters. (130 S.) 8. Gütersloh 906. C. Bertelsmann. n. 1. 20; geb. n. 2. —

— Moderne Propheten. 1. Bd. Hartmann. Tolstoi. Nietzsche. (VII, 231 S.) 8. Ebd. 907. Geb. in Leinw. 3. —

Rösener, Wilhelm, Referendar in Dortmund: Das konkurrierende Verschulden im Sinne des § 254 B.G.B. Borna-Leipzig 1908: R. Noske. (VIII, 59 S.) 8° [F.]
Leipzig, Jur. Fak., Diss. v. 25. Juli 1908
[Geb. 26. Sept. 83 Dortmund; Wohnort: Dortmund; Staatsangeh.: Preußen; Vorbildung: Gymn. Dortmund Reife O. 01; Studium: Erlangen 1, Bonn 3, Münster 1, Bonn 2 S.; Rig. 23. Mai 05.]

Rosenfarb, Nettchen. 1. Theil Das Mädchen. 2. Theil Die Frau. Leipzig 1782—83. V: *Gallisch, Friedrich Andreas.* (JL) (BGE) (ML)

Rosenfarb, Nettchen, das Mädchen und die Frau, v. Gallisch. 2 Thle. 8. Leipz. Dyk. 782.

Rosenfeld, Julie von, eine Familiengeschichte in lauter kleinen Kapitelchen, herausgegeben vom Verf. der Therese von Silberbach, mit 1 Kupf. 8. Berlin, 784. Maurer. 23 sgl.

v. Rosenfeld, Julie; e. Famliengeschichte, (v. J. J. R. Neumann). 8. Berl. 784. Maurers B. 18 gl

Rosenfeld, einzige Heilmethode f. diejenigen, welche an den traurigen Folgen der Onanie und unmäßiger Saamenverluste leiden. 8. Lpz. Joachim. 804.

Rosenfeld, ..., einzige Heilmethode f. diejenigen, welche an d. traurigen Folgen d. Onanie u. unmäß. Samenverluste leiden. 8. Leipz. N. A. 816. Joachim. 8 gl

Rosenfeld, diagnostische Semiotik d. Harns. 16. (63 S.) Breslau 889. Preuss & Jünger. n. — 60

Rosenfeld, einzige Heilmethode für diejenigen, welche an den traurigen Folgen der Onanie od. Selbstbefleckung und anderer unmäßiger Samenverluste leiden. Nebst Vorbauungsmitteln. N. A. 8. Leipzig, Central-Comt. 816.

Rosenfeld, poetische Versuche. 8. Wien, Wallishäuser. (Joachim in Lpz.) 802.

Rosenfeld, A., eine Erinnerung an die Tage der Gefahr. Rede gehalten am 27. Juni 1866 in der Synagoge zu Neuwied. Neuwied 867. Heuser's Verlag. gr. 8. (10 S.) n. 2 ngr.

Rosenfeld, A., über die künstliche Erregung der Frühgeburt. 8. (VI u. 25 S.) Bern 851. (Jent & Reinert.) n. 1/6 ₰

Rosenfeld, Adolf, Anleitung zum Schön- und Schnellschreiben für Bürger-, Real- und Handelsschulen, höhere Töchterschulen und verwandte Lehranstalten. gr. 4. (III S. und 34 lithogr. Taf.) Wien 871, Hölder. geb. * 3 20

Rosenfeld, Adf., Anleitg. zum Schön- u. Schnellschreiben f. Mittel-, Handels- u. Gewerbeschulen. M. e. Abhandlg. üb. d. Schriftlage. Hrsg. aus Anlass d. 50jähr. Regierungsjubiläums uns. Kaisers. 2., gänzl. umgearb. Aufl. qu. gr. 8. (IX S. m. 1 Abb. u. 35 Steintaf.) Wien 898. (Sallmeyer'sche Buchh.) n. 3. 20

Rosenfeld, Adf., ein Beitrag zur Eclampsia puerperalis. Inaugural-Dissertation. gr. 8. (42 S.) Tübingen 882. (Fues.) n. — 80

Rosenfeld, Arthur, prakt. Arzt: Aus d. Kgl. hygien. Universitätsinstitut zu Königsberg i. Pr. Ueber die Involutionsformen der Pestbacillen und einiger pestähnlicher Bacterien auf Kochsalzagar. *Königsberg i. Pr. 1901: O. Kümmel.* (25 S.) 8°
Königsberg, Med. Diss. v. 1. Aug. 1901

Rosenfeld, Arth., über traumatische Springomyelie u. Tabes, s. Sammlung klinischer Vorträge Nr. 380.

Über traumatische Syringomyelie und Tabes von Arthur Rosenfeld. Königsberg i. Pr. *Leipzig: Breitkopf & Härtel 1904.* (12 S.) 8°
= Sammlung klinischer Vorträge. No 380.

Rosenfeld, B., praktische Gesichtspunkte bei direktem Zusammenbau der Dynamos m. ihren Antriebsmaschinen. (24 S. m. 44 Abbildgn.) Lex. 8. Leipzig 908. Hachmeister & Thal. 1. 50
Sonderabdruck aus: „Der Elektropraktiker", Beilage zu „Helios".

Rosenfeld, C. W., Palmen, s. Palmen.

Dan. Rosenfeld (resp. Chr. Alb. Reineccius) diss. de rosa Saronitica. Viteb. 1715. 4.

Rosenfeld, Dn. Fr., Diss. de animi alacritate et hilaritate, quacum orationes sacrae habendae sunt. Schneeb. 808. Schill. 4 ₰

Rosenfeld, D.F., de animi alacritate atque hilaritate etc. Schneeberg, Schill. (*Fr.* Bruder, Lips.) 808.

Rosenfeld, Dn. Fr., literarische Pflanzen, zum Nutzen u. Vergnügen gezogen. 8. Schneeberg 805. Verlagshandl. 12 ₰

— quid oratoribus sacris vicariis in orationibus suis praecipue tractandum sit, ut eae quam maximam afferant utilitatem etc. 4maj. Leipz. 813.

— Versuch in Volks- u. Casual-Reden; e. Beitr. z. Kenntniß d. phys. u. moral. Zustandes d. sächs. Obergebirges. 8. Zwickau 810. Schumann. 6 ₰

Kreuz und Halbmond. Von Dionys Rosenfeld-Buchenau. Skizzen aus d. Türkei, Bulgarien, Griechenland, Montenegro, Rumänien, Serbien u. d. österr. Reichslanden. (Abth. 1. 2.) [Mehr nicht ersch.] Leipzig: F. Fleischer [überklebt: Baum] 1900. 127 S. 8°

Rosenfeld, Dionys, Mittel u. Zwecke der Erziehung. 8. (34 S.) Galatz 883. Selbstverlag. n. — 80

— der Wahlprozeß Ofenheim. Stenograph. Aufnahme der am 5. Juli 1880 und den folgenden zwei Tagen vor dem Czernowitzer Landesgerichte stattgehabten Gerichts-Verhandlung gegen Heinr. Grauer und Consorten. gr. 8. (113 S.) Czernowitz 880, Pardini. **

Rosenfeld, Ernst [Dr. jur., Kammergerichtsref.]: Die Aussenarbeit ein Beitrag zur Milderung der Konkurrenz zwischen Gefängnisarbeit und freiem Gewerbebetrieb ... Erlangen, k. B. Hof- und Univ.-Buchdr. v. F. Junge, 1896; 58 S., 1 Bl. 8.
Heidelberg, Phil. Fak., Inaug.-Diss. v. [12. Okt.] 1896

Rosenfeld, Ernst [aus Nürnberg]: Aus d. Ambulatorium f. Nasen-, Rachen- u. Kehlkopfkranke v. Privatdoz. Dr. Seifert in Würzburg. Beitrag zur Casuistik der nasalen Stenosen ... Würzburg, P. Scheiner's Buchdr., 1894; 42 S. 8.
Würzburg, Med. Fak., Inaug.-Diss. v. 1894

Rosenfeld, Ernst: Die Bestrebungen zur Einführung der bedingten Verurteilung insbesondere in Österreich und Deutschland.... Naumburg a/S., Druck: G. Pätz'sche Buchdr. (Lippert & Co.), 1890; 1 Bl. + 82 S. 8°
Marburg, Jur. Fak., Inaug.-Diss. v. 2. Aug. 1890

Rosenfeld, Ernst, Tierarzt a. Neuwied a. Rh.: Aus d. physiolog. Institut d. Tierärztl. Hochschule zu Dresden. Direktor: Geh. Medizinalrat Prof. Dr. Ellenberger. Über die Eiweißverdauung im Magen des Pferdes. Dresden 1908: W. Ulrich. (55 S.) 8°
Leipzig, Med. Fak., Ref. Ellenberger, Diss. v. 20. Juli 1908
[Geb. 24. Okt. 85 Neuwied a. Rh.; Wohnort: Neuwied; Staatsangeh.: Preußen; Vorbildung: Gymn. Neuwied Reife O. 04; Studium: Tierärztl. Hochsch. Berlin 6, München 1 S.; Coll. 25. Juli 08; Approb. 6. März 08.]

Rosenfeld, Ernst [Kammergerichtsref.]: Die rechtliche Natur des durch die Einkindschaft für die unierten Kinder begründeten Erbrechts ..., Erlangen, k. B. Hof- u. Univ.-Buchdr. v. F. Junge, 1895; 54 S. 8.
Erlangen, Jur. Fak., Inaug.-Diss. v. 1895

Rosenfeld, Ernst Heinrich

Rosenfeld, Ernst, s.: Entwurf e. allgem. bürgerl. Strafgesetzbuches f. d. Königr. Norwegen.

Rosenfeld, Ernst, zwei Hundert Jahre Fürsorge der preußischen Staatsregierung f. die entlassenen Gefangenen. (80 S.) gr. 8. Berlin 905. J. Guttentag. n. 2. —

Rosenfeld, Ernst Heinr., d. Geschichte d. Berliner Vereins zur Besserung der Strafgefangenen 1827—1900. Ein Beitrag zur Geschichte des preuss. Gefängniswesens u. des Fürsorgewesens f. entlassene Gefangene. gr. 8. (V, 156 S.) Berlin 901. O. Liebmann. n. 2. 50

— s.: Gesetz, d., norwegische, betr. d. Behandlg. verwahrloster Kinder.

Neueste englische Jugendgesetzgebung. Children Act, 1908. Übers. von Dr. Ernst Rosenfeld, Staatsanw. Berlin: Guttentag 1909. VIII, 70 S. 8°
(Zeitschrift f. Jugendwohlfahrt. 1909, Beil. H. 3.)

Rosenfeld, Ernst, s. Kriminalpolitik, neueste englische.

Neueste Englische Kriminalpolitik. Children Act, 1908. 2. Prevention of Crime Act, 1908. 3. Probation of Offenders Act, 1907. Übers. von Staatsanw. Dr. Ernst Rosenfeld. Berlin: Guttentag 1909. 106 S. 8°
(Sammlung außerdeutscher Strafgesetzbücher in deutscher Übersetzung. 27.)
(Mitteilungen d. Internat. Kriminalist. Vereinigung. Bd 16, Beil.-H.)

— s.: Mitteilungen der internationalen kriminalistischen Vereinigung.

— die Nebenklage des Reichsstrafprozesses. Ein Beitrag zur Lehre von den Rechten des Verletzten im Strafverfahren. gr. 8. (VI, 212 S.) Berlin 900. J. Guttentag. n. 4. —; geb. in Leinw. n. 5. —

— Register zu den neueren Erlassen des königl. preuß. Ministers des Innern auf dem Gebiete des Gefängnis- u. Zwangs-(Fürsorge-)Erziehungswesens, zugleich erstes Hauptregister zum Verordnungsblatt f. die Strafanstaltsverwaltung im Ressort des Ministeriums des Innern 1894—1903. (36 S.) Lex.-8. Berlin 904. C. Heymann. n. 1. 20

— der Reichs-Strafprozeß, s. o. Guttentag's Sammlg. v. Lehrbüchern des deutschen Reichsrechtes. II.

— Reichs-Strafprozess, s. a. Lehrb. d. Dtsch. Reichsrechts.

Der Reichs-Strafprozess. Von Dr. Ernst Heinrich Rosenfeld, Prof. zu Königsberg i. Pr. *Berlin: J. Guttentag 1901.* (XIX, 470 S.) 8° [J.]
= Lehrbücher d. Deutschen Reichsrechtes. 2. [01. 10805

Der Reichs-Strafprozeß. Von Dr. Ernst Heinrich Rosenfeld, Prof. zu Münster. 2., verm. u. verb. Aufl. Berlin: J. Guttentag 1905. (XVI, 448 S.) 8° [J.]
= Sammlung, Guttentag'sche, von Lehrbüchern d. Deutschen Reichsrechts. 2. [05. 7635

Rosenfeld, Ernst Heinr., der Reichs-Strafprozeß. Ein Lehrbuch. 3., durchgeseh. u. ergänzte Aufl. (XII, 300 S.) gr. 8. Berlin 909. J. Guttentag. 6.—; geb. in Leinw. 6. 60

— s. Sammlung ausserdeutscher Strafgesetzbücher, Nr. 27.

— s.: Strafgesetz, allgem. bürgerl., f. das Königr. Norwegen.

— Strafrechtspflege insbesondere Gefängniswesen in Ceylon, s. a. Abhandlungen des kriminalistischen Seminars an der Universität Berlin. II, 3.

Strafrechtspflege insbes. Gefängniswesen in Ceylon. Von Dr. jur. et phil. Ernst Rosenfeld. *Berlin: J. Guttentag 1903.* (S. 140—157.) 8°
= Abhandlungen d. kriminalist. Seminars an d. Univ. Berlin. N. F. Bd 2, H. 3, [1.] [03. 7379 4

Rosenfeld, van Calker, Radbruch u. Kriegsmann, Strafzumessung, s.: Darstellung, vergleichende, des deutschen u. ausländischen Strafrechts. III.

— Verbrechen u. Vergehen wider das Leben usw., s.: Liszt, Frz. v.

Rosenfeld, Ernst, welche Strafmittel können an die Stelle der kurzzeitigen Freiheitsstrafe gesetzt werden? s. a. Abhandlungen d. kriminalistischen Seminars.

Rosenfeld, Ernst: Welche Strafmittel können an die Stelle der kurzzeitigen Freiheitsstrafe gesetzt werden. Preisschrift. Berlin 1890.

Rosenfeld, Fel., der Magdeburger Dom, s.: Hamann, Rich.

Rosenfeld, Felix Georg [aus Bromberg]: Ueber die Composition des Liber pontificalis bis zu Papst Constantin '(715)' ... (Erscheint vollst.) Marburg, Univ.-Buchdr. '(R. Friedrich)', 1896; 2 Bl., 60 S., 1 Bl. 8.
Marburg, Phil. Fak., Inaug.-Diss. v. [10. März] 1896

Rosenfeld, Franz, aus Brantischken: Studien über die Nährwirkung des Asparagins. *Berlin 1900: Buchdr. 'Die Post'.* (40 S.) 8°
Heidelberg, Naturw.-math. Diss. v. 1900

Rosenfeld, Friedrich Heyer v.

Rosenfeld, s. a. Heyer v. Rosenfeld.

Rosenfeld. Friedrich Heyer v., Die Seeflaggen, National- und Provinzial-Fahnen sowie Cocarden aller Länder, nach offiziellen Quellen zusammengestellt. Wien 1883.

Rosenfeld, Fritz, Arzt aus Stuttgart: Ein Beitrag zur Lehre der chlorotischen Mitralstenose. *Strassburg i. E.: J. Singer 1900.* (43 S.) 8°
Strassburg, Med. Diss. v. 1900

Rosenfeld, Fritz, die Therapie der Herzkrankheiten nach Huchard. (4 S.) Lex. 8. Leipzig 910. B. Konegen. 1.—
Sonderabdruck aus: „Reichs-Medizinal-Anzeiger".

Rosenfeld, G., Formulare für Krankengeschichten. 4. (48 Bl. in qu. Fol.) Stuttgart 880. Enke. n. 1. —

Rosenfeld, Geo., die Bedingungen der Fleischmast, s. a. Klinik, Berliner.

Die Bedingungen der Fleischmast. Von Dr. Georg Rosenfeld in Breslau. *Berlin: Fischer (1899).* (28 S.) 1 Bd 8.
= Klinik, Berliner. H. 127. [99. 1128

Rosenfeld, Georg (Ernst) *(geb. Breslau 13. 1. 1861)*: Beiträge zur Pathologie und Therapie des Diabetes mellitus. Breslau 1885. (50 S.) 8° *[Im Buchhandel 1885 bei Köhler in Breslau.]*
Breslau, Med. Diss. v. 28. März 1885

Rosenfeld, Geo., Beiträge zur Pathologie und Therapie des Diabetes mellitus. Inaugural-Dissertation. gr. 8. (50 S.) Breslau 885, (Köhler.) * 1 —

Rosenfeld, Geo., die Diagnostik innerer Krankheiten mittels Röntgenstrahlen. Zugl. Anleitg. zum Gebrauch v. Röntgen-Apparaten. M. 4 Röntgen-Aufnahmen in Lichtdr. gr. 8. (VI, 98 S. m. 4 Erklärgn.) Wiesbaden 897. J. F. Bergmann. n. 2. 80

— der Einfluss des Alkohols auf den Organismus. gr. 8. (XI, 266 S) Wiesbaden 901. J. F. Bergmann. n. 5. 60

—— die Gefahren der Entfettungskuren. gr. 8. (32 S.) Stuttgart 886, Enke. * 1 —

Rosenfeld, Geo., das Indikationsgebiet des Alkohols bei der Behandlung innerer Krankheiten, s. a. Sammlung zwangloser Abhandlungen aus dem Gebiete der Verdauungs- u. Stoffwechsel-Krankheiten. I, 5.

Das Indikationsgebiet des Alkohols bei der Behandlung innerer Krankheiten. Von Prof. Dr. Georg Rosenfeld, Breslau. Halle: Marhold 1908. 48 S. 8° (Sammlung zwangloser Abhandlungen aus d. Geb. d. Verdauungs- u. Stoffwechsel-Krankheiten. Bd. 1, H. 5.)

— der initiale Lungenabscess. gr. 8. (8 S.) Berlin 902. J. Goldschmidt. n. 1. —
Sonderabdruck aus: „Deut. medicin. Presse".

Rosenfeld, Geo., die Röntgendurchleuchtung des Magens. (12 S.) 8. Berlin 905. J. Goldschmidt. 1. —
Aus dem Handel gezogen.
Sonderabdruck aus: „Deut. medizin. Presse".

Rosenfeld, J., „Erkenne Gott." Predigt gehalten am Sabbath Waëra (den 5. Jan. 1856) in der Synagoge zu Nordhausen. gr. 8. (18 S.) Nordhausen 856, Büchting. *

— — s.a. Rosenberg, J.

v. *Rosenfeld*, J. F., s. M. *Fehner*, Primae lineae Transilvanine.

Rosenfeld, Jacques, über die locale Behandlung der tuberculösen Larynxgeschwüre. Diss. Freiburg i. B. 1886, Fr. Wagnersche Univ.-Buchh. 8°. 37 S.

Rosenfeld, Jacques [aus Jassy (Rumänien)]: Über die locale Behandlung der tuberculösen Larynxgeschwüre .... Würzburg, Becker's Univ.-Buchdr., 1886; 37 + 1 S. 8°.
(Nur in beschränkter Zahl für den Austausch.)
Freiburg i. B., Med. Fak., Inaug.-Diss. v. 22. Febr. 1886.

Rosenfeld, Josef, der Mischne'-Fractat Berachot (die vier ersten Abschnitte) übersetzt, sprachlich und sachlich erläutert. Diss. Leipzig 1886, Gustav Fock. 8°. 64 S.

Rosenfeld, Josef [aus Galgocz, Ungarn]. Der Mischne-Tractat Berachot (die vier ersten Abschnitte) übers., sprachlich u. sachlich erläutert . . Pressburg, Druck v. Löwy & Alkaly, 1886; 64 S. 8°.
Leipzig, Phil. Fak., Inaug. Diss. v. 1. Jun. 1886.

Rosenfeld, Jos., die Schwefeläther-Dämpfe und ihre Wirksamkeit vorzüglich in Bezug auf operative Chirurgie. Auf Thatsachen gegründet und wissenschaftl. erörtert. gr. 8. (72 S. und 1 Stnt. in 4.) Pest 847, Heckenast. (Leipzig, G. Wigand.) *

Rosenfeld, Joseph: Technische Untersuchungen über rumänisches Petroleum. 1909. 85 S., 2 Taf. 8°
München, Dr.-Ing.-Diss. v. 27. 11. 1906

ROSENFELD, Isak (Bamberg): Magnetismi brevis historia.- Monaci: Wild 1837. 15 S.
8.1.1837 - Urk; F 63
Diss. Ingolst - Landsh. - Mchn.

Rosenfeld, Israel (Könnern) A. S. 761/46

Dissertatio inauguralis juridica de administratione bonorum absentis proximis successuris competente. Erfurt (Grosch) 3. VIII. 1712. 22 S.

W. v. R. H. Ziegler, J. G. Ludolph, Johannes Daniel, Joh. El. Meier. 29258

Rosenfeld, I(srael), a. Berditschew in Rußland: Über die spindelförmige Erweiterung der Speiseröhre. München 1906: C. Wolf & Sohn. (38 S.) 8°
München, Med. Fak., Ref. v. Bollinger, Diss. v. 9. März 1906
[Geb. 2. Juni 81 Berditschew; Wohnort: Berditschew; Staatsangeh.: Rußland; Vorbildung: Gymn. Dschitomir Reife Mai 99; Studium: T.H. München 1, Univ Chemie 1, Med. 9 S.; Rig. 9. März 06.]

Rosenfeld, Julius: Die widerrechtliche vorsätzliche und fahrlässige Verletzung der Freiheit Anderer als Grundlage einer Schadensersatzpflicht. Königsberg i.P. 1909: Hartung. 75 S. 8°
Heidelberg, Jur. Diss. v. 23. Sept. 1909, Ref. Wenger
[Geb. 22. Aug. 87 Karlsruhe i. B.; Wohnort: Karlsruhe; Staatsangeh.: Preußen; Vorbildung. Reformgymn. Karlsruhe Reife Juli 05; Studium: Berlin 1, Freiburg i. B. 1, Berlin 2, Königsberg 2 S.; Rig. 6. März 09.] [U 10. 1993

Rosenfeld, Karl, steuerbares Luft-Schiff. Mit erläut. Zeichnungen. gr. 8. (32 S. mit 2 lith. Taf. in Fol.) Berlin 851, Th. Enslin in Comm. baar n. 1/3 ₰

Rosenfeld, Kurt

— u. Marie Raschke, das Eherecht, s. o. Rechtsbücher f. das deutsche Volk. 4. Bd.

Rosenfeld, Kurt, u. Marie Raschke: Das Eherecht. — Berlin: Ebering 1902. 148 S. 8° (Rechtsbücher f. d. dt. Volk. Bd 4.)

Rosenfeld, Kurt [aus Thorn]: Ein Fall von Pseudoleukaemie. . . . Halle a. S., Hofbuchdr. v. C. A. Kaemmerer & Co., 1891; 29 S., 1 Bl. 8°
Halle, Med. Fak., Inaug.-Diss. v. 22. Jul. 1891

Rosenfeld, Kurt, die Schlüsselgewalt der Ehefrau, s. a. Studien, rechts- u. staatswiss. 10. Hft.

Rosenfeld, Kurt, Dr.. Die Schlüsselgewalt der Ehefrau nach dem bisherigen deutschen Recht und B.G.B. *Berlin: E. Ebering 1900.* (101 S.) 8° ¶ (= Rechts- u. Staatswiss. Studien, H. 10.)
Rostock, Jur. Diss. v [12. Sept.] 1900

Rosenfeld, L., die ärztliche Praxisfreiheit u. ihre Folgen. 8. (IV, 38 S.) Tauberbischofsheim 872. Lang. — 75

Rosenfeld, Leonhard [app. Arzt aus Nürnberg]: Vergiftung mit Laugenstein. Ein Beitrag zur Casuistik der Laugenvergiftungen. . . . Nürnberg, gedr. bei U. E. Sebald (1888); 35 S. 8°
München, Med. Fak., Inaug.-Diss. v 1889

Rosenfeld, Luise: Klinische Ergebnisse betreffend die Röntgenoskopie der Perikarditis. Berlin 1909: G. Schade. 30 S. 8°
Berlin, Med. Diss. v. 10. Aug. 1909, Ref. Kraus
[Geb. 24. Apr. 81 Odessa; Wohnort: Petersburg; Staatsangeh.: Rußland; Vorbildung: Gymn. Odessa Reife M. 03; Studium: Bern 7, Odessa 2, Berlin 2 S.; Rig. 3. Aug. 09.] [U 09. 96

Rosenfeld, M., feierl. Act d. Religionsprüfung d. zu entlass. Schulkinder. Abgeh. in d. Synagoge zu Carlsruhe am Sabbath d. 23. Apr. 1836. (6. Ijar 5596). gr. 8. (4 B.) Carlsruhe u. Baden, Marx'sche Buchh.

—— Anleitung zum 1. Thle. des hebr. Sprachbuches, nebst. Anh., enthalt. die Uebersetzung aller Wörter u. Stellen, die im ersten Theile des hebr. Sprachbuches vorkommen. 8. (1¼ B.) Baden 845, Marx. *

Rosenfeld, M., die Satz- u. Accentlehre der hebräischen Sprache m. Beispielen aus der Bibel u. deren worttreuen Uebersetzg. in's Deutsche. Zum Gebrauch f. Schulen u. zum Selbstunterrichte neu bearb. gr. 8. (IX, 275 S.) Karlsruhe 874. (Straßburg, Schneider.) n. 4. —

Rosenfeld, M., hebräisches Sprach-Buch. 1. Abthl. Breit 12. (2 B.) Carlsruhe 833, Marx.

Rosenfeld, M., hebräisches Sprach-Buch. 1. Thl. 2., verm. u. verb. Aufl. 8. (2⅝ B.) Baden 845, Marx.

Rosenfeld, M., die Wechsellehre. Zum Gebrauche für höhere Bürger- u. Handelsschulen, sowie zum Selbstunterrichte für Handelsbeflissene. Mit Anhang. Carlsruhe 868. Bielefeld. 8. (X, 74 S.) n. 10 ngr.

Rosenfeld, Margaretha Johanna

-- s. Kochbuch, Augsburgisches.

Rosenfeld, Margar. Joha., neuestes Augsburg. Kochbuch, s. Kochbuch.

Rosenfeld, Margaretha Johanna, Nürnberger Kochbuch. Prakt. Anweisung, alle Arten Speisen und Getränke auf die schmackhafteste und wohlfeilste Art zuzubereiten. 7. verm. und verb. Aufl. Mit Angabe der neuen Maße und Gewichte. 8. (XVI, 388 S.) Nürnberg 886, Korn'sche Buchh. * 2 50

—— die wohlunterr. Nürnberger Köchin, s. a. Köchin.

— die wohlunterr. nürnberger Köchin ꝛc. 4 Aufl. (5 Lfgn.) gr. 12. (26½ B.) Nürnberg 838, Bauer u. Raspe.

Rosenfeld, Marg. Johanna, Taschenbuch d. Kochkunst durch Erfahr. erprobt. 8. Nürnb. 812. (Eichhorn). 1 ℔ 2e verb. Aufl. 8. Ebd. 822. Campe 1 ℔

Rosenfeld, (M. Johanna,) Taschenbuch d. Kochkunst durch Erfahrung geprobt. 2e verb. Aufl. 8. Nürnb. 824, Campe.

— neues Taschenbuch d. Kochkunst. 8. Nürnb. 822. Campe. 1 ℔

Rosenfeld, Max Die Anwendung des Aräometers zur Demonstration der Gewichtszunahme der Körper bei ihrer Oxydation. 8 S. 8. Progr. Rsch. *Teschen* 1883.

— Aufgaben über den chemischen Lehrstoff der V. Classe. 25. 2. ibd. 91. 95. Progr.

Rosenfeld, Max: Ein Beitrag zur Casuistik der hämatogenen Muskeltuberculose. *Königsberg i. Pr. (1895): L. Krause & Ewerlien.* (23 S.) 8°
Würzburg, Med. Diss. v. 1895

Rosenfeld, Max: Ein Beitrag zur Kenntnis des salzsauren Hämins. *Leipzig 1897: J. B. Hirschfeld.* (14 S.) 8°
Strassburg, Med. Diss. v. 1897

Rosenfeld, Max, Erkennungszeichen „Butterblume“, s.: Heidelmann's, A., Theaterbibliothek.

Rosenfeld, Max, Elementarunterr. in d. Chemie. gr. 8. (XI, 127 S. m. 53 Abb.) Freiburg i/B. 896. Herder. n. 1. 60; Einbd. n.n.n. — 30

— Experimentierbuch f. d. Elementarunterr. in der Chemie. gr. 8. (VIII, 40 S. m. 44 Abb.) Ebd. 896. n. 1. 20; Einbd. n.n.n. — 30

Rosenfeld, Max, am Geburtstagsabend od.: „Das Kleine schläft!“, s. a. Vereinstheater Nr. 157.

Am Geburtstagsabend oder ‘Das Kleine schläft’. Schwank in 1 Akt von Max **Rosenfeld.** Mühlhausen i. Th.: G. Danner [1906]. (29 S.) 8° [F.]
— **Vereinstheater.** 157. [06. 13896 3

— Über die Einführung von Qualitätszeichen beim chemischen Elementarunterrichte. 2. ibd. 95
Progr.

Rosenfeld, M., zur Kenntniss des Traubenzuckers, s. Mittheilungen aus dem Laboratorium der allgemeinen Chemie an der k. k. technischen Hochschule zu Brünn.

Rosenfeld Maximilian, Lehrbuch der anorganischen Chemie für die V. Klasse der Realschulen. Wien und Leipzig 1907. K. Fromme. Geb. K 2.60.

Rosenfeld, M., Lehrbuch der anorganischen Chemie für die fünfte Klasse der Realschulen. Gr.-8°. (ill. 186 S.) geb. K 2.60
Wien. Fromme 1908.

Rosenfeld, Max, Leitfaden f. den ersten Unterricht in der anorganischen Chemie, auf rein experimenteller Grundlage. Mit e. Anh.: Chemie der Kohlenstoffverbindgn. Methodisch bearb. Mit 58 in den Text gedr. Abbildgn. gr. 8. (XII, 183 S.) Freiburg i/Br. 886. Herder. n. 2. 20; Einbd. n.n. — 35

Rosenfeld, Max. Leitfaden für den ersten Unterricht in der anorganischen Chemie, auf rein experimenteller Grundlage. Methodisch bearb. Mit 58 in d. Text gedr. Abbildgn. 2. (Titel-)Ausg. gr. 8. (XII, 154 S. m. 58 Text Illustr.) Freib. i. Br. 892, Herder. * 2 —; geb. * * 2 35

Rosenfeld, Max, Leitfaden f. den ersten Unterricht in der anorganischen Chemie, auf rein experimenteller Grundlage. Methodisch bearb. 2. (Titel-)Ausg. gr. 8. (XI, 153 S. m. 58 Abbildgn.) Freiburg i/B. 893 Herder. n. 2. —; geb. in Halbldr n.n. 2. 35

Rosenfeld, Max Mitteilungen aus dem chemischen Laboratorium. 7, 8 SS. 8. Progr. Rsch. *Teschen* 1878 1880.

Rosenfeld, Max Mittheilungen aus dem chemischen Laboratorium 8 (S. 33—41). 8 (S. 3—15). Staats-Rsch. *Teschen* 1886. 1890
Progr.

Rosenfeld, Maximilian Mitteilungen aus dem chemischen Laboratorium. S. 3—21 8. Progr. K. k. Staats-Oberrealschule *Teschen* 1902.

— Poesie u. Magenknurren, s.: Heidelmann's, A., Theaterbibliothek.

— Die Schicksalsmacher, s.: Heidelmann's, A., Theaterbibliothek.

— Die Tragische, s.: Heidelmann's, A., Theaterbibliothek.

— erster Unterricht in der Chemie. Für die unteren Classen der Mittelschulen. Mit 26 in den Text gedr. Holzst. gr. 8. (III, 150 S.) Prag 880. Tempsky. n. 1. 80

Rosenfeld, Max, erster Unterricht in der Chemie u. Mineralogie. (III, 151 S. m. 77 Holzschn.) gr. 8. Wien 906. C. Fromme. Geb. n. 1. 60

Rosenfeld, Mich. geb. Posen 20. 12. 1860. De morbo Brightii ... 1885. ... S. 8.
Berlin, Med. Diss. v. 27. Dez. 1885

Rosenfeld, Moritz [aus Gairing, Ungarn]: **Der Midrasch Deuteronomium rabba. Par. IX und XI, 2—10 über den Tod Moses verglichen mit der Assumptio Mosis, kritisch behandelt, übersetzt und erklärt. Mit einem Anhang über den Tod Moses in der hebräischen Poesie des Mittelalters. Berlin 1899. 96 S. 8°.**
Bern. Phil. Diss. 1899/1900.

Rosenfeld, M., der Midrasch Deuteronomium rabba Par. IX u. XI, 2—10 üb. den Tod Moses verglichen m. der Assumptio Mosis, kritisch behandelt, übers. u. erklärt. Mit e. Anh. über den Tod Moses in der hebr. Poesie des Mittelalters. gr. 8. (96 S.) Berlin 899. (M. Poppelauer.) n. 3. —

Lieder des Ghetto (Songs from the Ghetto) von Morris **Rosenfeld.** Autor. Übertr. aus d. Jüdischen von Berthold Feiwel, mit Zeichn. von E. M. Lilien. 1 Taus. *Berlin: S. Calvary & Co. (1902).* (144 S.) 4° [F.] [03. 16180 11

Lieder des Ghetto (Songs from the Ghetto) von Morris Rosenfeld Autor Übertr aus d. Jüdischen von Berthold Feiwel, mit Zeichn. von E. M. Lilien. 2. Taus. *Berlin: S. Calvary (1902).* (144 S.) 4° [F.] [03. 3891

Rosenfeld, Morris, Lieder des Ghetto. Autor. Uebertragg. aus dem Jüd. v. Berth. Freiwel, m. Zeichngn. v. E. M. Lilien. (144 S.) gr. 5. Berlin (903). S. Calvary & Co. Geb. in Leinw. n. 8. —; auf Japanpap., geb. in Ldr. n.n. 30. —

Lieder des Ghetto [Songs from the Ghetto] von Morris **Rosenfeld.** Autor. Übertr. aus d. Jüdischen von Berthold Feiwel, mit Zeichn. von E. M. Lilien. 4. Aufl. Berlin: H. Seemann Nachf. [1907]. (140 S.) 4° [F.] [08.

Rosenfeld, Morris, Lieder des Ghetto. Autoris. Übertragg. aus dem Jüd. v. Berthold Feiwel, m. Zeichngn. v. E. M. Lilien. 6. Aufl. (143 S.) Lex. 8. Berlin (907). H. Seemann Nachf. 3. 50
3. Aufl. (143 S.) 906. Geb. 8. —.

Rosenfeld, Morris, Liederbuch. Erster Theil. 8⁰. New York, Grover Brothers, s. a.

Rosenfeld, Osk., die vierte Galerie. Ein Wiener Roman. (155 S.) 8. Wien 910. H. Heller & Co. 2.50; geb. 4. —

Rosenfeld Oskar: Philipp Otto Runge in der Romantik.
1906 PN 2230 Diss. 213

Rosenfeld, Rosa

Rosenfeld, R . aus Bachmuth: Über die physikalisch-chemischen Bindungsverhältnisse verschiedener Stoffe im Blute. Berlin 1907. 26 S. 8⁰. [19. XII. 06.]
Bern. Med. Diss. 1906/1907.

Rosenfeld, R[osa]. Über die physikalisch-chemischen Bindungsverhältnisse verschiedener Stoffe im Blute. Diss. Med. Bern. [Sep.-Abdr aus Biochemische Zeitschrift, Band 3.] 26 S. 8. Berlin. Julius Springer, 1907.

Rosenfeld, S. W., das Füllhorn, s. Füllhorn.

—— Stunden d. Andacht f. Israeliten, s.a. Stunden.

Rosenfeld, S. W., Stunden der Andacht für Israeliten beiderlei Geschlechts. 2., verb. Aufl. in 8 Bdn. 1. und 2. Bd. gr. 8. (VII und 352 S., IV und 316 S.) Dinkelsbühl 857. 61, Walthr. (Leipzig, Köhler.) à Bd 24 Ngr.

Rosenfeld. Samson Wolf (Rabbiner aus Markt Uhlfeld im Rezat-Kreise), Denkschrift an die Hohe Stände-Versammlung des Kgrs. *Baiern*, die *Lage der Israeliten* u. ihre bürgerliche Verbesserung betreffend. München, F. S. Hübschmann, 1819. 8. Cart. Papierfleckig.
24 S. — S. auch Nr. 346 d. Cat.

Dass., s.a. Rosenfels, S. W.

Rosenfeld, Samson Wolf (Rabbiner im Markt Uehlfeld im Rezat-Kreise), Memoire an die hohe Stände-Versammlung d. Kgrs. Baiern; über verschiedene gegen die Juden gemachte Anträge. Nebst einigen Wünschen u. Bitten. München, Lentner, 1822. 8⁰. Cart.
Ver…gte der Kammer bereits im J. 1819 eine Denkschrift vor, welche keinen Er…g hatte.

Rosenfeld, S[iegfried], Referendar im Kammergerichtsbezirk: **Das Wesen des Rechts auf Gemeingebrauch an öffentlichen Flüssen und Wegen nach heutigem gemeinen Recht und nach Partikularrecht.** *Berlin 1899: W. Pilz.* (63 S.) 8⁰
Rostock, Jur. Diss. v. [23. Nov.] 1899

Rosenfeld, Victor, a. Horb ⟨Württemberg⟩: **Klinische Untersuchungen über die sogenannten Überdrehungen des Kindes.** Emmendingen: Druck- u. Verlags-Ges. vorm. Dölter 1908. (37 S.) 8⁰
Freiburg i. B., Med. Fak., Ref. Krönig, Diss. v. 1908
[Geb. 31. Mai 84 Horb; Wohnort: Pforzheim; Staatsangeh.: Württemberg; Vorbildung: Gymn. Rottweil Reife Juli 02; Studium: München 2, Freiburg i. B. 3, München 1, Freiburg i. B. 1, Straßburg 1, Freiburg i. B. 2 S.; Coll. 6. März 08; Approb. Dez. 07.]

Rosenfeld, W., Gottfried Keller, s.a. Beiträge zur Literaturgeschichte.

Rosenfeld, W. Gottfried Keller. 38 S. 8. Leipzig, Verlag für Literatur, Kunst und Musik, 1907. (M. —.60)
(Beiträge zur Literaturgeschichte. Heft 27. Herausgeber: Hermann Graef.)

Rosenfeld-Buchenau, Dionys, s. Rosenfeld, Dionys

Rosenfelder, Robert, Rechtsprakt. a. Pirmasens: **Erfordernis des gegenwärtigen rechtswidrigen Angriffs im Falle der Notwehr.** München 1906: E. Stahl. (73 S.) 8⁰
Würzburg, Jur. Fak., Ref. Oetker, Diss. v. 11. April 1906
[Geb. 17. Aug. 80 Pirmasens; Wohnort: Pirmasens; Staatsangeh.: Bayern; Vorbildung: Gymn. Zweibrücken Reife O. 00; Studium: München 4, Würzburg 4 S.; Rig. 26. Febr. 06.]

Rosenfelder, S., Merkheft f. d. Unterricht in der hebräischen Sprache. 2. Aufl. (11 S.) gr. 8. Frankfurt a/M. 908. J. Kauffmann. Geb. nn — 50

Rosenfeldt, Gustav [pr. Arzt aus Neunhuben, West-Pr.]: Über Intoxication nach subcutaner Anwendung unlöslicher Quecksilberpräparate bei Behandlung der Syphilis ... Leipzig, Druck v. A. Edelmann, *1893;* 28 S., 1 Bl. 8.
Leipzig, Med. Fak., Inaug.-Diss. v. 8. Aug. 1893

Rosenfels, S. W., Beleuchtung der v. Utzschneider bestätigten Anträge in Betreff d. Hausirhandels d. Juden. gr. 8. Fürth 819. (Erlang., Heyder). 4 gr.

— Denkschrift an die hohe Ständeversammlung d. Königreichs Baiern, die Lage der Israeliten u. ihre bürgerl. Verfassung betreff. 8. Erlang. 819. (Heyder). 4 gr.

– Dass., s.a. Rosenfeld, Samion Wolf

— die neue Synagoge in Markt Uhlfeld, ihre Entstehung, Einrichtung u. Einweihung. 8. Erlang. 820. (Heyder). 12 gr.

Rosenfelsische Familie, die, ein Unterhaltungsbuch von E. H. Belchart, 2 Theile, 8. Leipzig, 793/94. Mülleré. 23 sgl.

Rosenfest, das, eine Operette in 3 Aufz. Nach d. Französ. (des Favart), (v. Glo. Ephr. Heermann). 8. Weimar 774. Hoffmann. 6 gr.

— — dass. 8. Frankf. Andreä. 776.

Rosenfest, das, zu Salensi. Sgspl. 3 aus d. Französ. 8. Frankf. 775. Andreä. 6 gr.

— s. auch Favart.

— das, zu Salenci. Sgspl. in 3 Aufz.; aus d. Französ. 8. Wien 779. Trattner, 3 gr.

Rosengart, Josef, Studien zu einem Fall von Fractur der Schädelbasis. Diss. München 1887, A. Buchholz. 8⁰. 23 S.

Rosengart, Josef [prakt. Arzt in Heddernheim bei Frankfurt a/M.]: Studien zu einem Fall von Fractur der Schädelbasis .... München, k. Hof- u. Univ.-Buchdr. Dr. C. Wolf & Sohn, 1887; 23 S. 8⁰
München, Med. Fak., Inaug.-Diss. v. 1887

Rosengarten [Sachl. OW]

Rosengarten, Dichtungen von D. H. von Loeben, s. Loeben, D. H. v.

Rosengarten. Ein Album schöner Frauenbilder, in 20 auserlesenen Stahlst.; mit Gedichten v. Adf. Böttger. gr. 8. (24 S. Text.) Leipzig 849, Focke. geh. m. Goldschn. 2 ℛ

ROSENGARTEN. Ein Gebetbuch zur Erbauung für katholische Christen. 7., mit Litaneyen u. Gesängen verm. Aufl. Pesth 1859: Trattner-Károlyi. 216 S. 5 t. 12°

Rosengarten, der. Eine Sammlg. guter Bücher in künstler. Gewande. 8. Berlin, B. Flörecke.
Die Leiden des jungen Werthers. Von J. W. v. Goethe. Mit 3 Reproduktionen nach Kupferstichen. (191 S.) (909.) Kart. 1.40; geb. in Leinw. m. Goldschn. 2.10; Luxusausg. 5. —

Rosengarten, Historischer, bestehend in dreyhundert ausserlesenen Historien und Discursen . . . Franckf. u. Leipzig 1710. V: *Beer, Joh. Chph.* (BrMm)

Rosengarten, illustrirter. Eine Zeitschrift f. Rosenfreunde u. Rosengärtner. Hrsg. v. M. Lebl. Neue Folge. 1—4. Hft. Mit à 4 Blatt in Farbendr. gr. 4. (S. 1—32.) Stuttgart 875. Schweizerbart. à n. 5. —

Rosengarten, illustrirter. Eine Zeitschrift für Rosenfreunde u. Rosengärtner. Hrsg. von M. Lebl. Neue Folge: 5. u. 6. Hft. Mit je 4 Bl. in Farbendr. gr. 4. (S. 33—48.) Stuttgart 876. Schweizerbart. à n. 5. —

Rosengarten, Illustrierter, vgl. Nestle's Rosengarten

Rosengarten, Nestle's. Illustrirte Zeitschrift für Rosenfreunde und Rosengärtner als Beitrag zur Hebung der Rosenkultur in Deutschland. Jhg. 1866 69. Mit 4 Chromolithogr. und 4 Bl. Erklärungen. Stuttgart. [illegible]

Rosengarten. Der R' der deutschen Liebeslieder. (Gesammelt und hrg. von Dr. Julius Zeitler. Den Titel und Einbandschmuck zeichnete Paul Brandt.) XII + 618 S. 8. Leipzig, Julius Zeitler, 1908. [geb. M. 5. 50]
Darin S. 19 f. 40. 42/6. 231 f. 324,7. 560 4 Gedichte von Hartman von Ouwe, Chuonrat von Würzeburk, Hugo von Montfort, Albrecht von Haller, Johann Gaudenz von Salis-Seewis, Gottfried Keller.

Rosengarten, der Wormser. Festschrift zum 2. Rosenfest m. 60 Beiträgen deutscher Künstler u. Dichter. Den Nibelungenfreunden dargebracht vom Rosengartenausschuss Worms. (VI, 87 S.) Lex.-8. Worms 905. H. Fischer. n. 2. 50

Rosengarten [Schlagwort]

Rosengarten, s.: Forstkarten.

Rosengarten, s.: Harburg, Umgebg.

Rosengarten, s.: Geologische Karten. Karte (Preussen).

Rosengarten [Verfasser]

Rosengarten, A., de natura polaritatis vestigia et phaenomena. 8. Marb. 817. Krieger. 3 gGr.

Rosengarten, A., Architektur-Bilder aus Paris und London. Hamburg 860. (Perthes-Besser & Mauke. gr. 8. (VIII, 200 S. u. 1 lith. Taf.) n. 1 Rthlr. 15 ngr.

Rosengarten, A., Mängel u. Vortheile des Entwurfs einer allgem. Handwerker- u. Gewerbe-Ordnung f. Deutschland. 12. (24 S.) Hamburg 848, Meißner & Schirges. 2 ngr.

—— und L. Runge, architektonische Mittheilungen über Italien, s. Runge, L.

—— s. Nestel's Rosengarten.

Rosengarten, A., die architektonischen Stylarten. Eine kurze, allgemeinfassliche Darstellung der charakteristischen Verschiedenheiten der architektonischen Stylarten. Zur richtigen Verwendung in Kunst u. Handwerk. Für Architekten, Maler, Bildhauer, Stukateure, Bauschulen etc., sowie zur Belehrung für gebildete Freunde der Kunst und Architektur. Mit 426 Illustrationen in Holzstich. Braunschweig 857. Vieweg. Lex.-8. (XXII, 356 S.) n. 3 Rthlr. 15 ngr.

Rosengarten, A., die architektonischen Stylarten. Eine kurze allgemeinfassliche Darstellung der charakterist. Verschiedenheiten der architekton. Stylarten. Zur richtigen Verwendung in Kunst u. Handwerk. Für Architekten, Maler, Bildhauer etc., sowie zur Belehrg. für gebildete Freunde der Kunst u. Architektur. 2. umgearb. u. verm. Aufl. Mit 639 Illustr. in Holzst. Braunschweig 869. Vieweg & Sohn. Lex.-8. (XXI, 457 S.) n. 4 Rthlr.

Rosengarten, A., die architektonischen Stylarten. Eine kurze, allgemeinfassl. Darstellg. der charakterist. Verschiedenheiten der architekton. Stylarten. Zur richt. Verwendg. in Kunst u. Handwerk. Für Architekten, Maler, Bildhauer etc., sowie zur Belehrg. f. gebildete Freunde der Kunst u. Architektur. Mit 639 Illustr. in Holzst. 3. Aufl. Lex.-8. (XXI, 456 S.) Braunschweig 874. Vieweg & Sohn. n. 12. —; geb. n. 13. —

Rosengarten, George D. [aus Philadelphia]: Über die Einwirkung von Acetylacetessigester und Aethylidenacetessigester auf Hydrazinhydrat ... Jena, Druck v. A. Kämpfe, 1892; 36 S., 1 Bl., 1 Tab. 8.
Jena, Phil. Fak., Inaug.-Diss. v. 1892

Rosengarten, J. G., der deutsche Soldat in den Kriegen der Vereinigten Staaten v. Nordamerika. Übers. v. Ch. Grosse. gr. 8. (IV, 97 S.) Cassel 890. Kay. n. 1. 60

Rosengartengruppe [Schlagwort]

Rosengartengruppe, s.: Schlern.

Rosen-Garten-Kalender m. dem Wissenswerthesten üb. Rosen-Kultur, hrsg. v. Wilh Kölle & Comp. 1883. 8. (32 S.) Augsburg. Schmid's Verl. n. — 50

Rosengärtlein, kathol. Gebetbuch, s. Pocci, Fr. Grf.

Rosengärtlein. Ein Gebet- u. Bilderbuch für die liebe Jugend. Prag 865. Silber & Schenk. 32. (30 S. mit 30 feinen Holzschn. von Fr. Richter.) cart. n. 4 ngr.; geb. n. 8 ngr.; color. u. cart. n. 8 ngr.; color. u. geb. n. 12 ngr.
Auch in böhmischer Sprache zu gleichen Preisen erschienen.

— Gebetbuch für die lieben Kleinen. Speyer 869. Kleeberger. 32. (159 S.) n. 3½ ngr.; in engl. Einb. mit Goldschn. u. 1 Stahlst. n. 5 ngr.

— marianisches. Ein kathol. Gebetbuch für alle Verehrer der allerseligsten Jungfrau u. Mutter Maria. Mit (2) feinen Bildern (in Stahlst. u. eingedr.) Holzschn. Einsiedeln 870. Benziger. 32. (382 S.) 6 ngr.; auf Velinpapier u. mit rother Einfassung 12 ngr.

Rosengärtlein u. Thränen einer reuevollen Seele. 18. Münch. 818. Giel. 3 gGr.

Rosengärtlein, wohlriechendes. 12. Basel. 738.

Rosengärtlein, Wolriechendes, in sich haltend etliche schöne und kräftige Lieder . . . Bern 1745. V: *Lucius, Samuel.* (MI.)

Rosengren, Gust., der große Unbekannte, s.: Kriminalromane aller Nationen.

Rosenhagen, Graf Günther, die Braut seines Bruders. Erzählung. 8. (150 S.) Hamburg 893. C. A. Christians. n. 2. —; geb. n. 3. —

— kleine Geschichten. 8. (112 S.) Ebd. 893. n. 1. —

Rosenhagen, Gust., Daniel v. dem blühenden Tal, s.o. Stricker, der.

Rosenhagen, Gustav [aus Dresden]: **Zur Geschichte d. Reichsheerfahrt von Heinrich VI bis Rudolf von Habsburg . . . . Meissen,** Druck v. C. E. Klinkicht, 1885; 92+2 S. 8°.
Leipzig, Phil. Fak., Inaug.-Diss. v. 18. Dez. 1885.

Rosenhagen, Gust., zur Geschichte der Reichsheerfahrt von Heinrich VI. bis Rudolf v. Habsburg. gr. 8. (93 S.) Leipzig 885. Fock. n. 1. 50

Rosenhagen, Gust., s.: Handschrift, die Heidelberger.

— Höfische Lyrik des Mittelalters, s.: Schulausgaben, deutsche. (Eitner, Gust.)

Rosenhagen, G., s.: Nibelungenlied, das.

Rosenhagen, Gust., Predigt zur Gedächtnißfeier Phil. Melanchthons in der evangelisch-reformirten Kirche zu Dresden am 22. April 1860 gehalten. Dresden 860. Kuntze. gr. 8. (16 S.) n. 4 ngr.

Rosenhagen, Gustav, Dr.: **Die Strophe in der deutschen** klassischen Ballade. 1. **Strophe und Darstellung.** *Hamburg 1903: Lütcke & Wulf.* (46 S.) 8°
Hamburg, R in Eilbeck, P 1903 (840)

— **die Strophe in der deutschen klassischen Ballade. I. Strophe u. Darstellg. Progr. (46 S.) gr. 8. Hamburg 903. (Herold.) n. 2. —**

Rosenhagen, Gustav: **Untersuchungen über Daniel vom Blühenden Tal vom Stricker. . . . Kiel,** Druck v. C. Schaidt, 1890; 2 Bl. + II + 124 S. + 1 Bl. 8°
Kiel, Phil. Fak., Inaug.-Diss. v. 8. März 1890

Rosenhagen, G., Untersuchungen üb. Daniel vom blühenden Tal vom Strickor. Inaug.-Diss. gr. 8. (II, 124 S.) Kiel 890. (Leipzig, Fock.) n. 2. —

— **s.: Verhandlungen der 48. Versammlung deutscher Philologen u. Schulmänner.**

— Weltmacht u. Nationalstaat, s.: Ulbricht, Edm.

Hans **Rosenhagen.** Der Maler, Zeichner und Radierer Paul Baum. (Dresden: Galerie E. Arnold [1908].) 20 S. 8° [09. 12783

Rosenhagen, Hans, Handbuch der Kunstgeschichte, s.: Rosenberg, Adf.

Katalog der Sammlung L(ouis) Laroche-Ringwald, Basel. Gemälde neuzeitl. Meister. (Verf.: Hans **Rosenhagen.**) (Berlin: Schulte 1910.) 64 S., 103 Taf. 4° [11. 960

Rosenhagen, Hans, die Kunst in Bremen. Zur Wiedereröffng. d. Bremer Kunsthalle. schmal 8. (16 S.) Bremen 902. C. Hampe. n. — 50
Sonderabdruck aus: „Der Tag".

— **Liebermann,** s.o. Künstler-Monographien.

Liebermann. Von Hans **Rosenhagen.** Mit 115 Abb. nach Gemälden u. Zeichn. *Bielefeld & Leipzig: Velhagen & Klasing 1900.* (104 S.) 4°(8°) [J.]
= **Künstlor-Monographien.** 45. [01. 2482

— Wilhelm Trübner, s.o. Künstler-Monographien. Nr. 98.

— **Wilhelm Trübner. (S. 143—164 m. Abbildgn. u. 6 Taf.) 36×27 cm. München (906). F. Hanfstaengl. 4. —**
Sonderabdruck aus: „Die Kunst unserer Zeit".

Wilhelm Trübner von Hans **Rosenhagen.** Mit 1 Titelbild, 97 Abb. Bielefeld & Leipzig: Velhagen & Klasing 1909. 106 S. 4°(8°)
(Künstler-Monographien. 98.) [09. 16651]]

— s. Uhde, Fritz v., Gemälde.

Rosenhagen, Hans. **Würdigungen.** 87 S. 8. **Berlin, Hermann Nabel, 1902.** [geb. M. 3. —]
Darin: Giovanni Segantini *und* Arnold Böcklin.

Rosenhagen, Heinrich Konrad Zacharias (Hannover)
A. S. 300/1

Observationes variae in articulum 20. Augustanae confessionis de fide et bonis operibus.
Präs. Jakob Wilhelm Feuerlein.
Göttingen (Hager) 1742. S. 153-160.

29259

Festschrift z. 50jähr. Jubelfeier d. Kgl. Bismarck-Gymnasiums zu Pyritz. Verzeichnis ehemaliger Schüler m. statist. Übersichten über d. Abiturienten. Von Prof. Hermann Rosenhagen. Pyritz 1909: Backe. 75 S. 8°

Rosenhagen, J. F., Charakterzüge, letzte Reise, Krankheit und Ende der Königin Luise von Preußen. Nach authentischen Quellen. Berlin 863. H. Müller. 8. (32 S. u. Portr. in Holzschn.) n. 5 ngr.

Rosenhahn, Karl Friedrich

— das rühml. Andenken an die im Kampfe f. d. deutsche Freiheit in d. Schlacht bei Leipzig d. 18. u. 19. Oct. 1813 gefallenen deutschen Krieger. Eine Predigt 2c. 8. Wittenb. 814.

Rosenhahn, Karl Friedrich [Praes.], s. Frotscher, Heinrich Karl: Religio divinitus patefacta utrum et quatenus dici possit hominibus necessaria.

Rosenhahn, Karl Friedrich [Praes.], s. Nauck, Karl Christian: Methodus tractandorum similium.

Rosenhahn, K. F., Verf. e. psycholog. Pastoralklugheitslehre. 2r. gr. 8. Leipz. Crusius. (A. C. W. Vogel.) 804.

ROSENHAIN, Eduard, oder Schwachheiten unsers Jahrzehnds. Leipzig, Jacobäer, 1790. 8°. Sehr selten!

— Dass., s.a. Rosenhayn

Rosenhain, die Familie; oder die Fahrt auf d. Elbe. Mit 1 Titelk. 8. Erfurt, Müller. 811.

v. Rosenham, Friderike, oder die Freier; e. Nachspl. 8. Augsb. 783. v. Jenisch u. St. 3 gr.

Rosenhain, Jacques. Ein Lebensbild, s. Kratt Harveng, Elise.

Rosenhain. Sammlung der besten poet. Scherze, Sinngedichte 2c. 2c. Zittau 870. Horn. 8. (III, 64 S.) n. 5 ngr.

Rosenhain, A., Lederwaarenfabrik und Versandgeschäft: Jll. Katalog. 30. Aufl. Berlin (1891?)

Rosenhain, C. M., die Holz-Cellulose in ihrer geschichtlichen Entwickelung, Fabrikation u. bisherigen Verwendung dargestellt. gr. 8. (28 S.) Berlin 878. Polytechn. Buchh. n 1 20

Rosenhain, Felix, Beiträge zur Kenntniss der Kynurensäurebildung im Thierkörper. Diss. Königsberg i. Pr. 1886. Graefe & Unzer. 8° 29 S.

Rosenhain, Felix [prakt. Arzt in Wormditt]: Beiträge zur Kenntniss der Kynurensäurebildung im Thierkörper ... Königsberg, Hartungsche Buchdr. (1886): 29 S. 8°.
Königsberg, Med. Fak., Inaug.-Diss. v. 7. Aug. 1886.

† Rosenhain, Franziska, (Irene Frieder. Schöpfer,) Akrosticha, od. Kränze d. Liebe u. Freundschaft um Frauen- u. Männer-Namen gewunden. Eine Samml. v. 300 neuen Stammbuchsversen. 1. Aufl. (6 B.) 837., 2., verm. u. verb. Aufl. 16. (7 B.) Quedlinburg 838, Ernst'sche Buchh.

Rosenhain, Franziska, Akrosticha, oder Kränze der Liebe und Freundschaft um Frauen- und Männer-Namen gewunden. Eine Sammlung von 300 neuen Stammbuchsversen. 3. Aufl. 8. Quedlinburg 843. Ernst. 1/3 rf — 4. sehr verb. Aufl. 16. Ebend. 844. 1/3 rf

† Rosenhain, Franziska, (Irene Frieder. Schöpfer,) Akrosticha oder 300 neue Stammbuchs-Verse als Denkmäler der Liebe u. Freundschaft in Stammbücher. Für Confirmanden u. andere Freunde u. Freundinnen mit Auslegung der Taufnamen. 3. Aufl. (6½ B.) 843. u. 4., verb. Aufl. 16. (6 B.) Quedlinburg 846, Ernst'sche Buchh. à

Rosenhain, Franziska, Akrosticha, od. 300 neue Stammbuchs-Verse als Denkmäler der Liebe u. Freundschaft in Stammbücher, wie auch f. Confirmanden 2c. mit Auslegung der Taufnamen. 4. sehr verb. Aufl. 12. (104 S.) Quedlinburg 851, Ernst. 1/3 rf

Rosenhain, Franziska, Akrosticha, oder 300 neue Stammbuchs-Verse als Denkmäler der Liebe und Freundschaft, in Stammbücher 2c. 4. (5.) sehr verb. Aufl. Quedlinburg 856. Ernst. 12. (106 S.) 10 ngr.

Rosenhain, Franziska, Akrosticha oder 300 neue Stammbuch-Verse als Denkmäler der Liebe und Freundschaft in Stammbücher wie auch für Confirmanden und andere Freunde und Freundinnen. Mit Auslegung der Taufnamen. 5. Aufl. 859. — 6. verb. u. verm. Aufl. Quedlinburg 861. Ernst. 16. (110 S.) n. 10 ngr.

Rosenhain, Franziska, Akrosticha oder 300 neue Album-Verse als Denkmäler der Liebe und Freundschaft in Albums oder Stammbücher für Freunde, Freundinnen und Confirmanden. Mit Auslegung der Taufnamen. 6. Aufl. 1862. und 7., verb. und verm. Aufl. 16. (112 S.) Quedlinburg 867, Ernst'sche Buchh. *

Rosenhain, Franziska, Akrosticha od. 300 neue Album-Verse als Denkmäler der Liebe u. Freundschaft in Albums oder Stammbücher f. Freunde, Freundinnen u. Confirmanden. Mit Auslegg. der Taufnamen. 8. verb. u. verm. Aufl. gr. 16. (112 S.) Quedlinburg 874. Ernst. n. 1. —

Rosenhain, Franziska, Akrosticha oder 300 neue Album-Verse als Denkmäler der Liebe und Freundschaft in Albums oder Stammbücher für Freunde, Freundinnen und Confirmanden. Mit Auslegung der Taufnamen. 9. verb. und verm. Aufl. 16. (112 S.) Quedlinburg 877, Ernst'sche Buchh. *

Rosenhain, Franziska, Akrosticha oder 300 neue Album-Verse als Denkmäler der Liebe und Freundschaft in Albums oder Stammbücher für Freunde, Freundinnen und Confirmanden. Mit Auslegung der Taufnamen. 10. verb. Aufl. 12. (120 S.) Quedlinburg 880, Ernst'sche Buchh. *

Rosenhain, Franziska, Akrosticha oder 300 neue Album-Verse als Denkmäler der Liebe und Freundschaft in Albums oder Stammbücher für Freunde, Freundinnen und Confirmanden. Mit Auslegung der Taufnamen. 11. verb. und verm. Aufl. gr. 16. (120 S.) Quedlinburg 886, Ernst'sche Buchh. * 1 —

Rosenhain, Franziska, Akrosticha od. 300 neue Album-Verse als Denkmäler d. Liebe u. Freundschaft in Albums od. Stammbücher f. Freunde, Freundinnen u. Confirmanden. M. Auslegg. d. Taufnamen. 12., verb. Aufl. 8. (120 S.) Halberstadt 895. Leipzig, Ernst. n. 1. —

Rosenhain, Franziska, Album-Verse, Denksprüche u. Widmungen f. Konfirmanden u. liebe Freunde. Mit e. genauen Auslegg. der Taufnamen. 13. verb. Aufl. (120 S.) 8. Leipzig (907). Ernst. 1. —

Rosenhain, Geo., Abhandlgn. üb. d. Functionen zweier Variabler m. 4 Perioden, welche d. Inversen sind d. ultra-elliptischen Integrale erster Klasse, s. a Ostwald's, W., Klassiker d. exakten Wissenschaften.

Abhandlung über die Functionen zweier Variabler mit vier Perioden, welche die Inversen sind der ultra-elliptischen Integrale erster Klasse. Von Georg Rosenhain. Prof zu Breslau (1851). Hrsg v H[einrich] Weber Aus d Französ. Übers. von A. Witting. Leipzig: W. Engelmann 1895 (94 S.) 8°
= Klassiker. Ostwald's, d exakten Wissenschaften. No 65

Cantate, zur Feier der Einweihung des neuen Locals d.·. ▭ z.·. aufgehenden Morgenröthe am 25. T.·. d.·. 8. M.·. 5835 d.·. W.·. L.·. Gedichtet von H[einr.] Schwarzschild, in Musik gesetzt von J[ak.] **Rosenhain.** Frankfurt a. M. [1835]. 2 Bl. 8° [Umschlagtit.]
Ohne Noten: „Brüder! diese Feyerstunde ..."

Rosenhain, Joannes Georgius: Exercitationes analyticae in theorema Abelianum de integralibus functionum algebraicarum. Vratislaviae (1844). (16 S.) 4° *(Vollst. in: Journal f d reine u. angew. Math. [Bd 28. 1844.])*

Breslau, Phil. Fak., Hab.-Schr. v. 29. März 1844

Rosenhain, K. E., der neue Doktor. Schwank m. Gesang in 3 Akten, m. freier Benutzg. e Stoffes aus e. v. Winterfeld'schen Roman. Musik v. Fr. Richter. 8. (62 S.) Landsberg a W. 883. Schaeffer & Co. n 1. —

ROSENHAIN, Dr K. E (ps.?), Rinaldo Sanguinato, das Oberhaupt der neapolitanischen Briganten in den Appenninen oder verhängnißvolle Schicksale italienischer Banditen. Historisch-romantisches Charaktergemälde aus dem Räuberwesen Mittel-Italiens. Nach authent Quellen, Akten und Urkunden wahrheitsgetreu zusammengestellt und in deutscher Sprache verfaßt. Mit 7 fein color Abbildgn. (Lithogr. aus der Anstalt von A Göhde in Löbau). Neusalza. Verlag von Hermann Oeser (Titel mit Fraktur- u. Antiqua-Typen.) O. J (c. 1860?). Gr 8⁰ Br., unbeschn (17½ Ngr)
Vortit. 1 Bl. Inh. Verz., 217 S. Text, 3 unbez. S. Verlag d. Firma.

—— vis-à-vis. Orig.-Schwank in 1 Akt. 8. (26 S.) Landsberg a. d. W. 884, Volger und Klein. *

Rosenhain, Sigism. E., Gedichte. 8. (89 S.) Stuttgart 884. Schröter & Meyer. n. 1. 20

Rosenhain, W., Anfänge [Vorbegriffe] der Geometrie. Eine ausführl. u. gründl. Belehrg. üb. die hierher gehör. Gegenstände f. Lehrer der Jugend u. Selbstlernende. gr. 8. (VIII, 213 S.) Berlin 871. Adolf Cohn. n. 3. --

Rosenhainer, Hermann Otto, aus Eisenach **Verkehrsgeographie** der deutschen Schutzgebiete in Afrika. 1. Deutsch-Ostafrika. *Jena 1904: B. Vopelius.* (69 S.) 8°
Jena, Phil. Diss. v. (24. Juni) 1904

Rosenhainer, O[tto], Dr.: Ergebnisse der meteorologischen Beobachtungen in Ilmenau, Weimar und Jena. (S. 3—22 o. O. u. J.) 4°
Ilmenau, st. R OP 1907 (849)

Rosenhard gen. Glockengiesser, Jakob Wilhelm Christian (Nürnberg) A. S. 292/9

Dissertatio iuridica de eo quod iustum est circa claves et claustra. Präs. Johann Georg Fichtner. Altdorf (Meyer) II. 1726. 40 S.

W. v. Präs., Joh. Maur. Fichtner, Martin Poppe (Opp.), Johann Daniel Geubel (Opp.). 29261

Rosenhauer, Über die in der Umgegend von Erlangen vorkommenden Fische.
Wiss. Mitt. phys.-med. Soc. Erlangen.
Erlangen 1858

Almae literarum Universitati Julio-Maximilianeae Vireeburgensi tertia solemnia saecularia gratulatur Gymnasium Campodunense. — Symbolae ad quaestionem de fontibus libri qui inscribitur De viris illustribus urbis Romae. — Von Dr Hans Rosenhauer, Stdl. — 1882, Campoduni, Jos. Koesel. — S. 3—61⁴.
Progr. Kempten, K. Gymn.

Rosenhauer, M., Gedichte. 8. Schneeberg, Schumann. 12 ℳ

Rosenhauer, M. H., der protestant. Kirche gottesdienstl. Gebäude u. Zeiten, mit Hervorhebung bestehender Uebelstände geschildert. 8. (4¾ B.) Annaberg 846, Rudolph u. Dieterici.

Rosenhauer, Paul

Rosenhauer, P., über Syphilis der Schilddrüse, s.a. Mitteilungen aus den hamburg. Staatskrankenanstalten. IX,4.

Rosenhauer, P(aul), Assist.: Aus d. pathol. Inst. d. allgem. Krankenh. zu St. Georg in Hamburg. ⟨Prosektor Simmonds.⟩ Über Syphilis der Sohilddrüse. Mit 1 Taf. mit 3 Abb. Hamburg & Leipzig: Voss 1909. 13 S. 8° ¶(Aus: Jahrbücher d. Hamburg. Staatskrankenanstalten. Bd 13.)
Leipzig, Med. Diss. v. 15. Febr. 1909, Ref. Marchand
[Geb. 21. Sept. 80 Schönberg b. Plauen i. V; Wohnort: Hamburg; Staatsangeh.: Sachsen; Vorbildung: Realgymn. Leipzig Reife O. 00; Studium: Leipzig 10 S., Coll. 6. März 09; Approb. 20. Jan. 08.] [U 09. 2857

Rosenhauer, Wilh. Glob., Beiträge z. Insekten-Fauna Europa's. 1. Bdchn.; enthalt. die Beschreibung von 60 neuen Käfern aus Bayern, Tyrol, Ungarn etc., sowie die Käfer Tyrols. Mit 1 (Kupfer-) Taf. gr. 8. (XII u. 160 S.) Erlangen 847, Blaesing. n. 1 ℳ

—— Brocosoma und Laricobius, zwei neue Käfergattungen, entdeckt und beschrieben und in Stahl abgebildet. gr. 8. (8 S. und 1 Stahlst.) Erlangen 847, Bläsing. *

Rosenhauer, Wilh. Glob., über die Entwicklung und Fortpflanzung der Clythren und Cryptocephalen, einer Insektengruppe aus der Ordnung der Coleoptera. Mit Abbildungen. gr. 8. (34 S. mit 1 Kpfrt.) Erlangen 852, (Bläsing.) *

Rosenhauer, W. G., die Lauf- u. Schwimmkäfer Erlangens mit Berücksichtigung ihres Vorkommens u. Verhältnisses zu denen einiger and. Staaten Europa's. gr. 4. (5¾ B.) Erlangen 843, Bläsing. *

Rosenhauer, Wilh. Glob., die Thiere Andalusiens nach dem Resultate einer Reise zusammengestellt, nebst den Beschreibungen von 249 neuen oder bis jetzt noch unbeschriebenen Gattungen u. Arten. Mit 3 Kpfrtaf. Erlangen 856. Blaesing. gr. 8. (VIII, 429 S.) n. 2 ℳ.

Rosenhaupt, Heinrich, approb. Arzt aus Frankfurt a. M.: Aus d. Städt. Krankenhaus zu Frankfurt a. M. Med. Abt., Prof. Dr. von Noorden. **Beiträge zur Kenntnis der Meralgie.** *Freiburg i. B.: Speyer & Kaerner 1902.* (28 S.) 8°
Freiburg i. B., Med. Diss. v. 1902

Rosenhaupt, Karl: Die Nürnberg-Fürther **Metallspielwarenindustrie in geschichtlicher und sozialpolitischer Beleuchtung.** Stuttgart 1907: Union. (IV, 219 S.) 8° ¶(= **Münchener volkswirtsch. Studien St. 82.** 1907.)
München, Staatswirtsch. Fak., Ref. Brentano, Diss. v. 12. Dez. 1906
[Geb. 30. Juli 85 Fürth, Bayern; Wohnort: Fürth; Staatsangeh.: Bayern; Vorbildung: Gymn. Fürth Reife Juli 03; Studium: München 1, Genf 1, München 5 S.; Rig. 12. Dez. 06.]

Rosenhaupt, Karl, die Nürnberg-Fürther Metallspielwarenindustrie in geschichtlicher u. sozialpolitischer Beleuchtung, s.a. Studien, Münchener volkswirtschaftliche.

Die Nürnberg-Fürther Metallspielwarenindustrie in geschichtlicher und sozialpolitischer Beleuchtung von Karl **Rosenhaupt**, Dr. d. Staatsw Stuttgart & Berlin: J. G Cotta Nachf. 1907. (X, 219 S.) 8°
= **Studien**, Münchener Volkswirtschaftliche. Stück 82. [07. 3403 3

Schwesternlied für eine Singstimme mit Begleitung des Pianoforte. Von M. Rosenhaupt. Nürnberg: Selbstverl. [ca 1892?].
Recens: Bh. 35 (1892) S. 88 (C. Gotthold).
[KfF. 33 (1893) S. 206.]

Rosenhaupt, M., Uebersetzungen ausgewählter Gebete aus dem Hebräischen ins Deutsche zur häusl. Einübg. f. den israelitischen Religionsunterricht, nebst Anh.: Grammatische Regeln der hebr. Sprache. gr. 8. (IV, 43 u. 9 S.) Nürnberg 888. Korn. n. 1. —; geb. n.n. 1. 20

Rosenhaupt, Wilhelm, a. Fürth i. Bayern: **Über die Einwirkung von Sauerstoff auf Metalle. Über das Verhalten von Metallsulfiden gegen Schwefelkohlenstoff. Fürth i. B.** 1906: Lion. (78 S.) 8°
Erlangen, Phil. Fak., Ref. Fischer, Diss. v. 18. Okt. 1906
[Geb. 7. Juli 84 Fürth; Wohnort: Fürth; Staatsangeh.: Bayern; Vorbildung: Gymn. Fürth Reife 02; Studium: München 5, Erlangen 3 S.; Rig. 24. Juli 06.]

Rosenhayn, Eduard, od. Schwachheiten unsers Jahrhunderts. 8. Leipz. 790. Jacobäer. (Aue in Altona). 18 ℳ

– Dass., s.a. Rosenhain

v. Rosenhayn, A., Bemerkk. üb. d. Tanzen; nebst e. gründl. Anleit. zu d. beliebtesten Tänzen. 12. Kiel 821. Hesse. ...

Rosenhayn, C. H., Betrachtungen am Grabe d. Frankensucht. 8. Berl. N. Soc. Buchh. 814.

Rosenhayn, Christoph Ludwig (Eisleben) A. S. 117/5

Dissertatio inauguralis medica de vomitoriorum usu et abusu. Präs. Johann Friedrich de Pre. Erfurt (Grosch) 25. V. 1719. 16 S.

W. v.: Präs. 29264

Rosenhayn, J. S., üb. die Eigenschaften e. allgemeinen Sprache u. die Unzulänglichkeit d. französischen. 8. 815.

Festlieder zur Feier des fünfzigjährigen Jubiläums der Loge zur aufgehenden Morgenröthe. Gewidmet von Jonas Maas. (Comp. von Jac. Rosenhayn.) [Frankfurt a. M. 1858.] 2 Bl. 8⁰ [Umschlagtit.]
2 Gesänge ohne Noten: 1. D. Maurer. 2. Kampf

Rosenhayn, Jh. Heinrich

Rosenhayn, J. H., die europ. Brodwurzel, eine wohlthätige Entdeck. des 19n Jahrhunderts, mit Kupf. 8. Dresd. Beger. 806.

Rosenhayn, Jh. Hnr., die europ. Brodwurzel, eine wohlthätige Entdeckung d. 19. Jahrh. Mit 1 ill. Kpf. 8. Dresd. 806. (Leipz., Weygand). 4 gr.

— Kursachsens wildwachsende Pflanzen, mit besonderer Rücksicht auf die Gegend um Dresden. 8. Leipz. 805.

— s. K. Sprengel, Nachr. v. d. Ateracha.

Rosenhayn, Ludw., die doppelt italienische Buchführung dargestellt in e. systematischen Lehrgang f. Handelsschulen u. Selbst-Unterricht. Hierzu e. Aufgabenheft. (219 u. 43 S. in 8.) gr. 8. Hamburg 906. C. Boysen. n. 3. —; geb. n. 4. —

Rosenhayn, Ludw., der deutsche Handwerker-Bund u. seine Bestrebungen. Plan zur Förderung der gemeinsamen Arbeiten. (Genehmigt durch die Bundesregierung am 18. Aug. 1879. 8. (46 S.) Hamburg 879. (Boysen.) n. 1. —

Rosenhayn, Ludew., Harvstbläder ut Holstein u Ümgegend. Tau Unnerhollg. för grote Kinner, de Plattdütsch verstahn. Luter wind. Kram. 8. (XII, 312 S.) Hamburg (901). Verlagsanstalt u. Druckerei. n. 3. —; geb. in Leinw. n. 4. —

— Harvstbläder ut Holstein un Umgegend. Tau Unnerhollg. för grote Kinner, de Platdütsch verstahn. Luter wind. Kram. 2. [Titel-]Aufl. (XII, 312 S.) 8. Ebd. [901] 906. n. 1. 50; geb. in Leinw. n. 2. —

Harvstbläder ut Holstein un Ümgegend. Tau Unnerhollung f. grote Kinner, de Platdütsch verstahn. Luter windigen Kram von Ludewig Rosenhayn. 2. [Titel-]Aufl. Hamburg: C. Boysen 1906. (XI, 312 S.) 8° [F.] [07.46089

Rosenhayn, Ludw., Rechenbuch für Schule u. Haus. 2 Thle. Hamburg 870. O. Meißner. 8. [1. (104 S.) n. 6 ngr. — 2. (160 S.) n. 10 ngr.] n. 16 ngr.

Rosenhayn, Max, Gedichte. 8. (18 B.) Königsberg 837, Bon.

Rosenheim [Sachl. OW]

Rosenheim. Berge u. Vorland. Hrsg. v. der Sektion Rosenheim des deutschen u. österreich. Alpenvereins 8. (174 S. m. Abbildgn., 1 Plan u. 2 Karten.) Rosenheim (902). (R. Bensegger.) n.n. 1. 50

ROSENHEIM SEIN ALPENVORLAND UND SEINE BERGE. Im Auftrage der Sektion Rosenheim von Mitgliedern derselben verfasst und der XIII. Generalversammlung des D. und Oe. Alpenvereins gewidmet. Mit einer neuen und alten Abbildung Rosenheims, einem Stadtplane, einem Kärtchen der Umgegend und einem Gebirgspanorama. Rosenheim, 1886. R. Bensegger. 8°.

Rosenheim, sein Alpenvorland u. seine Berge. Im Auftrage der Sektion Rosenheim v. Mitgliedern derselben verf. u. der XIII. Generalversammlg. d. D. u. Oe. Alpenvereins gewidmet. Mit e. neuen u. alten Abbildg. Rosenheims, 1 Stadtplane, 1 Kärtchen der Umgegend u. 1 Gebirgspanorama. 8. (IV, 190 S.) Rosenheim 886. (Huber.) n. 1. 50

Rosenheim u. seiner Linna Geschichte, (von A. F. Geisler d. jüng.) 8. Rostock 782. Stiller. 16 gr.

Rosenheim, Karl, und Sophie Wagenthal oder Beiträge zur Erkenntniss des menschlichen Herzens in Briefen. Meissen 1790. V: *Schirlitz, Carl Christoph.* (Ky) »1789« (MGT)

— Carl und Sophie Wagenthal, auch ein Beytrag zur Kenntniß des Menschenherzens, mit 1 Kupf. 8. Meissen, 790. Erbstein. 25 sgl.

Rosenheim, Karl, u. Sophie Wagenthal, od. Beitrr. z. Erkenntniß des menschl. Herzens, in Briefen, (von Karl Cph. Schirlitz). 8. Meißen 790. (Goedsche). 20 gr.

Rosenheim, unser liebliches. M. Versen u. Bildern f. Kinderlein. 4. (10 S. m. Abb. u. 2 ausgestanzten Taf.) Konstanz 895. C. Hirsch. Kart. 1. 50

Rosenheim [Schlagwort]

— s. a.: Bayern. Karte. — Deutschland. Karte (Abt. Bayern).

Rosenheim. Brunn's, Osc., Spezialkarte, umfassend das Gebiet von Rosenheim nördl. bis südl. Mittersill im Oberpinzgau, westl. die Schlierseeberge das Zillertal, östl. Stuhlfelden. 1 : 100,000. 71,5×54,5 cm. Farbdr. München (909). O. Brunn. 2. 50

Rosenheim [Verfasser]

Rosenheim, Arthur [aus New-York]: Über Vanadinwolframsäure. Ein Beitrag zur Kenntnis der complexen anorganischen Säuren. ... Berlin, Buchdr. v. Gustav Schade (Otto Francke) (1888); 58 S. + 1 Bl. 8°
Berlin, Phil. Fak., Inaug.-Diss. v. 24. Nov. 1888

Rosenheim, Arth., u. Ivan Koppel, ein Verfahren zur Registrierung anorganischer Stoffe, s.: Zeitschrift für anorganische Chemie.

Rosenheim, *Otto* [aus Würzburg]: Über die Oxydation von p-Oxychinolin ... Würzburg, Becker's Univ.-Buchdr., 1893; 47 S., 1 Tab. 8.
Würzburg, Phil. Fak., Inaug.-Diss. v. 1893

Rosenheim, Theodor

Rosenheim, Th., üb. einige neuere Behandlungsmethoden chronischer Krankheiten des Magens u. Darms, s.: Klinik, Berliner.

Rosenheim, Th., allgemeine Diätotherapie. [Aus: „Lehrb. d. allg. Therapie".] gr. 8. (IV u. S. 425—520.) Wien 898. Urban & Schwarzenberg. n. 2. 50

Rosenheim, Th., die Erkrankungen der Flexura sigmoidea, s.o. Sammlung zwangloser Abhandlungen aus dem Gebiete der Verdauungs- u. Stoffwechsel-Krankheiten.

Die Erkrankungen der Flexura sigmoidea. Von Prof. Dr. Th[eodor] **Rosenheim,** Berlin. Halle a. S.: Marhold 1910. 78 S. 8°
(Sammlung zwangloser Abhandlungen aus d. Geb. d. Verdauungs- u. Stoffwechsel- Krankheiten. Bd 2, H. 6.) [10. 9444 3

Rosenheim, Dr. Th., Krankheiten des Verdauungsapparats. I. Theil: Krankheiten der Speiseröhre und des Magens. Mit Illustrationen. (Gr.-8. (VIII, 336 S.) 4.80
Wien: Urban & Schwarzenberg 1891.

Rosenheim, Th., über d. Neurosen d. Oesophagus. [Aus: „Allg. med. Centralzeitg."] gr. 8. (16 S.) Berlin 895. O. Coblentz. n. 1. —

— Pathologie u. Therapie der Krankheiten des Verdauungsapparates m. besond. Berücksicht. der Diätetik. 1. u. 2. Thl. Lex.-8. Wien, Urban & Schwarzenberg. n. 22. —
1. Krankheiten der Speiseröhre u. d. Magens. (VIII, 336 S. m. Abbildgn.) 891. n. 8. —
2. Pathologie u. Therapie der Krankheiten des Darms. (VIII, 631 S. m. Abbildgn.) 893. n. 14. —

— Pathologie u. Therapie d. Krankheiten d. Verdauungsapparates m. bes. Berücksicht. d. Diätetik. 1. Tl. Krankheiten d. Speiseröhre u. d. Magens einschliessl. d. Gastroskopie u. Oesophagoskopie. 2., gänzl. umgearb. u. erweit. Aufl. 2 Hälften. gr. 8. (VII, 603 S. m. Holzschn.) Wien 896. Urban & Schwarzenberg. à n. 7. —; in 1 Bd. geb. n. 16. —

Rosenheim, Th., allgemeine Therapie der Krankheiten der Verdauungsorgane. Mit 34 Holzschn. — Klemperer, G., allgem. Therapie der Stoffwechselstörungen. gr. 8. (IV u. S. 303—416.) Wien 899. Urban & Schwarzenberg. n. 3. —
Sonderabdruck aus: „Lehrb. d. allgem. Therapie".

Rosenheim, Theod. (geb. Bromberg 3. 9. 1860): Experimentelle Untersuchung der unter dem Namen „Sehnenphänomene" bekannten Erscheinungen. Berlin 1884. (18 S.) 8° * Aus: Archiv f. Psychiatrie u. Nervenkrankheiten Bd 15. 1884.
Berlin, Med. Diss. v. 2. Febr. 1884

Rosenheimer, S., das Frauenturnen, s.: Bilder, lebende, für Turnvereine.

Rosenhein, C., s. Rosenhain, C. M.

Rosenheyn, Johann Stephan

Rosenheyn, J. S. Von der den öffentl. Schulen gebührenden Achtung. 13 S.
Progr. Lyk 1828

Rosenheyn, Jh. Steph., poetische Blätter. 8. Posen 809. Kühn; (a. Centr.-Compt. in Leipz.) 1 Thlr

Rosenheyn, J. S. Commentariolus particulae non modo pro non modo non positae. 15 S. . . . .
Lyk, Progr. 1825

— üb. die Eigenschaften einer allgem. Sprache u. die Unzulänglichkeit d. französ. 8. Königsb. 815. N. Aufl. unt. folg. Tit.: Würde d. deutschen Sprache, ausgeführt gegen die Anmaßung der französ. 8. Berl. 817. (Sander). 1 Thlr

Rosenheyn, J. S. Entlassungsrede. S. oben S. 23. . . . .
Lyk, Progr. 1828

— Gedanken üb. ein latein. Lesebuch, zugleich als Vorrede zu d. meinigen. 8. Königsb. 810. Unzer. 4 gr

— Gedichte. 8. Leipz. 804. Rein. 1 Thlr 12 gr

Rosenheyn, (J. S.) Preußische Hand-Fibel f. den allerersten Unterricht im Lesen, Rechnen, Zeichnen u. Schreiben. gr. 8. Königsberg 824, Unzer. Rthlr.

— preuß. Hand-Fibel f. d. allerersten Unterricht im Lesen, Rechnen, Zeichnen u. Schreiben. gr. 8. Königsb. 827. Unzer. 3 gr
Dass. Buch in gr. Fol. A. u. d. T.: preuß. Wand-Fibel zum Lautiren, Lesen ꝛc. Ebd. 823. 14 gr

— Horaz Werke.

— allgem. Kinderbuch. Mit 2 Steintaf. 8. Königsb. 824. Unzer. 20 gr

— doppelter Cursus grammat. Uebungen z. Uebersetz. ins Latein., aus Florus, Plinius maj., Sallust u. Vellejus, nach Bröders großer Grammatik geordnet, nebst 3 Beilagen. 8. Königsb. 808. Unzer. 18 gr

— lectionum Vellejanarum specimen. 4. Berl. 810. Maurers B. 4 gr

Rosenheyn's, J. S., Lateinisches Lesebuch nebst Wörterbuch. Drey Cursus. Königsberg 810. 8. 1 rthl. 2 gr. Das Wörterbuch allein 8 gr.

Rosenheyn, J. S. Über die Onomatopöie. Lyck, G., 1834. 31 S. 4. Progr.

Rosenheyn, Joh. Steph., über d. deutschen Unterricht in d. Gymnasien. Nebst e. Beleuchtung des in d. Schrift „Berlin, wie es ist," den Gymnasien gemacht. Vorwurfes d. Vernachlässigung d. Muttersprache. 8. (10 B.) Königsberg 832, Unzer.

— drei Vergißmeinnicht in d. Kranz am 3. Aug. 1808. 8. Marienwerder 808.

— Preußische Wand-Fibel zum Lautiren, Lesen ꝛc. Königsb. 824, Unzer.

Rosenheyn, J. S. Ueber die Wortarten. Lyk, G., 1839. 35 S. 4. Progr.

— Wörterbuch üb. alle 3 Cursen d. latein. Lesebuchs. gr. 8. Königsb. 810. Unzer. 8 gr

Rosenheyn, J. St., Würde der deutschen Sprache gegen die Anmassung der französischen. Berlin 1815 (1918.) 8.

Rosenheyn, Dr. J. S., Würde der deutschen Sprache, ausgeführt gegen die Anmaßung der französischen. N. Aufl. 8. Berlin, Flittner. 817.

Rosenheyn, Max, John, der kleine Seefahrer aus Danzig. Eine unterhalt. u. lehrr. Erzählung f. Knaben v. 8—12 Jahren. 16. (8¼ B. u. 9 ill. Bild.) Berlin 846, Winckelmann u. Söhne.

Rosenheyn, Max., die Marienburg, s.: Weber's illustr. Reisebibliothek.

Rosenheyn, M. Die Marienburg, das Haupthaus der deutschen Ordensritter. (192) 8. M. Abb. u. 1 Pl. Leipzig 1858. 2,00.

— Reise-Skizzen aus Ost- und West-Preußen. 2 Bde. Danzig 858. Kafemann. 8. (2 Bl., 187; 3 Bl., 137 S.) 24 ngr

Rosenheyn, Max, der Schiffsjunge, s.: Schmidt's, Ferd., deutsche Jugendbibliothek.

Rosenheyn, Max, der Schiffsjunge oder die Schule des Lebens. Eine Erzählung Leipzig 867. Waldow. gr. 16. (III, 115 S. mit 1 Holzschntaf. in Tondr.) cart. n. 12½ ngr

—— T. Tasso u. Rosaura Piretti. Drama in 5 Akten. gr. 8. ($6\frac{1}{2}$ B.) Marienwerder 842, Baumann. —

Rosenhof, Claudius, der große Komet, oder: Ist es möglich und wahrscheinlich, daß die Erde am 13. Juni 1857 untergehen wird? Nach der 3. Aufl. des dänischen Orig. frei übertr. u. erweitert von G. F. v. Jenssen-Tusch. Altona 857. Verlagsbüreau. gr. 8. (16 S.) n. 4 ngr.

Rosenhof, Rösel von, s. Rösel v. Rosenhof.

Rosenjahrbuch. Hrsg. unter Mitwirkung der bedeutendsten Rosisten Deutschlands, Oesterreichs und Luxemburgs von Friedr. Schneider II. 1. Jahrg. 1883. gr. 8. (VIII, 239 S. mit 17 in den Text gedr. Holzschn.) Berlin, Parey. cart. *

Nicht weiter erschienen.

Rosenick, Alfred, Ueber die Arbeitsleistung beim Steinkohlenbergbau in Preussen. Eine Studie aus der Betriebsgeschichte eines kapitalistischen Unternehmungszweiges. 8°. Stuttgart, J. G. Cotta Nachf., 1906. (Münchener volkswirtsch. Studien, 75.)

Rosenjahrbuch. Herausg. unter Mitwirkung der bedeutendsten Rosisten Deutschlands. Oesterreichs und Luxemburgs von Friedr Schneider II Jhg. I 1883. Mit in den Text gedr. Holzschn. Berlin. gr 8.

Nicht mehr erschienen.

Rosénius, C. O., Geheimnisse im Gesetz und Evangelium. Aus dem Schwed. von Chr. Bau. 2 Bde. gr. 8. (624; 695 S.) Christiansfeld 877. (Berlin, Beck's Verlag.) *

Rosénius, C. O., Geheimnisse im Gesetz u. Evangelium. Aus dem Schwed. von Chr. Bau. (In ca. 25 Hftn.) 1. Hft. gr. 8. (48 S.) Christiansfeld 877. (Berlin, Beck.) n. — 30

Rosénius, C. O., Geheimnisse im Gesetz u. Evangelium, aus dem Schwed. v. Chr. Bau. 2 Thle. 2.—4. Taus. [Titel-Ausg.] 8. (624 u. 695 S. m. Bildnis.) Flensburg [877.] (900). Th. Kordt. Geb. in Halbfrz. n. 4.—

— tägliches Seelenbrod. Betrachtungen f. jeden Tag d. Jahres, gesammelt aus den Schriften des R. Aus dem Schwed. v. Chr. Bau. 2.—4. Taus. [Titel-Ausg.] gr. 8. (742 S. m. Bildn.) Ebd. [879.] (900). Geb. in Leinw. n. 3.—

Rosenius, M. G., die Bedeutung der Seelsorge u. ihre damit gegebene Begrenzung. gr. 8. (VII, 211 S.) Stockholm 880. (Leipzig, Böhme.) n. 1. 20

Rosenknopf, Baruch, aus Witebsk (Rußland): Beitrag zur Kenntnis der Benzoylcumarone. Zürich, Gebr. Leemann & Co., 1911. 28 S. 8°. [12. XII. 10.]

Bern. Phil. Diss. 1910/11.

Rosen-Knospen. Nr. 1—20. 8. Bremen, Buchh. u. Verlag des Traktathauses. n. 3. 50

Adolfi, Herm., stille Nacht, heilige Nacht. Eine Erzählg. f. die liebe Jugend. (16 S.) (905). (Nr. 20.) — 10
Bendixen, J. Chr., der kleine Benny. Eine Erzählg. f. die Jugend. (16 S.) (903.) (Nr. 5.) — 15
Bernlocher, M., wie der kleine Joseph seinen Vater fand. Aus dem Engl. (16 S.) (904.) (Nr. 11.) — 10
Blümcke, Ludw., der alte Einsiedler. Ein rettender Junge. 2 Erzählgn. f. die liebe Jugend. (16 S.) (905.) (Nr. 18.) — 10
— der wiedergefundene Schatz. Auf der Bahn des Verderbens. 2 Erzählgn. f. die liebe Jugend. (16 S.) (905.) (Nr. 19.) — 10
Donald, der treue. Eine Erzählg. f. die Jugend von M. v. P. (16 S.) (903.) (Nr. 2.) — 10
Guastavino, E., Nora u. Andreas od. Die zwei Waisenkinder. Eine Erzählg. f. die Jugend. Frei nach dem Engl. (48 S.) (903.) (Nr. 4.) — 25
Himmelmann, Luise, Dolly Forsters Weihnachtskind. Eine Erzählg. f. die liebe Jugend. (16 S.) (904.) (Nr. 12.) — 10
— eine liebe Last. Eine Erzählg. f. die Jugend. (16 S.) (906.) (Nr. 16.) — 10
Kind, e., der Großstadt von M. v. P., nebst einigen anderen Geschichten f. unsere liebe Jugend. (32 S.) (903.) (Nr. 3.) — 20
Kinder, der, Liebeswerk. Eine Erzählg. f. die Jugend. (16 S.) (903.) (Nr. 1.) — 10
Panitza, M. v., die Betglocke. Aus dem mecklenburg. Landleben. (48 S.) (904.) (Nr. 10.) — 25
— Glücksgüter. Erzählung f. alt u. jung. (56 S. m. Titelbild.) (905.) (Nr. 15.) — 30
— die neue Hausdame. Erzählung f. die liebe Jugend. (31 S.) (905.) (Nr. 14.) — 20
— ich will's versuchen. Erzählung f. die liebe Jugend. (32 S.) (905.) (Nr. 13.) — 20
Pierre à Peny, der Rettungsfels. Ein Weihnachtsfest im Walde zur Zeit der Dragonaden. Dem Franz. nacherzählt v. E. M. A. (32 S.) (903.) (Nr. 7.) — 20
Rieker, Ph., Jack u. ich. Eine Erzählg. f. die liebe Jugend. Dem Engl. nacherzählt. (48 S.) (905.) (Nr. 17.) — 25
Steen, A., die goldene Straße. Dem Engl. nacherzählt. (48 S.) (903.) (Nr. 6.) — 25
Wie es kam, daß Otto e. Held wurde. Eine Erzählg. von M. v. P. (16 S.) (903.) (Nr. 9.) — 10
Wunder der Jetztzeit. Thatsachen nacherzählt von M. v. P. (24 S.) (903.) (Nr. 8.) — 15

Rosen-Knospen. Nr. 21—24. 8. Bremen, Buchh. u. Verlag des Traktathauses. 1. 05

Penitza, M. v., auf einsamer Straße. Erzählung f. groß u. klein. (32 S.) (908.) (Nr. 22.) — 20
Steen, A., höher hinauf! Dem Engl. nacherzählt. (52 S.) (908.) (Nr. 23.) — 30
Wie Gott die Seinen führt. Erzählung f. die liebe Jugend von E. v. W. (64 S.) (908.) (Nr. 24.) — 35
Winterfeld, E. v., Gott verläßt die Seinen nicht. Eine Erzählg. f. die liebe Jugend. (32 S.) (908.) (Nr. 21.) — 20

Rosenknospen auf alle Tage des Jahres. Eine Gabe für Gemüt, Geist und Herz. Posen 1835. V: *Förster, Wilh. Adolph Ferdinand.* (GGr) (Nowack, Schles. Schriftst.-Lex. Breslau 1836—43. I, 42.)

Rosenkrantz, s.a. Rosenkranz

Rosenkrantz Unseres HErrn Jesu Christi Und Gütigsten Erlösers, Zur Gedächtnuß deß Ursprung von Camalduli benannt. Clagenfurt, Kleinmayr, 1753. 32 S.

Rosenkrantz, Chr., Denkmal d. Bayer. Staende-Versamml. 1831, s. Schreyer, K. J.

Rosenkrantz, Palle

— Der Marquis v. Carabas. Ein heiterer Roman. (Autoris. Übersetzg. aus dem Dän. v. Fr. Bernhd. Müller.) (VI, 353 S.) 8. Ebd. 908. 4.—; geb. in Leinw. n 4. 50

Rosenkrantz, Palle, das Geheimnis des Waldsees. (Autoris. Uebersetzg. v. Mathilde Mann.) (246 S.) 8. Stuttgart 905. A. Juncker. n. 2. 50

Rosenkrantz, Baron Palle, der rote Hahn. Roman. (Übersetzung aus dem Dän. v. Ida Jacob-Anders.) (247 S.) 8. Leipzig 910. F. W. Grunow. 3.—; geb. in Leinw. 4. —

— Gräfin Polly, s.: Engelhorn's allgemeine Roman-Bibliothek.

Rosenkrantz, Wilh., die Aufgabe der deutschen Philosophie nach dem gegenwärt. Stande der Wissenschaft. Eine Inaugural-Dissertation. 8. ($2\frac{3}{4}$ B.) München 845, Fleischmann. -

Rosenkrantz, Wilh., Handbuch über das Pflegschaftswesen in Bayern, s. Zeitschrift für Gesetzgebung und Rechtspflege des Königr. Bayern.

Rosenkrantz. Dr. Wilh. (geh. Sekretär im k. b. Justizministerium), Handbuch über das *Pflegschaftswesen in Bayern diesseits d. Rheins*, u. Darstellung d. Beaufsichtigung d. kuratelamtl. Thätigkeit d. Untergerichte durch das Institut d. Pflegschaftstabellen, in Verbindung m. d. einschlägigen Normen üb. d. Behandlung d. Pflegschaftswesens, zunächst z. Gebrauche f. d. Gerichte bearb. (Beilagen-Heft zum VII. Bde. der „Zeitschrift f. Gesetzgeb. u. Rechtspflege d. Kgrs. Bayern.") Erlangen, Palm u. Enke, 1860. Gr. 8°. Hsrsb.
X—303 S.

Rosenkrantz, W., Die Platonische Ideenlehre u. ihre Kritik u. Umgestaltung durch Aristoteles. S.-A. 1868. 69 S.

Rosenkranz, Wilh., die Platonische Ideenlehre u. ihre Kritik u. Umgestaltung durch Aristoteles, dargestellt nach den Quellen u. erläutert aus dem durch die neue Philosophie gewonnenen Geistespunkte. [Aus d. Verf. „Wissenschaft des Wissens."] Mainz 869. Kirchheim. gr. 8. (69 S.) 7½ ngr.

— die Lehre von der Anrechnung unverschuldet erlittener Haft als Strafe nach bayerischem Strafrecht. [Aus: Zeitschrift für Gesetzgebung u. Rechtspflege des Königr. Bayern.] Erlangen 866. Palm & Enke. gr. 8. (IV, 101 S.) n. 16 ngr.

Rosenkranz, Wilh., Prinzipienlehre. 1. u. 2. Thl. gr. 8. München 874. 75. Th. Ackermann. à n. 3. —
1. Die Prinzipien der Theologie nebst Einleitung üb. die Prinzipienlehre im Allgemeinen. (X, 186 S.)
2. Die Prinzipien der Naturwissenschaft. (XI, 220 S.)

— die Wissenschaft des Wissens und Begründung der besonderen Wissenschaften durch die allgemeine Wissenschaft, eine Fortbildung der deutschen Philosophie mit besond. Rücksicht auf Plato, Aristoteles und die Scholastik des Mittelalters. (In 2 Bdn.) 1 Bd. gr. 8. (XXVIII und 479 S.) München 866. [Mainz, Kirchheim.] *

— die Wissenschaft des Wissens und Begründung der besonderen Wissenschaften durch die allgemeine Wissenschaft, eine Fortbildung der deutschen Philosophie mit besond. Rücksicht auf Plato, Aristoteles und die Scholastik des Mittelalters. 1. Bd. 2. (Titel-)Ausg., und 2. Bd. gr. 8. (XXVIII, 479; XII, 375 S.) Mainz 869, Kirchheim. à Bd. * M 5,25. *

Rosen-Kranz, Der. Ein tragikomisches Gedicht in Lafontaines Geschmack. Madrid [= Berlin] 1795. 1799. V: *Zimmermann, C. W.* (BGE VII², 541)

Rosenkranz, der, ein tragikom. Gedicht. 8. Berlin, Belitz. (Vieweg.) 795.

Rosenkranz, Der. Ein tragikomisches Gedicht ... Berlin 1798. V: *Zimmermann, C. W.* (BGE) (Wr) (GGr)

Rosenkranz, der, od. das Leben e. Wanderung zur Ewigkeit. Eine zeitgemäße Erzählg. zur Befestigg. religiöser u. rechtl. Gesinnungn. 2. Aufl. Mit e. Stahlst. 8. (194 S.) Regensburg 886. Verlags-Anstalt. 1. 50

Rosenkranz, der. Illustr. Monatsschrift f. alle Verehrer der allerseligsten Jungfrau Maria. (Fortsetzung v. „Maria Kevelaer u. Muttergottesrosen".) Hrsg. v. Leonz Niderberger. 1. u. 2. Jahrg. Septbr. 1893—Aug. 1895. à 12 Hfte. (Bog.) gr. 8. M.-Gladbach, A. Riffarth. à Jahrg. n. 1. 20

Rosenkranz, der. Illustr. Monatsschrift f. alle Verehrer der allerseligsten Jungfrau Maria. Hrsg. v. Leonz Niderberger. 3.—5. Jahrg. Oktbr. 1895—Septbr. 1898. à 12 Hfte. (à ca. 24 S.) gr. 8. M.-Gladbach. Limburg, Limburger Vereins-Druckerei. à Jahrg. 1. 20

— dasselbe. Hrsg. v. d. Kongregation der Pallottiner. 6. Jahrg. Oktbr. 1898—Septbr. 1899. 12 Hfte. (à ca. 24 S. m. Abb.) gr. 8. Limburg, Limburger Vereinsdruckerei. 1. 20

Rosenkranz, der. Illustrierte Zeitschrift f. alle Verehrer der allerseligsten Jungfrau Maria. Red. v. Leonz Niderberger. 7.—9. Jahrg. 1900—1902. à 12 Hfte. gr. 8. (à ca. 24 S.) Limburg, Kongregation der Pallottiner. à Jahrg. 1. 20

Rosenkranz, der. Illustr. Monatsschrift zu Ehren der allerseligsten Jungfrau Maria. Red.: Leonz Niderberger. 10.—14. Jahrg. Oktbr. 1902—Septbr. 1907. à 12 Hefte. (à Jahrg. IV, 288 S.) gr. 8. Limburg, Kongregation der Pallottiner. à Jhrg. n. 1. 20

Rosenkranz, der. Illustr. Monatsschrift zu Ehren der allerseligsten Jungfrau Maria. Red.: Leonz Niderberger. 15.—18. Jahrg. Oktbr. 1907—Septbr. 1911. à 12 Hefte. (à ca. 32 S.) 8. Limburg, Kongregation der Pallottiner. à Jahrg. 1. 20

— der betrachtete. Von e. Priester d. Diözese Speyer. 16. (64 S. m. Bild.) Regensburg 898. F. Pustet. — 20

— biblischer, ein Volksgebet. 8. Andernach 803. Lassaulx. 4 gr

Rosenkranz, Der, in Bildern von Johannes Klein, mit erklärenden Texten. 32. (40 S. mit 19 Illustrationen.) Cart. —.12
Wien: St. Norbertus 1896.

Rosenkranz, das Büchlein vom, u. d. engl. Gruß rc. 16. Wien 829. Sollinger. 2 gr

Rosenkranz zu Ehren des kostbaren Blutes. 16. (15 S.) Dillingen 852, Förderer. 1 ngr.

— zu Ehren d. unbefleckten Empfängniß Mariä. Gebetszettel. 12. (2 S.) Nördlingen 895. Th. Reischle. n. — 02

— freudenreicher. 15 Geheimnisse u. Gebete. 16. (16 Blatt.) Aachen 898. J. Schweitzer. 12 Päckchen 1. 20

— der, mit seinen Gnadenschätzen u. die Art u. Weise denselben zu beten. Von einem Priester der Diözese Paderborn. gr. 16. (29 S.) Paderborn 852, Schöningh. ¼ ngr.

— der heilige, od.: Das Gebeth d. freudenreichen, schmerzhaften u. glorreichen Geheimnisse d. Heilandes u. d. seligsten Jungfrau Maria. Ein Gebeth-, Betrachtungs- u. Erbauungs-Buch f. alle andächt. Christen. 8. (5 B. u. Titkpfr.) Linz 837, (Haslinger.)

Rosenkranz, der heilige. Eine Maiandacht in 32 Betrachtungen, nebst einem Anhang von einigen Liedern. Von einem Priester der Breslauer Diöcese österr. Antheils. gr. 16. (VII, 224 S. m. 1 Stahlst.) Innsbruck 877. F. Rauch. 1. —

— d. heil. E. Büchlein f. d. Jugend v. e. Seelsorger u. e. Lehrer. 16. (62 S. m. Abb.) Dülmen 897. A. Laumann. — 15

— der heilige, zu Ehren der allersel. Jungfrau Maria. In seiner Bedeutung u. Wirksamkeit dargestellt, sowie mit Gebeten u. Betrachtungen erläut. von einem Priester der Diöcese Paderborn. Nebst einem Anhang: über die Generalbeichte u. den Ablaß. 12. (140 S. m. 1 Holzschn.) Münster 847, Theissing. 4 ngr.

— der heilige, das schönste u. heiligendste Gebet. Ein Lehr- u. Erbauungsbuch, bestehend aus einem umfassenden Unterrichte über das Gebet rc., zunächst für die Mitglieder des lebendigen Rosenkranzes rc. Beigefügt sind die gewöhnlichsten Gebete u. Andachtsübungen rc. Von einem kathol. Geistlichen der Erzdiözese Köln. 12. (VIII u. 400 S. m. 1 Stahlst.) Düsseldorf 852, Engels & Lensch in Comm. n. ¼ ₰

Rosenkranz, der heilige, das schönste und heiligendste Gebet. Ein Lehr- u. Erbauungsbuch, bestehend aus einem umfassenden Unterrichte über das Gebet, einer gründlichen Anleitung zum Betrachten rc. Beigefügt sind die gewöhnlichen Gebete und Andachtsübungen, sowie auch ausführliche Unterweisungen über das h. Meßopfer rc. Von einem kathol. Geistlichen der Erzdiöc. Köln. 2. verm. Aufl. Köln 856. Schwann. 12. (VIII, 439 S. u. 1 Stahlst.) 10 ngr.; Velinp: 12½ ngr.

Rosenkranz, der heilige, das schönste und heiligendste Gebet. Ein Lehr- u. Erbauungsbuch, bestehend aus einem umfassenden Unterrichte über das Gebet, einer gründlichen Anleitung zum Betrachten ꝛc., zunächst für die Mitglieder des lebendigen Rosenkranzes ꝛc. Beigefügt sind die gewöhnlichen Gebete und Andachtsübungen, sowie auch ausführliche Unterweisungen über das heil. Meßopfer ꝛc. Von einem katholischen Geistlichen der Erzdiöcese Köln. 3. verm. Aufl. Cöln 860. Schwann. 12. (VII, 424 S. u. 1 Stahlst.) 12½ ngr.

— der heilige, zum Gebrauche für Haus und Kirche. Coesfeld 860. Wittneven. 12. (59 S.) n. 2 ngr.

* Hermetischer Rosenkranz, das ist vier schöne anserlesene chymische Tractätlein; allen Liebhabern dieser edlen Kunst zum besten aus dem lateinischen ins teutsche übersetzt und nun zum zweytenmal in Druck gegeben. Franckfurt am Mayn, bey Johann Friedrich Fleischer, 1747. pp. 112, 16mo.

— der hochheil., betrachtet u. gebetet vor Jesus im heil. Altarssakramente. (Von Gerard Beccaro.) Aus dem span., v. Papst Leo XIII. gesegneten Originale übers. v. Phil. Seeböck, O. F. M. gr. 16. (87 S. m. farb. Abb.) Straubing (902). M. Hirmer. Geb. in Leinw. m. Goldschn. n. 1.50

Rosenkranz, der hochheilige, zu Ehren des heiligsten Herzens Jesu. 16. (16 S.) Dülmen 884. Laumann. n. — 6

Rosenkranz, der hochheilige, u. die Erzbruderschaft desselben. Ein Hülfsbüchlein zu Nutz u. Frommen der Mitglieder dieser Bruderschaft nebst kurzen Betrachtgn. der Geheimnisse. Von e. Priester der Diöcese Paderborn. 16. (76 S.) Münster 874. Nasse. n. — 25

Rosenkranz, Karl, s.: Quäbicker, R.

Rosenkranz und Communion. 2. Aufl. Wien 1895. V: *Prohaska, Hubert.* (EH)

— der lebendige, ein vor Gott besonders wohlgefälliges und wirksames gemeinschaftliches Gebet. 8. Stadtamhof 838. (Regensburg, Manz.) 1/8 ₰ — 8e Aufl. gr. 12. Ebd. 840. (Regensburg, Montag u. Weiß; Eleska.) 1/12 ₰ — 9e verm. Aufl. 12. Ebd. 840. (Ebd.) 1/8 ₰

— der lebendige, e. vor Gott besond. wohlgefäll. u. wirksames gemeinschaftl. Gebet. Nebst e. Anh. v. Morgen-, Abend-, Meß-, Beicht-, Kommunion- u. verschied. and. trostr. u. nützl. Gebeten. 1. Aufl. 8. (3½ B.) 838. ⅛ Thlr., 2—7. A. ..., 8. A. gr. 12. (2½ B.) 840. 1/12 Thlr., 9., verm. A. 12. (6 B.) 840. ⅛ Thlr. u. 10., verm. A. (Von M. Sintzel.) 12. (7½ B. u. Ttlbild.) Stadtamhof 841. (Regensburg, Manz.)

Rosenkranz, Der lebendige, ... oder gemeinsames Gebet. 10. Aufl. Einsiedeln 1841. V: *Sintzel, Joh. Mich.* (Th)

Rosenkranz, der lebendige. Ein vor Gott besonders wohlgefälliges u. wirksames gemeinschaftl. Gebet. Nebst e. Anhange ꝛc. 11. Aufl. (7½ B. u. Ttlbld.) u. 12—15., verm. Aufl. 12. (à 8 B.) Stadtamhof 842—47. Regensburg, Manz. à

— der lebendige. Ein vor Gott besonders wohlgefälliges und wirksames gemeinschaftl. Gebet. Nebst einem Anhange von Morgen-, Abend-, Meß- ꝛc. Andachten. 18., verm. Orig.-Ausg. 12. (254 S. mit Ttlkpfr. und Vign. in Holzschn.) Regensburg 851, Manz.

— der lebendige. Ein vor Gott besonders wohlgefälliges und wirksames gemeinschaftliches Gebet. Nebst einem Anhange von Morgen-, Abend-, Meß-Andachten ꝛc. 19. sehr verm. Orig.-Ausg. Mit Titelkpfr. u. Vign. (in Holzschn.) Regensburg 854. Manz. 12. (254 S.) 5 ngr.

— der lebendige. Ein vor Gott besonders wohlgefälliges und wirksames gemeinschaftliches Gebet. Nebst einem Anh. von Morgen-, Abend-, Meß- ꝛc. Andachten. 21., sehr verm. Orig.-Ausg. Mit Titelkpfr. und Vignetten (in Holzschn.). Regensburg 859. Manz. 12. (254 S.) 5 ngr.

— der lebendige, od. Handbüchlein f. Rosenkranz-Bruderschaften ꝛc. Vollständ. Uebersetz. a. d. Franz. Nebst e. Anh., bestch. aus e. Meßandacht, Litaney u. a. erbaul. Gebeten zur h. Mutter Gottes. 2., verb. u. verm. Aufl. 18. (66 Seit. u. Ttlbild.) Köln 841, Rommerskirchen.

— der lebendige. Ein Handbüchlein f. die Mitglieder dieser Bruderschaft, so wie im Allgem. f. alle Verehrer der allerseligsten Jungfrau Maria. Neu bearb. u. mit vielen Gebeten verm. Ausg. 12. (7½ B. u. 1 Stnt.) Aachen 843, Cremersche Buchh.

— der lebendige. Ein Handbüchlein für die Mitglieder dieser Bruderschaft. Neubearb. u. mit Gebeten verm. Ausg. 12. (148 S. u. 1 Stahlst.) Aachen 846, Cremersche Buchh.

— der lebendige, oder Hülfsbüchlein zu Nutz u. Frommen der Mitglieder des lebendigen Rosenkranzes um denselben die tägliche Betrachtung der Geheimnisse zu erleichtern. Von einem Priester der Diöcese Paderborn. 16. (76 S.) Soest 851, Nasse. — 2. Aufl. 16. (76 S.) Ebd. 852. 1½ ngr.

— der lebendige, oder Hülfsbüchlein zu Nutz und Frommen der Mitglieder des lebendigen Rosenkranzes, um denselben die tägliche Betrachtung der Geheimnisse zu erleichtern. Von einem Priester der Diöcese Paderborn. 4. Aufl. Soest 862. Nasse. 16. (76 S.) 1½ ngr.

— der lebendige, oder Hülfsbüchlein zu Nutz und Frommen der Mitglieder des lebend. Rosenkranzes, um denselben die tägl. Betrachtung der Geheimnisse zu erleichtern. Von einem Priester der Diöcese Paderborn. 6. Aufl. (32 S.) 1871. 15 Pf., und 7. Aufl. 16. (76 S.) Ebendas. 874. *

— der lebendige, oder Hülfsbüchlein für die Mitglieder des lebend. Rosenkranzes, um denselben die tägl. Betrachtung der Geheimnisse zu erleichtern; enthält auch die nöth. Angaben über die neue Organisation desselben durch Pius IX. und über die demselben verliehenen Ablässe. Von einem Priester der Diöcese Paderborn. 8. Aufl. 16. (82 S.) [Münster 880, Nasse'sche Verlagsh.] Paderborn und Münster, F. Schöningh. * — 20

— der lebendige. Kurze, kräftige Betrachtungen nebst Belehrungen über die wichtigen Geheimnisse dieses schönen Gebetes. Von J. L. Paderborn 862. Schöningh. 16. (IV, 76 S.) n. 2¼ ngr.

— der lebendige. Handbüchlein f. die Mitglieder desselben. 16. (24 S.) Paderborn 876. Junfermann. — 15

— der lebendige. 1. und 2. Aufl. 16. (31 S.) Osnabrück 883, Wehberg. *

— der lebendige. 8. (24 S.) Lingen 885. van Acken. n. — 15

— der lebendige. 16. (4 S.) Fulda 889. Fuldaer Actien-Druckerei. Für 15 Exple. n. — 35

Der Lebendige Rosenkranz. Ein Handbüchlein f. d. Mitglieder dieses Vereins ... 27. verm. u. verb. Aufl. Neu hrsg. von P. Bruno a S. Teresia. Münsterberg: F. Blühm 1907. (165 S.) 8° [J.] [07. 100] 2

Der LEBENDIGE Rosenkranz und die Verehrung des heiligsten und unbefleckten Herzens Mariä, ein katholisches Gebet- und Erbauungs-Buch. Raab 1845. Gedr. bei Clara Streibig Wwe. 518 S. 7 f. - 12°

- Dass. Raab 1848. Verlag: Begründer des Raaber Gebetsvereines. Gedr. bei Clara Streibig WWe. 638 S. 1 t. - 160 mm

— der lebendige, und die Verehrung des heiligsten und unbefleckten Herzens Mariä, ein kathol. Gebet- und Erbauungs-Buch. 3. (Titel-)Aufl. 8. (II und 606 S. mit 1 Stahlst.) Wien 854(55,) Mayer und Comp. *

—— der lebendige — und die Verehrung des heiligsten und unbefleckten Herzens Mariä, ein katholisches Gebet- und Erbauungsbuch. 4., verm. Aufl. 8. (606 S. mit 4 Stahlst.) Wien 861, Mayer und Comp.

Rosenkranz, lebendiger. 15 Rosenkranzzettel f. jeden Monat. Jahrg. 1894. 12 Päckchen. 16. (1. Päckchen 60 S. m. Abbildgn.) Steyl, Missionsdruckerei. 1. 50
Bildet die Fortsetzung v. Bogen des lebend. Rosenkranzes.

— lebendiger. 15 Rosenkranzzettel f. jeden Monat. Jahrg. 1895—1898. à 12 Päckchen. (à 60 S. m. Abb.) 16. Steyl, Missionsdruckerei. à Jahrg. 1. 50

— lebendiger. 15 Rosenkranzzettel f. jeden Monat. Jahrg. 1899—1902. à 12 Päckchen. 16. (à ca. 60 S. m. Abb.) Steyl, Missionsdruckerei. à Jahrg. 1. 50

— lebendiger. 15 Rosenkranzzettel f. jeden Monat. Jahrg. 1903—1906. à 12 Päckchen. (à ca. 60 S. m. Abbildgn.) 16. Steyl, Missionsdruckerei. à Jhrg. 1. 50

— lebendiger. 15 Rosenkranzzettel f. jeden Monat. Jahrg. 1907—1910. à 12 Päckchen. (à ca. 64 S. m. Abbildgn.) 11×7 cm. Steyl, Missiondruckerei. à Jahrg. 1.50

Rosenkranz, der, unserer lieben Frau und Königin Maria oder Rosenkranz-Buch in 2 Abthlgn. enthaltend: einen gründlichen Unterricht über den heil. gnadenreichen Dominikaner-Rosenkranz und dessen Erzbruderschaft, wie auch über den Ablaß, mit einem Anhang von altehrwürdigen Morgen- und Abend-, Meß- rc. Gebeten rc. 32. (530 S. mit 1 Stahlst.) Bamberg 860. (Nürnberg, Lotzbeck.)

— der Marianische. Ein vollständ. Gebet- u. Andachtsbuch besonders für die Verehrer der seligsten Jungfrau Maria u. des heil. Rosenkranz-Gebetes rc. Nebst einer Kreuzweg-Andacht vom heil. Alph. Maria de Liguori. 8. (VI u. 394 S. m. 1 Stahlst.) Würzburg 850, Etlinger. 5/12 ℔

Rosenkranz, der, für die Seelen der Abgestorbenen. Eine erweckende Andacht in d. Seelen-Oktav. 16. (2¼ B.) Paßau 841, Ambrosi's Buchh.

Rosenkranz für die armen Seelen im Fegefeuer. 16. (8 S.) Dülmen 880, Laumann'sche Verlagsh. * — 3

Rosenkranz, s.a. Rosenkrantz

Rosenkranz, Albert, Kand. d. Theol. u. Philol. in Köln: Wiclifs ethisch-soziale Anschauung. *(Köln 1901: Gebr. Brocker.)* (43 S.) 8° ¶(Enthält nur T. 1 d. eingereichten Arbeit. — T. 2 erscheint demnächst.)
Bonn, Ev.-theol. Diss. v. 6. März 1901

Geschichte des Evang.-theolog. Vereins zu Bonn 1849 - 1899. (Verf.: Albert Rosenkranz.) Festschrift z. Feier d. 50jähr. Bestehens hrsg. v. Verein. Bonn: Selbstverl. (1899). VII, 201 S. 8°

Rosenkranz, Alb., rheinisch-westfälisches Haus-Choralbuch, s.: Hartmann, Ferd.

Rosenkranz, Alb., religiöses Leben der deutschen Landbevölkerung im Jahrhundert vor der Reformation, s. Rundschau, rheinische.

Religiöses Leben der deutschen Landbevölkerung im Jahrhundert vor der Reformation von Lic. A(lb[ert]) **Rosenkranz.** [Cöln: Westdeutscher Schriftenver. 1903.] (15 S.) 8° [Umschlagt. F.]
— **Rundschau**, Rhein. H. 1. [06. 6344

Führer durch die Historische Landeshalle für Schleswig-Holstein in Kiel ⟨Fleethörn 50⟩. (Verf.: A[lbinus] **Rosenkranz.**) Kiel 1906: A. F. Jensen. (VIII, 86 S.) 8° [06. 13969 S

Hist. Landeshalle f. Schleswig-Holstein. Katalog der Portraitsammlung mit kurzen Biographien. Gruppenbilder. (Verf.: A. **Rosenkranz.**) *Kiel 1903: A. F. Jensen.* (X, 250 S.) 8° [04 1335 11

Rosenkranz, A., s.: Krötzsch, Hugo, permanentes Handbuch d. Postfreimarkenkunde, Abschn. XV.

Rosenkranz-Kiel, A., die schleswig-holsteinische Post 1848—1852 u. deren Postschillinge. Mit 10 Taf. u. 10 Abbildgn. gr. 8. (VI, 76 S.) Kiel 891. (Leipzig, Heitmann.) n.n. 2. 50

(Permanentes Handbuch der Freimarkenkunde etc. v. Hugo Krötzsch. Tl. 1, Deutsche Staaten. Abschn. 15: Schleswig-Holstein.)
Die Postfreimarken der Herzogtümer Schleswig-Holstein. Mit Benutzung amtlicher Quellen bearb. v. Albinus **Rosenkranz.** Leipzig. 1897. 8°.

Anklänge an die Deutsche Mythologie in unserem Volksleben. Von C. Rosenkranz, Lehrer in Cassel. *Neuwied & Leipzig: Heuser 1892.* (45 S.) 8° [ö.]
= [Schule, Für die, aus der Schule. II. 47.] [[illegible]

Rosenkranz, C., über sexuelle Belehrungen der Jugend. (17 S.) gr. 8. Halle 903. H. Schroedel. n. — 50
Sonderabdruck aus: „Praxis der Volksschule".

Rosenkranz, C., über sexuelle Belehrungen der Jugend. 2. Aufl. (20 S.) gr. 8. Halle 908. H. Schroedel. — 50
Sonderabdruck aus: „Praxis d. Volksschule".

Rosenkranz, C., s. Davidson, W., über d. Typhus.

— die Pflanzen im Volksaberglauben. Ein Beitrag zur Pflege des Volkstums in Schule u. Haus. 8. (XVI, 415 S.) Kassel 893. F. Keßler. n. 4. 50; geb. in Leinw. n. 5. 50

Rosenkranz, C., d. Pflanzen im Volksaberglauben. E. Beitrag zur Pflege d. Volkstums in Schule u. Haus. 2. (Titel-) Aufl. 8. (XVI, 415 S.) Leipzig (893) 896. G. Lang. n. 3. 50; geb. n. 4. 50

— s.: Schroedel's Praxis d. Volksschule.

Rosenkranz, Carl, s. Rosenkranz, Karl

Rosenkranz, Chr., s. Denkmal d. baier. Ständeversamml.

Rosenkranz, Dav. (geb. Inowrazlaw 1805): De exstirpatione colli uteri novis morbi historiis illustrata. Berolini (1835). (23 S.) 8°
Berlin, Med. Diss. v. 1. Okt. 1835

Rosenkranz, Ed., der Wechsel. Eine kurzgefaßte Darstellg. des Wechselrechtes zum Gebrauche f. Fach- u. Fortbildungsschulen, sowie f. Gewerbetreibende. gr. 8. (21 S. m. 4 Formularen.) Seifhennersdorf 894. M. Großmann. n. — 50

Rosenkranz, Eduard, a. Eichlinghofen: Übersicht der Mineralien des Bayerischen Waldes und des Oberpfälzer Waldgebirges. München 1907: Bayerische Druckerei & Verlagsanstalt. (86 S.) 8°
Erlangen, Phil. Fak., Ref. Oebbeke, Diss. v. Sept. 1907
[Geb. 13. Jan. 68 Eichlinghofen; Wohnort: Dortmund; Staatsangeh.: Preußen; Vorbildung: Realgymn. Dortmund Reife f. Oberprima O. 89; Studium: Erlangen 6 S.; Rig. 1. März 93.]

Rosenkranz, Erich, Arzt a. Berlin: Über angeborene Kontracturen der oberen Extremität ⟨im Anschluß an die Mitteilung eines einschlägigen Falles⟩. Wittenberg (1905): G. Ziemsen Nachf. (30 S.) 8° ¶ Aus: Zeitschrift f. orthopädische Chirurgie.
Berlin, Med. Fak., Ref. v. Bergmann, Diss. v. 13. März 1905
[Geb. 18. Apr. 81 Berlin; Heimatsort: Berlin; Staatsangeh.: Preußen; Vorbildung: Prinz Heinrichs-Gymn. Schöneberg Reife O. 99; Studium: Berlin 9 S.; Coll. 28. Febr. 04; Approb. 2. März 04.]

Rosenkranz, Fritz, praktische Aufgaben zum Rechnen f. Fleischer, s.: Gewerbetreibende, der rechnende.

— Praktische Aufgaben f. das Rechnen f. Kellner u. Köche, s.: Gewerbetreibende, der rechnende. (Jobst.)

— Der Bäcker, s.: Bodesohn u. Wüster, der Handwerker.

— C. Blum u. R. Heere, der Bauhandwerker, s.: Bodesohn, A., u. Wüster, der Handwerker.

— Der Fleischer, s.: Bodesohn u. Wüster, der Handwerker.

— Der Kellner u. Koch. Fachkundlicher Anh. zum Lesebuch f. gewerbl. Fortbildungsschulen „Der Handwerker" v. Bodesohn u. Wüster. (132 S. m. Abb.) gr. 8. Wittenberg (908). R. Herrosé. 1.20

— dasselbe, s.a. Bodesohn u. Wüster, der Handwerker.

Lehrpläne für gemischte ländliche Fortbildungsschulen, f. allgem. Fortbildungsschulen u. f. Arbeiterklassen größ. Fortbildungsschulen. Hrsg. von Fritz **Rosenkranz** u. C. Wittich, Lehrer. Langensalza: Greßler 1910. 31 S. 8° [11. 10701

— u. C. Wittich, Lehrpläne f. gemischte ländliche Fortbildungsschulen f. allgemeine Fortbildungsschulen u. f. Arbeiterklassen größerer Fortbildungsschulen. (31 S.) 8. Langensalza 910. Schulbuchh. — 50

— Der Maler u. Kunsthandwerker, s.: Bodesohn, A., u. Wüster, der Handwerker.

— Präparationsstoffe f. Fortbildungs- u. Fachschulen. (VIII, 403 S. m. 11 Abb.) 8. Langensalza 910. Schulbuchh. 4.50

— Theorie u. Praxis d. ländlichen Fortbildungsschule. Ein Nachschlage- u. Vorbereitungswerk f. die Hand des Lehrers. (VIII, 240 S. m. Abb.) gr. 8. Wittenberg 908. R. Herrosé. 2.50; geb. 3. —

Rosenkranz, G., Klassiker der Baukunst: Italienische Renaissance, s. Klassiker-Bibliothek der bildenden Künste.

Rosenkranz, Georg Joseph

Rosenkranz, G. J., Johann Graf von Sporck, K. K. Oesterr. General der Cavallerie. Ein Abriß seines Lebens. gr. 8. (5⅓ B. u. Sp's. Bildn.) Paderborn 845, Crüwell.
Aus: Zeitschrift f. vaterländ. Geschichte u. Alterthumskunde. 7. Bd. 1. Hft. besond. abgedruckt.

Rosenkranz, Geo. Jos., Graf Johann von Sporck, k. k. General der Kavallerie. Eine Biographie. 2. neu überarb. rc. Ausg. Paderborn 854. Wesener. 8. (VIII, 181 S.) 18 ngr.

— s. Zeitschrift für vaterländ. Geschichte rc.

[F.] Die Alters- und Wittwen-Versorgung unserer Agenten. Referat, erstattet auf d. Bundes-Kreis-Konferenz zu Barmen am 8. Mai 1895 v. G[ottl.] **Rosenkranz** in Barmen. *([Elberfeld: Westdeutscher Jünglingsbund] 1895.)* (15 S.) 1 Bd 8. [96. 364

Rosenkranz, Heinrich

Rosenkranz, H., Panorama d. Rheins u. sein. nächsten Umgebungen v. Coeln bis Mainz. Nach d. Natur gez. Gest. v. C. A. Helmsauer. Orig.-Ausg. 4′ lang u. 9½″ breit. Nebst 1 Hft. Text u. d. T.: Der Begleiter auf d. Rheinreise stromaufwärts aus Holland, üb. Cöln nach Mainz. (Deutsch u. Franz.) 4. (5 B.) Frankfurt a. M. 830, Wilmans.

—— malerisches Relief v. Frankfurt a. M. etc., s.a. Relief.

— — Malerisches Relief von Frankfurt am Main bis Darmstadt und über die Bergstrasse nach Heidelberg.
4. Frankfurt am Main 1831.

Rosenkranz, H., Rundgemälde von d. Platte. Nach der Natur gezeichnet u. lithogr. 3 Ellen 3 Zoll lang u. 9½ Zoll breit Mit 2 Ansichten. kl. Fol. Wiesbaden 832. Paßloch. in Etuis 1 ₰ 12 gl.

Rosenkranz, Herm., das Buch der Liebe od.: Der neue Anakreon. (VII, 161 S.) 8. Dresden (908). E. Pierson. n. 2. —; geb. n. 3. —

— das Buch der Sprüche. (VII, 131 S.) kl. 8. Ebd. (906). n. 2. —; geb. n. 3. —

— das Buch der Wehmut. (VII, 112 S.) 8. Ebd. (906). n. 2. —; geb. n. 3. —

Rosenkranz, Herm. (geb. Löbau in Westpr. 16. 1. 1849): Ueber Elephantiasis Arabum mit Anschluss von zwei Fällen von Elephantiasis der Labia majora. Berlin (1873). (28 S.) 8°
Berlin, Med. Diss. v. 1. Aug. 1873

Rosenkranz, Hugo

Rosenkranz, H., das Mädchenerziehungsheim Pniël in Loschwitz, s.a. Stätten u. Werke d. inneren Mission im Königr. Sachsen. 4. Heft.

Das Mädchenerziehungsheim P n i ë l in Loschwitz. Zugleich e. Blick in die Geschichte d. Rettungsarbeit an d. weibl. Jugend. Von P. H[ugo] **Rosenkranz**, Dresden. Mit 5 Bild. Dresden: Geschäftsstelle d. Landesvereins f. inn. Mission 1909. 20 S. 8° (Stätten u. Werke d. inneren Mission im Kgr. Sachen. H. 4.)

† Rosenkranz, Hyacinth, (Ferd. A. Döring,) die Sprache durch Blumen u. Früchte, den Deutungen d. neuesten Zeit angeeignet u. alphabet. geordnet. 4., verb. u. verm. Aufl. 16. (3 B.) Leipzig 837, Lauffer.

Rosenkranz, J. A. C., französische Rundschrift, auch zu flüssigem Schreiben verwendbar, nach der besten Methode bearb. qu. 4. (14 Steintaf. m. 1 Bl. Text u. 1 Schächtelchen Federn. Hamburg 878 (Kriebel.) n. 2. 50

Rosenkranz, J. A. C., 24 (lith.) Blätter Schreibvorlagen f. Gothisch u. Fraktur. qu. 8. Hamburg 883. Kriebel. cart. n. 1. 80

Rosenkranz, J. A. C., Hamburger Schulvorschriften. 1. Heft. qu. 8. (4 S. und 30 Stnt.) Hamburg 872, (Boysen.) geb. **

Rosenkranz, J. A. C., Hamburger Schulvorschriften. 1. u. 2. Hft. qu. 8. Leipzig 873. Mentzel. geb. n. 5. 20
1. (30 lith. S.) n. 2. 20. — 2. (37 lith. S.) n. 3. —

—— Hamburger Schulvorschriften. 1. Heft. Neue Aufl. gr. 4. (29 Stnt. und 2 S. Text.) (Ebendas.) 886. geb. * 2 —
—— dass. — 2. Heft. Neue Aufl. gr. 4. (37 Stnt. und 2 S. Text.) (Ebendas.) 884. geb. * 2 80
Die Fortsetzung bildet:
Neue Vorlegeblätter zum Schönschreiben...

Rosenkranz, J. A. C., Hamburger Schulvorschriften. 1. Hft. 20. Aufl. qu. schmal gr. 8. (29 Steintaf m. 1 Bl. Text) Hamburg 891 (J. Kriebel) Geb. n.n. 1. 50

— neue Vorlegeblätter zum Schönschreiben f. Oberclassen von Realschulen, Gewerbeschulen, Fortbildungsschulen, sowie zum Selbstunterricht (insbesondere für junge Kaufleute). 3. Hft. (Enth.: Contoschriften, Briefe, Circulare, Facturen u. alle anderen kaufmännischen Formulare.) gr. 4. (36 Steintaf.) Ebend. 876. In Mappe. n. 3. 60

Rosenkranz, J. A. C., Vorschriften. 4 Hfte. Hamburg. (Leipzig, Mentzel.) qu. 4. (10, 10, 12 u. 12 Steintaff.) Jedes Heft cart. n. 16 ngr

Rosenkranz, J. A. C., und L. Stave, systematisch geordnete Vorschriften. 3 Hefte. qu. 8. (15, 17 und 15 Stnt.) Hamburg 861,62. (Altona, Mentzel.) à Heft cart. * 12 Ngr. *

Rosenkranz, J. K., Anleit. z. Kopfrechnen. 8. Götting. 797. (Vandenhöck u. R.) 8 gr

Rosenkranz, Jh., aufmerksamer holländ. Gärtner. In verbess. Schreibart mit Anmerkk. u. Zusätzen v. W. C. Rudloff. Mit 9 Kpf. 8. Frankf. a. M. 783. Hermann. 16 gr

Rosenkranz, J., aufmerks. holländ. Gärtner, mit Kupfern. 8. Frankf. Herrmann. (Gebhardt u. K.) 783.

Rosenkrans, Joh., d. aufmerksame holländ. Gärtner, in welchem d. tägl. Anzeigen aller Behandl. v. Mistbeeten, Treibkästen, Baumschnitt u. Blumenwerk vollständ. verfasset. In verbesserter Schreibart, mit einigen Anmerk. u. Zusätzen v. Wilh. Christ. Rudloff. Mit 9 Kpf. 8. Frankfurt, 1783. (Osterrieth.) — 20

Rosenkranz, Joh. Geo. Chr. Leonh., neues Fremdwörterbuch f. Jedermann. 2. Aufl. 8. (8¼ B.) Ansbach 816, Gummi.

Rosenkranz, Joh. Geo. Chr. Leonh., der Taubstumme, aus d. philanthrop. u. pädagog. Gesichtspunkte betrachtet z. Beherzigung f. Aeltern u. Lehrer. 8. (8 B. u. 1 Tab.) Nürnberg 837, Recknagel. Thlr.

Rosenkranz, Karl

Rosenkranz, Carl, die Abschaffung des Duellzwanges. Eine Ansprache an die Commilitonen der Albertina-Universität am 24. Jan. 1845. gr. 12. (1 B.) Königsberg, Bornträger'sche Sorth.

Rosenkranz, Karl, Apologie Hegels gegen Dr. R. Haym. Berlin 858. Duncker u. Humblot. gr. 8. (55 S.) n. 8 ngr

— Aesthetik des Häßlichen. Königsberg 853. Bornträger. gr. 8. (XIV, 463 S.) 2 rf. 12 ngr

—— über den Begriff der politischen Partei. Rede zum 18. Januar 1843 dem Krönungsfeste Preußens. Gehalten in der kgl. deutschen Gesellschaft. gr. 8. (2¾ B.) Königsberg, Theile.

—— über Helmholtzen's Beweis für den endlichen Stillstand des Weltalls, s. Unterhaltungen, königsberger naturwissenschaftliche.

— das für Kant zu Königsberg projectirte Denkmal. Eine Ansprache, in der Kant'schen Gesellschaft, an seinem Geburtstage, den 22. April 1852. gr. 8. (15 S.) Königsberg 852, Gräfe & Unzer. n. n. ⅙ rf

Rosenkranz, Karl: Die Emancipation des Weibes aus d. Standpunct d. Psychologie betrachtet. 1839.

—— Encyklopädie d. theolog. Wissenschaften. gr. 8. (26 B.) Halle 831, Schwetschke u. Sohn.

—— Encyclopädie der theologischen Wissenschaften. 2., gänzl. umgearb. Aufl. gr. 8. (25¾ B.) Halle 845, Schwetschke u. Sohn. *

Rosenkranz, Karl, Epilegomena zu meiner Wissenschaft der logischen Idee. Als Replik gegen die Kritik der Herren Michelet und Lassalle. Königsberg 862. Gebr Bornträger. gr. 8. (IV, 140 S.) n. 20 ngr

—— Erinnerungen an Karl Daub. gr. 8. (3¾ B.) Berlin 837, Duncker u. Humblot.

—— Erläuterungen zu Hegel's Encyklopädie der philosophischen Wissenschaften, s. Bibliothek, philosophische.

—— krit. Erläuterungen d. Hegel'schen Systems. gr. 8. (25¼ B.) Königsberg 840, Gebr. Bornträger.

—— zur Geschichte d. deutschen Literatur. gr. 8. (18½ B.) Königsberg 836, Gebr. Bornträger.

K. **Rosenkranz**: Gesch. d. Kant'schen Philos. *Lpz.*, Voss. 840. gr 8° 2 ß [Bildet auch d. 12ᵗᵉⁿ Thl. v. Im. Kant's sämmtl. W., h. v. *K. Rosenkranz* u. *F. W. Schubert.*]

—— Geschichte d. deutschen Poesie im Mittelalter. 8. (40 B.) Halle 830, Anton.

Rosenkranz, Karl, Göthe u. seine Werke. gr. 8. (XXII u. 512 S.) Königsberg 847, Gebr. Bornträger. 2½ rf

— Göthe und seine Werke. 2. verb. u. verm. Aufl. Königsberg 856. Bornträger. gr. 8. (XX, 475 S.) 2 rf. 15 ngr

Rosenkranz, Karl, Handbuch e. allgem. Geschichte d. Poesie. 1—3. Thl. gr. 8. Halle, Anton. Thlr.
Thl. 1. Geschichte d. oriental. u. d. antiken Poesie. (23 B.) 832. 1 Thlr. 12 Gr.
- 2. Geschichte d. neueren Latein., d. Französ. u. Italien. Poesie. (18½ B.) 832. 1 Thlr. 4 Gr.
- 3. Geschichte d. Span., Portugies., Engl., Scandinav., Niederländ., Deutsch. u. Slawischen Poesie. (29 B.) 833. 1 Thlr. 20 Gr.

— s. Hegel, G. W. Fr., Encyclopädie der philosoph. Wissenschaften.

——, Hegel. Sendschreiben an d. Hofr. u. Prof. d. Philosophie Hrn. D. Carl Friedr. Bachmann in Jena. gr. 8. (9 B.) Königsberg 834, Unzer.

— Hegel als deutscher Nationalphilosoph. Leipzig 870. Duncker & Humblot. gr. 8. (XXIV, 347 S.) n. 2 rf

—— das Heldenbuch u. die Nibelungen. Grundriß zu Vorlesn. gr. 8. (6 B.) Halle 829, Anton.

Rosenkranz, Ioannes Carolus Fridericus: 1. * De Poëseos nostrae historia. 30 Bl. 8° (4°). 2. * [Ueber den Titurel und Dantes göttliche Comödie.] 30 Bl. 8° (4°)

Halle-Wittenberg, Phil. Diss. v. 2. Febr. 1828

Geb. [Magdeburg 22. 4. 1805]

Aus der 1. Arbeit erwuchs des Verf.: Geschichte d. deutschen Poesie im Mittelalter. Halle: Anton & Gelbcke 1830. XV, 620 S. 8° — Die 2. Arbeit ersch. erweitert u. d. T.: Ueber den Titurel und Dante's Komödie. Mit e. Vorerinnerung über die Bildung der geistlichen Ritterorden u. Beilagen contemplativen Inhalts aus der größeren Heidelberger Handschrift. Halle & Leipzig: Reinicke 1829. 142 S. 8° — Verf. erlebte die Diplomerneuerung 1878 als Geheimer Regierungsrat und ordentlicher Professor der Philosophie in Königsberg.

— f. J. Kant's, sämmtl. Werke.

— s. Krischna=Miçra.

—— Kritik d. Schleiermacherschen Glaubenslehre. gr. 8. (8⅓ B.) Königsberg 836, Unzer.

—— Kritik der Principien der Strauss'schen Glaubenslehre. gr. 8. (5 B.) Leipzig 845, Brauns. * —

Rosenkranz, Carl, Kritik der Principien der Strauss'schen Glaubenslehre. (Neue Titel-Ausg.) gr. 8. (VI und 70 S.) Leipzig (844)64, Brauns. *

Rosenkranz, Carl, Diderot's Leben u. Werke. 2 Bde. Leipzig 866. Brockhaus. gr. 8. (XXXIII, 812 S.) n. 5 ₰; geb. n. 5 ₰ 20 ngr.

—— aus Hegel's Leben. (Aus Prutz's Taschenbuch.) gr. 8. (7⅓ B.) Leipzig 845, Otto Wigand.

—— Georg Wilhelm Friedrich Hegel's Leben. Supplement zu Hegel's Werken. Lex.-8. (38 B. u. H's. Bildn., gestoch. von C. Barth.) Berlin 844, Duncker u. Humblot. *

—f. J. G. C. Maaß, Grundriß d. Rhetorik,

Rosenkranz, Karl, von Magdeburg u. Königsberg. gr. 8. (XII, 487 S.) Leipzig 873. Koschny. n. 8. —

[F.] **Rosenkranz,** *Carl:* Zur Methodik des naturgeschichtlichen Unterrichtes. Cassel, Hof-Buchdr. v. W. Schlemming, 1894; 3—14 S. 4.

Cassel, st. HM, P 1894**

— ästhetische u. poet. Mittheilungen. 8. Magdeb. 817. (Heinrichshofen). 1 ₰ 8 gr

Rosenkranz, Dr. Karl, geistlich Nachspiel zur Tragödie Faust. 8. Leipz. 831. (Langewiesche in Iserlohn). 10 gr

—— geistlich Nachspiel zur Tragödie Faust. 8. (6 B.) Leipzig 831, Volckmar. 10 Gr., Blnp.

— Hegel's Naturphilosophie u. die Bearbeitung derselben durch den italienischen Philosophen A. Véra. Berlin 868. Nicolai's Verl. gr. 8. (VII, 180 S.) 1 ₰

—— die Naturreligion. Ein philosoph.-histor. Versuch. gr. 8. (19 B.) Iserlohn 831, Langewiesche.

— die Pädagogik als System. Ein Grundriß. gr. 8. (XVI u. 223 S.) Königsberg 848, Gebr. Bornträger. 1 ₰ 6 ngr

— s. Perspectiven, Poetische.

—— Pestalozzi. Rede zur Festfeier seines 100jähr. Geburtstags am 12. Jan. 1846 zu Königsberg. gr. 8. (2 B.) Königsberg, Gräfe u. Unzer. *

Rosenkranz, Carolus: De Spinozae philosophia dissertationem scripsit et ... publice defendet (Theses). Halae (1828): Schimmelpfennig. 2 Bl. 8°

Halle-Wittenberg, Phil. Hab.-Thesen v. 28. Juli 1828

Rosenkranz, Carolus: De Spinozae philosophia. Halae et Lipsiae: Reinicke 1828. 39 S. 8°

[Halle-Wittenberg, Phil. Hab.-Schr. v. 28. Juli 1828]

—— de Spinozae philosophia. Dissertat. 8 maj. (4 B.) Halae 828. [Lipsiae, Meissner.]

— die Poesie und ihre Geschichte. Eine Entwickelung der poetischen Ideale der Völker. Königsberg 855. Bornträger. gr. 8. (XVIII, 757 S.) n. 3 ₰ 6 ngr

—— Psychologie, od. d. Wissenschaft vom subjectiven Geist. gr. 8. (24½ B.) Königsberg 837, Gebr. Bornträger.

—— Psychologie, oder die Wissenschaft vom subjectiven Geist. 2., verb. Aufl. Nebst Widerlegung der von Hrn. Dr. Exner gegebenen vermeintlichen Widerlegung der Hegel'schen Psychologie. gr. 8. (29¾ B.) Königsberg 843, Gebr. Bornträger.

— Psychologie oder die Wissenschaft vom subjectiven Geist. 3. sehr verm. u. verb. Aufl. Königsberg 863. Gebr. Bornträger. gr. 8. (VIII, 483 S.) 2 ₰ 7½ ngr

Rosenkranz, Rede üb. d. Begriff d. polit. Partei. Königsberg 843.

Rosenkranz, Carl, Rede zur Säkularfeier Herder's am 25. Aug. 1844 für die deutsche Gesellschaft zu Königsberg gehalten im Auditorium maximum des Albertinums. gr. 8. (1½ B.) Königsberg, Gebr. Bornträger. Thlr. ·

—— meine Reform der Hegelschen Philosophie. Sendschreiben an Hrn. Dr. J. U. Wirth. gr. 8. (85 S.) Königsberg 852, Gebr. Bornträger. *

—— Schelling. — Vorlesungen, gehalten im Sommer 1842 an der Univers. zu Königsberg. gr. 8. (26¼ B.) Danzig 843, Gerhard'sche Buchh.

—— über Schelling u. Hegel. Ein Sendschreiben an Pierre Leroux. 8. (6 B.) Königsberg 843, Gebr. Bornträger. —

—— königsberger Skizzen. 2 Abthlgn. 8. (41½ B. u. 1 Stnt.) Danzig 842, Gerhard'sche Buchh.

—— Studien. 1. Thl. — A. u. d. T.: Reden u. Abhandl. z. Philosophie u. Literatur. gr. 12. (15 B.) Berlin 839, Jonas's Vrlsbuchh.

—— Studien. 2—5. Thl. 8. Leipzig, Brauns.

A. u. d. Ttln.:

Thl. 2. Reden u. Abhandlungen. Zur Philosophie u. Literatur. Neue Folge. (21⅓ B.) 844. 1 Thlr. 15 Ngr.

" 3. Die Modificationen der Logik, abgeleitet aus dem Begriffe des Denkens. (15⅝ B.) 846. 1 Thlr. 5 Ngr.

" 4. Metamorphosen des Herzens. Eine Confession. Gedichte. (11 B.) 847. 20 Ngr.

" 5. Reden u. Abhandlungen. Zur Philosophie u. Literatur. 3. Folge. (23 B. u. R's Bildn.) 847. 1 Thlr.

1. Thl. Berlin 1839, Jonas's Vrlgsh. 1 Thlr. 26¼ Ngr.

Rosenkranz, Karl, neue Studien. 1. und 2. Bd. gr. 8. Leipzig 875, Koschny. à Bd. * M 10. *

Inhalt:

Bd. 1. Studien zur Culturgeschichte. (XV, 548 S.)

" 2. Studien zur Literaturgeschichte. (XIV, 576 S.)

Rosenkranz, Karl, neue Studien. 3. und 4. (Schluß-)Bd. gr. 8. Leipzig, Koschny. *
Inhalt:
Bd. 3. Studien zur Litteratur- und Culturgeschichte. (XV, 347 S.) 877. *M 8.
" 4. Zur Literaturgeschichte. Zur Geschichte der neueren deutschen Philosophie, besonders der Hegel'schen. (IX, 474 S. mit Portr. des Verf. in Stahlst.) 878. *M 10.
1. und 2. Bd. Ebendas. 1875. à *M 10.

Rosenkranz, Karl, System der Wissenschaft. Ein philosophisches Encheiridion. gr. 8. (XXXIV u. 622 S.) Königsberg 850, Gebr. Bornträger. n. 2⅔ ₰

— Aus einem Tagebuch. Königsberg Herbst 1833 bis Frühjahr 1846. Leipzig 854. Brockhaus. 16. (IX, 377 S.) n. 1 ₰. 20 ngr.

—— über den Titurel u. Dante's Komödie. Mit e. Vorerinnerung üb. d. Bildung der geistl. Ritterorden, u. Beilagen contemplativ. Inh. aus d. größ. Heidelb. Handschrift. gr. 8. (9½ B.) Halle 829. [Leipzig, Meißner.]

— üb. d. Titurel u. Dante's Komödie. Mit e. Vorerinnerung üb. die Bildung d. geistl. Ritterorden, u. Beilagen contemplativen Inhalts aus d. größern Heidelberger Handschrift. gr. 8. Halle 829. Reincke. 15 gl.

—— die Topographie des heutigen Paris und Berlin. Zwei Vorträge. gr. 8. (87 S.) Königsberg 850, Gebr. Bornträger.

Rosenkranz, Karl, über Calderon's Tragödie v. wunderthät. Magus. Ein Beitr. zum Verständniß d. Faustischen Fabel. 8. (9 B.) Halle 829. [Leipzig, Meißner.]

Rosenkranz, Karl, üb. Calderons Tragödie v. wunderthätigen Magus. Ein Beitr. z. Verständniß der Faustischen Fabel. 8. Halle 829. Reincke. 12 gl.

Rosenkranz, Karl, über Calderon's Tragödie vom wunderthät. Magus. Ein Beitr. z. Verständniß d. Faustischen Fabel. Neue Ausg. 8. (9 B.) Leipzig 836. [Hamburg, Engel.]

Rosenkranz, Karl, über Calderon's Tragödie vom wunderthätigen Magus. Ein Beitrag zum Verständniß d. Faustischen Fabel. Neue Ausg. 8. Leipzig 836. Meißner. ⅓ ₰

—— das Verdienst der Deutschen um d. Philosophie d. Geschichte. Vortr. z. Krönungsfeste Preußens am 18. Jan. 1835 in d. deutsch. Gesellschaft zu Königsberg geh. u. mit erläut. Beilagen hrsg. gr. 8. (7¼ B.) Königsberg, Unzer.

—— von Magdeburg bis Königsberg. Autobiographie. 1. Bd. gr. 8. (XII, 487 S.) Berlin 873, L. Heimann's Verlag. [Leipzig, Koschny.] *

— Wissenschaft der logischen Idee. 1. Bd. A. u. d. T.: Metaphysik. Königsberg 858. Bornträger. gr. 8. (XLIV, 540 S.) n. 2 ₰. 24 ngr.

— Wissenschaft der logischen Idee. 2. Thl.: Logik und Ideenlehre. Ebend. 859. gr. 8. (XVI, 464 S.) n. 2 ₰ 10 ngr.

—— neue Zeitschrift f. d. Geschichte d. german. Völker, s. Zeitschrift.

—— das Centrum d. Speculation. Eine Komödie. 8. (7 B.) Königsberg 840, Gebr. Bornträger.

—— der Zweifel am Glauben. Kritik d. Schriften: De tribus impostoribus. gr. 8. (6 B.) Halle 830. [Leipzig, Meissner.]

— der Zweifel am Glauben. Kritik d. Schriften De Tribus Impostoribus. gr. 8. Halle u. Leipz. 830. Reincke 12 gl.

—— der Zweikampf auf unsern Universitäten. Eine Rede. gr. 8. (1¾ B.) Königsberg 837, Unzer.

Rosenkranz, Max, aus Eutin, Gerichtsref. in Blankenese: Die Beschlussfassung der Generalversammlung einer Actiengesellschaft. *Kiel 1900: Kieler Zeitung.* (48 S.) 8°
Freiburg i. B., Rechts- u. staatswiss. Diss. v. 1900

Rosenkranz, Max [pr. Arzt]: Ein Fall von angeborener Stenosierung des Dünndarms und Dickdarms nebst Defekt einer Niere. . . . Königsberg i. Pr., gedr. bei E. Erlatis (1890); 24 S. 8°
Königsberg, Med. Fak., Inaug.-Diss. v. 6. März 1890

Rosenkranz, M., e. Fall v. angeborener Stenosierung d. Dünndarms u. Dickdarms, nebst Defekt e. Niere. Inaug.-Diss. gr. 8. (23 S.) Königsberg i/Pr. 890. (Koch.) n. — 60

Rosenkranz, Max [aus Berlin]: Ueber gewisse homogene quadratische Relationen unter den Integralen einer linearen homogenen Differentialgleichung sechster Ordnung. . . . Halle a. S., *Druck v. B. G. Teubner in Dresden,* 1890; 37 + 1 S. + 1 Bl. 8°
Halle, Phil. Fak., Inaug.-Diss. v. 12. Febr. 1890

Rosenkranz, Max, s.: Zeitschrift f. Beleuchtungswesen, Heiz- u. Lüftungs-Technik.

Rosenkranz, P. H., geschichtliche u. technische Entwicklung des Indikators. Nachtrag zur 6. Aufl. des Hauptwerkes: Der Indikator u. seine Anwendg. (VI, 108 S. m. 145 Abbildgn.) gr. 8. Berlin 906. Weidmann. Geb. in Leinw. n. 3. —
Hauptwerk Ebd. 901. Geb. n. 12. —.

Rosenkranz, P. H., der Indicator u. seine Anwendung mit specieller Beziehung auf den Indicator nach Richards. Für den praktischen Gebrauch bearb. Mit 2 lith. Taff. (in qu. Fol.) u. 12 in den Text gedr. Holzschn. Berlin 868. Gaertner. gr. 8. (50 S.) In engl. Einb. n. 1 ₰

Rosenkranz, P. H., der Indicator u. seine Anwendung m. spezieller Beziehung auf den Indicator nach Richards. Für den prakt. Gebrauch bearb. 2. Aufl. Mit 2 lith. Taf. (in qu. Fol.) u. 14 in den Text gedr. Holzschn. gr. 8. (72 S.) Berlin 875. Gärtner. geb. n. 3. —

Rosenkranz, P. H., der Indicator u. seine Anwendung, mit specieller Beziehung auf den Indicator nach Richards. Für den praktischen Gebrauch bearb. 3., verm. Aufl. Mit 2 lith. Taf. u. 30 in den Text gedr. Holzschn. gr. 8. (VII, 95 S.) Berlin 879. Gärtner geb. n. 4. —

Rosenkranz, P. H., der Indicator und seine Anwendung für den prakt. Gebrauch bearb. 4. völlig umgearb. und sehr verm. Aufl. gr. 8. (VIII, 160 S. mit 7 lithogr. Taf. und 135 in den Text gedr. Holzschn.) Berlin 885, Gaertner's Verlag. geb. * 7 —

Rosenkranz, P. H., der Indikator u. seine Anwendung. Für den prakt. Gebrauch bearb. 5., neu bearb. u. sehr verm. Aufl. gr. 8. (XI, 271 S. m. 324 Holzschn. u. 3 Taf.) Berlin 893. R. Gaertner. Geb. in Leinw. n. 10 —

Rosenkranz, P. H., der Indikator u. seine Anwendung. Für den prakt. Gebrauch bearb. 6. ganz neu bearb. u. sehr verm. Aufl. Mit 3 lith. Taf. u. 458 Abbildgn. im Text. gr. 8. (VIII, 340 S.) Berlin 901. [R. Gaertner.] Weidmann. Geb. in Leinw. n. 12. —

Rosenkranz, Rudolf [cand. med]: Zwei interessante Fälle von angeborener Schädelanomalie. Cassel, Buchdruckerei von Friedr. Scheel, 1883. 8. 24 S. u. 2 Taf.

Rosenkranz Rudolf: Eine talgeschichtliche Studie aus dem Südosten des niederösterreichischen Waldviertels.
H. 1910 PN 3049 Diss. Wien, Univ. 2418

Rosenkranz, Wilhelm, s.a. Rosenkrantz

Rosenkranz, W., Handbuch über das Pflegschaftswesen in Bayern, s. Zeitschrift für Gesetzgebung und Rechtspflege des Königreichs Bayern.

Rosenkranz, W.: Wie kann das Zeichnen in den anderen Unterrichtsfächern angewendet werden? Saarlouis 1908: Stein, Hausen & Co. S. 3—17. 4°
Saarlouis, G P 1908 (606) [S 08. 383

Rosenkranzandacht, die, eine religiöse Betrachtung. Von ein. kathol. Theologen. 8. (3 B.) Tübingen 842, Laupp'sche Buchh.

Rosenkranz-Bruderschaft, die. Ihre Entstehg., Verpflichtgn. u. Vorteile. Nach authent. Quellen bearb. 32. (58 S.) München 897. R. Abt. n. — 15

Rosenkranzbruderschaft, der, ewiges Gebet. Enthaltend: Zweck und Einrichtung dieses Bruderschaftsgebetes, Regeln des Rosenkranzgebetes rc. 12. Einsiedeln 843, Gebr. Benziger. 1/24 ℛ

Rosenkranzbüchlein, od. d. Gebet d. Rosenkranzes. 8. Dortmund 798. Mallinkrodt. 2 gr

Rosenkranz-Büchlein oder katechetischer Unterricht über das heil. Rosenkranzgebet. 16. (4 B.) Regensburg 846, Manz.

Rosenkranzbüchlein. Salzburg 1878. V: *Hager, Edmund.* (Hr)

Rosenkranz-Büchlein, enth. Gebete u. Andachtsübgn. f. alle Verehrer d. hl. Rosenkranzkönigin. V. e. Priester der Diöcese Münster. 16. (176 S. m. 1 Farbendr.) Münster 896. Alphonsus-Buchh. Geb. in Leinw. n. — 50

Rosenkranz-Büchlein. Der hl. Rosenkranz od. der marian. Psalter. (80 S.) kl. 8. Breslau. (905). F. Goerlich. — 10

Rosenkranzbüchlein, mein liebes. Allen treuen Dienern Mariä gewidmet. 2.—4. Aufl. gr. 16. (47 S. mit 15 Illustr. und 1 Titelbild.) Freiburg i. Br. 885—87, Herder'sche Verlagsh. * 20 Pf.; geb. ** — 25

Rosenkranzbüchlein, mein liebes. Allen treuen Dienern Mariä gewidmet. 5. Aufl., in kleinerem Format. 16. (56 S. m. 16 Illustr. u. e. Titelbild.) Freiburg i/B. 894. Herder. Geb. n.n. — 25

Rosenkranzbüchlein, Mein liebes. Allen treuen Dienern Mariä gewidmet . . . 6. Aufl. Freiburg i. Br. [1908]. V: *Gapp, Julius.* (EB)

Rosenkranzbüchlein, mein liebes. Allen treuen Dienern Mariä gewidmet. 6., verb. Aufl. Mit 16 Illustr. u. e. Titelbild. (57 S.) 16. Freiburg i/B. (908). Herder. Geb. — 30

— f. den Rosenkranzmonat. Kurze Anmutgn. üb. die 15 Geheimnisse d. hl. Rosenkranzes, um sie m. Andacht zu beten. 16. (16 S.) Saulgau 891. H. Kitz. n. — 10

Rosenkranz-Büchlein f. den Rosenkranzmonat. Kurze Anmutgn. üb. die 15 Geheimnisse des hl. Rosenkranzes, um sie m. Andacht zu beten. 3. Aufl. 16. (16 S.) Ravensburg (901). München (Mariahilfplatz 32), A. Killer n. — 10

Rosenkränze. Bilder u. Klänge aus blühender Zeit. (Ausgestanzte Rose.) 4. (16 farb. S. m. eingedr. Text.) Leipzig 890. Baldamus, Sep.-Cto. n. — 90

ROSENKRÄNZE im Gesange. Lugos (Lugosch) o. J.: Sziklai Lajos. 15 S. - 8°

Rosenkränze, zwei, zur Ehre Jesu Christi, u. seiner jungfräulichen Mutter Maria. Aus dem Latein. des Horstius übers. v. Frz. Jos. Weinzierl. 12. Augsb. 822, Doll. (Landshut, Krüll.)

Rosenkränzer, Fritz: Konrad Fleck als Schüler Gottfrieds von Strassburg und Hartmanns von Aue. Strassburg 1908: Müh. 76 S. 8°
Straßburg, Phil. Diss. v. 29. Febr. 1908, Ref. Martin
[Geb. 9. Okt. 81 Trier; Wohnort: Gummersbach; Staatsangeh.: Preußen; Vorbildung: Friedrich-Wilhelm-Gymn. Trier Reife O. 02; Studium: Bonn, Freiburg i. B., Straßburg zus. 9 S.] [U 09. 3851

Rosenkränzer, Nicolaus: Bischof Johann I. von Strassburg genannt von Dürbheim. Trier, Druck von Fr. Dasbach, 1881. 8. VII, 116 S.

Rosenkranzgebet, Das. Ein Andachtsbuch. Klgft., St. Josefs-Druck., 1905. 384 S.

Rosenkranzgebet, das, mit Gebeten und entsprechenden Gesängen (nach der bekannten Melodie der Jesus- M.- J.-Bruderschs.-Gesänge) bei jedem Gesetze. Zum Gebrauch als Rosenkranz-Andacht rc., sowie auch bei der Mai-Andacht rc., nebst lauret. Litanei, Marien-Antiphonen und einigen Marien-Liedern rc. Von einem Priester der Erzdiöcese Köln. Köln 855. Schwann. 12. (48 S.) 1½ ngr

Das heilige Rosenkranzgebet erklärt u. betrachtet von einer Ordensperson. *Hamm i. W.: Breer & Thiemann 1902.* (38 S.) 8° [F.]

Rosenkranzgebet, das heilige, nach dem Geiste d. heil. kathol. Kirche; auf vier verschied. Weisen, sammt d. heil. fünf Wunden, u. Litaneien. Nebst e. Unterr. üb. d. Kraft u. Wirkung d. Rosenkranzgebetes. Von d. Verf. d. „Schritte zur vollkomm. Liebe Gottes" rc. 1. Aufl. (3½ B. u. Titkpfr.) 836., 2. Aufl. 12. (4½ B. u. Titkpfr.) Regensburg 838, Manz.

Rosenkranzgebet, das heilige, nach dem Geiste der heil. kathol. Kirche; auf vier verschiedene Weisen, sammt den heil. fünf Wunden u. Litaneien. Nebst ein. Unterricht über die Kraft u. Wirkung des Rosenkranzgebetes. Von dem Verfasser der „Schritte zur vollkomm. Liebe Gottes, rc." 3. Aufl., verm. mit e. Anhange von Morgen-, Abend-, Meß-, Beicht- u. Kommunionandachten, nebst e. Kreuzweganducht u. a. Gebeten. 12. (8 B. u. 1 Stahlst.) Regensburg 842, Manz.

Rosenkranzgebet, Das heilige, nach dem Geiste der heil. katholischen Kirche . . . 4. Aufl. Regensb. 1844. V: *Blum, Georg.* (schmal) (Th)

—— dass. 4. Aufl. verm. mit einem Anhange von Gebeten rc. 18. (4 1/2 B., 1 Stahlst. u. 1 Geheimnißzettel.) Ebds. 844.

Rosenkranzgebet, das heilige, nach dem Geiste der heil. katholischen Kirche; auf vier verschiedene Weisen, sammt den heil. fünf Wunden u. Litaneien. Nebst einem Unterricht über die Kraft u. Wirkung des Rosenkranzgebetes. Von dem Verf. der Gebet- und Andachtsbücher: Schritte zur vollkommenen Liebe Gottes; Jesus Christus, der wahre Gott und Mensch rc. 5. Aufl. vermehrt mit einem Anh. von Morgen-, Abend-, Meß- rc. Gebeten. Mit 1 Titelbilde (in Holzschn.). Regensburg 861. Manz. 12. (160 S.) 5 ngr.

Rosenkranzgebet, das, in seiner Schönheit u. seinem Werte. Ein Andachtsbuch m. Lesgn., Anweisgn. u. Gebeten. Von einem Freunde des Rosenkranzes für die Mitglieder der St. Josef-Bücherbruderschaft hrsg. Illustr. mit dem Rosenkranzbilde v. Sansovino u. den 15 Rosenkranzbildern von J. v. Führich. (384 S.) 16. Klagenfurt 905. Buch- u. Kunsth. des St. Josef-Vereines.
Geb. in Leinw. n. 1.—

—— das, im Sinne der kathol. Kirche. Mit ein. Anhange von Morgen-, Abend- u. Meßgebeten. Von e. Priester. 16. (14 B.) Würzburg 845, Voigt u. Mocker. *
Mit 2 Abbild. in Gold- u. Farbendruck. *

Rosenkranzkörner, über die vorgeblich jung-katholischen, im römisch-kathol. Pfarrhause zu Kreuznach. Ein histor.-krit. Versuch. gr. 8. Saarbrücken 846, Neumann. 1/4 Thlr

GEISTLICHES Rosenkränzlein, zu Ehren des grossen Himmlischen Heer-Führers des heiligen Erz-Engels Michael, seinen mächtigen Schutz, und andere besondere göttliche Gnaden zu erlangen. Preßburg 1800. Gedr. bey Johann Nepomuck Schauff. (16 S.) - gr. 8°

SECHS schöne geistreiche Rosenkranz-Lieder, welche sowohl vor als nach denen Rosenkränzen gesungen werden. Vor dem freudenreichen Rosenkranz zu singen: Mit Freudn seynd wir versammelt hier, in Rosenkranz zu dienen dir. Nach dem freudenreichen Rosenkranz: Weil wir beschlossen haben ganz, den freudenreichen Rosenkranz. Vor dem schmerzhaften Rosenkranz: Also hat Gott die Welt geliebt, daß er sein eigen Sohn dargibt. Nach dem schmerzhaften Rosenkranz: O Mutter Gottes hochgeliebt, im Herzen dein warst du betrübt. Vor dem glorreichen Rosenkranz: Zu Gottes und Maria Ehr seynd wir abermal, kommen her. Nach dem glorwürdigen Rosenkranz: Nimm hin, o Jungfrau hochgeehrt, von uns diesen Rosenkranz. Oedenburg 1776: Joh. Jos. Sieß.

- Dass. Ebd. 1800

Rosenkranz-Monat, der. Betrachtungen üb. die Geheimnisse d. Rosenkranzes v. e. Priester d. Ordens d. hl. Dominikus. [Aus dem Franz.] 16. (V, 339 S. m. 1 Stahlst.) Augsburg 888. Kranzfelder. n. 1. 50

Rosenkranz-Monat, der. Aus dem Franz. (32 S. m. Abb.) gr. 16. Straßburg (903). F. X. Le Roux & Co. n. — 10

ROSENKRANZ-Predigt im ganzen Ernste gehalten zu Bogenhausen nächst München am 3. Okt. 1779 von dem sog. Wiesenpater aus Issmanning. O. O. 1780. 8°. 39 S. Selten!
Sehr urwüchsig. — Frdr. Klüber, München, Cat. 107. (1899) no. 1056, Beibd. 3.

Rosenkranzpredigt, gehalten zu Bogenhausen bei München, d. 3. Oct. 1779 von d. sogenannten Wiesenpater aus Işmaning. 3e Aufl. 8. Münch. 783. (J. Lindauer). 2 gr

Rosenkranz-Unterrichts- u. Gebetbuch für katholische Christen. Mit 1 Titelbilde (in Stahlst.). Lienz 869. Schuster. gr. 16. (VII, 407 S.) n. 12 ngr.

Rosenkranz-, Unterrichts- und Gebetbuch für katholische Christen. Enthaltend: 1. Unterricht und Belehrung über die heilige Rosenkranzandacht. — 2. Sammlung verschiedener Rosenkränze und Litaneien. — 3. Allgemeine Andachtsübungen. Mit 1 Titelbilde. kl. 8. (407 S.) Lienz, Schuster. 60 kr.

Rosenkreuz, C., chymische Hochzeit, ao. 1459. der Seltenh. weg. wieder aufgelegt. 8. Nürnb. (Montag u. W. in Regensb.) (a. Nicolai in Berlin.) 781.

Rosenkreuzer, Der, in seiner Blösse . . . Amsterdam 1781-82. V: *Ecker und Eckhoffen, Joh. Heinrich Freih. v.* (Kl)

Rosenkreuzer, der, in s. Blöße, zum Nutzen d. Staats hingestellt rc. 8. Nürnberg, Bauer. (Schmidmer.) 782.

Rosenkreuzer, Der im Licht der Wahrheit strahlende, allen lieben Mitmenschen . . . zum Nutzen hingestellt . . . Leipzig 1782. V: *Schleiss von Löwenfeld, Bernh. Joseph.* (Kl)

— der im Lichte d. Wahrheit strahlende, allen liebenden Mitmenschen hingestellt rc. 8. Amsterd. 783. (Compt. f. Litt. in Leipz.) 14 gr

Rosenkreuzerei, Rudolstadt [ca.] 1805. V: *Schröder, Frdr. Ludw.* (Tt)

Rosenkunde, od. d. Rose nach ihren Verzweigungen in d. Natur, Kunst- u. Menschenwelt. (Von Joh. Chrstn. Dolz.) 8. (1 1/8 B. u. Titvign.) Leipzig 836, (Schreck.)

Rosenlächer, Frz. Jos., Christus ist mein Leben, Sterben mein Gewinn! 64 Erzahlungen aus dem Leben gottergebener leidender u. sterbender Christen. 3e Aufl. gr. 8. Landshut 837. Palm. 3/8 Thlr — 4e Aufl. von M. Hauber. gr. 8. Ebd. 839. 1/2 Thlr

Rosenlächer, F. J., Christus ist mein Leben, Sterben mein Gewinn! 64 Erzähln. aus d. Leben gotterged. leid. u. sterb. Christen. Ganz neu bearb. 3. Aufl. (18 B.) 837. 3/8 Thlr., 4. Aufl. v. M. Hauber. gr. 8. (17 3/4 B.) Landshut 839, [v. Vogel'sche Vrlsbuchh.]

Rosenlächer, Frz. Jos., biograph. Ehren-Tempel, errichtet d. verstorbenen, um d. Schulwesen vorzügl. verdienten kathol. Schulvorständen, Geistlichen u. Lehrern. 1s Bdchen. gr. 8. Kempten 822. Kösel. 20 gr 2 Bdchn. gr. 8. Augsb. 821—28. Kranzfelder. 1 Thlr 16 gr

— die Macht d. göttl. Religion Jesu in Krankheiten u. im Tode. gr. 8. Landh. 817. 2e Aufl. 823. Storno. 10 gr (Jaquet in Münch.) 16 gr

— die Macht des Unglaubens u. d. bösen Gewissens in Leiden u. im Tode. In wahren Beispielen dargest. 8. Landh. 817. 2e A. 825. Storno; (a. Jaquet in Münch.) 7 gr

— s. Predigtentwürfe auf die Sonn- u. Festtage.

— goldener Spiegel, od. biograph. Skizzen christl.-frommer u. verständ. Personen aus d. Bürger- u. Bauernstande. 8. Bregenz 818. u. 8. Augsb. 827. Kranzfelder. 6 gr

— Karrer's, Bauers zu Argensee, Vermächtniß an seine hinterlassenen Kinder. gr. 8. Landsh. 817. Storno. 1 ℛ

— wie kann d. Mensch zu e. wahrhaft gottseligen Wandel gelangen, u. freudig u. getrost im Herrn vollbringen? gr. 8. Landsh. 817. Storno. 1 ℛ

Rosenlaunen, von E. Nicolai. 8. Magdeburg, Rubach. 819.

Rosenlecher, R., Sammeln u. Verwerten edelmetallhaltiger, photograph. Abfälle zwecks Verminderung der Kosten der photographischen Bildererzeugung, s.a. Encyklopädie der Photographie.

Sammeln und Verwerten Edelmetallhaltiger, photographischer Abfälle zwecks Verminderung der Kosten der photographischen Bilderzeugung. Von R. Rosenlecher. *Halle a. S.: W. Knapp 1899.* (39 S.) 8°
= Encyklopädie d. Photographie. H. 35.

Rosenlehner, Aug., s.: Festgabe, Karl Theodor v. Heigel gewidmet.

Rosenlehner, August, Dr. phil.: **Kurfürst Karl Philipp von der Pfalz und die jülichsche Frage. 1725—1729.** *(Nördlingen) 1903: (C. H. Beck.)* (68 S.) 8° [F.]
München, Phil. Hab.-Schr. v. 1903
(Nicht für den Austausch)

— Kurfürst Karl Philipp v. der Pfalz u. die jülichsche Frage 1725—1729. (XVI, 488 S.) 8. München 906. C. H. Beck. n. 13.—

Rosenlehner, August: **Die Stellung der Kurfürsten Max Emanuel von Bayern und Joseph Klemens von Köln zur Kaiserwahl Karls VI. (1711).** *München: H. Lüneburg 1899.* (X, 96 S.) 8° ¶ [Erschien vollst. 1900 als H. 13 d. Hist. Abhandlungen.]
München, Phil. Diss. v. 1900

Rosenlehner, Aug., die Stellung der Kurfürsten Max Emanuel v. Bayern u. Joseph Klemens v. Köln zur Kaiserwahl Karls VI. (1711), s.a. Abhandlungen, historische. 13. Hft.

Die Stellung der Kurfürsten Max Emanuel von Bayern und Joseph Klemens von Köln zur Kaiserwahl Karls VI. (1711). Von Dr. August Rosenlehner. *München: H. Lüneburg 1900.* (X, 148 S.) 4° (8°)
= Abhandlungen. Historische. Hrsg. v. Heigel u. Grauert. H. 13.

Rosen-Lied. o. O. u. J.: **Menck.** 1 Bl. 8° [Kopftit.]
„Dem Schoose der Natur liess Gott . . ."
Rekt. Kneisner, Hamburg.

Rosen-Lied zur Feier des Johannisfestes im Jahre 1860 für die □ „zur goldenen Harfe" im Oriente von Marienwerder. 1 Bl. 8°. [Kopftit.]
Ohne Noten: „Wenn ährengefüllt die wogenden Felder" . . .

Rosenlied und Hymnus zur Feier des Johannis-Festes in der □ z. h[eissen] Q[uelle] im Jahre 1863. Hirschberg [1863]: Krahn. 2 Bl. 8° [Umschlagtit.]
Ohne Noten.

Rosenlieder für die Feier des Johannisfestes in der Grossen Landes-Loge von Deutschland zu Berlin und deren Töchter-Logen. Berlin 1852: [Pasewaldt & Schmidt]. 16 S. quer 8°.
17 Lieder, davon 2 mit Noten.

Rosenlöcher, Otto, Mentor f. den Hallenser bezw. Leipziger Verkehr, s.: Paul's, Johs. Fel. Ferd., Verkehrs-Handbücher.

Rosenmädchen

— s. auch Favart.

Rosenmädchen, das,. Singsp. in 3 A. v. Favart, a. d. Franz 8. Frankf. Andreä. 773.

Rosenmädchen, Das, ein Singspiel in drey Aufzügen. Aus dem Französischen übersetzt. Wien 1776. V: *Favart, Charles Simon.* (BiblPort)

— das neue,. Schausp. 8. Leipz. Gräff.

Rosenmädchen, das; neues Schspl. 8. Leipz. 789. (Blenbrack). 4 ℛ

Rosenmann Gedalje: Die Technologie und Terminologie der Metallarbeiter in der Mischna.
H. 1902 PN 1521 Diss. Wien, Univ. 2879

Rosenmann, M., J. N. Mannheimer. (23 S. m. 3 Abb. u. 1 Fksm.) kl. 8. Wien 910. R. Löwit. — 50
Sonderabdruck aus: „Kldr. d. oesterr.-israelit. Union".

Rosenmann, M., jüdische Realpolitik in Oesterreich. Ein Vademecum f. ernst Denkende. gr. 8. (80 S.) Wien 900. R. Löwit. n. — 50

Rosenmann, Moses: Studien zum Buche Tobit . . . Berlin, Mayer & Müller, 1894; VI S., 1 Bl., 41 S., 2 Bl. 8.
Giessen, Phil. Fak., Inaug.-Diss. v. 1894

— Der Ursprung der Synagoge u. ihre allmähliche Entwicklung. Eine historisch-krit. Studie zur Erforschg. beider. (32 S.) gr. 8. Berlin 907. Mayer & Müller. 1.50

Rosenmann, Richard, approb. Arzt aus Bischofswerder, Westpr.: **Über die Veränderungen der Milchdrüsenzellen bei der Lactation.** *Berlin (1898): E. Billig Nachf.* (39 S.) 8°
Leipzig, Med. Diss. v. 22. Nov. 1898
(Nur in beschränkter Zahl für den Austausch)

Rosenmann, Steph., ius publ. regni Hungariae. 8. Augsb. Doll. 791.

— Staatsrecht d. Königr. Hungarn, n. d. heut. Verfass. dies. Reichs bearb. 8. Augsb. Doll. 792.

— — dass. 8. Wien, A. Doll. 792.

Rosenmark, Herm., israelitische Religions- und Sittenlehre in leichtfaßlichen und lehrreichen Reim- u. Denkversen für Kinder ersten Schulalters. 2. verb. u. verm. Aufl. Wien 853. Sommer. (F. Klemm.) 8. (XI, 96 S.) n. 10 ngr.

Rosenmerkel, Johann Friedrich

Rosenmerkel, J. Fr., Beschreib. d. Mineralbades zu Kreuth bei Tegernsee ꝛc. 8. Münch. 822. Finsterlin. 16 ℊ

Rosenmerkel, J(ohann) Friedrich: Über die Radikalkur des in der Weiche liegenden Testikel bey nicht vollendetem Descensus desselben. 56 S., gbd.

München: Lindauer 1820

JB 3.765

Rosenmeyer, A., das bürgerliche Gesetzbuch, s.: Wolf, B.

— Kommentar zum Gesetz üb. den Verkehr m. Kraftfahrzeugen vom 3. V. 1909 u. der Bundesratsverordnung vom 3. II. 1910. s.: Neukirch, E.

Rosenmeyer, Andr. Gf., Taschenbuch f. Militär-Chirurgen zur Einrichtung e. pharmaceut. u. chirurg. Feldapparats. 8. Potsd. 804. Horvath. 14 ℊ

Rosenmeyer, Arthur, aus Frankfurt a. M., Referendar: Die Rechtsstellung der Nachlaßgläubiger im Konkurse über das Vermögen des Erben einschließlich des Nachlasses. *Berlin: C. Heymann 1902.* (36 S.) 8°
Marburg, Jur. Diss. v. [6. Dez.] 1902

Rosenmeyer, J., Handbüchlein f. den Unterricht in der deutschen Sprache. Nach dem v. Seiten d. h. kön. ung. Unterrichtsministeriums vorgeschriebenen Lehrplane f. Volksschulen bearb. 2. u. 3. Schulj. 2. umgestalt. u. verb. Aufl. 8. (67 S.) Budapest 872. Aigner. n. — 60

— Leitfaden der mosaischen Religion. Für die israelit. Schuljugend bearb. 8. (IV, 115 S.) Ebend. 872. n. — 70

Rosenmeyer, J., deutsches Sprachbuch. Ein methodisch geordneter Leitfaden f. den Unterricht in der neuen Rechtschreibg. zum Gebrauch in den deutschen Schulen. 1. Hft. Unterstufe. 8. (20 S.) Mainz 884. Müller. n. — 20

Rosenmeyer, J. J., praktisches Rechenbuch f. Volks- u. Bürgerschulen. Mit Rücksicht auf die neuen Maße u. Gewichte bearb. 1. u. 2. Uebungsbuch. 8. Budapest 874. Lampel's Verl. à n. — 80
1. Die 4 Grundrechnungsarten nebst Resolviren u. Reduciren in allmälig erweiterten Zahlenkreisen. (XI, 52 S.)
2. Die 4 Grundrechnungsarten in Decimalzahlen; das Rechnen m. Brüchen. Die bürgerl. Rechnungsarten: Regeldetri, Zinsrechng. Kettensatz, Gesellschafts- u. Mischungsrechng. (IV, 68 S.)

—— deutsche Schulsprachlehre. Ein nach Jahrescursen geordnetes Sprach- und Stilübungsbuch für Volks-, Töchter- und Bürgerschulen. 2. umgearb. Aufl. 8. (IV, 172 S.) Budapest 874. Lampel's Verlag.

—— die deutsche Sprachlehre. Ein stufenmäßig geordnetes Sprach- und Stilübungsbuch für gehobene Volks-, Bürger- und Töchterschulen. 8. (VIII, 168 S.) Pest 871. (Aigner.) *

Rosenmeyer, Ign. Ph., Archiv f. die Geschichte, Topographie u. Statistik d. Königr. Westphalen. 1r Bd. 1s Hft. 8. Cassel 808. Hampe. 10 ℊ

Rosenmeyer, Ludov., Quaestiones Tertullianeae ad librum adversus Praxean pertinentes, s.a. Dissertationes philologicae Argentoratenses selectae. XIV, 1.

Rosenmeyer, Ludovicus: Quaestiones Tertullianeae ad librum adversus Praxean pertinentes. (Teildruck.) Argentorati: Truebner 1908. VII, 44 S. 8° ¶(Ersch. vollst. in: Dissertationes philol. Argentoratenses selectae. Vol. 14, 1.)
Straßburg, Phil. Diss. v. 25. Jan. 1908, Ref. Reitzenstein
[Geb. 19. Dez. 86 Metz; Wohnort: Metz; Staatsangeh.: Elsaß-Lothringen; Vorbildung: Lyz. Metz Reife Sommer 04; Studium: Straßburg 2, Berlin 1, Straßburg 4 S.] [U 09. 3852

Die Säcularfeier der Loge zur aufgehenden Morgenröthe im Or. Frankfurt a. M. am 20. Okt. 1907. Zsgest. für die Brr. der Loge zur aufgehenden Morgenröthe von Ludw. Rosenmeyer. Frankfurt a. M. 1907: Mahlau & Waldschmidt. 36 S. 8⁰ [Umschlagtit.]
Aus: Bh. 50 (1907) S. 353-355, 361-365, 369 bis 372.
Bericht. Rede von L. Rosenmeyer: Gesch. der Loge, F. Auerbach: Üb. die Aufgabe der Mrei für die Gegenwart u. Zukunft.

***Rosenmeyer,* W. A.,** Commentat. de artificiosa orificii uteri dilatatione in arte obstetricia, adject. descript. et delineatione instrumenti etc. Cum fig. 4. Göttingen 802. Brose. 6 ℊ

Rosenmiller, Adam Rudolph (Hildburghausen)
Altd. Ahg. 3/11

Commentatio in v. 18 cap. XI. Iobi.
Altdorf (Hessel) 29. X. 1760. 16 S.

Gew.: Adam Rudolph Solger. 29265

Rosenmontagszug, der Kölner, 1905 u. 1906. Köln, Hoursch & Bechstedt. à n.n. 1. 25
1905. Eine Blütenlese aus dem Kölner Adreßbuch. Ausgeführt nach der Idee v. Herm. Jos. Böhmer, Präsident der Großen Kölner Karnevalsgesellschaft u. nach Entwürfen von Henry Recker. In Bildern wiedergegeben durch F. Brantzky u. W. Schuler. Begleitende Dichtg. v. Gerh. Schnorrenberg. (48 S. m. farb. Abbildgn.) kl. 8. (905).
1906. „Prunkmahl des Prinzen Karneval!" Ausgeführt nach der Idee des verstorb. Präsidenten der Großen Karnevalsgesellschaft Jean Jörrissen u. nach Entwürfen v. Henry Recker. In Bildern wiedergegeben durch Jos. Stolzen. Begleitende Dichtg. v. Carl Wirtz. (14 farb. Taf. m. Text auf der Rückseite u. 4 S. Text.) qu. kl. 8. (906.)

Rosenmontagszug, der Kölner, 1907—1910. Köln, Hoursch & Bechstedt. nn 4. 75
1907. Bilder aus dem Kölner Leben. Nach der Idee d. Präsidenten der Großen Kölner Karnevals-Gesellschaft Hermann Joseph Böhmer entworfen u. gezeichnet v. Henry Recker. Text v. Carl Wirts. (19 farb. Taf. m. Text auf der Rückseite u. 3 S. Text.) 15×28 cm. nn 1. 25
1908. Bilder aus dem Kölner Leben. Nach Entwürfen v. Henry Recker. Mit 2 Beiträgen v. Jos. Stolzen, begleit Text v. Carl Wirts. (15 farb. Taf. m. Text auf der Rückseite u. 3 S. Text.) 15×25,5 cm. (908.) 1. —
1909. „Die verkehrte Welt". Nach der Idee des Präsidenten der großen Kölner Karnevals-Gesellschaft Jos. Wingender entworfen u. gezeichnet v. Henry Recker. Text v. Carl Wirts. (18 farb. Taf. m. Text auf der Rückseite u. 3 S. Text.) 15,5×24,5 cm. (909.) nn 1. 25
1910. „Aus aller Herren Länder". Nach der Idee des Präsidenten der großen Karnevals-Gesellschaft Gerh. Becker, entworfen u. gezeichnet v. Henry Recker, Text v. Carl Wirts. (17 farb. Taf. m. Text auf der Rückseite u. 4 S. Text.) 16×25 cm. (910.) nn 1. 25

Rosenmüller Anna — Die praktische Köchin. Ein Kochbuch auf lange Erfahrungen gegründet und leicht faßlich für Jedermann. Verfaßt und gesammelt von — —. Tabor, 1856. Druck und Verlag von Alois J. Landfraß. (260 S. u. 7 Bl. 8.) geh.

Rosenmüller, Anna, die praktische Köchin. Ein Kochbuch auf jahrelange Erfahrungen gegründet u. leicht faßlich für Jedermann. Neuhaus 865. Landfraß u. Sohn. 8. (274 S.) n. 10½ ngr.

Rosenmüller, C. O.

—– topographische Karte von Leipzig und Umgegend. 1 : 25,000. Revid. und nachgetragen 1888. Chromolithogr. gr. Fol. Ebendas. 888. ** 1 —

Rosenmüller, C. O., topographische Karte der Umgegend von Leipzig im Maassstabe 1 : 25,000. 4 Bl. Kpfrst. gr. Fol. Leipzig 876, Giesecke und Devrient. geb. * 7 —
Blatt IV allein * 1 20

Rosenmüller, topographische Karte der Umgegend von Leipzig in 1 Blatt. 1 : 25,000. Chromolithogr. Imp.-Fol. Leipzig 884, Giesecke und Devrient. 3 60

Rosenmüller, topographische Karte der Umgegend von Leipzig. Revid. und nachgetragen 1887. Mit der Grenze des jetz. Stadtgebietes, der Grenze des zukünft. Stadtgebietes nach Aufnahme der Vorstadtdörfer im Umkreise von 5 Kilometer und Flurgrenze der einzelnen Vorstadtdörfer. 1 : 25,000. Chromolithogr. Imp.-Fol. Leipzig 887, Giesecke und Devrient. * 3 60

Rosenmüller. Topographische Karte d. Umgegend v. Leipzig. 1 : 25,000. Rev. u. nachgetragen 1891. Farbendr. Imp.-Fol. Lpz., Giesecke u. Devrient. ** 3 —

Rosenmüller, Ernst Friedrich Karl

— selecta quaedam Arabum adagia, nunc primum arabice edita, latine versa atque illustrata. 4maj. Leipz. 797. Barth. 7 gr

Rosenmüller, Ern. Frider. Car., Analecta arabica, s. Analecta.

— u. Tschirner, Analekten, s. Analekten.

– s. Ansichten v. Palästina.

– s. Arvieur, d': Sitten.

Rosenmüller, E.F.K. (Bearb.), s. Assheton, T.T.: Topographisch-historische Karte v. Palästina.

– s. Bauer, G. L.: Lehrbuch d. hebräischen Alterthümer.

– s. Biblia hebraica.

– s. Bocharti, Hierozoieon.

— Brief Jacobi übers. u. erläut. gr. 8. Leipzig, Göschen. 787.

Zohairi carmen al-Moallakah appellatum. Cum scholiis Zuzenii integris et Nachasi selectis ... Arabice edidit, Latine vertit, notis illustravit, glossarium adiecit Ern. Frid. Car. Rosenmüller. Lipsiae 1826.

Zohairi carmen templi Meccani foribus appensum ... Arabice editum, Latine conversum ... publico eruditorum examini subiiciet Ernest. Frid. Car. Rosenmüller. [Mit handschriftlichen Notizen Thorbecke's.] Lipsiae 1792.

— Fuldner et Maurer, Comment. theologicae etc., s. Commentationes.

– s. Dathe, J. A.: Opuscula.

— arab. Elementar- u. Lesebuch, mit e. vollständ. Wortregister. gr. 8. Leipz. 799. Barth. 2 ℛ 8 gr

— paraphrast. Erklärung d. Briefs an die Hebräer, s. G. T. Zachariä.

Rosenmüller, Er. Fr. Karl, Handbuch d. bibl. Alterthumskunde. 1r—3r Bd. (Auch u. d. T.: biblische Geographie. 3 Bde. Mit 2 Kpf., 1 Karte u. 2 lithograph. Abbildd. in Fol. 10 ℛ 20 gr 4r Bd. 1e u. 2e Abtheil.: bibl. Naturgeschichte. 4 ℛ 12 gr) gr. 8. Leipz. 823—831. Baumgärtner. 15 ℛ 8 gr

– s. Handbuch, Exeget., 1r Thl.

— Handbuch f. die Literatur d. bibl. Kritik u. Exegese. 4 Bde. gr. 8. Götting. 797—800. Vandenhöck u. R. 5 ℛ

– s. Jacobi: Der Brief.

— — Institutiones ad fundamenta linguae Arabicae. Accedunt sententiae et narrationes Arabicae ... Lipsiae 1818.

— institutiones ad fundamenta linguae arabicae. Accedd. sententiae et narrationes Arabicae una cum Glossario arabico-latino. 4. Leipz. 819. Barth. 4 ℛ Velinp. 6 ℛ

– s. Lowth, R.: Praelectiones ...

– s. Lucian, Timon.

– s. Marsh, Anmerkk.

— das alte u. neue Morgenland, od. Erläuterr. d. heil. Schrift aus d. natürl. Beschaffenheit, den Sagen, Sitten u. Gebräuchen d. Morgenländer. Mit eingeschalteter Uebersetzung von Sam. Burders morgenländ. Sitten u. Will. Ward's Erläuterr. d. heil. Schrift aus d. Sitten u. Gebräuchen d. Hindus. 6 Bde. gr. 8. Leipz. 817—20. Baumgärtner. 9 ℛ 12 gr

— Oratio hab., praemissa in selecta quaed. Arabum adagia. 4maj. Leipz. 797. Breitkopf u. H. 7 gr

— u. G. H. Rosenmüller, bibl.-exeget. Repertorium, oder die neuesten Fortschritte in Erklärung d. heil. Schrift. 1r u. 2r Bd. gr. 8. Leipz. 822—24. Baumgärtner. (1r Bd. 18 gr 2r Bd. 1 ℛ 4 gr) 1 ℛ 22 gr

Rosenmüller, Ernst Friedrich Karl [Praes.], s. Richter, Karl Friedrich: Zohairi carmen templi meccani foribus appensum nunc primum ex codice Leidensi Arabice editum Latine conversum et notis illustratum.

— üb. einen arabischen Roman des Hariri. gr. 8. Leipz. 801. Dyck. 5 gr

Rosenmüller, Ernst Friedrich Carl. Scholia in Jesaiam. Lipsiae 18?? H: *Lechner, Joh. Christoph Sgm.* (Ky)

Rosenmüller, E. F. C. Scholia in Jobum. Lips. 1832. H: *Lechner, Joh. Christoph Sgm.* (Ky)

Rosenmüller, E. F. C. Scholia in Pentateuchum in compendium redacta. Lipsiae 1828. H: *Lechner, Joh. Christoph Sgm.* (Ky)

Rosenmüller, E. F. C. Scholia in Psalmos. Lipsiae 1831. H: *Lechner, Joh. Christoph Sgm.* (Ky)

— Scholia in V. Test. Prs. I. Vol. I. Et. s. t.: Pentateuchus annotat. perpet. illustr. Vol. I. Genesis. 8maj. Leipz. 788. Ed. II. emend. 795. Ed. III. auct. et emend. 821. Barth. 3 ℛ 15 ℊ Schrbp. 4 ℛ 12 ℊ Berl. Pap. 4 ℛ 15 ℊ Velinp. 5 ℛ

— id. lib. Prs. I. Vol. II. 8maj. Leipz. 788. Ed. II. 795. Ed. III. 822. Et. s. t.: Pentateuchus etc. Vol. II. Exodus. ibid. 2 ℛ 6 ℊ Schrbp. 2 ℛ 18 ℊ Berlin. Pap. 3 ℛ Velinpap. 3 ℛ 6 ℊ

— id. lib. Prs. II. 8maj. ibid. Et. s. t.: Pentateuchus. Vol. III. Leviticus, Numeri, Deuteronomium. 790. Ed. II. 798. Ed. III. auct. et emend. 824. ibid. 3 ℛ Schreibp. 3 ℛ 15 ℊ Berl. Pap. 4 ℛ Velinp. 4 ℛ 6 ℊ

— id. lib. Prs. III. Et. s. t.: Jesaiae vaticinia, annotat. perpet. illustr. Vol. I — III. 8maj. ibid. 792, 93. Ed. II. 810, 18, 20. (Vol. I. Ed. III. 829.) ibid. 7 ℛ Schreibp. 8 ℛ 12 ℊ Berl. Pap. 8 ℛ 21 ℊ Velinp. 9 ℛ 21 ℊ

— Scholia in Vetus Testamentum. T. III. P. I. Jesaias ed. nov. 8maj. Lips. Barth. 811. 1

—— Scholia in Vet. Test. Part. III. Vol. I—III. — E. s. t.: Jesajae Vaticinia annotatione perpetua illustr. III Vol. Edit. III. auct. et emend. 8maj. Lipsiae, Barth. [I. (42 B.) 829. 2 Thlr. 9 Gr., Schrbp. 2 Thlr. 21 Gr., Patentp. 3 Thlr., Vlnp. 3 Thlr. 6 Gr., II. (34½ B.) 833. 2 Thlr., Schrbp. 2 Thlr. 6 Gr., Patp. 2 Thlr. 12 Gr., Vlnp. 2 Thlr. 18 Gr., III. (39 B.) 834. 2 Thlr. 9 Gr., Schrbp. 2 Thlr. 21 Gr., Patp. 3 Thlr., Vlnp. 3 Thlr. 6 Gr.] 6 Thlr. 18 Gr., Schrbp. 8 Thlr., Patp. 8 Thlr. 12 Gr., Vlnp.

— id. lib. Prs. IV. Vol. I—III. Et. s. t.: Psalmi annot. perpet. illustr. Vol. I—III. 8maj. ibid. 798, 802. 4. Ed. II. auct. et emend. 821, 22, 23. ibid. 9 ℛ Schreibp. 10 ℛ 18 ℊ Berl. P. 11 ℛ 18 ℊ Velinp. 12 ℛ 21 ℊ

— id. lib. Prs. V. Vol. I, II. Et. s. t.: Jobus lat. vert. et annot. perpet. illustr. Prs. I et II. 8maj. ibid. 806. Ed. II. auct. et emend. 824. 4 ℛ 12 ℊ Schrbp. 5 ℛ 12 ℊ Berl. Pap. 6 ℛ Velinp. 6 ℛ 12 ℊ

— id. lib. Prs. VI. Vol. I, II. Et. s. t.: Ezechiel lat. vert. et annot. perpet. illustr. II Voll. 8maj. ibid. 808, 10. Ed. II. auct. et emend. 826. 5 ℛ 15 ℊ Schrb. 6 ℛ 18 ℊ Berl. Pap. 7 ℛ 9 ℊ Velinp. 7 ℛ 21 ℊ

— id. lib. Prs. VII. Vol. I—IV. Et. s. t.: Prophetae minores annot. perpet. illustr. IV Voll. 8maj. ibid. 812 — 16. Ed. II. auct. et emend. 827, 28. 7 ℛ 3 ℊ Schreibp. 8 ℛ 6 ℊ Berl. Pap. 9 ℛ Velinp. 10 ℛ 6 ℊ

— id. lib. Part. VII. Cont. Proph. minores Vol II. Amos Obadias et Jonas. Ed. II. gr. 8. Ebd. 822, Ebd. 1 Rthl. 15 gr. Schreib. P. 2 Rthl. — Velin-P.

Rosenmüller, Er. Fr. Karl, Scholia in V. Test. Prs. VIII. Vol. I. et II. Jeremiae vaticinia et threni; latino vertit et annotatione perpet. illustr. Vol. I et II. 8maj. Leipz. 826, 27. Barth. 5 ℛ 6 ℊ Schrbp. 6 ℛ 6 ℊ Berlin. Pap. 6 ℛ 18 ℊ Velinp. 7 ℛ 12 ℊ

—— id. Part. IX. Vol. I. et II. — E. s. t.: Salomonis regis et sapientis quae perhibentur scripta. Latine vertit et annotat. perpet. illustr. II Vol. 8maj. Ibid. 5 Thlr. 3 Gr., Schrbp. 5 Thlr. 21 Gr.; Patp. 6 Thlr. 15 Gr., Vlnp.
Vol. I. Proverbia cont. (46¼ B.) 829. 3 Thlr. 6 Gr., Schrbp. 3 Thlr. 18 Gr., Patp. 4 Thlr. 6 Gr., Vlnp. 4 Thlr. 12 Gr.
- II. Ecclesiasten et Canticum cont. (27 B.) 830. 1 Thlr. 21 Gr., Schrbp. 2 Thlr. 3 Gr., Patp. 2 Thlr. 9 Gr., Vlnp. 2 Thlr. 15 Gr.

—— id. Part. X. — E. s. t.: Daniel, latine vertit et annotat. perpet. illustr. 8maj. (28¼ B.) Ibid. 832. 2 Thlr., Schrbp. 2 Thlr. 6 Gr., Patp. 2 Thlr. 12 Gr., Vlnp.

—— id. Pars XI. Vol. I. et II. — E. s. t.: Libri historici Vet. Test. annotat. perpet. illustr. II Vol. 8maj. Ibid. 4 Thlr. 6 Gr., Schrbp. 5 Thlr. 6 Gr., Patp. 5 Thlr. 12 Gr., Vlnp.
Vol. I. Josua. (30 B.) 833. 2 Thlr. 3 Gr., Schrbp. 2 Thlr. 15 Gr., Patp. 2 Thlr. 18 Gr., Vlnp. 3 Thlr. 3 Gr.
Vol. II. Judices et Ruth. (31 B.) 835. 2 Thlr. 3 Gr., Schrbp. 2 Thlr. 15 Gr., Patp. 2 Thlr. 18 Gr., Vlnp. 3 Thlr. 3 Gr.
Früher erschienen:
Pars I. Vol. I. Pentateuchus. Vol. I. Genesis. Edit. III. 3 Thlr. 15 Gr., 4 Thlr. 12 Gr., 4 Thlr. 15 Gr., 5 Thlr.
- II. —— Vol. II. Exodus. Edit. III. 2 Thlr. 6 Gr., 2 Thlr. 18 Gr., 3 Thlr., 3 Thlr. 6 Gr.
- II. —— Vol. III. Leviticus, Numeri, Deuteronomium. Edit. III. 3 Thlr., 3 Thlr. 15 Gr., 4 Thlr., 4 Thlr. 6 Gr.
- IV. Vol. I. Psalmi. Vol. I. Edit. II. 3 Thlr., 3 Thlr. 15 Gr., 4 Thlr., 4 Thlr. 6 Gr.
- II. —— - II. - II. 2 Thlr. 15 Gr., 3 Thlr. 3 Gr., 3 Thlr. 6 Gr., 3 Thlr. 15 Gr.
- III. —— - III. - II. 3 Thlr. 9 Gr., 4 Thlr., 4 Thlr. 12 Gr., 5 Thlr.
- V. Jobus. Edit. II. 4 Thlr. 12 Gr., 5 Thlr. 12 Gr., 6 Thlr., 6 Thlr. 12 Gr.
- VI. Vol. I. Ezechiel. Vol. I. Edit. II. 2 Thlr. 15 Gr., 3 Thlr. 3 Gr., 3 Thlr. 9 Gr., 3 Thlr. 15 Gr.
- II. —— - II. - II. 3 Thlr., 3 Thlr. 15 Gr., 4 Thlr., 4 Thlr. 6 Gr.
- VII. Vol. I. Prophetae minores. Vol. I Hoseas et Joël. Edit. II. 1 Thlr. 21 Gr., 2 Thlr. 3 Gr., 2 Thlr. 9 Gr., 2 Thlr. 15 Gr.
- II. —— Vol. II. Amos, Obadias et Jonas. Edit. II. 1 Thlr. 15 Gr., 2 Thlr., 2 Thlr. 3 Gr., 2 Thlr. 12 Gr.
- III. —— Vol. III. Micha, Nahum et Habacuc. Edit. II. 1 Thlr. 21 Gr., 2 Thlr. 3 Gr., 2 Thlr. 9 Gr., 2 Thlr. 21 Gr.
- VIII. Vol. I. et II. Jeremiae Vaticinia et Threni. II Vol. à 2 Thlr. 15 Gr., 3 Thlr. 3 Gr., 3 Thlr. 9 Gr., 3 Thlr. 18 Gr.
Ebendas. 1821 — 27.

—— Scholia in Vet. Test., in compendium redacta. Vol. I. — E. s. t.: Scholia in Pentateuchum. 8maj. (51½ B.) Lipsiae 828, Barth. 4 Thlr., Vlnp.

—— id. Vol. II. — E. s. t.: Scholia in Jesajae Vaticinia in comp. redacta. Praemissae sunt Sam. Dav. Luzzatto in Jesajae Vaticinia animadversiones. 8maj. (53½ B.) Ibid. 830. 4 Thlr. 3 Gr., Vlnp.

— Scholia in Vetus Testamentum in Compendium redacta. Vol. II. Et. s. tit.: Scholia in Jesajae Vaticinia in Comp. redacta. Praemissae sunt Sam. Davidis Luzzatto in Jesajae Vaticinia animadversiones. 8maj. Ibid. 835. 4⅓ ℛ Velinp. 5¼ ℛ

—— id. Vol. III. — E. s. t.: Scholia in Psalmos. 8maj. (45 B.) Ibid. 831. 3 Thlr. 15 Gr., Vlnp.

—— id. Vol. IV. — E. s. t.: Scholia in Jobum. 8maj. (30½ B.) Ibid. 832. 2 Thlr. 9 Gr., Vlnp.

—— id. Vol. V. — E. s. t.: Scholia in Ezechielis Vaticinia. Adjectae sunt III tabb. aere expressae ichnograph. sistentes templi ab Ezechiele descripti. (Fol.). 8maj. (37¼ B.) Ibid. 833. 3 Thlr. 12 Gr., Vlnp.

Rosenmüller, Ern. Frid. Car., Scholia in Vet. Testam., in compend. redacta. Post auct. obitum ed. Jo. Chr. Sigism. Lechner. Vol. VI. — E. s. t.: Scholia in Prophetas minores. 8maj. (48¼ B.) Lipsiae 836, Barth. 3⅞ Thlr., Vlnp.
Vol. I—V. Ibid. 1828—33. 17 Thlr. 15 Gr., Vlnp. 21 Thlr. 21 Gr.

– s. Simon, Jh.: Analysis.

– s. Synesius, 5r Hymnus.

— Iesaiae vaticinia lat. vert. et explic. P. I—II. 8. maj. Lps. Barth. 790—810. (ist der 5te Bd. der Scholien üb. das A. T.)

Rosenmüller, Ern. Frid. Carolus. De versione Pentateuchi Persica commentatio. [Einführungsschrift.] Lipsiae 1813.

Rosenmüller, Ernst Fr. K., Commentatio de Pentateuchi versione persica. 4maj. Lips. W. Vogel. (in Comm.) 814. —

—Vocabularium vet. test. hebraeo-chaldaicum, ut cum bibliis hebraicis manual. compigni queat. 8maj. Halle 822. Waisenhaus-B. 12 ℊ (Befindet sich auch an der 3n Ausg. der: *Biblia* hebraica manualia, c. J. Simonis).

Rosenmüller, Ern. Frid. Car.. Vocabularium Veteris Testamenti hebraeo-chaldaicum. Halae 1827.

– s. Zachariä. G. T.: Erklärung d. Br. an die Hebräer.

– s. Zohairi. Carmen.

Rosenmüller, F. A., Dissertat. inaug. ophthalmiatrica de Staphylomate scleroticae, nec non de melanosi et cataracta nigra nonnulla exhibens. (Cum tab. aeri incisa.) 4maj. (6 B.) Erlangae 830, (Heyder.)

Rosenmüller, Georg

Rosenmüller, s.: Grundbuchrecht, das vom 1. I. 1900 ab geltende.

Rosenmüller, Geo., das Grundbuchrecht, s.: Vorträge üb. Gesetzeskunde u. Verwaltung. Heft 5. 6.

Strafrecht u. Strafprozeß. Bearb. von Ge. Rosenmüller. Jg. 1 ff. 1907 ff.

— s.: Warneyer's, Otto, Jahrbuch f. Entscheidungen.

Rosenmüller, Geo. Hier. Konr., († ...) Andeutungen z. richtigen Würdigung u. Beurtheilung verschied. neuerer theolog. Streitfragen. 8. Leipz. 824. Baumgärtner. 9 ℊ

—die Apostel Jesu, ihrem Leben u. Wirken nach dargestellt, f. denkende Bibelleser. 8. Lpz. 821. Baumgärtner. 1 ℛ 12 ℊ

— Beitr. z. Geschichte e. ältern berühmten Staatsmänner u. Rechtsgelehrten d. 16. Jahrh. 1r Bd. 8. Hildburghaus. 800. Hanisch. 18 ℊ (Er. Fleischer in Lpz.) 8 ℊ (Taubert das.) 18 ℊ.

– s. Förster, J. Chr.: Beicht- und Communionbuch.

– s. Förster, J. Chr.: Lehrbuch d. christl. Religion

— Hausaltar, od. Morgen- u. Abendgebete auf alle Tage des Jahres. 4 Bde. gr. 8. Lpz. 822—23. Baumgärtner. 2 ℛ 16 ℊ.

—der kleine Hausaltar, od. Morgen- u. Abendgebete, auf 4 Wochen; nebst e. Samml. v. Gebeten auf besond. Zeiten u. Fälle. Mit 1 Steindr. gr. 8. Leipz. 824. Ind.-Compt. 1 ℛ Hbg. Pr. 12 ℊ

—Lebensbeschreibb. berühmter Gelehrten d. 16. Jahrh. 1r Bd 8. Leipz. 800. (Er. Fleischer). 1 ℛ 8 ℊ

– s. Luther, M.: Kl. Katechismus in Fragen u. Antworten.

—Maria, od. Freundschaft mit Jesu. Ein Handbuch z. tägl. Andacht. 8. Leipz., Ind.-Compt. 1 ℛ Hbg. Pr. 12 ℊ

— Meisterstücke d. französ. Literatur, enthaltend interessante Auszüge aus klassischen französ. Schriftstellern, sowohl Prosaikern als Dichtern, nebst biograph. u. krit. Bemerkk. üb. die Verfasser u. ihre Schriften. 1r Bd. pros. Thl. gr. 8. Leipz. 822. Ind.-Compt. 20 ℊ Hbg. Pr. 12 ℊ

— Mitgabe f. das ganze Leben, der Jugend geheiligt. Mit 1 Steindr. gr. 12. Leipz. 821. 5e A. 827. 6e Aufl. ... Baumgärtner. 16 ℊ

Rosenmüller, (Geo.) Hier. (Konr.), Mitgabe f. d. ganze Leben beim Ausgange aus d. Schule u. Eintritt in d. bürgerl. Leben am Tage d. Confirmation der Jugend geheil. 7. Aufl. Durchges., bericht. u. verm. v. Chrst. Niemeyer. 8. (16½ B., Ttlkpfr. u. 1 Vig.) Leipzig 834, Baumgärtner.

Rosenmüller, (Geo.) Hier. (Konr.), Mitgabe f. d. ganze Leben, beim Ausgange aus d. Schule u. Eintritt in d. bürgerl. Leben, am Tage d. Confirmation d. Jugend geheiligt. 8. Aufl. (19 B., Ttlkpfr. u. 2 Holzsch.) 836., 9. A. (14⅛ B. u. Ttlbild.) 838. u. 10. A. (Sämmtlich) durchges., bericht. u. verm. v. Chr. Niemeyer. 8. (18 B. u. 2 Stahlst.) Leipzig 840, Baumgärtners Buchh. à

Rosenmüller, (Geo. Hieron. Konr.,) Mitgabe für das ganze Leben beim Ausgange aus der Schule u. Eintritt in das bürgerl. Leben; am Tage der Confirmation der Jugend geheiligt. 11—13. Aufl. Durchgesehen, bericht. u. verm. von Chr. Niemeyer. Leipzig, Baumgärtners Buchh. [11—12. Aufl. 8. (à 18 B. u. 2 Stahlst.) 842, 43. à 20 Ngr., 13. Aufl. gr. 8. (17½ B. u. 6 Stahlst. 844.]

Rosenmüller's, (Geo. Hier. Konr.), Mitgabe f. das ganze Leben beim Ausgange aus der Schule u. Eintritt in das bürgerliche Leben; am Tage der Confirmation der Jugend geheiligt. 14. Aufl. Durchgesehen, berichtigt u. verm. von Chr. Niemeyer. Mit 6 Stahlst. 8. (X u. 272 S. m. lithochrom. Tit.) Leipzig 850, Baumgärtner. ⅔ ℛ; in Engl. Einb. m. Goldschnitt n. 1 ℛ

— — 15. Aufl. 855. — 16. Aufl. Von Chrn. Niemeyer. Mit 6 Stahlst. Ebend. 856. 8. (X, 372 S. u. lith. Titel in Farbendr.) 20 ngr.; geb. 1 ℛ. 5 ngr.

Rosenmüller's, (G. H. K.), Mitgabe für das ganze Leben beim Ausgange aus der Schule und Eintritt in das bürgerliche Leben; am Tage der Confirmation der Jugend geheiligt. 17. Aufl. 859. — 18. Aufl. Von Chr. Niemeyer. Mit 6 Stahlst. Leipzig 861. Baumgärtner. 8. (X, 272 S. u. lith. Titel in Farbendr.) 20 ngr.; geb. 1 ℛ 5 ngr.

Rosenmüller's Mitgabe f. das ganze Leben beim Ausgange aus der Schule u. Eintritt in das bürgerliche Leben; am Tage der Confirmation der Jugend geheiligt. 24. Aufl. Neu bearb. v. Karl Binkau. Mit (lith.) Widmungsbl. u. 6 Stahlst. 8. (V, 236 S.) Leipzig 875. Baumgärtner. geb. m. Goldschn. 4. —

Rosenmüller, G. H., Mitgabe f. das ganze Leben beim Ausgange aus der Schule u. Eintritt in das bürgerl. Leben. Mit Begleitwort v. A. Ritter. (VI, 299 S.) 16. Zürich 905. Fäsi & Beer.
Geb. in Leinw. m. Goldschn. n. 3. —

Rosenmüller's (Geo. Hieron. Konr.), Mitgabe für das ganze Leben beim Ausgange aus der Schule und Eintritt in das bürgerliche Leben; am Tage der Confirmation der Jugend geheiligt. Min.-Ausg. nach der 14. von Chr. Niemeyer besorgten Aufl. 16. (X und 272 S. mit 1 Stahlst.) Leipzig 852, Baumgärtner's Buchh. Thlr.

—— dass. — Min.-Ausg. nach der 14. von Chr. Niemeyer besorgten Aufl. 2. Aufl. 16. (X und 272 S. mit 1 Stahlst. und lithochrom. Titel.) Ebds. 856(57).

— — Miniat.-Ausg. nach der 14. von Chr. Niemeyer besorgten Aufl. Mit 1 Stahlst. 3. Aufl. Ebend. 861. 16. (X, 272 S. u. lith. Titel in Farbendr.) geb. 1 ₰ 6 ngr.

— biblisch-exeget.-krit. Repertorium, s. J. G. Rosenmüller.

– s. R o s e n m ü l l e r , Jh. Geo.: Handbuch.

—— das geistl. Schatzkästlein in Versen, od. Freundschaft mit Jesu. Ein Gebetbüchl. z. tägl. Gebr. f. fromme Christen ꝛc. Neue Ausg. (von Marie od. Freundschaft mit Jesu.) gr. 12. (10 B. u. Ttlkpfr.) Leipzig 835, Baumgärtners Buchh.

– s.a. J u l i a n s Widerlegung.

— — *Julians* Widerlegung der Bücher Augustins über den Ehestand, bearb. von Rosenmüller. Leipzig 1796. 8°.
Bibl. Günther. III. Dresd. 1834. No. 6731.

Sonate da camera von Johann Rosenmüller. Hrsg. von Karl Nef. Leipzig: Breitkopf & Härtel 1904. (XI, 137 S.) 2°
= Denkmäler deutscher Tonkunst. Bd 18.

Johann Christian Rosenmueller

Abbildungen und Beschreibungen der fossilen Knochen des Höhlenbären. [Deutsch u. franz.] Von Johann Christian Rosenmüller. Description des fossiles de l'ours des cavernes. Weimar: Verl.d.Privil. Landes- Industrie- Compt. 1804. 22 S., 8 Taf. gr. 2°

— Abbild. und Beschreib. merkw. Höhlen um Muggendorf b. Streitberg im Bayreuth. Oberlande. 1s Hft. mit Kpf. Fol. Erl. Palm. 796.
in braunen Abdrücken

Rosenmüller, J. C., chirurgisch-anatomische Abbildungen f. Aerzte u. Wundärzte, lateinisch u. deutsch. 3 Thle. (Ir in 3 Lief. enth. die Theile des Kopfes und Halses. 1ste Lief. schwarz 4 Rthlr. — illum. 7 Rthlr. — 2te Lief. schw. 2 Rthlr. 18 gr. — illum. 5 Rthlr. 6 gr. — 3te Lief. schw. 4 Rthlr. — illum. 7 Rthlr. 12 gr. — IIr in 4 Lief. enth. die Theile d. Brust u. die Brustglieder. 1ste Lief. schw 3 Rthlr. 12 gr. — illum. 6 Rthlr. — 2te Lief. schw. 4 Rthlr. — illum. 7 Rthlr. 12 gr. — 3te Lief. schw. 4 Rthlr. — illum. 7 Rthlr. 12 gr. — 4te Lief. schw. 4 Rthlr. — illum. 7 Rthlr. 12 gr. — IIIr in 4 Lief. enth. die Theile des Unterleibes u. die Bauchglieder. 1ste Lief. schwarz 3 Rthlr. 12 gr. — illum. 6 Rthlr. — 2te, 3te u. 4te Lief. (schwarz à 4 Rthlr. 12 gr.) — (illum. à 8 Rthlr.) gr. Fol. Weim. Landes Ind. Comt. 805—12.
43
illum. 78

Johann Christian Rosenmueller

Johannes Christianus Rosenmüllerus [Rosenmüller]: De Aneurysmate aortae. [Resp.:] Johannes Henricus Guilielmus Ehrhardt. Lipsiae (1819): Melzer. 35 S. 8°

Leipzig, Med. Diss. v. 7. Dez. 1819

— Beitrr. z. Geschichte u. Kenntniß fossiler Knochen. 1s Heft. Mit Kpf. 8. Leipz. 794. (Hinrichs). 7 ₰

Rosenmüller, J. C. Beiträge zur Geschichte und näheren Kenntniss fossiler Knochen. Erstes Stück. Leipzig. 1795. 8.

Rosenmüller, J(ohann) C(hristian) (Hrsg.):

s.: Beiträge für die Zergliederungskunst. Bd 1. Leipzig: 1800.

JB 6.087

— u. Isenflamm, Beytr. f. d. Zergliederungskunst, s. H. F. Isenflamm.

– s. B e l l , Jh.: Zergliederung d. mensch. Körpers.

– s.a. B e s c h r e i b . merkwürdiger Höhlen.

Rosenmüller, Joh. Chrn, u. Tilesius, Beschreibung merkwürdiger Höhlen. M. 10 kolor. Kpfrt. Leipzig 1799. 8. . . . . 10.

— u. Tilesius, Beschreib. merkwürd. Höhlen. 1r u. 2r Bd. m. Kupf. 8. Leipzig, Breitkopf u. Härtel. 803—805. (à 3 Rthlr.)

— Beschreib. d. fossilen Knochen des hohlen Bären, mit Kupf. Roy. Fol. Weimar, Ind. Comt. 804.

— — dass. a. mit franz. Text.

Johann Christian Rosenmueller

Compendium anatomicum in usum praelectionum conscripsit Ioannes Christianus Rosenmüller. Lipsiae: Köhler 1816. VI,376 S. 8°

Johann Christian Rosenmueller

Ioannes Christianus Rosenmüller: De nervorum olfactoriorum Defectu. ([Leipzig] 1816.) XX S. 8°
[Einladungsschrift zur Dr. med.- Promotion von Heinrich von Martius, ∗ 1781, Leipzig, 2. Aug. 1816.]

— Diss. inaug. Organorum lachrymalium partiumque externorum oculi humani descriptio anatomica. 4. Lpz. 797.

Rosenmüller, Johann Christian: Partium externarum oculi humani, inprimis organorum lachrymalium, descriptio anatomica iconibus illustrata. 72 S., gbd., 5 Taf.

Lipsiae: Hinrichs 1810

JB 4.745

Rosenmüller, Johann Christian [Praes.], s. E h r h a r d t , Johann Heinrich Wilhelm: De aneurysmate aortae.

– s. E n c y k l o p ä d i e d. Anatomie.

Rosenmüller, Johann Christian (Vorr.u.Comm.):

s.: Eneholm, E(lias Gustaf): Handbuch der Kriegshygieine, oder Ueberblick über die Gesundheitspflege der Soldaten. Aus dem Russischen übers., mit...Anmerkungen versehen und mit einem Anhange vermehrt von H(ermann) F(riedrich) Kilian. Leipzig: 1818

JB 3.640

– s. G o r d o n , J.: Knochenlehre.

Rosenmüller, Johann Christian [Praes.], s. Große, Christian August: De diabete.

Rosenmüller, Johann Christian [Praes.], s. Hammer, Christian Ernst Immanuel: Tumorum morbosorum in cerebro observationes novas.

— Handbuch d. Anatomie, zum Gebrauch bei Vorlesung. 2te verb. Aufl. gr. 8. Leipz. Köhler. 815.

— — dasselbe lateinisch. gr. 8. Ebend. 815.

Rosenmüller, J. C., Handbuch d. Anatomie d. menschlichen Körpers, mit dem Bildniß des Verf. 3te verm. Aufl. gr. 8. Leipzig, Köhler. 819.

Rosenmüller, (J. C.,) Handbuch d. Anatomie d. menschl. Körpers. 4e Aufl. Herausgeg. v. E. H. Weber. gr. 8. Leipz. 828, Köhler.

Rosenmüller, Joh. Chrst., Handbuch d. Anatomie d. menschl. Körpers, z. Gebr. d. Vorlesn. ausgearb. 5., verm. Aufl. hrsg. v. Er. Heinr. Weber. gr. 8. (42¼ B.) Leipzig 833, Köhler.

Rosenmüller, Joh. Christ., Handbuch d. Anatomie d. menschl. Körpers, z. Gebr. bei Vorlesn. ausgearb. 6., verm. Aufl. hrsg. v. Ernst Heinr. Weber. gr. 8. (46 B.) Leipzig 840, [Köhler'sche Vrlsh.] 2 Thlr., hrbgs. Pr.

Rosenmüller, Johann Christian [Praes.], s. Heinsius, Christian Karl Ferdinand: De pneumonia imprimisque sthenica.

— s. Kinderstube, Die.

— s. Leber, F. S.: Umriß.

— die Merkwürdigkt. d. Gegend um Muggendorf, beschrieben rc. Mit 6 ill. Kpf. Fol. Berl. 804. (Rücker). 10 ℛ Hbg. Pr. 5 ß

— Merkwürdigkeiten d. Gegend um Muggendorf, mit ill. K. Fol. Berlin, Unger. 804.

Rosenmüller, J. C., die Merkwürdigkeiten der Gegend um Muggendorf. Fol. Berlin. 810. Jetzt Rücker u. d. Preis auf Velinpap. mit 6 illum. Kupf. Rthlr.

Johann Christian Rosenmueller

Ioannes Christianus Rosenmueller: Nervi obturatori Monographia. ([Leipzig] 1814.) 8 S. 8°

[Einladungsschrift zur Dr.med.- Promotion von Karl Gottlob Trautmann, Leipzig, 22.Apr.1814.]

— s. Monro, Alexander: Abbild. u. Beschreibung der Schleimsäcke.

Rosenmüller, J. Chr. De ossibus fossilibus animalis. Lipsiae 1794. 4.

Johann Christian Rosenmueller

Ioannes Christianus Rosenmuellerus [Rosenmüller]: Prodromus anatomiae artificibus inservientis. ([Leipzig] 1819.) 14 S. 8°

[Einladungsschrift zur Dr.med.- Promotion von Gustav Adolf Werner, Leipzig, 12. Okt. 1819.]

— Progr. Quaedam de ovariis embryonum et foetuum humanor. c. tab. aen. 4maj. Leipz. 802. Weigel. 12 gr

— — Sammlung Sächs. Medicinal-Gesetze. s. Sammlung.

— s. Schröter, Jh. Fr.: Das menschl. Auge.

Johann Christian Rosenmueller

Ioannes Christianus Rosenmüllerus [Rosenmüller]: De anatomicorum Terminis technicis. 1. ([Leipzig] 1811.) 10 S. 8°

[Einladungsschrift zur Dr. med.- Promotion von Karl Gustav Carus, Leipzig, 20. Dez. 1811.]

Johann Christian Rosenmueller

Ioannes Christianus Rosenmüller: De nonnullis musculorum corporis humani Varietatibus. Lipsiae 1804: Ex officina Klaubarthia. 12 S. 8°

Leipzig, Univ.-Schr.v.10.Sept.1804

— Diss. de singularibus et nativis ossium corporis humani varietatibus. 4. Leipz. 804.

Jo. Chr. Rosenmüller progrr. I—VIII de viris quibusdam, qui in academia Lipsiensi anatomes peritia inclaruerunt. Lips. 1815 — 1819. 4.

Rosenmüller, Johann Georg

— Abhandl. von d. weisen Absichten Gottes bei d. Haushaltungen in seiner Kirche auf Erden. 8. Hildburgh. 767. Hanisch. 8 gr 2e Aufl. unt. d. T.: Abhandl. üb. die Stufenfolge der göttl. Offenbarung. 8. Ebd. 789. (Er. Fleischer; a. Taubert in Leipz.) 12 gr

Rosenmüller, Johann Georg. Abhandlung über die älteste Geschichte der Erde ... Nürnberg 1782. H: *Kessler von Sprengseysen, Chn Frdr.* (BrMm)

— Abhandl. üb. die älteste Geschichte d. Erde; aus d. Latein. v. Keßler v. Sprengseysen. Mit e. Anh. u. 1 Kpf. verm. 8. Nürnb. 782. Zeh. 10 gr

— Abhandl. üb. die Stufenfolge d. göttl. Offenbarung, s. oben: von d. Absichten Gottes.

— Abhl. üb. d. Stufenfolge d. göttl. Offenbar. 8. Hildburgh. Hanisch. 789.

— Abhandl. üb. d. Ursprung d. christl. Theologie; aus d. Latein. v. C. G. Spranger. 8. Leipz. 788. (Reineke in Halle) 8 gr

— Abhandl. über d. Ursprung d. christl. Theologie rc. gr. 8. Halle 788. ist Verl. von Reinicke u. C.

— Abschiedspredigt, gehalten in Erlangen. 8. Leipz. 783. Barth. 2 gr

— v. d. Absichten Gottes b. d. Haushaltungen seiner Kirche. 8. Ebend. 767.

— Andachtsbuch in Betrachtt. u. Gebeten f. Christen, in allen Umständen u. Anliegen. gr. 8. Nürnb. 783. 3e A. 793. Felsecker. 1 ℛ 4 gr

Rosenmüller, Jh. Geo., († d. 14. März 1815.) Anleit. zum würdigen Gebrauch d. heil. Abendmahls. 8. Hildburgh. 776. 2e Aufl. 785. 3e Aufl. 789. 4e Aufl. 8. Leipz. 820. Er. Fleischer. 4 gr

Rosenmüller, J. G., Anleit. zum würdig. Gebr. d. heil. Abendmahls. 8. Hildbh. Hanisch. 789.

— Anleit. f. angehende Geistliche, zu weiser Verwaltung ihres Amts. 8. Ulm 778. Wohler. 16 gr 2e verbess. Ausg. gr. 8. Leipz. 792. (Taubert). 20 gr

— ausführl. Anleit. für angeh. Geistl. z. Verwalt. ihr. Amts. gr. 8. Leipz. Beer. (Graffe in Weißenfels.) 792.

* Rosenmüller, J. G., ausführl. Anleitung f. angehende Geistliche, ist jetzt Verlag von Franz in Leipzig.

— Anleitung zum erbaulichen Lesen der Bibel. 8. Leipzig, Barth. 793.

— Antrittspredigt am 25. Sonntag nach Trinitatis über Corinth. 2, 14—17. in d. Thomaskirche zu Leipzig gehalten. 8. Leipz. 785. W. Vogel. 2 gr

— Anweis. z. Katechisiren. 8. Gießen 783. 2e A. 787. 3e Aufl. 8. Leipz. 793. (Krieger in Marb.) 4 gr

– s. Baumgarten, J E. F. Morgenbetrachtt.

— Beantwort. d. Frage: Warum nennen wir uns Protestanten? 8. Leipz. 791. Barth. 3 gr

— auserles. Beicht- u. Communionbuch. 8. Nürnb. 781. 2e A. 784. 6e Aufl. aufs neue übersehen von G. E. F. Seidel. 804. 12e Aufl. 827. 13e Aufl. 831. Bieling. (Fr. Fleischer in Leipz.) 8 gr

— Beicht- und Communionbuch. 8. Nürnberg, Stiebner. (Barth in Leipzig.) 799.

— Beicht- u. Communionbuch f. gläubige Christen. 7te verb. Aufl. von G. E. F. Seidel. 8. Nürnb. Bieling. (Leipz. Benj. Fleischer in Comm.) 816. Rthlr. - Schreibp. -

— — Beicht- u. Communionbuch für gläubige Christen. 9te Aufl. 8. Nürnb. (Leipzig, F. Fleischer.) 819. —

— auserles. Beicht- u. Communionbuch f. gläubige Christen. 11e verb Aufl. Mit 1 Kupf. 8. Nürnb. 826, (Leipz., Fr Fleischer)

Rosenmüller, Jh. Geo., auserles. Beicht- und Communionbuch gläubiger Christen. Aufs Neue übersehen u. verb. von G. E. F. Seidel, 17e Aufl. 8. Nürnberg 837. (Leipzig, Fr. Fleischer.) 1/3 rß

Rosenmüller, Joh. Geo., († d. 14. März 1815), auserlesenes Beicht- u. Communionbuch für gläubige Christen, mit einer Vorrede u. Unterricht vom rechten Gebrauch des heil. Abendmahls. Auf's neue übersehen v. G. E. F. Seidel. 16. verb. Aufl. 8. (XIV u. 240 S.) Nürnberg 847. Leipzig, Fr. Fleischer. n. 1/3 rß

Rosenmüller, Joh. Geo., auserlesenes Beicht- und Communionbuch für gläubige Christen, mit einer Vorrede u. Unterricht vom rechten Gebrauch des heil. Abendmahls. Aufs Neue übersehen von Gotthold Eman. Friedr. Seidel: Nebst einigen neuen Buß-, Beicht- u. Abendmahlsliedern in Beziehung auf die vorhergehenden Gebete u. besondern Andachten zur Privat- u. Krankencommunion. 17. Aufl. Nürnberg 856. (Leipzig, Fr. Fleischer.) 8. (XIV, 240 S. u. 1 Stahlst.) n. 10 ngr

— Beichtrede. gr. 8. Leipz. 787. Enobloch. 1½ gr

— Beytr. z. Beförd. christl. Aufklär. in Predigten. 8. Lpz. Beer. (Graffe, Weißenfels.) 795.

— Beitrag z. Homiletik. Nebst e. Abhandlung von d. Beredtsamkeit d. Chrysostomus. gr. 8. Leipz. Barth. 814.-

— Bemerk. üb. e. Aufsatz im allgemeinen Anzeiger d. Deutsch. betr. d. Frage: Ob d. Wiederherstellung des verfallenen öffentlichen Gottesdienst unter d. Protest. nothwendig u. wünschenswerth sey? gr. 8. Leipzig, Böhme. 809.

— Bemerkk. üb. e. Aufsatz im allgem. Anzeiger d. Deutschen betr. die Frage: Ob die Wiederherstellung d. verfallenen öffentl. Gottesdienstes unter d. Protestanten nothwendig u. wünschenswerth sey? gr. 8. Leipz. 809. (Enobloch). 4 gr

— einige Bemerkk., das Studium d. Theologie betreff. 8. Erlang. 783. 2e verm. Aufl. 794. Palm. 9 gr

— Betrachtt. üb. merkwürd. Begebenheiten d. 18. Jahrhund. in Rücksicht auf Religion u. Sittlichkeit in Predigten vorgetragen. gr. 8. Leipz. 801. Er. Fleischer. 20 gr

— Betrachtt. üb. auserles. Stellen d. heil. Schrift. gr. 8. Nürnb. 778. Felssecker. 14 gr

— Betrachtt. üb. d. vornehmsten Wahrheiten d. Religion, auf alle Tage des Jahres. 4 Bde. gr. 8. Leipz. 801. Er. Fleischer. 4 rß

— histor. Beweis v. der Wahrheit d. christl. Religion. 8. Hildburghaus. 773. 2e ganz umgearb. Aufl. 789. (Er. Fleischer; a. Taubert in Leipz.) 9 gr

— hist. Beweis v. d Wahrheit d. christl. Relig. 8. Hildburghausen, Hanisch. 789.

— Briefe des Apost. Pauli an die Philipper, Kolosser, Thessalonicher rc. 8. Nürnb. Felsecker. 781.

— Briefe üb. die Phänomene des thier. Magnetismus u. Somnambulism. 8. Leipz. 788. Göschen. 12 gr

— commentatio in v. 18. cap. XI. Iobi. 4. Altd. 760.

— Erbauungsbuch ist Andachtsbuch.

— Eine herzl. Ermahnung an christl. Lehrer u. Zuhörer z. standhaften Eifer in d. Religion. In einer Predigt üb. 1 Tim. 6, 12. bei d. Investitur d. Hrn. M. E. A. Schumann rc. zu Weißenfels am 13. Dec. 1790 vorgetragen. Nebst der dabei gehalt. Investitur-Rede. gr. 8. Leipz, Engelmann. 3 gr

— herzliche Ermahnungen an christliche Lehrer und Zuhörer, eine Predigt. 8. Leipzig, Mitzky u. Comp. 790.

– s. Ernesti, G G.: Predigten.

— Etwas z. christl. Beherzigung f. unsere Zeiten, 3 Predigten mit Anmerkk. gr. 8. Leipz. 786. (Aue in Altona). 4 gr

Rosenmüller, J. G., Etwas z. Beherz. f. unsre Zeit, m. Anmerk. gr. 8. Lpz. Jacobäer. 786. Rthlr. -

— Gastpredigt üb. die große Pflicht der Menschenliebe, in der Thomaskirche zu Leipzig gehalten. gr. 8. Leipz. 786. Enobloch. 2 gr

— Glaubens- u. Sittenlehre d. vernunftmäßigen u. thätigen Christenthums, in Predigten üb. die Evangelien. 3 Thle. gr. 8. Leipz. 798, 99. Er. Fleischer. 4 rß

Rosenmüller, J. G. Handbuch eines allgemein fasslichen Unterrichts in der christlichen Glaubens- und Sittenlehre ... Leipzig 1818—19. H: *Rosenmüller, Georg Hieronymus Conrad.* (Ky)

— — Handbuch eines allgemein faßlichen Unterrichts in d. christlichen Glaubens- u. Sittenlehre, nach seinem christlichen Lehrbuch für die Jugend; in 2 Bden. gr. 8. Leipzig, Brockhaus. 818. u. 19.
(1r Theil: Glaubenslehre. 818. 1 Thlr. 12 Gr., 2r Theil: Sittenlehre. 819. 2 Thlr.)

Rosenmüller, Johann Georg Erlg. Thl. 1775, 2

Dissertatio inauguralis theologica qua antiquissimam telluris historiam a Mose Gen. I. descriptam et quidem eius partem I. ... examini submittit ...
Präs. Georg Friedrich Seiler.
Erlangen (Walther) V. 1775. 28 S. 29266

Rosenmüller, Jh. Geo., Diss. de antiquissima telluris historia. P. I. 8. Ulm 775. Ed. II. c. annot. brevi. 776. Wohler. 4 gl

— historia interpretat. libror. sacror. in ecclesia Christiana inde ab Apostolorum aetate ad Originem. Prs. I — V. 8. Hildburgh. u. Leipz. 795—815. Er. Fleischer. 7 ℔ 20 gl

— hist. interpret. sacr. libr. in eccles. christ. Pars I. II. 8. Hildb. Hanisch. 795. 98. (à 16 gr.)

— — id. lib. Pars IIIia. 8. Leips. G. Fleischer. 807. Schreibp.

— historia interpret. sacr. libr. in eccles. christ. Pars IV et Va. 8. Lips. Gerh. Fleischer. 812—14. (IV. 2 Rthlr. V. 2 Rthlr. 12 gr.)

Rosenmüller, J. G., historica quaedam de anno jubelaeo. Lips. 1799. 4.

Rosenmüller, Johann Georg, s. Julians Widerlegung

— Kirchengeschichte d. 18. Jahrhund., s. G. F. Seiler, Kirgeschichte. Anhang.

— — Communionbuch od. Anleit. z. würdigen Gebrauch des heil. Abendmahls. 3te Aufl. 8. Leipzig, G. Fleischer. 820.

— Lebensgeschichte d. M. Tinius u. die bei seiner Absetzung u. Entkleidung gehaltenen Reden. 8. Leipz. 814.

— christl. Lehrbuch f. die Jugend. (Als 2e Aufl. d. christl. Unterrichts ꝛc.) 8. Leipz. 787. 15e A. 822. Göschen. 5 gl

— christliches Lehrbuch für die Jugend. 10te Ausg. 8. Leipzig, Göschen. 809.

— christl. Lehrbuch f. die Jugend. 11te Ausg. 8. Leipz. Göschen. 812.

— — christl. Lehrbuch für die Jugend. 13te Aufl. 8. Leipzig, Göschen. 820.

— christl. Lehrbuch f. d. Jugend. 14e Aufl. 8. Leipz. 822. Göschen.

— christl. Lehrbuch f. d. Jugend. 15. Ausg. 8. (15¼ B.) Leipzig 831, Göschen.

— wichtige Lehre von d. Wiedergeburt. gr. 8. Erlang. 774. Heyder. 2 gl

— Lehren d. Weisheit nach d. Seneka, letzte Arbeit nebst seinem Leben u. Wirken, dargest. v. J. Chr. Dolz. gr. 8. Leipz. 816. Göschen. 1 ℔ 8 gl Daraus apart: Leben u. Wirken ꝛc. 18 gl

— Lettres à la Société exégétique et philanthropique concern. les phénomènes du magnetisme animal et du Somnambulisme. 8. Leipz. 789. Göschen. 3 gl

— Morgen- und Abendandachten. 8. Hildburghausen, Hanisch. 799.

— dreifache Morgen- u. Abendgebete auf alle Tage d. Woche. 8. Hildburgh. 768. 5e A. 791. 6e A. 799. Hanisch. 8 gl 7e Aufl. unt. d. T.: Morgen- u. Abendandachten. 8. Leipz. 820. Er. Fleischer. 8 gl

— Notizen aus dem Leben des, der Theologie Professor u. Superintendenten zu Leipzig. 8. Leipz. J. B. G. Fleischer. 815.

— Oratio de methodo veterum oeconomiae. Sect. I. 4. Erlang. 773. Heyder. 2 gl

— et F. G. E. Rost, orationes ad inaugurandos tres praeceptores superiores in Schola Thomae habitae. gr. 8. Lips. Joachim.

— de Christianae theologiae origine liber; accedit Oratio de eo, quod justum est in theologiae reformandae studio. 8. Leipz. 786. (W. Vogel). 8 gl

— de christ. theologiae orig. gr. 8. Lpz. Crusius. (F. C. W. Vogel.) 786.

— Pastoralanweis. z. Gebr. akad. Vorlesung. 8. Leipzig, Barth. 789.

— Pastoralanweis., z. Gebrauch akadem. Vorlesungen. 8. Leipz. 789. (Taubert); (a. Hinrichs). 16 gl

* — Pastoralanweisung, ist jetzt Verlag von Franz in Leipzig.

– s. Pauli Briefe an die Philipper

– Predigt

— — bey der Einweihung der Thomaskirche 1809. d. 13. Januar. gr. 8. Leipzig. Schönemann. 809.

— Predigt z. Einweihung d. wiederhergestellten Thomaskirche, d. 19. Febr. 1815. gr. 8. Leipz., Klein. 3 gl

— Predigt bei d. Investitur d. Hrn. M. Frd. Hnr. Starke zu Delitzsch, am 6. Oct. 1809 in d. Stadtkirche daselbst gehalten üb. 1 Corinth. 4, 1 u. 2. 8. Delitzsch. (Leipz., Schönemann). 2 gl

— — am Neujahrstage 1807. gr. 8. Riga, Hartmann.

— Predigt am Sonntag Reminiscere, den 19. Febr. 1815, bei Einweihung d. wiederhergestellten Thomaskirche in Leipzig. gr. 8 Leipz. Kleins Comt. 815. geh.

— Predigt am ersten Sonntag d. Advents, am 3. Dec. 1809, als am Tage vor d. 4n Jubelfeste d. Universität zu Leipzig, in d. Thomaskirche gehalten. 8. Lpz. 809. Schönemann. 2 gl

— Predigt am ersten Sonntage d. Advents im J. 1811 über Ps. 84, 11. gr. 8. Leipz. 811. Er. Fleischer. 4 gr.

— Predigt am ersten Sonntage d. Jahres 1807. in d. Petrikirche zu Leipzig gehalten. gr. 8. Riga, (Hartmann). 4 gr.

— — dies. am 9. Sonntage nach Trinit. in d. Thomaskirche zu Leipzig gehalten. gr 8. Leipz. Bruder. 813.

— Predigt am Tage Mariä Verkündigung üb. das Reich Jesu Christi. 8. Leipz. 802. Barth. 2 gr.

— Predigt bey Gelegenh. d. Unruhen in Sachsen. gr. 8. Lpz. Barth. 791.

— Predigt v. d. Vertrauen auf Gottes Vorsehung in Zeiten öffentl. Trübsale, am 7. Sonntage nach Trinitat. 1809 gehalten. gr. 8. Leipz, Centr.-Compt. 3 gr.

— Predigt v. d. Wichtigkeit d. evangel. Lehramts. 8. Lpz. 779. Barth. 2 gr.

— Predigten z. Beförderung eines christl. Sinnes. 8. Jena, Voigt. 807.

— über dogmat. und moral. Predigten, w. a. über Luthers Katechism. 8. Leipz. Crusius. (F. C. W. Vogel.) 786.

— — an Fest- und Bußtagen, e. Anh. zu d. vorherg. gr. 8. Leipzig, Beer. (Graffé, Weißenfels.) 792.

— Predigten bei besond. Gelegenheiten. 8. Lpz. 788. Barth. 12 gr.

— Predigten üb. die Leidensgeschichte Jesu. 5 Sammll. gr. 8. Nürnb. 783—91. Stiebner. (Barth in Leipz.) 1 Rthlr. 8 gr.

— — über die Leidensgesch. od. über d. Reden Jesu am Kreuze. 5 Bdch. gr. 8. Nürnberg, Stiebner. (Barth in Leipzig.) 789—91.

— einige Predigten in Leipzig gehalt. 2 Thle. gr. 8. Leipz. Crusius. (F. C. W. Vogel.) 786—88. (à 10 gr.)

— Predigten üb. die Reden Jesu am Kreuze, nebst etl. andern. gr. 8. Nürnb. 780.

— Predigten üb. alle Sonn- u. Festtags-Evangelien. gr. 8. Nürnb. 781. 82. N. A.? 785. Stiebner. 2 Rthlr.

— — über die gew. Sonn- und Festtags-Evangel. d. g. Jahres. 4 Thle. gr. 8. Leipz. Beer. (Graffé, Weißenfels.) 789.

Rosenmüller, J. G., Predigten über auserles. Stellen der Heil. Schrift für alle Sonn- und Festtage des Jahres. 1r Bd. gr. 8. Leipz. Gerh. Fleischer. 811. Rthlr.

— Predigten üb. auserlesene Stellen d. heil. Schrift f. alle Sonn- u. Festtage des Jahres. 2r u. 3r Bd. gr. 8. Ebend. 811—12. (à 1 Rthlr. 8 gr.)

— zwei letzte Predigten, d. 26. Febr. u. 10. März 1815, nebst d. Lebensbeschreib. d. Verewigten u. einigen Nachrichten seines Todes u. Leichenbegängnisses; aus authent. Quellen; herggg. v. E. K. Mit d. Ode d. Hrn. Prof. Rost. gr. 8. Leipz. 815. Er. Klein. 6 gr.

— Programmata XIX de fatis interpretationis sacrar. litterar. in ecclesia. 4. Leipz. 789—800. (Bis 1812 sind 43 Stücke erschienen).

— Prüfung d. vornehmst. Gründe für u. wid. d. Relig. f. denkende Leser. 8. Erlangen, Walther. (Breuning.) 776.

— Prüfung d. vornehmsten Gründe f. u. wider die Religion. 8. Erlang. 777. (Heyder). 12 gr.

Rosenmüller, J. G., quaedam de anno jubilaeo. Lips. 1799. 4.

— Religionsgeschichte f. Kinder. 8. Hildburgh. 788. 10e Aufl. 8. Leipz. 827. Er. Fleischer. 6 gr.

— Religionsgesch. für Kinder. 8. Ebend. 805.

— — Religionsgeschichte für Kinder. 9te Aufl. 8. Ebend. 820.

— Religionsgeschichte f. Kinder. 10e Aufl. 8. Leipzig 827 G. Fleischer.

– s. Religionsgeschichte f. allerhand Leser

— Rückblick e. Greises auf sein Leben. Ein religiöser Gesang, in d. letzten Tagen seines Lebens von ihm niedergeschrieben. 4. Leipz. 814. Seeger. 2 gr.

— Rückblick eines Greises auf sein Leben. Ein religiös. Gesang, in den letzten Tagen seines Lebens von ihm niedergeschrieben. 4. Leipz. Seeger 815.

— von den Schicksalen der Schrifterklär. in d. christl. Kirche; aus dem Latein. von S. G. Unger. 8. Leipz. 791. (W. Rauck). 10 gr.

— v. d. Schicksalen d. Schrifterklärungen in d. christl. Kirche. 8. Leipzig, Sommer. 791.

— Scholia in Novum Testamentum. VI Tom. 8maj. Nürnb. 777—82. Ed. II. auct. et emend. Tom. I—V. 785—88. Die Zusätze u. Verbesserr. zu dieser 3n Ausg. auch unt. d. T.: emendationes et supplementa ad T. I—V. Scholior. N. Test. 8maj. ibid. 789—91. 2 Rthlr. 2 gr. Ed. IV. auct. et emend. 792—94. Ed. V. 8maj. ibid. 801—7. Ed. VI. cur. Er. Fr. K. Rosenmüller. 815—32. Felssecker. 12 Rthlr. 4 gr. (Tom. I. cont. Evangel. Matthaei et Marci. Ed. VI. 815. 1 Rthlr. 8 gr. Vol. II. Evang. Lucae et Joannis. Ed. VI. 827. 2 Rthlr. 16 gr. Vol. III. Acta Apostolorum et Epistolam Pauli ad Romanos. 829. 2 Rthlr. 16 gr. Vol. IV. Pauli Epist. ad Corinthios, Galatas, Ephesios, Philippenses, Colossenses et Thessalonicenses. Ed. VI. 830. 2 Rthlr. 16 gr. Vol. V, VI. Pauli Epist. ad Timotheum, Titum, Philemonem et Hebraeos, Epist. Jacobi, utramque Petri Epist., Joannis, Epist. Judae et Apocalypsin Joannis. Ed. VI. 832 2 Rthlr. 20 gr.)

— Scholia in Novum Testamentum. V Tmi. gr. 8. Nrnb. Felsecker. 801—8. (Vol. I. cont. Evang. Matthaei et Marci 1 Rthlr. 8 gr. II. Lucae et Ioannis 1 Rthlr. 20 gr. III. Acta Apostolorum et Epistolam Pauli ad Romanos 1 Rthl. 16 gr. IV. Pauli Epistolas ad Corinthios, Galatas, Ephesios, Philippenses, Colossenses et Thessalonicenses 2 Rthlr. 8. V. Pauli Epistolas ad Timotheum, Titum, Philemonem et Hebraeos, Epist. Iacobi, utramque Petri, epist. Ioannis, epist. Iudae et Apocalypsin Ioannis 2 Rthlr. 8 gr.)

— Scholia in Nov Testam. Tom. I. cont. Evang. Matthaei et Marci. Edit. VIta. 8maj. Norimb. Felsecker. 815.

Rosenmüller, (Joh. G.,) Scholia in Novum Testamentum. Tom. II. Edit. VIa. Post auctoris obitum cur. et praef. est E. F. C. Rosenmüller. gr. 8. Nürnb. 827, Felsecker.

—— Scholia in Nov. Test. Tom. III—V. Edit. VI., emend. et auct. Post auct. obitum cur. Ern. Fr. Car. Rosenmüllerus. 8maj. Norimbergae, Felsecker.
Tom. III. Acta Apostol. et Epistolam Pauli ad Romanos. (60¼ B.) 829. 2 Thlr. 16 Gr.
- IV. Pauli Epistolae ad Corinthios, Galatas, Ephesias, Philippenses, Colossenses et Thessalonicenses. (51 B.) 830. 2 Thlr. 16 Gr.
- V et VI. Pauli Epistolas ad Timoth., Titum, Philemonem et Hebraeos; Epist. Iacobi, utramque Petri, Epist. Ioannis, Epist. Iudae et Apocalypsin Ioannis. (52½ B.) 831. 2 Thlr. 20 Gr.
Früher erschienen:
Tom. I. Evangelia Matthaei et Marci. Edit. VI. 1 Thlr. 8 Gr.
- II. Evangelia Lucae et Ioannis. Edit. VI. 2 Thlr. 16 Gr. Nürnberg 1815, 27, Felsecker.

—Scholia in Novum Testamentum. V Vol. Edit. IV. 8maj. Nürnberg 815—831. Ist jetzt Verlag von Reimer in Berlin. 12⅓ ß

– s. Schulze, J. D.: Histor.-krit. Versuch.

– s. Seiler, Geo. Fr.: Üb. die Beschaffenheit . . .

Rosenmüller, Johann Georg [Praes.], s. Seiler, Georg Friedrich: Antiquissima telluris historia a Mose Gen. I. descripta et quidem eius pars I.

Rosenmüller, J. G., de sepulcro Christi vacuo. Erlang. 1780. 4.

—d. Tod des Christen unter d. trostreichen Bilde d. Schlafs; eine Predigt zu Dr. Morus Andenken. gr. 8. Leipz. 793. Barth. 2 gr

— christl. Unterr. f. d. Jug. gr. 8. Coburg, Ahl. 773.

—christl. Unterricht f. die Jugend. gr. 8. Coburg 773. (Riemann). 6 gr

— erster Unterricht in d. Religion f. Kinder. 8. Frankf. u. Leipz. 771. 2e Aufl. 775. 3e Aufl. 8. Hildburgh. 782. 4e Aufl. . . . 8e Aufl. 8. Leipz. 820. 9e A. 830. Er. Fleischer. 4 gr (Vergl. Lehrmeister. 18r Thl.)

— erst. Unterr. in d. Religion für Kinder. 8. Hildburgh. Hanisch. 807.

—— erster Unterricht in d. Religion. Für Kinder bearb. 9., verb. u. bericht., einzig rechtmäß. Ausg. 8. (6½ B.) Leipzig 830, E. Fleischer. Thlr.

— üb. d. Urspr. d. christl. Theol., a. d. Lat. 8. Leipz. Pott. (Ruff in Halle.) 789.

Rosenmüller, J. G., de vocab. διαθήκη in libb. N. T. vario usu. Erl. 1778. 4; rep. in commentatt. theol. a Velthusen etc. edd. 2. p. 204—232.

— Vers. d. Beweis d. Göttlichk. d. Schr. vorzutrag. 8. Coburg, Ahl. 766.

—Versuch, d. Beweis d. Göttlichkeit d. Schrift ꝛc. vorzutragen. 8. Coburg 766. (Riemann). 4 gr

– s. Viller's Darstellung.

—Vorschläge f. Ältern z. christl. Erziehung ihrer Kinder. 8. Nürnb. 780. Felßecker 1 gr

— Warum nennen wir uns Protestanten? 8. Leipz. Barth. 791

—was haben wir in Zeiten gemeiner Noth vornehmlich zu beherzigen u. zu thun? Bußtagspredigt am 14. Juni 1805 gehalten. gr. 8. Leipz. 805. Hinrichs. 3 gr

—wie wir gute u. böse Beispiele zu unserer Selbstprüfung u. Besserung benutzen können? Eine Predigt. 8. Leipz. 1e u. 2e A. 790. Barth. 2 gr

—ein Wort z. Ermunterung an christl. Religionslehrer. gr. 8. Leipz. 808. Er. Fleischer. 4 gr

— v. d. Zweck des christl. Lehramts, eine Predigt üb. Ephes. IV. 11–15. gr. 8. Weißenfels, Böse. 802.

Rosenmüller, Jh. Geo., von d. Zweck d. christl. Lehramtes. Eine Predigt üb. Eph. 4, 11—15. bei d. Investit. d. Hrn. E. G. Schmidt, in d. Stadtkirche zu Weißenfels am 4. Oct. 1802 gehalten. Nebst Investitur-Rede. gr. 8. Weißenf. 802. (Leipz., Engelmann). 3 gr

Rosenmüller, Martin: Über Emission und Absorption des Kohlelichtbogens. Rostock 1909: Adler. 04 S. 8°
Rostock, Phil. Diss. v. 23. Dez. 1908, Ref. Heydweiller
[Geb. 17. April 82 Dresden; Wohnort: Rostock; Staatsangeb.: Sachsen; Vorbildung: Gewerbeakad. Chemnitz Reife O. 04; Studium: Dresden Techn. Hochsch. 7, Rostock 2 S.; Rig. 21. Dez. 08.] [U 09. 3760

Rosenmüller, Philipp

– s. Anekdoten, Religiöse . . .

—Beitr. z. Homiletik. gr. 8. Leipz. 814. Barth. 12 gr

Rosenmüller, Phil., neue wichtige Entdeckung leichter untrügl. Proben f. die Addition, Multiplikation u. Division. 8. Leipz. 821. Baumgärtner. 8 gr

– s. Ernesti, Günth. Gli.: Predigten . . .

—Homilien üb. einige Sonntagsevangelien. 2 Bdchn. 8. Leipz. 804, 5. W. Vogel. 1 ß

—Leitfaden z. christl. Religionsunterricht für die obern Klassen in Bürger- u. Landschulen; nach J. G. Rosenmüllers christl. Lehrbuche bearb. 8. Gotha. (Leipz.) 804. Barth. 4 gr

Rosenmüller, Phil., Materialien u. Dispositionen zu Kanzelvorträgen bei besond. Fällen. gr. 8. (15 B.) Leipzig 835, Gebr. Reichenbach.

– s. Murray, Lindlay: Macht u. Gewalt d. Religion üb. das Herz . . .

– s. O'Kraffe: Gemälde.

—Predigt am Neujahrstage 1802, mit Hinsicht auf die Einführung d. neuen Dresdn. Gesangbuchs. gr. 8. Leipz., Engelmann. 3 gr

– s. Reinhard, od. Natur u. Gottesverehrung.

Rosenmüller, Phil., Vers. in Gedichten verm. Inh. 8. Hildburgh. Hanisch. 797.

—Versuch in Gedichten vermischten Inhalts. 8. Hildburghaus. 797. (Taubert in Leipz.) 8 gr

Rosenmüller, (Ph.,) Worte der Ermahnung u. des Trostes f. Leidende. Nach J. G. Rosenmüller's nachgelassenen mehrentheils ungedr. Predigten bearb. gr. 8. Leipzig 824. Liebeskind.

—Züge aus d. Leben einiger Edlen Fürsten Sachsens. Mit 4 Portr. 8. Mitweyda 822. Billig. 1 ß 8 gr Schrbp. 1 ß 12 gr

Rosenmüller, Phil., Züge aus d. Leben einiger edlen Fürsten Sachsens. M. 4 Portr. 8. (21¾ B.) Mittweyda 832, Billig.

Rosenmüller, Phil., Züge aus dem Leben einiger edlen Fürsten Sachsens. Neue wohlf. (Titel-)Ausg. 8. (VI und 341 S. mit 4 lithogr. Portr.) Mittweyda 851, Billig.

Rosenmüller's, Jh. Geo., Leben. gr. 8. Leipz., Göschen. 18 gr

Rosenmund, Ella, Nadelarbeit in der Schule, s.: Handarbeit f. Knaben u. Mädchen. Nr. 2.

Rosenmund, Hugo [Arzt aus Basel]: Ueber Herzfehler und Puerperium. Nach Beobachtungen der Zürcher Frauenklinik. Mit 2 Tabellen auf 4 + 8 Blatt. Liestal 1902. 18 S. 4°.
Zürich. Med. Diss. 1902/1903.

Rosenmund. Hugo. Über Herzfehler und Puerperium. Nach Beobachtungen der Zürcher Frauenklinik. Diss. Med. [Univ.] Zürich. [Mit 7 Tabellen.] 18 S. 4. Binningen-Basel, J. Lüdin. 1902.

Rosenmund, Karl W., a. Berlin: Synthesen in der Diphenylmethan- und Xanthonreihe. (Berlin 1906: G. Schade.) (32 S.) 8°
Berlin, Phil. Fak., Ref. Fischer, Diss. v. 28. Juli 1906
[Geb. 15. Dez. 84 Berlin; Wohnort: Berlin; Staatsangeh.: Preußen; Vorbildung: Friedr. Wilh.-Gymn. Berlin Reife O. 03; Studium: Berlin 6 S.; Rig. 5. Juli 06.]

Rosenmund, Max. Ueber die Absteckung des Simplontunnels. (Mit 11 Textbildern.) Sonder-Abdruck aus der «Schweizerischen Bauzeitung» Bd. 37 Nr. 21 und 23. 2. Aufl. II + 7 S. 4. Zürich, Ed. Raschers Erben, 1904. (fr. 1.20)

— die Aenderung des Projektionssystems der schweizerischen Landesvermessung. Im Auftrag der Abteilg. f. Landestopographie des schweizer. Militärdepartements bearb. (VIII, 117 u. 20 S. m. 1 Taf.) gr. 8. Bern 903. (A. Francke.) Geb. in Leinw. n. 5. 40

Rosenmund, M[ax]. Die Aenderung des Projektionssystems der schweizerischen Landesvermessung. Im Auftrag der Abteilung für Landestopographie des schweizerischen Militärdepartements bearbeitet. ([Mit Figuren, 1 Tafel und] Anhang.) VIII + 117 + *Anhang* II + 20 S. 8. Bern, Verlag der Abt' f' L', Haller'sche Buchdr., 1903. [geb. fr. 5. —]

Rosenmund, M. Anleitung für die Ausführung der geodätischen Arbeiten der Schweizerischen Landesvermessung. Für die Ingenieure des eidgenössischen topographischen Bureau bearbeitet. In-8°. 82 Seiten u. 5 Tabellen. Bern, Eidgen. topograph. Bureau (Basel u. Genf, Georg & Co.) 1898 4 —

Rosenmund, M., die Bestimmung der Richtung, der Länge u. der Höhenverhältnisse des Simplontunnels, s.: Spezial-Berichte der Direktion der Jura-Simplon-Bahn etc. üb. den Bau des Simplon-Tunnels. I.

[Rosenmund, Max.] Formeln, Rechnungsbeispiele und Tafeln zur Berechnung von Koordinaten für die winkeltreue schiefachsige Zylinderprojektion mit Nullpunkt Bern. ⟨Separatabdruck aus: Aenderung des Projektionssystems der schweizerischen Landesvermessung [vermehrt durch 1 Tabelle. Mit Figuren und Anhang].⟩ II + 14 + *Anhang* II + 20 S. 8. Bern, Verlag Abteilung für Landestopographie ..., Haller'sche Buchdr., 1903. [fr. 1. —]

Rosenmund, M., Untersuchgn. üb. d. Anwendung des photogrammetrischen Verfahrens f. topograph. Aufnahmen. Bericht an d. eidgenöss. topograph. Bureau. gr. 8. (42 S. m. 11 Fig. u. 3 Taf.) Bern 896. (Schmid & Francke.) n.n. 1. 60

Rosenmund, M. Untersuchungen über die Anwendung des photogrammetrischen Verfahrens für topographische Aufnahmen. Bericht an das eidgenössische topographische Bureau. Mit 3 Taf. u. 11 Figuren. Gr. in-8°. 42 S. Bern, Haller'sche Buchdruckerei. 1897 2 —

Rosenmund, R., die kaiserlichen Erlasse, die Parteien u. die Reichstagswahl. gr. 8. (42 S.) Berlin 890. C. Heymann's Verl. n. — 60

— aus dem Vermächtniß d. J. 1888. Historisches u. Politisches. gr. 8. (VII, 101 S.) Berlin 889. [Hofmann & Co.] Hamburg, Verlagsanstalt u. Druckerei. n. 2. —

Rosenmund, Rich., die ältesten Biographien d. heiligen Norbert. Eine krit. Studie. gr. 8. (XI, 134 S.) Berlin 874. Mittler & Sohn. n. 2. 40

[F.] Festrede zur Weihe der Bismarckhöhe und des Bismarckthurms am 1 April 1894, geh. v Dr Richard Rosenmund. *(Siegburg: Gebr. Daemisch) [o. J.]* ([Umschl.-T] Zur Erinnerg an d. Weihe d. Bismarckhöhe b. Kessenich-Poppelsdorf) (16 S.) 1 Bd 8. [58. 456 B.

Rosenmund, Rich., d. Fortschritte d. Diplomatik seit Mabillon vornehml. in Deutschland-Österreich, s. a. Bibliothek, histor., Bd. 4.

[F.] Die Fortschritte der Diplomatik seit Mabillon vornehmlich in Deutschland-Österreich v Richard Rosenmund. *München & Leipzig: R. Oldenbourg 1897* (X, 125 S.) 1 Bd 8.
— Bibliothek, Historische. Bd 4 [58. 1941

Rosenöl. Erstes Fläschchen, oder Sagen und Kunden des Morgenlandes aus arabischen, persischen und türkischen Quellen gesammelt. Bändchen I. II. Stuttgart und Tübingen 1813.

Rosenöl, od. Sagen u. Kunden d. Morgenlandes, (v. Jos. v. Hammer). 2 Bdchen. 8. Tübing. 814. v. Cotta. 2 ₰ 8 gr

Rosenöl oder Sagen und Kunden des Morgenlandes. Stutt. 1815. V: *Hammer-Purgstall, Joseph Freih. von.* (EE) »1814« (Ky)

Rosenorden. – Über den Rosenorden. 1786, s. a. Haugwitz, Christian Aug. Heinrich Kurt Graf von.

Rosenorden, über den, e. Blättchen an Damen rc. 8. Breslau. (Bellitz, Berlin.) 786.

Rosenow, Chr. Ehrenr., († d. .. Oct. 1785.) Versuch e. Abhandl. v. Ackerbau u. der Koppelwirthschaft. 8. Rostock 759. Koppe. 5 gr

Rosenow, Emil, Kater Lampe. Komödie in 4 Akten. (150 S. m. Bildnis.) 8. Stuttgart 906. J. G. Cotta Nachf. n. 2. 50; geb. in Leinw. n. 3. 50

— wider die Pfaffenherrschaft. Kulturbilder aus den Religionskämpfen des 16. u. 17. Jahrh. Fortgeführt v. Heinr. Ströbel. 2 Bde. hoch 4. Berlin, Buchh. Vorwärts. Geb. in Leinw. à n. 7. —; in Halbfrz. à n. 8. —
I. Mit 240 Bildern u. Dokumenten aus der Zeit u. 1 farb. Beilage. (VII, 600 S.) (904.)
II. Mit 190 Bildern u. Dokumenten aus der Zeit u. 1 farb. Beilage. (VII u. S. 601—784.) (905.)
Erschien auch in 50 Lfgn. à n. — 20.

Rosenow, Erwin, appr. Arzt: **Aus d. Pharmakol. Inst. d. Univ. Freiburg i. B.: Über das Verhalten des synthetischen Muskarins im Tierkörper. Berlin & Leipzig: Rothschild 1909.** 30 S. 8°
Freiburg i. B., Med. Diss. v. 1909, Ref. Straub
[Geb. 24. Aug. 83 Berlin; Wohnort: Freiburg i. B.; Staatsangeh.: Preußen; Vorbildung: Luisenstädt. Gymn. Berlin Reife O. 03; Studium: Berlin 2, Freiburg i. B. 3. Berlin 3, Freiburg i. B. 2 S.; Coll. 4. Dez. 08.] [U 09. 968

Rosenow, Fridericus Danielis Christianus: Quastiones de acidi carbonici respiratione exhalati quantitate. Halis Saxonum (1847): Colbatzki. 30 S. 8°
Halle-Wittenberg, Med. Diss. v. 30. Aug. 1847
Geb. Thorn 2. 5. 1824. V.

Rosenow (H.). Bobsleigh u. Skeleton. 8°. VII. 73 S. München. 1910. M. 3.—

Rosenow H Die C mit einem Doppelpunkt 1873. 8
Diss. Breslau

Rosenow, Hans, Gerichtsassessor in **Rostock: Das Recht des Mannes auf Aufhebung der allgemeinen Gütergemeinschaft ⟨§ 1469 des Bürgerlichen Gesetzbuches⟩. Rostock 1907: Adlers Erben. (VII, 48 S.) 8°**
Rostock, Jur. Fak., Ref. Matthiaß, Diss. v. 20. Dez. 1907
[Geb. 30. Okt. 80 Ribnitz i. M.; Wohnort: Rostock; Staatsangeh.: Mecklenburg-Schwerin; Vorbildung: Gymn. Rostock Reife M. 99; Studium: Göttingen 2, München 1, Berlin 1, Rostock 3 S.; Rig. 26. Okt. 07.]

Rosenow, (Hugo Rich. Wilh.), Dir. Dr.: **(Antrittsrede.)** *Berlin 1903: K. H. Müller.* (S. 27 28.) 4°
Berlin, Sophien-RG, OP 1903 (111)

Rosenow, Hugo [Dr., Oberl.]: **Über die Anzahl von Klassen bilinearer Formen.** Berlin, R. Gaertner, 1891; 18 S. 4°
Berlin, IV. st. HB, OP 1891 (111)

Rosenow, (Hugo Rich. Wilh.), Dir. Dr.: [Bericht über die Abschiedsfeier für den Dir. Prof. Hermann Martus.] *Berlin 1903: K. H. Müller.* (S. 25 -27.) 4°
Berlin, Sophien-RG, OP 1903 (111)

— [Gedächtnisrede auf den am 30. Januar 1904 verstorbenen Professor Dr. Hugo Bieling.] S. 22—24 der Schuln. 4.
Progr. Sophien-Realgymn. *Berlin* 1904 (110).

Rosenow, Hugo *(geb. Bromberg 8. 12 1851)*: Die Curven dritter Ordnung mit einem Doppelpunkt, eine Anwendung der neueren Algebra ⟨Invariantentheorie⟩ auf die Geometrie. Leipzig 1873. (48 S.) 8° *[Im Buchhandel 1873 bei Maruschke & Berendt in Breslau.]*
Breslau, Phil. Diss. v. 21. Nov. 1873

Rosenow, Hugo, die Curven dritter Ordnung m. e. Doppelpunkte, nach den Methoden der neueren Algebra [Invariantentheorie] behandelt. gr. 8. (48 S.) Breslau 873. Maruschke & Berendt. n. 1. 50

Rosenow, [Hugo]: [Nachruf auf den am 12. Mai 1903 verstorbenen Gesanglehrer Friedrich Wilhelm Schmidt.] S. 21—22 der Schuln. 4.
Progr.

Rosenow, Hugo [Dr., Oberl.]: **Die Normalformen für die 472 verschiedenen Typen eigentlicher bilinearer Formen von 10 Variabelnpaaren bei kongruenter Transformation der Variabeln. Berlin, R. Gaertner, 1892; 21 S. 4.**
Berlin, IV. st. HB, OP 1892 (111)

Rosenow, Hugo *Worte an den scheidenden Leiter der Anstalt Dr. O. Reinhardt.* 4 (S. 18—19 der Schuln.).
Progr. IV. städt. höh. Bürgersch. *Berlin* 1892 (111).

Rosenow, Johannes *Wilhelm* **[aus Stargard '(Pomm.)']: Ein Fall von Fibromyoma uteri, complicirt durch Hämatosalpinx ... Greifswald, Druck v. J. Abel, 1894; 26 S. 8.**
Greifswald, Med. Fak., Inaug.-Diss. v. 19. Febr. 1894

Rosenow, Karl, approb. Arzt aus Kannenberg: **Aus d. Frauenklinik zu Kiel. Über eine congenitale Geschwulst der Zunge ⟨Epiglossus⟩.** *Kiel 1901: H. Fiencke.* (19 S.) 8°
Kiel, Med. Diss. v. [9. Mai] 1901

Rosenow, Max: Über die Bildsamkeit der Tone. 1911. 49 S. 8° ¶ Vgl. Sprech-Saal. Jg. 46. 1913. S. 445 ff.
Hannover, Dr.-Ing.-Diss. v. 19. 12. 1910

Rosenplänter, Jh. Heinrich

— f. Beitr. z. Kenntniß d. ehstn. Sprache.

Rosenplänter, Jh. Hnr., üb. Kirchhöfe u. Beerdigung der Todten. Mit 8 Steindr. u. 2 Musikbl. 4. Pernau 823.

— Predigten, gehalten im Jahre 1810 in der St. Nicolaikirche in Pernau. 8. Pernau 813.

Rosenplenter, [Bernhard], Direktor Dr.: **Das neue Anstaltsgebäude und seine innere Einrichtung. Friedrichshagen 1906: A. Kunzke.** (18 S., 2 Taf.) 4°
Friedrichshagen, RPG OP 1906 (119)

— Die Einweihung des neuen Schulhauses. S. 19—23 der Schuln. 4.
Progr. Realprogymn. *Friedrichshagen* 1906 (119).

Rosenplenter, B(ernhard), Dr. **Entwickelung der Schule (und das Lehrerkollegium).** *Friedrichshagen 1901: A. Kunzke.* (S. 11—14.) 4°
Friedrichshagen, PG i. E., P 1901 (75a)

Rosenplenter, B(ernhard): **Leitfaden für den propädeutischen Unterricht in der Chemie und Krystallographie in der Untersecunda der Realanstalten.** *Coepenick 1898: H. Jenne.* (84 S.) 8°
Coepenick, st. R, OP 1898 (131)

Rosenplenter, Bernhard **[aus Magdeburg]: Über das Zustandekommen spiraliger Blattstellungen bei dikotylen Keimpflanzen. . . . Berlin, Buchdr. v. Gustav Schade (Otto Francke) (1890); 45 + 1 S. + 1 Bl. u. 1 Taf. 8°**
Berlin, Phil. Fak., Inaug.-Diss. v. 29. Jul. 1890

Rosenplenter, Edmund, aus Magdeburg: **Das Geoid.** *(Berlin [1902/03]: G. Klemm.)* (51 S.) 8° [F.]
Erlangen, Phil. Diss. v. 7. März 1900

Der Spruch von Nürnberg beschreibendes Gedicht des Hans Rosenplüt genannt Schnepperer. Der ursprüngliche Text mit Erläuterungen als Programm der k. Studienanstalt zu Nürnberg ... herausgegeben von Dr. Georg Wolfgang Karl Lochner, k. Studien-Rektor. Nürnberg, 1854. 4°.
Do xiiii hundert vnd xl vnd syben
mit datum ward in brieff geschriben
Nach einer Handschrift im Germ. Museum zu Nürnberg Nr. 5339. G. Keller, Fastnachtspiele III S. 1329 Nr. 13, G. E. 97 Nr. 23 u. W. 2 E. 12 u. 13 Nr. 44.

Rosenqvist, Oscar August (Finnland): **Die Konsumgenossenschaft, ihr förderativer Ausbau und dessen Theorie. (Der Förderalismus.) Basel 1906.** 86 + 6 S. 8°. [30. VI. 05.]
Basel Phil. Diss. 1905/1906.

Rosenqvist, Oscar August. Die Konsumgenossenschaft, ihr föderativer Ausbau und dessen Theorie. ⟨Der Föderalismus.⟩ Diss. Phil. Basel von Oskar A' R' ⟨Finnland⟩. [Mit 2 Figuren.] 91 S. 8. Basel, Emil Birkhäuser, 1906.

Rosenraub, Der., s.a. G l e i m , Johann Wilhelm Ludwig.

Rosenraub, Der. Berlin 1778. V: *Gleim, Johann Wilhelm Ludwig.* (BGE VI², 543/4)

Rosenrauch Schloime: Das Mißtrauen aus Zärtlichkeit.
H. 1910 PN 2936 Diss. Wien, Univ. 356

ROSEN-RITTER, Der, eine allegorische Geschichte, welche mehrere merkwürdige Erzählungen und Ebentheuer in sich fasset, aus dem Englischen frei übersetzt. Mit einer Vorrede von D. Johann Reinhold Forster, Halle, beim Kunsthändler Dreyßig, 1794. 8⁰. Zahm.
Tit., VI S. Vorr. (dat. Halle auf der Kgl. Preuß. Friedrichs-Universität den 15. May 1794), 142 S., 1 Bl. Verlag d. Firma.

Rosenritter, der, ein lehrreiches Buch für die Jugend, mit e. Vorrede v. J. R. Forster. 8. Halle 795. Dreyßig. 9 gl.

Rosenritter, der; e. Mährchen d. Vorzeit. 8. Leipz. 795. Reinicke. 18 gl.

Rosenroth, K. von [Pseud.], s. a. Knorr, Oswald

Rosenroth, K. v., Helena. Ein Lied von der Liebe. Novelle aus dem Leben und für das Leben in Sonetten. 8. (92 S.) Berlin 886, Knorr's Verlag. M 1.50.; geb. 2 —

Rosenroth, K. v. (ps.), Mephisto. Der Teufel in München. Ernst, Scherz u. Satire. München, C. O. Knorr, 1879. 8⁰. Eleg. blau Srsb. m. Goldtit. auf Deckel.
Tit. in Einf. u. 53 S. — Enth. u. a.: Bekanntschaft mit d. Teufel im Hofbräuhause; Gespräch über d. Münchener Damen; der Pakt im Rathskeller; Theaterverhältnisse; sonderbare Ansichten des Teufels üb. Richard Wagner; bei der schönen Rosamunde; Ansichten d. Teufels üb. Halbwelt etc. etc.

Rosenschein, Alexander, aus Berdiansk (Süd-Russl.): Weitere Beiträge zur Kenntnis der Blutsalze. *Würzburg 1899: Stahel.* (16 S.) 8°
Würzburg, Med. Diss. v. 1899

Rosenschein, Max [aus Marggrabowa in Ostpreussen]: Zur Ätiologie der Arthritis gonorrhoica .... Marggrabowa, F. W. Czygan's Buchdr., 1887; 23 + 1 S. 8°.
Würzburg, Med. Fak., Inaug.-Diss. v. 1887.

Rosenschein, Max, zur Ätiologie der Arthritis gonorrhoica. Diss. Würzburg 1887, Stahelsche Univ.-Buchh. 8°. 23 S.

Rosenstadt, Benjamin, aus Warschau: Ueber die Protoplasmafasern in den Epidermiszellen. Zürich, Gebr. Leemann & Co., 1910. 32 S. 8°. [24. IX. 10.]
Zürich. Univ. Phil. Diss. II. S. 1910/11.

Rosenstadt, Benjamin. Ueber die Protoplasmafasern in den Epidermiszellen. Diss. Phil. [II.] Univ. Zürich. 31 S. 8. Zürich, Gebr. Leemann & Co., 1910.

ROSENSTAEDT, Victor. Das blaue Buch. Aus dem dunkelsten Winkel Berlins (= Geheimnisvolle Bibliothek, Bd. 35). Dresden, Dresdener Romanverlag (um 1905). Kl. 8⁰.
Verb. d. Ldg. Dresden 5 A. 217/07.

Rosenstand-Wöldike, P., Einkommen-Versicherung statt Verpfändung. Ein Weg zur Erreichg. d. höchstmögl. Ertrages aus landwirthschaftl. Grundbesitz so wie aus Kapital u. Arbeit. gr. 8. (87 S. m. 1 Tab.) Jurjew 902. (J. G. Krüger.) n. 1. —

Rosenstand-Wöldike, P., Land—Stadt u. Stadt—Land. Entwurf e. Technik der Volkswirtschaft. (108 S. m. Bildnis.) gr. 8. Riga (905.) N. Kymmel's Sort. n. 3. 60

Rosenstand-Woeldike, P., Zur Lösung der Agrarfrage. D. Sicherstell. d. Volks-Verpfleg. als Aufgabe d. Landeskultur. Dorpat u. Leipzig 1906. 8⁰.

— die Sicherstellung der Volks-Verpflegung als Aufgabe der Landeskultur. Zur Lösung der Agrarfrage. (63 S.) 8. Dorpat 906. F. Schledt. n. 1. 60

Rosenstein, Ulrich von, eine Geschichte aus der Ritterzeit, 8. Basel, 793. Flick. 23 sgl.

v. Rosenstein, Ulrich; Geschichte aus der Ritterzeit. 8. Basel 795. Flick. (Neukirch). 18 gl.

v. Rosenstein's, ..., Lobrede auf d. Grafen Ehrich v. Stockenström; a. d. Schwed. gr. 8. Leipz. 795. Wienbrack. 4 gl.

Rosenstein, A. L., eine ganz neue analytische Methode, um gründlich u. in kurzer Zeit die Kenntniß der französischen Sprache zu erlangen. Berlin 865. [Cohn.] br. 8. (152 S.) n. 15 ngr.

(Rosenstein, Abrahamus): *De Caesaris Strabonis oratoris vita et auctoritate litteraria. 52 Bl. 8° (4°)
Halle-Wittenberg. Phil. Diss. v. 3. Juni 1851
Geb. Berlin 31. 10. 1828. V.
Außerdem liegt eine gekürzte Umarbeitung vor von 31 Bl 8° (4°), die der Verf. drucken lassen und verteidigen wollte.

Rosenstein, Alexander, aus Melitopol (Russland): Ueber einen Fall von acuter haemorrhagischer Myelitis im Cervicalteile des Rückenmarks. Aus der medizinischen Abteilung des Bürgerspitals in Basel. Vorsteher Prof. Gerhardt. Basel 1908. 26 S. 8°.
Basel. Med. Diss. 1907/08.

Rosenstein, Alexander. Ueber einen Fall von acuter haemorrhagischer Myelitis im Cervicalteile des Rückenmarks. Aus der medizinischen Abteilung des Bürgerspitals in Basel, Vorsteher: Prof. Dr. [Dietrich] Gerhardt. Diss. Med. Basel. 26 S. 8. Basel, Brin & Cie., 1908.

Rosenstein, Alfred, appr. Arzt: Aus d. Abt. f. Ohren-, Nasen- u. Halskranke d. Allerheiligen-Hospitals zu Breslau: Primärarzt Dr. Brieger. Zur Kenntnis der syphilitischen Erkrankungen des Hörnervenstammes. Breslau 1905: Bresl. Genoss.-Buchdr. (33 S.) 8°
Breslau, Med. Fak., Ref. Hinsberg, Diss. v. 11. Aug. 1905
[Geb. 4. Nov. 77 Landeshut, Schles.; Heimatsort: Dresden-Radebeul; Staatsangeh.: Preußen; Vorbildung: Realgymn. Landeshut Reife O. 96, Nachexamen Gymn. Hirschberg O. 97; Studium: München 1, Berlin 3, Kiel 1, Breslau 1, Berlin 2, Breslau 2 S.; Coll. 27. Juni 05; Approb. 19. Jan. 05.]

Rosenstein, Alfr., das Leben der Sprache, s. a. Sammlung gemeinverständlicher wissenschaftlicher Vorträge.

Rosenstein A, das Leben der Sprache. (Slg wiss. Vortr. NF 187) Hamburg 1893

Rosenstein, Ernst, approb. Arzt: Ueber Meningitis serosa und tuberculosa und die Lumbalpunction als differentialdiagnostisches und therapeutisches Hilfsmittel. *München 1901: Kastner & Lossen.* (39 S.) 8°
München, Med. Diss. v. 1901

Rosenstein, Franz Wilhelm [aus Leiden (Holland)]: Ueber die chemische Beschaffenheit der Hyalincylinder im Harne. . . . Bonn, Druck v. J. F. Carthaus, 1890; 28 + 1 S. 8°
Bonn, Med. Fak., Inaug.-Diss. v. [28. Jul.] 1890

Rosenstein, G., Handbuch der Krankheiten d. Circulations-Apparates, s.: Handbuch der speciellen Pathologie u. Therapie.

Rosenstein, G. ([vielm.:] Chaim), a. Rußland: Über Revolverschußverletzungen der Wirbelsäule im Frieden. Charlottenburg 1906: J. Zalachowski. (35 S.) 8°
Berlin, Med. Fak., Ref. Hildebrand, Diss. v. 5. Juli 1906
[Geb. 3. März 81 Eupatoria; Wohnort: Eupatoria; Staatsangeh.: Rußland; Vorbildung: Gymn. Kertsch Reife O. 01; Studium: Berlin 5, Bern 1, Berlin 3 S.; Rig. 28. Mai 06.]

Rosenstein, G., Sammlung von Choral-Melodien beim Gebrauche des Johlsonschen u. Hamburger Israelit. Gesangbuches. 8. (XVI S. u. 16 lith. S.) Wolfenbüttel 849, Holle. 1/3 ₰

— Sammlung von gottesdienstlichen Gesängen nach der Ordnung des Hamburger Tempel-Gebetbuches; aber auch zur Anwendung bei dem älteren Synagogen-Ritus. 8. (46 S.) Hamburg 852, Berendsohn. 1/4 ₰

Rosenstein, Gerson [pr. Arzt]: Über hereditäre Ataxie und verwandte Symptomencomplexe ... Königsberg i. Pr., Hartungsche Buchdr., *1897;* 1 Bl., 27 S., 1 Bl. 8.
Königsberg, Med. Fak., Inaug.-Diss. v. 4. Aug. 1897

Rosenstein, Gerson, üb. hereditäre Ataxie u. verw. Symptomencomplexe. Diss. gr. 8. (27 S.) Königsberg 897. (W. Koch.) n. — 60

Rosenstein, Hugo *(geb. Jauer 10. 9. 1857)* Totale Augenmuskellähmungen cerebralen Ursprunges. Aus der Königl. ophthalmologischen Klinik zu Breslau. Breslau 1882. (48 S.) 8° *[Im Buchhandel 1882 bei Köhler in Breslau.]*
Breslau, Med. Diss. v. 2. Aug. 1882

Johann Gerhard David **Scharnhorst**. Von Immanuel Rosenstein. — Elberfeld 1866: Lucas. 41 S. 8°

Die Schützenliesel. Operette in 3 Akten von Leo Stein [d. i. Leo Rosenstein] u. Carl Lindau. Musik von Edmund **Eysler**. [Textbuch.] Leipzig J. Weinberger [1905]. (47 S.) 8° [.5.] (08. 10134

Rosenstein, Michael *(geb. Naugard 10. 10. 1833)* Abû-Nassr Alfârâbii de intellectu intellectisque commentatio ad fidem codicis Lipsiensis nunc primum edita, cum codice Parisiensi Vindobonensique, qui vocatur Ketab Hadaât, libro manuscripto collata, adnotationibus et criticis et exegeticis instructa. Vratislaviae 1858. 33, 8 S. 8
Breslau, Phil. Diss. v. 12. [Gelmelt: 11.] Nov. 1858

Rosenstein, Moritz: Über die Bestimmung des wirksamen Sauerstoffs in superoxydischen Verbindungen. - 1908. 57 S
Diss. Wien, TH

Rosenstein, Moritz *(geb. Brieg 16. 12. 1860)* Ein Fall von Nervendehnung bei Tabes dorsalis. Breslau 1883. (41 S.) 8
[Im Buchhandel 1882 bei Köhler in Breslau.]
Breslau, Med. Diss. v. 8. Jan. 1883

Rosenstein, Mor., ein Fall von Nervendehnung bei Tabes dorsalis. Inaugural-Dissertation. gr. 8. (41 S.) Breslau 882, (Köhler.) * 1 —

Rosenstein, Nils Rosén v

— Anweis. z. Kenntniß u. Kur d. Kinderkrankheiten; aus dem Schwed. v. J. A. Murray. 8. Götting. 766. 2e A. 768. 3e verm. Ausg. 774. 4e A. 781. 5e A. 785. 6e A. mit Anmerkk. von J. C. Loder u. W. H. S. Buchholz. 8. Götting. 798. Dieterich. 1 ₰ 12 gr

v. Rosenstein, Nils Rosén, Haus- u. Reise-Apotheke; aus d. Schwed. v. J. A. Murray. 8. Leipz. 781. Weidmann. 7 gr.

— Versuch e. Abhandl. üb. die Aufklärung; aus d. Schwed. v. K. W. Gröning. gr. 8. Leipz. 793. (Weinbrack). 15 gr.

— über d. Aufklärung, a. d. Schwed. gr. 8. Leipz. Gräff. 793.

Rosenstein, Paul: Aus der Königlichen Universitäts-Frauenklinik zu Königsberg i. Pr. Ein Beitrag zur Kenntnis überzähliger Ovarien. *Königsberg i. Pr. 1898: M. Liedtke.* (21 S.) 8°
Königsberg, Med. Diss. v. 25. Mai 1898

Rosenstein, Siegm., über Aberglauben und Mysticismus in der Medizin, s. Sammlung gemeinverständlicher wissenschaftlicher Vorträge. 11. Heft.

Rosenstein S, über Aberglauben und Mystizismus in der Medizin. (Sammlung gemeinverständlicher wissenschaftlicher Vorträge 11) Berlin 1866

— über die Beziehungen zwischen Wissenschaft u. Praxis in der Medicin mit Rücksicht auf die Aufgabe der Klinik. Antrittsrede gehalten an der Universität zu Groningen am 8. Febr. 1866. Groningen 866. Noordhoff. 8. (32 S.) n. 10 ngr.

Rosenstein, Siegmund. (geb. Berlin 22. 2. 1832) De cyclopia inter animalia observata. Berolini (1854). (32 S.) 8°
Berlin, Med. Diss. v. 25. Aug. 1854

Rosenstein, Sigm., de cyclopia inter animalia observata. Dissertatio inauguralis embryologico-pathologica. Berolini 854. (Adolf u. Co.) gr. 8. (31 S.) n. 10 ngr.

Rosenstein, Siegm., de cyclopia inter animalia observata. Dissertatio inauguralis embryologico-pathologica. 8maj. (32 S.) Berolini 855, (Adolf et soc.) **

Rosenstein, S., s.: Krankheiten, die, d. Harnorgane.

Rosenstein, Siegm., die Pathologie und Therapie der Nieren-Krankheiten. Casuistisch dargestellt. Berlin 863. Hirschwald. gr. 8. (XII, 488 S.) n. 2 ₰ 24 ngr.

— die Pathologie u. Therapie der Nieren-Krankheiten klinisch bearb. 2. verb. Aufl. Berlin 870. A. Hirschwald. gr. 8. (XII, 496 S.) n. 3 ₰ 10 ngr.

Rosenstein, Siegm., die Pathologie und Therapie der Nierenkrankheiten. Klinisch bearb. 3. verb. Aufl. gr. 8. (XII, 688 S. mit 13 Holzschn. und 7 Taf.) Berlin 886, Hirschwald. * 20 —

Rosenstein, Siegm., die Pathologie u. Therapie der Nierenkrankheiten. Klinisch bearb. 4., verb. Aufl. gr. 8. (XII, 711 S. m. 13 Holzschn. u. 7 Taf.) Berlin 894. A. Hirschwald. n. 20. - -

Rosenstein, (W.,) der getreue u. aufrichtige Rathgeber für Augenkranke zc. 2e verb. u. verm. Aufl. 8. Leipzig 823 Lauffer.

Rosenstein, Wilhelm: Über den Einfluss der Nahrung auf die Zuckerausscheidung bei dem Kohlenoxyddiabetes. *Berlin (1897): G. Schade.* (57 S.) 8°
Berlin, Med. Diss. v. 20. Okt. 1897

Rosenstein, Wladimir [aus Simferopol (Krim)]: Beitrag zur Kenntniss des Cinchonins ... Berlin, Buchdr. v. Funcke & Naeter, *1893;* 1 Bl., 40 S., 1 Bl. 8.
Berlin, Phil. Fak., Inaug.-Diss. v. 21. Juni 1893

Rosenstengel, Arthur

— Hebung d. Schulturnens durch Vereinfachg. desselben zu Gunsten d. Spiels u. d. volkstümlichen Uebungen, s. Abhandlungen, pädagogische, III, 5.

Hebung des Schulturnens durch Vereinfachung desselben zu Gunsten des Spiels und der volkstümlichen Übungen. Von Arthur Rosenstengel, Kgl. Seminarl. in Warendorf Bielefeld A. Helmich [1898] (79 S.) 1 Bd. 8°
= Abhandlungen. Pädagogische N. F Bd III. H. 5

Rosenstengel, Arth., 25 geistl. Lieder f. Männerchor, s.: Gott segne d. ehrbare Handwerk.

Rosenstengel, Arth., Liederbuch f. katholische Kreise, insbesondere f. Jünglings- u. Jungfrauen-Vereine zum Gebrauch bei besond. Feiern u. in den Erholungsstunden. Zweistimmig gesetzt u. verf. 12. (III, 118 S.) Warendorf 901. J. Schnell. Kart. n. — 75

— der amtliche Turnleitfaden in ausgef. Lektionen z. Gebrauch f. Turnlehrer an Volksschulen u. Seminarien. 8. (IV, 124 S.) Arnsberg 897. J. Stahl. Kart. n. 1. 20

— der amtliche Turnleitfaden in ausgeführten Lektionen zum Gebrauch f. Turnlehrer an Volksschulen u. Seminarien. 2. verb. Aufl. 8. (IV, 83 S.) Arnsberg 902. J. Stahl. Geb. in Leinw. n. 1. 20

Rosenstengel, H. A., technischer Gesangeskursus f. die Volksschule. Für Seminaristen u. Lehrer bearb. 8. (112 S.) Warendorf 894. J. Schnell n. 1. 60; geb. n. 2. —

— 60 deutsche u. lateinische Lieder f. gemischten Chor zum kirchlichen Gebrauch in stillen hl. Messen u. bei Andachten. gr. 8. (VI, 88 S.) Quedlinburg 894. Ch. F. Vieweg. n. 1. —; geb. in Leinw. n. 1. 40

Rosenstengel, J. J., Essigkrug. 8. Sorau. (Arnold, Bautzen.) 785.

Rosenstengel J. J.: Verneuerter Essig-Krug. Od. die Kunst auf die vortheilhafteste Art Essig zu brauen u. aufzusetzen . Sorau 1774. 94 S.

Rosenstengel, Johann Jakob

Rosenstengel, J. Jac., Anweis. z. Apothekerkunst. 4. Frankf. 718.

Rosenstengel, Johann Jakob: Medicus practicus clinico-forensis seu brevis introductio ad praxin clinicam et forensem. 28 S., gbd.

Francofurti ad Moenum: Boetticher 1717

JB 1.766

Rosenstengel, Johann Jakob: Myrothecium privatum parvum et compendiosum seu methodus medendi generalis. 88 S., gbd.

Francofurti ad Moenum: Boetticher 1717

JB 1.766

Rosenstengel, Johann Jakob (Homberg) A. S. 1254/20

Disputatio inauguralis medica, de secretione animali. Präs. Ludwig Friedrich Jacobi.
Erfurt (Grosch) 3. XII. 1711. 8 Bl.

Gew. Stadt Mühlhausen. 29267

Rosenstengel, Wilhelm

--Kurze Gesch d ersten dten Ansiedlungen Madisons. W newsp clippings rel to the first and second G Day in Madison, Wis. Madison, 1891 Scrapbook dep in the Lib of the U of Wis.

Rosenstengel, Wilhelm H. Handbuch der deutschen Lit Europas und Amerikas. Chicago, 1876

Rosenstern, die Familie; e. Seitenstück zu W. v. Gersdorf's Familie Walberg. 8. Prag 819. Neureutter. 8 gr.

Rosenstern, die Familie, Seitenst. z. Familie Walberg, (v. Wilhelm. v. Gersdorf.) 8. Leipzig, literar. Central-Compt 820. Rthlr.

Rosenstern, Alfred [aus Stuttgart]: Aus d. chirurg. Univ.-Poliklinik zu München. Über Jodoformin ... München, Buchdr. Kastner & Lossen, 1896; 30 S. 8.
München, Med. Fak., Inaug.-Diss. v. 1896

Rosenstern, Iwan, a. Hannover: Untersuchungen über den Stoffwechsel bei Leukämie während der Röntgenbehandlung. (München: J. F. Lehmann [1906].) (15 S.) 8° ¶ [Aus Münchener medizin. Wochenschrift 1906, No 21 u. 22.]
München, Med. Fak., Ref. Müller, Diss. v. 3. April 1906
[Geb. 4. Juni 82 Gehrden b. Hannover; Wohnort: Hannover; Staatsangeh.: Preußen; Vorbildung: Lyzeum II Hannover Reife O. 01; Studium: München 4, Berlin 1, München 1, Berlin 2, München 1 S.; Coll. 3. April 06; Approb. 8. Febr. 06.]

Rosenstern, M., das Börsengesetz u. seine Umgehung. Ein Beitrag zur Lehre v. den Börsentermingeschäften. gr. 8. (54 S.) Berlin 901. Struppe & Winckler. n. 1. 50

Rosenstern, Nathan, Gerichtsref.: Das Börsengesetz und seine Umgehung. Ein Beitrag zur Lehre von d. Börsentermingeschäften. *Göttingen 1901: Dieterich.* (56 S.) 8°
Göttingen, Jur. Diss. v. [11. Febr.] 1901

Rosenstiel, Ueber den Bergbau und Hüttenbetrieb in Schlesien rc. Berlin, 1810 und im Deutschen Merkur 1810.

Adolf Rosenstiel

Monstri duplicis rarissimi Descriptio anatomica. Berolini (1824:) Doench. 19 S. 8°
Berlin, Med. Diss. v. 12. Jan. 1824

Rosenstiel, Eduard, approb. Arzt aus Saarburg ⟨Lothr.⟩: Über die differential-diagnostische Bedeutung der Blutungskurven für Tubarschwangerschaft und Pyosalpinx. *Straßburg 1903: Straßburger Druckerei u. Verlagsanst.* (24 S.) 8°
Straßburg, Med. Diss. v. 1903

Rosenstiel, Ed., die segensreiche Flucht od. e. Wanderung nach u. in Palästina. Eine Erzählg. f. die reifere Jugend u. das Volk. Mit 1 Lichtdr.-Bild. 8. (168 S.) Straubing 886. Volks- u. Jugendschriften-Verlag. cart. 1. 20

Rosenstiel, Ed., Joseph, oder: Ein Jahr aus dem Leben eines Priesters. Eine Erzählung für die reifere Jugend und für Erwachsene. Mit einem empfehlenden Vorwort von Joh. Ev. Stadler. 2., wohlfeilere Ausg. 8. (X und 117 S. mit 1 Stahlst.) Augsburg 851(52,) Lampart und Comp. (Leipzig, Hübner.)
Vgl.: Abendunterhaltungen, lehrreiche. 11. Bdchn.

Rosenstiel, Ed., Josef od. e. Jahr aus dem Leben e. Priesters. Eine Erzählg. f. die reifere Jugend u. f. Erwachsene. 2. verb. Aufl. Mit 1 Stahlst. 8. (115 S.) Regensburg 876. Volks- u. Jugendschriften-Verl. 1. —

Reden und Gesänge bei der Feier der Loge zur Eintracht an ihrem funfzigsten Stiftungsfeste, den 9ten Dec. 1804. Berlin [1804]: Wegener. 32 S. 8⁰ [Umschlagtit.]
Kl. 2952. Festrede von F. Ph. Rosenstiel: Gesch. der Loge. 23. 25. 193.

Rosenstiel, Fr. Ph., s. Th. Schmalz, Encyklopädie d. Kameralwissenschaft.

Rosenstiel, Friedrich

Rosenstiel, *Heinrich Friedrich Christian* Über die eigenartige Darstellungsform in Xenophons Cynegeticus. (Umschlagtitel: Eine Vergleichung der Schrift mit verwandten Schriften des Verfassers.) 4 (24 S.).
Progr. Fürstl. Schwarzb. G. *Sondershausen* 1891 (712).

Rosenstiel, Frdr., de Xenophontis historiae graecae parte bis edita. gr. 8. (54 S.) Jenae 882. (Göttingen, Vandenhoeck & Ruprecht.) n. 1. 40

Rosenstiel, [Friedrich]: Über einige fremdartige Zusätze in Xenophons Schriften. Sondershausen 1908: Eupel. S. 3—28. 8°(4°)
Sondershausen, fürstl. G u. R OP 1908 (937) [S 08. 384

Zur Einweihung des Logen-Saales der Gr. Nat.-Mutter-Loge zu den drei Weltkugeln in Berlin. Den 19. Dec. 1800. [Denkschrift] [Von Friedr. Phil. **Rosenstiel.**] Als Ms. f. Logen-Archive. Berlin 1801: Decker. 67 S. 8⁰
Kl. 2948. Enth. die bei dieser Gelegenheit gehaltenen Reden u. einen Weihegesang, komp. von Beczwarzowsky s. Nr. 7612

Rosenstingl, J. G., Beitrag zur Klärg. d. Wasserfrage. 8. (64 S.) Wien (892). C. Kravani. n. — 50

Rosenstock, Veit, auch genannt Rosenbaum, Rosenstrauch, Rosenthal, Rosier. Eine Geschichte worinnen viel gekannegiessert wird. Frankf. u. Leipz. 1776/7. 2. Aufl. 1781/82. 3. Aufl. 1794. V (1—2): *Sintenis, Christian Friedrich.* (3): *Otto, Johann Friedrich.* (BGE VII², 544)

Rosenstock, Veit, auch genannt Rosenbaum, Rosenstrauch, Rosenthal, Rosier ... Wittenberg 1780—81. V: *Sintenis, Christian Friedrich.* (EE) »1776« (Ky) (GGr, »2. Aufl. Frankfurt u. Leipzig 1781« (BrMm)

Rosenstock, Veit. auch gen. Rosenbaum, Rosinstrauch, Rosenberg rc. (v. Chr. Fr. Sintenis). 3 Thle. 8. Wittenb. 776. 2e A. 780, 81. Zimmermann. 2 ℔ 8 gl

Rosenstock, Arno, das Privattestament. Gemeinverständliche Darstellg. Mit e. Anh., enth.: A. Die Stempelsteuerpflicht. B. Die Erbschaftssteuerpflicht u. Erbschaftssteuerbefreiung. C. Testamentsbeispiele. D. Die wichtigsten erbrechtlichen Bestimmgn. des bürgerl. Gesetzbuchs. (VI, 105 S.) 8. Jena 905. H. W. Schmidt. n. 1. 50

Rosenstock E. Ueber gewisse Systeme von ... [illegible] ... gegeb. Ellipse eine Berührung 2. Ordn. haben. 1878. 8
Diss. Marburg

Rosenstock, Eduard

Rosenstock, Aspidium libanoticum n. sp., s.a. **Mémoires,** de l'herbier Boissier. Nr. 9.

Aspidium libanoticum n. sp. von Prof. Dr [Eduard] **Rosenstock** Gotha.
Genève & Bâle: Georg & Cie 1900. (2 S.) 8°
→ Memoires de l'Herbier Boissier No 9. [illegible]

*Rosenstock Eduard Einige neue Farne aus Südbrasilien. (Mit zwei Tafeln.) S. 56 69. 8
In Festschrift Albert von Bamberg zum 1 Oktober 1905 gewidmet vom Lehrerkollegium des Gymnasium Ernestinum
Progr. *Gotha* 1905

Rosenstock, *Eduard* Über eine Gruppe ebener Kurven dritter Ordnung. 4 (16 S., 1 Taf.). **Progr.** G. Ernestinum *Gotha* 1886 (639).

Rosenstock, Eug., Herzogsgewalt u. Friedensschutz, s. a. Untersuchungen zur deutschen Staats- u. Rechtsgesch.

Herzogsgewalt und Friedensschutz. Deutsche Provinzialversammlungen d. 9.-12. Jhs. von Eugen **Rosenstock.** Breslau: Marcus 1910. XIV, 205 S. 8°
(Untersuchungen z. deutschen Staats- u. Rechtsgeschichte. H 104.) [10. 11991 3

Rosenstock, Eugen: Landfriedensgerichte und Provinzialversammlungen vom neunten bis zwölften Jahrhundert. (T. 1.) Breslau: Marcus 1910. 36 S. 8° ¶ (Ersch. vollst. u. d. T.: Friedensschutz u. Herzogsgewalt. Deutsche Provinzialversammlungen d. 9.—12. Jh., als: Untersuchungen z. dtsch. Staats- u. Rechtsgesch. H. 104.)
Heidelberg, Jur. Diss. v. 28. Febr. 1910, Ref. Schröder
[Geb. 6. Juli 88 Steglitz; Wohnort: Berlin; Staatsangeh.: Preußen; Vorbildung: Joachimsth. Gymn. Berlin Reife O. 06; Studium: Zürich 1, Berlin 2, Heidelberg 3 S.; Rig. 22. April 09.] [U 10. 1994

Fuldaregulierung und Brückenbauten, ihre Bedeutung f. d. Stadt Cassel im allgem. u. d. östl. Stadtteile im besond. (Verf. G. **Rosenstock.**) Cassel Selbstverl. 1905. (18 S.) 4°(8°) [F.] [05. 13413 4

Rosenstock, Hans [pr. Arzt]: **Über die spontane Resorption des Empyems ... Königsberg i. Pr., Druck v. M. Liedtke,** 1894; 2 Bl., 19 S., 2 Bl. 8.
Königsberg, Med. Fak., Inaug.-Diss. v. 14. Aug. 1894

Rosenstock, Hans, üb. die spontane Resorption des Empyems. Diss. gr. 8. (19 S.) Königsberg 894. (W. Koch.) n. — 60

Rosenstock, M., Germanen und Juden auf dem Boden des früheren weströmischen Reiches. gr. 8. (III, 46 S.) Wolfenbüttel 879, Zwißler. *

Rosenstock, Martin

Rosenstock, die Erstattung v. öffentlichen Unterstützungen durch die Unterstützten u. durch ihre Angehörigen, s. a. Schriften des deutsch. Vereins f. Armenpflege u. Wohltätigkeit.

Die Erstattung von öffentlichen Unterstützungen durch d. Unterstützten u. durch ihre Angehörigen. Von Stadtr [Martin] **Rosenstock**, Königsberg i. Pr. Leipzig Duncker & Humblot 1910. 94 S. 8°
(Schriften d. Deutschen Vereins f. Armenpflege u. Wohltätigkeit H 93.) [10. 12655

Rosenstock, Otto, a. Frankfurt a. M.: Die Vereinigung von Kohlenoxyd und Sauerstoff unter elektrischen Einflüssen. Marburg 1906: (Voigt & Gleiber, Frankfurt a. M.) (39 S.) 8°
Marburg, Phil. Fak., Ref. Richarz, Diss. v. 12. Mai 1906
[Geb. 29. Mai 82 Frankfurt a. M.; Wohnort: Marburg; Staatsangeh.: Preußen; Vorbildung: Gymn. Offenbach Reife O. 00; Studium: Marburg 2, München 1, Marburg 8 S.; Rig. 24 Febr 06.]

Rosenstock, Paul *Eduard* [Dr.]: Die Akten der Arval-Brüderschaft, e. Studie z. latein. Rechtschreibg. Strasburg W.-Pr., Buchdr. v. A. Fuhrich, *1895;* 27 S. 4.
Strasburg W.-Pr., K. G, OP 1895 (41)

Rosenstock, Paulus [Regimontanus]: De Donato, Terentii, et Servio, Vergilii explicatore, syntaxeos latinae interpretibus ... Marggrabovae, ex offic. Czyganiana (1886); 2 Bl. + 86 + 1 S. + 1 Bl. 8°.
Königsberg, Phil. Fak., Inaug.-Diss. v. 25. Aug. 1886.

Rosenstock, Paul, de Donato, Terentii, et Servio, Vergilii explicatore, syntaxeos latinae interpretibus. gr. 8. (85 S.) Marggrabovae 886. (Königsberg, Koch & Reimer.) n. 1. 50

Rosenstock, Paul *Eduard* [Dr.]: Platos Kratylos und die Sprachphilosophie der Neuzeit. 1. Tl: Platos Kratylos u. d. Sprachphilosophie bis zum Tode Wilhelm v. Humboldts. Strasburg W.-Pr., Buchdr. v. A. Fuhrich, *1893;* 41 S. 4.
Strasburg W.-Pr., k. G, OP 1893 (41)

Rosenstock, Siegfr., bürgerliches Gesetzbuch u. Theater-Recht. Vortrag, geh. in der Delegirten-Versammlung der deutschen Bühnengenossenschaft am 8. XII. 1899. gr. 8. (59 S.) Berlin 900. H. Steinitz. n. 1. —

Rosenstocks, Eduard, Leben, Meinungen u. Reisen im Reiche des Lichts u. der Finsterniß. 1r Thl. 8. Rostock 800. Stiller. 20 gr

Rosenstrauch, Johs. Ambr., Mittheilungen aus seinem Nachlasse. gr. 8. (XIV, 170 S.) Dresden 871. (Burdach.) n. 2. 40

Rosenstrauch, M., תְּחִנּוֹת רְבָקָה לְבְנוֹת יִשְׂרָאֵל Gebete f. israelitische Frauen aus der h. Schrift gesammelt. 16. (58 S.) Barmen 874. Klein. n. — 50

Rosenstrauch, Wilh., Joel Deutsch, der Reformator d. österreichischen Taubstummenbildung (geb. am 20. III. 1813, gest. am 1. V. 1899. Zu seinem 10. Todestage). (IV, 75 S. m. 1 Bildnis.) kl. 8. Leipzig-Gautzsch (910). Leipzig-R., H. Dude. — 80

Rosental, Frz. Ant., Anleitung die Italien. Sprache one früheres regelmäßiges Lernen der Italien. Grammatik in möglichst kurzer Zeit sprechen zu können. 2. Teil. Sammlung der gebräuchl. Worte, Redensarten &c. mit erläut. Anmerkungen versehen. gr. 8. (243 S.) Wien 847, Gerold in Comm. 1 ℛ 6 ngr

Rosental, Frz. Ant., Anleitung zum Uebersetzen aus d. Italienischen. 1. Bd. Auserwählte Anekdoten u. Erzälungen in Italien. Sprache geordnet nach dem stenopädischen Systeme besonders zum Gebrauche der Deutschen u. Italiener. gr. 8. (XX u. 172 S.) Wien 847, Gerold in Comm. 1 ℛ

Rosental, Stefan: Aus d. psychiatr. Klinik in d. Kgl. Charité. Die Wahnbildung bei der Melancholie. Berlin 1909: G. Schade. 74 S. 8°
Berlin, Med. Diss. v. 2. Juli 1909, Ref. Ziehen
[Geb. 6. Jan. 86 Warschau; Wohnort: Warschau; Staatsangeh.: Rußland; Vorbildung: Gymn. Warschau Reife M. 03; Studium: Warschau 2, Breslau 2, Göttingen 1, Heidelberg 2, Berlin 3 S.; Rig. 12. Juni 09.] [U 09. 97

Rosenthal [Sachl. OW]

Rosenthal, Adolphin, od. d Schein betrügt, v J. Jünger Lustsp. 8 Leipz. Köhler 801

ROSENTHAL, Clärchen. Leipzig, Hilscher, 1784. 8°. Sehr selten!
Geschichts- u. Romanenlitt. (Catalog.) Breslau 1798.

Rosenthal, Clärchen. 8. Leipz. 785. Hilscher. 4 gr

— Eduard, e. abenteuerl. Gesch. 2 Thle. s. neue Originalromane d. Deutschen 7r 8r.

Rosenthal, Eduard, eine abentheuerliche Geschichte. Leipzig 1784. V: *Vulpius, Christian August.* (EE) »1784—85« (Ky)

— Eduard, eine abentheuerliche Geschichte, 2 Theile, 8. Daselbst, 784. 85. Lincke. 1 Rthl.

ROSENTHAL, Emilie, oder das Kind der Natur, ein Familienstück. Wittenberg, Zimmermann, 1784. 8°. Rarl
Geschichts- u. Romanen-Litt. (Cat.) Breslau, Korn, 1798.

ROSENTHAL, Gustav, oder Redlichkeit auf der Probe. Eine auf Akten u. Urkunden sich gründende Geschichte (Zahmer Roman.) 2 Thle. Cöthen, Aue, 1794. 8°.
I 156 S. incl. 4 S. Vorst. u. 1 Bl. Inh. II 160 S.

— Gustav, od. Redlichkeit auf d. Probe. 2 Thle. 8. Cöthen 801. Aue. 20 gr

Rosenthal, Jak. Rede zu s. Gedächtnis, s. Schmitt, Greg.

— Mariane, e. Gesch.; etwas f. Geist u. Herz &c. 8. Ansbach, Gassert. 791.

Rosenthal, Schloß, ein Mährchen von B. Vermehren. 8. Berlin, Unger. 803. (Maurer.)

Rosenthal [Schlagwort]

Rosenthal, s.: Geologische Karten. Preussen 91. 116.

Rosenthal, s.: Sachsen. Karte. Messtischblätter.

Rosenthal [Verfasser]

Rosenthal, der Dom zu Magdeburg, s. Dom, der, zu Magdeburg.

Rosenthal, Festschrift deutscher Naturforscher und Aerzte.

Rosenthal, Prof. Vide: Fick, A.: Unser Bier.

— s.: Gartenverschönerungen.

[Lied.] Zum 28. Mai 1852. [Unterz.:] Rosenthal. o. O. [1852]. 1 Bl. 8° [Kopftit.]
Ohne Noten: „Auf, traute Genossen, die Becher geschwungen . . .“

Rosenthal, rechtliche Natur d. Testamentsexekution. Breslau 883.

Rosenthal u. Andern, acht Pläne zu Garten-Anlagen im engl. Geschmacke. qu. ½ Fol. (½ B. Text.) Wien 837, Müller.

Rosenthal's Schriften üb. natürl. Magie, s. Poppe, J. H. M. v., Wunderschauplatz, 3. u. 4. Thl.

Rosenthal, s.: Verhandlungen u. Mittheilungen d. Vereins f. öffentl. Gesundheitspflege in Magdeburg.

— s. Wiegleb, J. Chr. Die natürliche Magie . .

[S.] Aktionär und Aufsichtsrath. In Sachen contra Kommandit-Gesellschaft auf Aktien in Firma Herrmann Gerson, '(Komm.-Ges. a. A.)' Von e. Aktionär (A. Rosenthal) *Berlin: H Brieger 1894.* (63 S.)
1 Bd 8. 96. 9130

Rosenthal, A., die Drainirung, ihr Ursprung, ihre Verbreitung, ihr Zweck, nebst einer auf Erfahrung gegründeten Anweisung zur Ausführung derselben, u. 1 Lithogr., das Landgut Adolphshof darstellend, dessen sammtliche jetzt so fruchtbaren Aecker lediglich durch eine regelmäßige rc. Drainirung rc. hergestellt sind. Magdeburg 855. Baensch. (Leipzig, Gräbner.) gr. 8. (30 S.) n. 10 ngr.

Rosenthal, A., die Konzentration im Unterricht nach dem Begriffe der heutigen Pädagogik, s. a. Abhandlungen, pädagogische. N. F. XII, 8.

Die Konzentration im Unterricht nach dem Begriffe der heutigen Pädagogik. Von A. **Rosenthal**, Mittelschullehrer. Bielefeld: A. Helmich [1907]. (24 S.) 8° [Umschlagt. J.]
— **Abhandlungen**, Pädagogische. N. F. Bd 12, H. 8. [08. 7105

Rosenthal, A., s. a. Ueberfall u. thätl. Angriff auf e. Aktionär in d. General-Versammlg. d. Kommandit-Gesellschaft auf Aktien in Firma Herrmann Gerson.

[J.] Ueberfall und thätlicher Angriff auf einen Aktionär in der General-Versammlung der Kommandit-Gesellschaft auf Aktien in Firma Herrmann Gerson am 2. April d. J. Von e. Aktionär (A. Rosenthal)... *Berlin: H. Brieger 1895.* (16 S.) 1. Bd 8. 98. 9151

Rosenthal, A.C. (Red.), s. Gartenzeitung, Wiener illustrirte.

Rosenthal, A. C., pomologisches Handbuch f. Nieder-Oesterreich. Nach den Erhebgn. d. niederösterreich. Landes-Obstbau-Vereines in Wien zusammengestellt. gr. 8. (VIII, 168 S.) Wien 893. (W. Frick.) n. 3. 60

Rosenthal, A. C., 16 vorzügliche u. interesssante Haselsträucher. gr. 8. (15 S.) Wien 883. Frick. n. 1. —

—— vaterländische Obstsorten. Alphabetisches Verzeichniss der in Oesterreich-Ungarn heim. oder aus Oesterreich-Ungarn stammenden Aepfel, Birnen, Kirschen, Pflaumen, Pfirsiche und Aprikosen. gr. 8. (24 S.) Ebendas. 884. * 1 —
Vorstehende Schrift aus: Wiener illustrirte Garten-Zeitung, besonders abgedruckt.

Rosenthal, A. L.

— Abhandl. über d. Judenthum, s. Birkenstein.

Rosenthal, (A. L.,) קָרְבַּן חֲגִיר, das Opfer der Israeliten, wie sie es noch jetzt bringen können u. sollen; nebst Versuch einer jüdischen Eideserklärung rc. 8. Marburg 823. Krieger.

— katechet. Unterhaltung üb. verschied. Gegenstände d. Religion, nebst geschichtl. Erklär. d. Fest- u. Fasttage f. israelit. Schulen. 8. Büdingen 821. Heller.

Rosenthal, Abraham [pr. Arzt aus Willmenrod]: '(Aus d. chirurg. Klinik zu Marburg)'. Ein Beitrag zur Lehre von der Tuberkulose des Schultergelenks ... Marburg, *G. Horstmann's Druckerei, Frankfurt a. M.*, 1896; 40 S., 1 Bl. 8.
Marburg, Med. Fak., Inaug.-Diss. v. 16. Mai 1896

Rosenthal, Ad. v., Freuden gesell. Zirkel, e. Almanach f. 1804. 8. Berlin, Oehmigke d. j. Rthlr.

v. Rosenthal, Ad., Taschenbuch f. Freunde anständiger Vergnügungen. 8. Berl. 804. W. Oehmigke. 22 ⁄⁄

Rosenthal, Adolf [Referendar aus Mayen]: Die Anfechtung des Verkaufs wegen Verletzung über die Hälfte und der Sachwucher nach dem Reichsgesetze vom 19. Juni 1893 ... Bonn, Univ.-Buchdr. v. C. Georgi, 1890; 70 S. 8.
Erlangen, Jur. Fak., Inaug.-Diss. v. 1890

Rosenthal, Alfred, Referendar: **Die Abnahmepflicht des Gläubigers nach dem bürgerlichen Gesetzbuch.** *Bonn 1904: C. Georgi.* (37 S.) 8°
Bonn, Jur. Diss. v. 21. März 1904

Die Abnahmepflicht des Gläubigers nach dem bürgerlichen Gesetzbuch. Von Dr. Alfred **Rosenthal**, Ref. Bonn: F. Cohen 1904. (35 S.) 8°
Erschien auch als Inaug.-Diss. Bonn 1904. [06. 918 5

Rosenthal, Alfr., die Novelle wider den unlauteren Wettbewerb. Warnungen u. Vorschläge. (27 S.) 8. Mannheim 908. J. Bensheimer's Verl. — 80

— u. Edg. Wehner, Reichsgesetz gegen den unlauteren Wettbewerb vom 7. VI. 1909, nebst den in Betracht kommenden Bestimmungen des BGB. u. der internat. Union zum Schutze des gewerbl. Eigentums erläutert. (IX, 232 S.) Lex. 8. Ebd. 909. 4.50; geb. 5. 50

Rosenthal, Alice, kurzer Leitfaden zur Geschichte der Philosophie. gr. 8. (38 S.) Reval 896. (F. Kluge.) n. 2.—

Rosenthal, Arian: Aus d. Kgl. chir. Klinik zu München. Beitrag zur Kenntnis der Sehnenscheidensarkome. München 1909: Kastner & Callwey. 45 S. 8°
München, Med. Diss. v. 12. Juli 1909, Ref. v. Angerer
[Geb. 29. Sept. 85 Nowowileisk; Wohnort: Wilna; Staatsangeh.: Rußland; Vorbildung: I. Staats-Gymn. Wilna Reife Juni 03; Studium: Dorpat 1, Wien 7, München 2 S.; Rig. 12. Juli 09.] [U 09. 3388

Rosenthal, Arth., u. Paul Rost, Conversation française. Schwank in 1 Act. gr. 8. (25 S.) Stadt-Sulza 896. E. Rost. — 50

Rosenthal, Art., zur Theorie der gleichflächigen Polyeder. (18 S.) gr. 8. München 908. G. Franz' Verl. — 40
Sonderabdruck aus: „Sitzungsber. d. bayer. Akad. d. Wiss."

Rosenthal, Artur: Untersuchungen über gleichflächige Polyeder. Halle a. S. 1910: Karras. 148 S. 4° ¶(Aus: Nova Acta Acad. Caes. Leop.-Carol. Germ. nat. cur. Vol. 93, Nr 2.)
München, Phil. Diss. v. 22. Juli 1909, Ref. Lindemann
[Geb. 24. Febr. 87 Fürth i. B.; Wohnort: München; Staatsangeh.: Bayern; Vorbildung: Wilhelms-Gymn. München Reife Juli 05; Studium: München 8 S.; Rig. 22. Juli 09.] [U 10. 3690

— Untersuchungen üb. gleichflächige Polyeder, s. a. Acta, nova, academiae usw. naturae curiosorum. 93. Bd.

Untersuchungen über gleichflächige Polyeder. Von Artur **Rosenthal**. Mit 4 Taf. Leipzig: W. Engelmann in Komm. 1910. S. 45 190. 4°
(Nova Acta. Abhandlungen d. Kais. Leop.-Carol. Deutschen Akad. d. Naturforscher. Bd 93, Nr 2.) [10. 13722 9

Rosenthal, Bassia, aus Teloneschty (Russland): **Beitrag** zur Talma'schen Operation. Bern 1910. 32 S. 8°. [8. VII. 10.]
Bern. Med. Diss. 1909/10.

Rosenthal, Bassia. Beitrag zur Talma'schen Operation. Diss. Med. Bern. 32 S. 8. Bern, H. v. Kamp-Berger, 1910.

Rosenthal, [illegible]

Rosenthal, Bernh., zur Bankfrage. gr. 8. (86, XLIII, 82 S. m. Tab.) Wien 896. Manz. n. 2. —

Rosenthal, Bernhard, a. Wetzlar: Aus der Klinik für psychische und nervöse Krankheiten zu Gießen. Zur Symptomatologie der Tumoren des Hinterhauptlappens. Halle a. S.: C. Marhold 1907. (17 S.) 8°
Gießen, Med. Fak., Ref. Sommer, Diss. v. 11. März 1907
[Geb. 8. Aug. 81 Wetzlar; Wohnort: Gießen; Staatsangeh.: Preußen; Vorbildung: Gymn. Wetzlar Reife O. 01; Studium: Gießen 4, München 2, Berlin 1, Gießen 2 S.; Coll. 2. März 06; Approb. Dez. 05.]

Rosenthal, C., Anleitung zur Anwendung der neuen Stempelsteuer-Ordnung v. 10. VI. 1900. gr. 8. (71 S.) Riga 900. (Jonck & Poliewsky.) n.n. 2. —

— dasselbe m. Berücksicht. der neuesten Instructionen des Finanzministers. 2. vervollständ. Aufl. gr. 8. (98 S.) Ebd. 901. n. 2. 25

Rosenthal, C., kurze Anleitung zur Anwendung der Stempelsteuer-Ordnung. gr. 8. (34 S.) Riga 893. (Jonck & Poliewsky.) n. 1. 20

Rosenthal, C. Ueber die Form der constitutionellen Verfassung in ihrer Anwendung auf Preußen. Magdeburg o. J. 28 S. 8.

Rosenthal, C., über die Form der constitutionellen Verfassung in ihrer Anwendung auf Preußen. Eine wohlgemeinte Mahnung für die Gutgesinnten aller berechtigten Partheien. Magdeburg 862. Heinrichshofen'sche Buchhdlg. 8. (28 S.) 5 ngr.

Rosenthal, C. A., über d. Entstehung u. Bedeutung d. architecton. Formen d. Griechen. gr. 4. (8¼ B.) Berlin 820, Reimer.
Aus dem „Journal d. Baukunst, hrsg. v. Crelle" besond. abgedruckt.

— Kurzer Ueberblick des Entwickelungsganges der Baukunst (Abdruck aus Romberg's „Zeitschrift für praktische Baukunst") 4.

Rosenthal, C. A., vollständ. Uebersicht d. Gesch. d. Baukunst v. ihrem Ursprunge an bis auf d. neueste Zeit im organ. Zusammenhange in sich u. mit d. allgem. Culturgesch., f. Geschichtsforscher, Baumeister u. überh. f. denk. u. gebild. Leser dargest. I. u. II. Thl. gr. 4. Berlin, G. Reimer. Thlr.
Thl. I. Die ältesten Völker bis einschliesslich d. Aegypter. (33 B.) 841. 2 Thlr. 8 Gr.
- II. Die Griechen u. Römer. (31¼ B.) 842. 2 Thlr. 6 Gr.
Aus: Crelle's Journal f. d. Baukunst etc., besonders abgedruckt.

Rosenthal, C. A., vollständige Uebersicht der Geschichte der Baukunst, von ihrem Ursprunge an bis auf die neueste Zeit, im organ. Zusammenhange in sich und mit der allgem. Culturgeschichte; für Geschichtsforscher, Baumeister und überhaupt für denkende und gebildete Leser dargestellt. 3. Thl.: Die Baukunst des Mittelalters und der neuern Zeit. gr. 4. (VIII und S. 507—965.) Berlin 850, G. Reimer. :
1. und 2. Thl. Ebendas. 1841—42. 4 Thlr. 17½ Ngr.
Aus: Crelle's Journal für Baukunst etc., besonders abgedruckt.

Rosenthal, (C. F.,) Katechismus f. d. evangelische Kirch in Fragen mit Bibelsprüchen z. Antwort. 8. Wittenb. 827, Zimmermann. Rthlr.

Rosenthal, Carl. s. Rosenthal, Karl

Rosenthal, Chr. Fr., Materialien zu einem interessanten und erbaulichen Unterrichte im Christenthume nach Luthers Katechismus. 1r u. 2r Bd. 8. Eisleben 836. u. 840. Reichardt; jetzt Hermes in Berlin. 2 ℛ

Rosenthal, Chr. Friedr., Materialien zu e. interess. u. erbaul. Unterr. im Christenthume n. Luthers Katechismus. 3 Bde. 8. Eisleben. [Berlin, Hermes.] [1. (17 B.) 836. ⅚ Thlr., 2. (19 B.) 840. 1⅙ Thlr., 3. (20 B.) 841. 1 Thlr.]

Rosenthal, D., u. S. Klein, Situs viscerum. Die Lage der Eingeweide in den 3 Haupthöhlen des menschl. Körpers systematisch geordnet. 16. (3 B.) Breslau 846, Schuhmann. *

Rosenthal, Davides (geb. Neiße 11. 4. 1821): De numero atque mensura microscopica fibrillarum elementarium systematis cerebro-spinalis symbolae. Vratislaviae (1845). (22 S.) 4°
Breslau, Med. Diss. v. 22. [vielmehr 21.] Dez. 1845

Rosenthal, Dav. Aug., Convertitenbilder aus dem 19. Jahrhundert. 1—3. Bd. Schaffhausen, Hurter'sche Buchh. gr. 8. 11 ℛ 27 ngr.
1. Bd. 1. Abthl. Deutschland. I. (XXIV, S. 1—528.) 865. 2 ℛ 3 ngr.
1. Bd. 2. Abthl. Deutschland. II. (XXX, S. 529—1100.) 866. 2 ℛ 3 ngr.
2. Bd. England. (XIV, 574 S.) 867. 2 ℛ 7½ ngr.
3. Bd. 1. Abthl. Frankreich. Amerika. (XII, 579 S.) 869. 2 ℛ 7½ ngr.
3. Bd. 2. Abthl. Rußland. — Nachtrag. (XII, 785 S.) 870. 3 ℛ 6 ngr.

Rosenthal, Dav. Aug., Convertitenbilder aus dem 19. Jahrh. 1. Bd. Deutschland. 1—3. Thl. 2., verb. u. verm. Aufl. gr. 8. (XXXVI, 518, VIII, 540 u. XX, 570 S.) Schaffhausen 871. 72. Regensburg, Manz. à 6. 30

Rosenthal, D. A., Konvertitenbilder aus dem 19. Jahrh. 1. Bd. 1. Abtlg. Deutschland I. 3., durchgeseh. Aufl. gr. 8. (XXXII, 540 S.) Regensburg 889. Verlags-Anstalt. 6. 30

Rosenthal, Dav. Aug., Konvertitenbilder aus dem 19. Jahrh. 1. Bd. 2. Abtlg. Deutschland II. 3., verb. u. verm. Aufl. gr. 8. (VIII, 610 S.) Regensburg 892. Nationale Verlags-Anstalt. 6. 30 (I, 1. 2.: n. 12. 60)

Rosenthal, Dav. Aug., Konvertitenbilder aus dem 19. Jahrh. I. Bds. 3. Abtlg. Deutschland. 3., verb. u. verm. Aufl. gr. 8. (XII, 692 S.) Regensburg 902. Verlagsanstalt vorm. G. J. Manz. n. 9. —

— dasselbe. Suppl. zur 3. Aufl. des I. Bds. 1. u. 2. Abtlg. Deutschland. gr. 8. Ebd. 902. n. 5. —
1. (VII, 213 S.) n. 3. 50. — 2. (VII, 64 S.) n. 1. 50.

Rosenthal, Dav. Aug., Konvertitenbilder aus dem 19. Jahrh. 3. Bds. 2. Abtlg. Rußland. 2., verb. u. verm. Aufl. gr. 8. (VIII, 358 S.) Regensburg 893. Verlagsanstalt vorm. G. J. Manz. n. 4. 60

Rosenthal, Dav. Aug., Synopsis plantarum diaphoricarum. Systematische Uebersicht der Heil-, Nutz- und Giftpflanzen aller Länder. 2 Hälften. Lex.-8. (XXVI und 1362 S.) Erlangen 861. 62, Enke's Verlagsbuchh. [1. Hälfte * 2 Thlr. 12 Ngr., 2. Hälfte * 3 Thlr. 26 Ngr.] *

Rosenthal, E., Der Sachwucher. Inaug.-Diss. 8°. Erlangen 1894.

Ernst Abbe und seine Auffassung von Staat und Recht. Rede bei d. von d. Universität Jena veranst. Gedächtnisfeier am 6. Februar 1910 geh. von Dr. Eduard **Rosenthal**, Prof. Jena: Fischer 1910. VI, 32 S. 8° [10. 7731

Rosenthal, E., die Behördenorganisation Kaiser Ferdinand's I. Das Vorbild der Verwaltungsorganisation in den deutschen Territorien. Ein Beitrag zur Geschichte des Verwaltungsrechts. Nach archival. Quellen. [Aus: „Archiv f. österr. Geschichte".] Lex.-8. (266 S.) Wien 887. (Tempsky.) n. 4. —

Rosenthal, Ed., Beiträge zur deutschen Stadtrechtsgeschichte. 1. u. 2. Hft. Zur Rechtsgeschichte der Städte Landshut u. Straubing, nebst Mittheilgn. aus ungedr. Stadtbüchern. gr. 8. (IX, 337 S.) Würzburg 883. Stuber's Verl. n. 7. —

Rosenthal, Ed., internationales Eisenbahn-Frachtrecht, auf Grund des internationalen Übereinkommens üb. den Eisenbahn-Frachtverkehr vom 14. Oktbr. 1890 u. der Konferenzbeschlüsse vom Juni u. Septbr. 1893 dargestellt. gr. 8. (XXII, 398 S.) Jena 894. G. Fischer. n. 9. —; geb n. 10. —

Rosenthal, Ed., zur Geschichte des Eigenthums in der Stadt Wirzburg. Ein Beitrag zur Geschichte des Eigenthums in den deutschen Städten. Mit Urkunden gr. 8. (IV, 107 u. 46 S.) Würzburg 878. Stuber's Verl. n. 3. —

— Geschichte d. Gerichtswesens u. d. Verwaltungsorganisation Baierns. 1. Bd. Vom Ende d. 12. bis zum Ende d. 16. Jahrh. [1180—1598.] Mit Unterstützg. der histor. Kommission bei der königl. bair. Akademie der Wissenschaften hrsg. gr. 8. (XVI, 601 S.) Würzburg 889. Stuber's Verl. n. 12. —

Rosenthal, Eduard, Geschichte des Gerichtswesens u. der Verwaltungsorganisation Baierns. II. Bd. Vom Ende des 16. bis zur Mitte des 18. Jahrh. (1598—1745.) Mit Unterstützg. des Savignystiftg. hrsg. (XV, 506 S.) gr. 8. Würzburg 906. C. Kabitzsch. n. 15. —
Bd. I. Ebd. 889. n. 12. —.

— die Rechtsfolgen des Ehebruchs nach kanonischem u. deutschem Recht. Eine rechtsgeschichtl. Abhandlung. gr. 8. (IV, 104 S.) Ebend. 880. n. 2. 40

ROSENTHAL, Ed., Die Rechtsfolgen des Ehebruchs nach kanonischem und deutschem Recht. Eine rechtsgeschichtliche Abhandlung. Habilitations-Schrift. Würzburg 1889. 8°. (In Leipzig, Bibl. d. Reichsgerichts.)
P. E. Richter, Bibl. geogr. Germaniae. Lpz. 1896. S. 542.

— Die gesetzliche Regelung des Tarifvertrages, s. a. Abhandlungen, staatsrechtliche, Festgabe f. Paul Laband.

Rosenthal, Eduard, Die gesetzliche Regelung des Tarifvertrages. (Aus: Festgabe für Laband.) 8°. Tübingen, J. C. B. Mohr, 1908.

Rosenthal, E., Die gesetzliche Regelung des Tarifvertrages. Tübingen, 1908. 59 S.

Katalog der im Jahre 1904 registrierten seismischen Störungen. Zsgest. von Elmar **Rosenthal**. Straßburg 1907: H. Stürtz in Würzburg. (145 S.) 4°
(Veröffentlichungen d. Zentralbureaus d. internat. seismolog. Assoziation. Ser B.)

Cemech Nëurim. צמית נעורים Poetische und prosaische Aufsätze zur Bildung und Erziehung der Jugend. Verfasst von Emanuel Rosenthal in Warasdin. *Prag* **1858. Gedruckt bei** *S. Freund, vorm. M. J. Landau.* **212 S., 8°.**

Rosenthal, Emil [aus Belgard in Pommern]: Ueber die lokale Behandlung der Rachendiphtherie mit Pyridin .... Erlangen, Druck d. Univ.-Buchdr. v. E. Th. Jacob, 1887; 21 + 1 S. + 1 Bl. 8°.
Erlangen, Med. Fak., Inaug.-Diss. v. 23. März 1887.

Rosenthal, Emil, über die lokale Behandlung der Rachendiphtherie mit Pyridin. Diss. Erlangen 1887, Th. Blaesing. 8° 21 S.

Rosenthal, Emil [aus Bromberg (Prov. Posen)]: Beiträge zur Ergründung des Wesens der Uraemie ... Erlangen, Druck d. Univ.-Buchdr. v. E. Th. Jacob, 1887, 26 S. 8°.
Erlangen, Med. Fak., Inaug.-Diss. v. 30. Jul. 1886.

Rosenthal, Emil, Beiträge zur Ergründung des Wesens der Uraemie. Diss. Erlangen 1886, Th. Blaesing. 8°. 26 S.

Rosenthal, Emil [aus Königsberg i. Pr.]: Über das Homoterephtalendiamidoxim und einige seiner Derivate. ... Berlin, Druck v. Martin Oldenbourg, 1890; 46 S. + 1 Bl. 8°
Berlin, Phil. Fak., Inaug.-Diss. v. 15. März 1890

Rosenthal, Erich, approb. Arzt aus Hannover: Die **Fälle** von künstlicher Lösung der Placenta und deren Folgen ⟨1890 1900⟩. *München 1902: C. Wolf & Sohn.* (32 S.) 8°
München, Med. Diss. v 1902

Rosenthal, Ernst [pr Arzt aus Magdeburg]: Zur Behandlung der Blutungen bei Atonia uteri post partum, insbesondere durch Tamponade des Uterus mit Jodoformgaze. Jena, Druck v. B. Engau, 1889; 67 S 8°
Jena. Med. Fak., Inaug.-Diss. v. [25. März] 1889

Rosenthal, E., zur Behandlung der Blutungen bei Atonia uteri post partum, insbes. durch Tamponade d. Uterus m. Jodoformgaze. Inaug.-Diss. gr. 8. (66 S.) Jena 889. Rudolstadt, Dabis. n. — 60

Rosenthal, Ernst [aus Görlitz]: Ein Beitrag zur Kenntnis der Bakterien-Flora der Mundhöhle ... Berlin, E. Dreyer's Buchdr., 1893; 52 S. 8.
Erlangen, Phil. Fak., Inaug.-Diss. v 1893

Rosenthal, Ernst, Referendar: Die Möglichkeit einer Bereicherung durch inaedificatio. Breslau 1910: Breslauer Genoss.-Buchdr. IX, 67 S. 8°
Breslau, Jur. Diss. v. 16. Sept. 1910, Ref. Leonhard, Schott
[Geb. 5. Aug. 88 Hamburg; Wohnort: Löwen i. Schl.; Staatsangeh.: Preußen; Vorbildung: Realgymn. am Zwinger Breslau Reife M. 06; Studium: Breslau 6 S.; Rig. 17. Juni 10.] [U 11. 644

Rosenthal. F. Zur Anatomie des Seehundes. (Aus den Act. Acad. Nat. Cur. Vol. XV. Breslau.

Rosenthal, F. Vier apokryphische Bücher aus der Zeit u. Schule R. Akibas. gr. 8. Lpz. 885. Berl., Felber. * 3 —

Rosenthal, F., vier apokryphische Bücher aus der Zeit u. Schule R. Akiba's: Assumptio Mosis, das 4. Buch Esra, die Apokalypse Baruch, das Buch Tobi gr. 8. (IX, 150 S.) Leipzig 885. O. Schulze. n. 3. —

Rosenthal, F., die Erlässe Cäsars und die Senatsconsulte im Josephus, Alterth. XIV, 10, nach ihrem histor. Inhalte untersucht. gr. 8. (43 S.) Krotoschin 879. (Leipzig, O. Schulze.) * — 75

—— ein jüdischer Roman aus dem 2. Jahrh. Vortrag, gehalten in der Mamre-Loge zu Beuthen O.-S. am 4. Novbr. 1885. gr. 8. (9 S.) Beuthen O.-S. 885, (Freund.) *

Rosenthal, Felix, Medizinalprakt. Aus d. Univ.-Kinderklinik ⟨Czerny⟩ u. d. chir. Abt. d. jüd. Krankenh. ⟨Gottstein⟩ zu Breslau. ⟨Preisschrift d. med. Fak. d. Univ. Breslau.⟩ Zur Frage des alimentären Fiebers. Berlin: Karger 1909. 44 S. 8° ¶(Aus: Jahrbuch f. Kinderheilk. u. physische Erziehg. Bd 70.)
Breslau, Med. Diss. v. 14. Juli 1910, Ref. Filehne
[Geb. 29. Jan. 85 Beuthen O.-S.; Wohnort: Breslau; Staatsangeh.: Preußen; Vorbildung: König-Wilhelms-Gymn. Breslau Reife O. 03; Studium: Breslau 10 S.; Coll. 25. Mai 09; Approb. 20. Juni 10.] [U 10. 586

Ueber Klavierspiel und Klavierunterricht. Mit bes. Berücks. d. Unisonospiels beim Unterr ⟨Methode Logier.⟩ Von Dr. Felix **Rosenthal**, Lehrer am Breslauer Conservat d Mus. (Breslau) Selbstverl. (1902). (W G. Korn in Breslau.) (8 S.) 8°

Rosenthal, Ferd (Hrsg.), s. Gedenkbuch zur Erinnerung an David Kaufmann.

Rosenthal, Ferd, die Kritik des Maimonidischen „Buches der Gesetze" durch Nachmanides, s. a. Schriften, hrsg. v. d. Gesellschaft z. Förderung d. Wissenschaft d. Judentums.

— F., Die Kritik des Maimonidischen „Buches der Gesetze" durch Nachmanides. (XXI S.) gr 8. Leipzig, Buchh. G. Fock. 1908 —. 60.
„Schriften, hrsg. v der Gesellschaft zur Förderung der Wissenschaft des Judentums".

Rosenthal, Ferdinand, Das erste Makkabäerbuch. Eine historische und sprachlich-kritische Studie. [Diss.] Leipzig 1867.

Rosenthal, Fr., s.: Gedenkbuch zur Erinnerung an David Kaufmann.

— David Kaufmann. Biographie. gr. 8. (LVI S.) Breslau 900. (W. Koebner.) n. 1. 50
Sonderabdr. a.: „Gedenkbuch z. Erinnerg. an Dav. Kaufmann".

Rosenthal, Franz, das franzôs. Münz-, Maaß- und Gewichtssystem, od. d. franzôs. Metrologie. 2 Thle. 8. Nordhausen, Nitzsche. 808. (I. 8 gr. II. h. a. d. Tit. Tariftafeln 6 gr.)

– Dass., s.a. Rosenthal, Gottfried Erich

*Rosenthal, Franz: Jesu Stellung zum Gesetz. Nach den Synoptikern.
S. 3—8. 8. Z. Gedächtnisfeier für Ph. F. A. Just Gymn. *Zittau* 1907.
Progr.

Rosenthal, Frz. Chr. Friedr., die auf 30jähr. Erfahr. gegründ. Nordhäus. Branntweinbrennerei. 1. Aufl. (23 B. u. 2 Tab.) 828. 1 Thlr. 8 Gr., 2., mit e. Anh. verm. Ausg. (23½ B. u. 2 Tab. qu. Fol.) gr. 8. Nordhausen 832. [Leipzig, Dörffling.]

Rosenthal, Fr.: Die auf 30jährige Erfahrung gegründete Nordhäusische Branntweinbrennerei. Nordhausen. 1829.

Rosenthal, Frdr., Carmina. Mit einleit. Worten v. Max Halbe. (XI, 133 S. m. Bildnis.) kl. 8. München 910. L. Joachim. Geb. in Leinw. 4. —

Rosenthal, Friedrich, approb. Arzt aus Bovenden: **Ueber einen Fall von primärem Lungencarcinom.** ***München 1899: Kastner & Lossen.*** (27 S.) 8°
München, Med. Diss. v. 1899

Rosenthal, Friedrich August (Blanckenburg)
A. S. 575/15

Dissertatio iuris Germanici de reliquis communionis bonorum inter coniuges Brunsvicenses.
Präs. Karl Friedrich Walch.
Jena (Strauss) 9. XI. 1772. 54 S.

Gew.: Baron von Schliestedt.
W. v.: Präs. 29268

Rosenthal, Friedrich (Christian): Abhandlungen aus dem Gebiete der Anatomie, Physiologie und Pathologie. 163 S., gbd., 9 Taf.

Berlin: Reimer 1824

JB 6.286

— ein Beitr. z. Encephalotomie. Mit 2 Kpft. gr. 8. Weimar 815. Ind.-Compt. 12 gr.

Rosenthal, Fr. Chr., einige naturhistor. Bemerkk. über d. Walle. Nebst Abbildd. Fol. Greifsw. 827. Koch. 12 gr.

— (et F.,) Hornschuh, Epistola (ad J. F. Blumenbachium) de Balaenopteris quibusdam ventre sulcata distinctis. 4 maj. Gryphiae 825, (Koch.)

Rosenthal, Friedrich (Christian): Handbuch der chirurgischen Anatomie. 184 S., II S., gbd.

Berlin u. Stettin: Nicolai 1817

JB 3.372

— **Ichthyotomische Tafeln.** 1ste Lief. Bauchflosser. 1s Heft. mit K. gr. 5. Berl. Realschulbuchh. 812.

— — dieselb. 2s Hft. gr. 4. Berl. F. Dümmler. 816.

— ichthyotomische Tafeln. 2e u. 3e Lfrg. Gürtelflosser. 3s—6s Hft. gr. 4. Berlin 823—25, (Greifswalde, Koch.)
(Die ersten 2 Hefte 812—16. kosten 5 Rthl. 5 gr.)

Rosenthal, Friedr., ichthyotom. Tafeln. 2., unveränd. Aufl. Roy.-Fol. (3 B. u. 27 Kpfrt.) Berlin 839, Klemann. *

Rosenthal, Fritz, Schubfächer. 2 Thle. 8. Hamb. 783. (Herold jun.) 18 gr

ROSENTHAL, Fritz (ps.), Schubfächer (kl. Romane, satyr. Aufsätze u. Gedichte). Herausgegeben (verfaßt) von —. 2 Fächer(-Theile) in 1 Bde. Dessau 1793. Bei Müller und Comp. 8°. (8 Mk., etwas fleckig, Adolf Weigel, c. 1906.)
Titel u. 238 fortlaufend pagin. S. (Fach 2 beginnt mit S. 121). I: 1. Laura (erot. Roman, S. 13—104). 2. Lob des Brandtweins (satyr. Skizze, stellenw. frei, S. 105—120). II: 3. Theana (erot. Erzählg., S. 127—168). 4. Al Modi (stellenw. recht freie Erzählg., S. 169—204). 5. Lob des Teufels (Satyre, z. Th. pikant, S. 205—220). 6. Gedichte [S. 221—238: Auf Minna's Tod; die Grabstätte; Hochzeitliedchen. Nach Anakreon; an die Hoffnung; Gorilli (die schöne Tochter eines Negerkönigs, das Opfer eines grausamen Spaniers)]. — Sehr seltenes Werkchen!

Rosenthal, Georg, aus Dresden: **Dialogus familiaris Amici et Sodalis super deploratione Gallicę calamitatis. Ab Alano Auriga ⟨Alain Chartier⟩ editus. Lateinischer Text d. 15. Jahrh., nach 7 Handschr. kritisch hrsg., nebst Varianten, Anm. u. Glossar.** ***Halle a. S. 1901: H. John.*** (52 S.) 8°
Halle, Phil. Diss. v. 1901

Rosenthal, Georg, Referendar: **Die Haftung des Spezifikanten gegenüber dem Eigentümer nach Gemeinem, Preußischem und Bürgerlichem Rechte, mit besonderer Berücksichtigung der unerlaubten Handlung.** ***Greifswald 1903: F. W. Kunike.*** (x, 51 S.) 8°
Greifswald, Jur. Diss. v. [28. Apr.] 1903

Rosenthal, Geo., lateinische Schulgrammatik zur raschen Einführung f. reifere Schüler. Mit besond. Berücksicht. von Caesars gall. Krieg für Lateinkurse an Mädchengymnasien, Oberrealschulen rc. (IV, 62 S.) gr. 8. Leipzig 904. B. G. Teubner. n. 1. —

Rosenthal, Geo., lateinische Schulgrammatik zur raschen Einführung f. reifere Schüler. Mit besond. Berücksicht. v. Caesars gall. Krieg. Für Lateinkurse an Mädchengymnasien, Oberrealschulen usw. 2. Aufl. (IV, 70 S.) 8. Leipzig 910. B. G. Teubner. 1. —

Rosenthal, Georgivs *Otto Guilelmus* **[Berolinensis]: De sententiis Horatianis ... Berolini, typ. expr. G. Schade,** ***1897;*** 51 S. 8.
Berlin, Phil. Fak., Inaug.-Diss. v. 31. März 1897

Rosenthal, Georg: Über kunstgeschichtliche Übungen innerhalb des wissenschaftlichen Unterrichts. Nebst e. Exkurs: ut pictura poesis. Burg b. M. (1910): Hopfer. 28 S. 4°
Wilmersdorf-Berlin, Bismarck-G P 1910 (105) [S 10. 362

Rosenthal, Gottfried Erich

— geometr. Abhandl. v. d. Bestimmung d. Größe u. d. Verlustes d. Holzhaufen, welche ihre Lage an e. Gebirge haben. 8. Nordhausen 771.

ROSENTHAL, Gottfried Erich: Geometrische Abhandlung von der Bestimmung der Grösse und des Verlustes derer Holzhaufen, welche ihre Lage an einem Gebirge haben. - Nordhausen, Leipzig 1772. 3 Bog.

— Anleit., wie d. de Lucisch. Barometer z. e. größ. Vollkommenh. gebr. werden kann. 8. Nordh. Groß. (Nitzsche.) 779.

Rosenthal, G. E. (Hrsg.), s.a. Anti-Pandora, Neue, oder angenehme und nützliche Unterhaltung über Lebensart, Sitten, Gebräuche . . .

Rosenthal, Gf. Er., neue Anti-Pandora, od. angen. u. nützl. Unterhalt. 2 Thle. kl. 8. Erfurt, Keyser. 795. 96. (à 20 gr.)

— Beilage zu Chr. Kramp Geschichte d. Aerostatik. 8. Gotha 785.

— Beitr. zu d. polit. u. ökonom. Rechenkunst. 1s Stck. gr. 8. Erfurt 782.

— Beyträge z. d. Verfert., d. wissensch. Kennt. u. d. Gebr. meteorolog. Werkzeuge. 2 Bde. gr. 8. Gotha, Ettinger. 782. 84.

— Beschreib. einer Stahlfederwage, u. J. Edw. Thürsch, Beschreib. einiger Bewegungs- u. Erschütterungsmaschinen. gr. 4. Erfurt 785. Keyser. 4 gr.

— Beschr. eines neuen Zinngießerofens, m. K. 4. Ebendaselbst. 792.

— Bestimmung d. Größe d. Maaßes u. Gewichts in Nordhausen. 4. Nordh. 771.

* *Gottfried Erich Rosenthals*, Bestimmung der Grösse des Maasses und Gewichtes der Kayserl. Freyen Reichs-Stadt Nordhaussen, wobey zugleich die Vergleichung des Maasses und Gewichtes derer berühmtesten Oerter in Europa und besonders in Teutschland angezeiget wird. Nordhausen. . Auf Kosten des Autoris. 4. 64 S.
1772

— Briefe an Graf v. Vork, über die wichtigst. Gegenst. der Meteorologie. 2 Hefte. 4. Dessau. (Korn d. ält. in Bresl.) 784. 85. (1 rl 10 gr. 23 12 gr.)

— d. Deutsche u. s. Vaterl., s. a. Deutsche.

— u. Aug. Karg, d. Deutsche u. sein Vaterland. 2 Bde. 8. Leipz. 796, 97. Kummer. 2 rl

Rosenthal, G. E. Encyklopädie der Kriegswissenschaften: das ist: Kriegskunst, Kriegsbaukunst, Artillerie, Minirkunst, Pontonier-, Feuerwerkskunst und Taktik etc. Mit Kupfern. (8 Bde.) 8. Gotha 1794—1803.

Rosenthal, G. E. Encyklopädie der reinen Mathematik und praktischen Geometrie, das ist: Arithmetik, Geometrie, Trigonometrie, Analysis, Feldmesskunst, Forstgeometrie und Markscheidekunst; ihre Geschichte und Literatur in alphabetischer Ordnung. Mit Kupfern. (4 Bde. Text und 1 Atlas.) 8. Gotha 1794—1796.

— Encyklopädie aller mathemat. Wissenschaften, ihre Geschichte u. Literatur, in alphabet. Ordnung. Mit e. Vorrede v. A. G. Kästner. 1e Abthl. 4 Bde. reine Mathematik u. prakt. Geometrie. Mit Kpf. gr. 8. Gotha 794—97. Ettinger. 16 rl 5e Abtheil. 8 Bde. Kriegswissenschaft. gr. 8. Ebd. 794—803. 32 rl

— die Fruchthandlung mit höchst möglichsten Vortheil zu führen, u. zukünftige Getreidepreise vorher zu wissen, mit Gewißheit erwiesen. gr. 8. Leipz. (807.) Joachim. 8 gr. (A. u. d. T.: Getreidepreisorakel rc.)

— üb. d. Gang d. Witterung u. Luft in Erfurt von 1781—84. gr. 4. Erfurt 785. Keyser 3 gr.

— Gesch. des Erfurt. Getreidepreises v. 1651—1775. gr. 4. Erfurt, Keyser. 784.

— Geschichte d. Getreidepreise in Nordhausen v. 1675—1776. 8. Dessau 783. Gelehrten-B. (a. Ettinger in Gotha). 8 gr.

— entdeckter Hauptschlüssel zu Vicums Rechenkunst. 8. Nordh. 775. Groß. 3 gr.

— Hauptschlüssel z. Vicums Rechenkunst. 8. Nordh. Groß. (Nitzsche.) 776.

— s. Jacobson, K. G.: Technolog. Wörterbuch.

— Kunst, Gesundheitsbrod aus Getreidemehl zu backen. 8. Gotha 804. Ettinger. 4 gr.

— die Kunst, Felder, Wiesen und Teiche zu messen rc. (a. unt. d. Tit. d. Kunst in 24 Stunden Feldmesser zu werden,) m. einer Ch. 8. Halle, Hemmerde u. S. 806.

— die Kunst, Felder, Wiesen u. Teiche zu messen rc. A. u. d. T.: Die Kunst, in 24 Stunden Feldmesser zu werden. Mit 1 Karte. 8. Halle. 806. Schwetschke u. S. 4 gr.

— Kunst Vitriolöl und Scheidewasser rc. s. Kunst rc.

— üb. die wahrscheinl. Lebensdauer des männl. u. weibl. Geschlechts in d. Mark Brandenburg. 8. Dessau 781. Gelehrten-B. 3 gr.

Rosenthal, Gottfr. Erörterungen über die wahrscheinliche Lebensdauer des männlichen und weiblichen Geschlechts in der Mark Brandenburg. Dessau 1782.

— Literatur d. Technologie, (od. 8r Thl. v. Jacobsons technolog. Wörterbuchs). gr. 4. Berl. 795. Nicolai. 2 rl 8 gr.

ROSENTHAL, Gottfried Erich (Hrsg.): Litteratur der Technologie, das ist: Verzeichniß der Bücher, Schriften und Abhandlungen, welche von den Künsten, den Manufakturen und Fabriken, der Handlung, den Handwerkern und sonstigen Nahrungszweigen, als auch von denen zum wissenschaftlichen Betriebe derselben erforderlichen Kenntnissen aus dem Naturreiche, der Mathematik, Physik und Chemie handeln, nach alphabetischer Folge des Jacobsson'schen Wörterbuchs geordnet. - Berlin, Stettin 1795. 420 S.

— das französ. Maas- u. Gewichtssystem, od. d. französ. Metrologie, nebst ihrem Gehalte nach d. alten französ., preuß., sächs. u. hannöv. Maaße u. Gewichte. 2 Hefte. 8. Nordhaus. 808. Nitzsche. 14 gr. (2s Heft A. u. d. T.: Tariftafeln, vermittelst welcher man ohne Mühe d. gebräuchl. Geld rc.)

— Dass., s.a. Rosenthal, Franz

— s. Martius, J. Nic.: Magie.

— Nachr. von e. neuen Thermometer u. Manometer, nebst Anleit. zu deren Gebrauch. 4. Erfurt 782.

— d. Nationalfeste, Feyerlichk. rc. aller Völker rc. 8. Weißenfels, Böse. (Baumgärtner in Leipz.) 796.

ROSENTHAL, G. E., Die Nationalfeste, Feyerlichkeiten, Ceremonien u. Spiele aller Völker, Religionen u. Stände. Weissenfels 1796. 8°. 268 S. (2 Mk. Paul Lehmann, Berlin, 1895; 3 Mk. 60 Pfg. List & Francke, Lpz., 1904.)

— s. Salmon: Zinngießerkunst.

— Vers. d. z. Wachsth. d. Pflanzen benöth. Wärme z. bestimmen. gr. 4. Erfurt, Keyser. 784.

Rosenthal, Gf. Erich, Versuch d. z. Wachsthum d. Pflanzen benöthigte Wärme z. bestimmen. gr. 4. Erfurt, 1784. (Winkler.) — 3¾

Rosenthal, Gottfried Erich, Versuch, wie die meteorologischen Beobachtungen zur schicklichsten Zeit zu machen und bequem zu ordnen, damit die verschiedenen Verhältnisse gegen einander leicht zu finden sind.
Erfurt 1781.

— Versuch, wie die metrolog. Beobachtt. zu schickl. Zeit zu machen rc. gr. 4. Erfurt 781. Keyser. 8 gr.

Rosenthal, Gf. Erich, die Zinngießer, od. Beschreib. e. neuen Zinngießerofens. Mit 3 Kpfr. 4. Erfurt 792. Keyser. 6 gr.

Rosenthal, Gottschalk, es werde! Eine Entwickelungsgeschichte d. Erdballs u. d. Menschen in Versen. 16. (44 S.) Berlin 891. G. Schuhr. n. 1. —

Rosenthal, Gust., zur Erinnerung an die Lützener Gustav-Adolf-Jubelfeier am 15. Septbr. 1882. Sammlung der am Festtage gehaltenen Reden und Ansprachen. gr. 8. (75 S.) Halle 882, Strien Verlag. * 1 —

Rosenthal, Gust., König Gustav Adolf v. Schweden, s.: Für d. Feste u. Freunde d. Gustav-Adolf-Vereins, Nr. 40.

Rosenthal, H. von, s. Rosenthal, Hans Heinrich Konrad von

— s. Rosenthal, Heinrich von

Rosenthal, H., Erinnerungen aus meiner Gefangenschaft in Abyssinien, nebst Betrachtgn. üb. die polit. Lage Abissiniens. Zwei Vorlesgn., geh. im Künstler-Verein in Bremen. gr. 16. (50 S.) Bremen 872. Verlag d. Tractathauses. — 75

Rosenthal, H., Frauenlob, satirisches Epos. 12. (31 S.) Berlin 887. Boettcher. cart. n. — 75

— Lerche's wilde Geschichten, s.: Humor, deutscher.

Rosenthal, H., Schieberdiagramme. Nr. 1—5. Autogr. u. Farbendr. 12. Hamburg (894). (Eckardt & Messtorff.) Auf Karton n. 2.75

1. Muschelschieber. (1 Bl.) n. — 50
2. Kolbenschieber. (1 Bl.) n. — 50
3. Stephenson-Kulisse, offene Stangen. (1 Bl.) n. — 50
4. Dasselbe, gekreuzte Stangen. (1 Bl.) n. — 50
5. Expansionsschieber v. Meyer. (2 Bl.) n. — 75

Rosenthal, Hans, aus Halberstadt: **Über die Absorption, Emission und Reflexion von Quarz, Glimmer und Glas.** *(Leipzig: J. A. Barth 1899.)* (21 S.) 8°
Berlin, Phil. Diss. v. 26. Juli 1899

Rosenthal, Hans, Kammergerichtsrefer.: **Die Gestaltung der Prozeßlage einer offenen Handelsgesellschaft bei ihrer Auflösung oder Veränderung ihres Personalbestandes während eines Rechtsstreites.** Berlin 1910: Weinberg. 51 S. 8°
Heidelberg, Jur. Diss. v. 19. April 1910, Ref. Schröder
[Geb. 2. März 87 Seelow, Kr. Lebus; Wohnort: Brüssow; Staatsangeh.: Preußen; Vorbildung: Gymn. Landsberg a. W. Reife O. 06; Studium: Berlin 5, Freiburg i. B. 1 S.; Rig. 20. Dez. 09.] [U 10. 1995

Rosenthal, Hans Heinrich Konrad von (Wesel)
U.S. Duisburg 1789, 1

Dissertatio juridica inauguralis de usucapione civili acquirendi modo.
Duisburg (Benthon) 17. VII. 1789. 36 S.

W. v. F. G. Schlegtendal, Eduard Hageman.

29269

— Diss. jurid. de modo Usucapionem civil. acquirendi. 4. Düsseld. 790. Dänzer. (Barth in Leipz.) 3 gr

Rosenthal, Heinemann (geb. Ermsleben ...): De nervorum physiologia Galenica. Berolini 1848. 27 S. 8°
Berlin, Med. Diss. v. 14. Okt. 1848

Rosenthal, Heinrich: **Über das 1-Phenyl-3-methyl-5-cyanpyrazol und einige Derivate des Antipyrinchlorids.** Rostock 1910: Boldt. 94 S. 8°
Rostock, Phil. Diss. v. 5. Dez. 1910, Ref. Michaelis
[Geb. 27. April 81 Siegen i. W.; Wohnort: Rostock; Staatsangeh.: Preußen; Vorbildung: Gymn. Warendorf bis O. 97; Studium: München 1, Bonn 3, Rostock 7 S.; Rig. 2. Dez. 10.] [U 11. 4169

Rosenthal, Heinr.: **Das Bürgerliche Gesetzbuch nebst dem Einf.-Ges. mit gemeinverst. Erl. unt. bes. Berücks. der Rechtsverhältnisse des tägl. Lebens.** Graudenz [1899].

Rosenthal, H., Das bürgerliche Gesetzbuch nebst dem Einführungsgesetze, gemeinverständlich erläutert, unter besond. Berücksicht. der Rechtsverhältnisse des tägl. Lebens m. Hinweisen auf die Nebengesetze u. die Ausführungsgesetze f. Preussen, Bayern, Sachsen, Württemberg, Baden, sowie e. Sachregister u. e. Anh.: enth. die f. das tägl. Leben wicht. Vorschriften der Ausführungsgesetze der genannten 5 Staaten. 4. Aufl. 9. bis 18. Taus. gr 8. (V, 783 S.) Graudenz, G. Röthe. 1900 4. 30; geb. in Leinw. 4. 80.

Rosenthal, Heinr., das bürgerliche Gesetzbuch nebst dem Einführungsgesetze gemeinverständlich erläutert, unter besond. Berücksicht. der Rechtsverhältnisse des tägl. Lebens m. Hinweisen auf die Nebengesetze u. die Ausführungsgesetze f. Preußen, Bayern, Sachsen, Württemberg, Baden, sowie e. Sachregister u. e. Anh.: enth. die f. das tägl. Leben wicht. Vorschriften der Ausführungsgesetze der genannten 5 Staaten. 5. verm. Aufl. 31.—40. Taus. gr. 8. (VI, 783 S.) Graudenz 901. G. Röthe.
Geb. in Leinw. n.n. 5. —
1. u. 2. Aufl. (IV, 669 bezw. IV, 672 S.) 899. 4.—; geb. 4. 50; 4. Aufl. (9.—30. Taus.) (V, 783 S.) 900. n. 4. 30; geb. n. 4. 80.

Das Bürgerliche Gesetzbuch nebst Einführungsgesetz gemeinverständl. erl. unter bes. Berücks. d. Rechtsverhältnisse d. tägl. Lebens mit Hinweisen auf d. Nebengesetze u. d. Ausführungsgesetze f. Preußen, sowie e. Sachreg. u. e. Anh. Hrsg. von Heinrich Rosenthal, Landger.-Dir., Danzig. 6. Aufl. Graudenz. G. Röthe 1904. (783 S.) 8° [3.] ...10

Rosenthal, Heinr., das bürgerl. Gesetzbuch nebst Einführungsgesetz gemeinverständlich erläutert, unter besond. Berücksicht. der Rechtsverhältnisse des tägl. Lebens m. e. auszugsweisen Abdr. der Ausführungsgesetze f. Preußen, Bayern, Sachsen, Württemberg, Baden u. des Handelsgesetzbuchs. 7., neu bearb. u. verm. Aufl. 43.—52. Taus. (1095 S.) 8. Graudenz 906. G. Röthe.
Geb. in Leinw. n. 7. —
6. Aufl. (VI, 783 S.) 904. Geb. n.n. 5. —

Rosenthal, Heinr. (geb. Posen 13. 2. 1834): De medicina gymnastica eiusque ratione ad cetera remedia medica et chirurgica, respectu systematis Lingiani. Berolini 1858. 34 S. 8°
Berlin, Med. Diss. v. 24. März 1858

Die öffentlich-rechtliche Stellung der Freimaurerlogen in Preussen. Von Heinr. Rosenthal. Breslau: Koebner 1878. 66 S. 8°
Recens: Bh. 21 (1878) S. 355; FZ. 33 (1879) S. 347—348 (K. Pilz).
Tt. 1055.

Rosenthal, Henr. a: **Tractatus, et synopsis totius juris feudalis: conclusionibus, et sententiis in capita duodecim familiari modo digestus. Ed. postrema. Francofurti ad M. 1662. fol.**
— **Ed. postrema cum praef. Ge. Melch. de Ludolf. T. 1. 2. Francofurti et Lipsiae 1721. 2 Bde fol.**

Rosenthal, H. a., tract. et synopsis iuris feudalis. fol. Frcf. Andreä.

Heinrich Christoph Rosenthal

De Morbillis. Vitebergae (1815:) Gragäler. 28 S. 8°

Wittenberg, Med. Diss. v. 6. Mai 1815

Rosenthal, Herrm., Adonis. Schauspiel in 5 Aufzügen. [Den Bühnen gegenüber Mscr.] Berlin 870. (R. Lesser.) 8. (72 S.) n. 10 ngr

Rosenthal, H(ermann): **Zur Charakteristik einiger „objectiver" Symptome bei den sogenannten traumatischen Neurosen.** *Leipzig 1897: A. Pries.* (14 S.) 8°
Leipzig, Med. Diss. v. 26. Juli 1897

Rosenthal, Herm., 31 Millionen Ersparnis am Militair-budget. Ein Vorschlag zur Erleichterg. der Wehr- u Steuerpflicht d. Volkes. 3. Aufl. gr. 8. (III, 22 S Berlin 892. Schultze & Velhagen. n. 50

— der Hungerschutz. Ein Vorschlag zur Befestigg. d. Bestehenden, Bekämpfg. d. Socialdemokratie u. Hunger-stillg. d. armen Mannes. gr. 8. (14 S.) Berlin 888. H. Peters' Verl. n. — 50

ROSENTHAL, H., Der keusche Joseph. Roman-Glosse. Berlin 1884. 8⁰. (Mk. 1,60.) (50 Pfg. J. Windprecht, Augsb., 1895; 1 fr. 20 cts. Adolf Geering, Basel, 1898.)

Rosenthal, Herm., der keusche Joseph. Roman-Glosse. 8. (III, 123 S.) Berlin 894. A. Maeter n. 1. 50

Karte der Kanalisation von Magdeburg. Nebst Erläuterungsbericht von Oberstabsarzt a.D. Dr. [Herm.] **Rosenthal**. Magdeburg 1904: Faber. (8 S.) 8⁰ [Umschlagt.]
In: Verhandl. u. Mitteil. d. Ver. f. öff. Gesundheitspflege in Magdeb. 30/31

— ein Kuß. Orig.-Lustspiel in 1 Act. 12. (10 S.) Berlin 894. M. Böhm. 1. —

[F.] Die Leistungen und Bestrebungen des Vereins für öffentliche Gesundheitspflege in Magdeburg. Festgabe f. d. Mitgl. d. XIX. Vers. des deutschen Ver. f. öffentl. Gesundhtspflege. Im Auftr. des Vereinsvorst. vf. v. Oberstabsarzt a. D. Dr. [Herm.] **Rosenthal**, Schriftführer. *Magdeburg: Faber'sche Buchdr. 1894.* (58 S.) 1 Bd 8. [97. 393

Rosenthal, Herm., das Lied der Lieder. Aus dem hebr. Urtext in neue deutsche Reime gebracht. gr. 16. (30 u. Musikbeilage 8 S.) New-York 893. Leipzig, the International News Company. 1. —

— Plaidoyer für e. deutsche Reichslotterie nebst Verlosungsplan. 8. (20 S.) Berlin 889. Brieger. n. — 50

Neuere Schiffsmaschinen, Hilfsmaschinen und Apparate nebst den wichtigsten Klein-Schiffsmotoren und Dampfturbinen. Für Schule u. Praxis hrsg. von H[ermann] **Rosenthal**, M[aximilian] Müller u. R[einhold] Bayer, Lehrern zu Hamburg. (Vorr.: Dr. F[riedrich] Bolte, Dir. zu Hamburg.) (Atlas.) Berlin: K. W. Mecklenburg [1906]. 4° [07. 1273,

Rosenthal, H., M. Müller u. R. Bayer, neuere Schiffsmaschinen. Hilfsmaschinen u. Apparate nebst den wichtigsten Klein-Schiffsmotoren u. Dampfturbinen. Für Schule u. Praxis. Text. Bearb. v. Rosenthal. (XXIV, 378 S.) gr. 8. Berlin (908). K.W. Mecklenburg.
Atlas. Ebd. 906. Geb. 20. — Geb. in Leinw. 10. —

Rosenthal, Herm., Spätherbstnebel. Reime. (191 S.) 8. Stuttgart (906). Strecker & Schröder. n. 2. 50

Rosenthal, Hermann De syphili neonatorum. Halis Saxonum (1864): Orphanotropheum. 30 S. 8⁰
Halle-Wittenberg, Med. Diss. v. 12. Aug. 1864
Geb. Liebenwerda 18. 5. 1840. V.

--(tr). Worte des Sammlers; aus dem hebräischen Urtext in deutsche Reime gebracht. NY, 1885.

— Worte des Sammlers (Koheleth). Aus dem hebr Urtext zum ersten Mal in deutsche Reime gebracht. 2. Aufl. gr. 16. (36 S.) Ebd. 893. 1. —
Beide Werke in 1 Bd. geb. 3. —.

Rosenthal, Herm., Zweijährig-Freiwillige! Ein Vorschlag zur Erleichterung der Wehr- u. Steuerpflicht des Volkes. gr. 8. (13 S.) Berlin 879. Dörner. n. — 50

— Zweijährig-Freiwillige. 2., verm. Aufl. gr. 8. (VIII, 9 S.) Berlin 887. Boettcher. — 75

Rosenthal, Hermann Ludw. (Humbresso Hassus)
Dissertatio inauguralis juridica de transmissione ex capite juris deliberandi.
Gissae 20. Nov 1710: Joh. Reinh. Vulpius. 36 S. 4⁰
pro licentia summos in utroque jure honores et privilegia doctoralia rite obtinendi.

Rosenthal, Hugo, s.: Jahrbuch des europäischen Geldmarktes.

Rosenthal, Hugo, appr. Arzt aus Winzig, Schlesien: **Multiple Missbildungen bei einem Neugeborenen.** *München 1898: Kastner & Lossen.* (26 S.) 8°
München, Med. Diss. v. 1899

Rosenthal, Hugo, Referendar: **Das gesetzliche Pfandrecht des Kommissionärs. Borna-Leipzig 1910: Noske.** VIII, 44 S. 8°
Heidelberg, Jur. Diss. v. 9. Nov. 1910, Ref. Schröder
[Geb. 7. Jan. 84 Wetzlar; Wohnort: Frankfurt a. M.; Staatsangeh.: Preußen; Vorbildung: Gymn. Wetzlar Reife O. 03; Studium: Heidelberg 2, München 1, Berlin 1, Marburg 2 S.; Rig. 3. Aug. 10.] [U 11. 2115

Rosenthal, J. (Hrsg.), s. Bagehot, Walter: Der Ursprung der Nationen.

— Bier u. Branntwein u. ihre Bedeutung für die Volksgesundheit. gr. 8. (51 S.) Berlin 881. Oppenheim. n. 1. —

Rosenthal, J., Bier u. Branntwein u. ihre Bedeutung f. die Volksgesundheit. 2., verb. Aufl. gr 8. (IV, 50 S.) Berlin 893. R. Oppenheim. n 1. —

— der Erfindungsschutz vor dem Forum der gesetzgebenden Faktoren, s.: Patentfrage, die.

Rosenthal, J., Communionbuch. 12. Erfurt. 748.

Rosenthal, J., die Credit-, Erwerbs- u. Wirthschaftsgenossenschaften. Systematische Darstellg. der „Erwerbs- u. Wirthschaftsgenossenschaften" d. (nord-) deutschen Bundes in fortlaufender Vergleichg. m. der offenen Handels- u. der Actiengesellschaft u. unter Berücksicht. der übrigen deutschen Gesetzgebgn. auf diesem Gebiete. [Nebst dem Text d. norddeutschen Gesetzes vom 4. Juli 1868.] Mit Genehmigg. der Juristen-Facultät zu Göttingen. gr. 8. (VII, 84 S.) Freienwalde 871. Fritze. n. 1. —

Rosenthal, J.: Die Credit-, Erwerbs- und Wirtschaftsgenossenschaften. Freienwalde: Fritze; Berlin: Barth & Fritze 1871.
DGK

Rosenthal, J., die deutsche Patentgesetzgebung vom 25. Mai 1877 erläutert, s. a. Gesetzgebung, die, des Deutschen Reichs mit Erläuterungen.

Rosenthal, J.: Das Deutsche Patentgesetz vom 25. Mai 1877 erl. (Erlangen 1881.)

(Die Gesetzgebung des Dt. Reiches mit Erl. hrsg. von Bezold. Th. 3, Bd 3.)

Rosenthal, J., Worte des Glaubens aus dem Munde eines Ungläubigen, Herrn Dr. Lehmann und allen Buchstabenheiligen als Neujahrsgabe gewidmet. Mainz 860. M. Jourdan. gr. 8. (12 S.) 1⅙ ngr

Rosenthal, J. F. K. A., Magazin f. Elementarlehrer, s. Magazin.

Rosenthal, Jacques

Bibliotheca Catholico-Theologica Librorum universa Catholicarum et Literarum et Rerum Studia complectentium quos pretiis appositis vendere curavit Monachii Bavariae Jacobus **Rosenthal**, Bibliopola. *München: J Rosenthal [1900].* (Getr. Pag.) 8° [00. 7519

Bibliotheca Magica et Pneumatica. Geheime Wissenschaften. Sciences occultes. Occult Sciences. Folk-lore. Kataloge 31–35 (von Jacques **Rosenthal**, München). *München: J. Rosenthal [1903].* (48, 680 S.) 8° [04. 3488

Incunabula typographica. Catalogue d'une collection d'incunables décrits et offerts aux amateurs par Jacques **Rosenthal**, libr. antiquaire. T.[1.] 2. Orné de facs. Munich (J. Rosenthal [1900–06]). 2 Bde 8°
[1] A l'occasion du 5. centenaire de Guttenberg. [1900.] 2. [1906.]
(J. Rosenthal, Catalogue 24. 40.) [08. 6974

Rosenthal, Jacques, die Vision des Erfinders, s.: Festspiele f. Radfahrer. Nr. 1.

ROSENTHAL, Jakob (Ühlfeld): Ueber den Cretinismus.- München: Giesser 1839. 23 S. 6.6.1838 - Urk (Titel: De cretinismo.); P 64
Diss. Ingolst.-Landsh.-Mchn.

Rosenthal, Ignaz, Referendar: **Die rechtliche Natur der Ausgleichung und ihre Bedeutung für die Erbenhaftung nach heutigem deutschen Recht.** *Frankfurt a. M. 1903: R. Mahlau.* (52 S.) 8° [F.]
Marburg, Jur. Diss. v [27. Juli] 1903

Rosenthal, Jh. Wlh. Aug., Darstell. d. Verfahrens vor den Assisen- u. Special-Gerichtshöfen, als ein Leitfaden f. alle jurist. Geschäftsmänner. gr. 8. Hamb. 812. Bohn. 1 ℛ

— Frankreichs Gerichtsverfassung, od. Anleit. z. richtigen Kenntniß d. Verfassung d. Ressorts d. kaiserl. französ. Gerichte. 8. Hamb. 812. (Herold jun.) 16 gℛ

— **Frankreichs Gerichtsverfassung,** od. Anleitung z. richtigen Kenntniß d. Verfassung und des Ressorts d. kais. franz. Gerichte. 8. Hamb. Vollmer. 812. -

— Grundlinien d. französ. gerichtl. Verfahrens in bürgerl. Rechtsstreitigkeiten. gr. 8. Bremen 812. Müller. 1 ℛ 8 gℛ

— wesentliche **Grundsätze** des Strafgesetzbuchs Frankreichs, übersichtlich u. systematisch dargestellt, nebst Register. 8. Hamb. Bohn. 812.

— wesentl. Grundsätze d. Strafgesetzbuchs Frankreichs, übersichtlich u. systemat. dargest., nebst Register. 8. Hamb. 812. (Schnuphase in Altenb.) 2 ℛ

— die neue bürgerl. Prozeßordnung des Königr. Westphalen für Geschäftsmänner bearb. 2 Bde. 8. Quedlinb. 809, 10. Ernst. 3 ℛ 20 gℛ

Rosenthal, J. W. A., Vers. e. richt. Beantwort. mehr. theils in d. gemeine, theils in d. Braunschweig. Wolfenbütt. Landesrecht einschlagende ꝛc. **Rechtsfragen.** gr. 8. Götting. Dieterich. 805. Rthlr. -

Rosenthal, Johannes, aus Berlin: **Beitrag zur Casuistik der erworbenen Stenose der Pulmonalarterie durch Verwachsung der Klappensegel.** *Berlin 1898: (R. F. Funcke).* (19 S.) 8°
Freiburg i. B., Med. Diss. v. 1898

Rosenthal, Johannes [app. Arzt aus Sagan]: **Zur Lehre von den polaren Stromwirkungen ... Jena, Druck v. B. Engau, 1895; 33 S. 8.**
Jena, Med. Fak., Inaug.-Diss. v. [11. Apr.] 1895

Rosenthal, Johannes, Assistenzarzt: **Aus d. Oberlinkrankenh.** zu Nowawes. Ueber Sehnenüberpflanzung bei **zwei Fällen** von cerebraler Kinderlähmung. **Beitrag z. Casuistik d. Lehre** von d. Sehnenüberpflanzungen. Leipzig 1909: Georgi. 32 S. 8°
Leipzig, Med. Diss. v. 19. Febr. 1909, Ref. Trendelenburg
[Geb. 25. Juni 75 Stuttgart; Wohnort: Nowawes; Staatsangeh.: Württemberg; Vorbildung: Eberhard-Ludwigs-Gymn. Stuttgart Reife Juli 96; Studium: München 5, Berlin 4 S.; Coll. 26. Febr. 09; Approb. 10. März 05.] [U 09. 2858

Rosenthal, Jos., Fortschritte in der Anwendung der Röntgenstrahlen. Vortrag, geh. im Verein für Naturkunde zu München. (81 S. m. 22 Abbildgn.) gr. 8. München 906. J. F. Lehmann's Verl. n. 1. 20

Rosenthal, Josef: Ueber Condensation von Aldehyden mit Cyanessigester und Benzylcyanid. 1902. 43 S. 8⁰
Dresden, Dr.-Ing.-Diss. v. 24. 7. 1901

Rosenthal, Josef: **Ueber die electrische Leitfähigkeit fester Electrolyte bei verschiedenen Temperaturen. ... Leipzig, J. A. Barth, 1891; 29 S. 8°**
Erlangen, Phil. Fak., Inaug.-Diss. v. 1891

Rosenthal, Jos., Dr., in Wien. Schutzhütten u. Unterkunftshäuser in den Alpen, unter freundlicher Mitwirkung der Herren Dr. *Sc. Cainer* - Turin, *E. A. Martel* - Paris und *A. Wäber* - Bern zusammengestellt. In-4⁰, 8 S.
*** Beilage zu den „Mittheilungen des Deutschen u. Oesterreichischen Alpenvereins", 1888, No 9.

Rosenthal, Joseph. Ferd. *(geb Leutersdorf an d Oppa 15 11 1817)* De formatione granulosa in nervis aliisque partibus organismi animalis. Vratislaviae (1839). (40 S., 1 Taf.) 8°
Breslau, Med. Diss. v. 17 [vielmehr 16.] Aug. 1839

Rosenthal, Isidor

Rosenthal, J., die Athembewegungen und ihre Beziehungen zum Nervus vagus. Lex.-8. (VIII und 272 S. mit 3 Stnt. in Lex.-8. und gr. 4.) Berlin 862, A. Hirschwald. *

Rosenthal, J., Athembewegungen u. Innervation derselben; thierische Wärme, s.: **Handbuch der** Physiologie.

Rosenthal, J., Bemerkungen üb. die Thätigkeit der automatischen Nervencentra, insbesondere üb. die Athembewegungen. Gratulationsschrift zum 25jähr. Professorenjubiläum d. Hrn. J. Gerlach. Lex.-8. (62 S.) Erlangen 875. Besold. n. 2. —

Rosenthal, Isidorus (I. M.) *(geb Zülz in Oberschles. 28 8 1826)* De causis et externis et internis quae sterilitatem possunt efficere. Vratislaviae (1852). (24 S.) 8°
Breslau, Med. Diss. v 12. Jan. 1852

Rosenthal, J., s.: Centralblatt, biologisches.

—— Electricitätslehre für Mediciner. gr. 8. (VI und 185 S. mit 33 in den Text gedr. Holzschn.) Berlin 862, A. Hirschwald. *

Rosenthal, Isid., Electricitätslehre für Mediciner. 2. verm. und verb. Aufl. gr. 8. (VI, 216 S. mit 55 in den Text eingedr. Holzschn.) Berlin 869, Hirschwald. * 4 50

Rosenthal, J., u. M. Bernhardt, Elektricitätslehre f. Mediziner u. Elektrotherapie. 3. Aufl. v. J. Rosenthal's Elektrizitätslehre f. Mediziner. Mit 105 Holzschn. gr. 8. (VI, 521 S.) Berlin 883. Hirschwald. n. 13. —

Rosenthal, Isid. (geb. Labischin 16. 7 1836) De energiis nervorum specificis. Berolini (1859). (32 S.) 8°
Berlin, Med. Diss. v 12. Juli 1859

—— von den elektrischen **Erscheinungen,** s. **Sammlung** gemeinverständlicher wissenschaftlicher Vorträge. 9. Heft.

Rosenthal J, von den elektrischen Erscheinungen. (Slg wiss. Vortr. 9) Berlin 1866

— Von den elektrischen Erscheinungen. Nach drei im Berliner Handwerker-Verein gehaltenen Vorträgen. 2. Aufl. 8⁰. *32 S.* Berlin, Habel. 1874. M. —.75
(Samml. gemeinverständlicher wissensch. Vorträge.)

Rosenthal, J: Von den elektrischen Erscheinungen. Berlin 1886

—— zur Kenntniss der Wärmeregulirung bei den warmblütigen Thieren. gr. 8. (39 S.) Erlangen 872, Besold. * 1 50

— Lehrbuch der allgemeinen Physiologie. Eine Einführg. in das Studium der Naturwissenschaften u. der Medizin. gr. 8. (XI, 616 S. m. 137 Abb.) Leipzig 901. [A. Georgi.] G. Thieme. n. 14. 50; geb. n. 16.50

Rosenthal, J. (I.), über ein neues Myographion, s. Archiv für Anatomie und Physiologie.

— allgemeine Physiologie der Muskeln u. Nerven, s.a. Bibliothek, internat. wissensch. 27.

Rosenthal J, allgemeine Physiologie der Muskeln und Nerven. (Bibliothek, Internationale wissenschaftliche 27) Leipzig 1877

Rosenthal, J.: Allgemeine Physiologie der Muskeln und Nerven. Leipzig 1877. 316 S. m. Abb.

—— neue Studien über Athembewegungen, s. Archiv für Anatomie und Physiologie.

Der physiologische Unterricht und seine Bedeutung für die Ausbildung der Ärzte. Von Dr. I[sidor] Rosenthal. Prof., Erlangen. *Leipzig: G. Thieme 1904.* (96 S.) 8° (2. Aufl.)

Rosenthal, J., Vorlesungen üb. die öffentliche u. private Gesundheitspflege. Mit 64 Abbildgn. gr. 8. (XV, 599 S.) Erlangen 887. Leipzig, Besold. n. 12. —

Rosenthal, J. Vorlesungen üb. die öffentliche u. private Gesundheitspflege. 2. verm. u. verb. Aufl. gr. 8. (XVI, 664 S. m. 72 Abbildgn.) [Erlang. 890.] Lpz., Besold. * 12 —

— die Wärmeproduktion der Tiere. gr. 8. (16 S.) Leipzig 901. A. Deichert Nachf. n. — 60
Sonderabdruck aus: „Festschrift der Universität Erlangen f. Prinzreg. Luitpold".

—— Ziele und Aussichten der Gesundheitspflege. gr. 8. (IV, 44 S.) Erlangen 876, Besold. *

Rosenthal, Julius, Referendar: Die rechtliche Natur der väterlichen Nutznießung. Ratibor 1908: Riedinger. (45 S.) 8° [F.]
Breslau, Jur. Fak., Ref. Schott-Dahn, Diss. v. 16. Jan. 1908
[Geb. 26. Febr. 84 Breslau; Wohnort: Ratibor, O.-S.; Staatsangeh.: Preußen; Vorbildung: Gymn. Strehlen i. Schl. Reife O. 04; Studium: Breslau 6 S.; Rig. 3. Juni 07.]

Rosenthal, Julius, pr. Arzt: ⟨Aus d. chir. Klinik zu Jena.⟩ Über sekundäre chronische Pankreatitis im Anschluß an Gallensteinleiden. Jena 1908: Kämpfe. 37 S. 8°
Jena, Med. Diss. v. 27. Nov. 1908, Ref. Riedel
[Geb. 15. Febr. 66 Czarnikau; Wohnort: Mehlis; Staatsangeh.: Preußen; Vorbildung: Gymn. Landsberg a. W. Reife M. 86; Studium: Berlin 11 S.; Coll. 29. Okt. 08; Approb. 29. Juni 93.] [U 09. 2146

Rosenthal, Julius: De struma. Halis Saxonum (1867): Ploetz. 27 S. 8°
Halle-Wittenberg, Med. Diss. v. 9. Jan. 1867
Geb. Tietz [Tütz] (Kr. Dt.-Krone: Westpr.) 23. 12. 1841. V.

Rosenthal, Karl

Die freimaur. Bruderkette. Zeichnung des Brs Carl Rosenthal. Vorgetragen vom Verf. in der Instructions-Loge am 23. Jan. 1882. Zum ehrenden Andenken an den am 12. Febr. 1882 in den ewigen Osten eingegangenen Br [Rosenthal] den Brrn gewidmet durch die Loge „Die Freunde zur Eintracht" im Or. Mainz. Ms. f. BBr Frmr. Mainz 1882: Kunze. 8 S. 8° [Umschlagtit.]
Üb. die Kette als Symbol der Pflichterfüllung, Charakterfestigkeit, Treue, Gleichheit u. Bruderliebe.

Rosenthal, üb. die Cholera-Epidemien der Stadt Magdeburg, s.: Abhandlungen d. naturwissenschaftl. Vereins zu Magdeburg.

Rosenthal, Carl, die Cholera-Epidemie, deren Verlauf, naturgemäße Behandlung u. Beurtheilung. Nach eigenen Beobachtungen u. Erfahrungen. 8. (26 S.) Braunschweig 850, Oehme & Müller. 1/4 ₰

Rosenthal, Carl [aus Wittstock (i. d. Ost-Priegnitz)]: Über den Echinococcus der Muskeln .... Berlin, Buchdr. v. Gustav Schade (Otto Francke) (1888); 30 S. + 1 Bl. 8°
Berlin, Med. Fak., Inaug. Diss. v. 28. Jul. 1888

Rosenthal, Carl Fr. Th., die Erkrankungen der Nase, deren Nebenhöhlen, des Nasenrachenraumes u. des Kehlkopfes. Ein kurzgefasstes Lehrbuch f. Aerzte u. Studierende. 2 Bde. gr. 8. Berlin, A. Hirschwald. n. 14. —
1. Die Erkrankungen der Nase, deren Nebenhöhlen u. d. Nasenrachenraumes. (IX, 297 S. m. 41 Textfig.) 892. n. 6. —
2. Die Erkrankgn. des Kehlkopfes. (VIII, 372 S. m. 68 Fig.) 893. n. 8. —

Rosenthal, Carl, d. Erkrankgn. d. Nase u. d. Kehlkopfes. E. kurzgef. Lehrbuch f. Aerzte u. Studierende. (In 2 Bdn.) I. Bd. D. Erkrankgn. d. Nase, deren Nebenhöhlen u. d. Nasenrachenraumes. 2., verm. u. vorb. Aufl. gr. 8. (XI, 244 S. m. 41 Fig.) Berlin 897. A. Hirschwald. n. 6. —

Rosenthal, Carl, die Ingenieure. Lustspiel in 3 Aufzügen. 8. (64 S.) Mainz 880. Diemer. n. 1. —

Rosenthal, Karl, Konsistorialblätter rc., s. Konsistorialblätter.

—— der Lehrerfreund, s. Lehrerfreund.

Rosenthal, Carl, die Massage u. ihre wissenschaftliche Begründung. Neue u. alte Forschungsergebnisse auf dem Gebiete der Massagewirkg. (VII, 144 S.) Lex. 8. Berlin 910. A. Hirschwald. 3. 60

Rosenthal, Karl, aus Nürnberg: Die Sachlegitimation. *München 1903: J. Schweitzer.* (32 S.) 8° [F.]
Würzburg, Jur. Diss. v. 1903

Rosenthal, Karl, die Sachlegitimation. Von der hohen rechts- u. staatswissenschaftl. Fakultät der kgl. bayer. Julius-Maximilians-Universität Würzburg gekrönte Preisschrift. (III, 82 S.) gr. 8. München 903. J. Schweitzer Verl. n. 2. —

Rosenthal, Carl [aus Berlin]: Calorimetrische Untersuchungen über die Wärmeproduction und Wärmeabgabe des Armes an Gesunden und Kranken .... (Aus d. Arch. f. Anat. u. Physiol., Physiolog. Abth.) Leipzig, Veit & Comp., 1888; 2 Bl. + 58 S. 8°
Erlangen, Med. Fak., Inaug.-Diss. v. 4. Jul. 1887

Rosenthal, Carl, die Zunge u. ihre Begleit-Erscheinungen bei Krankheiten. Für Aerzte u. Studirende bearb. gr. 8. (XI, 259 S.) Berlin 903. A. Hirschwald. n. 6. —

Rosenthal, L., Grundzüge der Physiologie, s.: Huxley, Thom. H.

— s.: Zentralblatt, biologisches.

— Zerlegung hochkomplizierter chem. Verbindungen im schwankenden magnetischen Kraftfeld. (7 S.) Lex. 8. Berlin 908. G. Reimer. — 50
Sonderabdr. aus: „Sitzungsber. d. preuss. Akad. d. Wiss."

Rosenthal, Leo: Einwirkung von Dicyan auf Phenoläther und Kondensation von Ketonitrilen mit aromatischen Verbindungen bei Gegenwart von Aluminiumchlorid. Halle a. S. 1909: Nietschmann. 43 S. 8°
Halle, Phil. Diss. v. 17. Sept. 1909, Ref. Vorländer
[Geb. 30. Febr. 86 Halle a. S.; Wohnort: Halle; Staatsangeh.: Preußen; Vorbildung: Städt. Oberrealsch. Halle Reife M. 05; Studium: Halle 7 S.; Rig. 27. Juli 09.] [U 10. 1792

Rosenthal, Leo, Leitfaden zum Unterrichte in der deutschen Sprache. 1. Aufl. 1864. und 2., verb. und verm. Aufl. 8. (XII und 204 S.) Lemberg 867, (Wild.) *

Rosenthal, Leop., über Nervenanastomosen im Bereiche der Sinus cavernosus. [Mit 1 (lith.) Taf. (in 4.).] [Aus dem physiol. Institute der Wiener Universität.] [Aus: „Sitzungsber. d. k. Akad. d. Wiss."] Lex.-8. (10 S.) Wien 878. Gerold's Sohn in Comm. n.n. — 50

Rosenthal, Louis, theoret.-prakt. Anweisung z. schnellen Erlern. d. engl. Sprache. Durch Walkers Grundsätze d. reinen Aussprache u. Accentuation erleichtert. gr. 12. (10½ B.) Prag 841, Haase Söhne.

Rosenthal, L., der Charlottenschacht, s.: Volks-Erzählungen, kleine.

—— engl. u. deutsche Dialoge, mit besond. Berücksichtig. d. eleganteren Conversations-Sprache, so wie d. vorzügl. u. neueren engl. Classiker. 8. (23¼ B.) Hannover 841, Hahn'sche Hofbh.

Rosenthal, Louis: D. große Diamant, s. Volks-Erzählungen, Kleine.

Rosenthal, Louis, Diesseits u. Jenseits der Cordilleren. Südamerikanische Reisebilder, Skizzen u. Abenteuer. gr. 8. (268 S.) Berlin 874. Staude. n. 4. —

Rosenthal, Louis, diesseits und jenseits der Cordilleren. Südamerikanische Reisebilder, Skizzen und Abenteuer. 2. (Titel-)Aufl. 8. (IV, 268 S.) Berlin (874)77, Staude. *

—— Landschafts- und Städtebilder aus Süd-Amerika. Nach der Natur aufgenommen. In Photogr. mit erläut. Text. 8 Lfgn. gr. 4. (30 Photogr.) Berlin 875,76, Lichtwerck. In Mappe *

Rosenthal, L., der Raub auf dem Dampfer, s.: Unterhaltungs-Bibliothek.

— die Schatzkammer der Inkas, s.: Bibliothek interessanter Erzählungen.

– Die Schatzkammer der Inkas, s. Volks-Erzählungen, Kleine.

Rosenthal, Louis, s. Volks-Erzählungen, kleine.

Rosenthal, Ludw., Antrittsrede, geh. in d. Hauptsynagoge zu Köln am 6. XI. 1897. gr. 8. (12 S.) Frankfurt a/M. 898. J. Kauffmann. n. — 50

Rosenthal, Ludwig [pr. Arzt aus Magdeburg]: **Ein Beitrag zum Verhalten des galvanischen Leitungswiderstandes der Haut** ... Freiburg i. B., Buchdr. H. Epstein, 1894; 29 S. 8.
Freiburg i. B., Med. Fak., Inaug.-Diss. v. 1894

Rosenthal, Ludov. (geb. Labischin 1829): De commercio inter lienem et febrem intermittentem. Berolini (1853). (31 S.) 8°
Berlin, Med. Diss. v. 10. Aug. 1853

Rosenthal, Ludw., s. a. Katalog v. Ludw. Rosenthal's Antiqu. in München.

Rosenthal's, Ludw., **Katalog 111: Seltene u. kostbare Bücher. (256 S. m. 33 Abbildgn.) gr. 8. München (904). L. Rosenthal.** n. 4. —

Rosenthal, Ludwig: **Ueber Melanosarkome.** *München 1898: M. Ernst.* (32 S.) 8°
München, Med. Diss. v. 1898

[F.] **Rosenthal,** Ludwig [cand. phil.]: **Salomon Maimons Versuch über die Transcendentalphilosophie in seinem Verhältnis zu Kants transcendentaler Ästhetik und Analytik ... (Erscheint vollst. in: Zeitschr. f. Philos. u. philos. Kritik,** Bd 102 Heft 2.) Halle a. S., *Radelli & Hille, Leipzig,* 1893; 36 S., 1 Bl. 8.
Halle, Phil. Fak., Inaug.-Diss. v. [30. Juni] 1893

Wiegen-Drucke und Bibliographie der vor 1501 gedruckten Bücher. Katalog 105 von Ludwig **Rosenthal**'s Antiquariat, München. Mit 48 Faks. *(München: L. Rosenthal [1903].)* (272 S.) 8° [Umschlagt.] [04. 787 10

Gazettes. Zeitungen. Newspapers. Katalog von Ludwig Rosenthal's Antiquariat München . . . Newe Zeytungen, Relationen u. briefliche Mitteilungen des XV.–XVIII. Jhs. Period. Zeitungen. München: L. Rosenthal [1900]. (72 S.) 8° [Umschlagt.] (Katalog 104.)

Rosenthal, Ludw. A., Babel u. Bibel oder Babel gegen Bibel? Ein Wort zur Klärg. 8. (31 S.) Berlin 902. (M. Poppelauer.) n. — 40

Rosenthal, Ludw. A., Babel u. Bibel od. Babel gegen Bibel? Ein Wort zur Klärg. 2. Aufl. Gelegentlich des diesjähr. Delitzsch'schen Vortrages. (44 S.) 8. Berlin 903. M. Poppelauer. n. — 60

— Bibel trotz Babel! Beleuchtung des 2. Delitzsch'schen Vortrages u. seiner neuesten Aeusserg. „Zur Klärg." (VIII, 32 S.) gr. 8. Leipzig 903. M. W. Kaufmann. n. — 50

— Bibelwissenschaftliches. I. Joel-Nahum-Habakuk m. einander verglichen. Aneinandergereihte Abreissblätter. (III, 44 S.) 8. Strassburg 905. (K. J. Trübner.) n. 1. —

Rosenthal, Ludw. A., e. jüdischer Egidy. Offener Brief an den Verf. der Flugschrift: „Die Zukunft d. deutschen Judenthums". [Von e. Juden. Dresden, H. Oskar Damm, 1891. 13 S.] gr. 8. (16 S.) Frankfurt a/M. 892. J. Kauffmann. n. — 50

— Fest- u. Gelegenheitspredigten, geh. in den Synagogen Kölns. Festgabe zur Hundertjahr-Feier der neuen Kölner jüd. Gemeinde am 5. Cheschwan 5662/18. X. 1901. gr. 8. (VI, 164 S.) Frankfurt a/M. 901. J. Kauffmann. 2. 25

Rosenthal, Ludw. A., Lazarus Geiger. Seine Lehre vom Ursprunge der Sprache u. Vernunft u. sein Leben, dargestellt. gr. 8. (XII, 156 S.) Stuttgart 884. Scheible. n. 3. —

— die Mischna, Aufbau u. Quellenscheidung. I. Thl.: Die Ordng. Seraïm. 2 Hälften. gr. 8. Ebd. n. 6. 50
1. Von Berakhot bis Schebiit. (Schriften zur Beleuchtung der Lehrweise u. Entwickelg. des Talmuds.) Mit Unterstützung der Zunzstiftg. (XXIX, 156 S. m. 1 Tab.) 903. n. 5. —
2. Aus der 2. Hälfte: Maasseroth. (Schriften zur Beleuchtg. der Lehrweise u. Entwicklg. des Talmuds.) (VII, 64 S. u. 1 Bl.) 906. n. 1. 50

Rosenthal, Ludw. A., die Mischna. Aufbau u. Quellenscheidg. I. Bd.: Seraïm. Aus der 2. Hälfte: Maasserscheni. (Schriften zur Beleuchtg. der Lehrweise u. Entwicklg. des Talmuds.) (III, 52 S.) 8. Strassburg 909. K. J. Trübner. 1. 20

Rosenthal, Ludw. A., die monistische Philosophie. Ihr Wesen, ihre Vergangenheit u. Zukunft, für die Gebildeten aller Stände dargestellt. gr. 8. (VII, 140 S.) Berlin 880. C. Duncker. n. 3. —

— Schiller u. die Bibel. Nachklänge zum Schillertage. (25 S.) gr. 8. Ebd. 905. n. — 60

— Zurück zur Bibel! Mit e. Nachtrag: Bibelwissenschaft u. Rechtgläubigkeit. 8. (60 S.) Berlin 902. M. Poppelauer. n. — 60

Rosenthal, Ludwig A. [Rabbiner in Rogasen]: Über den Zusammenhang der Mischna. Ein Beitrag zu ihrer Entstehungsgeschichte. . . . Erster Theil: Die Sadduzäerkämpfe und die Mischnasammlungen vor dem Auftreten Hillel's. Strassburg, Verl. v. K. J. Trübner, 1890; 94 S., 1 Bl. 8°
Strassburg, Phil. Fak., Inaug.-Diss. v. 1890

— Über den Zusammenhang der Mischna, s.a. Schriften zur Beleuchtung der Lehrweise u. Entwicklung des Talmuds.

— üb. den Zusammenhang der Mischna. Ein Beitrag zu ihrer Entstehungsgeschichte. 2. Thl.: Vom Streite der Bet Schammai u. Bet Hillel bis zur Rabbi Akiba. gr. 8. (90 S.) Strassburg i/E. 892. K. J. Trübner, Verl. n. 2. 50 (1. 2. n. 5. —)

Über den Zusammenhang der Mischna. Ein Beitrag zu ihrer Entstehungsgeschichte von Rabbiner Dr. Ludwig A. **Rosenthal** in Berlin. 2., stark verm. u. verb. Aufl. T. 1. Straßburg: Trübner 1909. 8°
(Schriften z. Beleuchtung d. Lehrweise u. Entwicklung d. Talmuds.)

Rosenthal, M. C., das Königreich Bayern. Mit Benützung der besten Hilfsmittel neu gez. gr. Fol. Kpfrst. u. color. Nürnberg 852, Beyerlein. 1/3 ₰

Rosenthal, M. C., Karte vom Königreich Bayern. Neue Ausg. Fol. Nürnberg 870, Beyerlein. In Carton * 1 80

— Charte vom Grossherzogth. Posen. Mit der Eintheilung in Regierungsbezirke u. Kreise, nach den vorzüglichsten Hilfsmitteln neu gez. gr. Fol. Kpfrst. u. color. Ebd. 852. 1/3 ₰

— Charte von Schlesien. Nach den neuesten astronom. Ortsbestimmungen u. den vorzüglichsten Hilfsmitteln neu gez. gr. Fol. Kpfrst. u. color. Ebd. 852. 1/4 ₰

Die Bekehrung eines jüdischen Stabsarztes Dr. M. L. **Rosenthal**, jetzt Evangelist in London, von ihm selbst verf. *Bittehnen: M. Jankus 1904.* (31 S.) 8° [F.] [04. 9955 10

Rosenthal, Markus, aus Rawitsch i. P., Oberlehrer in Berlin: Über die Ausbildung der Jahresringe an der Grenze des Baumwuchses in den Alpen. Mit 1 Taf. *(Berlin 1904: W. Pormetter.)* (24 S.) 4° ¶ [= Progr. Berlin, Erste Realschule 1904.]
Berlin, Phil. Diss. v. 14. Mai 1904

Rosenthal, Markus: Über die Ausbildung der Jahresringe an der Grenze des Baumwuchses in den Alpen. M. e. Taf. Berlin: Weidmann 1904. (24 S.) 4°
Berlin, 1. R OP 1904 (130)

Rosenthal, *Franz* Martin [aus Frankena (Kr. Luckau)]: Zur operativen Behandlung der Pankreas-Geschwülste. . . . Berlin, Buchdr. v. G. Schade, *1891;* 80 S., 1 Bl. 8°
Berlin, Med. Fak., Inaug.-Diss. v. 20. Jun. 1891

Rosenthal, Martin: Der Einfluss der Auflage und Resolutivbedingung auf die Testierfreiheit. Berlin 1910: Streisand. 54 S. 8°
Heidelberg, Jur. Diss. v. 28. Jan. 1910, Ref. Schröder
[Geb. 1. Dez. 86 Guben; Wohnort: Westend-Charlottenburg; Staatsangeh.: Preußen; Vorbildung: Königstädt. Gymn. Berlin Reife O. 06; Studium: Berlin 1, München 1, Kiel 1, Berlin 4 S.; Rig. 31. Dez. 09.] [U 10. 1996

Rosenthal, *Max* Aufgaben über den chemischen Lehrstoff der V. Classe. Methodisch geordnet von M. R. (Umschlagtitel: . . Classe). 8 (25 S.). (Schluſs.) 8 (S. 23 – 24).
Progr. K. k. Staats-Oberrsch. *Teschen* 1894. 1895.

Rosenthal, Max [pr. Arzt aus Berlin]: Beiträge zur Lehre und Kasuistik des Erythems bei Angina und Diphtherie . . . Berlin, C. Vogts Buchdr., *1896;* 28 S., 2 Bl. 8.
Berlin, Med. Fak., Inaug.-Diss. v. 14. Febr. 1896

Rosenthal, Max, prakt. Arzt aus Magdeburg: Vier Brüder mit Thomsenscher Krankheit ⟨Myotonia congenita⟩. *Berlin (1902): G. Schade.* (30 S.) 8°
Berlin, Med. Diss. v. 12. Dez. 1902

—, Uber die Einführung von Qualitätszeichen beim chemischen Elementarunterrichte. 8 (S. 25 — 26). K. k. Staats-Oberrsch. *Teschen* 1895.
Progr.

Rosenthal, Max, über die Form der Kohlensäure- und Sauerstoffdyspnoë, s. Archiv für Anatomie und Physiologie, Suppl.-Bd. zur physiologischen Abtheilung.

Rosenthal, Max, zu Kaiser Wilhelms Gedächtnis. An seinem 100jähr. Geburtstage. Dichtg. gr. 8. (4 S.) Delitzsch 897. R. Pabst. — 15

Rosenthal, Max, das Genossenschaftsgesetz (Reichsgesetz betr. die Erwerbs- u. Wirtschaftsgenossenschaften), s. a. Handbibliothek, jur.

Rosenthal, Max. Das Genossenschaftsgesetz (Reichsgesetz betr. d. Erwerbs- u. Wirtschaftsgenossenschaften) in d. Fass. vom 20. Mai 1898 erl. durch d. Rechtsprech. Nebst d. Ausführungsbestimm. . . . 3. Aufl. Leipzig 1909. 8°.

Rosenthal, Max, aus Belgard ⟨Pers.⟩: Über neuere Jodpräparate: Alpha-Eigon, Alpha-Eigonnatrium, Beta-Eigon, Jodipin. *Würzburg 1899: Becker.* (22 S.) 8°
Würzburg, Med. Diss. v. 1899

Rosenthal, Max, Lehrbuch der französischen Sprache f. preuß. Präparandenanstalten u. Seminare, s.: Boerner, Otto.

Rosenthal, Max: Die Mitwirkung der höheren Schule bei der Erziehung zur Wahrheitsliebe. *Strehlen 1902: T. Erler.* (19 S.) 4°
Strehlen, Schl., k. G, P 1902 (231)

Eduard Mörike. Eine Untersuchung seines künstlerischen Schaffens von Max **Rosenthal**. Leipzig: Verl. f. Lit., Kunst u. Musik 1910. 104 S. 8°
(Beiträge z. Literaturgeschichte. Hrsg.: Rudolf Eichler. H. 68.) [10. 13385

Rosenthal, Max *(geb. Rawitsch in Pos. 8. 7. 1859)*: Die rechtliche Natur der Testamentsexekution und in Sonderheit der Besitz des Testaments-Exekutors an den Nachlassgegenständen. Breslau (1883). (41 S.) 8° *[Im Buchhandel 1883 bei Köhler in Breslau.]*
Breslau, Jur. Diss. v. 11. Mai 1883

Rosenthal, M., Nebengesetze zum bürgerlichen Gesetzbuche. I. Gesetz über die Angelegenheiten der freiwill. Gerichtsbarkeit. II. Grundbuchordng. III. Gesetz üb. die Zwangsversteigerg. u. Zwangsverwaltg. Gesamtausgabe m. Anmerkgn. u. Verweisgn. auf Reichs- u. Landesrecht, nebst e. ausführl. Sachregister. (VII, 262 S.) 8. Leipzig 908. Dieterich. Kart. n. 3. —

Rosenthal, Max, Gerichtsrefer.: Das gesetzliche Pfandrecht des Frachtführers. Borna-Leipzig 1910: Noske. VIII, 51 S. 8°
Heidelberg, Jur. Diss. v. 9. Nov. 1910, Ref. Schröder
[Geb. 7. Jan. 84 Wetzlar; Wohnort: Frankfurt a. M.; Staatsangeh.: Preußen; Vorbildung: Gymn. Wetzlar Reife O. 03; Studium: Heidelberg 2, München 1, Berlin 1, Marburg 2 S.; Rig. 3. Aug. 10.] [U 11. 2116

Rosenthal, Max: Quamnam curam Athenienses post expeditionem illam a. 415 in Siciliam factam rerum Siciliensium habuerint, quaeratur (Umschl.-Tit.: . . . quaeritur). Gross-Strehlitz, Druck v. M. verw. Hübner (1890); S. 1—14; 4°
Gross-Strehlitz, k. G, OP 1890 (201)

Rosenthal, M., quamnam curam Athenienses post expeditionem illam a. 415 in Siciliam factam rerum Siciliensium habuerint, quaeritur. gr. 4. (14 S.) Gr.-Strehlitz 890. (Wilpert.) n. 1. —

Rosenthal, Max, das Reichs-Gesetz betr. die Gesellschaften m. beschränkter Haftung, s.: Handbibliothek, Leipziger juristische.

— Reichs-Gewerbe-Ordnung in der Fassung der Bekanntmachg. v. 26. VII. 1900. Textausg. m. Verweisgn., Abdr. einschläg. Stellen anderer Gesetze, sowie e. Verzeichniß der Ausführungsbestimmgn., nebst dem Gewerbegerichtsgesetz in der Fassg. der Bekanntmachg. v. 29. IX. 1901 u. e. ausführl. Sachregister. 2. Aufl. 8. (VII, 245 S.) Leipzig 902. Dieterich. Kart. n. 2. —
1. Aufl. (1.—3. Taus.) (VII, 241 S.) 901. kart. n. 1. 80.

— Reichsstempelgesetz u. Wechselstempelgesetz v. 15. VII. 1909, s.a. Handbibliothek, juristische.

Rosenthal, Max, Reichsstempelgesetz (Effekten-, Kuxen-, Talon-, Scheck-, Grundstücksübertragungs- u. Fahrkartenstempel), und Wechselstempelgesetz vom 15. Juli 1909 erl. durch d. Rechtsprech. Nebst d. samtl. Ausführungsbestimm. d. Bundesrats u. einzeln. Bundesstaaten. Leipzig 1910. 8°
(Jurist. Handbibliothek, hrsg. von Max *Hausmann* u. W. *Schelcher*. Bd 216.)

Rosenthal, Max, Sockel u. Guirlande. Ein Buch ernster Gedichte. (98 S.) 8. Straßburg 906. J. Singer. n. 2. —

Rosenthal, Max, hebräisch-deutsches Uebersetzungsbuch zu den Hauptgebeten. Ein Hilfsbuch f. Lehrer u. Schüler. Zum Gebrauche in den vier unteren Klassen der Religionsschule zusammengestellt u. übers. (IV, 90 S.) 8. Frankfurt a/M. 905. J. Kauffmann. Kart. n. 1. —

Rosenthal, Max, Referendar: Das eigene Verschulden des Beschädigten und die Verteilung des Schadens nach § 254 B.G.B. Limburg a. d. Lahn 1910: Limburger Vereinsdr. 74 S. 8°
Marburg, Jur. Diss. v. 15. Sept. 1910, Ref. Leonhard
[Geb. 10. Jan. 87 Limburg a. L.; Wohnort: Frankfurt a. M.; Staatsangeh.: Preußen; Vorbildung: Gymn. Limburg Reife O. 05; Studium: München 1, Bonn 1, Marburg 4 S.; Rig. 11. Aug. 10.] [U 11. 3391

Deutscher Veteranen-Marsch 1870-71. Erinnerung an d. 25j. Sedan-Jubelfeier 1895 comp. von Max **Rosenthal** f. Piano. *[Bochum: H. Gollucke 1896.]* (2 Bl.) 4° [oo. 3929 6

— Die Wechselordnung, s.a. Handbibliothek, juristische.

Rosenthal, Max, Die Wechselordnung in der vom 1. Oktober 1908 an geltenden Fassung erl. durch d. Rechtsprechung. M. ein. Anh. enth. d. Wechselprotestgesetz nebst Begründung, d. Scheckgesetz u. d. Wechselstempelsteuergesetz. Leipzig 1909. 8°.
(Jurist. Handbibliothek, hrsg. von Max *Hallbauer* u. W. *Schelcher*. Bd 150.)

—— über die Wirkung des Chinolins, s. Beiträge zur pathologischen Anatomie, experimentellen Pathologie und praktischen Medicin. Festschrift für F. A. v. Zenker.

— französisch-deutsches u. deutsch-französisches Wörterbuch, s.: Boerner, Otto.

Rosenthal, Maximilian (jetzt Ermers, Max): Die Architekturen in Raffaels Gemälden. Strassburg 1909. II + 108 S. 8°. Erschien vollständig unter dem Titel: Max Ermers „Die Architekturen Raffaels in seinen Fresken, Tafelbildern und Teppichen" als Nr. 64 der Sammlung: Zur Kunstgeschichte des Auslandes. [3. III. 09.]
Zürich Phil. Diss. I. S. 1908/09.

Rosenthal, Maximilian. Die Architekturen in Raffaels Gemälden. Diss. Phil. I. Univ. Zürich. IV + 108 S. gr.-8. Strassburg, J. H. Ed. Heitz, 1909.

Rosenthal, Mor., Beitrag zur Kenntniss und Heilung des Stotterübels. (Abdr. aus der „Wiener Mediz. Wochenschrift.") Wien 861. Sallmayer & Co. gr. 8. (19 S.) n. 10 ngr.

Rosenthal, Moriz, Beitrag zur Kenntniss und Heilung des Stotterübels. (Sep.-Abdr. aus Nr. 35 etc. der „Wr. med. Wochenschrift" J. 1861.) 8. (18 S.) Wien. Czermak in Comm. 20 kr.
1866

Rosenthal, M., die Diagnostik u. Therapie der Rückenmarks-Krankheiten nach dem heutigen Standpunkte dargestellt. [Aus: „Wiener Klinik".] gr. 8. (68 S.) Wien 878. Urban & Schwarzenberg. n. 2. —

— dasselbe. s.a. Klinik, Wiener, 1878.

Rosenthal, M., Diagnostik u. Therapie der Rückenmarks-Krankheiten in 12 Vorlesungen. 2. Aufl. gr. 8. (VII, 192 S.) Wien 884. Urban & Schwarzenberg. n. 4. —; geb. n. 5. 50

— über den Einfluss v. Nervenkrankheiten auf Zeugung u. Sterilität, s.: Klinik, Wiener.

Rosenthal, Mor., die Elektrotherapie, ihre Begründung u. Anwendung in der Medicin. Für prakt. Aerzte bearb. Wien 865. Braumüller. gr. 8. (XIV, 258 S. mit mehreren in den Text eingedr. Holzschn.) n. 1 ℛ 16 ngr.

Rosenthal, Mor., die Elektrotherapie u. deren besond. Verwerthung in Nerven- u. Muskelkrankheiten. Ein Handbuch f. prakt. Aerzte. 2. neu bearb. u. stark verm. Aufl. Mit 15 (eingedr.) Holzschn. gr. 8. (XIX, 390 S.) Wien 873. Braumüller. n. 9. —

— Handbuch der Diagnostik u. Therapie der Nervenkrankheiten. Erlangen 870. Enke. gr. 8. (XVII, 572 S.) n. 3 ℛ 15 ngr.

— u. S. **Friedmann**, die Hydrotherapie, mit besond. Rücksicht auf Nerven-Krankheiten, nach Erfahrungen in der Wasser-Heilanstalt Vöslau-Gainfarn bei Wien dargestellt. [Aus Wiener medizinische Presse.] Wien 866. (Czermak.) gr. 8. (30 S.) n. 6 ngr.

Rosenthal, M., Kenntniss der basalen Schädelfissuren, s. Klinik, Wiener.

— Klinik der Nervenkrankheiten nach seinen an der Wiener Universität geh. Vorträgen. 2. ganz umgearb. Aufl. seines Handbuches. gr. 8. (XXX, 600 S.) Stuttgart 875. Enke. n. 20. —

— Magenneurosen u. Magencatarrh, sowie deren Behandlung. gr. 8. (VI, 193 S.) Wien 886. Urban & Schwarzenberg. n. 4. —; geb. n. 5. 50

Rosenthal, Mauritius *(geb. Mühlhausen in Thür. im Apr. 1806)*: De morbis recidivis. Vratislaviae (1834). (29 S.) 8° *[Im Immatrik.-Album: Moses Rosenthal!]*
Breslau, Med. Diss. v. 3. Mai 1834

Rosenthal Moritz, Dr.: Untersuchungen über Resorption und Absorption der Jodmittel. S. 16. II. 50 . . . . ngr.
Separatabdruck

Rosenthal, Mos., Tractatus de abusu alcoholicorum. 8maj. (2½ B.) Vindobonae 837, (Heubner.)

Rosenthal, N. H., aus großer Zeit. Erlebnisse e. Kriegsfreiwilligen v. 1870/71. Für jung u. alt erzählt. (VIII, 182 S. m. 2 Plänen.) 8. Berlin 910. F. Seeliger. Geb. in Leinw. 2. 60

Rosenthal, Naphthali (geb. Schrimm 24. 5. 1853): Darstellung und Kritik der verschiedenen Theorieen über die Bedeutung gewisser niedrigster pflanzlicher Organismen als Krankheitserreger. Berlin (1880). (34 S.) 8°
Berlin, Med. Diss. v. 9. Aug. 1880

Rosenthal, Nathan — Das neue israelitische Gotteshaus zu Butschowitz. Ein Wort zu seiner Zeit von — —. 8. (14 S.) Brünn. Druck von C. Winiker. 1853.

Rosenthal, Nathan, Referendar a. Frankfurt a. M.: Ist die Hypothek ein accessorisches Recht? Marburg 1906: R. Friedrich. (55 S.) 8°
Marburg, Jur. Fak., Ref. Leonhard, Diss. v. 25. Juni 1906
[Geb. 23. Juni 83 Braunfels; Wohnort: Weilburg; Staatsangeh.: Preußen; Vorbildung: Gymn. Wetzlar Reife O. 02; Studium: Heidelberg 1, Berlin 2, München 1, Marburg 2 S.; Rig. 22. Mai 06.]

Rosenthal, Nathan —. Kein Religionshaß mehr! oder der Streit und die Versöhnung zwischen Judenthum und Christenthum. Von — —. 8. (32 S.) Brünn. Druck von Karl Winiker. 1854.

Rosenthal, Nathan —. Kaiser Markus Aurel. Antonius und Rabbi Jehuda Hanasi. Zur Versöhnung der Confessionen. Von — —. 8. (40 S.) Brünn. Druck von Karl Winiker. 1854.

Rosenthal, O[skar]: Alkoholismus und Prostitution. 2 Vorträge, geh. i. d. wissenschaftl. Kursen des Zentralverbandes z. Bekämpfung d. Alkoholismus i. J. 1905. — Berlin: Hirschwald 1905. 62 S. 8°

— s.a. **Aufklärung, die sexuelle, der Jugend.**

Die sexuelle Aufklärung der Jugend. 1. Der Standpunkt d. Arztes. Von San.R. Dr. O[skar] **Rosenthal.** 2. Der Standpunkt d. Geistl. Von Pastor Wilhelm Witte. 3. Der Standpunkt d. Pädag. Von Prof. Dr. F[erdinand] Kemsies. Berlin: H. Walther 1906. (32 S.) 8°
(Veröffentlichungen d. Vereins f. Schulgesundheitspflege zu Berlin.) (07. 1778a

Rosenthal, O., medicinische Bäder gegen Hautkrankheiten, s.: Ledermann, R., üb. neuere Arzneiformen u. Arzneimittel in der Dermatotherapie.

— s.: **Dermatologen-Kongress, V. internationaler.**

Rosenthal, Oskar, appr. Arzt a. Würzburg: Über die Infektion des Bindehautsackes und ihre Bedeutung für die Allgemeininfektion; die Brillen als Infektionsschutz und als Infektionsüberträger. Berlin: S. Karger 1905. (21 S.) 8°
Berlin, Med. Fak., Ref. v. Michel, Diss. v. 11. Aug. 1905
[Geb. 12. Juli 79 Würzburg; Heimatsort: Würzburg; Staatsangeh.: Bayern; Vorbildung: Neues human. Gymn. Würzburg Reife Sommer 98; Studium: Berlin 9 S.; Coll. 3. Aug. 05; Approb. 5. Febr. 04.]

— **Therapie der Syphilis u. der venerischen Krankheiten,** s.a. **Handbibliothek, medizinische. 11. Bd.**

Rosenthal, O., Therapie der Syphilis und der venerischen Krankheiten [Medizinische Handbibliothek. 11. Bd.] 8°. (254 S.)
Wien: Hölder 1904. geb. K 4.—

Rosenthal, Osc. (geb. Berlin 25. 12. 1852): Ueber die Veränderungen des Knorpels vor der Verknöcherung. (Aus dem histologischen Laboratorium des Dr. Ludw. Loewe.) Berlin (1875). (32 S.) 8°
Berlin, Med. Diss. v. 11. Aug. 1875

Beiträge zur Geschichte der Loge zum Pilgrim in Berlin 1776 bis 1901. Bei der Feier des 125jährigen Stiftungsfestes am 24. Febr. 1901 den Brüdern gewidmet von Otto **Rosenthal.** [Guben 1901: Koenig.] 48 S. 1 Taf. 8°
Recens: BZC. 30 (1901) S. 191—192.
cf. Bbl. 15 (1901) S. 570 (G. Diercks); ML. 30 (1901—1902) S. 10 (O. Henckel).
Nebst Verzeichn. der Beamten der Loge für 1776—1901; die Taf. enth. Bildn. vors. Mstr.

—— Führer durch den deutschen Dichterhain. Ein Schulbuch zum Gebrauch beim literaturgeschichtl. Unterricht in höhern weibl. Bildungsanstalten. gr. 8. (XXIV und 124 S.) Berlin 851, Nicolaische Buchh.

Rosenthal, Otto [aus Marne in Schleswig-Holstein]: Zur Kenntniss von Macrocystis und Thalassiophyllum. . . . (Aus: Flora oder allg. bot. Zeitung. 1890. H. 1.) Marburg, Univ.-Buchdr. (R. Friedrich), 1890; 47 S. u. 2 Taf. 8°
Rostock, Phil. Fak., Inaug.-Diss. v. 9. Okt. 1889

Rosenthal, Otto, die Augsburgische Confession, das glorreiche Denkmal deutsches Glaubensmuths u. deutscher Manneskraft, mit einer geschichtl. Einleitung u. den nothwend. Erläuterungen versehen, u. in dieser für die evangel. Kirche hochwichtigen Zeit allen Anhängern u. Freunden des evangel. Bekenntnisses, vornämlich den Berufsgenossen u. der reifern Jugend gewidmet. gr. 8. (X u. 106 S.) Berlin 849, Nicolai. 1/3 ℛ

Rosenthal, Otto, die Augsburgische Confession das glorreiche Denkmal deutschen Glaubensmuths und deutscher Manneskraft, mit einer geschichtlichen Einleitung u. den nothwendigen Erläuterungen versehen, u. in dieser für die evangel. Kirche hochwichtigen Zeit allen Anhängern u. Freunden des evangel. Bekenntnisses rc. gewidmet. 2. (Titel-)Ausg. Berlin (849.) 855. Nicolai'sche Verlhdlg. gr. 8. (IX, 106 S.)
10 ngr.

—— Leitfaden für den Unterricht in der Bibelkunde zum Gebrauch in den obern Klassen höherer Schulen. 8. (IV und 108 S.) Berlin 849, Nicolaische Buchh.

— Nachricht über die höhere Töchterschule in Landsberg a. d. Warthe. Landsberg 856. Volger u. Klein. 8. (30 S.)
n. 3 ngr.

Rosenthal, Otto, a. Nürnberg: Über Verbindungen des vierwertigen Zinns mit fünfwertigem Vanadin, Phosphor und Arsen. Würzburg 1906: C. J. Becker. (45 S.) 8°
München, Phil. Fak., Ref. v. Baeyer, Diss. v. 18. Juni 1906
[Geb. 12. März 81 Nürnberg; Wohnort: Nürnberg; Staatsangeh.: Bayern; Vorbildung: Realgymn. Nürnberg Reife Juli 00; Studium: T.H. Darmstadt 2, München 4, Univ. 3 S.; Rig. 18. Juni 06.]

Rosenthal, Paul, a. Armenheide: Die „Erudition" in den Jesuitenschulen. Erlangen 1905: E. Th. Jacob. (125 S.) 8°
Erlangen, Phil. Fak., Ref. Roemer, Diss. v. 19. Aug. 1905
[Geb. 7. Jan. 73 Armenheide; Staatsangeh.: Preußen; Vorbildung: Stadtgymn. Stettin Reife M. 92; Studium: Halle 5, Greifswald 1 S.; Rig. 24. Juli 05.]

Rosenthal, Paul, die Nephrorhaphie u. ihre Bedeutung bei Heilung der Wanderniere. Diss. gr. 8. (25 S.) Leipzig 890. (G. Fock.) n. 1.—

Rosenthal, Paul, approb. Arzt aus Berlin: Aus Dr. Max Josephs Poliklinik f. Hautkrankheiten in Berlin. Ueber Harnantiseptica mit besonderer Berücksichtigung des Helmitols. *Leipzig 1902: B. Georgi.* (33 S.) 8°
Leipzig, Med. Diss. v. (16. Dez.) 1902

Rosenthal, Paul (geb. Mühlhausen in Thür. 29. 12. 1850): Ueber die antifebrile Wirkung der Salicylsäure. Berlin 1875. (30 S.) 8°
Berlin, Med. Diss. v. 7. Aug. 1875

Rosenthal, Pessach Hirsch (geb. Zechanowza in Russl. 19. 12. 1844): Experimentelle Untersuchungen über den Einfluss des Grosshirns auf die Körperwärme. Berlin (1877). (30 S.) 8°
Berlin, Med. Diss. v. 7. März 1877

Rosenthal, Philippus *(geb. Liegnitz 11. 9. 1818)*: Poeseos medii aevi medicae specimina nonnulla minus cognita. Vratislaviae (1842). (46 S.) 8° *[Im Buchhandel 1843 bei Max & Ko. in Breslau.]*
Breslau, Med. Diss. v. 14. Okt. 1842

Rosenthal, Ph., Poeseos medii aevi medicae specimina nonnulla minus cognita. Commentatio historico-medica. 8maj. (3 B.) Wratislaviae 843, Max et Soc.

Rosenthal, Richard, Referendar: **Die Abtretung zukünftiger Rechte.** [Teildr.] Berlin & Leipzig: Rothschild 1910. VII, 73 S. 8°
Bonn, Jur. Diss. v. 20. Okt. 1910, Ref. Zitelmann, Crome
[Geb. 21. Sept. 86 Duisburg; Wohnort: Duisburg; Staatsangeh.: Preußen; Vorbildung: Realgymn. Duisburg Reife O. 04; Studium: Bonn 2, Freiburg i. B. 1, Bonn 3 S.; Rig. 22. Juli 10.] [U 11. 377

Rosenthal, Richard, approb. Arzt aus Berlin: **Aus d. chirurg. Klinik zu Kiel. Zur Casuistik des Ileus. Drei Fälle von Ileus, entstanden durch peritonitische Adhaesionen.** *Kiel 1903: Schmidt & Klaunig.* (17 S.) 8°
Kiel, Med. Diss. v. [30. Mai] 1903

Rosenthal, Rich. (geb. Benneckenstein im Harz 6. 12. 1847): Die verschiedenen Methoden der Wundbehandlung vom antiseptischen Standpunkt aus betrachtet. Berlin (1872). (28 S.) 8°
Berlin, Med. Diss. v. 6. Aug. 1872

Rosenthal, Richard S.

Rosenthal, s. a. Meisterschafts-System.

Rosenthal, Rich. S., das Meisterschafts-System zur praktischen u. naturgemäßen Erlernung der englischen u. französischen Geschäfts- u. Umgangs-Sprache. Eine neue Methode, in 3 Monaten eine Sprache sprechen, schreiben u. lesen zu lernen. Zum Selbst-Unterricht. Englisch. 15 Lectionen. 8. (272 S.) Leipzig 879. Rosenthal. à 1. —; Schlüssel (48 S.) 880. 1. 50

— dasselbe. Französisch. 15 Lectionen. 8. (288 S.) Ebend. 878. à 1. —; Schlüssel (48 S.) 880. 1. 50

Rosenthal, Rich. S., das Meisterschafts-System zur praktischen und naturgemäßen Erlernung der englischen und französischen Geschäfts- und Umgangs-Sprache. Eine neue Methode, in drei Monaten eine Sprache sprechen, schreiben und lesen zu lernen. Zum Selbst-Unterricht. Englisch. Schlüssel. 8. (48 S.) Leipzig 880, Rosenthal'sche Verlagsb. 1 50
—— dass. — Französisch. Schlüssel. 8. (48 S.) Ebendas. 880. 1 50

— dasselbe. Italienisch. 20 Lectionen. 8. (360 S.) Ebend. 880. à 1. —; Schlüssel (48 S.) 1. 50

— dasselbe. Spanisch. 15 Lectionen. 8. (304 S.) Ebend. 880. à 1. —; Schlüssel (48 S.) 1. 50

Rosenthal, Robert [aus Königsberg i. Pr.]: Über congenitalen Hydrocephalus.... Berlin, Buchdr. v. G. Schade, *1891;* 48 S., 1 Bl. 8°
Berlin, Med. Fak., Inaug.-Diss. v. 25. Jul. 1891

Rosenthal, Sal., בית און· Bet Owen. Enth. e. gründl. Widerlegung, u. Antwort auf d. Dr. Kreizenach, Recension, u. Einwendung, in seinem Buche תריג geg. d. mosaischen Vorschriften, u. hauptsächl. betreff. ceremonial u. ritual Gesetzen sollen abgestellt werden, nebst Zurechtweis. d. Dr. Luzzatti u. Dr. Regio auf ihre mißverstand. Stellen, u. aufgebürd., zur Herabwürdigung, d. längst anerkannten Gelehrten, Weisen, berühmten Rabbi M. Maimonides in seinen verschied. theolog. Schriften. gr. 8. (1¾ B. hebr. Schrift.) Ofen 839. (Leipzig, Kummer.)

— geographisch-statistisches Comptoir- und Reiselexicon von Europa. Eine alphabetisch geordnete Uebersicht aller Staaten, Länder, der vorzüglichsten Städte, Märkte, Dörfer, Meere, Seen, Flüsse u. s. w. 8. Pesth 832. Heckenast. 1 1/3 ß

— Merkur. Ein Comptoir- und Reisetaschenbuch für Kaufleute. 8. Kaschau 830. (Heckenast in Pesth.) Mit 1 Karte von Ungarn 1 1/3 ß

Rosenthal, Samuel (geb. Mechnitz in Schles. 27. 8. 1818): De erysipelate neonatorum. Berolini (1843). (26 S.) 8°
Berlin, Med. Diss. v. 31. Juli 1843

Rosenthal, Samuelis *(geb. Mühlhausen in Thür. 15. 2. 1811)*: De infantum expositorum hospitiis. Vratislaviae (1843). (VIII, 38 S.) 8°
Breslau, Med. Diss. v. 15. Apr. 1843

Rosenthal, Simon *(geb. Ratibor 25. 8. 1830)*: De hepatis cirrhosi. Vratislaviae (1856). (39 S.) 8°
Breslau, Med. Diss. v. 31. März 1856

Rosenthal, Tatiana, aus Minsk (Russland): Ueber Mastitis puerperalis. ⟨Aus der Züricher Universitätsfrauenklinik. Direktor: Prof. Wyder⟩ Zürich 1909. 54 S. 8°. [28. VII. 09.]
Zürich. Med. Diss. 1908/09.

Rosenthal, Tatiana. **Ueber Mastitis puerperalis. Aus der Züricher Universitätsfrauenklinik.... Diss. Med. Univ. Zürich. 54 S. 8. Zürich, Gebr. Leemann & Co., 1909.**

Rosenthal, Th., Ein neues Destillationsverfahren [des Erdöls]. Berlin, 1907. 2 S.

Rosenthal, Theodor, a. Breslau: **Aus d. patholog.-anatom. Anstalt d. Städt. Krankenhauses im Friedrichshain zu Berlin. ⟨Vorstand: Prosektor Privatdozent Dr. L. Pick.⟩ Über den Ausgang der fibrinösen Pneumonie in aputride anämische Nekrose.** Berlin 1907: G. Schade. (33 S.) 8°
Leipzig, Med. Fak., Ref. Marchand, Diss. v. 14. Okt. 1907
[Geb. 25. Okt. 82 Breslau; Wohnort: Breslau; Staatsangeh.: Preußen; Vorbildung: Wilhelms-Gymn. Breslau Reife M. 01; Studium: Breslau 9, Heidelberg 1 S.; Coll. 23. Okt. 07; Approb. 18. März 08.]

Rosenthal, Theodor [aus Merseburg]: Ueber die β-Sulfopropionsäure.... Halle a. S., Verl. v. Tausch u. Grosse, 1886; 4+30 S. 8°.
Halle, Phil. Fak., Inaug.-Diss. v. [15. Febr.] 1886.

Rosenthal, Theophil (geb. Berlin 18. 5. 1857): Ueber einen linksseitigen peripleuritischen Echinococcus. Berlin (1881). (35 S.) 8°
Berlin, Med. Diss. v. 28. Mai 1881

Rosenthal, W.

— De vocabulo βεκκεσέληνος ab Aristophane ficto. Pr. 1858. 8 S. 4°.

Rosenthal, Walter (Hrsg.), s. Pagehot, Walter: Der Ursprung der Nationen.

Rosenthal, Werner, Phagozytose, Opsonintheorie u. Verwandtes, s.: Jahresbericht üb. d. Ergebnisse d. Immunitätsforschung. III.

Rosenthal, Werner, die Pulsionsdivertikel d. Schlundes. Anatomie, Statistik, Ätiologie. gr. 8. (VI, 135 S.) Leipzig 902. G. Thieme. n. 3. 60

— Uebersicht über Phagozytose u. ihre Bedingungen, s.: Jahresbericht üb. die Ergebnisse der Immunitätsforschung. IV.

Rosenthal, Werner [cand. med. aus Erlangen]: **Thermoelektrische Untersuchungen über die Temperaturvertheilung im Fieber ... M. 4 Taf. (Aus: Arch. f. Anat. u. Physiol., Physiol. Abth. Suppl. Jg. 1893.) Leipzig, Veit & C., 1893; 1 Bl., 64 S., 4 Taf. 8.**
Erlangen, Med. Fak., Inaug.-Diss. v. [22.] Juni 1893

Rosenthal, Werner, die Volkskrankheiten u. ihre Bekämpfung, s. a. Wissenschaft u. Bildung. 51.

Die Volkskrankheiten und ihre Bekämpfung. Von Dr. Werner **Rosenthal,** Privatd. Leipzig: Quelle & Meyer 1909. IV, 164 S. 8°
(Wissenschaft u. Bildung. 51.) [09. 8936

Rosenthal, Wilhelm

Rosenthal, Wilh., die Disziplinarurteile gegen d. Reichskommissar a. D. Dr. Carl Peters. Eine sachliche Kritik. (31 S.) gr. 8. Berlin 907. [C. A. Schwetschke & Sohn.] Süd-West-Verlag. — 50

Rosenthal, Wilhelm, aus Calbe a. S.: **Ein Fall von doppelseitigem Hydrophthalmos congenitus beim Kaninchen.** *Würzburg 1896 [vielm. 1901/02]: P. Scheiner.* (27 S.) 8°
Würzburg, Med. Diss. v. 1896

Rosenthal, Guilelmus [Marchicus]: De Antiphontis in particularum usu proprietate ... Berolini, R. Heinrich, 1894; 56 S., 2 Bl. 8.
Rostock, Phil. Fak., Inaug.-Diss. v. [5. Nov.] 1894

Rosenthal, Wilh., de Antiphontis in particularum usu proprietate. Diss. gr. 8. (58 S.) Berlin 894. (Leipzig, Buchh. G. Fock.) n. 1. 20

Rosenthal, Wilhelm: Antiphons Reden κατὰ τῆς μητρυιᾶς und περὶ τοῦ χορευτοῦ. Deutsch mit textkrit. u. sachl. Bemerkungen. Fürstenwalde, Spree 1908: Jaensch. 32 S. 8°
Fürstenwalde a. Sp., G OP 1908 (88) [S 08. 385

Rosenthal, Wilhelm [Rechtspraktikant aus Fürth i. Bayern]: Der Sachwucher m. bes. Berücks. d. § 302e d. deutschen Reichsgesetzes v. 19. Juni 1893 ... Erlangen, k. b. Hof- u. Univ.-Buchdr. v. F. Junge, 1894; 51 S. 8.
Erlangen, Jur. Fak., Inaug.-Diss. v. 1894

Rosenthal, Willy, a. Braunschweig: Fürst Talleyrand und die auswärtige Politik Napoleons I. Nach den Memoiren des Fürsten Talleyrand. Leipzig: W. Engelmann 1905. (XI, 116 S.) 8°
Gießen, Phil. Fak., Ref. Oncken, Diss. v. 31. Okt. 1905
[Geb. 24. Jan. 77 Braunschweig; Wohnort: Braunschweig; Staatsangeh.: Braunschweig; Vorbildung: Gymn. Wolfenbüttel Reife O. 97; Studium: Freiburg i. B. 3, Berlin 1, Göttingen 2, Leipzig 1, Gießen 4 S.; Rig. 27. Juli 05.]

Rosenthal, Wolfgang: Ueber Lues congenita tarda an der Hand eines Falles von Gumma hepatis. Leipzig 1910: Lehmann. 34 S. 8°
Leipzig, Med. Diss. v. 2. Dez. 1910, Ref. Hoffmann
[Geb. 8. Sept. 82 Friedrichshagen b. Berlin; Wohnort: Leipzig; Staatsangeh.: Preußen; Vorbildung: Thomassch. Leipzig Reife O. 03; Studium: Leipzig 10 S.; Coll. 19. Dez. 10.] [U 11. 3083

Rosenthal-Bonin, Hugo, ein Abenteuer in Konstantinopel u. andre humoristische Erzählungen. 1.—5. Tausend. 8. (127 S.) Stuttgart 902. Deutsche Verlags-Anstalt. n. 1.—

Rosenthal-Bonin, H., der Bernsteinsucher. Roman. 2 Bde. 8. (236; 223 S.) Leipzig 880, [Schlicke.] Elischer. * 9 —

Rosenthal-Bonin, Hugo, ein heiteres Buch. Miniaturlustspiele. Berlin 867. Peiser's Verlag. 16. (V, 130 S.) n. 10 ngr.

— die schwarze Dame u. andre humorist. Erzählungen. 1.—5. Taus. 8. (156 S.) Ebd. 902. n. 1.—

— der Diamantschleifer. Roman. 2. (Titel-)Aufl. 8. (322 S.) Stuttgart (1881) 883. Deutsche Verlags-Anstalt. n. 5.—

— die scharfe Ecke u. andre humorist. Erzählungen. 1.—5. Taus. 8. (142 S.) Ebd. 901. n. 1.—

Rosenthal-Bonin, H., die Erzählungen d. Schiffsarztes u. andere Novellen. gr. 8. (III, 288 S.) Stuttgart 891. Union. 4. 50

Rosenthal-Bonin, Hugo, der Fächermaler von Nagasaki, s. Novellenschatz, neuer deutscher.

— Unterirdisch Feuer. Ein Novellenbuch. 8. (380 S.) Leipzig 879. Schlicke. 6.—

— das Gold des Orion. Roman. 8. (317 S.) Stuttgart 882. Deutsche Verlags-Anstalt. n. 5.—

Rosenthal-Bonin, H., das Haus m. den zwei Eingängen. Roman. 8. (303 S.) Stuttgart 886. Deutsche Verlags-Anstalt. n. 5.—

Rosenthal-Bonin, Hugo, der Heirathsdamm. Das Urbild der Arabella. Mein Dienst auf der Schelde. — Ihre Waffen. — Der Taucher. Kunst u. Natur. Der Theerhut. Mondscheinstudien. Der Johannismorgen. Singtsche. gr. 8. (362 S.) Stuttgart 876. Hallberger. n. 4. 50

— der Heirathsdamm. — Das Urbild der Arabella. — Mein Dienst auf der Schelde. — Ihre Waffen. — Der Taucher. — Kunst u. Natur. — Der Theerhut. — Mondscheinstudien. — Der Johannismorgen. — Singtische. 2. (Titel-)Aufl. 8. (362 S.) Ebend. (1876) 879. n. 4. 50

— der Heiratsvermittler u. andere humor. Erzählgn. 1.—5. Taus. 8. (175 S.) Ebd. 901. n. 1.—

— der schlaflose Commis u. andre humorist. Erzählgn. 1.—5. Taus. 8. (178 S.) Ebd. 902. n. 1.—

Rosenthal-Bonin, H., ein Reisender, wie er sein soll, s. a. Bloch's, Eduard, Theater-Korrespondenz. Nr. 328.

Ein Reisender, wie er sein soll. Lustspiel in 1 Aufz. Von H[ugo] Rosenthal-Bonin. 2. Aufl. *Berlin: E. Bloch (1902).* (26 S.) 8° [S.]
= Theater-Korrespondenz, Eduard Blochs. No 328.

Rosenthal - Bonin, Hugo (Red.), s. Romane, Illustrirte, aller Nationen.

— schwarze Schatten. Roman. 8. (284 S.) Ebend. 884. n. 4. 50

— schwarze Schatten. Roman. Wohlf. Ausg. 8. (284 S.) Stuttgart 891. Deutsche Verlags-Anstalt. Geb. n. 1. 75

Rosenthal-Bonin, H., die Schlange im Paradiese. Novellenkranz. 8. (276 S.) Stuttgart 889. Deutsche Verlags-Anstalt. n. 5.—

— die Schlange im Paradiese. Novellen. (Neue Titel-Ausg.) 8. (III, 276 S.) Ebd. 892. n. 1. 50; geb. n. 1. 75

— Stromschnellen. Heitere Novellen. 8. (271 S.) Leipzig 886. Wartig's Verl. n. 4.—; geb. n. 5.—

— der Student v. Salamanca u. andere Novellen. 8. (III, 252 S.) Ebd. 891. n. 3.—

Rosenthal-Bonin, Hugo, d. Student v. Salamanca u. and. Novellen. (Wohlf. [Titel-] Ausg.) 8. (III, 252 S.) Stuttgart (891) 896. Deutsche Verlags-Anstalt. n. 1.—; geb. n. 1. 25

— die Thierbändigerin. Roman. 8. (260 S.) Stuttgart 884. Deutsche Verlags-Anstalt. n. 4. 50

—— **die Tochter des Kapitäns. Roman. 8. (358 S.) Stuttgart 888, Deutsche Verlags-Anstalt.** *ℳ 5.—.; geb. *

— die Tochter des Kapitäns. Roman. (Neue Titel-Ausg.) 8. (358 S.) Ebd. 892. n. 1. 50; geb. n. 1. 75

— Tutti-Frutti. Heitere Erzählgn. 8. (III, 348 S.) Ebd. 890. n. 4.—

— Tutti-Frutti. Heit. Erzählgn. (Neue Titel-Ausg.) 8. (348 S.) Ebd. (890) 895. n. 1. 50; geb. n. 1. 75

— Dittas Zopf u. andre humorist. Erzählungen. 1.—5. Taus. 8. (156 S.) Ebd. 901. n. 1.—

Rosenthaler, J., Lehrgang d. Schreibunterrichts in d. hebräischen Kurrentschrift nach d. genet. Methode, zugl. 5 Schönschreib-Hefte m. lith. Vorschriften. 4. (à 20 S.) Frankfurt a/M. 807. J. Kauffmann. à n.n. —16

Rosenthaler, J., illustrierte hebräische Lesefibel. Mit Benützg. der Japhetschen Fibel פי עוללים nach den Grundsätzen der Anschaug. u. Phonetik bearb. (VIII, 48 S.) gr. 8. Frankfurt a/M. 903. A. J. Hofmann. Geb. n. — 60

Rosenthaler, J., illustrierte hebräische Lesefibel. Nach den Grundsätzen der Anschauung u. der Phonetik hrsg. 2. verb. Aufl. (VII, 56 S.) 8. Frankfurt a/M. 907. A. J. Hofmann. Kart. — 60

Neue Arzneimittel organischer Natur. Vom pharmazeut.-chem. Standpunkte aus bearb. von Dr. L[eopold] Rosenthaler, Privatd. Berlin: J. Springer 1906. (VII, 262 S.) 8° [06. 1990

— Grundzüge der chemischen Pflanzenuntersuchung. (III, 124 S.) 8. Ebd. 904. Geb. in Leinw. n. 2. 40

Rosenthaler, Leopold, Apotheker aus Heilbronn a. N.: Phytochemische Untersuchung der Fischfangpflanze Verbascum sinuatum L. und einiger anderer Scrophulariaceen. *Frankfurt a. M.: Goldstein in Comm. 1901.* (109 S.) 8°
Strassburg, Math.-naturw. Diss. v. 1901

[Umschlagt.:] Rosenthaler, Simon [aus Heilbronn a. N.]: Gesetz und Gewohnheit. E. Beitr. z. Revision d. Lehre v. sog. Gewohnheitsrecht .. Strassburg i. E., Buchdr. Gebr. Riedel, 1893; 1 Bl., 54 S. 8.
Strassburg, Rechts- u. staatswiss. Fak., Inaug.-Diss. v. 1893

Rosenthal-Lieder, Leipziger, von Siegfried Rosenthal dem Jüngeren. 16. (40 S.) Leipzig-Reudnitz 889. Hobbing. cart. n. — 60

Rosenträger, Max [Unterarzt im K. Sächs. Pion.-Bat. Nr 12]: Über einen Kaiserschnitt nach conservierender Methode nebst Statistik der Porro-Operationen. Jena, Druck v G Neuenhahn, 1889; 51 S. 8°
Jena, Med. Fak., Inaug.-Diss. v 16. Juli 1889

Rosentreter, Betrachtungen üb. Betriebsmethode der Militargymnastik. gr. 8. (32 S.) Kiel 873. Universitäts-Buchh. — 80

Rosentreter. Bürger! Die gegenwärtige Zeit legt Jedem die Pflicht auf. — Druck von Harth u. Schultze 1 Bl. 4.
Flugblatt. Berlin, 29.Jan.1849.

Rosentreter, Adolf

Rosentreter, Zweibund gegen Dreibund. Eine militär. Skizze. (VII, 104 S.) gr. 8. Kiel 903. Universitäts-Buchh. n. 2. —

Augustinus [Rosentreter], Bischof v Culm, entbietet dem hochwürdigen Klerus u. allen Gläubigen d. Diöcese Gruss u Segen im Herrn. (Hirtenbrief. Pelplin, d. 8. Febr. 1900.) (Danzig 1900: H F Boenig.) (8 S.) 4° [Kopft.]

Hirtenbrief des Bischofs von Culm Augustinus Rosentreter an d Gläubigen der Diöcese aus Anlass seiner Bischofsweihe am 9 Juli 1899 Danzig (1899). H F Boenig. (10 S.) 4°

[Hirtenbrief des Bischofs Augustin Rosentreter von Culm betr. das silberne Papstjubiläum Leos XIII.] Dat. Pelplin d. 10. Febr. 1903. *(Danzig 1903: H. F Boenig.)* (11 S.) 4° [03. 4478 10

[Hirtenbrief des Bischofs Augustin Rosentreter von Culm.] Dat: Pelplin am Feste Mariä Lichtmeß 1904. *(Danzig 1904: H F. Boenig.)* (9 S.) 4° [04. 14631 10

Rosentritt, J., s. Predigt-Bibliothek, des Auslandes.

Rosentritt, J., neue Predigt-Bibliothek des Auslandes, s. Predigt-Bibliothek.

Rosenwald; od. d. Folgen verkannter Liebe. Trsp. 8. Const. Doll. (a. Wolff in Augsb.) 786.

Rosenwald, Elkan: Elkan Rosenwald. Geboren am 6. Februar 1841, gestorben am 17. September 1906. o. O. [1906]. 40 S. 8°.
Enthält 3 Ansprachen bei Trauerfeierlichkeiten für den Genannten.

Rosenwald, Karl

Rosenwald, Carl: Die Revision bei Gründung von Aktiengesellschaften unter besonderer Berücksichtigung des Handelsgesetzbuchs für das deutsche Reich vom 10. Mai 1897. *München: J. Schweitzer 1898.* (VII, 71 S.) 8° [F.]
Erlangen, Jur Diss. v 15. Juni 1898

Rosenwall, P., malerische Ansichten u. Bemerkungen auf einer Reise durch Holland. die Rheinlande, Baden, die Schweiz u. Württemberg. 2 Thle. 8. Maynz, Kupferberg. 818.

Rosenwall, (P.,) malerische Ansichten u. Bemerkungen auf einer Reise durch Holland, die Rheinlande, Baden, die Schweiz u. Würtemberg. 2 Thle. 2e wohlf. Ausgabe. gr. 8. Mainz 824, Kupferberg.

— Bemerkk. e. Russen üb. Preußen u. dessen Bewohner, gesammelt auf e. im J. 1814 durch dieses Land unternomm. Reise. Nebst Auszügen aus d. Tagebuche e. Reisenden üb. Norddeutschland u. Holland. 8. Mainz 817. Kupferberg. 1 ₰ 12 gr.

Rosenwasser, Emil H M : Der lexikalische Stoff der Königsbücher der Peschitta unter Berücksichtigung der Varianten als eine Vorarbeit für eine Concordanz zur Peschitta alphabetisch dargestellt. Berlin 1905. 130 S. 8°. [23. VII. 02.]
Bern. Phil. Diss. 1905/1906.

Rosenwasser, H M Emil. Der lexikalische Stoff der Königsbücher der Peschitta, unter Berücksichtigung der Varianten, als eine Vorarbeit für eine Concordanz zur Peschitta, alphabetisch dargestellt. Diss. Phil. Bern. 130 S. 8. Berlin, H. Itzkowski, 1905.

Rosenwasser, E., der lexikalische Stoff der Königsbücher der Peschiṭṭa unter Berücksicht. der Varianten, als e. Vorarbeit f. e. Concordanz zur Peschiṭṭa alphabet. dargestellt. (130 S.) gr. 8. Berlin 905. L. Lamm. n. 3. —

Rosenwerth, Stanislaus Baron von: Die Zusammenlegung der Grundstücke in Russisch-Polen. Halle a. S. 1910: Kaemmerer. VIII, 129 S. 8°
Halle, Phil. Diss. v. 23. Juni 1910, Ref. Conrad
[Geb. 2. Febr. 83 Cielesnica; Wohnort: Cielesnica; Staatsangeh.: Rußland; Vorbildung: Prüfungskomm. d. Univ. Loewen Realgymn. Reife Aug. 03; Studium: Halle 2, Hohenheim Landw. Hochsch. 4, München 2, Halle 3 S.; Rig. 21. Febr. 10.] [U 10. 1793

Rosen-Zeitung. Organ des Vereins deutscher Rosenfreunde. Hrsg. von dessen Vorstand. Redig. von C. P. Strassheim. 1.—3. Jahrg. 1886—1888. à Jahrg. 6 Hefte. (à Heft 2 Bog. mit Chromolithogr.) hoch 4. Frankfurt a. M., Jäger's Verlag. à Jahrg. * Einzeln à Heft *

Rosen-Zeitung. Organ d. Vereins deutscher Rosenfreunde. Red. v. C. P. Strassheim. 2.—5. Jahrg. 1887—1890. à 6 Hfte. (2 B. m. Chromolith.) hoch 4. Frankfurt a/M., Jäger's Verl. à Jahrg. n. 5. —; einzeln à Hft. n. 1. —

Rosen-Zeitung. Organ d. Vereins deutscher Rosenfreunde. Red. v. P. Lambert. 6.—9. Jahrg. 1891—1894. à 6 Hfte. (2 Bog. m. Farbendr.) hoch 4. Frankfurt a/M. (Jaeger's Verl.). à Jahrg. n. 5. —

Rosen-Zeitung. Organ des Vereins deutscher Rosenfreunde. Red. v. P. Lambert. 10.—13. Jahrg. 1895—1898. à 6 Hfte. (à ca. 20 S. m. farb. Taf.) hoch 4. Frankfurt a/M. (Jaeger's Verl.) à Jahrg. n. 5. —

Rosen-Zeitung. Organ des Vereins deutscher Rosenfreunde. Red. v. P. Lambert. 14.—17. Jahrg. 1899—1902. à 6 Hfte. Lex.-8. (à ca. 16 S. m. farb. Taf.) Leipzig [H. Voigt]. Trier, J. Lintz. à Jahrg. n. 5.—; erm. Pr. n. 4.—
Die Jahrgge. 14—16 erschienen in Frankfurt a/M.

Rosen-Zeitung. Organ des Vereins deutscher Rosenfreunde. Red. v. P. Lampert. 18.—21. Jahrg. 1903 bis 1906. à 6 Nrn. (VIII, 92; VIII, 104; VIII, 96 u. VIII, 104 S. m. Abbild. u. je 6 Taf.) Lex.-8. Trier (J. Lintz). à Jhrg. n. 6.—

Rosen-Zeitung. Organ des Vereins deutscher Rosenfreunde. Red. v. P. Lambert. 22.—25. Jahrg. 1907—1910. à 6 Nrn. (1908—10 VIII, 124; VIII, 116 u. VIII, 132 S. m. Abb. u. je 6 Taf.) Lex. 8. Trier, J. Lintz. à Jahrg. 6.—

— deutsche. Illustrirte Monatsschrift f. die Interessen deutscher Rosencultur. Hrsg. v. Ernst Sarfert. Red. v. E. Metz. 1. u. 2. Jahrg. Juli 1885—Juni 1887. à 12 Hfte. ($1^1/_4$ B. m. Illustr. u. Taf.) hoch 4. Zwickau. (Werner). à Jahrg. n. 6.—; einzelne Hfte. n. — 50

Rosen-Zeitung, illustrierte Metz'sche. Organ für die Interessen der Rosenzucht und Rosenkunde. Hrsg. und redig. von Ernst Metz. Octbr. 1888—Septbr. 1889. 6 Hefte. (à Heft 2 Bog.) Lex.-8. Steinfurth bei Nauheim, Selbstverlag. (Leipzig, H. Voigt.) [*
Nur 1. und 2. Heft erschienen.

— **Metz'sche** deutsche. Illustrierte Monatsschrift f. die Interessen der Rosenkultur. Hrsg. u. red. v. E. **Metz.** 4. Jahrg. 1888. 12 Hfte. (2 B.) Lex.-8. Steinfurth b/Nauheim. (Leipzig, H. Voigt.) [n. 6.—]
Es erschien nur 1.—4. Hft.: Januar April. Der weitere Jahrg. u. d. T.:
Rosenzeitung, Illustrierte Metz'sche.

—— ungarische. Deutsche Ausg. der „Rózsa Ujság". Illustrirte Zeitschrift der allgemeinen Rosenkunde u. der allgemeinen Gärtnerei. Red. v. Ernst Kaufmann. 5. u. 6. Jahrg. Juni 1891—Mai 1893. à Jahrg. 6 Hefte. (à Heft 2 Bog. m. 1 farb. Taf.) 4. Fünfkirchen. (Lpz, H. Voigt). à Halbjahr * 1 80; à Jahrg. * 3 50

— **ungarische.** Deutsche Ausg. der „Rózsa Ujság". Hrsg. u. Red.: Wilh. **Mühle.** 8. Jahrg. Septbr. 1894—Aug. 1895. 6 Nrn. (à ca. 20 S. m. 1 Abb. u. 1 farb. Taf.) 4. Temesvar. (Leipzig, H. Voigt.) n. 3. 50

— dasselbe. 9. Jahrg. Septbr. 1895—Aug. 1896. 6 Nrn. (à Nr. ca. 16 S. m. Abb. u. 2 [1 farb.] Taf.) 4. Ebd. n. 4.—
Weiter nicht erschienen.

Rosenzweig, zur Beschneidungsfrage. Ein Beitrag zur öffentlichen Gesundheitspflege. gr. 8. (8 S.) Schweidnitz 878. Weigmann. n. — 40

Rosenzweig, zur Beschneidungsfrage. Ein Beitrag zur öffentl. Gesundheitspflege. 2. Aufl. gr. 8. (8 S.) Schweidnitz 889. Weigmann. n. — 40

Rosenzweig, A., der politische u. religiöse Charakter des Flavius Josephus. gr. 8. (20 S.) Berlin 889. [Stuhr.] M. Poppelauer. n. — 60

Rosenzweig, A., der politische u. religiöse Charakter d. Flavius Josephus. Populär-wissenschaftl. Vortrag. [Aus: „Populär-wissenschaftl. Monatsblätter".] gr. 8. (20 S.) Berlin 889. (Stuhr's Sort.) n. — 60

— das **Jahrhundert** nach d. babylon. Exile. gr. 8. (XVI, 240 S.) Berlin 885. [Dümmler.] M. Poppelauer. n. 4.—; ermäss. Pr. n. 3.—

— **Jerusalem** u. Caesarea. Ein histor. Essay m. besond. Rücksicht auf die Bedeutg. Caesarea's f. Judenthum u. Christenthum. gr. 8. (31 S.) Berlin 890. Mayer & Müller. n. — 60

Rosenzweig, Adf., das Auge in Bibel u. Talmud. Ein Essay. gr. 8. (36 S.) Berlin 892. Mayer & Müller. n. — 60

— des **Gotteshauses** Bedeutung u. Berechtigg. Weiherede, geh. am 4. IX. 1904 bei der Einweihg. der Gemeindesynagoge in der Rykestraße. (13 S.) gr. 8. Berlin 904. M. Poppelauer. n. — 40

— z. **Einleitung** in die Bücher „Esra u. Nehemia". gr. 8. (54 S.) Berlin 876. [Götz.] M. Poppelauer. n. 1.—

Rosenzweig, Adf., **Geselligkeit** u. Geselligkeits-Freuden in Bibel u. Talmud. E. Beitrag z. Culturgeschichte d. Alterthums. (1. Hälfte.) gr. 8. (52 S.) Berlin 895. M. Poppelauer. n. 1. 50

Rosenzweig, Adf., das Jahrhundert nach dem babylonischen Exile, mit besond. Rücksicht auf die religiöse Entwicklung des Judenthums. gr. 8. (XVI, 240 S.) Berlin 885, Dümmler's Verlag. *

Rosenzweig, Adf., in deinem **Blute** sollst du leben! Predigt u. Gebet beim Trauergottesdienste f. die Opfer der Judenverfolggn. in Rußland am 10. XII. 1905 in der Synagoge Ryke-Straße 53. (8 S.) 8. Berlin 905. L. Lamm. n. — 80

Kleidung und Schmuck im biblischen und talmudischen Schrifttum von Dr. Adolf **Rosenzweig,** Rabbiner. Berlin: M. Poppelauer 1905. (130 S.) 8° [F.] [1.6. 568

Kohelet's Welt- und Lebensanschauung. Predigt geh. am Schemini Azereth 5664 von Dr. Adolf **Rosenzweig,** Berlin. Berlin: Nathanson & Lamm 1903. (12 S.) 8° [F.] [5.3. 3115

Rosenzweig, Adf. Frz., s.: **Jahrbuch,** illustr., des deutschen Volkstheaters in Wien.

Rosenzweig, Arthur: Das Wohnhaus in der Mišnah. Berlin 1907: L. Lamm. (78 S.) 8°
Heidelberg, Phil. Fak., Ref. Bezold, Diss. v. 19. März 1907
[Geb. 27. März 83 Teplitz i. B.; Wohnort: Berlin; Staatsangeh.: Preußen; Vorbildung: Friedrichs-Gymn. Berlin Reife O. 02; Studium: Berlin 6 S.; Rig. 24. Nov. 05.]

Rosenzweig, Curt, s. Rosenzweig, Kurt

Rosenzweig, David: Aus d. Med. Klinik in Jena. Beitrag zur Therapie der Leukämie mit Röntgenstrahlen. Jena 1910: Vopelius. 36 S. 8°
Jena, Med. Diss. v. 20. Aug. 1910, Ref. Stintzing
[Geb. 15. Mai 85 Bialystok; Wohnort: Lodz; Staatsangeh.: Rußland; Vorbildung: Kommerzsch. Zgierz Reife O. 04; Studium: Jena 10 S.; Rig. 4. Juli 10.] [U 11. 3440

Rosenzweig, Dav. [illegible]
Berlin [illegible] (27 S.) 8°
Berlin, Med. Diss. v. [illegible] Aug. [illegible]

Rosenzweig, Elias, a. Rußland: Beiträge zur Kenntnis des feineren Baues der Substantia gelatinosa Rolandi des Rückenmarks. Leipzig: J. A. Barth 1905. (29 S.) 4°(8°) (Aus: Journal f. Psychologie u. Neurologie, 1905.)
Berlin, Med. Fak., Ref. Engelmann, Diss. v. 2. März 1905
[Geb. 13. Mai 78 Voloschin (Rußland); Heimatsort: Vjasma; Staatsangeh.: Rußland; Vorbildung: Gymn. Vjasma Reife Juni 99; Studium: Berlin 4; Bern 1, Heidelberg 1, Berlin 3 S.; Rig. 17. Febr. 05.]

Rosenzweig, H. S., Cholera, ejus natura medendique ratio. 8. (14 S.) Cracoviae 850, Wildt. 3 ngl

Rosenzweig, [illegible]
Berlin [illegible]
Berlin, Med. Diss. v. [illegible] Juli [illegible]

Rosenzweig, J., das Factotum der einfachen und doppelten Mercantil-Buchhaltung. Eine theoretisch-praktische Anleitung zur Führung eines einzigen Buches, welches alle Grund- und wesentlichen Hilfsbücher in sich begreift, eine immer fertige Bilanz ohne nöthigen Abschluß der übrigen Bücher aufgestellt ꝛc. Zu empfehlen als die sicherste Controlle gegen die sämmtlichen Bücher in jedem beliebigen Geschäftsbetriebe en gros oder en detail. Für Handelsschulen sowie zum Selbstunterrichte. Wien 859. Sallmayer & Co. in Comm. gr. 4. (33 S.) n. 20 ngr.

Rosenzweig's, J., allgemeines Original-Adressenbuch [aller Länder der Erde], der gesammten Industrie-, Gewerbe-, Handels-, Export- u. Import-Firmen, aller Kaufleute, Verkehrs-, Versicherungs-, Bank- u. Credit-Institute etc. 4., verb. Aufl. [7., 8. u. 9. Jahrg.] 1. u. 2. Bd. Lex.-8. Wien, (Perles). cart. n.n. 62. —
1. Wien u. Vororte. Das Ausland. (CCII S. u. 1571 Sp., XI S. u. 2310 Sp.) n.n. 30. —
2. Oesterreich-Ungarn u. Nebenländer. (XVI S. u. 3708 Sp.) n.n. 32. —

Rosenzweig's, J., allgemeines Original-Adressenbuch [aller Länder der Erde], der gesammten Industrie-, Gewerbe-, Handels-, Export- und Import-Firmen, aller Kaufleute, Verkehrs-, Versicherungs-, Bank- und Credit-Institute etc. 4. verb. Aufl. 2 Bde. Lex.-8. Wien 882, (Perles.) cart. ** 62 —
Inhalt:
Bd. 1. Wien und Vororte. Das Ausland. (CCII S. und 1581 Sp.; XI S. und 2310 Sp.) **ℳ 30.
Bd. 2. Oesterreich-Ungarn und Nebenländer. (XVI S. und 3706 Sp.) **ℳ 32.
Nicht weiter erschienen.

Rosenzweig, J., Nathan Schlemiel od. orthodoxe u. reformirte Juden. Ein Tendenz-Lustspiel in 3 Acten. gr. 8. (47 S.) Wien 873. Brüder Winter. n. 1. —

Rosenzweig, Ign., neueste mathematische Kunstgriffe zum schnellen Ausziehen einer Kubikwurzel von 2 u. 3 Ziffern wie auch zur kürzesten Lösung unreiner kubischer Gleichungen aus National-Zahlen. Eine neue Methode, die von dem bisher bekannten Verfahren gänzlich abweicht, u. sich blos auf die Eigenschaften der Zahlen basirt. Presburg 854. Krapp in Comm. gr. 8. verklebt n. 8 ngr.

Rosenzweig, Joseph

Rosenzweig, J., Adressbuch der Weinproducenten, Weinhändler, Champagnerfabriken, Weincommissionäre, Hoteliers u. Gastwirthe. 1. u. 2. Bd. gr. 8. Wien, Frick. cart. à n. 10. —
1. Oesterreich-Ungarn u. Deutsches Reich. Zusammengestellt nach officiellen Mittheilgn. der bez. hohen Ministerien, Landwirthschafts-Genossenschaften, Handelskammern, Bürgermeisterämtern, Genossenschaften der Gastwirthe etc. (VI, 385 S.) 883.
2. Frankreich, Schweiz, England u. Dänemark. Zusammengestellt nach officiellen Mittheilgn. der bez. hohen Ministerien, Landwirthschafts-Genossenschaften, Handelskammern, Bürgermeisterämtern, Genossenschaften der Gastwirthe etc. (VI, 253 S.) 884.

Rosenzweig, J. Über die Einwirkung des Glyoxalnatriumbisulfits auf aromatische und aliphatische Aminbasen. In-8°. 34 S. Basel (Georg & Co.). These. 1894

Rosenzweig, Kurt

Rosenzweig, Curt: Aus dem chemischen Institut der Universität Breslau. Synthese zweier am Stickstoff äthylierter Hydropicolylalkine und ihrer Derivate. *Breslau 1898: Dr. R. Galle.* (58 S.) 8°
Breslau, Phil. Diss. v. 1. Aug. 1898

Rosenzweig Leib: Untersuchungen über Karl Ludwig von Knebels „Elegien von Properz".
1905 PN 1908 Diss. Wien. Univ. 161

Rosenzweig, Leon

— der Gouverneur u. and. Geschichten, s.: Universal-Bibliothek, jüdische.

Rosenzweig, L., um e. Königreich u. andere Geschichten. 8. (214 S.) Wiesbaden 893. H. Sadowsky. n. 1. —

Rosenzweig, Leon, dramatische Sprichwörter. Leipzig 864. Lorck. (Fritsch.) 8. (2 Bl., 126 S.) n. 16 ngr.

Rosenzweig, Leon, neue dramatische Sprüchwörter. Leipzig 865. (Theile.) 8. (III, 111 S.) n. 10 ngr.

[J.] Die Urenkelin u. andere Geschichten v. L[eon] **Rosenzweig.** *Leipzig, Erfurt, Zürich: E. Moos 1897.* (4 Bl., 172 S.) 1 Bd 8. [97. 2288

Rosenzweig, Leop., Thatsachen-Scherze, s. a. Bibliothek der Gesammtlitteratur.

Thatsachen-Scherze. (Practical Jokes.) Humorist. Erzählungen aus d. Engl. übers. von Leopold **Rosenzweig.** Halle a.d. S.: O. Hendel [1899]. (120 S.) 8°
= Bibliothek d. Gesamtlitteratur d. In- u. Auslandes. No 1321. 22.

Meinrad Rosenzweigs, Lehrers der mathematischen Wissenschaften — allgemeine Regel der Rechenkunst, oder sogenannte Rechenpractik, worinnen zugleich die nützlichsten Vortheile und Abkürzungen der Welsch- Französisch- Englisch- Indianisch- kaufmännischen und dergleichen Rechnungsarten, nebst verschiedenen Begriffen von andern schönen Wissenschaften enthalten sind. Augsburg, bey Riegers seel. Söhnen, 1 Alph. in 8.
1780

Rosenzweig, Meinrad, († d. 5. Febr. 1780.) allgem. Regel d. Rechnenkunst, worin mit mögl. Deutlichkeit u. Kürze, alle kaufmänn. u. andere Rechnungsarten, besonders die Kettenregel ꝛc. vorgetragen wird. 8. Augsb. 780. 2e A. 785. N. A. 808. Rieger. 14 gr.

Rosenzweig Samuel: Ueber die Ursprünglichkeit der in der Septuaginta fehlenden Bestandteile des Buches Hiob.
II. 1898 PN 1119 Diss. Wien. Univ. 2868

Rosenzweig, Slata (Russland): Statistische Zusammenstellung der in den Jahren 1891—1905 in der Schweiz beobachteten Vergiftungsfälle. 19 S. 8°. [18. XII. 07.]
Bern. Med. Diss. 1907/08.

v. **Rosenzweig**, Vincenz, Auswahl aus den Diwanen des größten mystischen Dichters Persiens Mewlana Dschelaleddin Rumi. Aus d. Persischen mit beigefügtem Original-Texte und erläut. Anmerkk. Imp.-4. Wien 838. Mechitaristen-Congregat.-Buchh. n. 6⅔ ℛ

Rosenzweig, Vinzenz v., Biographische Notizen über Mewlana Abdurrahman Dschami nebst Übersetzungsproben aus seinen Diwanen. Wien 1840. 4°.

Rosenzweig, Wilhelm Wolf

Rosenzweig, Guilelmus Wolfius (*geb. Nicolai in Schles. 21. 10. 1826*): De physiologia sanguinis veterum, comparata cum recentiore. Vratislaviae (1851). (32 S.) 8°
Breslau, Med. Diss. v. 6. [vielmehr 10.] Sept. 1851

Roser, taktische Beispiele aus den Reglements aller Waffen. (VII, 95 S. m. 38 Abbildgn.) kl. 8. Berlin 905 E. S. Mittler & Sohn. n. 1. 40

Roser, E., Die Prüfung der Indikatorfedern. Berlin, 1905.

Roser, E[dmund], Maschineninsp. am Ingenieurlabor. d. Techn. Hochsch. Stuttgart: Untersuchung des Grissongetriebes. Mit 53 Abb. Stuttgart: Bergsträsser 1901. 40 S., 8 Taf. 4°
Stuttgart, Dr.-Ing.-Diss. v. 13. 6. 1901

Roser, Rev. Elias. Gedenkschrift zur Feier des 50 jhr Jubs d Grand Rapids Gmde d Dten Bischöflichen Methodisten-Kirche, Okt 25-26, 1908.

Roser, Frz. Mor., die Anwendung und Erfolge des Wassers als Heilmittel besonders in chronischen Krankheitsformen. Mit klinischer Beleuchtung der bei der Behandlung mit Wasser noch herrschenden Irrthümer und häufig vorkommenden Missbräuche. Nach mehrjährigen Erfahrungen und Beobachtungen. gr. 8. (VII und 128 S.) Prag 858, André. -

—— die Erfolge des Wassers als Heilmittel in acuten Krankheiten, gestützt auf Wissenschaft und Erfahrung. Mit einer Darstellung der üblichen Wasseranwendungsformen. gr. 8. (XX und 175 S.) Prag 859, André. *

Roser, Friedrich Heinrich A. S. 157/8

Collectio actionum earumque divisionem.
Präs. Gottfried Daniel Hoffmann.
Tübingen (Erhard) 1. IX. 1757. 40 S.

W. V.: Präs. 29270

Roser, J., syllabaire français d'après les procédés de la méthodo phonique. 8. (44 S.) Strassburg 887. Heitz. cart. n. — 40

— potit vocabulairo faisant partio du syllabairo français d'après les procédés do la méthodo phonique. 8. (23 S.) Ebd. 887. cart. n. — 40

Roser, Joseph „Der Oberösterreichische Bauernaufstand des Jahres 1626 und die Oberpfalz". pg. 3—30. 8°. H. Böes.
Amberg, Progr. 1904/05

Roser, Karl, Boiträge zur Biologie niederstor Organismen. Mit 1 lith. Taf. gr. 8. (30 S.) Marburg 881. Elwort's Verl. n. 1. —

Roser, Karl [Dr., Assistenzarzt an d. chirurg. Klinik]: Beiträge zur Lehre vom Klumpfusse und vom Plattfusse .... Cassel, gedr. bei Gebr. Gotthelft, 1885; 50 S. 8°.
Marburg, Med. Fak., Hab.-Schr. v. 27. Okt. 1885.

Roser, Karl, Boiträge zur Lehre vom Klumpfusse u. vom Plattfusse. gr. 8. (50 S.) Leipzig 885. G. Thieme. n. 1. 20

— Entzündung u. Heilung. Eine historisch-krit. Studie. gr. 8. (84 S.) Ebend. 886. n. 1. 80

Roser, Karl, zwei Jahre chirurgischer Thätigkeit als dirigierender Arzt d. Landkrankenhauses zu Hanau. gr. 8. (6 S. m. 2 Tab.) Marburg i/H. 890. N. G. Elwert's Verl. n. — 60

—— Zwei Jahre chirurgischer Thätigkeit als dirigierender Arzt des Landkrankenhauses zu Hanau. gr. 8. (6 S. mit 2 Tab.) Marb. i. H. 891, Elwert's Verl. * — 60

Roser, Karl, d. chirurgische Instrumentarium u. d. Verbandszeug d. prakt. Arztes. Als Anh.: Die wichtigsten chirurg. Krankheiten. [Aus: „Ztschr. f. prakt. Aerzte."] gr. 8. (18 S.) Frankfurt a/M. 896. J. Alt. n. — 60

—— Wilhelm Roser. Ein Beitrag zur Geschichte der Chirurgie. gr. 8. (VI, 375 S. m. 1 Bildnis in Photograv.) Wiesb. 892, Bergmann). * 10 —

Roser, Karl [Hrsg.], s., Roser, Wilhelm: Chirurg.-anatom. Vademecum ... 8. Aufl. ff.

— wie behütet man seine Kinder vor tuberkulösen Drüsen- u. Gelenkerkrankungen, vor Diphtherie u. Gliederverkrümmungen? Was kann man gegen die Entstehg. der Blutvergiftg, d. Krebses u. der Unterleibsbrüche thun? Nach e. öffentl. Vortrage. (Rathschläge zur Verhütg. der wichtigsten chirurg. Krankheiten.) 8. (VIII, 57 S.) Wiesbaden 892. J. F. Bergmann. n. 1. —

Roser, Max, Gerichtsassessor in Charlottenburg: Inwieweit ist das Nachlaßgericht beim Tode eines Ausländers zuständig? Borna-Leipzig 1906: R. Noske. (VI, 39 S.) 8° [F.]
Leipzig, Jur. Fak., Diss. v. 3. Febr. 1906
[Geb. 13. Aug. 76 Marburg a. d. Lahn; Wohnort: Charlottenburg; Staatsangeh.: Preußen; Vorbildung: Eberhard-Ludwig-Gymn. Stuttgart Reife Juli 95; Studium: Tübingen 2, Berlin 2, Leipzig 4 S.; Rig. 27. April 01.]

Roser, Philipp: Zur Kenntnis des Pleistocäns im südlichen Schwarzwald. Basel 1899. 21 S. 8°.
Basel. Phil. Diss. 1898/99.

Roser, Wilhelm

Roser, W., sieben Abhandlungen über Fortschritte u. Verirrungen der Kriegschirurgie. [Aus „Berliner klinische Wochenschrift".] Berlin 867. A. Hirschwald. gr. 8. (VI, 34 S.) n. 8 ngr.

Roser, W(ilhelm) (Hrsg.):

s.: Archiv für physiologische Heilkunde.
Jg. 1/1-2, 2/4, 3/1, 4/2-4, 5/1-4, 5/Suppl. 6, 7, 8/2-3,6-8, 12/1-2,4, 13/1-2. Stuttgart, Wien: 1842-54

Jb 6.095

Roser, Wilhelm. Beiträge zur Kenntniss der Terebinsäure. Marburg, 1882.

Roser, W., allgemeine Chirurgie. A. u. d. Ttl.: Handbuch der anatomischen Chirurgie. Allgemeiner Theil. gr. 8. (26¼ B.) Tübingen 845, Laupp'sche Buchh.

Roser, W., ein merkwürdiger Fall von Fistelbildung. (Aus den Schriften der Gesellschaft zur Beförderung der gesammten Naturwissenschaften in Marburg.) Mit 10 Abbildgn. Marburg 858. Elwert. gr. 8. (16 S. u. 6 lith. Taf.) 10 ngr.

—— Handbuch der anatomischen Chirurgie. gr. 8. (37⅞ B.) Tübingen 844, Laupp'sche Buchh.

Roser, W.: Handbuch der anatomischen Chirurgie. Mit Holzschn. 2. umgearb. Aufl. Tübingen 1854. XVIII, 758 S.

— Handbuch der anatomischen Chirurgie. 2., durchaus umgearb. Aufl. Mit vielen Holzschn. (im Text.) Tubingen 855. Laupp. gr. 8. (XVIII, 758 S.) n. 3 ℛ. 15 ngr.

— — 3. durchaus umgearb. Aufl. Mit Holzschn. (im Text.) (In 2 Liefgn.). Tübingen 858. Laupp. 8. (1. Liefg.: S. 1—352.) n. 3 ℛ. 10 ngr.

Roser, W., Handbuch der anatomischen Chirurgie. 3. durchaus umgearb. u. verm. Aufl. Mit vielen eingedr. Holzschn. 2. Liefg. Tübingen 859. Laupp. gr. 8. (XX, S. 353—869.) complet jetzt n. 4 ℛ

—— Handbuch der anatomischen Chirurgie. 4. Aufl. 1863. * 4 Thlr. und 5., umgearb. Aufl. gr. 8. (XX und 932 S. mit eingedr. Holzschn.) Tübingen 867, Laupp'sche Buchh. *

Roser, Wilh., Handbuch der anatomischen Chirurgie. 6. umgearb. Aufl. Mit zahlreichen (eingedr.) Holzschn. 3 Lfgn. gr. 8. (XV, 976 S.) Tübingen 871. Laupp.

Roser, Wilh., Handbuch der anatomischen Chirurgie. 7. umgearb. Aufl. Mit zahlreichen (eingedr.) Holzschn. gr. 8. (XVI, 1016 S.) Tübingen 875. Laupp. n. 15. —

Roser, W., Handbuch der anatomischen Chirurgie. 8. sorgfältig umgearb. Aufl. Mit zahlreichen (eingedr.) Holzschn. 3 Abthlgn. gr. 8. Tübingen 883, Laupp'sche Buchh. [1. und 2. Abthl. (S. 1—481.) à *ℳ 4,40.; 3. Abthl. (XIII, S. 481—826.) *ℳ 7,20.] *

— zur Kriegsverbandlehre. [Aus: „Berliner klin. Wochenschrift."] gr. 8. (27 S.) Berlin 871. Hirschwald. n. — 80

Roser, W., die Lehre vom Hornhaut-Staphylom. Nach dem gegenwärtigen Standpunkt der Wissenschaft zusammengefasst. gr. 4. (IV u. 44 S.) Marburg 852, Elwert. 12 ngr

Roser, Wilhelm [Dr. phil.]: Über Phtalylderivate. Ein Beitrag zur Kenntniss der unter Wasseraustritt stattfindenden Condensationen.... Marburg, Univ.-Buchdr. (R. Friedrich), 1885; 43 S. 8°.
Marburg, Phil. Fak., Hab.-Schr. v. 24. Okt. 1885.

Roser, Wilhelm, über Phtalylderivate. Ein Beitrag zur Kenntniss der unter Wasseraustritt stattfindenden Condensationen. Hab.-Schr. Marburg 1885, N. G. Elwertsche Univ-.Buchh. 8°. 43 S.

Zur Feier des fünfzigjährigen Professor-Jubiläums des Herrn Hermann Nasse ... bringt am 21. März 1887 ihre herzlichen Glückwünsche dar die medicinische Facultät zu Marburg. — Inhalt: Herniologische Streitfragen von Professor W. Roser. Marburg, Univ.-Buchdr. (R. Friedrich), 1887; 2 Bl. + 26 S. 4°.

Roser, Wilh., herniologische Streitfragen. gr. 4. (III, 25 S.) Marburg 887, Elwert's Verlag. *

Roser, W., neue Theorie d. Fisteln u. Brüche. gr. 8. (4½ B.) Stuttgart 840, Krabbe.

Roser. W. D. Ursach. d. Schlottergelenks n. Ellbogenresektion i. Kriege. Stuttg. 1876.

— chirurgisch-anatom. Vademecum f. Studirende u. Aerzte. 8. (XII u. 190 S.) Stuttgart 847, Ebner & Seubert. — 2. verm. Aufl. 8. (XIV u. 226 S. m. eingedr. Holzschnitten.) Ebd. 852. n. 1 ℛ 22 ngr; in Engl. Einb. n. n. 2 ℛ

— chirurgisch-anatomisches Vademecum für Studirende und Ärzte. 3. verm. Aufl. Stuttgart 863. Ebner & Seubert. 8. (XVI, 284 S. m. Holzschn.) n. 1 ℛ 22 ngr

— chirurgisch-anatomisches Vademecum für Studirende u. Aerzte. 4. verb. Aufl. Stuttgart 870. Ebner & Seubert. 8. (XVI. 284 S. mit eingedr. Holzschn.) n. 1 ℛ 22 ngr

— chirurgisch-anatomisches Vademecum f. Studirende u. Aerzte. 5. verb. Aufl. Mit 117 (eingedr.) Holzschn. 8. (XVI, 275 S.) Stuttgart 874. Schickhardt & Ebner. n. 5. 40

— dasselbe. 5. verb. Aufl. Neue Ausg. Mit 117 (eingedr.) Holzschn. 8. (XVI, 275 S.) Leipzig 876. Veit & Co. geb. n. 6. —

Roser, W., chirurgisch-anatomisches Vademecum für Studirende u. Aerzte. 6., verb. u. verm. Aufl. Mit 127 (eingedr.) Holzschn. 8. (X, 266 S.) Leipzig 880. Veit & Co. geb. n. 6. —

— chirurgisch-anatomisches Vademekum f. Studierende u. Aerzte. 7. Aufl. Mit 133 Holzschn. 8. (VIII, 269 S.) Leipzig 886. Veit & Co. geb. n. 6. —

— chirurgisch-anatomisches Vademecum f. Studierende u. Ärzte. 8., umgearb. Aufl., besorgt v. K. Roser. 8. (VIII, 240 S. m. 189 Abbildgn.) Leipzig 890. Veit & Co. geb. n. 6. —

Roser, Wilh., chirurgisch-anatom. Vademecum für Studierende u. Ärzte. 9., sorgfält. umgearb. u. m. d. neuen anatom. Nomenclatur verseh. Aufl., besorgt v. Karl Roser. 8. (VIII, 238 S. m. 145 Abb.) Leipzig 897. Veit & Co. Geb. in Leinw. n. 6. —

Roser, W., wie entstehen die Brüche? Ist e. Unterleibsbruch als Unfall zu betrachten? 8. (24 S.) Marburg 889. Elwert's Verl. n. — 60

Roser W, wie entstehen die Brüche? Ist ein Unterleibsbruch als Unfall zu betrachten? Marburg 1890

Röser, Bern., Berichte über Cholera Morbus, s. Berichte bairischer Aerzte.

Roeser, C. A., Diss. de phantasia morborum causa et medicina. Regiom. 4°.
1703

Röser, C. G., Sammlung v. Muster-Bildern verschied. Zusammenstellungen f. Buchbinder-Arbeiten, mit besond. Rücksicht auf Bücher-Einbände. Auf Stein gravirt. 7 Hfte. gr. Fol. (à 5 Taf. od. Bog.) Nürnberg 833, 34, (Riegel u. Wießner.) à H. 20 Gr., ungetrennt

Röser, C. G., Sammlung von Muster-Bildern verschiedener Zusammenstellungen für Buchbinder-Arbeiten, mit besond. Rücksicht auf Bücher-Einbände. Auf Stein gravirt. 7 Hefte. (à 5 Taf.) gr. Fol. Nürnberg 833—36. (Riegel u. Wießner.) (à n. 5/6 ℛ) Compl. nur 4 ℛ

Röser, Christoph

Röser, Cph., Grundwesen d. thier. Natur; ein reichhaltiger Stoff f. Philosophen, f. Seelen- u. Nervenärzte. 8. Bresl. 805.

Roeser, Ernst, a. Halle a. S.: Die Verfolgungskurve auf der Kugel. Halle a. S.: Quelle, Bremen 1909. 61 S. 8°
Halle, Phil. Diss. v. 27. Nov. 1909, Ref. Gutzmer
[Geb. 8. Nov. 81 Magdeburg; Wohnort: Kalbe a. S.; Staatsangeh.: Preußen; Vorbildung: Oberrealsch. d. Franckeschen Stiftungen Halle Reife O. 03; Studium: Halle 7 S.; Rig. 9. Juni 09.] [U 10. 1791

Roeser, Eugen: Beitrag zur Kenntniss der grauen Degeneration des Rückenmarks. Halle a. S. 1882: Plötz. 45 S., 1 Taf. 8°
Halle-Wittenberg, Med. Diss. v. 21. März 1882
Geb. Bibra bei Naumburg 20. 8. 1858. V.

Roeser, Frid. (geb. Mucheln 23. 8. 1793): De dysenteria. (Berolini 1822.) (32 S.) 8°
Berlin, Med. Diss. v. 20. Nov. 1822

Roeser, Georg Friedrich (Drosenfeld) A. S. 1147/4

Dissertatio inauguralis medica de recidiva morborum. Präs. Michael Alberti.
Halle (Hendel) XII. 1725. 56 S. 29079

Roeser, Georg Hieronymus (Nürnberg) A. S. 1196/22

Dissertatio solennis medica de philtrorum agendi modo et noxis.
Altdorf (Meyer) 13. X. 1701. 48 S.

W. v.: Johann Moritz Hoffmann, Georg Michael Reinhart, Karl Heinrich Schwarze. 29080

Roeser, Hermann, Volontärassistenzarzt am städt. Krankenh. zu Karlsruhe: Aus d. chirurg. Abt. d. städt. Krankenhauses in Karlsruhe. ⟨Prof. Dr. v. Beck.⟩ Ein Beitrag zur Chirurgie der Milz- und Leberverletzungen. *Tübingen 1902: H. Laupp Jr.* (39 S.) 8° ¶ (Aus: Beiträge zur klinischen Chirurgie, Bd 30, H. 1.)
Heidelberg, Med. Diss. v. 1902

Röser, I. Geo., institutiones morales. 12. Rost. 729.

Roeser, Jak., Bayreuth, d. Markgrafen- u. Wagnerstadt. E. kulturhistor. Städtebild. M. 55 Abb. nach Orig.-Aufnahmen. 8. (VIII, 64 S.) Bayreuth 897. (Niehrenheim & Bayerlein.) n. 2. —

Roeser, Jac. v., über einige Krankheiten d. Orients. Beobachtn., gesammelt auf e. Reise nach Griechenland, in d. Türkei, nach Aegypten u. Syrien. gr. 8. (6 B. u. 4 Taf. Abbildn.) Augsburg 837, Schlosser'sche Buchh.

— Tagebuch meiner Reise n. Griechenland, in d. Türkei, n. Aegypten u. Syrien, im J. 1834 u. 35. 1. Aufl. (8 Lfgn.) 836. 2 Thlr., 2. Ausg. 2 Bde. 8. (à 41⅓ B.) Mergentheim 841. [Augsburg, Schlosser'sche Buchh.]

— Tagebuch meiner Reise nach Griechenland, in die Türkei, nach Aegypten und Syrien, im Jahre 1834 bis 1835. 1r Bd. 1e—8e Lfrg. 8. Mergentheim 836, 37. (Augsburg, Schlosser.) 2 ℛ — 2e Ausg. 2 Bde. Mit Kpfr. 8. Ebd. 841, Neue Buch- u. Kunsthandl. 1½ ℛ

Röser, Jac. Nic., Kirmeßpredigten. 4. Leipz. 723.

Röser, Joh., die Lehre der kaufmännischen Buchhaltung. Ein Handbuch für Schüler der Handels-, Bürger- und Gewerbeschulen. 2 Abthlgn. gr. 8. Pest, Kilian. * 4 40

Inhalt:
Abthl. 1. Die einfache Buchführung. 1. Aufl. (64 S.) 1870, und 2. verb. Aufl. (112 S.) 871. *ℳ 1,60.
» 2. Die doppelte Buchführungsart. (205 S.) 870. *ℳ 2,80.

Röser, Joh., die Lehre der kaufmännischen Buchhaltung. Ein Handbuch f. Schüler der Handels-, Bürger- u. Gewerbeschulen. 2 Abthlgn. gr. 8. Budapest 871. Kilian. n. 4. 40
1. Die einfache Buchführung. 2. verb. Aufl. (112 S.) n. 1. 60
2. Die doppelte Buchführungsart. (205 S.) n. 2. 80

Roeser, Carl: In welcher Weise vermag die Jugend durch Thun und Lassen praktisch zum Schutz der Tierwelt beizutragen? E. Mahnwort an d. Jugend u. deren Erzieher. Magdeburg, kgl. Hofbuchdr. v. C. Friese, 1894; 16 S. 4.
Magdeburg, k. Dom-G, OP 1894 (239)

Röser, Karl, der Staat, die Staatsformen, Staatsgewalten ꝛc., das allgemeine Stimmrecht. Washington 867. (New-York, Steiger.) gr. 8. (27 S.) n. 10 ngr

Karl Jakob Roeser

De Epiphora. Regiomonti (1703:) Reusner. 26 S. 8°
Königsberg, Med. Diss. v. 18. Okt. 1703

Röser, Nic., Programm der Handels-, Lehr- u. Erziehungs-Anstalt zu Pest. Pest 856. (Lauffer u. Stolp.) gr. 8. (54 S.) n. 2½ ngr

Rosergiis, Bernardus de, Ambaxiatorum brevilogus, s.: De legatis et legationibus tractatus varii.

Roséri, Margitta

Roséri, M., Erinnerungen e. Künstlerin. Ein Buch üb. die Tanzkunst. 8. (III, 172 S.) Hannover 892. A. Weichelt. n. 2.—

Roséri, Margitta, Katechismus d. Tanzkunst, s. Hesse's, Max, illustr. Katechismen, Nr. 42.

ROSERI, M., Katechismus der Tanzkunst. Theorie. Praxis. Die Geschichte des Tanzes. Die Tänze vergangener Zeiten. Mit Abbldgn. Leipzig 1901. 8°. (1 Mk. 20 Pfg., Origlwd., Th. Ackermann, München, 1913.)

Roserus, P. F., Abhandlg. üb. d. Entstehen, die Ursachen u. die Heilungsart der Hundswut. (Il.) gr. 8. Stettin (795.) 797. Leich. M. 1.—

Roser, P. F., Abh. üb. d. Entstehen, u. Ursache u. d. Behandlungsart der Hundswuth. 2. Aufl. 97 S. Stett. 8°. Tüb. Anz. 1798, p. 160. A. L. Z. 1797, n. 80. Salzb. Zt. 1798, I, 252.
1797

Roserus P. F.: Abhandlung üb. das Entstehen, die Ursachen u. die Heilungsart d. Hundeswuth. 2. verm. u. verb. Aufl. Stettin 1797. 79 S.

Roserus, P. F., über Entsteh., Urs. und Heil. d. Hundswuth. gr. 8. Stettin, Leich. (Fr. Bruder in Leipz.) 798.

Roserus, [P. F.]: Die brandige Lungenentzündung des Rindviehes, ihre Ursachen und Heilung. Stettin 1811. 120 S.

Roserus, Abhandlung üb. Rinderpest ꝛc., s. Hering, K. L., üb. Rinderpest u. d. Tilgung.

Roserus, P. F., über die Rinderpest und deren Tilgung. Nach Grundsätzen des Prof. Sick, dargestellt von Hering. 8. Berlin. 812. Jetzt Reimer.

Rosery, Herm., Predigt am Tage d. allgem. Todesfeier, d. 4. Juli 1816. 8. Münst. 816. Coppenrath. 2 gl

Rosery, H., Rede, zur Gedächtnißfeier uns. verew. Königs Friedrich Wilhelm III. geb. am 19. Juli 1840. 8. (2 B.) Coesfeld 841, [Riese's Verl.]

Rosery, H., Rede am Tage der Jubelfeier Caspar Maximilians, Bischofes von Münster, den 6. Septbr. 1845 gehalten in der Pfarrkirche zu Legden. gr. 8. (1 B.) Münster, Deiters. Thlr.

Roses, les, pour les amateurs de botanique etc. pour les amis de la belle nature. fr. all. VIII Cah. av. pl. enlum. fol. Leipz. Ind. Comt.

Roses, blue, s.: Collection of british authors.

— les, de l'Education ou Variétés utiles et amusantes. 8. Paris. (Sommer, Leipz.) 790.

Roses matinales sur les glaciers des monts slaves, suivies de quelques considérations concernant la nuit qui couvre encore les vallées. Berlin 861. Behr. Lex.-8. (XI, 169 S.) n. 1 ℛ

Roset, Michel. Les Chroniques de Genève. Publiées d'après le manuscrit original et précédées d'une notice biographique par *Henri Fazy*, Directeur des Archives de Genève. Avec un portrait de Michel Roset. In-8°. 459 pages. Genève, Bâle, Georg & Co. 1894. 10 —
*** Tiré à un petit nombre d'exemplaires

Rosette, od. die Liebe im Klosterthale. 8. Quedlinb. 813. Basse. 16 gl

ROSETTE, oder die Liebe im Klosterthale. (Zahmer Roman.) Quedlinb., Basse, 1814. 8° (80 Pfg. Scheible, vor 1885; jetzt höher!)

Rosette, Die schöne, ein Lustspiel in einem Akte, nach Le Grand. Leipz. 1782. V: *Gärtner, Carl Chn.* (JL) (EE) (GGr) (Ky) (BrMm)

Rosette, die schöne, Lstsp. in 1 A. nach le Grand. 8. Leipz. Dyk. 782.

ROSETTEN und Arabesken. Novellen, poetische Gemälde und satyrische Skizzen der jüngeren Serapionsbrüder 2 Bde. Berlin, Bechtold u. Hartje, 1832. 8° (In Berlin Yx 1761.)
Zahm. I VIII, 278 S. u. 1 Bl. Err. II Tit., 1 Bl. Inh. u. 253 S., nebst 1 Bl. Err Erschien auch titulo Spenden aus dem Archive des Sonntags Vereins. Bd. 2—3. Enth. Sachen von Emil Arndt, Wilh. Fischer. Dr. Wilh. Förster, Jul. Hauschteck, Emil Jacobi, Wilh. John, Aug. Kahlert, Karl Kossmaly, Lud. Liber, J. C. Löwe, Friedr Maison, E. A. Mühlbach, Aug. Müller, Freimund Ohnesorgen (d. i. Ludw. Frhr. v Falkenstein). C. W. Saphir, Th. Scheerer, Lud. Schneider, Heinr. Smidt, Siegm. Stern, Dr. Anton Wollheim. —

Rosetten u. Arabesken. Novellen, poetische Gemälde u. satyrische Skizzen der jüngern Serapions-Brüder. 2 Bde. A. u. d. T.: Spenden aus dem Archive des Sonntagsvereins. 2r u. 3r Bd. 8. Berlin 832. jetzt Heymann. 2 ℛ — Vgl. Spenden

Rosetten, Gothische, altdeutscher Baukunst aus der Kirche zu Verberan. Rostock 1833. 2. Aufl. 1836. V: *Severin, Carl Theod.* (Bachmann, Mecklenburg. Güstrow 1889. S. 401)

Rosetti, Laura,. Schsp. in 3 A. v. d'Arien. 8.
Leipz.: Dyk 1777.

Rosetti, A. C., Knospen. (Gedichte). gr. 12. Wien 823. (v Mösle). 18 gr. Velinp. 1 ß

Rosetti, (A. C.) Knospen. (Gedichte.) gr. 12. Wien 823, (Kummer in Leipz.)

Rosetti, Dom., Nobile de Seander

Rosetti, D. v., J. Winkelmann's, letzte Lebenswoche, ein Beytrag zu dessen Biographie. Mit Vorwort v. Böttiger. gr. 8. Dresden, Walther. 818.

Rosetti, Dom., Nobile de Seander, Meditazione storico analitico sulle franchigie della città e portofrancodi Trieste. gr. 8. Venezia 815. Boerner in Triest. 1¼ ß

— Petrarca, Giulio Celso e Boccaccio, illustrazione bibliologica delle vite degli nomini illustri del primo di Cajo Giulio Cesare attribuita al secondo, e del Petrarca scritta dal terzo. gr. 8 Trieste 828. Boerner. 1½ ß

— dello scibile e del suo insegnamento, quattro discorsi e due sogni. 8. Venezia 832. Boerner in Triest 2 ß

— il Sepolcro di Winkelmann in Trieste. Mit Abbild. gr. 4. (Trieste 823. Boerner.) 6⅓ ß

Rosevalle, E., s.: Jchenhaeuser, Eliza.

Rosey, s. Durosey.

Rosgen u. Colas. Operette, a. d. Franz. 8. Frankf. Andreä. 772.

— — dasselbe. 8. Mannheim, Schwan. 780.

Roesgen, Emma, poetische Versuche. 8. (III, 184 S.) Wien 878. Braumüller in Comm. n. 3. —

Roesger, Osk., Oberlausitzer Alterthums-Museum zu Bautzen. Leipzig 865. (H. Vogel.) gr. 8. (8 S.) 1½ ngr

Roesger, Osk., Oberlausitzer Alterthums-Museum zu Bautzen. gr. 8. (8 S.) Leipzig 865, (R. Weigel.)

Roesger, P., zur fötalen Entwicklung des menschlichen Uterus, insbesondere seiner Muskulatur. [Aus: „Festschrift f. die Gesellsch. f. Geburtshilfe u. Gynäkol."] gr. 8. (44 S. m. 2 Holzschn. u. 2 farb. Taf.) Wien 894. A. Hölder. n. 3. —

Roshardt, P. Aurelian, O. M. Cap. aus Rapperswil (Kt. St. Gallen): Ueber die Beteiligung lebender Zellen am Saftsteigen bei Pflanzen von niedrigem Wuchs. Dresden 1909. 119 S. 8°.
Freiburg i. Schw. Math.-naturw. Diss. 1909/10.

Roshardt, P Aurelian. Über die Beteiligung lebender Zellen am Saftsteigen bei Pflanzen von niedrigem Wuchs. Diss. Math.-Naturw. Freiburg i. d. Schweiz. (Mit 2 Abbildungen im Text.) 119 S. 8. Dresden, C. Heinrich, 1909.

ROSIC, Valentin: **Ansiedlungsverhältnisse des Königreiches Dalmatien nach der geologischen Beschaffenheit des Untergrundes, nach der Höhenlage und der Entfernung vom Meere.** — 1907. 191 Bl., 5 Tab., 3 Taf. Diss. Graz, Univ.

Rosich, A., Compendium totius orbis Geographicum secundum provinciarum divisionem. II Tom. 8. Wien 825. (Gerold).

Roesicke-Görsdorf, Rede üb. das Börsenreformgesetz, s.: Arnim-Mellonau, Graf.

Roesicke, Adolf: Ueber Disulfide mit benachbarten Doppelbindungen. Berlin 1908: Ebering. 37 S. 8°
Freiburg i. B., Phil. Diss. v. 1909, Ref. Gattermann
[Geb. 15. Apr. 81 Berlin; Wohnort: Berlin; Staatsangeh.: Preußen; Vorbildung: Gymn. Potsdam Reife M. 00; Studium: Zürich 1, Kiel 1, Breslau 1, Freiburg i. B. 1, Berlin Landw. Hochsch. 2, Univ. 3, Freiburg i. B. 5 S.; Rig. 23. Jan. 09.] [U 09. 1041

Roesicke, Rich., Arbeiterschutz. Eine Antwort auf Wilh. Oechelhäuser's „die Arbeiterfrage" und die „sozialen Aufgaben der Arbeitgeber". gr. 8. (VII, 104 S.) Dessau 887, Art'l. *

Roesicke, Rich., Rückblick auf d. Verhandlungen d. Reichstages betr. die Erhöhung der Brausteuer am 10. u. 11. Jan. 1893. gr. 8. (44 u. 20 S.) Dessau 893. H. S. Art'ls Verl. n. — 75

Rosicki, Johann And[reas] Mart[in], aus Lodz, Polen: Ueber Oxypropylbenzoësäure und einige Derivate derselben. Chur Casanova Dr. 1878. 43 S. 8°.
Zürich. Phil. Diss. [v. 24. Jan. 1879].

Rosicki, Stanislaus, aus Kalisch (Königreich Polen): Ueber einige Stilbenderivate. Bern 1906. 36 S. 8°. [31. V. 06.]
Bern. Phil. Diss. 1906/1907.

Rosicki, Stanislaus. Ueber einige Stilbenderivate. Diss. Phil. Bern. 36 S. 8. Bern, W. Wälchli, 1906.

Rosický, F. V., die Myriopoden Böhmens, s.: Archiv f. die naturwissenschaftliche Landesdurchforschung v. Böhmen.

Rosický, F. V., und Rosický, Josef, Rostlinopis pro ústavy ku vzdělání učitelu. Mit 362 Abbildungen. Prag und Wien 1894. F. Tempsky. (Min.-Erl. v. 11. Juli 1894, Z. 14041) 2 K 50 h

Rosický, W., neue Beobachtungen über Geissler'sche Röhren. [Aus: „Sitzungsber. d. k. Akad. d. Wiss."] Lex.-8. (9 S.) Wien 876. (Gerold's Sohn.) n. — 20

Rosický, W., üb. die Beugungserscheinungen im Spectrum. [Mit 3 (eingedr.) Holzschn.] [Aus: „Sitzungsber d. k. Akad. d. Wiss."] Lex.-8. (6 S.) Wien 875. (Gerold's Sohn.) — 15

— über die optischen Eigenschaften des Russes. [Mit 2 (eingedr.) Holzschn.] [Aus: „Sitzungsber. d. k. Akad. d. Wiss."] Lex.-8. (16 S.) Ebend. 878. n.n. — 30

— über e. neue Form der Fresnel-Arago'schen Interferenzversuche m. polarisirtem Licht, s.: Mach, E.

— über mechanisch-akustische Wirkungen d. electrischen Funkens. [Mit 1 (lith.) Taf. u. 6 (eingedr.) Holzschn.] [Aus: „Sitzungsber. d. k. Akad. d. Wiss."] Lex.-8. (22 S.) Wien 876. (Gerold's Sohn) n. — 60

Rosicky, Wenzel Die nordamerikanischen Tornados. 8 (S. 3—28).
Progr. Deutsch. Staats-G. *Prag-Altstadt* 1889.

Rosier, a trente ans, ou une femme raisonnable, s. Répertoire du Théâtre fr. 183.

Rosier, Croque-Poule, siehe: Répertoire du théâtre Français, Nr. 381.

Rosier, der Corporal, s. Theater, das, des Auslandes.

Rosier, il naturalista, s. Emporeo drammatico.

— le pouvoir d'une femme, siehe: Théâtre Français publié par C. Schütz. Série IX, 7. livr.

Rosier, ..., le protégé, s. Répertoire du théâtre franç.

Rosier, William

Rosier, W., Carte de Madagascar d'après les travaux de A. Grandidier. 1 : 5,000,000. Chromolithogr. Fol. Genève 884. (Basel, Georg.) * — 60

Rosier, W., voir: *Dussaud, B.*

Rosier, W[illiam]. L'enseignement de la géographie dans les gymnases et la place de cette science dans le programme des examens de maturité. Rapport présenté ... à l'assemblée de l'Association des Sociétés suisses de géographie, le ..2 Septembre 1893, à Berne. SA. 8. [Bern 1894.]

Rosière, la, de Salenci. Comédie p. Favart. 8. Erlangen. (Brenning.) 770.

Rösiger, Alban, Neu-Hengstett, [Burset], Geschichte u. Sprache e. Waldenser Colonie in Württemberg. gr. 8. (77 S.) Greifswald 883. Abel. n. 1. 50

Rösiger, (Aug.) Ferdinand

Rösiger, Ferd. Die Bedeutung der Τύχη bei den späteren griech. Historikern besonders bei Demetrios von Phaleron. 24 S. **Progr.** *Konstanz* 1880.

Roesiger, Aug. Ferd., de Duride Samio Diodori Siculi et Plutarchi auctore. Dissertatio inauguralis. gr. 8. (64 S.) Göttingen 874. A. Rente. n. 1. 20

Badens edlem Fürstenpaare z. goldenen Hochzeit. 50 Jahre in Liebe und Treue, in Arbeit und Sorge für Staat und Reich. Gewidmet v. Verleger Verf. Prof Dr. phil. [Ferdinand] **Rösiger**, Heidelberg. Neurode: E. Rose [1906]. (166 S.) 8° [07. 2630

Geschichte Griechenlands von Prof. Dr. F[erdinand] **Rösiger**. Mit 15 Ill. Berlin, Leipzig: H. Hillger [1907]. (84 S.) 8° [F.]
— **Volksbücher**, Hillgers illustrierte. Bd 83. [07. 16130

Rösiger, Ferd., Geschichte Griechenlands, s.A. Hillger's, Herm., illustr. Volksbücher.

Rösiger, Ferd., u. O. E. Schmidt, illustr. Geschichte des Altertums, s: Spamer's illustr. Weltgeschichte.

Rösiger, Ferd., Lehrbuch der Geschichte, s.: Neubauer, Frdr.

Rösiger, Ferdinand: Über Klopstocks Naturbetrachtung. Leipzig, Druck v. B. G. Teubner, 1894; 28—34 S. 4.
Heidelberg, grossh. G, Festschr. 1894 (607)

Rösiger, Ferdinand Über Klopstocks Naturbetrachtung. 4 (S. 28—34).
In: Festschrift z. Einweihung des neuen Gebäudes Grofsh. **Progr.** G. *Heidelberg* 1894 (zu 607).

Rösiger, Ferdinand: Rede bei der Vorfeier des siebzigsten Geburtstages Sr. Kgl. Hoheit des Grofsherzogs von Baden in der Turnhalle des Heidelberger Gymnasiums. 4 (S. 5—17).
Festschrift z. d. 350jähr. Jubelfeier Grofsh. G. *Heidelberg* 1896
Nicht im Tauschverkehr.
Progr.

Friedrich Schiller. Gedächtnisrede bei d. städt. Feier d. 100jähr. Wiederkehr s. Todestages in d. Stadthalle zu Heidelberg geh. von Dr. Ferdinand **Rösiger**. Heidelberg C. Winter 1905. (42 S.) 8° [F.] [05. 9089

Rösiger, Ferd., s.: Spamer's illustr. Weltgeschichte.

Roesiger, Johann Gottlieb (Pfeife) A. S. 562/45

De quaestione: an pater ad successionem filii post proclamationem e suggestu publicam, nati, ante copulam sacerdotalem autem mortui, sit admittendus ? Präs. Abraham Kästner.
Leipzig (Trog) 8. IV. 1739. 12 S. 29088

Rösiger, Rudolf, Medizinalprakt. a. d. Leipziger Univ.-Kinderklinik: Aus d. Univ.-Kinderklinik u. Poliklinik zu Leipzig. (Dir. Soltmann.) Ueber Diphtherie des Magens im Kindesalter. Leipzig 1900: Georgi. 28 S. 8°
Leipzig, Med. Diss. v. 8. Mai 1909, Ref. Hoffmann
[Geb. 8. Mai 84 Freyburg a. U., Wohnort: Leipzig; Staatsangeh.: Preußen; Vorbildung: Landessch. Pforta Reife O. 03; Studium: Tübingen 3, Leipzig 3, Göttingen 2, Leipzig 4 S.; Coll. 10 Mai 09.] [U 09. 2853

Rosignoli, Carlo Gregorio

— Betrachtungen a. d. vornehmsten Festtage d. Jahrs. 8. Augsburg: Wolf 1740.

Rosignoli, Carlo Gregorio. Guldener Denck-Ring. Das ist: Merckwürdige Begebenheiten ... der ... Exercitien des Heil. Ignatii ... übersetzet ... Augspurg u. Dillingen 1737. Ü: *Emanuel de S. Maximiliano.* (Jes)

— goldner Denkring. 8. Augsb.: Wolf 1737.

Rosignoli, C. G., Erbarmet euch der armen Seelen im Fegfeuer! Wunderbare Ereignisse aus dem Jenseits. Frei nach dem Italien. und Französ. bearb. gr. 16. (375 S.) Paderborn 878, Bonifacius-Druckerei. 1 50

Rosignoli, C. G., Erbarmet euch der armen Seelen im Fegfeuer! Wunderbare Ereignisse aus dem Jenseits. Frei nach dem Italien. und Französ. bearb. 2. und 3. verb. Aufl. 12. (411 S. mit 1 Stahlst.) Paderborn 879,81, Bonifacius-Druckerei.

Rosignoli, C. G., erbarmet euch der armen Seelen im Fegfeuer. Wunderbare Ereignisse aus dem Jenseits. Frei nach dem Italienischen u. Französischen bearb. 4., verb. Aufl. 12. (408 S. m. 1 Stahlst.) Paderborn 882. Bonifaciusdr. 1. 80; 5. Aufl. Ausg. in grobem Druck. (711 S. m. 1 Stahlst.) 883. 2. —

—— dass. — 4. verb. Aufl. 12. (408 S. mit 1 Stahlst.) Ebendas. 883.

Rosignoli, C. G., erbarmet euch der armen Seelen im Fegfeuer! Wunderbare Ereignisse aus dem Jenseits. Frei nach dem Ital. u. Franz. bearb. 6., verb. Aufl. 12. (440 S. m. 1 Stahlst.) Paderborn 886. Bonifacius-Druckerei. 1. 50

— drey größte Feinde d. Jugend durch heils. Lehren bestritt. 12. Regensb. Montag. 749.

— höchste Gefahr ohne Gefahr. 8. Augsb. Wolf. 751.

— ewige Grundwahrheiten. 8. Ebend. 723.

Rosignoli, Carol., Verehrung der Monat-Heiligen. Innsbruck 860. (F. Rauch.) 24. (48 S.) 4½ ngr.

— auserles. Waffen wid. d. 7 Todsünden. 8. Ebend. 736.

Rossignoli, C. Greg., über die Wahl eines Lebensstandes. Nach der neuesten französ. Uebersetzung deutsch bearb. von einem Laien. 16. (168 S.) Münster 857, Aschendorff'sche Buchh. Thlr

—— dass. — 2. Thl. 16. (185 S.) Ebendas. 858. *

ROSIGNOLI, Carol. Greg., s. J — Treuliche Wahrnung (!) u. krafftige Mittel wider drey sehr grosse Gefahren der Unschuld u. Frombkeit, nemblich wider das unkeusche Reden, wider verführerische Gesellen, u. wider das unmäßige Spielen. Erstlich in Welscher Sprach hervor gegeben von R. P. *Carolo Gregorio Rosignolio*, s. J., nachgehends in die Lateinische, u. endlichen in die Teutsche Sprach übersetzet, von einem Priester eben gemeldter Gesellschafft. C. facultate Superiorum & privilegio. Ingolstatt, in Verlegung Joh. Andr. de la Haye, Academischen Buchhändlers. 1730. 8⁰. (3 Mk. 50 Pfg Friedr Klüber, München, 1905.)
181 S. (incl. Tit. u. 1 Bl. Imprimatur, dat. Dilingae 1. Apr. 1730). — Selten!

Rosignoli, Karl Greg., Wunderwerke Gottes in seinen Heiligen, in 300 Historien vorgest. 3 Thle. 8. Augsb. 773. Wolff. 2 ∕∕

— **Wunderwerke Gottes** in s. Heiligen. 3 Thle. 8. Ebendaselbst. 774.

Rosignoli, K. Greg., Wunderw. Gottes im heil. Sakram. des Altars. 8. Augsb. Wolff. 748.

— Wunderwerke Gottes in d. Seelen d. Fegefeuers. 2 Thle. 8. Augsb. 773 Wolff. 14 ∕∕

Rosikat, K[arl] A(ug[ust]): **Kants Kritik der reinen Vernunft und seine Stellung zur Poesie.** *Königsberg i. Pr. (1901): Hartung.* (56 S.) 8°
Königsberg i. Pr., Altstädt. G, OP 1901 (8)

Rosikat, K. A., Kants Kritik der reinen Vernunft u. seine Stellung zur Poesie. gr. 8. (56 S.) Königsberg 901. (W. Koch.) n. 1. 20

Rosikat, August: Über das Wesen der Schicksalstragödie. (Umschl.-Tit.: . . . I. Tl.) Königsberg, Hartungsche Buchdr., 1891; S. 3–26; 4°
Königsberg i. Pr., st. RG, OP 1891 (20)

Rosikat, *Karl* **August: Über das Wesen der Schicksalstragödie. Tl 2. (Forts. d. P-Beil. 1891.) Königsberg, Hartungsche Buchdr., 1892; 3–31 S. 4.**
Königsberg i. Pr., st. RG, OP 1892 (19)

Rosimunda, Königinn der Langobarden. Historisches Trauerspiel in fünf Acten 1840. O. O. V: *Ed, Christoph Marquard.* (schr) (A)

Die Gestaltung der Geldverhältnisse in Deutschland unter besond. Berücks. d. Geldkrisis d. Jahres 1907. Vortrag, geh. in Elbing 1908 von Dr. iur Arthur **Rosin**. Danzig: Verb. Ostd. Industrieller 1908. (18 S.) 8° [F. u. Ant.] (08. 17686 10

Rosin, Arthur, Referendar aus Berlin: **Das Recht der Untermiete nach gemeinem Recht und dem Bürgerlichen Gesetzbuch für das deutsche Reich.** *Berlin 1901: Lewent.* **(84 S.) 8°**
Greifswald, Jur. Diss. v. [8. Juni] 1901

Rosin, David (Hrsg.), s. Abraham Ibn Ezra · Reime u. Gedichte.

Rosin, David: • De Agamemnone Homerico. 62 S. 4° (2°)
Halle-Wittenberg, Phil. Diss. v 17. Dez. 1851
Geb. Rosenberg (Oberschles.) [27 5.] 1823. V.

Rosin, Dav., die Ethik des Maimonides. Lex.-8. (150 S.) Breslau 876, Koebner. * 2 70

Rosin, Dav., s. Compendium der jüdischen Gesetzeskunde aus dem 14. Jahrh. besprochen. br. 8. (IV, 137 S.) Breslau 871. Hepner's Verl. n. 3. —

Rosin, Dav., R. Samuel B. Mëir [רשב"ם] als Schrifterklärer. Lex.-8. (IV, 158 S.) Breslau 880. Koebner. n. 4. —

— der Pentateuch-Commentar des R. Samuel ben Mëir, nach Handschriften u. Druckwerken berichtigt u. mit kritischen, erklärenden, vergleichenden u. den Nachweis der Stellen enthaltenden Anmerkungen hrsg. gr. 8. (XLIII, 232 S.) Breslau 881. Schottländer. n. 4. —; geb. n. 5. —

Rosin, Fr., über die Nothwendigkeit der obligatorischen Einführung des Turnunterrichts an Mädchenschulen. Ein Mahnwort an Schule, Haus u. Behörden. gr. 8. (16 S.) Potsdam 880. Rentel's Verl. — 30

Rosin, Heinrich (Hrsg.), s. Abhandlungen, Freiburger, a.d. Gebiet d. öffentlichen Rechts.

Rosin, H., d. Begriff d. Betriebsunfalls als Grundlage d. Entschädigungsanspruchs nach den Reichsgesetzen üb. die Unfallversicherung. [Aus: „Archiv f. öffentl. Recht".] gr. 8. (74 S.) Freiburg i/Br. 888. J. C. B. Mohr. n. 3. —

Rosin, Heinr., der Begriff der Polizei u. der Umfang des polizeilichen Verfügungs- u. Verordnungsrechts in Preußen. [Aus: „Verwaltungsarchiv".] gr. 8. (III, 117 S.) Berlin 895. C. Heymanns Verl. n. 2. 40

Rosin, Heinr., der Begriff der Schwertmagen in den Rechtsbüchern u. verwandten Quellen des deutschen Mittelalters. gr. 8. (VII, 136 S.) Breslau 877. Koebner. n. 3. 60

Rosin, [Heinrich]: **(Bericht über das Studienjahr 1897/98.) (u.) Kries, [Johannes] von: [Über die Physiologie der Sinnesorgane.]** *Freiburg i. B. 1898: Ch. Lehmann's Nachf.* (64 S.) 4°
Freiburg i. B., Reden bei Übergabe d. Prorektorats am 7. Mai 1898

(Rosin, [Heinrich]): Die wichtigsten Bestimmungen über die Verfassung und Verwaltung der Universität Freiburg. Für d. Gebr. d. Universitätslehrer zsgest. Freiburg i.B. 1898. (V, 59 S.) 8⁰

Rosin, Henricus *(geb. Breslau 14. 9 1855)* Commentatio ad titulum legis Salicae LIX „de alodis" Vratislaviae (1875). (42 S.) 8° *(Erweiterter Teil einer Breslauer Preisschrift.) [Im Buchhandel 1875 bei Koebner in Breslau]*
Breslau, Jur. Diss. v 2. Juni 1875

— Commentatio ad titulum legis salicae lix „de alodis". Dissertatio inauguralis juridica. gr. 8. (42 S.) (Ebendas.) 876. * 1 —

Rosin, Heinr., s.: Encyklopädie der mikroskopischen Technik.

Rosin, Heinrich Die Formvorschriften für die Veräusserungsgeschäfte der Frauen nach langobardischem Recht. Abschn. 1 Kritische Untersuchung. Breslau: W Koebner 1880. (40 S.) 8° *(Vollst. ebenda 1880 als H. 8 der Untersuchungen zur deutschen Staats- und Rechtsgeschichte hrsg. v O. Gierke.)*
Breslau, Jur. Fak., Hab.-Schr. v. 16. März 1880

— die Formvorschriften für die Veräusserungsgeschäfte der Frauen nach langobardischem Recht, s. a. Untersuchungen zur deutschen Staats- u. Rechtsgeschichte.

Rosin, Heinrich: **Grundzüge einer allgemeinen Staatslehre nach den politischen Reden und Schriftstücken des Fürsten Bismarck.** *Freiburg 1897: Ch. Lehmann's Nachf.* (VIII, 100 S.) 4° [F.]
Freiburg i. B, Progr. z. Geburtstage d. Grossherzogs 1897

Rosin, Heinr., Grundzüge e. allgem. Staatslehre nach den polit. Reden u. Schriftstücken d. Fürsten Bismarck [Aus: „Annalen des Deutschen Reichs".] gr. 8. (46 S.) München 898. G. Hirth. n. 1. —

— Grundzüge e. allgem. Staatslehre nach d. polit. Reden u. Schriftstücken d. Fürsten Bismarck. gr. 8. (46 S.) München 898. [Hirth.] J. Schweitzer Sort. n. 1. —

— s.: Handbibliothek badischer Gesetze.

Rosin, Heinrich [prakt. Arzt aus Breslau]: Über das idiopathische multiple pigmentlose Hautsarkom .... Breslau, Druck v. Th. Schatzky, 1887; 30 S. 8°
Freiburg i. B., Med. Fak., Inaug.-Diss. v. 1887

Herz, Blutgefäße und Blut und deren Erkrankungen. Von Privatd. Dr Heinrich **Rosin**, Univ.Prof. Mit 18 Abb. Leipzig: Teubner 1910. 111 S. 8°
(Aus Natur u. Geisteswelt. Bdch. 312.) [10. 11342

— Herz, Blutgefäße u. Blut u. deren Erkrankungen, s. a. Aus Natur u. Geisteswelt.

— Minoritätenvertretung u. Proportionalwahlen. Ein Ueberblick üb. deren Systeme, Verbreitg., Begründg. gr. 8. (54 S.) Berlin 892. J. Guttentag. n. 1. —

— das allgemeine Polizeistrafrecht, in seinen Grundzügen dargestellt. [Aus: „Stengel's Wörterbuch d. deutschen Verwaltungsrechts".] 12. (54 S.) Freiburg i/Br. 890. J. C. B. Mohr. n. — 80

— das Polizeiverordnungsrecht in Preußen. Verwaltungsrechtlich entwickelt u. dargestellt. gr. 8. (VIII, 202 S.) Breslau 882. Koebner. n. 4. 50

— das Polizeiverordnungsrecht in Preußen. Verwaltungsrechtl. entwickelt u. dargest. 2., neubearb. Aufl. gr. 8. (X, 320 S.) Berlin 895. J. Guttentag. n. 8. —; geb. in Leinw. n. 9. —

— das Recht der Arbeiterversicherung. Für Theorie u. Praxis systematisch dargestellt. 1. Bd. Die reichsrechtl. Grundlagen der Arbeiterversicherg. 1. u. 2. Abth. gr. 8. Berlin 890. Guttentag. n. 9. 50
1. Abthlg. (VI, 254 S.) n. 4. 50. — 2. Abthlg. (IV u. S. 255—482.) n. 5. —.

— das Recht der Arbeiterversicherung. Für Theorie u. Praxis systematisch dargestellt. 1. Bd. Die reichsrechtl. Grundlagen der Arbeiterversicherg. 3. Abth. gr. 8. (XIV u. S. 483—837.) Ebd. 893. n. 9. — (1. Bd. kplt.: n. 18. 50; geb. n.n. 20. —)

Rosin, H., Das Recht der Arbeiterversicherung. Für Theorie u. Praxis systematisch dargestellt. 2. Bd. Das Recht der Invaliden- u. Altersversicherg. (XIV, 1151 S.) gr. 8. Berlin '05, J. Guttentag. 25. —; geb. in Halbfrz. 27. —

Rosin, Heinr., das Recht der öffentlichen Genossenschaft. Eine verwaltungsrechtl. Monographie. Zugleich e. Beitrag zur allgemeinen Lehre v. der Körperschaft. gr. 8. (XII, 210 S.) Freiburg i/Br. 886. Mohr n. 4. 80

Das Recht der Invaliden- und Altersversicherung. Für Theorie u. Praxis systemat. dargest. von Dr. **Heinrich Rosin**, Prof., Freiburg i. B. *Berlin: J. Guttentag 1905.* (XIV, 1151 S.) 8° [F.]
— **Rosin**: Das Recht d. Arbeiterversicherung. Bd 2. [04. 13521

— Die Rechtsnatur der Arbeiterversicherung, s.: Abhandlungen, staatsrechtl., Festgabe f. Paul Laband.

Physikalische Therapie der Anämie und Chlorose. Basedowsche Krankheit. Bearb. von Prof. Dr. H[einrich] **Rosin**, Berlin. Stuttgart: F. Enke 1906. (26 S.) 8°
— **Therapie**, Physikalische, in Einzeldarstellungen. H. 15. [07. 5991

Reden gehalten ... bei der öffentlichen Feier der Uebergabe des Prorectorats ... v. d. abtretenden Prorector Prof. Dr. *Cornel* Krieg (Bericht über das Studienjahr 1896/97) u. d. antretenden Prorector Prof. Dr. *Heinrich* Rosin (Umschau und Vorschau auf dem Gebiete der Arbeiterversicherung). Freiburg i. B., Univ.-Buchdr. v. Ch. Lehmann's Nachf., 1897; 69 S. 4.

— Umschau u. Vorschau auf d. Gebiete der Arbeiterversicherung. Rede, geh. bei Uebernahme d. Prorektorats an d. Universität Freiburg i/Br. am 5. V. 1897. [Aus: „Verwaltungsarchiv".] gr. 8. (III, 26 S.) Berlin 898. C. Heymann's Verl. n. — 60

—— badische Verfassungsgesetze, s. Handbibliothek badischer Gesetze.

Rosin, Hermann

Rosin, Herm., Geschichte d. preußischen Unterrichtsgesetzes, s.: Clausnitzer, L.

Rosin, H., Friedrich Harkort, der Tribun der preußischen Volksschule. Mit besond. Berücksicht. seiner schulpolit. Schriften u. Reden verf. 8. (IV, 152 S. m. Bildnis u. Fksm.) Dortmund 893. F. W. Ruhfus. n. 1. —; geb in Leinw. n. 1. 25

Rosin, Herm., s.: Jahrbuch, pädagogisches.

— der Trakehner Prozess. Ein Stück Leidensgeschichte der Volksschule aus dem Ende des XIX. Jahrh. Ausführlicher Bericht üb. die Gerichtsverhandlungen vom 17.—24. X. 1902 sowie üb. deren parlamentar. Vorgeschichte. gr. 8. (61 S.) Berlin 902. Gerdes & Hödel. n. — 50

Der Trakehner Prozeß. Ein Stück Leidensgeschichte d. Volksschule aus d. Ende d. 19. Jhs. Ausführl. Bericht über d. Gerichtsverhandlungen v. 17.—24. Okt. 1902, sowie über deren parlament. Vorgeschichte. Von H[ermann] **Rosin**. 2. Aufl. *Berlin: Gerdes & Hödel [1903].* (63 S.) 8° [04. 784

— der Trakehner Prozess. Ein Stück Leidensgeschichte der Volksschule aus dem Ende des XIX. Jahrh. Ausführlicher Bericht üb. die Gerichtsverhandlgn. vom 17.—24. X. 1902 sowie üb. deren parlamentar. Vorgeschichte. 4. Aufl. 9.—11. Taus. (64 S.) gr. 8. Berlin 903. Gerdes & Hödel. n. — 50

Diesterwegs parlamentarische Thätigkeit und sein Einfluss auf die Schulgesetzgebung. Von H[ermann] **Rosin**, Lehrer in Berlin. *Berlin: Gerdes & Hödel [1902]* (31 S.) 8°
— **Bausteine**, Pädagogische. H. 14. [03. 2173

Rosine, die kleine, u. Eduard Woodcock. 2 wahre Geschichten f. Kinder. 16. (1 1/8 B. u. 1 Stnt.) Straßburg 846, Levrault'sche Buchh.

Rosing M, 64 Wandtafeln für den Handarbeitsunterricht in Mädchenschulen. I: Das Stricken. qufol Leipzig

Rösing, Johns. Sein Leben u. Wirken in der Heimath u. Fremde. gr. 8. (1 B.) Bremen 843, Kaiser.

Rösing, Johannes, vor Gericht. 2. Aufl. Bremen 1848. V: *Lüders, Wilhelm.* (Ky)

Rösing, Johannes, vor Gericht (von W. Lüders). 2. Aufl. gr. 8. (16 S.) Bremen 848, Kaiser. 3 ngr

Rosing: Bericht über die Weltausstellung in Chicago. Mit Anlage. Berlin 1893

Rösing, Bernhard [aus Wiesbaden]: Die elektrolytische Entzinkung des Reichschaumes. Nebst einem Anhange über die Elektricitätsleitung in geschmolzenen Legirungen .... Leipzig, Druck v. A. Th. Engelhardt, 1886; 2 Bl. + 12 S. 8°.
Jena, Phil. Fak., Inaug.-Diss. v. 1886.

Rösing, Bernhard, die elektrolytische Entzinkung des Reichschaumes. Nebst einem Anhange über die Elektricitätsleitung in geschmolzenen Legirungen. Diss. Jena 1886, G. Neuenhahn. 8°. 12 S.

Rösing, Ernst [aus Hamburg, app. Arzt]: Untersuchungen über die Oxydation von Eiweiss in Gegenwart von Schwefel ... Rostock, Univ.-Buchdr. v. Adler's Erben, 1891; 32 S. 8.
Rostock, Med. Fak., Inaug.-Diss. v. [1. Aug.] 1891

Rösing, Georg, a. Beuel: Über acidylierte Anilinosulfosäuren und deren Umwandlungsprodukte. ⟨Ein Beitrag zur Theorie des Färbens.⟩ Bonn 1906: C. Georgi. (81 S.) 8°
Bonn, Phil. Fak., Ref. Anschütz, Diss. v. 27. Juni 1906
[Geb. 28. Jan. 78 Beuel; Wohnort: Beuel; Staatsangeh.: Preußen; Vorbildung: Oberrealsch. Bonn Reife O. 98; Studium: Bonn 14 S.; Rig. 13. Dez. 05.]

Rösing, Gerhard (Wehnen) A. S. 196/24
Dissertatio juridica inauguralis de juramento compensationem non excludente.
Präs. Jakob Friedrich Ludovici.
Halle (Grunert) 1717. 38 S.

W. v.: Präs. 29089

Rösing, Johannes. Das Criminalgericht in Bremen vor den Richterstuhl der öffentlichen Meinung gezogen. Leipzig. F. A. Brockhaus 1844. 200 S. 8.

Rösing, Johns., an Bremens gemeinen Mann von dessen Mitbürger. 12. (4 B.) Leipzig 843, Brockhaus. *

Rösing, Johs., Morgen, Mittag, Abend, Nacht. Eine Vorles., geh. am 12. Dec. 1830 in d. Union zu Bremen. gr. 8. (2½ B.) Bremen, Kaiser.

—— Morgen, Mittag, Abend, Nacht. 2. Aufl. gr. 8. (2 B.) Bremen 843, Kaiser. *

Rösing, Johs., die Nordamerikanische Revolution u. das Recht der Völker zum Widerstand u. zur Revolution. gr. 8. (VI u. 89 S.) Bremen 849. (Kühtmann & Co.) n. 6 ngr

—— constitution. Verhandlungen zwischen Rath u. Bürgerschaft d. freien Stadt Bremen, u. Hinblick auf die am 8. Febr. 1831 erwählte u. beeidigte Verfassungsdeputation. gr. 8. (5¼ B.) Bremen 854, (Geisler.)

Rösing, W., zwölf Entwürfe zu einem Kirchthurme. Ein Beitrag zur Wiederbelebung des Backsteinbaues. Hannover 859. C. Rümpler. Fol. (6 lith. Bl. in Farbendr. u. 2 Bl. Text.) n. 1 ᵃ/ᵦ 20 ngr.

Rosinger, Hugo

— Über Kondensationsprodukte von Glyoxal und Isobutyraldehyd. S. 116. IIb. 849 vgr.
Separatabdruck

Rosinger Hugo, Dr.: Über Kondensationsprodukte des Isovaleraldehyds. S. 110. IIb. 474 vrr.
Separatabdruck

Rösinger, Ed. Aphorismen über die Entwickelung der organischen Schöpfung der Vorwelt.
Schweidnitz, Progr. 1849

Rösinger: Ueber den Gold- und Silber-Reichthum des alten Spaniens. 14 S. – Progr. Schweidnitz 1858.

Roesinger: De veteris Hispaniae rebus quibusdam geographicis. 14 S.–Schweidnitz, Progr. 1864

Roesinger: De scriptoribus historiae Augustae commentatio critica. 11 S.–Schweidnitz, Progr. 1868

Rösinger, E. Über den gemeinsamen Ursprung des Menschengeschlechts. 24 S.
Schweidnitz, Progr. 1846

Johann Roesingh

Pars genitalis muliebris sub coitu actionis rationem. Gottingae (1830:) Herbst. 32 S. 8°
Göttingen, Med. Diss. v. 9. Sept. 1830

Rosini, Barth., Fragstücke auf die hohen Festtage, von den Kindern in den Christenlehren in Frag u. Antwort aufzusagen. gr. 8. (2¼ B.) Stuttgart 846, S. G. Liesching's Vrlgsh. *
Aus Löhe, W., Haus-, Schul- u. Kirchenbuch 1. Thl. besond. abgedruckt.

Rosini, Giovanni

Rosini, Giov., Nonne v. Monza. Fortsetz. der „Verlobten" v. Aless. Manzoni, übers. v. Dan. Leßmann. 2 Thle. 8. (41¼ B.) Berlin 830, Vereins-Buchh.
Vgl. Manzoni, Alex., die Verlobten.

—— (dass. u. d. T.:) die Edelnonne v. Monza. 3 Bde., s. Proteus, 2—4. Bd.

(Rosini, Giov.,) Luise Strozzi, s. a. Strozzi.

Rosini, Giovanni. Luise Strozzi. Leipzig 1835. Ü: *Reumont, Alfr.* (Koner)

Fürst Bismarcks Kampf gegen den Grafen Caprivi u. s. Kundgebgn üb. d. Sinken d. deutschen Nationalgefühls u. üb. d. deutsche Reichsverfassg kritisiert v. Adolf **Rosinski,** Dr. phil. *Berlin: Selbstv.; (Halle: Hofbuchdr. C. A. Kaemmerer & C.) 1897.* (91 S.) 1 Bd 8. [97. 2289

Rosinski, Adf., Fürst Bismarcks Kampf gegen den Grafen Caprivi u. s. Kundgebgn. üb. d. Sinken des deutschen Nationalgefühls u. üb. d. deutsche Reichsverfassg., kritisiert. gr. 8. (91 S.) Berlin (w. Hohenzollernstr. 4, III) 897. W. Leschke. n.n. 2. —

Rosinski, Adolf: Kritik der Beweisgründe des Herbartschen Realismus für die Subjektivität des Wahrnehmungsinhaltes .... Halle a. S., Hof-Buchdr. v. C. A. Kaemmerer & Co., 1886; 33 + 1 S. + 1 Bl. 8°.
Halle, Phil. Fak., Inaug.-Diss. v. 2. Nov. '86.

Rosinski, A., Kritik der Beweisgründe d. Herbart'schen Realismus f. die Subjektivität d. Wahrnehmungsinhaltes, nebst e. Anh.: „Ueber die Aequivalenz der Aktion u. Reaktion". gr. 8. (33 S.) Leipzig 887. Fock. n. 1. —

Das Recht des preussischen Landtags über die Handelsverträge zu verhandeln u. d. verfassgswidrigen Bestrebgn d. Agrarier krit. beleuchtet v. Adolf **Rosinski,** Dr. phil. *Berlin: Selbstv.; (Halle: Hofbuchdr. C. A. Kaemmerer & C.) 1897.* (65 S.) 1 Bd 8. [97. 2290

Das Recht des Reichstags zur Ungiltigkeitserklärung der Wahlen seiner Mitglieder u. d. Notwendigkt d. Erneuerg d. Wählerlisten. E. Interpretation des § 34 d. Wahlreglements z. deutschen Reichstag v. Adolf **Rosinski,** Dr. phil. *Berlin: Selbstv.; (Halle: Hofbuchdr. C. A. Kaemmerer & C.) 1897.* (17 S.) 1 Bd 8. [97. 2291

Rosinski, Adf. Das Urteil u. d. Lehre v. synthetischen Charakter desselben. Eine kritisch-log. Untersuchg. gr. 8. (VIII, 98 S.) Lpz. 889, (Fock). * 2 —

Fürst Bismarcks Verdienste u. ihre Würdigg durch d. deutschen Reichstag bei d. Feier s. achtzigsten Geburtstages krit. beleuchtet v. Adolf **Rosinski,** Dr. phil. *Berlin: Selbstv.; (Halle: Hofbuchdr. C. A. Kaemmerer & C.) 1897.* (26 S.) 1 Bd 8. [97. 2292

... Lectiones cursorias, quas ... Bernhardus Rosinski Med. Dr. Über das carcinom des uterus ad docendi facultatem rite impetrandam d. VIII. m. Dec. ... habebit, indicit Rudolphus Dohrn Med. Dr. P. P. O. Ord. Med. h. t. Decanus. Regimonti Bor., typ. Liedtkianis, 1892; 1 Bl. 4.

Rosinski, Bernhard [pr. Arzt]: Die syphilitische Erkrankung der Placenta. ... Königsberg in Pr., Druck v. R. Leupold, 1889; 33 + 1 S. + 1 Bl. u. 2 Taf. 8°
Königsberg, Med. Fak., Inaug.-Diss. v. 27. Jul. 1889

Rosinski, B., die syphilitische Erkrankung der Placenta. Inaug.-Diss. gr. 8. (33 S. m. 2 Taf.) Königsberg 889. (W. Koch.) n. — 80

Die Syphilis in der Schwangerschaft von Dr. Bernhard **Rosinski**, Privatd. zu Königsberg i. Pr. Mit 7 Taf. u. 17 Abb. *Stuttgart: F. Enke 1902.* (VI, 206 S.) 8°

Rosinski, Stanislaus (geb. Rokossowo in Posen 13. 10. 1840): De prolapsu uteri hypertrophia portionis vaginalis effecto. Berolini (1864). (32 S.) 8°
Berlin, Med. Diss. v. 17. Aug. 1864

Rosinski, Stefan: Zur Casuistik der Spontanperforation von Ovarialcysten in die Peritonealhöhle. . . . Breslau, Druck d. Bresl. Gen.-Buchdr., 1891; 27 S., 2 Bl. 8°
Breslau, Med. Fak., Inaug.-Diss. v. 25. Apr. 1891

Rosinski, Stef., zur Casuistik der Spontanperforation v. Ovarialcysten in die Peritonealhöhle. Diss. gr. 8. (29 S.) Breslau 891. (L. Köhler.) n. 1. —

Rosinus, M. R. Tentamnis de Lithozöis ac Lithophytis olim marinis, jam vero subterraneis Prodromus, sive de Stellis Marinis, quondam nunc fossilibus Disquisitio. Hamburg. 1718. 4.

Rosiny, Wilhelm: **Beiträge zur Kenntnis der hochmolekularen Säureanhydride** $\langle C_nH_{2n-1}O\rangle_2O$. *Heidelberg 1898: J. Hörning.* (30 S.) 8°
Heidelberg, Naturw.-math. Diss. v. [22. Juni] 1898

Rositz [Schlagwort]

Rositz, s.: Preussen. Messtischblätter. — Sachsen. Karte. Messtischblätter.

Rosius, J., s. Schreibkalender, Neuer, . . .

Rosiwal, August

— Beiträge zur geologischen Kenntnis des östlichen Afrika. 2. Teil. Über Gesteine aus dem Gebiete zwischen Usambara und dem Stephanie-See nebst einem Anhange: Über Gesteine aus Schoa und Assab (mit 4 Taf.). D 58. 465.
1. Teil siehe Höhnel L. R. von, 3. Teil siehe Toula Franz, 4. Teil siehe Sueß Eduard.
1.—4. Teil zusammen . . . . 12.—
Separatabdruck

Rosiwal, Aug., zur Kenntniss der krystallinischen Gesteine im centralen Balkan, s. a. Toula, F., geologische Untersuchungen im centralen Balkan.

Rosiwal August: Geologische Untersuchungen im zentralen Balkan von Franz Toula. 8. Petrographischer Teil: Zur Kenntnis der kristallinischen Gesteine des zentralen Balkan (mit 3 Lichtdrucktaf.) von August Rosiwal. D 57. 265 . . . . 4.50
Separatabdruck

Roske, Rudolf: Die Entwicklung der Grundrechte des deutschen Volkes vom Jahre 1848 und des Titels II. der preußischen Verfassung 'von den Rechten der Preußen' unter besonderer Berücksichtigung des gegenseitigen Verhältnisses. Greifswald 1910: Adler. 128 S. 8°
Greifswald, Phil. Diss. v. 21. März 1910, Ref. Bernheim
[Geb. 22. Okt. 85 Altgurkowschbruch; Wohnort: Altgurkowschbruch; Staatsangeh.: Preußen; Vorbildung: Gymn. Friedeberg i. N. Reife M. 04; Studium: Berlin 4, Greifswald 7 S.; Rig. 29. Jan. 10.] [U 10. 1637

Roeske, Georg *Adolf* [aus Elbing]: **Über den Verlauf der Phosphorsäure-Ausscheidung beim Menschen . . . Danzig, Druck v. F. Raczkiewicz, 1897; 44 S., 1 Taf. 8.**
Greifswald, Med. Fak., Inaug.-Diss. v. 4. Aug. 1897

Roeske, Hermann: ⟨Aus dem I. anatomischen Institut zu Berlin.⟩ **Über die Nervenendigungen in den Papillae fungiformes der Kaninchenzunge.** *Berlin (1897): G. Schade.* (30 S.) 8°
Berlin, Med. Diss. v. 20. Okt. 1897

Rośkiewicz, Johann

Roskiewicz, J., Betrachtungen üb. die territoriale Gliederung u. Steigerung der österreichischen Wehrkraft m. Rücksichtnahme auf das Friedens-Budget. gr. 8. (29 S. m. 1 Tabelle in Imp.-Fol.) Wien 872. Seidel & Sohn in Comm. n. 1. 80

(Roskiewicz, J., k. k. Oberst.) Ueber Distanzmesser und deren Werth. 8. Wien 1876.

Roskiewicz, J., die Kartographie in Oesterreich vom J. 1750 bis zum J. 1873. 2. verm. Aufl. gr. 8. (IV, 54 S.) Wien 875, Seidel und Sohn. * 1 60
Aus: Beiträge zur Geschichte der Gewerbe und Erfindungen Oesterreichs, besonders abgedruckt.
Die 1. Aufl. erschien nicht als selbständiges Werk.

Rośkiewicz, J., üb. Kriegs-Distanzmesser. Mit 3 Taf. gr. 8. (75 S.) Graz 888. Pechel. n. 3. 20

Rośkiewicz, J., Oberst im k. k. Infanterie-Regimente No. 5. Über Marsch-Combinationen im Allgemeinen und über die Darstellung derselben in graphischer Form. (Mit 3 Tafeln.) Separat-Abdruck aus dem „Organ der militär-wissenschaftlichen Vereine". (Donation Liechtenstein.) 8. Wien 1877.

Rośkiewicz, J. k. k. Oberst. Directe Reduction der Militärmappen zu Karten kleineren Massstabes unter Anwendung der gekörnten Zeichnung (Schummerung) am Papier. Mit 11 Blgn. (Und noch 2 Blgn.) Verfasst 1875. Als Manuscript gedruckt 1879. 8. Wien 1879.

Rośkiewicz, Joh., Repertorium üb. d. Bestimmungen u. Verrechnungs-Grundsätze, welche in d. mit 1. Nov. 1839 in Wirksamkeit getret. Instruction üb. d. Gebahrung mit Montur u. Rüstung f. d. k. k. österr. Armee enth. sind. gr. 4. (9 B.) Wien 841, (Dirnböck.) *

Rośkiewicz, Joh., Studien über Bosnien u. die Herzegovina. Mit 11 Abbildgn. in (eingedr.) Holzschn. u. 1 lith. u. color. Karte (in Fol.). Leipzig 868. Brockhaus. gr. 8. (XIV, 424 S.) n. 2 ℛ 20 ℊ

—— Terrain-Darstellung mit Rücksicht auf zu erzielende Einheitskarten. gr. 8. (32 S. mit 2 lithogr. und photolithogr. Taf. in 4. und Fol.) Wien 873, Seidel und Sohn. * 1 —

Roskilde [Schlagwort]

Roskilde, s.: Europa. Liebenow.

ROSKŁAŽENE za złonki Dolnołužyskego dnika towaŕstwa. 1882. Schischežane pla wotrěda Maschizy Serbskeje wot pismowe. G. Wenzela we Worejzach. kl. 8°.

Roskoff, Dr. Georg Gustav — Die hebräischen Alterthümer in Briefen von — —. Wien, 1857 Druck von Josef Stöckholzer v. Hirschfeld. Wilh Braumüller. (VIII. 269 S. 8.)

Roskoff, Gust., zur Erinnerung an Dr. Gustav Porubßky, weil. 1. Pfarrer an der evang. Gemeinde A. C. in Wien, Mitglied der k. k. Oberkirchenrathes u. d. Landesschulrathes etc. etc., geb. 13. März 1812, gest. 17. Juli 1876. 8. (24 S. m. photogr. Portr.) Wien 876. Fromme. n. — 80

Roskoff, Gust., Geschichte des Teufels. 2 Bde. gr. 8. (X, 405; IV, 614 S.) Leipzig 869, Brockhaus. * 15 —

ROSKOFF, G., Geschichte des Teufels. 2 Bde. Leipzig, Brockhaus, 1869. Gr. 8°. 1020 S. (5 Rthl.) (8 Mk. Max Perl, Berlin, 1898; 7 Mk. 50 Pfg. R. Bertling, Dresden, 1907; 12 Mk. E. Frensdorff, c. 1905.) Vergriffen!
Enthält: Der Teufel im alten u. neuen Testament, im Talmud u. in der Kabbale. — Der Teufel v. 4.—13. Jahrh. — Die Teufelsperiode u. Satansprocesse, Ausbildung u. Verbreitung d. Vorstellung vom Teufel, — Ablass, Bettelmönche, Busswesen, Strafrecht, Arzneikunst, Astrologie. — Erscheinungen in der Gesch. des Teufels. — Inquisition, Kreuzzüge, Kinderpilgerfahrt, Flagellanten, Wunderglaube, Heiligendienst und Marienkultus. Hexenprocesse, Der Hexenhammer, Zauberglaube. Hexenperiode, Luthers Glaube an d. Teufel. — Der Teufel im 16., 17. u. 18. Jahrh. — Abnahme des Teufelsglauben.
. . .

Roskoff, Gust., das Religionswesen der rohesten Naturvölker gr. 8. (XIV, 179 S.) Leipzig 880. Brockhaus. n. 4.—

Roskoff, Gust., die Simsonssage nach ihrer Entstehung, Form und Bedeutung und der Heraclesmythus. Leipzig 860. Bredt. gr. 8. (IV, 120 S.) n. 16 ngr

Roskoschnick, J., Nachr. v. dem in Siebenbürgen gekomm. Zug Heuschrecken. Mit Kpf. gr. 8. Preßb. 784. Löwe. 3 gr

Roskoschny, Herm., Afghanistan u. seine Nachbarländer. Der Schauplatz d. jüngsten russisch-engl. Konflikts in Zentral-Asien. Nach den neuesten Quellen geschildert. Mit ca. 200 Abbildgn., vielen Karten u. Plänen, u. e. großen, in Farben ausgeführten Karte Afghanistans als Gratis-Beigabe. 21 Lfgn. hoch 4. (333 S.) Leipzig 885. Greßner & Schramm. à — 60

Roskoschny, Hermann Afghanistan und seine Nachbarländer Der Schauplatz des letzten russisch-englischen Konflikts in Zentral-Asien Nach den neuesten Quellen geschildert. Bd. 1 Mit 61 Abbildungen und 4 Karten Bd. 2. Mit 39 Abbildungen und einer Buntdruck-Karte Leipzig [1885]. 1 Bd. 336 S. 4° [G 2883

— die Braut vom Richtplatz, s.: Novellen-Bibliothek, criminalistische.

Roskoschny, H., Geschichte der Strikes, s. a. Fried's zeitgemäße Bibliothek.

Roskoschny, H., Geschichte der Strikes. 8° Berlin 1890.

Roskoschny, **Herrm., ein Giftmordprozeß in Fellin. Kriminal-Roman u. andere Romane etc. — Die Braut vom Richtplatz. — Des Henkers Töchterlein. — Ein geheimnisvoller Fall. — Wie du mir, so ich dir. (96 S.) 8. Neuweißensee, E. Bartels. 1.—**

Roskoschny, Herm., Italienisch, s. Neufeld's Sprachführer.

Italienisch Enthält eine kurzgefasste Grammatik ... nebst eingeordnetem System. Vokabular ... vermehrt u. verb. Aufl besorgt v. Dr H[ermann] Roskoschny *Berlin Neufeld & Henius [1899]* (XXXIX, 240 S.) 8 [F.]
= Sprachführer, Neufelds für Haus u. Reise [3.]

Italienisch. Enthält eine kurzgefasste Grammatik ... 7. verm. u. verb. Aufl. besorgt von Dr. H[ermann] Roskoschny. *Berlin: Neufeld & Henius [1902]* (XXXIX, 240 S.) 8° [F.]
= Sprachführer, Neufelds, f. Haus u. Reise. [3.]

Italienisch. Enth. e. kurzgefaßte Grammatik ... 8. verm. u. verb. Aufl. besorgt von Dr. H[ermann] Roskoschny. *Berlin: Neufeld & Henius [1904].* (XXXIX, 240 S.) 8° [F.]
= Sprachführer, Neufelds, f. Haus u. Reise. [3.]

Roskoschny, Herm., aus Klein-Asien. Skizzen aus der Gegenwart u. Vergangenheit. gr. 16. (80 S.) Leipzig 878. Verl. des Hausfreundes. (?) n. 1.—

—— Europas Kolonien. Nach den neuesten Quellen geschildert. 75 Lfgn. oder 5 Bde. hoch 4. Leipzig, Greßner und Schramm. à Lfg. 60 Pf. à Bd. *M* 9.—. geb. à Bd. *M* 10.—.

Inhalt:
Bd. 1. West-Afrika vom Senegal zum Kamerun. (XII, 232 S. mit eingedr. Holzschn.) 885.
" 2. Das Kongogebiet und seine Nachbarländer. (IV, 240 S. mit eingedr. Holzschn.) 885.
" 3. Afrikas Ostküste und das Seen-Gebiet. (IV, 240 S.) 885.
" 4. Süd-Afrika bis zum Sambesi und Kap Frio. (IV, 240 S.) 886.
" 5. Die Deutschen in der Südsee. Ein Beitrag zur Geschichte deutschen Handels und deutscher Kolonisation. (III, 242 S.) 886.

Roskoschny, H., das arme Rußland. Ein Beitrag zur Kenntnis der wirtschaftl. Lage des russ. Reiches. 8. (XVI, 247 S.) Leipzig 889. Reißner. n. 4.—

— Rußland, Land u. Leute. Unter Mitwirkung vieler deutschen u. slavischen Gelehrten u. Schriftsteller hrsg. 1. Abth.: Das europäische Rußland. (In 2 Bdn. oder ca. 40 Lfgn.) Mit ca. 400 (Holzschn.-)Abbildungen u. Kunstbeilagen. 1. u. 2. Lfg. gr. 4. (S. 1—32.) Leipzig 882. Greßner & Schramm. à 1.—

— Rußland, Land u. Leute. Unter Mitwirk. deutscher u. slav. Gelehrten u. Schriftsteller hrsg. 1. Abth.: Das europ. Rußland. 3—41. Lfg. gr. 4. (1. Bd. VIII u. S. 33—348 u. 2. Bd. IV, 320 S. m. Holzschn.) Ebend. 883. à 1. — (2 Bde. geb. m. Goldschn.: n. 60. —)

— dasselbe. 2. Abth.: Das asiat. Rußland. 36 Lfgn. (42—77. Lfg. d. ganzen Werks.) gr. 4. (575 S. m. Holzschn. u. e. Karte.) Ebend. 883. 84. à 1. — (Asiat. Rußland in 2 Bde. geb. n. 60. —)

Roskoschny, Hermann. Rußland. Land und Leute Leipzig, Greßner & Schramm [1882—1883].
2 Bde. 4°
I: 2 Bl. Tit., 2 Bl., 348 S. m. 158 Holzschn.; 7 Taf. in Holzschn.
II: Tit., 1 Bl., 320 S. m. 185 Holzschn.; 5 Taf. in Holzschn.

—. Das asiatische Rußland Leipzig, Greßner & Schramm [1883—1884].
2 Bde. 4°
I: 2 Bl. Tit., 2 Bl. + 296 — II S. m. 141 Holzsch.; 6 Taf. u. 1 Karte in Holzschn.
II: Tit., 1 Bl., S. 297—575 m. 107 Holzschn.; 3 Taf. in Holzschn. u. 1 Karte in Lithogr.

Roskoschny, Hermann. Russland. Land und Leute. I. Abth. Das europäische Russland. 1. Bd. (Mit 1 Titelbild, 7 Tafeln, 43 Vollbildern in Text.) 2. Bd. (Mit 5 Taf. und 45 Vollbildern im Text.) II. Abth. Das asiatische Russland. 1. Bd. Mit 1 Karte des Kaukasus. (Mit 1 Titelbild, 6 Taf., 40 Vollbildern und 1 Taf. im Text). 2. Bd Mit 1 Karte von Nord- und Mittel-Asien. (Mit 3 Taf. und 32 Vollbildern im Text.) (4 Bde) gr. 4. Leipzig 1883—1884.

Roskoschny, Herm., italienischer Sprachführer. 14. Aufl., v. Pietro Stoppani, s.: Neufeld's Sprachführer f. Haus u. Reise.

— Russisch-deutsches u. deutsch-russisches Taschenwörterbuch, s.: Neufeld's neue fremdsprachl. Taschenwörterbücher.

— russisches Taschenwörterbuch, s.: Neufeld's neue fremdsprachliche Taschenwörterbücher.

—— Die Todsünden Rußlands. Bilder aus dem Cholera-Gebiet. Nach russ. Quellen u. eigenen Wahrnehmgn. gr. 8. (64 S.) Lpz. 892, Reißner. * 1 —

— aus dem Westen Afrikas, s.: Hausbibliothek, kleine, f. die Jugend.

Roskoschny, Herm., wie Frauen lieben. Roman. Separat-Beilage zur „Preßburger Zeitung". gr. 8. (282 S.) Preßburg 880. (G. Heckenast's Nachf.) 1. 20

— die Wolga u. ihre Zuflüsse. Geschichte, Ethnographie, Hydro- u. Orographie, nebst Mitteilgn. üb. das Klima d. Wolgagebietes. gr. 8. (IV, 352 S.) Leipzig 887. Gressner & Schramm. n. 10.—

Roskoschny, Steph., Polnisch, s.: Neufeld's Sprachführer f. Haus u. Reise.

Roskosten, Oliver J · Die Zukunft des Deutschtums in den Vereinigten Staaten. Vortrag, geh. vom Sekretär d. Dten Schulvereins . . . in der Gen. Versammlung am 1. Apr. 1894. O.O. 1894.

Roskoten, Richard

Roskoten, die heutige Feldartillerie (m. Rohrrücklauf). Ihr Material, techn. Hilfsmittel, Schiessverfahren, Organisation u. Taktik. 2 Bde. (298 u. 156 S. m. 285 Abb.) Lex. 8. Berlin 909. R. Eisenschmidt. 12.—; geb. 15.—

Roskoten, R. Moderne Feldhaubitzen. Mit Abb. Oldenburg i. Gr. 1907. 83 S.

— Moderne Feldhaubitzen. 2. unveränd. Aufl. (VII, 83 S. m. 15 Taf.) gr. 8. Oldenburg (909). G. Stalling's Verl. 2.—; geb. 3.—

Roskoten, moderne Feldkanonen (m. langem Rohrrücklauf). (VII, 75 S. m. 1 Tab. u. 22 Abbildgn.) gr. 8. Oldenburg 906. G. Stalling's Verl. n. 4. 25; geb. n. 5. 50

Roskovány, August. de, coelibatus et breviarium: duo gravissima clericorum officia, e monumentis omnium seculorum demonstrata. Accessit completa literatura. 5 Tomi. Pest 861. (Wien, Braumüller.) Lex.-8. (CXXXII, 4434 S.) n. 16 ℛ 20 ngr.

Roskovány, Augustinus de, Coelibatus et breviarium, duo gravissima clericorum officia, e monumentis omnium saeculorum demonstrata. Accessit completa literatura. Tom. VI—VIII. gr. 8. Nitriae 877. (Wien, Braumüller.) * 32 —

Inhalt:

Tom. VI. Monumenta de coelibatu tam supplementaria ad tomos I—III, quam ulteriora usque a. 1875. (XX, LXXX, 697 S.)

» VII. Literatura de coelibatu tam supplementaria ad tomum IV usque a. 1859, quam ulterior usque a. 1875. (LI, 670 S.)

» VIII. Monumenta et literaturam de breviario usque a. 1875 complectens. (XXV, LXVI, 951 S.)

Tom. I—V. (Ebendas.) 1861. *ℳ 50. Vergriffen.

Roskovány, Augustinus de, Coelibatus et breviarium duo gravissima clericorum officia, e monumentis omnium seculorum demonstrata. Accessit completa literatura. Tom. IX—XI. gr. 8. Nitriae 881. (Wien, Braumüller.) *

Inhalt:

Tom. IX. Monumenta et literaturam de coelibatu usque a. 1880 complectens. (XX, 656 S.)

» X. Appendicem ad documenta de sollicitatione et repertorium in omnes tomos de coelibatu complectens. (III, 716 S.)

» XI. Monumenta et literaturam de breviario usque a. 1880, item repertorium in tomos de breviario complectens. (VI, 530 S.)

(ROSKOVÁNYI, AUGUST:) Katechismus. oder Unterricht in der katholischen Religion. Für die Erlauer Erzdiöcese. Erlau 1836. Gedr. in d. erzbischöfl. Lyceo-Buchdruckerey. 2, 126 S. 1 f. - 208 mm

- Dass. Zweite Ausg. Erlau 1836. Gedr. in der erzbischöfl. Lyceo-Buchdruckerey. 2, 127, 3 S. - 208 mm

Roskovány, Augustinus de, Beata virgo Maria in suo conceptu immaculata ex monumentis omnium saeculorum demonstrata. Accedit amplissima literatura. 6 tomi. gr. 8. (LXIII, 452; LII, 559; IX, 737; LXXXVIII, 972; LXXXVI, 734; LIV, 923 S.) Wien 874, Braumüller. * 80 —

—— Beata virgo Maria in suo conceptu immaculata ex monumentis omnium saeculorum demonstrata. Accedit amplissima literatura. Tom. VII: Literaturam supplementarem usque a. 1871, et ulteriorem usque a. 1875 complectens. gr. 8. (XIX, 699 S.) (Ebendas.) 877. * 10 —

Tom. I—VI. (Ebendas.) 1874. *ℳ 80.

Roskovány, Augustinus de, Beata virgo Maria in suo conceptu immaculata ex monumentis omnium seculorum demonstrata. Accedit amplissima literatura. Tom. VIII et IX. gr. 8. (Ebendas.) 881. *

Inhalt:

Tom. VIII. Literaturam supplementarem et ulteriorem usque a. 1880 complectens. (XXV, 772 S.)

» IX. Monumenta Mariana usque a. 1880 et repertorium in novem tomos complectens. (XVI, 738 S.)

Roskovány, Augustin. de, de matrimoniis mixtis inter Catholicos et Protestantes. Tom. I. II. Historia matrimoniorum mixtorum tam universalem, quam particularem Hungariae, Transsilvaniae et Austriae. — Monumenta ad historiam matrimoniorum mixtorum spectantia. 8maj. (91 ⅓ B.) Quinque-Ecclesiis 842. (Wien, Gerold, Verl.) *

Roskovány, Augustinus de, de matrimoniis mixtis inter Catholicos et Protestantes. Tom. III. Supplementa ad tom. 1. et 2. item continuationem historiae usque ad an. 1853 complectens. Pestini 854. (Wien, Braumuller.) gr. 8. (XCV, 623 S.) n. 3 ℛ. 6 ngr.

Tom. I. II. Fünfkirchen 842. (Wien, Gerold.) n. 5 ℛ. 10 ngr.

—— de matrimoniis mixtis. Tom. IV et V. gr. 8. Ebendas. à Tom. *ℳ 10. * 20 —

Inhalt:

Tom. IV. Supplementa et continuationem historiae matr. mixtorum usque annum 1868 complectens. (XLIX, 845 S.) 870.

» V. Supplementa et continuationem historiae matr. mixtorum in Hungaria, Transilvania, et Austria, item literaturam universalem usque annum 1868 complectens. (XLVI, 656 S.) 871.

Tom. I—III. (Ebendas.) 1842—54. *ℳ 28.

—— de matrimoniis mixtis. Tom. VI. Supplementa et continuationem historiae matr. mixtorum, item literaturam usque a. 1875 complectens. gr. 8. (L, 930 S.) (Ebendas.) 877. * 10 —

Tom. I—III. *ℳ 28., vergriffen; Tom. IV et V. (Ebendas.) 1854—1871. *ℳ 20.

—— de matrimoniis mixtis. Tom. VII: Monumenta et literaturam usque a. 1881, item repertorium in VII tomos complectens. gr. 8. (XXIX, 700 S.) (Ebendas.) 882. *

Roskovány, Augustin. de, de matrimonio in ecclesia catholica. II Tom. 8maj. Augustae Vindel., Kollmann.

Tom. I. De potestate ecclesiae legislativa circa matrimonium. (6½ B.) 837. 12 Gr.

- II. De indissolubilitate matrimonii. (23¼ B.) 840. 1 Thlr. 8 Gr.

—— Matrimonium in ecclesia catholica potestati ecclesiasticae subjectum; cum amplissima collectione monumentorum et literaturae. Tom. I et II. gr. 8. Pestini. (Wien, Braumüller und Sohn.) à Tom. *ℳ 10. * 20 —

Inhalt:

Tom. I. Introductionem doctrinalem, et monumenta novemdecim seculorum usque annum 1868 complectens. (XII, 865 S.) 870.

» II. Monumenta seculi XIX ex Austria et Hungaria, item literaturam usque annum 1868 complectens. (XI, 624 S.) 871.

—— Matrimonium in ecclesia catholica potestati ecclesiasticae subjectum cum amplissima collectione monumentorum et literatura. Tom. III. Supplementa ad tomos I. et II., item ulteriora monumenta et literaturam ab a. 1869—1875 complectens. gr. 8. (XI, XXII, 746 S.) (Ebendas.) 877. * 10 —

Tom. I et II. (Ebendas.) 1870,71. à *ℳ 10.

—— Matrimonium in ecclesia catholica potestati ecclesiasticae subjectum. Cum amplissima collectione monumentorum et literatura. Tom. IV: Monumenta et literaturam usque a. 1881, item repertorium complectens. gr. 8. (XXIX, 738 S.) (Ebendas.) 882. *

Roskovány, Aug. de, Monumenta catholica pro independentia potestatis ecclesiasticae ab imperio civili, s. Monumenta.

Roskovány, Aug. de, romanus pontifex tamquam primas ecclesiae et princeps civilis e monumentis omnium saeculorum demonstratus. Addita amplissima literatura. 5 Tomi. Nitriae et Comaromii 867. (Wien, Braumüller.) Lex.-8. (LXIII, 5469 S.) n. 13 ℛ 10 ngr

Tom. 1. Monumenta et literaturam de primatu e primis XV. saeculis complectens.

Tom. 2. Monumenta et literaturam de primatu e saec. XVI. et XVII complectens.

Tom. 3. Monumenta et literaturam de primatu e saec. XVIII. complectens.

Tom. 4. Monumenta et literaturam de primatu e saec. XIX. usque annum 1865 complectens.

Tom. 5. Monumenta et literaturam de civili principatu inde a saec. IV. usque saeculi XIX. annum 1865 complectens.

—— romanus Pontifex tamquam primas ecclesiae et princeps civilis e monumentis omnium saeculorum demonstratus. Addita amplissima literatura. Tom. VI—IX. Lex.-8. (XXVIII, 1155; LXXXXIV, 1227; XLV, 974; LVIII, 881 S.) Nitriae 873,74. (Wien, Braumüller.) à Tom. *ℳ 10.* 40 —

Tom. I—V. Ebendas. 1867. *ℳ 40.

—— Romanus Pontifex tamquam primas ecclesiae et princeps civilis e monumentis omnium saeculorum demonstratus. Addita amplissima literatura. Tom. X et XI. gr. 8. (XI, XXX, 728; XVI, XXIII, 902 S.) (Ebendas.) 876. * 20 —

Tom. I--IX. (Ebendas.) 1867—74. *ℳ 80.

— romanus pontifex tamquam primas ecclesiae, et princeps civilis o monumentis omnium seculorum demonstratus. Addita amplissima literatura. Tom. XII --XVI. gr. 8. (XV, XXXIV, 831; XI, XXIV, 754; XI, XXI, 843; VI, X, 700 u. XX, 616 S.) Nitriae 879. (Wien, Braumüller.) n. 60. —
(I--XVI.: n. 160. --)

ROSKOVANYI, Augustinus: De primatu Romani pontificis eiusque iuribus. — (1831) 320 S. 4° (Handschr.) Diss. 7
Diss. Wien, Univ.

Roskovány, Augustin. de, De primatu Rom. Pontificis eiusque iuribus. Augsburg, Kollmann (jetzt Regensburg, Verlagsanst.), (Wien, Gerold; Pest, Eggenberger) 1834, gr. 8°, VIII, 316 S., 4,50 Mk.

2. Aufl.: Agram 1841; auch der 16. (letzte) Bd. des Riesenwerkes „Rom. Pontifex tamquam primas ecclesiae“ etc. (s. unten) ist eine neue verb. Aufl. des vorstehenden Buches. Recens. von Pletz in dessen Neuer theol. Ztschr. 1834, Bd. 2 S. 319--84. Katholik 1835, Bd. 56 S. 198--204 u. 236—92; Bd. 57 S. 82—91. Lützig f. k. Religionslehrer 1836, Bd. 2 S. 87--106.

Roskovany, Aug. de, supplementa ad collectiones monumentorum et literaturae: de matrimonio in ecclesia catholica potestati ecclesiasticae subiecto; matrimoniis mixtis; coelibatu et breviario; independentia potestatis ecclesiasticae ab imperio civili; romano pontifice; beata Maria virgine in suo conceptu immaculata. Tom. I—X. gr. 8. Nitriae. (Wien, Braumüller.) n. 124. —

I. [resp. V.] De matrimonio in ecclesia catholica potestati ecclesiasticae subiecto. (XX, 787 S.) 887. n. 10. —
II. [resp. VIII.] De matrimoniis mixtis. (XXVI, 793 S.) 887. n. 10. —
III. IV. [resp. XII et XIII.] De coelibatu et breviario. (LXII, 1056 u. XXXV, 898 S.) 888. n. 20. —
V. VI. [resp. XIV. et XV.] Pro independentia potestatis ecclesiasticae ab imperio civili. 2 voll. (XLVI, 511 u. LXV, 546 S.) 889. n. 28. —
VII. [resp. XVII.] Romanus pontifex ecclesiae primas et princeps civilis. Monumenta et literatura usque fines seculi XVIII. (XXX, 761 S.) 889. n. 11. —
VIII. [resp. XVIII.] Eadem, monumenta et literatura seculi XIX usque ad 1880. (LXX, 723 S.) 889. n. 14.
IX. [resp. XIX.] Eadem, ab a. 1881—1884. (LXXVIII, 1055 S.) 890. n. 14. —
X. [resp. XX.] Eadem, ab a. 1885—1890. (CVI, 952 S.) 890. n. 14. —

ROSKOVANY, Eugenius de: De reali Christi in eucharistia praesentia, testimoniis potissimum ss. Justini M., Irenaei Lugd., nec non Cyrilli Hier. — (1866) 70 S. 8° (Handschr.) Diss. 237
Diss. Wien, Univ.

Roskowska, Emmy v., Erzählungen für junge Mädchen. Mit 8 (lith. u. color.) Bildern von L. Venus. Glogau 870. Flemming. br. 8. (III, 210 S.) cart. 1 ₰ 5 ngr

Roskowska, E. v., Trudchen. Eine Erzählg. f. kleine Mädchen, welche lesen gelernt haben. Mit 6 (chromolith.) Bildern v. Leop. Venus. br. 8. (142 S.) Glogau 872. Flemming. geb. 2. 25

ROSKOWSKA, E. v. *Trudchen.* Eine Erzählung für kleine Mädchen, welche lesen gelernt haben. Von E. v. Roskowska. Mit sechs [farbigen] Bildern von LEOPOLD VENUS. Glogau, Flemming [c. 1880]. Titel & 142 SS. 8°. Hübscher chromolithogr. Or.-Pappbd. Schönes Ex. 14.—

Roskowska, Marie v., Alexei und Aphaka, } s. Jugend-Bibliothek, herausg. von Nieritz.

Roskowska, Marie von
Alexei und Aphaka oder Die Kamtschadalen. Eine Erzählung für die Jugend und ihre Freunde.
Leipzig: Voigt & Günther (1856). 133 S. 8°
(Jugend-Bibliothek. Jg. 17, Bdchn 5.)

Roskowska, Marie, Alexei und Aphaka oder die Kamtschadalen. Eine Erzählung für die Jugend. 8. (133 S.) Leipzig 857, Voigt und Günther.

Roskowska, Marie, Alexei u. Aphaka od. die Kamtschadalen. Eine Erzählg. f. die Jugend. 2. Aufl. 12. (120 S.) Gütersloh (900). C. Bertelsmann. Sep.-Cto. n. — 60; kart. n. — 70; geb. in Bibliotheksbd. — 80; in Leinw. — 90
= Nieritz. Gustav: Jugendbibliothek. No 227.

Roskowska, Maria v., Aug' in Auge, s.: Eisenbahn-Unterhaltungen.

Roskowska, Marie von
Im Balkan. Roman. Berlin 1878.
In: Roman-Zeitung, Deutsche. Bd 2.

— an der Bernsteinküste. Eine Erzählung für die Jugend. 2. Aufl. 8. (112 S. m. 1 Chromolith.) Düsseldorf 880. F. Bagel. cart. -- 60

Roskowska, Marie v., der böse Blick. Novelle. (Titel-Ausg. aus: „Kleeblatt“.) 8. (157 S.) Leipzig 875, Schulze und Comp. * 1 —

— der böse Blick. Novelle. (Titel-Ausg. aus: „Kleeblatt“.) 8. (157 S.) Leipzig (1875) 879. Schulze & Co. n. 1. —

— Im Busch. Oder: der dumme Hans. Eine geschichtliche Erzählung. (Abgedr. aus der Jugend-Bibliothek von Gust. Nieritz.) Leipzig 861. Voigt & Günther. (Wesel, Bagel.) 8. (114 S.) 10 ngr

— im Busch, oder der dumme Hans. Eine geschichtliche Erzählung. 2. Aufl. 8. (96 S. m. 1 Chromolith.) Düsseldorf 880. F. Bagel. cart. — 60

Roskowska, Marie von
Die Eroberung Nischnois. Forts. der Erzählung: Alexei und Aphaka. Eine Erzählung für die Jugend und ihre Freunde.
Leipzig: Voigt & Günther (1856). 128 S. 8°
(Jugend-Bibliothek. Jg. 17, Bdchn 6.)

—— die Eroberung Nischnois. Fortsetzung der Erzählung Alexei und Aphaka. 8. (128 S.) Leipzig 857, Voigt und Günther.
Aus: Jugendbibliothek, von Gust. Nieritz, besonders abgedruckt.

Die Eroberung Nischnois. Forts. d. Erzählung Alexei und Aphaka von Marie Roskowska. 2. Aufl. *Gütersloh: C. Bertelsmann [1900].* (116 S.) 8° [J.]
= Nieritz. Gustav: Jugendbibliothek. No 235. [ca. 1900]

-- Erzählungen für Mädchen von 12 bis 15 Jahren. Mit 3 (lith.) Bildern. Berlin 865. J. Springer. 8. (2 Bl., 184 S.) 24 ngr

Roskowska, Marie v., Erzählungen für Mädchen von 12 bis 15 Jahren. gr. 8. (III und 184 S. mit 3 lithogr. Bildern in Tondr.) Berlin 865. [Neuruppin, Oehmigke.] cart.

— unpolitische Geschichten. 2 Bde. Berlin 866. F. Duncker. gr. 16. (214 u. 227 S.) n. 24 ngr

Roskowska, Marie v., unpolitische Geschichten. 2 Bde. gr. 16. (214; 227 S.) Berlin 869, F. Duncker. [Stuttgart, Krabbe.] * 2 40

—— die Grafenbraut, s. Bachem's Novellen-Sammlung.

— zwei Jahre auf St. Domingo. Erzählung für die Jugend. Leipzig 858. Schlicke. 8. (124 S. u. 4 Lithogr.) 25 ngr.

—— nach anderthalb Jahren. Erzählung für junge Damen. gr. 16. (301 S.) Bromberg 863, Roskowski. [Dresden, L. Wolf's Antiquarium.] 17⅓ Ngr.; geb. mit Goldschn.

— alte Jungfern. Stille Geschichten. Bromberg 862. (Berlin,) Roskowski. 12. (2 Bl., 264 S.) n. 24 ngr.

Roskowska, Maria v., e. Kleeblatt. Drei Novellen. 8. (221 S.) Leipzig 875. Schulze & Co. n. 2. —

Roskowska, Marie v., aus Corsika. Historische Erzählungen für die reifere Jugend. 2 Bdchn. Leipzig 861. Schlicke. 8. Jedes Bdchn. 24 ngr.
1. Bdchn.: Vor der französischen Herrschaft. Mit Titelbild. (IV, 118 S.)
2. Bdchn.: Die Familie Bonaparte. Mit Titelbild. (106 S.)

— auf dem Maidsprung, s.: Eisenbahn-Unterhaltungen.

Roskowska, Marie v., der tolle Mathis, s. Unterhaltungs-Bibliothek.

— der Mayadar. Eine Erzählung für die Jugend. (Abgedr. aus der Jugend-Bibliothek von Gust. Nieritz.) Leipzig 863. Voigt & Günther. (Wesel, Bagel.) 8. (118 S.) 18 ngr.

—— der Mayadar. Eine Erzählung für die Jugend. 2. Aufl. 8. (110 S. mit 1 Chromolithogr.) Düsseldorf 880, A. Bagel's Verlag. cart.

—-- Mooniba oder junger Herr und Ochsenjunge. Eine Erzählung für die Jugend. 8. (136 S.) Leipzig 860, Voigt und Günther.
aus: Jugend-Bibliothek, von Gust. Nieritz, besonders abgedruckt.

— polnische Mütter, s. Album. Bibliothek deutscher Originalromane.

Roskowska, Marie von

Polnische Mütter. Hist. Novelle.
Prag: Kober & Markgraf 1860. 254 S. 8°
(Album. Bibliothek dt. Originalromane. Jg. 15, Bd 6.)

— Von Nah und Fern. Novellen und Erzählungen für die reifere Jugend. Mit 8 (lith. u.) illum. Bildern von Hosemann. Berlin 863. Winckelmann & Söhne. gr. 16. (304 S.) 1 Thlr

—— noch ist Polen nicht verloren. Roman. 8. (224 S.) Berlin 863, Roskowski.

Roskowska, Marie von

In Mitten der Nordsee. Erzählung für die Jugend.
Leipzig: Voigt & Günther (1858). 105 S. 8°
(Jugend-Bibliothek. Jg. 19, Bdchn 2.)

-- In Mitten der Nordsee. Erzählung für die Jugend. (Abgedr. aus der Jugendbibliothek von Gust. Nieritz.) Ebend. 859. 8. (105 S.) 10 ngr.

Inmitten der Nordsee. Erzählung f. d. Jugend von Maria Roskowska. 2. durchges. Aufl. Gütersloh: C. Bertelsmann [1904]. (118 S.) 8° [G.]
= Jugendbibliothek, G. Nieritz' No 228.

— General Rapp, s. Volksbücher, preußische.

— die Seejungfer, s.: Eisenbahn-Unterhaltungen.

—— deutsche Sklaven oder Colonisten in Brasilien. Erzählung für die Jugend und das Volk. gr. 16. (206 S.) Bromberg 862, Roskowski.

—— Stralsund und Delpern. Historische Erzählung. 8. (294 S.) Berlin 870, Langmann und Comp. [Posen, Jolowicz.] (ℳ 4.) 1 20

— Stralsund u. Delpern. Historische Erzählung. Berlin 870. Deutsches Verl.-Institut. 8. (294 S.) 1 Thlr 10 ngr.

Roskowska, M. v., im Strudel der Hauptstadt, s.: Bachem's Roman-Sammlung.

— Verachte Niemand. Oder: Der Aufruhr in Indien. Erzählung für die Jugend. Fortsetzung der Erzählung: „Der Mayadar." (Abgedr. aus der Jugend-Bibliothek von Gust. Nieritz.) Leipzig 863. Voigt & Günther. (Wesel, Bagel.) 8. (133 S.) 10 ngr.

— verachte Niemand oder der Aufruhr in Indien. Erzählung für die Jugend. Fortsetzung der Erzählung: „Der Mayadar". 2. Aufl. 8. (112 S. m. 1 Chromolith.) Ebend. 880. cart. — 60

—— Wege zum Glück. Erzählungen für Kinder von 10—13 Jahren. 8. (307 S. mit 8 lithogr. und ill. Bildern von Th. Hosemann.) Berlin 862, Winckelmann und Söhne. cart.

Roskowska, Marie v., ... Land und Meer, s. Original-Bibliothek deutscher Originalromane

— weit über Land u. Meer. Roman. 4 Bde. Wien 866. Literarisch-artistische Anstalt. 8. (710 S.) 2 Thlr

Roskowski, Karl, appr. Arzt: **Ein Fall von temporal am Sehnerven gelegenem Chorioidealkolobom. Breslau 1906: Breslauer Genossenschafts-Buchdruckerei. (43 S.) 8°**
Breslau, Med. Fak., Ref. Uhthoff, Diss. v. 26. Nov. 1906
[Geb. 15. Okt. 78 Pleschen, Kr. Pleschen Prov. Posen; Wohnort: Fraustadt i. Posen; Staatsangeb.: Preußen; Vorbildung: Gymn. Lissa i. Posen Reife O. 00; Studium: Breslau 1, Berlin 1, Halle 3, Breslau 4 S.; Coll. 1. Nov. 06; Approb. 3. Okt. 05.]

Roskowski, Wilhelm, approb. Arzt aus Fraustadt: **Muskelverknöcherung nach Traumen und Entzündungen bei Syringomyelie.** *Halle a. S. 1903: C. A. Kaemmerer & Co.* (23 S.) 8°
Halle, Med. Diss. v. 6. Aug. 1903

Roesky, Ed., die Verwaltung u. Leitung von Fabriken, speciell von Maschinen-Fabriken, unter Berücksichtigung des gegenwärtigen Standes der deutschen Industrie mit besonderer Bezugnahme auf die Eisenbranche. gr. 8. (140 S. m. 2 Tab. in gr Fol. u. 1 Steintaf. in Fol.) Leipzig 878. M. Schäfer. n. 4. —

Roesky, Franz [aus Lautenburg, Westpr.]: **Ueber Graviditas tubaria ... Greifswald, Druck v. J. Abel, 1897; 21 S. 8.**
Greifswald, Med. Fak., Inaug.-Diss. v. 23. Juni 1897

Roesky, Theodor Leopold: Ueber Insufficienz und Stenose der Pulmonalarterienklappen. Halle (1867). Plötz. 33 S. 8°
Halle-Wittenberg, Med. Diss. v. 6. Nov. 1867
Geb. Neuhof (Braunschweig) 29. 9. 1844.

Rösl, Geo. Erh., Blicke auf das Notariat in Bayern. 1. Heft. Mit einer Widerlegung der anonymen Broschüre: „Die Notariatstaxen diesseits und jenseits des Rheins." Augsburg 863. Schmid's Verlag. gr. 8. (43 S.) n. 8 ngr.

— — 2. Heft. Ebend. 864. gr. 8. (42 S.) 12 ngr.

-- das königlich bayerische Gesetz vom 10. November 1861, das Notariat betr. mit den Verordnungen über die Zahl, Sitze und Gebühren der Notare, den Tax- und Stempelgesetzen, der Vollzugs-Instruction und einem Commentar. Nördlingen 862. Beck. gr. 8. (V, 388 S.) n. 1 ₰ 28 ngr.

Roesle, Alexander, aus Säckingen: Die Entwicklung der schweizerischen Kreditanstalt (A.-G.) in Zürich. [Mit einer Tabelle.] Zürich 1905. 228 S. 8°. Zürcher volkswirtschaftliche Studien. Herausg. von Dr. Heinr. Herkner, Prof. in Zürich. Heft 7. [11. XI. 05.]
Zürich. Jur. Diss. 1905/1906.

Die Entwicklung der Schweizerischen Kreditanstalt ⟨A.G.⟩ in Zürich von Dr. Alexander **Roesle**. Zürich: E. Rascher's Erben 1905. (228 S.) 8°
= **Studien**, Zürcher volkswirtschaftliche. H. 7 [vielm. 8]. 06. 6038

Die natürliche Bewegung der Bevölkerung in den deutschen Großstädten seit dem Jahre 1870/71. Nach d. amtl. Angaben d. Stadtverwaltungen u. städt. statist. Ämter bearb. von Dr. med. E[mil] **Roesle**. Berlin Deutscher Verl. f. Volkswohlfahrt 1908. (1 Bl.) 2°
= **Übersichten**, Statist., d. Bevölkerungs-u. Medizinalstatistik. Tab. 2. 08. 18453

Die natürliche Bewegung der Bevölkerung der europäischen Staaten seit Beginn des 19. Jahrhunderts. Nach d. amtl. Ergebnissen bearb. von Dr. med. E[mil] **Roesle**. Berlin: Deutscher Verl. f. Volkswohlfahrt 1908. (1 Bl.) 2°
= **Übersichten**, Statist., d. Bevölkerungs-u. Medizinalstatistik. Tab. 1. 08. 18464

Roesle, Emil, appr. Arzt aus Augsburg Die **Reaktion einiger Infusorien auf einzelne Induktionsschläge. Mit 8 Abb.** *Jena: G. Fischer 1902.* (30 S.) 8°
Leipzig, Med. Diss. v. (28. Juni) 1902

Die Säuglingssterblichkeit in den europäischen Staaten in Beziehung zu der Häufigkeit der Geburten. Von Beginn d. statist. Aufzeichn. an bearb. von Dr. med. E[mil] **Roesle**. Berlin Deutscher Verl. f. Volkswohlfahrt 1908. (1 Bl.) 2°
= **Übersichten**, Statist., d. Bevölkerungs-u. Medizinalstatistik. Tab. 3. 08. 18466

— Die Säuglingssterblichkeit in den europäischen Staaten in Beziehung zu der Häufigkeit der Geburten. — Dasselbe in den deutschen Grossstädten in Beziehung zu d. Häufigkeit der Geburten seit dem J. 1871. — Der zeitliche Verlauf der Sterblichkeit an Tuberkulose in den deutschen Grossstädten seit 1871. — Dasselbe in den europäischen Staaten, s.: Übersichten, statistische, der Bevölkerungs- u. Medizinalstatistik in graphischer Darstellung.

Roesle, Michael: **Le Castoiement d'un père à son fiels. Traduction en vers français De l'ouvrage De Pierre Alphonse. Première partie. Édition Nouvelle — basée sur le manuscrit Nr. 730 de Maihingen et conférée avec l'édition des Bibliophiles —.** *München (1898): Kastner & Lossen.* (IV, 56 S. mit Taf.) 8°
München, k. Luitpoldkreis-R, P 1898*

Roesle, Mich., s.: **Petrus Alfonsus, le castoiement d'un père à son fils.**

La terre de promission (Das Land der Verheissung). Altfranzösische Übersetzung des Eugesippus-Fretellus nach der Maihinger Hs. 730 und der Pariser Hs. 1036 mit lateinischem Original nach der Münchener Hs. 5307. Zum ersten Male herausgegeben — von M. Rösle, Prof. — 1899, Landshut, J. F. Rietsch. — P. III–VIII und 1–44.
Progr Landshut K Realschule

Röslein, das, auf der Haide. Eine Erzählung für die Jugend u. ihre Freunde v. Verf. des „Eisenhammers im Schwarzthale." 8. (9 B. u. 1 Ttlkpfr.) Straubing 843, Schorner.

Rosler, Alb. Frz., Museum d. Declamation. Eine Samml. auserles. Dichtungen launigen, scherzhaft. u. kom. Inh., welche sich z. mündl. Vortrage in frohen Kreisen eignen. 16. (10½ B.) Quedlinburg 831, Basse.

Rosler, Joh. Fr Die Elektricität als Quelle des Lichtes, der Wärme und des Magnetismus. 50 S. 8° – Sächsisch-Regen, RG , Progr 1872.

Rösler, s. Rössler.

Fest-Cantate zur fünfzigjährigen Maurer-Jubelfeier des Br. A. v. Rennenkampff in der Loge zum goldenen Hirsch in Oldenburg am 25. März 1852, comp. vom Br. **Rösler** ... [Worte von Karl Gottlieb Prätzel.] [Oldenburg 1852: Berndt.] 2 Bl. 8° [Umschlagtit.]
Ohne Noten. „Zu des Meisters Ehr' und Preise, . . ." 215.

Rösler, A., Parlaments-Kalender. Herausg. im Auftrage des Märzvereins unter Mitwirkung der Abgeordneten Freese, Roßmäßler u. Anderer. gr. 4. (IV u. 77 S.) Frankfurt a. M. 849, Oehler. n. ⅔ ₰

Rösler, Alfred, approb. Arzt aus Dresden **Über mehrfache Geburten derselben Frau bei engem Becken.** *Berlin (1903): G. Schade.* (29 S.) 8°
Berlin, Med. Diss. v. 24. Febr. 1903

Roesler, Armand [aus Dornach i. Els.]: Zur Kenntnis der unsymmetrischen (α) Phenylhydrazinderivate. Mülhausen i. E. 1903. 66 S. 8°. [20. VII. 03.]
Bern. Phil. Diss. 1903/1904.

Roesler, Armand. Zur Kenntnis der unsymetrischen ⟨α⟩ Phenylhydrazinderivate. Diss. Phil. Bern. 66 S. 8. Mülhausen i. E., J. Brinkmann, 1903.

Rösler, Arthur Die neueren Definitionsformen der irrationalen Zahlen und ihre Bedeutung für die Schule. 4 (28 S.).
Progr. Kaiser-Wilhelms G. *Hannover* 1886 (zu 286).

Rösler, Aug.

Rösler A.: Lehrgang u. Lehrmethode im Zeichnen am R.-OG. in Mariahilf. 8 Wien VI. 74.
Progr.

Rösler, Aug., der patentirte Zeichentisch construirt u. erläutert. Ein Beitrag zur Reform d. Zeichen-Unterrichtes. 8. (21 S. m. 1 Steintaf.) Wien 874. Hölder. n. 1. —

Rösler, Augustin, Cardinal Johannes Dominici, 1357—1419. Ein Reformatorenbild aus der Zeit d. großen Schisma. gr. 8. (VII, 196 S. m. Bildnis.) Freiburg i/B. 893. Herder. n. 3. —

— Kardinal Johannes Dominici's Erziehungslehre u. die übrigen pädagogischen Leistungen Italiens im 15. Jahrh., s.: Bibliothek der katholischen Pädagogik.

—— der Fahneneid des christlichen Mannes. Eine Erklärung des Taufgelübdes, bearb. nach „A retreat for men" by T. E. Bridgett. 8. (III, 167 S.) Graz 888, Moser. * 1 —

Rösler, Aug., C. Ss. R., wahre u. falsche „Frauen-Emanzipation". gr. 8. (60 S.) Stuttgart 899. München, J. Roth. n. — 60

Rösler, Aug., C. Ss. R., wahre u. falsche Frauen-Emanzipation. (Neue [Titel-]Ausg.) (60 S.) gr. 8. Münster [899] 904. Alphonsus-Buchh. n. — 60

— die Frauenfrage vom Standpunkte der Natur, der Geschichte u. der Offenbarung, auf Veranlassg. der Leo-Gesellschaft beantwortet. gr. 8. (XIII, 297 S.) Wien 893. St. Norbertus, Verlagsbuchh. n. 3. 50

Rösler, Augustin, C.SS.R., die Frauenfrage v. Standpunkte der Natur, der Geschichte u. der Offenbarung beantwortet. 2., gänzlich umgearb. Aufl. (XIX, 579 S.) gr. 8. Freiburg i/B. 907. Herder. 8.—; geb. in Leinw. 9. 40

— Gewissens-Erforschung üb. die Anklagen des Professors Dr. Ehrhard. 8. (111 S.) Graz 902. U. Moser. n. 1.20

Der Katholizismus, seine Aufgabe u. s. Aussichten nach Prof. Dr. Albert Ehrhard. Von P. Augustin Roesler, C. SS. R. *Hamm i. W.: Breer & Thiemann 1902.* (84 S.) 8° [J.] [02. 14979

— Liebfrauenschule. Lehr- u. Gebetbuch f. kathol. Frauen u. Jungfrauen. Mit e. Geleitwort v. Paul Wilh. v. Keppler. (XVI, 624 S. m. 5 Taf.) 16. Ebd. (910). 1.60; geb. von 2.— bis 6. 40

Fürs Priesterherz. Gesammelte Aufsätze in Überarbeitung dargeboten von P. Aug. **Rösler** C. Ss. R. Münster i. W.: Alphonsus-Buchh. 1907. (478 S.) 8° [J.] [07. 3413 6

— Fürs Priesterherz. Gesammelte Aufsätze, in Überarbeitg. dargeboten. 2., verm. u. verb. Aufl. (XVI, 505 S.) 8. Münster 908. Alphonsus-Buchh. 4.80; geb. in Leinw. 5. 80

Rösler, Augustin, der katholische Dichter Aurelius Prudentius Clemens. Ein Beitrag zur Kirchen- u. Dogmengeschichte d. 4. u. 5. Jahrh. Mit e. Titelbild in Farbendr. Die Huldigg. der Magier, aus den röm. Katakomben, nach Liell. gr. 8. (XIV, 486 S.) Freiburg i. B. 886. Herder. n. 7. —

Rösler, Augustin, C. S.S. R., d. Reichthum d. kathol. Kirche, s. a. Vorträge u. Abhandlungen, hrsg. v. der Leo-Gesellschaft.

Rösler, Augustin, Der Reichtum der katholischen Kirche. (Vorträge u. Abhandlungen, herausgegeben von der Leo-Gesellschaft. 2.) Wien, Mayer u. Co., 1896, 8°, 26 S., 50 Pf.

— die Übung der Charitas durch die Frauen u. an den Frauen, s.: Charitas-Schriften. 8. Hft.

Roesler, Berthold, Den heimkehrenden Turner-Kriegern, Breslau 1871, 1 S., 8°.

Rösler, C., Hingeworfene Gedanken zur Frauenfrage. 8°. Berlin 1893.

Rösler, C. J., Schulgebete zum Gebrauch an evangel. Lehranstalten. Gesammelt u. geordnet. 8. (II, 70 S.) Schorndorf 899. (P. Rösler.) Geb. in Leinw. n. — 70

Rösler, Carl, s. Rösler, Karl.

Rösler, Chr. (Hrsg.), s. Anzeiger, Kritischer. der neuesten Literatur.

Rösler, Christian Friedrich

— Diss. historiae universalis argumenta. 4. Tübing. 808.

—— Bibliothek der Kirchenväter in Übersezzungen und Anszügen aus ihren vornehmsten Schriften, sammt dem Original der Hauptstellen und nöthigen Anmerkk. Leipz. 776-86. 10 Th. 8. 13 rthlr. 8 gr.

Rösler, C. F., Bibliothek d. Kirchenväter ꝛc. 10 Bde. gr. 8. Leipzig, Hertel. 776—86. (1r u. 2r à 1 Rthlr. 3r u. 4r à 1 Rthlr. 4 gr. 5r 1 Rthlr. 12 gr. 6r 1 Rthlr. 4 gr. 7r u. 8r à 1 Rthlr. 12 gr. 9r 1 Rthlr. 8 gr. 10r 2 Rthlr.)

Rösler, Christian Friedrich, s. a. Bibliothek d. Kirchenväter.

Rösler, Chr. Fr., († d. 20. März 1821.) Chronicon medii aevi; argumenta generaliora, auctoritate celebriora, usu communiora, post Euseb. et Hieronym. res saec. IV., V. et VI. exponentia. 8maj. Tübing. 798. (Osiander). 1 ₰ 8 g?

— Chronicon medii aevi, argum. general. Tom. I. 8. maj. Tüb, Heerbrand. 798.

— dogmata de theoria historiae. 4. Tübing. 796.

Roesler, Christian Friedrich (Cannstatt) A. S. 566/17

Dissertatio iuris naturalis: de eo, quod licitum est, circa insitionem variolarum.
Präs. Christoph Friedrich Schott.
Tübingen (Erhard) X. 1757. 24 S.

3 Resp.

29090

Roesler, C. F., Diss. de commentitiis philosophiae Ammonianae fraudibus et nexis. Tubing. 786. 4.

Roesler, Christian Fried. [Praes.], s. Hoerner, Christian Friedrich: De theoria historiae dogmata. Tl. II.

Roesler, Christian Fried. [Praes.], s. Le Bret, Friedr. Karl: De prudentia imp. Rudolphi I.

— Lehrbegr. d. christl. Kirche in d. drey erst. Jahrhund. 8. Frankf. Varrentrapp und W. 775.

Rösler, Christian Friedrich, s. a. Lehrbegriff d. christl. Kirche.

— Diss. ad Isidori Hispalensis historiam Vandalorum observationes. 4. Tübing. 805.

Roesler, C. F., de origine philosophiae ecclesiasticae. Tub. 1781. 4.

Roesler, Christian Fried. [Praes.], s. Rau, Theophil Friedrich: De terris secundariis in Europa.

Leben, Gesellschaftliches, in Ofen und Pesth; in Briefen an Euphrosine J. (von *Christoph Rösler*). (Pesth 1805.)
Anon.-Lex. III. p. 24 (nach Meusel).

Rösler, Eph., s. 1) Musenalmanach für Ungarn. 2) R. Parthart, die Tageszeiten.

Roesler, Ed. Robert [wirkl. Name], s.a. Mühlfeld, Julius [Pseud.]

Roesler, Ed. Rob., die Anfänge des walachischen Fürstenthums. [Aus „Zeitschrift für die österreichischen Gymnasien."] Wien 867. (Gerold's Sohn.) gr. 8. (40 S.) n. 8 ngr.

Roesler, Rob., die Aralseefrage. Noch einmal geprüft. [Aus: „Sitzungsber. d. k. Akad. d. Wiss."] Lex.-8. (88 S.) Wien 873. Gerold's Sohn in Comm. n. 1. 40

—— die griechischen und türkischen Bestandtheile im Romänischen. Lex.-8. (54 S.) Wien 865, (Gerold's Sohn.) *

— Die griechischen und türkischen Bestandtheile im Romänischen. S. 50. [illegible] Ngr. [illegible]

MÜHLFELD, Julius (d. i. *Robert Roesler*), Das Buch der Schwarzen. Neuer Pfaffen-Spiegel aus Vergangenheit u. Jetztzeit. Königsbg. 1872. 8°. (1 Mk. Franz Teubner, 1878.)
Zwei Auflagen von diesem Jahre?

Roesler, Ed., das vorrömische Dacien. (Aus d. Sitzungsber. d. k. Akad. d. Wissensch. abgedr.) Wien 864. Gerold in Comm. gr. 8. (66 S.) n. 10 ngr.

—— Dacier und Romänen. Eine geschichtl. Studie. Lex.-8. (84 S.) Wien 866, (Gerold's Sohn.) *
aus: Sitzungsberichte der k. Akademie der Wissenschaften, besonders abgedruckt.

Mühlfeld, Julius (d. i. *Robert Roesler*), Eugenie die Exkaiserin der Franzosen. Nachtbild aus der Geschichte der Neuzeit. Bielefeld 1870. 8°. 30 S. (2 Mk. 50 Pfg. Adolf Weigel, 1911.)

—— zur Geschichte der unteren Donauländer. I.: Die Geten und ihre Nachbarn. Lex.-8. (47 S.) Wien 864, (Gerold's Sohn.) * *

Roesler E. Robert, Dr.: Die Geten und ihre Nachbarn. S. 11. 1864 . . . . Ngr.
Separatabdruck

— die zweisprachige Inschrift von Tanis, s. Reinisch, S. L.

— Johanna die Wahnsinnige, Königin von Castilien. Beleuchtung der Enthüllungen G. A. Bergenroths aus dem Archive zu Simancas. Wien 870. (Faesy & Frick.) gr. 8. (48 S.) n. 10 ngr.

—— die Jugend Napoleons I. gr. 8. (22 S.) Wien 869, (Faesy und Frick.) *

—— die Kaiserwahl Karl's V. gr. 8. (234 S.) Wien 868, Tendler und Comp. [Leipzig, Fues's Verlag.] *

Rösler, Ed., zur Kritik älterer ungarischer Geschichte. 4. (80 S.) Troppau 860, (Schüler's Buchh.) *
Aus: Programm des k. k. Ober-Gymnasiums zu Troppau für das Schuljahr 1860, besonders abgedruckt.

Rösler, E.: Über die Namen der Wochentage. S.37 - 70. 8°.– Wien L., Progr. 1865.

— über die Namen der Wochentage. Wien 865. Braumüller. gr. 8. (36 S.) n. 10 ngr.

— romänische Studien. Untersuchungen zur älteren Geschichte Romäniens. gr. 8. (XI, 363 S.) Leipzig 871. Duncker & Humblot. n. 8 40

— über den Zeitpunkt der slavischen Ansiedlung auf der unteren Donau. Abhandlung. [Aus: „Sitzungsber. d. k. Akad. d. Wiss."] Lex.-8. (52 S.) Wien 873. Gerold's Sohn in Comm. n. — 80

Rösler, Erich, appr. Arzt, Oberarzt b. Sanitätsamt d. 9. Armeekorps: Über angeborene seitliche Halsfisteln. Berlin (1908): G. Schade. 29 S. 8°
Berlin, Med. Diss. v. 24. Nov. 1908, Ref. Hildebrand
[Geb. 21. Sept. 79 Erfurt; Wohnort: Altona; Staatsangeh.: Preußen; Vorbildung: Gymn. Potsdam Reife O. 98; Studium: Berlin K. W. A. 10 S.; Coll. 21. Nov. 08; Approb. 11. Mai 05.] [U 09. 92

Rösler, F., Lehrbuch d. Rechenunterrichts, s.: Bergmann, R.

Rösler, Frz., der lustige Maler. Ein humorist. Malbuch m. lust. Versen. 1. u. 2. Heft. (S. 1—40 u. 41—80 m. z. Tl. farb. Abbild. u. je 5 Malmappen.) gr. 8. Leipzig (907). A. Hahn. à 1.20; in 1 Bd. geb. 2.50

Rösler, Frz., der Schnellzeichner. Neue Folge. Geographische Skizzen. (Asien, Amerika, Afrika, Australien.) 2 Hefte. (Je 16 Bl. m. Text auf dem Umschlag.) qu. 8. Leipzig (906). A. Hahn. à n. — 70; in 1 Bd. geb. (32 Bl. m. VIII S. Text.) n. 1. 40

— dasselbe. Ein neues Malbuch f. Schule u. Elternhaus. 1. u. 2. Bd. (1.—4. Heft.) qu. 8. Ebd. Geb. à n. 1. 40; einz. Hefte — 70
1. (1. u. 2. Heft.) 5. Aufl. (11.—12. Taus.) (13 Taf. m. V S. Text u. 14 Taf. m. IV S. Text.) (906.)
2. (3. u. 4. Heft.) (Je 14 Taf. m. III bezw. II S. Text.) 905.

— Der Schnellzeichner. Ein neues Malbuch f. Schule u. Elternhaus. 1. u. 2. Bd. 19,5×23,5 cm. Ebd. Geb. à 1.40; einz. Hefte — 70
1. (1. u. 2. Heft.) 8. Aufl. (18.—20. Taus.) (III, 27 Bl.) 909.
2. (3. u. 4. Heft.) 3. Aufl. (6.—7. Taus.) (28 Taf. m. III S. Text.) (908.)

Rösler, Georg, a. Siegmar b. Chemnitz: Beiträge zur Kenntnis von Mme Cottin. Leipzig 1908: C. Scheidemann. (78 S.) 8°
Leipzig, Phil. Fak., Ref. Birch-Hirschfeld u. Wülker, Diss. v. 7. März 1908
[Geb. 8. Mai 70 Siegmar; Wohnort: Leipzig; Staatsangeh.: Sachsen; Vorbildung: Staatsgymn. Dresden Reife f. Prima, Ministerialerlaubnis 8. Mai 07; Studium: Leipzig 12 S.]

Rösler, Gottlieb Friedrich

Allgemein faßliche Anleitung zur Algebra durch häufige Beyspiele erläutert; zu Ergänzung des mündlichen Unterrichts. — Von *Gtl. F. Rösler.* II. Thle. Stuttgard, Erhard u. Loeflund. 277. 386 S. 8. 1789.

— Beitrr. z. Naturgeschichte Würtembergs. 3 Hefte. Mit Kpf. gr. 8. Tübing. 788—91. (v. Cotta). 1 ℛ 22 gl.

— Beyträge z. Statist. u. Geogr., vorz. f. Deutschl. 3 Stck. 8. Ebend. 780—82.

Rösler, Gottlieb Friedrich, s.a. Beiträge zur Statistik u. Geographie, vorz. f. Deutschld.

Roesler, Theophil Friedrich (Stuttgart) A. S. 1349/45

De cometis, et arcenda exinde electricitate ad explicandum systema mundanum a nonnullis advocata.
Präs. Johann Kies.
Tübingen (Erhard) 13. X. 1759. 35 S.

W. v.: Präs.

29095

- Handb. d. prakt. Astronomie f. Anf. und Liebh. 2 Bde. m. K. gr. 8. Tüb. Heerbrand. 788. (1r, 1 Rthlr. 20 gr. 2r 2 Rthlr. 4 gr.)

Rösler, Gtl. Fr., Handb. d. prakt. Astronomie f. Anfänger u. Liebhaber rc. 2 Thle. Mit 4 Kpf. gr. 8. Tüb. 788. (Osiander). 4 ℛ

— commentatio exegetico-physica de luce primigenita, ad Genes. I, 3. 4. Tübing. 766.

— naturhistor. u. technolog. Nachrr. v. d. Saline zu Sulz. Mit 1 Kpf. gr. 8. Stuttg. 789. v. Cotta. 8 gl.

Über die nationale Bedeutung unserer Enthaltsamkeits-Bewegung. Ein Vortrag von Dr. Gustav **Rösler**, Stadtarzt. (Reichenberg): Selbstverl. 1905. (20 S.) 8° [F.] [08. 917

Rösler, Gust., über die nationale Bedeutung unserer Enthaltsamkeitsbewegung. Ein Vortrag. (II, 20 S.) 8. Reichenberg i/B. (Schloßgasse 3) 905. Verwaltung des „Alkoholgegner". n. — 18

— Enthaltsamkeit von geistigen Getränken als soziale Pflicht. (8 S.) 8. Ebd. (906). — 05

Rösler, Gust., s.: Leben, neues.

Leitsätze zur Alkohol-Frage von Dr. [Gustav] **Rösler**, Stadtarzt in Reichenberg. Hrsg. v. Verein d. Abstinenten f. d. Kronland Böhmen. [Reichenberg]: Ver. d. Abstinenten [um 1905]. (8 S.) 8° [F.] 06. 918

— Leitsätze zur Alkoholfrage. 2. Aufl. (8 S.) 8. Ebd. 906. — 90

Rösler, Gust., s. Mohs, Fr., u. sein Wirken.

— Nationalismus u. Geschlechtsleben, s.: Volksschriften, neudeutsche. Nr. 2.

Deutsche Tüchtigkeits-Bestrebungen. Ein Vortrag von Dr. [Gustav] **Rösler**, Reichenberg. Reichenberg: Alkoholgegner 1906. (48 S.) 8° [F.] 06. 919

Rösler, H[einrich], aus Rodach (Hzgt. Coburg): **Beiträge zur Kenntniss einiger Kaolinlagerstätten.** *Stuttgart: E. Schweizerbart 1902.* (S. 231—303.) 8° ¶ (Aus: N. Jahrbuch f. Mineral. etc., Beil.Bd 15.)
München, Phil. Diss. v. 1902

Roesler, Helene, schlesisches Kochbuch, s.: Pelz, H.

Roesler, Hermann

Roesler, C. Fr. Herm. Von dem Einfluss der **Besteuerung auf den Arbeitslohn.** Habilitationsschrift. 8°. Erlangen, Druck von Ad. E. Junge, 1860.

Roesler, Herm., über die geschichtliche Entwickelung der volkswirthschaftlichen Ideen der neueren Zeit. Oeffentlicher Vortrag gehalten am 9. März 1872. 8. (38 S.) Rostock 872, Kuhn. [Werther's Verlag.] * — 60

Roesler, Herm., Gedanken über den constitutionellen Werth der deutschen Reichsverfassung. gr. 8. (36 S.) Rostock 877. Stiller. n. 1. —

Rösler, Herm., die preußischen Gesetze über Armenpflege, Heimaths- u. Indigenats-Recht. Unter Berücksichtigung der dazu ergangenen Ministerial-Verordnungen u. Ober-Tribunals-Entscheidungen, zum praktischen Gebrauche für Verwaltungs- u. Justizbeamte, Gemeindevorsteher etc. hrsg. u. erläutert. Breslau 865. Kern's Verlag. gr. 8. (VII, 139 S.) 22½ ngr.

Roesler, Herm. über die Grundlehren der von Adam Smith begründeten Volkswirthschaftstheorie. Ein Beitrag zur Rechtsphilosophie. gr. 8. (IV und 176 S.) Erlangen 868, Deichert.

— über die **Grundlehren** der v. Adam Smith begründeten Volkswirthschaftstheorie. 2., neu bearb. u. sehr verm. Aufl. gr. 8. (IX, 280 S.) Erlangen 871. Deichert. n. 3. —

—— Grundsätze der Volkswirthschaftslehre. Ein Lehrbuch für Studirende und für Gebildete aller Stände. gr. 8. (XIV und 609 S.) Rostock 864, Stiller'sche Hofbuchh. *

Roesler, (Carl Frdr.) Herm., zur Kritik der Lehre vom Arbeitslohn. Ein volkswirthschaftlicher Versuch. Erlangen 861. Enke. gr. 8. (IV, 247 S.) n. 1 Thlr 10 ngr.

— **Lehrbuch** d. deutschen Verwaltungsrechts. 1. Bd. Das sociale Verwaltungsrecht. 1. u. 2. Abth. gr. 8. Ebend. 871—73. n. 18. —
1. Einleitung. Personenrecht. Sachenrecht. (XIV, 568 S.) n. 8. —
2. Berufsrecht. Erwerbsrecht. (VI, 683 S.) n. 10. —

—— **Lehrbuch** des deutschen Verwaltungsrechts. 1. Bd.: Das sociale Verwaltungsrecht. 1. und 2. Abthl. gr. 8. Ebendas. *
Inhalt:
Abthl. 1. Einleitung. Personenrecht. Sachenrecht. (XIV, 568 S.) 872. *M 8.
„ 2. Berufsrecht. Erwerbsrecht. (VI, 683 S.) 873. *M 10.

Rösler, Herrm., der allgemeinen Gerichts-Ordnung für die Preußischen Staaten zweiter Theil, betr. das Verfahren in nicht streitigen Sachen, insbesondere Handlungen der freiwilligen Gerichtsbarkeit, in den noch jetzt geltenden Bestimmungen mit den späteren Gesetzen, nebst erläuternden Anmerkungen, einschlagenden Ministerial-Verfügungen und Entscheidungen. Breslau 860. Kern. gr. 8. (VIII, 155 S.) 27 ngr.

—— Vorlesungen über Volkswirthschaft. gr. 8. (VIII, 469 S.) Erlangen 878, Deichert. * 7 —

— Ueber den Wert der Arbeit. Inaug.-Dissert. 8°. Tübingen, Laupp, 1860. (Zeitschr. f. Staatswissensch., 1860₂.)

Roesler, Hugo, der menschliche Körper, sein organischer Aufbau u. seine zweckentsprechende Pflege. Nach entwickelndem Verfahren bearb. (72 S.) gr. 8. Dresden 906. Holze & Pahl. n. 1. —; geb. n. 1. 40

Rösler, J. A. Ausführl. Beschr. der Gymnasial-Armen-Bibliothek in G. 13 S.
Progr. Görlitz 1838

— die v. Gersdorfische Mädchen-Erziehungsanstalt in Görlitz. gr. 8. Leipz. 824. Reclam. 6 gr

Rösler.J.A. Nachr. üb. d. Schule für Handwerks-Lehrlinge in G. 21 S.
Progr. Görlitz 1833

Rösler, J. A., Nachricht üb. d. Versuche aus d. Experimentalphysik am Gymnasium zu Görlitz. Progr. gr. 8. (1¾ B.) Görlitz 828. (Kittlitz, Zobel.)

Rösler. Joa. Burch.

Rösler, J. B., Decisiones, Anmerkk. u. Disputationen verm. v. J. E. G. Stockmar. 4. Coburg 783. (Riemann). 1 Thlr 12 gr

R ösler, I. Bu., decisiones, recens. Stockmar. 4. Cob. Ahl. 783.

Rösler, Joa. Burch.: Decisiones, quibus jus successionis hereditariae, in usum fori loci expositum et firmatum. Ed. nova auct. et emend. a Joa. Ern. Gotth. Stockmar. *Coburg*, (Riemann.) 785. 4. (1 Thl. 12 Gr.)

Roesler, Johann Eberhard [Praes.], s. Böck, Simon: De affectibus.

Roesler, Johann Eberhard [Praes.], s. Brodhag, Johann Jacob: De jure violentae defensionis.

Roesler, Johann Eberhard [Praes.], s. Erbe, Philipp Heinrich: Utrum electio praestet successioni?

Roesler, Johann Eberhard [Praes.], s. Ergezinger, Joh. Konrad De obligatione rei ad sustinendam poenam.

Roesler, Johann Eberhard [Praes.], s. Erhard, Jacob Bernhard: Vindiciae obligationis jurijurando propriae.

Roesler, Johann Eberhard [Praes.], s. Essich, Johann Gottfried. De obligatione militum.

Roesler, Johann Eberhard [Praes.], s. Hasenmajer, Johann Philipp: De potestate imperantium legislatoria part. posterior

Roesler, Johann Eberhard [Praes.], s. Hess, Georg Friedrich: De officio judicis ex jure naturali.

Roesler, Johann Eberhard [Praes.], s. Hock, Tobias Friedrich Chusajus ab intentato perfidiae crimine defensus.

Rösler, I. Eberh., institution. iurisprudentiae naturalis. 8. Tüb. Cotta, 756.

— de officio hominis et civis. 8. ibid. 726.

Roesler, Johann Eberhard [Praes.], s. Renz, Tobias Konrad: De eo quod naturaliter justum est circa emtionem et venditionem.

Roesler, Johann Eberhard [Praes.], s. Sigel, Johann Philipp: Dissertationis de potestate imperantium legislatoria pars prior.

— themata iurisprudentiae natur. 8. ibid. 726.

Roesler, Johann Eberhard [Praes.], s. Vischer, Christian Friedrich: De jure summorum imperantium in vitam civium.

Roesler, Johann Eberhard [Praes.], s. Widmann, Georg: De consiliis naturae.

Rösler, Ioannes Fridericus Paulus: *De nonnullorum vocabulorum usu ac vi apud Homerum et Hesiodum. 74 S. 2°
Halle-Wittenberg, Phil. Diss. v. 5. Aug. 1868
Geb. Schlawa (Schles.) 14. 4. 1843. V

Rösler, Johann Karl

Roesler, J. K., systematische Anleitung zur einfachen Buchführung in Beispielen u. Aufgaben. Für den Schul- u. Selbstunterricht. gr. 8. (VIII, 112 S.) Brehmen 877. Kühtmann & Co. 1. 80

Roesler, J. K., systematische Anleitung zur einfachen Buchführung in Beispielen u. Aufgaben. Für den Schul- u. Selbstunterricht bearb. 2. Aufl. gr. 8. (VIII, 112 S.) Bremen 884. Schünemann. cart. 1. 80

Roesler, J. K., systemat. Anleitg. zur Buchführung in Beispielen u. Aufgaben. Für d. Schul- u. Selbstunterr. bearb. 3. Aufl. gr. 8. (IV, 142 S.) Bremen 898. C. Schünemann. Kart. 1. 80

— u. Fr. **Wilde**, Beispiele u. Aufgaben zum kaufmännischen Rechnen. Wiederholungs- u. Schlusscursus des Rechenunterrichts in höheren Schulen. 2. Aufl., unter Berücksicht. der neueu Münzen, Masse u. Gewichte umgearb. gr. 8. (XIX, 404 S.) Halle 875. Gesenius. n. 5. 10

Roesler, J. K., u. Fr. **Wilde**, Beispiele u. Aufgaben zum kaufmännischen Rechnen. Für den Unterricht in höheren Schulen. 1. Thl. 3. Aufl. gr. 8. (XVI, 161 S.) Halle 878. Gesenius. n. 1. 80

—— und Fr. **Wilde**, Beispiele und Aufgaben zum kaufmännischen Rechnen. Für den Unterricht in höheren Schulen. 2. Tl. 3. Aufl. gr. 8. (XII, 204 S.) Halle 882, Gesenius. *
1. Thl. Ebendas. 1878. *M 1,50.

Roesler, J. K., u. Fr. **Wilde**, Beispiele u. Aufgaben zum kaufmännischen Rechnen. Für den Unterricht in höheren Schulen. 1. u. 2. Tl. 4. Aufl. gr. 8. Halle, Gesenius. n. 4. 50
1. (XVI, 160 S.) 887. n. 1. 80. — 2. (XII, 208 S.) 890. n. 2. 70

Roesler, J. K., u. Fr. **Wilde**, Beispiele u. Aufgaben zum kaufmännischen Rechnen. Für den Unterricht in höheren Schulen. 1. Tl. 5. Aufl. gr. 8. (XVI, 160 S.) Halle a/S. 893. H. Gesenius. n. 2. —

Roesler, J. K., u. Fr. **Wilde**, Beispiele u. Aufgaben zum kaufm. Rechnen. Für den Unterricht in höh. Schulen, Handels- u. Fortbildungsschulen. 2 Tle. gr. 8. Halle 900. H. Gesenius. n. 3. 60; Einbde. à n.n. — 25
1. 6., gänzlich umgearb. Aufl. (XVI, 152 S.) n. 2. —
2. 5., gänzlich umgearb. Aufl. (XII, 104 S.) n. 1. 60

— u. Fr. **Wilde**, Beispiele u. Aufgaben zum kaufmännischen Rechnen. Für den Unterricht in höheren Schulen, Handels- u. Fortbildungsschulen. 1. u. 2. Tl. 8. Halle, H. Gesenius. n. 3. 60; geb. n. 4. 40
1. 7. Aufl. in neuer Rechtschreibg. (XVI, 152 S.) 904. n. 2. —; geb. n. 2. 40
2. 6. Aufl. in neuer Rechtschreibg. m. e. Anh.: Wort- u. Sacherklärgn. (XII, 124 S.) 905. n. 1. 60; geb. n. 2. —

Roesler, J. K., u. Fr. **Wilde**, Beispiele u. Aufgaben zum kaufmänn. Rechnen. Für den Unterricht in höheren Schulen, Handels- u. Fortbildungsschulen. I. Tl. 8. Aufl. (XVI, 152 S.) 8. Halle 908. H. Gesenius. 2.—; geb. 2. 40

— u. H. G. **Eckhardt**, Christbaum-Schmuck. Beschäftigung für häusl. Kreise. gr. 8. (VIII, 27 S. m. 29 [4 farb.] Taf.) Bremen 896. Leipzig, M. Heinsius Nachf. n. 1. 50

Roesler, J. K., u. H. G. **Eckhardt**, Christbaum-Schmuck. Beschäftigung f. häusl. Kreise u. f. Knaben-Handfertigkeitsunterricht. 2. [Titel-]Aufl. (VIII, 27 S. mit 29 [4 farb.] Taf.) gr. 8. Leipzig [896] 903. M. Heinsius Nachf. n. 1. 50

Rösler, Johann *Karl*: Die Handlung und die Charaktere in Lessings Emilia Galotti. 4 (S. 3—14).
Vierklass. ev. G. A. B. u. verbund. Lehranstalten *Sächsisch-Regen* Progr. 1897

Rösler, Johann K[arl] Katalog der Bibliothek des evang. Gymnasiums A. B. in Szászrégen (Sächsisch-Regen). III. Teil. 29 S. 8.
Vierklassig. ev. Gymn. A. B. u. verb. Lehranstalten *Szászrégen* (*Sächsisch-Regen*) 1907. Progr.

Roesler, J. K., Reduction der Bremer Münzen auf Reichsmünzen und der Reichsmünzen auf Bremer Münzen. 4. Aufl. qu. gr. 4. (2 Bl.) Bremen 872, Kühtmann und Comp. *

— Reductions-Tabellen Bremer Münzen auf Reichsmünzen. Fol. (1 Bl.) Ebend. 872. n. — 35

Roesler, Johann Wilhelm (Kaisersbach) A. S. 1342/23

De atmosphaera solis, atque hinc explicandis caussis macularum solarium, dissertatio II.
Präs. Georg Wolfgang Krafft.
Tübingen (Mez) (29.)VIII. 1747. 24 S., 1 Taf.

2 Resp. 29092

Rösler Julius Kondensation von α-Oxyisobutyraldehyd mit Azetaldehyd S. 110.
IIb. 429 vgr
Separatabdruck

Rösler, Karl, Anleitung zur Führung e. Marodenhauses, s.a. Publikationen, militärärztliche. 135.

Roesler, Dr K. Anleitung zur Führung eines Marodenhauses Wien 1910 26 S

Rösler, Carl, der Lausitz Farben. Lied für 4stimm. Männerchor. 4. (4 S.) Lauban 847, Göschen. n. 1/6 ℛ

ROESLER, Karl: Über das Keratin der Menschenhaare und eine Albumose desselben. — 1906. 39 Bl. Diss. Graz, Univ.

Rösler, Karl Anton

Rösler K. A. Bergmännische Nachrichten über die Gebirge und den Bergbau zu Joachimsthal. Nebst einigen Nachrichten über die Gebirge auf der Strasse von Prag bis Joachimsthal, herausgegeben von J. Mayer Dresden, 1792. 8.

Rösler, Karl Ant., bergmänn. Nachrr. üb. die Gebirge u. d. Bergbau in Joachimsthal; herogg. v. Jh. Mayer 1. gr. 8. Dresd. 792. Walther. 10 ℛ

Rösler, Karl Gottfried, s Rössler, Karl Gottfried

Roesler, Leonhard

Roesler, L., über die Anwendung der schwefligen Säure in der Kellerwirthschaft und den Schwefelsäure-Gehalt des Weines, s. Mittheilungen der k. k. chemisch-physiologischen Versuchsstation für Wein- und Obstbau in Klosterneuburg.

Roesler, L., e. Beitrag zur Beantwortung der heute in Frankreich besonders ventilirten Fragen über Phylloxera vastatrix auf Grund der in Klosterneuburg bei Wien gemachten Erfahrgn. [Aus: „Annalen der Oenologie."] gr. 8. (12 S.) Heidelberg 875. C. Winter. n. — 60

— Ders Belehrung über das Auftreten der Reblaus Phylloxera vastatrix. Wien Verl des k. k. Ackerbauministeriums 1874 14 S - UB Brünn*

Roesler, Leonh., s.: Mitteilungen üb. die Arbeiten der k. k. chemisch-physiolog. Versuchs-Station für Wein- u. Obstbau zu Klosterneuburg.

—— s. Mittheilungen der k. k. chemisch-physiologischen Versuchsstation für Wein- und Obstbau in Klosterneuburg bei Wien.

ROESLER, LEONHARD. Ueber die Oxydation einiger Kohlenwasserstoffe durch chromsaures Kali und Schwefelsäure Göttingen, 1864.

Roesler, L., welche internationale Vereinbarungen wären zur Erleichterung des Weinhandels zu treffen, s. Bethlen, Graf Gregor.

Rösler Margarethe: Bemerkungen zur Alexiuslegende mit besonderer Berücksichtigung der Mittel-englischen Versionen. Diss. Wien, Univ.
D: Wiener Beiträge, Bd. XXI. 1905.
1903 PN 1659 1955

—— Die Beziehungen von [John] Fletchers "The Tamer Tamed" zu [William] Shakespeares "Taming of the Shrew".

6. Jahresbericht des städt. Mädchen-Lyzeums in Brünn über d. Schuljahre 1906-1907. Beil.

Die Fassungen der Alexius-Legende. Mit besond. Berücks. d. mittelengl. Versionen von Margarete **Rösler**, (Wien). Wien & Leipzig W. Braumüller 1905. (X, 197 S.) 8°
= Beiträge, Wiener, z. engl. Philologie. 21 105 1179

Rösler M. Dr und Brotanek Rudolf Dr Simon Daines Orthoepia Anglicana (1640). Neudrucke frühneuenglischer Grammatiken, herausgegeben von Dr Rudolf Brotanek, Band III. Halle a. d. S. 1908. M. Niemeyer

Rösler, M., Daine's, Simon, Orthoepia anglicana, s.a. Neudrucke frühneuenglischer Grammatiken.

Rösler, Margarete, Précis de littérature française. A l'usage des lycées de jeunes filles et des écoles réales. (III, 104 S.) 8. Leipzig 906. Renger. n. 1. 80; geb. in Leinw. n. 1. 60

Roesler, Max, Ueber den Arbeiterkrieg. gr 8° Berlin, C. Heymann's Verl., 1894.

Roesler, Max, üb. den Arbeiterkrieg. gr. 8. (III, 51 S.) Berlin 895. C. Heymanns Verl. n. 1.

Roesler, Max, keramische Tagesfragen. Besprochen u. d. Arbeitsgenossen, Freunden, Förderern u. Gönnern keram. Gewerbe gewidmet. gr. 8. (38 S. m. 1 Fig.) Coburg 888. Müller & Schmidt. n. 1. 60

RÖSLER, Max: Über die Verwendung des Buchenholzes zu Bauzwecken. - Berlin 1885 43 S

Rösler, Moritz, Predigt bei der Einweihung der Kirche zu Penzig den 8. Novbr. 1846 gehalten. Görlitz 846, Heinze & Co n. 1/12 ℛ

Rösler, Moritz, Predigt bei der Einweihung der Kirche zu Penzig den 8. Nov. 1846 gehalten. Görlitz 847, Heinze und Comp. *

Rosler, R. T., s. Horaz, 12 Oden.

— Oden a. d. Horaz. 8. Dess. Gel. Handl. 785.

Rösler, P., s.a. Rößler, P

Rösler, P., Beyträge als Leitfäden, der Jugend die Erlernung schriftlicher Aufsätze zu erleichtern. 8. Prag, Enders. 818.

Rösler, P., kalligraphische Uebungsblätter. 1s Hft. Querfol. Prag, Enders. 814. Rthlr.

Roesler, Paul, Silesius: De assimilationis pronominis relativi usu qualis fuerit apud Theophrastum, Polybium, Dionysium Halicarnaseum. Vratislaviae 1906: R. Nischkowsky. (100 S.) 8°
Breslau, Phil. Fak., Ref. Foerster, Diss. v. 6. März 1906
[Geb. 11. April 79 Herrmannsdorf, Kr. Jauer; Wohnort: Herrmannsdorf; Staatsangeh.: Preußen; Vorbildung: Matthias-Gymn. Breslau Reife O. 99; Studium: Breslau 14 S.; Rig. 20. Dez. 05.]

Rösler, Paula, Fahana. Neue Lieder. (64 S.) gr. 8. München(-Schwabing) 906. E. W. Bonsels & Co. Kart. n. 2. 50

— Falter. Zeichnungen u. Lieder. (39 S.) 8. Ebd. 905. Kart. n. 3. —

—— . Karfreitag. Gedichte. (1906—1909.) (77 S.) kl. 8. Berlin-Wilmersdorf (909). A. R. Meyer. 2.50; geb. 3. 50

Roesler, R.v. (Red.), s. Handels-Museum, Das.

Roesler, Robert, s. Roesler, Ed. Robert.

Roesler, Rudolf, Diplom-Ing.: Die strafrechtliche Verantwortlichkeit der Organe der Aktiengesellschaften, ausschließlich der Generalversammlung, im geltenden deutschen Recht und der Gesetzgebung einzelner Staaten des Auslandes. Borna-Leipzig 1908: Noske. XII, 117 S. 8°
Heidelberg, Jur. Diss. v. 6. Jan. 1909, Ref. v. Lilienthal
[Geb. 2. Febr. 81 Breslau; Wohnort: Wien; Staatsangeh.: Preußen; Vorbildung: Maria-Magdalena-Gymn. Breslau Reife O. 00; Studium: Berlin 3, München 2, Berlin 4 S.; Rig. 26. Juni 08.] [U 09. 1886

Rösler, Salesius

Rösler S.: Über die Beziehungen der Luxemburger zu den Habsburgern vom Tode Kaiser Karl IV. bis zu der Großjährigkeitserklärung Albrechts V. 1378—1411. 31. Böhm.-Leipa 74. Progr.

Rösler, Salesius Über die Beziehungen der Luxemburger zu den Habsburgern, von der Grofsjährigkeitserklärung des Herzogs Albrecht V. bis zum Tode des Kaisers Sigismund (1411—1437). 21 S. 8. [Forts. u. Schlufs von 1871 und 1874.]
Progr. G. *Böhm. Leipa* 1876.

Roesler, Valentin (Nürnberg) Altd. Phs. 43/24

Dissertatio inauguralis philosophica de admirandis naturae in gravitate specifica.
Präs. Johann Heinrich Muller.
Altdorf (Kohles) 19. VI. 1727. 22 S.

W. v.: Präs., F. P. Stoy.

29098

Rösler, Valentin (Nürnberg) A. S. 271/22

Dissertatio philologico-theologica de choreis veterum Hebraeorum. Präs. Gustav Georg Zeltner.
Altdorf (Kohles) 10. XII. 1726. 32 S.

Gew.: Gustav Philipp Moerl, Andreas Merkle, Jo. Jakob Hartmann, Jo. Konrad Hagendorf, Kaspar Gerngros.

W. v.: Präs.

29097

Roesler, Valentin (Nürnberg) Altd. Phs. 38/11b

Observationum eclecticarum de metaphysica Leibnitio-Wolffiana specimen II. cosmologicum.
Präs. Jakob Wilhelm Feuerlin.
Altdorf (Kohles) 1726. 8 S. 29096

Roesler-Mühlfeld, Ost- u. Westpreußen, eine Provinz? Die Danziger Agitation beleuchtet. 3. Aufl. gr. 8. (24 S.) Königsberg 875. Hartung'sche Verl.-Dr. — 50

Röslerstamm, J. E. Fischer Edler v., s. **Fischer**, J. E.

Rösli, Wilhelm, pract. Arzt in Rüti, Canton Zürich [v. Seen, Kt. Zürich]: Die Complicationen im Abdominaltyphus. Beobachtungen im Spital Zürich in den Jahren 1874—1878. Zür. J. Schabelitz Dr. 1880. 52 S., 1 Tab. 8°.
Zürich, Med. Diss. [v. 18. Aug. 1880].

Roslin, Hans (autor), Diss. phys. Ostrea Holsatica exhibens. Kilonii. 1708. 4. P. [Præs. Jo. Lud. Hannemann].

Roslin, Hans (Stockholm) A. S. 1331/20

Exercitatio physica Fridericiana de sole.
Präs. Johann Ludwig Hannemann.
Kiel (Reuther) IV. 1706. 28 S.

Gew.: Johann Gabriel Baner. 29276

Röslin, Adam Israel

Röslin, Adm. Isr., († d. 17. März 1794.) Anweis. von den in Würtemberg übl. Inventuren u. Theilungen. 8. ... 761. 2e Aufl. unt. d. T.: Abhandl. v. Inventuren u. Erbvertheilungen rc. 8. Manh. 780. Löffler. 16 gr. 3e Aufl. A. u. d. T.: Ab. H. Stein, Handbuch d. Würtemberg. Erbrechts, nach d. Verfass. Tode herausgg. v. K. F. Reinhardt. gr. 8. Stuttg. 827. Steinkopf. 1 ₰ 12 gr.

— — dasselbe. 8. Stuttg. Steinkopf. 780.

Röslin, Adam Isr., v. d. Inventuren und Abtheilungen. 8. Mannheim, Löffler. 786. Rthlr. -

Röslin, Ad. Isr.: Abhandl. von Inventuren u. Theilungen, auch and. dahin einschlag. Materien. 3e völlig umgearb. Aufl. — A. u. d. T.: Alb. H. Stein, Handb. d. Würtemberg. Erb-Rechts. Nach d. Verf. Tode hrsg. v. *K. F. Reinhardt*. *Stuttgart*, Steinkopf. (780.) 827. gr. 8.

Röslin, Eucharius, unfehlbare Heilart des Bluthustens und der Lungenschwindsucht ohne Apotheke, und Hebung der Anlage zu Brustleiden mittelst Lebensordnung, Berufswahl u. Sommerkur. 8. Stuttgart 838. Beker. ½ ₰

Röslin, Eucharius, unfehlbare Heilart d. Bluthustens u. d. Lungenschwindsucht ohne Apotheke, u. Hebung d. Anlage zu Brustleiden mittelst Lebensordnung, Berufswahl u. Sommerkur. 8. (8½ B.) Stuttgart 838, [Rommelsbacher.] Thlr.

Röslin, Eucharius, zuverlässige Heilart des Bluthustens u. der Lungenschwindsucht ohne Apotheke, u. Beseitigung der Anlage zu Brustleiden mittelst Lebensordnung, Berufswahl u. Sommerkur. 2., veränd. u. verm. Ausg. 8. (13 B.) Stuttgart 843, Hallbergersche Vrlgsh.

Röslin, Eucharius, zuverlässige Heilart des Bluthustens u. der Lungenschwindsucht ohne Apotheke u. Beseitigung der Anlage zu Brustleiden, mittelst Lebensordnung, Berufswahl u. Sommerkur. 3. (Titel-)Aufl. 8. (VIII u. 197 S.) Stuttgart (843) 850, Hallberger'sche Verlagshandlung. ½ ₰

Röslin, Johann Friedrich

Roeslin, Joh. Frdr. Leben Herzogs Christoph von Würtemberg. 8. Stuttgart 1739. — 8. ib. 1792. — 8. ib. 1798.

Röslin, J. F., Leben Herz. Christoph v. Wirtemberg. 8. Stuttg. Erhard. 793.

Röslin, Jh. Fr., († d. 17. März 1794.) Leben Herzogs Christoph v. Würtemberg. 8. Stuttg. 793. (Sattler). 8 gr

— — des Herzogs Eberhard von Wirtemb. rc. 8. Tübing. Heerbrand. 792.

Rösslin, J. Fr. Leben des ersten und merkwürdigen Herzogs von Würtemberg, Eberhard im Bart. 8. Tübingen 1793. — 8. ib. 1822.

— Leben des Herzogs v. Würtemberg Eberhard im Bart. 8. Tübing. 793. (Osiander). 12 gr

Röslin, Karl Ludwig Christoph

RÖSLIN, Carl Ludw. Chp. (geb. zu Stuttgart, am 26. Febr. 1749), Abhandlung von besondern weiblichen Rechten. 2 Bde. Mannheim, Löffler, 1775—79. 4°. (2¼ Rthl.) (Auch in Rostock, Univ.-Bibl.)
1—2: 18 Sgr. Heberle; Bd. 2: 1 Mk. 20 Pfg. Bielefeld 101. no. 1327, vor 1885, jetzt theurer!
Gradmann, Joh. Jac., d. gelehrte Schwaben. (Tüb.) 1802. Gr. 8°. p. 515 nennt als Druckort des 1. Theils „Stuttgart"

— Abhandl. von besondern weibl. Rechten. 2 Bde. 4. Manh. 775—79. Löffler. 2 rf 16 gr (Steinkopf in Stuttg.) 2 rf

— — Dasselbe. 2 Bde. Ebd. 1779. 4°. (In Amsterdam, Bibl. Gerritsen.)

Röslin, K. L. Cp.: Gedanken von richt. Berechnung d. Pflichttheils. *Frkf.* (*Tüb.*) 773. mit 6 Nachtr. 777. 4. (zus. 12 Gr.)

— 6 Nachträge hierzu. 4. Stuttg. Steinkopf. 777.

Röslin, K. L. Cph., 6 Nachtr. z. d. Gedank. v. richt. Berechn. des Pflichttheils. 4. Mannh. Löffler. (Steinkopf in Stuttg.) 778.

Röslin, Karl Ludwig Christoph, s.a. Gedanken v. Berechn. d. Pflichttheil.

– s. Kritik d. neuen Constitution in Frankreich.

Röslin, Karl Ludw. Chrph.: Kritische Versuche über Recht und Unrecht z. Theil aus s. Preisschriften in Druck gegeben. Bd 1. Tübingen 1791.

— krit. Vers. über Recht und Unrecht. 2 Stck. 8. Tüb. Heerbrand. 791.

Röslin, Karl Ldw. Cph., krit. Versuche üb. Recht u. Unrecht. 2 Stcke. 8. Tübing. 791. (Osiander). 8 gr

— krit. Versuche üb. d. Zeitgeist, die Preßfreiheit u. Geschwornengerichte. 8. Eßling. 820. (Kummer in Leipz.) 21 gr

Röslin, C. L. Ch., kritische Versuche über den Zeitgeist, die Preßfreyheit und Geschwornengerichte. 8. Eßlingen. (Stuttgart, Sattler.) 820.

Rösling, Christian Lebrecht

Rösling, Chr. Lebr., analyt.-prakt. Abhandl. über die Berechnung d. Gewölbe. Mit 1 Kpf. gr. 4. Ulm 810. Stettin. 12 gr

— Angabe einer ganz neuen, höchst einfachen und wohlfeilen Schrotwaage, mittelst welcher nur zwei Personen durch eine Schnur und ein Zuggewicht an derselben die Gefälle großer Strecken leicht und genau abwägen können, mit allen nöthigen Vorlehren zum Nivelliren u. 1 Steindrucktafel. gr. 8.
Augsb.: v. Jenisch u. Stage 1836.

Rösling, Chrstn. Lebr., Angabe einer ganz neuen höchst einfachen u. wohlfeilen Schrotwage, mit allen nöthigen Vorlehren zum Nivelliren. 2. Ausg. gr. 8. (4 B. u. 1 Stnt.) Augsburg 842, v. Jenisch u. Stage'sche Buchh.

— u. C. L. Reichard, Anweis. z. Benutzung d. Kartoffeln auf Stärke- u. Syrup-Zucker, u. z. Einrichtung des Dampfapparats. Mit ill. Kpf. 8. Ulm 812. Ebner. 9 gr

Rösling, Chrstn. Lebr., statische Architekten-Schule, worin üb. Gewichtsbestimmung u. Vestigkeit d. Baumaterialien, Tragbarkeit ungespannt. Balken, Vertheil. d. Pressungen ders. geg. ihre Unterlagen, Stabilität d. Körper u. besond. d. bepfeilert. Mauern mit Vergleichungen zur Erspar. an Materialien, Bestimm. d. Stärke d. Futtermauern, d. kreis- u. korbbogenförm. steinernen Brückengewölbe u. ihrer Wiederlager, der Wiederlager d. Kreuzgewölbe ꝛc. ꝛc. gründlicher u. möglichst faßlich f. Anfänger eingericht. Unterr. gegeben wird. gr. 8. (33½ B. u. 10 Kpfrt. gr. 4.) Augsburg 831, v. Jenisch u. Stage'sche Vrlsh.

— krit. Bemerkk. über mancherlei Lehren d. Logiker, mit manchen neuen Lehren. gr. 8. Ulm 826. Stettin. 2 rf 4 gr

—— erste vollständig prakt. Beschreibung d. Bürstenbinder-Handwerkes, mit Angabe d. Einrichtungs- u. Betriebs-Kosten, geliefert v. Chr. H. K. gr. 8. (5 B. u. 1 Figtaf.) Augsburg 835, v. Jenisch u. Stage'sche Vrlsh.

— neue Fabriken-Schule, worin nicht blos zu verbesserten u. auf richtige physikal. Grundsätze u. Erfahrr. gegründeten Fabrikationsweisen, sond. vorzügl. auch zu zweckmäß. Anlagen u. zu Berechnn. d. Anlagen ꝛc. Anleitung gegeben wird. 3 Thle. Mit Kpf. gr. 8. Erlang. 806—8. Palm. 12 rf (2r Thl. A. u. d. T.: üb. die bisher noch nicht beschriebene Stanniolschlägerei; e. Abhandl., den Materialien nach geliefert von C. W. Herdegen. Mit 4 Kpft. 807. 3r Thl. A. u. d. T.: die Fabrikation des Salmiaks u. d. dabei als Nebenprodukte gewinnbaren Fabrikate ꝛc. Nach d. mündl. u. schriftl. Angabe des Hrn. W. L. Kisery. Mit 6 ill. Kpf. 808.)

— neue Fabrikenschule. 3 Thle. gr. 8. Erlang. Palm. 806—808. (1r üb. Potasche 3 Rthlr. 2r üb. Staniolschlägerey 4 Rthlr. 3r über Fabrikation des Salmiaks 5 Rthlr.)

Rösling, (Ch. L.,) der Galvanismus aus d. Dunkel in d. Licht hervorgezogen. 2 Bde. Mit 6 Steintaf. gr. 8. Ulm 824, Stettin.

— der Mathematik Grundbegriffe, wahres Wesen u. Organismus geistesgesetzmäßig entwickelt. gr. 8. Ulm 823, Stettin.

— Grundlehren von d. Formen, Differenzen, Differentialien u. Integralien d. Functionen, nebst d. Principien d. Anwendung derselben auf d. Auflösung d. mathemat. Probleme ꝛc. 1r Thl. 4. Erlang. 805. Palm. 4 rf

— u. J. K. W. Rösling, compendiarisches Handbuch d. Technologie, mit d. nöthigen Literatur u. den zur Deutlichkeit erforderl. Kupfern. gr. 8. Erlang. 806. Palm. 6 gr

—— neues, zur Selbstbelehrung abgefaßtes Lehr- u. Hülfsbuch d. Mechanik, worin d. prakt. Nöthigste von dem leichten u. richtigen Zeichnen d. besten Krümmungen d. Zähne u. Kammen, von d. Gleichgewichte, d. Zerlegung u. Zusammensetzung mechan. Kräfte u. d. verzahnten Räderwerke mit d. Kraft- u. Last-Berechnungen lichtvoll dargest. ist. 1. Aufl. 835., u. 2. Ausg. gr. 8. (à 15¼ B. u. 8 Stnt.) Augsburg 840, v. Jenisch u. Stage'sche Vrlsh.
à

— neue Lehre von den Sackrädern, welche mittelschlächtig sind. Durchaus durch Rechnungs-Beispiele erläutert und mit 1 Baurisse versehen. gr. 8. Ebd. 836. 1 rf

—— neue Lehre von den Sackrädern, welche mittelschlächtige sind. Durchaus durch Rechnungs-Beispiele erläutert u. mit einem Baurisse versehen. 2. Ausg. gr. 8. (10 B.) Augsburg 842, v. Jenisch u. Stage'sche Buchh.
—

Ch. Lbr. Rösling: d. Lehren d. reinen Logik, durch Beispp. u. Verbesserungen leicht verständl. dargest., m. Hinweis. auf e. Samml. besond. krit. Bemerkk. üb. mancherl. Lehren d. Logiker. *Ulm*, **Stettin. B. 826. gr8° 3 ₰ 16 gl**

Rösling, Chr. Lebr., üb. Mathematik u. Philosophie, zur Erkenntniß, daß die Kant'sche Unterscheidung dieser Wissenschaften nicht richtig sey. Programm. gr. 4. Ulm 829. (Stettin). 3 gl

— krit. Prüfungen u. Berichtigungen der bisher. Elektricitätslehre, durchgängig auf Experimente gegründet ꝛc. Mit 1 Figurentaf. gr. 8. Ulm 823. Stettin. 2 ₰ 8 gl

— von den Qualitäten u. Urtheilen; e. Beitr. zur Berichtigung u. Erweiterung d. Logik. 1e Abtheil. 4. Ulm 817.

— Rede f. die Ueberzeugung v. d. wahren Bestimmung u. Fortdauer d. menschl. Geistes. gr. 4. Ulm 821.

—— ausführl. prakt. Unterricht in d. Pottaschen-Bereitung ꝛc. u. ferner in d. verbess. Sied- u. Calcinirofen-Bau f. lernende Maurer, welchem auch die genauesten Berechnungen üb. Anlags- u. Betriebskosten u. reinen Gewinn beigefügt sind ꝛc. gr. 8. (8½ B. u. 3 Stnt.) Augsburg 835, v. Jenisch u. Stage'sche Vrlsh.

Rösling, Chrstn. Lebr., und C. W. Rösling, neugegründ. u. vollständ. Unterr. in d. Gewölb-Bogen-Bau, gestützt auf Berechnung d. Pressungen von Keil zu Keil, gemeinfaßl. gegeben u. noch besond. nützlich gemacht durch Beifüg. e. deutl. Werkmeister-Büchleins, welches die durch Rechnungsbeispiele verdeutl. Regeln f. d. Beantwortung aller mögl. in d. Gewölbbogen-Construction aufgestellt. Fragen enthält. gr. 4. (39 B. u. 5 Taf. gr. Fol.) Ulm 829, Stettin.

—— nöthigste Vorlehren aus d. Mechanik u. Hydraulik, mit neuen hydraul. Lehren f. die zu d. Berechnungen d. Wasserräder ꝛc. besten Ausmittelungen aller Geschwindigkeiten u. Gefälle d. Triebwassers, u. mit e. Beschreib. e. einfachen, wohlfeilen u. zum Messen in verschied. Tiefen brauchbaren Wassergeschwindigkeitsmessers. gr. 8. (7½ B. u. 1 Stnt.) Augsburg 836, v. Jenisch u. Stage'sche Vrlsh.

—— nöthigste Vorlehren aus der Mechanik u. Hydraulik, mit neuen hydraul. Lehren f. die zu den Berechnungen der Wasserräder ꝛc. besten Ausmittelungen aller Geschwindigkeiten u. Gefälle des Triebwassers, u. mit e. Beschreibung eines einfachen, wohlfeilen u. zum Messen in verschiedenen Tiefen brauchbaren Wassergeschwindigkeitsmessers. Mit Beispielen. gr. 8. (7½ B. u. 1 Stnt.) Augsburg 842, v. Jenisch u. Stage'sche Buchh. –

—— neue Wasser-Pumpen aus Dielen mit Wassersäcken u. Zugmaschinen zu Brückenbau, Wasserbau ꝛc., von welchen durch e. jede bei einer e. Quadratfuß großen Höhlung ders. in jeden drei Sekunden zwei Cubikfuß Wasser gehoben u. ausgeworf. werden können, durch Versuche bewährt, durchaus prakt. u. leicht faßl. in d. Construktionen aller Theile beschrieben. gr. 8. (10 B. u. 2 ill. Taf. Fol. u. gr. 4.) Augsburg 834, v. Jenisch u. Stage'sche Vrlsh. Thlr.

—— neue Wasser-Pumpen aus Dielen mit Ledersäcken u. Zugmaschinen zu Brückenbau, Wasserbau ꝛc. 2. Ausg. gr. 8. (10 B. u. 2 ill. Stnt.) Augsburg 842, v. Jenisch u. Stage'sche Bh. –

— von den oberschlächtigen Wasserrädern mit versuchten Verbesserungen der Berechnung und Einrichtung derselben, Erläuterung durch Zahlenrechnungen u. 2 Steindrucktafeln. gr. 8. Ebd. 836. ⅞ ₰

—— von d. oberschlächt. Wasserrädern mit versuchten Verbessern. d. Berechn. u. Einricht. ders. ꝛc. 1. Aufl. 836. ⅞ Thlr., u. 2. Ausg. gr. 8. (à 9½ B. u. 2 Stnt.) Augsburg 842, v. Jenisch u. Stage'sche Vrlsh.

Rösling, Chr. L., Von den unterschlächtigen Wasserrädern u. den zu der Anlage derselben gehörenden mechanischen u. hydraulischen Vorlehren, in welchen viele eigenthümliche Anweisungen des Verfassers in gemeinfasslicher u. durch Rechnungsbeispiele erläuterter Darstellung zu finden sind. Mit 1 lith. Tfl. Augsburg u. Leipzig 1837 8°

—— von den unterschlächt. Wasserrädern u. den zu d. Anlage ders. gehör. mechan. u. hydraul. Vorlehren ꝛc. 1. Aufl. 837, ⅞ Thlr., u. 2. Ausg. gr. 8. (à 10½ B. u. 1 Stnt.) Augsburg 842, v. Jenisch u. Stage'sche Vrlsh.

Roesling, Ernst, Buchhandel u. Druckgewerbe in Ingolstadt in den letzten 100 Jahren. Festschrift zum . jähr. Jubiläum der Krüll'schen Buchhandlg gr. 8. (20 S.) Ingolstadt 886. Krüll. gratis.

Rösling, Fritz: Zur Operation der Retropharyngealabscesse. Tübingen 1909: Laupp. 27 S. 8° ¶ (Aus: Beiträge z. klin. Chirurgie. Bd 64, H. 1.)
Tübingen, Med. Diss. v. 4. Aug. 1909, Ref. v. Bruns
[Geb. 9. Mai 84 Furth b. Nürnberg, Wohnort Tübingen; Staatsangeh.: Bayern, Vorbildung. Maximilians-Gymn. München Reife Juli 02, Studium: München 3, Tübingen 7 S.; Coll. 8 März 09; Approb. 16. Jan. 09.] [U 09. 3941

Rösling, J. J., Briefe u. Erzähll. über die Schutzblatterimpfung, zu Widerlegung sündl. Einwendung dagegen. 8. Erlang. 806. Palm. 3 gl

Rösling, Johann Karl Wilhelm

— compendiar. Handb. d. Technologie, s. Chr. Lebr. Rösling.

Rösling, J. C. W., die Wissenschaft von dem einzig richtigen Staatszwecke, od.: Was soll d. Staat, was muß er seyn? gr. 8. Erlang. Breuning. 811.

Rösling, Jh. Karl Wlh., die Wissenschaft v. dem einzig richtigen Staatszwecke, oder: Was soll d. Staat, was muß er seyn? gr. 8. Erlang. 811. (Heyder). 1 ₰ 14 gl

Rösling, J. C. W., gerechte Wünsche vieler Baiern ihren Abgeordneten des Landtages 1819 an das Herz gelegt. 8. Erlangen, Heyder. 819.

Rösling, Karl Wilhelm

— gründliche Eröffnung für Zuckerraffinerien, der aus eigener Erfahrung genommenen Praxis in der Fabrikation des Beinschwarzes und aller der sich dabei ergeb. Nebenproducte ꝛc. Mit d. Bauplan einer Fabrik in 14 Baurissen. 8. Weimar 836. Voigt. 2 ₰ —

—— gründl. Eröffnung für Zuckerraffinerien, s. Schauplatz, neuer, der Künste ꝛc., 86. Bd.

—— die Fabrikation d. Beinschwarzes ꝛc, s. Schauplatz, neuester, d. Künste ꝛc., 86. Bd.

Rösling, C. W., Handbuch für Kupferschmiede, s. Höhne, F.

Rösling, Handbuch f. Kupferschmiede, 4. Aufl., s.: Petit, Waldem., der Kupferschmied.

Rössling, C[arl] W[ilhelm] Der wohlerfahrne Küfer oder Büttner, oder das Büttner-Handwerk in allen seinen Verrichtungen. Nebst vollständigem Unterricht über das Berechnen und Abvisiren. Mit vielen Abb. Ulm: Ebner 1838. VI, 407 S. 13 Tab. -- 24°
Heinsius: Rösling, Carl Wilh. -- Kayser: Rösling, Karl Wlh. -- Weber: Rösling. 1533.

—— das Kupferschmiedhandwerk, s. Schauplatz, neuester, d. Künste ꝛc., 101. Bd.

—— vollständ. theoret.-pract. Lehrbuch d. Land-Baukunst f. Werkleute: als Maurer, Zimmerleute u. besond. f. Meisterrechts-Bewerber. 2 Bde. gr. 8. (48 B. u. 29 Stnt.) Ulm 838, Fr. Ebner.

— vollständiges theoret.-praktisches Lehrbuch der Land-Baukunst für Werkleute. 2 Bde. in 12 Lfrgg. Mit 29 Steindrucktaf. gr. 8. Ulm 838, 39. Ebner. 4 1/2 ℛ

Rösling, C. W., vollständ. prakt.-theoret. Lehrbuch der Land-Baukunst für Maurer u. Zimmerleute, besonders aber auch für Meisterrechts-Bewerber. 1. Bd. 1.—3. Liefg. Neue Ausg. 8. (Mit 16 Taf.) Ulm 845, 46, Ebner. 24 ngr

Rösling, C(arl) W(ilh.), vollständiges Lehrbuch der Land-Baukunst für Maurer und Zimmerleute, besond. aber auch für Meisterrechts-Bewerber. 2. Bd. Mit Zeichnungen. Neue Ausg. 8. (360 S. und 13 Stnt.) Ulm 847, Ebner.
1. Bd. Ebendas. 1846. 2 Thlr. 12 Ngr.

Rösling, C. W., vollständiges theoretisch-praktisches Lehrbuch der Land-Baukunst für Maurer und Zimmerleute, besonders aber auch für Meisterrechts-Bewerber. Wohlfeile (Titel-)Ausg. 2 Bde. oder 8 Lfgn. 8. (1. Bd. IV und 494 S., 2. Bd. 358 S. mit 25 Stnt. in qu. 4.) Tuttlingen (847)58. 59, Kling. à Lfg. 9 Ngr.

Rösling, C. W., die Lehre von den Säulenordnungen nach Vignola, Scamozzi, Palladio, Vitruv u. A. vollständig dargestellt u. deren Anwendung in der bürgerl. Baukunde. Mit einer reichhalt. Sammlung v. Ornamenten im gothischen u. byzantinischen Style, sowie auch vorzügl. Verzierungen im neuern Geschmacke. Ein Hülfsbuch für jeden Künstler, insbesondere aber für Architekten, Steinhauer, Maurer ꝛc. Mit 48 (lith.) Taf. Abbildungen. 3 Lfgn. gr. 8. (IV u. 55 S.) Ulm 851, Ebner. (à 19 ngr) 1 ℛ 27 ngr

— die Lehre der Säulenordnungen nach Vignola, Scamozzi, Palladio, Vitruv u. Andern. Nebst einer reichhaltigen Sammlung von Ornamenten. Ein Hülfsbuch für jeden Künstler, insbesondere aber für Architekten, Steinhauer, Maurer ꝛc. 2. (Titel-)Ausg. Mit 300 Abbildgn. auf 48 (lith.) Taf. Tuttlingen (851.) 858. Kling. gr. 8. (IV, 55 S.) 1 ℛ. 6 ngr

Rösling, C. W., die Lehre von den Säulenordnungen nach Vignola, Scamozzi, Palladio, Vitruv u. A. Nebst einer reichen Sammlung von Ornamenten und Verzierungen. Ein Hülfsbuch für jeden Künstler, besonders für Architekten, Steinhauer, Maurer ꝛc. 2. wohlfeile (Titel-)Ausg. gr. 8. (IV, 55 S. mit 300 lithogr. Abbild. auf 48 Taf.) Tuttlingen (858)73, Kling.

—— Mustersammlung von Säulen und Ornamenten für Architekten, Steinhauer, Maurer, Zimmerleute ꝛc. und überhaupt für jeden Künstler. Gesammelt und mit einer Lehre von den Säulenordnungen nach den berühmtesten Quellen hrsg. 3. (Titel-) Aufl. gr. 8. (IV und 55 S. mit 300 Abbild. auf 48 Stnt.) Tuttlingen (851)60, Kling. Thlr.

Rösling, C. W., die Schule des Küfers oder Büttners. Ein belehrendes Handbuch für Lehrlinge, Gesellen und Meister. 2. (Titel-)Aufl. 8. (VIII und 407 S. mit vielen Abbild. auf 14 Stnt.) Tuttlingen (838)59, Kling.

—— u. B. Stoß, der Thurm-Uhren-Bau auf seiner jetzigen Stufe der Vollkommenheit, mit Berücksichtig. der neuesten Stoß'schen u. Mannhardt'schen Patent-Thurm-Uhren. gr. 8. (12¼ B. mit 10 Taf. Zeichn. u. 5 Zahlentaf.) Ulm 843, [Friedr. Ebner.]

Rösling, Carl Wilh., Beilage zu dem Werke: Der Thurmuhrenbau ꝛc., s. Beilage.

Rösling, C. W., Unterricht in d. Gewölb-Bogenbau, s. Chr. L. Rösling.

Rosmanit, J., zur Farbensinnprüfung im Eisenbahn- u. Marinedienste. (59 S. m. 2 Abb. u. 1 Taf.) 8. Wien 907. W. Braumüller. 1.—
Sonderabdr. aus: „Wiener klin. Wochenschr."

Rosmann, Adf., Tabellen der Steigungs-Verhältnisse von 1 : 10 bis 1 : 39 für Distanzen von 1 bis 100 u. der analogen Neigungswinkel. gr. 8. (10 S.) Wien 878. Spielhagen & Schurich. n. 1. 60

Rosmann, Frz. Ser., Maria die Mutter vom guten Rate u. die vier letzten Dinge. Nach Dionysius dem Karthäuser. Geschichte, 31 Betrachtgn. u. Gebete. gr. 16. (240 S. m. farb. Titelbild.) Münster 902. Alphonsus-Buchh. Geb. in Leinw. — 75

Rosmann, J., geistl. Liebesgedanken, od. Krankenbuch. 8. Augsb. Wolf. 747. –

Rosmann, Osk., der alpine Winterkurs des k. u. k. 14. Korps in den Ötztalern, Stubaiern u. Hohen Tauern. Vortrag, geh. in der Sektion Innsbruck des D. u. Oe. Alpenvereins. (66 S. m. 3 Skizzen.) gr. 8. Innsbruck 908. Wien, A. Edlinger. 1.30

Rosmann, P., u. Faustin Ens, Geschichte der Stadt Breisach. Mit einem Vorwort von Weiß. Nebst 2 Stahlst. u. 2 Lith. (in qu. Fol.) gr. 8. (XVI u. 482 S.) Freiburg im Br. 851, Wagner in Comm. n. 1 ℛ 6 ngr

Rosmann, E. u. Ens, Geschichte der Stadt Breisach. (482) 8. Freiburg i/Br. 1851. 3,60. — M. Vorw. v. Weiss. 8. ib. 1871.

Rosmarinkranz. Eine Sammlung böhmischer Dichtungen in deutscher Uebertragung von Jos. Wenzig. 16. (192 S.) Regensburg 855, Manz. –

Rosmarinstengel, Tobias, oder Abentheuer, Ausflüge und Verwandlungen eines jovialischen Windbeutels, ein komischer Roman. Erfurt 1807. V: *Beyer, Caspar Constantin.* (BGE VI³, 547)

Rosmarinstengel, Tobias, od. Abenteuer eines jovialischen Windbeutels, m K. 8. Erfurt, Beyer u. M. 807.

Rosmäsler, s. Roßmäßler.

Rosmer, Ernst [Pseud.], s.a. Bernstein, Frau Elsa

Rosmer, Ernst, s. a.: Porges, Elsa.

Rosmer, Ernst (Frau Elsa Bernstein), Achill. Tragödie in 3 Akten. (124 S.) kl. 8. Berlin 910. S. Fischer, Verl. 2.50; geb. n 3.50

— Maria Arndt. Schauspiel in 5 Akten. (119 S.) 8. Ebd. 908. 2.—; geb. n 3.—

Rosmer, Ernst, Dämmerung. Schauspiel in 5 Akten. 8. (139 S.) Berlin 893. S. Fischer, Verl. n. 2.—; geb. n. 3.—

— Königskinder. Ein deutsches Märchen in 3 Akten. 8. (127 S.) Berlin 895. S. Fischer, Verl. n. 2.—

Rosmer, Ernst (Elsa Bernstein), Königskinder. Ein deutsches Märchen in 3 Akten. 4. Aufl. 8. (127 S.) Berlin 898. S. Fischer, Verl. n. 2.—; Textbuch. Musik v. Engelbert Humperdinck. 1.—5. Tausf. (127 S.) n. — 60

— Königskinder. Ein deutsches Märchen in 3 Akten. 5. Aufl. (127 S.) Ebd. 908. 2. —

— dasselbe, s.: Humperdinck, Engelb.

— Madonna. 8. (173 S.) Ebd. 894. n. 2. – ; geb. n. 3 —

Rosmer, Ernst (Frau Elsa Bernstein), Mutter Maria. Ein Totengedicht in 5 Wandlgn. 4. (96 S.) Berlin 900. S. Fischer, Verl. n. 2. 50; geb. n. 3. 50

— Nausikaa. Tragödie. (151 S.) 8. Berlin 906. S. Fischer, Verl. n. 2.50; geb. n.n. 3. 50

— Tedeum. Gemütskomödie in 5 Akten. 8. (VII, 162 S.) Ebd. 896. n. 2. —

— Themistokles. Tragödie in 5 Akten. 8. (142 S.) Ebd. 897. n. 2. —

— Wir Drei. 5 Akte. 8. (112 S.) München 893. Dr. E. Albert & Co., Sep.-Cto. n. 1. 50

Rosmini, Carlo, Bild e. vorzügl. Jugendlehrers, entnommen aus d. Leben u. Wirken Victorin's v. Feltre. Beitr. z. Gesch. d. Pädagogik d. 15. Jahrh. N. d. Italien. v. F. M. gr. 8. (8½ B.) Glogau 838, Prausnitz.

Rosmini, C.: Bild eines vorzüglichen Jugendlehrers entnommen a. d. Leben u. Wirken Victorin's von Feltre. Beitr. zur Geschichte der Pädagogik d. 15. Jhdts. Glogau 1838. 130 S.

Rosmini-Serbati, Antonio

Rosmini, A., Grundzüge der christlichen Vollkommenheit, s.: Bibliothek, kleine ascetische.

Rosmini-Serbati, Antonio, Conferenzen über die Priester-Pflichten oder Vorträge bei geistlichen Exercitien. Aus dem Italienischen übers. von Joh. Bapt. Hiendl. Mit einem Vorwort von Pruner. gr. 8. (X, 339 S.) Regensburg 883. Manz. 5. 40

Rosmini Serbati's, Antonio, philosophisches System. Uebers. aus dem Italien. nach der neuesten Ausg. gr. 8. (IV, 136 S.) Regensburg 879, Manz.

Rosnack, geb. Stein, Maria, neues Stettiner Kochbuch; durch 50jähr. eigene Erfahrung bewährte Recepte. 8. Stettin 824. 2e verb. Aufl. 827. (Nicolai in Berl.) 20 gr

Rosnack, geb. Stein, Marie, Stettiner Koch-Buch. Anweis., auf e. feine u. schmackhafte Art zu kochen, zu backen u. einzumachen. Nach durch 50jähr. eigene Erfahr. bewährt. Recepten bearb. 3., verb. u. verm. Aufl. 8. (15½ B.) Stettin 833, Nicolai.

Rosnack, geb. Stein, Marie, Stettiner Koch-Buch. Anweisung auf eine feine und schmackhafte Art zu kochen, zu backen u. einzumachen. 3e verb. u. verm. Aufl. 8. Stettin 833. Nicolai. (Gutberlet.) ¾ ₰

Rosnack, Marie, stettiner Koch-Buch. 5., verb. u. verm. Aufl. Mit e. Anhange, enthaltend Speisen u. Getränke f. Kranke u. Genesende. 8. (16½ B.) Stettin 845, Nicolai'sche Buchh. -

Rosnack, Marie, stettiner Koch-Buch. Anweisung auf eine feine und geschmackhafte Art zu kochen, zu backen und einzumachen. Nach durch 50jähr. eigene Erfahrung bewährten Recepten bearb. 6., verb. und verm. Aufl. Mit einem Anhange, enth. Speisen und Getränke für Kranke und Genesende. 8. (III und 260 S.) Stettin 851(52,) [Gutberlet.] -

Rosnack, Marie, Stettiner Koch-Buch. Anweisung auf eine feine u. schmackhafte Art zu kochen, zu backen u. einzumachen. Nach durch 50jährige eigene Erfahrung bewährten Recepten bearb. 6. verb. u. verm. Aufl. Mit einem Anhang, enthaltend Speisen u. Getränke für Kranke u. Genesende. 8. (IV u. 260 S.) Stettin 852, Nicolai. ¾ ₰

Rosnack, Marie, Stettiner Kochbuch. Anweisung auf eine feine u. schmackhafte Art zu kochen, zu backen u. einzumachen. Nach durch 50jährige eigene Erfahrungen bewährten Recepten bearb. 8., verb. u. verm. Aufl. Mit einem Anh., enthaltend Speisen u. Getränke für Kranke u. Genesende. Stettin 868. Saunier. 8. (III, 259 S.) cart. 22½ ngr

Rosnak, Martin, Augustiner in Lockenhaus. Die Belagerung der k. Freystadt Güns, im Jahre 1532. Aus gleichzeitigen Schriften und Urkunden, auch gedruckten glaubwürdigsten Denkmalen. 8. Wien 1789.

Rosnack, Mt., (+ ...) s. 1) T. D. *Philocalus*, Calendar. antiq. 2) Fr. X. *Schier*.

Rosnay, ..., Naturgeschichte f. das schöne Geschlecht; aus d. Französ. (v. Chr. Er. Wünsch). Mit 1 Kpf. 8. Leipz. 774. Schwickert. 12 gr

Rosnay, de. Naturlehre für das schöne Geschlecht; a. d. Franz. Leipz. 1774. Ü: *Wünsch, Christian Ernst.* (MGT) »Naturgeschichte« (Ky)

Rosner, Abraham, aus Tab (Ungarn): Davids Leben und Charakter nach Talmud und Midrasch. Oldenburg i. Gr. 1908. X + 92 S. 8°. [19. VII. 07.] Bern. Phil. Diss. 1908/09.

Rosner, Abraham. Davids Leben und Charakter nach Talmud und Midrasch. Diss. Phil. Bern. IV + VIII + 92 S. 8. Oldenburg i. Gr., Ad. Littmann, 1908.

Rosner, Emil [pr. Arzt]: Aus d. Breslauer chirurg. Klinik: Ein Beitrag zur Lehre von den Gelenk-Erkrankungen bei Blutern ... Breslau, Druck d. Bresl. Gen.-Buchdr., 1895; 31 S. 8. Breslau, Med. Fak., Inaug.-Diss. v. 1. Juli 1895

Rosner, Emil, e. Beitrag zur Lehre v. den Gelenk-Erkrankungen bei Blutern. Diss. gr. 8. (29 S.) Breslau 895. (Schlotter.) n. — 50

Rosner, J., volksthümliches Handbuch des österreichischen Rechtes, s.: Ingwer, J.

Rosner, J., Jagd-Signale und Fanfaren zusammengestellt und rythmisch geordnet. 1. und 2. Aufl. 16. (31 S.) Pless 877,78, Kummer. cart. *

Rosner, J., Jagd-Signale und Fanfaren, zusammengestellt und rhythmisch geordnet. 3. verm. Aufl. (29 S.) 1881; 4.—7. verm. Aufl. 16. (31 S.) Pless 882—84, Krummer. cart. *

Rosner, J., Jagd-Signale und Fanfaren, zusammengestellt und rhythmisch geordnet. 9. und 10. verm. Aufl. 12. (31 S.) Pless 886,88, Krummer. cart. * — 80

Rosner, J. Jagd-Signale u. Fanfaren, zusammengestellt u. rhythmisch geordnet. 11. Aufl. 16. (29 S.) Pless O/S. 890, Krummer. cart. * — 80

Rosner, J.: Jagd-Signale und Fanfaren zsgest. u. rhythm. geordnet. 18. Aufl. Pless O/S. A. Krummer 1899. (31 S.) 8°

Rosner, J., Jagd-Signale u. Fanfaren, zusammengestellt u. rhythmisch geordnet. 19. Aufl. (29 S.) 16. Pless 902. A. Krummer. Kart. n. — 80

Rosner, J., Der Kollektivvertrag. Eine socialpolitische Studie. (Aus: Das Recht. Volkstüml. Zeitschr. f. österreich. Rechtsleben.) 8⁰. Wien, Wiener Volksbuchhandlung in Komm., 1903.

— der Kollektivvertrag, s.a.Recht, das. Separ.-Ausg. 1.

— Unter den Obdachlosen v. Messina. Aus den Tagebüchern der Wiener freiw. Rettungsgesellschaft. Mit e. Vorwort von Mor. Graf Vetter v. d. Lilie. (68 S. m. 23 Abb.) Lex. 8. Wien 910. M. Perles. 2. 50

— s.: Recht, das.

— Signale für das Feuerwehr-Horn in F, nebst einem Anhang von 6 leichten zweistimmigen Märschen. 1 Feuerwehr-Hoch vierstimmig u. 1 Zapfenstreich vierstimmig zusammengestellt u. den deutschen freiwilligen Feuerwehren gewidmet. 16. (15 S.) Ebend. 878. n. — 60

Rosner Dr. J.: Eine psychologische Studie. 44. Wiener-Neustadt R. 885. **Progr.**

Rosner Dr. J.: Über Wärmeleitung u. die Methoden, das Wärmeleitungsvermögen der Körper zu bestimmen. 56. Wiener Neustadt R. 80. **Progr.**

Rosner, J. L., Jad Benjamin u. W' Schem Mardechai. Enthaltend: Eine Abhandlung über Philosophie, Cabbala u. die geschichtlichen Momente bis zur Offenbarung, sodann die Verzeichnung der 620 Gebote nach den 620 Buchstaben der zehn Gebote, sammt genauer Erklärung derselben, ferner in möglichster Kürze: Die Geschichte der Philosophie oder die geistige Seele als Grund des Pantheismus u. Polytheismus. 8. (31 S. u. 128 S. hebr. Text.) Wien 882. (D. Löwy.) n. 1. 20

Rosner, J. L., Jad Benjamin und W' Schem Mardechai. Enthaltend: Eine Abhandlung über Philosophie, Cabbala und die geschichtl. Momente bis zur Offenbarung, sodann die Verzeichnung der 620 Gebote nach den 620 Buchstaben der zehn Gebote, sammt genauer Erklärung derselben, ferner in möglichster Kürze: Die Geschichte der Philosophie oder die geist. Seele als Grund des Pantheismus und Polytheismus. 8. (31 S. und 128 S. hebr. Text.) Wien 882, (Pollák.) * 1 20

Rosner, Joh. Bapt., Erörterungen u. Vorschläge f. den Unterricht im Freihand- u. geometrischen Zeichnen an d. Realschulen in Oesterreich. Progr. gr. 8. (40 S.) Innsbruck 902. Wagner. n. 1. —

Rosner, Joh*ann* Bapt. Die illustrierenden Künste und ihre Bedeutung für die Culturgeschichte. Ein Beitrag zur Kenntnis und Würdigung des Kunstdruckes. 8 (50 S.).
Progr. K. k. Ober-G. z. d. Schotten *Wien* 1890.

SAMMLUNG einiger Gedichte von *J. G. E. R.* (d. i. *Joh. Geo. Eman. Rosner*). — Disiecti membra poetae. (Kl. Ornam.-Vign.) Bayreuth bey Johann Andreas Lübeck 1773. 8⁰. (In Dresden u. Warmbrunn.) Zahm.
Titel, 2 Bll. Vorber., unterz. K··k (d. i. J. C. Krauseneck). 1 Bl. Inh., 94 S., 1 Bl. Druckf. — Selten!

Rosner, Jh. Geo. Emm., († d. 4. Nov. 1784.) s.a. Samml. einiger Gedichte.

Rosner, Jo. Georg Emanuel (Bayreuth) A. S. 1118/8

Toni theoria magnum medicinae incrementum. Dissertatio medica. Präs. Heinrich Friedrich Delius. Erlangen (Becker) X. 1749. 24 S. 29278

Rosner, Johann Michael (Neustadt a. d. Orla) A. S. 1415/14

Disputatio inauguralis medica de incubo. Präs. Johann Philipp Eysel. Erfurt (Grosch) 7. I. 1708. 12 Bl.

W. v.: Justus Vesti, Präs., Jeremias Michael Rosner (Vater), David Wendler, Joh. Christoph Lendin, Christian Jeremias Rosner (Bruder). 29279

[F.] Karl **Rosner.** Auferstehung. Schausp. (a. d. Umschl.: Drama) in 3 Akten. *Berlin: Schuster & Loeffler 1896.* (84 S.) 1 Bd 8. [96. 8642

— der böse Blick u. andere Novellen, s.: Sammlung Franckh. 34. Bd.

Rosner, Karl, ein Brandstifter u. andere Erzählungen. 8. (III, 204 S.) Dresden 902. E. Pierson. n. 2.—; geb. n. 3.—

Ⓑ — Ein Brandstifter. 902. (KBL 32.) Jetzt: Berlin, Verlag Berlin-Wien.

Decadence. Novelletten von Karl **Rosner.** *Leipzig: W. Friedrich [1893].* (114 S.) 8° [F.] [93. 4477

Rosner, Karl, Decadence. Noveletten. 2. [Titel-] Aufl. Mit e. Titelzeichng. v. Hans Thoma. 8. (115 S.) Berlin (893) 896. Schuster & Loeffler. 1. 50; geb. n. 2. 50

— taube Ehen. Schauspiel in 3 Aufzügen. 8. (88 S.) Berlin 899. Schuster & Loeffler. 1. 50

— Gefühle. Psychopathische Fälle. Mit e. Titelzeichng. v. Hans Thoma. 8. (VII, 157 S.) Ebd. 894. n. 3. —

[F.] Karl **Rosner.** Gefühle. Psychopath. Fälle. 2. Aufl. M. 1 Titelzeichng v. Hans Thoma. *Berlin: Schuster & Loeffler 1896.* (4 Bl., 157 S.) 1 Bd 8. [96. 9209

— Die silberne Glocke. Roman. 1.—4. Tauf. (424 S.) 8. Leipzig (909). Grethlein & Co. 5.—; geb. 6. —

— Shakspere's Hamlet im Lichte der Neuropathologie. Vortrag, geh. in d. Gesellschaft f. psycholog. Forschung, München. gr. 8. (51 S.) Berlin 895. Fischer's medicin. Buchh. n. 1. 20

Der Herr des Todes. Roman von Karl **Rosner.** Leipzig, Berlin, Frankfurt a. M., Paris: Grethlein (1910). 491 S. 8° [11. 1232

— Hunnentreue, s.: Geschichten, intime.

[F.] Karl **Rosner.** Das Kind. Der Roman e. Studenten. *Berlin: Schuster & Löffler 1896.* (3 Bl., 144 S.) 1 Bd 8. [96. 9210

[F.] Die dekorative Kunst im neunzehnten Jahrhundert. E. Stück Kunstgesch. v. Karl **Rosner.** *Berlin: S. Cronbach 1898.* (VIII, 140 S.) 1 Bd 8.
= **Ende**, Am, d. Jahrhunderts. Bd VI. [98. 6127

— die dekorative Kunst im 19. Jahrh., s.a. Am Ende des Jahrhunderts, Bd. 6.

Georg Bangs Liebe. Roman von Karl **Rosner.** Berlin: Concordia [1906]. (406 S.) 8° [F.] [07. 12186

Ⓑ Rosner, Karl, Georg Bangs Liebe. 906. (KBL 34.) Jetzt: Leipzig, Grethlein & Co.

— eine zweifelhafte Liebesprobe, s.: Geschichten, intime.

Die Mumienhand. Erzählungen von Karl **Rosner**. 1. Taus. Berlin: Concordia [1907]. (119 S.) 8° [F.]
— **Concordia-Bibliothek**, Kleine. Bd 3. [07. 11897

Die Mumienhand. Erzählungen von Karl **Rosner**. 2. Taus. Berlin: Concordia [1907]. 119 S. 8°
(Kleine Concordia-Bibliothek. Bd 3.) [09. 8574 II

Die Mumienhand. Erzählungen von Karl **Rosner**. Berlin & Leipzig: Seemann [1910]. 119 S. 8°
(Siesta. 6.) [10. 16475

— Der Puppenspieler, s.: Engelhorn's allgemeine Roman-Bibliothek.

Rosner, Karl [Hrsg.], s. Rosner, Leopold: Schatten aus dem alten Wien.

— der Ruf des Lebens. Eine Erzählg. 12. (191 S.) Leipzig 902. H. Seemann Nachf. n. 2. 50; geb. n. 3. 50

— Der Ruf des Lebens. Roman. 3. Aufl. (188 S.) 8. Berlin (908). [Concordia.] Leipzig, Grethlein & Co. 2.—; geb. 3. —

Ruinen der mittelalterlichen Burgen Ober-Österreichs. Im Auftr. d. k. k. Zentral-Komm. f. Kunst u. hist. Denkmale aufgenommen u. gezeichnet von Karl **Rosner**, k. k. Baurat. Mit 72 Ill. u. 24 Grundr.-Taf. *Wien: A. Schroll & Co. 1903.* (71 S.) 4° [03. 13457

Rinnender Sand. Ostseegeschichten von Karl **Rosner**. Berlin: Concordia [1906]. (158 S.) 8° [07. 12185

(B) — Rinnender Sand. 906. (KBL 34.) Jetzt: Leipzig, Grethlein & Co.

— Sehnsucht. Roman. (357 S.) 8. Berlin 907. [Concordia.] Leipzig, Grethlein & Co. 4.—; geb. 5. —

Sehnsucht. Roman von Karl **Rosner**. 4. Aufl. Berlin: Concordia [1907]. (357 S.) 8° [F.] [07. 16698

— Dietrich Hellwags Sieg. Roman. (220 S.) 8. Stuttgart (904). Union. n. 3. —; geb. in Leinw. n. 4. —

Rosner, Karl, appr. Arzt a. Stuttgart: Aus d. Psychiatrischen u. Nerven-Klinik zu Kiel. Zur Symptomatologie und Diagnose der Meningitis tuberculosa. Kiel 1907: Schmidt & Klaunig. (15 S.) 8°
Kiel, Med. Fak., Ref. Siemerling, Diss. v. 7. Aug. 1907
[Geb. 18. Juni 79 Freilassing, Oberbayern; Wohnort: Stuttgart; Staatsangeh.: Württemberg; Vorbildung: Wilhelms-Gymn. Cannstatt Reife Sommer 99; Studium: München 4, Kiel 2, Berlin 1, Kiel 5 S.; Coll. 26. Juli 07; Approb. 15. Apr. 06.]

— der Fall Bersegh, s.: Engelhorn's allgemeine Roman-Bibliothek.

Das deutsche Zimmer im neunzehnten Jahrhundert. Eine Darstellung desselben im Zeitalter d. Klassicismus, d. Biedermeierzeit, d. rückblickenden Bestrebungen u. d. neuen Kunst von Karl **Rosner**. Mit e. Nachw. von Georg Hirth. Mit 108 Ill. u. 12 Taf. München & Leipzig: Hirth (1899). 259 S. 4°
(Hirth: Das deutsche Zimmer v. Mittelalter bis z. Gegenwart. Bd 2.) [09. 10229

— das deutsche Zimmer, s. d. Hirth, Geo.

Rosner, Karl Ludwig (Königsberg/P) A. S. 803/3

Dissertatio juridica de rebus exportari prohibitis vulgo Contrebande-Wahren.
Präs. Johann Albert Stephani.
Königsberg (Reusner) III. 1720. 24 S.

W. v.: Präs., Johann Rosner (Vater). 29280

Rosner, Leopold

Rosner, L., Appetit-Lexikon, s.: Habs, Rob.

Rosner, L., Erinnerungen an Anzengruber. 12. (61 S.) Wien 891. Manz. — Leipzig, Klinkhardt. n. 1. 20

Rosner, Leopold, Fünfzig Jahre Carl-Theater (1847—1897). Ein Rückblick. Mit Abbildungen. Gr.-8. (40 S.) * 1.—
Wien: Schworella & Heick 1897.

Rösner, L., s. Marshall Hall, Beobachtungen.

(F) **Rosner, L., Aus Nestroy. Eine kleine Erinnerungsgabe.** 5. Aufl. [Allg. National-Bibliothek. Nr. 315—316.] 8°. (58 S.)
Wien: Dab.rkow 1902.

Rosner, Leop., s. d. Aus Nestroy.

Aus den Papieren eines Wiener Verlegers (d. i. Leopold **Rosner**) 1858–1897. Persönliches, Literarisches, Theatralisches. Hrsg. von Friedrich Arnold Mayer. Wien & Leipzig: Braumüller 1908. 179 S. 8° [11. 6599

Rosner, Leop., s. d. Aus den Papieren e. Wiener Verlegers.

Schatten aus dem alten Wien. Erinnerungen von Leopold **Rosner**. Hrsg. von Karl Rosner. Berlin: Meyer & Jessen 1910. X, 187 S. 8° [11. 11399

— das neue Toastbuch. Eine reichhalt. Sammlg. v. vorzügl. ernsten u. heiteren Orig.-Trinksprüchen u. Reden in Vers u. Prosa f. alle vorkomm. Gelegenheiten. Mit Beiträgen v. Rod. Anschütz, Brecher, F. Dingelstedt u. A. 8. (XVI, 191 S.) Wien 893. A. Hartleben. n. 2. —

— das neue Vortragsbuch. Eine reiche Auswahl ernster u. heiterer Declamationsstücke m. Orig.-Beiträgen v. Ad. Brecher, Ada Christen, J. J. David rc. 8. (VIII, 344 S.) Ebd. 894. n. 3. 60

Die Loge „Zukunft" im Or. Pressburg. Festschrift aus Anlass ihres fünfundzwanzigjährigen Gründungstages von Leop. Rosner. Ms. f. Brr. Pressburg: Selbstverl. d. Loge. 1899. 47 S. 8°
[Vortit.:] Zur Geschichte der ger. u. vollk. Loge „Zukunft" Pressburg.
Recens: Z. 29 (1899) S. 56.
Gesch. der Loge.

Rosner, Malvine, aus Brünn (Oesterreich): Ueber pyridinhaltige Kobaltiake. Zürich 1910. 43 S. 8°. [29. VIII. 10.]
Zürich. Univ. Phil. Diss. II. S. 1909/10.

Rosner, Malvine. Über pyridinhaltige Kobaltiake. Diss. Phil. [II.] Univ. Zürich. 43 S. 8. Zürich, J. J. Meier, 1910.

Rösner: Rerum Praenestinarum part. I. 26 S. II. 22 S. u. eine Karte.–Glatz, Progr. 1861, 1867

Roesner, A. C. De bonis domanialibus, von Tafelgüthern. 8°. Lipsiae 1684. 8°. Jenae 1740.

Roesner, A. C., de dissensu. 8. Lips. Junius. (Crobloch.) 717.

Rösner, Arthur, approb. Arzt aus Wohlau: **Ueber die Erregbarkeit verschiedenartiger quergestreifter Muskeln.** *Tübingen 1900: (Pierer, Altenburg).* (28 S.) 8°
Tübingen, Med. Diss. v. 1900

Roesner, Fritz, die Semi-Säcular-Feier des Königl. Seminars u. Waisenhauses zu Neuzelle am 4. u. 5. Juli 1867. (Aus: Schulblatt für die Prov. Brandenburg.) Berlin 867. (Wiegandt & Grieben.) gr. 8. (44 S.) n. 5 ngr.

Roesner, Herm., was muß ich v. der Steuereinschätzung unter Berücksicht. der neuen Gesetze wissen? Veranlagg. zu den Staats-, Gewerbe- u. Kommunalsteuern. Erläuterungen, Steuerpflicht u. Steuerrecht, Einkommens- u. Vermögensberechngn., Eingaben, Deklarationen, Rechtsmittel, Erlaßanträge, nebst verschiedenen Mustern u. Formularen. (100 S.) 8. Berlin (910). H. Steinitz. 1.50

Rösner, Johann (Nürnberg) A. S. 1374/2

Exercitatio historico-theologica de origine, dignitate, et usu nominis Christiani ad Actor. XI. com. XXVI. Präs. Johann Franz Budde.
Jena (Müller) VI. 1711. 90 S.

W. v.: Präs.

29100

Rösner, Ludw., die Schlichtung des österr. Völkerstreites. Neue Vorschläge. gr. 8. (34 S.) München (900). A. Schupp. n. — 80

Roesner, Rudolf *(geb. Glatz 19. 4. 1850)*: Beiträge zur Lehre vom Morbus Basedowii. Breslau 1875. (45 S.) 8°
Breslau, Med. Diss. v. 31. Juli 1875

ROSNY, Ant. Jos. Nic. de (1771—1814), Die Einsiedeley in den Pyrenäen. 2 Thle. Leipzig, Kummer, 1798—99. 8⁰.
Orig.: Adèle de Germeuil, ou l'hermitage des monts Pyrénés. Paris 1797. 18⁰. — Holländisch 1801. 8⁰.

— Die Frauenschule. Nach d. Französ. u. s. w.: Apollonion 1807. S. 95—119. J. P*l. Prosa.
Goedeke VII, 682, 320, wo die „Liebes-Geständnisse" fehlen.

— Liebes-Geständnisse galanter Frauenzimmer in sechs Erzählungen. Aus d. Französ. des *J. A. Rosny*, Verf. der Adelheit v. Germeuil. Cairo (Berlin, Schöne) 1799. 8⁰.
2 Bll. u. 132 SS. — Original: Confession galante de six femmes du jour. — Ein 2. Titel lautet: Les six nouvelles, ou la confession galante de six femmes du jour, par *J. A. Rosny*, auteur d'Adèle de Germeuil. A Paris, chez Delalin fils, libraire, quai des Augustins. no. 34. 1797. in-18⁰, de 177 pp.

— — Dasselbe m. d. Titel: Liebes-Geständnisse von sechs galanten Damen. Aus d. Französ. Berlin, Schöne, 1801. 8⁰.
132 SS. (incl. Tit. u. 1 Bl. Vorr.). — Kayser, Romane, hat bei diesem Titel die Jahrzahl 1821 (?).

— — Dasselbe m. d. Titel: Liebes-Geständnisse Pariser Damen. Aus d. Französ. Ibid. 1806. 8⁰. 132 SS. (incl. Tit. u. 1 Bl. Vorr.).

— — Dasselbe, tit.: Liebesgeständnisse von 6 galanten Damen. Ebd. 1821. 8⁰. (Citirt Kayser.)

— Werke. Aus d. Französ. 5 Thle. 8⁰.
1—2: Die Einsiedeley in den Pyrenäen. 1798 ff; 3—5. Félicien Vilmard. 1801 ff.
Leipz.: Kummer 1798-1802.

Das Eheversprechen. Novelle von J. H. **Rosny** [d. i. Joseph Henri Honoré Boëx u. Séraphin Justin François Boëx]. Autor. Übers. von Wilhelm Thal [d. i. Lilienthal]. Mit Ill. von **A.** Lewin. Berlin, Eisenach, Leipzig: H. Hillger [1905]. (109 S.) 8° [F.]
= **Bücherschatz,** Kürschners. No 478. [07. 13296

Rosny, J. H., das Eheversprechen, s. Kürschner's, Jos., Bücherschatz.

Rosny, J.-H., die goldene Nadel, s.: Romansammlung „Deva". Nr. 10. 11.

de **Rosny**, Leon: Les origines bouddhiques du christianisme. ([S.-A.] Revue du XXe Siecle, dirigee par Louis Zorn.) Bâle 1894. 48 S. 8°. [C 2537

Rosochatius, Ernst, über Bewegungen eines Punktes. Inaugural-Dissertation. gr. 4. (32 S.) Berlin 877. (Göttingen, Vandenhoeck & Ruprecht.) n. 1. —

Rosoff, Meer: Dystokie bei Beckentumoren. **München 1909: Ernst.** 23 S. 8°
München, Med. Diss. v. 28. Okt. 1909, Ref. Döderlein
[Geb. 2. Jan. 85 Semljansk, Gouv. Woronesch; Wohnort: Woronesch; Staatsangeh.: Rußland; Vorbildung: Gymn. Woronesch Reife Juni 04; Studium: Heidelberg 2, Berlin 1, Würzburg 1, München 6 S.; Rig. 28. Okt. 09.]
[U 10. 3571

Rosoll, Alex., Beiträge zur Histochemie der Pflanze. [Arbeiten des pflanzenphysiolog. Institutes der Wiener Universität XXVII.] Lex.-8. (14 S.) Wien 884, (Gerold's Sohn.) ** — 30
Aus: Sitzungsberichte der k. Akademie der Wissenschaften, besonders abgedruckt.

Rosoll, A., üb. 2 neue an Echinodermen lebende parasitische Copepoden: Ascomyzon comatulae u. Astericola Clausii. [Mit 2 Taf.] [Aus: „Sitzungsber. d. k. Akad. d. Wiss."] Lex.-8. (15 S.) Wien 888. (Tempsky.) n. — 70

— Über vegetabilische Faserstoffe. 12 ibd.
Progr.

Rosoll Dr. Alex.: Die Festfeier anläßlich des 40jährigen Bestandes der Anstalt am 17. Mai 1903. 8. St. Pölten 03.
Progr.

— Über den mikrochemischen Nachweis des Curcumins und Coniins in den vegetabilischen Geweben. 11 Wiener-Neustadt R. 91.
Progr.

Rosoll Dr. A.: Über den mikrochemischen Nachweis der Glycoside und Alkaloide in den vegetabilischen Geweben. 23. Stockerau 90.
Progr.

Rosorius, Hermann, Arzt a. Mülheim a. d. Ruhr: **Ueber Rückenmarksanästhesie in der Geburtshülfe. Bonn 1907: J. Trapp.** (27 S.) 8°
Bonn, Med. Fak., Ref. Fritsch, Diss. v. 23. Dez. 1907
[Geb. 30. Okt. 80 Mülheim; Wohnort: Mülheim; Staatsangeh.: Preußen; Vorbildung: Gymn. Mülheim Reife O. 00; Studium: Kiel 3, Bonn 8 S.; Coll. 23. Dez. 07; Approb. 1. Aug. 06.]

Rosow, Basil., Experimente über die Durchschneidung der Sehnerven. (Abdr. aus d. Sitzungsber. d. k. Akad. d. Wiss.) Wien 864. (Gerold.) gr. 8. (6 S.) n. 2 ngr.

Rosow, Basil., über die Folgen der Durchschneidung des Nervus opticus. [Aus den Sitzungsber. d. k. Akad. der Wiss.] Wien 864. (Gerold's Sohn.) Lex.-8. (4 S. mit 2 chromolith. Taff.) n.n. 10 ngr.

Rosowsky, Aron. Ueber Coecal- und Ovarialhernien im Kindesalter. Aus der Kinderklinik in Basel (E[duard] Hagenbach-Burckhardt). Diss. Med. Basel. 24 S. 8. Basel, Brin & Cie., [1908].

Rospatt C., Vorschläge zur Abänderung. d. Entwurfs e. deutschen Civil-Processordnung in Bezug auf die Regelung d. mündlichen Verfahrens. gr. 8. (64 S.) Elberfeld 875. Bädeker. n. 1. —

Rospatt, Johann Josef

Rospatt, J. J. Chronologische Beiträge zur Griech. Geschichte zwischen d. J. 479—431. 8 S. . . . .
Münstereiffel, Progr. 1841

Rospatt, J. J. Krit. Beiträge zur ältesten Geschichte der Franken. 25 S.
Münstereiffel, Progr. 1835

Rospatt, Joh. Jos., krit. Beiträge z. ältesten Geschichte d. Franken. gr. 4. (3½ B.) Köln 836, J. G. Schmitz.

Rospatt, J(oh.) Jos., de Corsica insula a Romanis capta. Commentatio historica ad suscipiendum professoris historiae ordinarii in academia regia Monasteriensi munus. 8maj. (32 S.) Monasterii 850, Regensberg. *

— Hannibalis expeditio in Gallia cisalpina anno 586 a. u. c. facta. Pr. 1862. 15 S. 4°. 1.—

—— die deutsche Königswahl bis auf ihre Feststellung durch d. gold. Bulle. Ein histor. Versuch. gr. 8. (10¼ B.) Bonn 839, Habicht.

Rospatt, Joh. Jos., die politischen Parteien Griechenlands, ihre Stellung u. Einwirkung auf die Angelegenheiten des Landes bis zu seinem Untergange durch die Makedonier. gr. 8. (15⅝ B.) Trier 844, Lintz'sche Buchh. Thlr. *

Rospatt, J. D., Hannibalis in Italia rebus ab anno 543 ad a. 551 a. u. c. gestis. Pr. 1862. 26 S. 4°. Münster 1.20

— De iis rebus, quae inter senatum Romanum et Phillippum III. usque ad primam pacem a. [illegible] compositam intercesserunt. Pr 1874. 16 S. 4°. 1.—

Rospatt, J., De rebus Philippi III. ab anno 205 usque ad secundum cum Romanis bellum gestis. Pr. 1871. 15 S. 4° —.90

— De rebus quibus senatus Romanus cum Graecorum civitatibus primis temporibus congressus est. Pr. 1870. 19 S. 4°. 1.20

Rospatt, J. J. De ultimis regni Macedonici rebus. (10) 4. Münster 1872.

Rospatt, J. J., Untersuchungen über die Feldzüge des Hannibal in Italien. Münster 864. Regensberg. gr. 8. (VI, 125 S.) n. 17½ ngr.

Rospatt, J. J. Untersuchungen über die Feldzüge des Hannibal in Italien. (Schlachten am Ticinus und bei Cannae.) (IV. 125) 8. Münster 1865. 1.75.

Rospatt, J. J. Die Vertheidigungskriege der Römer am Rhein seit der ersten Hälfte des dritten Jahrhunderts bis zum Untergange der Römischen Herrschaft in Gallien. 28 S. . .
Münstereifel, Progr. 1847

— die Vertheidigungskriege der Römer am Rhein seit der ersten Hälfte des 3. Jahrh. n. Chr. bis zum Untergange der Römerherrschaft in Gallien. gr. 4. (21 S.) Köln 847, J. G. Schmitz in Comm. n. ⅙ Thlr.

Rospat, J. J. Ueber den Vortrag der Geschichte an Gymn. 13 S. . .
Progr. Münstereiffel 1828

Rospatt, L., Nachrichten über die Familie Fuhrmann zu Lennep und einige mit derselben verwandte Familien. Lennep 1878. 8.

Röspe, Casim., Gedichte. 12. (8⅛ B.) Darmstadt 845, Diehl. *

Rospini jun., Frz. Xav., Frhr. v. Münchhausen's Abenteuer. 1. illustr. stenograf. Ausg.. Autogr. v. C. Zeplichal. 16. (98 S.) Wien 871. (Klemm.) n. 1. 20

Rospini, Carl Josef —. Brille und Fernrohr in ihren Wirkungen auf gesunde und geschwächte Augen. Ein unentbehrlicher Rathgeber für die Erhaltung des Sehvermögens. Von — —. Bevorwortet vom Augenarzte Dr. Jäger. Mit drei lithograph. Tafeln. 8. (XII, 148 S.) Wien. Druck von Karl Gerold und Sohn. Im Selbstverlage des Verfassers. 1855.

Rospini, Karl Josef —. Das Stereoskop. Gemeinfaßliche Andeutungen über die Erfindung, Einrichtung und Wirkung dieses Instrumentes. Von — —. Mit theilweiser Benützung des größeren Werkes von demselben Verfasser: Brille und Fernrohr in ihren Wirkungen auf gesunde und geschwächte Augen. Ein unentbehrlicher Rathgeber für die Erhaltung des Sehvermögens. Wien. 1855. Druck von Karl Gerold und Sohn. (12 S. 1 Bl. 8.)

Rospini, Carl Jos., *k. k. Hof-Drechsler u. Optikus.* Die gewöhnlichsten Instrumente der Witterungskunde: Thermometer, Barometer u. Hygrometer. Andeutungen über deren Verfertigung, Einrichtung, Prüfung etc. *Wien* 1858. *A. Pichler's Wtw. & S.* Mit vielen in den Text eingedruckten Holzschnitten. VI, 180 S., 1 Bl. 8°.

Rospini, Carl Jos., Thermometer, Barometer u. Hygrometer, die gewöhnlichsten Instrumente der Witterungskunde. Andeutungen über deren Verfertigung, Einrichtung, Prüfung, Conservirung u. richtigen Gebrauch, sowie über die Anwendung derselben zur Vorherbestimmung der Witterung. 2., verm. Aufl., durchgesehen u. vervollständigt von L. Fürstedler. Wien 867. Pichler's Witwe & Sohn. gr. 8. (IV, 191 S. mit vielen in den Text gedr. Holzschn.) 20 ngr.

Rosprawa wo naleznosćjach serbskeho lutherskeho knihownebo towarstwa prjeneho ljeta 1863. Podał wušši wubert H. Imisch, A. Hilbrig, J. Korbina. Budyšin 864. (Schmaler & Pech.) 8. (56 S.) n. 4 ngr.

Rosreczowanje, to Evangelske Sadźerženje jeneje sćwjerneje Dusche kotraž we Czuzu swojeho Skaženja ktemu Swoznikej twata, a tejsch ta Saczucza polna lubosna Myßl Jesußowa pscheczjwo tajkim khudym Hješchnikam. 16. (77 S.) Bautzen 847, Reichel. n. ⅙ Thlr.

Roß [Sachl. Ordnungswort]

Roß, das, Sammlung von Abbildungen vorzüglicher Pferde Orientalischer und Englischer Race rc. (Neue Ausg.) 1s u. 2s Heft. (à 6 lithogr. Blätter.) qu. ½ gr. Fol. Braunschweig 835. Oehme. 3 Thlr.

Roß, das. Unterhaltende und belehrende Wochenschrift unter Mitwirkung renommirter Stallmeister, Thierärzte, Vereine rc. redig. von Wilh. Lampert. 1.—4. Jahrg. 1864—67. à Jahrg. 52 Nrn. (½ Bog.) gr. 4. Leipzig, (Leiner.) à Jahrg. *

Roß, das. Unterhaltende und belehr. Wochenschrift unter Mitwirkung renommirter Stallmeister, Thierärzte, Vereine rc. redig. von Wilh. Lampert. 5. und 6. Jahrg. 1868 und 1869. à Jahrg. 52 Nrn. (à ½ Bog.) gr. 4. Leipzig, Leiner. à Jahrg. *

—— s. a. Blätter für Pferde-Zucht.

Roß, das, vom Libanon, Thüringer Sage von Aug. Bergner. mit Kupf. 8. Leipzig, Kollmann. 819.

Ross u. Reiter. Illustr. Wochenschrift f. Pferdekunde, sowie jeden edlen Sport. Organ des Vereins zur Beschaffg. v. Offizier-Reitpferden, sowie Luxus-Reit- u. Wagenpferden, G. m. b. H. Schriftleitung: Rich. Schoenbeck. Für die Pferdeliste: v. Carnap. 2. Jahrg. 1902. 52 Nrn. hoch 4. (à ca. 16 S.) Charlottenburg, Verlag v. Ross u. Reiter. n. 10. —

Ross u. Reiter. Illustr. Wochenschrift f. Pferdekunde, -Gebrauch u. -Zucht. Organ des Vereins zur Beschaffg. v. Offizier-Reitpferden, sowie Luxus-Reit- u. Wagenpferden, G. m. b. H. Schriftleitung: Rich. Schoenbeck. Für die Pferdeliste: v. Carnap. 3. Jahrg. 1903. 52 Nrn. (à ca. 12 S.) hoch 4. Charlottenburg, Verlag v. Ross u. Reiter. n. 10. —

— — dasselbe. Offizielles Organ des Offizier-Pferde-Vereins. Schriftleitung: Rich. Schoenbeck. Für die Pferdeliste: Poleck. 4. Jahrg. 1. Vierteljahr. Jan. bis März 1904. 13 Nrn. (à ca. 16 S.) hoch 4. Ebd. n. 2.50
Mit „Sport im Bild" vereinigt.

Das schöne, selbst-auferzogene, von allen Krankheiten curirte . . . Ross. Hervorgeführet in e. gantz neu hrsg. Ross-Buch . . . Tl 1. 2. Franckfurt u. Leipzig 1702—11.

Das schöne selbstaufgezogene u. v. allen Kranckhn u. Gebrechen befreyete Rofs. Franckfurt 1708.

Roß u. Ronne, Erklärung d. Pfarrer d. Kreissynode Dortmund, s. Erklärung.

Roß [Verfasser]

Roß, mit Napoleon nach St. Helena, s.: Home, George.

Ross, Adolf: Aus der medicinischen Kinder-Poliklinik zu Bonn. Über die Behandlung der Darmkatarrhe bei Kindern mit Orphol /β-Naphthol-Wismuth/. *Bonn 1898: C. Georgi.* (36 S.) 8°
Bonn, Med. Diss. v. [29. Jan.] 1898

[F.] Abgefasst u. and. Erzählgn v. Albert Ross. *Weimar & Berlin: Schriftenvertriebsanst.; (Christl. Zeitschriftenver.) [1897].* (92 S., 1 Bl., 2 Taf.) 1 Bd 8.
= Ross, A.: Unter d. Flügelrad. No 1. [97. 6736

Roß, Albert: Abgefaßt u. and. Erzählungen. s.a. Unter d. Flügelrad.

Roß, A., Eisenbahn-Liederbuch, allgemeines deutsches. kl. 8. (188 S.) Magdeburg 887. Neumann. 1. 50

[F.] Heisse Frühlingstage u. and. Erzählgn. Von Albert Ross. *Weimar & Berlin: Schriftenvertriebsanst.; (Christl. Zeitschriftenver.) [1897].* (85 S., 1 Taf.) 1 Bd 8.
= Ross, A.: Unter d. Flügelrad. No 2. [97. 6736

Roß, Albert: Heiße Frühlingstage u. and. Erzählungen. s.a. Unter d. Flügelrad.

Bahnmeister Kuster und andere Erzählungen von Albert Roß. Berlin: Schriftenvertriebsanst. [1905]. 82 S. 8°
(Unter dem Flügelrad. Nr 5.) [10. 2135

Roß, Alb., Bahnmeister Küster u. andere Erzählungen s.a. Unter dem Flügelrad. Nr. 5.

[F.] Die Rose im Rudolsbade u. and. Erzählgn. Von Albert Ross. *Weimar & Berlin: Schriftenvertriebsanst.; (Christl. Zeitschriftenver.) [1897].* (91 S., 3 Taf.) 1 Bd 8.
= Ross, A.: Unter d. Flügelrad. No 3. [97. 6736

Roß, Albert: D. Rose im Rudolsbade u. and. Erzählgn., s.a. Unter d. Flügelrad.

— auf den Spuren des Flügelrades. Ernste u. heitere Bilder aus dem Verkehrsbeamtenleben. gr. 8. (IV, 109 S.) Magdeburg 890. E. Baensch jun. n. 2. —

Versöhnt und andere Erzählungen von Albert Roß. Berlin: Schriftenvertriebsanst. [1905]. 82 S. 8°
(Unter dem Flügelrad. Nr 4.) [10. 2135

— **versöhnt u. andere Erzählungen, s. a. Unter dem Flügelrad. Nr 4.**

Roß, Ant. Franz Sal., Römisch-katholisches Glaubensprincip, dargestellt u. gewidmet den Zöglingen des fürsterzbisch. Alumnates. Prag, Haase, 1836, 8°, 122 S.

Ross, B., Einführung in d. technische Zeichnen f. Architekten, Bau-Ingenieure u. Bautechniker. Entwickelung der wichtigsten Methoden zeichner. Darstellg., angewandt auf techn. Gegenstände nebst Erörtergn. über die hierbei zur Verwendg. komm. Materialien. Mit 2 Seiten Schriftproben im Text u. 20 zum grössten Tl. farb. Taf. Fol. (VII, 68 S.) Wiesbaden 902. C. W. Kreidel. In Mappe n. 12.60

Ross, Charles H.

Ross, Ch. H., a London romance, — the pretty Widow, } s. Collection of British Authors.

— die hübsche Witwe. Roman. Aus dem Engl. von Lina Kayser. Einzige autorisirte deutsche Ausgabe. 2 Bde. Leipzig 868. Schlicke. 8. (VI, 483 S.) 2 ₰ 10 ngr.

Ross, Charles H

Die hübsche Witwe. Roman. Aus dem Engl. von Lina Kayser. Einzige autor. deutsche Ausg. Bd 1.2.
Leipzig: Schlicke 1869. 8°

Roß, Christian

Roß, Chrstn., gründl. Anleitung f. Criminal-, Stadt- u. Landrichter, Justiz-Beamte, Assessoren etc. als Untersuchungs-Richter, auch f. Actuarien u. Defensoren zur Verwalt. ihres Amtes in Criminalfällen u. zu Straferkenntnissen. Zugleich auch als Entwurf zu e. zweckmäß. Criminalgerichts-Ordnung zu benutzen. Ein Beitr. zur Verbesser. d. Rechtspflege u. Gesetzgebung. 2., verm. u. verb. Aufl. Mit d. Vorr. z. 1. Aufl. v. Kleinschrod. gr. 8. (10 B.) Rudolstadt 834, Hof-Buchhandl.

Roß, Chr., Entwurf eines Gesetzbuches über d. gerichtl. Verfahren in Criminalsachen. Mit e. Vorrede v. Hofr. Kleinschrod. gr. 8. Rudolst. 818. Hofbuchh. 18 gl.

Ross, Ch. (Hrsg.), s. Quistorp, J. Ch.: Grundsätze des deutschen peinlichen Rechts. 6. Aufl. Bd 3. 4.

Roß, (C.,) Supplemente zu v. Quistorp Grundsätze etc., s. Quistorp.

Ross, Ch.: Unterr. üb. d. wicht. Strafgesetze; e. nöth. Ergänz. d. Unterr. in Volksschulen. *Rudolstadt*, Hofb. gr. 8. (6 Gr.) 1818

— Unterricht üb. d. wichtigst. Strafgesetze. Eine nöth. Ergänz. d. Unterr. in Volksschulen. 8., verm. u. verb. Aufl. 8. (6 B.) Rudolstadt 850. (Leipzig, Engelmann.)

Roß, Edgar, Ansichten über eine Verfassung f. Hamburg. 12. (24 S.) Hamburg 849, Hoffmann & Campe. n. 4 ngl

Ross, Eugen, Gerichtsreferendar in Dortmund: Zur Frage der Abtretungs-, Verpfändungs-, Pfändungs- und Arrestierungsmöglichkeit zukünftiger Forderungen. Rostock 1906: Adlers Erben. (VIII, 72 S.) 8°

Rostock, Jur. Fak., Ref. Bernhöft, Diss. v. 20. Nov. 1906

[Geb. 2. Sept. 80 Dortmund; Wohnort: Dortmund; Staatsangeh.: Preußen; Vorbildung: Gymn. Dortmund Reife O. 99; Studium: Freiburg i. B. 1, Bonn 1, München 1, Marburg 1, Göttingen 2 S.; Rig. 2. Okt. 06.]

Ross, F. W., Leitfaden für die Ermittelung des Bauwerthes von Gebäuden, sowie dessen Verminderung mit Rücksicht auf Alter u. geschehene Instandhaltung. In leicht fasslicher Weise dargestellt zum allgemeinen Gebrauche, besonders für das Versicherungswesen. 16. (49 S. m. 1 Tab. u. 1 Situationsskizze.) Hannover 882. (Schmorl & v. Seefeld.) n. 1. —

Ross, F. W., Leitfaden f. die Ermittelung d. Bauwerthes v. Gebäuden, sowie dessen Verminderg. m. Rücksicht auf Alter u geschehene Instandhaltung. In leichtfassl. Weise dargestellt zum allgemeinen Gebrauche, besonders f. das Versicherungswesen. 2. Tausend. gr. 16. (78 S. m. Tab.) Hannover 884. (Schmorl & v. Seefeld.) n. 1. 50

Ross, F. W., Leitfaden für die Ermittelung des Bauwerthes v. Gebäuden, sowie dessen Verminderg. m. Rücksicht auf Alter und geschehene Instandhaltung. 3. u. 4. Tausend. Erheblich verm. Aufl. gr. 16. (144 S.) Hannover 887. Schmorl & v. Seefeld. In Leinw. cart. n. 3. —

Ross, F. W., Leitfaden f. die Ermittelung des Bauwerthes v. Gebäuden, sowie dessen Verminderg. m. Rücksicht auf Alter u. geschehene Instandhaltg. 5. u. 6. Taus. Erheblich verm. u. verb. Aufl. 12. (160 S. m. Fig.) Hannover 894. Schmorl & v. Seefeld Nachf. In Leinw. kart. n. 3. —

Ross, F. W., Leitfaden f. die Ermittelung des Bauwertes v. Gebäuden, sowie dessen Verminderung mit Rücksicht auf Alter u. geschehene Instandhaltung. 7. u. 8. Aufl. Neu bearb. v. Bernh. Ross. (156 S.) kl. 8. Hannover (904). Schmorl & v. Seefeld Nachf. Geb. in Leinw. n. 3. —

Definitive Orbit of Comet 1844 II (Mauvais). By Frank E. Ross, Ph. D. Kiel: Astron. Nachrichten 1905. (28 S.) 4°
= Abhandlungen, Astronomische. No 9. [05. 1222]

Ross, Friedrich

Ross, F., s.: Sicherheitsvorschriften f. Starkstrom-Anlagen.

Ross, Fried., wie sollen wir unsere Elektricitätswerke bauen? Ein offenes Wort an die Stadtverwaltgn. Mit 6 Textfig. u. 5 lith. Taf. gr. 4. (41 S.) Berlin 891. J. Springer. — München, R. Oldenbourg. n. 2. —

v. Roß, Georg M., der Englisch sprechende Auswanderer, od.: Anweisung, in kürzester Zeit Englisch sprechen u. verstehen zu lernen, in Gesprächen u. Redesätzen, welche dem nach Nord-Amerika auswandernden Deutschen jeden Standes zugleich als Führer vom Schiffe aus bis zu seiner Ansiedelung ꝛc. dienen. br. 8. (IV u. 76 S.) Rudolstadt 851, Fröbel in Comm. n. 1/3 rß

Ross, G. M. v., der Englisch sprechende Auswanderer, oder: Anweisung, in kürzester Zeit Englisch sprechen u. verstehen zu lernen, in Gesprächen u. Redesätzen, welche dem nach Nord-Amerika auswandernden Deutschen jeden Standes zugleich als Führer vom Schiffe aus bis zu seiner Ansiedelung u. Einrichtung auf dem Lande ꝛc. dienen. 2. verb. ꝛc. Aufl. 854. — 3. Aufl. Rudolstadt 855. Froebel. 8. (86 S.) 7½ ngr.

Roß, G. M. v., der englisch sprechende Auswanderer, oder Anweisung, in kürzester Zeit englisch sprechen u. verstehen zu lernen, in Gesprächen u. Redesätzen ꝛc. 4., verb. u. verm. Aufl. Rudolstadt 867. Froebel. 8. (IV, 120 S.) n. 8 ngr.

--Denkschrift ü eine Reise nach Nord-Amerika. Braunschweig, 1850.

—— General-Karte von Nord- und Mittel-Amerika und West-Indien nach Lappmann, Disturnell, Colton, Tanner, de Cordova und den neuesten Berichten bearb. Kpfrst. und ill. 2 Bl. in Imp.-Fol. Mit: Praktische Winke für Auswanderer nach den Vereinigten Staaten von Nord-Amerika. 8. (32 S.) Iserlohn 853, Bädeker. *

— des Auswanderers Handbuch, siehe t. Länderkunde, neueste, 3. Bd.

Ross, G. M. von. Des Auswanderers Hdbch. Getreue Schilderung d VS von Na und zuverlassige Ratgeber für dahin Auswandernde jeden Standes. Elberfeld, 1851.

— Rathschläge u. Warnungen, od. zuverlässiger Führer f. Auswanderer nach Nord-Amerika. 2. verm. u. verb. Aufl. 8. (128 S.) Augsburg 848, Fahrmbacher. 9 ngl

Roß, George v., die Colonie St. Maria in Pensilvanien, N.-A., u. die bedenkl. Aufnahme-Bedingungen in dieselbe, beleuchtet. 8. (1 B.) Augsburg 846, Fahrmbacher.

—— getreue Schilderung der Vereinigten Staaten von Nord-Amerika und zuverlässiger Rathgeber für dahin Auswandernde jeden Standes. Neue Ausg. Mit der Karte von Nord-Amerika, Mittel-Amerika und Westindien. 1 – 6. Heft. 8. (XII und S. 1—509 und 2 Bl. gest. Karten.) Iserlohn 855, Bädeker. à Heft * 10 Ngr. *

—— Taschen-Fremdwörterbuch, oder: Verdeutschung von mehr als 16,000 Fremdwörtern. Ein unentbehrl. Rathgeber für Zeitungsleser, für der Schiffssprache Unkundige ꝛc. Im Verein mit Mehreren bearb. 2. Aufl. 32. (VIII und 520 S.) Rudolstadt 849, Fröbel.

Roß, Geo. M. v., Taschen-Fremdwörterbuch od. Verdeutschung. e. Auswahl der gangbarsten Fremdwörter. Unter Mitwirkg. literar. Freunde bearb. Neue verb. u. verm. Aufl. 16. (VIII, 555 S.) Rudolstadt 871. Leipzig, Lorentz. 1. 20; geb. 1. 60

Ross, G. M. v., Taschen-Fremdwörterbuch oder Verdeutschung von mehr als 16,000 der gangbarsten Fremdwörter. Unter Mitwirkung literar. Freunde bearb. 8. (560 S.) Rudolstadt 880. Leipzig, Glogau & Sohn. 1. 60

—— der nordamerikanische Freistaat Texas, nach eigener Anschauung und nach den neuesten und besten Quellen für deutsche Auswanderer geschildert. gr. 8. (85 S. mit einer nach den Aufnahmen des Landamtes von Texas aufgenommenen lithogr. und ill. Specialkarte des Staates in Imp.-Fol.) Rudolstadt 851, Froebel.

— praktische Winke f. Auswanderer nach den Vereinigten Staaten von Nord-Amerika. Beilage zur neuesten Karte von Nord-, Mittel-Amerika u. Westindien. 8. (32 S.) Iserlohn 852, Bädeker. 3 ngl

Ross, Gottfried

Ross, Godofredus. Disputatio inauguralis juridica de Aestimis, von Steuer- und Anlags-Registern (anno 1680). 4°. Jenae, typ. Paul Ehrlich, 1720.

Ross, Gustav

Ross, Gust., Beiträge zur plastischen und orthopädischen Chirurgie nebst Prospectus des orthopäd. u. chirurg.-augenärztlichen Instituts in Altona. Mit (3 Taf.) lith. Abbildgn. Hamburg 858. Nestler u. Melle. gr. 8. (31 S.) n. 12 ngr

Ross, Gust., Beiträge zur Orthopädie. 1. Zur Behandlung des Klumpfusses. Beschreibung einer neuen Klumpfussmaschine. 2. Zur Behandlung der sogenannten spontanen Luxation in der Hüfte. Beschreibung einer neuen Maschine zur Bewegung des Beins in der Hüfte. gr. 8. (26 S. m. 2 lith. Taf.) Altona 852, Lehmkuhl & Co. n. 12 ngr

— Handbuch der chirurg. Anatomie. 2 Abthlgn. gr. 8. 1. Abth.: Chirurg. Anatomie der Extremitäten. (VIII u. 141 S.) 2. Abth.: Chirurg. Anatomie der Brust u. des Unterleibes. gr. 8. (VIII S. u. S. 143—367.) Leipzig 847. 48, Brockhaus. (1: n. 2/3 ₰ 2: n. 1 ₰ 6 ngr) n. 1 ₰ 26 ngr

— Militairärztliches aus dem ersten Schleswigschen Feldzuge im Sommer 1848. gr. 8. (64 S.) Altona 850, Schlüter. n. 1/3 ₰

— zur Pathologie und Therapie der Paralysen. Mit 6 Abbildgn. (auf 4 Holzschnitttaf. u. Holzschn. im Text). Braunschweig 855. Schwetschke. 8. (31 S.) n. 15 ngr

Ross, Gustav Das Nordseebad W e s t e r l a n d auf der Insel Silt. Eine vorläufige Ankündigung Mit 1 Karte. Hamburg. 1858

Roß, Heinrich Wilhelm

Roß, Heinr. Wilh., Johannes u. Marie. Ein ländl. Gedicht. 8. (143 S.) Bremen 847. (Heyse.) n. 1 ₰; geb. m. Goldschn. n. 1 1/4 ₰

Ross-Lüttich, Heinz, deutsche Klänge aus dem Auslande. Gedichte. (VII, 79 S.) 8. Dresden 903. E. Pierson. n. 1. 50; geb. n. 2. 50

Ross, Hermann [aus Danzig]: Beiträge zur Kenntnis des Assimilationsgewebes und der Korkentwickelung armlaubiger Pflanzen .... Freiburg in Baden, *Buchdr. v. F. W. Meyer, Berlin,* 1887; 32 S. u. 1 Taf. 8°
Freiburg i. B., Phil. Fak., Inaug.-Diss. v. 1887

Die Gallenbildungen ⟨Cecidien⟩ der Pflanzen, deren Ursachen, Entwickelung, Bau u. Gestalt. Ein Kapitel aus d. Biologie d. Pflanzen. Von Dr. H[ermann] Roß, Kustos in München. Mit 52 Fig. *Stuttgart: E. Ulmer 1901.* (39 S.) 4°(8°) [04. 3115

Ross, Herm., icones et descriptiones plantarum novarum vel rariorum horti botanici Panormitani. (Text in latein. u. italien. Sprache.) gr. Fol. (10 S. m. 3 farb. Taf.) Panormi 896. (Berlin, R. Friedländer & Sohn.) n. 10. —

Ross, H., Leitfaden der allgem. Botanik, Pilzkunde u. Hefereinzucht f. Brauer. (VIII, 154 S. m. 34 Abbild.) gr. 8. München 908. (Dr. H. Lüneburg's Sort.) Geb. in Leinw. 5. —

— Pflanzenbuch, s.: Dalitzsch.

— u. H. Morin, botanische Wandtafeln. 10 Blatt. à 80×101 cm. Farbdr. Nebst Text. gr. 8. Stuttgart, E. Ulmer. Mit Textheften n. 80. —; auf Leinw. n. 40. —; einzeln à n. 2. 80; auf Leinw. (Papyrolin) à n. 4. —; m. Stäben à n. 3. 80, bzw. 5. —; Texthefte à 5. —
1. Biologie der Blüte. A. Bestäubg. durch Insekten. Von R. (28 S. m. 5 Abbildgn.) 904. — 2. Feuerbohne (Phaseolus multiflorus Willd.) Von R. (20 S. m. 6 Abbildgn.) 904. — 3. Kirsche u. Apfel (Steinobst u. Kernobst). Von R. (27 S. m. 10 Abbildgn.) 904. — 4. Kartoffel (Solanum tuberosum L.). Von R. (30 S. m. 7 Abbildgn.) 905. — 5. Haselnuss (Corylus Avellana L.) Von R. (24 S. m. 5 Abbildgn.) 905. — 6. Oberhaut m. Spaltöffnungen. Von R. (22 S. m. 6 Abb.) 905. — 7. Biologie der Blüte. B. Bestäubung durch den Wind. Von R. (20 S. m. 2 Abbildgn.) 905. — 8. Biologie der Blüte. C. Falterblumen. Von R. (24 S. m. 6 Abbildgn.) 906. — 9. Kreuzblütler. Von R. (24 S. m. 9 Abbildgn.) 906. — 10. Verbreitungsmittel der Früchte u. Samen. Von R. (22 S. m. 1 Abbildg.) 906.

Ross, Sir James Clark, Entdeckungsreise nach dem Süd-Polar-Meere in den J. 1839—1843. Deutsch von J u l. S e y b t. Mit (1 lith.) Abbild. u. 1 (lith.) Charte. gr. 8. (VIII u. 432 S.) Leipzig 847, Lorck. n. 2 1/2 ₰

—— Fahrten und Abenteuer, s. Fahrten.

Roß, John, die heilige Dreieinigkeit. Zwei noch ungedruckte Vorträge, auf der Rückkehr von seiner Nordpol-Expedition gehalten. Nach der engl. Handschrift ins Deutsche übertragen. Halle 854. Pfeffer. gr. 8. (19 S.) n. 4 ngr

Roß, John, Entdeckungsreise, unter den Befehlen der Britischen Admiralität, mit d. Königl. Schiffen Isabella u. Alexander, um Baffins-Bay auszuforschen u. die Möglichkeit einer nordwestl. Durchfahrt zu untersuchen. Uebers. v. P. A. Nemnich. Mit 27 großen Kpfr., ill. u. schwarz, vielen Holzschn. u. Tabb. u. der Entdeckungskarte. gr. 4. Leipz. 820. Fr. Fleischer. 12 ₰ 18 gr Velinp. 15 ₰ 16 gr fein Velinp. 18 ₰ — Dass. wohlf. Ausg. Mit 1 Karte ohne Kpf. gr. 4. Ebd. 820. 2 ₰ 12 gr

Ross, John Entdeckungsreise unter den Befehlen der Britischen Admiralität mit den Königlichen Schiffen Isabella und Alexander um Baffins-Bay auszuforschen und die Möglichkeit einer nordwestlichen Durchfahrt zu untersuchen. Von mehreren Sprach- und Sachkundigen aus dem Englischen übersetzt. Herausgegeben von P. A. Nemnich. Mit der Entdeckungskarte und 27 zum Theil illuminirten Kupfern. Bd 1 Text. Bd 2 Kupfer. Leipzig 1820. 2 Bde (IV), XXVI 197 S. 27 S. 4° [D 3295

— Dass., eine andere Uebersetzung. (Aus d. ethnograph. Archiv besond. abgedr.) gr. 8. Jena 819. Bran. 1 ₰

— Entdeckungsreise nach den nordwestlichen Polargegenden, bearbeitet von K. H. Hermes, s. J. H. Campe, Kinder- und Jugendschriften. 386 u. 396 Bdchen.

—— zweite Entdeckungs-Reise nach d. Gegenden d. Nordpols, u. sein Aufenthalt daselbst währ. d. J. 1829—1833. A. d. Engl. v. G. W. Becker u. J. Sporschil. 2 Bde. (od. 8 Lfgn.) 2. Aufl. gr. 8. (56 1/2 B., 2 Ansichten, 1 Karte, Portrait d. Verf. u. 1 Tab.) Leipzig 835, [Lorck.]

— dass. Werk nebst einem Anhange, d. Berichte des Commandeur James Clark Roß und die Entdeckung des nördlichen Magnetpols enthaltend. Aus d. Engl. von G. W. Becker u. J. Sporschil. 2 Bde. in 8 Lfrgn. Mit 1 Karte, 2 Ansichten in Stahl gestochen u. Skelton u. d. Portrait des Verfassers v. Louis Zöllner. 2e Aufl. gr. 8. Leipzig 835. Wiber. n. 2 2/3 ₰

—— zweite Entdeckungsreise nach d. Gegenden d. Nordpols 1829—1833. A. d. Engl. v. Jul. Graf v. d. Gröben. 3 Thle. gr. 8. Berlin, G. Reimer. [1. (31 1/2 B., 17 Stahlst. u. 5 Kart.), 2. (36 1/2 B., 3 Tab., 9 ill. u. 1 schw. Stnt.) 835. * 10 Thlr., 3. (25 1/4 B., 6 B. Tab., 12 ill. u. 6 schw. Taf. Abbild.) 836. * 5 Thlr.]
3. Thl. — A. u. d. T.: Wissenschaftl. Entdeckungen v. Capit. Sir John Roß zweiter Polar-Reise.

Ross, John Zweite Entdeckungsreise nach den Gegenden des Nordpols. 1829—1833. Aus dem Englischen von Julius Graf von der Groben. Th 1 2 Mit Stahlstichen und Kupfern Th 3. Wissenschaftliche Entdeckungen und Ergebnisse mit Abbildungen und Tabellen Berlin 1835—1836. 3 Bde LVI, 436 S. 2 Krt X, 572 X, 382 S. 8° [D 3314

— zweite Entdeckungsreise nach den Gegenden des Nordpols für die Jugend bearbeitet von Ed. Maukisch. Mit 6 (illum.) Kpfr. u. 1 Karte. 8. Leipzig 836. Fischer. $1^{5}/_{8}$ ℛ

—— zweite Entdeckungsreise nach d. Gegenden d. Nordpols f. d. Jugend bearb. v. Ed. Maukisch. 8. (27 B., 6 ill. Kpfrt. u. 1 Karte.) Leipzig 836, [Serig'sche Buchh.]

— dass. für die Jugend bearbeitet, s. Fahrten u. Abentheuer des Kap. Ross.

Ross, John, narrative of a second voyage in search of a north-west passage, and of a residence in the arctic regions during the years 1829—1833. Including the reports of commander, now Capitain James Clarke Ross and the discovery of the Nothern magnetic Pole. gr 8. Frankfurt 835. Fr. Wilmans. $1^{2}/_{3}$ ℛ

Roß, Karl Erhard, aus Gr. Wolfsdorf. Die Politik des Großen Kurfürsten während des Krieges gegen Frankreich 1672—75 mit besonderer Berücksichtigung des Separatfriedens von Vossem vom 6. Juni 1673 und des Zuges nach dem Elsaß im Herbst 1674. *Königsberg i. Pr. 1903: Hartung.* (52 S.) 8°
Jena, Phil. Diss. v. (26. Juli) 1902

Roß, Ludwig

——, Ed. Schaubert u. Chrst. Hansen, die Akropolis von Athen nach d. neuesten Ausgrabungen. 1. Abthl.: Der Tempel d. Nike Apteros. gr. Fol. (12 B., 13 Kpfrt. u. Ttlvign.) Berlin 839, Schenk u. Gerstaecker. (Leipzig, Voss.) *
Mit ill. Ttlkpfr. *

Ross, Ludw., archäologische Aufsätze. 1. Sammlung. Mit 8 farbigen u. 6 schwarzen (lith.) Taf. (in 8., 4. u. Fol.), u. einigen Holzschn. (im Text). Leipzig 855. Teubner. gr. 8. (XXIV, 286 S.) n. 4 ℛ.

Ross, Ludw., archäologische Aufsätze. 2. Sammlung: Zur alten Geschichte. — Zur Geschichte der alten Cultur, Religion und Kunst. — Griechische Baudenkmäler. — Zur Chorographie und Topographie von Griechenland. — Zur griechischen Epigraphik. gr. 8. (XXIV und 690 S. mit 20 Stnt. in gr. 4. und Fol.) Leipzig 861, Teubner. *
1. Sammlung. Ebendas. 1855. * 4 Thlr.

Ross, Ludw., die Demen von Attika u. ihre Vertheilung unter die Phylen. Nach Inschriften. Hrsg. u. mit Anmerk. begleit. v. M. H. E. Meier. gr. 4. (19 B. u. 1 Tab.) Halle 846, Schwetschke u. Sohn. *

— *Ἐγχειρίδιον τῆς Ἀρχαιολογίας τῶν τεχνῶν. Διανομὴ πρώτη. Ἱστορία τῆς τέχνης μέχρις Ἀλοίσεως Κορίνθου.* gr. 8. *Ἀθήνῃσι* 841. (Triest, Favarger.) n. $2^{1}/_{6}$ ℛ

Ross, Lud., ad virum cl. Aug. Boeckhium Prof. Berol. epistola epigraphica. Insunt lapis Fourmonti Atticus restitutus titulusque Thespiensis ineditus. 8maj. (16 S. und 1 Stnt. in 4.) Halae 850. [Braunschweig,] Schwetschke et fil. *

Ross, Ludw., Erinnerungen und Mittheilungen aus Griechenland. Mit einem Vorwort von Otto Jahn. Berlin 863. Gaertner. gr. 8. (XXXI, 313 S.) n. 1 ℛ 15 ngr.

— s. Geographen, die alten, 2. Hft.

Roß, L., Geschichte d. Herzogth. Schleswig u. Holstein bis auf d. Regierungsantritt d. Oldenburg. Hauses. gr. 8. ($27^{1}/_{2}$ B.) Kiel 831, Universit.-Buchhandl.

—— Hellenika, s. Hellenika.

(Ross, Louis,) Hercule et Nessus, s. Hercule.

— alte lokrische Inschrift von Chaleion oder Oeantheia mit den Bemerkungen von J. N. Oekonomides herausg. Mit 1 lith. Taf. (in Fol.). Leipzig 854. Teubner. gr. 8. (54 S.) 15 ngr.

—— Inscriptiones graecae ineditae, s. Inscriptiones.

Ross, Ldw., Inscriptiones Graecae ineditae. Fasc. I. insunt inscriptiones Arcadicae, Laconicae, Argivae, Corinthiae, Megaricae, Phoenicae. 4maj. Naupliae 834. (Leipzig, Brockhaus.) $1^{1}/_{3}$ ℛ

Roß, Ludw., Italiker und Gräken. Sprachen die Römer Sanskrit oder Griechisch? In Briefen an einen Freund. Halle 858. G. Schwetschke. gr. 8. (XXVI, 97 S.) n. 24 ngr.

— Italiker und Gräken. Lateinisch ist Griechisch. Zweite veränd. u. erweit. Bearbeitung. Halle 859. G. Schwetschke. gr. 8. (XVI, 258 S.) n. 1 ℛ

— Kleinasien u. Deutschland. Reisebriefe u. Aufsätze m. Bezugnahme auf die Möglichkeit Deutscher Niederlassungen in Kleinasien. Mit (lith. u. in Holz geschn.) Abbildungen u. Inschriften. gr. 8. (XXXVIII u. 229 S.) Halle 850, Pfeffer. n. $1^{1}/_{2}$ ℛ

Ross, L., Le monument d'Eubulidès dans le Céramique intérieur. 1887. 16 S.

—— Graf Pasch v. Krienen. Abdruck seiner italienischen Beschreibung des griechischen Archipelagus mit Anmerkungen und einer Abhandlung über den Verf. und seine Auffindung des Grabes Homer's auf Ios. Aus dem Nachlasse des Verf. gr. 8. (152 S. mit 2 Stnt. in qu. 4. und Fol.) Halle 860, Schwetschke'scher Verlag. *

— die Pnyx und das Pelasgikon in Athen. Zur Wahrung der Topographie von Athen gegen einige neuere Zweifel. Mit 3 Abbildgn. (in Holzschn.). Braunschweig 853. Schwetschke. gr. 8. (VIII, 36 S.) n. 15 ngr.

Ross, Ludwig. Reisen auf den griechischen Inseln des ägäischen Meeres. Bd. 1. Enthaltend Syros, Tenos, Delos, Rhenäa, Naxos, Paros, Ios, Thera, Therasia, Anaphe, Kythnos, Keos, Seriphos, Siphnos, Pholegandros, Sikinos und Amorgos. Mit zwei Kupfern. Stuttgart u. Tübingen 1840. XVI, 208 S.
= Reisen und Länderbeschreibungen der älteren und neuesten Zeit. Lfg. 20. 8°
[D 66

— Reisen auf den griech. Inseln des ägäischen Meeres, s. Reisen u. Länderbeschreibungen, 25. u. 31. Liefg.

— Reisen nach Kos, Halikarnassos, Rhodos u. der Insel Cypern. [Auch als 4. Bd. der Reisen auf den griech. Inseln.] Mit (3) Lith. u. (eingedr.) Holzschn. gr. 8. (VIII u. 216 S.) Halle 852, (Braunschweig) Schwetschke & Sohn. 1 ℛ 12 ngr.

—— Reisen des Königs Otto und der Königin Amalia in Griechenland. Aufgezeichnet und gesammelt. (Mit dem Umschlagstitel: Griechische Königs-Reisen.) 2 Bde. gr. 8. (XXVII und 512 S. mit 1 lithogr. und ill. Karte in gr. Fol.) Halle 848. [Braunschweig,] Schwetschke und Sohn.

—— Reisen u. Reiserouten durch Griechenland. 1. Thl.: Reisen im Peloponnes. gr. 8. ($13^{1}/_{2}$ B., 4 Stndr., Holzschnn. u. Inschriften.) Berlin 841, G. Reimer.

— das Theseion u. der Tempel des Ares in Athen. Eine archaeologisch-topograph. Abhandlung. Umgearb. u. erweitert aus d. Griech. Mit einem (lith.) Plane des Marktes (in Imp. 4.) gr. 8. (XVI u. 72 S.) Halle 852, Pfeffer. n. 24 ngr.

— Wanderungen in Griechenland im Gefolge des Königs Otto u. der Königinn Amalie. Mit besonderer Rücksicht auf Topographie u. Geschichte. Neue wohlfeilere (Titel-) Ausg. der Griech. Königs-Reisen. 2 Bde. Mit 1 (lith. u. color.) Karte (in gr. Fol.) gr. 8. (1: XX u. 256 S. 2: VI u. 256 S.) Halle (848) 851, (Braunschweig) Schwetschke & Sohn. n. 1 ₰

Ross, Mart., All on the Irish shore, s.: Somerville, E Œ.

Ross, Mart., Naboth's vineyard, s.: Somerville, E. O.

[F.] Die Töchter Zelophehads. E. Studie v. Mathilde **Ross.** Autoris. Übs. aus d. Schwed. *Berlin: Christl. Zeitschriftenver. 1898.* (29 S.) 1 Bd 8.
= **Broschüren,** Religiöse, f. Gebildete. H. 9. 58. 5385

Roß, Max, appr. Arzt a. Kiel: Aus der Kgl. chirurgischen Universitätsklinik zu Kiel. Beitrag zur Lehre von den schnellenden Fingern. Kiel 1904. H. Fiencke. (15 S.) 8°
Kiel, Med. Fak., Ref. Helferich, Diss. v. 31. Dez. 1904
[Geb. 21 Dez. 74 Kiel; Wohnort: Kiel; Staatsangeh.: Preußen; Vorbildung: Gymn. Kiel Reife O. 94; Studium: Kiel 1, Berlin 1, München 1, Kiel 7, Leipzig 1 S.; Coll. 17 Dez. 04; Approb. 8. Aug. 03.]

Karl August Krüger Ein Schauspiel in 4 Aufz. von Max **Roß.** Ms. Kiel [1903] Schmidt & Klaunig. (72 S.) 8° [F.] 1 3. 3108 8

Roß, Max, am Quell der Wahrheit. Schauspiel in 4 Aufzügen. 8. (92 S.) Kiel 899. Berlin, E. Bloch. n. 2. —

Ross, Michael (geb. am 19 Aug. 1840 in Ehrenbreitstein). De Baccho Delphico ... Bonnae, typ. expr. P. Neusser 1865. 2 Bl., 28 S., 1 Bl. 8.
Bonn, Phil. Fak., Diss. v. 2 Dez. 1865

Roß, O. C. Dalhousie, der Niedergang der Landwirtschaft und des Handels. Seine Ursachen und seine Abwehr. Geschrieben und veröffentl. vor den letzten engl. Parlamentswahlen. Ins Deutsche übertragen von G. Zoeppritz jun. gr. 8. (23 S. mit 2 lithogr. Curventaf.) Stuttgart 886, Ulmer. * — 35

Roß, Paul, die Entdeckung des Weltbetriebs u. seiner allmächtigen Kraft. (25 S.) gr. 8. Halberstadt (910). Möwe-Verlag. 2. —

— Freiheit des Geistes. (33 S. m. Bildnis u. 1 Taf.) gr. 8. Ebd. (909). 1. 60

— 30 flotte Histörchen v. Bord u. Küsten. 1.—3. Gruppe. (142 S.) kl. 8. Ebd. 7. 70
1. (142 S.) 908. 2.50. — 2. (144 S. m. 2 Taf.) 908. 2.60. 3. (144 S. m. 4 Taf.) (908). Geb. 2.60.

Ross, P., Ein Kampf u. e. Bitte um Verzeihung. Eines seltsamen Ehrenhandels bemerkenswerter Ausklang. (48 S.) 8. Halberstadt, Möwe-Verlag. 1909 1. —

Öffentliche Bücher- und Lesehallen von R **Roß.** (Vorr.: H[einrich] Wolgast.) *Hamburg: C. Boysen in Komm. 1897.* (VII, 64 S.) 8°
Aus: Pädagog. Reform. Hamburg.
(Lehrer-Vereinigung f. d. Pflege d. künstler. Bildung. Jugendschriften-Ausschuß Hamburg.)

Liverpooler Schule f. Tropische Heilkunde. Das **Malariafieber,** dessen Ursachen, Verhütung und Behandlung Winke f. Reisende Jäger, Militärs u. Bewohner von Malariagegenden. Von Ronald **Ross.** Liverpool. (Übers. P[rosper] Müllendorf-Köln.) *Berlin. W. Süsserott 1901* (56 S.) 8°
Enw Bearb von Ross Instructions for the Prevention of Malarial Fever
— **Kolonialbibliothek,** Süsserotts. Bd 6.

Ross, Ronald, das Malariafieber, s.: Süsserott's Kolonialbibliothek. 6. Bd.

— **Untersuchungen üb. Malaria. Mit dem Nobelpreis 1902 gekrönt. Aus dem engl. Original übers. v. Schilling. (III, 101 S. m. 7 Fig. u. 9 Taf.) Lex.-8. Jena 905. G. Fischer. n. 3. —**

Roß, W. Stewart, s. a. Saladin.

SALADIN (d. i. *W. Steward Ross,* Verf. von Jehovas gesammelt. Werken), Gretchen gemischte Essays über das Ewig-Weibliche, deutsch von W Schaumburg (ps.). Zürich, o. J. (1894). Gr. 8°. XIV u. 213 S. (3 Mk. Taussig. Prag, 1906.)

— Gretchen. Gemischte Essays üb. das Ewig-Weibliche. Deutsch v. Wolfg. Schaumburg. (II, 213 u. XIV S.) gr. 8. Zürich (904). W. Schaumburg. n. 3. —

ROSS, W S., Gretchen. Gemischte Essays über das Ewig-Weibliche. Deutsch von W. Schaumburg (ps.?). Zürich 1905. Gr 8° (3 Kr 60 H., eleg br., Victor Eytelhuber, Wien. 1905)

Saladin [d.i W Stewart Ross] Jehova's Gesammelte Werke Eine krit Untersuchung des jüd -christl Religionsgebäudes auf Grund d. Bibelforschung. Deutsch von Thunderstruck. Unter Mitw von Gylfaginning. Selbstverl. des Uebers. Zürich W Schaumburg [1896] (XIII. 348 S) 8°

Glückwünschung Seiner Hochwürden, dem Herrn Generalsuperintendent und Propst Dr. [Wilhelm] **Ross,** Bischof der Evangelischen Kirche ... [in Berlin] bei seiner [50j. Amts-] Jubelfeier den 11 Apr. 1843 von der Evangelisch-Theologischen Facultät zu Bonn gewidmet. Bonn, gedr. bei C. Georgi 1843. 6 S. 4.

Roß, Wilhelm

Roß, Antrittspredigt, geh. am 21. Sonnt. n. Trinit. 1828 in d. St. Nikolai-Kirche zu Berlin. gr. 8. (1¼ B.) Berlin, (Logier.)

— Christus in uns. Eine Predigt, gehalten am 25. Jan. 1835, dem Feste der Erinnerung an Philipp Jakob Spener. gr. 8. Berlin 835. Haude u. Spener. (Jonas). ¼ ₰

—— ich will euch nicht Waisen lassen, ich komme zu euch. Joh. 14, 18. Pred. am Sonnt. Rogate, d. 16. Mai 1830 bei d. Säcular-Feier d. Schindler'schen Waisenhauses gehalt. gr. 8. (2 B.) Berlin, Maurer.

—— Predigt am Feste d. Einführung d. Reformation in d. Mark Brandenburg üb. d. vorgeschrieb. Text Joh. 12, 35—36, geh. am 2. Nov. 1839. gr. 8. (1 B.) Berlin 840, (Gropius'sche Bh.)

—— sorget nicht, denn euer himml. Vater weiß, was ihr bedürfet. Pred., geh. am 15. Sonnt. n. Trinit. gr. 8. (1 B.) Berlin 831, (Logier.)

Ross, William Alexander

Ross, W. A., das Löthrohr in der Chemie u. Mineralogie. Enth. alle bekannten Verfahren der trockenen Analyse, viele Uebungsbeispiele u. Anweisg. zur Anfertigg. v. Apparaten. Nach der 2. engl. Aufl. ins Deutsche übertr. von B. Kosmann. gr. 8. (X, 216 S. m. 117 Fig.) Leipzig 889. Quandt & Händel. n. 6. —

Röss, Georg [aus Friedrichshütte bei Iba]: Beiträge zur Bestimmung von Molekulargrössen ... Erlangen, Druck d. Univ.-Buchdr. v. E. Th. Jacob, 1894; 40 S., 1 Bl. 8.
Erlangen, Phil. Fak., Inaug.-Diss. v. [10. Jan.] 1894

Roeß, Geo. Rich., am heil'gen Abend. E. Weihnachtssp. aus großer Zeit (1870/71) in 1 Aufz. gr. 8. (48 S.) Wiesbaden 898. R. Bechtold & Co. n. — 75

Am heil'gen Abend. Ein Weihnachtsspiel aus großer Zeit ⟨1870/71⟩ in 1 Aufzug von Georg Richard **Roeß**. 2. Aufl. Wiesbaden: Bechtold [1910]. 48 S. 8° (11. 9429

Roeß, Geo. Rich., Auferstehung. Ein Osterfestspiel in 3 Akten. (102 S.) 8. Wiesbaden 905. (R. Bechtold & Co.) n. 1. 50

Die gestielten Anhänge des Ligamentum latum. Von Doc. Dr Emil **Rossa** in Graz. M. 2 lith. Taf. *Berlin: S. Karger 1899.* (54 S., 2 Taf.) 1 Bd 8. (98. 10820

Rossa, Emil, die Therapie der Geburtshilfe an der geburtshilflich-gynäkologischen Klinik des Prof. Dr. Carl v. Rokitansky in Graz, s.: Therapie, die klinische, der Gegenwart.

Rossach [Schlagwort]

Rossach, s.: Geologische Karten (Preussen).

Rossach, s.: Preussen. Messtischblätter.

Rossach, Frdr Wolfg. Götz v, s. Berlichingen-Rossach

Rossan, de, Antiquités de la Suisse. Avec figures. Francf. 771. 4.

Rossanegg, s.: Costa-Rossetti, Edler v Rossanegg.

Rossapotheke, neu eröffnet, oder Mittel, die Krankheiten der Pferde aus dem Grunde sicher zu heilen; nebst sicherer Kur für das Rindvieh, Schafe, Schweine, Gänse, etc. 8. Quedlinburg 780. Ernst. M. —.50

Roßapotheke. 8. Quedlinb. Reußner. (Ernst.) 780. -

Rossard, M., Prophezeihungen auf die Jahre 1838 bis 1840. Aus d. Franz. übertr. von A. J. Spahnberger. (2e Aufl.) 8. Ulm 838. (Leipzig, Vereins-Comptoir f. Buchhandel etc.) 1 1/2 gr

Ross-Artzeney-Buch .. v. einem ... erfahrnen Stallmeister . . Sammt e. Anh. v Recepten zu allerley Curen. Berl. 1748. 296 S.

— — oder bewährter Gegenmittel wider alle Krankheiten der Pferde. 8. Berlin 748. Haude

Roßarzneibuch f. Bereiter, Kutscher, Fuhrleute u. Reisende. 12. Leipz., Centr.-Compt. 8 gr

Rossarzneybuch, Bewährtes u. approbiertes, u. Unterricht, wie ein krankes Pferd den Umständen nach, imgleichen aus denen äusserlichen Farben die innerlichen Eigenschaften zu erkennen. Von J. V. V. N. P. C. 8vo. (II., 406 S.) Wolfenbüttel 716. G. Freytag.

Das größere und ganz neu zugerichtete und probierte **Ross-Arzney-Büchlein,** in welchem gewisse u. erfahrene Stücke für allerley Krankheiten u. Zufälle dargethan worden. O. O. u. J. 106 S.

Roßarzt, der deutsche, zu Heilung der Krankheiten der Pferde. 8. Halle 791. Dreyßig. 4 gr

Der deutsche *Rossarzt*, f. Verwalter, Schmiedmeister, u. f. die lieben Bauersleute. Grätz 1792. 72 S.

— der deutsche, f. Verwalter, Schmiedemeister u. für Bauersleute. 8. Grätz 792. Ferstl. 4 gr

Der deutsche Roßarzt, für Verwalter, Schmiedmeister, und für die lieben Bauersleute. 3.Aufl. 72 S., gbd.

Grätz: Trötscher 1798

JB 5.892

Roß- oder Pferd-Arzt, d. sicher und geschwind curirende, 8. Leipz. 747.

Der wohlerfahrene **Ross-Arzt** . . . entdecket, wie e. Haus- u. Land-Wirth d. Kranckheiten d. Pferde nicht nur allein glücklich curiren sondern auch dieselben erkennen u. bey Zeiten vorkommen möge. O. O. 1712. 234 S.

Rossat, Arthur. **La poésie religieuse patoise dans le Jura bernois catholique. ⟨Noëls. — Chants de fêtes religieuses. — Complaintes.⟩ [Avec des mélodies.]** Aus der Festschrift zur 49. Versammlung Deutscher Philologen und Schulmänner. Basel 1907. II S. + S. 383—447. 8. [Basel, Buchdr. Emil Birkhäuser;] — *Aufdruck:* Leipzig, Carl Beck, Verlag —, [1907]. [M 2 —]

Rossaeus, Alex., Virgilii evangelisantis Christiados libri XIII. 8. Berl. Realsch. 764.

Rossbach [Schlagwort]

Rossbach, s.: Geschichtskarten. Sammlung.

Roßbach u. Gen. Prozeß gegen dieselben, s. Bericht, stenographischer.

Roßbach [Verfasser]

Roßbach, s.: Annalen des kgl. sächs. Ober-Landes-Gerichts zu Dresden.

— das Gerichtsverfassungsgesetz u. das Gerichtswesen im Deutschen Reiche, s.: Vorträge üb. Gesetzeskunde u. Verwaltung. 33. Hft.

Rossbach A, die Festbauten des 8. deutschen Bundesschiessens zu Leipzig 1884 (1 Bl 21 T) fol Leipzig (1884)

Roßbach, A., die Festbauten des VIII. deutschen Bundesschießens zu Leipzig 1884. Nach photogr. Aufnahmen und Darstellungen, nebst Erläuterungen und Bemerkungen über die hygiein. Anlagen. Fol. (2 Bl. Text mit 11 Lichtbr. aus der artist. Anstalt von Römmler und Jonas in Dresden und 10 lithogr. architekton. Plantaf. und Detailzeichnungen.) Leipzig 885, Gebhardt. In Mappe * 20 —

Roßbach, A., die deutschen Nationalfeste in Leipzig, s.: Raydt, H.

Rossbach, A(ugustus): De Eumenidum antichoriis. (Vratislaviae 1860.) (S. 3—15) 4° Breslau, Ind. lect. SS 1860

Rossbach, A(ugustus) De Choephororum cantico quinto. (Vratislaviae 1862.) (S. 3—11) 4° Breslau, Ind. lect. SS 1862

Rossbach, A(ugustus) De Persarum cantico psychagogico. (Vratislaviae 1861.) (S. 3—10) 4° Breslau, Ind. lect. SS 1861

Rossbach, Augustus: (Codicum Catullianorum, quos Silligius descripsit, collationes.) Vratislaviae 1859. (31 S.) 4°
Breslau, Progr. z. Geburtstage d. Königs am 15. Okt. 1859

Rossbach, August. Römische Hochzeits- und Ehedenkmäler. Erläutert von August Rossbach ... Leipzig, B. G. Teubner 1871.
XII + 180 S., 2 Taf. in Lithogr. 8°.

Rossbach, August, aus Lichtenfels: **Zur Kasuistik der Pankreashämorrhagie.** *Erlangen 1900: F. Junge.* (46 S.) 8°
Erlangen, Med. Diss. v. 31. Juli 1900

Rossbach, Augustus: De Hephaestionis Alexandrini libris et de reliquis quae aetatem tulerunt metricorum Graecorum scriptis bipartita disputatio. P. 1. Vratislaviae 1857. (20 S.) 4°
Forts. ist Ind. lect. SS 1858
Breslau, Progr. z. Geburtstage d. Königs am 15. Ok. 1857

Rossbach, A(ugustus): De Choephororum locis nonnullis. (Vratislaviae 1859.) (S. 3—18) 4°
Breslau, Ind. lect. SS 1859

[**Rossbach,** Augustus:] De metricis Graecis disputatio 2. (Vratislaviae 1858.) (S. 3—16) 4° *[P. 1 ist Progr. z. Geburtstage d. Königs 1857]*
Breslau, Ind. lect. SS 1858

— und R. **Westphal,** Metrik der griechischen Dramatiker und Lyriker nebst den begleitenden musischen Künsten. Leipzig, Teubner. gr. 8.
1. Thl.: Griechische Rhythmik von A. Rossbach. 854. (XXV, 238 S.) 1 ℛ. 7½ ngr.
3. Thl.: Griechische Metrik nach den einzelnen Strophengattungen u. metrischen Stilarten von A. Rossbach u. R. Westphal. 856. (XLIII, 563 S.) 2 ℛ. 15 ngr.
2. Thl. ist noch nicht erschienen.

Rossbach, A., und R. Westphal, Metrik der griechischen Dramatiker und Lyriker nebst den begleitenden musischen Künsten. 2. Thl. 2 Abthlgn. gr. 8. Leipzig, Teubner. 4
Inhalt:
Abthl. 1. Harmonik und Melopöie der Griechen von Rud. Westphal. (LVI und 372 S.) 863. 2 Thlr.
» 2. Allgemeine griechische Metrik von Rud. Westphal. (XXXIV und 576 S.) 865. 2 Thlr. 22½ Ngr.
1. und 3. Bd. Ebendas. 1854,56. 3 Thlr. 22½ Ngr.

— und R. **Westphal,** Metrik der griechischen Dramatiker und Lyriker nebst den begleitenden musischen Künsten. Leipzig 864. Teubner. gr. 8.
2. Thl. 1. Abthg.: Harmonik und Melopöie der Griechen von Rud. Westphal. (LVI, 372 S.) 2 ℛ.

—— Metrik der Griechen im Verein mit den übrigen musischen Künsten. 2. Aufl. 2 Bde. gr. 8. Leipzig 867,68, Teubner. *
Inhalt:
Bd. 1. Rhythmik und Harmonik nebst der Geschichte der drei musischen Disciplinen. (XXX und 809 S.) * 3 Thlr. 20 Ngr.
» 2. Die allgemeine und specielle Metrik enth. (LXIV und 864 S. mit 1 Tab. in qu. 4.) * 4 Thlr. 20 Ngr.

Rossbach, A(ugustus): De metro prosodiaco commentatio 1. (Vratislaviae 1857.) (S. 3—24) 4°
Breslau, Ind. lect. SS 1857

Rossbach, A., Nekrolog auf Professor Dr. Studemund. S.-A. 1890. 24 S.

Rossbach, Augustus: De Eumenidum parodo. Vratislaviae (1859). (17 S.) 4°
Breslau, Phil. Fak., Antr.-Progr. als ord. Prof. v. 12. Aug. 1859

Rossbach, Aug., und Rud. Westphal, Theorie der musischen Künste der Hellenen. Als 3. Aufl. der Rossbach-Westphalischen Metrik. 1.—3. Bd. 1. Abthlg. gr. 8. Leipzig, Teubner. * 22 —
Inhalt:
Bd. 1. Westphal, Rud., griechische Rhythmik. Als 3. Aufl. der griech. Rhythmik und der Fragmente und Lehrsätze der griech. Rhythmiker. (XL, 305 S.) 885. * ℳ 7.20.
» 2. —— griechische Harmonik und Melopoeie. 3. gänzl. umgearb. Aufl. (LIV, 240 S.) 886. ℳ 6.80.
» 3. —— und Hugo Gleditsch, allgemeine Theorie der griechischen Metrik. Nebst einem Nachworte zum 2. Bde. Als 3. Aufl. der Rossbach-Westphal'schen allgemeinen Metrik der Griechen. (XLVI, 368 S.) 887. * ℳ 8.—.
3. Bd. 2. Abthl. noch nicht erschienen.

Rossbach, A., u. R. Westphal. Theorie der musischen Künste der Hellenen. Als 3. Aufl. der Rossbach-Westphalschen Metrik. 3. Bd. 2. Abth. gr. 8. Lpz. 889, Teubner. * 14 —
Griechische Metrik m. besond. Rücksicht auf die Strophengattgn. und die übrigen melischen Metra. 3. Aufl., bearb. v. Aug. Rossbach. (LXXII, 870 S.)
1. Bd.—3. Bd. 1. Abthl. Ebd. 1885—87. * 22 —.

Roßbach, August [Hrsg.], s. Tibullus, Alb.: Libri quattor.

Roßbach, Aug., Untersuchungen über die römische Ehe. Stuttgart 853. Mäcken. gr. 8. (XII, 469 S.) 2 ℛ. 10 ngr.

Rossbach, A., Verzeichniss der Gypsabgüsse und Originalien antiker Bildwerke im Königl. Museum für Kunst und Alterthum an der Universität Breslau. Breslau 861. (Gosohorsky.) gr. 8. (49 S.) n. 5 ngr.

König Mammon und die Freiheit. Ein Bilderbuch für kleine und grosse Kinder. Entworfen und gezeichnet von L. Berg. Text zusammengestellt von E. Rossbach. 8°. Leipzig, Gen.-Buchdr., s. a.

Rossbach, Edwin, a. Berlin: **Beiträge zur Anatomie und Entwicklungsgeschichte der Redien. Leipzig: W. Engelmann 1906.** (87 S.) 8° ¶(Erscheint m. Tafeln in: Zeitschrift f. wissensch. Zoologie Bd 84.)
Marburg, Phil. Fak., Ref. Korschelt, Diss. v. 1. Nov. 1906
[Geb. 28. Apr. 77 Berlin; Wohnort: Berlin; Staatsangeh.: Preußen; Vorbildung: Sophien-Realgymn. Berlin Reife M. 97; Studium: Berlin 5, Marburg 7 S.; Rig. 7. März 05.]

Roßbach, F., Begleitstoffe f. den Unterricht in der Geschichte. 1. Tl. Geschichte der neuesten Zeit 1815—1888. Für den Schulgebrauch zusammengestellt. gr. 8. (VII, 132 S.) Leipzig 894. F. Richter. n. 1.50

— Deutsches Lesebuch f. westdeutsche Mittelschulen, s.: Tesch, P.

— Pflanzenkunde, s.: Franke, M.

— deutsches Sprachbuch, s.: Meyer, Johs.

— Tierkunde, s.: Franke, M.

— das Zeitalter der Entdeckungen u. Eroberungen, s.: Beiträge zum Geschichtsunterricht.

Roßbach, Ferdinand

Rossbach, Ferd, Beitrag zur Kenntniss oolithischer Kalksteine. gr. 8. (48 S.) Leipzig 886. Fock. n. 1. —

[F. u. Ant.] Die Berücksichtigung der Kulturgeschichte im Geschichtsunterricht. Vortr., geh. auf d. Vers. des rhein. Provinzialver. f. d. höhere Mädchenschulwesen ... zu Barmen v. Dr. phil. F. Rossbach, Koblenz. *Neuwied a/R. [&] Leipzig: Heuser 1895.* (15 S.) 8.
= Schule, Für die, aus der Schule. H. 66. [96. 5439

— dasselbe, s.a. Für die Schule aus der Schule, Hft. 66.

— Bilder aus den Befreiungskriegen, s.: Beiträge zum Geschichtsunterricht.

Roßbach, Ferd., Geschichtsbilder. Erzählungen f. den ersten Geschichtsunterricht. 3. Aufl. (VII, 183 S.) 8. Leipzig 908. [Roßberg'sche Verlagsbuchh.] Dürr'sche Buchh. Geb. in Leinw. 2. —

— Hülfsbuch f. d. Unterricht in der deutschen Geschichte in d. oberen Klassen höh. Mädchenschulen u. in Lehrerinnen-Bildungsanst. Nach den amtl. Bestimmgn. vom 31. Mai 1894 bearb. gr. 8. (XX, 766 S.) Neuwied 895. Heuser's Verl. n. 6. —

Roßbach, Ferd., Jahrzahlen u. Wiederholungsfragen f. den Geschichtsunterricht. gr. 8. (16 S.) Neuwied 900. [Heuser's Verl.] Leipzig, Roßberg'sche Verlagsbuchh. — 30
Auch die übrigen Schriften desselben Verl. sind in obigen Verlag übergegangen.

[F.] Lebensbilder aus der deutschen und preussischen Geschichte, deutsche Sagen. F. d. 5. u. 4. Klasse höh. Mädchenschulen nach d. preuss. Lehrplan v. 31. Mai 1894 bearb. v. Dr. F[erd.] Rossbach, Dir. ... in Saarbrücken. *Berlin [S.] Neuwied: Heuser 1897.* (VI, 114 S.) 1 Bd 8. [95. 173

Roßbach, Ferd., Lebensbilder aus der deutschen u. preußischen Geschichte, deutsche Sagen. Für die Unterstufe im Geschichtsunterricht an höheren u. mittleren Mädchenschulen bearb. 2. Aufl. (IV, 125 S.) 8. Leipzig 902. Roßberg'sche Verlagsbuchh. Geb. n. 1. 50

— Lehrbuch der Geschichte des Altertums f. die oberen Klassen höherer Mädchenschulen. 2., verm. Aufl. Mit 4 Karten u. 40 Abbildgn. (in besonderem Hefte.) (VIII, 213 u. 82 S.) 8. Ebd. 903. Geb. u. geh. n. 2. 60

(S) — Lehrbuch der Geschichte des Altertums. 903. (LBL 34.) Jetzt: Leipzig, Dürr'sche Buchhandlung.

— Lehrbuch der deutschen Geschichte f. die oberen Klassen höherer Mädchenschulen. 2., umgearb. Aufl. gr. 8. (XII, 340 u. 37 S. m. Abb. u. 6 farb. Karten.) Leipzig 902. Roßberg'sche Verlagsbuchh. Geb. in Leinw. u. geh. n. 4.—

— kleines Lehrbuch f. den Geschichtsunterricht in höheren Mädchenschulen. 3 Tle. gr. 8. Ebd. 904. Kart. à n. 1.—
1. Geschichte der Griechen u. Römer. (VIII, 84 S.)
2. Deutsche Geschichte von der Urzeit bis zum westfälischen Frieden. (VII, 100 S.)
3. Von der Zeit des Großen Kurfürsten bis auf die Gegenwart. (IV, 81 S.)

[F.] Leitfaden für den Unterricht in der Geschichte des Altertums. Nach d. preuss. Lehrplan v. 31. Mai 1894 bearb. v. Dr. F[erd.] Rossbach, Dir. ... zu Saarbrücken. *Berlin [S.] Neuwied a. Rh.: Heuser 1896.* (VIII, 101 S.) 1 Bd 8. [96. 7300

— dasselbe in der deutschen Geschichte in den oberen Klassen höh. Mädchenschulen. Nach d. amtl. Bestimmgn. v. 31. Mai 1894 bearb. gr. 8. (XI, 148 S.) Ebd. 895. Geb. in Leinw. n. 1. 50

Historische Richtigkeit und Volkstümlichkeit im Geschichtsunterrichte. Vortrag von Dir. Dr. F[erdinand] Rossbach, Düsseldorf. 2. verm. Aufl. Langensalza: Beyer 1910. 33 S. 8°
(Pädagogisches Magazin. H. 17.) [11. 9490

— historische Richtigkeit u. Volkstümlichkeit im Geschichtsunterrichte, s. a. Magazin, pädagogisches.

Der Unterricht in der Geschichte mit bes. Berücks. d. kulturgesch. Momente. Ein Begleitwort zu d. geschichtl. Lehrbüchern von Dr. F[erdinand] Rossbach, Dir. in Saarbrücken. *Neuwied & Leipzig: Heuser 1898.* (16 S.) 8° [Umschlagt. F.] [co. 4886 B

— der Unterricht in d. Geschichte m. bes. Berücksicht. d. kulturgeschichtl. Momente. E. Begleitwort zu d. geschichtl. Lehrbüchern. gr. 8. (16 S.) Ebd. 899. — 30

Rossbach, Fr. Die periodischen Kettenbrüche und die diophantischen Gleichungen zweiten Grades. 24 S. Progr. Rg. *Wiesbaden* 1883.

Roßbach, Franklin: Das große Fürstenschießen zu Zwickau im August 1573. Zwickau, 1906, 40 S. 3055

Der Geschichtsunterricht in mittleren Schulen. Von Dr. F[ritz] Rossbach, Schuldir. Berlin: Gerdes & Hödel 1907. (32 S.) 8°
— Bausteine, Pädagogische. H. 31. [07. 27030

Rossbach, Georg: Über Triketone. Bern 1898. 33 S. 8°.
Bern. Phil.

Roßbach, H. Ludw., v. d. Salbung Jesu. 4. Dresd. Gerlach. 756. -

Aufklärung und Führung der Kavallerie. Eine Betrachtung über kriegsgemäßes Reiten u. Melden. Von [Hans Heinrich] Roßbach, Hauptm. Berlin: E. S. Mittler & Sohn 1906. (86 S.) 8° [F.] [06. 7634

Rossbach, Heinrich Julius

Rossbach, Heinr. Jul., die Fähigkeit zum Richteramte nach königlich sächsischem Rechte dargestellt als Beitrag zur Lösung einer namentlich für die älteren sächsischen Rechtsanwälte wichtigen Zeitfrage. gr. 8. (VIII, 96 S.) Leipzig 879. Sorig. n. 2. —

Roßbach, Heinrich Rudolf

Roßbach, Hnr. Rud., († ...) Abhandl. von der luther. Lehre v. heil. Abendmahle rc. 4. Langensalza 767. Schneider. 8 gr.

— Abhandl. der bisher streitigen Materie von d. Baum der Erkenntniß des Guten u. d. Bösen, u. von d. Baume d. Lebens. 4. Langensalza 764. Schneider. 6 gr.

Rossbach, *Johann Georg August* Hugo [aus Breslau]: Das Leben und die politisch-kirchliche Wirksamkeit des Bernaldino Lopez de Carvajal, Kardinals von Santa Croce in Gierusalemme in Rom, und das schismatische concilium Pisanum. Th. 1 ... Breslau, Druck d. Bresl. Gen.-Buchdr., 1892; 2 Bl., 102 S., 1 Bl. 8.
Breslau, Phil. Fak., Inaug.-Diss. v. 30. Juni 1892

Rossbach, Hugo, das Leben u. die politisch-kirchliche Wirksamkeit des Bernaldino Lopez de Carvajal, Kardinals v. Santa Croce in Gierusalemme in Rom, u. das schismatische concilium Pisanum. 1. Thl. Diss. gr. 8. (III, 102 S.) Breslau 892. (L. Köhler.) n. 1. —

Roßbach, Johann Josef

Roßbach, J. Jos., Anleitung zur Ausübung des Vermittlungsamtes in Landgemeinden. 5. verm. Aufl. Würzburg 854. Stahel. 12. (107 S.) n. 10 ngr.

Roßbach, Joh. Joseph, der Philos. und der Rechte Doktor, Die Bundes-Verfassungen in historisch-politischer Entwicklung. Würzburg, C. A. Zürn, 1848. 56 S. 8°.

Roßbach, Joh. Jos., die sociale Frage. Ein Vortrag mit Anmerkungen. 1. u. 2. Aufl. Würzburg 864. Julien. gr. 8. (39 S.) n. 4 ngr.

— vom Geiste der Geschichte der Menschheit. I. (Thl.) A. u. d. T.: Vier Bücher Geschichte der politischen Oekonomie. Würzburg 856. Etlinger. 8. (423 S.) 1 rß. 12 ngr.

Roßbach, Joh. Jos., vom Geiste der Geschichte der Menschheit. 2. Thl. A. u. d. T.: Vier Bücher Geschichte der Familie. 8. (XII und 528 S.) Nördlingen 859, Beck'sche Buchh. *
1. Thl. Würzburg 1855, Etlinger'sche Verlagsbuchh. * 1 Thlr. 12 Ngr.

Roßbach, Dr. Joh. Jos., Geschichte der Gesellschaft. 1—3. Theil. Würzburg 868,69. Stuber. 8. Jeder Bd. n. 1 ℛ
1. Thl. Die Aristokratie. (XII, 283 S.) 868.
2. Thl. Die Mittelklassen im Orient u. im Mittelalter der Völker d. Occidents. (VII, 237 S.) 869.
3. Thl. Die Mittelklassen in der Culturzeit der Völker. 1. Abth. (309 S.) 869.

Roßbach, Joh. Jos., Geschichte der Gesellschaft. 4—8. Thl. 8. Würzburg 871—75. Stuber. à n. 3. — (cplt. n. 27. —)
4. Die Mittelklassen in der Culturzeit der Völker. 2. Abth. (312 S.)
5. Der vierte Stand u. die Armen. 1. Abth. (200 S.)
6. — dasselbe. 2. Abth. (164 S.)
7. — dasselbe. 3. Abth. Der Communismus u. Socialismus. Zur Lösg. der socialen Frage. (431 S.)
8. Vom Geiste der Geschichte. (227 S.)

Roßbach, Joh. Jos., die Grundrichtungen in der Geschichte der Staatswissenschaft. gr. 8. (68 S.) Erlangen 848, Palm. 1/3 ℛ

Roßbach, Joh. Jos., Industrie und Christentum. (Kathol. Broschüren-Verein Bd. 1, Heft 10.) 1865, 8°, 26 S., 20 Pf.

—— Industrie und Christenthum, sa. Broschüren-Verein.

Roßbach, Joh. Jos., die Lebens-Elemente der Staaten. gr. 8. (10¼ B.) Würzburg 844. (Augsburg, Schmidsche Buchh.) *

– die Lebens-Elemente der Staaten. 2. verm. Ausg. Würzburg 864. Julien. gr. 8. (XIII, 155 S.) n. 20 ngr

—— die Perioden der Rechts-Philosophie. gr. 8. (20 B.) Regensburg 842, Manz.

— die Philosophie der Gerechtigkeitspflege mit steten Beziehungen auf die gerichtl. Institutionen civilisirter Völker wissenschaftlich u. praktisch entwickelt. gr. 8. (IV u. 186 S.) Würzburg 847, Stahel. n. 1 ℛ — Neue wohlf. (Titel-) Ausg. gr. 8. (IV u. 186 S.) Würzburg (847) 852, Halm. 18 ngr

Rossbach, Joseph [aus Düsseldorf]: Einwirkung von Ammoniak auf Dibromtrinacetonamin. Düsseldorf 1899. 37 S. 8°.
Basel. Phil. Diss. 1899/1900.

ROSSBACH, Julius Rudolf (Würzburg): Ein noch unbeschriebener Faserzug aus der inneren Abteilung des Corpus restiforme zur Medulla oblongata.- München: Wolf 1903. 19 S.
19.6.1903 - Chr 1902/03,26; Jv 1903/04,331
Diss.Ingolst.-Landsh.-Mchn.

Rossbach, Karl [Assistenzarzt II. Cl. im K. bayr. 17. Inf.-Reg. „Orff" zu Germersheim a/Rh.]: Drei Exstirpationen maligner Ovarientumoren. . . . Jena, Druck v. G. Neuenhahn, 1888; 30 S. + 1 Bl. u. 6 Taf. 8°
Jena, Med. Fak., Inaug.-Diss. v. [12. Okt.] 1888

Roßbach, K. Gesch. d. Entwicklg d. Bayr. Militär-Sanitätswesens v. seinen Anf. b. z. Erricht. d. neuen Dtsch. Reiches. Ingolstadt 1904.

Roßbach, Dr. K. Geschichte der Entwicklung des bayerischen Militär-Sanitätswesens. Ingolstadt 1904. 217 S.

Rossbach, Max J. H.: Die Geschichte der argentinischen Währung von 1880 bis 1891. München 1908: Wolf. 162 S. 8°
München, Staatswirtsch. Diss. v. 9. Dez. 1904, Ref. Lotz
[Geb. 25. Febr. 83 Frankfurt a. M.; Wohnort: New York City, U. S. A.; Staatsangeh.: Vereinigte Staaten; Vorbildung: Goethe-Gymn. Frankfurt Reife O. 01; Studium: Jura Lausanne 1, Jura u. Staatsw. München 2, Berlin 2, München 2 S.; Rig. 9. Dez. 04.] [U 09. 3271

Rossbach, Michael Josef

Rossbach, M. J., gesammelte klinische Arbeiten. Hrsg. in Verbindg. m. E. Sehrwald. Mit 8 Taf. in Lichtdr. u. 38 Abbildgn. im Text. Lex.-8. (VIII, 624 S.) Jena 890. Fischer. n. 14. —

Rossbach, M. J., Cholera indica und Cholera nostras, s. Handbuch der speciellen Pathologie und Therapie.

Rossbach, M. J., Handbuch der Arzucimittollchro, s.: Nothnagel, H.

—— Lehrbuch der physikalischen Heilmethoden für Aerzte und Studirende. Mit 85 (eingedr.) Holzschn. 2 Hälften. gr. 8. Berlin, Hirschwald. [1. Hälfte. (VII, S. 1—190.) 881. * ℳ 4.; 2. Hälfte. (XII, S. 191—533.) 882. * ℳ 9.] * 13 —

— Lohrbuch der physikalischen Hoilmethoden f. Aerzte u. Studirondo. 2., verm. Aufl. gr. 8. (XV, 627 S. m. 89 Holzschn.) Berlin 892. A. Hirschwald. n. 16. —

Rossbach, Mich. Jos., Physiologie u. Pathologie der menschlichen Stimme auf Grundlage der neuesten akustischen Leistungen bearb. (In 2 Thln.) 1. Thl. Physiologie der Stimme. Würzburg 869. Stuber. gr. 8. (VI, 147 S.) n. 1 ℛ

— Rückfallsfieber, s.: Handbuch der speciellen Pathologie u. Therapie.

—— über die Schleimbildung und die Behandlung der Schleimhauterkrankungen, s. Festschrift zur dritten Saecularfeier der Alma Julia Maximiliana.

—— über den gegenwärtigen Stand der internen Therapie und den therapeutischen Unterricht an den deutschen Hochschulen. Vortrag, gehalten bei seinem Eintritt in die medicin. Facultät der Hochschule Jena am 18. Novbr. 1882. gr. 8. (32 S.) Berlin 883, Hirschwald. * — 80

—— Tod durch arsenhaltige Tapeten od. Vergiftung m. Phosphor. Für den Otto'schen Giftmordprozeß beleuchtet. gr. 8. (V, 80 S.) Jena 890, Doebereiner Nachf. * 1 50
Vgl.: Seidel, M. Acute Phosphorvergiftung 2c.

—— pharmakologische Untersuchungen. 1. Bd. 4 Hefte. gr. 8. (244 S.) Würzburg 874, Stahel'sche Buchh. *

Rossbach, M. J., s.a. Untersuchungen, pharmakologische.

Roßbach, Otto

Rossbach, O., griechische Antiken d. archäologischen Museums in Breslau. Festgruss, im Namen des archäolog. Museums der k. Universität in Breslau der 40. Versammlg. deutscher Philologen u. Schulmänner in Görlitz dargebracht. gr. 4. (43 S. m. 1 Holzschn. u. 2 Lichtdr.-Taf.) Breslau 889. Zimmer. n. 3. —

Rossbach, O., De duobus Ciceronis disputationum Tusculanarum codicibus saeculi IX et XI ab editoribus neglectis. S.-A. 1894. 10 S.

— De Senecae dialogis. S.-A- 1882. 12 S. —.75

Rossbach, Otto, disquisitionum de Senecae filii scriptis criticarum capita II. Dissertatio philologica. gr. 8. (37 S.) Breslau 882. Koebner. n. 1. —

Rossbach, O., Intagli arcaici della Grecia e dell' Etruria. S.-A. 1885. 85 S. m. 2 Taf.

Rossbach, O., Zum ältesten Kriegswesen I. S.-A. 1892. 18 S. —.60

Roßbach, Otto, internationale u. nationale Kunst. Rede zur Feier des Geburtstages Sr. Maj. des Kaisers u. Königs, am 27. I. 1903 geh. in der Aula der Albertus-Universität. (20 S.) gr. 8. Königsberg 903. Gräfe & Unzer, Buchh. n. — 60

Rossbach, O., Zu den Metamorphosen des Apuleius. (Critica.) S.-A. s. a. 8 S.

— Archaeologische Miscellen. S.-A. 1890. 17 S. u. 1 Taf.

— De Senecae philosophi librorum recensione et emendatione. Praemissae sunt Senecae librorum quomodo amicitia continenda sit et de vita patris reliquiae ed. a W. Studemund. 1888. 184 S. 2 50

— de Senecae philosophi librorum recensione et emendatione, s.d. Abhandlungen, Breslauer philologische.

Rossbach, Otto, August Rossbach. Eine Erinnerung an sein Leben u. Wirken. gr. 8. (83 S.) Königsberg 900. Gräfe & Unze, Buchh. n. 2. —; m. 1 Bildnis n. 2. 50

August Roßbach, Professor an der Universität Breslau 1856–1898. Eine Erinnerung an s. Leben u. Wirken von Otto **Roßbach.** Mit e. Bildn. A. Roßbachs u. 2 Textbild. 2. um e. Lebensabriß R. Westphals von A(ugust) Roßbach u. sonst verm. Aufl. Königsberg i. Pr.: Gräfe & Unzer 1907. (124 S.) 8° (od. 275 10

Rossbach, O., Schediasma criticum. S.-A. 1891. 7 S. —.50

Rossbach, Otto [Vratislaviensis]: **Symbolae ad Senecae filii libros recensendos et emendandos. Pars I . . . . Vratislaviae, apud Guilelmum Koebner,** 1887; 1 Bl. |- 31 + 1 S. 8°.
Breslau, Phil. Fak, Hab.-Schr. v. 23. Jun. 1887.

— Teller des Sikanos. S.-A. 1888. 8 S. u. 1 Taf.

Rossbach, O., Vier Pompejan. Wandbilder. S.-A. 1898. 9 S. m. 4 Text-Abb. 4°. —.90

Rossbach, R., Dämonen der Unterwelt. S.-A. 1893. 10 S.

Roßbach, Rich., deutsches Lesebuch f. Bürgerschulen, s.: Jacobi, Alfr. u. H. Mehl.

Rossbach, Th.: Über den Merycismus. Jena 1865. 26 S.
Schul-/Univ.-Schrift

Roßbach, Th., das Schwefelbad Tennstädt in Thüringen u. die physikalisch-medizinischen Heilvorrichtungen in Herbsleben a. d. Unstrut. 8. (48 S.) Erfurt 880. Stenger. n. — 50

Rossbach, Th., über das Wiederkauen beim Menschen. gr. 8. (III, 38 S.) Langensalza 876, (Huschke.) *

Rossbach, Th., üb. das Wiederkauen bei Menschen. gr. 8. (III, 38 S.) Langensalza 876. Klinghammer in Comm. n. 1. 20

Rossbach, T., Über das Wiederkauen beim Menschen. Langensalza 77. G. Huschke. M. 1.20

Roßberg, der, u. Gönningen, s.: Schriften d. Schwäb. Albvereins.

Roßberg, Artur: Die Entwickelung der Territorialherrlichkeit in der Grafschaft Ravensberg. Taucha-Leipzig 1909: Porzig. X, 102 S. 8°
Leipzig, Phil. Diss. v. 3. Juni 1910, Ref. Seeliger, Brandenburg
[Geb. 19. Jan. 83 Taucha b. Leipzig; Wohnort: Noordwijk a. Z., Holland; Staatsangeh.: Sachsen; Vorbildung: Thomassch. Leipzig Reife O. 03; Studium: Leipzig 12 S.; Rig. 20. Juli 09.] [U 10. 3222

Roßberg, Chr. Gottlieb

Roßberg, Chr. Gtl., († d. 15. Febr. 1822.) systemat. Anweis. zum Schön- u. Geschwindschreiben, u. zur Prüfung deutscher Hand- u. Druckschriften, nach mathemat. Grundsätzen. Mit vielen Kpf. 3 Thle. 1r Thl. 3 Abtheill. Mit (72) Kpf. u. 2r Thl. 3 Hfte. Mit (67) Kpf. gr. 8. Dresd. 793—811. Autor. 16 ₰ Velinpap. 20 ₰ 3r Thl. Auch u. d. T.: Anweisung für die Jugend zur richtigen Aussprache u. Rechtschreiben im Deutschen. 20 gr Holl. Pap. 1 ₰ 4 gr 2e Aufl. 3 Thle. Mit Kpf. gr. 8. Dresd. (825.) (Magaz. f. Industr. in Leipz.) 9 ₰ 12 gr (3r Thl. 2e Aufl. A. u. d. T.: Anweis., die deutsche Sprache nach d. reinen hochdeutschen Mundart richtig auszusprech. u. zu schreiben. gr. 8. Ebd. 1 ₰ 8 gr) Hbg. Pr. 20 gr

Roßberg, C. Gli, systemat. Anweis. z. Schön- u. Geschwindschreiben, und z. Prüfung deutscher Hand- und Druckschrift., n. mathemat. Grundsätz. m. viel. K. in Royalfolio, 3 Thle. gr. 8. Dresden, Autor. (auch Beger.) 1r Thl. 1811. 2r Thl. 1796. 3r Thl. 1810.
Velinp.

— — desselb. 3r Thl. einzeln ohne K. hat a. d. Tit.: Anweis. für die Jug. z. richtig. Ausspr. und Rechtschr. im Deutsch.
Schreibp.
Holl. Pap.

— — ders. 4s Heft od. Litt. D. gr. Fol. Leipz. Comt. f. Lit. 802.

— Anweisung, die deutsche Sprache nach der reinen hochdeutschen Mundart richtig auszusprechen u. zu schreiben. 2e verb. Aufl. gr. 8. Leipz. 822, Mag. f. Ind.

Roßberg, (C. G.,) Anweis. z. Schön- u. Geschwindschreiben ꝛc. 1r Thl in 3 Abthlungen. Mit 3 Heften (72 Kpfrn.) 2e Aufl. u. 2r Thl. 3 Hefte. (67 Kpfrn.) Kalligraphie. gr. 8. Leipz., Magaz. f. Ind. 823. à 5 Rthl. —

— dess. 3r Thl. Orthographie. 2e Aufl. gr. 8. Ebd. 823, Ebd.

— Schulvorschriften. 2 Hfte. 4. Leipz. (823.) Magaz. f. Ind. (1s 8 gr, 2s 16 gr) 1 ₰

— deutsche Schulvorschriften. gr. 4. Leipz. 823, Mag. f. Ind.

Roßberg, C. G., Schulvorschriften. I. Hft. 2. u. 3. Aufl. qu. 4. (à 12 Kpfrt.) Leipzig 843, 46, Hunger.

Roßberg, Fritz, Kultur u. Arbeit, s.: Jugend- u. Volksbühne.

Rossberg, Gust., Verzeichniss sämmtl. königl. preuss. Armee-Märsche, berichtigt u. vervollst. v. R. 8. (31 S.) Leipzig 898. Breitkopf & Härtel. n. — 50

Rossberg, Gust., Verzeichniss sämmtl. königl. preuss. Armee-Märsche u. der v. Sr. Maj. Kaiser Wilhelm II. besonders verliehenen Märsche u. s. w. Berichtigt u. vervollständigt. (Neue Ausg.) (35 S.) 12. Leipzig 902. Breitkopf & Härtel. n. — 50

Roßberg, G. Verzeichnis sämtlicher preuß. Armee-Märsche u. der von S. M. Wilhelm II. besonders verliehenen Märsche. Leipzig 1905. 36 S.

Rossberg, Konr. De Dracontio et Orestis, quae vocatur tragoediae auctore eorundem poetarum Vergilii, Ovidii, Lucani, Statii, Claudiani imitatoribus. Accedit corollarium [Anth. lat. 676 R.]. 36 S. 8. Progr. *Norden* 1880.

Rossberg, Conr., de Dracontio et Orestis quae vocatur tragoediae auctore eorundem poetarum Vergilii, Ovidii, Lucani, Statii, Claudiani imitatoribus. Accedit corollarium. gr. 8. (36 S.) Nordae 880. (Berlin, Mayer und Müller.) * 1 —

—— deutsche Lehnwörter in alphabetischer Anordnung. Zusammengestellt und auf ihren Ursprung zurückgeführt. gr. 8. (IX, 120 S.) Hagen 881, Risel und Comp. * 3 —

Rossberg, Konr. Lucubrationes propertianae. 36 S. *Stade* 1877. Progr.

— lucubrationes Propertianae. 4. (36 S.) Stadae 878. (Berlin: Mayer & Müller) n. 1. 20

Rossberg, Konrad Materialien zu einem Commentar über die Orestis tragoedia des Dracontius. (Erste Hälfte.) Als Vorläufer einer commentierten Ausgabe der Werke des Dracontius veröffentlicht. 8 (64 S.). (Schlufs.) 8 (S. 65—112). Progr. G. Andreanum *Hildesheim* 1888 (293). 1889 (295).

Rossberg, K., Materialien zu e. Commentar üb. die Orestis tragoedia d. Dracontius. Als Vorläufer e. commentierten Ausgabe der Werke d. Dracontius veröffentlicht. 2 Hälften. gr. 8. (112 S.) Hildesheim 888. 889. (Berlin, Mayer & Müller.) n.n. 3. —

Rossberg, Conr., in Dracontii carmina minora et Orestis quae vocatur tragoediam observationes criticae. 8. (31 S.) Stadae 878. (Berlin, Mayer und Müller.) *

Rossberg, Konrad: Lateinische Scripta im Anschlufs an Cicero pro Roscio Amerino und Livius XXI. XXII. *Hildesheim (1898): Gebr. Gerstenberg.* (20 S.) 8°
Hildesheim, k. G Andreanum, OP 1898 (324)

Rossberg, *Konrad* [Dr.]: Texte zum Übersetzen ins Lateinische im Anschluss an die Lektüre der Unterprima. Hildesheim, Druck v. Gebr. Gerstenberg, *1895;* 56 S. 8.
Hildesheim, k. G Andreanum, OP 1895 (312)

Rossberg, Conradus: De praepositionum Graecarum in chartis Aegyptiis Ptolemaeorum aetatis usu. Ienae 1909: Neuenhahn. 63 S. 8°
Jena, Phil. Diss. v. 27. März 1909, Ref. Hirzel
[Geb. 3. Okt. 84 Plauen i. V.; Wohnort: Plauen; Staatsangeh.: Sachsen; Vorbildung: Gymn. Plauen Reife O. 04; Studium: Marburg 2, München 2, Jena 6 S.; Rig. 21. Dez. 08.] [U 09. 2219

Roßberg, Konrad [Hrsg.], s. Xenophon: Hellenika. 1896/97.

Die Zweimarkstücke und Fünfmarkstücke deutscher Reichswährung. Ein Taschenbuch f. Sammler, bearb. von Prof. Dr. K[onrad] Roßberg. [Nebst] Nachtrag. Leipzig: Zschiesche & Köder 1903-05. 8°

Rossberg, K., die Zweimarkstücke u. Fünfmarkstücke deutscher Reichswährung. Ein Taschenbuch f. Sammler. 2. Aufl. (36 S. m. 1 Taf.) kl. 8. Leipzig 906. Zschiesche & Köder. Kart. n.n. 1. 50
1. Aufl. (28 S. m. 1 Taf.) 903. Kart. 1. 25.

Rossberg, K., die Zwei-, Fünf- u. Dreimarkstücke deutscher Reichswährg. Ein Taschenbuch f. Sammler. 3. Aufl. des Taschenbuchs. (36 S.) kl. 8. Leipzig 910. Zschiesche & Köder. Geb. nn 1. 50

Rossberg, L., s.: Bibliotheca juridica.

Rossberg M, Kinderleben im Winter. M. Musik v. O Wermann. 4° Zürich

Der Sommer. Ein Kinderfestspiel. Dichtung von Pastor M. Roßberg. Musik von Oskar Wermann. Textbuch. Berlin-Gr. Lichterfelde: Ch. F. Vieweg [1906]. (23 S.) 8° [.ℌ.] [07. 869

Roßberg, M., der Sommer, s.: Wermann, Osk.

Rossberg, W., Quaestiones de rebus Cyrenarum provinciae Romanae. Diss. 67 S.

Der Kampf gegen den Spiritismus. Nach e. Vortrage, geh. von Walther Rossberg. Mit e. Anh.: Der Antispiritismus u. s. moral. Grundlagen. (Berlin 1910: Ringer.) 13 S. 8°
Erw. aus: Die Übersinnliche Welt. 1910, Juniheft. A 12. 9372

Roßberger, Carl, die einfache Buchführung f. Schuhmacher, s.: Bibliothek f. fachliches Wissen im Schuhmachergewerbe. I.

Rossberger, W. M., histor.-dogmat. Darstellung d. Röm. Rechts-Institutionen im Grundrisse, zum Behuf akadem. Vorlesn. 8. (13 B.) Berlin 828, Oehmigke.

Rossberger, W. M., Jus adcrescendi ex fontibus juris Romani genuinis illustratum. Disquisitio juris civilis. 8maj. Leipz. 826. Klein. 1 ₰

Rossberger, W. M.: Jus adcrescendi ex fontibus juris Romani genuinis illustratum. Disquisitio juris civilis. Lipsiae 1827.

— s. Justiniani institutionum.

ROSSBERGER, W. M.: System des gemeinen Civilrechts im Grundrisse, zum Behuf der Pandekten-Vorlesungen. 8. *Berlin*, (Rücker u. Püchler.) 826. (16 Gr.)

Rossbuch, ganz neu hrsg. von einem tr. Freunde. 2 Bd. Nürnbg. 706—11.

Rossbüchlein, Ein gantz neues, darinnen allerhand bewährte Artzney-Mittel für mancherley Gebrechen und Krankheiten der Rosse begriffen sind. 8vo. Mit Holzschn. (64 S.) Magdeburg (ohne Jahresz.) Gottfr. Vettern.

Ross-Büste. Halle a. S. 1909. V: *Robert, Karl.* (Berl 1909, S. 869)

Rossé, Charles Albert

Rossé, Ch. Alb., Aufsätze f. den Unterricht in der französ. Sprache, s.: Orell Füssli's Bildersaal. (Egli, G.)

Rossé, Ch. Alb., Fragensammlung u. ausgeführte Beispiele in franz. Sprache, s.: Orell Füssli's Bildersaal.

Rossé, Ch(arles) Albert [d'Alle, Jura Bernois]: Les théories littéraires de Victor Hugo. (Essai de classification, d'analyse et de critique.) Delémont 1903. 122 p. 8°. [21. VII. 03.]
Bern. Phil. Diss. 1903/1904.

Rossé, Ch[arles]-Albert. Les théories littéraires de Victor Hugo ⟨essai de classification, d'analyse & de critique⟩. Thèse Phil. Berne. 122 p. 8. Delémont, Boéchat, 1903.

Rosse, G., s. Berzelius, Untersuchung.

Rosse, Curt, aus Neustadt (Holstein): **Ein Fall von Ileus infolge Eiterung im kleinen Becken.** *Greifswald 1898: J. Abel.* (21 S.) 8°
Greifswald, Med. Diss. v. 30. Sept. 1898

Roßeck, die Pflicht der evangelischen Kirche gegenüber der sozialen Aufgabe der Gegenwart. Vortrag. gr. 8. (22 S.) Königsberg i/Pr. 890. Gräfe & Unzer. n. — 40

Rosseck, die Sonntagsfrage, s. a. Zimmer's Handbibliothek der praktischen Theologie.

Rosseck, Die Sonntagsfrage. 8°. Gotha 1891.

Rossée, J., Vorübungen rc., s. Heideloff, M.

Rossée, Wilhelm [aus Grünstadt (Rheinpfalz)]: **Zur Kenntnis des p-Amidobenzylalkohols … Erlangen, Druck d. Univ.-Buchdr. v. E. Th. Jacob, 1896; 23 S. 8.**
Erlangen, Phil. Fak., Inaug.-Diss. v. 11. Nov. 1896

Rosseeuw de Saint-Hilaire, Cécile, s. Rosseuw de Saint-Hilaire, Cécile.

Roßeg, Wilh., Anfangsgründe d. Algebra, gemeinverständl. zum Selbstunterr. vorgetr. gr. 8. (5¼ B.) Leipzig 832, Kayser.

Die Ruhmesbahn Novelle von Wilhelm Rosseg *Berlin A. Weichert [1900]* (48 S.) 8° [F.]
= Welt. Allc Bd 20. [02. 1182

Rossel. **Die beiden Bildungswege unserer Zeit und ihre Vermittlung. Dillenburg, Pädagog., 1847. 20 S. 4.**
Progr.

Rossel, **Hist. du Patriotisme françois, ou nouv. hist. de France. VI Tom. 8. Berne, Typ. 770.**

Rossel, Arnold

Rossel, A., Dr. Kurze Anleitung zur Dünger-Fabrikation im Kleinen durch Verwerthung der gewerblichen Abfälle. Den praktischen Landwirthen gewidmet. In-8°, 54 S. Bern, K. J. Wyss. 1887. 1 20

— dasselbe. 2., verm. Aufl. m. Angaben üb. die Behandlg. der Reben gegen den falschen Mehlthau. gr. 8. (68 S.) Ebd. 887. n. 1. —

—— kurze Anleitung zur Düngerfabrikation im Kleinen. 3. verm. Aufl. mit Angaben über die A. Behandlung der Reben gegen den falschen Mehltbau, B. rationelle Verwerthung der Weintraube und der Trester, C. Bereitung eines gesunden Getränkes aus Beerenobst. Mit dem Bilde der Peronospora viticola [Pilz des falschen Mehlthaus]. 8. (140 S.) Ebendas. 888. cart. * 1 50

Rossel, A. Kurze Anleitung zur Behandlung der Phosphorsäure, der Kali- und Stickstoffsubstanzen, als Pflanzen-Nahrungsmittel. 4. Aufl. Der „Düngerfabrikation im Kleinen." In-8°. Bern, K. J. Wyss. 1894. 2 —

Rossel, A., e. Beitrag zur Moorkultur in der Schweiz u. Bedeutung der Thomas-Schlacke als neuer Phosphorsäuredünger f. die Landwirthschaft. gr. 8. (31 S. m. 1 Steintaf.) Aarau 886. Wirz-Christen. n. 80

Rossel, Arnold, von Prêles (Cant. Bern): Beiträge zur Kenntniss des Anisaldehyds. [Auch in: Liebig's Annalen der Chemie u. Pharm. Bd 151, S. 25—49]. Zür. Zürcher u. Furrer Dr. 1868. 30 S., 1 Bl. 8°
Zürich, Phil. Diss. [v. 28. Mai 1868].

— gesetzliche Bestimmungen üb. den Verkauf v. Kunstweinen in der Schweiz. Der natürl. Wein, das Chaptalisiren, das Gallisiren, das Petiotisiren u. der Hefewein. Vortrag, geh. in der Sitzg. d. schweizer. Weinbauvereins vom 22. Febr. 1885 in Winterthur. gr. 8. (19 S.) Frauenfeld 885. (Huber.) n — 40

Rossel, A.: Gesetzliche Bestimmungen über den Verkauf von Kunstweinen in der Schweiz. Vortrag. [Frauenfeld: Huber] 1885. 17 S. Aus: Schweizer. landw. Zeitschrift. -- Schweizerische Landesbibliothek Bern*

Rossel, A., fabrication des engrais chimiques, leur préparation dans la ferme. I. L'acide phosphorique, la potasse et l'azote comme principes nutritifs des plantes. — II. Traitement des vignes contre le mildew. — III. Fabrication des vins de seconde cuvée, au moyen des raisins rouges. — IV. Fabrication d'une boisson hygiénique au moyen de fruits. Traduit de l'allemand sur la 4. éd. par L. Crelier. 12. (139 S. m. Abbildgn.) Bern 896. K. J. Wyss. Kart. n. 1. 80

Rossel, A. Fabrikation v. Obstweinen [Most] in Frankreich, auf Grundlage v. Mittheilgn. d. Laboratoriums f. Lebensmitteluntersuchg. in Paris, A. Hauchecorne u. B. Demourieux. Verglichen m. den Angaben v. J. Gut, nebst Auszügen aus dessen Mostbüchlein. 8. (24 S.) Bern 889, Wyß. * — 40

Rossel, A., Ueber die Formeln der modernen Chemie. Winterthur, Technikum 1878.
Progr.

Rossel, A. Ueber rationelle Herstellung von Most (Obstwein) und die Ernährung und Düngung der Ostbäume. Nebst Untersuchungen von Obst- und Obstweinsorten der interkantonalen Most-Ausstellung in Oberburg (vom 13—20. Okt. 1889), von *F. Schaffer.* In-4°. 26 S. Bern, K. J. Wyss. 1890.

— landwirthschaftliche Mittheilungen. I. Kurze Anleitg. zur Behandlg. der Phosphorsäure-, der Kali- u. Stickstoffsubstanzen als Pflanzen-Nahrungsmittel. 4., verm. Aufl., m. Angaben üb. II. Behandlg. der Reben gegen den falschen Mehlthau, III. rationelle Verwerthg. der Weintraube u. der Trester, IV. Bereitg. e. gesunden Getränkes aus Beerenobst. Mit dem Bilde der Peronospora viticola (Pilz des falschen Mehlthaus). 8. (146 S.) Bern 894. K. J. Wyß. Kart. n. 1. 80

Rossel, A., das Reinigen v. Speisewasser f. Dampfkessel, nach e. Vortrag, geh. im Gewerbemuseum Winterthur f. Einführg. der Reinigg. d. Dampfkesselspeisewassers mittelst Soda. 2. Aufl. gr. 8. (24 S. m. Abbildgn. u. 1 Grundriß.) Winterthur 891. M. Kieschke. n. 1. 20

Rossel, A. Ueber Vermehrung der Boden-Erträge bei Anwendung von Kunstdünger. Ein Beitrag zur Zollfrage. Vortrag. In-8°. 33 S. Bern, K. J. Wyss. 1890. — 60

Rossel, A. (Dr.). Ueber die neuen schweizerischen Zündhölzchen. Vortrag gehalten am 19. December 1880 in Winterthur, und veröffentlicht im Auftrag des eidg. Handels- und Landwirthschaftsdepartement. In-8°, 55 S. Winterthur, Bleuler-Hausheer & Cie. 1881.

Rossel, A., mittl. Zusammensetzg. d. Futtermittel, s.: Eichenberger, Ad.

Rossel, Carl, s. Rossel, Karl.

Rossel, Emmy, Leitfaden für den Unterricht in den weiblichen Handarbeiten zum Gebrauch für Schule und Haus. 1. Aufl. (46 S. mit 11 lithogr. Taf.) 1877; 2. Aufl. Lex.-8. (60 S. mit 12 lithogr. Taf.) Berlin 879. (Hempel.) *

Rossel, Emmy, Leitfaden für den Unterricht in den weiblichen Handarbeiten zum Gebrauch für Schule u. Haus. Mit 13 lith. Taf. 3., verm. u. verb. Aufl. Lex.-8. (60 S.) Berlin 881. Hempel in Comm. n. 3. —

Rossel, Emmy, Leitfaden für den Unterricht in den weiblichen Handarbeiten zum Gebrauch für Schule und Haus. 4. neu verm. und verb. Aufl. Lex.-8. (70 S. mit 13 lithogr. Taf.) Berlin 885, (Dümmler's Verlag.) * 3 —
—— dass. — 5. neue verm. und verb. Aufl. Lex.-8. (76 S. mit 14 lithogr. Taf.) (Ebendas.) 888. * 3 —

Rossel, Emmy, Leitfaden f. den Unterricht in den weiblichen Handarbeiten zum Gebrauch f. Schule u. Haus. 6., neu verm. u. verb. Aufl. Lex.-8. (72 S. m. 14 lith. Taf.) Berlin 892. (F. Dümmler's Verl.) n. 3. —

[F.] Leitfaden für den Unterricht in den weiblichen Handarbeiten z. Gebr. f. Schule u. Haus v. Emmy **Rossel** ... Nebst e. Nachtr. üb. Klassenunterr. v. C. G. M. 14 lithogr. Taf. 7. (neu) verm. u. verb. Aufl. *Berlin: Selbstv. d. Vf.; Commv. v. F. Dümmler 1896.* (79 S., 7 Taf.) 1 Bd 4.(8.) [96.1944

Rossel, Emmy, Leitfaden f. den Unterricht in den weiblichen Handarbeiten zum Gebrauch f. Schule u. Haus. Nebst e. Nachtrag üb. Klassenunterricht v. C. G. Mit 14 lith. Taf. 8. Aufl. Lex.-8. (79 S.) Berlin 901. F. Dümmler's Verl. n. 3. —

Rossel, Georges David: De procuratoribus. 23 S.– Basel, Jur.Diss. v. 3.Juni 1746.

Rossel's, Herm., Leben u. hinterlass. Schriften. 2. Bd. Theologische Schriften. Eingeführt von Aug. Neander. gr. 8. (XIV u. 365 S.) Berlin 847, Bessers Verlag (Frz. Duncker). 2 ß (Bd. 1 ist noch nicht erschienen.)

Rossel, Herm., s. Twesten, A., Matthias Flacius Illyricus.

Rossel, J., Bijouterie, Joaillerie, s. Weltausstellung, internationale, 1878 in Paris.

Rossel, J. P., sprachlehriges Lesebuch f. Volksschulen aller Glaubens-Bekenntnisse, od. Beispielsamml. f. d. pädagog. vereinten Sprech-, Rede-, Schreib-, Lese- u. Sprachlehr-Unterricht. 1s Hft. Lautlehre. 8. Aachen ... 2e A. 826. 15e A. gr. 12. Ebd. 832. Rossel. 2 ℊ 2s Hft. Wortlehre. gr. 12. Ebd. 829. 7e A. 831. 4 ℊ 3s Hft. Satzlehre f. Schüler ꝛc. gr. 12. Ebd. 830. 3e u. 4e A. 832. 4 ℊ

Rossel, (J. P.,) sprachlehriges Lesebuch f. Volksschulen aller Glaubens-Bekenntnisse, od. Beispielsammlung f. d. pädagogisch vereinten Sprech-, Rede-, Schreib-, Lese- u. Sprachlehr-Unterricht. 1s Heft. 2e Aufl. 8. Aachen 826, Roßel. (Leipz., Wienbrack.)

Rossel, J. P., sprachlehrl. Lesebuch, oder Beispielsammlung für den pädagogisch vereinten Sprech-, Rede-, Schreib-, Lese- u. Sprachlehr-Unterricht. 1s Heft. Lautlehre. 15e Aufl. 8. Aachen 832. Roschütz u. Comp. n. 1/12 ß — 20e Aufl. 834. — 23e Aufl. gr. 8. Ebd. 838. — 24e Aufl. 840. 1/12 ß

Rossel, J. P., sprachlehrl. Lesebuch, od. Beispielsamml. f. d. pädagog. vereint. Sprech-, Rede-, Schreib-, Lese- u. Sprachlehr-Unterr. 3 Hfte. gr. 12. Aachen, Roschütz u. Comp.
Hft. 1. Lautlehre. 20. Aufl. (1 1/3 B. u. 1 Bl. Vorschriften.) 834. 2 Gr.
" 2. Wortlehre. 8. Aufl. (4 B.) 832. 4 Gr.
" 3. Satzlehre. 4. Aufl. (4 1/2 B.) 832. 4 Gr.
Vgl. dess. „Satzlehre f. Volksschulen ꝛc."

Rossel, J. P., sprachlehrl. Lesebuch, od. Beispielsamml. f. d. pädagog. vereinten Sprech-, Rede-, Schreib-, Lese- u. Sprachlehr-Unterricht. gr. 12. Aachen, [Cöln,] Roschütz u. Comp.
Hft. 1. Lautlehre. 23. Aufl. (1 1/3 B. u. 1 Bl. Vorschriften.) 838. 2 Gr.
" 2. Wortlehre. 10. Aufl. (4 B.) 840. 4 Gr.
" 3. Satzlehre. 5. Aufl. (4 2/3 B.) 837. 4 Gr.

— Satzlehre für Schüler. — Des „sprachlehrlichen Lesebuches" 3s Heft. 5e Aufl. 12. Aachen 837. Roschütz u. Comp. 1/6 ß

— Wandtafeln zum ersten Lesebuch. Mit Gebrauchsanweisung. 2e Aufl. Ebd. 840. 1 ß

—— allgem. Monatschrift f. Erziehung u. Volksunterr., im Vereine mit mehr. Lehrern u. Erziehern hrsg. 5—8. Jahrg. 1828—31. à 2 Bde. od. 12 Hfte. Mit Bildn. gr. 8. Aachen, [Roschütz u. Comp.] [828—30. à 4 Thlr., 31. 3 Thlr.]

—— dass. fortges. v. Carl Gust. Klapper. 9. u. 10. Jahrg. 1832 u. 33. à 12 Hfte. gr. 8. Ebds. à 3.
1. Jahrg. 1824 fehlt. — 2—10. J. 1825—33. Ebendas. Hrbgs. Pr. zus. 18 Thlr.
Dass. s. a.: Monatsschrift, ...

— **Realbuch f. Elementar- u. Bürgerschulen ꝛc. 2e verm. Aufl. Lex.-8. Aachen 831. 4e A. 832. (Rossel). 10 ℊ**

Rossel, J. P., Real-Buch f. Elementar- u. Bürgerschulen u. d. untern Klassen d. Gymnasien, wie auch f. Bürger u. gebild. Landleute. Ein Lehr- u. Leseb., enthalt.: Erdkunde, Naturlehre, Natur-Beschreib., Menschenlehre u. Geschichte. 4. Aufl. Lex.-8. (20 1/2 B.) Aachen 832, [Roschütz u. Comp.] Thlr.

—— **Real-Buch f. gehob. Schulen, wie auch z. Selbstunterr. Ein Lehr- u. Lesebuch, enth. Erdkunde, Naturlehre, Naturbeschreibung, Menschenlehre, Gesundheitslehre, Geschichte. 5., verm. u. verb. Aufl. Lex.-8. (20 1/2 B.) 836. * 5/12 Thlr. Neu revid. u. verm. v. J. H. Kaltenbach u. F. Roschütz. 6. Orig.-Aufl. 8. (32 1/4 B.) Aachen 840, [Cöln,] Roschütz u. Comp.**

—— dass. Anhang hierzu, s. Beschreibung d. Rheinlandes.

— **Satzlehre f. Volksschulen u. ihre Lehrer. Zugleich: Gebrauchsanweisung zum 3n Hefte des ꝛc. Lesebuchs. 8. Aachen 830. Rossel. 16 ℊ 2e A. 831. 3e A. 832. 12 ℊ**

—— Satzlehre f. Volksschulen u. ihre Lehrer. 2—4. Aufl. (à 9 B.) gr. 12. Aachen 831—34, [Roschütz u. Comp.] à
Ist ein Commentar zu dess. „sprachlehrl. Lesebuch." 3. Hft.

— vollständige Satzlehre für Volksschulen und ihre Lehrer. 4e unveränd. Ausg. (Gebrauchsanweisung der „Satzlehre für Schüler.") gr. 12. Aachen 834. Roschütz u. Comp. 1/2 ß

Rossel, J. P., Sprach- und Lesebuch. 1. Heft: Lautlehre. 26. Aufl. 8. Düsseldorf 841, Roschütz u. Comp. 1/12 ß — 27. Aufl. 12. Ebend. 844. geb. 1/12 ß

Rossel, J. P., Sprach- u. Lesebuch od. Beispielsammlung f. d. pädagogisch vereinten Sprach-, Rede-, Schreib-, Lese- u. Sprachlehr-Unterricht. 1. Hft.: Lautlehre (Fibel.) Mit 1 lith. Buchstaben-Täfelchen. 27., verb. u. verm. Aufl. 12. (1 1/3 B.) Düsseldorf 844. [Cöln,] Roschütz u. Comp.

—— **Wochenblatt f. Elementar-Lehrer. 1—4. Jahrg. 1828—31. à 52 Nrn. (Bog.) gr. 4. Aachen, [Roschütz u. Comp.]** à 3.

—— dass. fortges. v. J. P. Hasselbach. 5. u. 6. Jahrg. 1832 u. 33. à 52 Nrn. (Bog.) gr. 4. Ebds. à J.
Dass.s.a.: W o c h e n b l a t t . . .

Rossel, Johann Georg (Mömpelgard) A. S. 766/47

Specimen juridicum inauguralis de ordine et privilegiis creditorum in auctionibus sive subhastationibus. Basel (Brandmüller) 15. VII. 1707. 25 Bl. 29288

Rossel, Carl, Album von Nassau, s. Album.

Rossel, Carl, die Abtei Eberbach im Rheingau, s. Denkmäler aus Nassau.

(R[ossel], C[arl].) Die Reichsstadt Frankfurt im Bund der Eidgenossen. Nachruf eines Nassauers an das Schützenfest zu Frankfurt a. M., Juli 1862. 8. (Wiesbaden [1862].)

(Rossel, C[arl].) Die Reichsstadt Frankfurt im Bund der Eidgenossen. Nachruf eines Nassauers an das Schützenfest zu Frankfurt a. M., Juli 1862. ([Mit] Nachschrift [von] Herm[ann] von Liebenau.) 8. *o. O.* Gedruckt in diesem Jahr [1862/63].

Rossel, K., über gewerbliche Genossenschaften. Aus dem Osterprogramm der Handels- u. Gewerbeschule in Wiesbaden abgedr. Wiesbaden 856. Roth in Comm. 4. (32 S.) n. 7½ ngr.

—— **zur Geschichte des römischen Wiesbadens. 1. Abthl. A. u. d. T.: Ein Militär-Diplom Kaiser Traians aus dem Römerkastell in Wiesbaden und die Besatzung dieses Kastells. Im Auftrage des historischen Vereins für Nassau hrsg. gr. 8. (XIV und 72 S. mit 4 Stnt. in gr. 8., gr. 4. und qu. 4.) Wiesbaden 858, Limbarth.** *
Vgl.: Annalen des Vereins für nassauische Alterthumskunde. 5. Bd. 1. Heft.

Rossel, C. Die römische Grenzwehr im Taunus. Straßburg 1872. 4°.

Rossel, Karl, die römische Grenzwehr im Taunus. Mit 54 in den Text eingedr. Holzschn. u. 10 lith. (u. chromolith.) Taf. (in gr. 8., qu. 4. u. qu. Fol.) Lex.-8. (VI, 129 S.) Wiesbaden 876. Limbarth. n. 8.—

—— Guide de Wiesbade et de ses environs. 8. (X und 134 S. mit lithogr. Plan in 4.) Wiesbaden 864, [Feller und Gecks.] cart. *

— guide de Wiesbade et de ses environs. Wiesbaden 864. Kreidel. 8. (X, 134 S. u. lith. Plan in 4.) n. 20 ngr.

— das Pfalgraben-Castell Salburg bei Homburg v. d. H. Mit 2 (lith.) Plänen (in 8. u qu. Fol.) Lex.-8. (IV, 26 S. m. eingedr. Holzschn.) Wiesbaden 871. Homburg v. d. H., Frauenholz in Comm. n. 1. —

Rossel, K. Das Pfalgraben-Castell Saalburg bei Homburg v. d. H. 8. M. 2 Pl. Wiesbaden 1871. (IV. 26) 8. M. 2 Pl. u. Holzschn. Homburg v. d. H 1876. 1,00.

—— **die Pfarrkirche S. Severus in Bopard. Ein Beitrag zur Baugeschichte. gr. 8. (10 S. mit 1 Stnt. in Tondr.) Wiesbaden 861, Roth.** *

—— **das Stadt-Wappen von Wiesbaden Ein Beitrag zur Ortsgeschichte. gr. 8. (72 S. mit eingedr. Holzschn. und chromolithogr. Titel.) Wiesbaden 861, Roth.** *

—— **Urkundenbuch der Abtei Eberbach im Rheingau. Im Auftrag des histor. Vereins für Nassau hrsg. 1. Bd. 1. und 2. Heft. gr. 8. (288 S.) Wiesbaden 860. 61, (Roth.) [1. Heft * 18 Ngr., 2. Heft * 15 Ngr.]** *

— **Urkundenbuch der Abtei Eberbach im Rheingau. Im Auftrag des histor. Vereins für Nassau hrsg. 1. Bd. 3. Heft u. 2. Bd. 1. Abthl. 1. u. 2. Heft. Wiesbaden, (Roth.) gr. 8. [1. Bd. 3. Heft. (X u. S. 289—433, Schluss.) 862. n. 18 ngr., 2. Bd. 1. Abthl. 1. Heft. (S. 1—160.) 864. n. 18 ngr., 2. Bd. 1. Abthl. 2. Heft. (IV u. S. 161—432) 865. n. 28 ngr.] n. 2 ₰ 4 ngr.**

Urkundenbuch der Abtei Eberbach im Rheingau. Im Auftrag des historischen Vereins für Nassau herausgegeben von K. ROSSEL. Bd. 1—2. Abth. I—II. Wiesbaden. 1862 — 1870. In Comm. bei W. Roth. 8°.

—— **Wiesbaden and its environs. A guide book for strangers. Translated from the German by St. Bede Syll. 8. (X und 146 S. mit lithogr. Plan in 4.) Wiesbaden 864, [Feller und Gecks.] cart.** *

— **Wiesbaden und seine Umgebungen. Ein Wegweiser für Fremde. 2. verm. u. verb. Aufl. Wiesbaden 864. Kreidel. 8. (IV, 120 S. u. 1 lith. Plan in 4.) n. 12½ ngr.; mit 1 lith. Karte (in Fol.) n. 24 ngr.**

— **Wiesbaden u. seine Umgebungen. Ein Wegweiser für Fremde. Bis Ende 1868 revidirte Ausg. Wiesbaden 868. Feller & Gecks. 8. (IV, 120 S. mit lith. Plan in 4.) n. 8 ngr. cart. mit 1 lith. Karte in Imp.-Fol. n. 15 ngr.**

Rossel, Otto. Beitrag zum Nachweis von Blut bei Anwesenheit anderer anorganischer und organischer Substanzen in klinischen und gerichtlichen Fällen. Diss. Med. Basel. [Mit 2 Figuren. — Sep.-Abdr. aus: Deutsches Archiv für klinische Medizin. Band 76, Heft 6.] IV + 15 S. 8. Naumburg a. S., Lippert & Co., 1903.

Rossel, Virgile. Burenfrauen. Episode aus dem Burenkriege. Drama in einem Aufzug von Virgil Rossel. In freier Uebertragung von Paul Sutermeister. [Mit Porträt Krügers auf dem Umschlag.] 20 S. 8. Bern, Buchdr. des Berner Tagblatt, 1901. (fr. —. 50)

Rossel, Virgil, Burenfrauen. Drama in 1 Aufzug. In freier Uebertragg. v. Paul Sutermeister. 8. (20 S.) Bern 901. Paul Sutermeister. (Nur direkt.) n. — 70

Rossel, Virgile. Le premier essai d'une codification du droit civil en Suisse, par V' R', recteur de l'Université de Berne. Discours prononcé à l'occasion de la Fête annuelle de l'Université de B', le 30 novembre 1907. 29 p. 8. Berne, Büchler & Co., 1907.

Rossel, V., histoire littéraire de la Suisse romande des origines à nos jours. Tome I. II. gr. 8. (XII, 532; 637 S.) Genf u. Basel 889. 890. Georg. à n. 6. —

Rossel, Virgile, histoire littéraire de la Suisse romande des origines à nos jours. Tome II. gr. 8. (637 S.) Basel 891. Georg & Co. n. 6. —

Rossel, Virgile, histoire de la littérature française hors de France. (I. Suisse française. II. Belgique. III. Canada. IV. Hollande, Suède et Danemark. V. Allemagne. VI. Angleterre. VII. La littérature française en Orient.) gr. 8. (XV, 531 S.) Lausanne 895. F. Payot. n. 6. 40

Rossel, Virgile, et Jenny, Heinrich Ernst. Histoire de la Littérature Suisse des origines à nos jours. [Par] V' R' et Henri-Ernest J'. 2 Tomes. XVI + 360 *et* IV + 373 p. 8. Lausanne, Payot & Cie; Berne, A. Francke, 1910. [*à* fr. 3.50]

— un jurisconsulte bernois du XVIIIme siècle. Sigismond-Louis de Lerber 1723 à 1783. Discours prononcé à l'occasion de la fête annuelle de l'Université de Berne, le 23 novembre 1893. gr. 8. (21 S.) Bern 894. Schmid, Francke & Co. n. — 80

Rossel, Virgile, manuel du droit civil de la Suisse romande [Cantons de Genève, Fribourg, Neuchatel, Tessin, Vaud, Valais et Berne (Jura Bernoise)], suivi d' un abrégé portant sur le droit commercial et la procédure. gr. 8. (XVI, 560 S.) Basel 886, Georg's Verlag. *

Rossel, Virgile. Morgarten. Versdrama in 4 Akten. [Von] Virgil R'. Zum ersten Male aufgeführt im Theater zu Lausanne, Februar 1905. Übersetzt von Grethe Auer. 72 S. 8. Bern, A. Francke, 1905. [fr. 1. 50]

Rossel, Virgile. Nouvelles Bernoises. 303 p. 8. (Neuchâtel, Impr. Delachaux & Niestlé S. A., [1907].) (fr. 3. 50)
Ed. A: Berne, A. Francke, Editeur.
Ed. B: Lausanne, Payot & Cie, Editeurs.
Ed. C: Neuchâtel, Delachaux & Niestlé S. A., Editeurs.

Rossel, Virgile: Der Weg zum Ziel. Theaterstück in 2 Akten. Uebersetzt von R. K. Basel 1899. 24 S.

— der Weg zum Ziel. Theaterstück in 2 Akten. Autoris. deutsche Uebersetzg. v. R. K. 2. Aufl. (24 S.) 8. Basel (903). F. Reinhardt. n. — 40

Rossel, Virgile, der Weg zum Ziel. Theaterstück in 2 Akten. Autoris. deutsche Uebersetzg. v. R. K. 5. Aufl. (24 S.) 8. Basel (909). F. Reinhardt. — 40

Rössel [Schlagwort]

— s. a.: Allenstein, Reg.-Bez.

Rössel, s.: Geologische Karten (Preussen).

Rössel. Karte des Kreises Rössel im Reg.-Bez. Allenstein. Hrsg. v. der kartogr. Abtheilg. der königl. preuss. Landesaufnahme 1877. Aufgenommen vom königl. preuss. Generalstab 1864—1869. Einzelne Nachträge 1901 u. 1905. 1 : 100,000. 48×60,5 cm. Farbdr. Berlin (R. Eisenschmidt). n.n. 2. —; ermäss. Preis n.n. 1. 50

Roessel, Kreis. Spezialkarte des Kreises Roessel. Rev. v. den zuständ. Behörden. 1 : 100,000. 44,5×50 cm. Farbdr. Lissa 910. O. Eulitz. — 75; auf Leinw. in Etui 1. 50

Rössel [Verfasser]

Rössel. Ueber das Wesen der Tragödie. Wiesbaden, Pädagog., 1842. 25 S. 4. Progr.

Die Erste Brandenburgische Flotte im Schwedisch-Polnischen Kriege 1658 -1660 und ihr Kommandeur Obrist Johann von Hille, von [Bruno] Roessel, Generallt. a. D. Mit 1 Portr. *Berlin: R. Eisenschmidt 1903.* (VIII, 114 S.) 8° [F.] [03. 9535

Roessel, die erste brandenburg. Flotte im schwedisch-polnischen Kriege 1658—1660 u. ihr Kommandeur Obrist Johann v. Hille. (VIII, 121 S. m. 1 Karte u. 1 Bildnis.) gr. 8. Berlin 903. R. Eisenschmidt. n. 3. —

Roessel, Geschichte d. Grenadier-Regiments König Friedrich II. (3. ostpreuß.) Nr. 4. Im Auftrage d. Regiments bearb. 1. Bd. 1626 bis 1690. Mit Abbildgn. u. Skizzen. gr. 8. (XXVIII, 667 S.) Berlin 901. E. S. Mittler & Sohn. n. 11. —; geb. in Leinw. n.n. 13. —

Roessel, österreichische Truppen in den Herbst-Manövern 1894, im Lager bei Bruck u. Landskron, unt. Berührg. einz. takt. u. reglementar. Fragen. gr. 8. (XI, 315 S. m. 2 Karten.) Berlin 895. Liebel. 3. 50

Roessel, Christoph Heinrich (Marlesreuth) A. S. 1336/5

Dissertatio philosophica de adfectibus, qui hominibus tribuuntur.
Präs. Gottlob Friedrich Nikolaus Wolle.
Leipzig (Langenheim) 14. IX. 1743. 31 S. 29103

Rössel, Frz., s. Hülfsbuch für alle Rechtsverhältnisse des bürgerl. Lebens.

Rössel, Karl [aus Lissa '(Posen)']: Ein kasuistischer Beitrag zur Laparo-Myomotomie m. bes. Berücks. d. intraperitonealen Stielbehandlg ... Erlangen, Druck d. Univ.-Buchdr. v. E. Th. Jacob, 1894; 86 S. 8.
Erlangen, Med. Fak., Inaug.-Diss. v. [22.] Juli 1893

Rössel, Ludwig Anton Franz

Rössel, Ldw. Ant. Frz., üb. die Theilung eines Bogens, enthalt. die Auflösung d. Problems, jeden Winkel in 3 gleiche Theile zu theilen. Mit 1 Kpf. 8. Münst. 816. Coppenrath. 8 gr

Roessel. Maximil. (geb. Vechta 22. 5. 1808): De tabe dorsuali. Berolini (1835). (23 S.) 8°
Berlin, Med. Diss. v. 2. Mai 1835

Rössel, Theodor

Rössel, Th., Atlas für sächsische Volksschulen. Ausg. I. für einfache Volksschulen. A—D. Kreishauptmannschaften Bautzen, Dresden, Leipzig und Zwickau. gr. 4. (à 7 chromolithogr. Karten mit 1 Bl. Text.) Döbeln 888, Schmidt. à * — 75

Rössel, Thdr., Karte des gesammten Voigtlandes. 1 : 200,000. 1.—3. Abdr. Mit Höhenschichten. Fol. Plauen 875, Neupert. *

Rössel, Th., Karte des gesammten Vogtlandes. 1 : 200,000 der natürl. Grösse. 1.—4. Abdr. Chromolithogr. mit Höhenschichten. Imp.-Fol. Plauen 875,76, Neupert. *

—— Karte des gesammten Vogtlandes. 1 : 200,000. Revid. von L. G. Herold. 5. revid. Abdr. vom J. 1882. Chromolithogr. gr. Fol. Plauen, Neupert. * 1 25

Rössel, Th. Karte des gesammten Vogtlandes. 1 : 200,000, rev. v. L. G. Herold. 7. rev. Abdr. vom J. 1884. Neue currentgestellte Ausg. v. 1891. Farbendr. (42,5×45,5 cm.) Plauen, F. E. Neupert's Verlag. * 1 25

Rössel, Th., Materialien f. d. Unterricht in d. Himmelskunde an deutschen Volksschulen. Mit 32 in den Text eingedr., lith. Abb. gr. 8. (28 S.) Leipzig 893. Th. Fanghänel. n. — 40

Roessel, Th., Plan von Dortmund mit Angabe der Hausnummern. 1 : 3000. Ausldr. und color. qu. gr. Fol. Dortmund 881, Dreist. * 2 —

Rössel, Th., Reliefkarte des Königr. Bayern. 1 : 1,500,000. Chromolithogr. in Hochdr. qu. Fol. Leipzig 880, Eckerlein. * — 50

Reliefkarte des Königreichs Bayern. Maßst. 1 : 1.500,000. (Relief v. Th. Rössel. Leipzig: A. König [1906]; Geogr. Inst. C. Sternkopf.) (1 Kartenbl. 33×28 cm mit Legende.) [lith.] [kol.]
Aus: Königs Plast. Schulatlas.

Reliefkarte des Königreichs Bayern. Maßst. 1 : 1.500,000. (Relief v. Th. Rössel. [Ausg. in Reliefpressung.] Leipzig: A. König [1906]; Geogr. Inst. C. Sternkopf.) (1 Kartenbl. 33×28 cm mit Legende.) [lith.] [kol.]
Aus: Königs Plast. Schulatlas.

—— Reliefkarte des Königr. Sachsen. Hochdr. und chromolithogr. qu. gr. 4. Leipzig 879, Eckerlein. * — 25

Rössel, Th., Schulwandkarte der biblischen Länder, nach den besten Quellen für den allgemeinen Schulgebrauch beim Unterricht in der Geschichte des Reiches Gottes bis zum Ende der Kreuzzüge bearb. 1 : 2,500,000. 4 Bl. Chromolithogr. Imp.-Fol. Dresden 888, Huhle. * 6 —
Für Aufzug auf Leinw. mit Stäben ** 4 —

Rössel, Th., der schriftliche Verkehr des Handwerkers u. kleinen Geschäftsmannes. I. Stufe. (1. Jahrg.) gr. 4. (40 S.) Meissen 902. Sächs. Schulbuchh. n.n. — 50

Rössel, Th., der schriftliche Verkehr des Handwerkers u. kleinen Geschäftsmannes. II. u. III. Stufe. (2. u. 3. Jhrg.). (42 u. 40 S.) gr. 4. Meissen (904). Sächs. Schulbuchh. à n.n. — 50

— Wand-Atlas f. Volksschulen. 10 Schul-Wandkarten üb. alle Theile der Erde, m. e. Suppl. in 12 Lfgn. 1. u. 2. Lfg. 1 : 10,000,000. à 4 Blatt. Chromolith. Imp.-Fol. Gotha 883. Hellfarth. à n. 3. —; auf Leinw. m. Stäben. à n. 6. —
1. Afrika. — 2. Nord-Amerika.

Rössel, Th., Wand-Atlas f. Volksschulen. 10 Schul-Wandkarten üb. alle Theile der Erde, m. e. Suppl. in 12 Lfgn. 3. u. 8. Lfg. à 4 Blatt. Chromolith. Imp.-Fol. Gotha 887. Hellfarth. à n. 3. —; auf Leinw. m. Stäben à n. 6. —
3. Süd-Amerika. 1 : 10,000,000. — 8. Europa. 1 : 5,000,000. Die 4.—7. Lfg. erscheinen später.

Rössel, Willy, Führer zu Hans Sommer's „Rübezahl" „u. der Sackpfeifer v. Neisse". Oper in 4 Akten v. Eberhard König. (24 S. u. Musikbeilage 3 autogr. Bl. in gr. 4.) 8. Braunschweig (905). (J. Bauer.) n.n. — 30

Rösseler, J., der Kampf der Schule gegen die Schund- u. Schmutzliteratur. Ein Konferenzvortrag. (31 S.) gr. 8. Düren (909). W. Solinus. — 75

— Lehrplan f. ein- u. mehrklassige Volksschulen, s.: Burens, J.

Rosselet, Ed., échos du réveil. 32 cantiques traduits pour la plupart, recueillis et publiés. gr. 16. (68 S.) Basel 876. Spittler. n. — 60

Rosselet, [illegible]
Berlin, Phil. Diss. v. 23. Febr. 18[illegible]

(Rosselet, C[arl] E[manuel].) Praecisum über die vor dem Hohen Stand Bern zur Beurtheilung vorwaltende Neuenburgische Incidental-Procedur, zu Behauptung jeniger, von Seiten der beklagten Stadt Neuenburg … vorgeschüzten Dilatorischen Exception. (Verfaßt in Bern den 15. Augstmonat 1767. – Urkund des Urtheil-Spruchs … über die Neuenburgische Incidental-Procedur …. Geben den 20. Augusti 1767. – Urkund der Recurs-Gestattung. Beschehen den 27ten Augusti 1767.) 4. *o. O.*

Rosselet, Carl Emanuel. Versuch einer Historischen und Rechtlichen Abhandlung Von den Schweizerischen Schuz- und Schirm-Bündnussen oder sogenannten Mitburger-Rechten … überhaubt: Insbesonders aber Desjenigen Burgerrechten, welches … entzwischen Hochlöblichem Stand Bern Und der … Municipal-Stadt Neuenstadt … Bestand hat. Verfertiget Und aus … glaubwürdigen … Urkunden zusammen getragen Durch C° E° R°…. 4. *o. O.* 1757.

Rosselet, Karl Emm., († 1794.) Versuch e. histor.-rechtl. Abhandl. von d. Schweizer. Schutz- u. Schirmbündnissen, oder Mitbürgerrechten rc. 4. Leipz. 757. (Hahn). 16 gl.

Rosselet, K. Em., Vers. e. hist. und rechtl. Abhandl. v. d. Schweizer. Schutz- und Schirmbündnissen, od. Mitbürgerrechten. 4. Leipzig, Fritsch. 757. Rthlr. •

Rosselet d'Ivernois, résumé des doctrines bibliques mises dans leur ordre et accomp. d'un très-grand nombre de leurs textes. 208 pp. in-8. Neuchâtel, A. G. Berthoud; Basel, C. F. Spittler. 1871.

Rosselet-d'Ivernois, G. A., der Blick von Weitem. Basel 869. Spittler. 8. (32 S.) 1 ngr.

Roesselsprung, der, mit Variationen. qu. 16. (4½ B.) Mittweyda 831, Billig.

Rossem Nz, A[driaan] C[arel] van: Die Aufnahme von Kommutatordiagrammen. 1903. 31 S. 8° ¶ Auch bei Knapp in Halle 1904. Darmstadt, Dr.-Ing.-Diss. v. 8. 10. 1903

Rossem Nz, A. C. van, die Aufnahme v. Kommutatordiagrammen. (31 S. m. 19 Abbildgn.) gr. 8. Halle 904. W. Knapp. n. 1. 50

Rossem, Corn. van, de catarrho epidemico. Dissert. 8maj. (7 B.) Lugduni Bat. 840, Gebhard et Soc. (Lipsiae, T. O. Weigel.) •

Rossenbeck, A., Die Flottmann'sche Hammer-Gesteinsbohrmaschine im Grubenbetrieb. Essen-Ruhr, 1907. 3 S. [Fd 936

Rösser, (Georg) Kolumban

— commentationes duae de sensu veri. 4. Würzb. 774—78.

— Disquisitio libelli: Entwurf zu der ältesten Erd- u. Menschengeschichte. 8. Würzb. 779.

— encyclopaedia positionum philosophicarum ac mathematicarum. 8. Cob. 772. (Gebhardt u. K. in Frkf. a. M.) 12 gl.

— institut. geographiae physicae. 8maj. Würzb. 777. Stahel. 16 gl.

— institutiones historiae humanitatis. 8. Bamb. 794. (Wesché in Frkf. a. M.) 4 gl.

— institut. hist. humanitatis. 8. Bamb. Göbhard. 794.

— institutiones logicae. 8maj. Würzb. 775. Ed. II. 793. (Stahel). 6 gl.

— institut. logicae et metaphys. 8. maj. Würceb. Stahel. 795.

— institutiones metaphysicae. 8maj. Würzb. 776. (Stahel) 8 gl.

Rösser, Geo. Columb., institutiones philosophicae de homine et deo. 8maj. Würzb. 780. Ed. II. 790. (Stahel). 16 gl.

Roesser, Columbanus, Primae lineae anthropologiae. Wirceburgi 1776, 64 pp.

Rösser, Geo. Columb., († d. 12. Dec. 1780.) primae lineae anthropologiae. 8maj. Würzb. 776. Ed. nova 781. (Stahel). 12 gl.

Roesser, Col., Disp. de philosophia Quintil. Wirceb. 779. 4.

Rosser, Columbanus, De theologia ab astronomiae studio non seiungenda. Wirceburgi 1779, 22 pp.

— Theses ex institut. logicae idealis. 8. Bamb. 760.

Rosset, Pensées générales sur le Déisme. 8. Laus. Pott. 760.

Anton Emanuel von Rosset

De Visu. Basileae (1725:) Thurnisius. 26 S. 8°
Basel, Med. Diss. v. 16. Mai 1725

Rosset, Wilhelm, approb. Arzt aus Freiburg ⟨Baden⟩: Über einen Fall von tuberculösem Magengeschwür mit besonderer Berücksichtigung der Genese. *Freiburg i. B. 1903: H. Epstein.* (38 S.) 8°
Freiburg i. B., Med. Diss. v. 1903

Rossetti

—— s.a. Costa-Rossetti.

Rossetti, Anton Costa, Edler von Rossanegg

Rossetti, Ant. Edl. v. Aus Officierskreisen. Roman aus dem Leben österreich. Infanterie-Officiere. gr. 8. (456 S.) Wien 889, (Seidel u. Sohn). * 5 —

Rossetti Edler v. Rossanegg, Ant., die geschlossene Schlachtfront u. das Gruppensystem. Eine takt. Studie nebst Vorschlägen, auf welche Weise den tiefgefühlten Mängeln der gegenwärtigen Feuerlinie abzuhelfen wäre. Mit 3 (lith.) Taf. Vortrag, gehalten am 1. u. 23. März 1880 im militär-wissenschaftlichen Vereine in Brünn. gr. 8. (48 S.) Teschen 880. Prochaska in Comm. n 1 40

— der Brünner Spielberg, insbesondere die Casematten u. merkwürdigen Gefangenen desselben nach historischen Quellen verf. Mit 3 (lith.) Planskizzen u. einer Ansicht des Spielberges. gr. 8. (IV, 47 S.) Brünn 880. Winiker in Comm. n.n. — 70

Rossetti Edler von Rossanegg, Anton, k u. k Oberst des Genie-Stabes Der Brünner Spielberg Insbesondere die Casematten und seine merkwürdigsten Gefangenen Nach historischen Quellen verfasst Mit 3 Planskizzen und 2 Ansichten des Spielberges. 7 erweiterte und ergänzte Auflage 8. Brünn 1903.

Rossetti, Ant. Costa, die Truppenführung im Felde in taktischer Beziehung, e. Sammlg. wissenschaftl. beurtheilter, kriegsgeschichtl Beispiele. 7 Lfgn. m. Schlachtplänen u. Skizzen (in eingedr. Holzschn.) gr. 8. (IV, 532 S.) Prag 871—73. Kosmack & Neugebauer. à Lfg. n. 1. 60

Rossetti, A. C., die Truppenführung im Felde 2c., s. [Kosmack und Neugebauer], s.: [Wien, Seidel und Sohn.]

Rossetti, Dante Gabriel

Rossetti, D. G., ballads and sonnets, s.: Collection of british authors.

Rossetti, Dante Gabr., das Haus des Lebens. Eine Sonettenfolge. Aus dem Engl. v. Otto Hauser. 8. (105 S. m. 1 Bildnis.) Leipzig 900. E. Diederichs. n. 3. —

Rossetti, D G., poems, s.: Collection of brit. authors.

Rossetti, Dante Gabriel, 12 Sonette, nach dem Engl. von Alfr. v. Ehrmann, m. e. Sonette des Uebersetzers. (15 S.) gr. 8. Wien 903. Oesterreich. Verlagsanstalt. n. — 50
Sonderabdruck aus: „Entwicklung".

ROSSETTI, JULIUS C VON: Der Verein katholischer Arbeiterinnen in Pressburg. Pressburg 1896: Katholische Literatische Actien-Gesellschaft. 32 S. - 16°

Rosseuw de Saint-Hilaire, s. a.: Saint-Hilaire.

Rosseuw de Saint-Hilaire, Mlle. Cécile (J. de Vèze), la fille du braconnier, hrsg. v. Herm Soltmann, s.: Perthes' Schulausgaben engl. u. französ. Schriftsteller 1.

Rosseuw de Saint-Hilaire, Mlle Cécile ⟨J[ulie] de Vèze⟩ La fille du braconnier In Ausz. mit Anm u. Schulgebr hrsg. von Dr Hans Strohmeyer [Nebst] Anmerkungen u. Wörterbuch. Bielefeld & Leipzig, Velhagen & Klasing 1899 3 Bde 8°
= Sammlung, Velhagen & Klasings, franz u engl Schulausgaben. Prosateurs franç Lfg 117 B

— dasselbe, hrsg. v. Hans Strohmeyer, s.a. Prosateurs français.

Rosseeuw, St. Hilaire, M., Histoire d'Espagne, depuis l'invasion des Goths jusqu'au commencement du XIXme siècle. Tomes I—III. Mit 1 lithogr. Beilage. gr. in-8. Paris et Strasbourg 837, 38. Levrault. (T. I. 2⅔ ℛ T. II. et III à 1⅓ ℛ.) 5⅓ ℛ

Rössger, A., Statistik d. Landtagswahlen in Württemberg v. Febr. 1895 m. 13 Uebersichts-Karten, 1 Tabelle üb. das Gesamtresultat u. 1 Plane d. Sitzungssaales. gr. 8. (47 S.) Stuttgart 895. Strecker & Schröder. n. 1. —

Rössger, Carl, s.: Garten, der heilige.

Rössger, Richard (aus Wurzen) Ueber den syntaktischen Gebrauch des Genitivs in Cynewulfs Crist Elene und Juliana Halle a. S., Druck v E. Karras 1885 (35 S.) 8°
Leipzig, Phil. Fak. Inaug Diss v 10. Okt 1885.

Rössger, Richard, über den syntaktischen Gebrauch des Genitivs in Cynewulf's Crist, Elene und Juliana. Diss. Leipzig 1885. 8°. 35 S.
Sonder-Abdruck aus Anglia, hrsg. von R. P. Wülker. 8. Band 3. Heft. Halle 1885, Max Niemeyer. 6 M.

Rößger, Rich., deutsches Lesebuch f. Handelsschulen, s.: Kaydt, Herm.

Rößger, R., deutsches Lesebuch f. die mittleren Klassen höherer Lehranstalten, s.: Lorenz, H.

Rosshirt, Adam Franz (Kupferberg) A. S. 104/21

Dissertatio inauguralis iuridica de dotalitio et vidualitio nobilium. Präs. Johann Georg Ritter. Bamberg (Klietsch) 22. I. 1777. 55. S.
W. v. · Präs. 29289

Roßhirt, Ant. Jos., Über den Beruf zum geistlichen Stande. Würzburg, Rienner, 1786, 8°, 36 S., 50 Pf.
Recens. Litt. d. kath. Deutschland, Bd. 7, S. 103—104.

—Diss. Expositio doctrinae catholicae de sacramento extremae unctionis. 4. Würzb. 791. 2 ℛ

— institutiones theologiae moralis praelectionibus publicis accommodata. 8. Würzb. 789. (392 S.)

Roßhirt, (Joh.) Eugen

Rosshirt, Eugen: Die Anzeigen zu den geburtshülflichen Operationen. 218 S., gbd.

Erlangen: Palm & Enke 1835

— de Asphyxia infantium recens. natorum. Locum in Regio Senatu acad. almae Fried. Alex ut rite obtineret, disseruit. 4maj. Erlangen 834. Heyder. 1/6 ℛ

Roßhirt, Eug., Backfischblumen. Eine Sammlung neuer Akrosticha, nebst losen Liedern. gr. 16. (VIII, 120 S.) Bern 879. Heuberger. 1.20

Rosshirt, Joh. Eug., Lehrbuch der Geburtshilfe. Lex.-8. (XX und 704 S. mit 3 Stnt. in qu. gr. 4.) Erlangen 851. [Frankfurt a. M.,] Heyder und Zimmer.

Johann Eugen Rosshirt

De uteri sub graviditate Metamorphosi. Wirceburgi 1818: Nitribitt. 60 S. 8°

Würzburg, Med. Diss. v. 1818

Rosshirt, Eugen: Die geburtshülflichen Operationen. 374 S., gbd., 1 Taf.

Erlangen: Palm & Enke 1842

—— de perforatione fetu licet vivo instituenda. (2 B.) 8maj. Erlangae 833, Heyder.

Roßhirt, wie erkennt man d. oriental. Cholera in ihrem ersten Beginnen, welches sind d. sichersten Vorbauungsmittel u. welches ist d. beste Behandlung? nebst e. Anh. v. Arzneyformeln. Für Nichtärzte 2c. bearb. 8. (3¼ B.) Bamberg 831, Dresch.

Rosshirt Karl Beiträge zur Flora der Umgegend von Colmar und Ergebnisse von botanischen Ausflügen in die Schweiz. 4 (S. 3-36). Progr. Lyc. Colmar 1888 (475).

Roßhirt, (Joh.) Konrad (Eugen) Franz

Rosshirt, Conr Franz (Hrsg.), s. Abhandlungen civilistischen u. criminalistischen Inhalts.

Vgl. Roßhirt: Zeitschrift f. Civil- u. Criminalrecht...

Roßhirt, Conr. Frz., zwei criminalist. Abhandlungen als Anh. zu d. Buche: Entwickelung d. Grundsätze d. Strafrechts nach d. Quellen d. gemeinen deutschen Rechts. gr. 8. (9½ B.) Heidelberg 836, Groos.

Dess., Entwickelung d. Grundsätze d. Strafrechts. Ebendas. 1828. 3 Thlr.

Roßhirt, Conr. Franz: Zwei criminalistische Abhandlungen als Anh. zu dem Buche: Entwickelung der Grundsätze des Strafrechts nach den Quellen des gemeinen deutschen Rechts. Heidelberg 1836.

1. Ueber den Geist des deutschen Criminalprozesses.
2. Ueber den gegenwärtigen Zustand des Criminalrechts nach den zwei einander gegenüberstehenden Systemen.

Roßhirt, Dr. C. Fr., über den Begriff u. die eigentliche Bestimmung der Staatspolizey sowohl an sich, als im Verhältnisse zu den übrigen Staatsverwaltungszweigen. Ein Versuch zur reinern Begründung d. Polizeywissenschaft. gr. 8. Bamberg, Göbhardt. 817.

— üb. den Begriff u. die eigentl. Bestimmung der Staatspolizei sowohl an sich, als im Verhältnisse zu den übrigen Staatsverwaltungszweigen. Ein Versuch zur reinern Begründung d. Polizeiwissenschaft. gr. 8. Bamb. 817. (Frkf. a. M., Wesché). 16 ℊℊ

Rosshirt, (J.) Kr. (Eug.) Fr.: Beytrag z. Bearbeit. d. Quellen d. Rechts. Is H. Beytrr. z. röm. Rechte u. z. röm. deutschen Crim.-Recht. *Heidelb.*, Mohr. 820. 8. m. 3 Kpf. (18 Gr.)

Rosshirt, Conr. Franz, Beiträge zum Kirchenrecht. gr. 8. (48 S.) Heidelberg 863, J. C. B. Mohr. *

Roßhirt, Conr. Frz., Beiträge zum gemeinen deutschen Prozeß. gr. 8. (VIII, 125 S.) Heidelberg 868, C. Mohr. *

Rosshirt, (J.) Conr. (Eug.) Frz: Beiträge zum röm. Rechte u. zum römisch-deutschen Criminalrechte. Heft 1. A. u. d. T.: Beitrag zur Bearbeit. der Quellen d. Rechts. Mit 3 Kpftf., *Heidelb.*, Mohr. 820. 8. (18 Gr.) Heft 2. — A. u. d. T.: Grundlinien d. röm. Rechts. *Ebend.* 824. 8. (2 Thl.)

—— Beiträge zum Studium des Kirchenrechts im 19. Jahrh. in Deutschland. gr. 8. (IV und 28 S.) Heidelberg 865, C. Mohr. *

Rosshirt, Conr. Franc., de cura morum publica cui singuli ex varia reipublicae conditione variisque ejus institutis subjiciantur. ... 4maj. Heidelbergae 833, (Groos.)

— von den falschen Decretalen u. von einigen neuen, in Bamberg entdeckten Handschriften der falschen Decretalen u. alter collectiones canonum. (Aus den „Heidelb. Jahrbüchern der Liter. 1846" abgedr.) gr. 8. (16 S.) Heidelberg 846, J. C. B. Mohr. ⅛ ℛ

Roßhirt, C(onrad) F(ranz), von den falschen Decretalen und von einigen neuen, in Bamberg entdeckten Handschriften der falschen Decretalen und alter collectiones canonum. gr. 8. (16 S.) Heidelberg 847, J. C. B. Mohr. Thlr.

Aus: Heidelberger Jahrbücher der Literatur. Jahrg. 1846, besonders abgedruckt.

Roßhirt, C. F., Dogmen-Geschichte des Civilrechts. Heidelberg 853. Mohr. gr. 8. (VII, 520 S.) n. 1 ℛ. 20 ngr

— Einleit. in das Erbrecht, u. Darstell. des ganzen Intestat-Erbrechts, besond. nach römisch. Quellen. gr. 8. Landsh. 831. Krüll. 3 ℛ

—— Einleitung in d. Erbrecht, u. Darstell. d. ganzen Intestat-Erbrechts, besond. nach röm. Quellen. gr. 8. (36 B.) Landshut 831. [Regensburg, Manz.]

—— Entwickelung d. Grundsätze d. Strafrechts nach d. Quellen d. gem. deutschen Rechts. gr. 8. (34 B.) Heidelberg 828, Groos.

— über die Entwürfe der Gerichtsverfassung u. der Strafprozeßordnung für das Großherzogthum Baden. gr. 8. Heidelberg 841, Mohr. ⅙ ℛ

Rosshirt, Conr. Franz, äussere Encyclopädie des Kirchenrechts oder die Haupt- und Hilfswissenschaften des Kirchenrechts. 2 Abthlgn. gr. 8. Heidelberg 865, Weiss. [1. Abthl. (V und S. 1—222.) * 1 Thlr. 5 Ngr., 2. Abthl. (III und S. 223—410.) * 1 Thlr.]

Rosshirt, C. F.: Aeußere Encyclopädie des Kirchenrechts oder die Haupt- u. Hilfswissenschaften des Kirchenrechts. Heidelberg 1867.

—— das testamentar. Erbrecht bei d. Römern u. in der Anwendung auf uns. Zeit. 2 Abthl. gr. 8. (51½ B.) Heidelberg 840, Groos.

— de legitimo condictionis indobiti fundamento. 4. Erlangen, Palm u. E. 818.

—— Geschichte des Rechts im Mittelalter. 1. Thl. Canonisches Recht. gr. 8. (41 B.) Mainz 846, Kirchheim, Schott u. Thielmann.

Roßhirt, Conr. Frz., Geschichte u. System d. deutschen Strafrechts. 3 Thle. gr. 8. Stuttgart, Schweizerbart. Thlr.
Thl. 1. Allgemeine Rechtsgeschichte. (23 B.) 838. 1 Thlr. 12 Gr.
„ 2., 3. System u. dess. besondere Geschichte. 2 Abthln. (42¼ B.) 839. 3 Thlr.

Rosshirt, K[onr.] F[ranz]: Grundlinien des Römischen Rechts. Heidelberg 1824.

[Nebentit.:] Beiträge z. Röm. Rechte. H. 2.

— Grundriß zum Kirchenrecht der Katholiken u. Protestanten. 2. Aufl. gr. 8. (71 S.) Heidelberg 850, J. C. B. Mohr. 1/3 ℛ

— Grundriß zum französischen u. badischen Civilrechte mit einzelnen Excursen. gr. 8. (144 S.) Heidelberg 851, Groos. 2/3 ℛ

— Kirchenrecht. Einleitung u. Verfassung der Kirche. 4. gänzlich veränd. Aufl. Heidelberg 869. C. Mohr. gr. 8. (XI, 282 S.) n. 1 ℛ 15 ngr

—— Lehrbuch des Kirchenrechts. 3., ganz umgearb. Aufl. gr. 8. (XVI und 160 S.) Schaffhausen 858, Hurter'sche Buchh. *

Rosshirt, Conr. Fz.: Lehrb. d. Crim.-R. nach den Quellen d. gem. deutschen Rechts und mit besond. Rücks. auf d. Darstell. d. röm. Criminal-Rechts. *Heidelb.*, Mohr u. Winter. 821. gr. 8. (3 Thl.)

Roßhirt, Ritter Jh. Konr. Eugen Frz., Lehrbuch des Criminalrechts nach d. Quellen des gemeinen deutschen Rechts u. mit besond. Rücksicht auf die Darstell. des römisch. Criminalrechts. gr. 8. Heidelb. 822. Mohr. 3 ℛ

Rosshirt, [J.] Conr. [Eug.] Frz.: Die Lehre v. d. Vermächtnissen nach röm. Rechte. 2 Thle. gr. 8. *Heidelberg*, Groos. 835. (5 Thl.)

— zur Lehre von den Wirkungen des Prozesses auf das materielle Recht. gr. 8. (IV u. 188 S.) Heidelberg 848, Groos. n. 24 ngr

Roßhirt, Konrad Franz. s. Mackeldey, Fd.: Lehrbuch d. heutigen Röm. Rechts.

Rosshirt, Conr. Franc., Manuale latinitatis iuris canonici, rerum moralium et theologicarum, brevissimis annotationibus et probationibus instructum, quo lexici iuris canonici lineamenta proponere studuit. Schaffhausen, Hurter, jetzt Regensburg, Verl.-Anst., 1862, gr. 8°, XV u. 221 S., 3 Mk.

—— zu den kirchenrechtlichen Quellen des ersten Jahrtausends und zu den pseudoisidor. Decretalen. Mit besond. Rücksicht auf noch nicht bekannte Handschriften. gr. 8. (XIV und 141 S.) Heidelberg 849, J. C. B. Mohr.

Roßhirt, Conr. Franz, canonisches Recht. 6. und 7. Lfg. gr. 8. (XXXI und S. 801—1048.) Schaffhausen 856. 57, Hurter'sche Buchh. à Lfg. * 16 Ngr. *
1—5. Lfg. Ebendas. 1856. * 3 Thlr. 20 Ngr.

—— über d. System der Verträge. gr. 8. (7 B.) Heidelberg 839, Groos.

— üb. die Tendenz des prätor. Rechts u. üb. das Verhältniß desselben zum Civilrechte. gr. 8. Erlang. 812. Palm u. E. 6 gr

— über die Tendenz des prätorischen Rechts und über das Verhältniß desselben zum Civilrechte. gr. 8. Ebendas. 816.

Rosshirt, Kr. Fr.: Ueber die Tendenz des Praetor. Rechts u. üb. d. Verhalten dess. z. Civilr. *Erl.*, Palm. 818. gr. 8. (6 Gr.)

—— das staatsrechtliche Verhältniß zur katholischen Kirche in Deutschland, seit dem westphälischen Frieden, übersichtlich dargestellt. gr. 8. (VII und 260 S.) Schaffhausen 859, Hurter'sche Buchh. *

—— Zeitschrift f. Civil- u. Criminalrecht, s. Zeitschrift.

—— Zeitschrift f. Civil- u. Criminalrecht in gleichmäß. Rücksicht auf Geschichte u. Anwend. d. Rechts, auf Wissenschaft u. Gesetzgebung. 1. Bd. (3 Hfte.) — A. u. d. T.: Abhandlungen civilist. u. criminalist. Inhalts. 1. Bd. gr. 8. (8, 8 u. 9½ B.) Heidelberg 831—33, Groos. à H. 16 Gr.

— und L. A. Warnkönig, Zeitschrift für Civil- und Criminalrecht in gleichmäß. Rücksicht auf Geschichte u. Anwendung des Rechts, auf Wissenschaft u. Gesetzgebung. 3s Heft. A. u. d. T.: Abhandlungen civilistischen u. criminalistischen Inhalts. Herausgegeben von Roßhirt. 1r Bd. gr. 8. Heidelberg 833. Groos. n. 2/3 ℛ — 2r Bd. 1s u. 2s Heft. gr. 8. Ebd. 834. u. 836. à 2/3 ℛ — 3r Bd. 3 Hefte. A. u. d. T.: Abhandlungen civilistischen u. criminalist. Inhalts. Herausg. von Roßhirt. 2r Bd. gr. 8. Ebd. 838—40. (à 2/3 ℛ) n. 2 ℛ

—— und L. A. Warnkönig, Zeitschr. f. Civil- u. Criminalrecht in gleichmäß. Rücksicht auf Geschichte u. Anwendung d. Rechts, auf Wissensch. u. Gesetzgeb. 2. Bd. 2. u. 3. Hft. u. 3. u. 4. Bd. à 3 Hfte. gr. 8. Heidelberg 836—42, Groos. à Hft. * 2/3 Thlr. *
1. u. 2. Bd. 1. Hft. Ebendas. 1831—35. * 2 Thlr. 16 Gr.
Der 4. Bd. ist von ersterem allein herausgegeben.

— Zeitschrift für Civil- u. Criminalrecht, in gleichmäßiger Rücksicht auf Geschichte u. Anwendung des Rechts, auf Wissenschaft u. Gesetzgebung. 4. u. 5. Bd. à 3 Hfte. u. 6. Bd. 1. Hft. gr. 8. Heidelberg 841—46, Groos. à n. 2/3 ℛ

Roßhirt, Conr. Frz., das französische u. badische Civilrecht dargestellt. 1. Bd. 1. Abthl. u. 5. Bd. Einleitung. Vermögensrecht im Allgemeinen. Besitz u. Eigenthum insbesondere. — Allgemeine Sätze üb. die Anwendung des Civilrechts außer den Gerichten u. in den Gerichten. gr. 8. (23 B.) Heidelberg 842, Groos.

Roßhirt, C(onrad) F(ranz), über das französische, rheinische und badische Civilrecht, über dessen Studium und Vortrag. gr. 8. (60 S.) Heidelberg 847, Groos. *

—— gemeines deutsches Civilrecht. 3 Thle. gr. 8. Heidelberg, Groos.
Thl. 1. Allgem. Lehren u. Personenrecht. } (59½ B.) 840. 3 Thlr. 8 Gr.
„ 2. Vermögensrecht unter Lebenden. }
„ 3. Von d. Erhaltung d. Persönlichkeit im Vermögensrechte von Todeswegen. (23½ B.) 841. 1 Thlr. 16 Gr.

Rossi, A., Umwandlung von Ameisensäure, s. Lieben, Ad.

Rossi, Adolfo, die Bewegung in Sizilien im Hinblick auf die letzten Verurtheilungen. Deutsch v. Leop. Jacoby. 8. (114 S.) Stuttgart 894. J. H. W. Dietz. n. — 75

Rossi, Amalia, die Blume der Einsamkeit. Novelle. Autoris. Uebersetzg. a. d. Ital. 8. (199 S.) Paderborn 901. Bonifacius-Druckerei. 1.50

Rossi, Eduard (Giessen)
Ueber die Behandlung des Markschwamms durch Narcotica.
Giessen: W. Keller 1849. 32 S.
Diss. med. 19.5.1849. vorh. 26. 11.Δ.
„Thesen“ in Δ.

Rossi, Emmy, d. Entartung d. Manneschönheit. gr. 8. (47 S.) Berlin 894. J. Harrwitz Nachf. 1. —

Rossi, E., Kabale u. Liebe in China u. andere Erzählungen, s.: Für die Eisenbahnfahrt.

— Schnelldampfer Luise, s.: Dilettanten-Mappe.

Rossi, Emmy, Novellen aus dem jüdischen Familienleben. 1. Die Judenprinzessin. 2. Dina. 3. Veilchen. 3. Aufl. gr. 8. (71 S.) Berlin 889. Streisand. n. — 60

— Schiddach u. Schidduchim. Humoresken. gr. 16. (165 S.) Hamburg 891. Fritzsche. n. 1. —

ROSSI, Emmy. Die Tragik der modernen Liebesmoral. Berlin, J. Harrwitz, 1895. Gr. 8°. 48 S.

— s.: Zehnpfennig-Bibliothek Nr. 2.

Rossi, Ernesto, Studien über Shakespeare und das moderne Theater, nebst einer autobiographischen Skizze. Aus dem Italien. übers. von Hans Merian. Autoris. Ausg. 8. (IV, 313 S.) Leipzig 885, [Schloemp.] F. Freund. *M 4.—.; geb. *

—— dass. — 2. Aufl. gr. 8. (IV, 318 S.) Leipzig 885, F. Freund. geb. *

Rossi, Fr. G., die römischen Bachanten. Oper in 2 A. 8. Münch. 818. Lentner.

Rossi, Friedrich

— neue Arten von Arachniden, siehe: Abhandlungen, naturwissenschaftl., hrsg. v. W. Haidinger, I. Bd.

Rossi, Frdr., systemat. Verzeichniss der zweiflügelichten Insecten [Diptera] des Erzherzogth. Oesterreich mit Angabe des Standortes, der Flugzeit u. einigen andern physiolog. Bemerkungen. Mitgetheilt am 7. April 1848 in einer Versammlung von Freunden der Naturwissenschaften in Wien. gr. 8. (X u. 86 S.) Wien 848, Braumüller. n. 1/2 ₰

de Rossi, G. B., il calzolajo Inglese in Roma, s. Teatro italiano. No 9.

Rossi, Gaetano — Il Bravo. Melodramma in tre atti di — —. Posto in Musica di Saverio Mercadante. 1856. Vienna Impresso nella Tipogr. Pichler. (44 S. 8.)

Rossi Gaetano — Il marito e l'amante. Melodramma comico in tre atti Parole di — —. Musica del Federico Ricci. 8. (43 S.) Vienna. Impresso nella tipografia Pichler.

Rossi, Giovanni („Cárdias“), Utopie u. Experiment. Studien u. Berichte, nebst Artikeln von: Sestilio Rossi, Filippo Turati, Ettore Guindani etc. Gesammelt u. übers. v. Alfr. Sanftleben („Slovak“). gr. 8. (VIII, 324 S. m. 1 Bildnis.) Zürich 897. (Berlin, R. Zack.) n. 3. 20

Rossi, Giovanni ⟨Cárdias⟩: Utopie und Experiment. Studien u. Berichte nebst Artikeln von Sestilio Rossi, Filippo Turati u. a. Ges. u. übers. von Alfred Sanftleben ⟨„Slovak“⟩. Mit einem Bilde. — Zürich: Sanftleben 1897. 324 S. 8°

Rossi, Giovanni Battista de, s. Baumgarten, Paul Maria. — Ehrhard, Alb. Das unterirdische Rom.

Rossi, J. B., s. Ephemeris epigraphica.

Rossi, Johs. Bapt. de, s.: Inscriptiones urbis Romae latinae.

Rossi, J. B. de, Inscriptiones urbis Romae antiquae, s. Corpus inscriptionum latinarum.

Rossi, Joa. Bapt. de, Inscriptiones christianae urbis Romae septimo saeculo antiquiores. Vol. 1. Fol. (CLXVI und 619 S. mit eingedr. Holzschn. und 1 Stnt. in gr. Fol.) Rom 857—61, (Spithöver.) **

Rossi, Gio. Battista de, pianto iconografiche e prospettiche di Roma anteriori al secolo XVI. 4. (VI, 152 S. m. Atlas von 13 Taf. in Fol.) Roma 879. Berlin, Asher & Co. n.n. 32. —

Rossi, Joa. Bapt. de, la Roma sotterranea cristiana descritta ed illustrata. Vol. I e II. Rom 864,67. Spithöver. Fol. [Vol. I mit Atlas von 40 Taff.] n.n. 20 ₰, Vol. II (XLIII, 391 u. 134 S.) mit Atlas von 64 Taff. n.n. 26 ₰ 20 ngr.] n.n. 46 ₰ 20 ngr.

Rossi, de, Roma sotteranea. I. Ergänzungsheft. 41×29,5 cm. Freiburg i/B., Herder. 25. —
Die Papstgräber u. die Cäciliengruft in der Katakombe des hl. Kallistus. Von Jos. Wilpert. Mit 70 Abbildgn. im Text u. 9 [1 farb.] Taf. (XIV, 109 S.) 909.

Rossi, G. B. de, Santi quattro coronati e la loro chiesa sul Celio. S.-A. 1879. 48 S.

Rossi, Giovanni Bernardo de

de Rossi, Jh. Bernh., annales hebraeo-typographiae sec. XV. 4maj. Parma 795. (Vandenhöck u. R. in Götting.) 4 ₰

— annales typographiae ebraicae Sabionetenses, appendice auct., ex Ital. Latinos fecit Jh. Fr. Roos. 8. Erlang. 783. Palm. 3 gl

— apparatus hebraeo-biblicus. 8maj. Parma 782. (Palm in Erlang.) 8 gl

Rossi, Joann. Bern. de, De praecipuis causis et momentis neglectae Hebraicarum litterarum scientiae. Tübingen, Heerbrand, 1782, gr 4°.

de Rossi, Bern., De ignotis nonnullis antiquissimis Hebraei textus editionibus ac critico earum usu. Erlangen, Palm, 1782, 4°.
Litterat. d. kath. Deutschl. 1786, Bd. VI, S. 191—194.

— de ignotis nonnullis antiq. hebr. text. editionib., ac crit. ear. usu. 4. maj. Erl. Palm. 783.
Schreihp.

— variae lection. Vet. Test. ex Mspt. edit. q. Codd. etc. illustratae. IV Tmi. 4. maj. Parmae. (Vandenhök, Gött.) 784—88. (à 5 Rthlr.)

— — eaed. IV Tmi. 4. Parmae. (Steiner, Wien.) 784—88.

Rossi, Joann. Bern., De Hebraicae typographiae origine et primitiis seu antiquis et rarissimis Hebraicorum librorum editionibus saeculi XV. Erlangen, Palm, 1778, 8°. (Zuerst Parma 1776.)

— de hebraicae typographiae origine ac primitiis commentat.; recudi curavit W. F. Hufnagel. 8. Erlang. 778. Palm. 8 gr

— Specimen variarum lectionum sacri textus et chaldaica Estheris additamenta cum latina vers. ac notis. 8maj Rom 782. (Volke in Wien). 3 Thlr

— Specim. variar. lectionum sacri text. et chaldaica Estheris additamenta, cum latin. vers. ac not. a Chr. Fr. Schnurrer. 8. Tübing. 782. Ed. II. 783. Heerbrand. 12 gr

Specimen variarum lectionum et Chaldaica Estheris additamenta ex singulari codice privatae bibliothecae Pii VI. P. M. Accedit eiusdem auctoris appendix de codice tritalpo Samaritano bibliothecae Barberinae. (Rom. 1782.) Tübingen, Heerbrandt, 1783, 8°, 196 S.
Nova biblioth. Friburg. VI, 635—641

— de typographia hebraea Ferrariensi comment. historicus etc., recens. et illustr. a W. F. Hufnagel. Edit. secund. 8. Erlang. 781. Palm. 6 gr

De Rossi, G. B., Wörterbuch der jüdischen Schriftsteller. Sach- u. Namenregister, s. Jolowicz.

—— histor. Wörterbuch d. jüdischen Schriftsteller u. ihrer Werke, a. d. Ital. übers. v. C. H. Hamberger. gr. 8. (22 B.) Leipzig 839, Fort.

Rossi, Greg., O. S. B., **Ephtha** thu dich auf. Drei Himmelfahrtstage in d. Geschichte d. Erlösg. gr. 8. (164 S.) München 896. (Stuttgart, J. Roth.) n. 2. 60

Rossi, Heinrich, aus Hamm i. W. **Beiträge zur Kenntnis des vierwertigen Urans mit krystallographischen Beiträgen von** F. Slavik. *München 1902: F. Straub.* (73 S.) 8°
München, Phil. Diss. v. 1902

de Rossi, J. G., italien. Fabeln, s. Bertola.

Rossi, Jerom., jus publicum eccolesiasticum. Dissertationes. Lex.-8. (91 S.) Rom 896. (Loescher & Co.) n. 1. 60

Rossi, (Franz) Josef (Anton)

— üb. die Art u. Ursache des Todes des Kronprinzen v. Schweden Karl August. Mit e. Vorrede v. Sam. G. Vogel. gr. 8. Berl. 812. Dümmler. 18 gr

Rossi, (Frz.) Jos. (Ant.), Beschreib. d. Entstehung, d. Fortschritte, d. gegenwärt. Zustandes des in d. kgl. privileg. Stadt Kaiser-Karlsbad befindl. Hospitals f. arme Fremde aller Nationen. 12. (1⅓ B.) Wien 829, (Wallishausser.)

Rossi, Joseph, Wiener Magistrats-Beamter Denkbuch für Fürst und Vaterland. 1 u. 2. Band. (In 1 Bd.) 4 Wien 1814—1815

Rossi, Josef August

Rossi, Jos. Aug., der fertige Italiener od.: Kurzgefaßte, doch vollständ. italien. Sprachlehre f. Deutsche. gr. 8. (8⅜ B.) Linz 845, Fink.

Rossi, Gius. Aug., libro di lettura italiana ad uso dei giovani amatori di questa lingua. Linz 856. Fink. (Leipzig, Haessel.) gr. 8. (VIII, 104 S.) n. 12 ngr.

—— nuovissima raccolta di scelti dialoghi e proverbj italiani e tedeschi, oltre alcuni squarcj poetici di moderni autori italiani. — Neueste Sammlung von ausgewählten italien. u. deutschen Gesprächen u. Sprichwörtern, nebst einigen poet. Versuchen von modernen italien. Schriftstellern. 8. (6½ B.) Linz 843, Fink.

—— raccolta dei più necessari vocaboli nelle differenti relazioni sociali. Manuale italiano e tedesco ad uso degli amatori delle due lingue. — Sammlung d. nothwendigsten Wörter in den verschiedenen Lebensverhältnissen. Ein ital.-deutsches Handb. f. Freunde beider Sprachen. 8. (7¼ B.) Linz 846, Eurich u. Sohn.

Rossi, J. A., italien. Sprachlehre f. Deutsche, nach Meidingers Methode. gr. 8. Grätz 826. Miller, 1 Thlr 6 gr

Rossi, Josef August [Red.]. s. Wochenbulletin, Linzer, (f. Theater, Kunst u. Belletristik.)

Rossi, Karl Maria

Rossi, C. M. — Die parkähnliche Anlage zu Enns und ihre Umgebung. 8. (14 S.) Linz. Druck von J. Feichtinger's Erben. 1853.

Rossi, C. M. Geschichte der Seide und Seidenzucht. Zunächst für die Oekonomen kälterer Klimate. *Wien* 1858. *C. Ueberreuter.* 32 S. 8°.

Rossi, Karl Maria —. Skizzen aus meinem vielbewegten Reiseleben. 1. Heft: Paitenen in Montafon und mein Alpenleben. — Der Schmiedevetter. — 2. Heft: Ober-Betzen und Ritter. — Zwei Tage am Arlberge. — Simon Luger — 8. 1—32 und 33—64 pag.) Linz. In Kommission bei Frz. Ign. Ebenhöch. Druck von J. Feichtinger's Erben. 1853.

Rossi, Karl Maria —. Skizzen aus meinem vielbewegten Reiseleben. Von — —. Viertes Heft. (S. 87—128.) 8. Linz. Druck von J. Feichtinger's Erben. Im Selbstverlage des Verfassers. 1854.

Rossi, Karl Maria —. Skizzen aus meinem vielbewegten Reiseleben. 5. Heft: Der Grödner und sein Thal. (Fortsetzung.) 8. (S. 129—158.) Linz. Selbstverlag des Verfassers. Druck von J. Feichtinger's Erben. 1854.

Rossi, Carl Maria. Skizzen aus dem vielbewegten Reiseleben des C. M. Rossi. *Wien* 1858. Druck von *C. Ueberreuter.* 7.–10. Hft. 23, 18, u. 46 S. 8°.
INHALT. **7. Heft.** Steyeregg, Stadt u. Burg. — **8. Heft.** Wanderung im Oetzthal. — **9. Heft.** Schloss Hoch-Eppan. **10. Heft.** Die Wasserfälle in den k. k. Alpenländern.

Rossi, Oskar

Rossi, O., Cristoph Columbus, s.a. Gallerie biograph. Denkmale.

Rossi, Osk Christoph Columbus oder die Entdeckung von Amerika. 8. Halle a/S. 1872.

Rossi, Osk., Christoph Columbus oder die Entdeckung von Amerika. 2. Aufl. Mit 2 Abbildungen in Farbendr. 12. (IV, 220 S.) Halle 881. Hendel. cart. n. 1. —

Rossi, Otto, aus Aschaffenburg Die Haftung für heimliche Mängel der Kaufsache. *München: J. Schweitzer 1898.* (36 S.) 8° [Z.]
Erlangen, Jur Diss. v. 16. Juli 1898

Rossi, Pietro de

Rossi, P. de, Fauna etrusca sist. insect. provinc. praesertim Florent. et Pisanae. II Tmi. c. fig. gr. 4. Livorno. 790.

de Rossi, Pt., fauna Etrusca sistens insecta, quae in provinciis Florent. et Pisana etc.; ed. et annot. J. C. L. Hellwig et J. K. W. Illiger. II Tomi, c. fig. 8. Helmst. 794, 96. Fleckeisen. 5 Rthlr. 12 gr.

Fauna Etrusca sistens insecta quae in provinciis Florentina et Pisana praesertim coll. Petrus Rossius [Rossi]. T.1.2. Helmstadii 1795-1807. 8°
T.1: Mantissae priore parte adiecta, iterum ed. et annotatis perpetuis aucta a Joh[ann] Christ[ian] Lud[wig] Hellwig. 1795.
T.2: Iterum ed. et annotatis perpetuis aucta a [Johanne] Carolo [Guilelmo] Illiger. 1807.

Rossius P.: Fauna Etrusca sistens insecta quae in provinciis Florentina et Pisana praesertim collegit —. Tom. 1 ... iterum ed. et aucta a J. C. L. Hellwig. Helmstadii 1795. 457 S. 11 kol. Tvl.

— — idem liber cura Helwig. II Tmi. c. fig. 8. Helmst. Fleckeisen. 795–808. (1. 5 Rthlr. 4 gr. II. 2 Rthlr. 8 gr.)

Rossi, R. Asariae de, liber Meor Enajim juxta editionem principem Mantuanam editus. Accedunt: Liber Mazref la-Kesef et carmina liturgica ejusdem auctoris. Textum curavit, vitam auctoris, notas nec non tres indices locupletissimos adjecit Dav. Cassel. Berlin 867. Poppelauer. gr. 8. (XII, 678 S. mit eingedr. Holzschn.) n. 3 Rthlr. 10 ngr.

Rossi, Reyes Arrieta, das Handelsrecht, Wechselrecht, Konkursrecht u. Seerecht v. San Salvador, s.: Handelsgesetze, die, des Erdballs.

Rossié, Augustus (geb. Süchteln 19. " 1813) De angina membranacea. Berolini (1838). (26 S.) 8°
Berlin, Med. Diss. v. 13. Nov. 1838

Rossier, Edmund [cand. phil.]: Louis Philippe Einfluss auf die äussere Politik Frankreichs ... Lausanne, impr. Corbaz & Comp., 1890; 100 S. + 1 Bl. 8°
Erlangen, Phil. Fak., Inaug.-Diss. v. Jun. 1890

Rossier, G., s.: Agenda de la sage-femme.

— s.: Hebammenkalender, schweizerischer.

Rossig, E., Hilfs-Unterrichtsbriefe in Frage u. Antwort zur Vorbereitung auf die Postassistenten-Prüfung. (A. Post 15 Briefe, B. Telegraphie 14 Briefe.) (A. Nr. 1 bis 13 je 12 S., Nr. 14 u. 15 je 16 S., B. Nr. 1—4 je 12 S., Nr. 5—12 je 16 S. m. Abbildgn. u. 6 Bl. Berichtiggn.) Lex.-8. Freiberg (906). (Leipzig, Thüringische Verlags-Anstalt.) Für vollständig in Mappe n. 13. —; einzelne Briefe — 60

Rossig, E., der Postprotest. Gemeinverständlich erläutert. (31 S.) Lex. 8. Leipzig 909. Hildburghausen, Thüringische Verlags-Anstalt. — 50

— Der Postscheckverkehr. Leitfaden f. die Geschäftswelt u. die Handelslehranstalten. Nach amtl. Unterlagen bearb. u. erläutert. (28 S.) Lex. 8. Ebd. 909. — 50

Roßig, Friedr., polizeil. Mittheilungen rc., s. Mittheilungen.

Rossig, Friedr., polizeil. Mittheilungen, s. Staatsbürgerzeitung.

Rössig, Carl Gottlob, s. Rössig, Karl Gottlob

Rössig, G., Convolvulaceae in medicinisch-pharmaceutischer Beziehung Versuch e. pharmakognost. Monographie der Convolvulaceae. gr. 8. (VII, 83 S.) Leipzig 875. E. Günther. n. 1. 50

Rössig, Heinrich, in Achtum b. Hildesheim Von welchen Organen der Gallwespenlarven geht der Reiz zur Bildung der Pflanzengalle aus? Untersuchung d. Drüsenorgane d. Gallwespenlarven, zugleich ein Beitrag zur postembryonalen Entwicklung derselben. Mit Taf. 1—4. *Jena: G. Fischer 1904.* (74 S.) 8° ¶ (Aus: Zool. Jahrbücher, Bd 20. Abth. f. Syst., H. 1, 1904).
Freiburg i. B., Phil. Diss. v. 1904

Rössig, Karl Gottlob

Rössig, Karl Glo., († d. 20. Nov. 1806.) die Alterthümer der Deutschen, in e. kurzen Entwurfe dargestellt. 8. Leipz. 793. (W. Rauck). 9 gr. — Dass. in e. ausführl. Handbuche dargestellt. gr. 8. Ebd. 1797 2e A. 801. (Ebd.) 1 Rthlr. 16 gr.

Rössig, K. Glo., Alterthümer der Deutschen in e. kurz. Entw. dargest. 8. Lpz. Sommer. 793.

— Anweis. z. Wartung u. Pflege d. Hyacinthen, nebst e. Versuche, d. verschied. Arten ders. unter e. System z. bringen. 1 Hft. Mit 1 Kpf. gr 8. Leipzig. 1806.

— üb. die Anwendung des Metrums bei theatralischen Arbeiten. gr. 8. Leipz. 800. (W. Rauck). 4 gr.

— üb. d. Anwendung d. Metrums bey theatral. Arbeiten. gr. 8. Lpz. Sommer. 800.

Roessig, C. Gottl. Programma de Augusto I., electore Saxoniae. 4. Lipsiae 1784.

Rössig, Karl Glo., Beantwortung der Commentarien v. Schubart und Untersuchung der Huth-, Trift- und Frohnaufhebung. 8°. Leipzig, Beer, 1786.

— Beantw. d. Commentar. von Schubart. 8. Lpz. (Graffé in Weissenfels.) 786.

— Beitrr. zur Minderung d. Schäden d. Eisganges, s. unten: Wasserpolizei.

— Beitrr. zur Oekonomie. 8. Bayr. 781. Lübeck. 6 gr.

Rössig, Karl Gottlob, s. Beschreib. u. Abbild. e. Maschine zum Ziegelstreichen.

Rössig C. G.: Oekonomisch-botanische Beschreibung d. verschiedenen u. vorzüglichen Arten, Ab- u. Spielarten d. Rosen ... Leipz. 1799. 242 S.

— ökonom.-botan. Beschreib. der verschied. u. vorzügl. Arten der Rosen. 2 Thle oder 7 Hfte. 8. Leipz. 799—802. (André). 1 ℛ 10 gr

— ökonom.-botanische Beschreib. d. verschied. u. vorzügl. Arten, Ab- u. Spielarten d. Rosen. 2 Thle od. 7 Hfte. 8. Leipzig, 1799—1803. (Hunger.) 1. 12⅓

— ökon. botan. Beschr. d. versch. Arten d. Rosen. 2 Thle. 8. Lpz. Kleefeld. (Bauer.) 802–3. (1r 16 gr. 2r 18 gr.)

Roessig, Karl Gottlob A. S. 165/30

Commentatio ad titulos sex priores legis Angliorum et Verinorum adiectae observationes iuris publici feodales, civilis.
Leipzig (Sommer) 14. VII. 1785. 38 S. 29106

Rössig, Karl Gottlob: „Kurze systematische Darstellung des Leipziger Handelsrechts nach Massgabe der Leipziger Handelsgerichtsordnung, der auf sie Bezug habenden Gesetze und des Gerichtsbrauches", Leipzig 1796. — Vorh.: Bibl. des Oberlandesgerichts Celle — La. 167 — und der Industrie- und Handelskammer Leipzig.

— systemat. Darstellung d. Leipziger Handelsrechts. gr. 8. Lpz. Sommer. 796.

Rössig, K. Glo.: Elem. jur. rom. sec. ord. *Codicis* Justinianei — in us. studios. et fori — adj. praef. de consilio in his elementis propos. et brevi de mscr. Cod. Just. in bibl. Paulina Acad. Lips. adservatis notitia. *Lpz.*, Joachim. 805. gr. 8. (3 Thl. 8 Gr.)

— elementa juris romani, secund. ordinem Codicis Justinianei. 8maj. Leipz. 806. Joachim. 3 ℛ 8 gr

Rössig, Karl Gottlob: „Entwurf einer Encyklopädie und Methodologie der gesammten Staatswissenschaften und ihrer Hülfsdisciplinen", Leipzig 1797 (Adam Friedrich Böhme). — Vorh.: Preußische Staatsbibliothek Berlin (Signatur F 5583).

— systemat. Entwurf e. Encyclopädie u. Methodologie der gesammt. Staatswissensch. gr. 8. Leipz. 797. (Cnobloch). 14 gr

Rössig, Karl Glo. Encyklopädie der Kameralwissenschaften im eigentlichen Verstande. gr. 8°. Leipzig, Graffé, 1792.

Rössig, Karl Gottlob: „Die Finanzwissenschaft nach ihren ersten Grundsätzen entworfen", Leipzig 1789. — Vorh.: Com. Bibl. Hamburg.

Rössig, Karl Gottlob: „Commentatio de finibus discipline cameralis, oeconomiae publicae politicae et statisticae bene regundis", Leipzig 1783. — Vorh.: Landesbibliothek Darmstadt. — Signatur 2 E 30.

— d. Gartenmohne, nach ihren Varietäten u. Sorten, nach d. Natur gemalt, mit genauen Bestimmungen. 1. Hft. gr. 4. Leipzig, 1807. (Joachim.)

— Gesch. u. statistische Darstellung der Stadt Erfurt ꝛc. 8. Gotha, Ettinger. 795.

– s. Geschichte d. Stadt Erfurt.

Rössig, Karl Gottlob: „Die Geschichte der Oekonomie der vorzüglichsten Länder und Völker, der ältern, mittlern und neuern Zeiten", Leipzig 1798. (Adam Friedrich Böhme). — Vorh.: Preußische Staatsbibliothek Berlin. — Signatur A. 7066.

— Geschichte d. Oekonomie d. vorzügl. Länder u. Völker d. ältern, mittlern u. neuern Zeiten, in e. kurzen Entwurf. gr. 8. Leipzig, 1798. (Cnobloch.) 1. 10

Rössig C. G.: Die Geschichte d. Oekonomie d. vorzüglichsten Länder u. Völker ... in einem kurzen Entwurfe dargestellt. Leipz. 1798. 399 S.

Rössig, Karl Glob, Die Geschichte des in Deutschland geltenden Privatrechts, von der Geschichte der übrigen in Deutschland geltenden Rechte abgesondert u. in einem Entwurf zu Vorlesungen dargestellt. Leipzig 1801. 8. . . . . (D.: BRG.)

Rössig, D. C. G., Die Geschichte des deutschen Privatrechts von der Geschichte der übrigen in Deutschland geltenden Rechte abgesondert und in einem Entwurfe zu Vorlesungen dargestellt. Leipzig 1801. 8. Barth . . . . (BRG.)

— von den wahren Gränzen d. Wirksamkeit des Staats in Beziehung auf seine Mitglieder. 8. Leipz. 794.

— erste Grundsätze des deutsch. Privatrechts. gr. 8. Leipz. 797. Kummer. 1 ℛ 8 gr

— erste Grundsätze der Wiesenwirthschaft, des Futterbaues ꝛc. 8. Leipz. 792. (W. Rauck). 8 gr

— erste Grundsätze d. Wiesenwirthschaft. 8. Lpz. Sommer. 792.

— Grundsätze d. Natur- und Völkerrechts, d. allgem. Staats- und bürgerl. Rechts. 2 Thle. 8. Leipz. Beer. (Graffé in Weißenfels.) 794.

Rössig, K. Glo.: Die Grundsätze d. Natur- u. Völkerrechts. 2 Thle. *Leipz.* 798. 8.

Rößig, C. G.: Handbuch des Buchhandelsrechts system. dargestellt für Rechtsgelehrte, Buchhändler und Schriftsteller. Leipzig 1804.

Rössig, K. G.: Handb. d. Buchhandlungsrechts, systemat. dargest. f. Rechtsgelehrte. *Leipzig*, Hinrichs. 804. 4. (1 Thl. 20 Gr.)

— Hand- u. Lehrbuch d. Politik, mit Rücksicht auf die neuere prakt. Staatsklugheit. 8. Leipz. 804. Hinrichs. 1 ℛ 8 gr

(Rössig): Handbuch f. Liebhaber englischer Pflanzungen u. Gärtner. Th. (1)-2. Leipz. 1790-96.
(1 anonym, m. længere Tit.).

– s.a. Handbuch f. Liebhaber engl. Pflanzungen.

Rössig, Karl Gottlob [Praes.], s. Heun, Karl Theophil Samuel: De commercio interno et externo.

– s. K. F. Hommel: Gedanken, – Dessen Opuscula.

— die Hyacinthen, nach ihren Varietäten u. Sorten, nach d. Natur gezeichnet u. ausgemalt u. mit kurzer Beschreib. begleitet. 1s Hft. Mit 6 ill. Kpf. gr. 8. Leipz. 806.

Roessig, Karl Gottlob (Merseburg) A. S. 602/15

Ius vitae et necis principis ex rationibus iuris publici universalis.
Präs. Christian Heinrich Breuning.
Leipzig (Langenheim) 13. X. 1774. 12 S.

Gew.: Karl Ferdinand von Lindemann, Viktor Karl von Vieth. 29087

— üb. d. spanisch. Klee. gr. 8. Lpz. Böhme. 788.

— Abhandl. über den spanisch. Klee. gr. 8. Leipz. 788. (Cnobloch). 6 gr

Rössig, Dr. K. G. Der menschlichere Krieg, oder Vorschläge, den Krieg durch eine Convention unter den mächtigeren Staaten Europens, menschenschonender etc. zu machen. 8. Leipzig 1806.

— der menschl. Krieg, od. Vorschläge, den Krieg der Menschen schonender u. zugleich den Krieger muthvoller zu machen. gr. 8. Leipz. 806. (W. Rauck). 6 Gr.

— der Landbau; e. Versuch e. ungereimten Gedichts. 8. Bayr. 779. Lübeck. 6 Gr.

— Lehrb. d. Finanzwissensch. gr. 8. Leipz. Böhme. 789.

— Lehrbuch der Finanzwissenschaft. gr. 8. Leipz. 789. (Knobloch). 1 Thlr. 8 Gr.

— Lehrbuch d. Policey-Wissenschaft. gr. 8. Jena, Akad. Bchhdl. 786.

— Lehrbuch d. Polizei-Wissenschaft. gr. 8. Jena 786. (Hennings in Neisse). 1 Thlr. 8 Gr.

Rössig, Karl Gottlob: „Lehrbuch der Technologie für den angehenden Staatswirth und den sich bildenden oder reisenden Technologen", Jena 1790 (Akadem. Buchhandlg.). — Vorh.: UB Jena — Cam. VII o 37.

— Lehrbuch der Technologie in Bezug auf den angeh. Staatswirth. gr. 8. Jena 790. (Hennings in Neisse). 1 Thlr. 4 Gr.

— d. neuere Literatur d. Policey u. Cameralistik. 2 Theile. gr. 8. Chemnitz, Mauke. (Jacobäer in Lpz.) 802. (1r 1 Rthlr. 12 gr. 2r 1 Rthlr. 4 gr.)

Rössig, Karl Glo. Die neuere Literatur der Polizei- und Kameralistik vorzüglich vom Jahre 1762—1802. gr. 8°. Chemnitz (Starke) 1802.

Rössig, Karl Glo. Literatur der Oekonomie, Technologie und Kameralwissenschaften. 6 Stücke. gr. 8°. Leipzig, Goethe, 1791.

— d. Literatur d. Oekonomie, Technologie u. Kameralwissenschaften. 6 Stcke. gr. 8. Leipzig, 1791. (T. O. Weigel.) 1. —

Rossig, Car. Gttl., Abhdl. üb. d. Mutterkorn, dessen Entstehung etc. 46 pp. Lpz. 8°.

1786

— üb. d. Mutterkorn, dess. Entsteh. etc. 8. Lpz. Schneider. (Linke.) 786.

— d. Nelken. Nach ihren Arten, besond. nach J. C. Etler's in Schneeberg u. andern berühmten Samml. in Blättern nach d. Natur gez. u. ill., nebst kurzer Beschreib. fortgesetzt v. Waitz, franz. u. deutsch. 3 Hfte. Mit 30 Kpf. 4. Leipzig, 1805—7. (Baumgärtner.) (1. 15) 1. —

Vgl. Etler, Joh. Chr.

— die Nelken nach ihren Arten, besond. nach J. C. Ettlers u. a. Sammlungen. Nach d. Natur gezeichnet u. illum. Nebst kurzer Beschreib. 3 Hfte. Mit ill. Kpf. Französ. u. deutsch. 4. Leipz. 806, 7. Magaz. f. Ind. 1 Thlr. 12 Gr. Hbg. Pr. 1 Thlr.

— observationum jus feudale Saxonicum illustrantium Specim. I. 4. Leipz. 791.

Rössig, Carl Gottl.: „Produkten-, Fabrik-, Manufactur- und Handelskunde von Chursachsen und dessen Landen", Teil 1, 2, Leipzig 1803, 1804. — Vorh.: Kammergericht Berlin — (Ol. 6385 — 4).

— die Produkten-, Manufaktur- u. Handelskunde v. Kursachsen. 2 Thle. (A. u. d. T.: K. H. v. Römers Staatsrecht. 4r Bd.) gr. 8. Leipz. 803, 4. Hinrichs. 2 Thlr. 8 Gr. (Vergl. K. H. v. Römer, Staatsrecht.)

Rössig, K. Glo.: Abhandl. üb. d. Reichserzämter u. deren nöth. Verbind. m. d. Kurwürde; sammt Vorschlägen zu neuen Erzämtern; wie auch üb. die Religionsverhältnn. d. neuen Kurstimmen. *Leipzig*, Graffé. 803. 8. (16 Gr.)

— Repertorium der in den seit 1790 erschienenen prakt.-juristisch. Sammll. befindl. rechtl. Aufsätze u. Fälle, f. Rechtsgelehrte u. Geschäftsmänner. gr. 8. Leipz. 802. Joachim. 1 Thlr. 12 Gr.

— Reverien im Gebiete d. Polizei u. Politik; vorzügl. in Bezug auf gegenwärt. Zeiten. 8. Leipz. 806. Joachim. 10 Gr.

— d. Rosen, nach d. Natur gez. u. color. Mit kurzen botan. Bestimmungen begleitet. A. u. d. T.: les Roses pour les amateurs etc. 8 Hfte. Folio. Leipzig, (1800—5) 1804—9. (Baumgärtner.) à Hft 2. — 16. —

— — fortgesetzt v. K. F. Waitz. 9—12. Hft. gr. 4. Ebend. 1810—20. 6. —

— die Rosen nach der Natur gezeichnet u. colorirt, mit kurzen botan. Bestimmungen begleitet, mit deutsch. u. französ. Text. 1s—8s Hft. 9s—12s Hft. fortgesetzt v. K. F. Waitz. gr. 4. Leipz. 801—20. Mag. f. Ind. 24 Thlr.

Rössig, C. G., die Rosen nach der Natur gezeichnet und colorirt, mit kurzen botan. Bestimmungen begleitet, mit deutschem u. französ. Text. 2n Bdes 4s 5s Heft, oder 10te u. 11te Liefer. gr. 4. Leipzig, Mag. f. Indust. 818. 819 à 2 Thlr.

Rössig, C. G.: Ueber deutsches Staatsinteresse, Ländertausch, und das Schuzbündnis deutscher Fürsten. Zur Widerlegung der Schrift des Frh. v. Gemmingen. Leipzig 1786.

— üb. deutsches Staatsinteresse, Ländertausch u. d. Schutzbündn. deutscher Fürsten. 8. Lpz. Beer. (Graffé, Weißenfels.) 786.

— chursächs. Staatskunde, nach ihren ersten Grundsätzen. gr. 8. Leipz. Crusius. (F. C. W. Vogel.) 787.

— die Theuerungspolizei, oder histor.-polizeil. Versuch über die Theuerung u. den Gewerbewucher etc. 2 Bde. 8. Leipz. 802 u. 806. Joachim. 1 Thlr. 4 Gr.

— d. Tulpen nach ihren Varietäten u. Sorten, nach d. Natur gez. u. ausgemalt, mit genauen Bestimmungen. gr. 4. Ebend. 1807.

— über die Verdienste des Staats um die Rechte der Menschen, zur Widerlegung einiger herrschenden Irrthümer unsrer Zeit. 8. Leipz. 794. Voß. 8 Gr.

— Versuch über Aufklärung in Bezug auf die Philosophie, den Staat u. die Religion etc. 2 Thle. 8. Leipz. 799. Graffé. 14 Gr.

— Versuch einer botan. Bestimmung der Runkel- oder Zucker-Rüben etc. 8. Leipz. 800. Compt. f. Litt. 6 Gr.

— Versuch über den Gartenmohn u. seine verschied. Sorten etc. Mit ill. Kpf. gr. 8. Leipz. 806. Joachim. 5 Gr.

Rössig, Karl Glo., Versuch üb. d. Gartenmohn u. seine verschied. Sorten etc., nebst Anweis. z. dessen Benutzung u. Erziehung. Mit ill. Kpf. gr. 8. 1807. Neue Aufl. 1828. (Melzer.) — 6¼

— Versuch üb. den Garten-Mohn u. seine verschiedenen Sorten . . Neue Aufl. Leipz. [1828]. 33 S. 1 kol. Tvl. P.

Rössig, Karl Glob, Versuch einer pragmatischen Geschichte der Oekonomie, Polizey- und Cameralwissenschaft seit dem 16. Jahrhundert bis auf unsere Zeiten in Deutschland. Bd. 1 2. Abth. 1 Leipzig 1781—82. 8.

— Versuch e. pragmat. Geschichte d. Oeconomie-, Polizei- u. Cameralwissenschaft, seit d. 16. Jahrh. bis z. unsern Zeiten; Deutschland 1. Thl u. 2. Thl 1. Abth. 8. Leipzig, 1781 u. 82. Weidmann. 2. 5

Rössig, Karl Glo. Versuch einer pragmatischen Geschichte der Oekonomie-, Polizei- und Kameralwissenschaft in den neuesten Zeiten, besonders im 16. Jahrhundert. 2 Thle. 8°. Leipzig, Weidmann, 1781/82.

— Versuch e. neuen Systems, die Varietäten u. Sorten der Tulpen nach ihrer Zeichnung zu ordnen. Mit illum. Kpf. gr. 8. Leipz. 807. Joachim. 16 gr

— Versuch e. neuen Systems, d. Varietäten u. Sorten d. Tulpen nach ihrer Zeichnung z. ordnen etc. Mit ill. Kpf. gr. 8. Neue Ausgabe v. G. A. J. Leipzig, 1807. (Melzer.) — 20

— Versuch über die Verhältnisse des Reichs-Kammergerichts zu den hohen Ständen des Reichs. 8. Lpz. 788. (W. Nauck). 6 gr

— Versuche in musikal. Drama. 8. Bayr. 779. Lübeck. 5 gr

— Versuche üb. die ökonom. Polizei. 8. Leipz. 778. Kummer. 6 gr

Rössig C. G.: Versuche üb. die oekonom. Policey, nebst einer Abhandlung üb. den Landbau d. Römer ... Leipz. 1779. 134 S.

— vita K. F. Hommel. 4. Bayr. 782. (Grau in Hof). 12 gr

Roessig, K. Glo., Hommelii vita. 4. Bayr. Lübecks Erben. 782.

— einige Vorschläge, den Krieg menschlicher, die Stromergießungen minder schädl. zu machen u. die Duelle möglichst zu verhindern. gr. 8. Leipz. 804. (W. Nauck). 6 gr

— einige Vorschläge den Krieg menschlicher, d. Stromergießungen minder schädlich zu machen u. die Duelle möglichst zu verhindern. gr. 8. Lpz. Sommer. 804.

— unvorgreifl. Vorschläge zu schnellen Polizeianstalten bei befürcht. Gefahr des Eisganges u. d. Wassersnoth. 8. Lpz. 785.

— Wasserpolizei f. Länder, zur Minderung der Schäden des Eisganges u. der Ueberschwemmung. gr. 8. Leipz. 789. (Joachim). 20 gr 2r Thl. mit d. Titel: Beitrr. zur Minder. der Schäden d. Eisganges u. der Ueberschwemmung. gr. 8. Ebd. 799. 8 gr

Rössig, Dr., s. Wasserpolizei für Länder &c.

Rössig, K. Glob, Abhandlung über die vorzüglichsten einheimischen oder leicht einheimisch zu machenden Zuckersurrogate. Leipzig 1799. 8. . . . . . (D.)

— üb. die verschied. einheim. &c. Zuckersurrogate u. Zuckerrüben. 8. Leipz. 800. Compt. f. Litt. 6 gr

Rössig, Karl Heinrich

Rössig, Karl Heinr., Traktat üb. Kultur aller Sorten Obstbäume etc. f. gebirgige Gegenden. 8. Schneeberg, 1792. (Freiberg, Craz u. Gerlach.) — 10

Rössig, K. H., Cultur aller Sorten von Obstbäumen f. gebirgige Gegenden. 8. Schneeberg, Arnold. (Craz u. G. in Freyberg.) 792.

Rossiglina [Schlagwort]

Rossiglina, Hafen, s.: Adriatisches Meer.

Rossignoli, Guida allo studio delle Macchine a vapore marine e loro accessori. Wien 1909. Schulbücherverlag. Geb. K 3.—, geb. K 3.70

[F.] Joachim Rossihnius. Südestnische Uebersetzung des Lutherischen Katechismus, der Sonntags-Evangelien und -Episteln und der Leidensgeschichte Jesu nebst e. Anh. in d. Südestnische übersetzter Kirchenlieder u. Stücke d. Agende m. e. Einl. v. Wilhelm Reimann. hrsg. v. d. Gelehrten Estn. Gesellsch. *Jurjew (Dorpat): Dr. v. H. Laakmann 1898.* (1 Bl., LIV, 274 S.) 1 Bd 8.
= Verhandlungen d. gelehrten Estnischen Gesellschaft. Bd 19.

[Russ.] Rossija nakanunè dvadcatago stolètija. *** *Berlin: G. Štejnic 1900.* (180 S.) 8°
[Auf d. Umschl.] Russland am Vorabend d. zwanzigsten Jahrh. [00. 7396

[Russ.] Rossija nakanunè dvadcatago stolètija. 4. izd. *Berlin: G. Štejnic 1901.* (100 S.) 8°
(Auf d. Umschl. Russland am Vorabend d. XX Jahrh.)
(Izvestnéjsaja russkaja biblioteka. Č. 10.) [02. 3241

Rossin, C.E. De θηριομαχίᾳ Pauli. – Viteb. 1744.

Rossin Otto Über Derivate der Metahemipinsäure S. 100. 11 b 15. vgr
Separatabdruck

v. Rössing, zur Justizreform im Königr. Hannover. Hildesheim 858. Gerstenberg. gr. 8. (30 S.) 5 ngr.

RÖSSING, v.: Die forstlichen Verhältnisse des Herzogthums Anhalt. - o. O. 1883. 108 S.

Rössing, Adelbert (geb. Braunschweig 13. 11. 1858). Beobachtungen über innere Condensationen bei Abkömmlingen des Salicylaldehyds. Braunschweig (1885). (53 S.) 8°
Berlin, Phil. Diss. v. 14. März 1885

Rössing, Adb., Einführung in das Studium der theoretischen Chemie. gr. 8. (X, 332 S.) München 890. Oldenbourg. n. 6. 50

RÖSSING, ADELBERT.
Einführung in das Studium der theoretischen Chemie. München und Leipzig, 1890. pp. x–332, 8vo.
Part 1 bears the title: Geschichtliche Entwicklung der chemischen Theorien, pp. 1 to 51.

Geschichte der Metalle. Vom Verein z. Beförderung d. Gewerbefleißes gekr. Preisschrift von Dr Adelbert Rössing. Braunschweig. *Berlin: L. Simion 1901.* (VI, 274 S.) 8°
= Verhandlungen d. Vereins z. Beförderung des Gewerbfleißes. 1901. Erg.H.

Rössing, Adb., Handbuch der Elektrochemie u. Elektrometallurgie, s.: Vogel, Frdr.

Rössing, Albert, bacc. jur. a. Hillerse. Der Wechsel im Kontokorrent. Leipzig 1905: G. Reusche. (74 S.) 8°
Leipzig, Jur. Fak., Diss. v. 4. März 1905
[Geb. 10. Mai 78 Hillerse, Prov. Hannover. Wohnort: Leipzig, Staatsangeh.: Preußen; Vorbildung: Gymn. Andrean. Hildesheim Reife O. 96; Studium: Berlin 2, München 4, Leipzig 2 S. Rig. 27. Juli 04.]

Rössing, August von

Rössing, A. v., Zur Geschichte der Herren von Rössing. Celle 1860. Nachtrag 1862. 4.

Rössing, Aug. Frhr. v., die Stammtafeln des Geschlechts derer v. Rössing, entworfen auf Grund der beigebrachten zahlreichen Urkunden u. Nachrichten aus dem Familien-Archiv. 4. (XII, 172 S. m. 7 Lichtdr.- u. 8 Stammtaf.) Hildesheim 900. (Gerstenberg.) n. 6. —

RÖSSING, A. v.: Uebersicht des erlegten Roth-, Dam-, Schwarz- und Auerwildes in den Haupt-Jagdgebieten des Harzes für längere Zeiträume (theilweise von 1782/83 an bis 1894/95). - Wernigerode 1895 21 S.

Rössing, August Fr Ludwig von

v. Rössing, Aug. Fr. Ldw., († 1797.) concentrirte Rechtsfälle. 2 Thle. 4. Oldenb. 791 u. 93. (Helwing in Hannov.) 1 ₰ 12 gr

v. Rössing, A. F. L.: Concentrirte Rechtsfälle. *Oldenb.*, Stalling. 791—93. 2 Thle. 4. (1 Thl. 12 Gr.)

Rössing, A. F. L. v., concentrirte Rechtsfälle. 2 Thle. 4. Oldenb. (Helwing, Hannov.) 791. u. 97.

[F.] von Rössing, Friedrich Frh. [Referendar]: Hannoversche Stammgüter ... Göttingen, Druck d. Univ.-Buchdr. v. W. F. Kästner, 1895; 1 Bl., 45 S. 8.
Göttingen, Jur. Fak., Inaug.-Diss. v. [10. Sept.] 1895

Rössing, Heinrich [aus Wiesbaden. I. Assistenzarzt an d. K. Univ.-Frauenklinik zu Marburg]: Die Resultate von 105 Frühgeburtseinleitungen mit besonderer Berücksichtigung der dazu gebrauchten Methoden. Marburg, Druck v. J. Hamel, 1891; 2 Bl., 77 S., 1 Bl. 8°
Marburg, Med. Fak., Inaug.-Diss. v. [11. Jun.] 1891

Rössing, Johann Georg

— Diss. inaug. jur. de pactis success. secund. princip. juris hodierni. 8. Götting. 799. Dieterich. 2 gr

Rössing, J. Geo.: Versuch ein. kurzen histor. Darstell. d. allmäl. Entwickl. u. Ausbild. d. heut. Gerichtsverfass. d. Stadt Frankfurt a. M. u. ihres Gebietes. 2 Thle. N. Aufl. *Heidelberg*, Mohr. 810. (1 Thl. 8 Gr.)
2. Th. a. u. d. T.: Versuch ein. systemat. Darstell. d. jetz. Gerichts-Verfass. Frankfurts.

Rössing, Wilhelm Der Dümmste aus der Familie, s Viktoria-Theater

Rössing, Wilh., Einquartierung bei Jungfer Therese, s.: Zentraltheater.

Rössing, Wilh.,
— Franz ist eifersüchtig,
— Geburtstag bei Onkel Giesebrecht,
— „Der Hauptmann v. Köpenick" bei d. Wurstkiste,
} s.: Viktoria-Theater.

— Heldenlohn, s.: Theaterspieler, der. Nr. 8.

— Der Herr Leutnant hat Geburtstag, s.: Zentraltheater.

— Musketier Jochen seine „Kleene", s.: Viktoria-Theater.

— d. Kaisers-Geburtstags-Parademarsch m. Hindernissen, s.: Theaterspieler, der. Nr. 2.

— die Kaisers-Geburtstags-Wurst, s.: Schauspieler, der. Nr. 15.

— eine fidele Kiste beim „Groben Gottfried", s.: Viktoria-Theater.

— Eine unruhige Nacht im „Goldnen Löwen", s.: Zentraltheater.

— Rudel, der verliebte Putzkamerad, s.: Viktoria-Theater.

— eine Radikalkur, s.: Theaterspieler, der. Nr. 1.

— die Regimentsjuste od. Kaisers-Geburtstag bei Vater Philipp, s.: Schauspieler, der. Nr. 14.

— Frau Sanitätsrat, s.: Theaterspieler, der. Nr. 9.

— der verkannte Schwiegersohn, s.: Schauspieler, der. Nr. 11.

— ein gelungener Streich, s.: Theaterspieler, der. Nr. 8.

— Ludmilla's Verlobung od. Die Kaisers-Geburtstags-Bowle, s.: Viktoria-Theater.

— Ein Weihnachtsabend nach 25 Jahren, s.: Zentraltheater.

— der Wilddieb, s.: Schauspieler, der. Nr. 13.

— Wilhelm v. der Luftschifferabteilung, s.: Zentraltheater.

Rossini, Gioachino, s. Gumprecht, Otto, musikalische Lebens- und Charakterbilder.

Rossini, Gioachimo Antonio, s.: Sittard, Jos.

Rossini, Gioacchino Antonio R. Njbl. s.a.[Weber, Heinrich].

[Biographie von] Gioachino Antonio Rossini. (65. Neujahrsstück der allgem. Musik-Gesellschaft in Zürich 1877.) Zürich.

Rossini u. Wagner. Aus dem Italienischen übers., eingeleitet u. glossirt von M. G. Conrad. 8. (VII, 112 S.) Wien 879. Rosner. n. 1. 60

Rossini, Gioach. (Ant.), der Barbier von Sevilla, } s. Breitkopf und Härtel's Text-Bibliothek Nr. 240.

Rossini, G. (A), der Barbier v. Sevilla, s.: Lucas' Operntexte.
Dass. s. Mode's Operntextbibliothek.
Dass. s. Universal-Biblioth.

Der Barbier von Sevilla. Kom. Oper in 2 Akten. Musik von Joachim Rossini. Text d. Gesänge. *Leipzig Breitkopf & Härtel [1898]* (27 S.) 8° [A.]
= Textbibliothek, Breitkopf & Härtels. No 559. 99. 0271

Der Barbier von Sevilla [Il barbiere di Seviglia.] Kom. Oper in 2 Akten von Cesare Sterbini. Musik von Gioacchino Rossini. Neue deutsche Bearb. von Otto Neitzel. Berlin, Köln, Leipzig: Ahn [1907]. 65 S. 8°
(Ahns Operntext-Bibliothek. Nr 130.) 09. 9133

Der Barbier von Sevilla. Mit d. Original Rezitativen. Von G[ioachino] Rossini. Deutsch von August Harlacher. [Textbuch.] Stuttgart: Feuchtinger [1907]. 42 S. 8° 09. 5556

Der Barbier von Sevilla [Il barbiere di Siviglia]. Komische Oper in 2 Akten. Musik von Gioachino Rossini. Halle a. S. Hendel [1909]. VII, 24 S. 8°
(Hendels Operntexte. 24.) 10. 8279

Rossini, Gioachino, der Barbier v. Sevilla, s.: Hendel's Operntexte.

Rossini, Gioachimo, die Belagerung von Corinth, } s. Mode's, G., Opern-Text-Bibliothek.

Rossini, (Gioach.,) Gorgheggi e Solfeggi. Vocalisen u. Solfegien, um d. Stimme gewandt zu machen u. nach d. neuest. Geschmack Singen zu lernen. Mit Begleit. d. Piano-Forte. Fol. (4½ B.) Berlin (834), Schlesinger.

—— der Kreuzritter in Egypten, s.: Mode's, G., Operntextbibliothek.

– Der Liebestrank, s. Mode's Operntextbibliothek.

— Linda v. Chamouny, } s.: Mode's Opern-Text Bibliothek.

Rossini, Gioacchino M o s e s od der Auszug aus Aegypten, s. M o d e ' s Operntextbibliothek.

– O t h e l l o , s. M o d e ' s Operntextbibliothek.

S c h a b r a n , Matilde di — Melodramma per musica in tre atti. Musica del Maestro Gioachino Rossini. Da rappresentarsi nei Teatro I. R. di Corte Porta Carinzia. la Primavera 1856. Vienna. Impresso nella Tipografia Pichler. (39 S. 8)

– S e m i r a m i s , s. M o d e ' s Operntextbibliothek.

– T a n c r e d , s. M o d e ' s Operntextbibliothek.

Rossini, G., Tell, Oper, s. Breitkopf und Härtel's Text-Bibliothek, Nr. 88.

— dasselbe. Leipz. Ausg., } s.: Breitkopf & Härtel's Textbibliothek. Nr. 241.

Rossini, G.(A),
— Wilhelm Tell, } s.: Universal-Bibliothek.

Tell. Grosse romantische Oper in 4 Akten von Gioachimo Antonio **Rossini** Text v. Louis Hypolite Bis u Victor Joseph Etienne gen. Jouy. Uebers. v Marcus Theodor v Haupt Mit Gesch. d. Oper, Einführung in d. Musik u Inh. Angabe v Eduard Lucas 2 Aufl. *Elberfeld S Lucas [1896?]* (8, 45 S.) 8° [S.]
= Operntexte. Lucas' No 15.

— dasselbe, s.a. Lucas' Operntexte.
— dass.s.: M o d e's Operntextbibl.

Tell. Große romant. Oper in 3 Aufz., nach d. franz. Originaltext. Musik von Gioachino **Rossini** ... Rev. Text d. Gesänge, durchgesehen von R. Gründler-Reinsdorff. Halle a. S.: Bossert & Gründler [1907]. (27 S.) 8° [F.]
= **Sammlung** internationaler Operntexte. No 13. '07. 7506 3

Z e l m i r a. Melodramma serio in due atti. Musica del Maestro Gioachino Rossini. Da rappresentarsi nel Teatro I. R. di Corte Porta Carinzia, la Primavera 1856. Vienna. Impresso nella Tipografia Pichler. (29 S. 8.)

Rossini, Karolus Conti

Rossini, K. Conti, s.: **Documenta ad illustrandam historiam.**

— s.: **Historia regis Sarsa Dengel (Malak Sagad).**

Rossini, Karolus Conti, s.: Vitae sanctorum antiquiorum.

— s.: **Vitae sanctorum indigenarum.**

Rossini, Luigi, Raccolta di cinquanta principali Vedute di Antichità, tratte dagli Scavi fatti in Roma in questi ultimi tempi. fol. gr. Roma. (Vienna, Volke.) 818.

Rossini's Leben u. Treiben, vornehml. nach den Nachr. des Hrn. v. Stendhal geschildert u. mit Urtheilen der Zeitgenossen über seinen musikal. Charakter begleitet von A. Wendt. Mit Bildn. gr. 12. Leipz. 824. Voß. 2 ß

Rossinsky, Theodor. Über einen Fall von primärem Tubenkarzinom mit Bildung einer karzinomatösen Tubo-parovarialcyste. Diss. Med. Basel. [Mit Figuren.] 27 S. 8. Basel, Kreis & Co., 1910.

Rossiwall, J., der Bergwerks-Betrieb der oesterreich-ungar. Monarchie, s. Mittheilungen aus dem Gebiete der Statistik.

Rossiwall, die Eisen-Industrie des Herzogth. Kärnten,
— — des Herzogth. Krain, } **s. Mittheilungen aus dem Gebiete der Statistik.**

Rossiwall J, die Eisenindustrie des Herzogtums Kärnthen im Jahre 1855. (Mittellungen aus dem Gebiete der Statistik V, 3) Wien 1856

Rossiwall, J., die Eisen-Industrie des Herzogthums Steiermark, s. Mittheilungen aus dem Gebiete der Statistik.

Protocoll der Versammlung zu Heilbronn den 10. Jan. 1778. [Hrsg. von Georg Heinr. v. Rosskampff nebst] Beil. 1—12. 16 S. 2º
Kl. 8309.
[Archiv f. Frmr u. Rosenkreuzer. 2 (1785) S. 213.]

Rosskopf, J[akob], appr. Tierarzt: **Aus d. chir. Veterinärklinik d. Univ. Giessen. Multiple Kiefercysten bei einem Hunde.** 1 Taf. Giessen 1910: v. Münchow. 38 S. 8°
Gießen, Veterinär-Med. Diss. v. 1. Febr. 1910, Ref. Pfeiffer
[Geb. 3. Aug. 86 Sauer-Schwabenheim; Wohnort: Gießen; Staatsangeh.: Hessen; Vorbildung: Oberrealsch. Mainz Reife O. 05; Studium: Gießen 7 S.; Rig. 5. März 09.] [U 10. 1247

Rosskothen, Max: Aus der Königlichen Augenklinik zu Kiel. Ein Fall von Coloboma iridis congenitum mit Vererbung. *Kiel 1898: H. Fiencke.* (15 S.) 8°
Kiel, Med. Diss. v. [21. Juni] 1898

Rosskothen, Guil. (geb. Raadt bei Mülheim an d. Ruhr 18. 5. 1835) De prolapsu uteri. Berolini (1859). (32 S.) 8°
Berlin, Med. Diss. v 9. Juli 1859

Roßla, Rudolph Braune –, s. B r a u n e , Rudolph.

Benjamin Franklin. Von Albert **Rosslau.** (Berlin F Schulze [1906].) (S. 9–16.) 8° [Umschlagt. Text stenogr.]
= **Zehnpfennigbücher,** Schulzes. No 49. [2.] '07. 8711

Rößle, Albert, Tierarzt, aus Eßlingen (Württ.), z. Z. Assist. u. Stellv. d. Vorstandes d. chirurg. Klinik d. Kgl. Tierärztl. Hochsch. zu Stuttgart: **Untersuchungen über das Verhalten der Leukocyten-Zahl im Pferdeblut 1) unter normalen (physiologischen) Verhältnissen. 2) bei chirurgischen Eiterungen und Erkrankungen.** *(Stuttgart [1903]: R. Enzig.)* (49 S.) 8°
Gießen, Veterinär-med. Diss. v 1903.

Rössle, Karl, der Eisenbetonbau, s.a. Sammlung Göschen.

Rössle K, der Eisenbetonbau. (174 S) (Sammlg. Göschen 349) 16° Leipzig 1907

Der Eisenbetonbau. Von Karl **Rößle**. Mit 77 Abb. Neudr Leipzig Göschen 1909. 174 S. 8°
(Sammlung Göschen. 349.) A 12. 1263 11

RÖSSLE, Otto (Kirchheim): Ein Beitrag zur Histologie und zur Lehre von der Heilung der Erosion an der Portio vaginalis uteri.- München: Bickel 1910. 23 S., 4 Taf.
19.5.1911 - Chr 1910/11,26; U 11.3717
Diss.Ingolst.-Landsh.-Mchn.

RÖSSLE, Robert (Augsburg): Cystenhygrome des Halses.- München: Kastner & Lossen 1900. 76 S.
24.7.1900 - Chr 1900/01,18; Jv 1900/01,244
Diss.Ingolst.-Landsh.-Mchn.

Rössle, Rob., Fortschritte der Cytotoxinforschung. (134 S.) Lex. 8. Wiesbaden 910. J. F. Bergmann. 4. 60
Sonderabdruck aus: „Ergebnisse d. pathol. Anat."

Rössle, Robert, Dr. med., früherer I. Assistent am pathologischen Institute zu Kiel: Der Pigmentierungsvorgang im Melanosarkom. Jena: G. Fischer 1904. (42 S.) 8°
Kiel, Med. Fak., Hab.-Schr. v. 18. Okt. 1904

Rossleben, A., Num ad veritatem Tacitus in Ann. I et II narrarit de expeditionibus Germanici. Pr 1850. 32 S. 4°. 1.—

Rossleben, Alfred: Beitrag zur Kenntnis des Verhaltens von Phenyl-i-cyanat gegen Stickstoffverbindungen. 1902. 57 S. 8°
Dresden, Dr.-Ing.-Diss. v. 24. 7. 1902

Rößler, s. auch Rösler.

Röfsler. Beitrag zur Lehre von den Tropen. Budweis, U. R., 1853. 9 S. 4. Progr.

Rößler, ..., Beschreib. d. Feierlichkeiten, bei d. Anwesenheit Sr. Maj. des Königs u. d. königl. Familie in Liegnitz, während des 7., 8., 9., 10. u. 11. Sept. 1824. Mit 3 Steindr. gr. 8. Liegn. 824. Kuhlmey. 10 gr

Rössler, Rhetorum antiquorum de dispositione doctrina. Pr. 1866. 30 S. 4°.

Rößler, Reallesebuch, s.: Lettau, H.

Rössler's Sommer-Fahrplan 1902 der Reichenberg-Gablonz-Tannwalder Eisenbahn u. der Gablonzer elektrischen Strassenbahnen m. allen Anschlüssen nach dem In- u. Auslande. 16. (62 S.) Gablonz, H. Rössler. — 15

— Winter-Fahrplan 1902/3 der Reichenberg-Gablonz-Tannwalder Eisenbahn u. der Gablonzer elektrischen Strassenbahnen m. allen Anschlüssen des In- u. Auslandes. 16. (62 S.) Ebd. — 15

Rössler's Sommer-Fahrplan, bezw. Winter-Fahrplan der Reichenberg-Gablonz-Tannwalder Eisenbahn u. der Gablonzer elektrischen Strassenbahnen m. allen Anschlüssen des In- u. Auslandes. 1905 bezw. 1905/06. (à 53 S.) 16. Gablonz, H. Rössler. à — 15

Rössler, die Sprache der Verträge seit dem westfälischen Frieden. gr. 4. (28 S.) Grimma 875. (Gensel.) n. 1. —

Die Baupolizeiordnungen für Berlin und seine Vororte. Für d. Handgebr. zsgest. von A. Rössler, Kgl. Reg.Sekr *Berlin: A. W. Hayn's Erben 1900.* (157 S.) 8° [F.] [00. 9274]

Rößler, A., die Baupolizeiordnungen f. Berlin u. seine Vororte. Für den Handgebrauch zusammengestellt. 2. umgearb. Aufl. (XIV, 262 S.) 8. Berlin 903. A. W. Hayn's Erben. Geb. in Leinw. n. 3. —

Rößler, A., die Baupolizeiverordnung f. die Vororte v. Berlin v. 28. V. 1907. Für den Handgebrauch hrsg. (130 S.) kl. 8. Berlin 907. A. W. Hayn's Erben. Kart. 3. —

Rößler, A., Sammlung d. Polizei-Verordnungen u. polizeil. Vorschriften f. d. Reg.-Bez. Potsdam. Unt. Benutzg. d. amtl. Quellen zusammengestellt. gr. 8. (VIII, 695 S.) Berlin 896. A. W. Hayn's Erben. n.n. 10. —; geb. n. 12. —
Bildet zugleich die neue Auflage von Wichert, W. v., Polizeiverordnungen f. d. Reg.-Bez. Potsdam.

— Sammlung der Polizei-Verordnungen u. polizeilichen Vorschriften f. den Reg.-Bez. Potsdam. Unter Benutzg. der amtl. Quellen zusammengestellt. 2. umgearb. Aufl. gr. 8. (VI, 926 S.) Ebd. 902. n. 11. —; geb. n. 12.50

Sammlung der Polizeiverordnungen und polizeilichen Vorschriften für den Regierungsbezirk Potsdam. Unter Benutzung d. amtl. Quellen zsgest. von A. **Rößler** 3. umgearb. Aufl. Berlin A W. Hayn's Erben 1907. (VIII, 1035 S.) 8° [F.] [07. 18183]

Rößler, Adolf

Rössler, Adf., die Schuppenflügler [Lepidopteren] des königl. Reg.-Bez. Wiesbaden u. ihre Entwickelungsgeschichte. [Aus: „Jahrbücher d. Nass. Vereins für Naturkde."] gr. 8. (392 S.) Wiesbaden 881. Niedner. n. 5. —

Rößler, A., Verzeichniß der Schmetterlinge des Herzogth. Nassau, mit besond. Berücksichtigung der biolog. Verhältnisse u. der Entwicklungsgeschichte. [Aus: Nassauische naturwissenschaftliche Jahrbücher.] Wiesbaden 866. Niedner. gr. 8. (342 S.) n. 24 ngr.

Rößler, Alban, Lessing, sein Leben u. seine Werke. I. Bd. bis zum „Laokoon". Für die Jugend bearb. (VI, 288 S. m. 1 Stahlst.-Bildnis.) 8. Leipzig 904. K. G. Th. Scheffer. Geb. in Leinw. n.n. 4. 60

Roeßler, Alfred von

Roeßler, A. v., die Angriffspläne Friedrichs d. Großen in den beiden ersten schlesischen Kriegen. } s. a. Beiheft zum Militär-Wochenblatt

Roessler. Die Angriffspläne Friedrichs des Grossen in den beiden ersten Schlesischen Kriegen. Vortrag, gehalten in der Militärischen Gesellschaft zu Berlin am 24. Jänner 1890 von A. v. ..... Major à la suite des 3. Niederschlesischen Inft.-Reg. Nr 50 und vom Nebenetat des grossen Generalstabes, Lehrer an der Kriegsakademie. (Beihft. z. „Milit.-Wochenblatt".) Berlin 1891.

Roeßler, Alfr. v., Geschichte des königl. preußischen 1. Nassauischen Infanterie-Regiments Nr. 87 u. seines Stammes, des herzogl. Nassauischen 1. Infanterie-Regiments. 1809—1874. Im Auftrage des Regiments nach den vorhandenen Quellen zusammengestellt. Mit 10 Karten u. Plänen in Steindr. gr. 8. (XII, 458 S.) Berlin 882. Mittler & Sohn. n. 7. 50

Roeßler, v. Die Operationen Wellingtons und Soults 1809 und 1812 in ihrer strategischen Parallele. (Berlin 1894.) 8° (Aus: Bh. z. M. W. B.)

Roessler. Torres-Vedras und Cekmedze. Ein kriegsgeschichtlicher Vergleich. Vortrag, gehalten am 2. November 1887 in der Militärischen Gesellschaft zu Berlin etc. (Mit 2 Kartenskizzen.) Beihft. z. „Milit.-Wochenblatt". — Berlin 1888.

Roeßler, v., Torres-Vedras u. Cekmedze, — Vergleich d. Feldzuges 1809 am Tajo m. den Kämpfen 1870/71 an der Loire, } s. a. Beiheft zum Militär-Wochenblatt.

Roessler, A. v. Vergleich des Feldzuges 1809 am Tajo mit den Kämpfen an der Loire 1870—71. Berlin 1888. 8°. (Bh. z. M. W. B.)

— Die Vertheidigungspläne Friedrichs des Grossen in den beiden ersten Schlesischen Kriegen. Vortrag, gehalten in der Militärischen Gesellschaft zu Berlin am 24. Jänner 1891 von A. v. ....., Major à la suite des 3. Niederschlesischen Inft.-Reg. Nr. 50 und vom Nebenetat des grossen Generalstabes, Lehrer an der Militärakademie. (Beihft. z. „Milit.-Wochenblatt".) — Berlin 1891.

Dass.s.a.:B e i h e f t zum Militär-wochenblatt.

Rößler, Andreas

Rößler, Andr., Geschicht der Stadt Bruchsal von ihrer Entstehung an bis zum Tode ihres letzten Fürst-Bischofs 1810. 2 Aufl. gr. 8. (66 S.) Bruchsal 894. O. Katz. — 80

Roeßler, Arthur

Roessler, Arth., Rudolf v. Alt. (88 S., 172 S. Abbildgn. u. VIII S. m. 1 Bildnis.) Lex. 8. Wien (909). K. Graeser & Co. Geb. in Leinw. 10. —

Der Dialog vom Pierrot und andere Essays von Artur Roessler. Wien: K. Graeser & K[ie] [1908]. (66 S.) 8° [08. 13:08]

Roessler, Arth., vom Dichter der toten Stadt u. andere Essays. (VI, 88 S.) gr. 8. Leipzig (906). F. Rothbarth. n. 1. 50

Rössler, Arth., es giebt solche Menschen. Ein Skizzenband. Buchschmuck von Hans Volkert. 12. (138 S.) München (901). A. Schupp. Geb. in Leinw. n. 1. 20; Luxusausg. 2. 40

— Fälscher-Künste, s.: Eudel, Paul.

— s.: Frau, die.

Neu-Dachau. Ludwig Dill, Adolf Hölzel, Arthur Langhammer. Von Arthur Roeßler. Mit 158 Abb. Bielefeld & Leipzig: Velhagen & Klasing 1905. (165 S.) 4°(8°) [F.]
— Künstler-Monographien. 78. [06. 3633]

— höchste heidnische Seligkeit. Mit Buchschmuck v. Raph. Kirchner. kl. 4. (31 S.) Ebd. 900. n. — 50

Die Stimmung der Gothik und andere Essays von Arthur Roeßler. (Berlin: Volkserzieherverl. 1904.) (123 S.) 8° [05. 3490]

— und es war e. glühende Nacht. 2. [Titel-]Aufl. v.: Der Sturm u. andere Skizzen. 12. (146 S.) Ebd. [899.] (901). n. 2. —

— u. Gust. Pisko, Ferdinand Georg Waldmüller. Sein Leben, sein Werk u. seine Schriften. 2 Bde. (228 S. m. 2 Bildnissen u. 53 S. m. 2 Bildnissen u. 302 Taf.) 30,5×30 cm. Wien (908). Gilhofer & Ranschburg. Geb. in Leinw. (urspr. Pr. 136. —)

— Ferdinand Georg Waldmüller. (49 S., 130 S. Abbild. u. VI S.) Lex. 8. Wien (908). K. Graeser & Co. 5. —

— Von Wien u. seinen Gärten. Mit 16 photograph. Orig.-Aufnahmen v. Bruno Reifenstein. (135 S.) 8. Ebd. (909). Kart. 2. 20

Rößler, Balthasar

Rößler, B., Speculum Metallurgiae Politissimum. Oder: Hell-polierter Berg-Bau-Spiegel usw. Hrsg. von J. Ch. Goldberg. Dresden, 1700. 168 S. mit 22 Taf. und Register. [Kb 282

Roessler, C., controversia theologica de regula externa fidei div. 8. Münch. Lindauer. 801.

Rößler, C., Gebet- und Gesangbuch für die katholische Schuljugend. Mit Approbation des hochw. erzbischöfl. Ordinariates zu Gran. 16. (VI und 156 S. mit 1 Stahlst.) Pest 860, Lampel. 8 Ngr.; in gepr. schwarzen Papierbd. geb. in Leder mit Goldschn.

Rössler, C., Leitfaden für den Unterricht in der deutschen Literaturgeschichte. Dresden 867. (Naumann.) gr. 8. (32 S.) n. 6 ngr.

Rößler, C., Leitfaden f. den Unterricht in der deutschen Literaturgeschichte. gr. 8. (46 S.) Leipzig 876. J. Naumann. n. — 75

Rößler, Carl, s. Rößler, Karl.

Roessler, Ch. Ferd., Saint-Petersbourg, s. Grieben's Reise-Bibliothek.

Rößler, Constantin, s. Rößler, Konstantin.

Rößler, Ed., Anweisung für Volksschullehrer zur zweckmäßigen Vorbereitung taubstummer Kinder auf den Eintritt in eine Taubstummen-Anstalt. 2. Aufl. Osnabrück 860. Meinders. gr. 8. (92 S.) n. 12 ngr.

Rößler, Ed., Beiträge zur Förderung des Taubstummen-Erziehungswesen, s.: Sammelmappe, pädagogische.

—— sechs und zwanzig Besprechungen biblischer Bilder aus dem alten Testamente (nach den Bildersammlungen von Fliedner, Schnorr und Schreiber & Schill) oder: Der erste biblische Geschichtsunterricht mit Taubstummen. gr. 8. (III und 60 S.) Osnabrück 860, Meinders. *

—— zwei Bilderbogen, enthaltend über 200 Abbildungen von bekannten Gegenständen; ein Hülfsmittel für die ersten Sprech- und Sprachübungen mit Taubstummen. Lithogr. gr. Fol. Osnabrück 859, Meinders. * *

Rößler, Ed., zwei Bilderbogen, ein Hülfsmittel für die ersten Sprech- u. Sprachübungen mit Taubstummen, enthaltend über 300 bildl. Darstellungen von Gegenständen aus den nächsten Anschauungsgebieten in einer dem allmähligen Fortschritt in der Lautbildung entsprechenden Ordnung. 2. Aufl. Lithogr. Osnabrück 865. Rackhorst'sche Buchh. Fol. 6 ngr.

Rößler, Ed., zwei Bilderbogen, e. Hülfsmittel f. die ersten Sprech- u. Sprachübungen m. Taubstummen, enth. üb. 300 bildl. Darstellgn. v. Gegenständen aus den nächsten Anschauungsgebieten in e. dem allmähl. Fortschritte in der Lautbildg. entsprech. Ordng. 3. Aufl. 4. (4 S. m. 2 Steintaf. in gr. 4.) Osnabrück 874. Rackhorst. n. — 75

Rößler, Ed., zwei Bilderbogen. Ein Hülfsmittel für die ersten Sprech- und Sprachübungen mit Taubstummen, enthaltend über 300 bildl. Darstellungen von Gegenständen aus den nächsten Anschauungsgebieten in einer dem allmähl. Fortschritte in der Lautsprache entsprechenden Ordnung. 4. Aufl. Lithogr. qu. gr. Fol. Mit Text. 4. (4 S.) Osnabrück 880, Rackhorst'sche Buchh. * — 75

— einige Fragen über die Geberdensprache. Ein Conferenzvortrag. Ebend. 868. gr. 8. (IV, 49 S.) n. 10 ngr.

—— erstes Lese- und Sprachbuch für Taubstummenschulen (im Anschluß an „zwei Bilderbogen u. s. w. von Ed. Rößler", 2. Aufl.). gr. 8. (VI und 60 S., wovon 4 lithogr.) Osnabrück 867, Rackhorst'sche Buchh.

Rößler, Ed., erstes Lese- und Sprachbuch für Taubstummenschulen [im Anschluß an die „zwei Bilderbogen rc. von Ed. Rößler", und das Leben]. 2. Aufl. gr. 8. (VIII, 128 S.) Osnabrück 872, Rackhorst'sche Buchh. * 1 20

—— erstes Lese- und Sprachbuch für Taubstummenschulen [im Anschluß an die „zwei Bilderbogen rc. von Ed. Rößler und das Leben"]. 3. Aufl. gr. 8. (VIII, 132 S.) Osnabrück 876, Rackhorst'sche Buchh. *

—— Lese- und Sprachbuch für die Stufe des Anschauungsunterrichts oder für Mittelclassen in Taubstummenschulen. gr. 8. (X und 96 S.) Osnabrück 863, Meinders. *

Rößler, Ed., Lese- u. Sprachbuch für Mittelklassen in Taubstummenschulen. 2. Aufl. gr. 8. (92 S.) Hildesheim 880. Gerstenberg. n. 1. 20

—— Lese- und Sprachbuch für Taubstummenschulen zum Gebrauch bei dem Anschauungsunterrichte. 3 Abthlgn. gr. 8. Osnabrück 864—66, Rackhorst'sche Buchh. [1. Abthl. (X und 120 S.) * 12 Ngr., 2. Abthl. (VIII und 120 S.) * 12 Ngr., 3. Abthl. (VIII und 168 S.) * 16 Ngr.] *

—— Lese- und Sprachbuch für Taubstummenschulen zum Gebrauch bei dem Anschauungsunterrichte. 1. Abthl. 2. Aufl. gr. 8. (IV, 132 S.) Ebendas. 869. *

— Lese- u. Sprachbuch für Taubstummenschulen zum Gebrauch bei dem Anschauungs-Unterrichte. 1—3. Abtlg. gr. 8. Ebend. 878—81. n. 3. 90
1. Die Schule. 3. Aufl. (VIII, 128 S.) n. 1. 20
2. Das Haus, seine Umgebung u. seine Bewohner. 2. Aufl. (IV, 116 S.) 1878. n. 1. 20
3. Der Wohnort, seine Umgebung u. seine Bewohner 2. Aufl. (VIII, 120 S.) 1879 n. 1. 50

— kurze Mittheilungen üb. die neuesten Veränderungen u. Fortschritte auf dem Gebiete d. Taubstummen-Bildungswesen in Hannover. gr. 8. (41 S.) Leipzig 871. Siegismund & Volkening. n. — 60

— Nachricht über die Taubstummen-Anstalt zu Osnabrück, besonders für diejenigen, welche Kinder in der Anstalt haben oder solche derselben anvertrauen wollen. 2. Aufl. gr. 8. (71 S.) Osnabrück 877. Rackhorst. n. 1. —

—— über die Nothwendigkeit einer Bildungsanstalt für Taubstummen-Lehrer. gr. 8. (28 S.) Leipzig 871, Siegismund und Volkening. * — 60

— Statistisches u. Geschichtliches aus der Taubstummen-Anstalt zu Osnabrück. gr. 8. (104 S.) Ebend. 878. n. 1. 60

—— der Unterricht taubstummer Kinder auf der Stufe des Sprechunterrichts. 1. Abthl.: 1. Stufe des ersten Sprech- und Sprach-Unterrichts. gr. 8. (VIII und 92 S.) Osnabrück 863, Rackhorst'sche Buchh. *

Rössler Ed Was ist eine landwirtschaftliche Brennerei? Ein Wort über das neue Branntweinsteuergesetz. 8° 1 Bl. 14 S. A. Keiss. Wien. 1888.

Rössler, [Eduard]: Über Aufgabe, Ziele und Berechtigungen der Realschule. Zur Orientierung für Eltern und Vormünder. *Celle 1898: Schweiger & Pick.* (10 S.) 8° [F.]
Celle, st. RG (in Umwandl. zu e R begriffen), OP 1898 (340)**

Rössler, (C. G. F.) Ed., de Durido Diodori, Hieronymo Duridis in rebus a successoribus Alexandri Magni gestis auctore. Dissertatio inauguralis. gr. 8. (63 S.) Göttingen 876. (Deuerlich.) n. 1. 50

Rössler, [Eduard], Dir. Prof. Dr.. [Rückblick auf die bisherige Entwickelung der Schule bei Gelegenheit ihrer Umwandlung in eine lateinlose Realschule.] *Celle 1900: W. Grossgebauer.* (S. 17 18.) 4°
Celle, RG u. R, OP 1900 (340)

Rößler, [Eduard]: [Rückblick auf die Entwicklung der Schule während der Zeit der Vollanstalt 1876 1900.] S. 12 bis 13. 4. Realschule (vormals Realgymn.) der Stadt *Celle* 1901 (363).
Progr.

Rössler, Emil, a. Steinhude ⟨Schaumburg-Lippe⟩: Jodometrische Bestimmung von Ammoniak, Ammonsalzen und anderen stickstoffhaltigen Körpern mit Hilfe von Alkalihypobromit. Freiburg i. B.: Speyer & Kaerner 1904. (63 S.) 8°
Freiburg i. B., Phil. Fak., Ref. Gattermann, Diss. v. 10. Nov. 1904
[Geb. 11 Aug. 82 Steinhude; Wohnort: Freiburg; Staatsangeh.: Schaumburg-Lippe; Vorbildung: Leibniz-Realgymn. Hannover Reife O. 00; Studium: [illegible] T. H. 5, Freiburg [illegible] Rig. 8. Juli 04.]

Rössler, *Emil* [aus Weida]: Uber die Oxäthylamine .. Jena, G. Neuenhahn Univ.-Buchdr., 1892; 30 S., 1 Bl. 8.
Jena, Phil. Fak., Inaug.-Diss. v. 1892

Rößler, Emil Franz

Rößler, Emil Frz., über das Ausgedinge auf Bauerngütern. gr. 8. (6½ B.) Prag 842, Haase, Söhne, Brlgs.-Expedition.

Rössler, Emil Frz., über die Bedeutung und Behandlung der Geschichte des Rechts in Oesterreich. 2 Vorträge, gehalten bei Eröffnung der rechtsgeschichtl. Vorlesungen an der wiener Hochschule im Studienjahre 1847. Mit einem Anhange rechtsgeschichtl. Quellen. gr. 8. (53 und XXXIV S.) Prag 847, Calve'sche Vrlgsh. —

Rössler, Em. F., Beiträge zur Staatsgeschichte Oesterreichs aus dem G. W. v. Leibniz'schen Nachlasse in Hannover. Aus den Sitzungsberichten d. k. Akad. d. W. Wien 856. (Gerold.) gr. 8. (25 S.) n. 4 ngr.

— die Gründung der Universität Göttingen. Entwürfe, Berichte u. Briefe der Zeitgenossen, herausg. u. mit einer geschichtlichen Einleitung versehen. Eine Sammlung bisher ungedruckter Entwürfe, Berichte u. Briefe von G. A. v. Münchhausen, J. L. v. Mosheim, Alb. v. Haller, G. C. Gebauer, J. H. Böhmer u. anderen Zeitgenossen. Zur Geschichte des deutschen wissenschaftlichen Lebens im 18. Jahrh. Göttingen 855. Vandenhoeck u. Ruprecht. Lex.-8. (XXIV, 54, 504 S.) n. 3 ℛ𝓅. 20 ngr.

Rößler, Emil Franz: Dt. Rechtsdenkmäler aus Böhmen und Mähren, eine Sammlung von Rechtsbüchern, Urkunden u. alten Aufzeichnungen z. Geschichte d. dt. Rechtes. Hrsg. u. erl. Mit einer Vorrede von Jakob Grimm. Bd 1. 2. — Prag: Calve 1845—1852. CII, 210 S., XXIV, CXXXI, 432 S.

—— deutsche Rechtsdenkmäler aus Böhmen etc., s. Rechtsdenkmäler.

Rößler Em. Frz. Die Stadtrechte von Brünn aus dem 13. und 14. Jahrhundert. II. Band, die Deutschen Rechtsdenkmäler aus Böhmen und Mähren. 8. (XXIV. CXXXI. und 434 S. 5 lith. Taf.) Prag, J. Calve 1853.

—— die Stadtrechte von Brünn aus dem XIII und XIV. Jahrh., s. Rechtsdenkmäler, deutsche, aus Böhmen und Mähren.

Rössler, Ernst, a. Magdeburg: (Aus d. Augenklinik zu Jena.) Zur Kenntnis der Magnetoperation und Siderosis bulbi. Jena 1907: F. L. Seifert, Lichtenhain. (20 S.) 8°
Jena, Med. Fak., Ref. Wagenmann, Diss. v. 23. Dez. 1907
[Geb. 17 Juli 73 Magdeburg; Wohnort: Jena; Staatsangeh.: Preußen; Vorbildung: Gymn. Blankenburg a. H. Reife O. 96; Studium: Greifswald 3, Breslau 2, Greifswald 3, Leipzig 1, Jena 1, Würzburg 3, Jena 7 S.; Coll. 28. März 07; Approb. 23. Dez. 07.]

Rößler, Fr., praktische Anleitung z. galvanischen Vergoldung u. Versilberung, m. besond. Rücksicht auf d. Bereitung u. Anwendung der v. Hrn. Prof. Dr. Böttger empfohlenen Gold- u. Silbersolution, bearbeitet f. Metallarbeiter. gr. 12. (1 B. u. 1 Stnt.) Frankfurt a. M. 842, Sauerländer's Verl. Thlr. *

Rößler, Fr., Erfindung e. neuen Sparofens, s. K. Tenner, Construktion.

Rößler, Fr., Tage-Buch der königl. sächsischen Hof-Theater, s. Gabriel, Friedr.

Rössler, Franz, k. u. k. Hauptmann. Leitfaden für den Unterricht und das Studium des Dienst Reglements I. und III. Theil, der Ehren, Auszeichnungen und Kriegs-Artikel Zum Gebrauche in den Mannschafts-, Unterofficiers- und Einjährig Freiwilligen-Schulen und als Hilfsbuch für die Zöglinge des IV. Jahrganges der k. und k. Infanterie-Cadettenschulen 2 vermehrte Auflage 8. Budapest 1899.

Roessler, Friedrich [aus Frankfurt a. M.]: Synthese einiger Erzmineralien und analoger Metallverbindungen durch Auflösen und Kristallisierenlassen derselben in geschmolzenen Metallen ... Berlin, Buchdr. v. G. Schade, 1895; 64 S., 2 Bl. 8.
Berlin, Phil. Fak., Inaug.-Diss. v. 9. Jan. 1895

Rößler, G., kathol. Dogmatik ꝛc. 8. Brünn, Gastl.

Roessler, Gustav Elektromotoren für Gleichstrom. Mit 49 in d Text gedr Fig Berlin: J Springer: München: R Oldenbourg 1899. (VIII, 135 S.) 8⁰

Elektromotoren für Gleichstrom. Von G[ustav] **Roessler**, Prof., Berlin. Mit 49 Fig 2 verb. Aufl. *Berlin: J. Springer 1903.* (VIII, 136 S.) 8°

— Elektromotoren für Wechselstrom u. Drehstrom. gr. 8. (VII, 230 S. m. 89 Fig.) Berlin 901 J. Springer. — München, R. Oldenbourg. (Auslieferg. durch Springer.) Geb. in Leinw. n. 7.—

Die Fernleitung von Wechselströmen. Von Dr G[ustav] **Roeßler**, Prof. in Danzig Mit 60 Fig Berlin: J. Springer 1905. (XII, 243 S.) 8°

Roessler, Gustav, aus Berlin Untersuchungen über die Magnetisierung des Eisens durch sehr kleine und durch sehr grosse Kräfte. Uster-Zür. A. Diggelmann Dr. 1892. 54 S., 1 Bl., Tab. IV, V I—III im Text 8°.
Zürich, Phil. Diss. [v 29. Febr 1892].

Rössler, H., technisches Hülfs- und Handbuch. Zum Gebrauch für Ingenieure und Architekten, Maschinen- und Mühlenbauer, Fabrikanten etc. 3 Lfgn. gr. 8. (X und 657 S. mit zahlreichen in den Text gedr. Holzschn.) Wiesbaden 862,64, Kreidel's Verlag. [1. und 2. Lfg. à * 20 Ngr., 3. Lfg. * 28 Ngr.]

Rössler, H., Statistik der Kunststrassen d. Grossherzogth. Hessen, s.: Beiträge zur Statistik im Grossherzogth. Hessen.

Rössler, Heinrich [aus Hildesheim]: Zur Diagnostik des Pneumothorax im Verlaufe der Phthisis .... Helmstedt, Druck v. J. C. Schmidt, 1887, 22 S. 8°.
Würzburg, Med. Fak., Inaug.-Diss. v. 1887.

Rössler, Heinrich, zur Diagnostik des Pneumothorax im Verlaufe der Phthisis. Diss. Würzburg 1887, Stahelsche Univ.-Buchh. 8°. 22 S.

Rössler (Heinr.), Ueber die Doppelcyanüre des Palladiums (Dissert.). Göttingen 1866. 8.

Rößler, Hektor, über d. Anwendung d. Dampfs z. Reinigen d. Wäsche. Zunächst z. Gebr. f. Haushaltungen. gr. 12. (1½ B. u. 1 Stnt.) Darmstadt 841, Leske.

Rößler, Hektor, die Arbeiten des Bautischlers. 1. u. 2. Lfg. Taf. 1—20. Oder Vorlegeblätter f. Handwerkszeichnenschulen. 7. Hft. 1. u. 2. Lfg. Fol. (4½ B. Text.) Darmstadt 845, Leske. à *

Rößler, Hektor, die Arbeiten des Bautischlers. 3. Lfg. Taf. 21—30. (Lith.) Oder Vorlegeblätter f. Handwerkszeichenschulen. 7. Hft. 3. Lfg. Fol. (8 S. Text.) Darmstadt 847, Leske. n. ⅚ ₰ (1—3: n. 2½ ₰)

—— die Arbeiten des Schlossers. 1—4. Lfg. (Taf. 1—24.) Oder der von demselben auf Veranlassung des großherzogl. hess. Gewerbvereins hrsg. Vorlegeblätter f. Handwerkszeichnenschulen 6. Hft. 1—4. Lfg. Mit erläut. Texte. Roy.-4. (24 Stnt. gr. Fol. u. 5½ B. Text.) Darmstadt 844, 45, Leske. à Lfg. * 20 Ngr. *

Roessler, Hector, Kammergerichtsref. in Freienwalde a. O.: Der Begehungsort der unerlaubten Handlung und seine rechtliche Bedeutung. *Borna-Leipzig 1904: R. Noske.* (XII, 91 S.) 8°
Leipzig, Jur Diss. v. 1904

—— ausführl. Bericht üb. die von dem Gewerbverein f. das Großhrzgth. Hessen im J. 1842 veranstaltete allgemeine deutsche Industrie-Ausstellung zu Mainz. gr. 4. (42¼ B.) Darmstadt 843, (Jonghaus.) *

—— techn. Beschreibung d. Eisenbahn v. Nürnberg n. Fürth. Mit specieller Nachweis. d. Anlage- u. Unterhaltungskosten. gr. 4. (17½ Bl., ½ gr. Fol. u. 4¼ B. Text.) Darmstadt 837, Leske.

— die darstellende Geometrie. Vorlegeblätter d. Handwerkszeichenschulen im Großherzogthum Hessen. 25. Heft. Tafel I—XXX. Fol. Darmstadt 839. (Leske.) n. 3⅓ ₰

—— die darstellende Geometrie auf 30 lithogr. Taf. mit erläut. Text. 2. Aufl. Imp.-4. (27 S.) Darmstadt 847, Leske. *

Rössler H d. darstellende Geometrie. (30 T m Text) 2. A. fol. Darmstadt 1853

—— die Gewerbausstellung in Brüssel im Jahr 1841. Nebst e. kurzen Uebersicht üb. die Industrie in Belgien. gr. 4. (8 B.) Darmstadt 842, Leske.
Aus: Verhandlungen f. das Großherzogth. Hessen besond. abgedruckt.

—— Monatsblatt d. Gewerbvereins f. Hessen, s. Monatsblatt.

—— Musterblätter v. Maschinenzeichnungen z. Gebrauch f. Mechaniker, Gewerbschulen u. Gewerbvereine. 1. u. 2. Lfg. Roy.-Fol. Darmstadt, Leske. à * 2 Thlr. *
Lfg. 1. Lager. — Lagerpfannen. — Pläuelstangen u. Verbindungsstangen überhaupt. — Balanciers. (10 Stnt. u. 1 Bl. Text.) 837.
: 2. Balancier. — Mittel zur Erzielung e. alternativ geradlinigten Bewegung. — Excentrische Scheiben. — Regulator. (10 Stnt. u. 3 Bl. Text.) 838.

Rößler, Hect., neuer Repetitionstheodolit, beschrieben v. Chr. L. P. Eckhardt. Mit 2 Kpft. gr. 4. Darmst. 813. (Leske). 18 ₰

—— Sammlung technischer Hülfsmittel. Ein Handbuch f. Ingenieure u. Mechaniker, Mühlbauer, Baubeamte u. Bauhandwerker, Technologen, Chemiker, Fabrikanten ꝛc. 1—3. Bd. Mit 77 Holzschn. gr. 8. (38 B. u. 2 Stnt.) Darmstadt 845, 46, Jonghaus. à Bd. 22½ Ngr.
Aus: Monatsblatt des gr. hess. Gewerbvereins ꝛc., besond. abgedruckt.

— Sammlung technischer Hülfsmittel. Ein Handbuch f. Ingenieure u. Mechaniker, Mühlbauer ꝛc. überhaupt für Techniker jeder Art. 4. Bd. [Abdr. des mit dem Monatsblatt des Gr. Hess. Gewerbvereins erscheinenden Beiblatts.] gr. 8. (XVIII u. 211 S.) Darmstadt 849, Jonghaus. ¾ ₰ (1—4: 3 ₰)

—— Tafel zur Vergleichung u. Reduction der Längenmaasse u. Gewichte verschied. europäischer Staaten. 2 lith. Blätter Roy.-Fol. Nebst Erläuterung. (½ Bog. in gr. 4.) Darmstadt 842, Leske. *

—— Verhandlungen d. Gewerbvereins f. d. Großh. Hessen, s. Verhandlungen.

— Vorlegeblatter der Handwerks-Zeichenschulen im Großherzogthum Hessen. Mit erlaut. Texte. 1s Heft. Mit 24 Taf. Einfache geometrische Constructionen. — Geometrische Verzeichnung der Korper und Entwickelung ihrer Oberflächen. — Einfache Glieder. — Säulenordnungen. Fol. Ebd. 839. n. 2½ ℛ — 2s Heft. 30 lithogr. Tafeln mit Text. Die darstellende Geometrie. Ebd. n 3⅓ — 3s Heft. Mit 25 Taf. Zusammengesetzte Glieder f. Gurten, Gesimse rc. — Steinerne Fenster- u. Thurgewande — Die Lehre von dem Steinschnitt. Ebd. 839. n. 3 ℛ — 4s Heft. Mit 38 Taf. Einfache Holzverbindungen. — Dachconstructionen. — Muster für Dachgesimse. Ebd. 839. n. 4⅓ ℛ — 5s Heft. Feuerungsanlagen. Mit 26 Taf. Ebd. 840. n 5⅓ ℛ

—— Vorlegeblätter d. Handwerks-Zeichenschulen im Großh. Hessen. 1—5. Hft. gr. Fol. Darmstadt 839—41, (Leske.) * 19⅙ Thlr., zusamm. genomm. nur *

Hft. 1. Einfache geometr. Constructionen. — Geometr. Verzeichn. d. Korper u. Entwickelung ihrer Oberflächen. — Einfache Glieder. — Säulenordnungen. (24 Stnt. u. 4 B. Text, kl. Fol.) * 2 Thlr. 12 Gr.

- 2. Die darstellende Geometrie. (30 Stnt. u. 7 B. Text, kl. Fol.) * 3 Thlr. 8 Gr.
- 3. Zusammengesetzte Glieder f. Gurten, Gesimse rc. — Steinerne Fenster- u. Thürgewände. — Die Lehre von d. Steinschnitt. (25 Stnt. u. 3 B. Text, kl. Fol.) * 3 Thlr.
- 4. Einfache Holzverbindungen. Dachconstructionen. — Muster f. Dachgesimse. (38 Stnt. u. 2 B. Text, kl. Fol.) * 4 Thlr. 16 Gr.
- 5. Feuerungsanlagen. (26 Stnt. u. 13 B. Text, kl. Fol.) * 5 Thlr. 16 Gr.

Rößler, Hektor, Vorlegeblätter für Handwerkszeichenschulen und zum Privatgebrauch. Auf Veranlassung des Gewerbvereins für das Großherzogthum Hessen herausg. 2. verm. u. verb. Aufl. Darmstadt (853—58.) Beyerle. Fol.

3. Abth.: Die architektonischen Glieder für Gurten, Gesimse rc., Fenster- u. Thüreinfassungen, nebst der Lehre vom Steinschnitt. (10 S. u. 30 lith. Taf.) n. 1 ℛ. 6 ngr.
4. Abth.: Holzverbindungen, insbesondere Dachconstructionen. (3 Bl., 11 S. u. 30 lith. Taf.) n. 1 ℛ. 25 ngr.
5. Abth.: Anleitung zur zweckmäßigen Konstruction u. pract. Ausführung von Feuerungs-Anlagen. Mit 36 lith. Taf. (3 Bl., 34 S.) 1857 n. 2 ℛ. 20 ngr.
6. Abth.: Die Arbeiten des Schlossers. (28 S. u. 24 lith. Taf.) n. 2 ℛ. 20 ngr.
7. Abth.: Die Arbeiten des Bautischlers. (15 S. u. 30 lith. Taf.) 1857 n. 2 ℛ. 15 ngr.

1. u. 2. Abth. (Darmstadt, Leske.) jetzt Ebend.

— Vorlegeblätter für Handwerkszeichenschulen u. zum Privatgebrauch. Auf Veranlassung des Gewerbvereins für das Großherzogth. Hessen herausg. Darmstadt, Beyerle. Fol.
2. Abth.: Die darstellende Geometrie. Mit 30 lith. Taf. u. (13 S.) erläut. Texte. 3. Aufl. 861. n. 1 ℛ
6. Abth.: Die Arbeiten des Schlossers. Mit erläuterndem Texte. 5. u. 6. Liefg. Herausg. von Frz. Fink. 859. (12 lith. Taf. u. 8 S. Text.) Jede Liefg. n. 20 ngr.

Riegenbuch v. Herm. Rößler, Gablonz a. N., Kl.-8°.

Rössler, Hubert, aus Düren: Über einige neue Peri-Naphtalinderivate. *Bonn 1902: C. Georgi.* (48 S.) 8°
Bonn, Phil. Diss. v. 5. Aug. 1902

Roessler, J. F., D. Philosophia vet. Eccl. de Spiritu et de Mundo. Tub. 783. 4.

Rössler, *Johannes*: Die Lütticher Affaire 4 (16 S.)
Progr. Rsch. *Meissen* 1888 (510)

Rössler, J., die Lütticher Affaire. gr. 8. (30 S.) Leipzig 894. G. Fock. n. — 60

ROESSLER Johann Gottfried von dem Strafrechte im Stande der Natur und seinen Folgen im Staate Baumeister, Wien 1784 1 vol 55 S

Rössler, Johann Heinrich (Nürnberg) A. S. 82/12

Dissertatio inauguralis juridica de praesumtione solutionis ex trium annorum apochis.
Altdorf (Meyer) XI. 1722. 24 S. 29109

Rößler, Jos., mancherlei Geschichten nebst dem Lustspiel „Die Kandidaten". (V, 176 S.) 8. Dresden 903. E. Pierson. n. 2. 50; geb. n. 3. 50

Rössler, Jos. Moritz, der Bestelldienst bei der k. k. Post- u. Telegraphenanstalt. Dienstunterricht, f. die Bestellorgane zusammengestellt. 2. verb. Aufl gr. 8. (IV, 44 S.) Kotzman 902. (Czernowitz, H Pardini.) n. 1. —

Rößler, Jul., Erläuterungen zu Goethe's Faust. I u. II. Theil. Ein Leitfaden f. d. Besucher der Tragödie. 8. (63 S.) Berlin 885. E. Mecklenburg. (R Mikisch.) n. — 50

Magnetische Beobachtungen ausgeführt von Carl Rössler, k. u. k. Linienschiffs-Fähnrich. (Mit 6 Karten u. 1 Taf.) *Wien. K.-k. Hof u. Staatsdr. 1898.* (39 S.) 4°
Aus Denkschriften d. Kais. Akad. d. Wiss. Math.-naturw. Cl. Bd 65.
= Expedition S. M. Schiff 'Pola' in d. Rothe Meer. Nördl. Hälfte. Wiss. Ergebnisse. 3.
(Berichte d. Comm. f. oceanograph. Forschungen.)

Magnetische Beobachtungen ausgeführt von Carl Rössler, k. u. k. Linienschiffs-Fähnrich. (Mit 6 Karten.) *Wien. K.-k. Hof u. Staatsdr. 1899* (36 S.) 4°
Aus Denkschriften d. Kais. Akad. d. Wiss. Math.-naturw. Cl. Bd 69.
— Expedition S. M. Schiff 'Pola' in d. Rothe Meer. Südl. Hälfte. Wiss. Ergebnisse. 13.
(Berichte d. Comm. f. oceanograph. Forschungen.)

Rößler, K., e. Excursion in d. Fixsternwelt, } s.: Volksaufklärung.

Rößler, Carl, der Feldherrnhügel, s.: Roda Roda.

Ueber die Freimaurerei und ihre heutigen Gegner. Von Carl Rössler. Leipzig: Vogel 1822. VIII, 94 S. 8°
Recens: Gedanken üb. d. Frmrei. 1823 S. 60 bis 62; AZ. 1823 S. 269.
cf. Allgem. Repertorium. 3 (1822) S. 384—385; Literar. Conversationsblatt. 1823 S. 1047 bis 1048; JALZ. 12, 2 (1824) S. 175.
Kl. 627, Tt. 1762. Verteidigung der Frmrei in 7 Briefen. 23.

Die Freimaurerei in ihrem Zusammenhang mit den Religionen der alten Aegypter, der Juden und der Christen. Nach d. Franz. des F[rei-] M[aurers] R[eghellini] d[e] S[chio]. Für denkende Geschichtsfreunde frei bearb. und mit Anmerk. begleitet von R. S. Acerrellos [d. i. Karl A. Rössler]. Bd 1—4. Leipzig: Weber 1835. 8°
1. XII, XXVII, 338 S. 1 Taf.; 2. 292 S.; 3. 367 S.; 4. 263 S. 7 Taf.

Roessler Karl. Die Freimaurerei in ihrem Zusammenhang mit den Religionen der alten Aegypter der Juden und der Christen. Für denkende Geschichtsfreunde frei bearbeitet u. mit Anmerk. begleitet v. R. S. Acerrellos. 2. Aufl. 4 Bände. Leipzig. J. J. Weber. 1836. 8. 1. Band VIII. 338, VIII S. 2. Bd. 292, VI S. 3. Bd. 367, VIII S. 4. Bd. 263, VII S. u. 8 Steindr.-Taf. mit vielen Abbildungen.
Kloss 242 u. 289. — Dieses Werk (1. Aufl. 1834) ist in den ersten 3 Bänden eine freie Bearbeitung des französischen „La Maçonnerie considérée comme le résultat des religions égyptienne, juive et chrétienne, par Reghellini de Schio. Paris 1833

Vgl. Rössler, Karl Gottfried.

Rößler, Karl: Galileo Galilei, s. Volksaufklärung.

Rößler, Karl, populäre Himmelskunde. Für Lehrer, Studirende u. Freunde der Natur. Mit 4 lith. Taf. (in gr. 4.) gr. 8. (VI, 163 S.) Wien 873. Graeser. n. 2. 40

— dasselbe. Neue Ausg. (VI, 163 S.) Ebend. 876. n. 1. 60

Rößler, Karl, populäre Himmelskunde. Für Lehrer, Studirende und Freunde der Natur. 1. Aufl. 1873. *M. 2,40., und Neue (Titel-)Aufl. gr. 8. (VI, 163 S. mit 4 lithogr. Taf. in gr. 4.) Wien 876, Sallmayer und Comp. 1 60

Rössler, Karl, der reiche Jüngling. Trauerspiel in 4 Akten. (112 S.) kl. 8. Leipzig 905. Insel-Verlag. n. 2.—

[Karl] Rössler: [Lied?] zum 50jährigen Jubileum [!] des [Brs] Starcke in der L. zum goldnen Kreuz zu Merseburg, 4. Aug. 1830. 8⁰
Kl. 1825 c.

Rößler, Carl, der Mensch u. d. Bücherwürmer. Philosoph.-satyr. Dichtung in drei Gesängen. gr. 12. (3½ B.) Leipzig 841, Fest'sche Vrlsbuchh.

SCHILDEREYEN, Kleine, aus der großen Welt. Oder kurze (zahme) Erzählungen für die lange Weile (von *Carl Rössler*). Mit Titelkpfr. Leipzig, bey Bruder u. Hofmann. 1810. Kl. 8⁰. (1 Rthl.) (60 Pfg. Erras, Frf. a. M., vor 1885; jetzt höher!)
Tit., 1 Bl. Vorw. (unter dem sich Vf. nennt), 1 Bl. Inh., 257 S. — 1. Das war recht. 2. Hanna. 3. Kosmo. 4. Der Strickbeutel. 5. Der Ballon. 6. Fernando. 7. Der Traum 8. Freyra. 9. Eduard Hellmann. 10. Leider — etwas Gewöhnliches. 11. Der Zwerg. 12. Die Kleinigkeiten. 13. Die Heirath. 14. Durch Leiden zu Freuden. 15. Lodi. 16. Hartwich von Brunnegg.

Rößler, Carl, die Thugs, od. indischer Fanatismus. Histor. Roman. 2 Thle. 8. (17 B.) Altenburg 845, Schnuphase'sche Bh.

—— dass. 2 Thle. (in 1 Bde.) 2., wohlf. Ausg. 8. (16¾ B.) Ebds. 846. *

Roeßler, Karl, hinterm Zaun. Ein Stilleben in 3 Bildern. (IV, 50 S.) gr. 8. München 908. Spiegel-Verlag. 1.—

Rößler, Carl, Zoltan d. Kühne, Herzog v. Ungarn, od. Tyrannei u. Heldengröße in d. Schlacht an d. Donau im J. 907. M. 1 Stndr. 8. (8¼ B.) Leipzig 854, G. Wigand.

Roessler, Car. Ad., Juris Romani de falsis tutoribus principia. Dissertat. 4 maj. (5 B.) Heidelbergae (834), A. Osswald.

Rößler, Karl Anton. s. Rösler. Karl Anton.

Rößler, Karl Gottfried

(Rößler, Carl Gtfr.,) Erinnerungen an Gustav Adolph, König v. Schweden, gefall. in d. Schlacht bei Lützen d. 6. Nov. 1632. Bei d. 2. Secularfeier d. denkwürd. Tages d. Bürger u. Landmann gewid. Mit Bildn. 8. (4 B.) Merseburg 832, Römer. (?)
Vgl. Erinnerungen...

(Rössler, Karl Gtfr.,) † Acerrellos, Freimaurerei, s. Freimaurerei.
Vgl. Rössler, Karl.

—— Predigten u. Gelegenheitsreden. 8. (20 B.) Merseburg 829, Kobitzsch. (Leipzig, Rein.)

—— de scripturae sacrae versione a Lutheri temporibus inde ad nostra usque in ecclesia euangelico-Lutherana constanter vsitata caute passim emendanda. Dissert. breuis. 8maj. (3¼ B.) Lipsiae 836, [Schrey.]

Rössler, Karl Godofr., de Scripturae Sacrae versione a Lutheri temporibus inde ad nostra usque in ecclesia evangelico-Lutherana constanter usitata caute passim emendanda. Dissertatio brevis. 8 maj. Lipsiae 836. (Weber.) ¼ ℛ

Rößler, Karl Gf., Versuch e. kurzen Geschichte d. Waldenser. Nebst e. Predigt. Zum Besten d. Waldenser. 8. Merseburg 825. Verfass. (Halle, Reinicke u. C.) 8 gℛ

— Versuch einer Geschichte der Waldenser. 8. Merseburg 825. (Leipzig, Weber.) ¼ ℛ

Rößler, Karl Gf., Wegweiser durch Sachsen, ein geograph. Versuch f. Reisende, die sich leicht in Sachsen finden wollen. Mit Karten. 8. Leipz. 813. Bruder u. H.

Rössler, Carl Hugo, Liederkranz auf Oesterreichs neueste Heldenzeit. (Abdr. aus „Libussa" für 1854.) 1. u. 2. Aufl. Prag 854. (Leipzig, Hübner.) 16. (102 S.) 12 ngr.

Roeßler, Karl Jul., Geschichte der königl. sächsischen Fürsten- u. Landesschule Grimma. gr. 8. (XII, 323 S. m. 2 Grundplänen.) Leipzig 891. B. G. Teubner. n. 4. —; geb. n. 5. —

Rössler, Carl *Julius* [weil. Prof. Dr.]: Schulnachrichten aus der Zeit von Adam Siber. (Aus: Gesch. d. K. S. Fürsten- u. Landesschule Grimma ... Leipzig 1891.) Leipzig, Druck v. O. Leiner, 1891; S. 1-6; 4⁰
Grimma, Fürsten- u. Landes-S, Festschr. 1891 (534)

— Schulnachrichten aus der Zeit v. Adam Siber. [Aus: „Einladungsschrift z. Einweihg. d. neuen Gebäudes d. Fürsten- u. Landesschule zu Grimma".] gr. 4. (5 S.) Grimma 891. (G. Gensel.) — 30

Rößler, Karl Theodor

Roessler, Karol. Theod., Dionysii Halicarnassensis scriptorum rhetoricorum fragmenta. Dissertatio philologica. gr. 8. (43 S.) Lipsiae 873. (Göttingen, Deuerlich.) n. 1. —

Rößler, Konstantin

Rößler, Const., ausgewählte Aufsätze. Hrsg. v. Walt. Rößler. gr. 8. (XXXVI, 535 S. m. Bildnis.) Berlin 902. G. Stilke. n. 10. —; geb. n. 11. —

Rößler, Constantin, Graf Bismarck u. die deutsche Nation. [Aus „Zeitschrift f. preuß. Geschichte u. Landeskunde."] gr. 8. (III, 62 S.) Berlin 871. Mittler & Sohn. n. 1. —

Rößler, Constant., Gustav Freitag und die deutsche Dichtung der Gegenwart. Berlin 860. J. Springer. 8. (2 Bl., 99 S.) 15 ngr.

Rößler, Constant., die Gesichtspunkte der Steuerpolitik. Berlin 868. Springer's Verlag. gr. 8. (48 S.) n. 10 ngr.

Roessler, Carolus Constantinus: *Friederici Henrici Iacobii philosophiam explicuit et examinavit. 42 [vielmehr: 43] gez. Bl. 8⁰ (4⁰)
Halle-Wittenberg, Phil. Diss. v. 3. Dez. 1843
Geb. Merseburg 14. 11. 1820. V.
Von des Verf.: Sententiae controversae.
Halle-Wittenberg, Phil. Thesen v. 3. März 1845
[zit. v. Max Lenz in ADB. 53 S. 513 & 525] lag mir ein Exemplar nicht vor.

Rößler, Referat über unsere nationale Einheit und kirchliche Zerrissenheit, s. Verhandlungen des VI. Vereinstags der landeskirchlichen evangelischen Vereinigung.

— das deutsche Reich u. die kirchliche Frage. gr. 8. (VII, 443 S.) Leipzig 876. Grunow. n. 10. —

Rößler, Const., die Sozialdemokratie. (Die Vorgänger — Das Wesen — Die anschein. Gefährlichkeit — Die verlangte Abwehr der Sozialdemokratie.) 1. u. 2. Taus. gr. 8. (56 S.) Berlin 894. H. Walther. n. 1. —

— Studien zur Fortbildung der preußischen Verfassung. 2 Abthlgn. Berlin 863, 64. Lüderitz'sche Verlhdlg. gr. 8. (227 S.; 242 S.) n. 1 ℛ 20 ngr.

Roessler, Const., System der Staatslehre. A. Allgemeine Staatslehre. Leipzig 857. Falcke u. Rössler. gr. 8. (XXIV, 568 S.) n. 2 ℛ. 24 ngr.

Rößler, Const., eine Weltkrisis u. ihre Aerzte. gr. 8. (72 S.) Berlin 895. H. Walther. n. 1. —

Roessler, L., zur Aetiologie der Erblindungen. Inaug.-Diss. gr. 8. (26 S.) Kiel 889. (Gnevkow & v. Gellhorn.) n. 1. —

Roessler, L[udwig] von: Über mikroskopische Metalluntersuchung <Metallographie>, ihre Bedeutung und Entwickelung. 1905. [Rede 1904.] 19 S. 8°

Roessler, M., Zum Gesetzentwurf für die Alters- und Invalidenversicherung der Arbeiter. 8°. Schlierbach bei Wächterbach, 1888.

Rössler, Matth.

— Pomona Bohemica, od. tabellar. Verzeichniss aller in d. Baumschule z. Jaromirz kultivirten Obstsorten, nebst d. Provinzialbenennungen u. kurzer Anzeige d. Güte, Zeit u. Dauer d. Früchte. gr. 8. Prag. 1795. (Tempsky.) — 5

— pomona bohemica, od. tabellar. Verzeichn. aller in d. Baumschule zu Jaromirz kultivirt. Obstsorten ꝛc. gr. 8. Prag 795. Calve. 4 gr.

Rössler, Matth., systemat. Verzeichniss aller in d. Baumschulen d. Podiebrader Dechantey kultivirten Obstsorten. gr. 8. Prag, 1798. (Barth.) — 17½

Rössler M.: Sistematisches Verzeichniss aller in den Baumschulen d. Podiebrader Dechantey kultivirten Obstsorten ... Prag 1798. (23) 212 S.

Rößler, Max(imilian)

Rössler, M.: Ein Beitrag zur deutschen Lexikographie. 14 S.– Wien OR.L., Progr. 1859.

Rössler, M.: Einige Bemerkungen über den geographischen Unterricht u. insbesondere über das Kartenzeichnen an der Realschule. S. 35 - 42.– Olmütz OR., Progr. 1856.

Rößler, M., Deklamationsstücke. Mit kurzen Biografien der Dichter und den nothwendigsten Wort- und Sacherklärungen für Mittelschulen und ähnl. Lehranstalten. gr. 8. (VIII und 218 S.) Brünn 863, Buschak und Irrgang's Verlag. *

Rössler, Maximilian. Geschäftsaufsätze und Briefe mit besonderer Berücksichtigung der Wechselkunde für Real-, Gewerbe und Sonntagsschulen. Mit einem Wörterverzeichniss. *Wien* 1858. Bei *L. W. Seidel.* Druck v. *A. Schweiger.* VIII S., 155 S. 1 Bl. 8°.

Rössler, Max.: Die mündlichen Vortragsübungen der Schüler. 21 S. 8°.– Wien OR.L., Progr. 1867.

Roeßler, O., Nachrichten üb. das königl. Schullehrer-Seminar zu Wunstorf, aus Anlaß der Feier des 25jähr. Jubiläums am 31. I. 1899 mitgeteilt. gr. 8. (50 S. m. 3 Abbildgn.) Hannover 899. C. Meyer. n.n. — 75

Rössler, Osk., Geschichte der Bäder v. Baden-Baden. (42 S. m. 2 Taf.) 8. Baden-Baden (904). (O. Ryssel.) n. 1. —

Rössler, Osk., Grundriss e. Geschichte Roms im Mittelalter. 1. Tl.: Bis zur Schwelle des 10. Jahrh. (XVI, 340 S.) gr. 8. Berlin 909. Gebr. Paetel. 8.—; geb. in Halbfrz. 10. —

Rössler, *Felix* Oskar [aus Chemnitz]: Kaiserin Mathilde, Mutter Heinrichs von Anjou, und das Zeitalter der Anarchie in England ... (Enth. nur e. Theil d. eingereichten Arb.) Berlin, Buchdr. v. G. Schade, *1896*; 68 S., 2 Bl. 8.
Berlin, Phil. Fak., Inaug.-Diss. v. 1 Aug. 1896

Kaiserin Mathilde, Mutter Heinrichs v. Anjou, und das Zeitalter der Anarchie in England. Von Oskar **Rössler,** Dr. ph. *Berlin: E. Ebering 1897.* [S. 1—68 erschien als Berl. Diss. 1896.] (XIII S., 1 Bl., 443 S., 1 Bl.) 1 Bd 8.
= Studien, Historische. II. VII. [97. 4933

ROESSLER, Otto: Zur Schrift (Xenophons) *Ἀθηναίων πολιτεία.* — 1901. 60 S. Diss. Graz, Univ.

Rößler, P., s.a. Rösler, P.

Rößler, P., Beitrr. als Leitfaden, der Jugend d. Erlernung schriftl. Aufsätze zu erleichtern. 2 Thle. 8. Prag 818. Enders. 1 ℛ 4 gr.

— kalligraph. Uebungsblätter. 2 Hfte. qu. Fol. Prag 814. Enders. 2 ℛ 4 gr.

Rössler, Paul, Assistenz-Zahnarzt am Kgl. zahnärztl. Inst. d. Ludw.-Maxim.-Univ. zu München: Ueber den feineren Bau der Cysticerken. Mit 2 Taf. u. 4 Textfig. *Jena: G. Fischer 1902.* (26 S.) 8° ¶ (Aus: Zool. Jahrbücher, Abth. f. Anat. u. Ontogenie d. Thiere, Bd 16, H. 3.)
Tübingen, Naturw. Diss. v. 1902

Rössler, Paul, aus Jüterbog: Ueber einige Derivate des Aethanolamins. *Jena 1902: G. Neuenhahn.* (25 S.) 8°
Jena, Phil. Diss. v. (21. Febr.) 1902

Die historischen Begebenheiten und die Entwickelung der staatlichen Einrichtungen in den Nassauischen Landen ... hrsg. von Philipp v. **Roeßler.** Als Ms. gedr. Wiesbaden 1893: Gebr. Petmecky. (214 S.) 8° [F.] 93. 18,18

v. **Rössler**, Ph. Geschichte der herzoglich nassauischen Truppen. (154) 8. M. 7 Krtn. u. Pl. Wiesbaden 1863.

Rößler, R., Gedichte, s.: Aus der Günther-Stadt.

Rößler, Richard, Prof. Dr.: Die Perlen und ihre Entstehung. Zwickau 1907: R. Zückler. (26 S.) 4°
Zwickau, G OP 1907 (688)

Rössler, Rich., die Raupen der Grossschmetterlinge Deutschlands. Eulen u. Spanner m. Auswahl. Eine Anleitg. zum Bestimmen der Arten, analytisch bearb. 12. (XVI, 170 S. m. 2 Taf.) Leipzig 900. B. G Teubner. Geb. in Leinw. n. 2. 20

Rössler, Rich., die verbreitetsten Schmetterlinge Deutschlands. E. Anleitg. zum Bestimmen d. Arten. 8. (XI, 170 S. m. 2 Taf.) Leipzig 896. B. G. Teubner. Geb. n. 1. 80

ROESSLER, Richard: Die Suffixbildung der Nomina bei Aeschylus und Sophocles. — 1910. 91 S. Diss. Graz, Univ.

Rößler, Robert

Rößler, Rob., schläs'sche Durfgeschichten. gr. 16. (301 S.) Berlin 879. Janke. n. 2. –

Rößler, Rob., schläs'sche Durfgeschichten. 2. Aufl. Mit dem (Lichtdr.-)Portr. des Verf. 8. (296 S.) Berlin 880, Janke. * 3 —

Rößler, Rob., schläs'sche Durfgeschichten. 4. Aufl. (III, 211 S.) 8. Schweidnitz (906). L. Heege. n. 2. — ; geb. n. 2. 50

— Durf- u. Stoadtleute. Neue schles. Erzählungen. 8. (VII, 151 S.) Ebend. 881. n. 1. 60

Rößler, Rob., Durf- u. Stadtleute. Schlesische Erzählgn. 2. bedeutend verm. Aufl. (III, 161 S. m. Bildnis.) 8. Schweidnitz (908). L. Heege. 1.50; geb. in Leinw. 2. —

Rössler, Rob. Die Entwickelung der höheren Bürgerschule zu Striegau (1870—1880). 13 S. **Progr.** *Striegau* 1880.

— gemittliche Geschichten. Humoresken in schles. Mundart. 8. (IV, 211 S.) Ebend. 882. n. 2.

Gemittliche Geschichten. Humoresken in schles. Mundart von Robert **Rößler** 2. verm. Aufl. Schweidnitz: L. Heege [1907]. (XVIII, 137 S.) 8° [F.] [08. 4073

Rössler, R.: Heinrich VIII. von Brieg. (1344-1399). 16 S. – Ratibor, Progr. 1872.

— närr'sche Kerle. Humoresken in schles. Mundart. 8. (147 S.) Ebend. 879. n. 2. —

Rößler, Rob., närr'sche Kerle Humoresken in schles Mundart. 2. Aufl. 8. (147 S.) Berlin 884. Janke. n. 2. –

Närr'sche Kerle. Humoresken in schles. Mundart von Robert **Rößler**. 3. verm. Aufl. Schweidnitz: L. Heege [1905]. (141 S.) 8° [F.] [06. 11312

Rößler, Rob., aus Krieg u. Frieden. Schlesische Gedichte. Breslau 867. Trewendt. 8. (VIII, 172 S.) 22½ ngr.

— aus Krieg u. Frieden. Schlesische Gedichte. 2., stark verm. Aufl. 16. (XII, 273 S.) Breslau 883. Trewendt. geb. n. 2. —

— das Leben Herzog Heinrichs VIII. von Brieg. Ein Beitrag z. schles. Geschichte. Breslau 869. Maruschke & Berendt. gr. 4. (16 S.) n. 10 ngr.

— mein erster Patient. Erzählung. 8. (144 S.) Berlin 883, Janke. * 1 —

Roeszler, Robertus *(geb. Großburg bei Strehlen in Schles. 1. 3. 1838)* De rebus internis ducatus Bregensis regnante duce Ludovico I. (1358 1398. Vratislaviae (1865). (45 S.) 8 *[Im Personalbestand unrichtig Rößler.]*

Breslau, Phil. Diss. v. 21. März 1865

— Schnoken. Humoresken in schles. Mundart. 16. (129 S.) Ebend. 877. n. 1. —

— Schnoken. Humoresken in schles. Mundart. 2. verm. Aufl. 8. (VII, 201 S.) Ebendas. 880. * 2 —

Rößler, Rob., Schnoken. Humoresken in schles. Mundart. 4. Aufl. Mit e. Abhandlg. üb. die schles. Mundart. 8. (III, 216 S.) Breslau (900). [O. Leßheim] H. Lesser. Geb. in Leinw. n. 2. —

Schnoken. Humoresken in schles. Mundart von Robert **Rößler**. 4. Aufl. Mit e. Abh. über d. schles. Mundart. Schweidnitz: L. Heege [1905]. (210 S.) 8° [F.] [06. 6155

Der neue Titel. Humoreske von Robert **Rössler** *Eisleben Stenotachygr Ver 1901* (16 S.) 8° [Text stenogr.]
= **Zehnpfennigbücher**, Stenotachygr No 4. [01. 7370

— wie der Schnoabel gewaxen. Neue schles. Gedichte. 8. (VIII, 182 S.) Berlin 881. Janke. n. 1. 60

Wie der Schnoabel gewaxen. Schlesische Gedichte von Robert **Rößler** 2. Aufl. Schweidnitz Heege [1908]. 157 S. 8° [09. 14461

Rössler, Rob. Wie erwarb Sprottau seinen Grundbesitz? Beitrag zur Entwickelungsgeschichte eines deutschen Gemeinwesens (1260 bis 1810). 18 S. **Progr.** *Sprottau* 1882.

Rössler, Rudolf

Rössler, Rud., Amoretten. Fol. (30 Taf.) Wien 893. A. Schroll & Co. In Mappe. n. 35. —

— dasselbe. 2. Aufl. gr. Fol. (30 Taf.) Ebd. 894. In Mappe. n. 35. —

Rössler, Rud., die fünf Sinne. Allegorische Compositionen. gr. Fol. (6 farb. Taf.) Plauen 896. Ch. Stoll. In Mappe n. 18. —

Rößler, Steph., das Stift Zwettl. Seine Geschichte u. seine Sehenswürdigkeiten. 16. (39 S.) Zwettl 893. (Wien, H. Kirsch.) n. — 30

Rößler, Stephan, Das Stift Zwettl. Seine Geschichte und seine Sehenswürdigkeiten. 16. (39 S.) —.10
Zwettl: Neugebauer 1893.

Rößler, Steph. J., Sammlung der im Baufache ꝛc. erschienenen Verordnungen, s. Sammlung.

Rößler, Walter [Hrsg.], s. Rößler, Konstantin: Ausgew Aufsätze

Rössler, Wilhelm, Oberlehrer in Potsdam Beiträge zur Kleistogamie. Mit 2 Taf. u. 3 Textfig. *München 1900: V. Hofling.* (23 S.) 8° ¶ Aus: Flora od. Allgem. Botan. Zeitung, Bd 87, H 4.
Berlin, Phil. Diss. v. 10. Okt. 1900

Roessler, Wilhelm von: **Von welchem Moment datirt nach** gemeinem Recht die Credithypothek? *Limburg a. d. L. 1897: Gebr. Goerlach.* (40 S.) 8°
Erlangen, Jur Diss. v 1897

Roeßler-Ladé, Auguste v., die Nessel eine Gespinnstpflanze. Mit Anleitung zu deren Anbau und weiteren Bearbeitung. 8. (30 S.) Leipzig 878, Johannßen's Verlag. *

Roeßler-Ladé, Auguste v., die Nessel eine Gespinnstpflanze. Mit Anleitung zu deren Anbau u. weiteren Bearbeitung. 8. (30 S.) Leipzig 878. Ilmenau, Schröter's Verl. n. 1. —

Rößlin, s. Röslin.

RÖSSLIN, Eucharius. Der Schwangere frawen vnd hebammen roßgarten. Gedruckt im Jahre 1513. Begleit-Text von G. Klein. München 1910. 8° 96 S. Faksimile-Druck, 14 S. Text, 15 Lichtdruckbeilagen.

Eucharius Rösslin's 'Rosengarten' gedr im J. 1513. Begleit-Text von Gustav Klein. München Kuhn 1910. 110, XVII S. 8°
(Alte Meister d. Medizin u. Naturkunde. 2) [10. 1707]

Rösslin's, Eucharius, „Rosengarten", s. a. Meister, alte, der Medizin u. Naturkunde.

Rößling, C. W., s. Resling.

Rößlizeitung
v Post- und Ordinari Mittwochs-Zeitung

Roessly Alfred Essai sur la flore des environs de Fribourg. E. [Publié par la] Société fribourgeoise des sciences naturelles. 8. Fribourg 1892.

Roßmair, Jos., Jesus, Maria, Joseph. Der Pilger zum Himmel. Gebet- u. Erbauungsbuch f. römisch-kathol. Christen. 3., verb. Aufl. 16. (XX, 684 S. m. 1 Stahlst.) Deggendorf 889. Högn. geb. n. 2. 50; m. Goldschn. n. 2. 80

ROSSMANITH, Josef
Die Anlage von Gebirgs-Kunststrassen entsprechend dem Arbeitsvermögen der Zugthiere. Von Ingenieur Josef Rossmanith. Sonder-Abdruck aus der „Österr. Monatsschrift für den öffentl. Baudienst." Heft VIII, 1899. Wien. 1899. Spielhagen & Schurich. 8°. 18 S. fl. —.50

Rossmanith, Jos, die Anlage v. Gebirgs-Kunststrassen entsprechend dem Arbeitsvermögen der Zugthiere, s. a. Vorträge u. Abhandlungen, technische. XXX.

Rossmanith, Konstantin

Rossmanith, Const., die Elemente der Geometrie im constructiven Sinne. Lehr- und Übungsbuch für die II., III. und IV. Realclasse. Mit 130 Fig., 1 Taf. und zahlreichen Constructions- und Rechenaufgaben. gr. 8. (VIII, 170 S.) Wien 883, Pichler's Wwe. und Sohn. * 2 —

Rossmanith, Const., die Elemente der Geometrie in Verbindung m. dem geometrischen Zeichnen. Lehr- u. Übungsbuch f. die II., III. u. IV. Realclasse. 2., verm. u. verb. Aufl., neu bearb. v. Karl Schober. Mit 157 Fig., 1 Taf. u. zahlr. Constructions- u. Rechnungsaufgaben. gr. 8. (VIII, 203 S.) Wien 891. Pichler's Wwe. & Sohn. n. 2. 20

Roßmanith, Elemente der Geometrie in Verbindung mit dem geometrischen Zeichnen. Lehr- und Uebungsbuch für die II., III. und IV. Realclasse, neu bearbeitet von Karl Schober. 3 verbesserte Auflage. Wien 1893. Pichler's Witwe und Sohn. (Min.-Erl. v. 15. März 1893, Z. 4632.) Geheftet 1.10, gebunden 1.30

Rossmanith's Elemente der Geometrie in Verbindung mit dem geometrischen Zeichnen. Lehr- und Uebungsbuch für die II., III. und IV. Realschulclasse. Neu bearbeitet von Karl Schober. 4. Auflage. Mit 157 Figuren, zwei Tafeln und zahlreichen Constructions- und Rechenaufgaben. Gr.-8. (193 S.) In Lnwd. geb. Ebda. 1895. 1.30

Rossmanith's Elemente d. Geometrie in Verbindg. m. d. geometr. Zeichnen. Lehr- u. Übungsbuch f. d. II., III. u. IV. Realclasse. Neu bearb. v. Karl Schober. 5. Aufl. Unveränd. Abdr. d. 3. verb. Aufl. M. 157 Fig., 2 Taf. u. zahlr. Constructions- u. Rechenaufgaben. gr. 8. (IV, 193 S.) Wien 897. A. Pichler's Wwe. & Sohn. Geb. in Leinw. n. 2. 60

Rossmanith, Const., geometrische Formenlehre. Eine Anleitung zur Betrachtung geometr. Körper als Vorbereitung zur Geometrie. Zunächst für die 1. Realclasse. Mit Uebungsaufgaben, 55 in den Text gedr. Holzschn. u. 1 (lith.) Taf. gr. 8. (VIII, 70 S.) Bielitz 879. (Wien, Pichler's Wwe. & Sohn.) 1. 20

Roßmanith, C., Geometrische Formenlehre. Ein Leitfaden für den geometrischen Anschauungs-Unterricht in der I. Realclasse. 2. verbesserte Auflage. Neu bearbeitet von K. Schober. Wien 1891. A. Pichler's Witwe und Sohn. (Min.-Erl. 25. Mai 1891. Z. 10431.) Broschirt —.50, gebunden —.65

Roßmanith, C., Geometrische Formenlehre. Ein Leitfaden für den geometrischen Anschauungs-Unterricht in der I. Realclasse Bearbeitet von Karl Schober. 3., mit der 2. verbesserten gleichlautende Auflage. Wien 1893. A. Pichler's Witwe u. Sohn. (Min.-Erl. v. 13. Juni 1893, Z. 11139.) Geheftet —.50, gebunden —.65

Roßmanith, C., Geometrische Formenlehre. Ein Leitfaden für den geometrischen Anschauungsunterricht in der I. Realclasse. 4. Auflage. Bearbeitet von Karl Schober. Wien 1894. A. Pichler's Witwe & Sohn. (Min.-Erl. v. 6. Decemb. 1894, Z. 27317.) Geh. —.35, geb. —.55

— geometrische Formenlehre. E. Leitfaden f. d. geometr. Anschauungsunterricht in d. I. Realclasse. Bearb. v. Karl Schober. 5. Aufl. Unveränd. Abdr. d. 3. Aufl. M. 67 Fig., 1 Taf. u. zahlr. Übungsaufgaben. gr. 8. (III, 57 S.) Ebd. 897. Geb. in Leinw. n. 1. 10

Rossmanith-Schober, Geometrische Formenlehre. Ein Leitfaden für den geometrischen Anschauungsunterricht in der ersten Realschulclasse. Bearbeitet von Franz Bergmann. Mit 77 Figuren, 1 Tafel und zahlreichen Übungsaufgaben. Mit Erlass des hohen k. k. Ministeriums für Cultus und Unterricht vom 25. April 1900, Z. 10625, zum Lehrgebrauche an Realschulen zulässig erklärt. Wien. 1900 Pichler's W. & S. Gr.-8°. 61 S. Geb. K 1.10

Rossmanith-Schober, geometrische Formenlehre. Ein Leitfaden für den geometrischen Anschauungsunterricht in der ersten Realschulclasse. 7. Auflage. Bearbeitet von Franz Bergmann. Mit 77 Figuren, einer Tafel und zahlreichen Übungsaufgaben Unveränderter Abdruck der mit Erlass des hohen k. k. Ministeriums für Cultus und Unterricht vom 25. April 1900, Z. 10 625, zum Lehrgebrauche an Realschulen zulässig erklärten 6. Auflage. Wien. 1901. Pichler's W. & S. Gr.-8°. 61 S. Geb. K 1.10

Rossmanith u. Schober, geometrische Formenlehre. Ein Leitfaden f. den geometr. Anschauungsunterricht in der 1. Realklasse. 8. Aufl. Bearb. v. Frz. Bergmann. Mit 77 Fig., 1 Taf. u. zahlreichen Uebungsaufgaben. (63 S.) gr. 8. Wien 904. A. Pichler's Wwe. & Sohn.
Geb. in Leinw. n. 1. 10

Rossmanith-Schober, Geometrische Formenlehre. Ein Leitfaden für den geometrischen Anschauungsunterricht für die I. Realschulklasse. Bearbeitet von Franz Bergmann. 9., unveränderte, sonach gemäß Min.-Erl. vom 6. August 1904, Z. 28030, allgemein zulässige Auflage. Wien 1907. A. Pichlers Witwe & Sohn. Geh. K —.70, gebunden K 1.10.

— u. Schober, geometrische Formenlehre. Ein Leitfaden f. den geometr. Anschauungsunterricht in der 1. Realschulklasse. 10. Aufl. Nach den neuen Lehrplänen bearb. v. Frz. Bergmann. Mit 73 Fig. u. zahlr. Übungsaufgaben. (45 S.) gr. 8. Ebd. 910. Geb. 1. 10

Rossmanith C.: Die geometrische Formenlehre in der 1. Realcl. als Vorbereitung zur gesammten Geometrie. 36. Bielitz R. 79.
Progr.

Rossmanith's Grundriss der Geometrie in Verbindung mit dem geometrischen Zeichnen. Lehr- und Uebungsbuch für die II., III. und IV. Realclasse. Seit der 2. Auflage bearbeitet von Karl Schober. 7. Auflage. Unveränderter Abdruck der mit Erlass des hohen k. k. Ministeriums für Cultus und Unterricht vom 21. October 1899, Z 28406, zum Unterrichtsgebrauche in der II., III. und IV. Realclasse allgemein zugelassenen 6. Auflage. Mit 157 Figuren, 2 Tafeln und zahlreichen Constructions- und Rechenaufgaben. Wien. 1901. Pichler's W. & S. Gr.-8°. 160 S.
K 2.30

Rossmanith, Grundriß der Geometrie in Verbindung mit dem geometrischen Zeichnen. Lehr- und Übungsbuch für die II., III. und IV. Realklasse. Seit der 2. Auflage bearbeitet von Karl Schober. Wien 1903. A. Pichler's Witwe & Sohn. Preis, geheftet 1 K 90 h, gebunden 2 K 30 h. 8.Aufl.

Rossmanith's Grundriss der Geometrie in Verbindung m. dem geometrischen Zeichnen. Lehr- u. Uebungsbuch f. die II., III. u. IV. Realklasse. Seit der 2. Aufl. bearb. v. Karl Schober. Mit 157 Fig., 2 Taf. u. zahlreichen Konstruktions- u. Rechenaufgaben. 9. Aufl. Unveränd. Abdr. der 8. Aufl. (IV, 160 S.) gr. 8. Wien 906. A. Pichler's Wwe. & Sohn. Geb. n. 2.30

Rossmanith's Grundriss der Geometrie in Verbindung m. dem geometrischen Zeichnen. Lehr- u. Übungsbuch f. die II., III. u. IV. Realklasse. Seit der 2. Aufl. bearb. v. Karl Schober. Mit 157 Fig., 2 Taf. u. zahlr. Konstruktions- u. Rechenaufgaben. 10. Aufl. Unveränd. Abdr. der 8. Aufl. (IV, 160 S.) gr. 8. Wien 908. A. Pichler's Wwe. & Sohn. Geb. 2. 30

— — Grundriss d. Geometrie in Verbindung m. dem geometrischen Zeichnen. 11. Aufl. Nach den neuen Lehrplänen bearb. v. Frz. Bergmann. 1. u. 2. Tl. gr. 8. Ebd. Geb. 2. 90
1. Lehr- u. Übungsbuch f. die II. u. III. Realklasse. Mit 153 Fig., 2 Taf. u. zahlr. Konstruktions- u. Rechenaufgaben. (101 u. II S.) 910. Geb. 1. 60
2. Lehr- u. Übungsbuch f. die IV. Realklasse. Mit 153 Fig. u. zahlr. Konstruktionsaufgaben. (75 S.) 910. Geb. 1. 30

Rossmann, Andreas Elias (Hrsg.), s. Anzeigen. Erlangische.

Rossmann, Andreas Elias [Praes.], s. Bartholomaei, Joh. Daniel: Problema historicum de Aquisgrano insignium regni Austrasiae tutelari.

Rossmann, Andreas Elias [Praes.], s. Brucker, Christoph Heinrich: De tutoribus et curatoribus ex more Augustano.

Rossmann, Andreas Elias (Halle) A. S. 48/15

De exceptionibus juris gentium in negotio pacis.
Halle (Hilliger) 1738. 20 S. 29291

Rossmann, Andreas Elias [Praes.], s. Geiger, Johann Burcard: De moneta symbolica et provinciali.

Rossmann, Andreas Elias (Halle) A. S. 300/21

De jure placiti.
Halle (Sympher) 15. X. 1742. 4 Bl. 29293

Rossmann, Andreas Elias [Praes.], s. Müller, Karl Benedikt: De dolo pro facto punito occasione L. 7. D. ad Leg. Cornel. de Sicar. et Venefic.

Rossmann, Andreas Elias (Halle) A. S. 633/31

Dissertatio philosophica inauguralis de obligatione delinquentis ad poenam corporis. Präs. Johann Joachim Lange.
Halle (Hendel) 8. II. 1736. 16 S. 29290

Rossmannus, Andr. Elias: Promulsis sublata ... Ge. Chr. Gebaueri, pro clericis contra observantiam imperialem ab exilio reductis, ad capessenda feuda secularia et succedendum in S. R. I. principatus. Halae Sal. 1736.

Rossmann, Andreas Elias (Halle) A. S. 48/12

De rebus mancipi et nec mancipi.
Halle (Salfeld) 23. XII. 1740. 34 S.

Gew.: Johann Peter von Ludewig, Christian Wolf.
29292

Rossmann, Andreas Elias [Praes.], s. Zindel, Johann Christian: De transactione licita vel illicita.

Roßmann, Ant., im Jagastübl. Gedichte in steir. Mundart üb. Jäger u. deren tatsächl. Jagderlebnisse im steir. Oberlande. (VII, 112 S.) kl. 8. Graz 906. Styria. n. 1. 25

Roßmann, Aug., Briefe e. Arztes an e. junge Mutter, s.: Plath, Wilh.

Rossmann, August [app. Arzt aus M. Gladbach '(Rheinprov.)']: Ein Fall von Entzündung der Bursa poplitaea ... Würzburg, Becker's Univ.-Buchdr., 1893; 23 S. 8.
Würzburg, Med. Fak., Inaug.-Diss. v. 1893

Rossmann, Bernhard: Zum gebrauch der modi und modalverba in adverbialsätzen im frühmittelenglischen. Kiel 1908: Fiencke. VI, 79 S. 8°
Kiel, Phil. Diss. v. 24. Nov. 1908, Ref. Holthausen
[Geb. 30. Dez. 73 Oslebshausen; Wohnort: Bremen; Staatsangeh.: Bremen; Vorbildung: Realgymn. Bremen Reife M. 99; Studium: Marburg 2, Berlin 1, Kiel 5 S.; Rig. 1. Aug. 08.]
[U 09. 2334

Rossmann, Gustav: Der Aberglaube bei Molière. *Burg 1898: A. Hopfer.* (3—20 S.) 4°
Burg, K. Viktoria-G, P 1898 (230)

Roßmann, Heinrich

Rossmann, Henr., coarctationis tractus intestinalis casus rarior. Dissert. inaug. anatom. pathologica. Adjuncta est tabula lith. Dorpati 858. (Mitau, Reyher.) gr. 8. (34 S.) 18 *ngr.*

Roßmann, Heinr., Hülfsbüchlein für den ersten Religionsunterricht. Leipzig 868. Roßberg. 8. (IV, 44 S.) 3 ngr.; geb. n. 4 ngr.

Rossmann, Johannes, aus Leipzig: **Über die Diäthylderivate des Äthylen-, Propylen- und Trimethylendiamins sowie deren Oxydationsprodukte.** *Rostock 1904: C. Boldt.* (40 S.) 8°
Rostock, Phil. Diss. v. [17. Mai] 1904

Rossmann, Johannes, approb. Arzt aus Ernsthofen: **Ein Fall von Melanosarcom.** *Leipzig [1901]: B. Georgi.* (31 S.) 8°
Leipzig, Med. Diss. v. (11. März) 1898

Roßmann, Josef

Rossmann, J.: „Einführung eines theoretisch und praktisch erprobten Wirthschafts-Rechnungssystems mit Hauptbuche etc.", Piseck 1840 (Vetterl).

Roßmann, Jos., Einführung e. ganz neu nach theoret.-prakt. erprobten Grundsätzen geregelten Wirthschafts-Rechnungssystem, mit beigefügtem rentämtl. Hauptbuche, womit zugleich die Rentrechn. verbunden u. durchgeführt wird, u. wo bei dess. Abschluß e. untrügbare auf mathemat. Gewißheit beruhende Rentliquidation, sowohl summar. als spezif. sich von selbsten darstellt etc. gr. 4. (11 B. u. 1 Tab.) Pisek 841. (Prag, Borrosch u. André.) *

Rossmann, Joseph Matth. **A. S. 170/24**

Dissertatio inauguralis iuridica de successione concubinae si sola superstes sit.
Mainz (Haeffner) XI. 1787. 61 S. 29294

Rossmann, I. M., de successione concubinae, si sola superstes sit. 8. Lps. Crusius. (F. C. W. Vogel.) 788.

Roßmann, (G. W.) Julius

Rossmann, über Wetterauische Algen, s. Jahresbericht der Wetterauer Gesellschaft für die gesammte Naturkunde.

Roßmann, Jul., über den Bau des Holzes der in Deutschland wildwachsenden u. häufiger cultivirten Bäume u. Sträucher. Eine kurze Darlegung der wichtigeren bis jetzt gewonnenen Resultate, insbesondere für Forstleute u. Techniker bearb. Frankfurt a. M. 865. Sauerländer's Verlag. gr. 8. (VIII, 100 S. mit 43 eingedr. Holzschn. u. 1 Steintaf.) n. 24 ngr.

Rossmann, Julius (Worms)
Beitrag zur Entwicklungsgeschichte des Phallus impudicus, L.
[In: Botan. Zeitung Bd 11. 1853. S. 185-193.]
Dr. phil. Giessen 5.11.1853.

Rossmann, G. W. Jul., Beiträge zur Kenntniss der Phyllomorphose. 1. Heft: Ueber das gleiche oder verschiedene Verhalten von Blattstiel u. Spreite im Gange der Phyllomorphose. Mit 3 Steindrucktaf. Giessen 857. Ricker. gr. 4. (4 Bl., 60 S.) n. 1 a℘.

Rossmann, G. W. Jul., Beiträge zur Kenntniss der Phyllomorphose. 2 Hefte. gr. 4. Giessen 858, Ricker. *
Inhalt:
Heft 1. Ueber das gleiche oder verschiedene Verhalten von Blattstiel und Spreite im Gange der Phyllomorphose. (VII und 60 S. mit 3 Stndrt.) * 1 Thlr.
„ 2. Ueber die Spreitenformen einiger Ranunculaceen. (V und 26 S. mit 1 Tab. in qu. Fol. und 8 Stndrt.) * 1 Thlr. 10 Ngr.

Rossmann, Julius (Worms)
Beiträge zur Kenntniss der Wasserhahnenfüsse, Ranunculus Sect. Batrachium.
Giessen: Ricker 1854. 62 S. (in Δ mit ‚Thesen')
Habil. Schrift Giessen 24.7.1854. vorh. 26.Δ.

Rossmann (G. W. J.). Zur Kenntniss der Spreitenformen bei der Umbelliferen. Halle, 1864. 4°.

Roßmann, Martin

Roßmann, M., R. Kustermann, St. Pernaczynski, P. Werthо u E. Heubach, Eisenbahntarife u. Wasserfrachten, hrsg. u. eingeleitet v. Walth. Lotz, s.: Schriften des Vereins f. Socialpolitik.

Rossmann, Martin, aus Berlin: **Die Getreide- und Mehltarife der Bayerischen Staatsbahnen.** *Leipzig: Duncker & Humblot 1899.* (VI, 45 S.) 8° [F.]
München, Staatswirtsch. Diss. v. 1899

Rossmann, Ph[ilipp]. Handbuch für einen Studienaufenthalt im französischen Sprachgebiet, unter Mitwirkung von A Brunnemann verfasst von Ph. R'. 3., umgearbeitete und bedeutend vermehrte Aufl. von: «Ein Studienaufenthalt in Paris». VIII + 195 S. 8. Marburg, N. G. Elwert, 1907. [M. 2. 80]

Rossmann, Ph., u. F. Schmidt. Lehrbuch der französischen Sprache auf Grundlage der Anschauung. 2. Aufl. gr. 8. (IX, 262 S. m. Abbildgn.) Bielef. 892, Velhagen u. Klasing. geb. * 2 40

Rossmann, Ph., u. F. Schmidt, Lehrbuch der französischen Sprache auf Grundlage der Anschauung. 4. Aufl. gr. 8. (XII, 361 S. m. Abbildgn.) Bielefeld 894. Velhagen & Klasing. Geb. in Halbldr. n. 2. 80

Lehrbuch der französischen Sprache auf Grundlage der Anschauung. Von Dr. Ph[il.] Rossmann, Oberl. ... zu Wiesbaden, u. Dr. F[erd.] Schmidt, Dir. ... zu Hanau. 7. Aufl. *Bielefeld & Leipzig: Velhagen & Klasing 1896.* (XI, 361 S.) 1 Bd 8. [96. 5034

Lehrbuch der französischen Sprache auf Grundl. d. Anschauung. Von Dr. Ph[il.] Rossmann ... u. Dr. F[erd.] Schmidt ... 9. Aufl. *Bielefeld & Leipzig: Velhagen & Klasing 1897.* (XII S., 1 Bl., 361 S.) 1 Bd 8. [96. 5637 Mr

— u. F. Schmidt, Lehrbuch der französischen Sprache auf Grundlage der Anschauung. 10. Aufl. gr. 8. (XII, 361 S. m. Abb.) Bielefeld 898. Velhagen & Klasing. Geb. n. 2. 80

Wörterverzeichnis zum Lehrbuch der französischen Sprache von Rossmann und Schmidt. Nach Übungsstücken geordnet von Ph[il.] Rossmann, Oberl. zu Wiesbaden. *Bielefeld & Leipzig: Velhagen & Klasing 1900.* (IV, 100 S.) 8° [00. 3387

Wörterverzeichnis zum Lehrbuch der französischen Sprache von Rossmann u. Schmidt. Nach Übungsstücken geordnet von Dr. Ph[ilipp] Rossmann. 2. Aufl. *Bielefeld & Leipzig: Velhagen & Klasing 1900.* (100 S.) 8° [01. 2864

Lehrbuch der französischen Sprache auf Grundlage der Anschauung. Von Dr. Ph[ilipp] Roßmann, Oberl. zu Wiesbaden, u. Dr. F[erd.] Schmidt, Dir. zu Hanau. [Nebst] Wörterverzeichnis. *Bielefeld & Leipzig: Velhagen & Klasing 1901.* 2 Bde 8°
Lehrbuch. 16. Aufl.
Wörterverzeichnis. Nach Übungsstücken geordnet von Roßmann. 3. Aufl. [03. 1906

Rossmann, Ph., u. F. Schmidt, Lehrbuch der französischen Sprache. Wörterverzeichnis. Nach Übungsstücken geordnet v. Ph. Rossmann. 3. Aufl. gr. 8. (IV, 100 S.) Bielefeld 901. Velhagen & Klasing. Geb. n. 1.—

— u. F. Schmidt, Lehrbuch der französischen Sprache auf Grundlage der Anschauung. 1. Tl. 18. Aufl. (XVI, 362 S. m. Abbildgn.) gr. 8. Bielefeld 902. Velhagen & Klasing. Geb. in Leinw. n. 2. 80

Lehrbuch der französischen Sprache auf Grundlage der Anschauung. Von Dr. Ph[ilipp] Rossmann, Oberl. zu Wiesbaden, u. Dr. F[erdinand] Schmidt, Dir. zu Hanau. T. 1. 2. *Bielefeld & Leipzig: Velhagen & Klasing 1902–03.* 2 Bde 8°
1. 19. Aufl. 1902. 2. Mit 6 Abb. 1903. [03. 6590

— — dasselbe. Wörterbuch zum 2. Tl. von R. (37 S.) 8. Ebd. 905. n. — 60

— u. F. **Schmidt,** Lehrbuch der französischen Sprache auf Grundlage der Anschauung. 2 Tle. (Mit Abbildgn.) 8. Ebd. 906. Geb. à n. 2. 80
I. 26. Aufl. (XVI, 362 S.) — II. 4. Aufl. (XII, 299 S.)

— — dasselbe. Wörterverzeichnis zum 1. Tl. Nach Uebungsstücken geordnet v. R. 7. Aufl. (IV, 100 S.) 8. Ebd. 906. n. 1. —

— — dasselbe. Wörterverzeichnis zum 1. Tl. Nach Übungsstücken geordnet v. Ph. Rossmann. 8. Aufl. (IV, 100 S.) 8. Ebd. 907. Geb. 1. —

— u. F. **Schmidt,** Lehrbuch der französischen Sprache auf Grundlage der Anschauung. Ausg. C. Für höh. Mädchenschulen. Bearb. nach den Bestimmgn. vom 12. XII. 1908. 3 Bde. 8. Bielefeld, Velhagen & Klasing. Geb. 7. 05
I. Klasse 7. (V, 104 S.) 909. Geb. 1. 25
II. (VIII, 324 S. m. Abb.) 909. Geb. 3. —
III. Klasse 4—1. (X, 299 S. m. Abb.) 910. Geb. 2. 80

— — dasselbe, Wörter-Verzeichnis, s.: Seller, M.

Französisches Lese- und Realienbuch für die Mittel- und Oberstufe. Von Dr. Ph[ilipp] **Roßmann.** Mit 1 Übersichtskarte u. 51 Abb. *Bielefeld & Leipzig: Velhagen & Klasing 1903.* (VIII, 404 S.) 8° [03. 6393

Rossmann, Ph., französisches Lese- u. Realienbuch f. die Mittel- u. Oberstufe. Mit 3 (farb.) Uebersichtskarten u. 59 in den Text gedr. Abbildgn. u. Kartenskizzen. 3. Aufl. (X, 428 S.) 8. Bielefeld 906. Velhagen & Klasing. Geb. n. 3. 60; französisch-deutsches Wörterbuch (84 S.) geb. n. — 90

Rossmann, Phpp., französisches oi. Inaugural-Dissertation. [Aus: „Roman. Forschungen".] gr. 8. (38 S.) Erlangen 882. Deichert. n. 1. 50

Rossmann, Philipp [Dr.]: Ein Studienaufenthalt in Paris. Wiesbaden, Buchdr. v. K. Schwab, 1896; 3—25 S. 4.
Wiesbaden, st. OR, P 1896 (429)

Rossmann, Ph., e. Studienaufenthalt in Paris. E. Führer f. Neuphilologen. gr. 8. (39 S.) Marburg 896. N. G. Elwert's Verl. n. — 60

Rossmann, Ph., ein Studienaufenthalt in Paris. Ein Führer f. Studierende, Lehrer u. Lehrerinnen. 2., umgearb. u. bedeutend verm. Aufl., hrsg. unter Mitarbeiterschaft v. A. Brunnemann. gr. 8. (VIII, 126 S.) Marburg 900. N. G. Elwert's Verl. n. 2. 40; geb. in Leinw. n. 2. 80

— — 3. umgearb. u. verm. Aufl. [u. d. T.:] Handbuch f. e. Studienaufenthalt im französ. Sprachgebiet. '07. VIII, 193 S.
— — 4. Aufl. '11. VIII, 221 S.

Übersetzungsübungen im Anschluss an Rossmann u. Schmidt's Lehrbuch der französischen Sprache nebst e. kurzgef. Gramm. Von Dr Ph[il.] **Rossmann,** Oberl. zu Wiesbaden, u. Dr. F[erd.] Schmidt, Dir., Hanau. *Bielefeld & Leipzig: Velhagen & Klasing 1899.* (232 S.) 8° [F.] [00. 308

Übersetzungsübungen im Anschluss an Rossmann u. Schmidt's Lehrbuch der französischen Sprache nebst e. kurzgef. Grammatik. Von Dr. Ph[ilipp] **Rossmann,** Oberl. zu Wiesbaden, u. Dr. F[erd.] Schmidt, Dir. zu Hanau. 2. Aufl. *Bielefeld & Leipzig: Velhagen & Klasing 1901.* (226 S.) 8° [F.] [01. 2883

— — Übersetzungsübungen im Anschluß an Roßmann u. Schmidt's Lehrbuch der französischen Sprache, nebst e. kurzgefaßten Grammatik. 3 Aufl. (V, 226 S.) gr. 8. Ebd. 902. Geb. in Leinw. n. 2. 20

— — dasselbe. Schlüssel. (115 S.) 8. Ebd. 904.
Wird nur an Lehrer geliefert. Geb. in Leinw. 2. —

— — Uebersetzungsübungen im Anschluß an Roßmann u. Schmidt's Lehrbuch der französischen Sprache, nebst e. kurzgefaßten Grammatik. 5. Aufl. (V, 230 S.) 8. Ebd. 905. Geb. n. 2. 40

Roßmann, Ph., u. F. **Schmidt,** Übersetzungsübungen im Anschluß an Roßmann u. Schmidt's Lehrbuch d. französ. Sprache, nebst e. kurzgefaßten Grammatik. 6. Aufl. (IV, 230 S.) 8. Bielefeld 907. Velhagen & Klasing. Geb. 2.40

Roßmann, R., zu dem Entwurfe eines Gesetzes üb. das Vormundschaftswesen f. den preuß. Staat. gr. 8. (42 S.) Mannheim 874. Bensheimer. — 75

Rossmann, W., Deutsch-Südwestafrika, s.: Projections-Vorträge. 70.

— Togo, s.: Projections-Vorträge. 66.

Roßmann, Wilhelm

— de externo concilii Constantiensis apparatu. Dissert. histor. Jena 856. (Doebereiner.) gr. 8. (67 S.) n. 10 ngr.

Rossmann, Wilhelm (Bearb.), s. Aeschylus: Orest.

[F.] **Rossmann,** Wilhelm: Zur Auslegung des § 110 des deutschen Strafgesetzbuches ... München, J. Schweitzer, 1892; 1 Bl., 87 S. 8.
München, Jur. Fak., Inaug.-Diss. v. 1892

Rossmann, Wilh., die künstlerische Ausschmückung der Albrechtsburg zu Meissen. Mit 2 Grundrissen (in Lichtdr.). gr. 4. (24 S.) Dresden 878. Baensch. n. 2. —

Roßmann, Wilh., Betrachtungen über das Zeitalter der Reformation. Mit archivalischen Beilagen. Jena 858. Mauke. gr. 8. (XVI, 432 S.) n. 2 Thlr.

Roßmann, Wilh., die mackabäische Erhebung. Vortrag auf der Rose zu Jena gehalten. Leipzig 860. Veit & Co. gr. 8. (47 S.) 7½ ngr.

Roßmann, Wilh., Gastfahrten. Reise-Erfahrungen und Studien. 8. (X, 405 S. mit Kopfleisten, Initialen und Schlußvignetten.) Leipzig 880, Grunow. *
geb. *

Roßmann, W., vom Gestade der Cyklopen u. Sirenen. Briefe. Leipzig 869. Grunow. gr. 8. (XII, 288 S.) n. 2 Thlr.

Roßmann, W., vom Gestade der Cyklopen u. Sirenen. Supplement. A. u. d. T.: Eine protestant. Osterandacht im Sanct Peter zu Rom. gr. 8. (109 S.) Oldenburg 871. Schulze. n. 1. 60 (cplt.: n. 7. 60)

—— vom Gestade der Cyklopen und Sirenen. Reisebriefe. 2. durchges. und verm. Aufl. 8. (XI, 425 S.) Ebendas. 880. *
geb. *

Roßmann, Wilh., ist die öffentliche Aufforderung zum Streik strafbar? Zur Auslegg. d. § 110 d. deutschen Strafgesetzbuches. gr. 8. (87 S.) München 892. J. Schweitzer. n. 1. 50

— Meister Lukas. Dramatisches Charakterbild in 2 Aufzügen. gr. 8. (VI, 52 S.) Ebend. 873. n. 1. 20

— Meister Lukas. Dramatisches Charakterbild in 2 Aufzügen. 2. veränd. Aufl. Als Festgabe zur Feier des 400. Geburtstages Martin Luthers. 8. (III, 53 S.) Oldenburg 883, Schulze'sche Hofbuchh. *ℳ 1,20.; geb. **

Roßmann, W., Luther und die deutsche Nation. Festrede, bei der am 10. Novbr. 1883 von der Stadt Dresden veranstalteten Luther-Feier gehalten. gr. 8. (35 S.) Dresden 883, v. Zahn und Jaensch. * 1 —

— Orest. Tragödie von Aeschylos. Für die Bühne bearb. Stuttgart 868. Cotta. 8. (XXIII, 53 S.) 12 ngr.

— eine protestantische Osterandacht im Sanct Peter zu Rom. Suppl. zu d. Verf. Werk: „Vom Gestade der Cyklopen u. Sirenen." 2. Aufl. gr. 8. (109 S.) Ebend. 872. n. 1. 60

Roßmann, Wilh., die Hildesheimer Stiftsfehde (1519—1523). Nach den Quellen bearb. v. R., hrsg. u. ergänzt v. Rich. Doebner. (IV, 1507 S.) gr. 8. Hildesheim 908. Gerstenberg. — 35

— Ueber Schliemann's Troja. S.-A. 1876. 21 S.

Rossmann, W., Eine Wallfahrt in's Land der Heroen. I. 1878. 18 S.

Roeßmann, mathematisch-physicalische Studien. Wehlau 864. (Königsberg, Theile's Buchh.) 8. (44 S. mit 1 Steintaf. in qu. Fol.) 20 ngr.

Roßmärkte, die, zu Buttstädt im Großh. Weimar, in histor., statist. u. commercieller Beziehung, von Reinh. v. Schw. 12. (1¼ B.) Weimar 838, Voigt.

Roßmäßler, Emil Adolf

Roßmäßler, E. A., Anleitung z. Studium d. Thier- u. Pflanzenwelt. Ein Leitf. f. Lehrer an höheren Lehranstalten u. z. belehrenden Unterhaltung f. gebildete Leser. 1. Thl. Das Thierreich. (Als 3. umgearb. Aufl. v. des Verf. „systematischen Uebersicht des Thierreichs.") 1. Lfg. gr. 8. (12 B.) Leipzig 846, Arnoldische Buchh.

— Anleitung zum Studium der Thier- u. Pflanzenwelt. Ein Leitfaden f. Lehrer an höheren Lehranstalten u. zur belehrenden Unterhaltung f. gebildete Leser. 1. Thl. Das Thierreich. (Als 3. gänzl. umgearb. Aufl. von des Verf. „systemat. Uebersicht" des Thierreichs.) 2. Lfg. gr. 8. (S. 193—384.) Leipzig 847, Arnold. 1 ℛ (1. Thl. cmplt. 2 ℛ)

Roßmäßler, E(mil) A(dolf), Anleitung zum Studium der Thierwelt. Als 3., gänzlich umgearb. Aufl. von des Verf. „systematische Uebersicht des Thierreichs" 3. Lfg. (Schluß). gr. 8. (VIII und S. 385—560.) Leipzig 856, Arnoldische Buchh.
1. und 2. Lfg. Ebendas. 1847. 2 Thlr.

— gegen „des Hrn. Geh. Kirchen- u. Schulrathes im k. sächs. Ministerium d. Cultus u. öffentl. Unterrichts, Dr. Conr. Benj. Meißner, exegetische Beiträge zur Erklärung der Grundrechte des deutschen Volkes üb. Kirche u. Schule." 8. (15 S.) Leipzig 849, Matthes. 3 ngr.

Rossmässler, E. A., Beiträge z. Versteinerungskunde, mit lithogr. Abbildungen. I. Hft. — A. u. d. T.: Die Versteinerungen des Braunkohlensandsteins a. d. Gegend von Altsattel in Böhmen (Elnbogener Kreises). gr. Lex.-8. (12 Stnt. u. 6 halbe B.) Dresden u. Leipzig 840, Arnoldische Buchh.

Roßmäßler, E(mil) A(dolf), Bücher der Natur, s. Bücher.

Rossmässler, E. A., s. Charakterbilder deutscher Waldbäume.

Roßmäßler, E. A., Denkschrift an die deutschkatholische Gemeinde in Leipzig über die Vorfälle in der Peterskirche daselbst am 23. Septbr. 1861 u. was damit zusammenhängt. In der Gemeindeversammlung vom 30. Septbr. im Namen des Aeltestenrathes vorgetragen. Leipzig 861. Friese. gr. 8. (14 S.) n. 2 ngr.

Rossmässler, E. A., Diagnoses conchyliorum terrestrium et fluviatilium. Zugl. Verzeichniss zu Fascikeln natürl. Exemplare. I. Hft. No. 1—20. Schmal gr. 4. (1¼ B.) Dresden 834, (Arnold.)

— Flora im Winterkleide. Mit 150 Abbildgn. in Holzschn. u. 1 Titelbild (Holzschn.) gez. von C. Merkel. 854. — 2. (Titel-)Aufl. Leipzig 856. Costenoble. 8. (VIII, 155 S.) n. 1 ℛ. 7½ ngr.

Roßmäßler's, E. A., Flora im Winterkleide. Neu bearb. u. durch e. Biographie E. A. Roßmäßler's verm. von K. G. Lutz. Mit üb. 150 kolor. u. lith. Abbildgn. u. 5 in den Text gedr. Holzschn., sowie dem Porträt d. Verf. 3. Aufl. gr. 8. (XXIV, 107 S.) Stuttgart 887. Süddeutsches Verlags-Institut. geb. n. 3. —

Roßmäßler, E. A., Flora im Winterkleide. 4. Aufl., bearb. v. H. Kniep, m. 1 Portr., 8 Taf. u. 62 Textfig. Mit e. Biographie Roßmäßlers v. K. G. Lutz. (XXII, 126 S.) gr. 8. Leipzig 908. Dr. W. Klinkhardt. 4.— ; geb. 4.75

Roßmäßler, E. A., Forstinsekten. Naturgeschichte derjen. Insekten, welche den bei uns angebaut. Holzarten am meisten schädl. werden. Ein Leitfaden f. d. Unterr. d. Kgl. Sächs. Akad. f. Forst- u. Landwirthe in Tharand, u. e. Hülfsb. f. prakt. Forstmänner. M. 1 lith. Taf. gr. 8. (6½ B.) Leipzig 834, Weidmann. Thlr.

Rossmässler E. A.: Forstinsekten. Naturgeschichte derjenigen Insekten, welche den bei uns angebauten Holzarten am meisten schädlich werden .. Leipz. 1834. 99 S. 1 Tvl.

— die Fortschrittspartei u. die Volksbildung. Berlin 862. Janke. 8. (31 S.) n. 5 ngr.

— Der Frühling, s.: Natur-Bibliothek.

Roßmäßler, E. A., das Gebirgsdörfchen. Eine Perspektive in der Naturgeschichte d. Volkes. gr. 16. (50 S.) Berlin 876. Gesellschaft f. Verbreitg. v. Volksbildg. — 15

Rossmaessler, E[mil] A[dolf], Das Gebirgsdörfchen. E. Perspektive in d. Naturgeschichte d. Volkes. Mit e. Einl.: Über die Bedeutung d. naturwissenschaftl. Heimatkunde in Rossmässlers Sinne f. d. Volksbild. von Wilh. *Kolelt.* Leipzig 1909. 8°.
(D. Volkskultur, hrsg. von Georg Volk. Nr 7.)

— Das Gebirgsdörfchen, s. Volkskultur, die. Nr. 7.

— die Geschichte der Erde. Eine Darstellung für gebildete Leser und Leserinnen. Mit Illustr. (in eingedr. Holzschn.) und einer landschaftlichen Ansicht aus der Steinkohlenzeit. 1. und 2. Hälfte. Lex.-8. (IX und 383 S.) Frankfurt a. M. 855. 56, Meidinger Sohn und Comp.

— die Geschichte der Erde. Eine Darstellung für gebildete Leser u. Leserinnen. 2. verb. u. verm. Aufl. Mit 100 in den Text gedr. Illustr. u. 1 landschaftl. Ansicht (in Holzschn.) von F. H. Kittlitz. Breslau 863. Leuckart. Lex.-8. (VIII, 408 S.) n. 1 ℛ 20 ngr.; geb. n. 2 ℛ

— die Geschichte der Erde. Eine Darstellg. f. gebildete Leser u. Leserinnen. 3. verb. u. verm. Aufl. Mit 130 in den Text gedr. (Holzschn.-)Illustr. u. e. landschaftl. Ansicht aus der Steinkohlenzeit (in Tondr.) v. F. H. v. Kittlitz. Lex.-8. (XI, 402 S.) Heilbronn 876. Henninger. n. 6. 50

Roßmäßler, E. A., die Geschichte der Erde. 3. Aufl. Lex.-8. Heilbronn 876. Stuttgart, Weisert. * 6 50
cart. * ℳ 7.50.; geb. in Leinw. * 8 —

— Geschichte der Erde. 4. Aufl. Vollständig umgearb., m. neuen Illustr. versehen u. auf den Stand d. heut. Wissens gebracht v. Th. Engel. Mit e. geolog. Karte v. Deutschland. 12 Lfgn. gr. 8. (VIII, 456 S.) Stuttgart 887. 888. Weisert. à n. — 50

— Grundzüge der Meteorologie, s.: Natur-Bibliothek.

— ein Hagelwetter. Skizze. (Abgedr. aus der Zeitschrift „Aus der Heimath,") Mit 8 Abbildgn. (auf 1 Holzchntaf. in 4.) nach Zeichngn. von W. Georgy, E. A. Roßmäßler u. A. Thieme. Leipzig 860. Sturm & Koppe. 12. (20 S.) 3 ngr.

— Herbarium für den sächsischen Landwirth. 1.—4. Liefg. Fol. Ebend. 841. baar 6 ℛ

— die vier Jahreszeiten. Mit (4) Charakterlandschaften (Holzschn.) in Tondruck, nach Zeichnungen von F. H. v. Kittlitz u. Illustr. in Holzschn. u. Typen-Naturselbstdruck (im Text) von Ed. Kretzschmar. Gotha 855. Scheube. gr. 8. (XVI, 330 S.) n. 3 ℛ.

— — Volksausgabe. Mit 1 Vegetationsansicht (in Holzschn.) u. 95 in den Text gedr. Illustr. in Holzschn. u. Typen-Naturselbstdruck. Ebend. 856. 8. (XVI, 285 S.) n. 1 ℛ.

Roßmäßler, E. A., die vier Jahreszeiten. 3., verb. u. verm. Aufl. 2., billigere Pracht-Ausg. Mit 4 Charakter-Landschaften in Tondr. nach Zeichnungen von F. H. v. Kittlitz, 96 Illustrationen in Holzschn. u. farb. Typen-Selbstdruck von Ed. Kretzschmar nebst dem Portr. des Verf. (In 6 Liefgn.) 1. Liefg. Leipzig 870. Leuckart. gr. 8. (56 S. mit 1 Holzschntaf.) n. 10 ngr.

— die vier Jahreszeiten. 3. verb. u. verm. Aufl. 2., billigere Pracht-Ausg. Mit 4 Charakter-Landschaften in Tondr. nach Zeichngn. von F. H. v. Kittlitz, 96 Illustr. in Holzschn. u. farb. Typen-Selbstdr. v. Ed. Kretzschmar nebst dem Portr. d. Verf. 2—6. Lfg. gr. 8. (VII u. S. 57—300.) Leipzig 871. Leuckart. à n. 1. — (cplt.: geb. n. 7. 50)

— dasselbe. 4., verb. u. verm. Aufl. Prachtausg. Mit 4 Charakterlandschaften in Tondr. nach Zeichngn. v. F. H. v. Kittlitz u. zahlreichen (eingedr.) Illustr. in Holzschn. u. (12 Taf.) Typen-Naturselbstdr., nebst dem Bildniß d. Verf. (in Holzschn.) gr. 8 (VII, 338 S.) Heilbronn 877. Henninger. n. 9. —

Roßmäßler, E. A., die vier Jahreszeiten. 5. Aufl. Billige Ausg. Mit über 120 Illustr. in Holzschn. u. Typen-Naturselbstdr. u. einer Charakterlandschaft in Tondr. nach einer Zeichnung von F. H. v. Kittlitz. gr. 8. (VII, 338 S.) Heilbronn 877. Henninger. n. 5. —

Roßmäßler, E. A., die vier Jahreszeiten. 6. Aufl. Hrsg. v. Otto Dammer u. Udo Dammer. gr. 8. (VII, 320 S. m. Holzschn. u. Taf.) Stuttgart 888. O. Weisert. n. 5. —; geb. n.n. 7. —

—— Iconographie d. Land- u. Süsswasser-Mollusken, mit vorzügl. Berücksichtigung d. europä. noch nicht abgebild. Arten. 1—11. Hft. od. 1. Bd. (6 Hfte.) u. 2. Bd. (1—5. Hft.) Jedes m. 5 Stnt. gr. 4. Dresden u. Leipzig 835—42, Arnoldische Buchh. [1. (17½ B.) 2 Thlr., ill. 3 Thlr.; 2. (4 B.) 1 Thlr., ill. 2 Thlr.; 3. (4⅔ B.) 1 Thlr., ill. 2 Thlr.; 4. (4 B.) 1 Thlr., ill. 2 Thlr.; 5. u. 6. (9½ B.) 2 Thlr., ill. 4 Thlr.; 7. u. 8. (3 B.) 2 Thlr., ill. 4 Thlr.; 9. u. 10. (6¼ B.) 2 Thlr., ill. 4 Thlr.; 11. (1½ B.) 1 Thlr., ill. 2 Thlr.] 12 Thlr., ill.

—— Iconographie der Land- u. Süsswasser-Molusken, mit vorzügl. Berücksichtig. der europäischen noch nicht abgebildeten Arten. 2. Bd. 6. (12.) Hft. gr. Lex.-8. (2⅝ B., 5 Stnt. u. 1 Tab.) Dresden u. Leipzig 844, Arnoldische Bh. 1 Thlr., ill.
1. Bd. u. 2. Bd. 1—5. Hft. Ebendas. 1835—42. 12 Thlr., ill. 23 Thlr.

— Iconographie der Land- und Süsswasser-Mollusken Europa's, mit vorzüglicher Berücksichtigung kritischer u. noch nicht abgebildeter Arten. Mit eingedr. Holzschn. u. lith. Taf. III. Bd. 1—4. Heft oder 13—16. Heft. (Neue Folge.) Leipzig 854—56. Costenoble. 4. (VIII, VIII, S. 1—77.) Jedes Heft mit 5 Taf. n. 1 ℛ. 15 ngr.; color. n. 2 ℛ. 20 ngr.
1—12. Heft. Leipzig 835—44. Arnold. n. 13 ℛ.; color. n. 25 ℛ.

— Iconographie der Land- und Süsswasser-Mollusken Europa's, mit vorzüglicher Berücksichtigung kritischer u. noch nicht abgebildeter Arten. Mit eingedr. Holzschn. u. 10 lith. Taf. III. Bd. 5. u. 6. Heft oder 17. u. 18. Heft. (Neue Folge.) Leipzig 859. (Jena,) Costenoble. 4. (VIII, S. 78—140.) Jedes Heft n. 1 ℛ 15 ngr.; color. n. 2 ℛ 20 ngr.

—— Iconographie der Land- und Süsswasser-Mollusken Europa's, mit vorzügl. Berücksicht. kritischer und noch nicht abgebildeter Arten. 3. Bd. 5. und 6. Heft (oder 17. und 18. Heft). hoch 4. (VIII und S. 78—140 mit eingedr. Holzschn. und 10 Stnt.) Leipzig 859, [O. Purfürst.] à Heft * 1 Thlr. 15 Ngr. *
ill. à Heft * 2 Thlr. 20 Ngr. *
1. und 2. Bd. Leipzig 1835—44, Arnoldische Buchh. 13 Thlr.; ill. 25 Thlr. und 3. Bd. 1—4. Heft. Leipzig 1854—56, [O. Purfürst.] * 6 Thlr.; ill. * 10 Thlr. 20 Ngr.

—— Iconographie der Land- und Süsswasser-Mollusken, mit vorzügl. Berücksicht. der europ. noch nicht abgebildeten Arten. Fortgesetzt von W. Kobelt. 4. Bd. 6 Lfgn. 4. (III, 72 S. mit 30 Stnt.) Wiesbaden 876,77, Kreidel's Verlag. à Lfg. * ℳ 4,60. * 27 60
color. à Lfg. * ℳ 8. * 48 —

—— dass. — 5. Bd. 6 Lfgn. 4. (129 S. mit 30 Stnt.) Ebendas. 877,78. à Lfg. * ℳ 4,60. * 27 60
color. à Lfg. * ℳ 8. * 48 —

—— dass. — 6. Bd. 6 Lfgn. 4. (II, 158 S. mit 28 Stnt.) Ebendas. 878,79. à Lfg. * ℳ 4,60. * 27 60
color. à Lfg. * ℳ 8. * 48 —
1.—3. Bd. vergriffen; vgl.: XIII. Bd. 2. Abthl. S. 283.

Rossmässler, E. A., Iconographie der Land- und Süsswasser-Mollusken, mit vorzügl. Berücksicht. der europ. noch nicht abgebildeten Arten. Fortgesetzt von W. Kobelt. 7. Bd. 6 Lfgn. Schwarze Ausg. 4. (V, 94 S. mit 30 Stnt.) Wiesbaden 880,81, Kreidel's Verlag.
In Mappe à Lfg. * ℳ 4,60. *
color. Ausg. in Mappe à Lfg. * ℳ 8. *

— dasselbe. Fortgesetzt v. W. Kobelt. Neue Folge. 1. Bd. 1. u. 2. Lfg. Lex.-8. (32 S. m. 10 Steintaf.) Ebend. 882. In Mappe. à n. 4. 60; color. à n. 8. —

Rossmässler's Iconographie der europäischen Land- u. Süsswasser-Mollusken. Fortgesetzt v. W. Kobelt. Neue Folge. 1. Bd. 3—6. Lfg. Schwarze Ausg. Lex.-8. (IV u. S. 33—72 m. 20 Steintaf.) Wiesbaden 884. Kreidel. In Mappe. à n. 4. 60; color. Ausg. à n. 8. —

—— Iconographie der Land- und Süsswasser-Mollusken, mit vorzüglicher Berücksichtigung der europäischen, noch nicht abgebildeten Arten. Fortgesetzt von W. Kobelt. Neue Folge. 2. und 3. Bd. à Bd. 6 Lfgn. Schwarze Ausg. Lex.-8. (V, 56 S. mit 30 Stnt.; 60 S. mit 30 Stnt.) Wiesbaden 886—88, Kreidel.
In Mappe à Lfg. * ℳ 4.60. à Bd. *
Color. Ausg. à Lfg. * ℳ 8.—. à Bd. *

— Iconographie der Land- u. Süsswasser-Mollusken, m. vorzügl. Berücksicht. der europ., noch nicht abgebildeten Arten. Fortgesetzt v. W. Kobelt. Neue Folge. 3. u. 4. Bd. à 6 Lfgn. Schwarze Ausg. Lex.-8. Wiesbaden 887—890. Kreidel. In Mappe. à Lfg. n. 4. 60; color. Ausg. à n. 8. —
3. Bd. (60 S. m. 30 Steintaf.) — 4. Bd. (102 S. m. 30 Steintaf.)

— Iconographie der Land- u. Süsswasser-Mollusken m. vorzüglicher Berücksicht. der europäischen noch nicht abgebildeten Arten, fortgesetzt v. W. Kobelt. Neue Folge. 5. u. 6. Bd. à 6 Lfgn. Schwarze Ausg. Lex.-8. Wiesbaden, C. W. Kreidel. In Mappe. à Lfg n. 4. 60; kolor. Ausg. à n. 8. —
5. Bd. (118 S. m. 30 Steintaf.) 891. 892. — 6. Bd. (102 S. m. 30 Steintaf.) 892. 893.

— dasselbe. Neue Folge. 7. Bd. 1.—4. Lfg. Schwarze Ausg. Lex.-8. (S. 1—56 m. 20 Steintaf.) Ebd. 894. In Mappe. à Lfg. n. 4. 60; kolor. Ausg. à n. 8. —

Rossmässler, E. A., Iconographie d. Land- u. Süsswasser-Mollusken m. vorzügl. Berücksicht. der europ. noch nicht abgebild. Arten, fortgesetzt v. W. Kobelt. Neue Folge. 7. Bd. 5. u. 6. (Schluss-) Lfg. Schwarze Ausg. Lex.-8. (S. 57—107 m. 10 Steintaf.) Wiesbaden 896. C. W. Kreidel.
In Mappe à Lfg. n. 4. 60; kolor. Ausg. à Lfg. n. 8. —

— dasselbe. Neue Folge. 8. Bd. 1.—4. Lfg. Schwarze Ausg. Lex.-8. (S. 1—72 m. 20 Taf.) Ebd. 897. 98. In Mappe à Lfg. n. 4. 60; kolor. Ausg. à Lfg. n. 8. —

Rossmässler, E. A., Iconographie der Land- u. Süsswasser-Mollusken m. vorzüglicher Berücksichtigg. der europäischen noch nicht abgebildeten Arten, fortgesetzt v. W. Kobelt. Neue Folge. 8. Bd. 5. u. 6. (Schluss-)Lfg. Schwarze Ausg. Lex.-8. (S. 73—111 m. 10 Taf.) Wiesbaden 899. C. W. Kreidel. In Mappe à n 4. 60; kolor. Ausg. à n. 8. —

— dasselbe. 9. Bd. 1.—6. Lfg. Schwarze Ausg. Lex.-8. (S. 1—86 m. 30 Taf.) Ebd. 899—900.
In Mappe à n. 4. 60; kolor. Ausg. à n. 8. —

Rossmässler, E. A., Iconographie der Land- u. Süsswasser-Mollusken m. vorzüglicher Berücksicht. der europäischen noch nicht abgebildeten Arten, fortgesetzt v. W. Kobelt. Neue Folge. 10. Bd. 6 Lfgn. Schwarze Ausg. (III, 77 S. m. 30 Taf.) Lex.-8. Wiesbaden 903. C. W. Kreidel. In Mappe à n. 4. 60; kolor. Ausg. à n. 8. —

— dasselbe. 11. (Register-)Bd. (XII, 342 S. m. 6 lith. Karten.) Lex.-8. Ebd. 904. n. 36. —

— dasselbe. 12. Bd. 6 Lfgn. Schwarze Ausg. (64 S. m. 30 Taf.) Lex.-8. Ebd. 905. 906. In Mappe à n. 4. 60; kolor. Ausg. à n. 8. —

— Iconographie der Land- u. Süsswasser-Mollusken m. vorzüglicher Berücksicht. der europäischen noch nicht abgebildeten Arten, fortgesetzt v. W. Kobelt. Neue Folge. 13. Bd. 6 Lfgn. Schwarze Ausg. (IV, 45 S. m. 30 Taf.) Lex. 8. Wiesbaden 906. 07. C. W. Kreidel. In Mappe à Lfg. 4.60; kolor. Ausg. à Lfg. 8. —

— dasselbe. 14. Bd. Von P. Hesse. 6 Lfgn. (VII, 172 S. m. 30 Taf.) Lex. 8. Ebd. 907. 08. In Mappe à Lfg. 9. 30

— dasselbe. 15. Bd. 6 Lfgn. (IV, 84 S. m. 30 Taf.) Lex. 8. Ebd. 909. 10. In Mappe à Lfg. 4.60; kolor. Ausg. à Lfg. 8. —

— dasselbe. 16. Bd. Von P. Hesse. 1.—4. Lfg. (S. 1—66 m. 20 Taf.) Lex. 8. Ebd. 909. In Mappe à Lfg. 9. 30

— dasselbe. 17. Bd. 1. u. 2. Lfg. (S. 1—24 m. 10 Taf.) Lex. 8. Ebd. 910. In Mappe à Lfg. 4.60; kolor. Ausg. à Lfg. 8. —

— dasselbe. Neue Folge. 1. Suppl.-Bd. 6 Lfgn. Schwarze Ausg. Lex.-8. Ebd.
In Mappe à Lfg. n. 4. 60; kolor. Ausg. à Lfg. n. 8. —
Beiträge zur Molluskenfauna d. Orients. Von H. Rolle u. W. Kobelt. (72 S. m. 30 Steintaf.) 895—897.

— unsere Lage. Ein ernstes Wort an das deutsche Volk u. dessen Fürsten. Leipzig 866. Priber. 8. (14 S.) n. 2 ngr.

— mein Leben u. Streben im Verkehr m. der Natur u. dem Volke. Nach dem Tode d. Verf. hrsg. v. Karl Ruß. gr. 8. (VIII, 420 S.) Hannover 874. Rümpler. n. 7. —

— der Mensch im Spiegel der Natur. Ein Volksbuch. 1. und 2. Bdchn. Mit eingedr. Holzschn. 8. Leipzig 850, O. Wigand. [1. (151 S.) 2. (183 S. mit 1 geolog. Schema.) à 15 Ngr.]

— dass. — 3. und 4. Bd. Mit eingedr. Holzschn. 8. Leipzig, Keil und Comp. [3. (V und 199 S.) 851., 4. (185 S.) 852. à 15 Ngr.]

— — 3. Bd. Mit eingedr. Holzschn. 2. Aufl. Leipzig 853. Keil. 8. (VIII, 199 S.) 15 ngr.

— der Mensch im Spiegel der Natur. Ein Volksbuch. 5. Bd. Mit eingedr. Holzschn. Leipzig 853. Keil. 8. (VIII, 168 S.) 15 ngr.

— der Mensch im Spiegel der Natur. Ein Volksbuch. Mit eingedr. Holzschn. u. einem geolog. Schema (in eingedruckten Holzschn.). Leipzig 868. Friese. 8. (X, 870 S.) n. 1 ₰ 10 ngr.

— der Mensch im Spiegel der Natur. Ein Volksbuch. Neu bearb. v. Thom. Schlegel. (In 5 Bdn.) Lfg. 1—18. gr. 8. (Bd. 1—4: 155, 167, 146, 138 u. 5. Bd. S. 1—64 m. Fig.) Leipzig 897—898. Th. Thomas.
à Lfg. n. —40 (à Bd. n. 1. 50; geb. n. 2. 50)

— der Mensch im Spiegel der Natur. Ein Volksbuch. Neu bearb. v. Thom. Schlegel. 19. u. 20. (Schluß-)Lfg. gr. 8. (5. Bd. S. 65—113 m. Fig.) Leipzig 898. Th. Thomas. à n. —40 (à Bd. kplt. n. 1.50; geb. in Leinw. n. 2.50)

— Der Mensch u. das Weltmeer, s.: Natur-Bibliothek.

— der Mensch u. das Weltmeer. Eine Skizze. Zugleich ein Ergänzungsheft zu des Verf. größerem Werke: „Das Wasser." Leipzig 859. Brandstetter. gr. 8. (IV, 48 S.) n. 10 ngr.

— die deutsche Nationalversammlung in Stuttgart, s.a. Nationalversammlung.

[Rossmaessler, Emil]: Die deutsche Nationalversammlung in Stuttgart. E. Tagebuch von e. Mitglied ders. [d. i. Emil Rossmässler]. Hechingen 1849. 8°

— siehe: Natur, die.

— Reise-Erinnerungen aus Spanien. 2 Bde. Mit (2) lithogr., nach der Natur von E. Wodick aufgenommenen Landschaften in Tondr. und Abbildungen. 1. Aufl. 1854. und 2., unveränd. (Titel-)Aufl. 8. (XVI und 516 S. mit 1 lithogr. Karte in qu. 4. und eingedr. Holzschn.) Leipzig 856, Costenoble. *

— Reise-Erinnerungen aus Spanien. 2 Bde. Mit (2) lith., nach der Natur von E. Wodick aufgenommenen Landschaften in Tondruck, u. Abbildgn. in Holzschn. (im Text). 854. — 2. (Titel-)Aufl. Leipzig 857. Costenoble. 8. (XVI, 247; 2 Bl., 269 S. u. 1 lith. Karte in 4.) n. 2 ₰. 25 ngr.

— Der Sommer, s.: Natur-Bibliothek.

— für freie Stunden. Mit in den Text gedr. Holzschn. u. dem Portr. des Verf. (in Holzschn.) Breslau 868. Trewendt. gr. 8. (XVI, 500 S.) 1 ₰ 22⅓ ngr.

— Das Süßwasser-Aquarium, s.: Natur-Bibliothek.

— das Süßwasser-Aquarium. Eine Anleitung zur Herstellung und Pflege desselben. Mit 1 Titelbild u. 50 Illustr. in Holzschn. (im Text). Leipzig 857. Mendelssohn. gr. 8. (VII, 88 S.) 1 ₰. 15 ngr; mit color. Abbildgn. n. 3 ₰. 10 ngr.

— das Süßwasser-Aquarium. Eine Anleitung zur Herstellung u. Pflege desselben. 2. Aufl. Ueberarb. von A. E. Brehm. Mit 1 Titelbild u. 53 in den Text gedr. Holzschn. Leipzig 869. Mendelssohn. gr. 8. (VI, 96 S.) 1 ₰ 15 ngr. in engl. Einb. n. 1 ₰ 25 ngr. color. u. in engl. Einb. mit Goldschn. n. 3 ₰ 10 ngr.

Roßmäßler, E. A., das Süßwasser-Aquarium. Eine Anleitg. zur Herstellg. u. Pflege desselben. Ueberarb. v. A. E. Brehm. 3. Aufl. Mit 1 Titelbild (Holzschntaf.) u. 53 in den Text gedr. Holzschn. gr. 8. (IV, 96 S.) Leipzig 875. Mendelssohn. 4. 50; geb. n. 5. 50; color. geb. m. Goldschn. n. 10. —

— das Süßwasser-Aquarium. Eine Anleitung zur Herstellung u. Pflege desselben. Ueberarb. von Otto Hermes. 4. Aufl. Mit 1 Titelbild. (Holzschntaf.) u. 61 in den Text gedr. Holzschn. gr. 8. (V, 105 S.) Leipzig 880. Mendelssohn. 4. 50; geb. n. 5. 50; color. geb. m. Goldschn. n. 10. —

Roßmäßler, E. A., das Süßwasser-Aquarium. Eine Anleitg. zur Herstellg. u. Pflege desselben. Ueberarb. v. Otto Hermes. 5., vielfach verm. Aufl. gr. 8. (VI, 115 S. m. 1 Titelbild u. 69 Holzschn.) Leipzig 892. H. Mendelssohn. n. 4. 50; geb. in Leinw. n.n. 5. 50

— und A. E. Brehm, die Thiere des Waldes, s. Brehm, A. E.

ROSSMÄSSLER, Emil Adolf: Systematische Übersicht des Thierreiches, ein Leitfaden für die Vorlesungen über Zoologie bei der Königl. Akademie für Forst- und Landwirthe zu Tharand. - Dresden, Leipzig 1833. 164 S. - 2. verm. Aufl. m. e. Atlas v. 12 Taf. u. d. T.: Galerie der Thierwelt, ein Atlas zur Übersicht des Thierreiches. ebd. 1835. - 3. gänzl. umgearb. Aufl. u. d. T.: Anleitung zum Studium der Thier- und Pflanzenwelt. Ein Leitfaden für Lehrer an höheren Lehranstalten und zum belehrenden Unterhalt für gebildete Leser. 1. Tl.: Das Thierreich. ebd. 1846. VIII, 560 S.

Roßmäßler, (Lehrer) E. A., systemat. Uebersicht des Thierreichs, ein Leitfaden f. die Vorlesungen üb. Zoologie bei d. königl. Akademie für Forst- u. Landwirthe zu Tharand. gr. 8. Dresd. u. Leipz. 833. (832.) Arnold. 21 gl

— systemat. Uebersicht des Thierreichs; ein Leitfaden, zunächst für die Vorlesungen über Zoologie bei der Königl. Akademie für Forst- u. Landwirthe zu Tharand. 2e verm. Aufl., mit 1 Atlas von 12 Taf. gr. 8. Dresden u. Leipzig 835. Arnold. 5 ₰ — Der Atlas ist unter folg. Titel apart: Galerie der Thierwelt, ein Atlas zur Uebersicht des Thierreichs. 12 lithogr. Taf. (in ½ Roy.-Fol.) Ebd. 835. Pran.-Pr. bis Michaelis 2½ ₰; später im Ladenpreise 4 ₰; nach der Natur kolorirt 9 ₰

Rossmässler, E.A.: Botanische Unterhaltungen, s. Auerswald, Bernhard.

— der naturgeschichtliche Unterricht. Gedanken und Vorschläge zu einer Umgestaltung desselben. 8. (VI und 138 S.) Leipzig 860, Brandstetter.

Rossmässler (E. A.), Die Versteinerungen des Braunkohlensandsteins aus der Gegend von Altsattel in Böhmen (Elnbogener Kreises). Mit 12 Tafeln. (Heft 1 der Beiträge zur Versteinerungskunde.) Dresden und Leipzig 1840. 8.

Roßmäßler, Emil Ad., Versuch einer anatom. Charakteristik des Holzkörpers der wichtigeren deutschen Bäume u. Sträucher. Eine Ergänzung zu Reum's Forstbotanik u. andern forstbotan. Werken. (Besond. Abdr. aus d. 4. Bd. des von der Akademie f. Forst- u. Landwirthe zu Tharand hrsg. Jahrbuchs.) gr. 8. (VIII u. 44 S.) Leipzig 847, Arnold. ¼ ₰

— Volksbildung. Leipzig 865. Kollmann. 8. (VIII, 152 S.) n. 15 ngr.

— populäre Vorlesungen aus dem Gebiete der Natur 1. Bd. A. u. d. T.: Mikroskopische Blicke in den innern Bau und das Leben der Gewächse. 8. (IX und 116 S. mit 15 zum Theil ill. Stnt. und eingedr. Holzschn.) Leipzig 852, Costenoble. *

— populaire Vorlesungen aus dem Gebiete der Natur 2. Bd. A. u. d. T.: Die Versteinerungen, deren Beschaffenheit, Entstehungsweise u. Bedeutung für die Entwickelungsgeschichte des Erdkörpers, mit Hervorhebung von Repräsentanten der geologischen Epochen. Leipzig 853. Costenoble. 8. (VIII, 188 S. m. Holzschn. im Text u. 7 lithogr. Taf.) n. 1 ₰. 7½ ngr.

— der Wald. Den Freunden und Pflegern des Waldes geschildert. 8 Lfgn. Lex.-8. (XV und 628 S. mit 17 Kpfrst., 82 Holzschn. und 2 chromolithogr. Revierkarten in gr. 4.) Leipzig 861, C. F. Winter'sche Verlagsh. *

— der Wald. Den Freunden u. Pflegern des Waldes geschildert. Mit 17 Kpfrst., 82 Holzschn. u. 2 (lith.) Revierkarten. Leipzig 862. C. F. Winter. Lex.-8. (XV, 628 S.) n. 7 ₰ 20 ngr.

— der Wald. Den Freunden u. Pflegern des Waldes geschildert. 2. Aufl. Durchgesehen u. verb. von Mor. Willkomm. 1—15. Liefg. (S. 1—671 mit eingedr. Holzschn. u. 14 Kpfrtaff.) Leipzig 870. C. F. Winter. gr. 8. Jede Liefg. n. 10 ngr.

— der Wald. Den Freunden u. Pflegern d. Waldes geschildert. 2. Aufl., durchgesehen, ergänzt u. verb. v. M. Willkomm. Mit 17 Kpfrst., gezeichnet v. Ernst Heyn, gestochen v. A. Krauße u. Ad. Neumann, 84 (eingedr.) Holzschn., gezeichnet v. A. Thieme, geschnitten v. W. Aarland, u. 2 Revierkarten in lith. Farbendr. (in qu. 4.) gr. 8. (XVI, 671 S.) Leipzig 871. C. F. Winter. n. 15 —; geb. n.n. 17. —

— der Wald. Den Freunden und Pflegern des Waldes geschildert. 3. Aufl. Durchges. und verb. von Mor. Willkomm. 16 Lfgn. gr. 8. (XVIII, 730 S. mit 17 Kpfrst., 90 Holzschn. und 1 Bestandskarte in lithogr. Farbendr.) Leipzig 880,81, C. F. Winter'sche Verlagsh. à Lfg. * M 1. *

Roßmäßler, E. A., das Wasser. Eine Darstellung für gebildete Leser u. Leserinnen. Mit 8 (in Farben gedr.) Lithogr. in Tondr. u. 47 Illustr. in Holzschn. (im Text). Leipzig 858. Brandstetter. gr. 8. (VII, 528 S.) n. 3 ₰. 20 ngr.

— das Wasser. Eine Darstellung für gebildete Leser u. Leserinnen. 2. verm. Ausg. mit 9 Lithogr. in Tondr. u. 47 Illustr. in Holzschn. Leipzig 860. Brandstetter. gr. 8. (VII, 576 S. u. lith. Titel.) n. 4 ₰

— das Wasser. Eine Darstellung für gebildete Leser und Leserinnen. 3. Aufl., nach dem Tode des Verf. hrsg. von Wilh. Schütte. Lex.-8. (VII, 447 S. mit 8 Lithogr. in Tondr. und 47 eingedr. Illustr. in Holzschn.) Leipzig 875, Brandstetter. 10 - geb. * 12 -

— Das Wasser als Regulator des Klimas, s.: Natur-Bibliothek.

Roßmäßler, E. A., der Weg zum Geiste. Ein Bild für die Gegenwart. [Aus: Aus der Heimath.] Leipzig 865. Kollmann. 8. (64 S.) n. 5 ngr.

—— das Wichtigste vom innern Bau u. Leben der Gewächse, f. d. prakt. Landwirth faßlich dargestellt. gr. 8. (15 B. u. 4 Stnt.) Dresden u. Leipzig 843, Arnoldische Buchh. *

ROSSMÄSSLER, Emil Adolf: Das Wichtigste vom innern Bau und Leben der Gewächse, für den praktischen Landwirth fasslich dargestellt. - Dresden, Leipzig 1843. 220 S., 2 Taf.

— ein Wort an die deutschen Arbeiter. 1. u. 2. Aufl. Berlin 863. A. Jonas. gr. 8. (16 S.) n. 1 ngr.

Roßmäßler, F., Gallerie d. vorzügl. Aerzte u. Naturforscher Deutschlands, nach neuen Original-Zeichnungen gestochen. 1s u. 2s Hft. Mit 12 Bildn. in kl. Fol. Gotha 831. Perthes. 4 ₰

F. Rossmasler (Kupferstecher) Gallerie der vorzüglichsten Aerzte und Naturforscher Deutschlands, nach neuen Originalzeichnungen gestochen. 1 u. 2. Heft. Gotha 1831. 1833. 4.

Roßmäßler, F. A., Chemie der gesamten Ölindustrie. (VIII, 126 S. m. 9 Abb.) 8. Wien 907. A. Hartleben. 3.—; geb. 3.80

Rossmässler F A, Chemie der gesamten Ölindustrie. (126 S) (Chemisch-technische Bibliothek 302) Wien 1907

Rossmässler, F. A., Fabrikation v. Photogen u Schmieröl aus Baku'scher Naphtha. Mit 10 Holzschn. 4. (VIII. 25 S) Halle 884. Knapp n. 1.50

(F) Roßmäßler, F. A., Die flüßigen Heizmaterialien und ihre Anwendung. [Chemisch-technische Bibliothek. Bd. 324.] 8°. (ill. 72 S. mit 3 Tafeln) K 3.30, geb. K 4.20
Wien: A.Hartleben 1910.

—— Lehrbuch der Verarbeitung der Naphtha oder des Erdöles auf Leucht- und Schmieröle. 8. (VI, 106 S. mit 27 Abbild.) Wien 886, Hartleben. *

Rossmässler F A, Lehrbuch der Verarbeitung der Naptha oder des Erdöles auf Leucht- und Schmieröle. (Bibliothek. Chemisch-technische 129) Wien 1886

Rossmässler, F. A., die Petroleum- u. Schmieröl-fabrikation. gr. 8. (X, 147 S. m. 26 Abbildgn.) Leipzig 893. J J Weber. n. 3.—

Rossmässler, F. A., Toxikologie oder die Lehre von den Giften. [Chemisch-technische Bibliothek. Bd. 309.] 8°. (VIII, 186 S.) K 3.30, geb. K 4.20
Wien: A.Hartleben 1908.

Roßmäßler, F H. W

Rosmäsler, F. H. W Hamburgs Burger-Bewaffnung. in funf und dreisig Figuren dargestellt von F H W Rosmäsler jun. Hamburg, in Commission bei Giovanni Noveletto 1816. Tit. 2 Bl. 3 Bl. 22 Taf in kol. Kupferst. 4°

Roßmäßler, W. H., Preußen, in landschaftlichen Darstellungen, nach eigenen Zeichnungen in Stahl gestochen. 1r Bd. Rügen, Pommern u. Schlesien. (1s—3s Hft. Rügen. Jedes mit 4 Ansichten auf 2 Taf. u. Text.) gr. 4. Berlin 834—36. (Mittler.) (à n. 1/3 ₰) n. 1 ₰

Rossmaesler, F. H. W., Preussen, in landschaftl. Darstellungen, nach eignen Zeichnn. in Stahl gest. 1. Bd. 1. Abthl. 3—9. Hft. u. 2. Abthl. 1—3. Hft. (od. 3—12. Hft. d. ganzen Folge) gr. 4. Berlin, (Mittler, Vrlsh.; Heymann.) à H. Thlr. *
Hft. 3—9. Die Provinz Pommern.
Hft. 3. Rügen. (4 Ansichten u. 3 Bl. Text.) 836.
- 4. Swinemünde. (4 Ansichten u. 3 Bl. Text.) 837.
- 5. Dom zu Cammin. — Altes Thor in Cammin. — Marktplatz in Stralsund. — Schloss Spiker auf Rügen. (4 Ansichten u. 3 Bl. Text.) 838.
- 6. Greifswald u. Eldona. (4 Ansichten u. 3 Bl. Text.) 839.
- 7. Die Jacobskirche, die Börse u. d. Denkmal Friedrichs II. in Stettin. (4 Ansichten u. 2 Bl. Text.) 839.
8., 9. Marktplatz in Stargard u. rothe Meer bei dems., Rathhaus in Colberg, Münder Fort, Denkmal auf d. Collenberge, Stolpe u. der Ottobrunnen b. Pyritz. (8 Ansichten u. 1½ B. Text.) 840.
- 10—12. Die Provinz Schlesien. 1—3. Hft. à 4 Ansichten. [1. (1½ B. Text.), 2. (½ B. Text.) 841., 3. (½ B. Text.) 842.]
1. u. 2. Hft. Ebendas. 1834. à * 9 Gr.

— dass. 1r Bd. 4s Hft. (Die Insel Usedom.) 4 Ansichten u. 3 Blätter Text. gr. 4. Berlin 837. (Mittler.) n. 5/12 ₰

— dass. 1r Bd. 8s u. 9s Hft. A. u. d. T.: Die Provinz Pommern. Mit 8 Tafeln. gr. 4. Berlin 840. (Mittler.) n. 3/4 ₰

Rossmäsler, F. H. W., Preussen in landschaftl. Darstellungen. 1. Bd. 2. Abthl. Schlesien. 4—6. Hft. (13—15. Hft. der ganzen Folge.) gr. 4. (12 Kpfrtaf. u. 1½ B. Text.) Berlin 843, Heymann. à * –
1. Bd. 1—9. Abthl. u. 2. Bd. 1—3. Hft. Ebendas. 1834—41. à Hft. * 11¼ Ngr.

Roßmäßler, Johann Adolf

Roßmäsler, A., gründl. Anweisung, Zeichnen zu lernen, zum Privat- u. Selbstunterricht in e. Folge von 24 Lehrblättern mit erklärendem Text nach A. F. Oeser. gr. 4 Leipz. Cnobloch. 812.

—— gründl. Anweis. Zeichnen zu lernen, zum Privat- u. Selbstunterr., in e. Folge v. 26 Lehrblättern (Kpfrst.), mit erklär. Text, nach A. T. Oeser. Neue Aufl. gr. 4. (8 B. Text.) Leipzig 832, Cnobloch.

Roßmäßler, Jh. Ad., gründl. u. vollständ. Anweis. z. Blumenzeichnen, nach Arnhold. Mit 30 Kpf. gr. 4. Leipz. 818. N. A. 824. 3e A. 832. Cnobloch. 2 ₰ 12 g. Hbg. Pr. 1 ₰ 18 g.

Roßmäsler, A., vollst. u. gründl. Anweisung zum Blumenzeichnen nach J. S. Arnold. Mit 30 Kupfern. gr. 4. Leipzig, Cnobloch. 818.

Roßmäsler, (J. A.,) gründl. u. vollst. Anweisung z. Blumenzeichnen, nach Arnhold. Neue Aufl. mit 30 Kpf. gr. 4. Leipz. 823, Cnobloch.

Rosmäsler, J. A., gründl. u. vollständ. Anweisung z. Blumenzeichnen, nach Arnhold. 3. Aufl. M. 30 Kpfrt. gr. 4. (2¼ B. Text u. Titvign.) Leipzig 832, Cnobloch.

Rossmässler, J A Gründliche und vollständige Anweisung zum Blumenzeichnen. Leipzig. 1842.

— Ideen f. junge Zeichner zu Stammbuchs-Gemälden u. zur Uebung im Landschaftezeichnen. 1e Samml. 24 Bl. in Crayon-Manier. 4. Leipz., Taubert. 1 ₰

— 24 Vorlegeblätter zum Nachzeichnen f. Knaben u. Mädchen. schmal 8. Leipz. 828. Taubert. 9 g.

— kl. Vorschule z. Zeichnen, s. Er. Müller I.

Roßmäßler, W. H., s. Roßmäßler, F. H. W

Roßmäßler's Ehre. Reden u. Dichtungen von Ed. Burckhardt, F. Wigard, A. Brehm u. L. Würkert vorgetragen an der Roßmäßler-Todtenfeier zu Leipzig. Leipzig 867. Friese. gr. 8. (31 S. mit dem Bildniß Roßmäßler's in Holzschn.) n.n. 7½ ngr.

Rossmoyne, s.: Collection of British authors.

Rossmüller, Emil, kgl. Oberveterinär in Bamberg: Ueber den histologischen Bau der Arterien in der Brust- und Bauchhöhle des Rindes. Mit 4 Tafeln. Bamberg 1906: Handels-Druckerei. (110 S.) 8°
Gießen, Veterinär-Med. Koll., Ref. Martin, Diss. v. 28. Febr. 1907
[Geb. 18. Nov. 71 Ortenburg; Wohnort: Bamberg; Staatsangeh.: Bayern; Vorbildung: Wilhelms-Gymn. München Reife Juli 94; Studium: Tierärztl. Hochsch. München 5, Dresden 3 S.; Rig. 20. Dez. 06.]

Die Frachtenkostenfrage in der Müllerei. Von G. **Roßmüller.** Nebst e. Anh.: Erzeugung u. Bedarf Deutschlands an Brotgetreide u. Mehl. Mit 2 Taf. *Hannover 1900: Jänecke.* (18 S.) 8° [F.]
— Sammlung von Schriften z. Kanalfrage. No 9. [04. 1033] 4

Roßmüller, G., die Frachtkostenfrage in der Müllerei. Nebst e. Anh.: Erzeugung u. Bedarf Deutschlands an Brotgetreide u. Mehl. Mit 2 Taf. tabellar. Zusammenstellgn. gr. 8. (18 S.) Hannover 901. Gebr. Jänecke. n. — 50

ROSSMUS, Theodor Carl (Zeadies): De palpitatione cordis.- Landishuti: Thomann (1809). 32 S.,2 Bl. 16.1.1809 - Pe 301; F 57
Diss. Ingolst.-Landsh.-Mchn.

Roßmy, J. B., Handbuch f. Gefängniß-Aufseher. 1. u. 2., unveränd. Aufl. Hrsg. von der Rheinisch-Westfäl. Gefängniß-Gesellschaft. gr. 8. (63 S.) Düsseldorf 888. (Voß & Co.) n.n. — 50

Roßmy, K. A., Betrachtungen üb. Ursachen u. Wirkungen der Hochwässer u. Vorschläge f. deren Einschränkungen m. 3 Skizzen. gr. 8. (32 S.) Eger 893. (Wien, W. Frick.) n. 1. —

Rossmy, Richard [aus Carlshof i. Schles.]: Ueber die plastische Methode der gestielten Lappen aus entfernteren Hautpartien .... Berlin, Buchdr. v. Gustav Schade (Otto Francke) (1887); 47 + 1 S. 8°.
Berlin, Med. Fak., Inaug.-Diss. v. 18. Aug. 1887.

Rossmy, Richard, über die plastische Methode der gestielten Lappen aus entfernteren Hautpartien. Diss. Berlin 1887, Mayer & Müller. 8°. 47 S.

Roßnagel, Ed., s. Jüllien, F., d. erfahrne Weinkellermeister.

Roßnagel, W. A. J., Harfenklänge, s. Harfenklänge.

Roßneck, Friedrich [d.i. Friedrich Corssen]

Roßneck, F., Mimi Schlichting. Ein Berliner Roman. 8. (164 S.) Berlin 887. Jacobsthal. n. 3. —

Rossner, A., geistige Strömungen der Gegenwart u. ihr Einfluss auf das Erziehungswesen, insbesondere auf das Lehrerseminar. (32 S.) gr. 8. Dresden-Blasewitz 910. Bleyl & Kaemmerer. — 50
Sonderabdruck aus: „Pädagog. Studien".

Roßner, Albin, Rechtsprakt.: Der Einfluß einer Veräußerung und Zwangsvollstreckung des Schuldgegenstandes auf Rücktritts- und Wandelungsrecht. Borna-Leipzig 1911: Noske. X, 72 S. 8°
Erlangen, Jur. Diss. v. 30. Okt. 1910, Ref. Oertmann
[Geb. 8. Juli 83 Hof, Bayern; Wohnort: Hof; Staatsangeh.: Bayern; Vorbildung: Gymn. Hof Reife 03; Studium: München 2, Berlin 2, Erlangen 4 S.; Rig. 20. Dez. 10.] [U 11. 860

Roßner, Alfr., der Name des Klosters Pforta (Claustrum apud portam). Ein Beitrag zur Landeskunde Thüringens, insbesondere des Kreises Naumburg u. zur Geschichte ihrer alten Heerstraßen. Mit 1 Karte der Umgebg. v. Pforta. 8. (56 S.) Naumburg a/S. 893. A. Schirmer's Sort. n. — 75

Roßner, Alfr. Der Rennsteig d. Thüringer Waldes jetzt u. früher. gr. 8. (IV, 119 S.) Naumb. 892, (Schirmer). * 2 25

Roßner, Herbert, Ref. a. Dresden: Die Konkurrenzklausel des Handlungsgehilfen. Borna-Leipzig 1905: R. Noske. (VIII, 64 S.) 8°
Leipzig, Jur. Fak., Diss. v. 20. Nov. 1905
[Geb. 15. April 81 Dresden; Wohnort: Dresden; Staatsangeh.: Sachsen; Vorbildung: Gymn. Dresden-N. Reife O. 00; Studium: Bonn 4, Leipzig 3 S.; Rig. 18. Jan. 05.]

Rossner, Herm., Adolf Brinkmann, Professor am kgl. Stifts-Gymnasium zu Zeitz, u. d. Stadt Zeitz. Mit Berichtigg. mehrerer Hauptpunkte der Philosophie. Ein Erinnerungsblatt seines außeramtl. Wirkens, als vademecum, aus Anlaß seines Scheidens, ihm in diesem Formate ausgefertigt u. dargebracht v. R., zurückgebliebenem Bürger daselbst. (202 S. m. 5 [4 farb.] Taf.) gr. 8. Zeitz (910). H. Rossner. 6. —
(Rossner: Philosophie. T. 1.)

— Erich Schmidt, Geheimer Regierungsrat, Rector magnificus der Berliner Hochschule, u. die Lessingsche Fabeltheorie. Eine Rettung Lessings (quem rodunt omnes), wenn e. Lessing e. solchen bedürftig wäre. — Zugleich Beitrag zur Distanz u. Rangordng. der Geister. Zur Jubelfeier der Berliner Universität als dem Nutrimentum spiritus, dem scheid. Rektor als krit. Vademecum dargebracht. (128 S.) gr. 8. Ebd. (910). 3. —

— Undank, Lüge u. Unterschlagung od. Trichotomie der Schande des Bildhauers Professor G. Wrba zu Dresden, dargestellt von seinem sog. Mäcen R. (124 S. m. 2 Taf.) 8. Ebd. 30. —

Rossner J.: Über den geometrischen Unterricht in den unteren Classen der Realschule. 19. Wien R. V. 78.
Progr.

Rossner, Curt, Rechtsanw.: Der Handlungsagent nach dem Handelsgesetzbuch vom 10. Mai 1897. Borna-Leipzig 1909: Noske. VIII, 51 S. 8°
Leipzig, Jur. Diss. v. 15. März 1909
[Geb. 26. Nov. 78 Dresden; Wohnort: Dresden; Staatsangeh.: Sachsen; Vorbildung: Kgl. Gymn. Dresden-N. Reife O. 98; Studium: Genf 1, München 1, Berlin 1, Leipzig 5 S.; Rig. 24. Juli 03.] [U 09. 2652

Rößner, A., u. Bruton, P., Faustball und Schlagball, Deutschlands Nationalspiele, d. beiden Lieblingsspiele unserer Turner, Leipzig, 59 S., 8°.

Rößner, A., 50 Hantelübungsfolgen f. Altherrenriegen, s.a. Volks-Turnbücher, deutsche. Hft. 33. 34.

Rößner, A.: 50 Hantelübungsfolgen für Altherrenriegen. Für den Betrieb mit Musik zusammengest. Leipzig 1905. 64 S. m. Abb. (Deutsche Volks-Turnbücher. 33—34.)

Rößner, Ed.

Rößner, E., Anleitung zur einfachen landwirtschaftlichen Buchführung als Grundlage zur Deklaration d. Einkommens aus der Landwirtschaft. Für mittlere u. kleine Landwirte bearb. Fol. (24 S.) Sachsendorf b/Rochlitz 890. (Rochlitz, Pretzsch.) n.n. 2. 25

Rößner, Ed., Anleitung zur einfachen landwirtschaftlichen Buchführung als Grundlage zur Deklaration des Einkommens aus der Landwirtschaft. 2., verm. u. verb. Aufl., bearb., u. zugleich an e. Beispiel erläutert v. Emil Rößner jun. gr. 8. (41 S.) Rochlitz 894. (B. Pretzsch.) n. 1. 20

Rößner, Ed., erweiterte einfache Buchhaltung theoretisch u. praktisch bearb. gr. 4. (17 B.) Leipzig 846, Kößling'sche Buchh. 1 Thlr. 15 Ngr.; Schrbp.

Roessner Franz: Karoline von Wolzogens „Agnes von Lilien" und Franul von Weissenthurns „Pauline". M. 1910 PN 3035 **Diss.** Innsbruck. Univ. 373

Rössner, Heinrich, aus Alsfeld ⟨Hessen⟩: **Ueber das Dibromid der Phenylcinnamenylacrylsäure.** *Giessen 1899: W. Keller.* (42 S.) 8°
München, Phil. Diss. v. 1899

Rössner, Hugo, prakt. Arzt in Brandoberndorf: Zur Kasuistik der akuten Osteomyelitis der Wirbelsäule mit prävertebralen Abszessen im Bereich der Brust- und Lendenwirbel sowie des Kreuzbeins. Gießen 1906: v. Münchow. (36 S.) 8°
Gießen, Med. Fak., Ref. Bostroem, Diss. v. 29. Okt. 1906
[Geb. 13. Jan. 67 Rothenburg ob d. Tauber; Wohnort: Brandoberndorf, Kr. Usingen; Staatsangeh.: Bayern; Vorbildung: Gymn. Erlangen Reife Juli 85; Studium: Erlangen 4, Würzburg 5 S.; Coll. 11. Juli 06; Approb. 5. Febr. 91.]

Rößner, Johann Christoph

Rößner, Jh. Cph., Begräbniß- u. Auferstehungs-Geschichte Jesu v. Nazareth, für die Jugend. Mit Kpf. 8. Nürnb. 789. Schneider u. W. 8 Ƒ

Rößner, J. Ch., Gesch. d. Begräbn. u. Auferstehung Jesu, f. d. Jug. m. K. 8. Nrnb. Weigel. 789.

— erbaul. Festtagsfeier christl. Aeltern mit ihren Kindern von verschied. Alter; zur häusl. Andacht am Osterfeste. 8. Nürnb. 789. Schneider u. W. 8 Ƒ

Rößner, Johann Christoph. s. L e b e n s s t u n d e n verschied. Christen.

Rößner, Jh., Nachr. von e. Berge in Niederbaiern ec., s. L. Frhr. v. Hartmann, v. d. blühend. Zustande d. Staaten ec.

— Nachr. vom Muschelberge in Niederbaiern. 4. . . . 783.

— lehrr. Spaziergänge eines Lehrers m. s. Schül. f. die Jugend. m. K. 8. Nrnb. (Gobhard in Bamb.) 784.

— s. Lehrreiche S p a z i e r g ä n g e eines Lehrers . . .

Rößner, M., Materialien f. den Aufsatzunterricht in den Mädchen-Sonntags- u. Fortbildungsschulen. Eine Sammlung v. Briefen u. Aufsätzen aus dem Gebiete des privaten u. geschäftl. Briefwechsels, der Hauswirtschaft u. Gesundheitspflege. (VIII, 91 S.) gr. 8. München 904. M. Kellerer. Kart. n. 1. 30

Rößner, M., Materialien f. den Aufsatzunterricht in den Mädchen-Sonntags- u. Fortbildungs-Schulen. Eine Sammlg. v. Briefen u. Aufsätzen aus dem Gebiete des privaten u. geschäftl. Briefwechsels, der Hauswirtschaft u. Gesundheitspflege. 2., verb. Aufl. (VIII, 92 S.) gr. 8. München 908. M. Kellerer. 1.20; geb. 1. 60

Rössner, Otto [Saxo-Borussus]: De praepositionum ab de ex usu Varroniano . . . . Halis Saxonum, form. descrips. E. Karras, 1888; 68 S. + 1 Bl. 8°
Halle, Phil. Fak., Inaug.-Diss. v. [23. Febr.] 1888

Rössner, Otto, **de praepositionum ab de ex usu Varroniano. Diss. Halle 1888, Lippertsche Buchh. 8°. 58 S.**

Rössner, O[tto], Dr.: Des Aristoteles Ansicht von der Wirkung der Tragödie und die Idee des sophokleischen König Ödipus. *Ratzeburg 1900: H. H. C. Freystatzky.* (S. 3—35.) 4° [J.]
Ratzeburg, Lauenburgische Gelehrten-S (G), OP 1900 (303)

Rößner, Otto: [Ansprache an die scheidenden Abiturienten.] S. 21 bis 23. 4. **Progr.** Kgl. Gymn. *Salzwedel* 1905 (295).

Rössner, Otto, Direktor Dr.: Beiträge zur Erklärung horazischer Oden. I. Salzwedel 1907: A. Menzel. (17 S.) 4°
Salzwedel, k. G OP 1907 (306)

Rößner, Otto: Beiträge zur Erklärung horazischer Oden. I. 17 S. 4. **Progr.** Kgl. Gymn. *Salzwedel* 1907 (306).
I 1. 3. 4. 7. 9. 10. 14. 17. 22. 29.

Rößner, Otto: [Professor Dr. Karl Brandt tritt in den Ruhestand.] S. 19—20. 4. **Progr.** Kgl. Gymn. *Salzwedel* 1905 (295).

Rössner, Otto, Untersuchgn. zu Heinrich v. Morungen. E. Beitrag zur Geschichte d. Minnesangs. gr. 8. (VIII, 96 S.) Berlin 898. Weidmann. n. 2. 40

Rößner, Otto, Dr.: Untersuchungen zur Komposition der Odyssee. Ein Beitrag zur Lösung der homerischen Frage. Merseburg 1904: F. Stollberg. (15 S.) 4°
Merseburg, Dom-G OP 1904 (286)

Rößner, Otto: Untersuchungen zur Komposition der Odyssee. Ein Beitrag zur Lösung der homerischen Frage. 57 S., 1 S. ung. 4. **Progr.** Dom-Gymn. *Merseburg* 1904 (286).
I. Zur Entstehungsgeschichte der O. II. Plan u. Grundgedanke der O.

Rossnick, Fr., neuester alphabet. Güter-Tarif von den verkehrsreichsten Städten Deutschlands nach allen Stationen der deutschen Voll- u. Nebenbahnen, soweit direkte Tarifsätze vorhanden sind. Auf Anregg. der Grosskaufmannschaft Rheinlands u. Westfalens zusammengestellt u. hrsg. (144, 181 u. 4 S.) Lex.-8. Fintrop 904. (Schmiedeberg, F. E. Baumann.) Geb. n.n. 6. 50

ROSSNITZ, David (München): Ein Fall von Ovarialsarkom. Sarkoma carcinomatodes.- München: Wolf 1892. 20 S.
27.7.1892 - Chr 1892/93,151 Jv 1892/93,211
Diss. Ingolst.-Landsh.-Mchn:

Roßny, s. Rosny.

del Rosso, Jos., Untersuchung üb. die Baukunst d. Aegypter ec.; aus d. Italien. mit Anmerk. v. Cr. Valentini. Frankf. 801. A. u. d. T.: Versuch e. Gesch. d. Baukunst d. Alten. 1r Bd. gr. 8. Gießen 810, 15, 17. (Heyer). 1 ₰ 8 Ƒ

Rosso, Jos. del., Unters. üb. die Baukunst, a. d. Ital. v. Valentini. gr. 8. Gießen, Tasche. 801.

del Rosso, Jos., Untersuchungen über die Baukunst der Aegypter. Aus d. Ital. übersetzt u. mit Anmerkungen versehen von Valentini. gr. 8. Gießen 801. (Fr. Fleischer in Leipzig.) 1 ₰

— Versuche e. Geschichte d. Baukunst d. Alten. 1r Bd. gr. 8. Gießen, Müller. 810.

Rosso, Joseph del, Geschichte d. Baukunst, mit Kupf. gr. 8. Gießen, Müller. 815.

Roßo, Joseph del, Geschichte der Baukunst. Aus d. Ital. Mit Kpfrn. gr. 8. Gießen, Müller. 817.

Rossocha, Louis, über eine Methode zur Bestimmung der Lage der cardia, sowie über den im oesophagus und im Magen herrschenden Druck. Inaugural-Dissertation. gr. 8. (27 S. mit 4 autogr. Taf.) Königsberg 880, (Beyer's Verlag.) *

Rossolymo, Alexander [aus Odessa (Russland)]: **I. Zur Kenntniss der Substituirbarkeit der Methylenwasserstoffatome im Benzylcyanid. — II. Einwirkung von Harnstoffchlorid auf aromatische Kohlenwasserstoffe und Phenoläther. . . . Heidelberg, Univ.-Buchdr. v. J. Hörning, 1890; 36 S. 8°**
Heidelberg, Phil. Fak., Inaug.-Diss. v. [16. Mai] 1890

Rossow, J., Zucht u. Pflege d. Goldfasan u. der californischen Schopfwachtel, s.: Röttiger, A., Anleitung zur Zucht u. Pflege der Fasanen.

Roßow, Karl

Rossow, C., Die Turnanstalt Blumenstraße Nr. 3 1836—1846 und Wilhelm Lübeck, Als Hs. gedr., 32 S., 1 Bl., 8°

Rossow, Carl, Geschichte des Turnunterrichts, s.: Kehr, C., Geschichte d. Methodik d. deutschen Volksschulunterrichts. 5. Bd. (Euler, Carl.)

Rossow, Carl, italienische u. deutsche Humanisten u. ihre Stellung zu den Leibesübungen. (XII, 219 S.) gr. 8. Leipzig 903. C. G. Naumann. n. 4. —

Rossow, Karl, Die Leibesübungen an den preußischen Seminaren (S. Abdr. a. Jbuch f. Volks- u. Jugendspiele XIV, S. 34—70), Leipzig u. Berlin, 37 S., 8°

Rossow, Carl: Schulprogramme und Schulschriften über Leibesübungen. Inhaltsangaben u. systemat. Zusammenstellung. Berlin 1910: Trowitzsch. 40 S. 4°
Berlin, k. Wilhelms-G. P 1910 (77) [S 10. 363

Rossow, Carl, zweite Statistik d. Schulturnens in Deutschland. Mit Unterstützg. d. Ministerien d. deutschen Bundesstaaten, der deutschen Turnerschaft u. des Zentralausschusses zur Förderg. der Volks- u. Jugendspiele unter Mitarbeit vieler Schulmänner im Auftrage u. unter Mitwirkg. des deutschen Turnlehrer-Vereins hrsg. (VI, 538 S. m. 1 Bildnis.) gr. 8. Gotha 908. E. F. Thienemann. 14.—; geb. in Halbfrz. 16. —

— Turnfahrtsspiele, s. Volks-Turnbücher, deutsche N. F. 2. Bdchn

Rossow, K. Turnfahrtspiele. Leipzig 1910. 90 S. (Deutsche Volksturnbücher N F 2.)

Rossow, Max: Der Fund in den Geschäftsräumen oder den Beförderungsmitteln einer öffentlichen Behörde oder einer dem öffentlichen Verkehre dienenden Verkehrsanstalt. ⟨§§ 978 ff. B.G.B.⟩ Berlin 1910: Streisand. 64 S. 8°
Heidelberg, Jur. Diss. v. 11. Juni 1910, Ref. Gradenwitz
[Geb. 20. Nov 84 Hugewitz; Wohnort: Gramzow U.-M., Staatsangeh.: Preußen; Vorbildung. Gymn. Prenzlau Reife O. 03; Studium: Halle 1, Göttingen 2, Berlin 4 S., Rig. 24. Juni 09.] [U 10. 1997

Rossowski, St., Circe. Dramatisches Märchen in 1 Prolog u. 5 Bildern. Deutsch v. Alb. Zipper. (125 S.) kl. 8. Lemberg 905. Universal-Buchhandlg. n. 1.70

Rossteuscher, A., ornamentale Glasmalereien d Mittelalters u. der Renaissance, s.: Schäfer, C.

Roßteuscher, Ernst, die Gabe der Sprachen im apostol. Zeitalter. Ein exeget. Versuch über Apostelgesch. II, 1—13, 1. Kor. XIV und die Parallelstellen. gr. 8. (VI und 125 S.) Marburg 850, Elwert'sche Universitäts-Buchh.

Roßteuscher, Ernst Adj., der Aufbau der Kirche Christi auf den ursprünglichen Grundlagen. Eine geschichtl. Darstellg. seiner Anfänge. 2. Aufl. gr. 8. (XI. 509 u. Beilage 95 S.) Basel 886. Schneider. n. 5. 20

Roßteuscher, Ernst A., Zeugniß und Mahnung an die Mitchristen, betr. die bevorstehende Erscheinung unseres Herrn Jesus Christus. Nach Inhalt einiger öffentl. Vorträge. gr. 8. (39 S.) Kassel 868, (Kay.) * — 50

Roßteuscher, Ernst A., Zeugniß u. Mahnung an die Mitchristen, betr. die bevorstehende Erscheinung unseres Herrn Jesus Christus. Nach Inhalt einiger öffentl. Vorträge. Kassel 868. (Krieger.) gr. 8. (39 S.) 5 *ngr.*

Roßteuscher, Philipp, **Rechtspraktikant a. Würzburg: Die** Polizei der deutschen Konsuln. **München: J. Schweitzer** 1907. (122 S.) 8° [F.]
Würzburg, Jur. Fak., Ref. Mayer, Diss. v. 15. Juli 1907
[Geb. 10. Juli 83 Würzburg; Wohnort: Würzburg; Staatsangeh.: Bayern; Vorbildung: Gymn. Würzburg Reife Juli 02; Studium: Würzburg 8 S.; Rig. 12. Juli 06.]

Rossteutscher, Ernst, aus Coburg ⟨Thüringen⟩: **Die Passivlegitimation bei rei vindicatio, Publiciana und hereditatis** petitio. *Coburg 1899: A. Rossteutscher.* (29 S.) 8° [F. u. Ant.]
Erlangen, Jur Diss. v 15. Sept. 1898

Roßteutscher, Joh. Benj. Aug., christkathol. Glauben u. Leben, geschildert in kurzen Vorträgen im christkathol. Leseverein. 1. Lfg. 2. Abdr. 8. (2 B.) Breslau 846, (Trewendt.)

—— Grundzüge des erneuerten Evangeliums Jesu Christi, od.: 2. Lfg. der Vorträge über christl. Glauben u. Leben. 8. (4 B.) Breslau 848, Trewendt.

Rosstlapil, Othm Wodurch wird der lateinische Unterricht in den Schulen erschwert? 16 S – Braunau, Progr 1852

Roßtrappenlied. Im Sommer 1848. [Aus: Volksblatt für Stadt u. Land.] Quedlinburg 867. (Franke.) 16. (16 S.) n. 2 *ngr.*

Rossum, Bernardus Josephus (geb. am 25 Nov 1803 in Köln): Dissertatio . . de inversione et prolapsu vesicae urinariae simulque intestinorum . . Acced. tab. II lapidi incisae Coloniae Agripp., ex off. Schloesseriana (1830). VI, 12 S., 1 Bl., 2 Taf 4.
Bonn, Med. Fak., Diss. v 28 Aug. 1830

Rossum, J van Ueber einige Derivate der Zimmtsäure Göttingen, 1866

Rossum, Carl van, appr. Arzt: **Ein Beitrag zu der Lehre über die Hernia mesenterico-parietalis ⟨Hernia retroperitonealis dextra⟩.** Bonn: Georgi 1909. 62 S. 8°
Bonn, Med. Diss. v. 8. Mai 1909, Ref. Ribbert
[Geb. 1. Aug. 84 Cleve; Wohnort: Bonn; Staatsangeh.: Preußen; Vorbildung: Gymn. Emmerich Reife O. 03; Studium: Freiburg i. B. 2, Göttingen 3, Bonn 2, München 1, Bonn 2 S.; Coll. 7 Apr. 09; Approb. 1. Mai 09.] [U 09. 364

van Rossum. [illegible]
[illegible]
nachgelieferten [illegible] auf Grund gedruckter Thesen promov. [illegible]

Roßvally, M. L., Lebens-Erfahrungen. 12. (32 S. m. Abbildgn.) Hamburg 891. J. G. Oncken Nachf. — 15

Roßvally, des Evangelisten Dr. M. L., Lebens-Erfahrungen. (24 S.) kl. 8. Wandsbek (909). Verlagsbuch. „Bethel". nn — 10

Roßvally, M. L., der sterbende Tambour u. sein Gebet. 12. (31 S. m. 2 Holzschn.) Hamburg 889. Oncken Nachf. n.n. — 15

— dasselbe. 12. (30 S.) Gernsbach 890. Christl. Colportage-Verein. n. — 12

Rossvally, M L. Der sterbende Tambour und sein Gebet 4 Aufl Hamburg: J G Oncken Nachf [1892]. (32 S.) 8°

Rossvally, M. L., der sterbende Tambour u. s. Gebet. 5. Aufl. 12. (31 S.) Dillenburg 895. (Frankfurt a/M., J. Schergens.) n. — 10

Rosswaag, Chr., Briefe über Nationalcharakter, Sitten u. Gebräuche der Juden. Etwas für Christen aus allen Ständen, besonders auch für Volksschullehrer. 2 Thle. (in 1 Bde.). Calw, gedr. bei Gust. Rivinius 1838. 8°. Ppb.
Nicht im Handel u. selten 1: VIII—149 S., 1 Bl. Err. 2: 163 S., 1 Bl. Err.

Rosswein [Schlagwort]

Rosswein, s.: Deutchland. Kürschner-Pelp.

Rosswein, Bezirk, s.: Nossen, Bezirk.

Rosswein, s.: Sachsen. Karte. Messtischblätter.

Rosswein-Nossen, s.: Geologische Karten. Spezialkarte (Sachsen).

Roßwinkler, Ant., über künstl. Füße. Fol. 8. ($5\frac{1}{8}$ B. u. 1 Stnt.) Wien 836, (Braumüller u. Seidel.)

Roßwitha, s. Roswitha

Rossy, E., der König des Humbugs, s.: Gabelsberger-Bibliothek.

Rossy, F., ein Studentenstreich, s.: Gabelsberger-Bibliothek.

Rost: Analecta critica in varios scriptorum graecor. locos. Progr. Lips. 802. sq. 5 Progr. 4. 16 gr.

Rostiorum carmina latina, cum appendice quorundam Irmischii poëmatum, (edidit Jh. Aug. Weichert). 8. Leipz. 812. Tauchnitz. 20 gr.

Glaubensgedanken eines Funtzigers. ([Verf.:] Adolf Rost, Leipzig.) (Leipzig [1908]. Brandstetter.) 40 S. 8° [10. 3396

Rost's, Alex., dramatische Dichtungen. 6 Liefgn. Weimar 867,68. Panse. gr. 8. n. 1 rthl 15½ ngr.
1. Liefg. Ludwig der Eiserne oder das Wundermädchen aus der Ruhl, romantisches Volksschauspiel in 5 Akten. 1. u. 2. Aufl. (VIII, 96 S.) n. 7½ ngr.
2. Liefg. Kaiser Rudolph in Worms oder der deutsche König u. die deutsche Maid, romantisches Volksbild in 5 Akten. (IV, 104 S.) n. 7½ ngr.
3. Liefg. Landgraf Friedrich mit der gebissenen Wange. Romantisches Drama in 5 Akten. (IV, 108 S.) n. 9 ngr.
4. Liefg. Das Regiment Madlo. Trauerspiel in 5 Akten. (IV, 136 S.) n. 7½ ngr.
5. Liefg. Berthold Schwarz oder die deutschen Erfinder, romant. Volksschauspiel in 5 Akten. (IV, 111 S.) n. 9 ngr.
6. Liefg. Der Held des Nordens, große romantische Oper mit Ballet in 5 Akten. (79 S.) n. 5 ngr.

Rost, Anton Franz Sales (Edm.)

Rost, Ant. Frz. Salesius Edm., Beleuchtung einiger religiösen Zeitfragen vorzüglich d. Artikels in Nr. 83 der Bohemia 1848 über den Cälibat. 8. (104 S.) Prag 848, Credner & Kleinbub in Comm. n. 8 ngr. (Separatabdruck der Einleitung von des Verf. „Das Eine Nothwendige.")

Rost, Ant. Frz. Sales, Ein Christus, Eine Wahrheit — Eine Kirche, als kathol. Religionslehre zum Grunde gelegt in fünf Gelegenheitspredigten u. e. Worte üb. d. Wesen d. religiös. Aufklärung. gr. 8. (10 B. u. Ztlvign.) Prag 834, Haase Söhne.

—— religionswissenschaftl. Darstellung d. Ehe. gr. 8. ($11\frac{1}{4}$ B.) Wien 834, Gollinger.

Rost, Anton, Über Gottes Dasein. Innsbruck, Wagner, 1832. 8°. 127 S. (Vergriffen.)

—— über Gottes Daseyn. gr. 8. (8 B. u. Ztlvign.) Innsbruck 832. (Augsburg, Kollmann.)

— das Eine Nothwendige zur wahren Freiheit u. zum rechten Fortschritte in christl. Gerechtigkeit die öftere Kommunion oder sakramentale Vereinigung mit Christo Jesu dem Lichte der Welt. Dargestellt gegen den Jansenismus der Zeit. gr. 12. (283 S.) Prag 848, Credner & Kleinbub. n. 1 rthl 6 ngr.

Rost, Ant. F. S., traditionelle Erklärung der Ceremonien bei der heil. Taufe. Prag 854. Credner in Comm. 8. (IV, 56 S.) n. 10 ngr.

— Etwas für Alle. Homiletischer Unterricht über die christliche Wohlthätigkeit u. über die Heiligkeit des Christen. Prag 857 Credner in Comm. 8. (92 S.) n. 14 ngr.

Rost, Frz. Sales, Gebet- u. Erbauungsbuch f. die Verehrer d. h. Johann Nepomuk. 2. sehr verm. Ausg. 8. (232 S.) Prag 872. Kosmack & Neugebauer. n. 1. —

Rost, Frz. Sales, Gebet u. Erbauungsbuch für die Verehrer des heil. Johann v. Nepomuk. Neue (Titel-)Ausg. 8. (232 S.) Prag (1872) 877. Kosmack & Neugebauer. — 90

Rost, Anton, Gedanken über Natur und Geist. In einem Briefe mitgeteilt einem jungen Freunde, nachdem dieser die philosophischen Studien begonnen hatte. Innsbruck, Rauch, 1831, gr. 8°
Recens. Kath. Littztg von Kerz 1833, Bd. 3 S. 268—75.

—— Gedanken üb. Natur u. Geist; in e. Briefe mitgeth. e. jungen Freunde, nachdem dieser d. philosoph. Studien begonnen hatte. gr. 8. (4 B.) Innsbruck 831. (Augsburg, Kollmann; Regensburg, Manz.)

Rost, Ant. Frz. Sales, röm.-kathol. Glaubens-Prinzip. gr. 8. ($7\frac{3}{4}$ B.) Prag 836, Haase Söhne.

— lasset uns beten! Homiletische Abhandlung über das Wesen des Gebetes oder der innern Religion, auf Grundlage einer Predigt am Feste der heil. Theresia, mit Anwendungen auf die kirchl. Zustände in Oesterreich. gr. 8. (112 S.) Regensburg 850, Manz. 5/12 rthl.

Rost, Ant. Frz. Sales, die heilige Schöpfungsgeschichte (1. Buch Moses Kap. 1.) erklärt in 6 Predigten in der Faste d. Jahres 1842 in der Pfarrkirche bei St. Jakob. gr. 8. ($13\frac{1}{2}$ B.) Prag 843, Haase Söhne, Verlags-Expedition. Thlr.

— die Schöpfungsgeschichte des Menschen, dessen ursprüngliche Würde, Bestimmung u. Abfall von Gott, [Genesis II. u. III. Cap.] in homiletisch dogmat. Abhandlungen dargestellt. gr. 8. (XII u. 259 S.) Wien 848, Mechitharisten-Congregations-Buchhandlung. 1 rthl.

—— die ewige Weisheit u. Liebe in d. Worten d. allerheil. Erlösers am Kreuze, betrachtet in Fastenpredigten. gr. 8. ($7\frac{1}{2}$ B.) Prag 839, Haase Söhne.

— das Wesen der Wiedererstattung [Restitution] u. der christl. Genugthuung in zeitgemäßer Form besprochen. Als Sendschreiben geeignet f. die Antragsteller zur Ausweisung der Jesuiten u. Redemptoristen. gr. 8. (74 S.) Prag 849. (Credner & Kleinbub.) n. 8 ngr.

Rost Anton von Proposition An gegenwertigen Congress Lobl Gemeiner drey Pündten beschehen von mir A' von R als Kayserlichen Envoye &c (Chur den 7 Martij 1702) 4 o O

Rost, Arnold [aus Dresden] · **Monographie des Haematoxylins. Dresden 1904. 83 S. 8°. [29. I. 04.]**
Bern. Phil. Diss. 1903/1904.

Rost, Arnold. Monographie des Haematoxylins. Diss. Phil. Bern. [Mit Figuren.] 83 S. 8. Dresden, Lehmann, 1904.

Rost, August

Rost, Aug., das Salz-Monopol muß aufgehoben werden. gr. 8. (39 S.) Arnstadt 848. (Berlin, Schneider & Co.) n. 1/6 ℔

Rost, B., Anbau der Hülsenfrüchte u. d. Buchweizens, s.: Bibliothek, landwirthschaftliche.

Rost, B., Anbau der Hülsenfrüchte u. des Buchweizens, s.: Volksbücher, landwirthschaftliche.

— **Anleitung zur Anlage allerhand Einfriedigungen als leb. Hecken, Wälle, Zäune, Gräben** rc. 8. (93 S.) Leipzig 873. Schmidt & Günther. 1. 20

Rost, B., praktische Anleitung zu einem richtigen und vortheilhaften Betriebe der Gebrauchs- oder landwirthschaftlichen Pferdezucht, nebst Bemerkungen über die Roßschlächterei und die Verwendung des Pferdefleisches zur menschl. Nahrung. gr. 8. (III, 160 S.) Bremen 883, Heinsius. *

—— praktische Anleitung zu einem sicheren und einträglichen Betriebe der Schweinezucht. [Zucht, Pflege, Mastung und Krankheiten der Schweine rc.] 8. (VI, 119 S.) Kassel 881, Freyschmidt. *

Rost-Haddrup, B., Beiträge zur Hebung der Viehzucht, s.: Landmanns, d., Winterabende.

[F.] Das Gebrauchs- und Remontepferd. Grundlagen f. d. sichere Hebg d. Gebrauchspferdezucht, wie f. Erzielg v. Militärpferden. Nach fünfzigj. Erfahrgn geschr v. B **Rost**-Haddrupp. Landwirth . *Berlin: A. W Hayn's Erben [1897].* (1 Bl., IV, 111 S.) 1 Bd 8. [97. 7313

Das Gebrauchs- und Remontepferd. Grundlagen f. d. sichere Hebung d. Gebrauchspferdezucht, wie f. Erziehung von Militarpferden. Nach 50jahr. Erfahrungen geschrieben von B **Rost**-Haddrup. Mit e. Vorw von Arthur Schmekel. 2 verm. u. verb. Aufl. *Berlin A. W. Hayn's Erben (1900).* (VIII, 110 S.) 8° [01. 4356

Rost-Haddrup, B., das Gebrauchs- u. Remontepferd. Grundlagen f. die sichere Hebg. der Gebrauchspferdezucht, wie f. Erzielg. v. Militärpferden. Nach 60jähr. Erfahrungen geschrieben. Mit e. Vorwort v. Arth. Schmekel. 2. verm. u. verb. Aufl. gr. 8. (VIII, 110 S.) Berlin (901). A. W. Hayn's Erben. n. 1. —

— **über Milchergiebigkeit d. Rindviehes, Aufzucht der Kälber im Allgemeinen u. Aufzucht der Kälber auf Milchergiebigkeit** rc. 8. (V, 130 S.) Berlin u. Leipzig 876. H. Voigt. n. 2. —
Dass. s.: Volksbücher, Landwirthschaftliche.

— **die Milchwirthschaft, s.: Bibliothek, landwirthschaftliche.**

—— die Milchwirthschaft und die Bereitung der vorzüglichsten Molkereiprodukte rc., s. a. Volksbücher, landwirthschaftliche.

Rost B.: Die Milchwirthschaft u. die Bereitung d. vorzüglichsten Molkereiprodukte etc. Berl. 1875. 227 S.

—— **praktischer Ratgeber für Auswanderer. Nebst Angaben über die verschiedenen amerikan. Ansiedelungsverhältnisse rc. gr. 8. (64 S.) Bremen 883, Heinsius.** *

—— die rationelle Rindviehzucht. [Mit verschiedenen (17 eingedr. Holzschn.-)Abbildungen.] 8. (XI, 563 S.) Leipzig 877, H. Voigt. * 7 —
—— dass. — s. Bibliothek, landwirthschaftliche.

Rost, B [Red], s Zeitung, Deutsche allgemeine,

Rost-Haddrup, B., die nutzbringende Ziegenzucht. Nebst e. Anh. üb. **das Milchschaf.** gr. 8. (II, 46 S. m. 3 Abbildgn.) Bremen 892. M. Heinsius Nachf. n. — 80

Rost, Bernhard

Rost, Bernh., Albumblätter f. Mädchen. Versuch, weibl. Vornamen in gebundener Form zu deuten. (VIII, 94 S.) kl. 8. Leipzig 908. Teutonia-Verlag. — 50

— Am ew'gen Himmel stehst du fest, Stern heil'ger Mutterliebe! Eine Sammlg. v. Gedichten, die Mutterliebe verherrlichend. (Neue [Umschlag-]Ausg. u. d. T.: Mutterliebe!) (XV, 125 S.) kl. 8. Leipzig [901] (909). Leipziger Verlags- u. Kommissionsbuchh. — 50

— Die gymnasiale Ausbildung der Mädchen im Königr. Sachsen. (V, 40 S.) gr. 8. Tübingen 907. (Leipzig, Röder & Schunke.) 1. 50

Rost, Bernhard, a. Chemnitz: Entwicklung und Stand des höheren Mädchenschulwesens im Königreich Sachsen mit besonderer Berücksichtigung der letzten Decennien. Historisch-statistisch dargestellt. Tübingen: F. Fues 1907. (XVIII, 439 S.) 8°
Tübingen, Staatsw. Fak., Ref. Triepel, Diss. v. 8. Jan. 1907

[Geb. 1 Okt. 71 Chemnitz; Wohnort. Leipzig; Staatsangeh.: Sachsen; Vorbildung. Seminar Zschopau Wahlfähigkeitszeugnis O. 92; Studium Handelshochsch Leipzig 5, Univ Tübingen 4 S.; Rig. 27 Febr. 06.]

Rost, Bernhard: Entwicklung und Stand des höheren Mädchenschulwesens im Königreich Sachsen mit bes. Berücks. der letzten Decennien. Historisch-statistisch dargest. — Tübingen: Fues 1907. XVIII, 430 S. 8°

— Paul Fleming, e. deutscher Dichter aus Hartenstein. Ein Lebensbild zur Feier der 300. Wiederkehr seines Geburtstages. Mit mehreren Abbildgn. (2 Vollbildern) u. Flemingschen Gedichten. (VI, 42 S.) 8. Wildenfels 909. (Chemnitz, C. Strauß.) 1. —

Richard Hartmann, der große Chemnitzer Maschinenbauer Ein Lebensbild z. hundertsten Wiederkehr s. Geburtstages. Mit zahlr Abb. Von Dr Bernhard **Rost**, Lehrer Chemnitz Verl. d. Verf. 1909. 77 S. 8° [09. 17168

— Richard Hartmann der grosse Chemnitzer Maschinenbauer. Ein Lebensbild zur 100. Wiederkehr seines Geburtstages. (77 S. m. Abbildgn. u. 1 Bildnis.) gr. 8. Chemnitz 909. (C. Strauss.) b 1. —

Rost, Bernhard: Die sächsischen Lehrerinnenseminare in ihrer geschichtl. Entwicklung u. ihrem gegenwärtigen Stande. Historisch-statistisch dargest., hauptsächl. nach der verwaltungsrechtl. Seite. -- Tübingen: Fues [übergekl.: Leipzig: Roth & Schunke] 1907. VII, 164 S. 8°

— Liederbuch v. Hohen-Entringen. Allerhand Verse, aus Fremdenbüchern des Schlosses ausgewählt u. hrsg. (VIII, 75 S. m. 1 Abb. u. 1 Taf.) 8. Tübingen 908. (Osiander.) Geb. in Leinw. nn 1.25

[F.] **Rost,** Friedrich Bernhard: Der achtstündige Normalarbeitstag ... [Erschien vollst. als Heft 1 d. 3. Bds von: Staats- u. socialw. Beitr. hrsg. v. A. v. Miaskowski.] Leipzig, Duncker & Humblot, 1896; 1 Bl., 40 S., 1 Bl. 8.
Leipzig, Phil. Fak., Inaug.-Diss. v. [20. Mai] 1896

[F.] Der achtstündige Normalarbeitstag. Von Dr. Bernhard **Rost.** *Leipzig: Duncker & Humblot 1896.* (4 Bl., 208 S.) 8.
— **Beiträge,** Staats- u. socialwissenschaftliche. Bd III. H. 1. (96. 6090

Die Wert- und Preistheorie mit Berücksichtigung ihrer dogmengeschichtlichen Entwickelung Von Dr. Bernhard **Rost.** Leipzig: Duncker & Humblot 1908. (VII, 207 S.) 8° (08. 2163

Rost, Bernh., über das Wesen u. die Ursachen unserer heutigen Wirtschaftskrisis, s.a. Abhandlungen, volkswirtschaftliche u. wirtschaftsgeschichtliche, N. F. 2.

Rost B, über das Wesen und die Ursachen unserer heutigen Wirtschaftskrisis. (56 S) (Volkswirtschaftliche Abhandlungen. Neue Folge 2) Jena 1905

Rost, C, das Einmachen u. Trocknen v. Obst u. Gemüse, s.: Amberg, L.

Rost, C, es ist e. köstlich Ding, daß das Herz fest werde! Als Gabe zur Befestigg. des christl. Glaubens in u. nach dem Konfirmanden-Unterricht. gr. 8. (99 S.) Frankenberg 898. C. G. Roßberg. n. 1.50

-- „Glück auf", s.: Schubert, M.

Rost, C., Koch- u. Haushaltungsbuch, s.: Amberg, L.

— Leitfaden f. die Hand der Koch- u. Haushaltungsschülerinnen, s.: Amberg, L.

— der Passionsweg einst u. heute. 12. (44 S. m. Abbildgn. u. Titelbild.) Dresden (899). Verbandsbuchh. (E. Zacharias). — 40

Rost, C C H, s. Rost, Karl Christian Heinrich.

Rost, C. F. W., der Verwalter, od. ökonom. Unterricht f. angehende Verwalter. 8. Leipz. 804. (W. Rauck). 5 gl

Rost, C. F. W., d. Verwalter, od. ökon. Unterr. f. angeh. Verwalter. 8. Lpz. Sommer. 804.

Rost, C. H. Dissertatio de Fernando I., Smalcaldici belli socio. 4. Lipsiae 1789.

Rost, C. H., de Thoma apostolo philosopho. Budiss. 1783. f.

Rost, Ch. E. C., Elementarbuch f. Anfänger im Lesen. 8. (5 B.) Neustadt 843. (Naumburg, Lange.?)

Rost, Ch. E. C., thüringer Schulbote, s. Schulbote, thüringer.

Rost, Chr. Gottlob

***Rost,* Chr. Glo., breviarium historiae belli Gallorum adversus Austriacos eorumque socios inde ab anno cIↃIↃccXcII usque ad ann. cIↃIↃcccI gesti. Juvenibus litter. studia aemulantibus. 8. Cahle 806. (Leipz., Centr.-Compt.) 9 gl**

Rost, C. G., Breviarium hist. Bel. Gallorum etc. 8. Cahlae. (Fr. Bruder, Lps.) 806.

Rost, Christian Friedrich

Rost, Chr. Fr., ABC- u. Lesebüchl. f. Stadt- u. Landschulen, auch diejen., in welchen d. Lautirmethode eingeführt ist. 6., ganz umgearb. Aufl. 8. (2 B.) Eisenberg 834, Schöne.

Rost, Chrstn. Friedr., ABC- u. Lesebüchlein f. Stadt- u. Landschulen, auch diejen., in welchen d. Lautirmethode eingeführt ist. 7. Aufl. 8. (2 B.) Eisenberg 839, Schöne'sche Buchh.

Rost, Chr. Fr., bibl. Geschichten des alt. u. neuen Testaments. 8. Eisenberg 810. 2e A. 816. 3e A. 823. 4e A. 828. 5e A. 832. Schöne. 6 gl

Rost, Ch. Fr., biblische Geschichten des alten u. neuen Testaments. Nebst einem Anhang von den wichtigsten Veränderungen in der christlichen Kirche. 2te verb. Aufl. 8. Eisenberg, Schöne. 816.

—— bibl. Geschichten d. alt. u. neuen Testam. Nebst e. Anh. v. d. wichtigst. Veränderungen in d. christl. Kirche v. Anfang ders. bis auf uns. Zeiten. Zum Unterr. d. Jugend in Stadt- u. Landschulen. 4., u. 5., verb. Aufl. (à 19½ B.) 8. Eisenberg 828, 32, Schöne. à

—— bibl. Geschichten d. alt. u. neu. Testam. Nebst e. Anh. von d. wichtigsten Verändern. in d. christl. Kirche v. Anfange ders. bis auf uns. Zeiten. Zum Unterr. d. Jugend in Stadt- u. Landschulen. 6., verb. Aufl. 8. (19½ B.) Eisenberg 837, Schöne'sche Buchh.

Rost, Chrst. Friedr., biblische Geschichten des alten u. neuen Testaments. Nebst e. Anh. v. den wichtigsten Veränderungen in d. christl. Kirche. 7., verb. Aufl. 8. (19½ B.) Eisenberg 845, Schönesche Buchh.

Rost, Chrn. Friedr., biblische Geschichten des alten u. neuen Testaments. Nebst einem Anhang von den wichtigsten Veränderungen in der christlichen Kirche vom Anfang derselben bis auf unsere Zeiten. Zum Unterricht der Jugend in Stadt- u. Landschulen. 8. (Titel-)Aufl. Eisenberg (845.) 856. Schöne. 8. (XIV, 208 S.) 7½ ngr.

— Predigten nach Grundsätzen d. Kantischen Philosophie u. reinen Christuslehre. 8. Eisenberg 804. Schöne. 12 gl

Rost, Christoph Jeremias

***Rost,* Cph. Jerem., († d. 13. Jan. 1790.) epigrammata c. vita ejusd. ed. F. W. E. Rost. 8maj. Leipz. 791. Klaubart. 8 gl**

Rost, C J., Progr. de Hippomolgis ad locum quend. Homeri. Lips. 781. 4.

Rost, Conrad, s. Rost, Konrad.

Rost, D. C., der Sonettenkranz. Ein freundschaftliches Weihegeschenk. 16. (36 S.) Friedeburg 856. Amsterdam 858, (Gilbers.) *

Rost, Daniel Friedr. (Numburgo-Misnicus)
Dissertatio inauguralis juridica exhibens quasdam positiones ex diverso jure. Gissae 21 Dez. 1752: E. H. Lammers. (4), XVII S. 4°
pro summis in utroque jure honoribus ac privilegiis doctoralibus rite consequendis.

Rost's, E., Führer u. Rathgeber durch Bad Sulza u. seine Umgebung für Kurgäste u. Einheimische, enth.: die histor. Entwickelung des Soolbades, die wissenschaftl. Soolanalyson, Mittheilungen über die Wirkgn. der Soole bei den einzelnen Krankheits-Erscheinungen, die Kurtaxen, Fahrpreise, Geschäftsempfehlungen etc. Mit zahlreichen (lith.) Abbildungen. 4., verm. u. verb. Aufl. 12. (VII, 129 S.) Stadt-Sulza 881. Rost. n. 1. —

Rost, Ernst, Kammergerichtsreferendar: **Interpretation der Lex 15 Digestorum de exceptione rei judicatae 44, 2 (Si inter me et te) und die Anwendbarkeit der in ihr entwickelten Grundsätze nach heutigem Reichsrecht.** Borna-Leipzig 1907: R. Noske. (37 S.) 8°
Heidelberg, Jur. Fak., Ref. Endemann, Diss. v. 1907
[Geb. 21. Sept. 76 Berlin; Wohnort: Berlin; Staatsangeh.: Preußen; Vorbildung: Falk-Realgymn. Berlin, Gymn. Steglitz Reife 98; Studium: Berlin 1, München 2, Berlin 5 S.; Rig. 28. Juli 06.]

Rost, Ernst Wilhelm August

Rost, Er. Wlh. Aug., Alonso u. Leonore, Trspl. 8. Eisenach 790. (Bärecke).

— Lohn d. Freundschaft; Schspl. in 5 A. Cassel 801. (Luckhardt).

— der Mädchenwerber, oder d. gelehrte Diener. Lstspl. 8. Leipz. 778. Schneider. 2 gr

WINTERQUARTIERE, Die, ein Lustspiel in fünf Aufzügen (von *Ernst Aug. Wilh. Rost*). Leipzig 1779. Linke
Anon.-Lex. IV. p. 404 (nach Meusel).

Rost, Eugen [aus Schellenberg in Sachsen, (app. Arzt)]: Aus d. pharmakolog. Institut v. Prof. v. Schroeder in Heidelberg. Über die Ausscheidung des Coffein und Theobromin im Harn ... (Aus: Arch. f. experiment. Pathol. u. Pharmakol., Bd XXXVI.) Leipzig, Druck v. J. B. Hirschfeld, 1895; 1 Bl., 16 S. 8.
Heidelberg, Med. Fak., Inaug.-Diss. v. [28. Febr.] 1896

Rost, E., Fr. Franz u. R. Heise, Beiträge zur Photographie d. Blutspektra unter Berücksicht. der Toxikologie der Ameisensäure. Mit 8 Abbildgn. im Text u. 7 Taf. in photograph. Reproduktion. (S. 223—304.) Lex. 8. Berlin 909. J. Springer. 9.—
Sonderabdr. aus: „Arbeiten a. d. kais. Gesundheitsamte“.

Borsäure als Konservierungsmittel. Beiträge z. Beurteilung d. Angriffe gegen d. Verbot d. Verwendung von Borsäure u. deren Salzen bei d. Zubereitung von Fleisch (Bekanntmachung d. Reichskanzlers vom 18. Febr. 1902). Bearb. von Dr. E[ugen] Rost, Reg.R. *Berlin: J. Springer in Komm. 1903.* (102, 62 S.) 4°(8°) [03. 4478

Rost, F.: Flugapparate Mit 31 Abb Hannover Jänecke 1909. 64 S. 8°
(Bibliothek d. gesamten Technik. Bd 112)

Rost, F., Flugapparate, s. Bibliothek d. gesamten Technik.

Tiefbohrtechnik. Von F. **Rost**, Ing. Mit 82 Abb. Hannover: M. Jänecke 1908. (109 S.) 8°
— **Bibliothek** d. gesamten Technik. Bd 74. [08. 11070 7

Rost, F. M., die Anfangsgründe der Zahlen- u. Raumgrößen-Lehre. Als Leitfaden f. den mathemat. Unterricht an den k. Artillerie-Brigade-Schulen, so wie z. Selbst-Unterr. f. die Avancirten der Artillerie bearbeitet. gr. 8. (18½ B. u. 3 Figurentaf.) Berlin 842, Eichler. *

—— die Elemente d. Zahlen- u. Raumgrößen-Lehre. Für Militair-Schulen u. z. Selbst-Unterricht f. Offizier-Aspiranten. In 2 Bdn. 1. Bd. Arithmetik u. ebene Geometrie. 2., verm. u. verb. Aufl. gr. 8. (29 B. u. 3 Figurentaf.) Berlin 845, Theod. Enslin. *

Rost, Ferd., Karte vom königl. bayr. Bezirksamte Miltenberg. Fol. Miltenberg 872, Halbig. * 1 —

Rost, Franz: Ueber das Verhalten der normalen Agglutinine bei akutem Blutverlust und dessen Therapie. Heidelberg 1909: Pfeffer. 37 S. 8°
Heidelberg, Med. Diss. v. 1909, Ref. Knauff
[Geb. 28. Mai 84 Naumburg a. S.; Wohnort: Heidelberg; Staatsangeh.: Preußen; Vorbildung: Gymn. Rudolstadt Reife O. 03; Studium: Tübingen 5, Leipzig 1, Königsberg 1, Straßburg 1, Heidelberg 2 S.; Coll. 22. Dez. 08; Approb. 1. Juli 09.] [U 09. 1978

Rost, Franz Sales, s. Rost, Anton Franz Sales.

Rost, Friedrich Bernhard, s. Rost, Bernhard

Rost, Friedr. Ernst, die Wiederkunft Jesu. Erklärung des 24. Cap. des Evangelisten Matthäus für alle Freunde des Wortes Gottes. gr. 8. (36 S.) Klitzschena 862. (Wittenberg, Herrosé. — Berlin, Gsellius'sche Buchh.)

Rost, Friedrich Melchior (Weimar) A. S. 776/35

Disputatio inauguralis iuridica de levamine oneris sportularum Oder: Von Erspahrung der Gerichts-Kosten. Präs. Wilhelm Hieronymus Bruckner. Jena (Werther) 29. VI. 1718. 22 S.

W. v Romanus Brauser. 29298

Rost, Friedrich Melchior (Weimar) A. S. 158/5

Dissertatio inauguralis iuridica de levamine oneris sportularum, Oder: Von Erspahrung der Gerichts-Kosten. Präs. Wilhelm Hieronymus Bruckner. Jena (Ritter) 1754. 24 S.

Diss. 29 VI. 1718. 29299

Rost, Friedrich Wilhelm Ehrenfried

Rost und Wichmann, Alterthümer Griechenlands und Roms in Bildern für die Jugend. Leipzig 805. 2 Hefte. 8. 1 rthl. 8 gr. Mit illum. Kupfern 2 rthl.

— u. A. Wichmann, die Alterthümer Griechenlands u. Roms, in Bildern. No. 1. Mit 5 Kpf. gr. 8. Leipz. 805, auch 810. Hinrichs. 18 gr illum. 2 ß

Rost, Fr. Wlh. Ehrenfr., Progr. Beitr. zur Geschichte d. Thomasschule. 1e u. 2e Liefrg. 4. Leipz. 820, 21.

— de causis corruptae rei scholast. 4. Lps. Müller. Ioachim.) 795.

— de eo quod Humanae naturae convenientissimum sit rerum futurarum cognitionem Magnis difficultatibus impediri. Oratio qua ad sacra anniversaria in schola Thomana die XXXI. Dec. A. Chr. MDCCCXIII. hora v. vespertina pie celebranda. 8 maj. Leipzig (813.)

Rost, (F. W. E.,) die Feyer des 600jähr. Bestehens der Thomasschule zu Leipzig, veranstaltet durch eine Vereinigung ehemal. Zöglinge derselben am 7ten Mai 1822, Leipzig 822, Barth.

Rostii, F. G. E., Plautinorum cupediorum fercula X. Lips. 807-20. 10 Progr. 4.

— Plautinorum cupediorum ferculum. 19 partes. Pr. 1812—33. 4°. à 1 20

Rost, Friedrich Wilhelm Ehrenfried, s. Juvenals 7e Satyre

— de libertate sermonis firmissimo publicae libertatis praesidio. Oratio. 8. Leipz. 815.

Rost, F W E., De locatione conductione ad Plauti capt. act. IV. sc. II V. 38—40. Pr. 1810. 14 S. 4° 1.—

Rost, Fr. G. E., memoria Joannis Poliandri in scholia Thomana repraesentata, hoc est: Laudatio Poliandri. descriptio supdinorum Glessum captantium, P. Mosellani epistola ad Poliandrum etc. 8maj. Lipsiae, Hinrichs. 808.

— de natura ridiculi. Oratio. 4. Leipz. 818.

Rost, F W.E., Observatt. ad Ciceronis epistolas ad familiares maiorum partem criticarum spec. Pr. 1801. 18 S. 4°. 1.—
— — II. Pr. 1802. 18 S. 4°. 1.—

Rost, F. G. E., Observationes ad Ciceronis epistol. ad familiares majorem partem criticae. Progr. 1-IV. Lips. 801-4. 4.

Rost, Fred. Guil. Ehrenfr., Opuscula Plautina. Post auctoris mortem edidit Carol. Henr. Adelb. Lipsius. Vol. I. Et. s. titulo: Commentationes Plautinae. 8 maj. Lipsiae 836. Koehler. 1 1/4 ℛ

— ead. Vol. II. A. u. d. T.: Neun Lustspiele des M. Accius Plautus: Epidikus, Pseudolus, Mostellaria, der Kaufmann, der Perser, Amphitruo, Curculio, Truculentus und Pönulus, in alten Silbenmaßen verdeutscht von Friedr. Wilh. Ehrenfried Rost. Nach des Verfassers Tode aus dessen Schulschriften gesammelt u. herausg. von Karl Heinr. Adelbert Lipsius. gr. 8. Ebd. 836. 1 3/4 ℛ

— oratio de insignibus beneficiis, quibus Deus immortalis praeterlapso saeculo acad. scholae Thomanae salutem auctam confirmatamque esse voluit. 8maj. Leipz. 810.

— oratio de libertatis Germanae divino beneficio restitutae magnitudine. 8maj. Leipz. 814.

— oratio de quibusdam praesidiis ad fortitudinem animi et comparandam et tuendam efficacissimis. 8maj. Leipz. 809.

— oratio de iis rebus, quibus praeterito saeculo humani generis salus atque felicitas promota est; ad sacra saecularia in schola Thomana celebr. a C. F. Reuter. 8maj. Leipz. 801. Joachim. 3 ℊ

— oratio saecularis de divino spiritu eorum, quae Lutherus ejusque amici pro emendando religionis statu fecerunt, uno auctore et conservatore. 4. Leipz. 817.

– s Plautus Curculio. – Epidikus. – D. Kaufmann. – – Mostellaria. – Perser – Pseudolus.

— quaestio de nuptiis servilibus, ad Plauti Casin. Prol. 67—77. 8maj. Leipz. 813.

— u. G. H. J. Stöckhardt, Reden bei der am Grabe des vormal. Rectors M. Rost zu Budissin d. 19. Juli 1818 gehalt. Todtenfeier. gr. 8. Bautzen 818.

Rost, Friedr. Wilh. Ehrenfr [Hrsg.], s. Rost, Christoph Jeremias: Epigrammata.

Rostius, Frider. Guilielmus Ehrenfr. Salutatio novo scholae [Thomanae] cantori [Weinligio] facta. Lipsiae (1824).

Rost, F. G. E., de usu vocularum *Si* et *Ni* in sponsionibus ad Plauti Rud. V. 3. 19-27. Progr. Lips. 820. 4. (23 S.)

Rost, Fr. Wilh. Ehrenfr. Was hat die Leipziger Thomasschule für die Reformation gethan? Leipzig (1817).

Rost, G. H. Aug., praktische Anleitung zum Kriegsbrückenbau, für Offiziere aller Waffen; enthaltend den Bau leichter Feldbrücken, die Zerstörung permanenter Brücken, die Wiederherstellung zerstörter Brücken u. die Aufstellung fliegender Fähren u. Brücken. Mit 7 Kupfertafeln. gr. 8. Gotha u. Erfurt 833. Hennings. 1 1/2 ℛ

Rost, G. A. H. Praktische Anleitung zum Kriegsbrückenbau (VI 304) 8 M 96 Fig auf 7 Taf Gotha und Erfurt 1833. 4,50

Rost, G. H. August Beitrag zur Geognosie von Süd-Polen. Berlin 1840. 56 S. 4 Tf. 8°. [E 7411

Rost, G. H. Aug., deutsche Bergbohrer-Schule. A. u. d. Ttl.: Bohrhäuser der Saline Ciechocinek in Polen. Mit Stntfln. gr. 8. (12 3/4 B.) Thorn 813. (Erfurt, Hennings u. Hopf.)

Rost, A. Über den Bohrversuch bei Cessingen bei Luxemburg. 1839.

Rost, Georg, Marine-Assistenzarzt aus Buchholz i. S.: **Aus d. Kgl. Universitätsfrauenklinik zu Kiel. Ein Beitrag zu den Vaginalcysten.** *Kiel 1902: Schmidt & Klaunig.* (23 S.) 8°
Kiel, Med. Diss. v. [7. Apr.] 1902

Rost, Geo., s.: Es werde Licht.

Rost, Georg, Dr.: **Theorie der Riemann'schen Thetafunction.** *Leipzig 1901: B. G. Teubner.* (IV, 66 S.) 4°
Würzburg, Phil. Hab.-Schr. v. 1901

Rost, Georg [aus Würzburg]: Untersuchungen über die allgemeinste lineare Substitution, deren Potenzen eine endliche Gruppe bilden ... Leipzig, Druck v. B. G. Teubner, 1892; 28 S., 1 Bl. 4.
Würzburg, Phil. Fak., Inaug.-Diss. v. 1892

Das Gewissen und das sittliche Grundgesetz, der Trieb zum geistigen Leben und die Gerechtigkeit. Eine neue, gemeinverständl. Erklärung d. Gewissens im Anschluß an Kant. Von G[ustav] Rost. Stade: A. Pockwitz 1906. (39 S.) 8° [F.] [06. 8??] 7

Rost, G., geistiges Leben. Lebensanschauung auf Grund der Tatsache des Gewissens u. der Idee der Entwicklg., e. Apologie des christl. Glaubens. (47 S.) Lex. 8. Stade 907. A. Pockwitz. 1.50

ROST, Hans (Bamberg): Bevölkerungs- und Gewerbestatistik Münchens im 17. Jahrhundert.- Wörishofen: Buchdr. & Verlagsanst. Wörishofen 1902. 77 S.,Tab.,Kart.
24.7.1902 - Chr 1902/03,20; Jv 1902/03,299
Diss. Ingolst.-Landsh.-Mchn.

Rost, Hans, appr. Arzt a. Endschütz ⟨Sachsen-Weimar⟩: Ueber Eiterungen von den Gallenwegen ausgehend. München 1904: Kastner & Callwey. (29 S.) 8°
München, Med. Fak., Ref. v. Bollinger, Diss. v. 22. Nov. 1904
[Geb. 28. Nov. 75 Endschütz, Sachsen-Weimar; Wohnort: Kreuznach; Staatsangeh.: Preußen; Vorbildung: Gymn. Celle Reife O. 98; Studium: Gießen 4, München 6 S.; Coll. 27. Juli 04; Approb. 20. Mai 04.]

Rost, Hans, die Bamberger Gärtnerei. Ein Kultur- u. Wirtschaftsbild aus Vergangenheit u. Gegenwart. (55 S. m. 3 Abbildgn.) 8. Bamberg 909. Schmidt. nn — 50

Gedanken und Wahrheiten zur Judenfrage. Eine soz. u. polit. Studie. Von Dr. Hans **Rost**. Trier: Paulinus-Dr. 1907. (101 S.) 8° [J.]

Die Katholiken im Kultur- und Wirtschaftsleben der Gegenwart. Von Dr. Hans **Rost**. Mit e. Einführung von Kanonikus Prof. [Albert] Meyenberg (Luzern). Köln: J. P. Bachem 1908. (87 S.) 8° [J.]

Der Selbstmord als sozialstatistische Erscheinung. Von Dr. oec. publ. Hans **Rost**. Köln: J. P. Bachem in Komm. 1905. (115 S.) 8° [J.]
— Görres-Gesellschaft z. Pflege d. Wiss. Vereinsschrift. 1905, 3.

Rost, H., Das moderne Wohnungsproblem. (VIII, 210 S.) kl. 8. Kempten, J. Kösel. 1909. Geb. in Leinw. 1. —
Sammlung Kösel. 30.

— Das moderne Wohnungsproblem, s. a. Sammlung Kösel.

Die Wohnungs-Untersuchung in der Stadt Augsburg vom 4. Januar bis 24. März 1904. Im Auftr. d. Stadtmagistrats durchgeführt u. dargest. von Dr. Hans **Rost**. Augsburg 1906: J. P. Himmer. (292 S.) 4°

— die Wohnungsuntersuchung in der Stadt Augsburg vom 4. I. bis 24. III. 1904. Im Auftrage des Stadtmagistrats durchgeführt u. dargestellt. (VI, 292 S. m. 2 Formularen, 7 farb. graph. Taf. u. 1 farb. Plan.) Lex. 8. Augsburg 906. (M. Rieger.) n. 8. 25; geb. in Leinw. n. 9. —

Rost, Hans Willmsen L., das ist Johann Baurmeister.

Rost, (Joh.) Heinrich (Nikolaus)

ROST, [JOH.] H[EINR. NIK.], Rhodos. Ein historisch-archäologisches Fragment. Altona. 1823.

Rost, H., Rhodos, e. histor.-archäolog. Fragment. gr. 8. Altona 824. (Hammerich). 12 gr

Rost, Heinrich August

Rost, Hnr. Aug., Hülfs- u. Rettungsbuch f. Bruchkranke. 8. Leipz. 805. Joachim. 14 gr (Ist ein Nachdruck von: Karl Schmidt II. Noth- u. Hülfsbüchlein f. Jedermann.)

Rost, J. A. F., Scholia graeca in Thucydidem et Demosthenem. Heidelb. 819. 8. 4 gr. (Auch unter dem Griech. Titel: Ῥόστ Σχόλια εἰς Θουκυδίδην καὶ δύο Δημοσθένους λόγους, καὶ τὴν αὐτοῦ γνώμην περὶ τοῦ πανηγυρικοῦ Ἰσοκράτους.)

Rost, J. A. G., scholia in Thucydidem (ganz griech. gedruckt). 1 Bogen in 8maj. Heidelberg, Oswald. 819.

Rost, J. C., drey Mal sieben Worte Jesu, als f. letzten Reden. 8. Breslau, Meyer. 726.

Rost, J. W., die Beguinen im ehemal. Fürstenthume Würzburg. Ein Beitrag z. fränk. Geschichte m. Urkunden. gr. 8. (4½ B.) Würzburg 840. (Schweinfurt, Wetzstein.)
Aus: Archiv des histor. Vereins von Unterfranken rc. 9. Bd. 1. Hft. besond. abgedruckt.

Rost, J. W., Versuch e. histor.-statist. Beschreibung d. Stadt u. ehemal. Festung Königshofen u. d. Kgl. Landgerichts-Bezirks Königshofen. Mit Urkunden. gr. 8. (21½ B., 1 lith. Grundr. gr. Fol. u. 2 Stndr.) Würzburg 832. (Stahel.)

Rost, Johannes, Dir. Prof. Dr.: **Das Plesser Alumnat, seine Begründung und Einrichtung.** *Pleß 1902: A. Krummer.* (S. 1—17.) 4°
Pleß, k. G (ev. Fürsten-S), P 1902 (226)

Rost, Johannes: [Bericht über die Einweihung des neuen Festsaales.] S. 11—13. 4.
Progr. Kgl. Gymn. Johanneum (Ritterakademie) *Liegnitz* 1904 (234).

Rost, Joh. Emendationes sophocleae. XVIII S. **Progr.** G. *Görlitz* 1880.

Rost, Johannes: Die Syntax des dativus im Althochdeutschen und in den geistlichen Dichtungen der Uebergangsperiode zum Mittelhochdeutschen. T. 1: Der eigentliche dativus bei Verben. Halle a/S. 1878: Plötz. IV, 82 S. 8°
Halle-Wittenberg, Phil. Diss. v. [24. Sept.] 1878
Geb. Salzwedel 14. 3. 1854. V.

Rost, Johannes, approb. Arzt aus Dresden: **Ueber Tricuspidalstenose.** *Würzburg 1891 [vielm. 1901/02]: Stahel.* (28 S.) 8°
Würzburg, Med. Diss. v. 1891

Rost, *Bernhard Gustav Johannes*: Uebersetzungsproben aus griechischen und römischen Dichtern. 1, 32 S.
Progr. Ev. G. *Schweidnitz* 1896
Tyrtaios. Solon. Theognis. Aus Ovid Verwandlungen. Buch VIII, 611—724.

Rost, Johann Christian (Dresden) A. S. 575/53

Feuda Franca non esse feminina .... Präs. Heinrich Gottfried Bauer.
Leipzig (Langenheim) 13. IV. 1769. 8 S. 29300

Rost, Johann Christian (Dresden) A. S. 93/3

De emendando iure criminali dissertatio secunda. Präs. Heinrich Gottfried Bauer.
Leipzig (Langenheim) 21. XII. 1769. 36 S. 29301

Rost, Johann Christoph

Rost, Jh. Cph., († 1765.) Briefe, nebst e. Abhandl. von deutschen Briefen. 8. (Dresd.) 766. Walther. 6 gr

Rost, J. Cph., satyrische und andere Briefe. 8. Dresden, Walther. 766.

— — Die gelungensten Gedichte. O. O. u. J. (Wien, ca. 1810). 16°. 142 S. (2 Mk. J. Taussig, Prag, c. 1902.)

ROST, Joh. Christoph (1717—65). — Vermischte Gedichte. Von Herrn *J. C. Rost*. Herausgegeben (von Chrn. Heinr. Schmid, Joh. Benjamin Michaelis und Joh. Gottfr. Dyk), 1768. Mit Titelvignette (Watelet inv., Liebe fec.). O. O. (Leipzig, Schwickert). 8°. 8 Bll. u. 120 S. (50 Mk., etw. stockfl., sonst schönes Expl. auf starkem Papier, Max Perl's Berliner Oct.-Auct. 1907, no. 354; 70 Mk., zus. mit den „Schäfergedichten", Ausgabe von 1768. J. Halle, München, 1907; 75 Mk., etwas fleckig, ohne Beibd., Emil Hirsch, München, 1909.)
Hirzel 3. Goedeke IV. 637, 9. Die Vorrede enthält *Goethe's* Lobgesang auf den Kuchenbäcker Händel mit den nach Goethe's eigener Angabe von seinem Freunde *Horn* herrührenden Erweiterungen, welche eine Parodie auf Clodius „Medon" darstellen. Es ist dies nächst dem „Ehrengedichtchen für Demoiselle Schröter (1767) der früheste Abdruck eines Goethe'schen Gedichts.
Die Sammlung selbst enth. 1. Das Vorspiel. (Ein Gedicht *Rost's* gegen Gottsched; für die undankbare Neuberin. S. 1—90.) 2. Der fröhliche Jüngling (von *Jac. Friedr. Lamprecht*, S. 91 sq.). 3. Die Nachtigal (S. 94 sq., nach Boccaccio und dem französ. Gedicht „l'oiseau dans le cage" von *Chrn. Nic. Naumann*, laut Wahl, Rost). 4. Die Brautnacht (S. 110—120, von *Rost*, ident. mit Nacht [s. d.], Die schöne).

— vermischte Gedichte; (hrsgg. v. Chr. H. Schmid u. Dyck). 8 (Halle) 768. 2e A. (Leipz.) 769. Schwickert. 6

— Vermischte Gedichte. Zweyte Auflage. [Herausgegeben von CHR. HEINR. SCHMID, JOH. BENJAMIN MICHAELIS und JOH. GOTTFR. DYK. Frankfurt, Hechtel] 1770. 8°. 8 Bl. 120 S. Etwas benützter Hldbd. d. Z. mit Rv. u. Rsch.
G. IV¹. 20, 12. H.-G. VI. 553 4.

— — Dasselbe. Zweyte Auflage. Herausgegeben, 1770. O. O. (Frankfurt, Hechtel). 8°. 8 Bll., 120 S. (8 Mk. v. Zahn & Jaensch, Dresden, 1902.)
Mit Vorrede an J. J. Bodmer, unterzeichnet: Bodmeromastix.

— — Dasselbe. Amsterdam bey Sauer, Hechtel und C. O. J. (1770). 8°.
Wahrscheinlich identisch mit 2 Aufl. — Meusel VII, 190 gibt als Ort der 2. Aufl. „Leipzig" an.

— — Der versteckte Hammel, oder die gelernte Liebe, Schäferspiel. O. O. (Lpz.) 1743. 4°.

— — Dasselbe. O. O. 1750. 8°. (8 Mk. F. Waldau, 1908.)

LIEBE, Die gelernte. Ein Schäferspiel. Von Einer Handlung (von *Joh. Chp. Rost*). O. O. 1742. 4°. 24 SS.
Erste sehr rare Ausgabe. Wahl, Rost. Leipzig 1902, S. 53. — Gottsched I. S. 315: „Hamburg 1742. 8°."

— — Dasselbe, tit.: Die Gelernte Liebe, ein Lustspiel in Versen. O. O. 1743. (Wahl, S. 54.)
Anon.-Lex. III. p. 59.

— — Dasselbe, tit.: Die gelernte Liebe, oder der versteckte Hammel. Schäferspiel, wie solches von den Schuchischen Kindern vorgestellet worden. O. O. 1752. 8°.
Max Harrwitz, Berlin, Cat. von 1904, no. 2932, Beibd.

Rost, Johann Christoph.
Geistliche Lieder, mit Anhang. O. O. 1786.
H: *Walther, Georg Frdr.* (Ky)

Rost, Johann Christoph, s. Nacht, Die schöne.

SCHÄFERERZÄHLUNGEN (sic!). Favete lingvis .... (von *Joh. Chp. Rost*, 1717—65). O. O. (Berlin, b. Ambros. Haude) 1742. 8°. (In Zürich, Stadtbibl.) (8 Mk. Max Perl's Berliner Oct.-Auct. 1907, no. 728.)
Erste Ausgabe. 70 SS. Dedic. dat. Berlin 24. Hornung 1742. — Enth. 8 freie poet. Erzähl.: Die eilfertige Schäferin: die bezauberte Fillis; der blöde Schäfer; die geprüften Mutterleren (sic!); das Zeisignest; die Schäferstunde; die gewissenhafte Schäferin; der verliebte Alte.
„Die Lüsternheit, feine Koketterie u. Schelmerei in den Rost'schen Schäferscenen ist von Einigen nur erreicht, nie wieder übertroffen worden." (Wolfg. Menzel, 2. A., II. S. 479.)

— — Dasselbe. O. O. 1744. 8°. 70 S., 1 weisses Bl. (2 Mk. W. Koebner, Breslau, vor 1885; jetzt viel höher!)

Schäferspiele,
— — Zwei. Doris oder die zärtliche Schäferin. Der versteckte Hammel. Von *R.* (d. i. *Joh. Chp. Rost*). Neue verbesserte Auflage. Mit Titelkpfr. Kempten, Frankfurt und Leipzig. 1775. 8°. 93 SS. (6 Mk. Bernh. Liebisch, Lpz. 1908.)
Das zweite vorher titulo: Ein Schäferspiel, in: Versuch von Schäfer-Gedichten ... (von *Joh. Chrph. Rost*). O. O. (Dresden, G. C. Walther) 1744. 8°. S. 156—205, und in den bis 1764 folgenden Ausgaben. — In der Ausgabe o. O. 1778. 8°. S. 109—35.

TEUFEL, Der, an den Kunstrichter der Leipziger Schaubühne. (Freche Knittelvers-Satyre von *Joh. Christoph Rost* auf Professor Gottsched.) Altona (o. Adresse), 1753. 4°. 10 unbez. S. (incl. Tit.). (In Halle, Univ.-Bibl., ex Bibl. Ponickaviana.) Rar!
Abgedr. bei Wahl, Rost. Lpz. 1902. Gr. 8°. S. 177—180.

——— Versuch von Schäfer-Gedichten u. andern poëtischen Ausarbeitungen. (Typ. Ornam.) O. O. (Dresden, b. G. C. Walther). 1744. 8°. (Auch in Zürich, Stadtbibl.) (35 Mk. L. Rosenthal, 1910.)
Erste stark vermehrte Ausgabe Tit., 1 leeres Bl. u. 230 S.
Enth. die vorigen 8 Erzähl. (zum Theil verändert), dann 13 andre meist lyrische Stücke („An die Doris") und ein Schäferspiel (zuerst als Einzeldruck: Die gelernte Liebe. O. O. 1742. 4°.)

— — Dasselbe. O. O. 1746. 8°.
W. von Maltzahn, S. 401, Nr. 294.

— — Dasselbe. O. O. 1748. 8°. 222 SS.

— — Dasselbe. O. O. 1751. 8°. (Auch in Berlin, Magistratsbibl.) (36 Mk., Pbd. d. Zeit, Emil Hirsch, München, 1909.)
Titel u. 222 SS.

[Rost, J. C.] Versuch von Schäfergedichten und andern poetischen Ausarbeitungen. O. O. [Dresden, Walther], 1756. Kl.8°. 175 S.

— — Dasselbe. O. O. (Dresden) 1760. 8°. (6 Kr. Rudolf Heger, Wien, 1902.)
176 SS. Wie die vorige schöne Ausgabe mit zahlreichen Fleurons u. Vignetten.

— — Dasselbe. O. O. 1764. 8°. (4 frcs. Georg & Co., Basel, 1908.)
72 S. Enth. nur die 8 Erzählungen der 1. Ausgabe.

— — Dasselbe (Nachdruck), tit.: Des Herrn *von* (so!) *Rost's* Versuch von Schäfergedichten .... Frankfurth u. Leipzig (Helmstädt, Hechtel) 1767. 8°. 72 S. (12 Kr. Jos. Grünfeld, Wien, 1906; 16 Mk., schönes Expl., Adolf Weigel, 1906.)

— — Dasselbe. Neue vermehrte Aufl. Mit reizendem von C. G. Nestler gestoch. Titelbl. O. O. (Dresden, Walther) 1768. 8°. (16 Mk. F. Waldau, 1909; 20 Mk. Adolf Weigel, 1909; 28 Mk., Ganzldrbd. mit Rückenverzierung, C. G. Börner, Lpz. 1908.)
151 SS., enth. 24 Gedichte. Netteste Ausgabe. Hat vor dem Schäferspiel zwei Lieder mehr als die Drucke von 1744-1760. Das Inhaltsverzeichniss findet sich nicht auf einem besonderen Blatt, sondern auf der Rücks. von S. 151.

[—] Versuch von Schäfergedichten und andern poetischen Ausarbeitungen. Neue vermehrte Auflage. [Dresden, C. C. Walther] 1778. Kl. 8°. 151 S. *Sehr hübsch gestoch., illustrierter Titel (von C. G. Nestler).* Schlichter Pbd. d. Z.
G. IV¹. 26 (oben). H.-G. VII. 11?

— das Vorspiel; e. satyr.-episches Gedicht. 4. Dresd. 742. N. A. 772. Walther. 6 gr

Das Vorspiel. Ein episches Gedicht (1742) von Johann Christoph Rost. Mit e. Einl. von Franz Ulbrich. Berlin: Behr 1910. XXXII, 46 S. 8°
(Deutsche Literaturdenkmale d. 18. u. 19. Jahrh. Nr 142.) lit. 559 2

Rost, Joh. Christoph, das Vorspiel, s.a. Literaturdenkmale, deutsche, des 18. u. 19. Jahrh.

Rost, Johann Heinrich Nikolaus, s. Rost, Heinrich.

Rost, Johann Jakob (Dresden) A. S. 575/104

Specimen continens caput iuris controversum de retentione depositi illicita. Präs. Christian Heinrich Breuning.
Leipzig (Langenheim) 18. V. 1768. 16 S.

Gew.: Christian Gotthelf Gutschmid.

Rost, Johann Karl (Nürnberg) A. S. 1019/51

Disquisitionis corporis humani anatomico-pathologicae specimen XIII. Präs. Johann Moritz Hoffmann.
Altdorf (Meyer) 12. X. 1709. S. 181-196

Rost, Johann Karl (Nürnberg) A. S. 1310/4

Disputatio inauguralis medica de ozaena.
Altdorf (Meyer) 26. VI. 1711. 28 S.

W. v.: "Meleta on" Rost (Bruder), Joh. Adam Beck.

Rost, Johann Leonhard

Die Leichteste Art Teutsche Briefe zu schreiben. Durch Regeln und Exempel überaus deutlich und gründlich erfasset, von Johann Leonhard Rost. Nürnberg, Verlegts Johann Albrecht. Gedruckt bey Johann Ernst Adelbulner. Anno 172o.

— allerneueste Art, deutsche Briefe zu schreiben. 8. Nrnb. 741.

Rost, J. Leonh., der aufrichtige Astronomus, m. K. 8. Nürnberg. 727. Rthlr.

MELETAON (d. i. *Joh. Leonh. Rost*, geb. 14. Febr. 1688 zu Nürnberg, studierte in Altdorf, Leipzig und Jena, privatisierte in Nürnberg, wo er am 22. März 1727 starb. Er schrieb im Geschmack Bohse's [s. Talander] eine Menge Romane, s. g. Heldengedichte, trieb aber auch mathemat.-astronom. Studien; die Berliner Akademie der Wissenschaften nahm ihn unter ihre Mitglieder auf. — Goedeke III, 262,61 nach Baader 1, 2, 178—180), — Die Unglückseelige ATALANTA Oder Der schönen ARMENIANERIN Lebens- Und Liebes-Beschreibung in einem Asiatischen Helden-Gedicht Der galanten Welt Zur erlaubten Gemüts-Belustigung aufgesetzet von MELETAON. Mit Titelkpfr. Franckfurt und Leipzig (Nürnberg), Zu finden bey Wolffgang Michahelles. An. 1708. 8⁰. (In Berlin: Yv 401.) 7 Bll., 397 S.

— — Dasselbe. Ebd. 1717. 8⁰. (In München: P. o. g. 1180 m.)

Atlas Portatilis Coelestis. Oder Compendiöse Vorstellung des gantzen Welt-Gebäudes, in den Anfangs-Gründen der wahren Astronomie ... in möglichster Deutlichkeit abgefasset und durch mehr als anderthalb hundert Figuren erkläret, von Johann Leonhard Rost. Nürnberg, verlegt und zu finden bey Johann Christoph Weigel, Kunsthändlern. Gedruckt, bey Johann Ernst Adelbulner. 1723.

Atlas portatilis coelestis. Oder: Compendium des gantzen Welt-Gebäudes in den Anfangs-Gründen der wahren Astronomie. ... Von Johann Leonhard Rost. Nürnberg: Weigel 1743. 362 S. 8°

— Atlas Coelestis, od. Vorstellung d. ganzen Weltgebäudes, m. illum. Ch. u. K. nebst genauer Beschr. ꝛc. gr. 8. Nrnb. Schneider und W. 780.

— — Die getreue Bellandra, in einem Liebes- und Helden-ROMAN Dem Curieusen Leser zur vergön'ten Ergötzung des Gemüts vorgestellet Von MELETAON. Mit Titelkpfr. Franckfurt und Leipzig (Nürnb.), Zu finden bey Wolfgang Michahelles. Anno 1708. 8⁰. 7 Bll., 335 S. (In Berlin: an Qr 9760.) (5 Mk. Franz Teubner, Düsseldorf, c. 1898.)

Stellenw. etwas frei. Mit einigen Gedichten. Zuerst gedr. ebd. 1703. 8⁰. — Goedeke III. p. 262 hat „1707". (?)

— — Dasselbe. Nunmehro in einer neuen Auflage ... mit Kupfern ausgefertiget ... Franckf. u. Lpz. (ebd.) 1716. 8⁰. 323 S. (In Berlin: Yv 413.) (6 frcs. Schweizerisches Antiqu., Zürich, Cat. 51, p. 21; 8 Mk. J. Halle, München, c. 1905.)

— — Dasselbe Nürnberg 1739. 8⁰. (Citirt Heinsius.)

[ROST, JOHANN LEONHARD, Ps.:] MELETAON. Die getreue Bellandra, In einem Liebes- und Helden-Gedichte Dem Curieusen Leser, zur vergönnten Gemüts-Ergötzung vorgestellet, auch Nunmehro in einer neuen Auflage, welche durch und durch verbessert, an vielen Orten ganz anderst eingerichtet, und mit schönen Kupfern ausgefertiget worden. Frankfurt & Leipzig. J. L. Buggel [= Nürnberg], 1716. Kl. 8⁰. 5 Bl. 323 S. *Mit Frontispiz und 4 Kupfern.* Titel in rot und schwarz. Schöner biegsamer neuerer Einband aus altem Pergament.

G. III. 262, 61 : 1. B.-C. IV. 473. Erste illustrierte Ausgabe dieses mit einigen Gedichten durchsetzten Romans.

Warhafte, ausführliche und vollständige Beschreibung desjenigen merckwürdigen so genandten Nord-Scheines; der sich an. 1721...zu Nürnberg an dem Himmel hat sehen lassen...von Johann Leonhard Rost. 2., verb. Aufl. o.O. [1721]: Adelbulner. 24 S. 8°

Meletaon (d. i. *Joh. Leonh. Rost*), Abgenöthigte Entschuldigung wegen vermeynter Verfertigung des Tractätgens: Amor auf Universitäten. O. O. 1710. 8⁰. 4 Bll. (In Berlin: an Yv 441.)

Rost verwahrt sich wegen des sehr anstössigen Inhalts dieses Studentenromans gegen die ihm untergeschobene Verfasserschaft.

— — Der Verliebte EREMIT Oder des Gravens (!) von Castro Lebens- und Liebes-Geschichte Der Galanten Welt in einem ROMAN überreichet von MELETAON Mit Titelkpfr. (unsign.) Nürnberg, Verlegts Johann Albrecht. 1711. 8⁰. (In Breslau, Kgl. u. Univ.-Bibl.: Lit. teut. III 8⁰ 138, Beibd.)

Tit. (roth u. schwarz), 4 Bll. „Dedicatio" (dat. Jena d. 14. Febr. 1711), 4 Bll. Vorr. (von demselb. Datum), 426 S. — Zahm.

— — Dasselbe, titulo: Der verliebte Eremit, in der Lebens- und Liebes-Geschichte des Grafen v. Castro. Mit Titelkpfr. Ebd. 1720. 8⁰. 434 S. (6 Mk. F. Waldau, Fürstenwalde, 1907.)

§ — — Dasselbe. Ebd. 1721. 8⁰. 1 Alph. 5 Bog.
Cat. Meissner II; Rassmann p. 118.

— — Dasselbe. Ebd. 1741. 8⁰. 1 Alph. 3 Bog.
Cat. Meissner II.; Rassmann p. 118.

— — Dasselbe, titulo: Liebes-Geschichte des Grafen von Castro und der Fräulein von Montal. Ebd. 1737. 8⁰. 1 Alph. 2½ Bog.
Cat. Meissner II.

— — Dasselbe, titulo: Die so klüglich als glücklich gehobene Hindernüß, in der Liebes-Geschichte des Grafens von Castro und der Fräulein von Montal Der galanten Welt zur Gemüths-Belustigung für Augen geleget von MELETAON. Mit Titelkpfr. Ebd., verlegts Johann Albrecht 1738. 8⁰. (In Berlin: Yv 481.) 407 S. (incl. 2 Bll. Vorst.).

Astronomisches Handbuch. Worinnen des([Johannes] Dominicus) Cassini tractat, [De Ortu & progressu astronomiae. Deutsch:] Vom Ursprung, Fortgang und Aufnehmen der Astronomie. [Übers.: Johann Leonhard Rost] ...deßgleichen Hundert astronomische Problemata...anzutreffen. Deme beygefüget: Wie man sich ein bequemes Observatorium anlegen...soll... ausgearb. von Johann Leonhard Rost. Nürnberg : Monath 1718. 530 S. 8°

Rost, J. L. Astronomisches Handbuch. Nürnberg 1726. 4.

Johann Leonhard Rostens [Rost] Astronomisches Handbuch darinnen alles was zur Ausübung der Astronomie unentbehrlich erfordert wird, auf das deutlichste erkläret... wird. Neue Aufl., durchgehends übersehen, verb., erg., u. mit völlig neuen erforderlichen Zusäzen (3.4.: Zusätzen) v. d. Sphärik, Theorik, Proiektion u. Trigonometrie... verm., eingerichtet u. hrsg. von Georg Friederich Kordenbusch [von Buschenau u. Thumenberg]. Bd 1-4. Nürnberg: Monath 1771-74. 8°

Bd 1: 1771.
Bd 2: 1772.
Bd 3: 1773.
Bd 4: 1774.

— — Die Helden- und Liebes-Geschichte dieser Zeiten. Welche sich bey dem verwichenen Spanischen SVCCESSIONS-Krieg, hin und wieder in EVROPA zugetragen. Tugendhaften (!), CVRIEVSEN und GALANTEN Welt in einem ROMAN mit (17 unsign. curiosen) Kupfern ausgefertigt von MELETAON 2 Thle. (2 ohne besondern Haupttitel). Nürnberg, Verlegts Joh. Leonhard Buggel, Buchhändler. 1715. (Nebst Kupfertitel.) 8⁰. (1½ Rthl. Maske, Breslau, vor 1875; 20 Mk. Adolf Weigel, 1909.)
Höchst selten! Titel (roth u. schwarz), 6 Bll Vorr des ps. Vf. [auf Rücks. des 6. Bl. Verz. seiner bisher ersch. Schriften], 1432 fortlauf. pag. S. (Th. 2 beginnt mit S. 569).

– Heldin, Die unvergleichliche, in dem Bilde der schönen Holländerin. (Aus d. Französ. des *Jean Nicolas*.) Nürnberg 1715. 12⁰. 11½ Bog.
Cat Meissner II.

— — Die Türckische Helena, Der curieusen und galanten Welt in einer Liebes-Geschichte Zu betrachten abgebildet Von MELETAON. Gedruckt im Jahr Christi. 1710. 8⁰. (In Berlin: Yv 431.)
Einiges ziemlich frei. Titel, 5 Bll. Vorr., dat. Jena ex Museo die 5. April Anno 1710, 760 S. Mit Gedichten.
— — Dasselbe. Ebd. 1711 8⁰.
Goedeke, l. c., 3.

Die so klüglich als glücklich gehobene Hindernüsz, in der Liebes-Geschichte des Grafen von Castro und der Fräulein von Montal. Der galanten Welt zur Gemüths-Belustigung für Augen geleget von Meletaon (!). Nürnberg, verlegts Johann Albrecht 1738. (1.Ausg.unt.d.T.:Rost:Der verliebte Eremit...)

— instruzzione o notizia de' Biglietti. 8. Nürnberg. 745.

TELANDRINUS (d. i. *Joh. Leonh. Rost* = *Meletaon* ps.). — Die Leipziger Land-Kutsche, Worinnen Moralische, Politische und auch lustige Discourse geführet werden. Nebst Beygefügten curieusen Liebes-Geschichten ... Von *Telandrino*. Mit Titelkpfr. Bresslau und Leipzig 1725. 8⁰. 224 S. (Auch in Carlsruhe: Qb 775.) Rar!
Ziemlich zahm. — Goedeke III, 262, 61, 19; Weller, Lex. Ps. p. 551.

Rost, Johann Leonhard: Liebesgeschichte d. Grafen v. Castro ., s. Rost. Der verliebte Eremit

LIEBES- und Helden-Geschichte eines Nordischen (Schwed.?) Hofes (von *Joh. Leonh. Rost*). Cölln (Nürnb., Raspe) 1713. 8⁰. 20 Bogen. Ebenfalls äusserst selten!
Vf. nennt Goedeke III, 262, 61, 8, Weller, fing. Druckorte I. p. 65.

— — Liebes-Geschichte des Durchlauchtigsten Hermiontes, Cron-Printzens aus Syrien, von *Meletaon*. Ebd. 1714. 8⁰. 44 Bog. Selten! (In Carlsruhe Qb 1168.)
Goedeke, l. c. 11 u. 12 hat „Hermintes" und „Hermeontes" (wirklich 2 verschiedene Romane?). Bibl. J. J. Schwabii II.

— — Die von Goedeke III, 262, 61, 5 unter demselben Autor mit unrichtigem Titel u. d. Jahreszahl 1711 (statt 1712) angeführte „Liebesgeschichte Hypolite, Grafen v. Douglas" ist nicht von Rost, sondern laut Zuschrift von einem P. J. v. S. aus d. Französ. (der Mme. d'Aulnoy) übersetzt, tit.: Die Triumphirende Beständigkeit u. Belohnte Treue. Oder: .... Lebens-Geschichte Hypolite, Graffen von Duglas . . 2 Thle. (1 vol.) Franckfurth u. Leipzig, Joh. Mart. Hagen, 1711. 8⁰. Zahm. (In München.)
Orig. (in Carlsruhe): Sc. 669): Histoire d'Hyppolite, Comte de Douglas (par Mme. d'Aulnoy). Paris, Barbin, 1690. 12⁰. — Bruxelles 1704. u. öfter.

— — Liebes-Geschichte der Printzessin Normanna. Ebd. 1711. 8⁰.
— — Dasselbe. Ebd. 1718. 8⁰.
Diese Ausgabe nicht bei Goedeke. — Beide Drucke rar!

LIEBES- Und Helden-Geschichte, Wahrhaffte, Heinrichs, Hertzogen der Vandalen (von *Joh. Leonh. Rost* = *Meletaon* ps.). ULM, Verlegts Daniel Bartholomai, 1722. 8⁰. (In Dresden: Lit. Germ. rec. C. 999.)

Joh. Leonh. Rost mathematischer Luft- und Nutzgarten. Nürnberg, Weigel. 8. (21 gr.) 1745.

MUSE, Politische, Gespräche von allerhand gelehrten, galanten und curieusen Materien .... Erste PARTIE in sich enthaltend: I. Gelehrte Materien ... II. Galante und curieuse Materien: Die besondern Begebenheiten des grossen Ludwigs, Königes in Franckreich, so wohl was anlanget seine Staats-Affairen, als Liebes-Intriguen, da der Anfang hierzu von seinen Hrn. Großvater HENRICO den IV. nebst des Duc de BELLEGARDE Avanturen mit der Maitresse, der Madame de Liancourt — sonst Gabrielle d'Etreès, Hertzogin von Beaufort genannt, gemacht. Und dann die Windmacherey der jetzigen politischen Welt untersuchet, ... wird Von Meletaon (d. i. Joh. Leonh. Rost) und Oriundus. Leipzig zu finden, bey Joh. Chp. Cörnern, Buchhändl. 1721. 4⁰. (In Stuttgart, wo auch Partie 2—3.)
Tit. in Doppelform., 2 Bl. Vorr. u. 72 S. (Abth. 2 beginnt mit S. 30.) — Höchst selten!

— — Dasselbe, tit.: Der politischen Muse erste Parthie. (Nur der Name Oriundus genannt.) Ebd., o. J. 4⁰.

— — Die Politische Muse .... Andere Partie, in sich haltend I. Eine Meditation von dem Glück und dessen natürlichen Ursachen. II. Ein Gespräch zwischen dem letzt verstorbenen König in Schweden CAROLO XII. und seinem gewesenen Primier (sic!) Minister, dem Graf von PIPER, darinnen der König seine Lebens-Beschreibung erzehlet, und unter andern seinen Tod umständlich beschreibet .... III. Die Continuation u. Ausführung der Windmacherey Von Meletaon und Oriundus. Leipzig, verlegts Joh. Chp. Cörner, Buchh. in der Grimmischen Gasse, o. J. (1721.) 4⁰. (Ebd.)
72 S. incl. Titkpf. u. Tit. — Die versprochene Fortsetzung der in der 1. Partie angefangenen Französ. Historie erschien also nicht in vorliegender 2ter Partie.

— — Die Politische Muse .... Dritte Partie, in sich enthaltend I. Eine Gelehrte Materie, darinnen die Infamia oder Un-Oehrlichkeit .... untersuchet wird. II. .... Entrevüe zwischen den (sic!) PRÆTENDENTEN (von England) und STANISLAO, darbey sie ihre unglücklichen Fata . . einander entdecken. III. Die wesentlichen Stücke der wahrhafftigen Schönheit eines Frauenzimmers, Von Meletaon und Oriundus. Leipzig, verlegts Joh. Chp. Cörner, Buchh. in der Grimmischen Gasse, o. J. (1721.) 4⁰.
Titkpf., Tit. u. S. 77—160. — Mehr wohl nicht erschienen.

MELETAON (d. i. *Joh. Leonh. Rost*), Die Liebenswürdige und Galante NORIS, in einem Helden-Gedichte (pikanten Roman) der curieusen Welt zur Lust und Ergötzung auffgeführet von MELETAON, LEIPZIG, In Verlag Johann Ludwig Gleditsch und M. G. Weidmanns, 1711. 8⁰. (10 Mk. Carl Uebelen, München, c. 1892; jetzt theurer!) (In Berlin: Yv 441.)

— Dasselbe, titulo: Schau-Platz Der Galanten und Gelährten Welt, Welcher Die mancherley Begebenheiten auf Universitäten In einem Roman fürstellet, Und Einen jungen Menschen erinnert, wie er sich an demselbigen spiegeln soll, damit er auf Academien Geld und Zeit vernünfftig anwenden, und von denselbigen mit Nutzen nach Haus gehen kan; In Zweyen Theilen Schertz- und Ernsthafft eröffnet von MELETAON. Nürnberg, In Verlegung Johann Christoph Lochners, Buchhändlers. Gedruckt bey Christoph Lochner, An. 1711. 8⁰. (In München: P. o. germ. 1180; auch in Stuttgart.)
I: 13 Bll. Vorst. (incl. roth u. schwarz auf 2 Bll. gedr. Tit.), 504 S. II: 8 Bll. Vorst., 591 S. Vorreden zu I u. 2 von Jena 8. u. 18. Sept. 1711 dat.

MELETAON (d. i. *Joh. Leonhard Rost*, 1717—65), Von der Nutzbarkeit des Tantzens. Wieviel selbiges zu einer galanten und wohlanständigen Conduite bey einem jungen Menschen und Frauenzimmer beytrage; auch wie man dadurch sowohl die Kinder als erwachsene Leute von beyderlei Geschlechte, zu Höflichkeit, Artigkeit und Freimüthigkeit anweisen solle. Mit Titelkpfr. Franckfurt und Leipzig, Joh. Albrecht, 1713. 8°. 270 S. (In Stuttgart.) (18 Sgr. Heberle, Cöln, c. 1870; 13 Mk. 50 Pfg. Geiger & Jedele, Stuttg., 1895.) Rar!

Rost, Johann Leonhard: Schauplatz der galanten ... Welt, ... s. Rost: Die liebenswürdige ... Noris.

— — Die Durchlauchtigste Prinzessin TAMESTRIS aus ÆGYPTEN in einem ROMAN Der Galanten Welt ergebenst überreichet von MELETAON. Nürnberg, Zu finden bey Johann Albrecht. An. 1712. 8°. (In Berlin: Yv 456; auch in Dresden: Lit. Germ. rec. C. 650.)
Titel (roth u. schwarz), 5 Bll. Widm. (an Dorothee Wilhelmine, geb. Herzogin zu Sachsen) u. Vorrede (da. Jena d. 7. Martii 1712), 558 S. Einer der ungenießbarsten Romane dieses Vielschreibers.
— — Dasselbe. Ebd. 1715. 8°.
Goedeke, l. c., 12.
— — Dasselbe. Ebd. 1732. 8°.
Cat. Haude & Spener p. 155.
— — Dasselbe. Ebd. 1733. 8°. (2 Mk. Scheible, Cat. 147, no. 199.)

— — Die wohl angerichtete Tugendschule, in welcher vier u. zwanzig anmuthige Historien zu erlaubter Gemüths-Ergötzung der Jugend auf eine erbauliche Art vorgetragen u. mit nützlichen Anmerkgn. u. Lehren begleitet worden. Zween Theile (in 1 Bde.). Mit vielen (26) Kpfrn. Frankfurt u. Leipzig (Nürnb.), bey Gabriel Nicolaus Raspe, o. J. (1739). 8°. (Jahrzahl nennt Weller, fing. Dr.)
2 Titelkpf, Tit., 3 Bll. Vorr., 590 fortlauf. pagin. S. (Th. 2 beginnt mit S. 273). Mit 24 Kpftaf. (jede mit 2 Darstellungen, unsign.).
— — Dasselbe. 1806, 1821. (Weller, Index Ps.)

— Unterricht von Billeten oder Handbriefchen 2c. 8. Lpz. 717.

— s. Unterricht z. prakt. Rechenkunst.

Curieuse Vorstellung und Beschreibung der grossen sichtbaren Sonnen-oder Erd-Finsterniß anno 1724., d.22.May. wie sie so wol auf den gantzen Erdboden erscheinen wird...u.e.Anh. von der künftigen Mond-Finsterniß den 1.Nov. ...Von Johann Leonhard Rost. Nürnberg: Felßecker [1723]. 9 Bl. 8°

Rost, Johannes, s. Rost, Johann.

Rost, Jul. Herm., üb. die Entfernung der städtischen Abfallstoffe u. deren Verwerthung f. die Landwirthschaft. Vortrag, geh. in der Oekonom. Gesellschaft im Königr. Sachsen, Dresden, am 3. März 1876. gr. 8. (22 S.) Dresden 876. (Schönfeld.) n. — 60

Rost, Julius Robert [aus Herzogswalde]: Die pädagogische Bedeutung Bugenhagens. ... Leipzig-Reudnitz, Druck v. Max Hoffmann, 1890; 3 Bl. + V + 74 S. + 1 Bl. 8°
Leipzig, Phil. Fak., Inaug.-Diss. v. 9. Jan. 1890

Rost, Karl

Rost: Abriss der Geologie. 30 S. – Innsbruck OR., Progr 1863.

Rost: Die Färberei u. die für diese wichtigsten Farbstoffe. 60 S. – Innsbruck OR., Progr. 1857.

Rost: Kupferkies und Mineralwässer Analyse. 8 S. – Innsbruck OR., Progr. 1863.

Rost, Karl: Die Tonkünstlerin. Forderungen, Leistungen, Aussichten in diesem Berufe. — Leipzig: Kempe 1899. 44 S. 8° (Frauen-Berufe. [8.])

Rost, Karl, die Tonkünstlerin. Fordergn., Leistgn. u. Aussichten in dies. Berufe, s. a. Frauenberufe. 8.

Programm der Haupt- und vollständigen Unter-Realschule (Bürgerschule) in der Vorstadt Wieden, Favoritenstraße Nr. 333 und 320, nach dem II. Semester des Schuljahres 1855. Wien. Gedruckt bei A. Pichler's Wwe. u. Sohn. (56 S. u. 1 Taf. 8.)
Inhalt: K. Rost: Ueber den Unterricht in der Chemie an der Wiedner-Unter-Realschule. — C. Rost: Ueber Aluminium. — Th. Lesiak: Ueber galvano-chemische Telegrafie. — Schulnachrichten.

Rost, Karl Christian Heinrich

Rost, C. C. H. Anzeige einer ansehnlichen Sammlung alter, neuer und seltener Blätter berühmter Meister, nebst einigen Handzeichnungen, Gemählden und Kupferstichwerken. (Auctions-Katalog.) 3 Bde. Leipzig 1792, 1794, 1799. 8°.

Rost, Karl Christian Heinrich, s. Cumberland · Miß Obre

Rost, Karl Chr. Hnr., († d. 15. März 1798.) die Feier des Christen auf Golgatha. 8. Leipz. 774.

Rost, Carl Christian Heinrich s. Huber, M[ichel]. Handbuch für Kunstliebhaber... Zürich 1796–1808

Rost, K. C. H., Handbuch für Kunstliebhaber, siehe Handbuch.

Rost, C. C. H. Richter'sches Cabinet von Kupferstichen, Handzeichnungen und Kupferstich-Werken. (Auctions-Katalog.) Leipzig 1786. 8°.

Rost, C. C. H. Kupferstich-Cabinet des verstorbenen Herrn Hofrath Brandes. (Auctions-Katalog.) Leipzig 1795. 8°.

– s. Das Landhaus

Rost, Karl Chr. Hnr., Samml. engl. Schauspiele. 8. Lpz. 770.

Rost, Conrad, approb. Arzt aus Schüttorf: Aus d. Psychiatr. u. Nerven-Klinik Kiel. Ein Fall von progressiver Paralyse mit eigentümlichen Erscheinungen von Seelenblindheit. *Kiel 1903: H. Fiencke.* (24 S.) 8°
Kiel, Med. Diss. v. [4. Jan.] 1904

Rost, L., zur Berufsthätigkeit der Juden. Gegen den Vorwurf ihrer Arbeitsscheu. 8. (56 S.) Alzey 880. Weiss in Comm. n. — 50

Rost, Leop., die heilige Messe in 14 Fastenpredigten u. e. Ostermontagpredigt. Geh. in der Stiftskirche „Unsere Liebe Frau" zu den Schotten in Wien 1880. gr. 8. (163 S.) Wien 892. H. Kirsch. n. 2. —

Rost, M: Preis-Liste über Suspensorien, Leibbinden, Bruchbänder usw. Dresden (1900?)

[F. u. Ant.] Annales monasterii S. Clementis in Iburg collectore Mauro abbate. Die Iburger Klosterannalen des Abts Maurus Rost. Im Auftr. des Histor. Ver. hrsg. v Oberl. a. D. Dr. C[arl] Stüve. M. Portr. u. Ansichten sowie Abb. im Text. *Osnabrück: Selbstv. d. Ver.; In Comm. Rackhorst 1895.* (XX S., 1 Bl., 307 S., 1 Portr., 1 Taf.) 1 Bd 8.
— Geschichtsquellen, Osnabrücker. Bd III. [96. 1730

Rost, Michael, a. Frickenhausen a. Main: De vocibus quibusdam publici juris Attici. ⟨'Αποχειροτονία, Διαχειροτονία, 'Επιχειροτονία, Καταχειροτονία, Προχειροτονία⟩. München 1905: J. B. Lindl. (30 S.) 8°
München, Phil. Fak., Ref. v. Müller, Diss. v. 14. Apr. 1905
[Geb. 11. Juni 77 Frickenhausen a. M.; Wohnort: München; Staatsangeh.: Bayern; Vorbildung: Neues Gymn. Würzburg Reife Juli 96; Studium: München 4, Würzburg 4 S.; Rig. 18. Mai 04.]

Rost, Michael, Dr.: De vocibus quibusdam publici iuris attici. ⟨'Αποχειροτονία, Διαχειροτονία, 'Επιχειροτονία, Καταχειροτονία, Προχειροτονία⟩. München 1905: J. B. Lindl. (30 S.) 8°
¶ [Zugleich Diss. der Univ. München.]
München, k. Luitpold-G P 1905*

Rost, Otto, Vorschläge zu neuen Bestimmungen f. e. Berliner Baupolizeiordnung resp. zu e. deutschen Baugesetz. (80 S. m. Abbildgn.) gr. 8. Berlin (908). R. Eckstein Nachf. n. 2. —

Rost, Paul

Rost, P., die Bauinschriften Sanheribs. — Noch einmal das bît-ḫillâni u. die assyrische Säule, s: Meissner, B.

— Conversation française, s.: Rosenthal, Arth.

[F.] Kurzgefasste Russische Grammatik nebst Chrestomathie. Z. Gebr. bei Vorlesgn. sowie z. Selbststud. v. Dr. P[aul] Rost, Privatd. . . an d. Univ Königsberg. *Berlin: Reuther & Reichard 1896.* (V S., 1 Bl., 195 S.) 1 Bd 8 [97. 1703

Rost, Paul, u. Alb. Grössel, haben Sie etwas zu verzollen? Ratgeber in Zollfragen. Zum Gebrauche f. Reisende des In- u. Auslandes, welche die deutsche Grenze passieren. Nebst e. Auszuge aus dem deutschen Zolltarif u. den Vorschriften üb. die Abfertigg. v. Umzugs-, Erbschafts- u. Heiratsgut. (79 S.) kl. 8. Dresden 908. G. Kühtmann. — 80; kart. 1. —

Rost, Paulus [Saxo]: De inscriptione Tiglat-Pileser III. regis Assyriae, quae vocatur annalium ... (Erscheint m. Commentar.) Lipsiae, E. Pfeiffer, 1892; 53 S., 1 Bl. 8.
Berlin, Phil. Fak., Inaug.-Diss. v. 5. Juli 1892

— die Keilschrifttexte Tiglat-Pilesers III., nach den Papierabklatschen u. Originalen d. Britischen Museums neu hrsg. 2 Bde. Leipzig 893. E. Pfeiffer. n. 20. —
1. Einleitung, Transscription u. Uebersetzung, Wörterverzeichnis u. Commentar. gr. 8. (VIII, XXXIX, 145 S.)
2. Autographierte Texte. Fol. (III, 24 S.)

... Lectiones cursorias, quas ... Paulus Rost Phil. Dr. „Ueber Palaestina im 15. Jahrhundert vor Chr. Geb. und die Einwanderung der Ebräeer“ ad docendi facultatem rite impetrandam d. XX. Julii ... habebit, indicit Hermannus Baumgart Phil. Dr. P. P. O. Ord. Phil. h. t. Decanus. Regimonti Bor., ex offic. Hartungiana, 1896; 1 Bl. 4.

Rost, Paul, die Sprachreste der Draväno-Polaben im Hannöverschen, gesammelt, hrsg. u. m. Wörterverzeichnis versehen. (VII, 451 S.) gr. 8. Leipzig 907. J. C. Hinrichs' Verl. 16.—; geb. in Leinw. 17. 20

Untersuchungen zur altorientalischen Geschichte v. Paul Rost. *Berlin: W. Peiser (1897).* (2 Bl., 141 S., 4 Bl. Taf.) 8.
— Mitteilungen der Vorderasiat. Gesellschaft. 1897. [No] 2. [97. 4058

Rost, Paul (geb. Lissa in Posen 28. 7. 1849) Ueber Wärmeregulirung. Berlin (1873) (31 S.) 8°
Berlin, Med. Diss. v. 8. Febr. 1873

Rost, Richard *(geb. Schweidnitz 22. 5. 1844)* Der Stiel der Ovarientumoren und seine Bedeutung für den Ausgang der Ovariotomie. Mit 6 neuen Operations-Fällen. Breslau 1869. (47 S.) 8°
Breslau, Med. Diss. v. 15. Juli 1869

Rost, Richard [aus Berlin]: Ueber das Vorkommen von Vaccinepusteln auf der Augenlidhaut ... Würzburg, J. B. Fleischmann'sche Buchdr., 1896; 41 S. 8.
Würzburg, Med. Fak., Inaug.-Diss. v. 1896

Rost, Rob., Beleuchtung einiger Vorschläge zur Reform der Lehrerbildung. (47 S.) 8. Dresden 906. C. C. Meinhold & Söhne. n. — 75

Rost, Rud., die Ahnherrn des deutschen Dramas, s.: Bibliothek f. deutsche Schüler. Nr. 8.

Rost, Valentin Christian Friedrich

Rost, Val. Christ. Friedr., über Ableitung, Bedeutung und Gebrauch der Partikel οὖν. gr. 4. (16 S.) Göttingen 859, Vandenhoeck und Ruprecht's Verlagsb. *
Aus der dem gothaischen Osterprogramm beigegebenen Abhandlung besonders abgedruckt.

— u. E. F. Wüstemann, Anleit. zum Uebersetzen aus d. Deutschen ins Griech. 1r Thl. 1r u. 2r Cursus. 8. Götting. 820. 2e verb. Aufl. 823. 3e A. 826. 4e A. 830. Vandenhöck u. R. 20 gr 2r Thl. od. 3r u. 4r Cursus. 8. Götting. ... 2e Aufl. 822. Vandenhöck u. R. 20 gr

—— und E. Fr. Wüstemann, Anleit. zum Uebersetzen aus d. Deutschen in d. Griech. 1. Thl. 1. u. 2. Kurs. 4., bericht. Aufl. (27½ B.) 830. 20 Gr., 5., ber. A. (20½ B.) 8. Göttingen 835, Vandenhoeck u. Ruprecht.
2. Thl. od. 3. u. 4. Kurs. 2. Aufl. Ebendas. 1827. 20 Gr.

—— und E. Fr. Wüstemann, Anleitung z. Uebersetzen aus d. Deutschen in d. Griechische. 2. Thl. 3. u. 4. Kursus. 3., bericht. u. bereich. Aufl. gr. 8. (22¾ B.) Göttingen 838, Vandenhoeck u. Ruprecht.
1. Thl. 1. u. 2. Kurs. 5., ber. Aufl. Ebendas. 1830. 18 Gr.

— u. E. Fr. Wüstemann, Anleitung zum Uebersetzen aus dem Deutschen in das Griechische. 1. Thl.: 1. u. 2. Kursus. 7. Aufl. gr. 8. (IV u. 316 S.) Göttingen 850, Vandenhoeck & Ruprecht. ¾ ngr

— und E. Fr. Wüstemann, Anleitung zum Uebersetzen aus dem Deutschen in das Griechische. 1. Thl. 1. u. 2. Kursus. 8. Aufl. Göttingen 856. Vandenhoeck u. Ruprecht. gr. 8. (IV, 320 S.) 22½ ngr

—— und E. F. Wüstemann, Anleitung zum Uebersetzen aus dem Deutschen in das Griechische. 1. Thl.: 1. und 2. Kursus. 9., berichtigte und bereicherte Aufl. gr. 8. (IV und 306 S.) Göttingen 861, Vandenhoeck und Ruprecht's Verlagsh. *

— — 2. Theil: 3. u. 4. Kursus. 4. berichtigte u. bereicherte Aufl. Ebend. 861. gr. 8. (XI, 348 S.) n. 24 ngr

— u. Wüstemann, Anleitung zum Uebersetzen aus dem Deutschen in das Griechische hrsg. von Dr. Friedr. Berger. 1. Thl. 1. u. 2. Cursus. 10. verb. Auflage. Göttingen 868. Vandenhoeck & Ruprecht's Verl. gr. 8. (VIII, 299 S.) n. 20 ngr

Rost, Valent. Chrn. Friedr., und Wüstemann, Anleitung zum Uebersetzen aus dem Deutschen in das Griechische, hrsg. von Friedr. Berger. 1. Thl. 1. und 2. Cursus. 11. verb. Aufl. gr. 8. (VIII, 279 S.) Göttingen 876, Vandenhoeck und Ruprecht's Verlag. * 2 —

Rost, Val. Chrn. Friedr., Beispielsammlung zu den griechischen Grammatiken von Buttmann und von Rost, s. Beispielsammlung.

(Rost, Val. Chr. Frider.,) Beispielsammlung zu Buttmann's u. Rost's griech. Grammatiken. I. u. II. Thl. gr. 8. Göttingen 840, Vandenhoeck u. Ruprecht.

I. Etymologischer Theil, ein Uebungsbuch f. d. unteren Gymnasialklassen. ($20\frac{1}{4}$ B.) 20 Gr.

II. Syntaktischer Theil, ein Uebungsbuch f. d. mittleren Gymnasialklassen. (28 B.) 1 Thlr. 4 Gr.

Rost, Valentin Christian Friedrich, s. Bibliotheca graeca etc

– s. Jo Mor Duncan Lexicon graecorum

Rost, Val. Chr. Fr., Elementar-Wörterbuch d. griech. Sprache, hauptsächl. zum Behuf des Auswendiglernens, u. zu Beförder. eines leichtfaßl. Ueberblicks der griech. Wortfamilien in etymolog. Folge. gr. 8. Gotha 825. Hennings. 1 ₰ 8 gl

— die griechische Formenlehre f. die untern Klassen gelehrter Schulen bearb. gr. 8. Göttingen 822, Vandenhöck u. R.

Rost, V. Ch. F., griechische Grammatik f. Schulen. gr. 8. Göttingen, Vandenhöck u. R. 816. —

— griech. Grammatik f. Schulen. gr. 8. Götting. 2e A. 822. 3e A. 826. 1 ₰ 4e verb. Aufl. 832. Vandenhöck u. R. 1 ₰ 4 gl

— griech. Grammatik. 3e Ausg. gr. 8. Götting. 826, Vandenhöck u. R.

Rost, Val. Chrstn. Friedr., griech. Grammatik. 4., neu bearb. Ausg. gr. 8. ($47\frac{1}{4}$ B.) Göttingen 832, Vandenhoeck u. Ruprecht.

—— griech. Grammatik. 5., bericht. Ausg. (49 B.) 836. $1\frac{3}{8}$ Thlr., 6., bericht. Ausg. gr. 8. (51 B.) Göttingen 841, Vandenhoeck u. Ruprecht.

Rost, Val. Chrn. Friedr., griechische Grammatik. 7. umgearb. Ausg. Göttingen 856. Vandenhoeck u. Ruprecht. gr. 8. (2 Bl., 852 S.) n. 2 ₰.

—— kleine Grammatik d. attischen Dialekts d. griech. Sprache, zum Gebr. in d. unt. Gymnasialklassen u. beim Privatunterr. gr. 8. (18 B.) Göttingen 834, Vandenhoeck u. Ruprecht.

—— Handwörterbuch der griech. Sprache, s. Handwörterbuch.

Rost, Valent. Chrn. Frdr., Friedrich Körner als Kritiker. Oder Umtriebe auf dem Gebiete der pädagog. Kritik. Ein Wort der Rechtfertigung f. das Gothaische Gymnasium illustre u. dessen Director. gr. 8. (26 S.) Gotha 847, Gläser in Comm. n. 4 ngl

- V C F., De formulis ἔτι παθών et ὅτι μαθών accurate scribendis at explicandis. Pr. 1847 10 S. 4°. —.60

Rost, Val. Christ. Friedr., Schulgrammatik der griechischen Sprache. gr. 8. ($34\frac{3}{4}$ B.) Göttingen 844, Vandenhöck u. Ruprecht. *

Rost, Val. Christ. Friedr., Friedr. Kritz und Friedr. Berger, Parallelgrammatik der griechischen und lateinischen Sprache 1. Thl. A. u. d. T.: Schulgrammatik der griechischen Sprache von Val. Christ. Friedr. Rost. 2., verm. und verb. Aufl. gr. 8. (XIV und 570 S.) Göttingen 859, Vandenhoeck und Ruprecht's Verlagsb. *

——, Friedr. Kritz und Friedr. Berger, Parallelgrammatik der griech. und latein. Sprache. 2. Thl. A. u. d. T.: Schulgrammatik der latein. Sprache von F. Kritz und F. Berger. gr. 8. (XVI und 644 S.) Göttingen 848, Vandenhoeck und Ruprecht. *

Den 1. Thl. bildet Rost's Schulgrammatik der griech. Sprache, Ebendas. 1844 und kostet * 1 Thlr. 10 Ngr.

Rost, Valentin Christian Friedrich: Griech.-dt. Schulwörterbuch, s. Rost Griech.-dt. Wörterbuch

—— Wahrheit gegen Dichtung. Antwort auf den von Hrn. Dr. Sengebusch an den Verf. gerichteten „offenen Brief." gr. 8. (27 S.) Göttingen 861, Vandenhoeck und Ruprecht's Verlagsb.

— deutsch-griech. Wörterbuch. 2 Thle. gr. 8. Götting. 818. 2e A. 822. 3e verb. A. 825. 4e A. 829. Vandenhöck u. R. 3 ₰ 16 gl

Rost's — Deutsch-griech. Handwörterbuch. 2 Abtheil. Ausg. 2. verm. und verb. Götting. 822. 8. 3 rthl. 6 gr.

Rost, Val. Chr. Frieder., deutsch-griech. Wörterbuch. 5., rechtmäß., durchaus umgearb. Ausg. gr. 8. ($59\frac{1}{4}$ B.) Göttingen 837, Vandenhoeck u. Ruprecht. Thlr.

Rost, Valent. Chrn. Frdr., Deutsch-Griechisches Wörterbuch. 6. rechtmäß., durchaus umgearb. Aufl. Lex. 8. (IV u. 799 S.) Göttingen 847, Vandenhoeck & Ruprecht. n. 3 ₰

— deutsch-griechisches Wörterbuch. 7. rechtmäßige durchaus neu bearb. Ausg. Göttingen 857. Vandenhoeck u. Ruprecht. Lex.-8. (VII, 935 S.) n. 3 ₰. 10 ngr.

— deutsch-griechisches Wörterbuch. 8. rechtmäßige, vielfach verb. Aufl. Ebend. 860. Lex.-8. (XV, 963 S.) n. 3 ₰ 10 ngr.

Rost, Valent. Christ. Friedr., deutsch-griechisches Wörterbuch. Neu bearb. von Friedr. Berger. 9., rechtmäßige, vielfach verb. Aufl. 6 Liefgn. Göttingen 868. Vandenhoeck & Ruprecht's Verlag. Lex.-8. (VI, 1006 S.) n. 3 ₰

Rost, Valent. Chrn. Frdr., deutsch-griechisches Wörterbuch. Neu bearb. v. Frdr. Berger. 10. vielfach verb. Aufl. 1. u. 2. Abth. [1. u. 2. Drittel.] Lex.-8. (S. 1—704.) Göttingen 874. Vandenhoeck & Ruprecht. à n. 2. 80

Rost, Valent. Chrn. Friedr., deutsch-griechisches Wörterbuch. Neu bearb. von Friedr. Berger. 10. vielfach verb. Aufl. 3 (Schluß-)Abthl. gr. 8. (S. 705—1048.) Göttingen 874, Vandenhoeck und Ruprecht's Verlag. * 3 40

Rost, V. Chr. F., deutsch-griechisches Wörterbuch. 11. Aufl., neu bearb. von E. Albrecht. Lex.-8. (IV, 838 S.) Göttingen 889. Vandenhoeck & Ruprecht's Verl. n. 8. —; geb. n. 9. 60

—— kleineres deutsch-griech. Wörterbuch, e. Auszug aus vorsteh. Werke, f. d. ersten Schulgebr. bestimmt. gr. 8. (43 B.) Göttingen 829, Vandenhoeck u. Ruprecht.

—— kleineres deutsch-griechisches Wörterbuch, ein Auszug aus dem größeren Werke. 2. mit e. Verzeichn. d. bedeutendern Eigennamen verm. Ausg. gr. 8. ($53\frac{7}{8}$ B.) Göttingen 846, Vandenhöck u. Ruprecht. *

— erklär. Wörterbuch zu Xenophons Memorabilien d. Sokrates. 2e Aufl. 8. Gotha 819. Ettinger. 12 gr.

— griechisch-deutsches Schul-Wörterbuch, mit durchgängiger Bezeichnung der Quantität zweifelhafter Sylben. gr. 8. Gotha. Hennings. 820.

— griech.-deutsches Schulwörterbuch, nebst einer Anweisung zur griech. Prosodie von F. Spitzner. 2 Theile. 2e verb. Ausg. gr. 8. Gotha 823, Hennings.

—— griech.-deutsches u. deutsch-griech. Wörterbuch. 1. Thl. — A. u. d. T.: Griech.-deutsch. Wörterb. f. d. Schulgebr. 2 Bde. Nebst e. Anweis. zur griech. Prosodie v. Frz. Spitzner. 3., ganz umgearb. Aufl. gr. 8. (96 B.) Gotha 829. [Leipzig, Leich.] [Hennings]

—— dass. 2. Thl. — A. u. d. T.: Deutsch-griech. Wörterb. 2 Abthln. 4., rechtmäß., verm. u. verb. Ausg. gr. 8. (56 B.) Göttingen 829, Vandenhoeck u. Ruprecht.

— Griechisch-Deutsches Wörterbuch für den Schul- u. Handgebrauch. 2 Bde. 4. gänzlich umgearb. Aufl. unter Mitwirkung von Karl Frdr. Ameis u. Gust. Mühlmann. 4 Lfgn. Lex.8. (1. Bd. XX. 616 u. 68 S. 2. Bd. 673 u. 82 S.) Braunschweig 852, Westermann. (à n. 5/6 ₰) n. 3 1/3 ₰

— griechisch-deutsches Wörterbuch für den Schul- u. Handgebrauch. 2 Bde. 4., gänzlich umgearb. Aufl. 2. Abdr. unter Mitwirkung von K. Fr. Ameis und Gust. Mühlmann. 853. — 3. Abdr. Braunschweig 857. Westermann. Lex.-8. (XX, 616 S.; 2 Bl., 673 S. u.: Verzeichniß der Eigennamen 150 S.) n. 3 ₰. 10 ngr.

— griechisch-deutsches Wörterbuch für den Schul- u. Handgebrauch. 2 Bde. 4., gänzlich umgearb. Aufl. 4. Abdr. 859. — 5. Abdr. unter Mitwirkung von Karl Fr. Ameis u. Gust. Mühlmann. Braunschweig 862. Westermann. Lex.-8. (XX, 1439 S.) n. 3 ₰ 10 ngr.

— griechisch-deutsches Wörterbuch für den Schul- u. Handgebrauch. 4., gänzlich umgearb. Auflage, 7. Abdr., unter Mitwirkung von Prof. Dr. Karl Fr. Ameis u. Dr. Gust. Mühlmann. 2 Bde. Braunschweig 871. Westermann. Lex.-8. (XX, 616 u. 824 S.) n. 3 ₰ 10 ngr.

—— griechisch-deutsches Wörterbuch für den Schul- und Handgebrauch. 4. gänzlich umgearb. Aufl., 8. und 9. Abdr., unter Mitwirkung von Karl Fr. Ameis und Gust. Mühlmann. 2 Bde. Lex.-8. (XX, 616; 673 S. und Eigennamen 150 S.) Braunschweig 874,78, Westermann. * 10 —

Rost, Valent. Chrn. Friedr., griechisch-deutsches Wörterbuch für den Schul- und Handgebrauch. 4. gänzlich umgearb. Aufl., 10. Abdr., unter Mitwirkung von Karl Fr. Ameis und Gust. Mühlmann. 2 Bde. Lex.-8. (XX, 616; 673 S., Eigennamen 150 S.) Braunschweig 882, Westermann. *

—— vollständ. Wörterbuch d. classischen Graecität. 1. Bd. (1. Abthl. *Α — ἀμφιμυκάομαι.*) gr. 4. (35 B.) Leipzig 840, Vogel. *

Ist die Berücksichtigung der wichtigsten Ergebnisse der Hallischen Bibelrevision für das Sächsische Perikopenbuch wünschenswert und notwendig? Ein Wort z. Klärung u. Verständigung in Sachen d. 'durchgesehenen Bibel' u. d. Bibelrevision überhaupt von Walter **Rost**, Pastor. Leipzig J. C. Hinrichs 1896. (48 S.) 8° [F.] [06. 9997 3

Rost, Walth., Schweikershain. Sonder-Abdr. aus der neuen sächs. Kirchengalerie, nebst 2 Beilagen: „Aus der guten alten Zeit" u. „Aus alten Papieren". gr. 4. (36 Sp. m. Abbildgn. u. 36 u. 19 S. in gr. 8.) Leipzig 900. A. Strauch. n. — 50

Rost, Wilh(elm): Kasuistischer Beitrag zu den kongenitalen Beweglichkeitsdefekten des Auges. Leipzig 1908: Lehmann. 26 S. 8°

Leipzig, Med. Diss. v. 6. Nov. 1908, Ref. Sattler

[Geb. 24. Sept. 83 Schüttorf; Wohnort: Oberhausen i. Rhl.; Staatsangeh.: Preußen; Vorbildung: Realgymn. Osnabrück Reife O. 03; Studium: Göttingen 5, Kiel 1, München 1, Göttingen 1, Leipzig 2 S.; Coll. 11 Nov. 08.] [U 09. 2859

Rost, Guil. (geb. Sagan 10. 10. 1811) De chilo- et stomato-plastice. Berolini (1836). (31 S.) 8°

Berlin, Med. Diss. v. 10. März 1836

Rost, Wilhelm: Pestalozzi's 'Lienhard und Gertrud'. Vergleichende Darstellung der drei Ausgaben von 1781—87, 1790—92 und 1819—20 zum Zwecke der Feststellung einer Entwicklung der pädagogischen Anschauungen Pestalozzi's. (Frankenberg i. Sa. 1909: Reisel.) 176 S. 8°

Leipzig, Phil. Diss. v. 24. Aug. 1909, Ref. Volkelt, M. Heinze

Geb. 10. Aug. 77 Lunzenau; Wohnort: Leipzig-Reudnitz; Staatsangeh.: Sachsen; Vorbildung: Sem. Waldenburg i. Sa. bis 98, Wahlfähigk. O. 01; Studium: Leipzig 8 S.; Rig. 27. Febr. 09.] [U 10. 3223

Rost, Woldemar: De filicum ectypis obviis in lithanthracum Vettinensium Lobeiunensiumque fodinis. Halae (1839): Ploetz. 31 S. 8°

Halle-Wittenberg, Phil. Diss. v. 11. Nov. 1839

Geb. [Querfurt 9. 12. 1818]

The heroes of English Literature. Aus engl. Orig. ausgew. u. f. d. Schulgebr. erkl. v. Dr Waldemar Rost, Oberl. . . zu Magdeburg. M. 5 Dichterbildn. *Berlin: R. Gaertner 1898.* (VIII. 134 S., 5 Portr.) 1 Bd 8. = Schulbibliothek franzos. u. engl. Prosaschriften a. d. neueren Zeit. Abt. II. Bdch. 30. 199. 791

[F.] **Rost**, *Woldemar* [Dr.]: **Englische Lektüre an der Oberrealschule. Magdeburg, Druck v. E. Baensch jun., 1897; 1 Bl., 20 S. 4.**

Magdeburg, Guericke-S '(OR u. RG)', P 1897 (281)

Rost, *Christian Hermann Heinrich* **Woldemar [aus Magdeburg]: Die Orthographie der ersten Quartoausgabe von Milton's Paradise Lost ... Leipzig, 1892; 76 S., 1 Bl. 8.**

Leipzig, Phil. Fak., Inaug.-Diss. v. [2. Apr.] 1892

Roest, Rust, Firma Löwe, Kurt & Co., s.: Collection Hartleben. 7. Jahrg. 18. Bd.

Roest, Rust (Sophie Elkan), schwedische Novellen, s.: Meyer's Volksbücher.

ROSTACHER, Franz: Der latente Sprachschatz Hesiods. — 1909. III, 111 Bl. Diss. Graz, Univ.

Rostafiński, Joseph (Thomas) von

Rostafiński, J., Beiträge zur Kenntniss der Tange. 1. Hft. Ueber das Spitzenwachsthum v. Fucus vesiculosus u. Himanthalia lorea. Mit 3 (lith.) Taf. (in gr. 4.) gr. 8. (18 S.) Leipzig 876. Felix. n. 3. —

Rostafiński, J., u. M. Woronin, über Botrydium granulatum. Mit 5 lith. (1 color.) Taf. [Aus: „Botan. Zeitg."] gr. 4. (18 S.) Leipzig 877 Felix. n. 6. —

— Florae Polonicae prodromus. Uebersicht der bis jetzt im Königr. Polen beobachteten Phanerogamen. gr. 8. (128 S.) Berlin 873. Friedlaender & Sohn. n. 2. 80

Rostafiński, Jos., symbola ad historiam naturalem medii aevi, s.: Munera saecularia universitatis Cracoviensis. VII u. VIII.

— Versuch e. Systems der Mycetozoen. Inaugural-Dissertation. gr. 8. (80 S.) Ebend. 873. n. 1. 50

Rostagno, Henr., s.: **Tacitus**, Codex laurentianus Mediceus.

Rostalski, Friedrich: Sprachliches zu den apokryphen Apostelgeschichten. T. 1. (Myslowitz O.-S. 1910: Rölle.) 21 S. 4°
Myslowitz, G P 1910 (282) [S 10. 364

Rostalski, Friedrich: Sprachliches zu den apokryphen Apostelgeschichten. I. Teil. 21 S. 4.
Progr. Gymn. *Myslowitz O.-S.* 1910 (zu 282).
I. Zur Hebraismenfrage. II. Das Possessivpronomen und seine Surrogate. III. Die Sprache des Codex Vercellensis. IV. Textkritische Bemerkungen zu den griechischen Akten.

Rostalski, Julius Berthold *(geb. Lubraus in Pos. 27. 2. 1849)*: Die Erweiterung des Poiseuille'schen Gesetzes auf verzweigte Capillar-Rören. Breslau 1878. (28 S.) 8° *(Verf. verwirft grundsätzlich das Dehnungs-H, er schreibt Röre, Stral, Genemigung, Abname etc.!)* *[Im Buchhandel 1878 bei Koebner in Breslau.]*
Breslau, Phil. Diss. v. 3. Aug. 1878

Rostan, Léon: Untersuchungen über die Erweichung des Gehirns, zugleich eine Unterscheidung der verschiedenen Krankheiten dieses Organs durch characteristische Zeichen beabsichtigend. (Recherches sur une maladie peu connue, qui a reçu le nom de ramolissement du cerveau. Seconde édition. Dt.) Übers. von G(ustav) Th(eodor) Fechner. 532 S., gbd.

Leipzig: Voß 1824

JB 4.516

Rostand, Edmond, Cyrano v. Bergerac. Romantische Komödie in 5 Aufzgn. Deutsch v. Ludw. Fulda. 1.–5. Aufl. 8. (à 276 S.) Stuttgart 898. J. G. Cotta Nachf. n. 3. —; geb. n. 4. —

Rostand, Edmond, Cyrano v. Bergerac. Romantische Komödie in 5 Aufzügen. Deutsch v. Ludw. Fulda. 6.–15. Aufl. gr. 8. (à 276 S.) Stuttgart 899—902. J. G. Cotta Nachf. n. 3. —; geb. n. 4. —

Cyrano von Bergerac. Romant. Komödie in 5 Aufz. von Edmond **Rostand**. Deutsch von Ludwig Fulda. 8. Aufl. *Stuttgart: J. G. Cotta 1899.* (275 S.) 8° [F.] [01. 6139 4

Cyrano von Bergerac. Romant. Komödie in 5 Aufz. von Edmond **Rostand**. Deutsch von Ludwig Fulda. 13. Aufl. *Stuttgart: J. G. Cotta 1901.* (275 S.) 8° [F.]

Rostand, Edmond, Cyrano v. Bergerac. Romantische Komödie in 5 Aufzügen. Deutsch v. Ludw. Fulda. 16. u. 17. Aufl. (à 276 S.) 8. Stuttgart 902.905. J. G. Cotta Nachf. n. 3. —; geb. in Leinw. 4. —

Rostand, Edmond, Cyrano v. Bergerac. Romant. Komödie in 5 Aufzügen. Deutsch v. Ludw. Fulda. 19.—22. Aufl. (275 S.) 8. Stuttgart 908. 10. J. G. Cotta Nachf. 3. —; geb. in Leinw. 4. —

Cyrano von Bergerac. Romant. Komödie in 5 Aufz. von Edmond **Rostand**. Deutsch von Ludwig Fulda. 21. u. 22. Aufl. Stuttgart & Berlin: Cotta 1910. 275 S. 8° [11. 16540 11

— La princesse lointaine. Ed. par F. Kraft et L. Marchand, s.: Schulbibliothek, französische u. englische.

Die Prinzessin im Morgenland (La princesse lointaine). Drama in 4 Aufz. von Edmond **Rostand**. (Übers. von Friedrich v. Oppeln-Bronikowski.) Berlin, Köln, Leipzig: A. Ahn (1905). (XX, 83 S.) 8° [Umschlagt.]
= **Theater**, Französisches. No 12. [06. 16962

— die Romantischen. Vers-Lustspiel in 3 Aufzügen. Deutsch v. Ludw. Fulda. 8. (104 S.) Ebd. 896. n. 2. —; geb. in Leinw. n. 3. —

La Samaritaine. Par Edmond **Rostand**. Mit Anm. z. Schulgebr. hrsg. von Thérèse Kempf. [Nebst] Anh. [&] Wörterbuch. Bielefeld & Leipzig: Velhagen & Klasing 1906. 3 Bde 8°
= **Sammlung**, Velhagen & Klasings, franz. u. engl. Schulausgaben. Théâtre franç. Ausg. B. Lfg 71. [07. 3044

— **La Samaritaine, hrsg. v. Thérèse Kempf, s. a. Théâtre français.**

— das Weib v. Samaria. (La Samaritaine.) Ein bibl. Drama in 3 Bildern. Deutsch v. Lina Schneider. gr. 8. (103 S.) Köln (899). P. Neubner. n. 2. —; geb. n. 3. —

Röstel, Knaben- und Mädchenhorte. Vortrag, geh. im Vereins-Verband zu Landsberg a. d. Warthe am 22. Febr. 1885. gr. 8. (19 S.) Landsberg a. d. W. 886, (Schaeffer und Comp.) *

Röstel, freiwillige Sozialreformen. Vortrag, gehalten im Vereins-Verband für öffentl. Vorträge zu Landsberg a. d. W. am 5. März 1884. gr. 8. (27 S.) Landsberg a. d. W. 884, (Schaeffer und Comp.) *

Roestel, *L. W.* Franz [aus Wien]: **Beiträge zur Pathologie** und Therapie der Crises gastriques bei Tabes dorsalis ... Berlin, Buchdr. v. G. Schade, *1893*; 30 S., 1 Bl. 8.
Berlin, Med. Fak., Inaug.-Diss. v. 3. Nov. 1893

Die Geologie im Lehrplan der Volksschule. Von N. **Roestel**. Minden i. W.: C. Marowsky [1906]. (34 S.) 8° [Umschlagt.]
— **Sammlung** pädagog. Vorträge. Bd 15, H. 5. [06. 3698 6

Röstell, Wilhelm

Röstell, W., s. Beschreibung der Stadt Rom.

Röstell, Wlh., Beschreibung der Stadt Rom, s. a. Platner, Ernst.

ROSTER-ERFFT, Lesbischer Liebeskultus. Lebensbilder — Liebesszenen. (Ornam.) Verlag Schneider & Kunert, Budapest VIII, Barossplatz 4. O. J. (c. 1908). 8°. Lat. Lett. 156 S. (incl. Vortit. mit Inhaltsverz., Haupttit., 2 Bll. Vorw. u. 5 Bll. Bücher-Anzeigen der Firma).

Rosterg, A., Die Primäranlagen und die Hauptschachtfördermaschine der Gewerkschaft Wintershall, Heringen an der Werra. Essen-Ruhr, 1906. 16 S. mit 23 Abb. u. 1 Taf. [Fe 1715

Rosteuscher, JohannGeorg Friedrich (Rothenburg)
Altd. Thl. 17/17

Doxologia ecclesiastica gloria patri. Präs. Johann Balthasar Bernhold.
Altdorf (Kohles) 4. VI. 1727. 28 S.

Gew.: Stadt Rothenburg. 29305

Rostgaard, Friedrich. Dem Durchl. Herrn Christian ... wegen der von Christiano I. glücklich hergeleiteten Abstammung ... A. d. Lat. Copenh. [ca. 1708]. Ü: *Vincelli, Johann.* (Bruun, Bibl. Danica III, 337.)

Rosthorn, Alfons v., die Erkrankungen der weiblichen Geschlechtsorgane, s.: Pathologie u. Therapie, spezielle. XX. (Chrobak, R.)

Rosthorn, A. v., die Erkrankungen der weiblichen Geschlechtsorgane, s.: Chrobak, R.

— Fremdkörper im Beckenbindegewebe. — Die Krankheiten des Beckenbindegewebes, s: Handbuch der Gynäkologie.

Rosthorn, Alfons v., s.: Lehrbuch, kurzes, der Gynäkologie.

— s.: Monatsschrift f. Geburtshülfe u. Gynäkologie.

— s.: Sänger, Max.

Rosthorn, Alf., üb. Schleimhautverhornung der Gebärmutter. [Aus: „Festschrift der Gesellsch. f. Geburtshilfe u. Gynäkol."] gr. 8. (11 S. m. 2 Taf.) Wien 894. A. Hölder. n. 1.80

— die Universitätsfrauenklinik in Heidelberg, s.: Hirsch, Fritz.

— s.: Verhandlungsbericht der mittelrheinischen Gesellschaft f. Geburtshülfe u. Gynäkologie.

— s.: Zeitschrift f. Heilkunde.

von Rosthorn, Arthur: Die Ausbreitung der chinesischen Macht in südwestlicher Richtung bis zum vierten Jahrhundert nach Chr. E. historisch-geograph. Studie ... Wien, F. Tempsky, 1895; 57 S., 1 Bl. 8.
Leipzig, Phil. Fak., Inaug.-Diss. v. [23. Apr.] 1895

Rosthorn, Arth. v., d. Ausbreitung d. chinesischen Macht in südwestl. Richtung bis z. 4. Jahrh. nach Chr. Eine historisch-geograph. Studie. Diss. gr. 8. (57 S.) Wien u. Prag 895. Leipzig, O. Harrassowitz. n.n. 3. —

Rosthorn, Arth. v., Confucius, Legge, Kühnert. [Aus: „Sitzungsber. d. k. Akad. d. Wiss."] gr. 8. (21 S.) Wien 896. (C. Gerold's Sohn.) n. — 70

Rosthorn A v. die österr. Industrie u der chinesische Markt. (20 S) Wien 1902

Rosthorn, Arthur von: Eine Reise im westlichen China. [Sa. aus den Mitth. der k. k. Geogr. Ges. 1895, Heft 5 u. 6.] Wien 1895.

Rosthorn, Franz von

Rosthorn, Fr. v. Zur Geognosie u. Geologie der südöstlichen Alpen in Steiermark, Kärnthen und Krain. (Aus Leonhard u. Bronn's Jahrb. für Mineralogie.) Stuttgart. 1848. 8.

(Katalog von) Franz E. v. Rosthorn's Sammlung von Rüstungen, ... Bildern in Klgft. Klgft., v. Kleinmayr, (1866). 25 S.

Rosthorn, Frz. v., und J. L. Canaval, Uebersicht der Mineralien und Felsarten Kärntens und der geognostischen Verhältnisse ihres Vorkommens. Separat-Abdr. der Abhandlung: Beiträge zur Mineralogie und Geognosie von Kärnten. gr. 8. (IV und 64 S.) Klagenfurt 854(58), (Liegel's Buchh.) *
Aus: Jahrbuch des naturhistor. Museums in Kärnten, besonders abgedruckt.

Rosthorn, G. v., Erzeugnisse aus Kupfer, Zink, Blei, Zinn, Nickel u. deren Legirungen, s.: Ausstellungs-Bericht, officieller.

Rosthorn, Jos. v., Vortrag über die Wirkungen des englisch-französischen Handelsvertrages auf die Production Frankreichs. Mit Rücksicht auf unsere gegenwärtigen Verhältnisse. Gehalten am 25. April 1866 im Locale des Vereins für volkswirthschaftlichen Fortschritt. Wien 866. (Gerold's Sohn.) 4. (21 S.) n. 10 ngr.

Rostin, E., Dominik Cartouche, genannt der Gaunerkönig von Paris. Eine höchst interessante Kriminalgeschichte. 100 Hefte oder 3 Bde. gr. 8. (512; 480; 602 S. mit 100 color. Stnt.) Neusalza 883,84, Oeser. à Heft 10 Pf.

Rostin, E., der schwarze Iwan, oder die Rache des Verstoßenen. Eine Geschichte aus den russisch-poln. Wäldern. Neuester Sensationsroman. 40 Hfte. gr. 8. (1. Bd. 384, 2. Bd. 312, 3. Bd. 308 u. 4. Bd. 276 S. m. je 1 color. Steintaf.) Neusalza 879. 80. Oeser. à — 20

Rostirolla, Antonio, un caso di amputazione interscapolo-toracica per encondroma omero-scapolare. Nota clinico-statistica con 9 incisioni e un quadro sinuttico dei casi raccolti fino al 1900. gr. 8. 105 S.) Trient 902. (G. Oberosler.) n.n. 2.50
Sonderabdruck aus: „Bollettino medico Trentino".

Rostkovius, Fr. Wilhelm Gottlieb

Rostkowius, (Fr. Wilh. Gottl., et E. L. Wilh.) Schmidt, Flora Sedinensis exhibens plantas phanerogamas spontaneas nec non plantas praecipuas agri Swinemundii. Cum tabb. II. lap. incicis. 8. Sedini 824. (Berol., Lüderitz.)

Rostkovii monographia generis Iunci, c. tab. aen. 8. maj. Berl. Nauck. 801.

Rostkovius, F. W. Th., die Pilze Deutschlands, s.: Sturm, Jac., Deutschlands Flora. III. Abth.

Rostkovius, Sam., Das Königl. Vorbild ... Friedens-Predigt d. 15. Jul. 1742. Züllichau. 4. (23 Seit.)

Rostochium Literatum, exhibens literatorum, qui Rostochii a. 1698 et 1699. vixerunt vivuntque syllabum ... [Rostock] 1700. V: *Habichhorst, Andreas Dan.* (ADB) (BrMm)

Rostock [Sachl. Ordnungswort]

Rostock, Das jetz lebende, von 1804. Rostock. V: *Schröder, Joh. Chn.* (Bachmann, Mecklenburg. Güstrow 1889. S. 447.)

Rostock, Sebastian v., Bischof v. Breslau, s. Jungnitz, J.

Rostock und seine Umgebung. III. Führer bearb. u. hrsg. durch die gemeinnützige Gesellschaft. 9. Aufl. Rostock: Volckmann 1908–09. 65 S. 8° [10. 5565]

Rostock u. seine Umgebung. Illustrierter Führer, bearb. u. hrsg. durch den Verkehrs-Verein, E. V. 10. Aufl. (62 S. m. 1 farb. Plan.) 8. Rostock 910. 11. Berlin, C. J. E. Volckmann Nachf. — 60

Rostock [Schlagwort]

Rostock, s. a.: Deutschland. Kürschner-Pelp.

— s. a.: Deutschland. Uebersichtskarte.

— s.a. Europa. Liebenow.

— s.a. Europa. Übersichtskarte.

Rostock-Magdeburg, s.: Automobilkarten. Automobil-Tourenkarte.

Rostock. Karte von Rostock u. Umgegend. 1 : 80,000. Lith. qu. Fol. Rostock i/M. 889. Volckmann. n. — 60

Rostock. Plan der Stadt Rostock, nach dem neuesten amtl. Material hrsg. am 1. XII. 1896. 1 : 6000. 42,5 × 59,5 cm. Farbdr. M. Strassenverzeichnis u. kleinem Führer. 8. (6 S.) Rostock 897. C. J. E. Volckmann. — 75

Rostock. Plan der Stadt Rostock, nach neuestem amtl. Material bearb. 26×38,5 cm. Farbdr. Mit Theaterplan auf der Rückseite. Mit Strassenverzeichnis u. prakt. Notizen. 12. (8 S.) Rostock (900). H. Koch. — 30

Rostock. Plan der Stadt Rostock. 26×38 cm. Farbdr. Mit Theaterplan auf der Rückseite. Mit Strassenverzeichnis. (17 S. m. 1 Abbildg.) kl. 8. Rostock 904. 905. H. Koch. n. — 50

— Spezialkarte, neue, von Rostocks Umgebung. 1 : 125,000, u. Specialkarte der Rostocker Heide, 1 : 50,000, bearb. nach d. Messtischblättern d. preuss Staates. 61,5×71 cm. Farbdr. Ebd. (901). n. 1. —

— Verkehrskarte von Rostock. 26×34 cm. Farbdr. Nebst Ankunfts- u. Abgangszeiten der in Rostock ankomm. u. abfahr. Züge. 12. (2 S.) Ebd. (900). — 20

Rostock, Umgegend. Volckmann, Erwin, Wanderkarte durch die Umgegend von Rostock. 1 : 80,000. 42 × 56,5 cm. Autogr. u. kolor. Görlitz 895. Rostock, C. J. E. Volckmann. n. — 80

— Wanderkarte durch die Umgegend von Rostock. 1 : 80,000. 2. Aufl. 42 × 57 cm. Farbdr. Rostock 898. C. J. E. Volckmann. — 80

Rostock [Verfasser]

Rostock, M., Neuroptera germanica. Die Netzflügler Deutschlands m. Berücksicht. auch einiger ausserdeutschen Arten, nach der analyt. Methode unter Mitwirkg. v. H. Kolbe bearb. [Aus: „Jahresbericht d. Vereins f. Naturkunde zu Zwickau i/S."] gr. 8. (200 S. m. 10 Taf.) Zwickau i/S. 888. Bär. n. 3. —

Rostock, Richard, aus Erfurt: **Über Aufnahme und Leitung des Wassers in der Laubmoospflanze.** *Erfurt 1902: Ohlenroth.* (28 S.) 8°
Jena, Phil. Diss. v. (22. Juli) 1901

Ueber die biologische Bedeutung der Drüsenhaare von Dipsacus sylvestris. Von R[ichard] Rostock. (Mit 7 Fig.) *Leipzig: A. Felix 1904.* (S. 11–20.) 4°
= Zeitung. Botanische. Jg. 62, Abth. 1, H. 1, [a.] [04. 1304

Rostocker Heide [Schlagwort]

Rostocker Heide. Karte der Rostocker Heide nebst Umgebung. 1 : 25,000, gezeichnet auf Grundlage der Messtischblätter u. Forstkarten. 45,5 × 60,5 cm. Farbdr. Ebd. 898. n. 1. —

Rostocker Heide. Karte der Rostocker Heide nebst Umgebung. Gezeichnet auf Grundlage der Messtischblätter u. Forstkarten. 1 : 25,000. 3. verb. Aufl. 46,5× 61,5 cm. Farbdr. Rostock (905). C. J. E. Volckmann Nachf. n. — 60

Rostocker Heide. Karte, neue, der Rostocker Heide, 1 : 25,000, nebst Fischland u. Darss, 1 : 200,000. 46× 61 cm. Farbdr. Rostock (907). [„Captain".] Berlin, Maritima. — 60

Rostohar Michael: Ueber Hypothesen und ihre erkenntnis-theoretische Bedeutung.
M. 1906 PN 2119 Diss. Wien. Univ.

Rostok, Rob., Erinnerungsblätter an weil. Ihre Maj. Kaiserin u. Königin Elisabeth. (186 S. m. Abb.) Lex.-8. Prag 903. (Wien, L. W. Seidel & Sohn.) n. 4. —; geb. in Leinw. n. 6. 40

Rostok, Rob., furchtlos u. treu. (Biographie d. k. u. k. Feldzeugmeisters Wilhelm Herzog v. Württemberg.) (Geschichtl. Skizze. 2. Aufl. gr. 8. (48 S. m. 2 Illustr.) Marburg 897. (Stuttgart, H. Lindemann.) n. 1. —

— die Regierungszeit Sr. Maj. d. Kaisers u. Königs Franz Josef I. Geschichtl. Rückschau. Lex.-8. (248 S. m. 24 Illustr.) Graz 898. (Wien, L. W. Seidel & Sohn.) n. 5. —; geb. in Leinw. n. 6. —

— die Regierungszeit Sr. Maj. des Kaisers u. Königs Franz Josef I. Geschichtliche Rückschau. 3., ergänzte Aufl. (IV, 483 S. m. 37 Abbildgn.) Lex.-8. Graz (903). (Wien, L. W. Seidel & Sohn). n. 7. —
geb. in Leinw. n. 9. —

Rostorf, ..., (Geo. Ant. v. Hardenberg,) Dichtergarten, erster Gang: Violen; (herausgg. von K. G. A. v. Hardenberg). 8. Würzb. 807. Stahel. 2 ß Velinp. 2 ß 12 kr

Rostorf (= Georg Anton von Hardenberg). Dichtergarten. Würzburg 1807. H: *Hardenberg, Carl Gottlieb Albr. v.* (Ky)

Rostorf, s. Pilgrimschaft.

Rostoski, Otto

Rostoski, O., der Beweis des Lebens eines Kindes in civilrechtl. Sinne. 8. (VIII u. 67 S.) Wittenberg 851, Zimmermann. n. 1/2 ß

Rostoski, Otto, zwei Charaktere in zwei Vorträgen. Wittenberg 865. Herrosé. 16. (VIII, 131 S.) 12 *ngr.*

Rostoski, Otto, aus Wendemark ⟨Prov. Brandenb.⟩: **Über Echinococcus multilocularis hepatis.** *Würzburg 1896 [vielm. 1899/1900]: Becker.* (56 S.) 8°
Würzburg, Med. Diss. v. 1896

Rostoski, [Otto], Dr., 1. Assist. d. med. Klinik d. Univ. Würzburg: **Zur Kenntnis der Präcipitine.** *Würzburg: A. Stuber 1902.* (51 S.) 8° [Umschlagt.] ¶ (Aus: Verhandl. d. phys.-med. Gesellsch., N. F. Bd 35.)
Würzburg, Med. Hab.-Schr. v. 1902

Rostoski, Otto, An allen Orten. Elberfeld 860. Bädeker. gr. 16. (2 Bl., 180 S.) n. 24 *ngr.*

Rostoski, O., die Serumdiagnostik, s.: Abhandlungen, Würzburger, aus dem Gesamtgebiet der prakt. Medizin. IV. 2.

Rostoski, Otto, aus alter u. neuer Zeit. Dichtungen. Hrsg. v. Herm. Schmidt. 8. (X, 186 S.) Leipzig 872. Engelmann. 3. —

Rostosky, Egon, Referendar: Die Erwerbsbeschränkungen der 'toten Hand' in Württemberg. Borna-Leipzig 1909: Noske. IX, 69 S. 8°
Leipzig, Jur. Diss. v. 30. Dez. 1909
[Geb. 16. Juni 85 Niederschlema; Wohnort: Chemnitz i. S.; Staatsangeh.: Sachsen; Vorbildung: Vitzthumsches Gymn. Dresden Reife O. 04; Studium: Genf 1, München 1, Kiel 1, Leipzig 5 S.; Rig. 28. Jan. 08.] [U 10. 2850

Rostosky, Karl Bernh., Chronik der volynisch-poln. Familie Rostocki u. deren deutsche Zweige m. den zur Zeit abweich. Schreibweisen Rostosky u. Rostoski. 1. Tl. von 1528 bis um 1828. (III, 20, III u. VI S. m. 1 Taf. u. 17 Stammtaf.) Lex. 8. Dresden 909. (Leipzig, E. Bredt.) Geb. in Leinw. 10. —

Rostosky, Leopold, aus Niederschlema: Trennung des Palladiums von anderen Metallen durch Hydrazin in mineralsaurer Lösung. *Heidelberg 1903: J. Hörning.* (51 S.) 8°
Heidelberg, Naturw.-math. Diss. v. 1903

Rostosky, Paul *Konstantin Lamoral:* Über funktionelle Beziehungen beider Gehörorgane ... (Aus: Martius, Beiträge etc. 1, 2.) Leipzig, W. Engelmann, 1897; 106 S., 1 Bl. 8.
Leipzig, Phil. Fak., Inaug.-Diss. v. [13. Aug.] 1897

Rostowski, C., russische Rache s.: Zehn-Pfennig-Bibliothek, Frankfurter, Nr. 14.

— in den Schlachten bei Mukden, s.: Zehn-Pfennig-Bibliothek, Frankfurter, Nr. 22.

Rostowzeff, Andrei, Anton Tschechow u. die „Dämmerungstrauer" seiner „müden" Menschen. (59 S.) schmal 8. St. Petersburg (Kabinetskaja 7) 905. G. W. Malachowski. n. 1. —

Rostowzeff, Nicolaus, a. Maykop (Kaukasus): Fieber in der Geburt und bei dem Abort. Straßburg i. E. 1907: C. Müh & Cie. (40 S.) 8°
Straßburg, Med. Fak., Ref. Fehling, Diss. v. 27. Febr. 1907
[Geb. 19. Sept. 77 Maykop, Gouv. Kuban; Wohnort: Straßburg i. E.; Staatsangeh.: Rußland; Vorbildung: Gymn. Woronej Reife O. 98; Studium: Moskau 2, Berlin 2, Halle 3, Bern 3, Straßburg 1 S.; Rig. 12. Febr. 07.]

Römische Bleitesserae. Ein Beitrag z. Sozial- u. Wirtschaftsgesch. d. röm. Kaiserzeit von M[ichail Ivanovič] Rostowzew [Rostovcev]. Mit 2 Taf. Leipzig Dieterich 1905. (IX, 131 S.) 4°
= Beiträge z. alten Geschichte. Beih. 3. [05. 5607

— Geschichte der Staatspacht in d. römischen Kaiserzeit bis Diokletian. (184 S.) gr. 8. Leipzig 902. Dieterich.
Sonderabdruck aus: „Philologus". n. 5. 40

Rostowzew, Mich., Urbs Roma antiqua. s.: Tabulae, quibus antiquitates graecae et romanae illustrantur XV.

Studien zur Geschichte des römischen Kolonates. Von M[ichail Ivanovič] Rostowzew [Rostovcev], Prof. Leipzig & Berlin: Teubner 1910. XII, 432 S. 8°
(Archiv f. Papyrusforschung. Beih. 1.) [10. 14895 3

Rostowzew, M., Studien zur Geschichte des römischen Kolonates, s.: Archiv f. Papyrusforschung u. verwandte Gebiete. 1. Beiheft.

— Tesserarum urbis Romae et suburbi plumbearum sylloge. (XI, 440 S. m. Atlas v. 12 Lichtdr.-Taf. in Fol.) gr. 4. St. Petersburg 903. (Leipzig, Voss' Sort). n. 30. —

— dasselbe. Suppl. I. (IV, 24 S. m. 3 Lichtdr.-Taf.) 4. Ebd. 905. n. 1. 50

— der Ursprung des Kolonats. Lex.-8. (5 S.) Leipzig 901. Dieterich. — 30
Sonderabdruck aus: „Beiträge zur alten Geschichte".

Rostowzew, S., die Entwickelung der Blüthe u. d. Blüthenstandes bei einigen Arten der Gruppe Ambrosieae u. Stellung der letzteren im System, s.: Bibliotheca botanica.

Rostrup, Egill, Per Bunkes Vorgeschichten, s.: Larsen, Anker.

Rostrup O.: Die Sclerotienkrankheit d. Erlen-Früchte. 1897. [Rostr. Saml.].

von Rostworowski, *Anton Johann Felix C. Graf:* Die Entwicklung der bäuerlichen Verhältnisse im Königreich Polen im 19. Jahrhundert ... [Erschien vollst. als Bd 12 von: Samml. nationalökon. u. statist. Abh. d. staatswiss. Sem. zu Halle a. d. S. hrsg. v. J. Conrad.] Halle a. S., *Lippert & C., Naumburg a. S.,* 1896; VI, 45 S. 8.
Halle, Phil. Fak., Inaug.-Diss. v. [28. Dez.] 1896

Die Entwicklung der bäuerlichen Verhältnisse im Königreich Polen im 19. Jh. Von Dr. A. J. F C. Graf v Rostworowski. *Jena: G. Fischer 1896.* (VI, 91 S.) 8.
= Sammlung nationalökon. u. statist. Abhandlungen d. staatswiss. Seminars zu Halle. Bd 12. [97. 646

Rostworowski, A. J. F. C. Graf v., Die Entwickelung der bäuerlichen Verhältnisse im Königreich Polen im 19. Jahrhundert. Sammlung nat.-ökon. u. statist. Abhandl. d. staatsw. Seminars zu Halle a. S., Bd. 12. gr. 8°. Jena 1897.

Rosulek, Joseph, Seelsorger und Prof. im k. k. Cadetten-Institut zu Hainburg. Kurzer Abriss der Poetik und Rhetorik zum Gebrauche der k. k. Cadetten-Institute. 8. Wien 1863.

— Anleitung zum deutschen Style für die k. k. Cadetten-Institute. 8. Wien 1862.

Rosulek, Jos., Anleitung zum deutschen Style für die Cadeten-Institute. gr. 8. Wien 872, k. k. Hof- und Staatsdruckerei. * 1 60

ROSULEK, JOSEPH: Dankgebet zur Jubelfeier des 5. März 1855, vom Männerchor gesungen bei Gelegenheit des zu Hainburg durch das Kadetteninstitut abgehaltenen Tedeums. Pressburg 1854. Druck v. C. F Wigand. 2 f. - gr 8°

Rosulek, Joseph, Seelsorger und Prof. im k. k. Cadetten-Institut zu Hainburg. Leitfaden der deutschen Sprachlehre zum Gebrauche der k. k. Cadetten-Institute. (2 Bde.) 8. Wien 1860—1861.

Rosulek, Jos., Leitfaden der deutschen Sprachlehre zum Gebrauche der k. k. Cadetten-Institute. 1. Thl. 2. Aufl. Wien 868. Seidel & Sohn. gr. 8. (IV, 207 S.) geb. n. 27 ngr.

ROSULEK, JOSEPH: Rede bei der feierlichen Einweihung der Kirche im k. k. Kadetteninstitute zu Hainburg, am ersten Adventsonntag 1857 Pressburg o. J. (1857). Druck v. Carl Friedrich Wigand. 8 S. - gr. 8°

Rosulek, Joseph, Piaristenordens-Priester und akademischer Prediger. Rede bei der Säcularfeier der k. k. Militär-Akademie zu Wiener-Neustadt am 20. Juni 1852 gehalten. 4. Wien 1852.

Rosumoff, Peter [aus Odessa]: Ueber das α-Methyl-Pyridylketon. .. Karlsruhe, Druck d. G. Braun'schen Hofbuchdr., 1889; 31 S. 8°
Jena, Phil. Fak., Inaug.-Diss. v. 1889

Roswadowski, Ferd. Ritter v., eine Studie über die Natur u. das Wesen der Wassersucht u. des Diabetes mellitus u. deren Behandlung. gr. 8. (33 S.) Wien 877. Graeser. n. 1. 20

Rosweid, Heribert, Leben der Altväter und Einsiedler. Fol. Augsb. Wolf. 735.

Rosweid, Heribert, Leben u. Thaten d. h. Altväter, s. Leben.

Rosweid, des ehrw. Vaters Heribert, Leben der Väter. Oder: Lehren und Thaten der vorzüglichsten Heiligen aus den ersten Zeiten des Ordensstandes in der kathol. Kirche. Nach d. Latein. deutsch bearb. vom Beichtvater Mich. Sintzel. Mit alphabet. Namen- u. Sach-Registern, auch Anwendungen auf alle Sonn- und Festtags-Evangelien des Jahres. 1r Bd. 1e—5e Lfrg. Mit 1 Steindr. Lex.-8. Augsburg 840. Kollmann. n. 1 3/4 ℛ︎

—— Leben der Väter. Od.: Lehren u. Thaten d. vorzüglichsten Heiligen aus d. ersten Zeiten d. Ordensstandes in d. kathol. Kirche. Ein höchst lehrr. Erbauungsb. f. alle christl. Seelen in u. außer d. Klöstern. N. d. Lat. deutsch bearb. v. Mich. Sintzel. 1. Bd. (4 Lfgn.) Lex.-8. (44 3/4 B. u. 1 Stahlst.) Augsburg 840—42, Kollmann'sche Buchh. *

Rosweid, Herib., Leben der Väter. Oder Lehren u. Thaten der vorzügl. Heiligen aus d. ersten Zeiten des Ordensstandes in der kathol. Kirche. Nach d. Latein. bearb. v. Mich. Sintzel. 2. Bd. 4 Lfgn. Lex.-8. (55 1/2 B.) Augsburg 842—47, Kollmann'sche Buchh. * 1

1. Bd. (4 Lfgn.) Ebendas. 1840—42. * 1 Thlr. 11 1/4 Ngr.

Roswitha [Sachl. Ordnungswort]

Roswitha, v. Fr. Kind. 1r Thl. (Forts. d. Tulpen.) 8. Lpz. Hartknoch. 811.

Velinpap.

Roswitha, v. Fr. Kind. 2r—4r Bd. (Fortsetzung der Tulpen.) 8. Leipz. Hartknoch. 811—15. (à 1 Rthlr. 16 gr.)

Roswitha. Almanach der Schönheit und Tugend geweiht von Chlodwig [d. i. F. L. Heuke].
Guben: F. Fechner; E. Berger in Komm. [1841—1842]. 16°
[Gest. kol. Vort.]
1/1842: [1841.] IV S., 1 Bl., 392 S., 6 kol. Taf.
2/1843: [1842.] XI, 371 S., 6 kol. Taf.

Roswitha. Almanach der Schönheit u. Tugend, geweiht von † Chlodwig. (F. L. Heuke.) 3. Jahrg. 1844. gr. 16. (24 3/4 B. u. 6 ill. Bild.) Guben 843. [Leipzig, Schreck.] geb. m. Goldschn. *
1. u. 2. Jahrg. 1842 u. 1843. Ebendas. 1841, 42. à * 2 Thlr. 15 Ngr.

Roswitha und Conrad Celtes, s. Aschbach, Jos.

Roswitha [Verfasser]

Roswitha v. Gandersheim, Dramen, s.: Universal-Bibliothek.

Roswitha. Der Hrotsuitha Gedicht über Gandersheims Gründung und die Thaten Kaiser Oddo I. Nach der Ausgabe der Monumenta Germaniae übersetzt von Dr. Th G Pfund. 8. Berlin 1860.
Die Geschichtschreiber der deutschen Vorzeit ... X. Jahrhundert. Band 5.

Roßwithe, der, eines Fräuleins v. Gandersheim, Gesch. 8. Dresden. 758.

Rösy, die kleine, u. der alte Robert Gray. Zwei Erzählungen. Berlin 860. W. Schultze. 16. (212 S.) 12 ngr

Roszek, J. A.: Über fünf Justinus-Handschriften. 20 S. 8°. – Graz II OG., Progr. 1871

Roszko, E. v., Untersuchungen üb. das epische Gedicht Gauriel v. Muntabel. Progr. (76 S.) gr. 8. Lemberg 903. (Leipzig, Buchh. G. Fock.) n. 1. —

ROSZKOSNI, ALEXIUS: Katholisches Gebet- und Gesang-Buch. Kronstadt 1870: Römer & Kamner Deutsch 87 S. Magyarisch 82 S. - 8°

Roszkowski, Gust., über das Wesen des Figenthums. Inaugural-Dissertation. Freiburg i. Br. 870. Wagner. gr. 8. (58 S.) n. 11 ngr

Über das Wesen und die Organisation der internationalen Staatengemeinschaft. Von Gustav **Roszkowski** in Lemberg. Erlangen: Palm & Enke 1893. (23 S.) 8° [Umschlagt.]
Aus: Zeitschrift f. Internat. Privat- u. Strafrecht. (06, 5689 9

ROSZKOWSKI, JAN. Ueber die Einwirkung der Temperatur auf die Explosionsgrenzen brennbarer Gasgemische. (Bern) München, 1890.

Roeszler, s. Rößler.

Rosznecki Stanislaus: Beiträge zur Erklärung des russischen Volksepos.
H. 1901 PN 1424 Diss. Wien, Univ. 2693

Rößner, Ant., Gedanken üb. Sein u. Werden. gr. 8. (VI, 97 S.) Leipzig 891. M. Spohr. n. 2. —

RÖSZNER, ANTON: Glaube-Wissen. Ein Beitrag zur Lebensfrage. Tyrnau 1896: M. Goldmann. 122 (1) S. 2 t. - 8°

ROESZNER, ANTON: Die wahre Kirche Christi. Eine Antwort auf: Los von Rom. Nur für Katholiken. Pressburg 1901: Kath. Liter. Actiengesellschaft. 66 S. - 8°

Röszner, Jos., soll der Staat Industrie betreiben? Eine Apologie d. Staats-Montanwesens, f. Montanisten u. Finanzmänner. gr. 8. (IV, 99 S.) Schemnitz 872. Joerges. n. 2. 10

FSC
www.fsc.org
MIX
Papier | Fördert gute Waldnutzung
FSC® C083411

Kolibri 360 GmbH
Ferdinand-Jühlke-Straße 7
99095 Erfurt, Deutschland
produktsicherheit@kolibri360.de